地球物理测井学

第一卷 测井解释【国内实例】

肖承文 胡 松 王 猛 等编著

石油工业出版社

内 容 提 要

本书详细介绍了碎屑岩系列、碳酸盐岩系列、火山岩与变质岩系列、致密油气与页岩油气系列四大体系油气藏岩石物理与测井评价技术现场应用典型实例。

本书主要供能源矿场高等院校青年教师、博士和硕士研究生，以及各油气田从事地质、油藏、测井、物探与工程的高级工程师与工程师阅读，还可供其他从事测井评价相关的技术人员参考。

图书在版编目（CIP）数据

地球物理测井学 . 第一卷 . 测井解释 . 国内实例 / 肖承文等编著 . -- 北京：石油工业出版社，2025.1
ISBN 978-7-5183-7287-4

Ⅰ . P631.8

中国国家版本馆 CIP 数据核字第 20246E8K76 号

责任编辑：葛智军
责任校对：张 磊
装帧设计：李 欣 周 彦

出版发行：石油工业出版社
（北京安定门外安华里 2 区 1 号　100011）
网　　址：www.petropub.com
编辑部：（010）64523693　图书营销中心：（010）64523633
经　　销：全国新华书店
印　　刷：北京中石油彩色印刷有限责任公司

2025 年 1 月第 1 版　2025 年 1 月第 1 次印刷
787×1092 毫米　开本：1/16　印张：36.5
字数：865 千字

定价：360.00 元

ISBN 978-7-5183-7287-4

（如出现印装质量问题，我社图书营销中心负责调换）

版权所有，翻印必究

《地球物理测井学》

编委会

主　编： 李　宁

副主编： 焦方正　何江川　江同文　卢　涛　李国欣　窦立荣
　　　　　雷　平　金明权　吴柏志

委　员： （按姓氏笔画排序）

王　兵　王才志　王克文　王泽丹　王贵文　王雪松
石玉江　田中元　刘向君　江如意　汤　彬　苏学斌
李　军　李安宗　李俊军　杨立强　肖立志　肖承文
宋　永　张　锋　陈　宝　陈　锋　武宏亮　范宜仁
尚　捷　周　军　庞奇伟　胡启月　胡英杰　袁　超
高　杰　郭海敏　赫志兵　谭茂金

《测井解释：国内实例》

编 写 组

组　　长：肖承文　胡　松　王　猛

副组长：杨玉卿　张审琴　闫伟林　张海涛　信　毅　张　浩
　　　　谢　冰　丁娱娇　司兆伟　舒红林　于伟高　韩　成
　　　　唐小梅

成　　员：

中国石油

殷树军	王雪萍	卢　艳	李郑辰	郑建东	覃　豪
梁永光	夏文豪	李　闯	雪　英	章华兵	张　斌
王拓夫	刘兴周	回雪峰	韦法君	赵俊堂	傅永强
麻　超	罗　旭	万吉庆	王正国	蔺　佳	王艳梅
陈　阵	赵太平	韩　闯	艾　勇	别　康	陈伟中
王焕增	吴兴能	陈　旭	李华玮	王建伟	黄林林
张　禹	段文星	牟立伟	罗兴平	房　涛	毛　锐
赖　强	何绪全	王跃祥	吴煜宇	刘兴刚	齐宝权
邵　阳	刘爱平	肖　斐	李　纲	张程恩	刘春雷
李　娜	张凤生	隋秀英	胡　洋	史彦飞	代红霞
洪　晶	陈　杰	张日供	王成荣	张永军	徐　凤
林发武	彭洪立	刘得芳	田超国	梁忠奎	田晓冬

王高成　芮　昀　牛　伟　何　叶　石阳志　陈向阳
李晓峰　郭玉庆　王贵清　纪　劼　仵　燕　刘　超
樊春华　赵　东　陈　波　傅少庆　和志明　李新城
张宇飞　赵仪迪　白梅梅　张　梅

中国石化

张晋言　许东晖　翟　勇　卜凌梅　齐国华　孙清溪
柴　婧　范中专　李　珊　马雪团　李西英　吕增伟
陈　芳　申潜玲　李凤琴　盖春华　杜淑艳　凌志红
任海容　张　涛　何浩然　季运景　汪成芳　汪钰波
葛　祥　何传亮　缪祥禧　季凤玲　黎泽刚　李德才
许志东　周红涛　张晓明　姜　力　林绍文　王　磊
李功强　徐　晨　苗其师　曹书坡　杨志强　付维署
王晓畅　张　军　李永华　刘　伟

中国海油

胡向阳　肖　东　崔云江　刘建新　吴兴方　徐大年
高永德　管　耀　张恒荣　许赛男　汤　翟　王文文
王清辉　杨　冬　宋　伟　谭　伟　张国华　王晓飞
张　伟　李　东　张志强　刘世伟　向　威　张　璋
成家杰　刘志杰　张聪慧　崔维平　刘海波　周　全
吴　健　袁　伟　杨　毅　张贵斌　吴乐军　董　宇
李　轩　张一鸣

咨询专家： 王敬农　顾伟康

序

经过中国测井界学人的共同努力，总计14卷26个分册的《地球物理测井学》终于问世了！这不仅是对推动测井学科进步做出的重大贡献，更是对测井先哲未竟事业和治学精神的赓续与弘扬。

地球物理测井是石油工业十大学科之一，被誉为洞察地下油气藏的"眼睛"。地球物理测井诞生于1927年。1939年，翁文波院士在中国大陆首次成功测井，开创了我国的测井事业，成为中国测井第一人。但长期以来，由于地球物理测井一直被称为"测井技术"，应有的学术地位没有得到充分体现，因而大大影响了测井学科的高质量发展。令人尊敬的测井前辈谭廷栋先生是喊出"测井学"的第一人。谭先生一生投身测井，60岁后更是为测井学正名而大声疾呼。这里之所以用"正名"而不用"倡导"或其他，是因为谭先生从来就认为测井是一门"学"，而不只是一门"技术"。他多次提到，"Reservoir Geophysics"（矿场地球物理学）一词中有"学"，在20世纪50年代翻译时出了问题，才变成了现在这个"技术"的叫法。谭先生还多次由衷感激地提到中国石油勘探开发研究院秦同洛教授，说他在国家科委确定石油工业十大学科的会议上能仗义执言："如果集声电核于一身的测井都不是学，石油上还有哪个敢说自己是学？"测井入选石油工业十大学科后，谭先生更是逢人便说、遇会便讲此中原委，且声情并茂、手舞足蹈，令与会者为之动容。于是，在他的亲自带领下，经过测井界同仁一起努力，1998年第一部《测井学》终于问世了，这是测井发展史上的一个重要里程碑。从1939年到1998年，历经60年姗姗来迟的这部《测井学》了却了谭先生最大的一桩心愿。两年后，他安详地阖上了双眼……当时参加先生追悼会的超过了300人，除了在京院所和有关司局的领导外，各大油田测井公司的主要负责同志差不多都到了。大家共同追思这位杰出的地球物理测井学家。我代表谭先生培养的所有硕士、博士毕业生题挽联一副："测井学先哲英灵永存，悼我师晚辈再写春秋。"

作为翁文波院士和谭廷栋先生的学生，我不仅忠实地继承了导师的遗志，尽全力推动测井学的发展，而且还努力从中国测井行业战略发展的高度出发，大力倡导"学科大发展，方有大作为"的理念。我认为，只有从国家、人民群众和专业人士这三个层面的需求出发撰写出版三类图书，即大百科全书、科普图书和专业著作，才能全方位确立、展现并提升测井学科的学术地位。于是，我从 2015 年起，用 6 年时间牵头遴选编撰测井条目，使地球物理测井第一次以一个完整学科定位写入《中国大百科全书》；从 2020 年起，我用 3 年时间组织编写出版了大型科普丛书《走进石油（第二版）》之测井分册《洞察地下油气藏：石油地球物理测井》，同时走进中国科技馆大讲堂，以《万米特深地球物理测井：一项极具挑战的"反向探月"工程》为题，向全国观众普及测井知识；从 2021 年起，我领衔担任主编，带领全国测井界知名专家学者精心编著这部《地球物理测井学》，旨在进一步提升测井学科的影响力。

令人骄傲和兴奋的是，在中国石油、中国石化、中国海油、延长石油、相关高校和科研院所各路专家学者的通力合作下，《地球物理测井学》如期面世了！这套书系统阐述了 90 多年来测井学科发展的理论技术成果，系统总结了各类测井方法在油气勘探开发实践中的应用效果。正如中国石油勘探开发研究院窦立荣院长所说："此次李宁院士领衔主编的《地球物理测井学》不仅保留和传承了 1998 年版《测井学》专著的经典内容，更重要的是立足当前非常规油气和深地深海等复杂油气藏测井理论技术挑战，融入了 30 年来我国测井领域取得的最新理论技术成果和海外推广应用的成功案例，必将为推动我国测井学科发展、技术进步和行业壮大产生重大而深远的影响。"

这套书的第一大特点是论述系统全面、内容丰富详实，涵盖了从测井解释、测井软件、测井装备、电法测井、声波测井、核测井、核磁共振测井、工程测井、油气井射孔、生产测井、测井岩石物理、测井地质应用、测井人工智能到测井简史等测井学科的各个分支。正因如此，我国测井界百余位知名教授、长江学者和现场技术专家都参与其中。著作内容的系统、全面还体现在首次将测井简史作为测井学不可或缺的一部分，分两册单独成卷。我国自主研制的渗透率测井仪原型机于 2024 年 3 月 3 日在华北油田任 91 井测试成功，即将在深地塔科 1 井实施世界首次万米特深井渗透率测井作业，一举实现从 0 到 1 的重大技术突破，为百年地球物理测井史再添辉煌一笔。

这套书的第二大特点是突出学术性，尤其强调对学科基础理论的阐述，特别是首次引入了中国学者导出的理论公式和提出的方法原理，不但丰富发展了测井基本理论，而且有助于推动建立中国在国际地球物理学界的地位和声望。例如，一直以来石油院校教材中测井饱和度计算的经典内容是美国学者阿奇提出的经验公式，以及翻译照搬苏联教材中的分层各向均匀体积模型，而在这套书中介绍的饱和度一般形式（通解方程），则是由中国学者针对复杂岩性给出的非均质各向异性模型导出，并详细证明了以往教材中的那些公式都是一般形式在给定条件下的特例（均为通解方程的特解）；又如，过去测井数据处理的主要方法和工业软件都是国外引进的，而现在《测井软件》一卷的核心内容则是中国学者提出的广义测井曲线理论和中国科研团队研发的目前装机量最大、年处理井数最多的大型国产测井工业处理软件 CIFLog。

这套书的第三大特点是首次把每一测井分支领域的理论方法、技术系列和现场应用以卷为单位有机统一起来。根据统一的顶层设计，每卷的第一分册论述该卷所涉及的测井细分领域的理论基础，用作高校教材，其读者主要是在校大学生和研究生等；第二分册论述该细分领域的技术方法，其读者主要是工程师和做毕业论文的研究生及博士后研究人员等；第三或第四分册提供该细分领域理论技术的典型应用实例，其读者主要是现场工程技术人员和现场实习的高校毕业生等。以第一卷《测井解释》为例，它的第一至第四分册分别为《测井解释：理论方法》《测井解释：储层评价》《测井解释：国内实例》《测井解释：国外实例》。作为一个分支领域的理论基础，每卷的第一分册相对独立和完备，应在较长时间内保持稳定；而它之后的各分册则应经常再版更新，及时补充最新的技术进展和最新的现场应用成果。

这套书的第四大特点是首创用微信扫描书中测井图件的二维码，就能在 CIFLog 测井软件中立即打开这幅测井图件并对其进行修改和二次处理。通过这一功能，学生可以看到处理相应井的方法、公式和参数，观摩学习并掌握要领；老师可以更方便地备课；现场工程技术人员可以参考所用方法，方便改写添加自己的处理公式和参数，从而大大缩短调整处理方案的时间，节省精力。同时，利用 CIFLog 智能助手，可以通过输入一段描述文字，快速推荐书中的相关案例图件。

总之，《地球物理测井学》定位明确，编写起点高，是目前国内地球物理测井领域最具理论性、系统性、创新性和权威性的一部著作。即便从国际测井发展史上来看，能集中如此多的行业专家学者精心编著这样大体量的学科专著也是绝无仅有的。2024 年，这套书入选国家出版基金资助项目，这在中国测井界也是第一次。衷心希望广大读者能够从中获益。

最后，特别感谢中国石油天然气集团有限公司原副总经理焦方正教授、中国石油科技管理部两任总经理匡立春教授和江同文教授在这套书出版立项过程中给予的鼎力支持。特别感谢中国石油勘探开发研究院各位领导、专家给予的全力协助与配合。

中国工程院院士

2024 年 12 月　于北京海淀

《地球物理测井学》
分卷册目录

卷次	分册名	卷次	分册名
第一卷	测井解释：理论方法	第六卷	核测井（上册）
	测井解释：储层评价		核测井（下册）
	测井解释：国内实例	第七卷	核磁共振测井
	测井解释：国外实例	第八卷	工程测井
第二卷	测井软件（上册）	第九卷	油气井射孔（上册）
	测井软件（中册）		油气井射孔（下册）
	测井软件（下册）	第十卷	生产测井（上册）
第三卷	测井装备（上册）		生产测井（下册）
	测井装备（下册）	第十一卷	测井岩石物理
第四卷	电法测井（上册）	第十二卷	测井地质应用
	电法测井（下册）	第十三卷	测井人工智能
第五卷	声波测井（上册）	第十四卷	测井简史：国内油气
	声波测井（下册）		测井简史：固体矿产

前 言

测井解释理论、方法与技术在油气勘探发现、开发增储上产与工程技术支撑等方面发挥了关键核心作用。测井解释应用实例是以地质、油藏资料为背景，依托常规测井与成像测井技术信息，构建岩石物理响应方程，形成评价方法与评价标准，支撑风险探井、探井、评价井与开发井油气层精准识别与评价；在油气藏区块研究中，通过岩石物理实验、测井储层描述与油气评价，提供探明储量、控制储量、预测储量精细评价参数；在钻完井工程应用中，测井与岩石力学研究有机融合，为钻井提质、完井提效提供关键施工参数。因此，为了满足测井教学与生产需要，国内先后出版了一系列相关著作。2001年陆大卫组织编写了《石油测井新技术适用性典型图集》，2021年刘国强等编著了《测井新技术应用方法与典型实例》，2021年金明权等编著了《CPLog成像测井新技术应用典型案例》。这些著作有效推动了测井学科的发展，促进了测井解释在油气田勘探开发的支撑作用。此次编写的《测井解释：国内实例》介绍了2000年以来中国石油、中国石化、中国海油在松辽、渤海湾、四川、鄂尔多斯、柴达木、准噶尔、塔里木以及东南沿海等主要含油气盆地不同类型油气田单井和区块研究典型案例。

本书共八章。第一章介绍松辽盆地大庆油田长垣巨厚水淹砂岩油层、长垣外围薄互层砂岩储层、古龙页岩油、徐西坳陷深层火山岩储层及吉林油田长岭断陷火山岩储层测井评价等，案例资料主要由中国石油闫伟林、王雪萍等及中国石化苗其师、杨志强等提供。第二章介绍渤海湾盆地低电阻率油气藏评价技术、非均质碳酸盐岩及变质岩油气藏评价技术等，案例资料主要由中国石油司兆伟、丁娱娇、回雪峰等及中国石化孙清溪、刘伟等提供。第三章介绍四川盆地非均质碳酸盐岩气藏测井评价技术、致密砂岩气藏测井评价技术及页岩气藏三品质评价技术等，案例资料主要由中国石油谢冰、芮昀、齐宝权等及中国石化季凤玲、胡松等提供。第四章介绍鄂尔多斯盆地"三低一复杂"致密碎屑岩油气藏测井评价技术、煤层气测井评价技术、碳酸盐岩气藏评价技术及致密（页岩）油藏测井评价技术等，案例资料主要由中国石油张海涛等及中国石化付维署、徐晨等提供。第五章介绍柴达木盆地青藏高原东北部山地薄互层碎屑岩及砂砾岩油气藏测井评价技术、湖相碳酸盐岩油气藏测井评价技术、基岩气藏测井评价技术等，案例资料主要由中国石油李纲等提供。第六章介绍准噶尔盆地陆梁低阻多油水系统油藏评价技术、玛湖致密砂砾岩油气藏评价技术、西部隆起火山碎屑岩油藏测井评价技术及吉木萨尔页岩油藏"七性"关系三品质评价技术等,案例资料主要由中国石油张浩等及中国石化李珊等提供。第七章介绍塔里木盆地库车前陆盆地超深裂缝性砂岩油气藏测井技术、台盆区塔北隆起北部坳陷及塔中隆起超深缝洞型碳酸盐岩油气藏测井技术等,案例资料主要由中国石油信毅等及中国石化胡松、张晓明等提供。第八章介绍莺—琼盆地高温高压气藏测井评价技术、珠江口盆地特高产油气藏测井评价技术及珠江口盆地潜山油气藏测井评价技术等,案例资料主要由中国海油王猛等提供。各章节统稿与修改工作由中国石油测井院士工作站统一组织完成。肖承文和唐小梅负责全书统稿。

  在本书编写过程中,李宁院士统一部署、统一安排、统一决策,使本书得以顺利完稿;中国石油勘探开发研究院武宏亮、王才志及王克文对书稿框架提出了修改建议;吐哈油田韩成、陈杰、张日供、王成荣、张永军等提供了部分材料并参与编写工作;中国石油集团测井有限公司王敬农教授与中国石油集团长城钻探工程有限公司顾伟康教授精心审阅本书初稿并提出高水平修改意见。在此一并向给予帮助与支持的所有人员致以衷心感谢!

  限于笔者水平,书中难免存在不足,敬请读者批评指正。

目 录

第一章 松辽盆地测井解释评价典型应用实例 ... 1
    第一节 地质背景 ... 1
    第二节 单井案例 ... 3
    第三节 区块案例 ... 28

第二章 渤海湾盆地测井解释评价典型应用实例 ... 69
    第一节 地质背景 ... 69
    第二节 单井案例 ... 72
    第三节 区块案例 ... 96

第三章 四川盆地测井解释评价典型应用实例 ... 146
    第一节 地质背景 ... 146
    第二节 单井案例 ... 149
    第三节 区块案例 ... 188

第四章 鄂尔多斯盆地测井解释评价典型应用实例 ... 227
    第一节 地质背景 ... 227
    第二节 单井案例 ... 231
    第三节 区块案例 ... 244

第五章 柴达木盆地测井解释评价典型应用实例 ... 286
    第一节 地质背景 ... 286
    第二节 单井案例 ... 289
    第三节 区块案例 ... 306

第六章 准噶尔盆地测井解释评价典型应用实例 328
第一节 地质背景 328
第二节 单井案例 331
第三节 区块案例 348

第七章 塔里木盆地测井解释评价典型应用实例 407
第一节 地质背景 407
第二节 单井案例 410
第三节 区块案例 435

第八章 东南沿海盆地测井解释评价典型应用实例 496
第一节 地质背景 496
第二节 单井案例 503
第三节 区块案例 513

参考文献 560

二维码目录

二维码使用说明

图 1-2-5	10	图 1-3-1	30
图 1-2-6	11	图 1-3-2	31
图 1-2-14	15	图 1-3-3	32
图 1-2-17	20	图 1-3-4	32
图 1-2-21	26	图 1-3-21	46
图 1-2-22	27	图 1-3-23	48

图 1-3-30	50	图 4-2-5	237
图 1-3-31	51	图 4-3-46	285
图 1-3-35	56	图 5-2-11	296
图 1-3-36	57	图 5-2-25	305
图 1-3-48	66	图 5-3-4	309
图 1-3-50	67	图 5-3-14	313
图 2-2-3	76	图 5-3-19	320
图 2-2-9	82	图 6-2-4	336
图 2-2-24	95	图 6-2-10	342
图 2-3-8	102	图 6-3-43	380
图 2-3-40	135	图 6-3-44	381
图 2-3-52	145	图 6-3-45	381
图 3-2-10	158	图 6-3-52	388
图 3-3-14	200	图 6-3-75	405
图 3-3-16	201	图 7-2-6	417
图 3-3-18	202	图 7-2-7	417
图 3-3-19	202	图 7-2-18	424
图 3-3-26	209	图 7-2-30	434
图 3-3-35	220	图 7-3-33	466
图 4-2-1	232	图 7-3-34	468
图 4-2-2	233	图 7-3-35	469

第一章　松辽盆地测井解释评价典型应用实例

松辽盆地是中国东北部最大的含油气盆地，主体为形成于中生代的大型陆相沉积盆地，其中白垩系地层厚度达 7000m 以上，分上白垩统和下白垩统，是盆地内主要含油层系，同时，在基底也发现了火山岩气藏。本章优选 2000 年以来松辽盆地测井解释评价典型应用实例，包括大庆油田长垣巨厚水淹砂岩油层、长垣外围薄互层砂岩储层、古龙页岩油、徐西坳陷深层火山岩储层，以及吉林油田长岭断陷火山岩储层测井评价等三个单井测井评价案例与两个区块测井综合评价研究成果，介绍了薄互储层测井评价技术、页岩油三品质关键参数评价方法、火山岩储层的有效性及流体类型判识技术，支撑勘探新区新领域油气发现与储量上报；针对长垣巨厚水淹层，建立了三元复合驱受效储层测井评价方法，指导开发方案制定与措施调整，为提高油藏采收率水平提供了测井技术支撑。

第一节　地质背景

在行政区划上，松辽盆地大部分在黑龙江省和吉林省境内，西部、西南部和南部的部分地区属内蒙古自治区和辽宁省（大庆油田石油地质志编写组，1987）。盆地似菱形，呈北北东向展布，西部以嫩江断裂为界，东部以牡丹江断裂为界，南北向长约 820km，东西向宽度约 350km，盆地覆盖面积大约 $26 \times 10^4 km^2$。按照构造单元，松辽盆地可划分为中央坳陷区、西部斜坡区、北部倾没区、东北隆起区、东南隆起区和西南隆起区（高瑞祺等，1992）。松辽盆地主要为形成于中生代的大型陆相沉积盆地，具有断、坳双层结构（图 1-1-1）。

松辽盆地的形成和演化与其他张裂型克拉通内盆地相似，大致经历了热隆张裂、裂陷、坳陷和萎缩褶皱四个阶段。三叠纪早期—早侏罗世，由于莫霍面的拱起，发生热穹隆作用，引起张裂构造，盆地处于剥蚀状态，盆地西部地壳破裂较强，火山活动强烈，形成广泛分布的花岗岩和大量火山岩；而东部地壳破裂不完全，以产生裂陷为主。早白垩世早期，盆地继续拉张，中央断裂隆起上升，两侧形成开张裂陷，沉积补偿作用好，形成目前盆地的雏形；由于区域重力的均衡调整作用，盆地整体下沉，使裂陷向坳陷转化，进入盆地发展的全盛时期，沉积了盆地内的主要生储油岩系泉头组、青山口组和嫩江组。晚白垩世中期以后，松辽盆地深部地壳调整渐趋平衡，盆地全面上升，湖盆明显收缩，由于盆地东部褶皱上升，上白垩统四方台组和明水组的沉积中心明显西移（大庆油田石油地质志编写组，1987）。

松辽盆地基底为前古生界、古生界的变质岩、火山岩系，上部沉积盖层从侏罗系至新生界均有不同程度发育，总厚度可达 11000m 以上。其中，白垩系地层厚度达 7000m

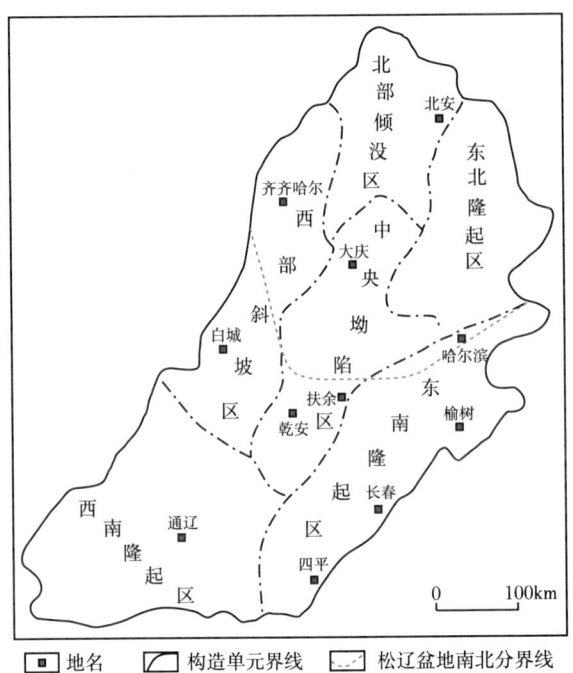

图 1-1-1 松辽盆地构造单元区划图（据王小军等，2023）

以上，是盆地内主要含油层系。盆地主要地层从下往上依次发育上侏罗统的火石岭组（J_3h）、下白垩统沙河子组（K_1sh）、营城组（K_1y）、登娄库组（K_1d）和泉头组（K_1q），上白垩统的青山口组（K_2qn）、姚家组（K_2y）、嫩江组（K_2n）、四方台组（K_2s）和明水组（K_2m），新近系的大安组（Nd）和泰康组（Nt），以及第四系（Q）。

上侏罗统岩性主要为杂色砂岩泥岩和煤层，夹有多层玄武岩、安山岩、流纹岩和凝灰岩。登娄库组为一套韵律频繁变化的红绿色和黑色砂泥岩沉积。从泉头组到嫩江组沉积时期，形成统一的湖盆，沉积中心趋于统一，沉积范围逐渐扩大，各组地层向盆地边缘层层超覆，嫩江组二段沉积时达到最大，在 $2×10^5 km^2$ 以上。该期主要沉积了一套砂泥岩互层的河湖相碎屑沉积物。晚白垩世，沉降中心向西移至中央坳陷的西部，主要沉积为河流沼泽相的杂色砂泥岩。新生界主要分布在盆地的中部、西部和北部，分隔性强，各组沉积范围不一，沉降中心进一步西移，岩性主要为砂砾岩和泥质岩，反映出同反转期发育的特点。第四系全新统覆盖全盆地，沉积厚度 10~100m，沉积为砂土、砂砾岩和黏土层，沉降中心再次西移（胡望水等，2005）。详细岩性与沉积体系说明如图 1-1-2 所示。

盆地基底为古生界和前古生界变质岩、火成岩等岩系，构造演化主要分为断陷期、断坳转换期和坳陷期3个阶段，具有"下断上坳"的二元结构特征。上部坳陷盆地内发育油藏，形成了烃源岩层之上的常规油藏组合（黑帝庙油层、萨尔图油层、葡萄花油层和高台子油层）、烃源岩内的页岩油藏（青山口组油层）和烃源岩之下的致密油藏（扶余油层和杨大城子油层），整体呈现"同源有序共生"的油藏特征；下部断陷盆地发育气藏，储层为砂砾岩、火山岩及基岩，形成源上常规气、源内致密气、近源潜山气多类型气藏有序聚集（王小军等，2023）。

地层系统				油层名称	油层组合	厚度(m)	综合柱状图	岩性简述	沉积体系
系	统	组	段(代号)						
第四系			Q			10~150		黄土状亚黏土、黑灰淤泥质亚黏土、砂土及砂砾层,与下伏新近系呈平行不整合—不整合接触	冲积
新近系		泰康组	Nt			0~160		灰绿、黄绿、深灰色泥岩与砂岩、砾岩互层。与下伏地层呈角度不整合接触	冲积、河流
		大安组	Nd			0~140			冲积、河流
白垩系	上统	明水组	K_2m	明水气层	顶部组合	0~600		灰绿、灰黑色泥岩与灰、灰绿色粉砂岩、泥质粉砂岩互层,与下伏四方台组呈整合—假整合接触	三角洲、滨浅湖、河流
		四方台组	K_2s			0~400		上部红色、红紫红色泥岩夹少量灰白色粉砂岩、泥质粉砂岩。中部为灰色细砂岩、粉砂岩、泥质粉砂岩,红色、紫红色泥岩互层。下部为砖红色含细粉的紫红色砂岩夹棕灰色砂岩和泥质粉砂岩。与下伏嫩江组呈角度不整合接触	冲积、河流、滨浅湖
		嫩江组	K_2n_5	黑帝庙油层	上部组合	0~225		以深灰色泥岩为主,夹紫红、灰、灰红色泥岩、泥质粉砂岩	三角洲、滨浅湖
			K_2n_4			0~350		以深灰色泥岩为主,夹紫红、棕红色泥岩及灰色粉砂岩、泥质粉砂岩	
			K_2n_3			0~145		灰、黑色泥岩、泥质岩,偶夹灰色细砂岩	
			K_2n_2			0~180		灰黑色泥岩,底部为油页岩	半深湖、深湖
			K_2n_1			0~120		以灰黑色泥岩为主,中部夹油页岩和劣质油页岩	
		姚家组	K_2y_{2+3}	萨尔图油层	中部组合	0~100		灰绿、紫红色泥岩和灰白色含钙粉砂岩、细砂岩互层	冲积扇、辫状三角洲、三角洲、滨浅湖
			K_2y_1	葡萄花油层		0~60		紫红色泥岩,偶夹灰绿色粉砂泥岩、灰白色粉砂岩	
		青山口组	K_2qn_3	高台子油层		0~370		紫红色泥岩夹紫红、浅灰色粉砂岩、泥质粉砂岩	三角洲、滨浅湖
			K_2qn_2			30~190		灰绿、灰黑色泥岩,夹灰色、偶夹灰褐色油页岩、泥质粉砂岩、钙质粉砂岩	三角洲、半深湖
			K_2qn_1			25~150		上部以黑色泥岩为主,下部为灰黑色泥岩与灰色粉砂岩、泥质粉砂岩不等厚互层	三角洲、半深湖、深湖
	下统	泉头组	K_1q_4	扶余油层	下部组合	500~1000		灰、黑色泥岩及灰、灰白色粉砂岩、泥质粉砂岩不等厚互层,下部泥岩以紫红色为主	河流、末端扇
			K_1q_3	杨大城子油层				以紫红色泥岩为主,夹灰绿、灰白色粉—细砂岩	河流、末端扇
			K_1q_2	农安油层				以紫红色、褐红色泥岩为主,夹灰色、灰白色粉砂岩	泛滥平原、滨浅湖
			K_1q_1					紫红色泥岩与棕色、紫红色砂砾岩互层,局部夹少量凝灰岩	河流、滨浅湖
		登娄库组	K_1d	怀德油层	深部组合	0~1800		上部为灰、灰褐色泥岩与杂色砂砾岩互层。下部为灰白色、杂色砂砾岩夹紫红色、深灰色泥岩及少量凝灰岩。与下伏地层呈角度不整合接触	河流、滨浅湖
		营城组	K_1y			0~900		上部为酸性火山岩、火山碎屑岩及砂岩、粉砂岩、黑色泥岩。中部以暗色泥岩为主。下部为安山玄武岩、火山角砾岩、凝灰岩及浅灰色砂岩、砂砾岩夹煤层。与下伏地层呈整合或平行不整合接触	冲积扇、河流 扇三角洲、滨浅湖、火山
		沙河子组	K_1sh			0~800		深灰色、灰黑色泥岩、灰白色砂岩、粉砂岩及少量凝灰岩,局部夹煤线。与下伏地层呈不整合—整合接触	扇三角洲、冲积扇
侏罗系	上统	火石岭组	J_3h			0~800		凝灰岩、安山岩、凝灰质角砾岩、玄武岩及凝灰质砂砾岩。与下伏地层呈不整合接触	冲积、火山喷发
古生界			Pz					片岩、板岩、石灰岩、花岗岩、花岗片麻岩、千枚岩等	

图 1-1-2　松辽盆地地层特征(据胡望水等,2005)

第二节　单井案例

一、中央坳陷长垣隆起杏2-2-检试1井巨厚砂岩油层测井评价

1. 地质背景

大庆长垣是松辽盆地中央坳陷北部的一个大型二级背斜带,主要储油层位是萨尔图、葡萄花和高台子油层。萨尔图油层分为萨Ⅰ、萨Ⅱ、萨Ⅲ三个油层组,地层厚度88~110m,主要岩性为灰黑、深灰、灰绿色泥岩、粉砂质泥岩、泥质粉砂岩、粉砂岩及

细砂岩互层。厚层砂岩以块状构造为主,层理不明显。葡萄花油层分为葡Ⅰ、葡Ⅱ两个油层组。葡Ⅰ组地层厚度在喇嘛甸、萨尔图油田 35~40m,杏树岗油田最厚约 90m。葡Ⅰ组是大庆油田分布最广、发育最好的油层组,厚度大,单层一般大于 4m,主要岩性为紫红色泥岩,偶夹灰绿色粉砂质泥岩和粉砂岩。葡Ⅱ组地层厚度 30~35m,为一套灰黑和灰绿色泥岩、泥质粉砂岩及粉砂岩薄互层。高台子油层分为高Ⅰ、高Ⅱ、高Ⅲ、高Ⅳ四个油层组,地层厚度 275~336m,主要岩性为灰绿和灰黑色泥岩、泥质粉砂岩及钙质粉砂岩,偶夹灰褐色油页岩。

图 1-2-1 展示了大庆长垣一口取心井萨尔图、葡萄花、高台子油层发育情况,在钻遇的 137 个有效层中,有效厚度大于等于 2.0m 的厚油层有 18 个,合计有效厚度 85.7m,主要

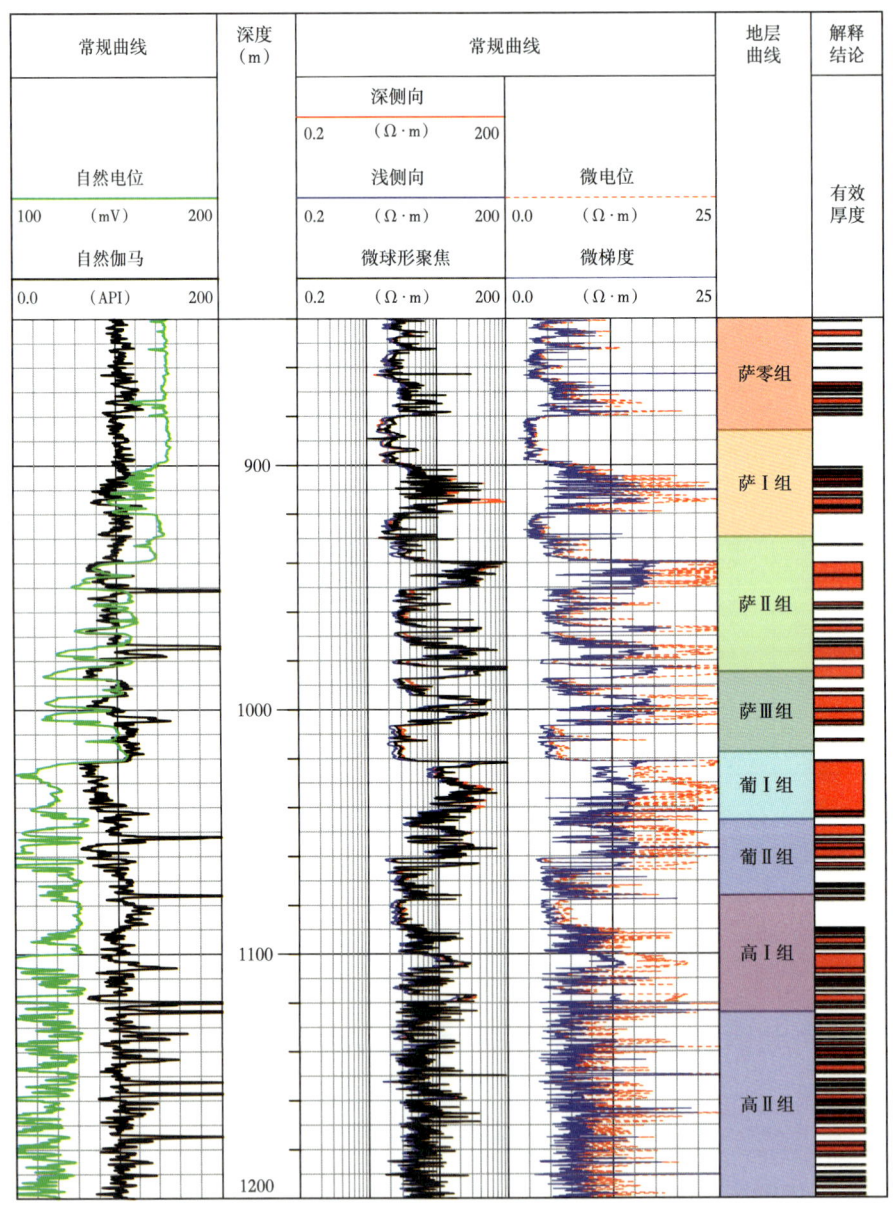

图 1-2-1 大庆长垣萨、葡、高油层发育情况典型图

分布在萨Ⅱ、萨Ⅲ和葡Ⅰ组，占全井有效厚度的52.9%，含油产状以饱含油和含油为主；有效厚度在0.5~1.9m之间的油层有64个，合计有效厚度60.1m，主要分布在葡Ⅱ和高Ⅱ组，含油产状以含油和油浸为主；有效厚度小于0.5m的油层有55个，合计有效厚度16.1m，主要分布在高Ⅰ和高Ⅱ组，含油产状以含油和油浸为主。

长垣巨厚油层经过50多年的开发，绝大部分油层均已高水淹，但是在萨尔图油层中，由于隔夹层的存在，还存在储量丰富的剩余油，具有良好的开发前景。

杏2-2-检试1井是位于长垣杏树岗杏二区西部三元复合驱油试验区内的一口调整密闭取心检查井。本井共钻取有效厚度层7个，总有效厚度17.1m，其中5个层见水，见水层厚度占96.5%，水洗层厚度12.6m，占总有效厚度的73.7%，水洗程度以强—中水洗为主，分别占水洗层厚度的53.8%和39.3%，驱油效率和采出程度分别为55.1%和40.6%。全井取心段共有4.5m的有效厚度和2.3m的表外厚度未水洗。其中有效厚度层中2.0m以上的油层未水洗厚度为3.13m，占未水洗层厚度的69.7%。

从全井油层水洗状况显示，该井钻取的葡Ⅰ1-4共7个油层中只有两个有效厚度小于0.5m的油层未水洗，7个层总有效厚度17.1m，水洗层厚度12.6m，水洗厚度占73.7%，水洗段平均驱油效率为55.1%，采出程度40.6%。其中水驱开发层段的6个层有效厚度8.7m，水洗层厚度4.4m，水洗厚度占50.0%，水洗段平均驱油效率为43.1%，采出程度21.6%；三元复合驱油目的层葡Ⅰ3_3有效厚度8.4m，水洗层厚度8.3m，水洗厚度占98.3%，水洗段平均驱油效率为61.5%，采出程度达60.5%，说明三元复合驱体系对厚油层的驱替效果比较明显，而水驱开采的油层则仍然存在较大剩余油潜力。

2. 存在问题

分析杏2-2-检试1井油层动用状况和水洗特点，发现有效厚度在2.0m以上的油层水洗状况较好，但由于油层非均质性影响，存在层间干扰现象，厚油层在吸水能力上大大超过了薄差油层，从而严重影响了薄差油层的水驱开采效果，造成各类油层水洗状况的不均匀性。三元复合驱体系能较大幅度地提高油层驱油效率，对提高厚油层的开采效果比较明显。岩心观察结果和油层水洗状况计算结果表明：三元复合驱过程中，仍然存在着驱替不均匀现象，严重影响了三元复合驱体系的总体驱替效率，使驱替效果变差。如何进一步发挥三元复合驱体系的作用，还需在驱替机理上进一步研究，使油层均匀受效，从而提高驱替效果和经济效益。

三元复合驱体系驱替后，在驱替效果较好的井段，由于油层中残留碱的影响，岩石导电能力增强，测井曲线形态发生变化，特别是微电极曲线形态变化更加明显，微梯度电阻率减小幅度在40%~50%。针对这些问题，需要开展三元复合驱后测井响应特征及机理研究，为化学驱储层测井评价奠定基础。

3. 测井评价技术

大庆长垣喇萨杏油田已进入特高含水期开采阶段，厚层内局部剩余油成为油田稳产挖潜的主要对象，驱替方式也由水驱逐渐过渡到聚合物驱和三元复合驱。聚合物驱油与三元复合驱油作为水驱效率降低后重要的三次采油手段，已成为大庆油田实现技术接替稳产的重要支柱。

1）储层测井响应特征

杏2-2-检试1井位于杏二区西部三元复合驱油试验区内，由于三元复合驱油剂含有 1.2% 的强电解质碱（NaOH、Na$_2$CO$_3$），使地层混合液中导电离子浓度大幅度增高，相当于地层水矿化度增高，使电阻率、自然电位、微电极等测井曲线发生相应变化。在岩性、物性相近、水洗级别相同的情况下，与水驱相比，三元复合驱后测井响应差异较大。有必要研究三元复合剂驱后储层测井响应变化规律，为提高剩余油饱和度解释精度提供依据。

利用杏北油田三元复合驱后密闭取心检查井杏 2-2-检试 1 井，总结了三元复合驱后储层的测井响应特征。该井葡 I 1-2$_2$ 层段 969.5~979.8m 为污水驱层段，该层强水洗段含水饱和度为 51.6%，电阻率为 30Ω·m，自然电位幅度差为 41.5mV，微电极幅度差 4.1Ω·m。葡 I 3$_3$ 层段 980.2~989.6m 为三元复合剂驱层段，该层强水洗段含水饱和度为 64.3%，电阻率为 12Ω·m，下降幅度较大，自然电位幅度差为 60mV，微电极曲线幅值降低，幅度差 3.0Ω·m（图 1-2-2）。与水驱相比，三元复合驱后储层的测井响应特征为：电阻率幅值明显降低，且深、浅侧向幅度差很小，甚至重合；自然电位幅度明显增大；微电极幅值降低，幅度差减小；但反映储层岩性和物性的自然伽马、声波时差、密度等曲线与水驱相比变化不大。

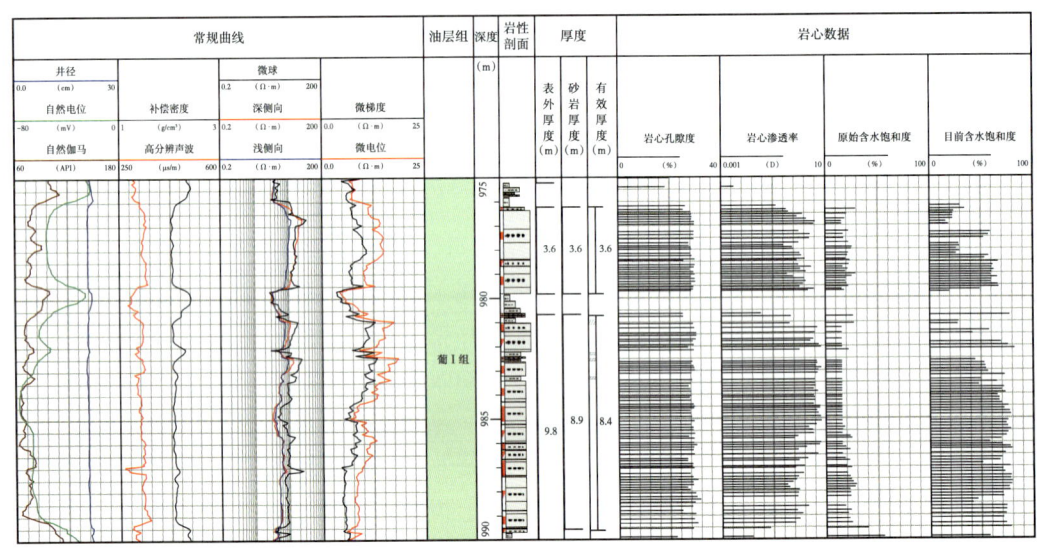

图 1-2-2　杏 2-2-检试 1 井三元复合驱后储层测井响应特征图

2）储层岩电机理研究

大庆长垣喇萨杏油田经过了淡水、污水、聚合物及三元复合剂等多种驱替方式，注入剂的变化和开发过程的推进决定了地层水矿化度、剩余油饱和度、润湿性等均处于不断变化中，而上述变化必将引起储层导电机理的变化。

应用大庆油田五口检查井共 15 块样品进行三元复合驱实验，实验中聚合物溶液质量分数为 2000mg/L，配制聚合物溶液的污水矿化度为 4000mg/L，表面活性剂含量为 0.30%，NaOH 含量为 1.20%，三元复合剂溶液电阻率为 0.132Ω·m。图 1-2-3 给出了三块岩样三元复合驱实验中储层电阻率变化规律，图中饱和 3000mg/L 地层水的岩样电阻率下降较快，饱和 7000mg/L 地层水的岩样下降趋势相对较缓。在不同地层水矿化度下，岩样电阻率随饱和度的变化趋势基本一致，均随着含水饱和度的增加，电阻率单调降低。当注入三元复合剂饱和度达到最大时，三块岩样电阻率值趋于相同。其他12块样品也得到了相似的结果。实验结果表明，三元复合剂成分的特殊性，不但使地层混合液的电阻率降低，而且也导致地层导电性大大增强。

3）化学驱储层测井评价

化学驱后油层水淹层解释方法主要是：根据建立的储层参数模型计算出孔、渗、饱等参数；在岩石物理实验研究及储层测井响应规律分析的基础上，优选敏感测井曲线，实现化学驱储层受效及定性识别；水淹级别细分解释则在驱油效率界定的水淹级别划分标准基础上，通过定性、定量综合解释，实现水淹级别的五级划分。

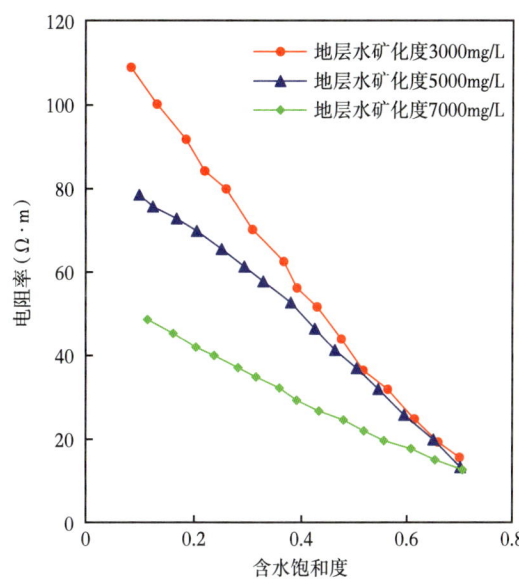

图 1-2-3　不同地层水矿化度下岩样地层电阻率与含水饱和度的关系图

（1）三元复合驱受效测井识别方法。

由测井响应特征分析可知，三元复合驱储层电阻率明显降低，且深、浅侧向幅度差很小，甚至重合，自然电位明显增大，微电极幅值降低，幅度差减小。可见，电阻率和自然电位在反映水淹层的水性方面是灵敏的。为了突出电阻率和自然电位判别模型的作用，构建二者组合后综合判别参数 Y_2：

$$Y_2 = R_{LLD}(R_{LLD} - R_{LLS})/\Delta SP \quad (1-2-1)$$

式中：R_{LLD} 为深侧向电阻率值，$\Omega \cdot m$；R_{LLS} 为浅侧向电阻率值，$\Omega \cdot m$；ΔSP 为自然电位相对值。

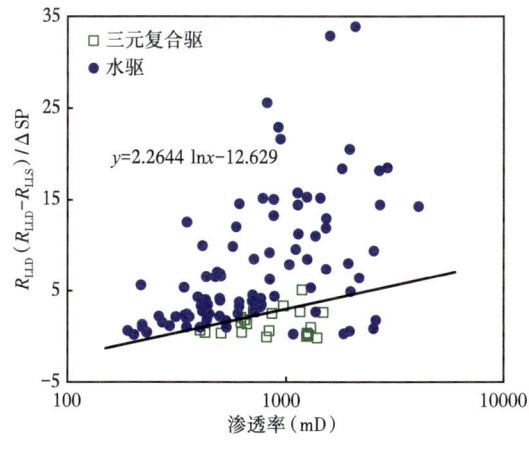

图 1-2-4　一类储层强碱三元受效识别图版

应用水驱井、三元复合驱井测井资料，建立储层三元复合驱后受效识别方法，如图 1-2-4 所示。

（2）三元复合驱储层水淹定性识别。

定性识别水淹层，就是根据测井曲线判断油层是否水淹，定性指出水淹部位和水淹级别，为定量计算水淹层饱和度等参数奠定基础。

研究表明，均质储层，层段内岩性、物性相对均质，流体性质也相对稳定，油层水淹后表现出均匀或略偏下的水线推进，水淹厚度较大，驱油效率较高。对于不同沉积韵律的地层，其含油性和油气分布也不相同。正韵律沉积地层，一般情况下，注入水先沿底部岩性粗、高渗透部位突进，形成大孔道水窜，造成地层底部先水淹，出现强水淹或低效无效循环等情况，含油饱和度较低；而其上部后水淹，出现弱水淹甚至未被水淹情况，含油饱和度一般较高，常表现为下偏的水线推进型。对于正韵律和均质韵律储层，在同一个储层内，对比相同物性的细分储层，处于韵律下部的细分储层水淹级别高，韵律上部的细分储层水淹级别相对较低。而在不同的储层内，对比相同物性的细分储层，水淹程度也受韵律部位影响。

综合考虑储层韵律特点、物性及电性测井曲线信息，建立基于图形的聚类分析方法，实现化学驱后水淹层定性识别。具体方法是：首先在各测井曲线响应分布规律的基础上，提取测井曲线的变化特征，划分测井相，并用岩心分析等地质资料刻度出这些测井相的岩性和储层类型；应用软件，按方波曲线的变化规律，将韵律部位信息曲线化；再应用聚类分析方法将这些测井相、韵律、部位信息与储层饱和度情况匹配归类，建立完整的一套归类标准，最终应用这套标准实现水淹层定性识别。

结合曲线方波分层，将厚度大于1m的储层提取出储层韵律类型和韵律部位信息，利用反映储层物性的测井相曲线、韵律类型和韵律部位曲线，以及测井电阻率R_{LLD}、自然电位幅度ΔSP，采用基于图形的聚类分析方法实现水淹层定性判别，该方法解释符合率为89%。

（3）地质约束的储层基础参数模型。

孔隙度、空气渗透率、原始含水饱和度等参数是定量评价中的重要物性参数，对此国内外学者大量研究工作表明，这些参数从不同方面反映了储层的特性，它们既有联系又有区别，都与储层的孔隙体积紧密相关，还受孔隙几何尺寸、形态及其分布的控制。实际操作过程中，以大量检查井资料为基础，主要采用"岩心刻度测井"技术，应用数理统计方法，以储层的测井响应特征三元复合驱导电机理实验为指导，以储层类型为约束，建立参数解释模型，实现储层的定量评价。

大庆长垣喇萨杏油田是一个以河流—三角洲沉积为主的陆相非均质多油层砂岩油田，由于储层非均质性严重，薄、差储层发育，注水开发后地下油水运动十分复杂，剩余油分布状况复杂多样。同时，由于储层经过长期注水冲刷，储层性质及流体性质发生了很大变化，加剧了储层非均质程度和流体非均质程度。

为了提高水淹层参数的计算精度，提出了按地质条件约束建立储层参数方程的方法，即针对不同区块，分别将萨、葡、高油层分为表内厚层（2.0m）、表内中厚层（0.5~2.0m）、表内薄层（<0.5m）、独立表外层，同时对中厚层、厚层进行细分层解释（层内层段0.3m的明显不均匀层)，充分利用大庆油田丰富的密闭取心检查井资料，应用数理统计方法分别建立孔隙度、渗透率、束缚水饱和度等储层参数测井解释经验方程。

（4）化学驱油层饱和度模型。

含水饱和度始终是测井解释中的难题。多年来，国内外测井学术界围绕泥质砂岩储层饱和度模型开展了深入的研究，每一种模型都从某一方面体现了不同的泥质砂岩储层特点，或者是从某种程度上发展了对泥质导电的不同认识。

对于化学驱开发的砂岩储层来说，随着注入液不断进入，化学分子进入储层孔隙空间及内部流体，使得储层孔隙空间及内部流体性质均发生了变化。室内模拟驱替实验结果表明：化学驱油后的岩心，剩余油量大为减少，零星分布的剩余油较多，流体微观分布形式差异较大，主要包括溶解、滞留堵塞和吸附状态，孔隙内水的连通性变好；岩石亲水程度明显增强，润湿性也在发生变化。由于注三元复合驱油储层物理性质发生了上述变化，因此在相同的含水饱和度条件下，储层的导电路径与水驱不同，使聚合物驱后的储层用水驱油方法解释存在局限性。为了提高三元复合驱水淹层饱和度的计算精度，提出了使用有效介质通用对称电阻率模型。

有效介质通用对称电阻率模型是以一种新的导电理论——有效介质对称导电理论为基础，采用有效介质通用对称电阻率模型来计算储层含水饱和度，其理论基础是用于计算混合物介电性质的麦克斯韦理论；20世纪80年代，扩展应用到在连续相介质中聚集着分散相的混合物。1995年，Koelman和de Kuijper给出了描述N种组分组成的各向异性渗滤的混合介质电导率的有效介质模型表达式。该模型包括骨架颗粒、不导电的油气、分散黏土、混合液四种成分，其物质平衡方程为：

$$\begin{cases} V_{ma} + V_{cl} + \phi_t = 1 \\ \phi_h + \phi_w = \phi_t \end{cases} \quad (1\text{-}2\text{-}2)$$

式中：V_{ma}为骨架颗粒的相对含量；V_{cl}为分散黏土颗粒的相对含量；ϕ_t为总孔隙度；ϕ_w为混合液的相对含量；ϕ_h为油珠的相对含量。

按照低频下的Koelman（1997）和de Kuijper（1996）提出的有效介质SATORI电阻率模型的推导原理，四组分的分散泥质砂岩的电导率C_{sa}可表示如下：

$$\frac{C_{sa} - C_{0g}}{C_{sa} + 2C_{0g}} = \sum_{k=1}^{4} \phi_k \frac{C_k - C_{0g}}{C_k + 2C_{0g}} \quad (1\text{-}2\text{-}3)$$

其中

$$\phi_1 = \frac{V_{ma}}{V}, \quad \phi_2 = \frac{V_{cl}}{V}, \quad \phi_3 = \frac{\phi_w}{V}, \quad \phi_4 = \frac{\phi_h}{V} \quad (1\text{-}2\text{-}4)$$

$$S_w = \frac{\phi_w}{\phi} \quad (1\text{-}2\text{-}5)$$

式中：C_1、C_2、C_3、C_4分别为分散泥质砂岩中的骨架颗粒、分散黏土颗粒、油珠、混合水的电导率，S/m；ϕ_1、ϕ_2、ϕ_3、ϕ_4分别为分散泥质砂岩中的骨架颗粒、分散黏土颗粒、油珠、混合液的相对含量，小数；C_{0g}为虚介质的电导率，S/m；V为混合泥质砂岩总体积，小数；S_w为含水饱和度，小数。

模型中引入渗滤指数γ和渗滤速率λ_w，前者表征介质形状结构及表面粗糙度，后者表征介质内的流体连通性。应用实验室岩电测量数据，利用最优化算法求解C_t、C_w、S_w的非相关函数，可以得到新的饱和度模型中的渗滤指数γ和渗滤速率λ_w等参数值，有效介质对称电阻率模型中，下列等式成立：

$$I = \frac{C_o}{C_t} = \frac{B}{S_w^{\gamma+1}} \quad (1\text{-}2\text{-}6)$$

$$F = \frac{R_o}{R_w} = \frac{C_{wz}}{C_o} = \frac{A}{\phi^{\gamma+1}} \qquad (1\text{-}2\text{-}7)$$

$$A = \frac{(1-\phi)^{\gamma+1} + \lambda_w \phi^\gamma (1-\phi) + 2\lambda_w \phi^\gamma}{2\lambda_w} \qquad (1\text{-}2\text{-}8)$$

$$B = \frac{(1-\phi)^\gamma (1-\phi_w) + 3\lambda_w \phi_w^\gamma + (\phi-\phi_w)^\gamma - \phi_w(\phi_h - \phi_w)^\gamma - \lambda_w \phi_w^{\gamma+1}}{(1-\phi)^\gamma (1-\phi_w) + 3\lambda_w \phi_w^\gamma - \lambda_w \phi_w^{\gamma+1}} \qquad (1\text{-}2\text{-}9)$$

4. 应用效果

根据以上三元复合驱储层测井评价方法，完成了杏2-2-检试1井测井解释。杏二区自1996年9月开始三元复合驱试验，开发目的层为葡Ⅰ1-3油层。杏2-2-检试1井葡Ⅰ1-2₂层段为污水驱层段，葡Ⅰ3₃层段980.2~989.6m为三元复合驱层段。水驱层段共3个细分层段，强碱三元复合驱层段共9个细分小层。经过三元复合驱测井解释（成果图如图1-2-5所示），其精度为：有效孔隙度平均绝对误差为0.84%，空气渗透率平均相对误差为69.3%，束缚水饱和度平均绝对误差为3.84%，目前含水饱和度平均绝对误差为7.32%。各参数计算精度达到了指标要求，能够满足生产需要和剩余油评价的要求。

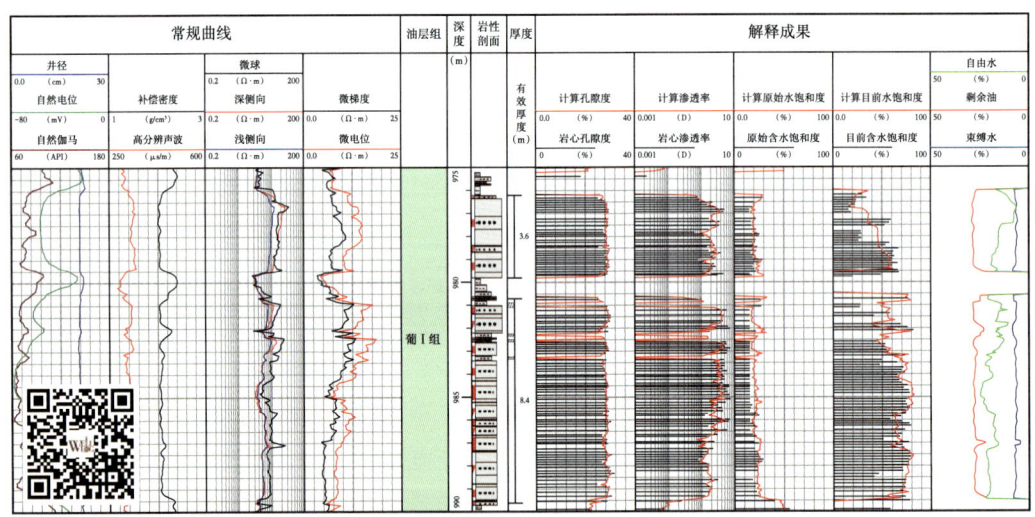

图1-2-5 杏2-2-检试1井测井解释成果图

5. 结论及建议

聚合物驱油与三元复合驱油作为水驱效率降低后的重要三次采油手段，已成为大庆油田实现技术接替稳产的重要支柱。三元复合体系驱替后，在驱替效果较好的井段，由于油层中残留碱的影响，岩石导电能力增强，测井曲线形态发生变化，特别是微电极曲线的形态变化更加明显，为测井解释带来了一定的困难。在解释手段上，应以单井解释为基础，开展多井、多资料剩余油分布研究相结合，将测井解释与油田地质、开发动态相结合，开展油藏开发中、后期油藏精细描述工作，以井间第一手监测资料，搞清剩余油分布规律,为油田开发方案调整、控水稳油提供可靠依据,提高油藏开发后期采收率。

二、中央坳陷长垣外围塔斜1706井薄互砂岩油层测井评价

1. 地质背景

塔斜1706井位于黑龙江省大庆市杜尔伯特蒙古族自治县巴彦查干乡,构造上位于松辽盆地中央坳陷区龙虎泡阶地巴彦查干断裂带。龙虎泡阶地是中央坳陷区内的二级构造单元,东邻齐家—古龙凹陷,西接西部斜坡区,北接北部倾没区局部,东南邻长岭凹陷,全阶地长约20km,宽15km,面积1800km²。总体构造形态是由西北向东南倾的斜坡,在此斜坡上发育了众多断裂和局部构造。本井位于一个局部背斜构造东北侧,处于两个断层之间,钻探本井的目的是落实含油性及两个断层之间的油水分布情况,扩大含油面积。

萨葡夹层薄互砂岩油层是近年来长垣外围常规油研究的重点领域之一。萨葡夹层是指萨尔图油层下部、紧邻葡萄花油层的一套地层,小层序号为$SⅢ_7$~$SⅢ_{11}$。萨葡夹层以含泥、含钙薄互层为主,含泥重,物性差,电阻率低,早期一直被认为是葡萄花油层较理想的盖层,地层厚度10~20m,砂岩厚度10m左右。萨葡夹层自北向南沉积环境由分流平原—内外前缘—前三角洲逐渐演化,西部为重力流沉积环境,砂岩发育不稳定。萨葡夹层岩心观察表明:岩心层理发育,有生物活动遗迹,在重力流区岩心出现滑塌变形。岩性包括粉砂岩、含介形虫泥岩等,含泥层段电阻率较低(图1-2-6)。

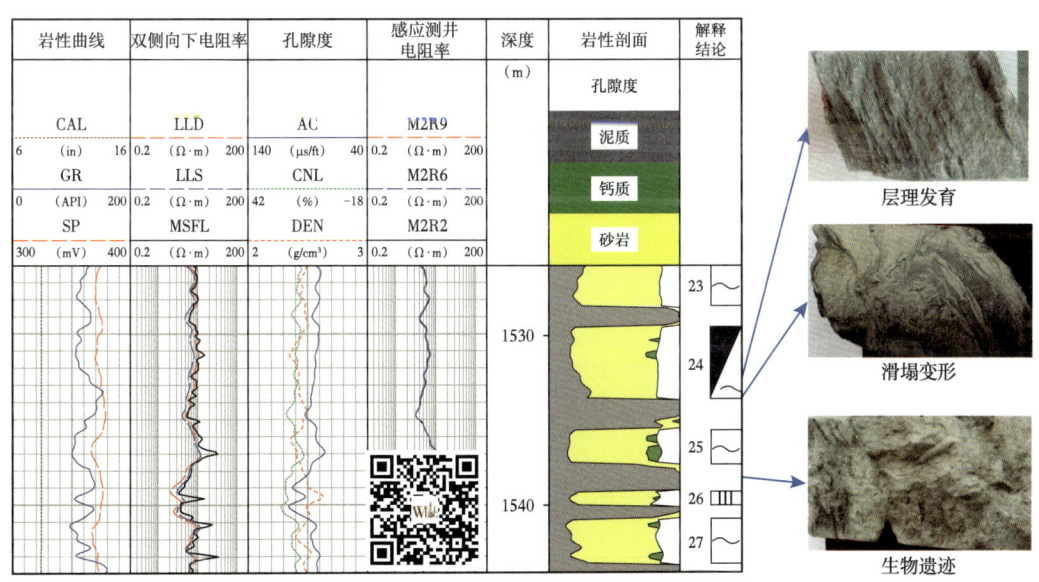

图1-2-6 重力流区塔X73井萨葡夹层岩心观察特征与电性特征关系图

2. 存在问题

重力流沉积区萨葡夹层测井评价的主要问题是储层薄、测井资料对油气响应不足、储层物性比萨尔图和葡萄花油层都差、低阻油层发育。现有的图版已经不能满足勘探和生产需求,需要开展针对性的研究工作。

3. 测井评价技术

重力流沉积区萨葡夹层含泥较重，油层电阻率较低。为此研制了考虑阳离子交换作用的 W-S 含油饱和度模型和考虑束缚水饱和度、含水饱和度的油水层识别定量模型，较好地解决了萨葡夹层的油水层识别难题。

1）萨葡夹层束缚水饱和度模型

试油油层的密闭取心含水饱和度和相渗束缚水饱和度对比结果表明，两种方法确定的束缚水饱和度一致性较好，因此建立了统一的束缚水饱和度模型（图1-2-7）。

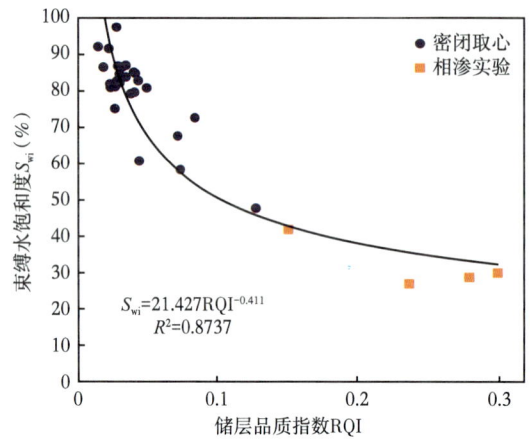

$$S_{wi} = 21.427 RQI^{-0.411} \quad (1-2-10)$$

$$RQI = \sqrt{K/\phi_e} \quad (1-2-11)$$

式中：RQI 为储层品质指数；S_{wi} 为束缚水饱和度，%；K 为空气渗透率，mD；ϕ_e 为有效孔隙度，小数。

2）萨葡夹层含水饱和度模型

萨葡夹层含泥重，因此选用阳离子交换饱和度模型。

Hill 和 Milburn 通过实验测量，发现了随地层水电导率增加、饱含水泥质砂岩电导率的非线性变化规律（图1-2-8）。

图1-2-7 龙西地区萨葡夹层束缚水饱和度与储层品质指数关系图

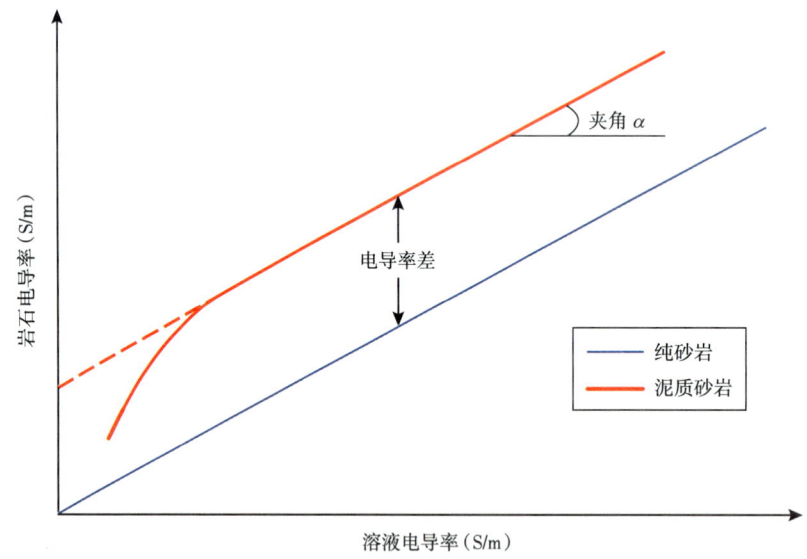

图1-2-8 泥质砂岩岩石电导率与溶液电导率的非线性变化规律

由此原理确定的阳离子交换饱和度模型的形式为：

$$C_t = \frac{1}{F^* S_w^{-n^*}}\left(C_w + B\frac{Q_v}{S_w}\right) = \phi^{m^*} S_w^{n^*}\left(C_w + B\frac{Q_v}{S_w}\right) \quad (1-2-12)$$

式中：C_t为地层电导率，S/m；C_w为地层水电导率，S/m；ϕ为有效孔隙度，%；m^*为经校正的胶结指数；n^*为经校正的饱和度指数；B为阳离子当量电导，由图版（图1-2-9）得出，（S/m）（meq/cm³）；Q_v为阳离子交换容量，mmol/cm³。

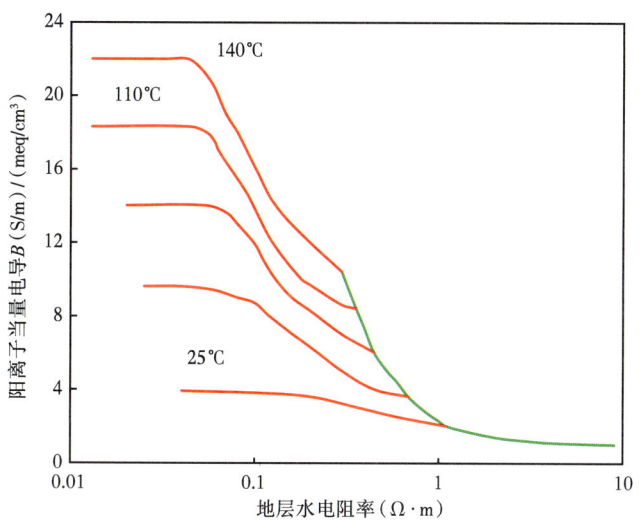

图1-2-9　W-S模型当量电导B值实验图版（据Waxman，Thomas，1974）

根据经验公式，Q_v由自然电位相对值ΔSP求得（图1-2-10）：

$$Q_v = 3.4535\Delta SP + 0.1758 \quad (1-2-13)$$

$$\Delta SP = SP/SP_{max} \quad (1-2-14)$$

式中：ΔSP为自然电位相对值；SP为自然电位，mV；SP_{max}为目的层段自然电位最大值，mV。

m^*、n^*由岩石物理实验求得：

$$m^* = 1.987$$

$$n^* = 1.796$$

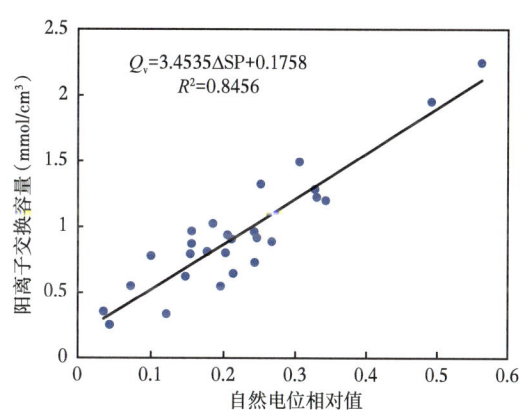

图1-2-10　萨葡夹层阳离子交换容量与自然电位相对值的关系图

S_w依据式（1-2-12），通过迭代或优化算法求得。

3）萨葡夹层油水层识别图版

优选储层含油饱和度和束缚水饱和度参数，应用萨葡夹层23口井43个层的试油资料，其中油层15层、油水同层8层、含油水层6层、水层14层，研制了萨葡夹层油水层识别图版（图1-2-11）。图版精度93.0%，满足了萨葡夹层油水层识别的需要。

4）萨葡夹层产能预测图版

优选深侧向电阻率R_{LLD}、有效孔隙度ϕ、地层补偿密度DEN参数，应用优化算法构建"储集性含油性综合指数ϕ_1"为横坐标；优选空气渗透率K、压裂液体积LIQ参数，应用优化算法构建"渗透性综合指数K_1"为纵坐标；应用萨葡夹层17口井25个层的

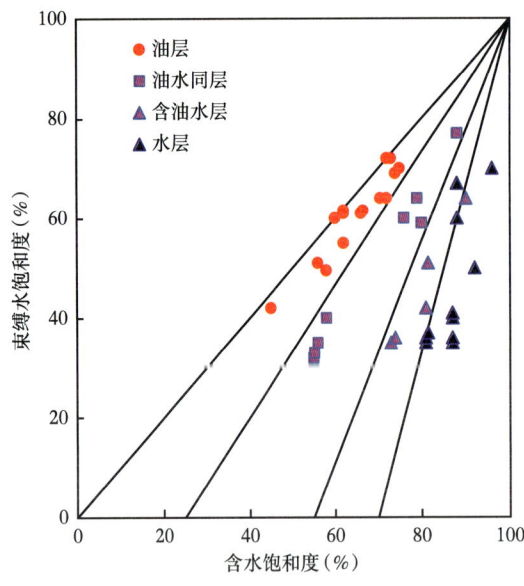

图 1-2-11 萨葡夹层油水层识别定量图版

试油资料，其中 5 层日产量大于 $10m^3$、13 层日产量 $1\sim10m^3$、7 层日产量小于 $1m^3$，研制了萨葡夹层产油量分类图版（图 1-2-12）。图版精度 80.0%，满足了萨葡夹层产油量预测的需要。

$$\phi_1=e^{0.16541}e^{-8.0842DEN}R_{LLD} \quad (1-2-15)$$

$$K_1=e^{0.0039LIQ}K^{0.38163} \quad (1-2-16)$$

式中：DEN 为地层补偿密度，g/cm^3；LIQ 为压裂液体积，m^3。

优选储层厚度 H、有效孔隙度 ϕ_e 参数，应用优化算法构建"储集性综合指数 ϕ_2"为横坐标；优选空气渗透率 K、压裂液体积 LIQ、含水率 F_w，应用优化算法构建"渗透性综合指数 K_2"为纵坐标；应用萨葡夹层 17 口井 34 个层的试油资料，其中 12 层日产量大于 $10m^3$、16 层日产量 $1\sim10m^3$、6 层日产量小于 $1m^3$，研制了萨葡夹层产水量分类图版（图 1-2-13）。图版精度 79.4%。满足了萨葡夹层产水量预测的需要。

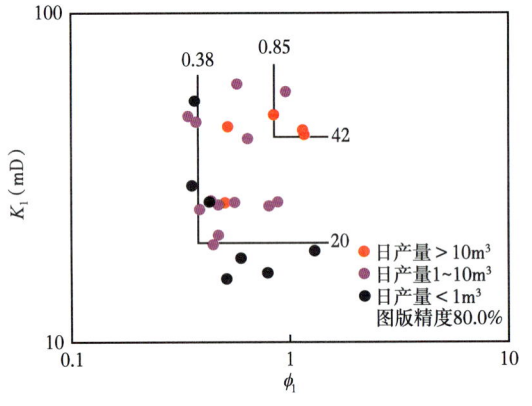

图 1-2-12 萨葡夹层压裂产油量分类图版

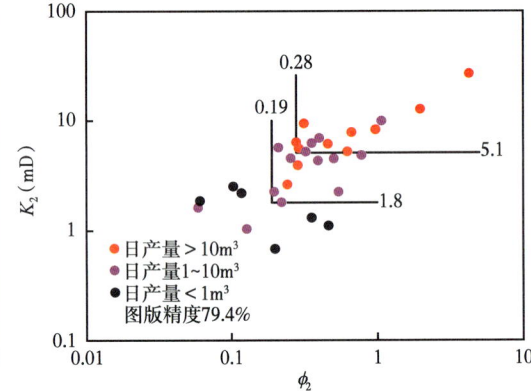

图 1-2-13 萨葡夹层压裂产水量分类图版

$$\phi_2=He^{0.34323\phi_e} \quad (1-2-17)$$

$$K_2=e^{0.0031LIQ}K^{0.65881}F_w \quad (1-2-18)$$

式中：H 为储层厚度，m；F_w 为含水率，小数。

4. 应用效果

塔斜 1706 井 35 号层，深侧向电阻率 $12.8\Omega\cdot m$，声波时差 $260.4\mu s/m$，密度 $2.39g/cm^3$；处理解释有效孔隙度 15.2%，空气渗透率 3.12mD，含水饱和度 78.4%，束缚水饱和度 65.3%，落在油水层识别图版的油水同层区，综合解释为油水同层。试油过程中共打入压裂液 $190.3m^3$，依据产能预测图版，预测日产油大于 $10m^3$、日产水大于 $10m^3$。压后抽汲，日产油 12.36t，日产水 36.81m³，获得高产工业油流，试油结论与预测结果一致（图 1-2-14）。

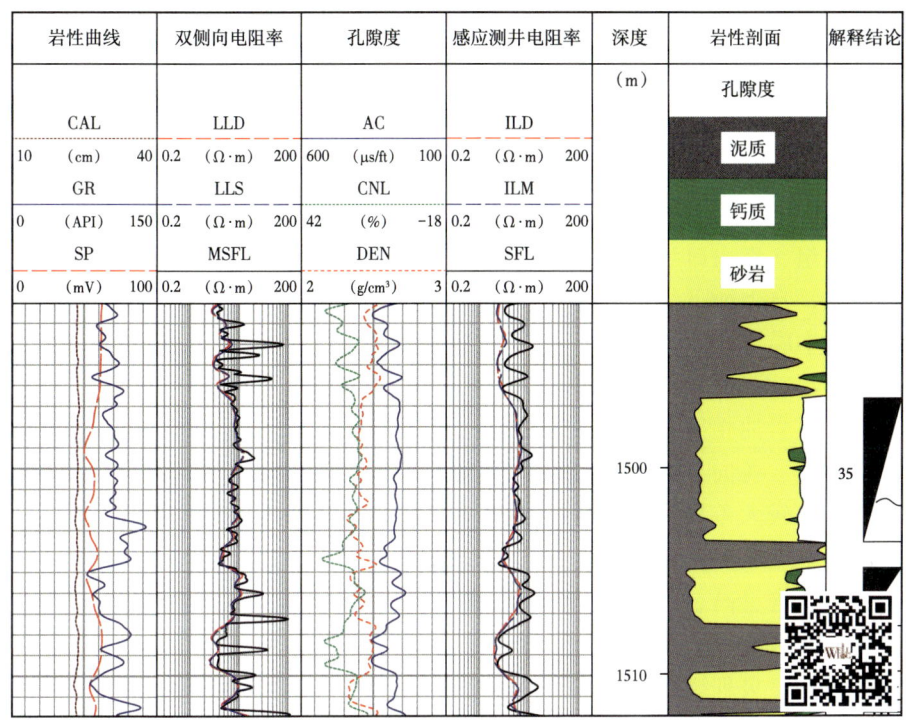

图 1-2-14　塔斜 1706 井测井综合解释成果图

应用上述方法解释重力流区萨葡夹层预探井、评价井 50 口，共试油 12 口井 29 层，综合解释符合率 82.8%。通过本项工作，建立了研究区精细的油水同层细分方法和两相流产能预测方法，加深了对龙西地区萨葡夹层薄互砂岩的认识，保障了萨葡夹层高效勘探与开发。

5. 结论及建议

龙西地区萨葡夹层是比较典型的重力流沉积区薄互砂岩常规油藏。本区的储层特征既不同于邻近的、大面积的三角洲沉积区，也不同于邻近的萨尔图、葡萄花油层。应用松辽盆地北部常规油藏的建模方法，建立了龙西地区萨葡夹层薄互砂岩油水同层细分方法和两相流产能预测方法，取得了较好的效果。

针对类似的油水层解释疑难地区和疑难层位，建议基于区域测井、试油资料，确定影响油水层解释的地质因素，以地质因素划定研究区范围；在研究区内单独优选敏感测井参数，建立油水层精细解释模型，可以达到最佳的识别效果。

三、中央坳陷古龙凹陷古页 8HC 井页岩油层测井评价

1. 地质背景

古龙凹陷是松辽盆地中央坳陷区内的一个负向二级构造单元，是在基底构造形态基础上发育的继承性凹陷。凹陷东邻大庆长垣，北邻齐家凹陷，西邻龙虎泡—大安阶地。凹陷呈南深北浅、东高西低的构造形态。凹陷内主要的三级构造有新站构造、古龙向

斜、茂兴向斜、英台构造、浩德构造群、小庙子构造、他拉哈向斜、葡西鼻状构造、常家围子向斜、高西鼻状构造等。

古页 8HC 井位于古龙凹陷北部、他拉哈向斜构造低部位。区内断层发育，本井东、西两侧发育由多条近南北向正断层所形成的断裂带，钻探目的是评价古龙凹陷南部青山口组古龙页岩油储层的"七性"特征，深化富集层纵向发育特征和富集规律认识，明确优质富集层分布位置，在直井评价基础上，侧钻水平井，为古页 1 试验区外扩和立体开发提供基础。

本井自上而下钻遇第四系，新近系泰康组，上白垩统明水组、四方台组，下白垩统嫩江组、姚家组、青山口组、泉头组部分地层。本井缺失新近系人安组、依安组。目的层是青山口组，自上而下细分为青一段和青二段。地质上根据岩性、旋回等特征将青一段细分为 6 个小层（Q1~Q6），青二、三段底部细分为 3 个小层（Q7~Q9）。

2. 存在问题

与国内外页岩油相比，古龙页岩为陆相沉积，具有高黏土含量、低碳酸盐含量、薄纹层及页理发育、各向异性强、实验难度大等特点，在油气运移、赋存方式、储集空间类型等方面具有较大差异。这些特殊性使得古龙页岩油测井评价面临巨大挑战。古龙页岩油测井评价难点主要表现在：

（1）受黏土含量高、有机质及复杂孔隙结构等影响，总孔隙度、有效孔隙度实验确定和测井准确评价难。

（2）纳米孔、页理缝发育，孔隙类型多样，油气赋存状态和测井导电机理复杂，含油性定量评价难。

（3）薄夹层和页理发育，常规测井分辨率难以满足非均质性评价需要。

（4）页岩矿物成分复杂，受黏土矿物排列具有方向性及薄纹层、页理发育等影响，页岩声电各向异性强，动静态转换、矩阵系数和构造应力系数等关键参数难以确定，直井和水平井各向异性地应力评价难。

（5）页岩油需水平井开发提产，但目的层与围岩曲线值相比差别较小，井轨迹与地层关系确定较难；声、电测井曲线受各向异性影响变化大，水平井"七性"参数准确评价难。

（6）产能主控因素复杂，单层试油段少，甜点层分类评价和产能预测难。

3. 测井评价技术

古页 8HC 井共进行了三次测井：第一次为中途完井测井，测量井段为 1225.0~2086.0m，测井系列为 ECLIPS-5700 系列，除常规测井外，加测了同系列的高分辨率阵列感应测井（HDIL）；第二次为导眼井完井测井，测量井段为 2086.0~2555.8m，测井系列主体为 ECLIPS-5700 常规系列和高分辨率阵列感应测井与能谱测井，同时加测了 EILog 系列三维感应测井，MAXIS-500 系列的微电阻率扫描成像测井（FMI）、声波扫描成像测井（MSIP）、二维核磁共振测井（CMR-NG）、岩性扫描测井（LithoScanner）和介电扫描测井（ADT）；第三次为水平完井测井，测量井段为 2157.0~5181.0m，测井系列为 ThruBit 常规系列，并加测了交叉偶极子阵列声波测井。

1）古龙页岩油三品质关键参数测井评价方法

针对评价对象由原来砂岩储层向页理裂缝发育、黏土含量高的烃源岩层转变，常规测井手段难以满足评价需要的难题，以元素扫描测井、核磁共振测井、微电阻率成像测井资料为基础，创建了基于 TOC 和 R_o 及游离烃含量 S_1 的烃源岩品质测井评价、全尺度表征二维核磁共振孔隙度及饱和度测井解释、弹性与矿物组合的脆性指数评价等方法，实现了页岩油"七性"参数高精度表征。经直井试油和水平井分段测试，"甜点"解释符合率达到 90% 以上。

（1）烃源岩品质参数测井评价。

成熟、优质且具有一定厚度的烃源岩是页岩油形成的物质基础，因此需要准确计算烃源岩品质参数，确定烃源岩有效性及厚度。烃源岩品质评价主要包括总有机碳含量（TOC）、镜质组反射率（R_o）、游离烃含量（S_1）三个参数。

① 总有机碳含量（TOC）。

测井计算 TOC 的方法主要有元素测井法、$\Delta \lg R$ 法。

元素测井法主要利用岩性扫描测井测得地层的总碳含量，再从总碳含量减去方解石、（铁）白云石和菱铁矿等矿物中的无机碳含量，可得到地层总有机碳含量 TOC。该方法对矿物含量解释精度要求较高，在实际运算中与岩心分析 TOC 对比虽整体趋势较一致，但解释精度平均绝对误差达 0.6%。考虑到本区总有机碳含量 TOC 主要分布区间在 1%~4% 之间，精度不能满足储层评价需要。

另一种常用的方法是 Passey 等提出的 $\Delta \lg R$ 法，主要适用于未成熟—成熟页岩。根据富含有机质的烃源岩层段电阻率高、声波时差大这一特征，将声波时差、电阻率曲线反向重叠，在纯泥岩段使曲线平行并重合在一起；富含有机质层段则表现为存在幅度差异，曲线幅度差越大，指示储层 TOC 值越高。计算模型如下：

$$\Delta \lg R = \lg \frac{R_t}{R_b} + k(\Delta t - \Delta t_b) \quad (1-2-19)$$

$$k = \lg\left(\frac{R_{max}}{R_{min}}\right) \Big/ (\Delta t_{max} - \Delta t_{min}) \quad (1-2-20)$$

$$TOC = (\Delta \lg R) 10^{2.297 - 0.1688 LOM} \quad (1-2-21)$$

式中：$\Delta \lg R$ 为曲线重叠幅度差；R_t 为目的层电阻率，$\Omega \cdot m$；Δt 为目的层声波时差，$\mu s/m$；R_b 为纯泥岩段电阻率，$\Omega \cdot m$；Δt_b 为纯泥岩段声波时差，$\mu s/m$；R_{max} 为电阻率最大值，$\Omega \cdot m$；R_{min} 为电阻率最小值，$\Omega \cdot m$；Δt_{max} 为声波时差最大值，$\mu s/m$；Δt_{min} 为声波时差最小值，$\mu s/m$；k 为系数；TOC 为总有机碳含量，%；LOM 为热变质指数。

与岩心分析 TOC 对比，应用 $\Delta \lg R$ 法计算 TOC，平均绝对误差为 0.29%，满足储层评价精度要求。

② 镜质组反射率（R_o）。

镜质组反射率 R_o 是反应有机质成熟度的重要指标。有机质热变质作用越深，镜质组反射率越大。R_o 一般根据岩心分析 R_o 与储层垂深关系计算，实际生产中，发现部分井计算误差较大。根据试油资料统计分析，古龙地区不同区块之间地温梯度变化范围较大，从40℃/km到52℃/km均有分布。研究表明，R_o除与储层垂深关系密切外，不同区块地温梯度的变化对R_o值影响也较大。如古页6H井2380m处实验分析样品R_o为1.01%，按正常地温梯度（46℃/km）计算R_o为1.4%左右，相差0.39%；古616井1810m深度岩心分析R_o为1.19%，按正常地温梯度（46℃/km）计算R_o为0.88%，相差0.31%。综上，不同地温梯度井相同深度R_o值相差较大，因此综合考虑地温梯度与垂深的变化，应用25口井244块R_o实验分析资料，建立考虑地温梯度变化的R_o与垂深关系图版（图1-2-15），模型计算R_o平均绝对误差为0.06%，为准确计算游离烃S_1参数奠定了基础。

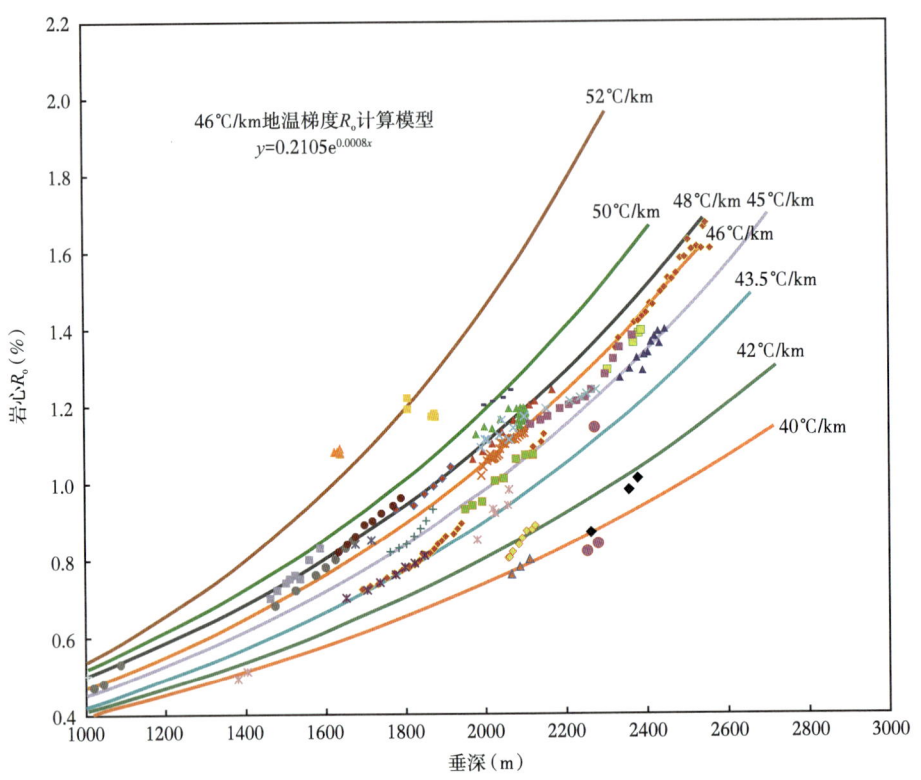

图1-2-15 古龙页岩油考虑地温梯度变化的R_o与垂深关系图版

③游离烃含量（S_1）。

游离烃为岩石中已经生成尚残留在岩石中的烃类。游离烃含量能够直接反映页岩油的富集程度，是页岩油资源评价的关键参数。在岩心归位的基础上，对TOC与游离烃含量关系进行分析，发现TOC和游离烃含量S_1有很好的线性关系（图1-2-16a），而从不同成熟度的TOC与S_1关系图可知，镜质组反射率R_o越高，S_1与TOC关系曲线斜率越大（图1-2-16b）。依据这个规律，采用古页1等7口井游离烃含量S_1，建立了考虑R_o和TOC双参数的游离烃含量S_1测井计算模型［式（1-2-22）］。应用该方法计算S_1，平均绝对误差0.86mg/g。

$$S_1 = (5.5381 \times R_o - 3.6347)\text{TOC} - 1.1 \quad (1\text{-}2\text{-}22)$$

式中：S_1为游离烃含量，mg/g；R_o为镜质组反射率，%。

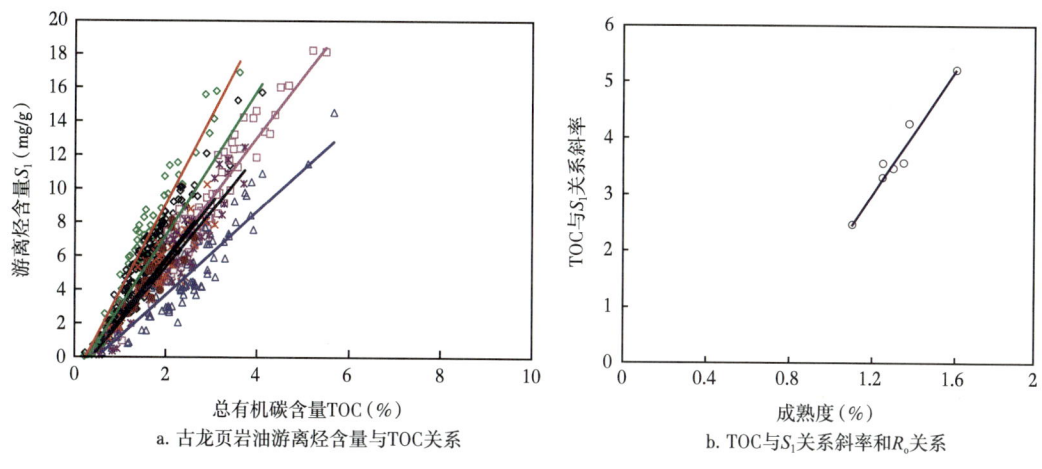

图 1-2-16 古龙页岩油游离烃含量与 TOC 关系及两者关系斜率与 R_o 关系

（2）储层品质参数测井评价。

储层品质评价主要包括岩性识别、物性参数计算和含油饱和度评价。在岩电关系分析基础上，优选敏感测井参数，利用配套岩心实验结果和岩心刻度测井的方法，分别建立储层品质参数解释模型。

①页岩岩性、岩相分类。

将碳酸盐、黏土、长英质矿物作为三端元，采用三角图对页岩岩石类型进行分类。国内外细粒沉积岩主要采用"有机质丰度＋宏观结构＋矿物组分"方案划分页岩岩相。依据这一方案和全岩分析资料，厘定古龙页岩主要发育 10 种岩相（表 1-2-1）。

表 1-2-1 古龙页岩岩相类型划分方案表

序号	岩相类型	岩相类型（亚类）	总有机碳含量	矿物含量	宏观结构
1	富有机质纹层状黏土质页岩相	富有机质纹层状黏土质页岩相	TOC＞2%	黏土＞50%，25%＜长英质＜50%	纹层/层状发育，页理发育
2	富有机质层状黏土质页岩相	富有机质层状黏土质页岩相	TOC＞2%		
3	中等有机质纹层状黏土质页岩相	中等有机质纹层状黏土质页岩相	1%＜TOC＜2%		
4	富有机质纹层状混合质页岩相	富有机质纹层状混合质页岩相	TOC＞2%	25%＜黏土＜50%，25%＜长英质＜50%，25%＜碳酸盐＜50%	纹层/层状发育，页理发育
5	富有机质层状混合质页岩相	富有机质层状混合质页岩相	TOC＞2%		
6	中等有机质纹层状混合质页岩相	中等有机质纹层状混合质页岩相	1%＜TOC＜2%		
7	富有机质纹层状长英质页岩相	富有机质纹层状长英质页岩相	TOC＞2%	长英质＞50%，25%＜黏土＜50%	颗粒支撑
8	中等有机质层状长英质页岩相	中等有机质层状长英质页岩相	1%＜TOC＜2%		
9	低有机质块状长英质页岩相	低有机质块状长英质页岩相	TOC＜1%		
10	块状碳酸质页岩相	块状云质页岩相	/	碳酸盐＞50%	生物结构
		块状灰质页岩相			

- 19 -

②矿物组分精细评价。

根据 Herron 模型［式（1-2-23）］（Herron，1986）原理，刻度古龙页岩矿物与元素转换系数（表1-2-2），应用岩性扫描测井建立多矿物解释模型，通过最优化处理实现了矿物组分精细评价，与全岩分析结果对比（图1-2-17），主要矿物含量计算平均绝对误差4.55%。

$$E = CM \tag{1-2-23}$$

式中：E 为元素质量分数矩阵；C 为转换系数矩阵；M 为矿物质量分数矩阵。

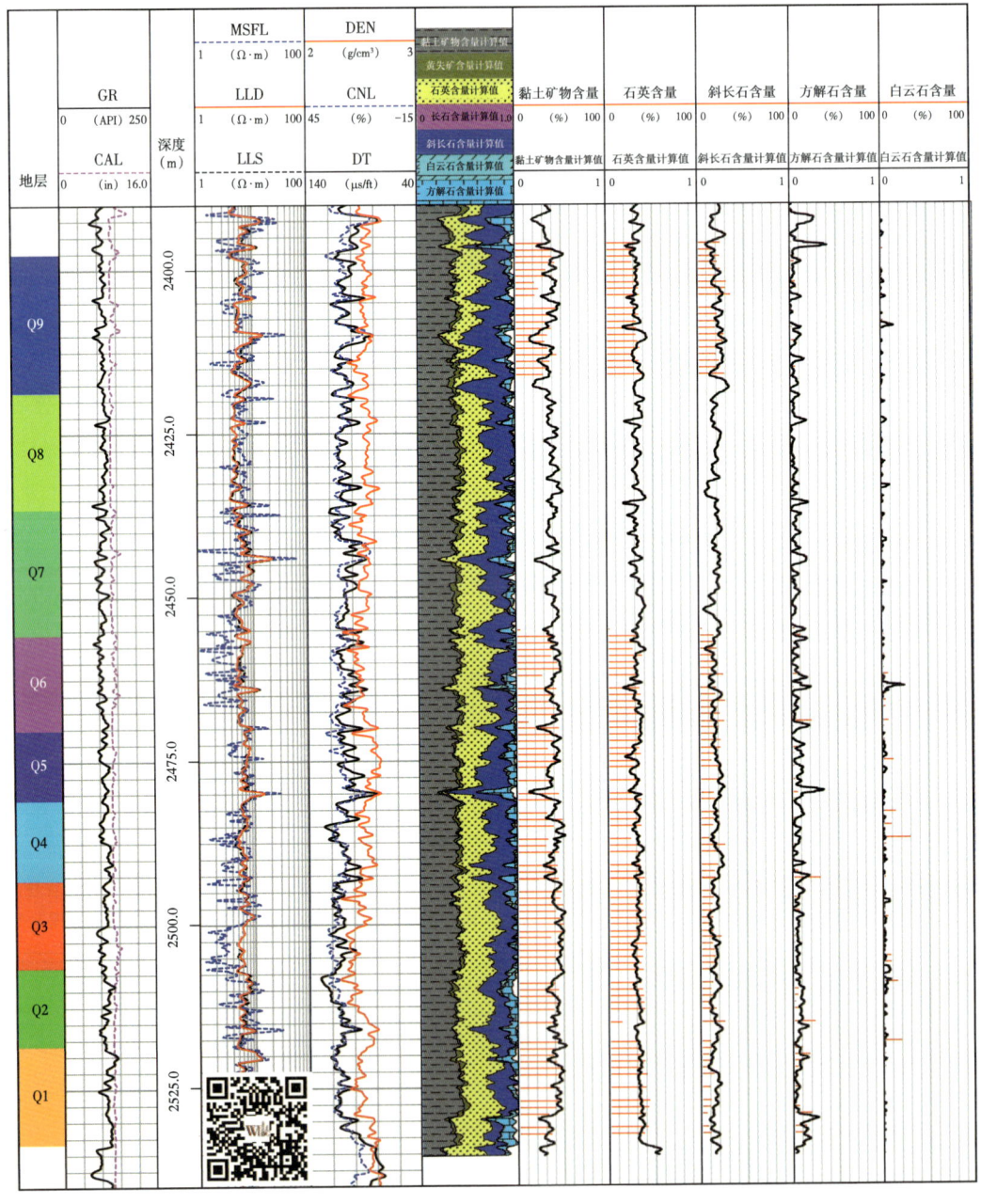

图 1-2-17　古页 8HC 井青山口组矿物组分测井解释成果图

表1-2-2 古龙页岩岩相类型划分方案表

矿物元素	Si（%）	Al（%）	Fe（%）	Ca（%）	Na（%）	K（%）	Mg（%）	S（%）
石英	46.74							
钾长石	14.11	9.90				10.20		
斜长石	26.60	10.87		8.72	7.00	0.50	3.06	
伊利石	20.84	18.52	10.76	0.50	0.70	6.87		
方解石				40.00				
铁白云石			16.23	19.42			3.53	
黄铁矿			46.55					53.40

③有效孔隙度计算。

有效孔隙度是储量评价和开发方案设计中非常重要的一个参数。古龙页岩黏土矿物含量远高于常规砂岩，页岩中的水以黏土束缚水、毛管束缚水等多种方式存在。不同赋存方式的水对页岩孔隙的贡献不同，如毛管水影响有效孔隙度，黏土束缚水影响总孔隙度。如何进行科学的预处理、准确测定页岩中不同方式水的体积，成为页岩物性检测的关键。实验室主要采用氦气法测定有效孔隙度，实验中烘干温度在原标准中规定为105℃，通过对页岩样品不同温度烘干对比实验并结合二维核磁共振分析结果，发现较高温度会造成黏土矿物结构破坏，部分黏土束缚水一起烘出。为保证损伤控制最低限度和测量精度，综合确定60℃烘干8小时为古龙页岩有效孔隙度测定最佳实验条件，建立了新测定标准和流程。

受页岩有机质和复杂孔隙结构影响，常规测井和核磁共振测井计算的有效孔隙度精度相对误差均在10%以上，不能满足储量规范相对误差8%的需求。因此，应用岩心分析有效孔隙度和核磁共振测井资料，在准确岩心归位基础上，采用3口井14块岩心对应相同深度的核磁共振T_2谱曲线，将T_2谱孔隙度分量曲线由大孔向小孔反向累积交会至y轴，该点即为总孔隙度。应用岩心分析的有效孔隙度值对应至累积曲线即为该样品的有效孔隙度的T_2截止值（图1-2-18）。结果显示，T_2截止值在1.3~5.34ms，变化范围较大。通过对T_2截止值、T_2几何均值与黏土含量关系的进一步分析，结果显示，T_2截止值随T_2几何均值增大而增大，随黏土含量增大而减小。因此，综合应用T_2几何均值和黏土含量建立有效孔隙度T_2截止值计算模型［式（1-2-24）］，采用变T_2截止值法计算核磁共振有效孔隙度值，经120块岩心分析有效孔隙度验证，有效孔隙度计算平均绝对误差0.49%，平均相对误差7.95%，满足了储

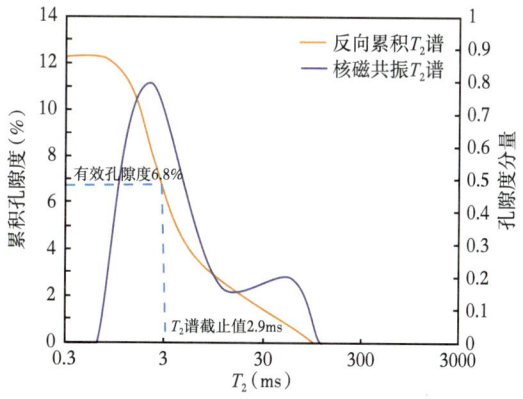

图1-2-18 古龙页岩油核磁共振T_2谱反向累积法确定有效孔隙度T_2截止值示意图

量规范要求。

$$T_{2C} = 0.712 \times T_{2G} - 1.460 \times W(\text{Clay}) + 0.511 \quad (1\text{-}2\text{-}24)$$

式中：T_{2C} 为 T_2 截止值，ms；T_{2G} 为几何均值，ms；$W(\text{Clay})$ 为黏土质量分数，小数。

④含油饱和度计算。

古龙页岩油油质轻，原油密度普遍小于 0.83g/cm³，且气油比高，油气易散失，含油饱和度实验室准确测量难度大。为了准确评价页岩含油饱和度，减少轻烃损失，创新形成现场一维核磁共振含油饱和度测量技术。通过在钻井现场及时取样分析，测量原始岩样、饱和水（补充逸失流体孔隙空间）和泡高浓度氯化锰（抑制水信号，仅测量油信号）三种状态下的岩样的核磁共振信号，得到岩样含油体积和总体积等参数，最后开展逸失流体恢复，确定地层条件下含油饱和度。现场一维核磁共振饱和度测定方法，具有时效性高、轻烃散失少、所测饱和度值更接近地下实际的特点。统计 5 口井 544 块样品一维核磁共振含油饱和度，主要分布在 40%~80%，中值为 62%。根据一维核磁共振分析的含油饱和度来刻度测井方法，分别建立了基于二维核磁共振测井和基于数字岩心的含油饱和度测井解释模型。

基于二维核磁共振测井的页岩含油饱和度计算方法：常规储层主要利用不同流体在一维核磁共振横向弛豫时间上的差异来识别流体性质，但页岩有机孔中的沥青、束缚油、可动油与无机孔中束缚水的横向弛豫时间 T_2 基本重叠，难以利用一维 T_2 谱有效区分。通过岩心实验证实，在非常规油气藏储层，在地层条件下，油气水赋存地层孔隙内，受孔隙结构影响，不同性质流体测量的核磁共振 T_1/T_2 值也会发生变化。特别是在孔喉半径较小时孔隙流体受到的约束作用很强，其 T_1/T_2 值会有较大差别。沥青、干酪根、有机孔束缚油、可动油等组分信息在 T_1/T_2 值上有明显不同。因此，可以应用 T_1-T_2 二维核磁共振测井（CMR-NG）来有效区分页岩油流体性质和储层含油性。

古龙页岩储层岩心宏观观察和场发射电镜、激光共聚焦等资料显示，页岩大孔和小孔（有机孔）均含油，最小含油孔隙半径 9nm。另外现场保压样品二维核磁共振实验结果显示，在样品泡高浓度氯化锰溶液后小孔部分仍有油信号。应用 4 口井测量的 CMR-NG 二维核磁共振测井资料，应用聚类分析方法确定可动油、可动水、束缚油、毛管束缚水和黏土束缚水等流体分布特征和体积，采用考虑小孔含油的二维核磁共振饱和度模型计算储层含油饱和度［式（1-2-25）］。与现场一维核磁共振实验结果对比，应用 CMR-NG 解释的含油饱和度平均为 59%，平均绝对误差 4.5%。

$$S_o = \frac{V_{可动油} + V_{束缚油}}{V_{可动油} + V_{束缚油} + V_{毛管束缚水} + V_{可动水}} \quad (1\text{-}2\text{-}25)$$

式中：S_o 为含油饱和度，小数；$V_{可动油}$ 为可动油体积，小数；$V_{束缚油}$ 为束缚油体积，小数；$V_{毛管束缚水}$ 为毛管束缚水体积，小数；$V_{可动水}$ 为可动水体积，小数。

基于数字岩心的页岩含油饱和度测井解释模型：基于岩石物理特征的角度，页岩储层与富含泥质的粉砂岩储层类似，其电阻率高低不仅与地层水电阻率、含水饱和度、有效孔隙度有关，而且还与泥质电阻率、泥质相对含量以及泥质的分布形式有关。地质研究表明，古龙页岩岩矿组成主要为黏土质长英页岩，比国内外其他页岩油气田黏土矿物含量高、长石含量高、碳酸盐含量低。薄片显示，目的层黏土矿物与长英质矿物杂乱堆积，属于典型的分散状黏土沉积。对于没有二维核磁共振资料的老井，由于页岩岩电实验驱替困难、饱和度参数难以准确获取，因此优选基于数字岩心的采用分散黏土泥质砂岩饱和度模型（Simandoux方程）计算含油饱和度：

$$\frac{1}{R_t} = \frac{V_{cl}}{R_{cl}} S_w^{0.5n} + \frac{\phi^m}{aR_w(1-V_{cl})} S_w^n \quad (1-2-26)$$

式中：S_w 为含水饱和度，%；R_t 为原状地层电阻率，$\Omega \cdot m$；R_{cl} 为黏土电阻率，$\Omega \cdot m$；m 为胶结指数；n 为饱和指数；a、b 为系数。

岩石物理实验为测井信息向储层信息转换提供了刻度和桥梁，但在页岩油气等非常规储层中，这项工作面临极大挑战，主要体现在测试工艺流程、测试精度和分析周期等三个方面。随着计算机技术的发展，对储层的某些岩石物理属性进行数值模拟已成为一种经济有效的研究手段。选取研究区代表性岩心15块，开展数字岩心纳米CT、聚焦离子束扫描分析及MAPS成像与QemScan矿物测量等配套实验。在确定所有类型孔隙的数字岩心格架基础上，采用有限元算法分析导电特征，利用图像运算来模拟油驱水过程，可最终确定古龙页岩油储层岩电参数 a、b、m、n 值。应用Simandoux方程解释的含油饱和度平均为60.2%，平均绝对误差为3.7%。

（3）工程品质参数测井评价。

①脆性指数计算。

目前，脆性评价主要采用矿物组分法和弹性参数法。考虑到古龙页岩的特殊性，常用的矿物组分和弹性参数计算法单独表征页岩脆性存在不足。室内实验获得的峰后应力—应变曲线的形态一直是人们定性了解岩石脆性程度的主要方法，如果峰后强度迅速降至某一很小值，说明岩石脆性程度很大；如果峰后强度降低很缓慢甚至没有降低，说明脆性程度很小。因此应用古页1等4口井19块力学实验样品，采用峰后应力降的相对大小和绝对速率建立了储层脆性程度评价指标。利用岩心脆性系数实验结果刻度泊松比和杨氏模量脆性参数权重值，建立了矿物组分和弹性参数组合方法计算储层脆性指数BI，与岩心对比，相关系数达到0.85。

矿物组分法计算脆性指数：

$$BI_1 = \frac{W(\text{Quar}) + W(\text{Carbon})}{W(\text{Quar}) + W(\text{Carbon}) + W(\text{Clay}) + W(\text{Feld})} \quad (1-2-27)$$

弹性参数法计算脆性指数：

$$BI_2 = 0.25 E_{\text{Brit}} + 0.75 \mu_{\text{Brit}} \quad (1-2-28)$$

弹性+矿物组合计算脆性指数：

$$BI = 0.3755 BI_1 + 0.625 BI_2 \quad (1-2-29)$$

式中：$W(\text{Quar})$ 为石英质量分数，%；$W(\text{Carbon})$ 为碳酸盐岩质量分数，%；$W(\text{Feld})$

为长石质量分数，%；μ_{Brit} 为泊松比计算的脆性指数；E_{Brit} 为杨氏模量计算的脆性指数；BI 为组合法脆性指数；BI_1 为矿物组分法脆性指数；BI_2 为考虑不同权重弹性参数法脆性指数。

②地应力参数计算。

青山口组页岩呈现出明显的声波时差各向异性特征。水平主应力计算应采用各向异性模型，根据青山口组黏土含量与纵、横波各向异性系数关系（图 1-2-19、图 1-2-20），并结合岩心地应力实验结果标定最大、最小构造应力系数，从而建立了古龙页岩各向异性地应力计算模型。应用该模型计算破裂压力，与实测破裂压力相比，平均相对误差为 8%，满足了生产需求。

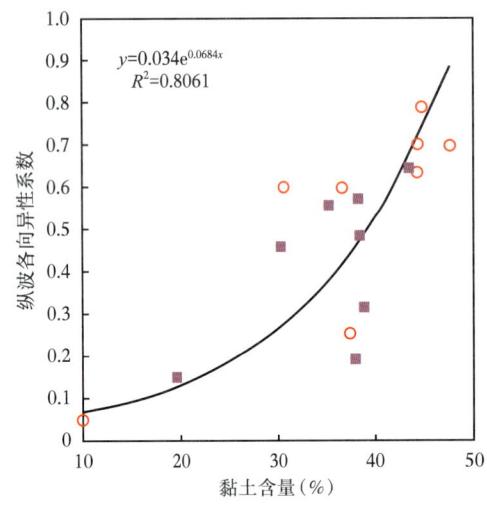 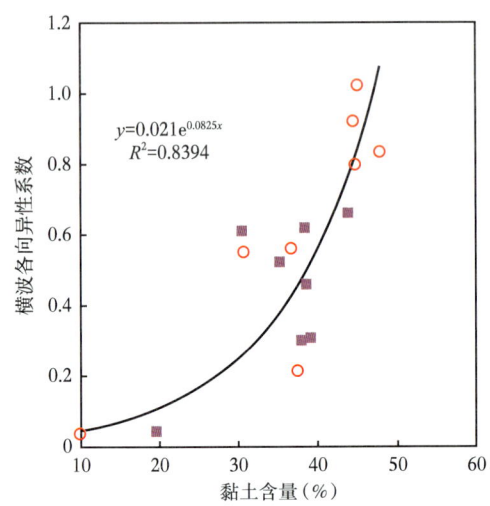

图 1-2-19 黏土含量与纵波各向异性系数关系图　图 1-2-20 黏土含量与横波各向异性系数关系图

2）古龙页岩"甜点"评价标准

古龙地区青山口组页岩"七性"参数评价结果表明，总体上储层"七性"之间基本具有较一致的变化规律。优质岩性主要为层状页岩和纹层状页岩，物性相对较好，平均有效孔隙度在 6% 以上；页岩电阻率主要受岩性控制，粉砂岩等夹层的电阻率相对页岩高，但一般厚度较薄，且物性和含油性相对较差。页岩有机质含量越高，电阻率越大，物性和含油性相对越好。页岩整体热演化程度较高，古龙页岩 R_o 在 1.3%~1.6% 时仍然以生油为主，为吸附油大量转化为游离油阶段。成熟度指标 R_o 与原油密度相关性较好，R_o 越大，原油密度越低，流动性越好。地层普遍超压，压力系数主要分布在 1.2~1.6 之间。最大水平主应力方向为近东西向，13 块差应变地应力实验揭示，应力差主要分布在 2~7MPa，平均 4.1MPa，有利于后期大规模缝网压裂。试油井测试和测井资料统计分析表明，高产井总体具有高电阻率、高声波时差、低密度、高孔隙度、高含油性和高 TOC 等特点。

（1）有效厚度标准。

油层有效厚度是指经措施改造后达到商业油流标准的"甜点"段中具有产油能力的那部分储层厚度，它是正确认识油层分布状况和准确计算石油地质储量的重要依据。根据"七性"参数评价结果，应用青山口组 18 口井 21 层的测井和试油资料，优选对产能敏感的有效孔隙度、游离烃含量、游离烃含油率、总有机碳含量、岩性密度、深侧向电阻率和脆性指数等7个参数，采用试油法、经验统计法、交会图法综合确定了古龙青山口组页岩油储层有效厚度下限标准（表1-2-3）。

表1-2-3　古龙青山口组页岩油层有效厚度下限标准表

游离烃含油率（%）	游离烃含量（mg/g）	有效孔隙度（%）	总有机碳含量（%）	岩性密度（g/cm³）	深侧向电阻率（Ω·m）	脆性指数
≥1.2	≥4.0	≥4.0	≥1.5	≤2.54	≥5.0	≥35

（2）富集层分类标准。

对古龙地区青山口组26口试油井"七性"参数与产能关系的分析表明，页岩储层产能高低除与S_1参数有关外，孔隙度、饱和度、脆性指数和破裂压力等"七性"参数与产能均有较好的相关性。优选"七性"参数中较具代表性且计算精度较高的TOC、S_1、有效孔隙度、含油饱和度、脆性指数和破裂压力，将其分别归一化后，根据不同参数与产量相关性大小赋予不同的权重，构建"甜点"综合评价指数计算模型［式（1-2-30）］，根据综合评价指数初步将页岩油层划分为Ⅰ、Ⅱ、Ⅲ三类（表1-2-4）。其中Ⅰ类层综合评价指数大于45，直井压后产能在3m³/d以上；Ⅱ类层综合评价指数大于35，直井压后见到低产油流；Ⅲ类层在目前工艺条件下还不具备产油能力。

$$RCI = S_1 \times 10 + BI \times 5 + \phi \times 30 + TOC \times 10 + S_o \times 25 + p_f \times 20 \quad (1-2-30)$$

式中：RCI为储层综合评价指数；p_f为破裂压力，MPa。

表1-2-4　古龙青山口组页岩油富集层测井分类标准表

储层类型	游离烃含量（mg/g）	有效孔隙度（%）	总有机碳含量（%）	含油饱和度（%）	破裂压力（MPa）	脆性指数（%）	储层综合评价指数
Ⅰ类层	≥6	≥6	≥2	≥55	≤55	≥40	≥42
Ⅱ类层	4~6	4~6	1.5~2.0	45~55	55~60	35~40	35~42
Ⅲ类层	<4	<4	<1.5	<45	>60	<35	<35

4. 应用效果

根据古龙页岩油"七性"测井评价方法，完成了古页8HC导眼井和古页8HC、古页8H1水平井的测井解释综合评价，如图1-2-21至图1-2-23所示。

古页8HC导眼井Q1~Q9油层综合解释Ⅰ类层21层，合计133m；Ⅱ类层1层2.6m，整体以Ⅰ类层为主。其中Q6油层93号层到Q5油层94号层中部（2466.6~2474.3m）为古页8HC水平井侧钻靶层；Q9油层84号层为古页8H1水平井侧钻靶层，轨迹向北两口评价井，目标靶层为Q2油层101号层、Q4油层97号层。

古页8HC水平井水平段轨迹位于Q6~Q5油层内，水平段长度为2520m。综合解释15~36号层，均为Ⅰ类层，合计2520m/22层。S_1为6.0~16.6mg/g，平均11.0mg/g；TOC在1.1%~2.6%，平均1.8%，含油性较好。根据以上测井资料解释结论，对古页8HC井水平段进行压裂，4mm油嘴控制套管放喷，油压11.60MPa，套压12.30MPa，折日产气3816m³，折日产油24.20m³。

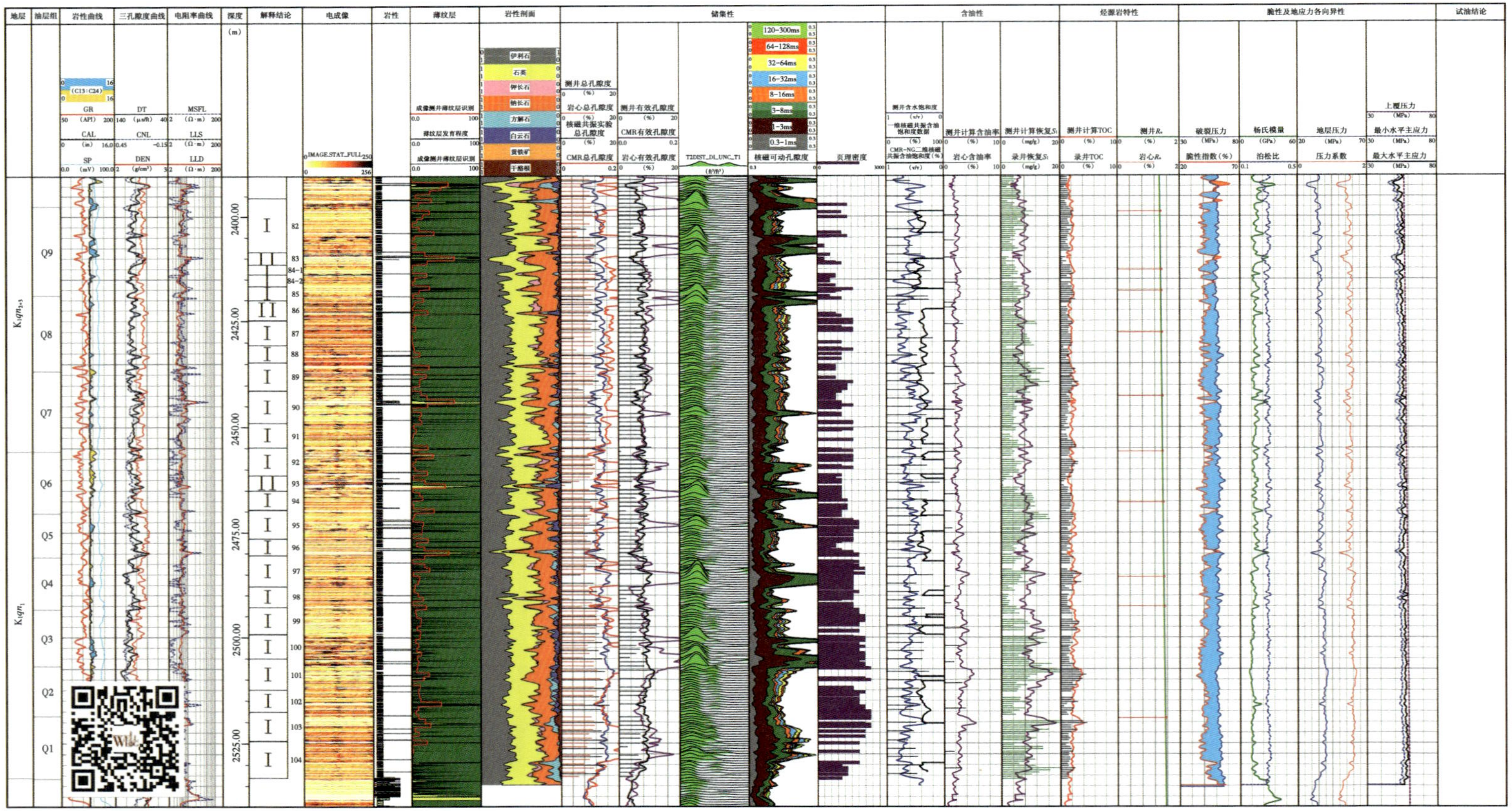

图 1-2-21 古页 8HC（导眼井）青山口组页岩油"七性"综合评价柱状图

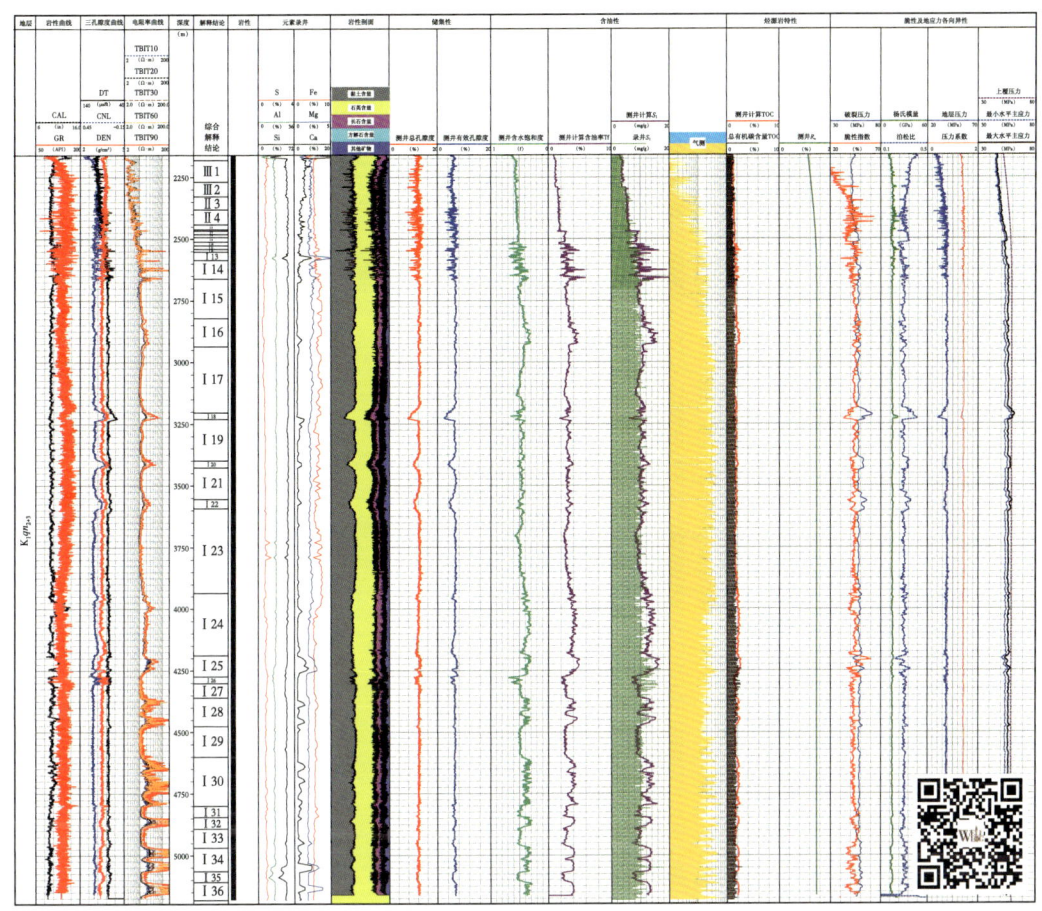

图 1-2-22 古页 8HC 水平井水平段页岩油"七性"综合评价柱状图

古页 8H1 井水平段轨迹位于 Q9 油层内，水平段长度为 2500m。综合解释 5~33 号层，Ⅰ类层 28 层 2455.4m。S_1 为 2.3~10.9mg/g，平均 7.6mg/g；TOC 在 0.9%~3.8%，水平段平均 2.0%，含油性较好。根据以上测井资料解释结论，对古页 8HC 井水平段进行压裂，6mm 油嘴控制套管放喷，套压 2MPa，出液温度 20.5℃，折日产气 3689m³，折日产油 18m³。

以上两口水平井测井综合评价结果与试油结果对比，进一步验证了古龙页岩油"七性"测井评价方法的正确性。

5. 结论及建议

（1）明确了古龙地区不同页岩和富集层的测井响应特征，形成了以岩性扫描、核磁共振、成像测井系列为核心的测井采集和"七性"参数测井评价技术，提高了孔隙度、饱和度等参数测井解释精度，为古龙页岩油储量提交和单井准确评价提供技术支撑。

（2）综合考虑总有机碳含量、游离烃含量、有效孔隙度、含油饱和度、脆性指数和破裂压力等对产能敏感的三品质参数，建立了古龙页岩油有效厚度和富集层分类评价标准，满足页岩油生产急需，具有较强的推广应用前景。

（3）页岩油开发以水平井为主，水平井的测井评价有别于直井，开展水平井测井响应各向异性校正、"七性"参数和富集层评价是今后攻关方向。

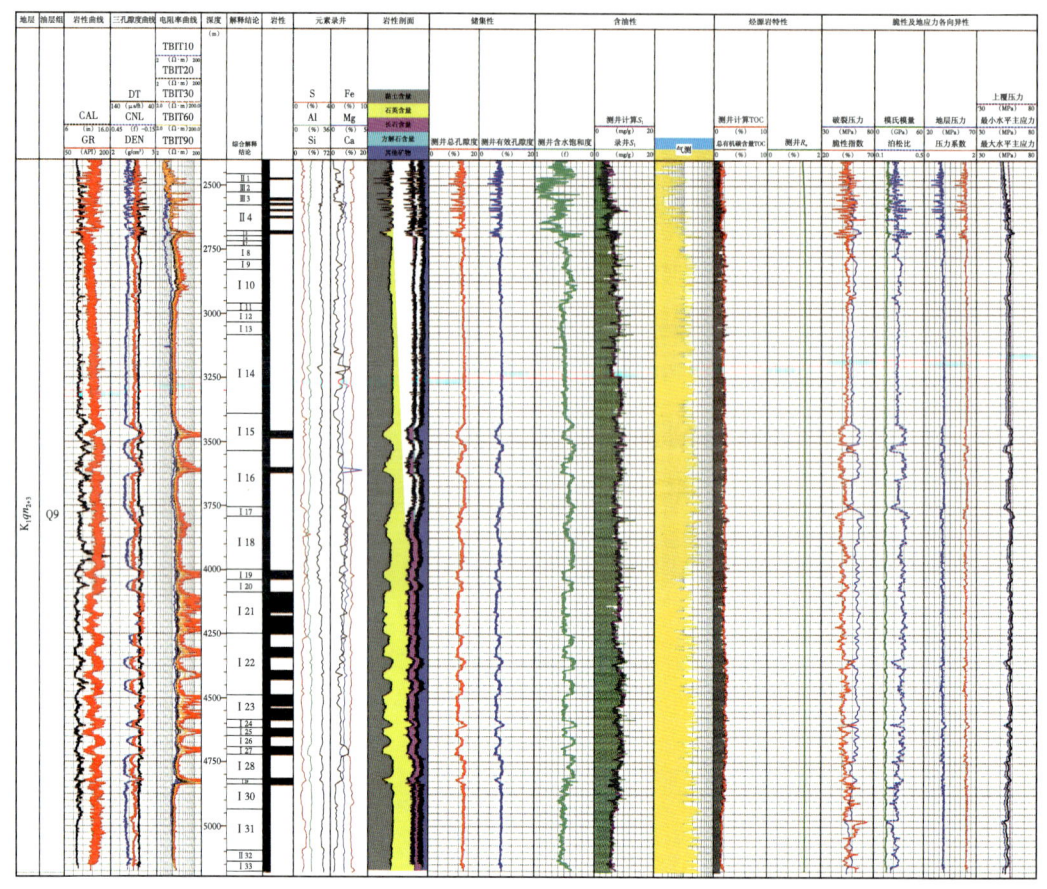

图 1-2-23　古页 8H1 水平水平段页岩油"七性"综合评价柱状图

第三节　区块案例

一、徐家围子断陷营城组火山岩气藏测井评价

1. 地质背景

徐家围子断陷是受徐西、徐中两条断裂控制的箕状断陷，为松辽盆地深层规模较大的断陷。断陷近南北向展布，南北向长 95km，中部最宽 60km，主体面积 4300km²。断陷周边 T_5 反射层海拔高程 -2500~-3500m，断陷内高程低于 -5000m。断陷西部为断坡带，中部为深洼带，并被徐中火山岩构造带分割为东西两个次凹。东部为斜坡带。西侧与古中央隆起带结合部为一大型的基底断裂面。该断裂面高差达 3000~5000m，宽 6~13km。断陷向东逐步抬升进入肇东—朝阳沟隆起带。徐中火山岩构造带，自升平凸起深入断陷中部，向南连接丰乐低隆起，将中央洼陷区又分割为东、西两部分，使得徐家围子断陷整体表现为东西分带、南北分块的构造格局。

松辽盆地北部深层指泉头组二段以下地层，主要为基底、火石岭组、沙河子组、营城组和登娄库组，以及泉头组一段、二段。下白垩统沙河子组沉积期为断陷盆地发育的鼎盛时期，形成断陷期主要烃源岩和局部盖层。断陷内普遍发育暗色泥岩夹泥质砂岩、砂砾岩，是本区烃源岩之一。营城组沉积期内基底断裂活动频繁，火山活动强烈，在断陷内，形成了大范围分布的火山喷发岩。在徐家围子断陷内，营城组分为四段：营一段在升平—宋站南以南发育；营二段地层发育在宋西断裂东部的次洼；营三段发育在升平、宋站凸起及安达次洼；营四段在升平、兴城地区砂砾岩局部发育，是该区有利储层之一，且厚度很薄，为含凝灰质的砂、泥岩互层。登娄库组为由断陷向坳陷过渡期，与下部地层呈不整合接触。登三、二段地层的砂体比较发育，为紧密叠置的多期河流沉积的产物，可形成有效的储层。泉一、二段沉积时期，为稳定坳陷阶段，以滨浅湖、河流相的暗紫色泥岩夹泥质粉砂岩、粉砂岩为主，地层总厚300~500m，分布稳定，具有较好的封闭能力，形成深层天然气藏的区域盖层。

在火山岩岩心系统观察、偏光显微镜薄片鉴定、火山岩成分分析的基础上，确定火山岩岩石类型。徐深气田火山岩岩石类型有火山熔岩和火山碎屑岩两大类。通过大量野外勘测和岩心观察，建立了火山岩岩相模式，徐家围子火山岩可划分为5个大相、15个亚相。钻井资料统计及野外露头观察表明，近火山口带火山岩厚度大，储层发育。火山岩的主要储集空间类型有气孔、气孔被充填后的残余孔、杏仁体内孔、球粒流纹岩中流纹质玻璃脱玻化产生的微孔隙、长石溶蚀孔、火山灰溶蚀孔、碳酸盐溶蚀孔、石英晶屑溶蚀孔、粒间孔、球粒周边及粒间收缩缝、裂缝及微裂缝等类型。

徐家围子断陷营城组天然气甲烷平均含量为81.51%~96.58%，平均含量为93.01%；乙烷为1.04%~3.04%，平均含量为2.06%；丙烷为0.05%~0.66%，平均含量为0.28%；二氧化碳平均含量为2.01%；氮气平均含量为2.10%；含0.05%以下的氦气和氢气；不含硫化氢；具有明显的干气特征。地层水氯离子平均含量为318.0~2177.9mg/L；总矿化度为2358.2~8316.7mg/L；水型为$NaHCO_3$，区域水性一致。

徐家围子断陷地层温度在132.2~162.2℃之间，地温梯度在3.624~4.081℃/100m之间，平均为3.850℃/100m，属较高地温梯度。

营一段火山岩压力在37.86~41.72MPa之间，压力系数在1.000~1.128之间，压力系数平均为1.075，属正常压力系统。

2. 存在问题

徐家围子断陷岩性岩相复杂，岩相控制储层发育程度及特征，岩性决定储层的骨架参数，相同岩相不同岩性电性特征差异大，储层测井精细评价是世界级难题，存在以下评价难点：

（1）岩性识别难。薄片定名的岩石类型较多，相同成分不同结构的岩石常规测井曲线相近，不同岩石成分但成像显示的结构相同，导致岩性识别难度大。

（2）岩相识别难。勘探评价中初期以火山岩体进行储层预测，后期在火山岩识别基础上进一步分岩相预测火山岩体，寻找隐蔽的勘探目标；初期以火山岩体作为计算单元，后期分旋回计算储量，气藏精细描述需要单井岩相识别。

（3）储层精细评价难。储层电阻率受岩性及孔隙结构的影响，气藏没有统一的气水界面，流体识别解释精度低，骨架参数变化大，储层参数精准计算难度大。

3. 测井评价技术

基于解释评价难点，确立了徐家围子断陷火山岩气藏研究的技术路线：根据测井资料识别岩性岩相，明确不同岩相的测井响应特征，分岩性岩相建立储层参数解释模型、流体识别方法与评价标准。

徐家围子断陷测井采集系列采用的是ECLIPS-5700、EXCELL-2000及MAXIS-500等成像测井系列，除常规测井外，还包括微电阻率成像测井（FMI、XRMI）、核磁共振测井（CMR）或偶极横波成像（DSI、XMAC-Ⅱ）等。通过测井资料重复性、一致性以及测前测后刻度检查，资料优等，满足解释评价要求。

1）火山岩测井响应特征及岩性识别

（1）火山岩测井响应特征。

①酸性岩类测井响应特征。

酸性岩类包括流纹岩以及流纹质的碎屑岩，其成分均为流纹岩。徐家围子断陷流纹岩分布比较广泛，多口井钻井取心显示，流纹岩一般呈灰、灰绿、暗紫色，岩性致密、性硬；薄片镜下呈斑状结构，斑晶多为长石、石英，见白云母、角闪石，基质具隐晶质结构，球状构造，偶见暗化现象。

图1-3-1为徐深9井流纹岩典型测井响应特征图，流纹岩具有低密度（2.14~2.62g/cm³）、低补偿中子（0~17.4%）、密度与中子孔隙度差值为正值、高自然伽马（68.0~223.0API）、高钍（12.3~29.5μg/g）特征。

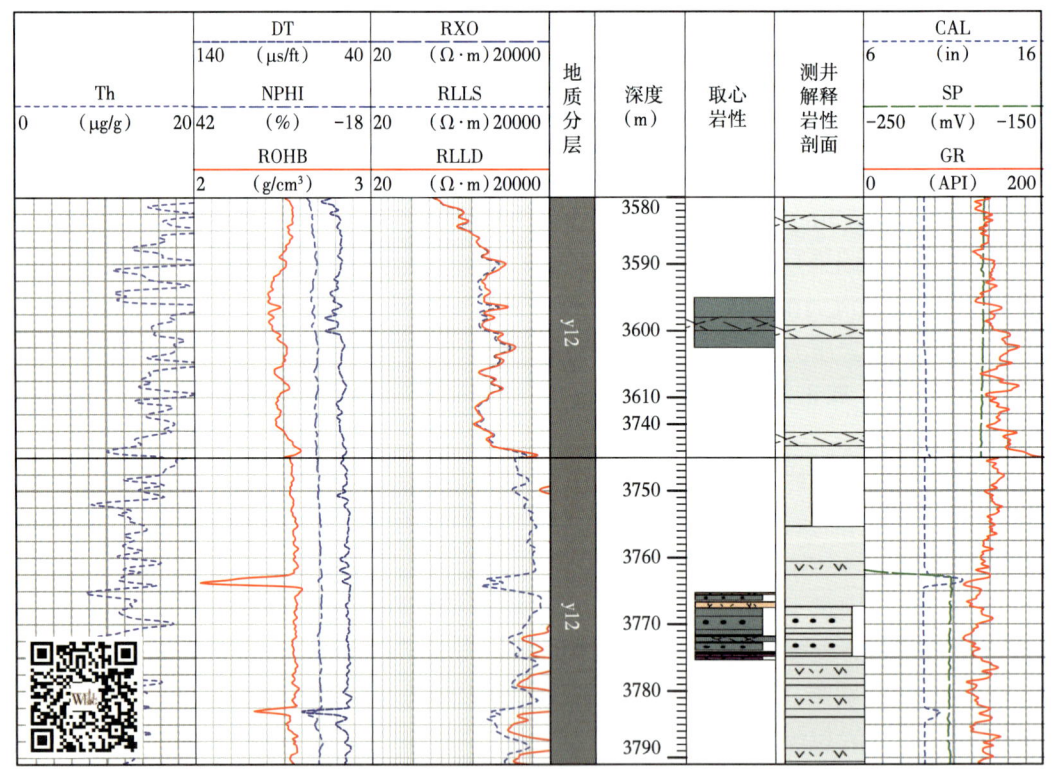

图1-3-1 流纹岩测井响应特征图（徐深9井）

②基性岩类测井响应特征。

基性岩类包括玄武岩以及玄武质的碎屑岩，其成分均为玄武岩。徐家围子断陷营城组玄武岩主要分布在安达—宋站地区。多口井钻井取心显示，玄武岩一般呈紫黑色，性硬；薄片镜下岩石主要由辉石、橄榄石和斜长石组成，具隐晶质结构。

图 1-3-2 为徐深 7 井（4410.0~4510.0m）玄武岩测井响应特征图。该段未取心，测井、录井资料均显示为玄武岩，具有高密度（2.43~2.78g/cm³）、高补偿中子（12%~18.4%）、密度与中子孔隙度差值为负值且最大、低自然伽马（18.5~51.5API）特征。在能谱测井上，玄武岩的铀、钍含量也较低。

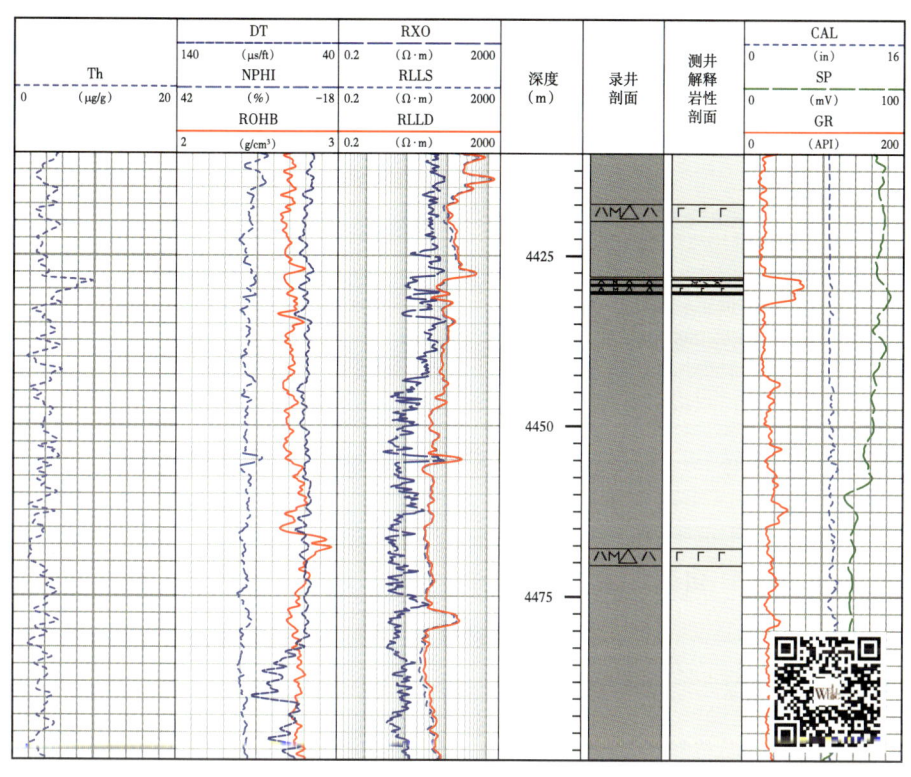

图 1-3-2　玄武岩测井响应特征图（徐深 7 井）

③中性岩类测井响应特征。

中性岩类包括安山岩以及安山质的碎屑岩，其成分均为安山岩。徐家围子断陷营城组安山岩主要分布在安达—宋站地区。根据取心及薄片资料，安山岩一般呈深灰、暗绿、灰绿色。岩性致密、细腻，具隐晶质结构。岩石主要由斜长石、角闪石和少量的石英组成。

图 1-3-3 为徐深 401 井安山岩典型测井响应特征图。安山岩具有中高密度（2.55~2.80g/cm³）、中补偿中子（6%~12.4%）、密度与中子孔隙度差值为负值且中等、较低自然伽马（49~92API）的特征。能谱测井显示，安山岩的铀、钍含量介于玄武岩与酸性岩类之间。

④中酸性岩类测井响应特征。

中酸性岩类包括英安岩以及英安质的碎屑岩，其成分均为英安岩。徐家围子断陷营城组英安岩较少，根据取心及薄片资料，英安岩一般呈灰白色、浅灰绿色，岩性致密坚硬，呈斑状结构。岩石主要由石英、钾长石、微晶斜长石组成。

图 1-3-4 为徐深 9 井英安岩典型测井响应特征图。英安岩具有中等密度（2.59~2.66g/cm³）、中等补偿中子（0%~6%）、密度与中子孔隙度差值为正值、较高自然伽马（65.9~125.5API）的特征。能谱测井显示，英安岩的铀、钍含量介于安山岩与酸性岩类之间。

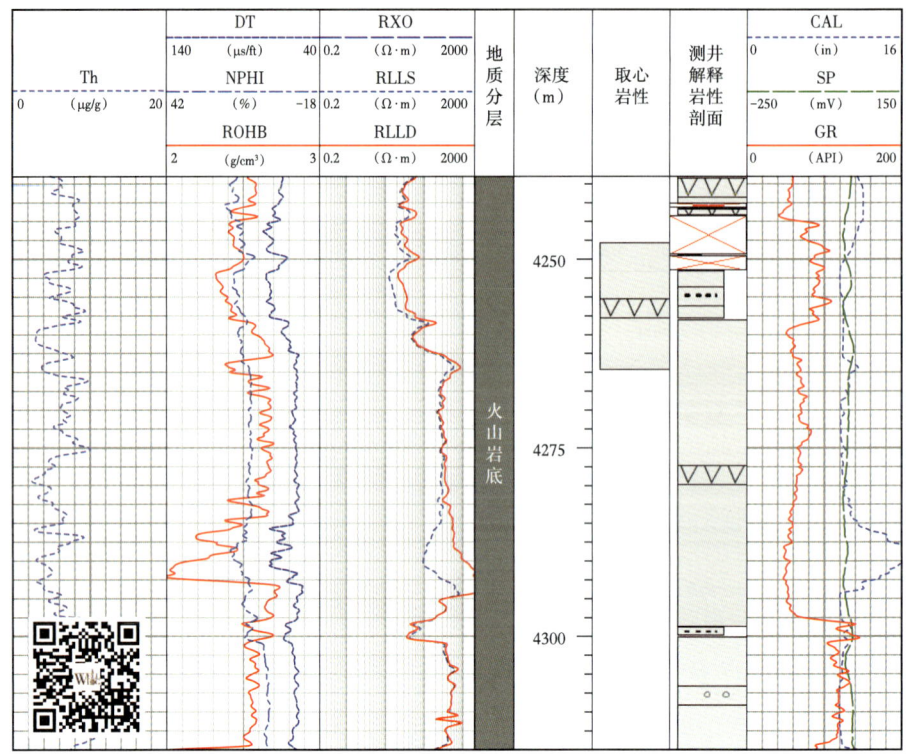

图 1-3-3 安山岩测井响应特征图（徐深 401 井）

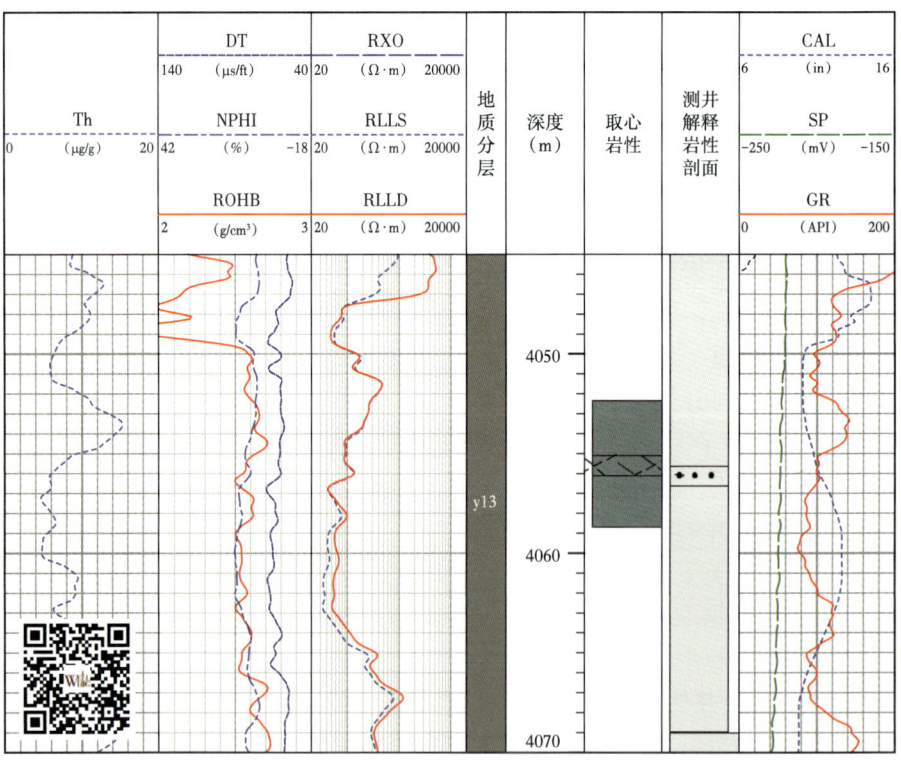

图 1-3-4 英安岩测井响应特征图（徐深 9 井）

综上所述，各类火山岩在密度、中子、岩性指数、自然伽马、钍等测井响应上有一定的差异，见表1-3-1。这种差异正是利用测井资料识别火山岩岩性的基础。

表1-3-1　徐家围子断陷火山岩测井响应特征值

岩性	密度 平均值 （g/cm³）	中子 平均值 （%）	自然伽马 平均值 （API）	岩性指数 平均值	钍 平均值 （μg/g）
基性岩类 （玄武岩）	$\frac{2.56\sim2.78}{2.66}$	$\frac{14.3\sim27.2}{20.1}$	$\frac{18.5\sim51.5}{29}$	$\frac{-10.7\sim-20}{-15.6}$	$\frac{1.56\sim4.44}{3.14}$
中性岩类 （安山岩）	$\frac{2.55\sim2.8}{2.68}$	$\frac{5.4\sim17}{11.2}$	$\frac{49\sim93}{75.7}$	$\frac{-6\sim-15.6}{-10.1}$	$\frac{3\sim12.4}{7.54}$
中酸性岩类 （英安岩）	$\frac{2.59\sim2.66}{2.62}$	$\frac{4.6\sim12}{8.7}$	$\frac{63\sim125}{84.7}$	$\frac{-2\sim-5.3}{-3.9}$	$\frac{6\sim12}{8.22}$
酸性岩类 （流纹岩）	$\frac{2.1\sim2.62}{2.49}$	$\frac{0.2\sim17.4}{5.3}$	$\frac{68\sim223}{151.2}$	$\frac{2.6\sim16.3}{7.3}$	$\frac{12\sim30.5}{17.73}$

注：岩性指数为密度孔隙度与中子孔隙度差值，反映密度与中子曲线交会的特征。

（2）火山岩岩性识别。

①交会图版法。

由于火山岩矿物成分复杂，仅用1~2个测井参数很难将不同岩性区分开，因此以徐家围子断陷59口取心井186层岩心及薄片资料为基础，采用岩心标定测井的方法，选取中子密度差值（$\phi_D-\phi_N$）、自然伽马（GR）、铀（U）、钍（Th）、钾（K）等测井参数，建立了火山岩岩性识别图版（图1-3-5、图1-3-6）。

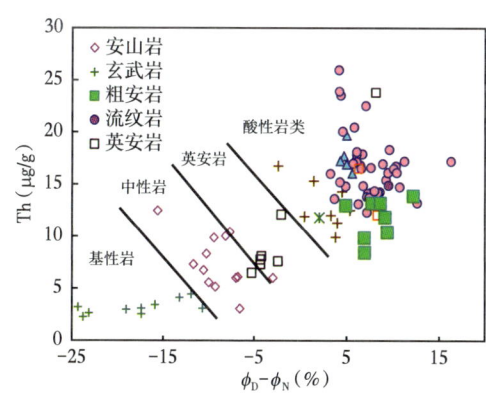 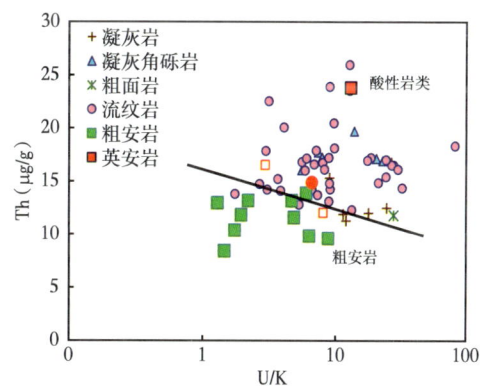

图1-3-5　火山岩岩性识别图版（步骤一）　　图1-3-6　火山岩岩性识别图版（步骤二）

② ECS测井识别法。

TAS图分类法（Total Alkali Silica）即硅—碱分类法，是目前国际上通用的火山岩分类方法，其基本的分类依据是根据二氧化硅（SiO_2）含量和碱度高低（K_2O+Na_2O）的比例关系进行岩性划分。应用研究区30余口有ECS测井资料的井对该区岩性进行分析，将ECS测井资料分析得到的样本点投影到TAS图版上，得到如图1-3-7所示的岩性分布。

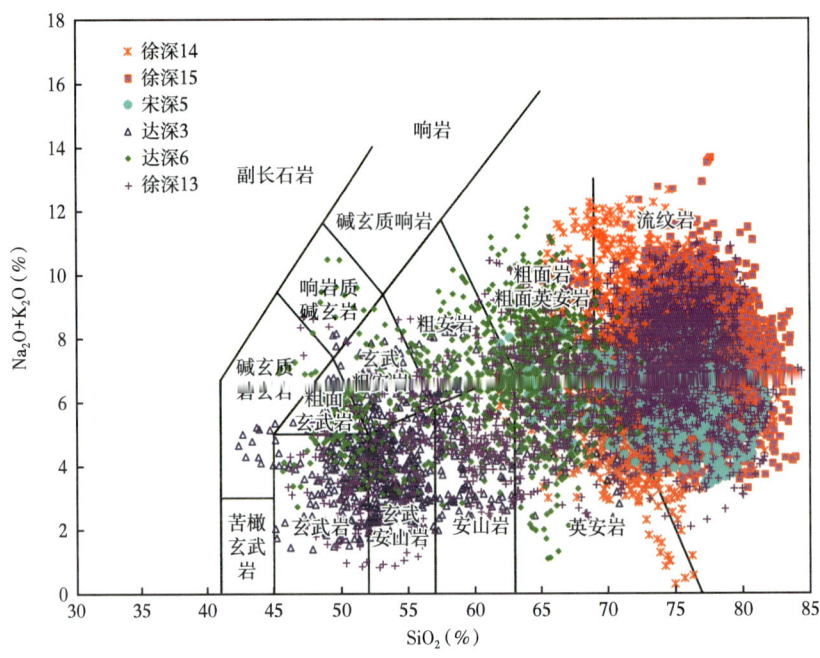

图 1-3-7 火山岩 TAS 分类图（ECS 测井）

上述方法可以很好地区分酸性岩、中性岩、基性岩及过渡岩性的成分，但徐家围子断陷具有相同成分的岩性包括火山熔岩和碎屑岩。岩性定名还需要确定结构、构造特征。

③成像测井识别火山岩岩性。

由于火山喷发作用形成的环境和堆积条件不同，因此形成了各岩性固有的结构和构造特征。这些结构和构造特征是测井识别火山碎屑岩与熔岩、火山岩与沉积岩的重要依据。常见的测井能够识别火山岩结构包括熔岩结构、碎屑熔岩结构、熔结结构、隐爆角砾结构及碎屑结构，其中碎屑结构可以细分为集块结构、角砾结构和凝灰结构。测井能够识别的构造主要有块状构造、气孔及杏仁状构造、流纹构造、变形流纹构造及堆砌构造 5 种类型。以取心资料为基础，利用岩心刻度测井，建立岩性典型结构、构造特征模式图（图 1-3-8）。

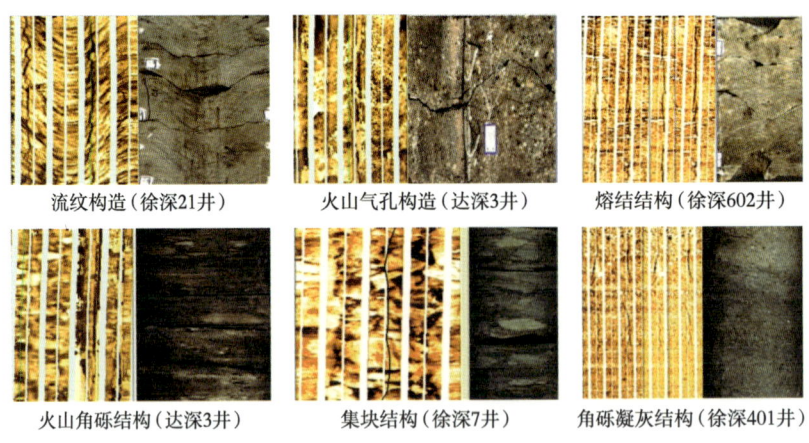

图 1-3-8 成像图像识别岩性结构、构造典型图版模式

左侧为 FMI 图像，右侧为岩心照片

综上所述，对于成分不同的火山岩，可以利用交会图、TAS 分类图等方法进行岩性识别；而对于成分相同、结构不同的火山岩，要利用成像测井资料加以识别。将二者结合起来，对岩性进行综合判别。

2）火山岩岩相特征及识别

（1）火山岩岩相类型。

王璞珺等（2006）归纳了松辽盆地露头区和钻井取心火山岩不同相、亚相的特征和识别标志，将松辽盆地火山岩岩相类型划分为 5 种相和 15 种亚相（图 1-3-9），使火山岩岩相研究更加贴近油气藏勘探与开发的实际。松辽盆地火山岩岩相分类采用该方法。

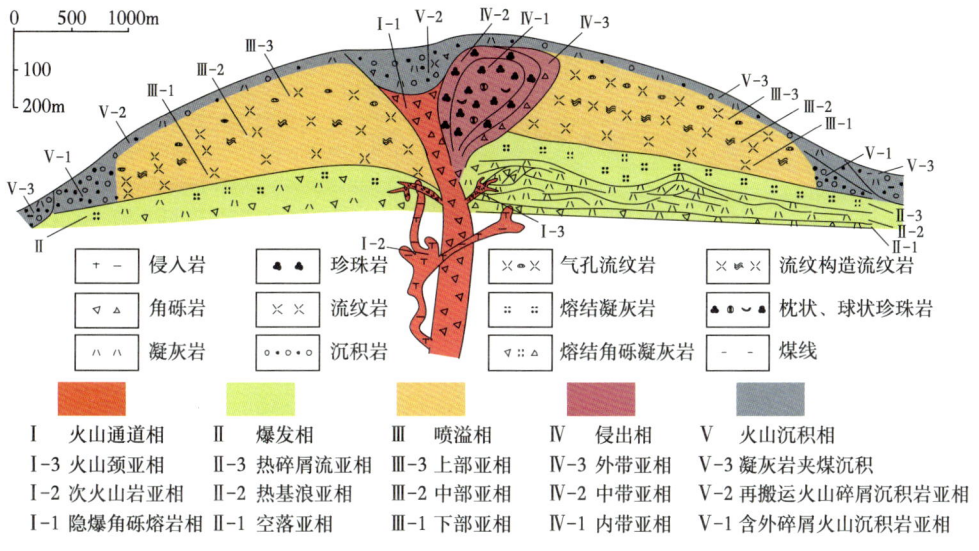

图 1-3-9　松辽盆地火山岩岩相模式（据王璞珺等，2006）

（2）火山岩岩相识别标志。

通过对松辽盆地 30 口井的岩心观察、薄片鉴定和全岩氧化物等资料的综合分析，确定具有较明显测井响应特征的 5 种岩相 11 种亚相的识别标志，见表 1-3-2。

表 1-3-2　徐家围子断陷火山岩相类型及识别标志

相	亚相	相标志		
		特征岩性及成因	特征结构	特征构造
火山通道相	火山颈亚相	再熔结（胶结）型火山碎屑熔岩，是早期火山岩后期破碎，经岩浆搬运、熔结或胶结而成的火山碎屑熔岩，角砾磨圆，有烘烤冷凝边	再熔结（胶结）型火山碎屑熔岩结构	原地堆砌构造
	隐爆角砾岩亚相	隐爆角砾岩，由近地表隐爆作用形成，裂缝发育，充填原地角砾和热液矿物	隐爆角砾结构	筒状、层状、脉状、树杈状、裂缝充填状
爆发相	热碎屑流亚相	熔结火山碎屑岩，由火山碎屑流形成，发育熔结结构，但熔结程度具分带性	熔结火山碎屑结构、火山碎屑熔岩结构	基质支撑、粒序层理、浆屑拉长、定向排列
	空落亚相	火山碎屑岩（集块岩、火山角砾岩、凝灰岩），空落成因	集块结构、角砾结构、凝灰结构	颗粒支撑、正粒序层理
	热基浪亚相	具有层理特征的凝灰岩	火山碎屑结构	层理构造

续表

相	亚相	相标志		
		特征岩性及成因	特征结构	特征构造
溢流相	上部亚相	熔岩，发育气孔，且气孔顺岩浆流动方向发育，顶部易发育岩流自碎成因的火山碎屑熔岩，熔浆快速冷凝固结形成	自碎熔岩结构、熔岩结构	气孔状构造，气孔顺岩浆流动方向成带发育
	中部亚相	熔岩，熔浆冷凝固结相对较慢，岩石较致密，一般不发育气孔	熔岩结构	块状构造，流纹构造，气孔不发育
	下部亚相	熔岩或岩流自碎成因的火山碎屑熔岩，发育少量气孔，且气孔拉长方向与岩浆流动方向斜交	（角砾）熔岩结构	气孔构造，气孔与岩浆流动方向斜交
侵出相	外带亚相	熔岩，常发育变形流纹构造	熔岩结构	变形流纹构造
火山沉积相	含外碎屑火山碎屑沉积岩和再搬运火山碎屑沉积岩	层状沉火山碎屑岩，火山喷发结束或者间歇期火山碎屑经搬运或者混沉积岩形成	沉火山碎屑结构	交错层理、槽状层理、粒序层理、块状构造
	凝灰岩夹煤沉积	凝灰岩夹煤		韵律层理、水平层理

通过30口钻井923.98m岩心观察结果统计，徐家围子断陷主要发育爆发相和溢流相，二者发育厚度达到84.5%（表1-3-3）。

表1-3-3 岩相分布厚度及概率表

岩相	厚度（m）	所占百分比（%）
火山通道相	13.30	2.0
爆发相	268.16	40.0
溢流相	297.83	44.5
侵出相	9.59	1.4
火山沉积相	80.77	12.1

（3）火山岩岩相成因及测井响应特征。

①火山通道相的成因及测井响应特征。

火山通道相指从岩浆房到火山口顶部的整个岩浆导运系统。火山通道相位于整个火山机构的下部和近中心部位，是岩浆向上运移到达地表过程中滞留和回填在火山管道中的火山岩类组合。火山通道相可划分为火山颈亚相、次火山岩亚相、隐爆角砾岩亚相。以徐家围子火山岩为研究对象，建立火山通道相火山岩的成因序列及FMI图像特征、岩性、孔隙特征，如图1-3-10所示。本区火山通道相发育有隐爆角砾岩亚相和火山颈亚相。

②爆发相的成因及测井响应特征。

爆发相是火山早期和后期的喷发物质经压实形成，是分布最广的火山岩相，也是构造类型繁多、易于与正常沉积岩混淆的火山岩类。可分为3个亚相：空落亚相、热基浪亚相、热碎屑流亚相。以徐家围子火山岩为研究对象，建立爆发相火山碎屑岩的成因序列及 FMI 图像特征、岩性、孔隙特征，如图 1-3-11 所示。

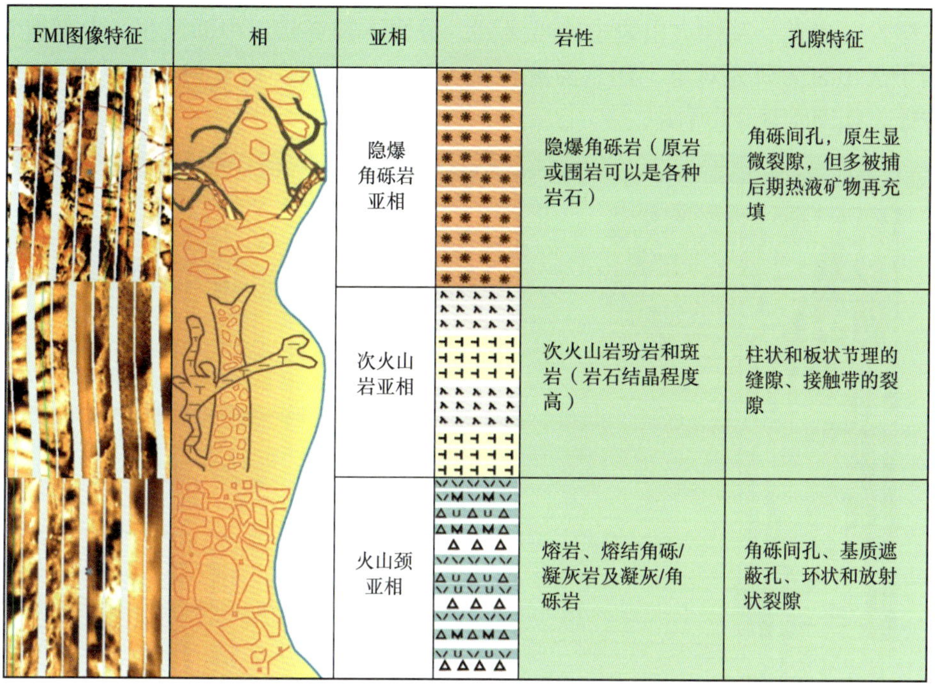

FMI图像特征	相	亚相	岩性	孔隙特征
		隐爆角砾岩亚相	隐爆角砾岩（原岩或围岩可以是各种岩石）	角砾间孔，原生显微裂隙，但多被捕后期热液矿物再充填
		次火山岩亚相	次火山岩玢岩和斑岩（岩石结晶程度高）	柱状和板状节理的缝隙、接触带的裂隙
		火山颈亚相	熔岩、熔结角砾/凝灰岩及凝灰/角砾岩	角砾间孔、基质遮蔽孔、环状和放射状裂隙

图 1-3-10 火山通道相成因序列及其综合特征图

FMI图像特征	相	亚相	岩性	孔隙特征
		热碎屑流亚相	（熔结）凝灰角砾岩、（熔结）角砾凝灰岩、熔结凝灰岩	岩屑中残余气孔、角砾间火山灰溶蚀孔、火山灰微孔、火山灰微孔、裂缝充填残余孔、成岩微裂缝
		热基浪亚相	层状凝灰岩、角砾凝灰岩	相对致密
		空落亚相	凝灰岩火山（角）砾岩火山集块岩	微孔、角砾间溶孔、成岩和炸裂微缝

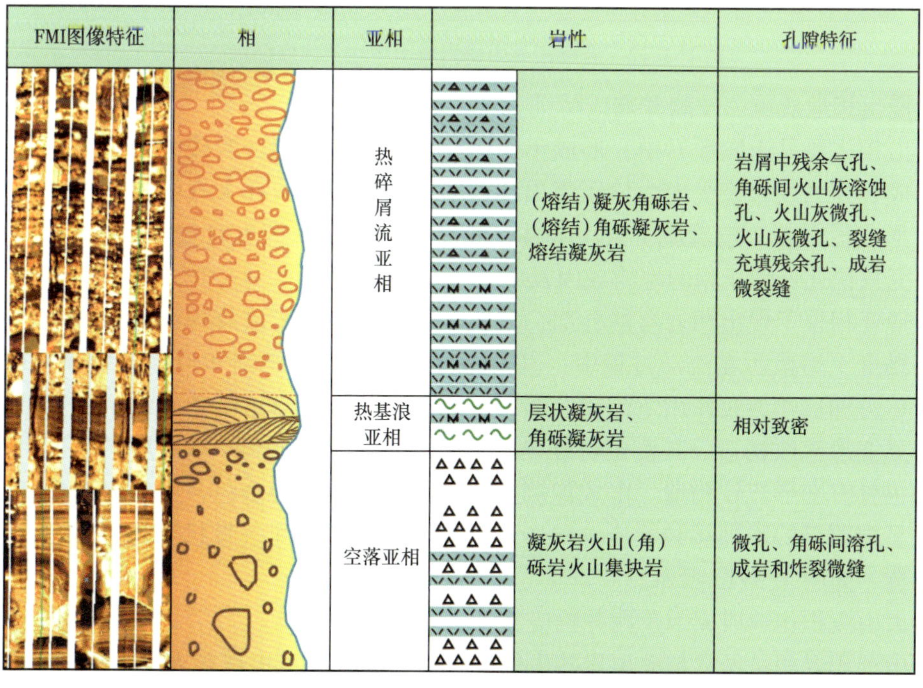

图 1-3-11 爆发相成因序列及其综合特征图

③溢流相成因测井响应特征。

溢流相形成于火山喷发旋回的中期,是含晶出物和同生角砾的熔浆在后续喷出物推动和自身重力的共同作用下,在沿着地表流动过程中,熔浆逐渐冷凝、固结而形成。溢流相在酸性、中性、基性火山岩中均可见到,分为下部亚相、中部亚相、上部亚相。以徐家围子火山岩为研究对象,建立溢流相火山熔岩的成因序列及FMI图像特征、岩性、孔隙特征,如图1-3-12所示。

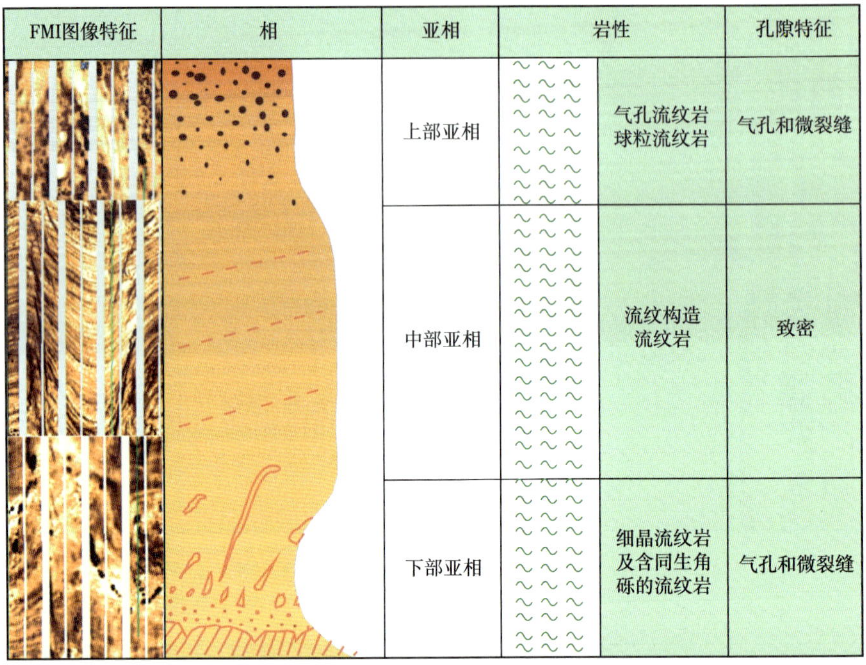

FMI图像特征	相	亚相	岩性	孔隙特征
		上部亚相	气孔流纹岩球粒流纹岩	气孔和微裂缝
		中部亚相	流纹构造流纹岩	致密
		下部亚相	细晶流纹岩及含同生角砾的流纹岩	气孔和微裂缝

图1-3-12 溢流相火山熔岩成因序列及其综合特征

④侵出相地质成因及测井响应特征。

侵出相主要见于酸性岩中,形成于火山喷发旋回的晚期。当破火山口—火山湖体系已经形成、高黏度岩浆受内力挤压流出地表时,遇水淬火或在大气中快速冷却便在火山口附近形成侵出相(玻璃质)火山岩体。由于侵出相在研究发育较少且取心资料有限,本次研究只论述外带亚相的地质成因及FMI测井响应特征。

外带亚相位于侵出相岩穹的外部,其代表岩性为具变形流纹构造的角砾熔岩。它们是(高黏度)熔浆舌在流动过程中,其前缘冷凝、变形并铲刮和包裹新生和先期岩块,在自身重力和后喷熔浆作用下流动,最终固结成岩。岩石具熔结角砾结构、熔结凝灰结构,常见变形流纹构造。其鉴定特征是具变形流纹构造的角砾/集块熔岩,其中的角砾和集块也具有变形流纹构造。电成像测井图像上整体表现为杂色,中低阻橙色基质明暗相间,呈现明显的强烈揉皱状流纹构造,属不规则明暗相间条带状模式,具有明显变形流纹构造,如图1-3-13所示。

⑤火山沉积相地质成因及测井响应特征。

火山沉积岩相是经常与火山岩共生的一种沉积岩相,可出现在火山活动的各个时期,与其他火山岩相侧向相变或互层,分布范围广,远大于其他火山岩相。研究区火山沉积相可细分为3个亚相:含外碎屑火山碎屑沉积岩、再搬运火山碎屑沉积岩和凝灰岩夹煤沉积。

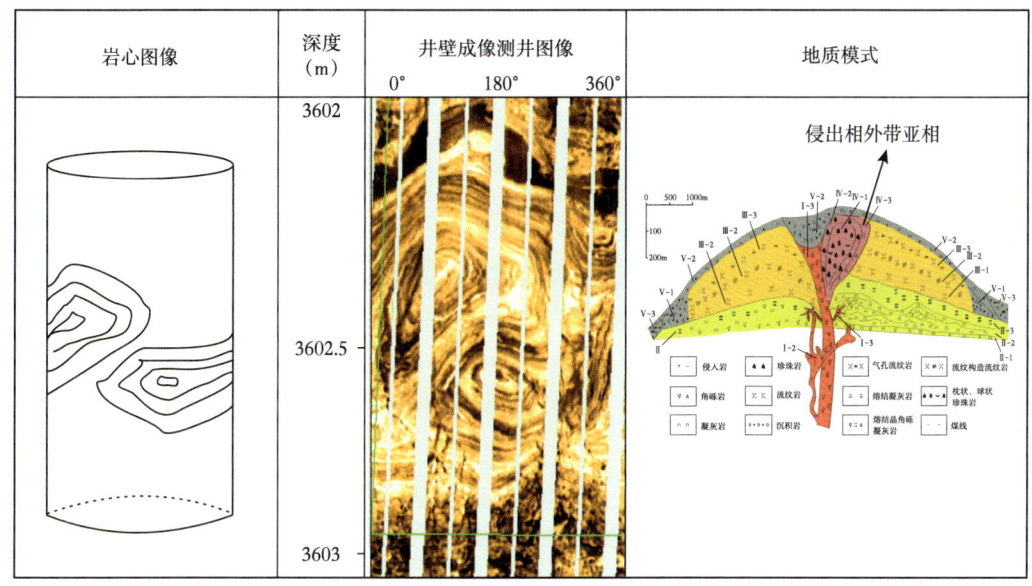

图 1-3-13 外带亚相 FMI 图像模式图

流纹岩具有变形流纹构造。属于侵入相外带亚相。成像图像上整体表现为杂色，中低阻橙色基质明暗相间，呈现强烈揉皱状的流纹构造，是典型的侵出相外带亚相

含外碎屑火山碎屑沉积岩的代表岩性是具有层理的、以火山碎屑为主（超过50%）的沉积岩和／或火山凝灰岩中包裹有外来岩块。其鉴定标志是碎屑有磨圆、含非火山碎屑（但小于50%）；再搬运火山碎屑沉积岩的岩石由火山角砾岩和凝灰岩组成，层理构造发育，岩石序列中有明显反映再搬运的沉积构造或相关特征；凝灰岩夹煤沉积是松辽盆地最常见的岩相之一，由凝灰岩与煤互层序列组成，形成于间湾沼泽沉积环境，如图1-3-14所示。

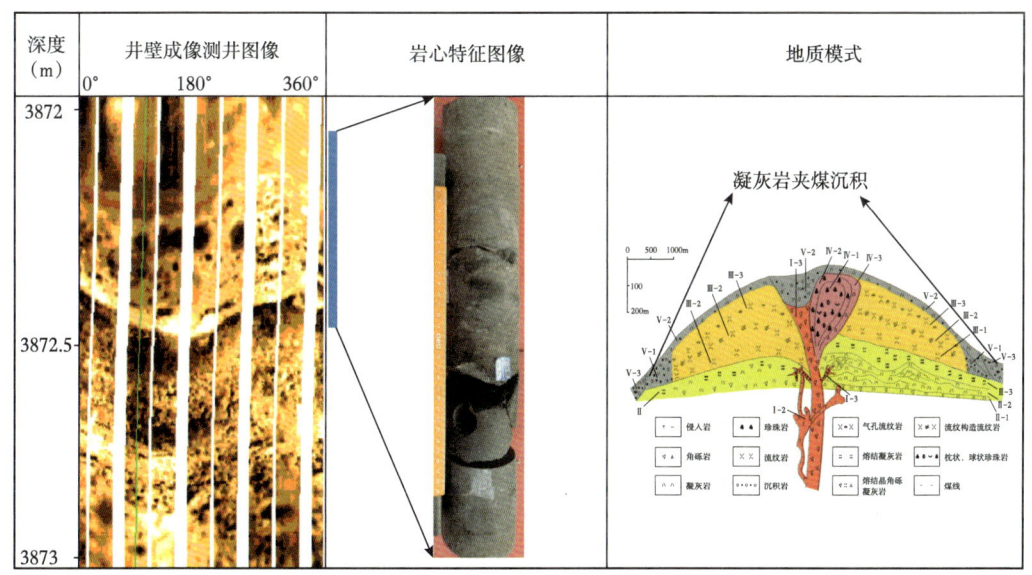

图 1-3-14 火山沉积相常规测井响应特征图

沉凝灰岩夹泥岩条带及钙质纹层条带。成像测井图像上为不规则组合连续明暗相间条带状模式

（4）火山岩岩相测井识别方法。

根据地质划分岩相的方法以及火山岩在相序上的变化特征，建立一套火山岩测井识别的方法：首先对营城组内的火山岩与沉积岩进行识别，然后在火山岩中对岩石成分进行识别；其次根据火山岩结构、构造图版识别结构、构造；再次根据期次/旋回的地质界面特征，确定喷发期次/旋回的界面；最后在期次内根据岩性、结构、构造对岩相、亚相进行识别。火山岩岩相划分流程如图1-3-15所示。

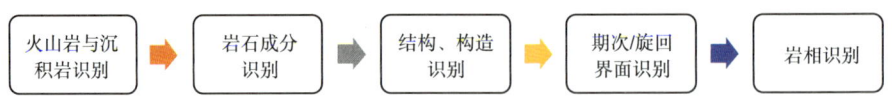

图1-3-15　火山岩岩相划分流程

①沉积岩和火山岩的识别。

一般情况下，沉积岩和火山岩在测井响应上有较大的差异。沉积岩在常规测井上电阻率较低，在成像测井图像上具有明显的沉积构造。当沉积岩的母岩是火山岩时，其胶结成分为凝灰岩，火山岩与沉积岩则较难区分，但在ECS测井资料上沉积岩的钆、钙、铁、钛元素含量均较低。因此，应用ECS测井岩性识别图版和成像测井图像模式来识别火山岩与沉积岩。

②火山岩岩石成分及结构、构造识别。

一般情况下，利用交会图、TAS分类图等方法对火山岩的成分进行识别，应用成像测井资料进行结构、构造识别。最终建立"成分+结构"的岩性识别方法。

③火山岩旋回与期次的界面识别。

火山喷发过程中，一般在喷发能量变化上具有从强到弱的规律，形成的岩相类型也呈现出有规律的变化，因此，先确定火山岩旋回与期次的界面，能够提高测井划分火山岩岩相的精度。例如，不同岩石成分的火山岩是不同岩浆源喷出地表的产物，应将其分开。其次在同一期次内，有一些过渡岩性，可根据岩浆能量变化过程中岩性变化规律进行正确识别。根据王璞珺等（2003）对火山岩旋回、期次界面的界定，建立测井识别的特征标志（表1-3-4）。

表1-3-4　期次/旋回界面的测井响应特征汇总表

界面	测井响应特征
沉积夹层	同母岩相比，高自然伽马、高钍、低钾、低电阻、低密度，扩径；成像测井图像为暗色块状
风化壳	同母岩相比，高自然伽马、高钍、低钾、低电阻、低密度，扩径；成像测井图像为暗色块状
岩性界面	酸性向基性岩变化，自然伽马铀、钍、钾降低，密度与中子升高；成像测井图像为结构构造变化明显
火山灰层	高自然伽马、低电阻、高密度；自然伽马曲线为高振幅齿形，电阻率通常为明显的低值；成像测井图像为凝灰结构

④火山岩岩相和亚相划分。

火山岩岩相成因研究及岩心资料表明，火山岩成分、结构、构造是火山岩岩相测井识别的相标志。在期次/旋回界面内，应用岩心划相结果对岩相分类标志进行刻度后（表1-3-2），根据表中的对应关系划分火山岩岩相。

3）火山岩储层参数计算方法

（1）有效孔隙度解释模型。

①酸性岩有效孔隙度解释模型。

徐家围子断陷发育的火山岩岩相主要包括爆发相的热碎屑流亚相、空落亚相、溢流相的上部亚相、中部亚相、下部亚相。在单井火山岩岩相识别基础上，按岩相分别建立有效孔隙度解释模型。

a. 热碎屑流亚相孔隙度解释模型。

选取徐家围子断陷酸性火山岩热碎屑流亚相29口取心井39个层共260块全直径岩心分析样品孔隙度值作统计回归，建立测井解释孔隙度模型，相关系数为$R=0.96$：

$$\phi_e=122.984-47.424\phi_{DEN}+0.06\phi_{NPHI} \quad (1-3-1)$$

式中：ϕ_e为目的层有效孔隙度，%；ϕ_{DEN}为密度孔隙度，%；ϕ_{NPHI}为中子孔隙度，%。

对比单层测井计算有效孔隙度与岩心分析有效孔隙度，火山岩储层测井计算有效孔隙度平均绝对误差为0.48%，平均相对误差为8.77%。

b. 空落亚相孔隙度解释模型。

选取徐家围子断陷酸性火山岩热碎屑流亚相5口取心井10个层共20块全直径岩心分析样品孔隙度值作统计回归，建立测井解释孔隙度模型，相关系数为$R=0.97$：

$$\phi_e=114.207-55.983\phi_{DEN}+0.065\phi_{NPHI} \quad (1-3-2)$$

对比单层测井计算有效孔隙度与岩心分析有效孔隙度，火山岩储层测井计算有效孔隙度平均绝对误差为0.38%，平均相对误差为4.71%。

c. 上部亚相有效孔隙度解释模型。

选取徐家围子断陷酸性火山岩溢流相上部亚相12口取心井15个层共104块全直径岩心分析样品孔隙度值作统计回归，建立测井解释孔隙度模型，相关系数为$R=0.97$：

$$\phi_e=120.804-46.74\phi_{DEN}+0.104\phi_{NPHI} \quad (1-3-3)$$

对比单层测井计算有效孔隙度与岩心分析有效孔隙度，火山岩储层测井计算有效孔隙度平均绝对误差为0.47%，平均相对误差为6.74%。

d. 中部亚相有效孔隙度解释模型。

选取徐家围子断陷酸性火山岩溢流相中部亚相5口井7个层共27块全直径岩心分析样品孔隙度值作统计回归，建立测井解释孔隙度模型，相关系数为$R=0.99$：

$$\phi_e=109.779-42.132\phi_{DEN}+0.023\phi_{NPHI} \quad (1-3-4)$$

对比单层测井计算有效孔隙度与岩心分析有效孔隙度，火山岩储层测井计算有效孔隙度平均绝对误差为0.33%，平均相对误差为5.55%。

e. 下部亚相有效孔隙度解释模型。

选取徐家围子断陷酸性火山岩溢流相下部亚相6口井10个层共24块全直径岩心分析样品孔隙度值作统计回归，建立测井解释孔隙度模型，相关系数为$R=0.99$：

$$\phi_e=113.625-43.978\phi_{DEN}+0.117\phi_{NPHI} \quad (1-3-5)$$

对比单层测井计算有效孔隙度与岩心分析有效孔隙度，火山岩储层测井计算有效孔隙度平均绝对误差为0.37%，平均相对误差为8.01%。

②中基性岩有效孔隙度解释模型。

中性岩岩心段以溢流相为主，含少量的爆发相，根据样品的数量以及发育亚相类型，分溢流相上部亚相、中下部亚相、空落亚相建立有效孔隙度解释模型；基性岩岩心段以溢流相为主，含有少量爆发相，全部为溢流相，分溢流相上部、中部和下部亚相建立有效孔隙度模型。

选取研究区中性火山岩储层分析样品，应用钍（Th）和铀（U）建立骨架密度模型，应用密度变骨架的密度孔隙和中子曲线，采用统计回归的方法，分别建立中性岩溢流相上部、中下部和空落亚相储层的有效孔隙度解释模型（表1–3–5）。

采用与中性岩相同的方法，分别建立了基性岩溢流相上部亚相、中部亚相和下部亚相有效孔隙度解释模型（表1–3–5）。

表1–3–5 中基性岩不同亚相储层有效孔隙度解释模型汇总表

岩性	岩相	骨架及孔隙度类型	绝对误差（%）	相对误差（%）
中性岩	溢流相上部亚相	$\rho_{ma}=2.908-0.073U-0.023Th$ $\phi_e=0.566\phi_{RHOB}+0.501\phi_{NPHI}-5.838$	1.31	11.6
	溢流相中下部亚相	$\rho_{ma}=2.874-0.109U-0.012Th$ $\phi_e=0.674\phi_{RHOB}+0.033\phi_{NPHI}+1.077$	0.37	13.2
	爆发相空落亚相	$\rho_{ma}=2.906-0.069U-0.022Th$ $\phi_e=0.759\phi_{RHOB}+0.633\phi_{NPHI}-7.343$	1.25	7.73
基性岩	溢流相上部亚相	$\rho_{ma}=2.873-0.038U-0.013Th$ $\phi_e=0.686\phi_{RHOB}+0.106\phi_{NPHI}-1.581$	0.48	13.8
	溢流相中部亚相	$\rho_{ma}=2.953-0.054U-0.029Th$ $\phi_e=0.422\phi_{RHOB}+0.023\phi_{NPHI}+1.134$	0.58	16.7
	溢流相下部亚相	$\rho_{ma}=3.024-0.136U-0.029Th$ $\phi_e=0.673\phi_{RHOB}+0.031\phi_{NPHI}+0.069$	0.64	17.4

注：ϕ_{RHOB}为目的层密度孔隙度，%；ρ_{ma}为骨架密度，g/cm³；U为铀曲线，μg/g；Th为钍曲线，μg/g。

（2）渗透率解释模型。

①酸性岩渗透率解释模型。

徐家围子断陷酸性火山岩储层主要在爆发相和溢流相中。应用该区营城组26口井606块酸性火山岩岩心分析资料，不分岩相根据孔渗关系建立渗透率模型，相对误差较大；分爆发相（热碎屑流亚相和空落亚相）、溢流相（上部、中部和下部亚相）建立储层渗透率解释模型（表1–3–6），相关系数超过0.8。

表1–3–6 不同岩相储层渗透率计算模型

类型	渗透率解释模型	相关系数
爆发相热碎屑流亚相	$K=0.0056\exp(0.3832\phi)$	0.88
爆发相空落亚相	$K=0.003\exp(0.3489\phi)$	0.84
溢流相上部亚相	$K=0.004\exp(0.3679\phi)$	0.85
溢流相中部亚相	$K=0.0074\exp(0.2562\phi)$	0.82
溢流相下部亚相	$K=0.052\exp(0.2803\phi)$	0.83

②中基性岩渗透率解释模型。

从岩心的岩相统计表中可知，徐家围子断陷的中基性火山岩岩心主要在溢流相中。由于取心资料的限制，只建立了中基性火山岩储层溢流相的渗透率解释模型。应用徐家围子断陷营城组6口井18块中性岩与8口井42块基性岩岩心分析资料，分别建立溢流相储层渗透率解释模型（表1-3-7），相关系数不低于0.68。

表1-3-7 中基性岩渗透率计算模型

类型	渗透率解释模型	相关系数
中性岩溢流相	$K=0.0024\exp(0.2597\phi)$	0.68
基性岩溢流相	$K=0.0137\exp(0.2057\phi)$	0.89

（3）含气饱和度解释模型。

①酸性火山岩储层含气饱和度解释模型。

a. 酸性火山岩储层微观孔隙结构特征。

孔隙结构是影响储层电阻率的重要因素之一，电阻率又是影响饱和度计算结果的重要参数，因此应用恒速压汞资料对酸性火山岩的孔隙结构特征进行研究。恒速压汞资料中分析储层微观孔隙结构特征的有喉道发育特征、孔隙发育特征、孔喉半径比发育特征、孔喉配套发育特征。应用研究区19块恒速压汞分析资料，对喉道半径均值、孔隙半径均值、孔喉半径比值与储层品质指数即$(K/Q)^{0.5}$进行相关性分析可知：酸性火山岩储层喉道半径、孔喉半径比等表征孔隙结构特征的参数值变化范围大；表征孔隙结构特征的参数与宏观参数中储层品质指数相关性最好，储层品质指数越大，孔隙结构变好。

b. 孔隙结构对岩电实验参数的影响。

胶结指数（m）与岩性、物性、孔隙结构和成岩作用有关，是骨架与孔隙引起的孔隙曲折性的度量。火山岩孔隙结构特征相差极大，m应随孔隙结构的变化而变化。因此令岩性系数$a=1$，建立m与孔喉半径比的关系函数（图1-3-16）。计算S_w时，m随孔隙结构变化。

饱和度指数（n）受孔隙结构的影响最大。当储层全含水时，电阻率与孔隙度、孔隙结构、比表面及孔隙中导电规律等有关，仅孔喉半径变化时，岩石比表面无变化，电阻率受孔隙度影响不大，这也是岩电实验中S_w较大时电阻增大率变化较小的原因。徐家围子断陷水层在孔隙度相同而孔隙结构相差较大的条件下电阻率相差不大的原因也是如此。当S_w较低时，储层电阻率与孔隙结构及小孔隙中导电规律等有关。以此为依据，开展了以下推导（图1-3-17）。当孔隙度与含水饱和度一定时，根据欧姆定律可知，当储层的孔喉半径比增加1倍时，电阻率增加约为4倍。孔隙度与含水饱和度（$S_w=0.447$）相同条件下，对于大喉道储层，在$n=2$，$R_o/R_t=0.2$时，$S_w=0.447$；对于小喉道储层，当喉道半径减小一半即孔喉半径比增加1倍时，$R_o/R_t\approx0.05$，在$n=4$时，$S_w=0.447$。因此，当孔喉半径比增加1倍时，n增加约1倍。故火山岩储层n的特征为：孔喉半径比大，则n大；火山岩储层孔喉半径比一般为砂岩储层2倍或更大，砂岩储层的n一般为1.5~3，则火山岩储层$n>3$；孔喉半径比变化范围大，n应随孔喉半径比的变化而改变。

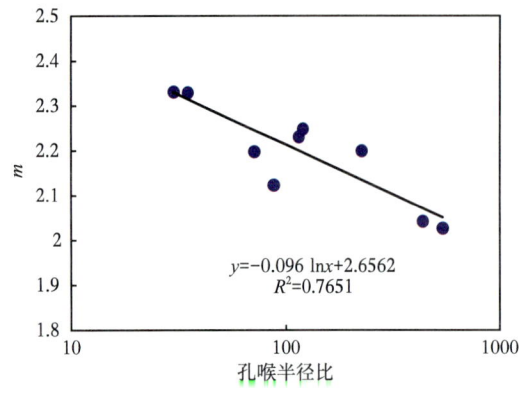 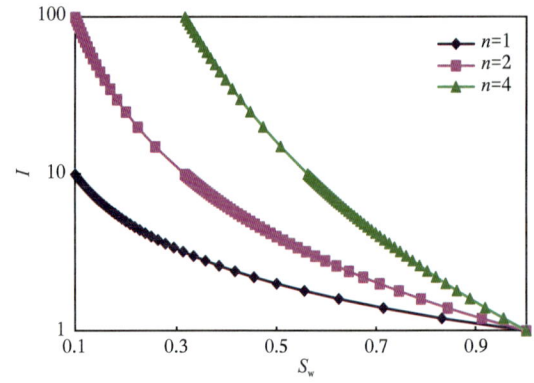

图 1-3-16　胶结指数 m 与孔喉半径比关系图　　图 1-3-17　含水饱和度与电阻增大率关系图

c. 基于孔隙结构的含气饱和度解释模型研究。

孔隙结构对岩电参数的影响研究可知，对于孔喉半径比大、非均质性强的储层，饱和度指数 n 大于 3。以此为条件对研究区岩样电阻增大率进行拟合时，由于 n 较大，当含水饱和度大于某个值时，电阻增大率 $I<1$，不符合岩电实验的实际情况。通过研究电阻增大率函数形式后，引入常数项 C，将电阻增大率函数优化变为 $I=b/S_w^n+C$。应用该函数对岩电数据进行拟合，电阻增大率曲线与岩电数据符合很好（图 1-3-18）。当 S_w 较大时，C 对计算结果具有较大的校正量。例如，对于某储层（如 $\phi=6\%$，$K=0.03$mD，a 和 m 取定值），在不同电阻率情况下计算的 S_w 可知（图 1-3-19），当 $S_w>0.6$ 时，C 对 S_w 计算结果的校正量达到了 0.05，且 S_w 越大，C 的校正量越大。

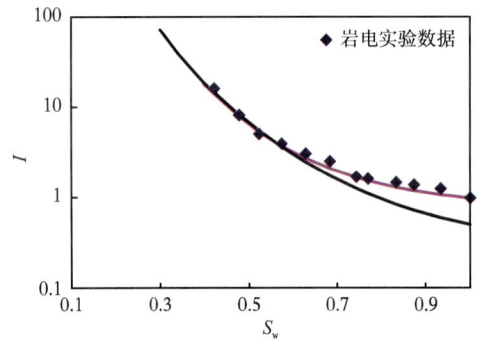 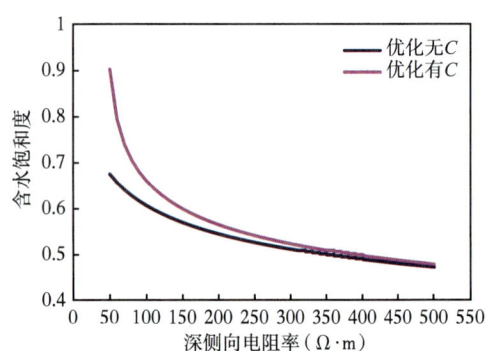

图 1-3-18　含水饱和度与电阻增大率关系图　　图 1-3-19　C 对含水饱和度影响分析图

在酸性火山岩储层孔隙结构特征及其对岩电参数的影响研究基础上，建立的基于孔隙结构的含气饱和度解释模型如下，模型中应用变化的岩电参数反映孔隙结构变化，即 b、m、n 为变量。

$$F=\frac{R_0}{R_w}=\frac{a}{\phi_e^m} \quad (1\text{-}3\text{-}6)$$

$$I=\frac{R_t}{R_0}=\frac{b}{S_w^n}+C \quad (1\text{-}3\text{-}7)$$

$$C=1-b \quad (1\text{-}3\text{-}8)$$

$$S_g = 1 - S_w \qquad (1-3-9)$$

式中：F 为地层因素；I 为电阻增大率；S_g 为目的层含气饱和度，小数。

d. 确定参数。

在同一岩相内，由于孔隙结构变化较大，电阻增大率与含水饱和度的关系均存在较大的差异，难以用统一的变化规律描述含气饱和度，因此，在岩相控制储层条件下，分孔隙结构确定含气饱和度解释模型参数。首先采用层流指数 [$FZI=0.0314(K/\phi)^{0.5}(1-\phi)/\phi$] 将储层孔隙结构分为两类，Ⅰ类储层 FZI ≥ 0.58，Ⅱ类储层 FZI < 0.58，再分相建立参数 a、b、m 和 n 的计算模型。

首先，应用岩电实验确定参数 a、m。酸性火山岩岩电实验条件与地层条件基本一致。应用地层因素实验数据，在 $a=1$ 情况下，胶结指数 m 与孔喉半径比相关性最好，因此，分爆发相（Ⅰ类）和溢流相（Ⅱ类），采用统计回归的方法，确定 m 的计算模型（表1-3-8）。

表1-3-8 岩电参数（a、m）汇总表

类别	a	m
Ⅰ类	1	$m = -0.224 \ln \eta + 3.2997$
Ⅱ类	1	$m = -0.132 \ln \eta + 2.9048$

注：η 为孔喉半径比。

其次，应用岩电实验确定参数 b、n、c。采用函数 $I=b/S_w^n+C$ 对单块岩样岩电实验数据进行拟合，分储层类型对 b 和饱和度指数（n）与孔隙度、渗透率、孔喉半径比之间的关系进行研究，b、n 与孔喉半径比关系最好并确定参数 b、n 计算模型，见表1-3-9。其中，孔喉半径比的计算方法由火山岩岩相类型决定。

表1-3-9 岩电参数汇总表

类别	FZI	a	m	b	n	c
Ⅰ类	≥ 0.58	4.033	1.5048	$b = 1.3387\eta^{0.3267}$	$n = 2.9411e^{0.0014\eta}$	0.79
Ⅱ类	< 0.58	5.078	1.4488	$b = 0.4857\eta^{0.2692}$	$n = 3.3166e^{0.0009\eta}$	0.95

参数模型中孔喉半径比计算模型：孔喉半径比（孔喉比）是描述储层微观孔隙结构参数之一，反映了储层的渗透率与孔隙度之间的匹配关系，而渗透率和孔隙度是储层孔隙结构的宏观参数，可以通过测井方法得到。应用恒速压汞资料，建立爆发相和溢流相孔喉半径比计算模型（图1-3-20）。

爆发相孔喉半径比（η_1）：

$$\eta_1 = 413.8\left[\left(K/\phi\right)^{0.5}\right]^{-0.911} \qquad (1-3-10)$$

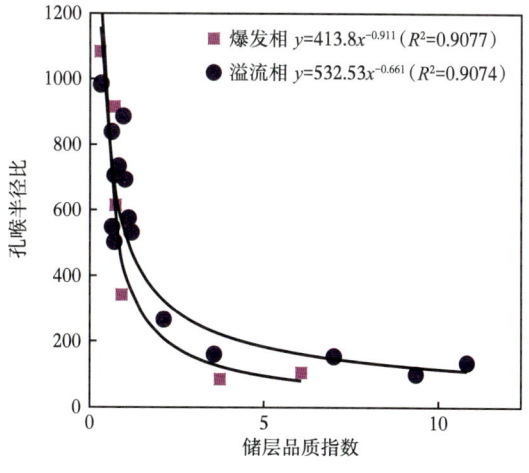

图1-3-20 孔喉半径比与储层品质指数关系图

溢流相孔喉半径比（η_2）：

$$\eta_2 = 532.53\left[\left(K/\phi\right)^{0.5}\right]^{-0.661} \quad (1\text{-}3\text{-}11)$$

采用密闭取心分析饱和度精度：徐深 1 井进行密闭取心，取心含水饱和度 28.7%，测井计算含水饱和度 33.4%，绝对误差 4.7%（图 1-3-21）。

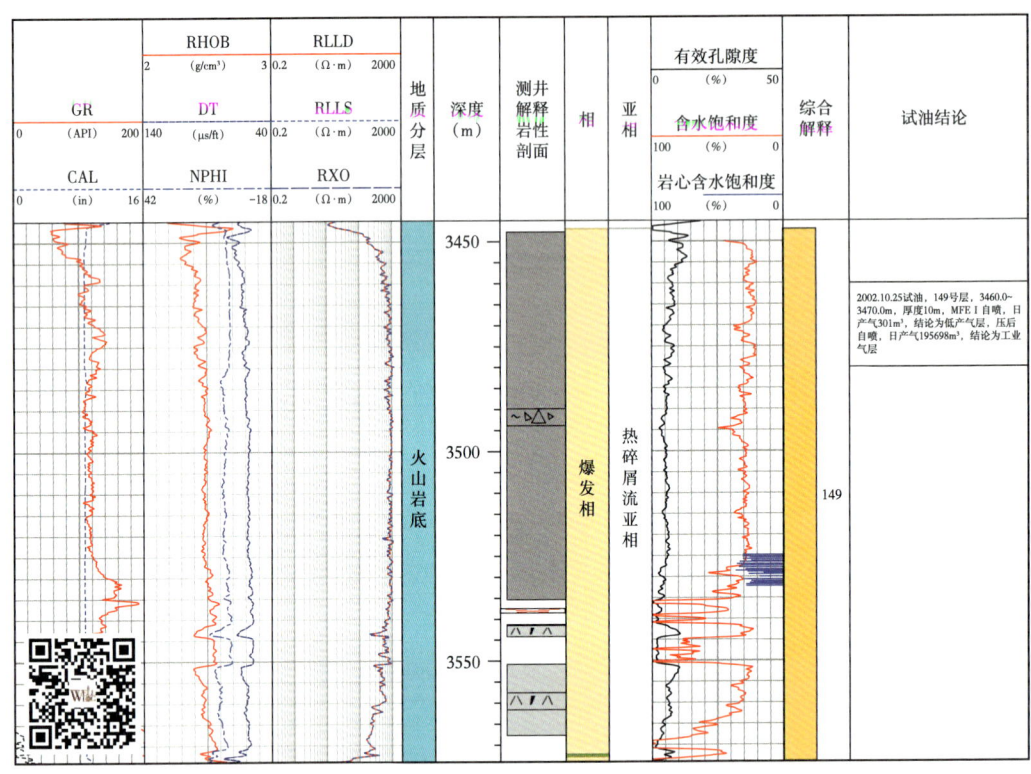

图 1-3-21 徐深 1 井饱和度解释成果图

②中基性火山岩储层含气饱和度解释模型。

相对于酸性火山岩，中基性火山岩储层由于蚀变及导电金属等因素导致含气储层电阻率较低，故导电的方式及机理有差异，含气饱和度模型与酸性岩不同。理论上，电阻率测井是孔隙流体、导电矿物及井筒分流几部分导电共同作用的结果：

R_LLD = 连通的孔隙流体 // 导电矿物 // 井筒分流

定义除孔隙流体导电之外，所有其他因素引起的电阻率为背景电阻率，用符号 R_BG 表示。在这种情况下，有下列公式：

$$\phi_c = \frac{1/R_\text{LLD} - 1/R_\text{BG}}{S_\text{w}/R_\text{w} - 1/R_\text{BG}} \quad (1\text{-}3\text{-}12)$$

式中：ϕ_c 为连通的导电孔隙度；R_BG 为背景电阻率，$\Omega \cdot m$。

根据岩石孔隙类型，依据孔隙性岩石电流流动结果（图 1-3-22），考虑到岩石中的死孔隙、气体及不导电的水，则可得到导电孔隙公式：

$$\phi_c = \frac{\phi_t}{a} - \frac{\phi_t}{a}S_o - \frac{\phi_t}{a}S_{wr} = \frac{\phi_t}{a}[1-(1-S_w)-S_{wr}] = \frac{\phi_t}{a}(S_w - S_{wr}) \quad (1-3-13)$$

式中：ϕ_t 为总孔隙度，小数；a 为孔隙空间的连通因子用于区分连通孔隙空间与总孔隙空间；S_{wr} 为不导电的水饱和度，小数。

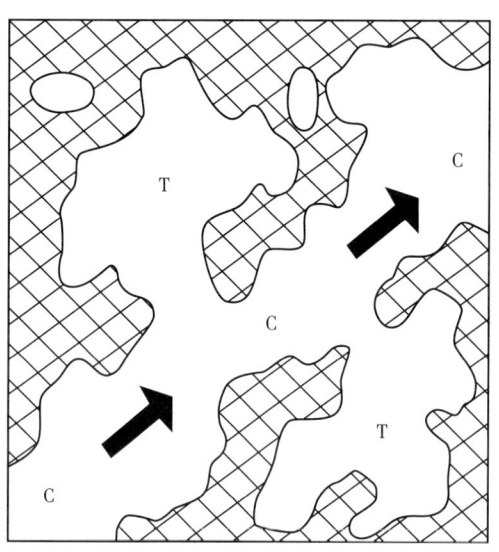

图 1-3-22 孔隙性岩石电流流动示意图

T 为无电流区；C 为电流区

由式（1-3-12）与式（1-3-13）可知：

$$S_w = 0.5(S_{wr} + R_w^* R_{BG}) + 0.5R_w\sqrt{(S_{wr}/R_w + R_{BG})^2 - 4\left[S_{wr}/R_{BG} - \frac{a(1/R_{\log} - 1/R_{BG})}{\phi_t}\right]/R_w}$$

$$(1-3-14)$$

R_{BG} 的取值方法：若 $S_w=S_{wr}$ 对应的 $R_{BG}=R_{LLD}$，即 R_{BG} 的取值一般对应纯气层或者致密层的最大电阻率值。如果没有纯气层或致密层 R_{BG} 为 $R_0=aR_w/\phi^m$ 计算的最大值。

a 的取值方法：应用 $a=(1/R_w-1/R_{BG})(1-S_{wr})/(1/R_{LLD}-1/R_{BG})$ 一条曲线，取水层低值段。

S_{wr} 取值方法为，根据 Maxwell 导电模型，得到不导电孔隙度与有效孔隙度的关系：

$$\phi_e = \phi_s + G(1-\phi)/(F-1) \quad (1-3-15)$$

式中：ϕ_s 为不导电孔隙度；ϕ_e 为有效孔隙度；G 为与颗粒球度有关的函数。

应用本区实验数据求得 ϕ_s。将其换算成不导电饱和度，其值为 $S_{wr}=7\%\sim20\%$。

将单井计算的含气饱和度与试气产能进行对比：孔隙度相当的储层，饱和度低的储层产能低；孔隙度小的储层，饱和度高的储层产能高（表 1-3-10）。测井解释结论与储层试气结论的一致性较好。

表 1-3-10 测井计算含气饱和度与试气情况统计

井号	层号	岩性	有效孔隙度（%）	含气饱和度（%）	试气结果 方式	试气结果 结果
达深 3 井	186Ⅲ、187	玄武岩	14.1	59.5	MFEⅡ自喷	日产气 56017m³
徐深 141 井	81、84	玄武岩	7.1	53.3	压后	日产气 53053m³
达深 4 井	191、192	玄武岩	9.2	51.1	压后	日产气 41044m³，日产水 28.8m³
达深 3 井	185、186、189Ⅰ	玄武岩	7.6	41.4	压后	日产气 12976m³
达深 5 井	102Ⅳ	玄武岩	8.9	49.1	压后	日产气 25606m³

4）火山岩流体识别方法

（1）酸性火山岩储层流体识别标准。

①储层含气性识别。

根据天然气在测井曲线上的响应特征，可采用三孔隙度法交会、横纵时差比值法及核磁共振—密度孔隙度交会进行直观显示。为了综合各类信息，将上述 3 种显示进行归一化后，建立综合指数定量反映储层含气性。如图 1-3-23 所示，徐深 8 井储层含气性识别成果图显示储层含气性好，MFE 测试，日产气 $26 \times 10^4 m^3$。

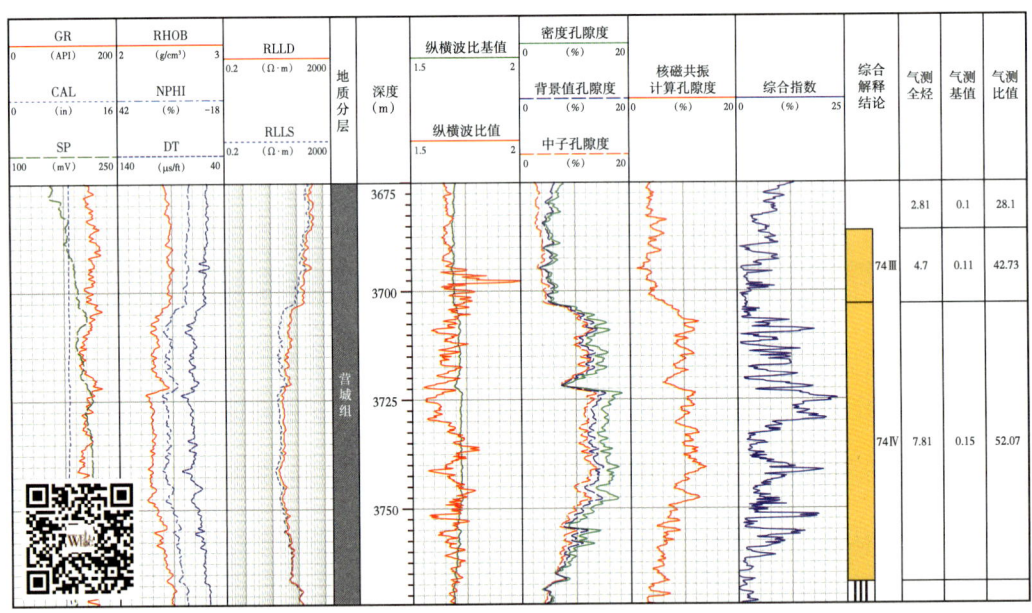

图 1-3-23 徐深 8 井储层含气性识别成果图

②不同岩相的电阻率测井响应特征。

徐家围子断陷酸性岩爆发相和溢流相占整个火山岩岩相的比例达 84.5%，而且储层尤其是工业气层中绝大部分发育在爆发相和溢流相中，因此针对这两种岩相开展研究。

选取爆发相 24 口井 28 个气层，孔隙度变化范围在 3.4%~12.1% 之间，平均为 7.7%；

溢流相10口井12个气层,孔隙度变化范围在3.2%~11.3%之间,平均为7.1%,储层物性柱状图如图1-3-24所示。对比电阻率柱状图(图1-3-25),爆发相的电阻率变化范围在110.0~770.4Ω·m之间,平均为323.7Ω·m;溢流相电阻率变化范围在157.0~2010.0Ω·m之间,平均为518.0Ω·m。结果表明,当储层物性相近、流体性质相同时,溢流相的电阻率比爆发相的电阻率高。可以从以下两个方面解释电阻率的差异性:爆发相和溢流相具有不同的孔隙结构特征,爆发相的渗透率平均为0.41mD,溢流相的渗透率平均为0.3mD,表明溢流相的喉道比爆发相的细;爆发相的岩性主要以凝灰岩、角砾(晶屑)凝灰岩、熔结凝灰岩及角砾岩为主,火山碎屑压实形成,而溢流相岩性为流纹岩,岩浆冷凝固结形成。

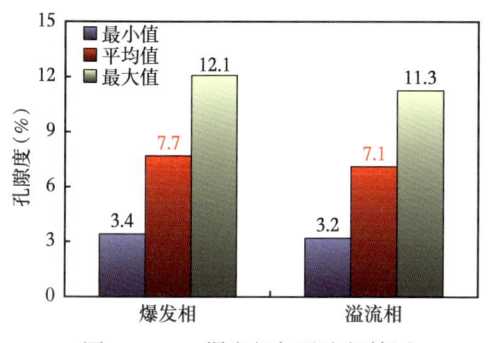

图1-3-24 爆发相与溢流相储层孔隙度柱状图

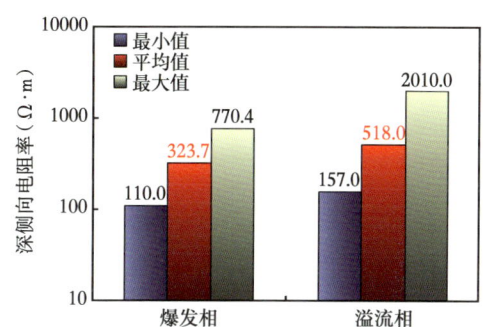

图1-3-25 爆发相与溢流相储层深侧向电阻率柱状图

③基于岩相的流体识别方法。

在火山岩岩相划分及不同岩相电阻率测井响应特征研究基础上,分爆发相和溢流相建立酸性火山岩储层流体识别标准。通过敏感性分析,选取综合指数和深侧向电阻率,应用发爆发相储层的31口井42个层测井和试气资料,建立流体识别图版,图版精度92.8%(图1-3-26);应用溢流相储层的21口井27个储层测井和试气资料,建立流体识别图版,图版精度96.4%(图1-3-27)。

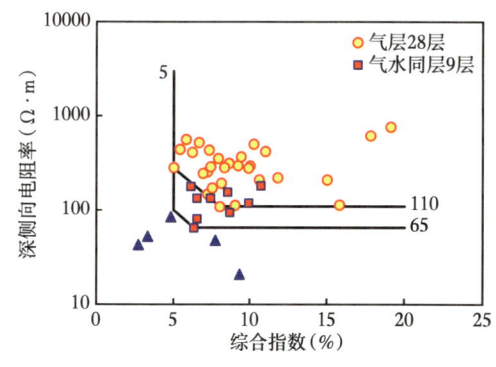

图1-3-26 徐家围子断陷营城组爆发相酸性火山岩流体识别图版

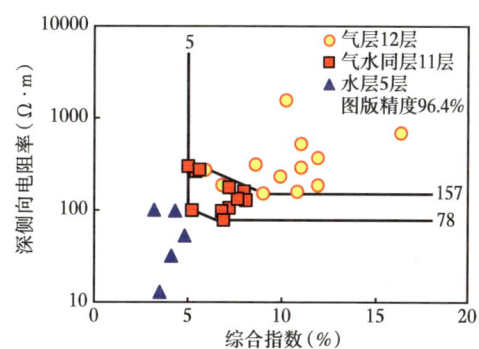

图1-3-27 徐家围子断陷营城组溢流相酸性火山岩流体识别

(2)中基性火山岩储层流体识别标准。

徐家围子断陷中基性火山岩储层主要发育于溢流相中,因此,针对中基性火山岩溢流相储层流体识别标准进行研究。应用中性火山岩12口井、基性火山岩15口井的试气资料及测井资料，分别建立中性岩溢流相储层流体识别标准（图1-3-28）及基性岩溢流相储层流体识别标准（图1-3-29），对于发育较少的爆发相储层，借用此标准进行流体识别。

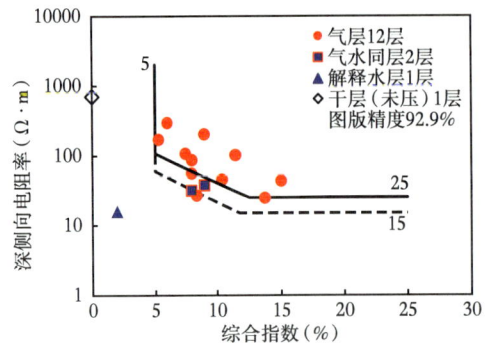

图1-3-28 徐家围子断陷中性岩溢流相储层流体识别标准

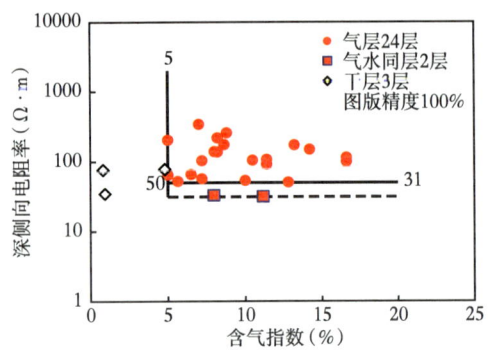

图1-3-29 徐家围子断陷基性岩溢流相储层流体识别标准

4. 应用效果

1）单井解释效果

应用建立的流体识别标准，完成开发井解释，解释符合率达到91.3%。如徐深3井176Ⅱ号层（图1-3-30），岩性为流纹岩，岩相为溢流相，电阻率为130Ω·m，含气指数7.8%，不分岩相建立的流体识别标准解释为气层，而在分岩相建立解释标准后，该层解释为气水同层。该层压后自喷，日产气41872m³，日产水68.2m³，与测井解释结论一致。

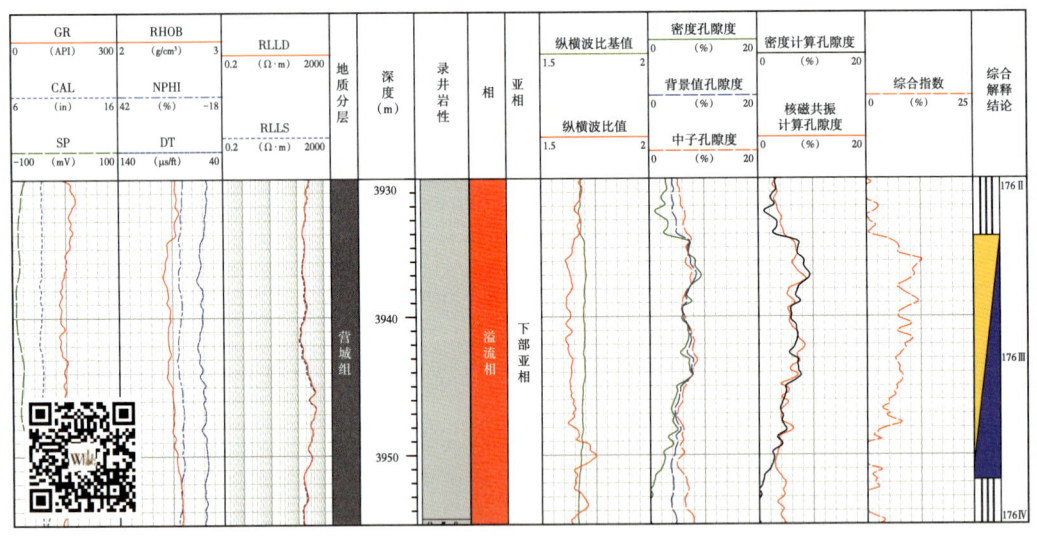

图1-3-30 徐深3井综合解释成果图

2）岩相解释应用效果

单井岩相、旋回划分是火山岩精细勘探的基础。在地质认识基础上，应用岩相划分技术对徐家围子断陷探评井进行岩相划分，开展旋回与储层发育规律研究。在分旋回开展有利区域预测基础上部署肇深19井（图1-3-31），测井综合解释73Ⅰ号层为气层，平均孔隙度为13.5%，压后自喷日产气$21.8×10^4m^3$。

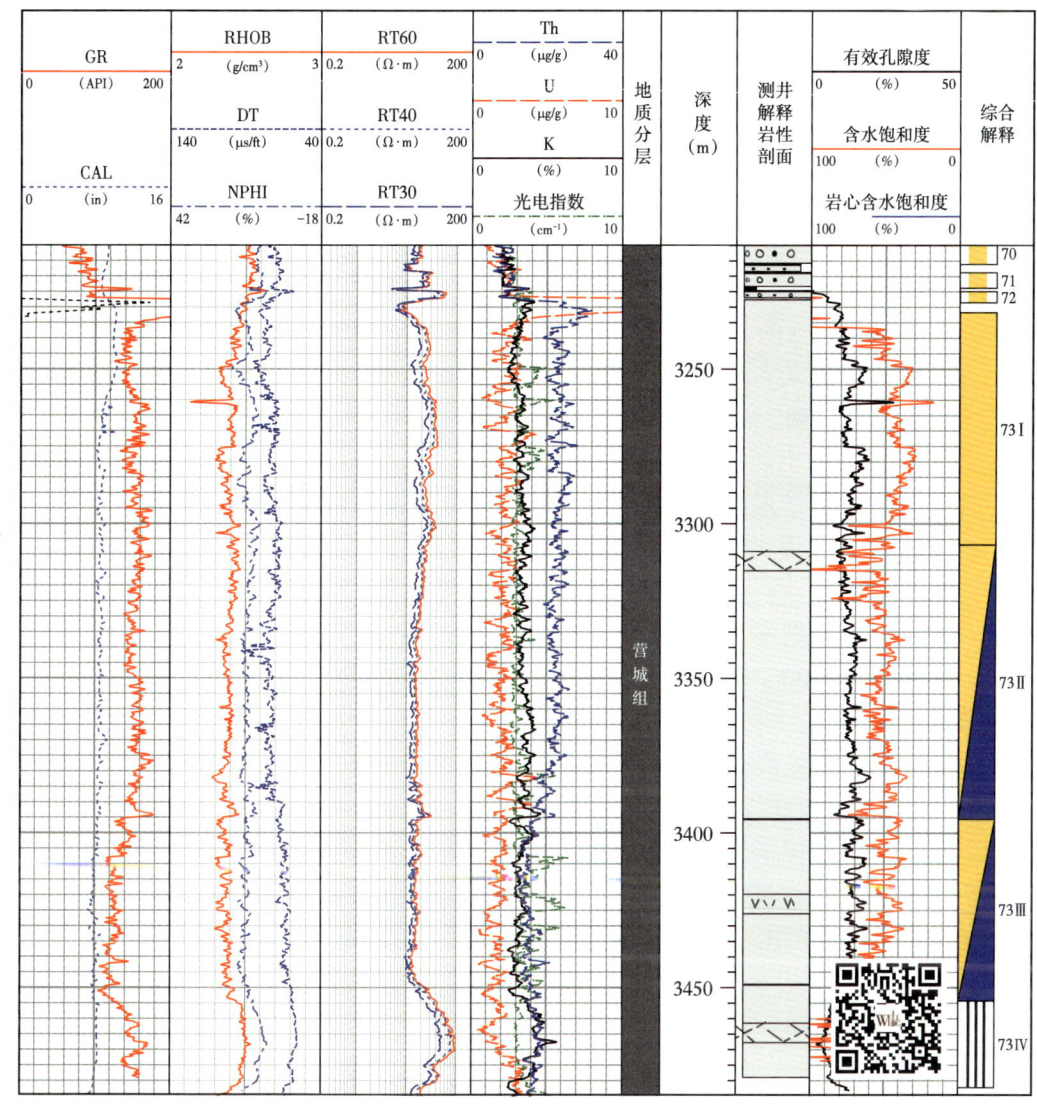

图1-3-31 肇深19井测井综合解释成果图

5. 结论及建议

（1）以地质和测井理论为指导，以"岩心刻度测井"为依据，采用常规测井与特殊测井相结合的方法，建立"成分＋结构"的岩性识别方法，从岩相成因入手，形成了火山岩岩相测井划分流程及技术。经20口井31个层段岩心划分岩相验证，岩相识别符合率83.8%，亚相识别符合率74.2%。

（2）在测井划分火山岩岩相基础上，分岩性和岩相分别建立储层有效孔隙度和渗透率计算模型，经岩心分析验证，酸性、中性及基性火山岩孔隙度和渗透率响应方程相关系数满足生产需求。

（3）通过对酸性火山岩储层孔隙结构特征的研究，厘清了孔隙结构对岩电参数的影响，建立了基于孔隙结构的原始含气饱和度解释模型，并分岩相确定模型中的参数。经密闭取心验证，含气饱和度解释绝对误差为4.7%。针对基性火山岩的导电特征，研发形成基于导电孔隙含气饱和度解释模型，解释结果与试气结论匹配。

（4）通过爆发相与溢流相储层孔隙类型及结构特征研究，搞清了爆发相和溢流相储层测井响应的差异。分岩相建立酸性火山岩储层流体识别图版，图版精度均在92%以上。在精细解释阶段，气水层解释符合率达到91.3%。

二、长岭断陷中央隆起带火山岩油气藏测井评价

1. 地质背景

长岭断陷火山岩油气藏位于松辽盆地南部长岭断陷中央隆起带，是一个上下叠置凹陷层为油、断陷层为气的大型油气田。中央隆起带位于长岭断陷中部，构造带上发育大布苏、前神字井、腰英台深层3个局部构造和近南北走向的前神字井、腰英台2条断裂。在营城组沉积时期，沿前神字井、腰英台断裂发生了大规模的火山裂隙式喷发，形成了近南北走向的火山岩群，古构造高点和火山岩叠加形成了中央古隆起带。腰英台深层构造是中央隆起带东部的一个断鼻构造。断背斜是该构造天然气成藏的有利圈闭，天然气就近成藏，或通过断层的通道运移，形成营城组、沙河子组自生自储式，以及登娄库组与营城组、沙河子组构成的下生上储式两种成藏组合。图1-3-32为营城组顶面构造图显示，高点埋深3460m，闭合高度200m；营城组底面构造图显示，高点埋深3500m，闭合高度200m。

2. 存在问题

松辽盆地长岭断陷营城组火山岩储层岩性岩相复杂、空间类型多、孔隙结构复杂多变，受次生作用影响强烈，从微观到宏观都表现出很强的非均质性：次生孔、洞、缝与基质孔交织在一起，储层性能有很大的差异性和突变性。针对这种复杂的火山岩储层，基于"岩心标定测井"方法建立岩性岩相与储集空间类型典型测井响应特征图版库，并在细分岩性岩相的基础上，充分考虑裂缝发育程度开展裂缝参数定量评价，凸显裂缝发育程度与储层渗流能力的关系。因此本区双重孔隙介质的火山岩评价中，必须重点解决岩性岩相的划分、裂缝有效性判识，以及储层类型的分类评价。

3. 测井评价技术

根据收集到的地区资料，对松辽盆地南部长岭断陷火山岩油气田储层的正确认识和把握，利用实际获取的岩心资料图片对火山岩储层进行岩性、岩相识别和储层分类。应用微电阻率成像测井资料处理方法和技术并根据地区特征选取合适的处理解释参数，对该地区火山岩储层进行定性和定量处理解释和分析评价。

1）岩性及岩相

（1）岩性。

从岩石结构角度，可将火山岩划分为火山熔岩类、火山碎屑熔岩类和火山碎屑岩三大类。

火山熔岩类：FMI静态图像基本为单一亮色，指示电阻率较高；动态图像呈微细斜层理特征，即流动构造面；一般气孔和杏仁构造多沿流动构造面发育，分布不均，呈暗色斑点。裂缝发育，多切割流动构造面，显示为暗色条带。

火山碎屑熔岩类：FMI图像由高阻亮色岩屑、晶屑，中低阻橙色火山灰流和黑色

低阻条纹椭圆形斑点组成；高阻亮色岩屑、晶屑大小不均，平均在 5~10cm 之间，排列具方向性，压扁拉长特征明显；中低阻橙色火山灰流具成层特征，岩屑、晶屑分布其间。碎屑粒度小于 2.0mm，为熔结凝灰岩类；碎屑粒度大于 2.0mm，为熔结火山角砾岩类。

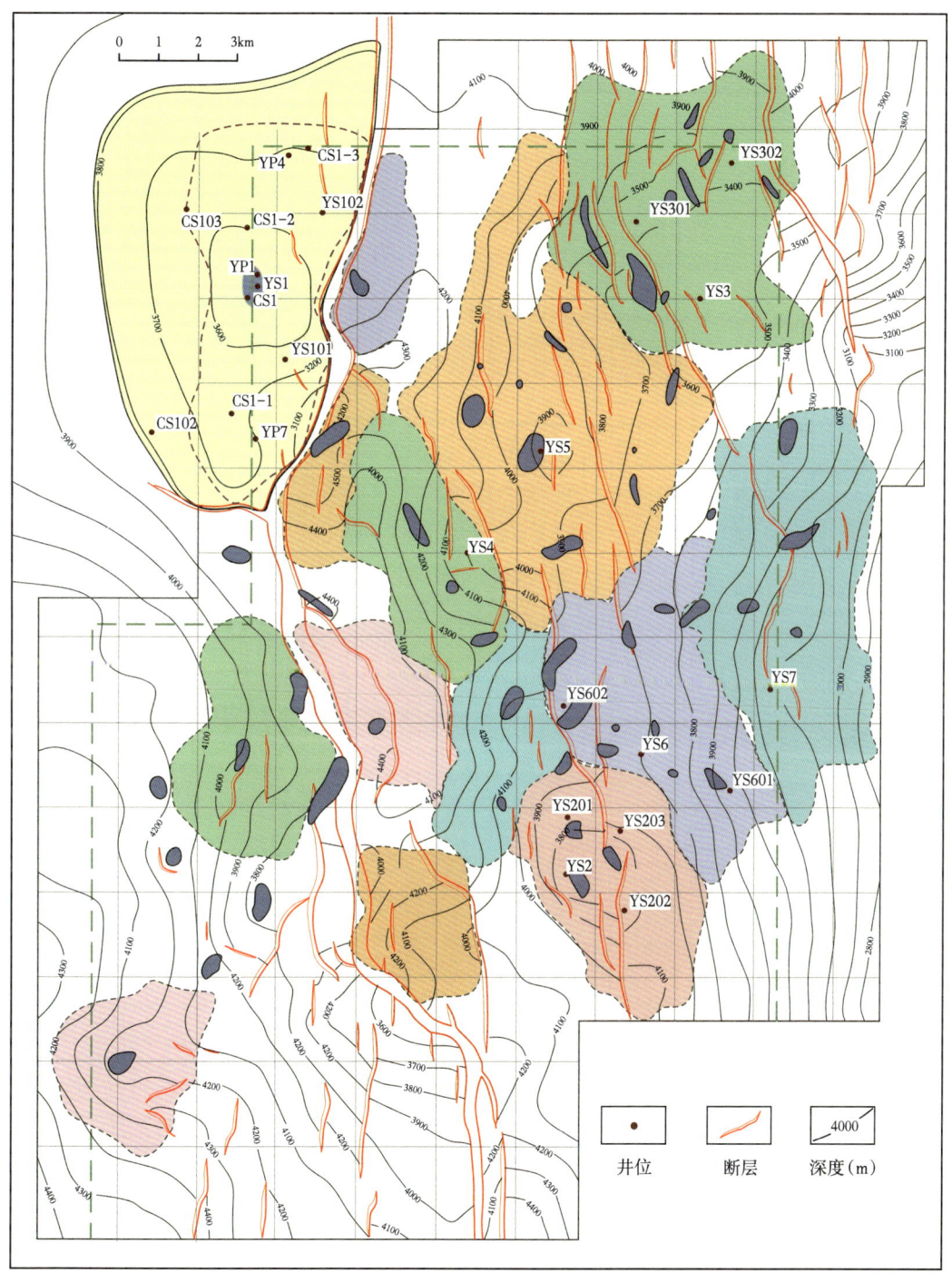

图 1-3-32 松辽盆地南部松南气田营城组顶面构造图

火山碎屑岩类：FMI 图像由高阻亮色不规则角砾与中低阻暗色凝灰交织组成；高阻亮色角砾大小不均，主体粒径在 10~50mm，颗粒间相互支撑，混杂堆积，棱角清晰，不具磨圆特征；碎屑粒度小于 2.0mm 的为凝灰岩类；碎屑粒度大于 2.0mm 的为火山角砾岩类。

图 1-3-33 是 YS101 井成像测井识别的火山岩岩石结构（熔结结构）成果图，图 1-3-34 是 YS101 井成像测井识别的火山岩岩石结构（熔岩结构）成果图。

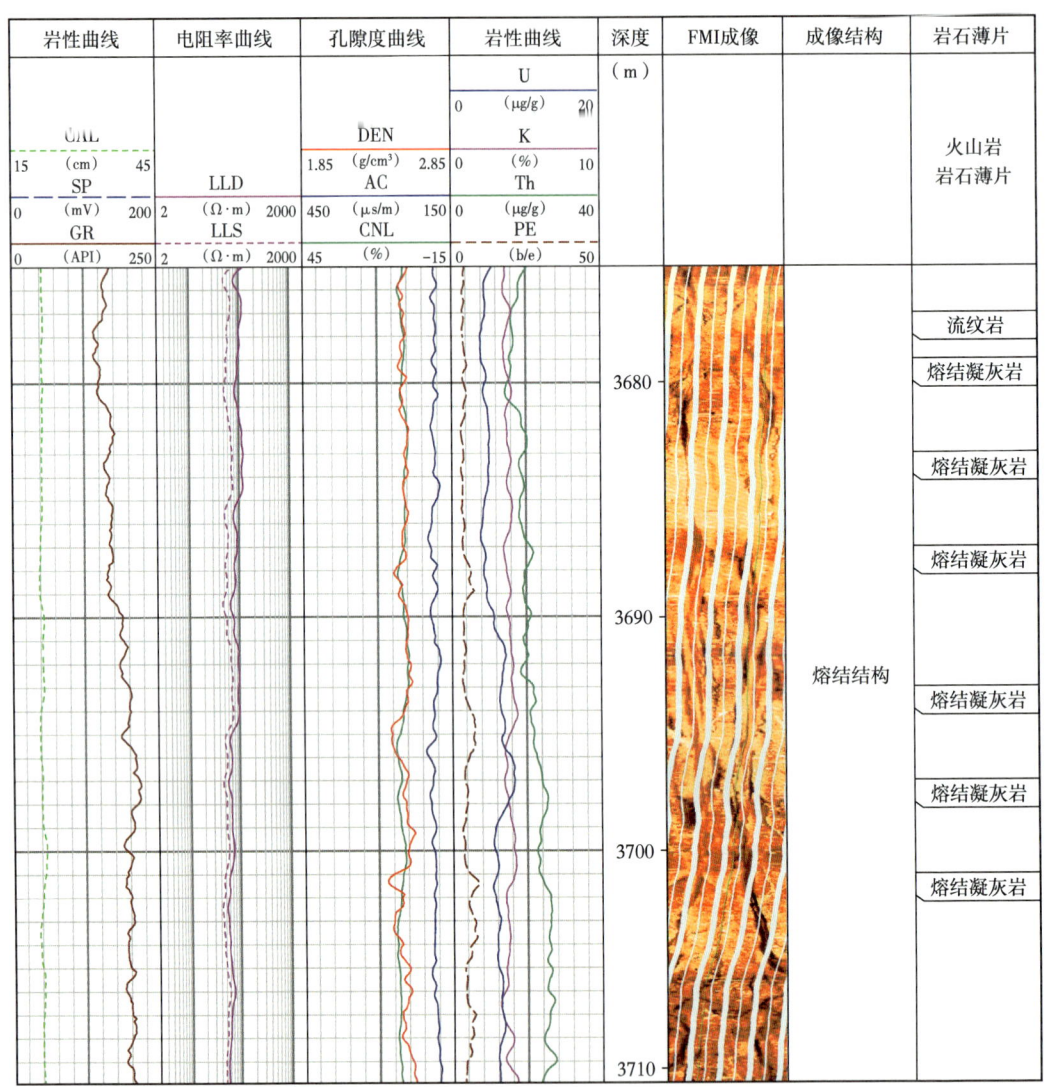

图 1-3-33　YS101 井 FMI 图像识别火山岩熔结结构

（2）岩相。

火山岩相能够揭示火山岩空间展布规律和不同岩性组合之间的成因联系。通常不同岩相带具有不同种类的孔隙和裂隙组合，所以，识别火山岩相对于储层分布的研究具有指导作用。根据 FMI 图像所提供的信息，结合钻井取心资料，分析火山岩相主要有爆发相、溢流相。

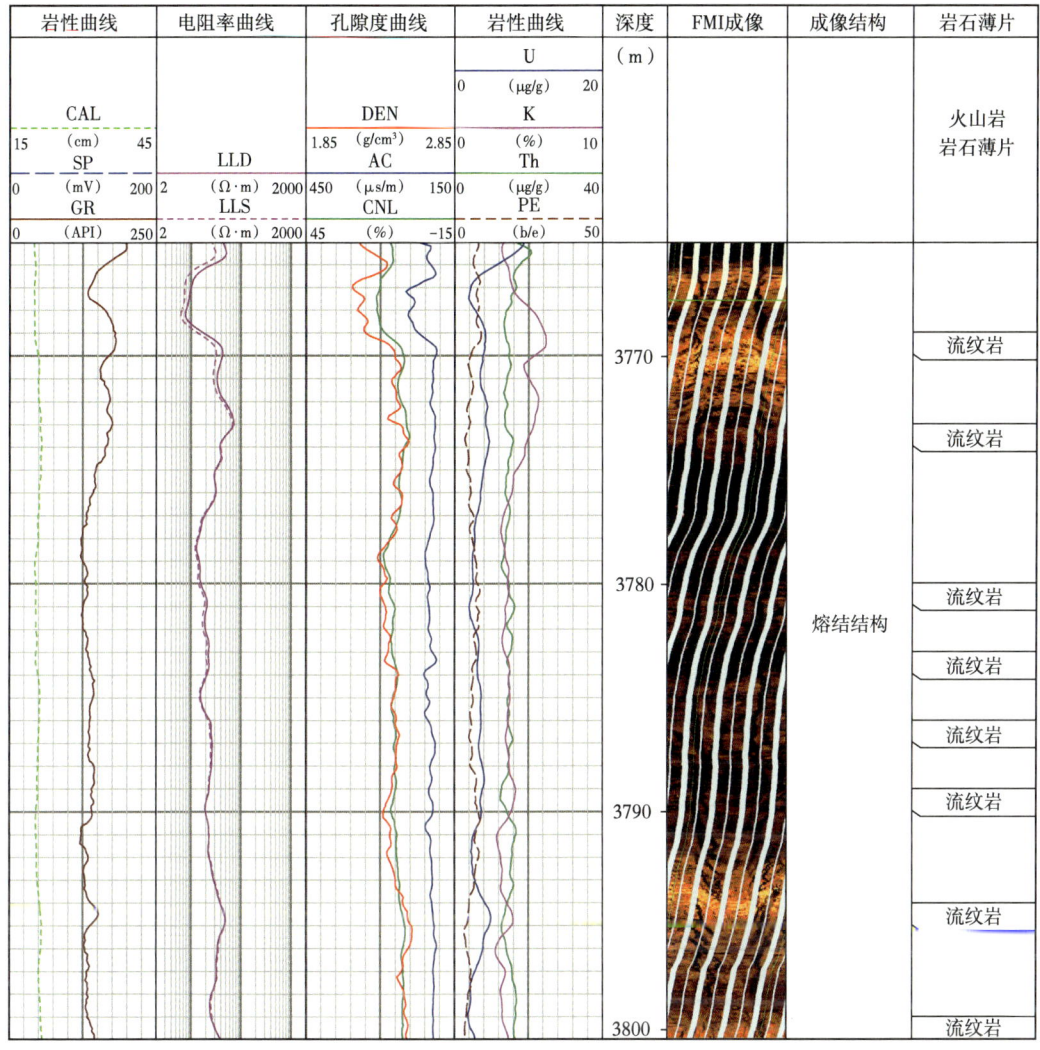

图 1-3-34　YS101 井 FMI 图像识别火山岩熔岩结构

爆发相是火山强烈爆发所产生的各种火山碎屑物，如火山集块、火山角砾、火山灰等，在不同环境经过成岩作用形成火山碎屑岩，主要有崩落堆积和空落堆积。溢流相是岩浆熔体从地下深处由火山通道上升至地表，自火山口向外溢流，形成各种类型的熔岩，以熔岩流和熔岩被两种形式产出。

图 1-3-35 为 YS301 井凝灰岩地层的综合测井图，岩性判别定名为熔结凝灰岩，因此属于爆发相。第 1 道为指示岩性的测井曲线道，包括自然电位、自然伽马、井径 3 条曲线；第 2 道为放射性元素含量测井曲线，包括铀、钍和钾 3 种放射性元素含量测井曲线；第 3 道为电阻率测井曲线；第 4 道为指示孔隙度的测井曲线道，包括中子、密度和声波时差测井曲线；第 5 道为深度道；第 6 道为录井岩性道；第 7 道为岩相道。

图 1-3-36 为 YS1 井流纹岩地层的综合测井图，岩性判别定名为流纹岩，因此属于喷溢相。第 1 道为指示岩性的测井曲线道，包括自然电位、自然伽马、井径 3 条曲线；第 2 道为放射性能谱测井曲线，包括铀、钍和钾 3 种放射性元素含量测井曲线；第 3 道

为电阻率测井曲线;第 4 道为指示孔隙度的测井曲线道,包括中子、密度和声波时差测井曲线;第 5 道为深度道;第 6 道为录井岩性道;第 7 道为岩相道。

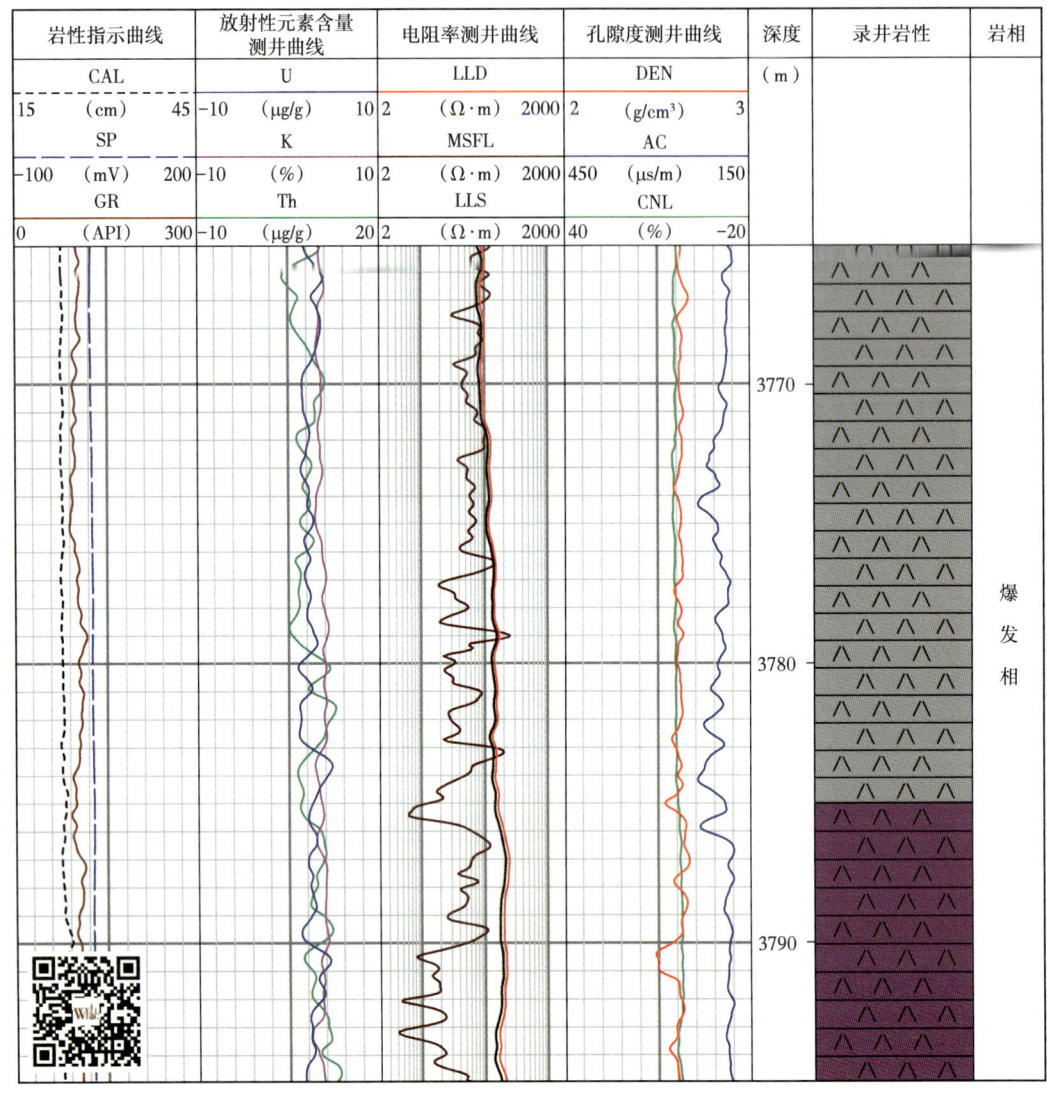

图 1-3-35　YS301 井爆发相地层(凝灰岩)测井曲线与岩性岩相识别

2)火山岩孔洞与裂缝

(1)火山岩孔洞识别评价。

火山岩能够形成有效的储层,主要取决于孔隙和裂缝,而裂缝是火山岩储层中至关重要的因素,其影响贯穿储层改造、油气运移和聚集、油藏开采的全过程。

松南气田营城组火山岩储集空间主要由原生孔隙和次生孔隙组成,主要类型有气孔、气孔被充填后的残余孔、杏仁体内孔、球粒流纹岩中流纹质玻璃脱玻化产生的微孔隙、长石溶蚀孔、火山灰溶蚀孔、碳酸盐溶蚀孔、石英晶屑溶蚀孔、砾间孔、球粒周边及粒间收缩缝、裂缝及微裂缝等。

原生孔隙包括原生节理系统产生的裂缝、气孔、粒间孔和晶间孔。

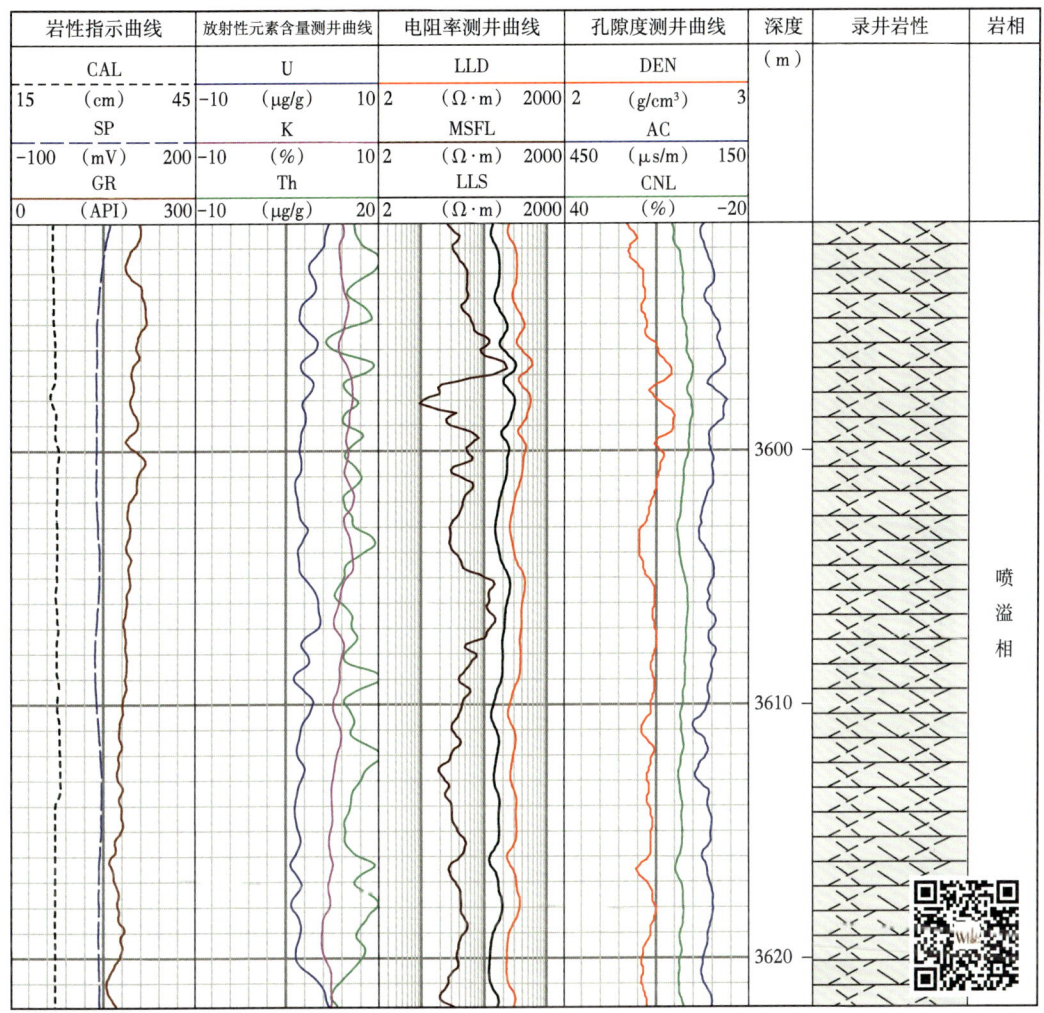

图 1-3-36　YS1 井喷溢相地层（流纹岩）测井曲线与岩性岩相识别

次生孔隙和裂缝主要包括溶蚀孔、洞，晶内和晶间溶孔以及受构造应力产生的不同类型的各种裂缝。如图 1-3-37 所示，有效孔隙包括火山碎屑岩、凝灰岩的粒间孔，火山熔岩、侵入岩溶蚀孔洞和晶间、晶内的溶蚀孔，而原生气孔、晶间孔为无效孔隙。

（2）裂缝评价。

①裂缝的识别及类型。

根据裂缝的几何形状及侵入情况，通过岩心标定可判断裂缝类型。图 1-3-38 为松南气田的几种裂缝在 FMI 图像上的特征：

高导天然缝简称高导缝，在 FMI 图像上表现为深色（黑色）的正弦曲线，连续性比较好，往往充填有钻井液等低阻物质，其倾角大小变化很大，主要在 40°~80° 之间变化。

高阻天然缝简称高阻缝，在 FMI 图像上表现为相对高阻亮色（浅色—白色）正弦曲线，多为闭合缝，系高阻物质充填裂缝或裂缝闭合而成。

钻井诱导缝简称诱导缝，是钻井过程中产生的裂缝，主要由地层内部应力释放、钻具在井壁造成的擦痕所形成，最大特点是沿井壁的对称方向出现，呈羽状或雁列状。

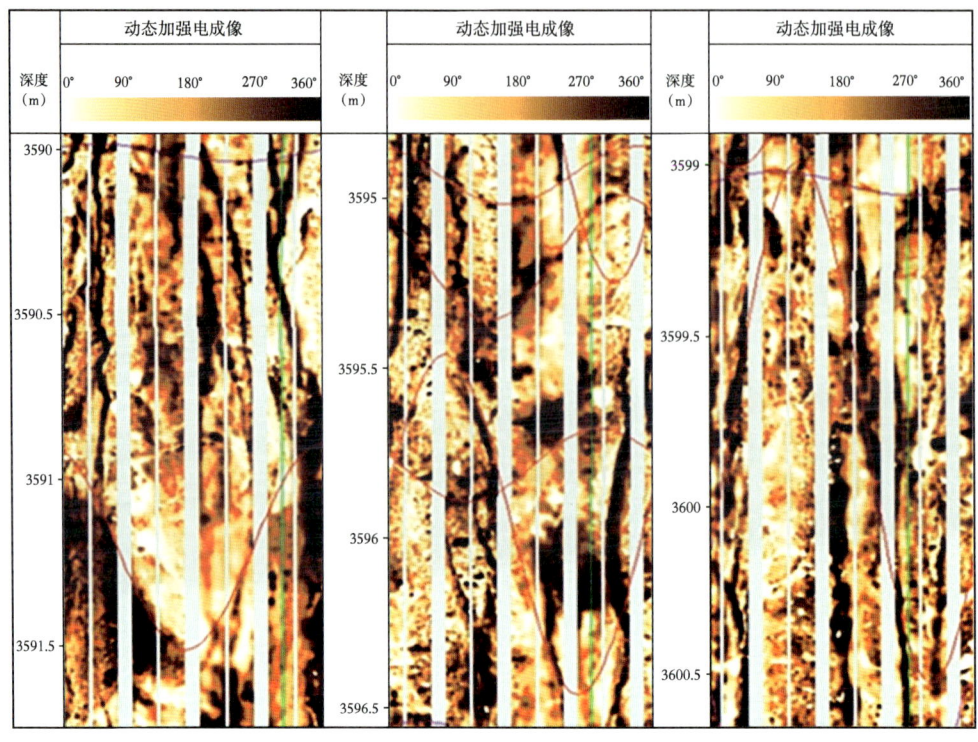

图 1-3-37 松南气田 YS3 井储层孔洞裂缝储层

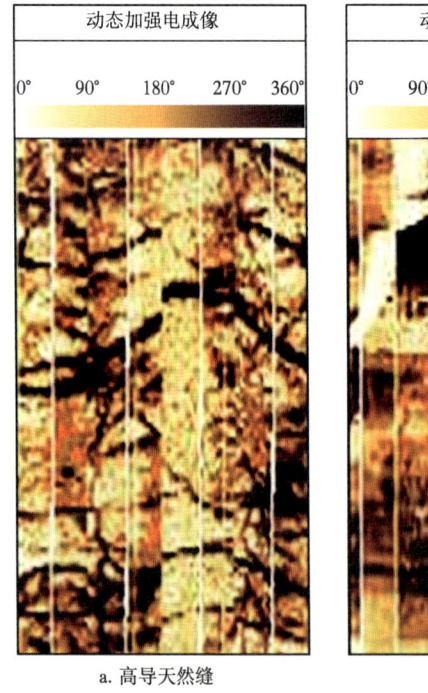

a. 高导天然缝　　　　　　b. 高阻天然缝　　　　　　c. 钻井诱导缝

图 1-3-38 裂缝 FMI 特征图

在火山岩井段，通常可见的裂缝包括高导缝、诱导缝、微裂缝和高阻缝。高导缝（可能的开启缝）在 FMI 图像上表现为深色（黑色）正弦曲线，为钻井液侵入或泥质或导电矿物充填所致。有些裂缝因其局部被充填或胶结，可能不具备典型的裂缝渗流特征。如图 1-3-39 所示，在溶蚀发育段，高导缝的存在可以很好地沟通溶孔或溶洞，使储层的渗流能力增强，属于有效缝。

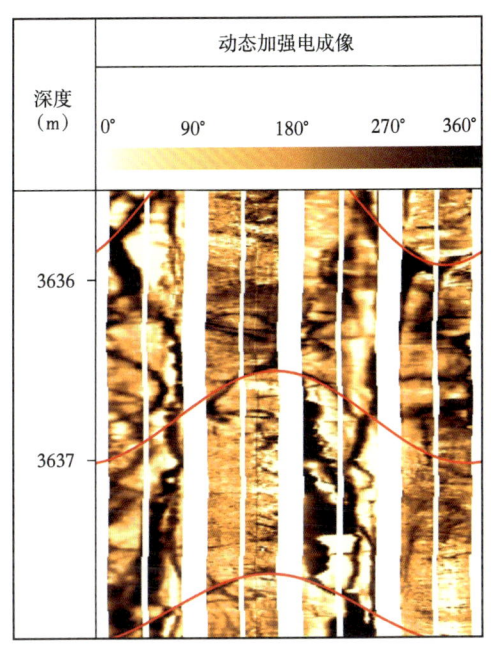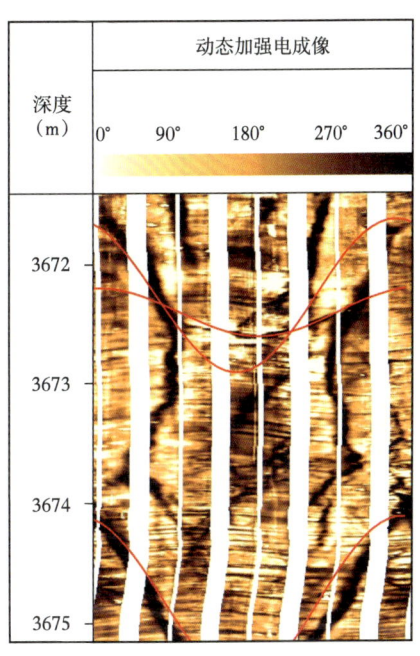

图 1-3-39　YS1 井高导缝特征图

如图 1-3-40 所示，高阻缝在 FMI 图像上表现为相对高阻亮色（浅色—白色）正弦曲线，由高阻物质充填或裂缝闭合而成，属于无效缝。

如图 1-3-41 所示，诱导缝系钻井过程中产生的裂缝，钻井诱导缝的最大特点是沿井壁的对称方向出现，呈羽状或雁列状。诱导缝对储层原始储渗空间没有贡献。

②裂缝的产状。

对于成像测井图像上显示的裂缝，可进行人工拾取，拾取后的成果转变为裂缝产状剖面图，然后对不同裂缝段进行裂缝产状参数定量统计。图 1-3-42 为松南气田火山岩裂缝产状图。图中各井的裂缝产状与井附近断层产状一致，即裂缝受断层的影响比较大；离断层较远的位置，其裂缝产状较复杂、杂乱。同时，裂缝面的倾角较高，多数大于 50°，这也是该地区火山岩地层裂缝的一个明显特征。

③裂缝的分布。

对 YS1 井、YS2 井、YS3 井、YS101 井、YS102 井、YS301 井等 6 口井裂缝资料进行了整理，绘制了裂缝长度、裂缝密度和裂缝宽度随深度变化的直方图（图 1-3-43），图中 6 口井裂缝在纵向分布上是不均匀的。

图 1-3-44 为松南油气田各井裂缝分布特征图，可见离断层越远，裂缝越不发育，例如 YS2 井；离断层越近，裂缝越发育，如 YS3 井。

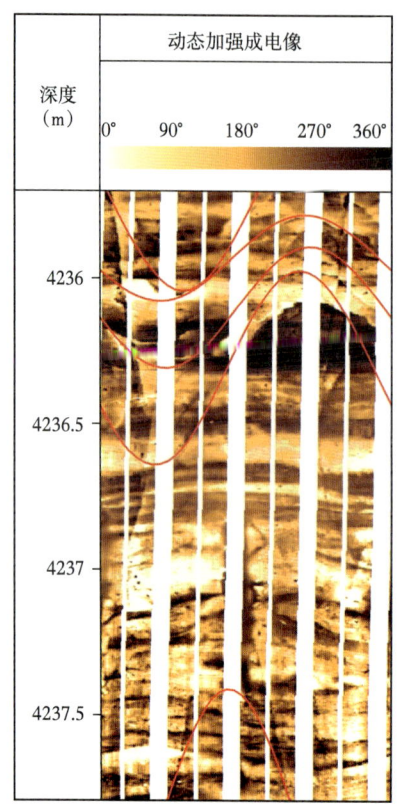
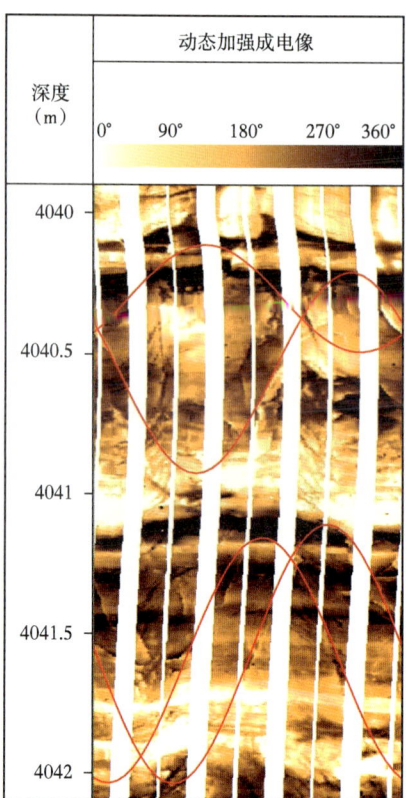

图 1-3-40　YS3 井高阻缝特征图

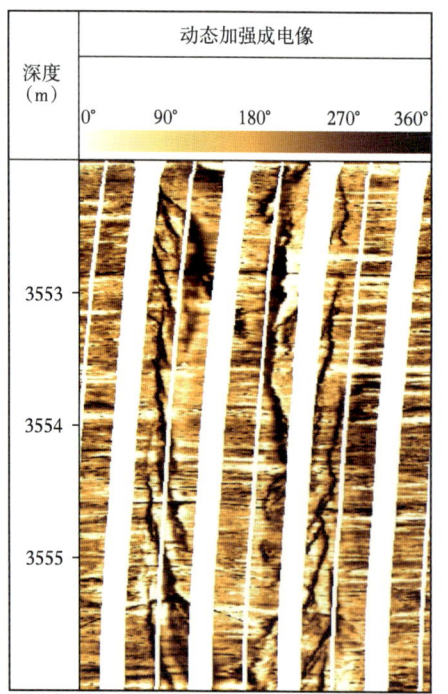
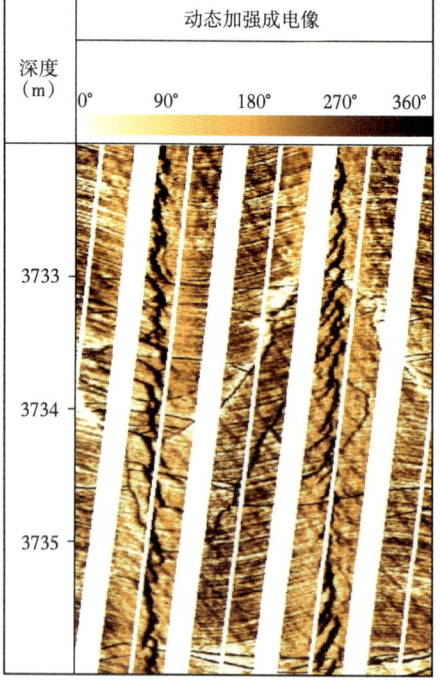

图 1-3-41　YS1 井诱导缝特征图

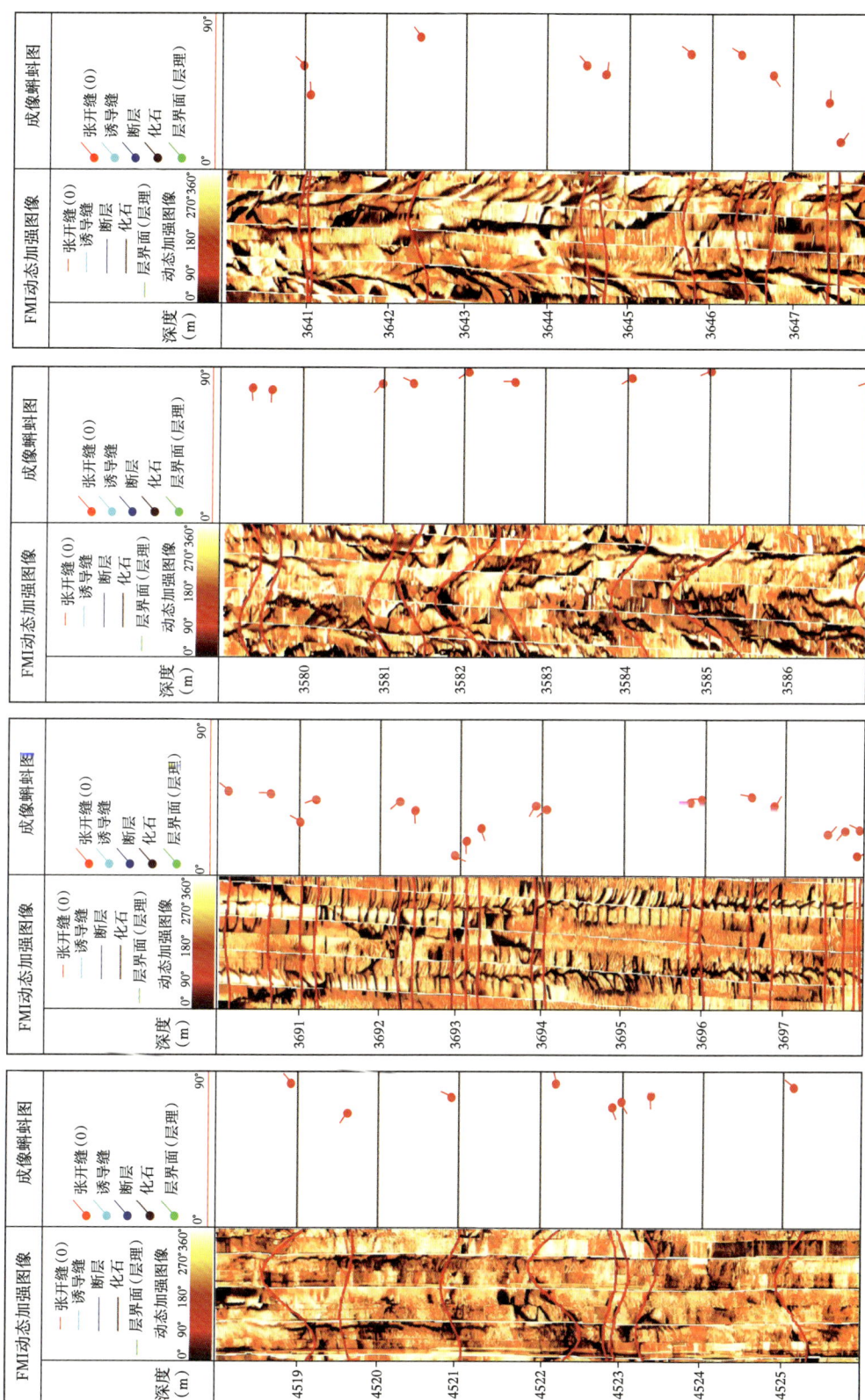

图1-3-42 松南气田YS101井区裂缝产状图

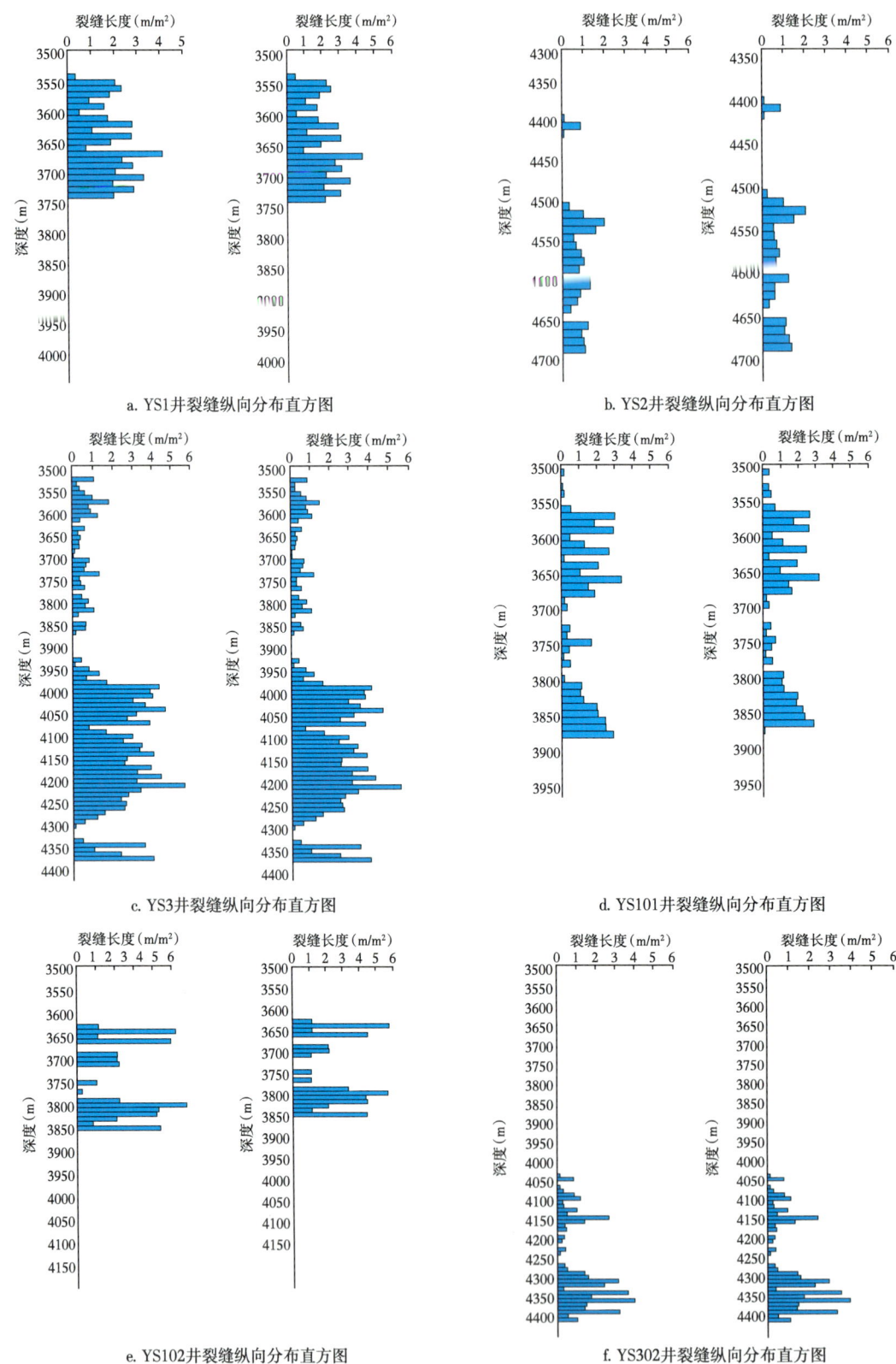

图 1-3-43 裂缝纵向分布直方图

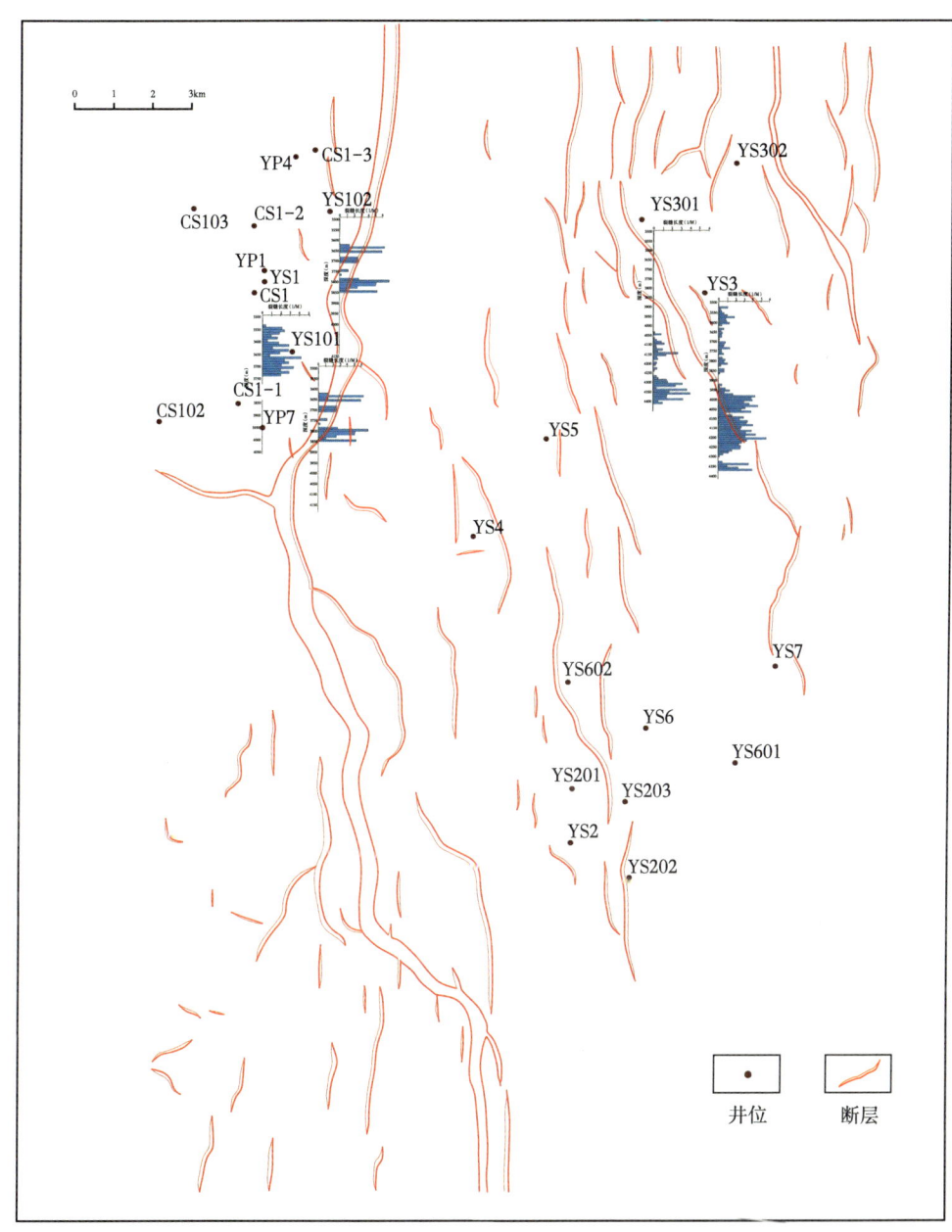

图 1-3-44 松南气田裂缝分布特征图

④裂缝参数的计算。

裂缝孔隙度的确定是测井评价的一大难题，但微电阻率扫描成像（FMI）的出现使得这一难题得以解决。基于标定到浅侧向电阻率的 FMI 图像，在人工拾取裂缝后，根据实验及有限元分析法得出的经验公式，进行裂缝密度、裂缝长度、裂缝孔隙度等参数的计算。

图 1-3-45 为 YS2 井裂缝欠发育情况以及提取的裂缝参数图。图中显示裂缝定量计算主要参数的纵向变化，其中裂缝长度在 0.0186~13.046m/m^2 之间；裂缝宽度主要分布在 0.125~11.51278μm 之间；裂缝孔隙度在 0.00146%~7.60304% 之间，多在 0.3% 以下。

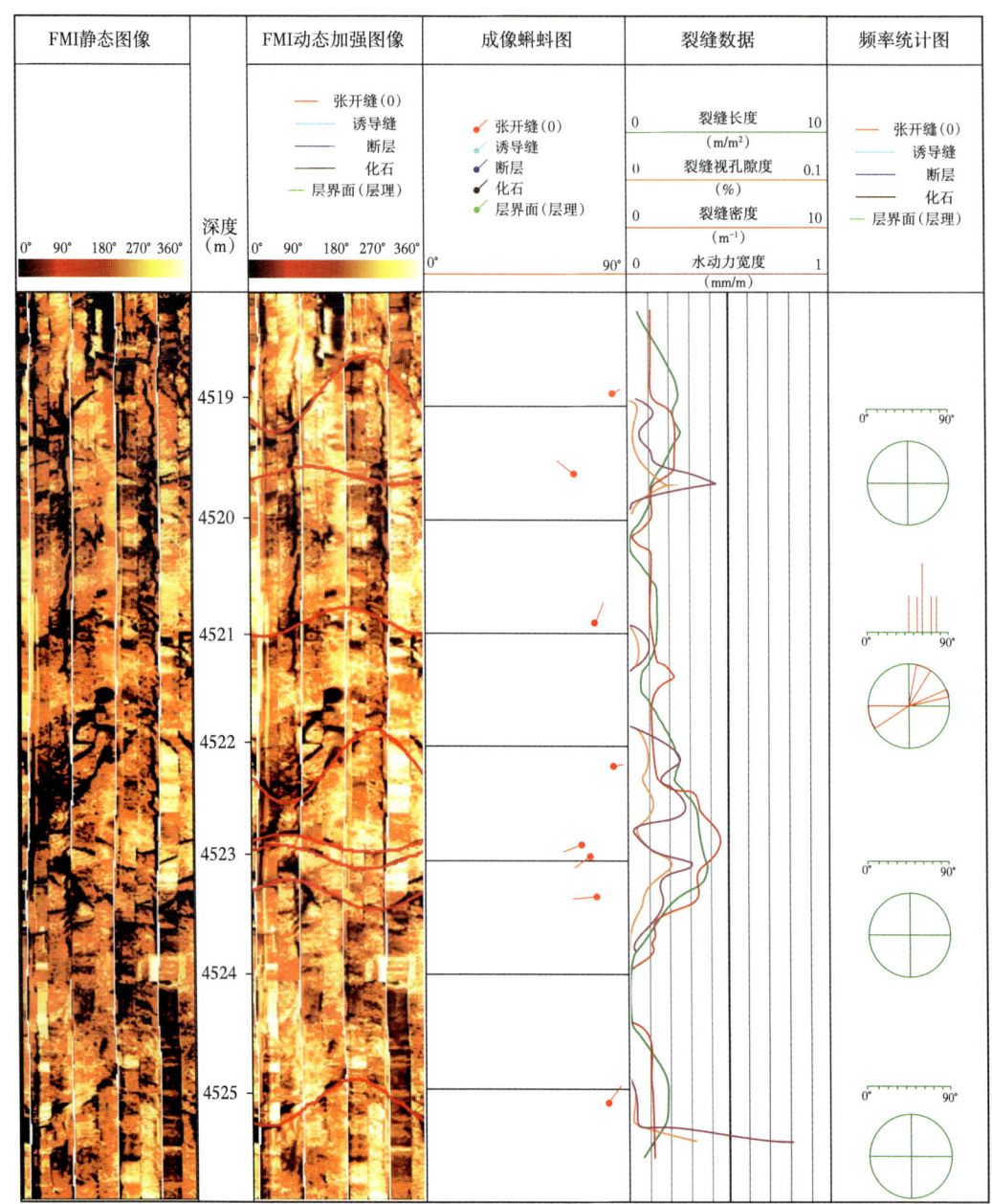

图 1-3-45　YS2 井裂缝发育情况以及提取的裂缝参数图

图 1-3-46 为 YS3 井裂缝较发育情况以及提取的裂缝参数图。图中显示裂缝定量计算的主要参数的纵向变化，其中裂缝长度在 0.01623~17.3087m/m² 之间；裂缝宽度主要分布在 0.125~16.11789μm 之间；裂缝孔隙度在 0.00146%~11.12822% 之间。

3）储层类型划分

松南气田火山岩储层有孔隙型、裂缝型和孔隙—裂缝型 3 种。孔隙型的孔隙有粒间孔和溶蚀孔洞，主要为爆发相的火山角砾岩和集块岩；裂缝型储层主要发育于熔岩，其基质孔隙很低；孔隙（溶蚀孔洞）—裂缝型储层可获得高产，而裂缝型储层也可获得一定产能。图 1-3-47 为不同类型储层的微电阻率扫描成像（FMI）图例。

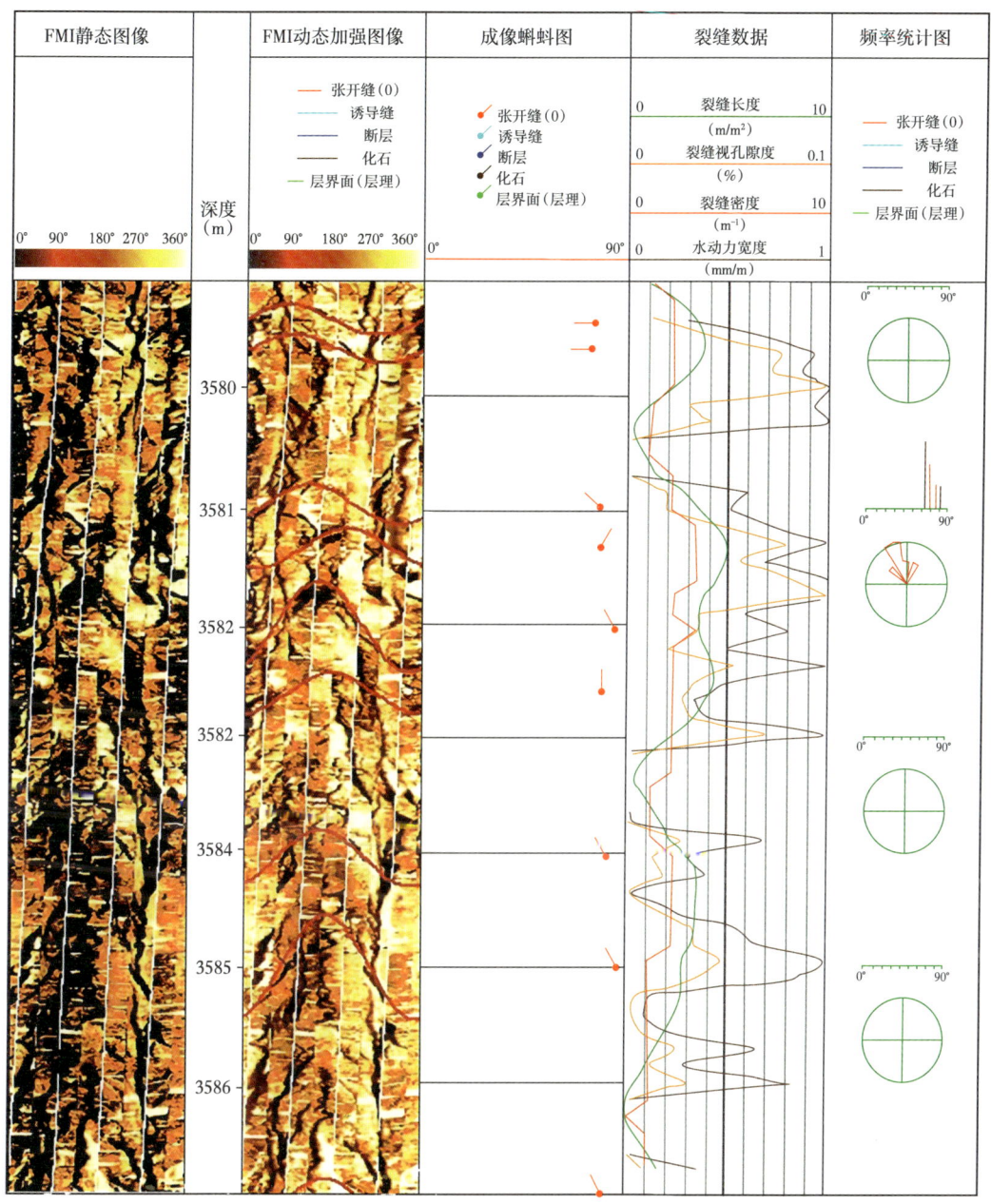

图 1-3-46 YS2 井裂缝发育情况以及提取的裂缝参数图

4. 应用效果

如图 1-3-48 所示，YS1 井营城组 114 号层（3544.4~3598.5m 井段），岩性为熔结火山角砾岩，成像图显示该层段孔洞、溶蚀孔洞发育，为孔洞—裂缝型储层，测试日产气量（5.20~17.69）×$10^4 m^3$。

如图 1-3-49 所示，YS101 井 129、130 号层（3742.3~3762.5m）井段，岩性为流纹岩夹凝灰岩，成像图显示该层段气孔、溶蚀孔洞和裂缝均发育，为孔洞—裂缝型储层，测试日产气量（5.97~14.42）×$10^4 m^3$。

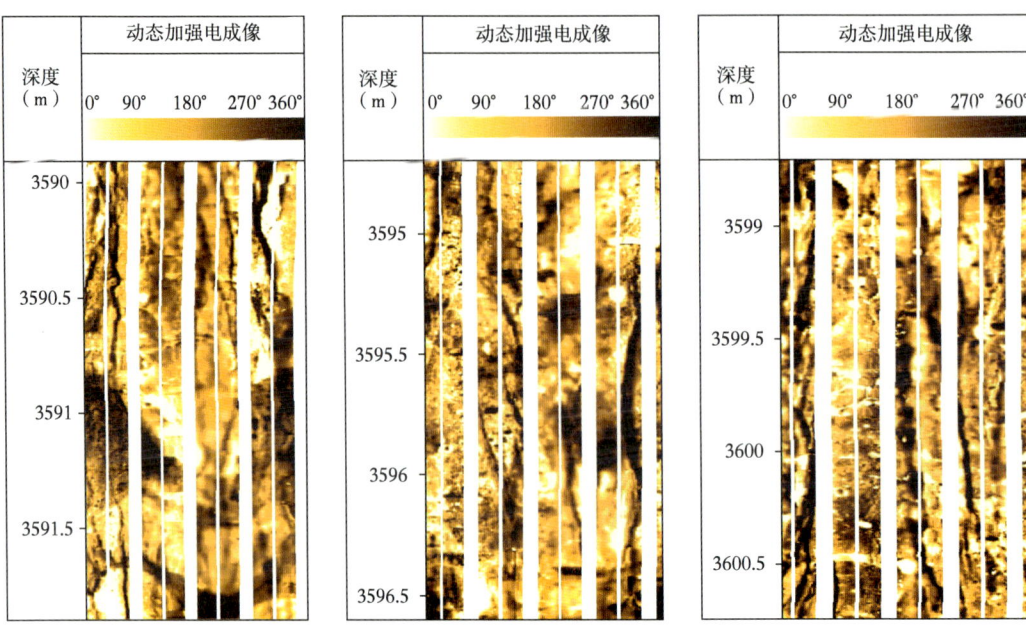

图 1-3-47 YS3 井火山岩孔洞—裂缝类型图

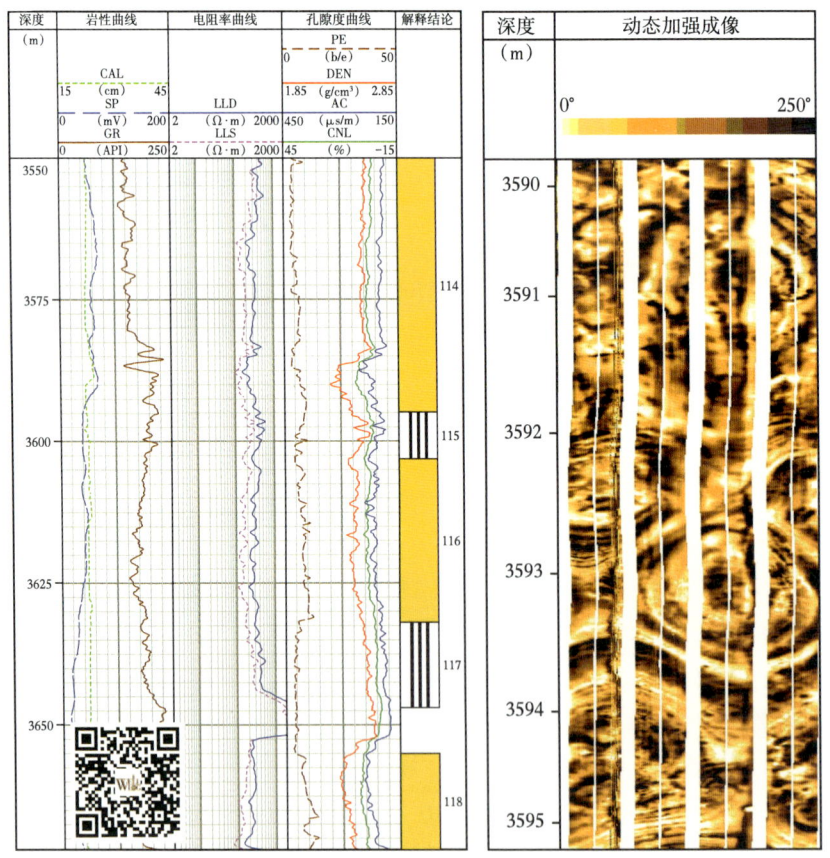

图 1-3-48 YS1 井测井综合图

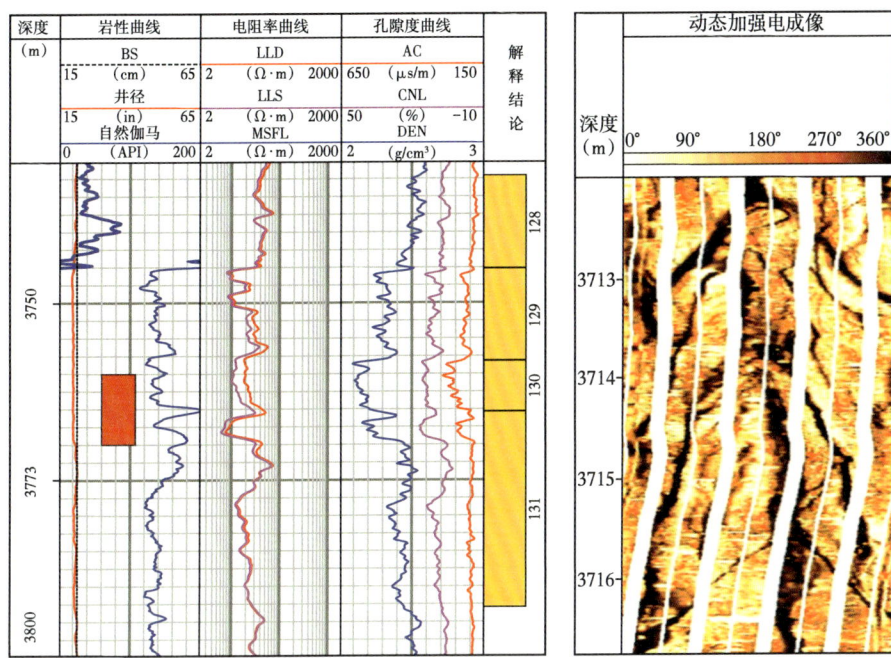

图 1-3-49 YS101 井测井综合图

如图 1-3-50 所示，YS102 井 139 号层（3683.5~3730.4m），岩性为凝灰岩，成像图显示裂缝与气孔均发育，为孔隙—裂缝型储层，测试日产气量 $7.47×10^4m^3$。

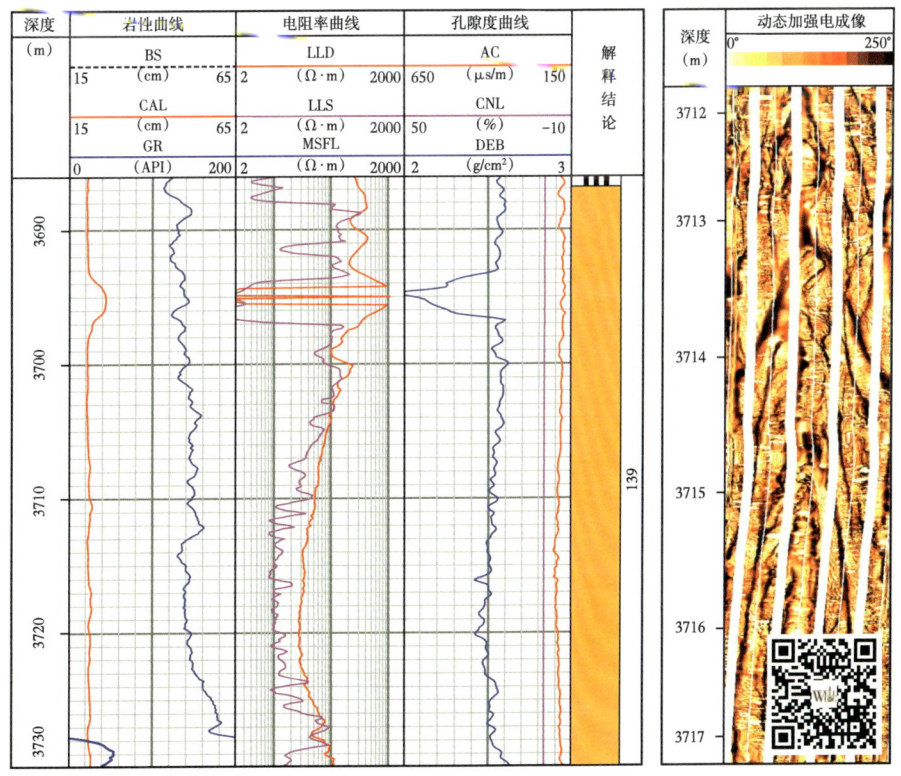

图 1-3-50 YS102 井测井综合图

- 67 -

5. 结论及建议

（1）松辽盆地南部松南气田营城组深层火山岩岩性、相带变化较大，储层类型复杂，非均质性很强，纵向上火山岩的岩性分布有较大的差异。该井区储集空间以基质孔隙和溶蚀孔洞为主，其次为裂缝。孔洞是主要的储集空间和储集类型，裂缝是沟通孔隙的渗流通道。高导缝的存在可以很好地沟通溶孔或溶洞，增强了储层的渗流能力。

（2）应用微电阻率扫描成像（FMI）测井资料对岩性、岩相、裂缝及储层类型的识别，深化了松辽盆地南部松南气田火山岩储层的构造解释，在勘探开发，尤其是储量计算中发挥了重要作用。

第二章 渤海湾盆地测井解释评价典型应用实例

渤海湾盆地是典型的多层系、多构造类型的富油气盆地。国内外多家石油公司在该盆地新生代碎屑岩和古生代碳酸盐岩地层中发现了一批富油、富气高产油气田并投入开发。本章优选渤海湾盆地 3 个单井测井评价案例与 3 个区块测井综合评价研究成果，介绍了 2000 年以来渤海湾盆地低电阻率（低对比度）油气藏、非均质碳酸盐岩油气藏及变质岩油气藏测井评价技术。针对上述不同类型的油气藏，开展测井储层参数定量评价方法与技术研究，为勘探新区新领域油气发现与规模上产发挥了测井关键技术支撑作用。

第一节 地质背景

渤海湾盆地位于中国东部大陆边缘，是在中—新元古代至古生代地台型沉积建造基础上叠置发育的中—新生代陆相沉积盆地（丁培民，1988）。北与燕山隆起区为邻，西为太行山隆起区，东以辽东隆起区及鲁东隆起区为界，南为鲁西南隆起区，面积为 $20 \times 10^4 km^2$，如图 2-1-1 所示。盆地内部分布 8 个坳陷：辽河坳陷、冀中坳陷、黄骅坳陷、渤中坳陷、临清坳陷、济阳坳陷、昌潍坳陷及辽东湾坳陷；除此以外，盆地内还有 4 个隆起区，自北向南为沧县隆起、邢衡隆起、埕宁隆起和内黄隆起（Zhu Y et al.，2010）。以此构造格局为基础，又可进一步细分为 61 个断陷和 55 个凸起。断裂和断陷活动是渤海湾盆地新生代构造变形的主导方式，盆地内最主要的断裂系统有北北东方向、近东西向（或北西向）两组主要的断裂系统，断裂控制着渤海湾盆地的构造演化与地层沉积。图 2-1-1 为渤海湾盆地构造位置图。

从板块构造角度来看，渤海湾盆地位于华北板块东部，受西伯利亚板块、扬子板块、西太平洋区板块、印度板块的联合作用，形成于欧亚构造域的板块挤压拼接和环太平洋构造域洋—陆俯冲碰撞两大动力学背景。在板块间的挤压拼接与俯冲消减的直接作用下，在华北东部产生了秦岭—大别造山带、苏鲁造山带、太行山隆起及郯庐断裂带等规模巨大的造山带和深大断裂。

渤海湾盆地的构造演化过程：中—新生代是华北板块的活化阶段。白垩世晚期，渤海湾盆地处于裂陷后期，区域应力场由拉张作用重新转变为挤压，相对低洼的地区接受沉积，相对凸起的地区发生剥蚀，最终确定了渤海湾盆地的基底形态。新生代是渤海湾盆地的成盆期，形成的盆—山构造格局一直延续至今（纪友亮等，2006）。

中—新生代以来，渤海湾盆地先后经历了六期构造事件，即印支期伸展（三叠纪）、燕山期挤压造山（侏罗纪—早白垩世早期）、四川期伸展与岩石圈减薄（早白垩世中期—古新世）、华北构造期（始新世—渐新世）、喜马拉雅构造期（中新世—早更新世）、新构造期（中更新世—全新世），在其内部形成了复杂的构造格局（蒋有录等，2020）。

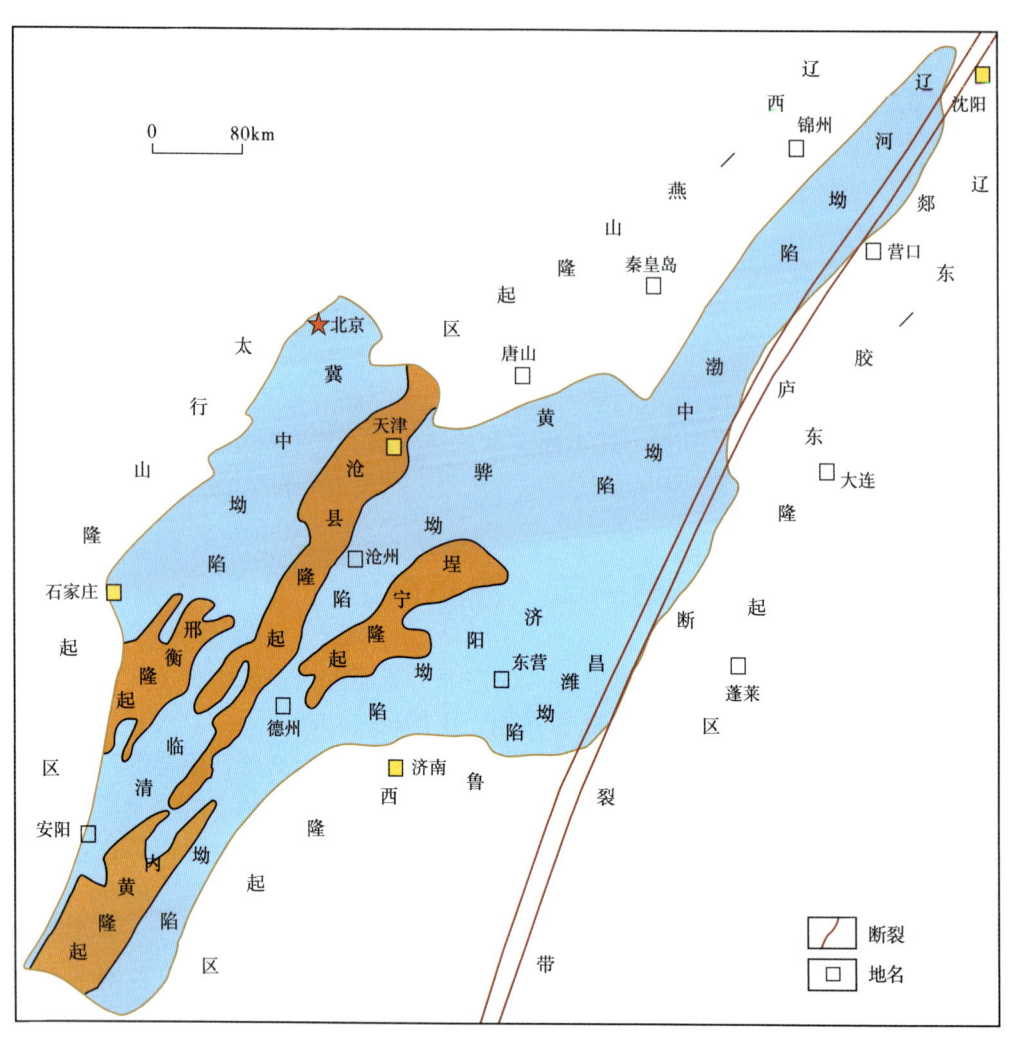

图 2-1-1　渤海湾盆地构造位置图（据 Zhu Y et al., 2010）

渤海湾盆地中—新生代存在两期拉张和两期挤压：晚三叠世—中侏罗世、早白垩世末期处于挤压构造环境；而晚侏罗世—早白垩世早期、晚白垩世—新生代受拉张构造环境控制（邱楠生等，2017）。新生代时期，受喜马拉雅构造幕式运动的影响，盆地的构造演化具有鲜明的多幕式裂陷、多旋回叠加和多成因机制复合的特征，新生代裂陷作用由南向北、由西向东、由早到晚依次发生，导致沉降—沉积中心由西向东、由陆向海迁移（许淑梅等，2014）。正是由于渤海湾盆地遭受了多次构造运动，其地质构造非常复杂，形成了"东西分带，南北分块"的构造格局。

渤海湾盆地在太古宇至古元古界变质岩系基岩之上，自下而上发育了中元古界—古生界和中生界—新生界两套沉积地层，向上依次由下古生界（寒武系、奥陶系）、上古生界（石炭系、二叠系）、中生界（三叠系、侏罗系、白垩系）及新生界（古近系、新近系）组成（图 2-1-2）。

（1）中元古界—下古生界：渤海湾盆地中元古界有长城系、蓟县系和青白口系，下古生界有寒武系、奥陶系，以海相碳酸盐岩沉积为主（李志军等，2024）。

- 70 -

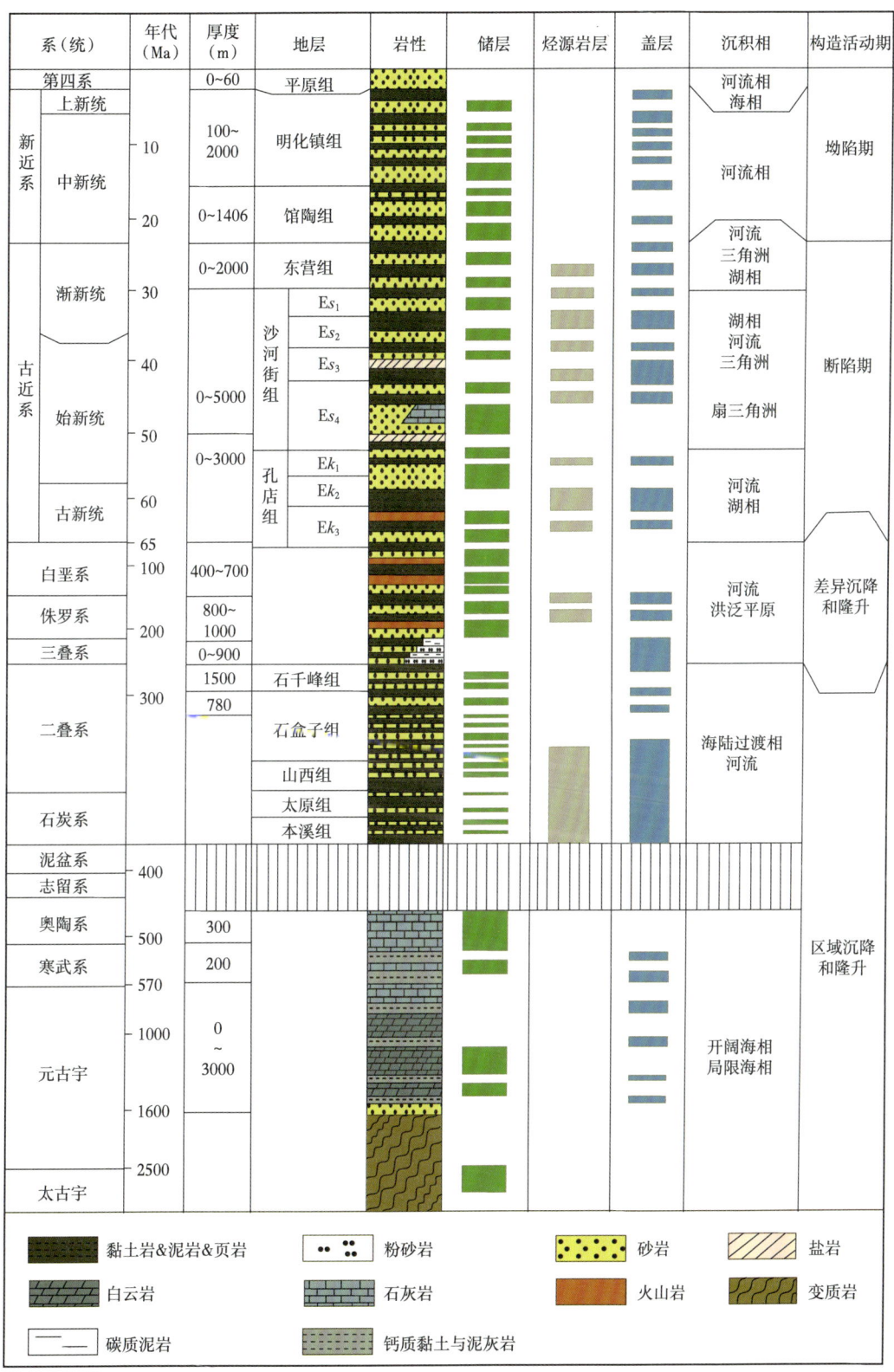

图 2-1-2　渤海湾盆地地层系统图（据蒋有录等，2015；胡洪瑾，2019）

（2）上古生界：渤海湾盆地上古生界有石炭系和二叠系，自下而上依次发育石炭系本溪组（C_2b）、太原组（C_3t），二叠系山西组（P_1s）、下石盒子组（P_1x）、上石盒子组（P_2s）和石千峰组（P_2sh）。山西组—石千峰组依次发育三角洲、曲流河、辫状河和河流/湖泊相沉积，其中上石盒子组辫状河沉积砂体纵向厚度大、横向分布稳定、粒度粗，钻井油气显示活跃，为二叠系目前主要勘探目的层（侯中帅等，2018；操应长等，2023）。太原组和山西组煤系烃源岩广泛发育，受多期构造运动影响，地层分布不均，埋深差异大，为上覆碎屑岩储层提供了重要油气来源（赵贤正等，2021）。

（3）中生界：渤海湾盆地中生界主要发育侏罗系和白垩系。下—中三叠统残留地层主要分布在渤海湾地区西南部的古近纪断陷内部，以红色碎屑岩为主；大部分区域缺失晚三叠世地层。侏罗系和白垩系以内陆湖泊沉积为主，发育有碎屑岩、火山岩及煤层。中—下侏罗统以含煤碎屑岩为主；上侏罗统发育有火山碎屑岩，中酸性的安山岩、流纹岩、紫红色泥岩及不等粒砂岩；下白垩统为一套湖泊相沉积的泥岩、细砂岩、粗砂岩，夹杂有火山凝灰岩及玄武岩（李祖兵等，2020；李志军等，2024）。

（4）新生界：新生代时期，渤海湾盆地发育古近系、新近系和第四系，生、储、盖条件优越。古近系主要由孔店组、沙河街组与东营组组成，以湖泊、三角洲及湖底扇沉积为主，其中，沙河街组三段(沙三段)、沙河街组一段(沙一段)及东营组三段(东三段)是主要的烃源岩层系（徐长贵等，2025）。新近系以河流相为主，局部地区发育浅水三角洲沉积，馆陶组河流相砂体是其主要储集层系，明化镇组发育的泥岩沼泽相为区域性盖层（蒋有录等，2015；钟锴等，2019；张莹等，2023）。

渤海湾盆地的油气勘探开始于1955年，自1961年东营凹陷华8井获得工业油流后，该区的油气勘探不断取得重大突破。在前人研究及生产实践中发现：在各个主要富油坳陷中，油气在层位上的分布极不均匀，从宏观上看，盆地中心地区较盆地外围地区的新近系油气成藏条件优越，总体表现为：新近系油气所占比例以渤中坳陷为中心，向周缘逐渐递减。渤中坳陷的油气主要分布在新近系，在古近系和潜山分布极少；济阳坳陷和黄骅坳陷分别位于新近系；冀中坳陷的油气主要分布于基底潜山；辽河和辽东湾坳陷油气分布于新近系，绝大部分都位于古近系；而临清坳陷在新近系几乎没有油气发现，已探明油气完全分布于古近系（滕长宇等，2014）。已发现的油气藏类型多样，归纳起来主要有构造油气藏、地层油气藏以及岩性油气藏三大类。

第二节　单井案例

一、黄骅坳陷老堡南1井低对比度砂岩油气层测井评价

1. 地质背景

老堡南1井为黄骅坳陷南堡凹陷南堡构造带老堡南断背斜构造高部位的一口预探井。本井钻探目的是预探老堡南断背斜构造明化镇组、馆陶组和古近系含油气情况，兼探东营组、沙河街组含油气情况，落实东一段、东二段、东三段油层分布情况。本井设计井深4800m，实际完钻井深4215m，完钻层位奥陶系。

冀东油田南堡构造带低对比度砂岩油气层主要发育在东营组。一方面，岩石组分中粉砂质或泥质或黏土矿物含量高，富集充填孔喉，大量微孔隙形成复杂的孔隙结构，造成束缚水饱和度高；另一方面，当岩石颗粒分选不均，磨圆程度不等，颗粒间接触方式多样，造成储层中既有大孔隙又有小孔隙，在成岩演化中选择性溶蚀、胶结等作用会增加次生溶蚀小孔或微孔，溶蚀作用会增加次生溶蚀大孔，储层内微小孔隙多。通过压汞资料分析对比，相同排驱压力、分选系数、均质系数及孔隙结构指数条件下，低对比度油气储层平均孔喉直径都明显小于同层位常规储层，孔喉类型以原生粒间孔和粒内溶蚀孔、微孔隙为主，喉道主要为管束状，孔喉连通性较差，导致束缚水含量增高。

2. 存在问题

南堡凹陷滩海勘探钻井作业主要依赖海上钻井平台完成，测井评价面临两方面的难题：一是在复杂孔隙结构储层发育的地质背景下，如何快速评价储层性质，找准优质储层，为流体性质评价提供技术支撑；二是海上钻井施工时效要求高，如何快速判识流体性质，确保资料评价"路过不错过"。

针对以上问题，解释要点主要如下：一是针对储层快速评价难题，设计并采集核磁共振测井资料，利用核磁共振测井标准谱与孔隙度之间的相关关系，准确找到优势储层发育组段，为后续流体性质识别做好资料准备保障；二是针对流体性质快速评价难题，在找准优势储层发育层段的基础上，针对性地设计并采集 MDT 泵出和流体分析资料，快速准确了解储层含油状况，满足海上平台快速完井的需要。

3. 测井评价技术

针对海上钻井平台测井含油性识别时效性要求高的特点，为了客观评价储层含油性及储层品质，除了设计测取常规 9 条测井曲线之外，同时设计了核磁共振和 MDT 测井方案。本井在东一段实际测井施工作业，利用 5700 测井系列采集了常规 9 条测井资料，利用 MRIL-P 型仪器采集了核磁共振测井资料，利用斯伦贝谢 MDT 仪器采集了井下地层流体光谱信息。通过核磁共振测井快速确定储层品质，并指导 MDT 选点测压取样，进一步落实储层含油性和储层渗透性，为后续试油选层提供了快速、准确的技术支持。

1）应用核磁共振测井快速评价储层有效性

核磁共振测井谱分量 $S_1/S_2/S_3$ 的相对大小，实际上反映了不同尺寸孔隙组分在总孔隙中含量的相对大小。当岩样饱含水时，其 T_2 谱的每一个 T_2 分量与孔隙度尺寸成正比，故 S_1 实际上就代表了小尺寸孔隙组分在总孔隙度中的百分含量；S_2 代表了中等孔隙组分在总孔隙度中的百分含量；S_3 代表了大孔隙组分在总孔隙度中的百分含量。

总孔隙系统中大尺寸的孔隙组分越多，岩石的孔隙结构越好。如图 2-2-1 所示，渗透率随着 S_1 的增大而减小，说明在孔径分布范围中小孔隙所占比例越大，储层的渗透性能就越差；反之，则中孔、大孔所占比例越大，储层的渗透性能越好。S_3 在百分比达到一定级别上才会出现渗透率的突增，而 S_2 在好、较好储层中与渗透率成反比关系；在较差、差储层中存在正比关系。综合对比来看，S_2+S_3 在反映孔隙结构的同时，也能够较好地反映储层渗透性。因此利用 T_2 谱分布形态快速评价储层有效性，指导 MDT 选点测压取样。

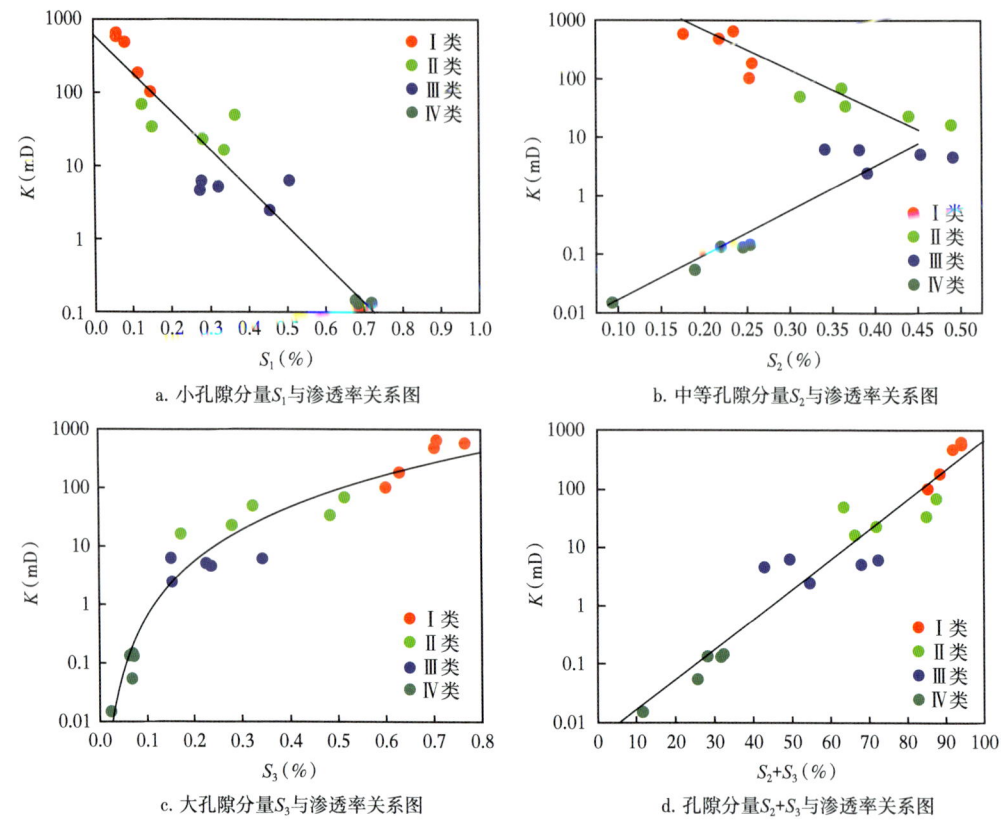

图 2-2-1 各类孔隙分量与渗透率关系图

通过对本井 36-56 号层的核磁共振测井资料进行处理分析，36、50~54、56 号层的 S_2+S_3 分量占比均超过了 60%，储层品质为 Ⅰ 类。

2）应用 MDT 光谱分析模块快速识别油气层

MDT（The Modular Formation Dynamics Tester Tool）模块式电缆地层动态测试仪是 Schlumberger 公司第三代电缆地层测试仪，具备地层压力测试、光学（含气）流体分析、地层取样（常规和 PVT 取样）以及对储层进行微型压裂后再进行流体分析和取样等采集方式。依据 MDT 灵活的模块式设计，本次采集在供电模块、液压模块、单探头模块等标准模块的基础上，增加了流量控制模块、泵出模块和光学流体分析模块。

MDT 测井利用光学流体分析模块的光谱测量，记录通过流线中流体光的颜色，用接近红外线范围的光吸收谱测定区分油和水，通过光反射谱测量确定天然气的相对含量，同时结合测量流线中流体的电阻率来识别流过出口的流体性质，从而区分钻井液、地层中的油/气/水及其他非导电流体。在此基础上，还可以启动流体取样模块获取常规或 PVT 样品，从而进一步直接确认油气以及获取油藏特征参数。

图 2-2-2 为 MDT 测井关键模块之一的光谱分析成果图例展示，主要包括泵出时间道、含气指示道、流体分析道、流体电阻率道及光谱分析道。左起第一道记录的曲线为应变压力计测量数值（实线、蓝色）、流体电阻率（实线、红色）、原始气油比（实线、粉红色）、石英压力计测量数值（实线、黑色）；第二道记录的曲线为时间推移（数字）；第三道记录的曲线为流体直观显示道，分别为油（绿色）、水（蓝色）、高吸收流体（褐

色，一般指钻井液）；第四道记录的曲线为流体颜色；第五道记录的曲线为光谱分析，其中 S0-S5 为流体颜色道，S6-S9 为水光谱指示道，S7-S8 为油光谱指示道。流体直观显示道中绿色所占面积越大，说明含油饱和度越高；蓝色面积越大，则说明含水饱和度越高。

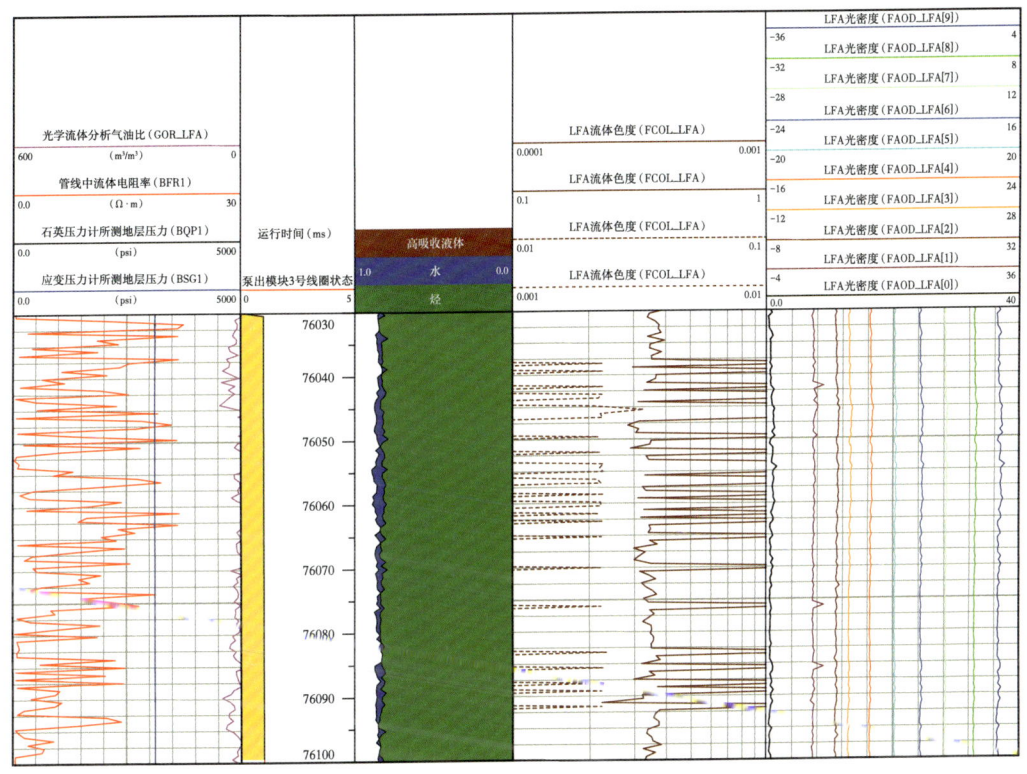

图 2-2-2　MDT 测井光谱分析成果图例

基于核磁共振储层评价结果，选择 36 号层、54 号层进行流体泵出与光谱分析，快速确定了 36 号层、54 号层含油，36 号层泵出含油 100%，54 号层泵出含油 45%。

36 号层顶部 T_2 谱拖曳现象明显，整体谱型靠右，谱面积分布 T_2 时间在 500ms 以上，S_2+S_3 分量占比为 88%，为Ⅰ类储层；该层段在 2218m 处进行了 MDT 光谱分析，从图 2-2-2 对应深度的 MDT 光谱分析可以看出，流体直观显示道以油（绿色）为主，泵出含油 100%，解释为油层。

54 号层 T_2 谱拖曳现象明显，整体谱型靠右，谱面积分布 T_2 时间在 500ms 以上，S_2+S_3 分量占比为 66%，为Ⅰ类储层；该层段在 2506.67m 处进行了 MDT 光谱分析，从图 2-2-2 对应深度的 MDT 光谱分析可以看出，流体直观显示道以油（绿色）为主，受泵出模块泵效的影响，流体直观显示道中的绿色呈段塞式分布，泵出含油 45%，解释为油层。

4. 应用效果

图 2-2-3 为老堡南 1 井馆陶组—东一段测井综合解释评价成果图。依据常规测井资料、核磁共振测井资料以及 MDT 取样分析结果，完成储层品质及含油性评价。36 号层 MDT 泵出含油 100%，54 号层 MDT 泵出受泵效影响含油 45%，基本证实了本层段

的含油性。后对36、50、52、53、54号层综合试油，25.4mm油嘴放喷求产，日产气20000m³，折日产油243.03t，累积产油1231.55t，测试数据与评价成果吻合。

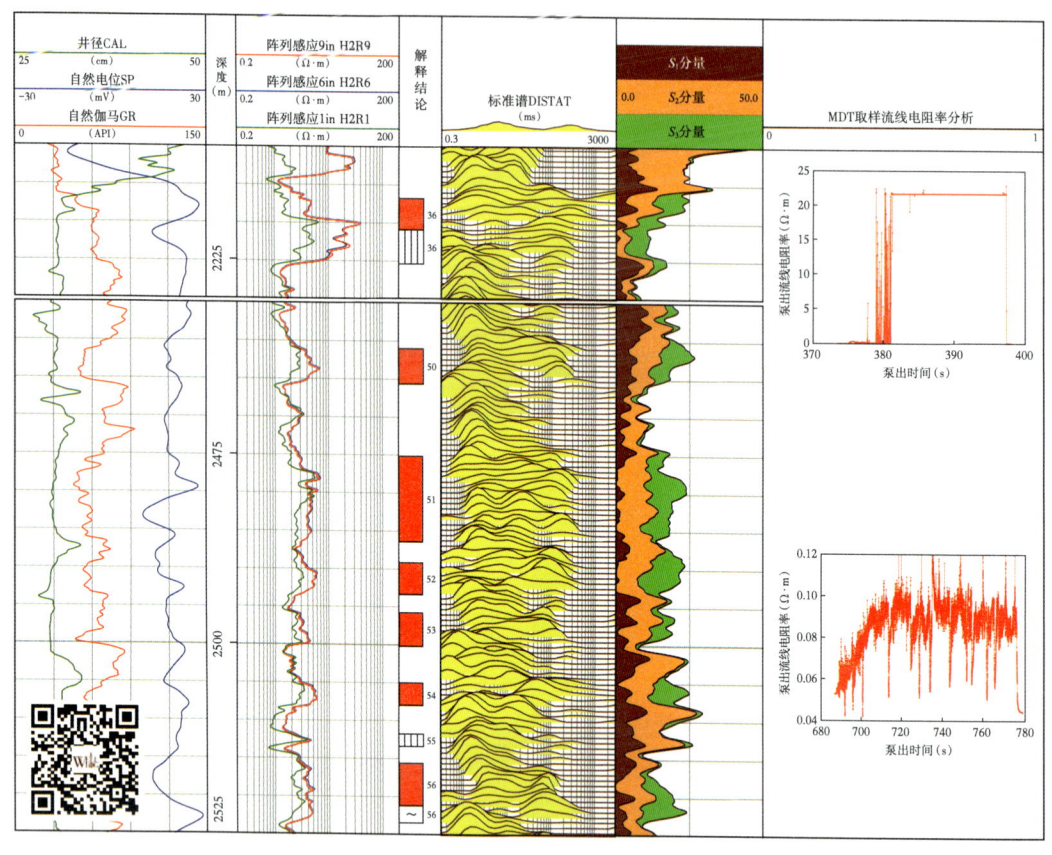

图2-2-3 老堡南1井馆陶组—东一段测井综合解释评价成果图

5. 结论及建议

利用核磁共振测井T_2谱处理得到的S_2+S_3分量作为储层品质的评价参数，可以快速准确识别优势储层发育层段；利用MDT光谱分析可以快速准确识别储层流体性质。上述技术手段弥补了常规测井技术手段有效性与含油性认识的局限，实现了海上钻井平台测井含油性高效快速评价的工作要求，在南堡凹陷勘探实践中效果显著，也为其他海上钻井平台的低对比度油气层的快速准确识别及含油性快速评价提供了技术借鉴。

二、冀中坳陷安探401X井奥陶系亮甲山组碳酸盐岩油气层测井评价

1. 地质背景

安探401X井是华北油田勘探部在河北省廊坊市广阳区部署的一口预探井，构造位于冀中坳陷廊固凹陷杨税务潜山构造。该构造位于河西务潜山带的最北端，是受断层控制的断垒，其间发育一系列北东及北西向小断层，规模较大的为安探2x东断层，将该潜山分为东部断阶和西部断垒，其中西部断垒东西向地层较平缓；南北向地层倾伏较大，幅度可达350m；东部断阶为东抬西倾断鼻形态。安探401X井位于杨税务构造安探4x北潜山圈闭。本井奥陶系钻遇峰峰组、上马家沟组、下马家沟组和亮甲山组，岩性

为石灰岩、白云质灰岩、灰质白云岩、白云岩，储集空间以孔隙型、裂缝孔隙型储层为主。纵向上，共发育两套储层集中段，第一段为峰峰组—上马家沟组中上部；第二段为亮甲山组。

2. 存在问题

本井位于冀中坳陷廊固凹陷杨税务潜山构造，该区主要目的层为奥陶系碳酸盐岩储层。受沉积、成岩、风化和构造运动等因素影响，储集空间类型多样，以裂缝型、裂缝孔隙型以及孔隙型为主，在良好储层段存在基质孔、裂缝和或溶洞的双重或三重孔隙结构，造成储层的孔隙度、渗透率在纵横向分布存在显著差异，表现出物性和储集性的纵横向各向异性。同时，该区碳酸盐岩储层因其孔隙结构复杂，孔隙度较低，储层中油、气、水对测井资料响应较弱，储层发育的裂缝对电阻率的贡献远大于流体的贡献，且井筒附近裂缝被钻井液充填，使得碳酸盐岩裂缝型储层流体性质识别非常困难。

本井亮甲山组（5393.0~5530.0m）岩性为白云质灰岩、灰质白云岩、白云岩，常规测井显示储层声波时差平均为150.2μs/m，电阻率2338.0Ω·m，体积密度2.79g/cm^3，补偿中子为4.5%，整体上储层电性相对较高，基质孔隙低，双侧向曲线的差异性指示该层位裂缝相对欠发育，常规测井资料难以准确评价该段储层特征，对压裂层的选取也具有一定的局限性。如何利用测井新技术进行该套层位的储层有效性与流体性质评价以及压裂选层，是亟待解决的难题。

3. 测井评价技术

杨税务潜山奥陶系储层纵向及横向上非均质性强，导致侧向测井资料稳定性差异较大。针对这种储层强非均质特征，在原来常规测井+成像测井基础上，加测远探测声波测井、元素俘获测井以及旋转式井壁取心测井，满足了对近井眼储层的直观认识；成像资料处理技术逐步提升，除计算裂缝参数外，提取成像孔隙度谱以及视地层水电阻率谱，对资料进行精细化处理，加强了对储层、流体的认识；利用阵列声波远探测测井仪器中采集波列反射信息，能对井外3~40m范围内的地层缝洞、断层等构造进行探测和分析，远探测声波技术较好地解决了井旁缝洞识别难题，突破"一孔之见"。最终形成了近井筒缝洞精细刻画结合井旁裂缝延伸评价为一体的储层评价和储层品质与工程品质相结合的压裂层段优选技术体系，其评价思路如图2-2-4所示。

1）双品质压裂选层技术

对于深潜山碳酸盐岩储层，由于低孔低渗的特点，通常情况下要进行大型酸化压裂，提高产量。基于杨税务奥陶系储层储集空间以裂缝、裂缝孔隙型为主，具有基质孔隙偏低、非均质性强的特点，提出了双品质压裂选层技术，打破压裂选层难点：基于成像测井资料以及储层有效厚度和有效孔隙度，结合含油饱和度，建立评价储层性质的储层品质综合评价指标，综合评价储层性质；将阵列声波所提取的岩石物理参数通过优化、规范处理参数，与实验数据进行标定，并赋予不同的权系数，建立了基于阵列声波测井资料岩石力学参数的工程品质模型，实现碳酸盐岩储层段的工程品质的自动划分及有效评价。

（1）储层品质综合评价指数。

通过对储层有效性的主控因素进行分析，储层的有效性与岩性、基质孔隙发育程度、储层有效厚度、裂缝发育程度以及储层的含油气情况等众多因素有关，单一的储层

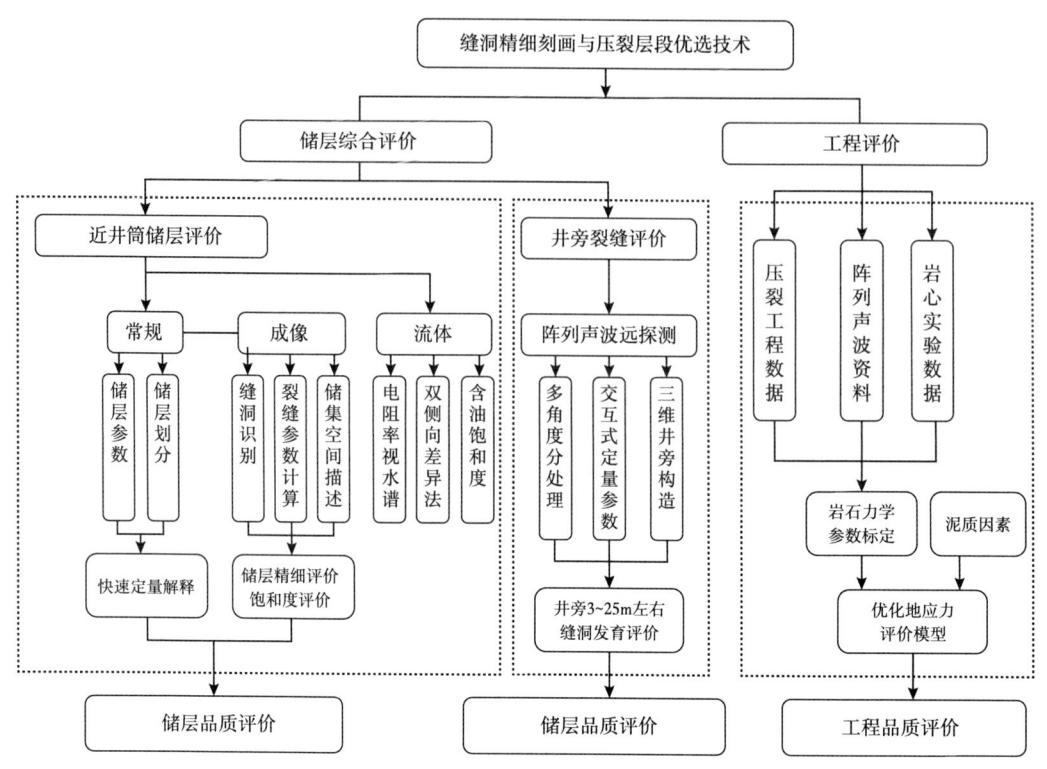

图 2-2-4 奥陶系潜山测井储层评价流程图

基质孔隙或者裂缝难以表征储层的储集性能，因此构建了适合河西务奥陶系潜山的储层品质综合评价指数 RQ：

$$\mathrm{RQ} = a \times f(\phi_e, h) + b \times f(\mathrm{phit\_s}, h) + c \times S_o \quad (2\text{-}2\text{-}1)$$

式中：RQ 为储层品质综合评价指标；a、b、c 为权系数；h 为储层有效厚度，m；phit_s 为成像计算的裂缝溶孔曲线。

通过主成分分析法确定各项权系数的数值。

（2）工程品质综合评价指数。

将阵列声波所提取的岩石物理参数通过优化、规范处理参数，与实验数据进行标定，并赋予不同的权系数，建立了基于阵列声波测井资料岩石力学参数的工程品质模型，实现碳酸盐岩储层段的工程品质有效评价，为压裂施工设计，优选压裂层段提供了可靠的依据。

以岩石脆性指数评价为基础，引入最小水平主应力，重新构建了相应的可压裂性预测模型，来指示储层压裂的难易程度。实际应用中，选用脆性指数、最小水平主应力，构建了工程品质模型：

$$\mathrm{ZBI} = 100 \times \frac{\mathrm{BI} - \mathrm{BI}_{\min}}{\mathrm{BI}_{\max} - \mathrm{BI}_{\min}} \quad (2\text{-}2\text{-}2)$$

$$\mathrm{ZSH} = 100 \times \frac{\mathrm{SH2} - \mathrm{SH2}_{\max}}{\mathrm{SH2}_{\min} - \mathrm{SH2}_{\max}} \quad (2\text{-}2\text{-}3)$$

$$ZS = \sqrt{a \times ZBI^2 + b \times ZSH^2} \qquad (2\text{-}2\text{-}4)$$

式中：a、b 为权系数；BI 为脆性指数；BI_{min} 为区域脆性极小值；BI_{max} 为区域脆性极大值；ZBI 为脆性计算综合指数；SH2 为最小水平主应力，MPa；$SH2_{min}$ 为区域最小水平主应力极小值，MPa；$SH2_{max}$ 为区域最小水平主应力极大值，MPa；ZSH 为最小水平主应力综合指数；ZS 为综合工程品质指数。

2）流体性质识别技术

碳酸盐岩储层孔隙结构复杂，孔隙度较低，储层中油、气、水对测井资料响应较弱。地层裂缝对电阻率的贡献远大于流体的贡献，且井筒附近裂缝被钻井液充填，使得碳酸盐岩裂缝性储层流体性质识别非常困难，对测井来说是一个世界性难题。潜山碳酸盐岩地层非均质性、各向异性较强，不同测井方法的纵向分辨率、径向探测深度受地层各向异性影响的方式和程度都不同，因此非均质性和各向异性引起的差异超过地层流体性质不同造成的差异。所以判断储层流体性质时，要充分考虑储层类型、地层水矿化度、次生孔隙、基质孔隙、裂缝角度、泥质含量、电阻率及其幅度差、饱和度、井漏等多种因素影响。

通过对成像资料的精细处理，利用视地层水电阻率谱来对流体性质进行识别。主要原理为电成像测井资料是一种电性测量资料，经浅电阻率资料刻度后形成的高分辨率电导率图像中包含大量岩石和流体信息。如溶蚀孔洞、裂缝处，钻井液与高矿化度地层水混合后，表现出比基岩电导率高的高电导现象；利用常规测井资料总孔隙度，约束阿奇公式计算的成像测井孔隙度分布可推测储层中溶蚀孔洞、裂缝发育类型及发育程度，为储层评价提供依据；油层、水层的视地层水电阻率分布特征不同，根据成像测井资料计算的视地层水电阻率谱分布规律，能很好地反映地层中流体的导电性（图 2-2-5）。

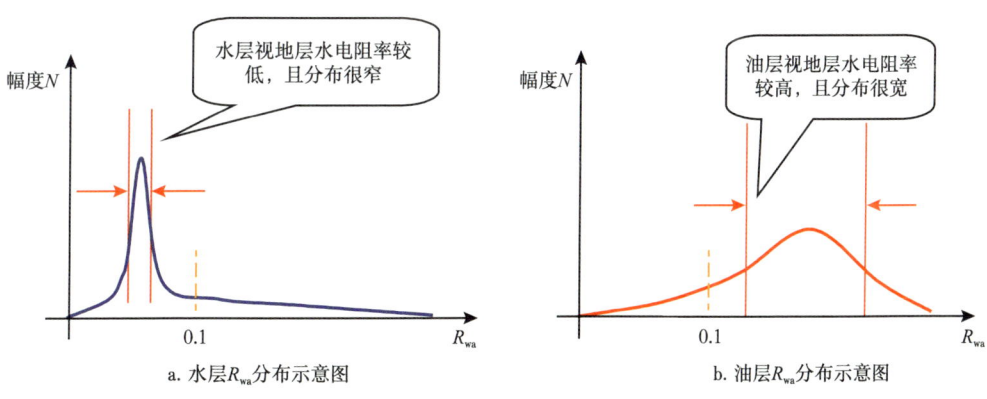

图 2-2-5 视地层水电阻率谱识别油水层原理图

水层在成像资料上颜色较气层的要暗一些，在视地层水电阻率分布图上主峰向左偏离，谱峰较窄，且集中于左侧；油层、气层主峰值将向右偏离，谱峰较宽，且向右延展。

图 2-2-6 为务古 2 井处理试地层水电阻率成果图。图 2-2-6a 为典型油层特征，视地层电阻率谱谱峰较宽，且向右延展；图 2-2-6b 为典型水层特征，视地层电阻率谱谱峰较窄，且集中于左侧。

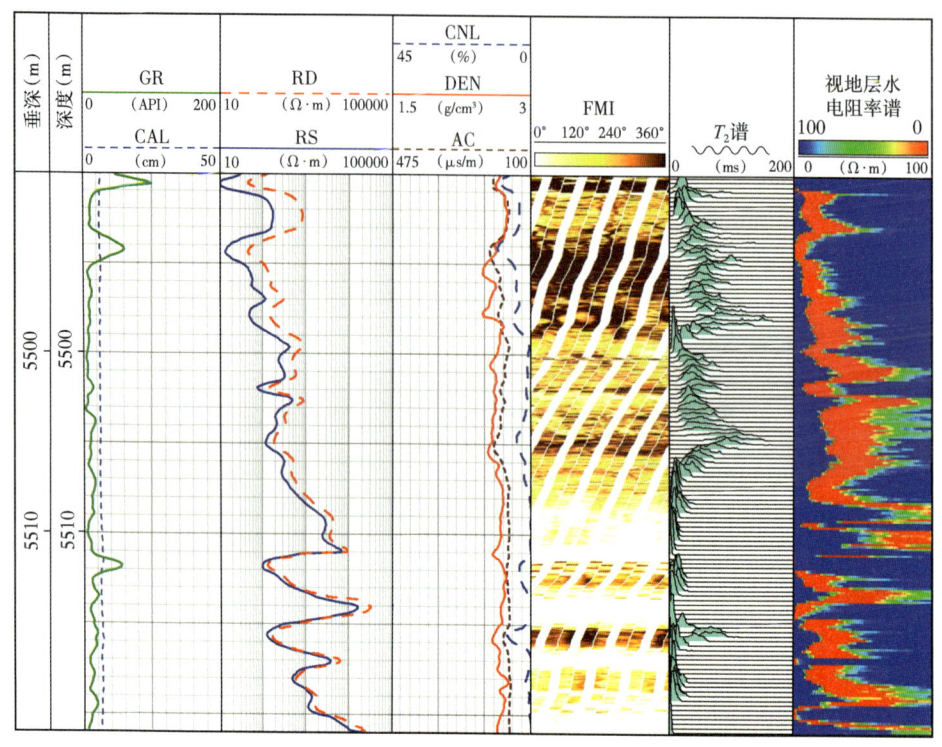

a. 油层特征

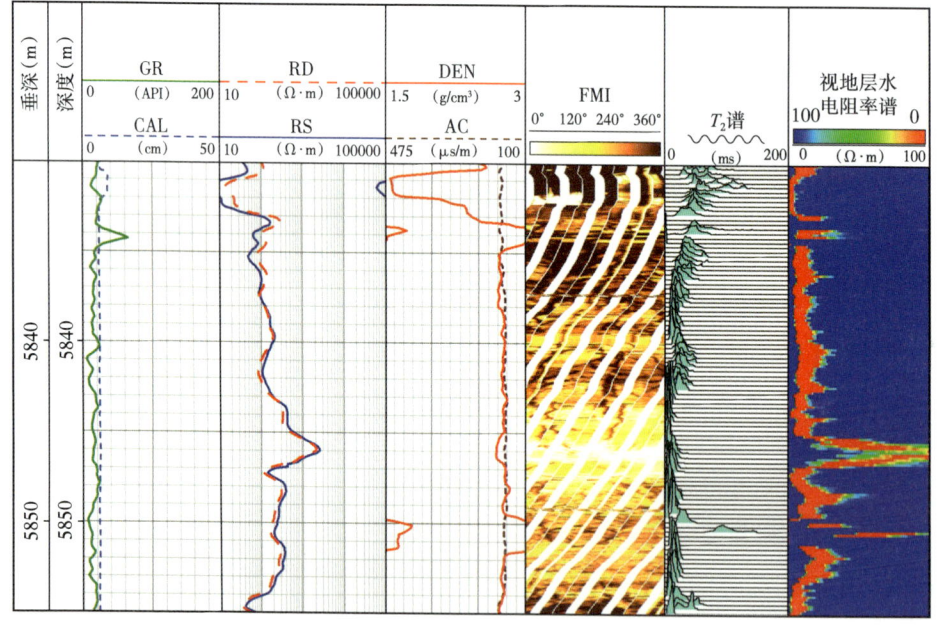

b. 水层特征

图 2-2-6 务古 2 井处理水层、油层视水谱成果图

4. 应用效果

安探 401X 井亮甲山组储层特征地质录井、井壁取心、气测无含气指示；岩性评价无明显的泥质和高阻隔层，呈块状分布；测井解释的储层有效厚度与孔隙度联合计算的

储层指数突出,基于岩石力学参数计算的工程品质指数显示储层可压性好(图2-2-7、图2-2-8),成像测井评价储层溶蚀孔洞发育,测井综合解释以Ⅱ类储层为主,属于亮

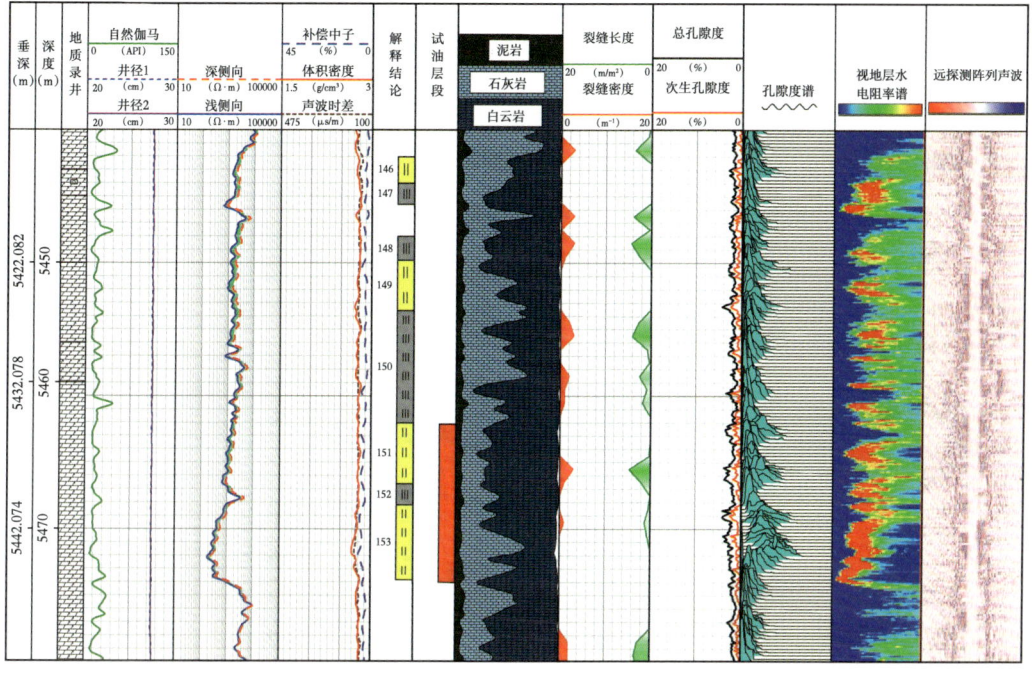

图2-2-7　安探401X井亮甲山组曲线图

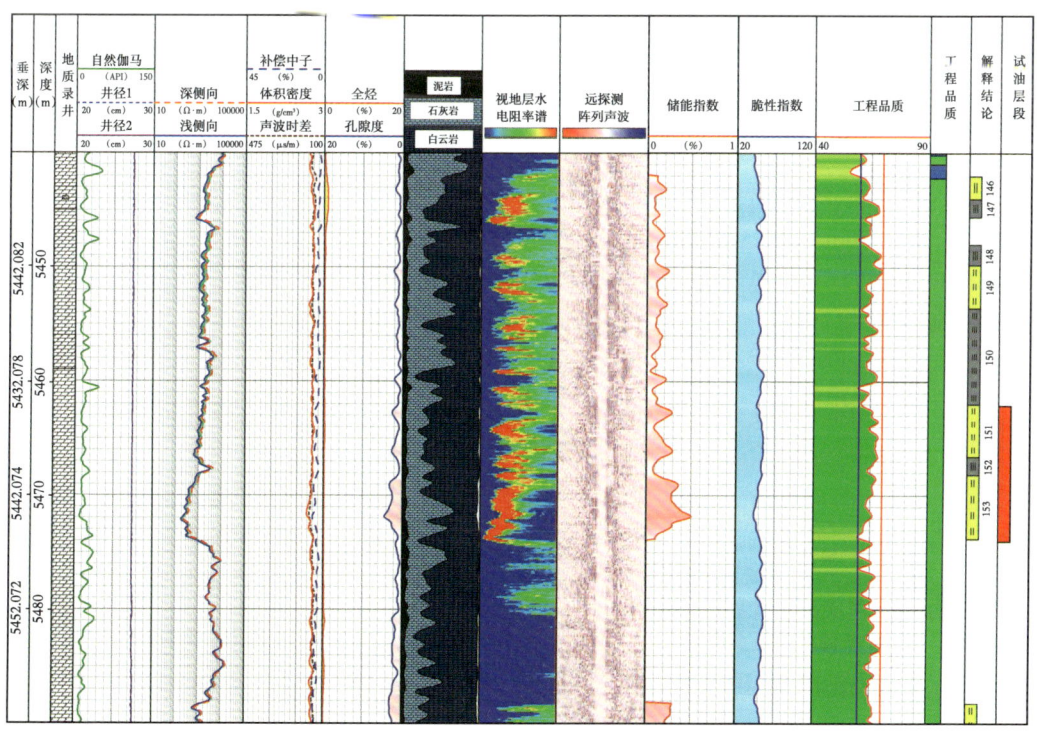

图2-2-8　安探401X井试油层段综合成果图

甲山组储层发育的第二种。电成像测井资料显示，亮甲山组5462.0~5473.8m储层发育溶蚀孔、微裂缝（图2-2-9），计算的总孔隙度为3.1%，储层厚度大，计算的储能指数高，在0.3左右，说明储层的储集能力较好，同时视地层水电阻率谱谱形靠后，分布较宽，未见含水指示；远探测阵列声波测井资料显示，该段储层未见明显远端裂缝发育；5462.0~5473.8m储层段计算的工程品质指数为65左右，为二级工程品质，纵向上隔层少，说明压裂易纵向上沟通储层（图2-2-7）。

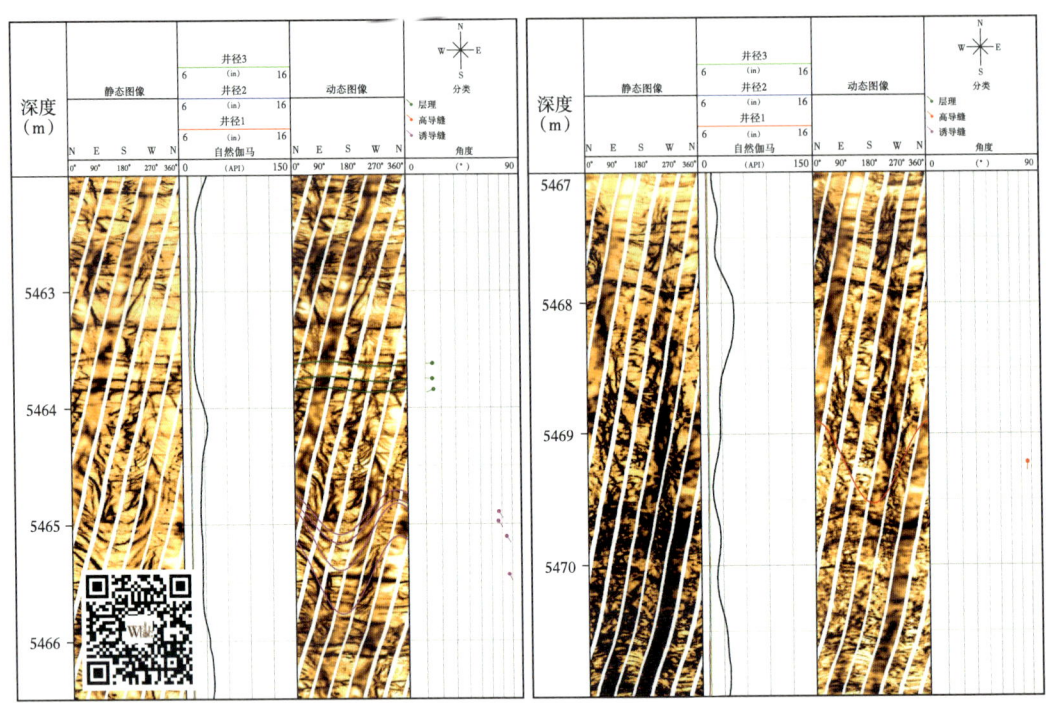

图2-2-9　安探401X井成像图（亮甲山组5462.0~5473.8m 151、153号层）

安探401X井亮甲山组5462~5470.0m。射孔3层/8m，大型压裂后14mm油嘴放喷，日产油12.96m³、气52m³，无阻流量日产气169.89m³，创华北油田单井日产气最高纪录，进一步扩大了杨税务潜山储量规模。非均质深潜山双品质压裂优选层综合分析技术对碳酸盐岩储层评价、储集空间识别以及压裂选层有显著效果。

5. 结论及建议

针对华北油田河西务潜山裂缝性低孔碳酸盐岩储层，建立基于储层品质以及工程品质"双品质"的储层评价方法，并充分依据微电阻率成像、远探测声波，从井筒到井旁开展缝洞储层探测与评价，应用逐点刻度视地层水谱流体识别技术判识缝洞储层流体类型，指导完井压裂试油选层，支撑该井获得高产工业油流，助推华北油田杨税务潜山获得重大突破。建议针对该类型碳酸盐岩储层，除常规测井采集外，强化微电阻率成像、远探测声波测井资料的采集与解释评价技术研究。

三、埕北低凸起埕北古7井变质岩油层测井评价

1. 地质背景

埕北古7井位于渤海湾盆地埕北低凸起南部埕北古7潜山局部高部位，钻探目的是

了解埕北古 7 井区中、古生界潜山含油气情况。埕北古 7 潜山位于埕岛油田南部埕北断裂带，为燕山期区域埕岛潜山中部潜山带北北东向走滑构造带内走滑挤压作用下形成的逆推潜山，潜山地层为前寒武系花岗片麻岩，两翼低部位有少量古生界残留，中生界覆盖于潜山之上。潜山轴向北西向，西高东低，东北翼较陡，南翼稍缓。埕北古 7 构造上处于济阳坳陷与渤中坳陷交汇处的埕宁隆起带埕北低凸起南部，为太古宇断块残丘山。油藏类型为断块—残丘型凝析气顶潜山油藏。埕北古 7 井于 2010 年 5 月 21 日完钻，完钻井深为 3346.00m，完钻层位为太古宇。

2. 存在问题

区域变质岩与石油、天然气储集关系密切。由花岗质区域变质岩为基底形成的古风化壳，还能构成"新生古储"的古潜山油田。济阳坳陷太古宇潜山油气藏属于"新生古储"型的潜山油气藏。它依赖上覆及侧向古近—新近系生油岩供油，油气沿断层和各期风化壳或孔渗性强的砂岩层向潜山内部运移成藏。太古宇岩性复杂，以混合花岗岩和多种片麻岩为主，其次为斜长角闪岩、黑云母石英片岩，黑云斜长变粒岩，是区域变质作用和混合岩化作用的产物。太古宇混合岩化变质岩的裂缝发育程度及相应的岩石物性受多种因素的控制和影响，在纵向上和平面上都表现出极端的非均质，其储集空间主要是次生的孔、洞、缝。孔、洞、缝的发育受岩性、风化淋滤和构造应力所控制。因此，要综合运用常规测井资料结合成像测井、核磁共振测井等先进测井技术及解释技术，寻找太古宇变质岩有效储集系统模式。

该井目的层为太古宇，储层岩性主要为片麻岩、花岗岩、煌斑岩。储集空间与碳酸盐岩类似，主要包括次生溶蚀孔隙及裂缝，孔隙结构复杂，自然伽马数值较高，储层难以划分，仅靠常规测井资料难以判断裂缝发育情况和有效储层。储层基质孔隙度小，电阻率测量结果受岩石骨架和孔隙结构影响严重，反映储层孔隙流体的信息弱，加上钻井液侵入的影响，储层流体难于识别。该井的解释重点和难点是如何有效识别太古宇变质岩岩性，划分有效储层和识别流体性质。

3. 测井评价技术

埕北古 7 井目的层测井日期为 2010 年 5 月 22 日，除常规测井系列外，加测了哈里伯顿 MRIL-P 型核磁共振测井、斯伦贝谢电成像测井（FMI）与偶极横波成像测井（DSI）。针对本井变质岩潜山油气层测井识别难题，采用常规电阻率、三孔隙度及自然伽马能谱等曲线划分有利储集层段，利用中子—密度交会图识别岩性、计算孔隙度，结合微电阻率成像测井识别岩性、裂缝发育段，定量计算裂缝参数，进行孔隙频谱分析和渗透性分析；利用核磁共振测井资料准确计算基质孔隙度，并采用时间域分析识别流体性质；同时，结合偶极横波成像进行渗透性分析与气层识别。

1）岩性识别

埕北古 7 井测量井段岩性主要为太古宇岩浆岩和变质岩。解释中将岩性划分为花岗岩、混合花岗岩、混合片麻岩、片麻岩和构造角砾岩，主要岩性在常规测井曲线和电成像图像的特征结合其他区域研究结果总结见表 2-2-1。图 2-2-10 为埕北古 7 井成像测量段地层特征，3319~3343m 为灰色花岗岩，以块状为主；3143~3319m 上部以灰色混合花岗岩和混合片麻岩为主，下部以灰色混合花岗岩为主，局部见角砾岩、片麻岩、混合片麻岩及少量侵入岩。

表 2-2-1 埕北古 7 井岩性划分标准

大类		主要岩石名称（地质）	常规测井响应特征				结构特征
			自然伽马（API）	密度（g/cm³）	中子（%）	密度—中子交会	
变质岩	区域变质岩	片麻岩	中等	2.70~2.82	3-8	密度在中子右边 1~3 格	片麻构造 块状结构
	混合岩	混合片麻岩	中等	2.65~2.73	3-8	密度在中子右边 1 格左右	片麻构造
		混合花岗岩	高中低	<2.66	<5	密度在中子左边或重合	块状构造 片麻构造 条带构造
	动力变质岩	构造角砾岩	/	/	/	/	角砾构造
岩浆岩	侵入岩	花岗岩	中—高，曲线平直	<2.69	<6	密度在中子左边或重合	块状构造

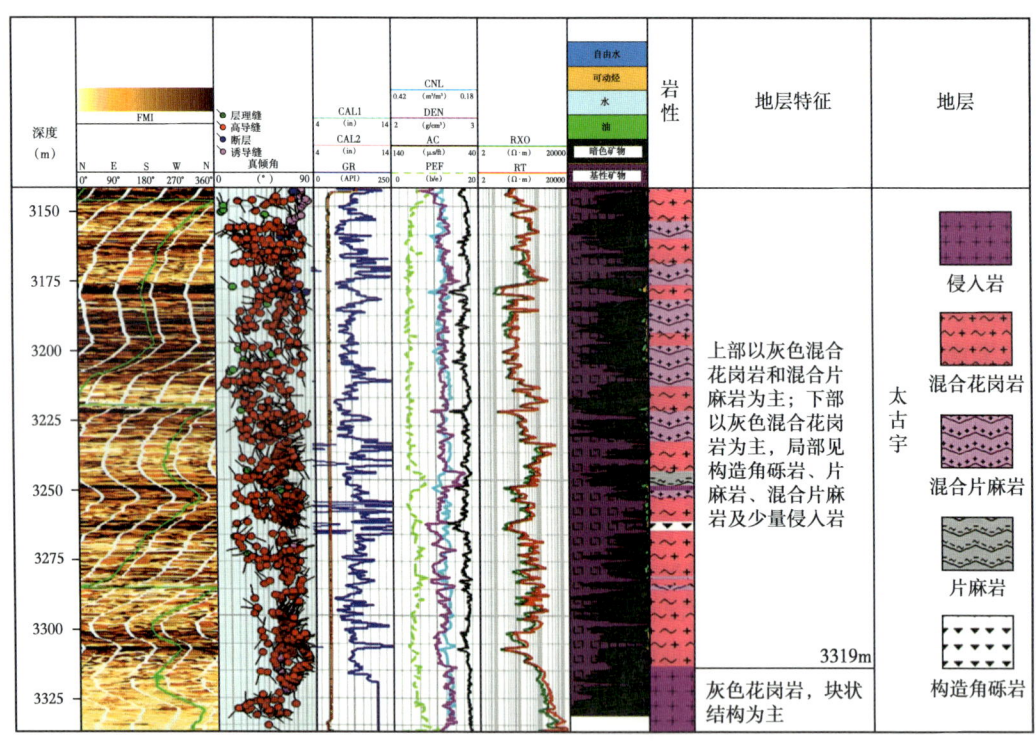

图 2-2-10 埕北古 7 井成像测量段地层特征

混合花岗岩：属于变质岩中混合岩类，在成像图上表现为多种强混合岩化构造，在动态图上可见条带状构造、肠状构造、片麻状构造、块状构造等；在静态图像上为暗色—棕黄色（图 2-2-11）。自然伽马曲线高中低都有，密度小于 2.66g/cm³，中子大部分小于 5pu，具有低密度、低中子、中电阻的特征。花岗岩和混合花岗岩的差别主要是从图像特征上区分。

混合片麻岩：属于变质岩中混合岩类，成像图上表现为倾向不稳定的片麻理构造

（图2-2-12）；在常规曲线上，自然伽马在100API左右，密度在2.65~2.73g/cm³，中子在3~8pu，具有中伽马、较高密度、低中子、低中电阻率的特征。

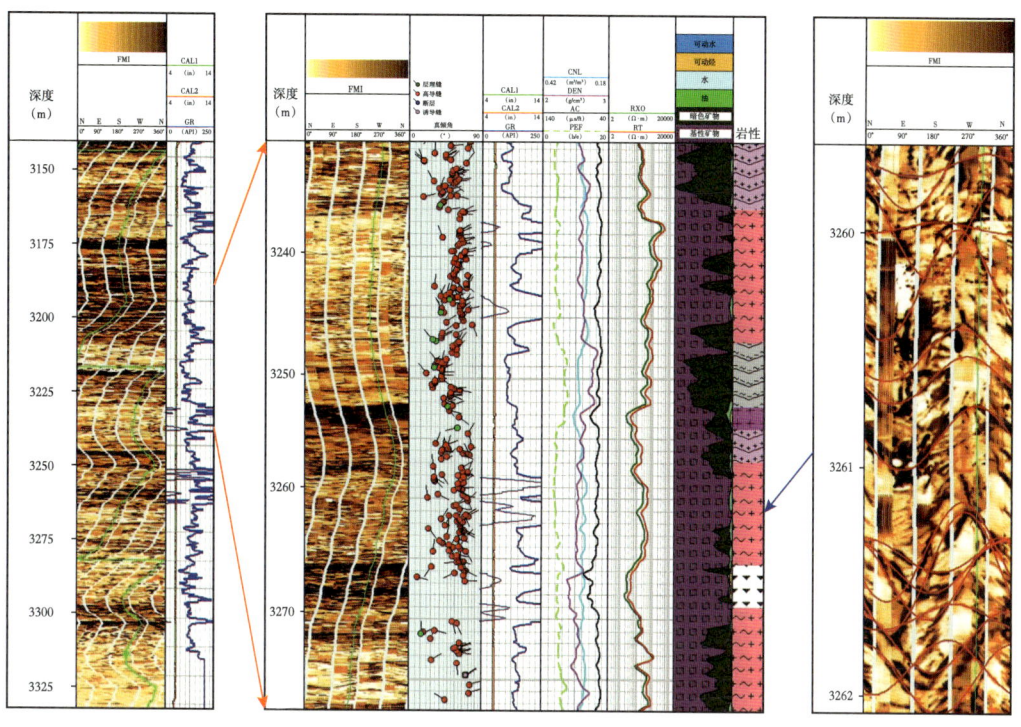

图2-2-11　埕北古7井混合花岗岩图像特征

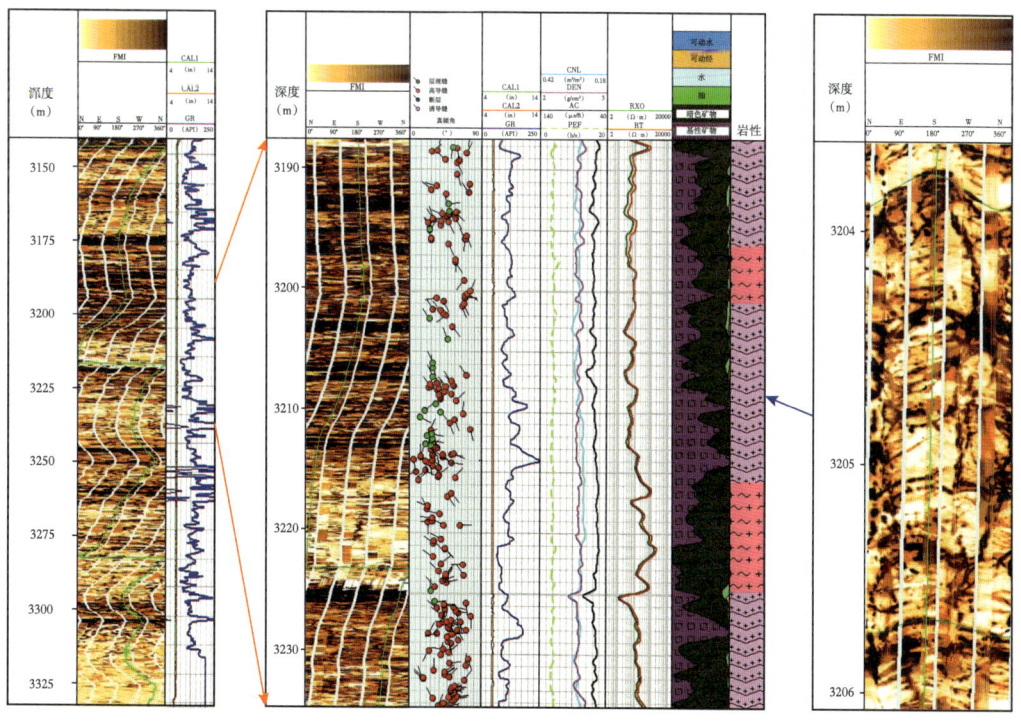

图2-2-12　埕北古7井混合片麻岩图像特征

-85-

片麻岩：属于区域变质岩，其定名主要来自其典型的片麻构造，在动态图像上主要表现为倾向不稳定的片麻理构造；在常规曲线上，自然伽马中等，但密度相对较高，可达 2.8g/cm³，中子在 8pu 左右（图 2-2-13），具有中自然伽马、高密度、高中子、中电阻率的特征。

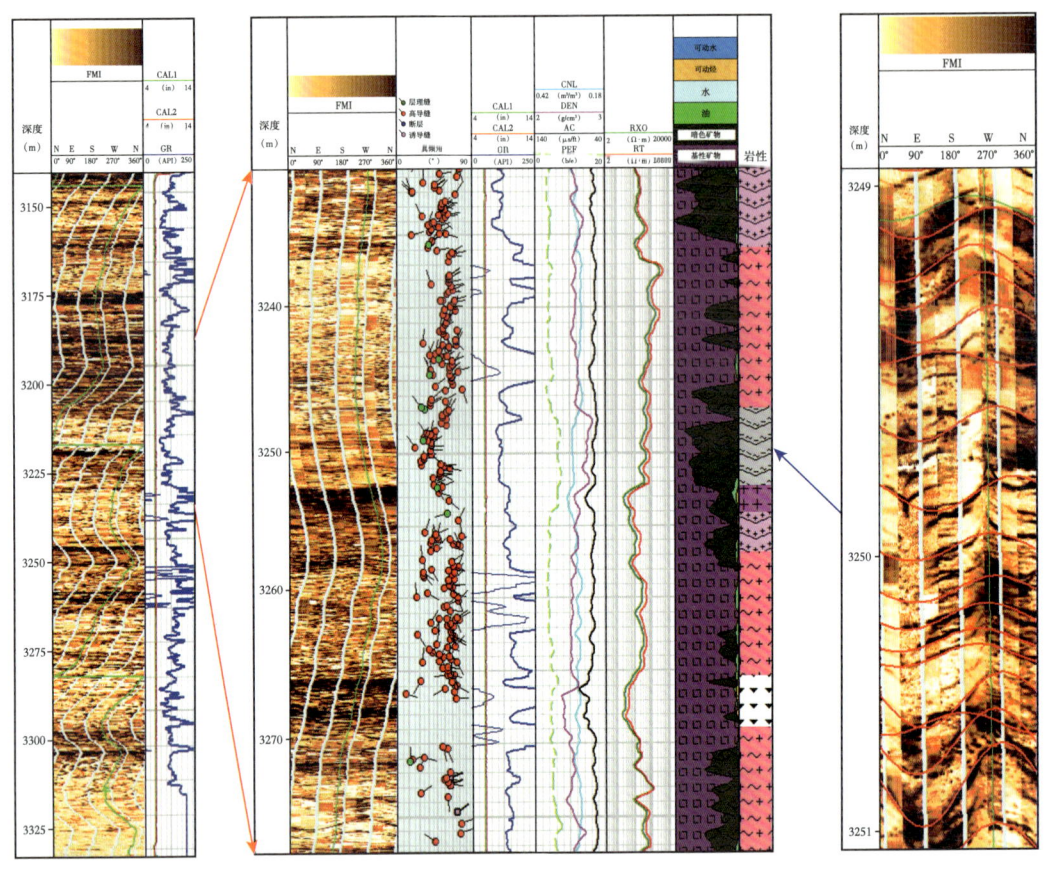

图 2-2-13　埕北古 7 井片麻岩图像特征

构造角砾岩：属于变质岩中动力变质岩，在测井图像上表现为角砾特征，角砾大小不一，呈棱角状，可见断层发育（图 2-2-14）。

花岗岩：本井花岗岩以灰色为主，可见块状构造（图 2-2-15）。其常规曲线和图像的主要特征为：GR 曲线中高值，曲线平直（GR 的变化可能与花岗岩中钾长石含量多少有关系，随着钾长石含量增加，GR 值一般变大）；密度 2.55~2.7g/cm³，中子大部分小于 6pu，具有中密度、低中子、电阻率向下变大的趋势；静态图像显示为亮黄色，以块状构造为主。

煌斑岩：本井 3252.4~3254.2m 段在图像上可清楚观察到侵入边界，次生溶孔发育，录井见荧光显示，隐约见高阻缝，曲线上为高自然伽马、中密度、高中子特征。根据地区经验分析，该段可能为侵入岩煌斑岩（图 2-2-16）。

岩性解释合计侵入岩厚度 26m，混合花岗岩厚度 107.9m，混合片麻岩厚度 57.3m，片麻岩厚度 5.4m，构造角砾岩厚度 3.4m。

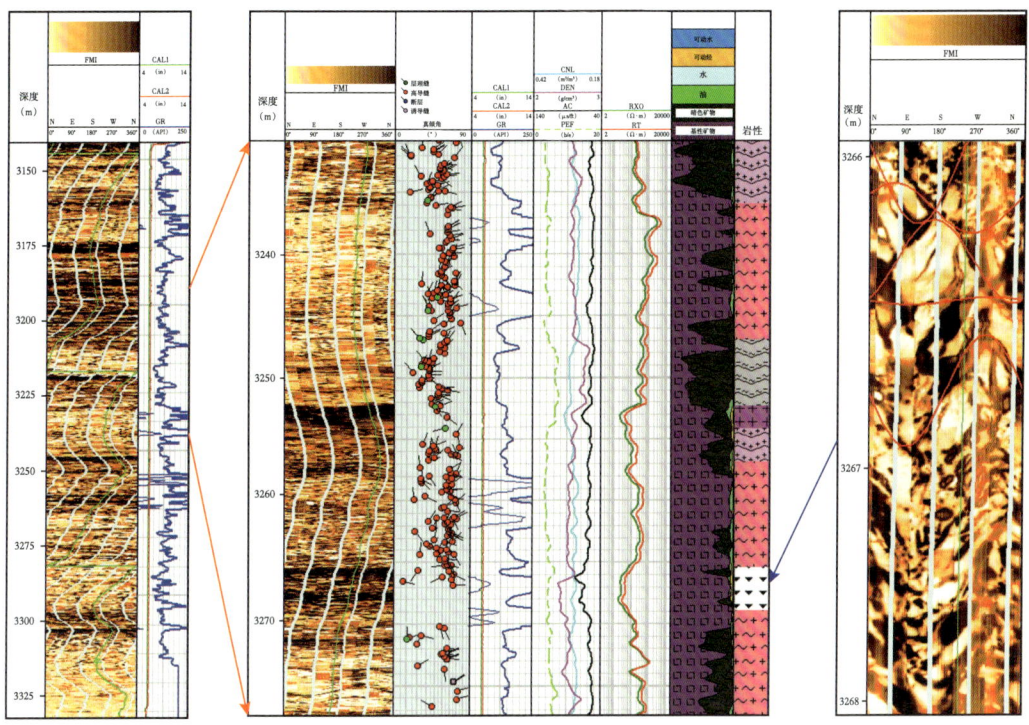

图 2-2-14 埕北古 7 井构造角砾岩图像特征

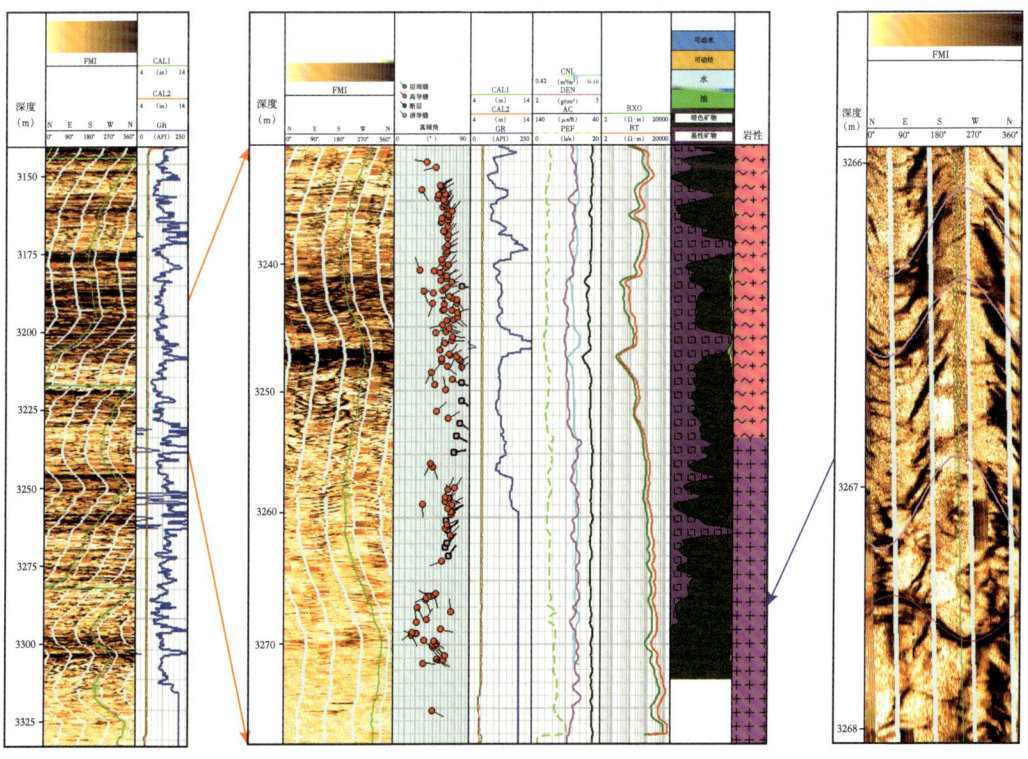

图 2-2-15 埕北古 7 井花岗岩图像特征

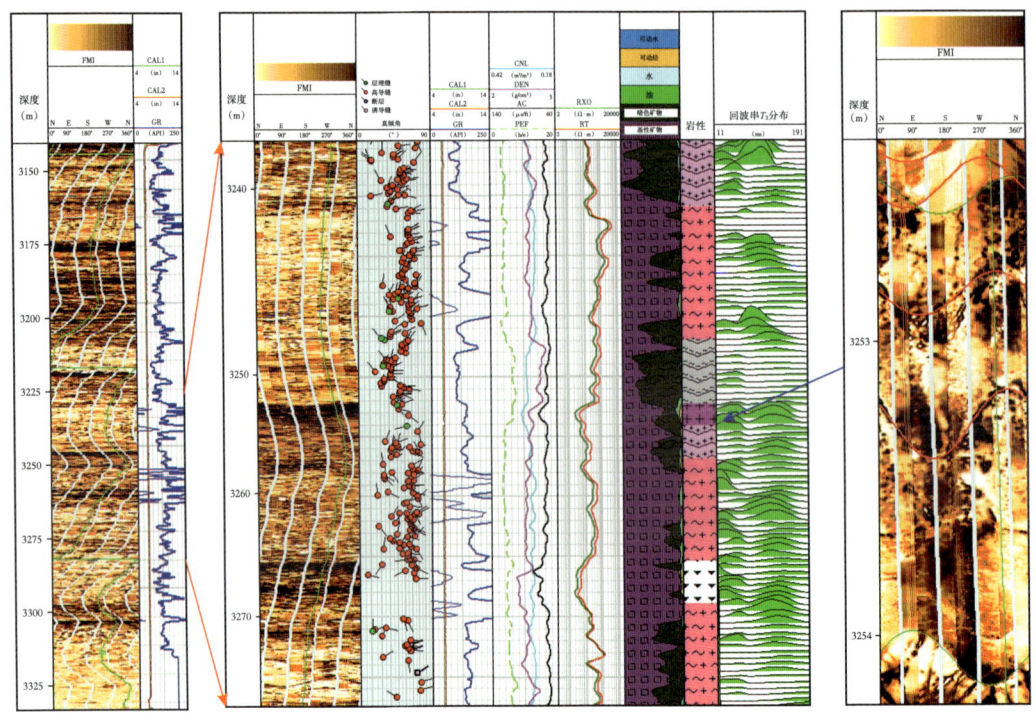

图 2-2-16 埕北古 7 井煌斑岩图像特征

2）储层有效性评价

（1）储层物性评价。

太古宇片麻岩储层集中发育段为 3178~3248m（图 2-2-17），自然伽马数值相对较低（75~120API），片麻岩的有效光电吸收截面指数 PE 曲线数值在 3.5~7.0b/e 之间，大部分在 4.0b/e，反映岩性较纯。33 号层（3180.6~3182m）、35 号层（3188.6~3199.0m），37 号层（3208~3208m）、41 号层（3224.7~3226m）电阻率相对低值（20~120Ω·m），深、浅侧向正差异明显；中子、声波时差数值明显增大，密度数值明显降低，中子—密度交会计算孔隙度 8%~12%。核磁共振处理成果显示，T_2 谱分布范围宽，大孔径组分较多，核磁共振有效孔隙度达 8% 左右，具有较好的储集空间。3198~3208m、3230~3233m、3252.5~3269.5m、3280.7~3289m、3306~3317.5m 有效孔隙度 5%~8%，反映储层物性较好。

（2）储层裂缝评价。

在电成像解释井段主要可见高导缝、钻井诱导缝，未见高阻缝发育。根据图像特征，结合常规测井资料，认为储层类型以裂缝—孔隙型为主。该井高导缝发育，根据其特征，可分为网状缝、成组缝和孤立缝，主要发育网状缝和成组缝，孤立缝相对较少。部分井段可见溶蚀孔洞，孔洞在电成像图像上为高导异常体，多为分散的斑点状、斑块状或串珠状，另外，沿裂缝的溶蚀加大现象较多（图 2-2-18）。

定量评价裂缝首先应了解分辨率和探测能力的概念。由于电流优先选择低电阻的趋势面传导，地层微小的电阻率变化，就会引起电流的变化。这样电阻率测井实际的探测能力要比仪器分辨率高得多，这就是为什么微细的裂缝依然可以被仪器探测到。裂缝定量计算目的是通过数学物理方法，将地层测量信息回归到裂缝的实际宽度。实验发现，不同裂缝宽度将导致不同电导率异常面积，利用高导异常面积与地层电阻率和钻井液电阻率的关系，可以估计裂缝宽度，从而判断裂缝有效性。

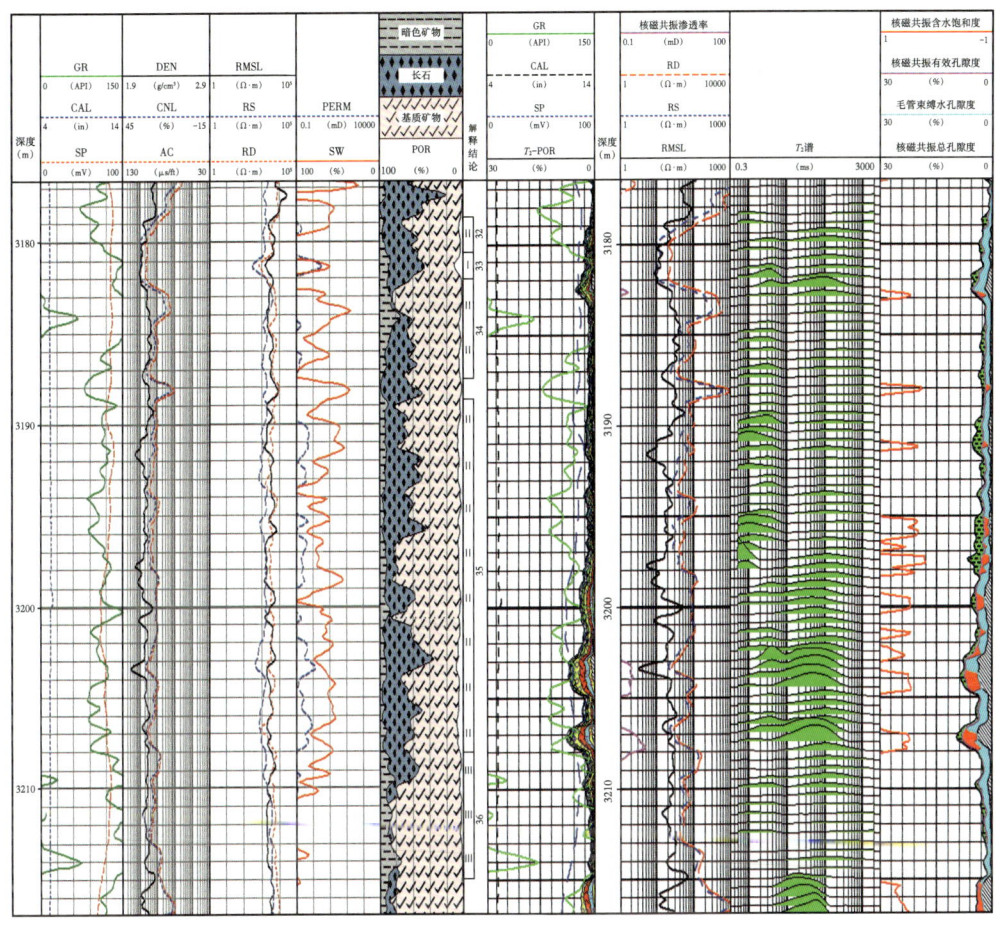

图 2-2-17　埕北古 7 井测井曲线成果图

在人工识别和拾取裂缝的基础上，实际计算中还计算出另外 5 种裂缝参数：

（1）校正后的视裂缝密度（FVDC）：为每米井段所见到的裂缝总条数，经过倾斜方位校正后的结果（即裂缝间的夹角及与井轴的夹角校正）。

（2）视裂缝长度（FVTL）：为每平方米井壁所见到的裂缝长度之和。单位为 m/m^2 或 $1/m$。

（3）裂缝平均宽度（FVA）：为单位井段（1m）中裂缝轨迹宽度的平均值，单位为 cm。

（4）裂缝平均水动力宽度（FVAH）：等于单位井段（1m）中各裂缝轨迹宽度的立方和开立方，是裂缝水动力效应的一种拟合，单位为 cm。

（5）裂缝视孔隙度（FVPA）：为所见到的裂缝在 1m 井壁上的视开口面积除以 1m 井段中 FMI 图像的覆盖面积。

裂缝相对发育段为 3146~3150m、3155~3203m、3203m~3267m、3270~3267m、3270~3295m、3299~3320m、3322~3325m。综合来看，全井段裂缝都很发育。统计结果表明，高导缝倾向有北东、北西、南东向 3 个方向；走向优势方向为北西—南东、北东—南西向；倾角分布范围较大，在 10°~80° 之间（图 2-2-19）。根据裂缝定量计算结果，结合井旁最大地应力方向分析，该井 3155~3203m、3203~3267m 和 3299~3320m 厚度大，裂缝发育，与地应力方向一致或小角度斜交，是最有利的裂缝储层段。

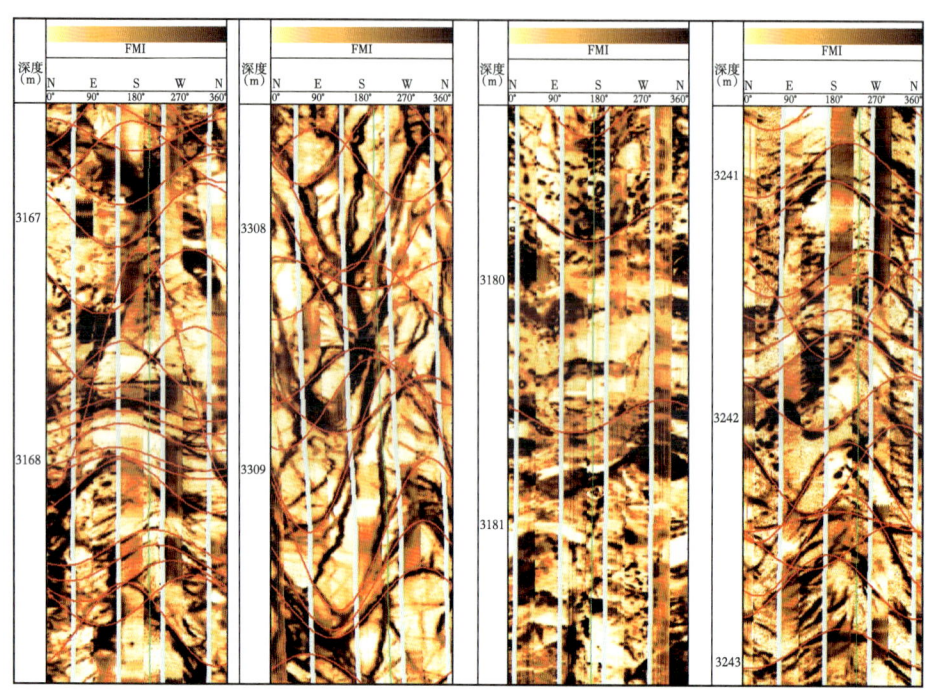

图 2-2-18 电成像典型裂缝溶孔特征图

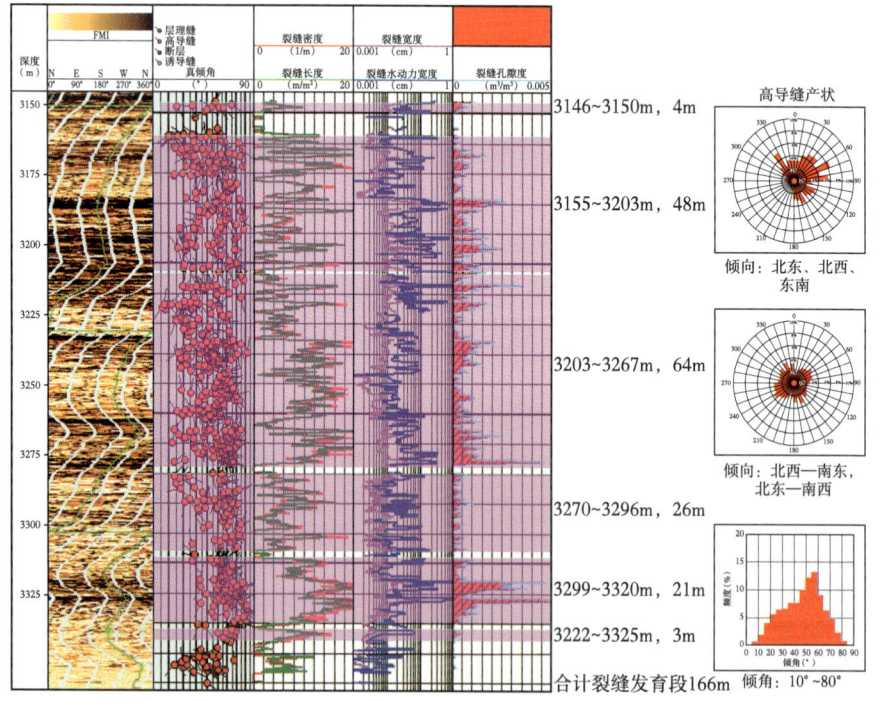

图 2-2-19 埕北古 7 井电成像裂缝定量计算成果图

（3）孔隙频谱分析。

利用孔隙频谱分析将电成像图像转变成孔隙度图像并进行自动分析。标定的电成像实际上是井壁的电导率图，利用阿奇公式可将电成像图像转变为孔隙度图像。确定基质孔隙与次生孔隙的分界点，进而确定原生孔隙与次生孔隙的比率，原生孔隙加次生孔隙等于总孔隙。频率分布图只有一个峰说明仅发育原生孔隙，峰带的宽窄反映非均质性的强弱，峰值带宽说明非均质性强。将孔隙度频率值转变为图像同样可方便地看出孔隙的分布，频率越高，密度越大，对孔隙度的贡献越大（图2-2-20）。结合核磁共振测井计算的孔隙度和孔隙频谱分析出平均孔隙度为0~20%，中值为4.2%；次生孔隙度为0~6.8%，中值为1.2%；孔隙相对发育段为3143~3146m，3152~3153m，3160~3168m，3178~3182m，3183.5~3185m，3188~3210m，3212~3213m，3225.5~3233.5m，3234.5~3236m，3240~3245m，3248~3253.5m，3256~3268m，3269~3274m，3277~3288m，3289~3293m，3311.5~3312.5m，合计次生溶孔发育层段为93.5m。

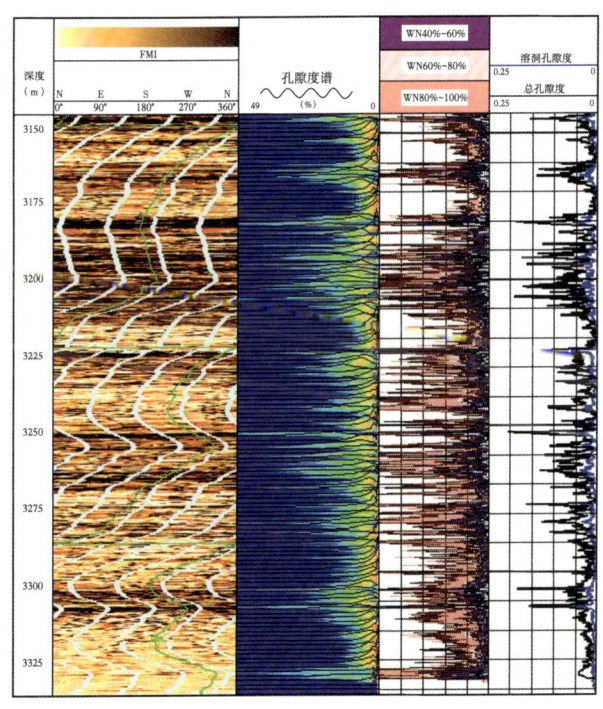

次生孔隙发育层段

序号	顶深(m)	底深(m)	厚度(m)
1	3143	3146	3
2	3152	3153	1
3	3160	3168	8
4	3178	3182	4
5	3183.5	3185	1.5
6	3188	3210	22
7	3212	3213	1
8	3225.5	3233.5	8
9	3234.5	3236	1.5
10	3240	3245	5
11	3248	3253.5	5.5
12	3256	3268	12
13	3269	3274	5
14	3277	3288	11
15	3289	3293	4
16	3311.5	3312.5	1
合计			93.5

孔隙频谱分析出的平均孔隙度为0~20%，中值为4.2%；次生孔隙度0~6.8%，中值为1.2%

图2-2-20　埕北古7井孔隙频谱分析结果

（4）渗透性分析。

渗透性分析（BorTex）使用成像测井微电阻率曲线，根据曲线反映的地层成层性和内部结构信息确定岩石内部结构特征，然后根据岩石内部结构特征对处理井段进行分段。将地层划分成各种不同的"形态相"（即根据倾角、成像测井和常规曲线形态划分出来的各种不同测井相）。从成像测井中获取岩石内部结构属性。BorTex从快道曲线提取出的信息包括层厚、纹层密度、电阻率反差和跨井眼地质特征密度等，并可以对岩石内部结构属性进行自动分类。

另外，从图像上能识别出"点状体（spots）"和"块状体（patches）"，分别为高导和高阻部分，从而可对碳酸岩/火山岩/变质岩中的孔洞及其连续性进行定量计算，计算参数主要有高导（高阻）部分的百分比、高导（高阻）部分的反差、高导（高阻）部分的平均面积等。根据连通的高导点状体和高导块状体的发育程度，模块会分析出连通性系数，进而计算出储层渗透率。本井渗透率结果主要集中在0.1~100mD（图2-2-21），渗透率变化主要与裂缝和溶蚀发育程度相关。

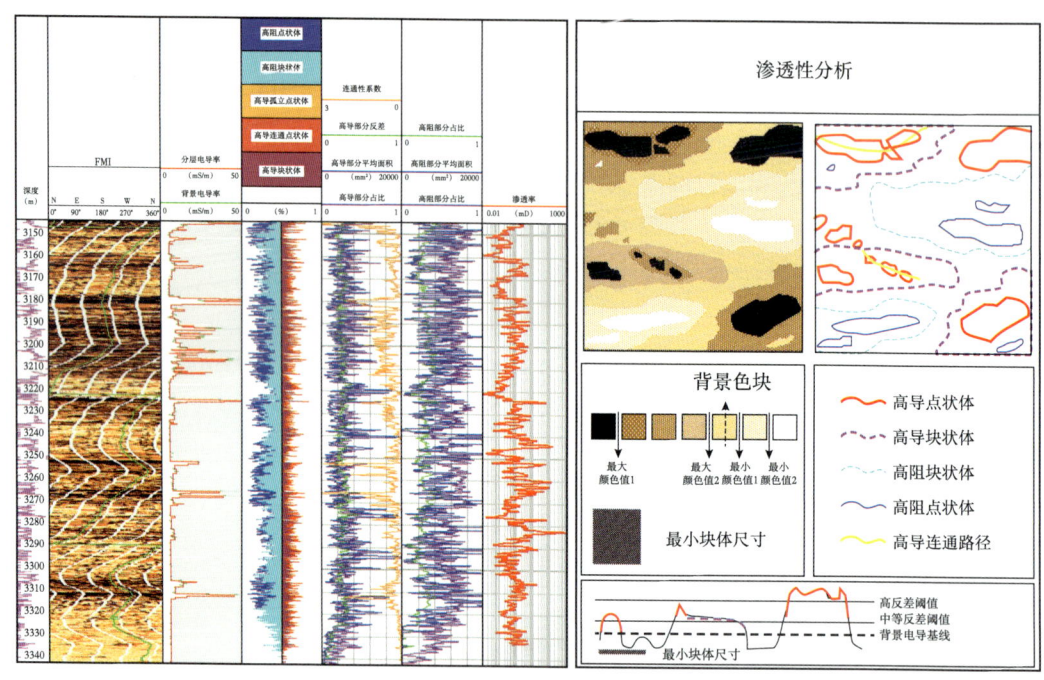

图2-2-21 埕北古7井各向异性和渗透性分析

利用偶极横波成像进行渗透性分析。斯通利波是一种界面波，在井眼中的传播可以认为是井眼诱导的压力脉冲，在有效渗透性层段使流体向地层流动，导致其能量降低，同时其速度减小；根据理论计算的斯通利波时差和设计测量的斯通利波时差，可计算出渗透性层段的流度。结合岩石的物理特性，如岩石密度、岩石体积模量及纵横波时差等参数，可判断地层物性，确定渗透性层段和储层孔隙连通状况、渗透性好坏等。当斯通利波遇到与井眼相交的开启裂缝时，由于裂缝引起的较大声阻抗反差使一定量的斯通利波反射，通过处理可以确定反射系数并可以确定裂缝开度。图2-2-22是本井斯通利波渗透性分析成果图，本井流体移动指数在孔隙度较大层段较高，表明储层以孔隙型储层为主；局部层段孔隙度低，结合裂缝发育特点认为，储层类型以裂缝型储层为主。部分层段微裂缝发育，但流体移动指数低，表明裂缝在地下压力状态下，有效性差。根据计算得到的流体移动指数分析，本井渗透性较高层段为：3164.0~3169.0m、3178.0~3182.0m、3189.0~3193.0m、3196.5~3200.5m、3252.0~3258.0m、3265.6~3269.0m、3282.0~3285.0m、3305.5~3317.0m，合计40.9m。

3）储层流体性质识别

利用核磁共振、偶极横波成像结合常规等资料进行含油气性分析。3178.4~3183.0m，斯通利波计算的流体移动指数为2.3μs/ft。成像图像上发育18条裂缝，裂缝孔隙度0.23%，溶蚀发育；核磁共振计算孔隙度 3.0%~6.0%，自由流体孔隙度最大接近 3.0%；纵波时差曲线与中子曲线、纵波时差与横波时差曲线交会，有明显气特征；将本层数据点（红色）投落在声波—电阻率交会图上，数据点基本落在油气区域。3183.0~3214.0m，斯通利波计算的流体移动指数为 2.2μs/ft；成像图像上发育 93 条裂缝，裂缝孔隙度 0.13%，溶蚀发育；核磁共振计算孔隙度 3.0%~10.0%，下部自由流体孔隙度最大约 4.0%；纵波时差曲线与中子曲线、纵波时差与横波时差曲线交会，有明显气特征；将本层数据点（红色）投落在声波—电阻率交会图上，数据点基本落在油气区域，岩性、物性一致情况下，该层电阻率更高（图 2-2-23、图 2-2-24）。

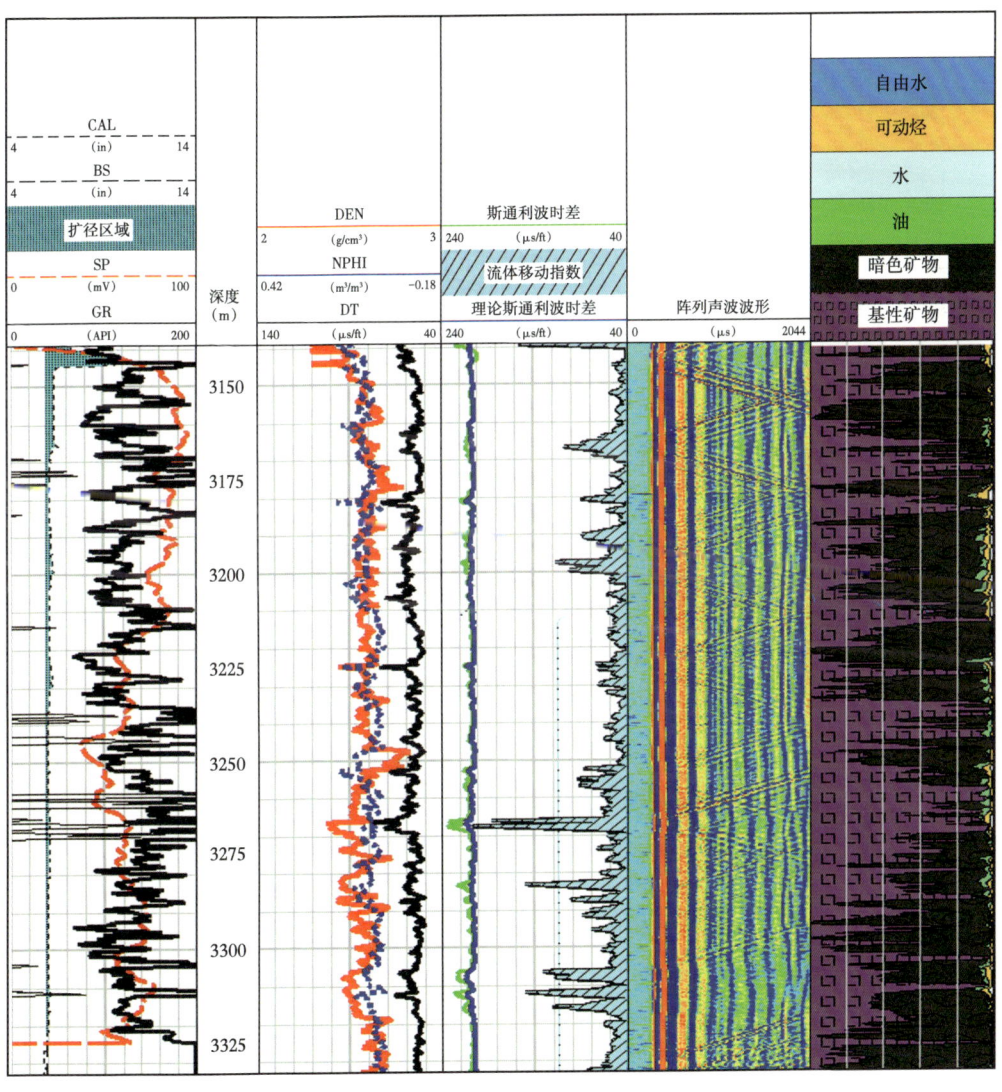

图 2-2-22 斯通利波渗透性分析成果图

核磁共振测井识别轻质油和气层主要利用时间域分析（TDA）。由于水与烃（油、气）的纵向弛豫时间 T_1 相差很大，其纵向恢复速率不相同，水的恢复远比烃快。双 T_W 测井利用特定的脉冲序列，等待一个比较长的时间 T_{WL}，使水与烃的磁化矢量全部恢复；再采集第

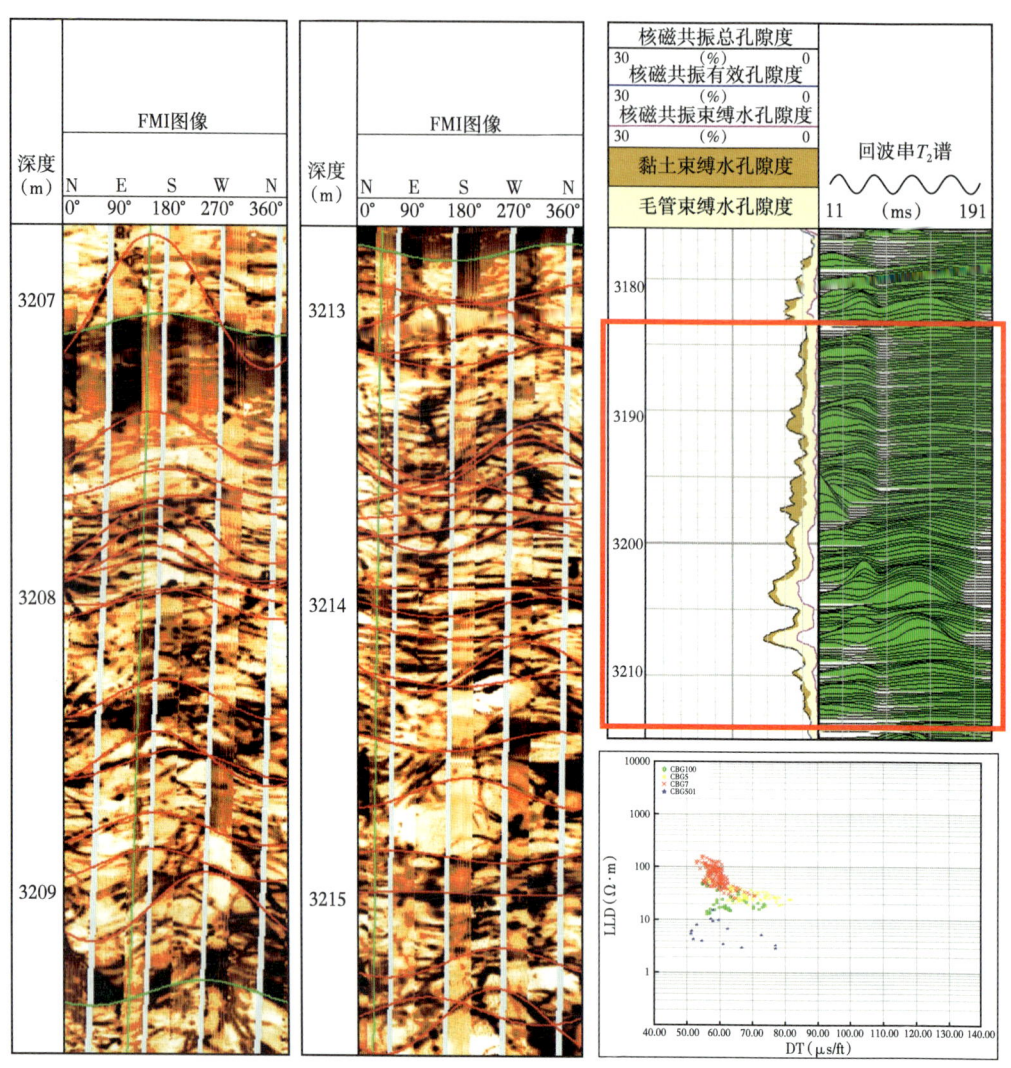

图 2-2-23 电成像、核磁共振图像及油气判定交会图

二个回波串,等待一个比较短的时间 T_{WS},使水的磁化矢量恢复,而轻烃(油、气)的信号只部分恢复。这样,T_{WL} 回波串得到的 T_2 分布中油、气、水各相都包含在其中,而且完全恢复;T_{WS} 回波串得到的 T_2 分布中,水信号完全恢复,油、气信号只是很少一部分;将 T_{WL} 回波串和 T_{WS} 回波串相减,得到差谱。从差谱中可以看到:水信号被消除,剩下油气信号,对油气进行识别和解释。这便是核磁共振测井时间域分析(TDA)的理论基础。本井核磁共振时间域分析图上,差谱信号较强且谱峰位置靠后,见明显油气信号(图 2-2-25)。

4. 应用效果

2010 年 5 月 4 日至 7 日,井段 3141.00~3194.71m 中途测试,6mm 油嘴放喷,日产油 5.7t,日产气 15615.0m³,原油密度 0.7497g/cm³,黏度 0.61mPa·s,结论为凝析气层。2010 年 5 月 26 日至 31 日,8mm 油嘴求产,日产油 99.9t,日产气 111361 m³,原油密度 0.7814g/cm³,黏度 1.58mPa·s,结论为凝析气层。

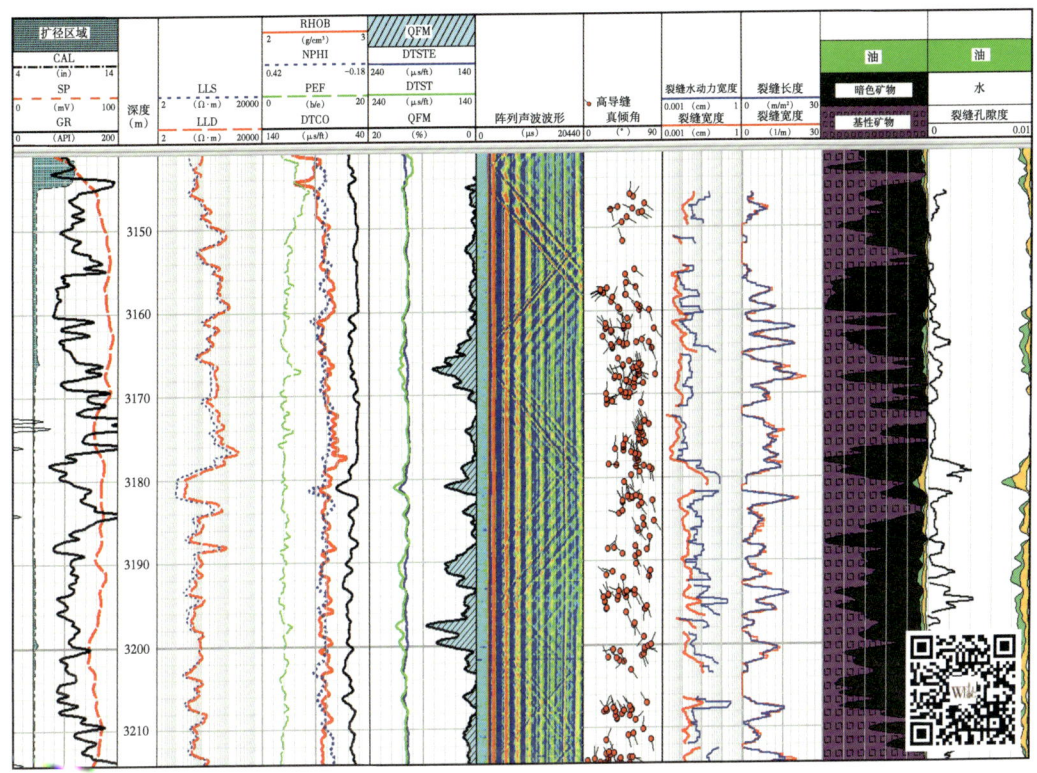

图 2-2-24 测井综合解释成果图

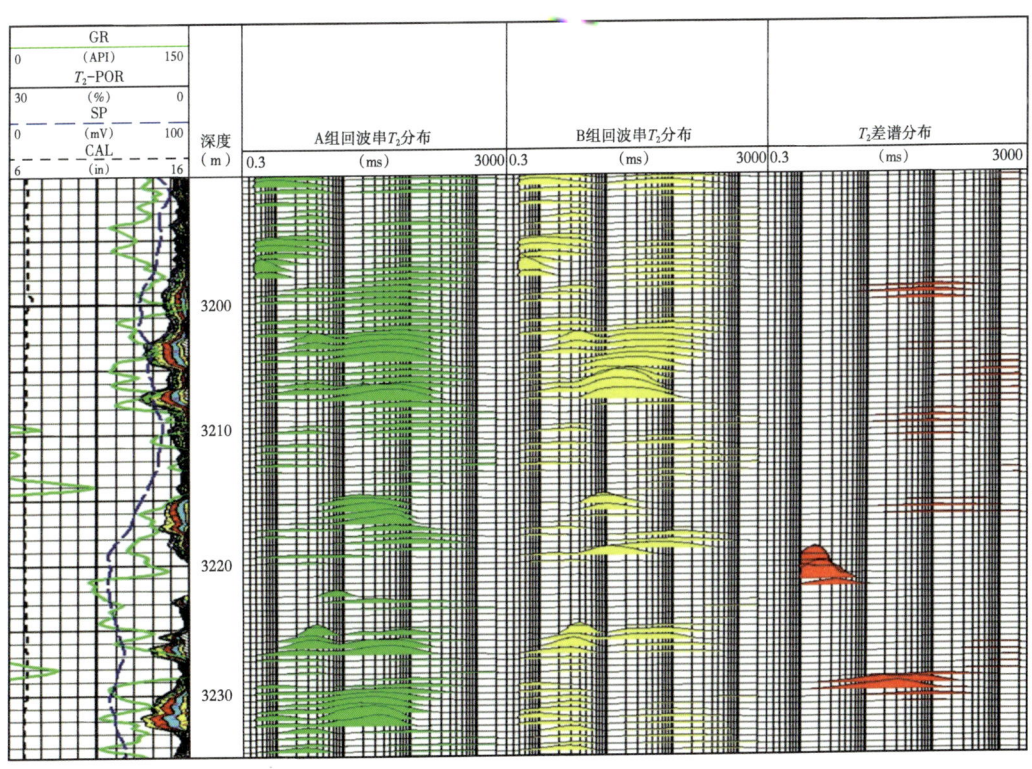

图 2-2-25 埕北古 7 井核磁共振时间域分析图

5. 结论及建议

（1）对于变质岩地层，由于自然伽马数值高，常规测井划分储层存在许多不足之处，利用核磁共振测井可以计算准确基质孔隙，划分有效储层。

（2）变质岩地层储层类型主要以裂缝—孔隙型为主，裂缝对孔洞的连通起到了重要作用；利用微电阻率扫描成像测井进行缝、洞的识别及评价是最有效的方法。

（3）成像测井、偶极横波成像结合可以较好识别裂缝有效性，对储层渗透性评价有较大优势。

（4）核磁共振、偶极横波成像同常规结合是流体识别的有效方法。

第三节　区块案例

一、济阳坳陷东营凹陷北部陡坡构造带砂砾岩油气藏测井评价

1. 地质背景

胜利油田砂砾岩油气藏位于渤海湾盆地，属于济阳坳陷东营凹陷的北部陡坡构造带，在陡坡带不同部位广泛发育多种沉积类型的砂砾岩扇体。陡坡带古构造特征对发育的砂砾岩扇体的沉积类型、规模及形态展布具有较强的控制作用，湖平面相对升降变化及古气候的变迁对砂砾岩体的沉积也有着极重要的影响。它们分别决定了砂砾岩体的成因类型及沉积特征。受这些因素的控制，陡坡带在不同部位分别发育了不同成因类型的砂砾岩扇体，主要有冲积扇、近岸水下扇、扇三角洲、陡坡深水浊积扇和近岸砂体前缘滑塌浊积扇等。

2. 存在问题

受砂砾岩体沉积特殊性和测井响应特征多样性的影响，利用测井资料进行储层评价、油气水层判别和地质特征研究存在很多困难，主要表现为：（1）砂砾岩体储层岩性复杂，依据砾石、砂质和泥质含量的变化分为众多亚类，岩性准确识别困难；（2）储层非均质性强，裂缝、溶蚀孔发育，孔隙结构复杂，岩石骨架不好确定，储层参数计算模型建立困难，利用测井资料计算的孔隙度、渗透率、饱和度等参数精度不高；（3）砂砾岩体储层母岩类型变化大，电阻率测量受岩石骨架和孔隙结构影响严重，反映储层孔隙流体性质的信息弱，油层、干层电性特征差异极不明显，加之成藏规律复杂，储层流体性质难以判断；（4）砂砾岩储层间非渗透性隔层类型多，储层基质孔隙度有时很低，测井资料准确划分有效储层难度大。

3. 测井评价技术

利用成像测井技术与常规测井相结合，首次提出储层宏尺度、微尺度和渗流三大类参数综合评价技术，实现了复杂砂砾岩储层质量的全面刻画和描述，建立了复杂岩性分类、储层质量评价和智能流体综合识别方法。

1）砂砾岩储层岩性的自动识别

（1）知识驱动下的砂砾岩电成像精细评价方法。

砂砾岩电成像图像经过预处理得到分割后的砾岩颗粒区域，引入区块地质沉积状况作为约束条件，将相应沉积条件下的砾岩颗粒磨圆度作为先验知识，自顶向下地驱动砂

砾岩颗粒区域的合并和分裂,采用滑动窗口方法,统计滑动窗口内砾石颗粒大小和数量,构成粒度谱,形成包括砂、细砾、中砾和粗砾的精细粒度剖面。

①砂砾岩电成像图像的预处理。

基于深度学习的砂砾岩电成像图像空白条带充填方法:成像测井具有分辨率高、能清晰直观反映地层岩性和粒序变化、与岩心对应性好等特点,但由于仪器结构所限,对井壁覆盖率无法达到100%,造成了部分信息缺失。利用深度学习强大的语义提取及特征表达能力,对电成像测井图的空白条带进行充填,得到全井眼覆盖的完整图像。图2-3-1为电成像空白带充填效果图,左起依次为砾石颗粒、层理及溶蚀孔、裂缝的充填效果。

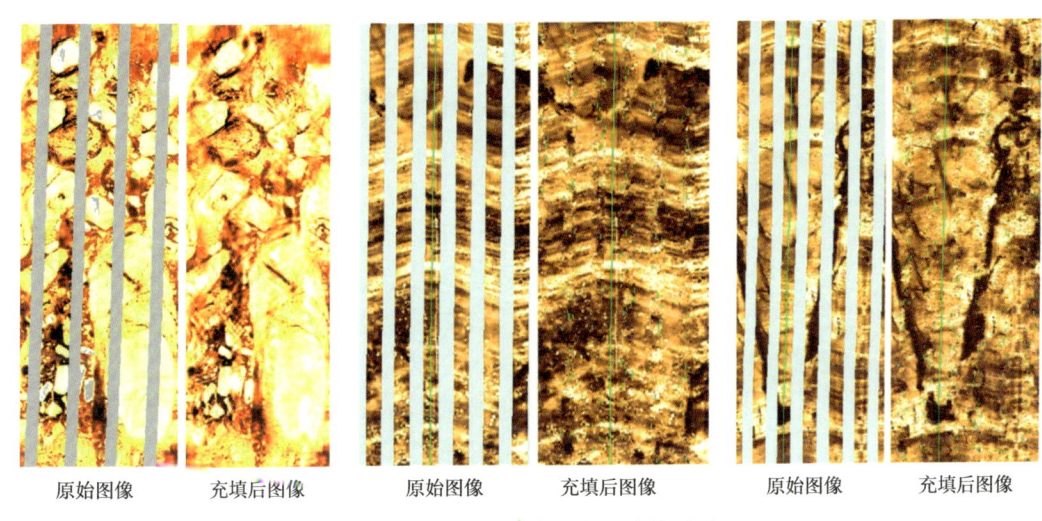

图 2-3-1 电成像空白带充填效果图

基于边缘流的多尺度砂砾岩颗粒边缘提取:边缘流算法在多个尺度上计算边缘流向量场,并将同方向上的边缘流向量进行叠加,得到最终的边缘流向量场。通过计算向量场散度和求解Possion方程,得到边缘流函数。图2-3-2给出了某井段砂砾岩电成像原始图像及其对应的充填后全井眼图像和图像化表征的边缘流函数。

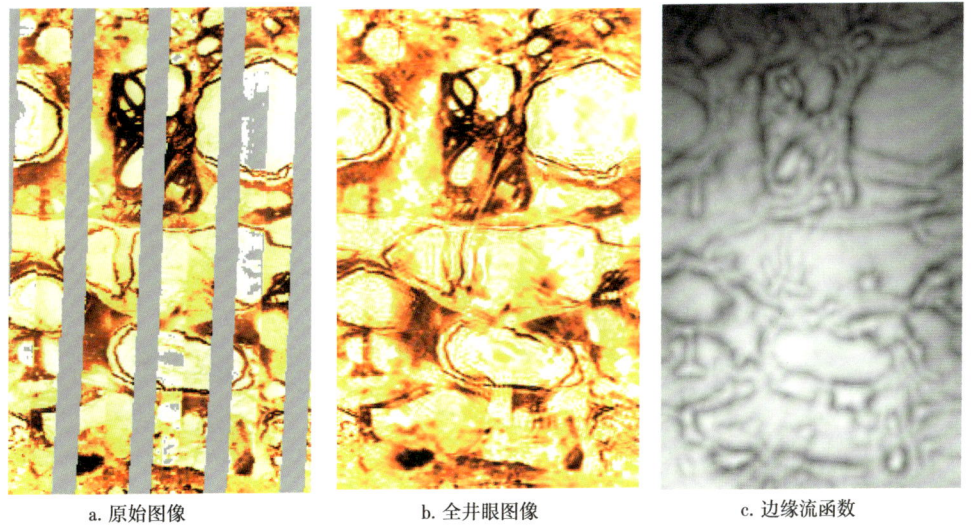

图 2-3-2 砂砾岩电成像空白条带充填及边缘流函数计算示例

基于曲线演化的砂砾岩颗粒区域分割：基于曲线演化的砂砾岩颗粒区域分割算法是根据边缘流函数，通过求解水平集方程，计算区域分割单像素曲线，其特点是可以将不闭合的断裂边缘进行封闭。图2-3-3给出了图2-3-2中测量井段的砂砾岩电成像图像进行区域分割的结果，从图中可以看到，各个区域被闭合的蓝色单像素曲线区分开来，但有的砾岩颗粒区域明显与人眼视觉判别结果不同，出现了明显的凹陷区域，其形状特征与砾岩颗粒磨圆度相关性很差。

②在区块地质沉积约束条件知识驱动下的砂砾岩颗粒区域合并与分裂。

分析当前区块地质沉积状况，由此得到砾岩颗粒磨圆度的统计规律，作为约束条件知识，驱动颗粒区域的合并与分裂过程。由颗粒磨圆度，判定凹陷的颗粒分割区域是否进行相邻区域的合并，以及明显粘连的颗粒分割区域是否进行区域的分裂，由一个区域分裂为多

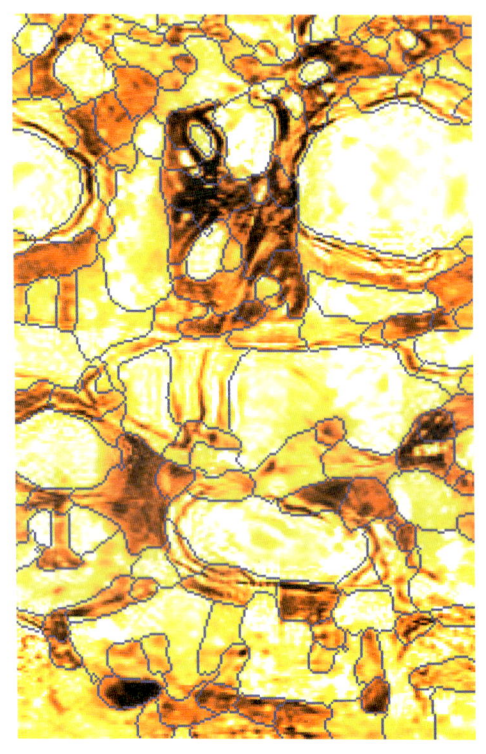

图2-3-3 基于曲线演化的区域分割结果

个区域，并将每个分裂后的区域作为单独的一个砾岩颗粒。图2-3-4a为图2-3-3砾岩颗粒的并查集表示。提取砾岩颗粒边界像素，并以顺时针排序。自适应计算边界曲率，定位凹点及其邻近凸点，如图2-3-4b所示。如果邻近区域的质心在凹点和其邻近凸点设定的坐标范围内，则将邻近区域与该砾岩区域合并；如图2-3-4c所示的左下方浅绿色表征的砾岩颗粒区域，经过区域合并处理后，形成了完整的砾岩颗粒区域，符合当前砾岩颗粒磨圆度的设定。

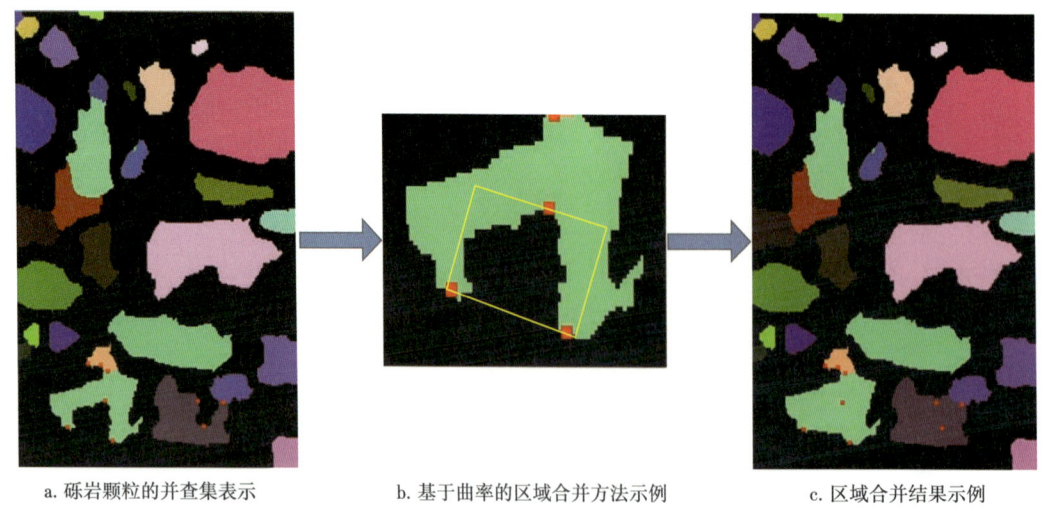

a. 砾岩颗粒的并查集表示　　b. 基于曲率的区域合并方法示例　　c. 区域合并结果示例

图2-3-4 砂砾岩颗粒区域合并示例

如果砾岩颗粒的并查集表示出现大面积的深蓝色区域，其形状特征明显与当前地质约束条件下的颗粒磨圆度设定不符，存在明显的粘连情况，则该区域由红色的凹点对之间相连的弦，分裂为两个不同的区域（分别用深红色与深蓝色表征）。这样，每个区域的形状特征符合当前颗粒磨圆度的知识约束。

③粒度谱构建及精细岩性剖面计算。

在砾岩颗粒提取的基础上，构建粒度谱并计算精细岩性剖面，是砂砾岩精细评价的重要步骤，作为解释成果直观的呈现砂砾岩颗粒的大小分布，以及精细的岩性剖面。粒度谱构建原理如图 2-3-5 所示，其中粒度谱中 X 轴的最大值对应解释深度范围内的最大砾岩颗粒大小，并由此设置 BIN 值，均匀分割 X 轴，使 X 轴呈现砾岩颗粒大小的均匀间隔，统计滑动窗口内的砾岩颗粒落入相应间隔范围内的个数，归一化后得到粒度谱。

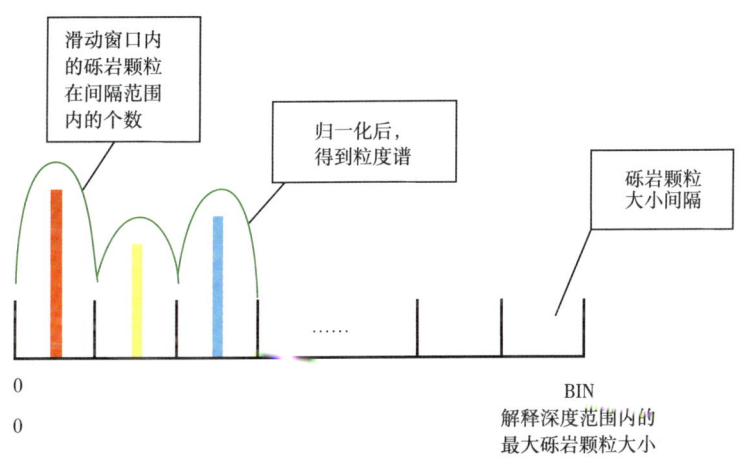

图 2-3-5　砂砾岩粒度谱构建原理

根据细粒岩、中砾岩颗粒大小阈值，将砾岩颗粒细分为细砾岩、中砾岩和粗砾岩，并根据滑动窗口内各岩性颗粒面积除以滑动窗口面积，得到精细岩性剖面中各细分岩性的百分比，而砂岩岩性百分比由砾岩颗粒占比的残余值计算，并形成曲线，进行充填绘制，形成直观的砂砾岩精细岩性剖面，如图 2-3-6 所示。

（2）NRA 曲线岩性自动识别。

①岩性—测井系列敏感性分析。

将东营北带砂砾岩体储层岩性划分为 4 类：砾岩、砾状砂岩、含砾砂岩和泥岩。砂砾岩矿物成分主要为石英、长石，钾长石成分较高，黏土矿物含量低，黏土矿物以伊利石为主，其次为伊蒙间层。

通过岩性与测井响应特征的研究认为，成像测井识别岩性效果最好。常规测井中三孔隙度曲线（中子、声波时差、密度）和电阻率曲线针对不同岩性测井响应特征不同。砾岩三孔隙度曲线基本重合，具有低中子、低声波时差、高密度的特点，声波时差曲线较稳定，砾岩处在中子孔隙度剖面的最低部位，且孔隙度越高，岩性越细。砾岩的电阻率为高值，且电阻率越低，岩性越细。砂岩三孔隙度曲线基本重合，中子、声波时差较砾岩高，密度较砾岩低，砂岩的声波时差较大，且声波时差越大，岩性越细；泥岩高中子、高声波时差，密度与中子、声波差异较大，充填易识别泥岩段。但是，受储层非均质性的影响，每条曲线单独区分岩性均具有较大的不确定性，需多曲线综合判识岩性。

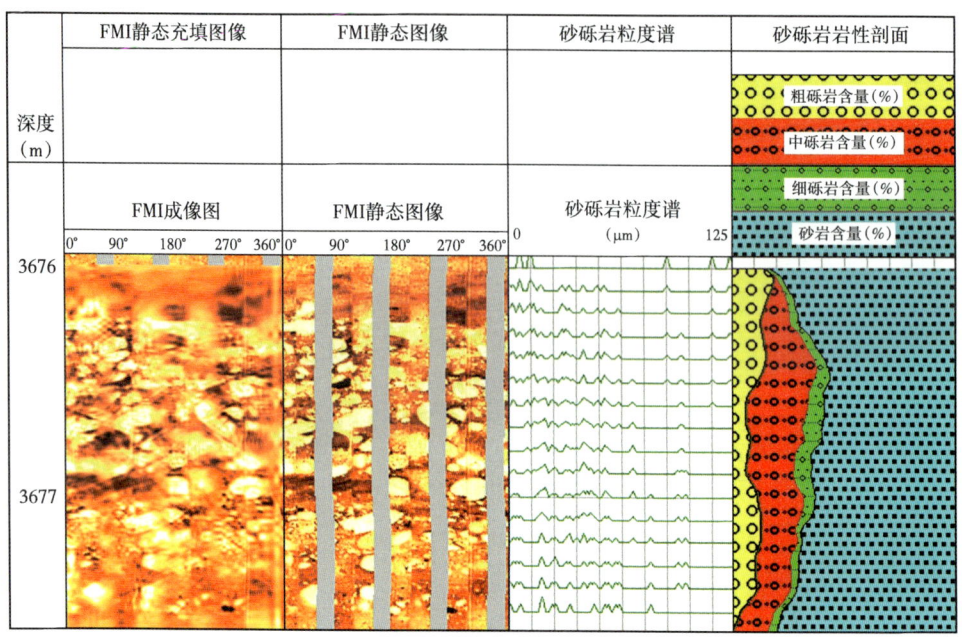

图 2-3-6　砂砾岩岩性精细评价综合成果图

②建立岩性识别曲线。

三孔隙度测井曲线主要受岩性和孔隙度的影响，声波时差测井曲线对地层的颗粒大小、胶结程度、孔隙度有较好的识别能力，如果去除孔隙度的影响，声波时差就主要反映地层岩石的颗粒大小和胶结程度，从而区分岩性。深侧向电阻率测井曲线对于砾岩有较为明显的显示，补偿中子对泥岩有较高敏感性。基于以上分析，选用 AC、DEN、CNL、R_t 建立岩性识别曲线 RA_{ma} 和 NRA。

首先，为了提高砾岩的识别率，引入深侧向电阻率曲线，构造岩性识别曲线 RA_{ma}：

$$RA_{ma} = \frac{\Delta t_b - \Delta t_{ma}}{\lg(RD_{砾}) - \lg(RD)} \tag{2-3-1}$$

式中：RA_{ma} 为岩性识别曲线，μs/(ft·Ω·m)；Δt_{ma} 为骨架声波时差，μs/ft；Δt_b 为纯泥岩段声波时差，μs/ft；RD 为深侧向电阻率，Ω·m；$RD_{砾}$ 取值 1000000Ω·m。

RA_{ma} 是在建立 Δt_{ma} 的基础上，利用砾岩电阻率高值的这一测井响应特征，引入深侧向电阻率值，以期能够有效地将砾岩和含砾砂岩、泥岩区分开。

其次，为了提高泥岩识别率，引入对泥岩反映灵敏、能够很好判别泥岩的补偿中子曲线，构造岩性识别曲线 NRA。

$$NRA = \frac{RA_b - RA_{mab}}{CNL_f - CNL} \tag{2-3-2}$$

式中：NRA 的单位为 10^{-2}μs/(ft·Ω·m)；RA_{mab} 为泥岩识别曲线，μs/(ft·Ω·m)；RA_b

为纯泥岩段识别曲线，$\mu s/(ft\cdot\Omega\cdot m)$；CNL 为补偿中子值，%；$CNL_f$ 取值 100。

③ NRA 岩性划分标准的建立。

采用岩心刻度成像、成像刻度常规测井求取的岩性识别曲线进行岩性划分。根据盐家、永安区块的 4 口关键井，由成像岩性描述刻度岩性识别曲线 NRA，确定岩性划分标准。

经过不同区块单井电成像刻度岩性曲线 NRA，与多井综合刻度结果对比分析，NRA 岩性识别曲线对于砾岩和泥岩识别率较高，砾状砂岩识别率较低，含砾砂岩居中。图 2-3-7 为 4 口关键井的电成像识别岩性与 NRA 曲线刻度统计图。

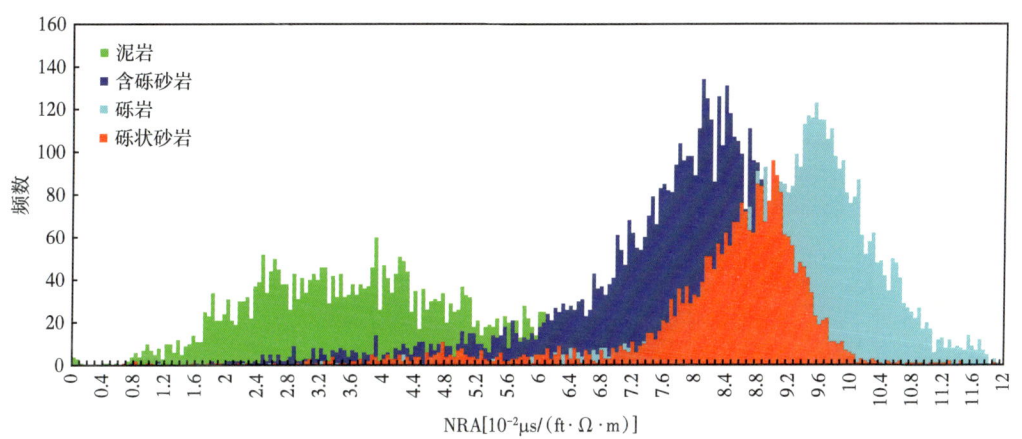

图 2-3-7　电成像与 NRA 岩性划分对比刻度图

从图中可以看出，各种岩性界限较明显，分别集中在不同 NRA 值范围内，达到了用电成像刻度常规测井资料岩性识别曲线方法的目的。NRA 岩性识别标准见表 2-3-1。

表 2-3-1　不同岩性 NRA 值统计表

岩性	砾岩	砾状砂岩	含砾砂岩	泥岩
NRA$[10^{-2}\mu s/(ft\cdot\Omega\cdot m)]$	>9.05	9.05~8.75	8.75~6.05	<6.05

图 2-3-8 为 NRA 岩性识别剖面图，根据常规测井资料计算的 NRA 岩性指示曲线划分出了泥岩、含砾砂岩、砂砾岩和砾岩 4 种岩性，与录井资料和电成像结果基本一致，总体效果良好。

2）基于三大类参数的砂砾岩储层特征全面刻画和表征

（1）储层宏尺度参数模型。

储层宏观特征评价是油气藏精细描述、储层综合评价的重要内容之一。按照岩心刻度成像测井，成像测井刻度常规测井的思路，充分发挥成像测井的特点和优势，利用多元统计回归和网格划分技术对储层的泥质含量、孔隙度、渗透率、束缚水饱和度等宏观特征进行全面描述。

①岩石矿物组分求解模型。

将研究区块划分为东段（盐家、永安区块）和西段（胜坨区块），收集每个区段的全岩分析、黏土分析资料，并将其划分为含砾砂岩、砾状砂岩、砾岩 3 类岩性模式（砂岩在砂砾岩体内发育较少,且岩心分析量极少,此处不考虑),针对每种矿物含量与测井参数进行相关性分析,选取相关性较大的参数与岩心分析数据进行统计回归,建立计算模型。形成一套利用测井资料连续计算岩石矿物组分的简便方法。

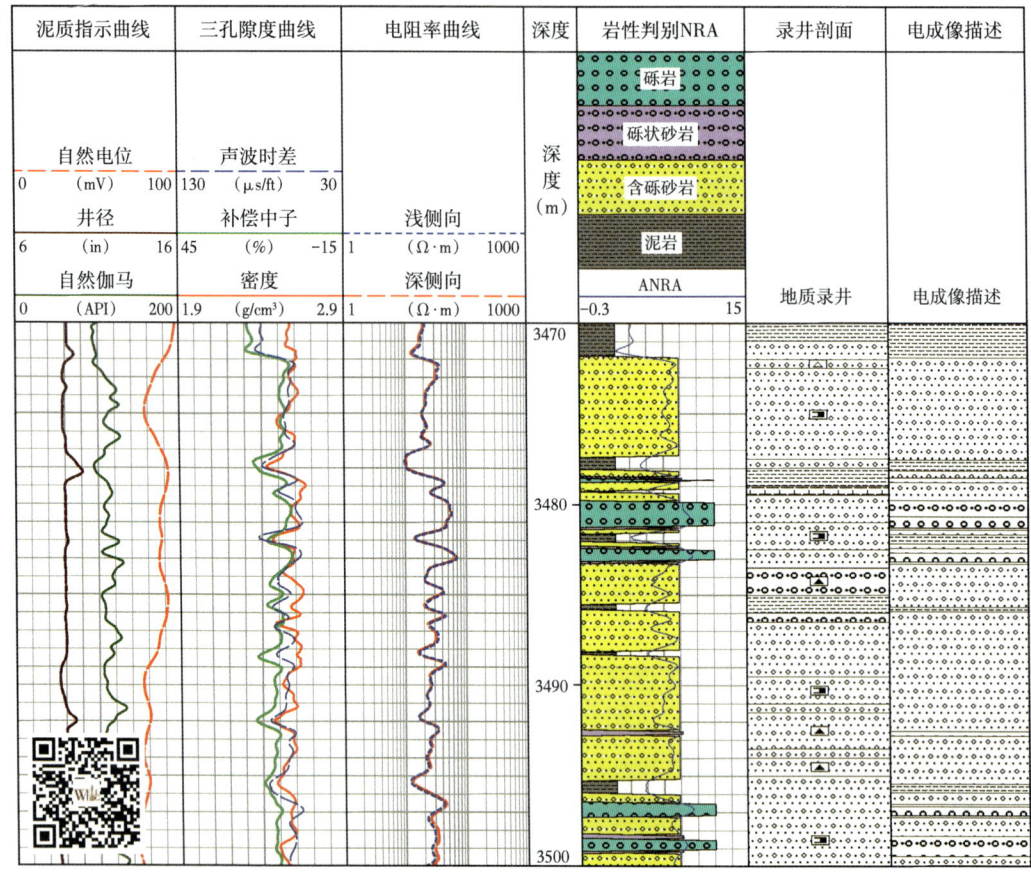

图 2-3-8　NRA 岩性识别剖面图

②泥质含量模型。

经多口井的成像与常规测井曲线特征对比发现,中子与补偿密度的差值可以较好地反映泥质含量的变化。因此,将归一化后的中子密度曲线差值与岩心分析泥质含量建立关系式,提出了一种新型的泥质含量计算公式:

$$V_{sh}=2.6513e^{10.124DN} \quad (2\text{-}3\text{-}3)$$

式中:V_{sh} 为泥质含量,%;DN 为归一化后密度与中子差值。

③孔渗模型。

将 5 口关键井 557 块岩心常规物性分析数据按砾岩、砾状砂岩、含砾砂岩 3 类岩性(砂岩在砂砾岩体内发育较少,且岩心分析量极少,此处不考虑)划分,然后分别与常规三孔隙度曲线进行单相关分析,选取相关系数最高的声波时差和密度曲线,基于岩性类型进行统计建模,得到分岩性的孔隙度模型和渗透率模型。

④饱和度模型。

针对砂砾岩储层特征,主要研究了含水饱和度、束缚水饱和度和残余油饱和度的计算方法。含水饱和度利用阿奇公式计算，但在砂砾岩储层中，需根据岩心实验确定 a、b、m、n 参数值，并计算地层水电阻率 R_w。

束缚水饱和度的计算采用了综合物性指数与束缚水饱和度建立模型，相关系数为 0.758：

$$S_{wi} = 2.122482 + 0.98773 \times \ln\left[(K/\phi_e)^{1/2}\right] \tag{2-3-4}$$

式中：S_{wi} 为束缚水饱和度，小数。

残余油饱和度与束缚流体饱和度关系最为密切，随着束缚水饱和度增加，残余油饱和度减少，利用相渗实验测得的残余油饱和度与束缚水关系建立残余油饱和度计算公式，相关系数为 0.78：

$$S_{hr} = 0.5119 - 0.743 S_{wi} \tag{2-3-5}$$

式中：S_{hr} 为残余油饱和度，小数。

（2）储层微尺度参数。

储层微观结构是影响储层储集能力和渗流特征的重要因素。利用测井资料评价储层质量，不仅需要描述和研究宏尺度参数，还要深入研究微尺度孔隙结构参数。低渗透储层在相同的孔隙度条件下，渗透率往往是不同的，究其原因大多源于孔隙空间结构的不同。毛管压力曲线能很好地反映储层孔隙结构特征。毛管压力曲线特征参数可以评价孔隙结构，通常采用排驱压力、饱和度中值压力、最小湿相饱和度等参数来描述毛管压力曲线形态的特征，故可以用其评价孔隙结构。

核磁共振测井 T_2 谱与毛管压力曲线具有很好的相关性。在对 T_2 谱进行油气校正的基础上，通过横向和纵向转化关系将 T_2 谱转化为伪毛管压力曲线，形成连续定量的求取储层微观孔隙结构特征的方法。图 2-3-9 为储层微观参数评价成图。地质上描述孔隙结构的特征参数很多，研究中主要考虑了两类特征参数，第一类为描述毛管压力的特征参数，如排驱压力、中值压力、最小湿相饱和度等；第二类为描述孔隙结构的特征参数，

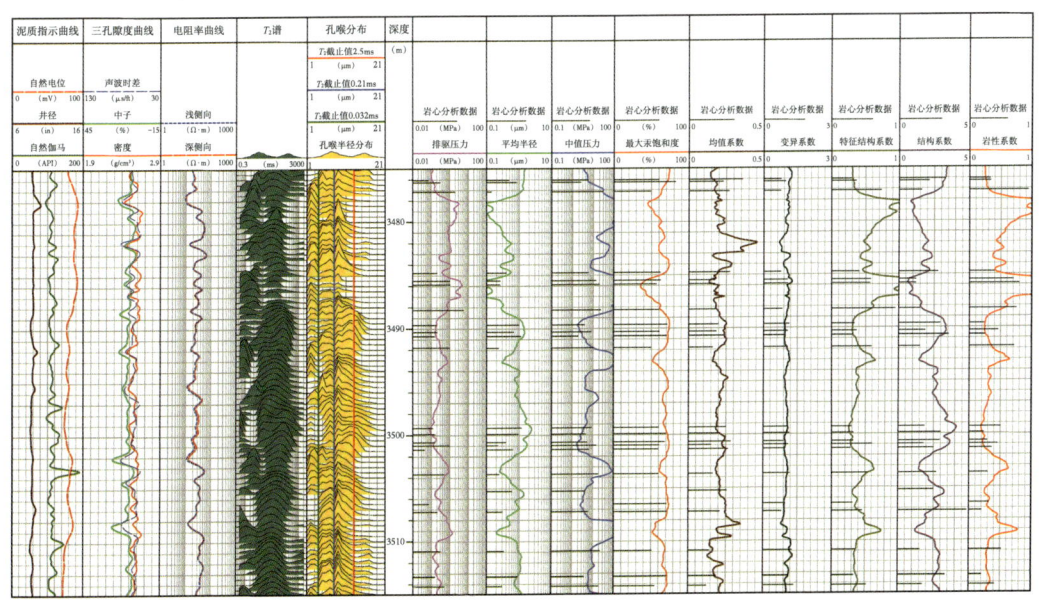

图 2-3-9　储层微观参数评价成果图

包括描述孔喉大小和孔喉分选性两种特征参数，如最大孔喉半径、中值孔喉半径、分选系数、孔喉歪度等。通过已建立的孔隙结构参数计算公式，定量求取 18 个储层微观结构特征参数。

（3）储层渗流参数。

储层渗流参数主要指相渗透率。在绝对渗透率计算的基础上，根据岩心资料建立束缚水状态下油相最大有效渗透率模型；在广泛应用的相对渗透率模型中，根据研究区岩心资料对比模型，取形态相似的模型拟合系数，建立起适合本地区的相对渗透率模型；油相最大有效渗透率乘以相对渗透率模型便可计算有效渗透率。

①相对渗透率模型。

系统分析了传统 Prison 方法、Jones 方法、乘方公式和经验公式（Corey）等相渗透率计算模型，利用岩心实验测得的饱和度、束缚水饱和度、残余油饱和度数据，将其代入 4 种模型进行拟合与分析，最终采用 Prison 水相相对渗透率模型及普适油相相对渗透率模型，并确定了公式中的关键系数。

油相相对渗透率模型：

$$K_{ro} = \left(1 - \frac{S_w - S_{wb}}{1 - S_{wb} - S_{hr}}\right)^{2.967167} \left[1 - \left(\frac{S_w - S_{wb}}{1 - S_{wb} - S_{hr}}\right)^{1.772883}\right] \quad (2\text{-}3\text{-}6)$$

式中：K_{ro} 为岩心测量束缚水状态下油相绝对渗透率，mD。

水相相对渗透率模型：

$$K_{rw} = \left(\frac{S_w - S_{wb}}{1 - S_{wb}}\right)^{3.83778} S_w^{-4.34073} \quad (2\text{-}3\text{-}7)$$

式中：K_{rw} 为岩心测量束缚水状态下水相绝对渗透率，mD。

②有效渗透率。

在确定束缚水状态下的油相渗透率后，将油、水相对渗透率乘以束缚水状态下的油相渗透率即得到油、水有效渗透率。

油相有效渗透率：

$$K_o = K_{omax} K_{ro} \quad (2\text{-}3\text{-}8)$$

水相有效渗透率：

$$K_w = K_{omax} K_{rw} \quad (2\text{-}3\text{-}9)$$

式中：K_{omax} 为束缚水状态下油相最大渗透率，mD。

（4）常规测井构建伪核磁共振 T_2 谱技术。

与核磁共振测井技术相比，常规测井资料以其分辨率高、价格低、技术完善、数据资料丰富等优势在测井领域中占有极为重要的地位。但在孔隙结构分析和流体性质识别等方面，常规测井存在技术缺陷，测井资料受环境影响较大，远不如核磁共振资料准确可靠。

常规测井资料不仅反映了岩性、物性特征，而且包含了孔隙结构信息，但是目前还没有直接利用常规测井曲线评价储层孔隙结构的有效技术方法。为弥补常规测井无法准确评价孔隙结构参数而核磁共振测井价格昂贵的困境，将常规测井和核磁共振测井的优势互助、缺陷互补，从软件技术方面进行研究探索，探索利用常规测井资料构建伪核磁共振测井 T_2 谱的方法。

伪核磁共振 T_2 谱的构建思路是利用反映孔隙结构的实测核磁共振 T_2 谱二维信息，按其时间组成拆分成相应时刻的一维信息，再由此一维信息与常规测井信息分别建立储层和非储层经验关系式，然后合并成相应的二维信息，再分别由实测核磁共振 T_2 谱及所构建的伪 T_2 谱信息计算 T_2 几何平均值，由所计算的 T_2 几何平均值对比分析，控制不同层段分别选择所建立的储层和非储层经验公式预测伪核磁共振 T_2 谱信息。

利用常规测井构建核磁共振测井 T_2 谱的计算方法，通过18口井的试验分析证实，构建的伪核磁共振 T_2 谱不仅在形态上与实测核磁共振 T_2 谱极其相似，且在评价储层物性和岩石孔隙结构方面与实测核磁共振 T_2 谱具有同样功能，从根本上解决了储层有效性评价的技术瓶颈。

图 2-3-10 是伪核磁共振与实测核磁共振储层参数计算结果对比图。图中第五至第十道依次为实测核磁共振计算与伪核磁共振计算的总孔隙度、渗透率、有效孔隙度、可

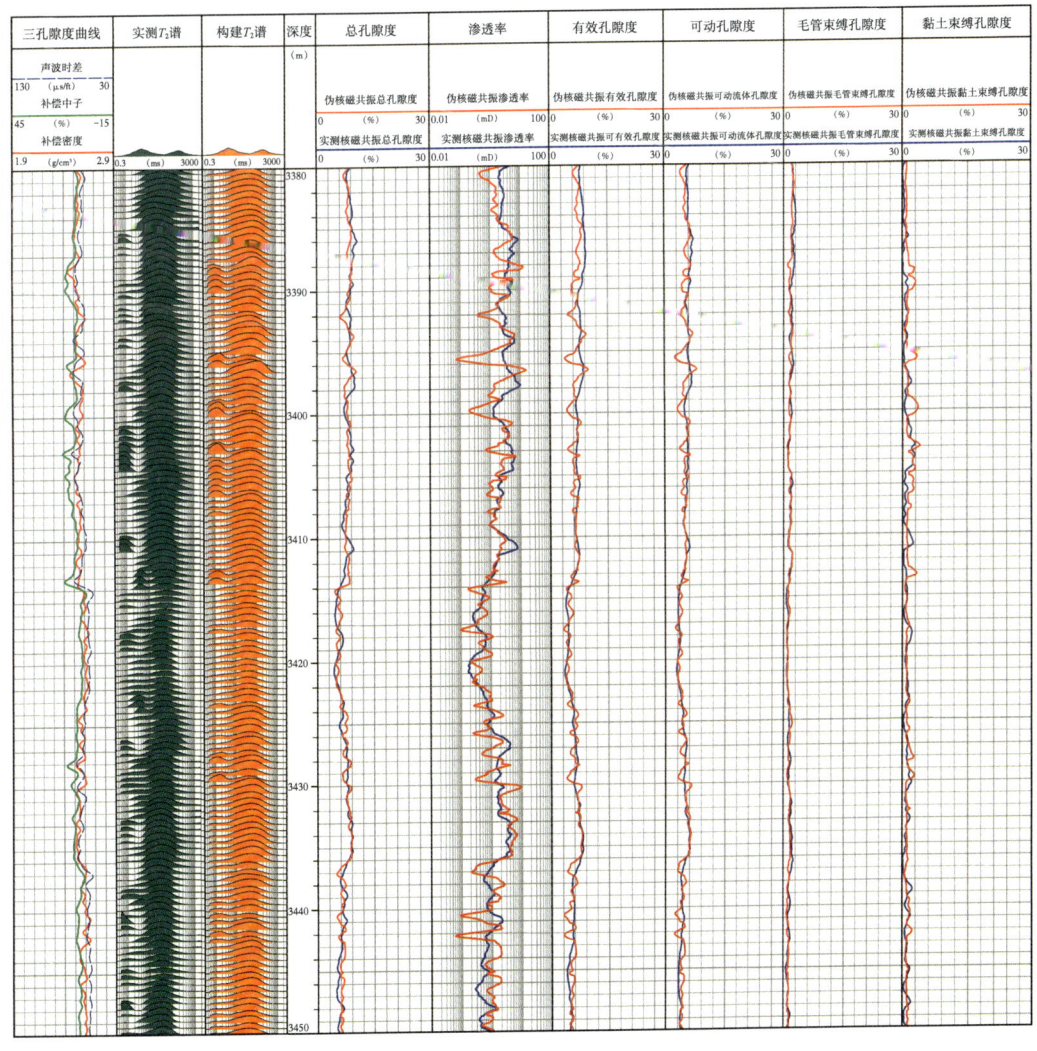

图 2-3-10　伪核磁共振与实测核磁共振储层参数计算结果对比图

动流体孔隙度、毛管束缚流体孔隙度和黏土束缚流体孔隙度对比道。由各参数的对比分析可知，伪核磁共振计算的储层参数与实测核磁共振计算储层参数变化趋势一致，数值相当，且伪核磁共振计算的储层参数在纵向分辨率上有明显提高。

综上研究分析，应用常规测井资料构建的伪核磁共振 T_2 谱与实测核磁共振 T_2 谱波形相似，能够有效地识别储层和非储层，应用伪核磁共振 T_2 谱计算储层参数能达到与实测核磁共振计算储层参数一样的精度要求。常规测井资料构建伪核磁共振 T_2 谱的研究及应用，实现了将常规测井信息嫁接于核磁共振 T_2 谱内，并利用核磁共振储层参数计算方法，实现储层参数的精确评价。应用常规测井资料构建伪核磁共振 T_2 谱，为核磁共振测井和常规测井互补应用搭建了很好的桥梁。

3）井筒多信息（测录试）梯度智能型流体性质识别

（1）基于电阻率曲线的数学分析流体识别法。

①重构电阻率曲线重叠法。

相对渗透率曲线上 A、B、C、D 四点分别代表着 4 种流体饱和状态：只含束缚水，可动油水共存、只含残余油和 100% 含水（图 2-3-11）。它们分别对应了 4 种储层流体性质：油层、油水同层、残余油水层、水层。由于上述 4 种状态具有不同的电阻率特征，因此通过构造 A、D 两点的电阻率可为流体性质识别提供依据。

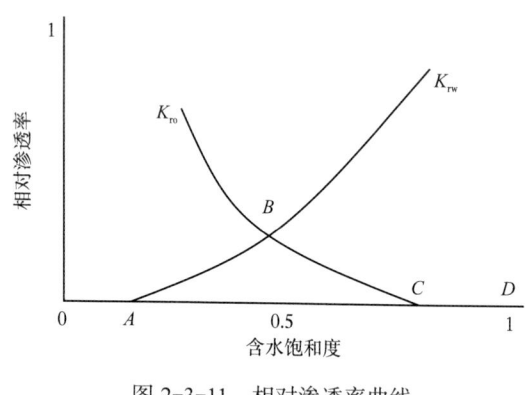

图 2-3-11　相对渗透率曲线

基于以上理论，构建两条电阻率曲线：

A 点：用束缚水饱和度构造 RTO 曲线，为储层只含束缚水时的电阻率，即理论油线：

$$\mathrm{RTO} = abR_\mathrm{w} / \left(\phi^m S_\mathrm{wi} \right) \quad (2\text{-}3\text{-}10)$$

D 点：用有效孔隙度构造一条 RTW 曲线，为储层 100% 含水时的电阻率，即理论水线：

$$\mathrm{RTW} = abR_\mathrm{w} / \phi_\mathrm{e}^m \quad (2\text{-}3\text{-}11)$$

根据构建的电阻率曲线 RTO 和 RTW，建立如下流体性质判别模式：

A 模式：如果 RT ＞ RTO，储层为油层；

B 模式：如果 RTW ＜ RT ＜ RTO，储层为油水同层；

C 模式：如果 RT ＜ RTW，100% 含水的水层。

在具体实施时，未采用 100% 含水的水线和只含束缚水时的油线，而是给定一个范围，认为 $S_\mathrm{w}=S_\mathrm{wi}+30\%$ 时计算的 RTW 为水线，$S_\mathrm{w}=S_\mathrm{wi}+20\%$ 时计算的 RTO 为油线；另外，针对砂砾岩储层的特殊性，a、b、m、n 的取值都采用分岩性给以定值，以减弱复杂岩性的影响，凸显流体对测井响应的影响。

②电阻率微分法。

储层电阻率受到多种因素的影响，但在无限小的深度间隔内，认为阿奇公式中的岩性及地层水电阻率等参数是不变的，可近似忽略其影响，进而突出了含油饱和度与孔隙度的影响，因此，提出了微分法识别流体性质。

微分法是应用相对性原理，从阿奇公式的微分形式出发，对阿奇公式进行全微分，可得到电阻率微分 DRTP：

$$\mathrm{DRTP} = \frac{\partial R_\mathrm{t}}{\partial \phi} = \frac{-abmR_\mathrm{w}}{S_\mathrm{w}^n \cdot \phi^{m+1}} \qquad (2\text{-}3\text{-}12)$$

当 $S_\mathrm{w}=S_\mathrm{wi}$ 时，计算理论油线：

$$\mathrm{OLIP} = \left. \frac{\partial R_\mathrm{t}}{\partial \phi} \right|_{S_\mathrm{w}=S_\mathrm{wi}} \qquad (2\text{-}3\text{-}13)$$

当 $S_\mathrm{w}=100\%$ 时，计算理论水线：

$$\mathrm{WLIP} = \left. \frac{\partial R_\mathrm{t}}{\partial \phi} \right|_{S_\mathrm{w}=1} \qquad (2\text{-}3\text{-}14)$$

微分法评价标准如下：
如果 DRTP ≥ OLIP，判断为油层；
如果 DRTP ≤ WLIP，判断为水层；
如果 WLIP < DRTP < OLIP，判断为油水同层。

实际应用中，与电阻率重叠法相似，未采用 100% 含水的水线和只含束缚水时的油线，而取 $S_\mathrm{w}=S_\mathrm{wi}+20\%$ 时计算的 OLIP 为油线，$S_\mathrm{w}=S_\mathrm{wi}+30\%$ 时计算的 WLIP 为水线；a、b、m、n 的取值采用分岩性给以定值。

（2）基于油藏渗流机理的流体识别法。
①可动流体分析法。

根据含水饱和度 S_w、束缚水饱和度 S_wi、残余油饱和度 S_or 的概念知，可动水饱和度为 $S_\mathrm{wm}=S_\mathrm{w}-S_\mathrm{wi}$，因此，$S_\mathrm{wi}$ 和 S_w 重叠可显示可动水；可动油气饱和度为 $S_\mathrm{om}=1-S_\mathrm{w}-S_\mathrm{or}$，因此，在准确计算渗流参数的基础上，利用 S_w、S_wi、S_or 重叠可快速直观显示油水层。

该方法对判断低阻、低含油饱和度和高束缚水饱和度的油气层，划分油水过渡带，判断油水边界附近的疑难层都有较好的结果。其判别效果关键在于求准 S_w 和 S_wi。

②相渗透率法。

地层产液的性质主要取决于油或水在多孔介质中的渗流能力，即相渗透率（或有效渗透率）。根据实验及渗流理论，储层中的油与水一般同时存在，但哪种流体优先产出，与它们的相对渗透率有关。若油相对渗透率大于水相对渗透率较多，则储层只产油，不产水；若水相对渗透率大于油相对渗透率较多，则储层只产水，不产油；若两者接近，则油水同出。

相渗透率曲线可以清晰准确地显示流体性质，且利用相对渗透率确定产液性质比单纯依靠含油饱和度的大小来划分油水层更加合理，所以对各种复杂油气层都有一定的识别效果。

（3）录井流体识别法。

①气测油气识别。

根据气测甲烷相对百分含量、罐顶气轻重烃关系及组分个数、热蒸发烃色谱的组分齐全程度、主峰碳位置及谱图形状等特征，可以识别油、气。气测录井和罐顶气资料主要检测油气层的"气"信息，是区分油、气最有效的方法。较好的油气解释方法主要有气测皮克斯勒图版，气测3H（WH、BH、CH）图版，气测C_2/SUM、C_3/SUM、C_4/SUM三角形比值图版法3种方法。其中，气测比值法能有效消除钻井液密度大、气测值低的影响，很好地识别异常、划分油水界面，获得了与测井曲线类似的效果。

②罐顶气油气识别。

罐顶气轻烃色谱技术检测的$\sum C_5 \sim C_7$及组分个数能够有效地区分油和气，气层表现为组分个数少，一般小于7个，表示重烃含量的$\sum C_5 \sim C_7$参数值低，一般小于50μg/L；而油层表现为组分个数多，一般大于10个，表示重烃含量的$\sum C_5 \sim C_7$参数值高，一般大于100μg/L。$\sum C_5 \sim C_7$参数与气测甲烷相对百分含量图版是区分深层砂砾岩体储层油气区分相对有效的方法（图2-3-12）。

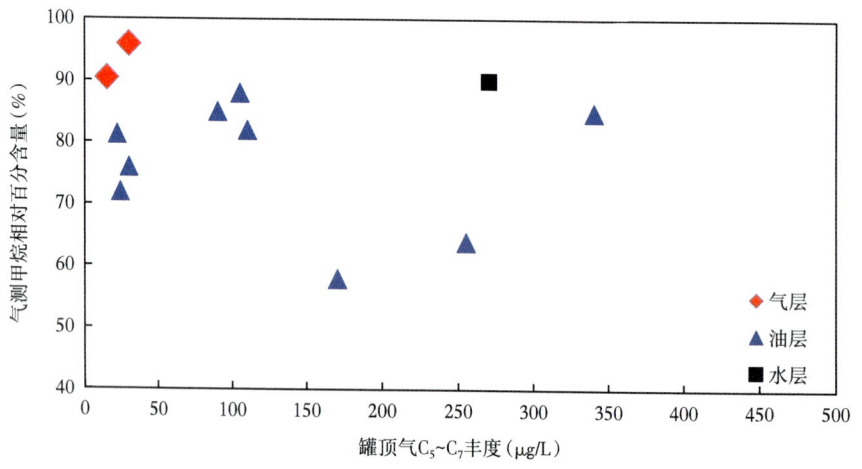

图2-3-12 罐顶气资料油气识别图版

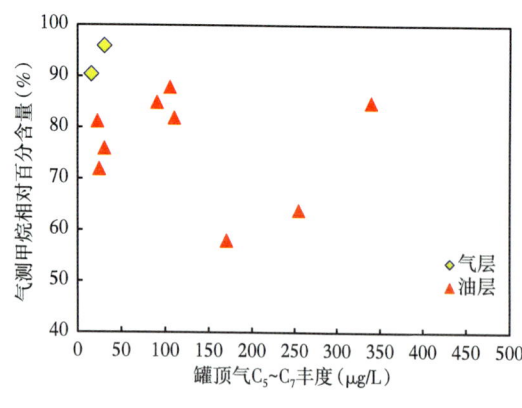

图2-3-13 油气判识图版

东营北带仅在FS3、FS4井见到气层。对比这些井与其他油井的录井参数可以看出：气层的气测组分只到C_3，甲烷相对百分含量在90%以上，而油层的气测组分比较齐全，甲烷相对百分含量低于90%（图2-3-13）；罐顶气的组分个数较少，一般为7个，而油层的组分个数较多，一般在10个以上；凝析油气层具有轻烃非常高的特征。

研究区气测、罐顶气、地化、定量荧光、热蒸发色谱等录井参数储层流体性质识别标准见表2-3-2。

表 2-3-2 油气识别特征表

油气类型	录井项目					
	气测参数	罐顶气参数	地化参数	定量荧光	热蒸发色谱	核磁共振参数
气层	气测值明显异常，甲烷相对百分含量＞90%，组分不齐全	较高轻烃、低重烃，组分个数一般在10以下，无C_6、C_7异构	无明显异常	无明显异常	无明显异常	对气层无响应，含油饱和度为零
凝析气层	气测值明显异常，甲烷相对百分含量40%~90%，组分齐全	高轻烃、较高重烃，组分个数＞20	具明显含油气丰度，轻重比较高	具明显含油气丰度，油性指数大多＜1.5	组分较齐全，主峰碳在C_{19}-C_2之间，谱图呈前峰型或规则的梳状	凝析气在地表变为凝析油，具有一定的含油饱和度，但与新鲜样差异较大
油层	气测值明显异常，甲烷相对百分含量40%~90%，组分齐全	高轻烃、较高重烃，组分个数＞20	具明显含油气丰度，轻重比较低	具明显含油气丰度，油性指数大多＞2.0	组分较齐全，主峰碳在C_{19}-C_{26}之间，谱图呈规则的梳状	纯油层的含油饱和度谱图与新鲜样的可动部分基本重合

（4）井筒多信息神经网络流体识别法。

对于复杂储层，常规测井流体识别技术因其运用涉及各种解释参数的影响因素较多，其流体识别能力显得明显不足。充分利用测井、录井和试油等资料，利用神经网络的自学习、自联想、无固定模型特征，模仿人类思维进行模式综合评判的主要策略，从庞杂的各种信息中对复杂系统作出综合模式评判。

对于测井信息，经过前期流体识别的研究，提取对流体性质较敏感的测井曲线资料，确定出两种方案建立BP神经网络模型。这两种方案的区别就在于测井资料选取的不同：一种方案以原始测井资料为基础结合气测录井参数作为输入；另一种方案以前期筛选出的流体性质识别方法结合气测录井参数作为输入。最终分别采用这两组输入参数建立流体性质识别的BP神经网络预测模型。

①学习样本参数的选取。

输入参数的选取：输入参数选取的原则是选取对流体性质识别贡献较大的测井和气测录井资料作为神经网络输入。

测井资料选取的多信息方案（方案1）为：选取三孔隙度曲线（AC、CNL、DEN）、电阻率曲线（RD、RS）以及自然伽马曲线（GR）这6个参数作为测井输入。

梯度智能方案（方案2）为：选取相渗法中的油相渗透率（K_o）、水相渗透率（K_w），电阻率重叠方法中的实测电阻率值曲线（RD）、油线（RTO）、水线（RTW）以及常规方法计算所得的有效孔隙度曲线（PORC）作为测井输入。

14个气测录井资料中挑选出气测录井资料的绝对含量，分别为全烃（QT）、甲烷（C_1）、乙烷（C_2）、丙烷（C_3），以及相对含量C_1/C_2、C_1/C_3、C_1/C_4、C_2/C_3和气测录井油气性质识别的派生参数烃湿度比（WH）、烃平衡比（BH）、烃特征比（CH）这11个参数作为录井资料输入信息。

由此将气测录井和测井相结合，共17个输入参数，即17个输入神经元展开BP神经网络学习预测，如图2-3-14所示。

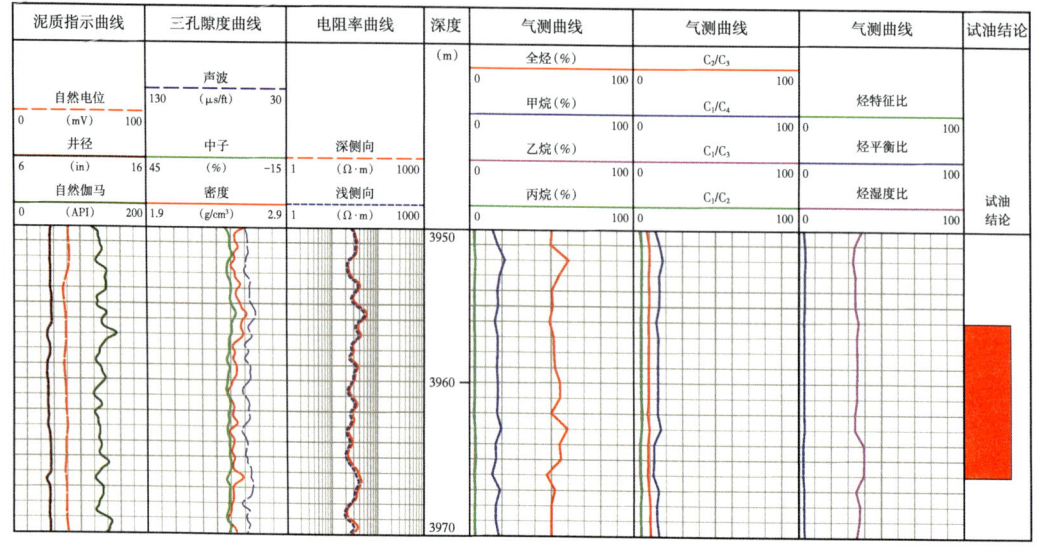

图2-3-14 测井和气测录井特征响应图

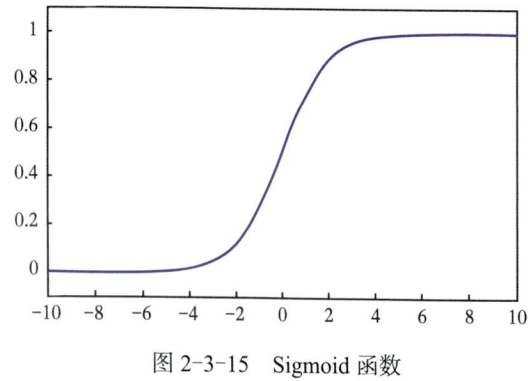

图2-3-15 Sigmoid函数

输出参数的选取：根据试油资料的储层类型和常规方法的解释结论，确定油层、油水同层、水层、干层这4个储层类型作为BP神经网络的输出层。

由于神经元的激励函数形式如图2-3-15所示，其值只能无限地接近0和1。为了避免学习算法不收敛，提高学习速度，输出类型编码为0.9和0.1，而不取1和0。

由此分别对这4类储层类型输出编码，见表2-3-3。

表2-3-3 不同油气水层类别的期望输出矢量表示

储层类型	油层	油水同层	水层	干层
期望输出矢量	0.9	0.1	0.1	0.1
	0.1	0.9	0.1	0.1
	0.1	0.1	0.9	0.1
	0.1	0.1	0.1	0.9

②资料预处理与学习样本的选取。

录井资料深度准确性较差，且大多为不等间隔的数值信息。为了确保气测和测井资料的对等使用，以测井资料深度和采样间隔为标准。

学习样本中各输入参数数值在数量级上存在较大的差异。如测井参数 AC 的数值范围在 130~30μs/ft 之间，而气测录井参数 QT 等参数的数值范围却仅仅在 0.01~0.1 之间。如果将这些数据不加处理直接让网络模型学习，将导致网络模型学习的计算量加大、学习速度变慢、预测精度下降。为此，必须对样本数据进行归一化处理。采用的归一化方法为：

$$X = \frac{X^* - X^*_{\min}}{XX^*_{\max} - X^*_{\min}} \quad (2-3-15)$$

式中：X 是经归一化处理后的曲线值，$X \in [0, 1]$；X^* 是原始曲线值；$X^*_{\max}$ 和 $X^*_{\min}$ 为该测井曲线的最大、最小值，其选取是通过自动选择储层段内曲线相对较大和较小值并结合常规测井解释方法中最大、最小值选取的经验对其进行相对放大或相对缩小所得。

归一化处理既可以使各参数的数量级统一在（0，1）之内，减小网络模型的计算量，提高预测精度，又可以使不同储层类型所对应的样本参数间的差距尽量增大，以利于对不同储层类型的识别。

将地层响应特征值作为油气水识别神经网络的输入信息，能更好地进行层段油水识别。将已有试油资料的储层段为样本，分别选取若干油层、油水同层、水层、干层等样本层，将样本层的气测录井和测井共 17 个输入参数归一化后，读取各学习参数的平均值。同时对样本进行对比筛选，从中剔除矛盾样本，减少相同特征点数，补充典型样本点，以保证样本具有真实性、代表性和广泛性。应用以上方法，在胜利油田盐家、永安区块经过几次挑选及验证，最终共获得 58 个样本组成学习样本集。

③网络结构的确定。

在输入和输出确定的同时，分别进行了一层隐含层和两层隐含层的学习预测，并对比分析油水识别效果发现，一层隐含层即三层网络结构预测结果较两层隐含层预测效果更好、更稳定，由此最终确定采用三层网络结构。隐含层神经元的个数应用网络结构优化的自构形算法在学习过程中自动确定，最终确定为 11 个。

学习样本的数量不是一次就确定合适，而是由最基本样本数开始，学习、预测，添加样本，再学习、预测，再添加样本这样一个多次循环往复的过程，每次循环均比前一次学习效果有所提高，确定了最终 58 个学习样本。

最终建立测录井资料流体性质识别神经网络：输入层神经元 17 个，隐含层为 1 层，11 个神经元，输出层神经元 4 个，并保存了连接权值及阈值以实现储层外推预测。在神经网络储层预测过程中，以 NRA 岩性曲线来控制储层预测井段，以此达到非储层段不进行预测，只在储层段进行预测的目的。

图 2-3-16 为 YB 井 5 种流体识别方法应用效果图，4131~4139.5m 井段判断为含砾砂岩油层，但其他公司解释含油水层。压裂试油后，日产油 7.9m³、水 1.1m³，综合含水 10%，试油结果验证了评价成果的可靠性。

4）三大类参数组合评价储层有效性

综合储层宏尺度、微尺度以及渗流三大类参数，构建储层质量综合指示曲线，确定砂砾岩储层有效性下限标准，将储层划分为自然工业产能层（Ⅰ类储层）、需改造获得工业产能层（Ⅱ类储层）、改造无效层（Ⅲ类储层）3种类型，建立了储层质量评价和储层类型判别标准。

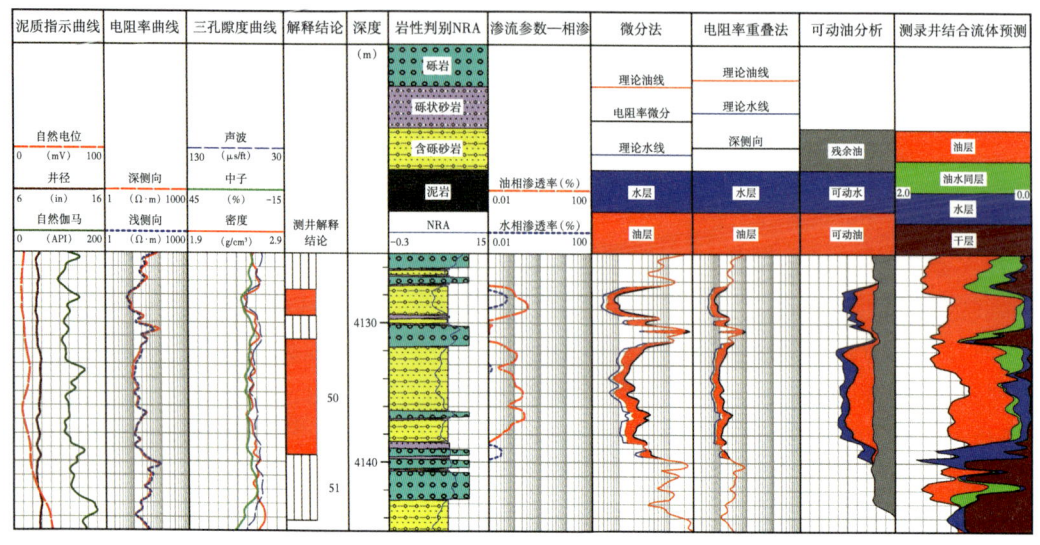

图 2-3-16　YB井五种流体识别方法应用效果图

（1）储层分类方案。

根据试油资料、岩心资料以及测井"四性"关系研究，针对研究区域把储层分为了三大类：Ⅰ类、Ⅱ类和Ⅲ类储层。

①Ⅰ类储层。

Ⅰ类储层为具有自然产能的储层（表 2-3-4）。

表 2-3-4　Ⅰ类储层

井号	起始深度（m）	终止深度（m）	日产油（t）	日产水（t）	产能（t/d）	试油结论
Y222	3956	3966	11.1	0.08	11.18	油层
Y22	3141.1	3158.5	0.0	24	24	水层
	3212	3223	13	0.9	13.9	油层
	3235.5	3246	9.5	0.0	9.5	油层
Y920	3196	3210	5.5	0.0	5.5	油层

②Ⅱ类储层。

Ⅱ类储层为压裂后具有工业产能的储层（表 2-3-5）。图 2-3-17 是表 2-3-5 试油井段压裂前后单位深度日产量对比直方图，其中横坐标是表 2-3-5 中不同井号对应的井段编号，纵坐标是单位深度日产量，从图中可以看到，压裂前后产量有明显变化，压裂后产量得到了大幅提升。

表 2-3-5　Ⅱ类储层

井号	井段编号	起始深度（m）	终止深度（m）	日产油（t）	日产水（t）	产能（t/d）	试油结论	备注
Y920	1	3300	3310	0.0	0.4	0.4		测试仪
				0.0	53.9	53.9	含油水层	压裂后
	2	3423.6	3453.2	0.0	0.0	0.0		测试仪
				15	2	17	油层	压裂后
Y930	3	3741	3749	0.2	0.0	0.2		测试仪
				5.4	2.1	7.6	油层	压裂后
Y22	4	4210	4230	0.0	0.3	0.3		测试仪
				0.0	52.6	52.6	水层	压裂后
Y227	5	3851	3866	0.0	0.0	0.0		测试仪
				11.1	0.1	11.2	油层	压裂后

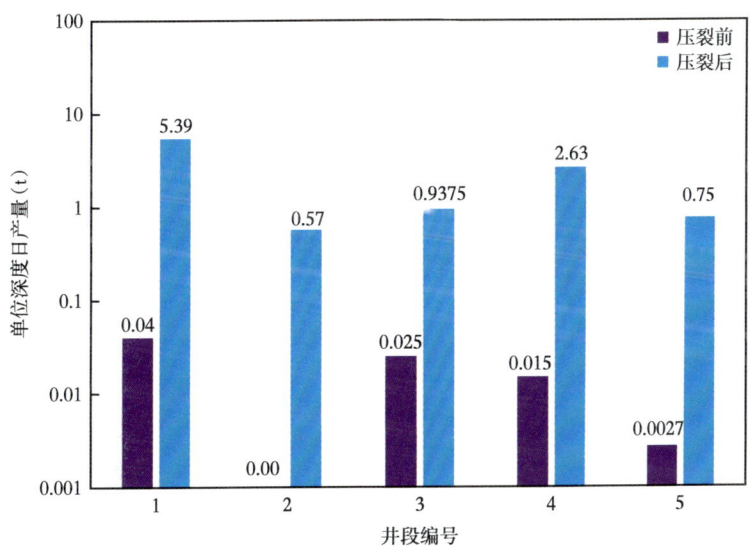

图 2-3-17　压裂前后单位深度日产量对比直方图

③Ⅲ类储层。

Ⅲ类储层为干层和低效储层（表 2-3-6）。

表 2-3-6　Ⅲ类储层

井号	起始深度（m）	终止深度（m）	日产油（t）	日产水（t）	产能（t/d）	试油结论
Y930	3849	3863.5	0.0	0.2	0.2	干层
	3970	3980	0.0	0.1	0.1	干层
Y222	4274.9	4343	0.1	0.0	0.1	干层

（2）储层有效性评价方法。

依据上述Ⅰ类、Ⅱ类和Ⅲ类储层划分标准，利用核磁共振测井资料计算的储层宏尺度参数和微尺度参数对储层类型判别进行深入研究，提出了综合利用储层宏尺度和微尺度参数与试油资料建立基于产能的储层类型判别标准。首先结合试油资料，分析各个储层参数与储层类别之间的对应关系及内在机理，从中优选出能够充分反映储层类型参数；然后将优选出的储层参数进行公式组合，获得一条储层分类综合评价指数曲线，并建立划分储层类型的判别标准。

①储层宏尺度参数。

孔隙度是表示储层容纳流体能力的物理量，它反映了岩石孔隙发育程度，是衡量岩石储存流体能力的重要参数。孔隙度是划分储层类型的重要判别参数。根据不同的储层类型，利用核磁共振测井计算的有效孔隙度和核磁共振测井计算的渗透率建立孔隙度—渗透率交会图（图2-3-18），分析认为：Ⅰ类储层的孔隙度主要集中在大于8%的范围；Ⅱ类储层的孔隙度5.3%~8%；Ⅲ类储层孔隙度小于5.3%。

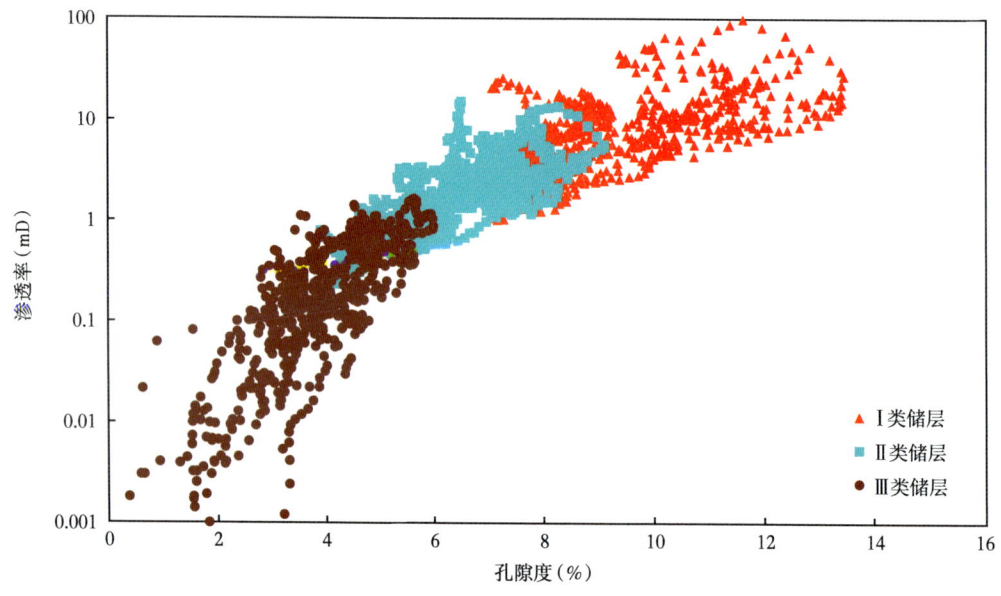

图2-3-18 核磁共振测井孔隙度—渗透率交会图

渗透率表征储层流体流动性能，也是划分储层类型的一个重要判别参数。分析认为：随着储层渗透率逐渐增大，储层逐渐变化，并且3类储层之间有着很好的界限。Ⅰ类储层渗透率主要集中在大于2.5mD的范围；Ⅱ类储层渗透率主要集中在0.7~6mD；Ⅲ类储层渗透率小于0.7mD。

束缚水饱和度与储层含油气饱和度、自然产能有着密不可分的关系。因此，通过建立束缚水饱和度—孔隙度交会图（图2-3-19）分析束缚水饱和度与储层类别的关系。总体来说束缚水饱和度随着物性变好而降低，对于研究区来说Ⅰ、Ⅱ类储层束缚水饱和度没有明显的区分，并且分布相对集中，其中Ⅰ类储层束缚水饱和度主要集中范围为25%~35%，Ⅱ类储层束缚水饱和度主要集中范围为28%~40%。储层束缚水饱和度随物性变差迅速增加，Ⅲ类储层束缚水饱和度主要分布于大于28%范围。

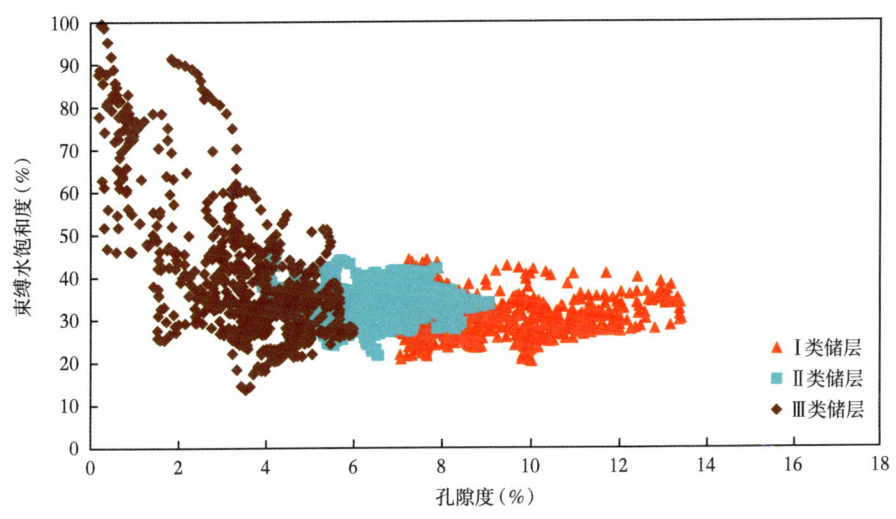

图 2-3-19 核磁共振测井计算束缚水饱和度—孔隙度交会图

②储层微尺度参数。

储层微尺度参数（即孔隙结构特征参数）是影响储层储集流体能力和油气采收率的主要因素，分析砂砾岩储层的孔隙结构特征是优选试油层位和提高油气采收率的关键。

中值压力是指当进汞饱和度达到 50% 时所对应的注入曲线的毛管压力，中值半径为进汞饱和度为 50% 时中值压力所对应的孔喉半径。这两个参数能反映储层渗透能力的好坏。中值压力越大，则表明岩石致密程度越高，即在其他条件相同时，液体越不易在其中流动，储层储渗能力就越差，相应地中值半径就越小；反之，中值压力越小，则表明储层储渗能力就越好，液体易在其中流动，具有较高的生产能力，相应地中值半径就越大。在实际生产中，中值压力可作为油气产出能力的标志，是研究油层油柱高度的重要参数。

图 2-3-20 是中值压力—孔隙度交会图，分析认为：在 3 类储层中，中值压力呈逐渐降低的趋势，其中 Ⅰ 类储层的中值压力主要集中在 1~4MPa 之间，与 Ⅱ 类、Ⅲ 类储层

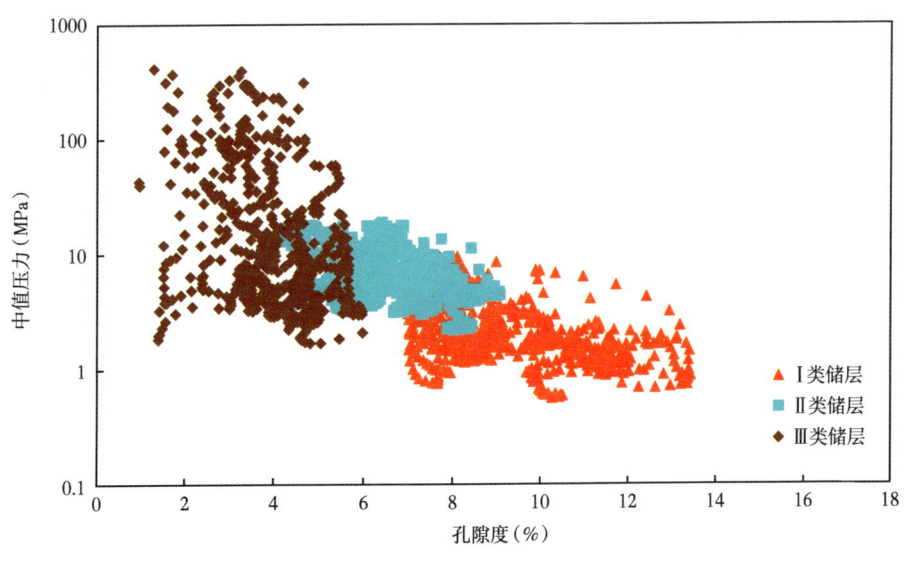

图 2-3-20 核磁共振测井中值压力—孔隙度交会图

界限明显。Ⅱ类储层的中值压力主要集中在 4~20MPa 的范围内。Ⅲ类储层的中值压力则大于 4MPa。Ⅱ类、Ⅲ类储层中值压力上限基本没有区别，但是Ⅲ类储层中值压力可以高达 100MPa 以上。

最大汞饱和度是当注入水银压力达到仪器最高压力时，被水银侵入的孔隙体积百分数。它是反映岩石颗粒大小、均一程度、胶结类型、孔隙度和渗透率的一个综合指标。岩石物性越好，最大汞饱和度越大。

图 2-3-21 是最大汞饱和度—孔隙度交会图，通过分析认为：Ⅰ类储层的最大汞饱和度主要分布在 70%~78% 的范围内；Ⅱ类储层的最大汞饱和度主要分布在 65%~73% 的范围内；Ⅲ类储层的最大汞饱和度主要分布在小于 70% 的范围内。最大汞饱和度在Ⅱ类、Ⅲ类储层中没明显界限，但是Ⅰ类和Ⅲ类储层界限明显，说明对储层类型具有一定的区分能力。

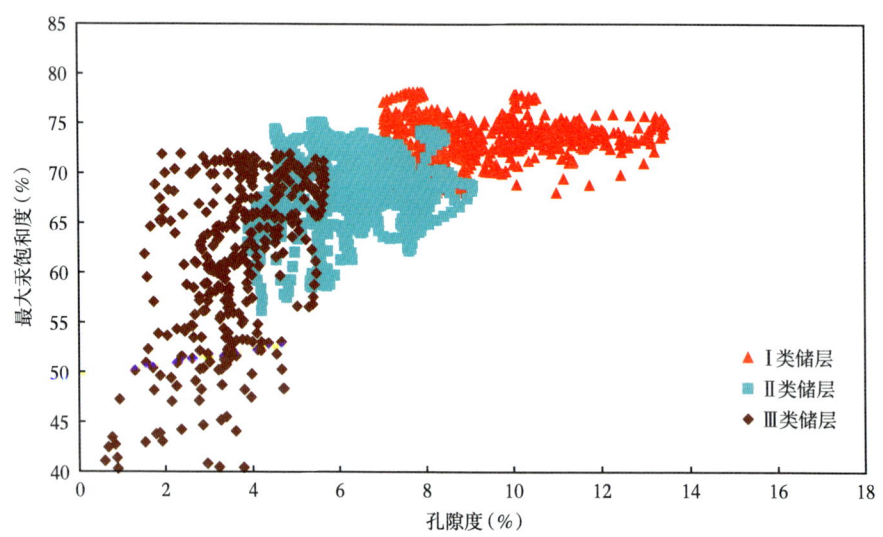

图 2-3-21　核磁共振测井最大汞饱和度—孔隙度交会图

排驱压力指非湿相开始进入岩样最大喉道的压力，也就是非湿相刚开始进入岩样的压力，因此有时又称为入口压力、门槛压力或阈压。它与岩样最大喉道半径的毛管压力对应。排驱压力越小，表明最大孔喉半径越大，储层连通性越好；反之，排驱压力越大，表明最大孔喉半径越小，储层储集性能越差。它可直接反映出岩石的渗透能力，同时可以间接地预示岩石的储集容量。它是评价储层好坏，研究岩层封闭能力和油气进入储集岩的重要参数。

图 2-3-22 是排驱压力—孔隙度交会图，排驱压力与孔隙度呈负相关特征明显。Ⅰ类储层的排驱压力主要分布在小于 0.3MPa 的范围内，Ⅱ类储层的排驱压力主要分布在 0.2~1MPa 的范围内，Ⅲ类储层的排驱压力主要分布在大于 0.3MPa 的范围。

半径均值是描述实验数据取值的平均位置，对于储集岩的孔隙结构而言，即表示全孔喉分布的平均位置；物性越好，孔隙喉道均值越大，反之越小。

图 2-3-23 是半径均值—孔隙度交会图，通过分析认为：Ⅰ类储层的半径均值区别主要集中在大于 0.8μm 的范围内，Ⅱ类储层的半径均值主要集中在小于 0.8μm 的范围

内，Ⅲ类储层的半径均值主要集中在小于 0.3μm 的范围内。从总体上看，从Ⅰ类到Ⅲ类储层，半径均值呈现下降的趋势，即储层物性越好，半径均值越大。

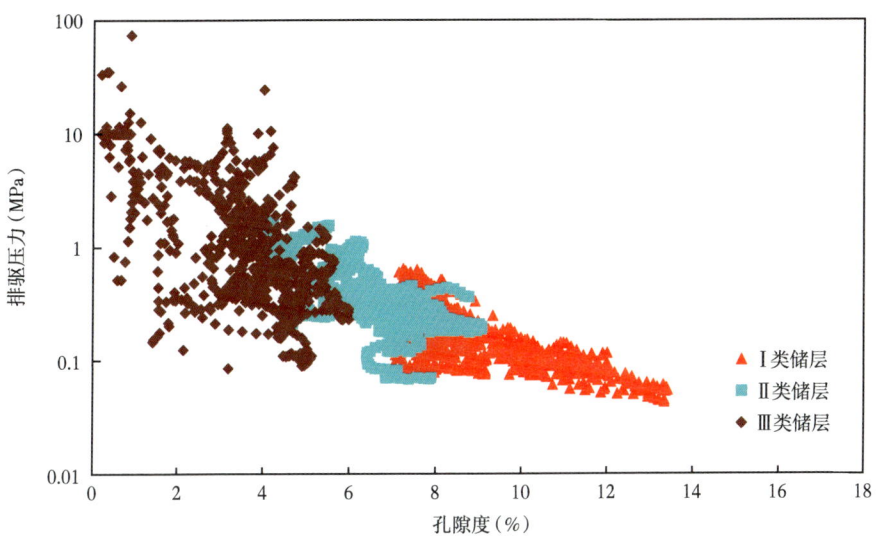

图 2-3-22　核磁共振测井排驱压力—孔隙度交会图

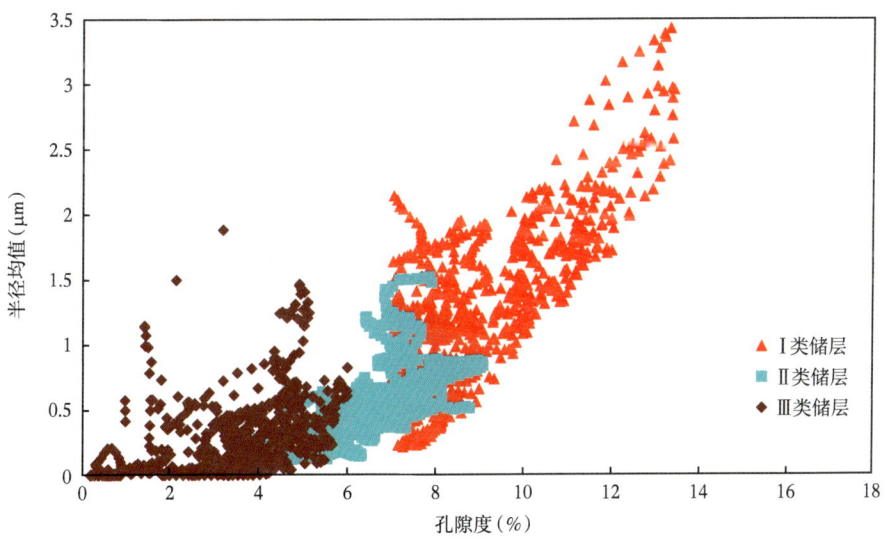

图 2-3-23　核磁共振测井半径均值—孔隙度交会图

③储层分类综合评价指数曲线。

通过对上述储层参数分析（表 2-3-7）认为：孔隙度、渗透率、最大汞饱和度和孔喉半径均值与储层类型成正比关系，即储层质量越好，这些参数的数值越大；中值压力、排驱压力和束缚水饱和度与储层类型成反比关系，即储层质量越差，这 3 个参数的数值就越大。可见，这 7 类储层参数对判别储层类型都很有帮助，但是单纯通过一类参数很难对不同储层类别进行严格界定，因此需要综合利用这 6 种储层参数并标定划分储层类型的界限。

表 2-3-7 储层有效性表征参数汇总表

储层类型	类型描述	宏尺度参数			微尺度参数			储层质量综合指数
		孔隙度（%）	渗透率（mD）	束缚水饱和度（%）	中值压力（MPa）	排驱压力（MPa）	半径均值（μm）	
Ⅰ类储层	不需要压裂产能 5t/d 以上	>8	>2.5	<35	<4	<0.3	>0.8	>0.5
Ⅱ类储层	压裂前产能小于 5t/d，压裂后产能将达到 5t/d 以上	5.3~8	0.7~6	28~40	4~20	0.2~1	<0.8	0.02~0.5
Ⅲ类储层	即使压裂也不能得到有效产能	<5.3	<0.7	>28	>4	>0.3	<0.3	<0.02

综上所述，最终确定由孔隙度、渗透率、孔喉半径均值、束缚水饱和度、中值压力和排驱压力建立划分储层类型的储层分类综合评价指数（RCE）：

$$RCE = \frac{\phi K \eta}{p_{c50} p_d p_{wi}} \quad (2-3-16)$$

式中：RCE 为储层分类综合评价指数；ϕ 为孔隙度，%；K 为空气渗透率，mD；η 为孔喉半径均值，μm；p_{c50} 为中值压力，MPa；p_d 为排驱压力，MPa；S_{wi} 为束缚水饱和度，%。

图 2-3-24 是综合评价指数—孔隙度交会图，可以看出：当储层综合评价指数大于 0.5 时，可以认定该储层为Ⅰ类储层；当储层综合评价指数小于 0.5 但大于 0.02 时认定该储层为Ⅱ类储层；当储层综合评价指数小于 0.02 时认定该储层为Ⅲ类储层。

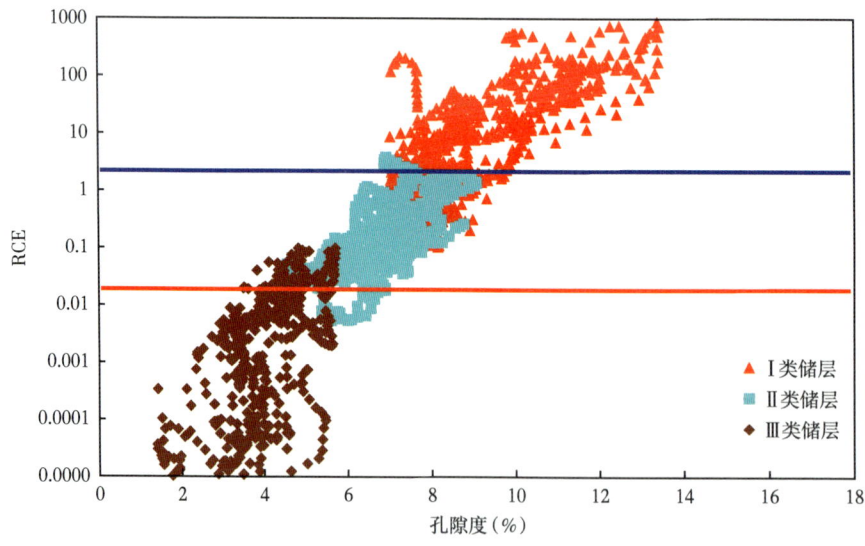

图 2-3-24 综合评价指数 RCE—孔隙度交会图

图 2-3-25 为 Y22 井综合指数应用效果图，右起第一道为综合指数曲线划分效果，充填红色的区域为Ⅰ类储层显示，绿色的区域为Ⅱ类储层显示，褐色的区域为Ⅲ类储层显示，无色充填区域为非储层显示。3210~3250m 层段综合指数曲线显示以红色充填为主，且红色填充区域饱满，即曲线幅度大，根据综合指示曲线可判别该层段储层为

Ⅰ类储层。深度3212~3223m，日产油13t，日产水0.9m³。深度3235.5~3246m，日产油9.5t，日产水0。经试油证实，综合指数曲线判别结论与试油结论吻合，综合指示曲线可以对储层类型进行有效判别。

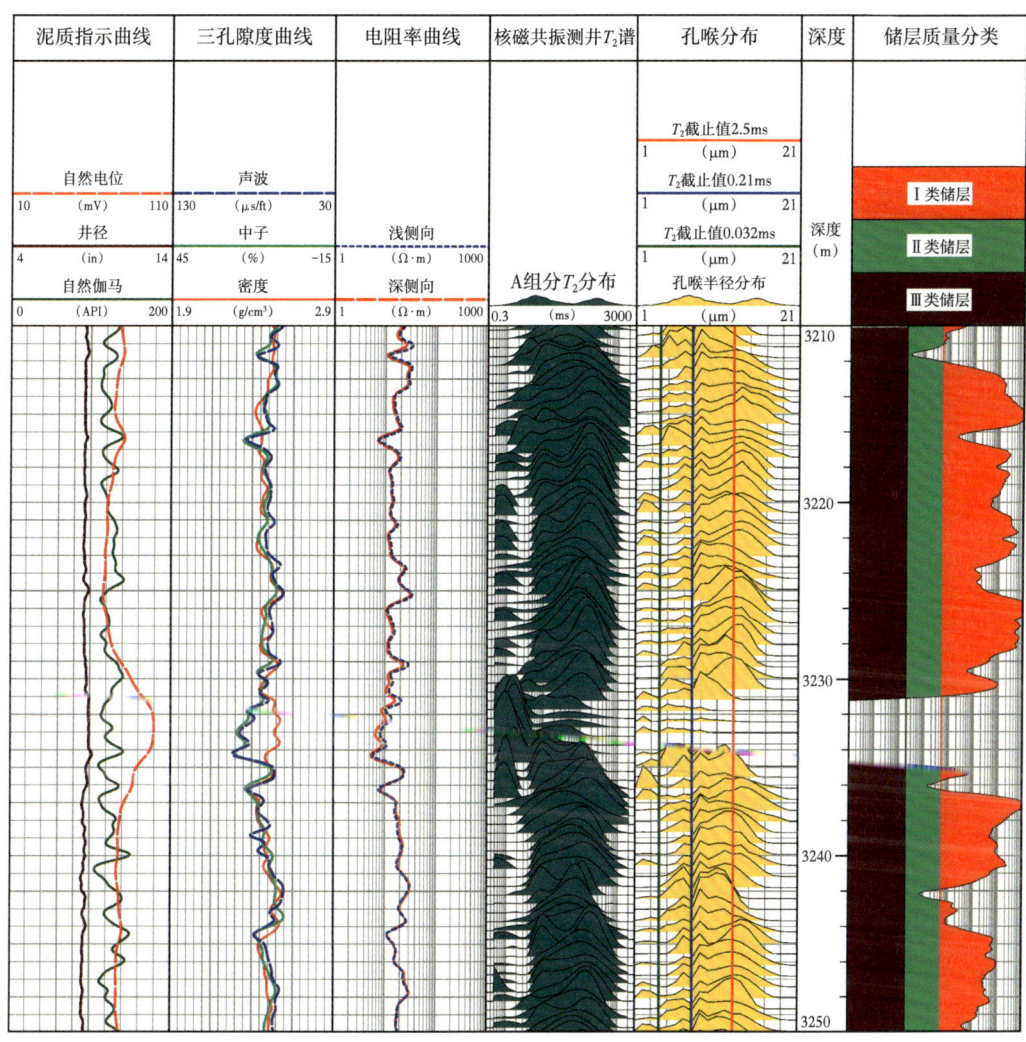

图2-3-25　Y22井储层类型划分成果图

4.应用效果

上述研究成果紧密结合深层砂砾岩油气勘探实践，在胜利油田东营、沾化、车镇等凹陷北带复杂砂砾岩储层的应用中见到了良好的应用效果，有效破解了深层砂砾岩体储层质量和流体性质识别的关键难题，实现了对砂砾岩体储层的测井综合定量评价，提高了测井为深层砂砾岩储层勘探开发服务的技术水平和能力。图2-3-26为Y222井测井评价综合图。该井位于东营凹陷北部陡坡带东段Y222砂砾岩体较低部位，发育近岸水下砂砾岩体和滑塌砂砾岩体。岩性为灰色砾岩夹深灰色泥岩，为近岸水下扇扇根亚相，是以片麻岩砾石为主的砾岩体。图中显示，NRA岩性识别法很好地识别了砾岩、砂砾岩和含砾砂岩。根据微尺度参数计算的储层分类指数曲线表明了储层以4235m为界，以上地

- 119 -

层为Ⅱ类储层，以下地层以Ⅲ类储层为主。经综合判别，4180~4229.5m井段为油水同层。对4180~4194.6m层段试油，日产油17.7t，日产水6.6m³，综合含水27.3%，试油结论为油水同层。对4210~4230m层段试油，压裂后，日产水52.6m³。综合含水100%，为Ⅱ类储层，试油结论为水层，证实解释结论正确。

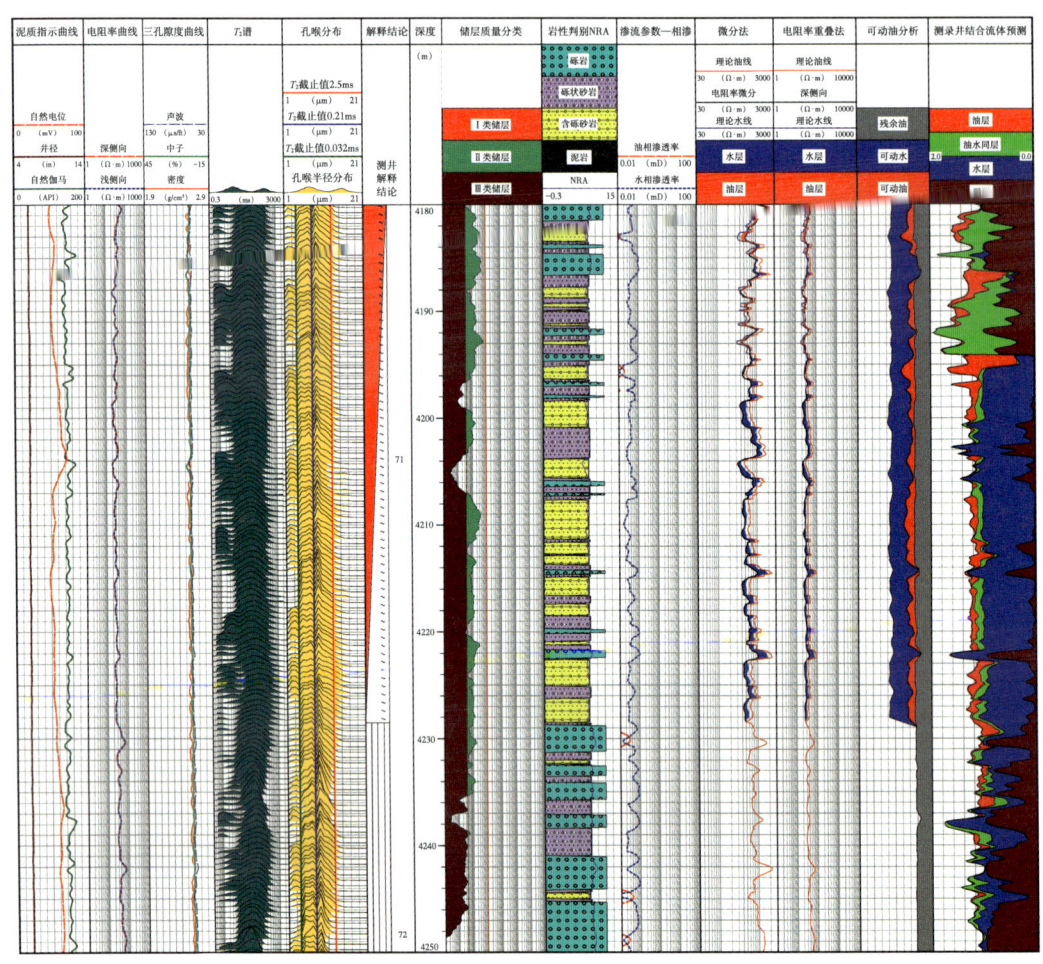

图 2-3-26　Y222井测井评价综合图

5. 结论及建议

砂砾岩测井评价技术有效解决了砂砾岩岩性识别不准、储层划分不清及参数计算精度低等难题，为砂砾岩储层中油层干层解释标准建立、有效性评价和压裂改造选层奠定了坚实的基础，对中深层砂砾岩油藏勘探开发起到重要的技术支持作用。

1）结论

（1）研究区母岩成分有碳酸盐岩、片麻岩，储层内的岩性在纵横向上变化快，主要为含砾砂岩、砾状砂岩、砾岩以及各岩性的组合等，岩层单次沉积厚度薄，岩石颗粒大小、岩石结构和岩石构造的变化非常频繁。因此，须结合电成像、常规测井资料进行岩性识别。

（2）砂砾岩储层岩性对物性、电性及含油性都有较大影响，因此在储层3类参数计算及流体性质识别中，基于岩性充分利用核磁共振测井提高砂砾岩储层参数计算精度。

（3）以岩心分析和试油资料为基础，根据储层宏尺度参数、微尺度参数和渗流参数构造储层质量综合指数。经实际处理证实，该指数能够直观有效地划分储层有效性。

（4）砂砾岩储层油气水分布受岩性控制明显，没有统一的油水界面，具有多个油水系统，且岩石骨架对测井响应的影响掩盖了岩石中所含流体在信息。应用孔隙度—电阻率交会图版、电阻率重叠法、微分法流体性质识别、可动流体分析和井筒多信息BP神经网络方法可以有效识别研究区流体性质。

2）建议

（1）核磁共振、成像测井资料在评价砂砾岩体储层具有独特优势，应进一步提高核磁共振、成像测井资料在砂砾岩体测井评价中的推广应用力度。

（2）由于砂砾岩体储层非常复杂，应用测井资料评价难度大，应加强岩心实验分析资料和第一性资料对测井资料的刻度。

二、黄骅坳陷歧口凹陷低电阻率油藏测井评价

1. 地质背景

歧口凹陷是新生代发育起来的典型裂陷型盆地，位于渤海湾盆地中心位置，北至汉沽断层，南到孔店凸起，西至沧东断层，东到矿区边界。从北向南以海河、南大港—歧东断裂为界划分为3个大区：新港、滨海和埕海。歧口凹陷作为渤海湾最重要的富油气凹陷之一，具有优越的油气成藏和富集条件；受差异沉降和断裂多期活动控制，歧口凹陷发育多个大型正、负向构造带；正、负构造带相间分布，为油气运移成藏提供了指向。歧口凹陷发育滨海、港东、南大港、歧东、张东、羊二庄等10条大断裂，形成海陆两大断裂体系，陆地发育北东向断裂系，海域发育东西向断裂系；这些断裂延伸长、断距大、活动期长，具有同沉积特点，控制了断陷期重要构造区带的形成和地层展布，影响了构造发育和油气运聚；剖面上主断裂以铲式为主，与次级断裂构成复"Y"字形断裂系，控制油气聚集。

歧口凹陷明化镇组沉积层序是发育完整的下粗上细正旋回沉积，主要发育曲流河沉积砂体，砂岩与泥岩呈互层结构，储盖组合较好；边滩、河床滞留沉积岩性粗，部分含砾，一般出现典型高阻油气层，决口扇、天然堤岩性变化易发育低阻油气层，多属于岩性油气藏类型。馆陶组沉积层序为下粗上细正旋回沉积，有冲积扇、辫状河两种沉积环境；主要发育辫状河砂体类型，以中厚层砂岩沉积为主，泥岩盖层相对不发育；辫状河道、心滩砂岩中常出现典型常规油气层，而在正韵律层序的上部和反韵律层序的下部储层岩性较细，该部位易发育低阻油气层。东营组主要发育三角洲和重力流沉积体系，其中东一段以牵引流沉积作用为主，重力流次之，东二段、东三段牵引流沉积作用的主导地位加强；其沉积体系的形成与分布主要受当时的物源控制。东营组优质储层主要发育在三角洲前缘和滨浅湖，河口坝、水下分支河道岩性较粗，一般出现典型高阻油气层；天然堤、远沙坝、前缘席状砂发育3类储层，经常发育低阻油气层，属于典型岩性油气藏类型。沙一段沉积期为湖盆发育的全盛期，沙一上段、沙一中段沉积时期主要沉积作用为重力流和牵引流共同占主导地位，到沙一下段沉积期重力流沉积作用占绝对主导地位。沙一段优质储层主要发育在滨浅湖的重力流、前缘滑塌和席状砂，重力流岩性较粗，一般出现典型高阻油气层；前缘滑塌和席状砂以薄互层为主，孔隙结构较差，多出

现低阻和低孔低渗油层。沙二段、沙三段沉积体系受东、西不同物源控制，其中沙二段主要发育水下扇及前缘指状砂坝和滩坝；沙三段主要发育扇三角洲前缘和深水浊积扇，其中沙二段低阻油气层主要分布在辫状河三角洲前缘的边缘；沙三段低阻油气层主要分布在远岸水下扇的外扇。

2. 存在问题

歧口凹陷广泛发育多成因低阻油气层，储层的非均质性强，侧向厚度变化大，储层含油性与储层横向变化、油藏构造关系不明确，规律性不明显。从明化镇组到沙河街组，广泛发育低能沉积环境下的低阻油气层，该类储层影响因素多，油、水层电性差异小，在评价中油层容易被漏掉。

同时，长期以来，歧口凹陷使用的钻井液类型非常复杂，包括盐水、海水、甲酸盐、素衣巴、聚合物、混油、抑制性、正电聚醇等类型。每种类型钻井液的密度、黏度、电阻率变化均非常大。钻井液性能、钻井周期变化大，使得井筒周围地层特征复杂化，测井资料失真，给采集有效测井信息带来难题。

勘探实践证明，歧口凹陷无论是浅层还是深层均存在着低阻油气层，其成因类型、分布规律与评价标准均不清楚，不仅影响油气层的快速认识与正确评价，更影响到油气藏评价。

3. 测井评价技术

1）低阻油气层类型及成因机理分析

通过对歧口凹陷的测井、岩石物理实验资料综合分析，在歧口凹陷存在以下几种低阻油气层类型：储层黏土矿物成分以蒙脱石或伊蒙混层为主的黏土附加导电性型低阻油气层约占28.8%；岩性细、储层孔隙结构复杂、束缚水饱和度高型低阻油气层约占26.7%；盐水钻井液侵入型低阻油气层占12.3%；油水层矿化度差异造成的低阻油气层约占5.3%；复合成因低阻油气储层所占的比例大约为26.9%。

（1）黏土附加导电型低阻油气层测井响应特征。

由黏土矿物阳离子交换产生的导电性称为黏土矿物附加导电性，黏土阳离子附加导电作用强弱受以下3个因素影响：第一，岩石的阳离子交换量，它取决于岩石中黏土类型及含量，黏土矿物中蒙脱石的阳离子交换量最高，伊蒙混层矿物、伊利石和高岭石的阳离子交换量依次降低；第二，岩石孔隙中地层水矿化度，地层水矿化度越低，阳离子附加电导在岩石整个导电网络中所占的比重越大；第三，地层温度，实验及理论研究均表明，温度增加可以导致平衡阳离子的当量电导急剧增加。图2-3-27为由阳离子附加导电性引起的低阻油气层实例，图中23、26号层试油均为纯油层，但是从储层电性特征来看，23号层的电性相对于26号层要低一些，且两个层的电阻率数值都达不到标准水层（21号层）2倍以上的要求，为典型的低阻油气层。从23、26号层的黏土矿物含量分析和阳离子交换容量分析来看，23号层的伊蒙混层比例非常高，达到了80%以上，其阳离子交换容量也在6mmol/100g之上，最高达到了15mmol/100g；26号层的伊蒙混层比例相对于23号层有所降低，但也达到了60%以上，其阳离子交换容量也在4~10mmol/100g之间，说明该两层为典型黏土矿物附加导电性引起的低阻油气层类型。该类储层测井响应特征表现为自然伽马值相对较高，补偿中子和补偿密度值增大，核磁共振测井标准T_2谱黏土束缚流体部分明显增多，能谱测井资料K-Th交会图反映储层黏土矿物成分也是以蒙脱石或伊蒙混层为主。

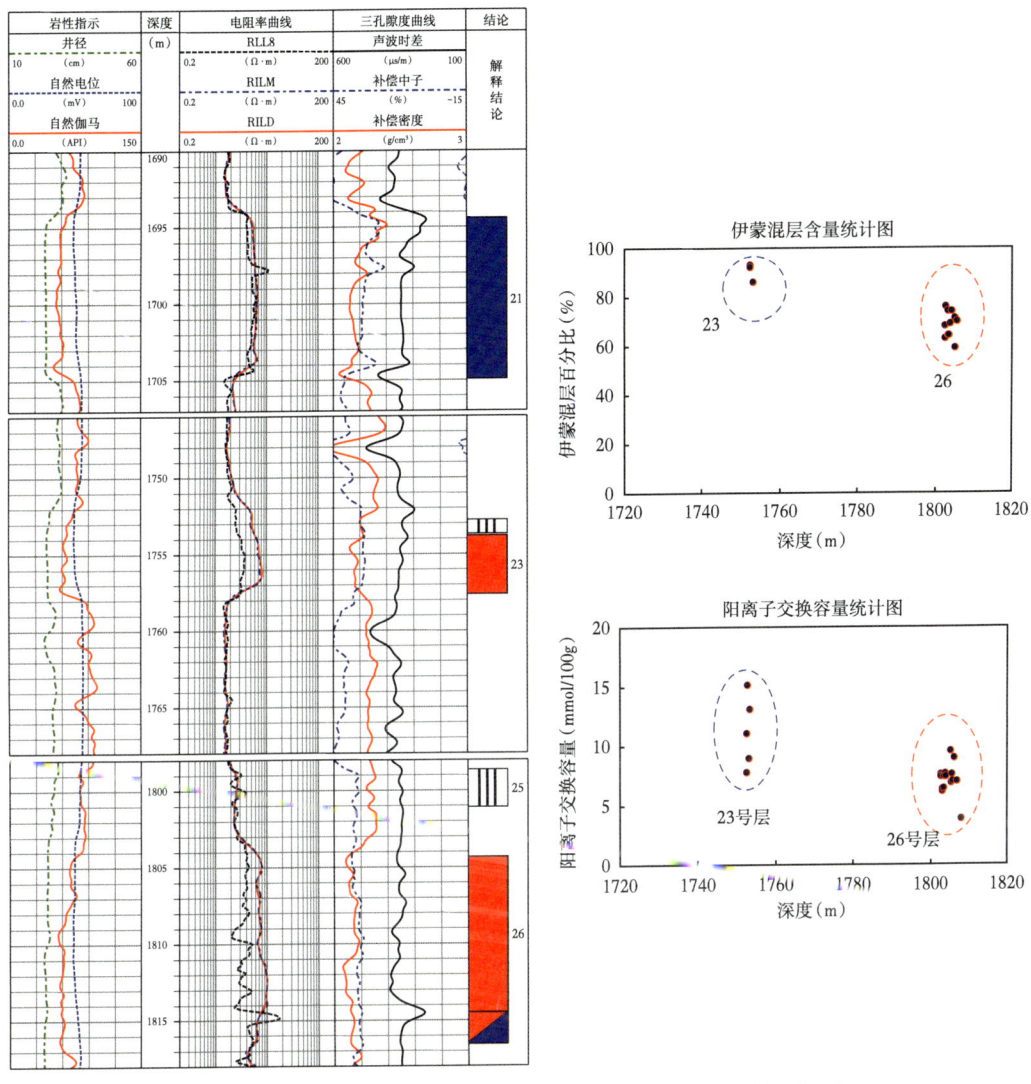

图 2-3-27 黏土附加导电型低阻油气层测井及岩心分析成果图

（2）高束缚水饱和度型低阻油气层测井响应特征。

当岩石颗粒细、泥质含量高，或储层孔隙结构复杂微孔隙发育时，油层中含有较高的束缚水（或称为不可动水），便会组成以束缚水为主要成分的导电网络，使油层电阻率降低，这是形成该类低阻油气层的主导因素。该类储层一般泥质含量较高，分选较均匀、粒度中值普遍偏小，虽然孔隙分布较均匀，但整体偏小的孔喉和孔径造成储层有效孔隙度小，束缚水孔隙度所占比例较大，有时束缚水饱和度可达 60% 以上；地层束缚水饱和度高的储层即使饱含油，地层的总油气体积相对于常规油气层来说也少很多，油气对电阻率的响应贡献也相对弱，一方面是地层有大量的导电束缚水，另一方面地层中的油气对地层电阻率的贡献较弱，造成了高束缚水型低电阻率油气层。

图 2-3-28 为高束缚水饱和度型低阻油气层典型图例，顶部 5 号层和 6 号层自然伽马曲线显示岩性明显变细，电阻率明显降低，底部岩性纯，电性高。由该井压汞毛管压力测试曲线资料分析可见，顶部排驱压力大，束缚水饱和度高，底部排驱压力小，束缚

水饱和度低;从粒度中值统计直方图上可见,顶部储层粒度中值小,岩性细,底部储层粒度中值大,岩性粗;从孔径分布频率图上可见,顶部储层以小孔径为主,底部储层以大孔径为主。该套储层5、6、11、12、14、15、18号层合试为高产油层,日产油58.7t,累积产油756t,日产气12456m³,累积产气184565m³,无水。高束缚水饱和度成因的低阻油气层测井常规曲线基本特征与黏土附加导电性低阻油气层相似,自然伽马相对值高,电阻率低,补偿中子和补偿密度值大。但从核磁共振测井标准T_2谱上可以明显区分,该类储层的毛管束缚流体部分而非黏土束缚流体部分明显增多,能谱测井资料K-Th交会图反映储层黏土矿物成分以高岭石为主。

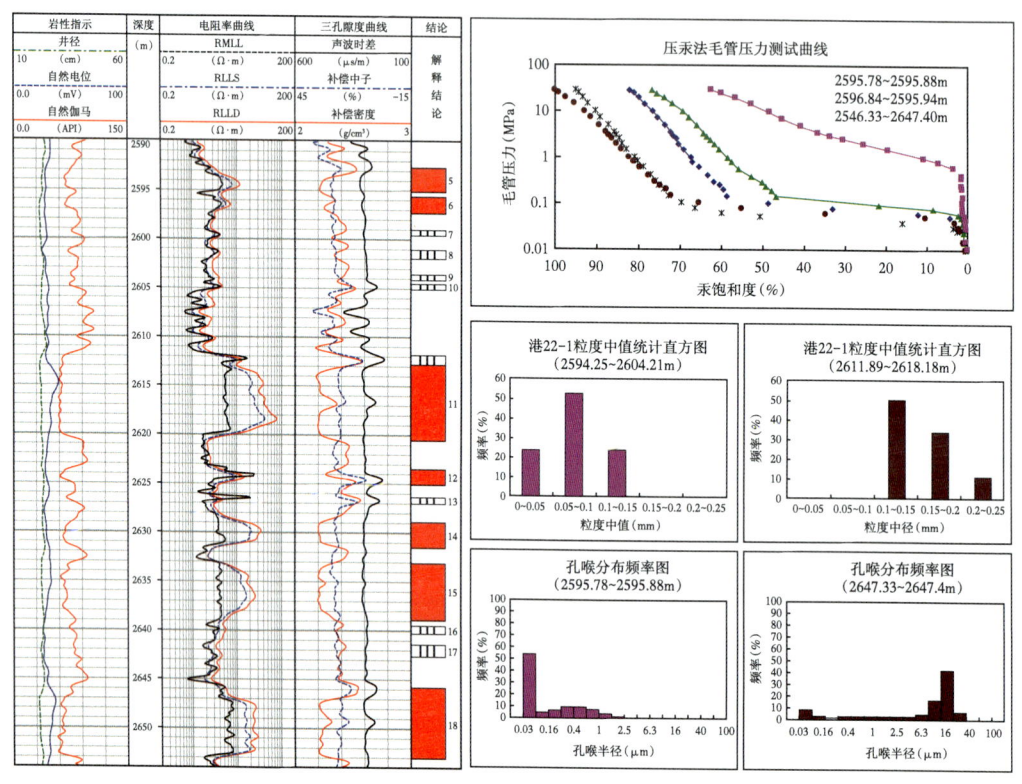

图 2-3-28 港 22-1 井测井曲线及岩心分析成果图

(3) 油水层矿化度差异型低阻油气层测井响应特征。

岩石孔隙中地层水性质、含量以及岩性决定了其电阻率的高低。在储层岩性和物性相似的前提下,含油气储层地层水矿化度与水层基本一致时,必然是油气层电阻率高于水层,差异一般在3~5倍甚至更大,此时油气层容易识别。但在歧口凹陷,储层沉积、成藏过程中或成藏后地层水的活动,导致油气层与水层中的地层水矿化度出现差异;当油气层不动水矿化度明显高于水层地层水矿化度时,导致水层电阻率相对升高,而油气层电阻率相对降低,从而油、水层的电性差异减小或者消失,电阻增大率较低,从而形成了油、水层水性差异型低阻油气层,电阻增大率较低甚至小于1是其显著特征。图 2-3-29 为港西 20X1 井测井资料处理成果图,该井是北大港构造带港西构造南翼的一口预探井,47号层和56号层测井资料显示物性基本一致,自然伽马曲线反映47号层岩性偏细,但电阻率值却比56号层高,从而判断47号层的含油性应该好于56号层,但试油结果却恰恰相反，47号层试油，日产油0.455t，日产水11.98m³，以水为主，地层水矿化度为11589mg/L。56号层试油，日产油1.31t，累积产油9.4t，日产水8.4m³，油水同出，地层水矿化度为17212mg/L。分析认为，两层在岩性、物性一致的情况下，56号层自然电位负异常幅度明显大于47号层，56号层是由于地层水矿化度高引起电性降低。

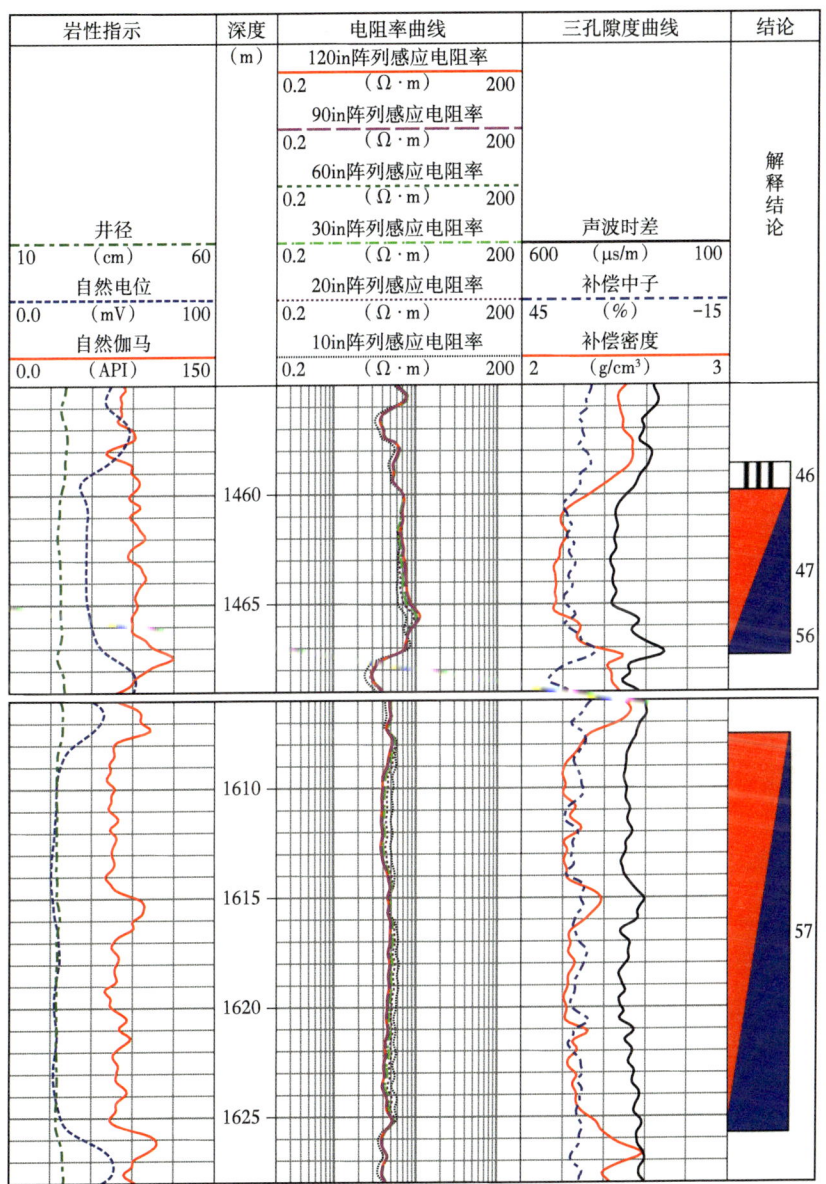

图 2-3-29　港西 20X1 井测井资料处理成果图

（4）钻井液侵入型低阻油气层测井响应特征。

歧口凹陷早期钻井多数使用高矿化度、高密度钻井液，对储层污染相当严重。目前，因膏盐层存在、井壁失稳性及油气层保护等原因部分井，仍需使用盐水钻井液钻井；高矿化度钻井液滤液侵入，导致油气层测量得到的视电阻率降低，油、水层区分困难。图 2-3-30 为两口钻井液侵入低阻油气层实例。图 2-3-30a 为滨海 24 井，钻井液密

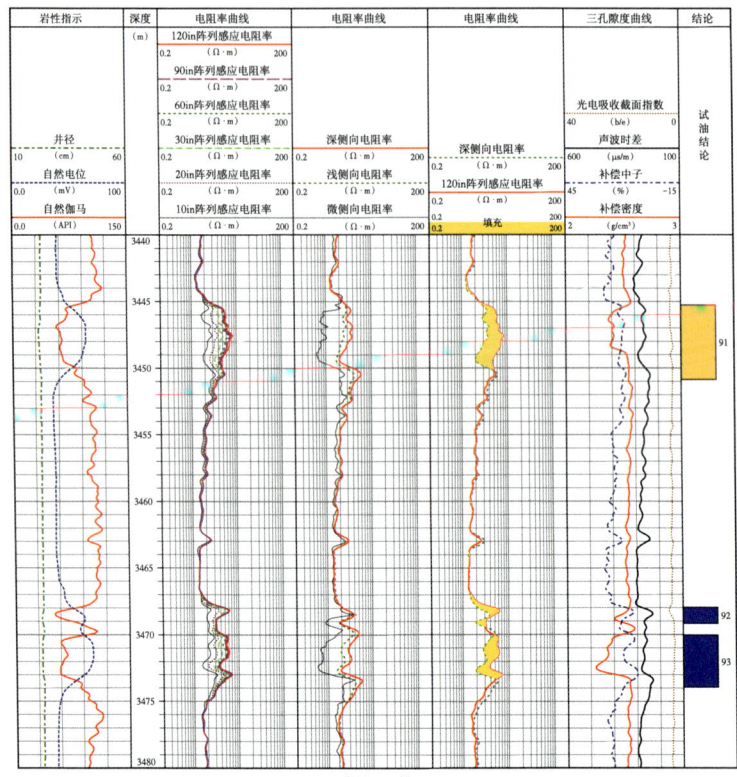

a. 滨海24井

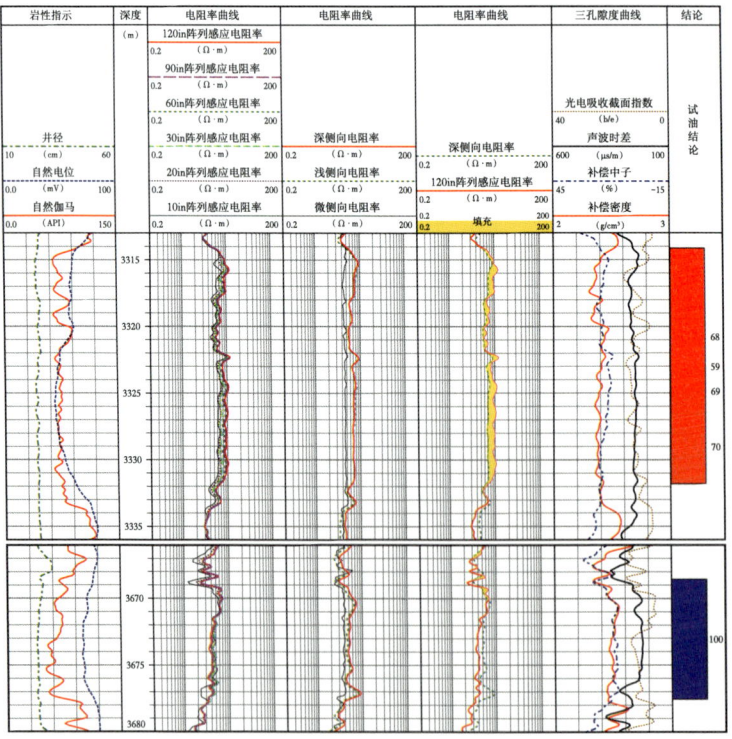

b. 滨深21X1井

图 2-3-30　钻井液侵入型低阻油气层测井曲线图

度为 1.21g/cm³，钻井液电阻率为 0.18Ω·m/18℃；图 2-3-30b 为滨深 21X1 井，钻井液密度为 1.5g/cm³，钻井液电阻率为 0.7Ω·m/18℃，两口井的电阻率测井系列均为阵列感应 + 双侧向。从两口井的双侧向与阵列感应深探测电阻率曲线对比可见，油气层处双侧向曲线电阻率数值均低于阵列感应，反映了储层受钻井液侵入影响；从两口井的油气层与水层的双侧向数值对比发现，油气层与水层电阻率差异均小于 2 倍，为典型的钻井液侵入引起的低阻油气层。钻井液侵入型低阻油气层在测井曲线上的典型特征就是浅探测电阻率数值降低明显，不同径向探测深度电阻率曲线差异明显。

2）低阻油层饱和度定量计算方法

在低阻油气层饱和度定量评价方面，前人做了大量研究工作，建立了适应各种类型低阻油气层的饱和度定量评价模型，且大部分饱和度定量评价模型中均包含了孔隙度指数 m、饱和度指数 n，故 m、n 参数的准确性直接影响饱和度定量评价的准确性。表 2-3-8 统计了歧口凹陷滨海油田部分层位、部分岩心实验室测量的 m、n、b 值分布范围，其中 b 值的变化范围不大，但 m、n 值变化范围非常大。如果利用区域平均 m、n 值计算饱和度，其误差将会很大，必须建立准确的 m、n 参数计算方法才能提高低阻油气层饱和度定量评价的准确性。

表 2-3-8 实验室测量的滨海油田各层组的 m、n、b 值

层位	岩心颗数	b			m			n		
		平均值	最小值	最大值	平均值	最小值	最大值	平均值	最小值	最大值
Nm	59	1.04	0.9	1.14	1.7	1.12	2.21	1.568	1.086	3.191
Ed	98	1	0.87	1.17	1.16	0.85	1.35	1.134	0.541	2.095
Es_1	57	1.06	0.98	1.45	1.69	1.38	2.0	2.017	1.068	3.62

（1）m、n 参数影响因素分析。

通过实验室岩心分析发现，歧口凹陷储层 m、n 值受孔隙结构、阳离子交换容量、地层水矿化度等多种影响因素共同控制。图 2-3-31 为 m、n 与孔隙结构、阳离子交换容量、地层水矿化度等因素的关系图，由图 2-3-31a 可见，孔径尺寸分布不同，m、n 值明显不同，说明 m、n 值受孔隙结构影响。图 2-3-31b 为 m、n 值与阳离子交换容量关系图，其中横坐标为阳离子交换容量，纵坐标为 m、n 值；当阳离子交换容量小于 4mmol/100g 时，m、n 值的变化与阳离子交换容量关系不明显；当阳离子交换容量大于 4mmol/100g 时，随着阳离子交换容量的增加，m、n 呈明显降低趋势，说明在歧口凹陷黏土矿物附加导电性高的储层，阳离子交换容量是影响 m、n 值的一个重要因素。图 2-3-31c、图 2-3-31d 为阳离子交换容量低（小于 4mmol/100g）岩样的 m、n 值与孔隙结构、地层水电阻率的关系图，其中横坐标为反映储层孔隙结构的孔渗综合指数，纵坐标为 m、n 值，不同颜色点代表不同地层水电阻率；可见同一块岩样，在饱和不同矿化度地层水情况下得到的 m、n 值差异明显，对于歧口凹陷砂泥岩储层，地层水矿化度也是控制 m、n 值的一个重要因素。

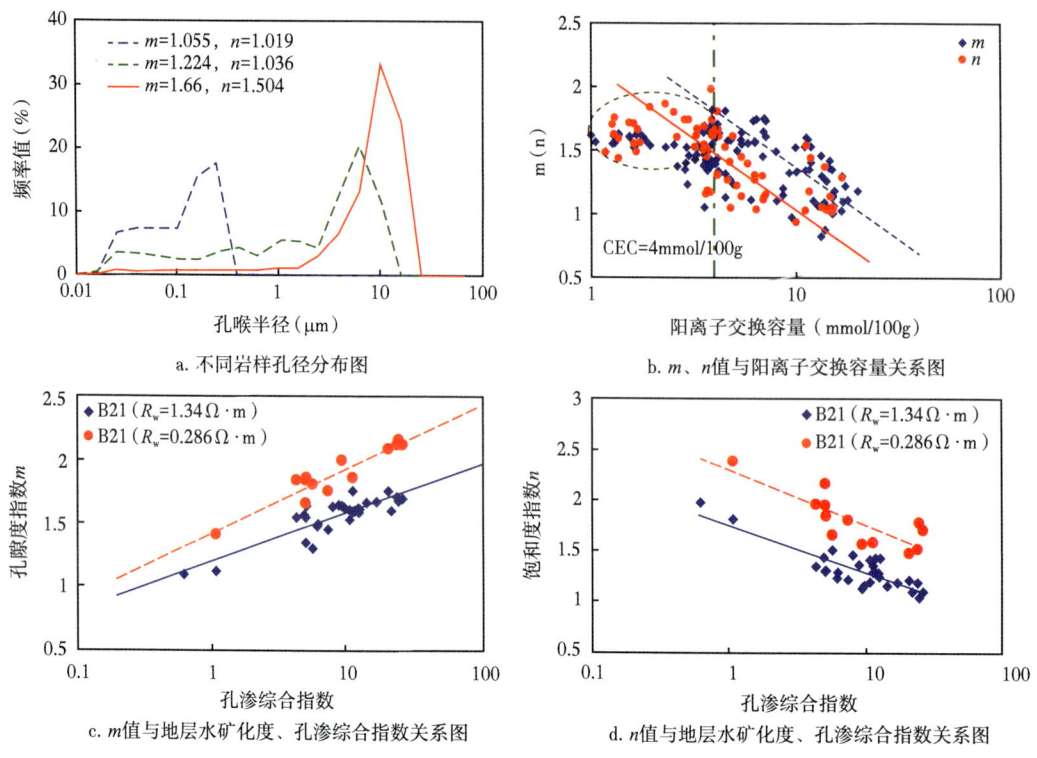

图 2-3-31　m、n 值与孔隙结构、阳离子交换容量、地层水矿化度关系图

通过综合分析发现，歧口凹陷不同成因低阻油气层的 m、n 主控因素不同。对于由黏土矿物附加导电性引起的低阻油气层，阳离子交换容量、孔隙结构、地层水矿化度是控制 m、n 变化的 3 个最重要因素；对于由岩性细、高束缚水饱和度引起的低阻油气层，孔隙结构、地层水矿化度是控制 m、n 变化的 2 个最重要因素。为准确获得不同类型低阻油气层的准确 m、n 值，必须分别建模。

（2）黏土附加导电型低阻油气层 m、n 值解释模型。

由前期实验结果分析可知，影响黏土附加导电型低阻油气层 m、n 值的关键因素是阳离子交换容量、孔隙结构差异和地层水矿化度差异；利用实验室岩心分析数据建立 m、n 值与孔渗综合指数、单位孔隙黏土阳离子交换量 Q_v、地层水电阻率 R_w 的关系图（图 2-3-32a、b、d、e），并利用三元回归得到 m、n 值的拟合关系，m 相关系数为 0.93，n 相关系数为 0.91：

$$m = 1.16 + 0.0506 \lg\left(\sqrt{K\phi}\right) - 0.722 \lg Q_v - 0.12 \lg R_w \quad (2\text{-}3\text{-}17)$$

$$n = 1.9 - 0.31 \lg\left(\sqrt{K\phi}\right) - 0.119 \lg Q_v - 0.118 \lg R_w \quad (2\text{-}3\text{-}18)$$

式中：Q_v 为单位孔隙黏土阳离子交换量，mol/L。

图 2-3-32c、f 分别为 m、n 值的岩心分析结果与实验室测量结果的对比图，可见二者的相关性比较好，说明计算方法可靠。

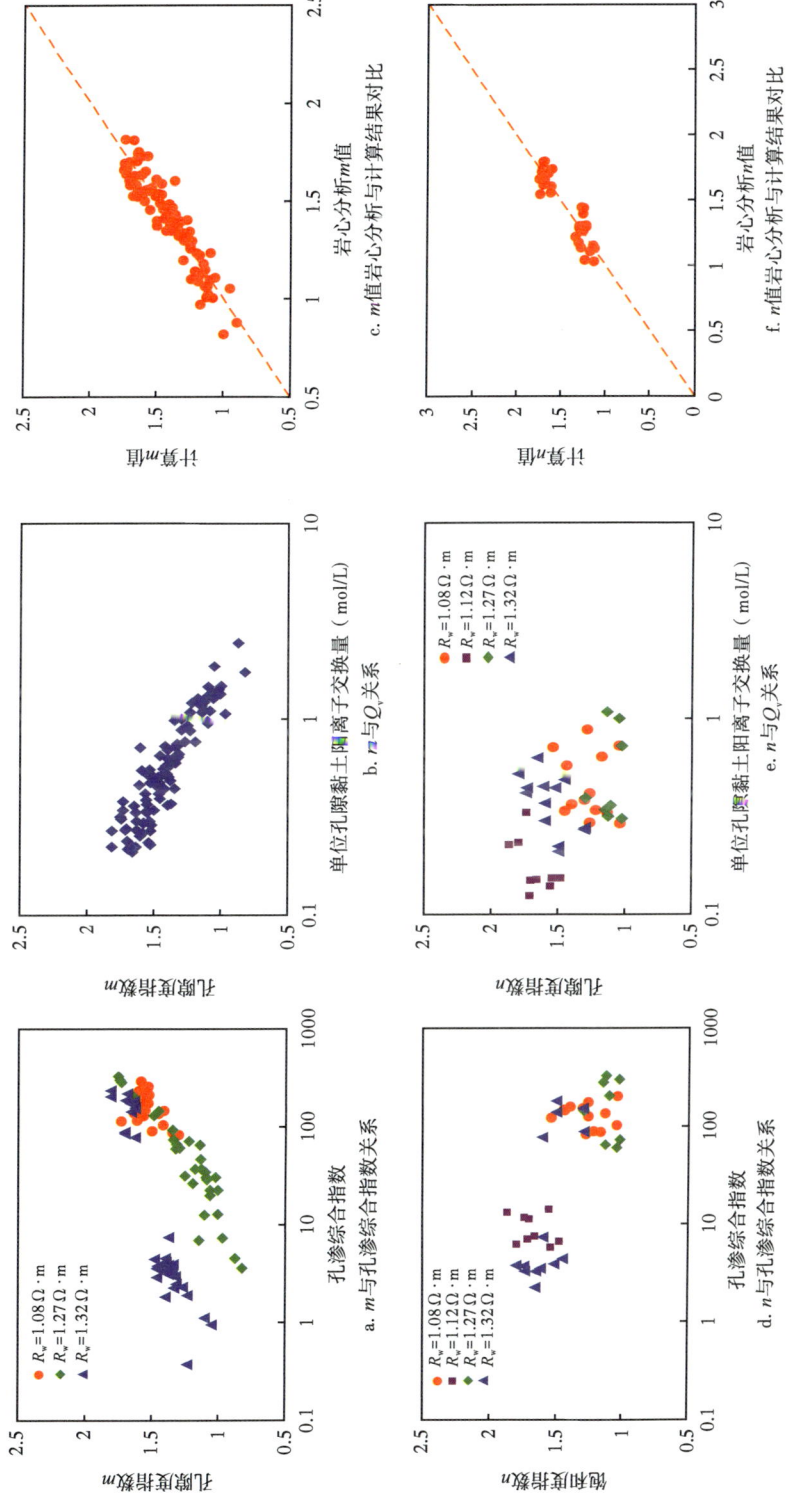

图2-3-32 黏土附加导电型低阻油气层 m、n 解释模型图件

R_w 以及 K、ϕ 可以通过自然电位、核磁共振测井资料等准确得到。

通过歧口凹陷不同层位岩心阳离子交换实验数据建立 Q_v 计算模型。图 2-3-33 为通过实验室岩心数据建立的歧口凹陷 Q_v 与泥质含量、孔隙度关系图。Q_v 与泥质含量关系图表明，对于 Nm、Ng 地层，大部分数据点表现为随泥质含量增大，阳离子交换量明显增大，而 Ed 和 Es 地层二者的关系比较复杂。Q_v 与孔隙度关系图表明，随孔隙度减小，阳离子交换量明显增大；孔隙度越大（大于 20%），Q_v 数值受孔隙度的影响越小，孔隙度越小（小于 15%），Q_v 数值变化范围越大；Nm、Ng 和部分 Ed 数据点，受孔隙度影响较小；部分 Ed 和整个 Es 的数据点受孔隙度影响较大。

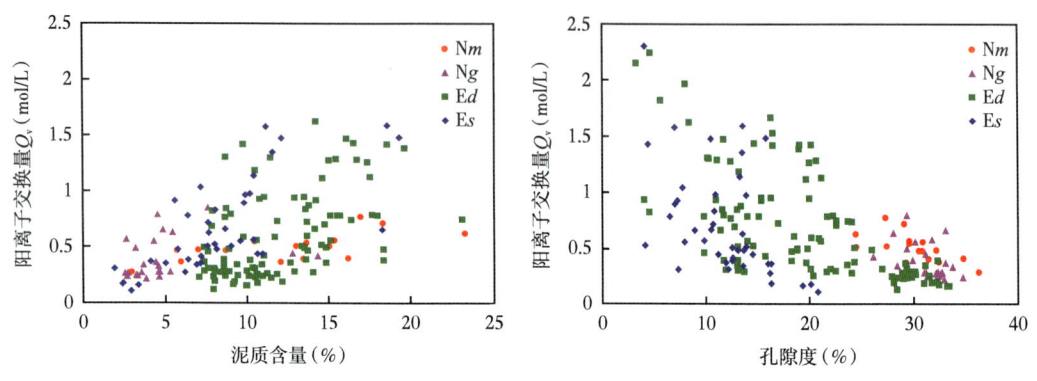

图 2-3-33　歧口凹陷不同层位 Q_v 与泥质含量、孔隙度关系图

应用图 2-3-33 还难以准确提取 Q_v 的计算方法，为获得准确的 Q_v 计算公式，对图 2-3-33 进行细化，绘制出不同泥质含量情况下 Q_v 与孔隙度的关系图版，在不同泥质含量区间 Q_v 随孔隙度的增加呈指数下降关系，在不同孔隙度区间 Q_v 随泥质含量的增加呈指数增加关系。通过多元数值回归建立了利用泥质含量、孔隙度计算 Q_v 的关系式（相关系数为 0.93）：

$$\lg Q_v = -0.377 - 2.47\phi + 5.16 V_{sh} \tag{2-3-19}$$

图 2-3-34 为实验室岩心分析 Q_v 与计算 Q_v 的对比图，可见二者之间对应关系非常好。

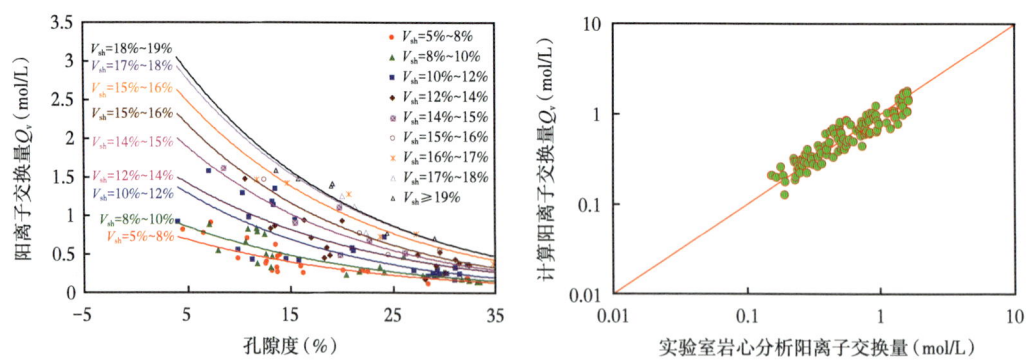

图 2-3-34　Q_v 计算图版及计算成果与岩心分析成果对比图

（3）高束缚水饱和度型低阻油气层 m、n 值解释模型。

由前期实验结果分析可知，影响高束缚水饱和度型低阻油气层 m、n 值的关键因素是孔隙结构差异和地层水矿化度；利用实验室岩心分析数据建立了 m、n 值与孔渗综合指数、地层水矿化度关系图，如图 2-3-35a、b 所示，m、n 指数同时受孔隙结构差异和地层水矿化度的影响，但 n 指数受地层水矿化度影响更为严重一些。通过二元回归得到 m、n 值的拟合关系，相关系数为 0.88：

$$m = 1.42 + 0.0564 \lg\left(\sqrt{K\phi}\right) - 0.768 \lg R_w \quad (2\text{-}3\text{-}20)$$

$$n = 1.372 - 0.04 \lg\left(\sqrt{K\phi}\right) - 0.92 \lg R_w \quad (2\text{-}3\text{-}21)$$

图 2-3-35c、d 分别为 m、n 值的岩心分析结果与实验室测量结果的对比图，可见二者的相关性较好好，说明计算方法可靠。

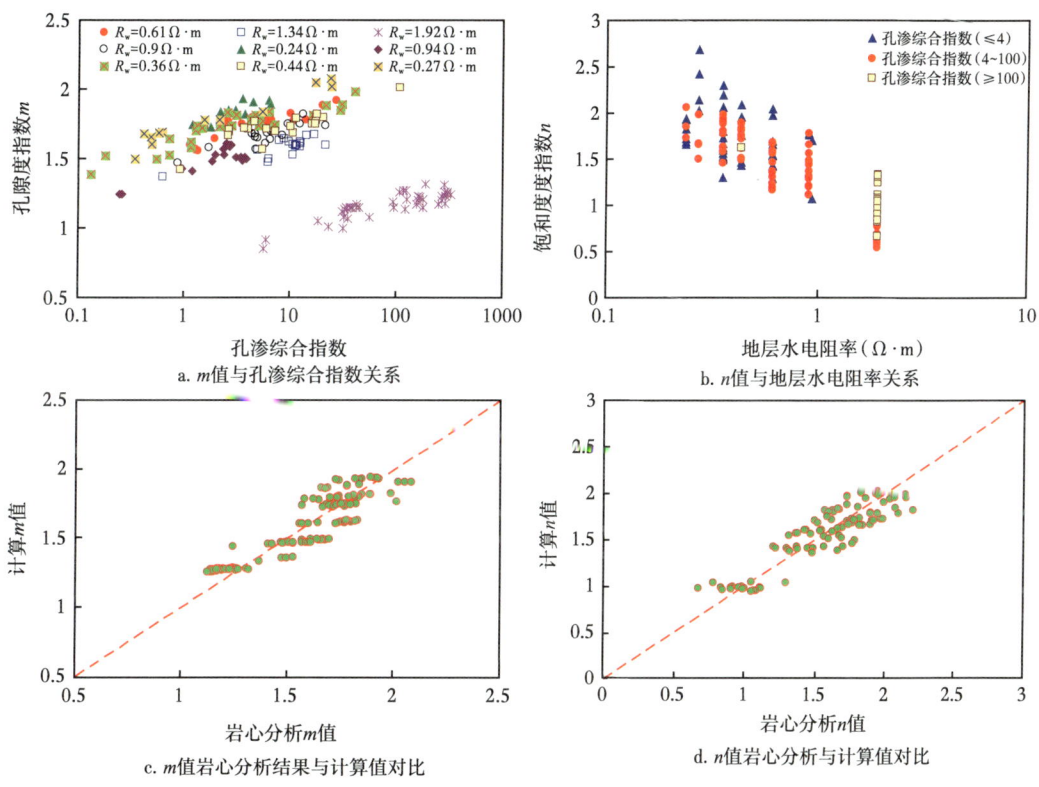

图 2-3-35　高束缚水饱和度型低阻油气层 m、n 解释模型图

（4）饱和度定量评价模型优选。

由图 2-3-35b 可知，对歧口凹陷碎屑岩储层而言，当阳离子交换容量大于 4mmol/100g 时，阳离子交换容量对 m、n 值影响明显；当阳离子交换容量小于 4mmol/100g 时，阳离子交换容量对 m、n 值影响不明显。故本书设置了阳离子交换容量等于 4mmol/100g 为分界线，当 CEC 大于等于 4mmol/100g 时，优选黏土附加导电型低阻油气层 m、n 计算模型进行 m、n 参数计算，饱和度计算模型选用基于阳离子交换能力的 W-S 模型：

$$S_w^n = \frac{R_w}{\phi^m R_t (1 + R_w B Q_v / S_w)} \quad (2\text{-}3\text{-}22)$$

式中：B 为阳离子当量电导系数，mL/（Ω·m·meq）。

当 CEC 小于 4mmol/100g 时，优选高束缚水饱和度型低阻油气层 m、n 计算模型进行 m、n 参数计算，饱和度模型选用经典阿奇公式。

3）电阻率广义侵入校正技术

（1）电阻率广义反演原理。

根据地球物理学广义反演理论，以环境影响校正后、较为真实反映地层特征的实际测井值 a_i 为基础，在大量实验的基础上建立双侧向、阵列感应等电阻率测井系列体积响应模型及广义测井响应函数，通过合理选择的区域性解释参数与储层参数初始值，反算出相应的理论测井值 $\hat{a}_i(x,z)$，并与实际测井值作比较，按非线性加权最小二乘原理建立目标函数，用最优化技术不断调整未知储层参数值 x，使目标函数达到极小值。一旦两者充分逼近，则此时计算理论测井值所采用的未知量 x 就是充分反映实际储层参数值，即最优化测井解释结果 x^* 与传统测井解释方法相反，最优化测井解释是将所有测井信息、误差及某些地区地质经验综合成一个多维信息复合体，运用数学上的最优化数学方法，综合地进行多维处理，寻求复合体的最优解，

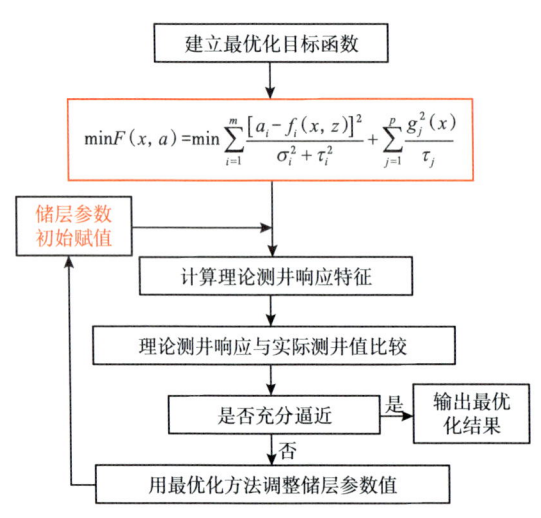

图 2-3-36 电阻率广义反演流程图

从所有可能的解释结果中得到最佳最合理的解释结果，其处理流程如图 2-3-36。

电阻率广义反演采用的基本优化方法是采用多维搜索与一维搜索结合的优化方法，多维搜索采用变尺度法，一维搜索采用抛物线法；先用变尺度法作多维搜索，确定使目标函数下降较快的方向来确定下步搜索方向，然后用抛物线插值作一维搜索，求出沿搜索方向上目标函数的最小值。选用变尺度法和抛物线插值相结合的方法来对目标函数进行最优化计算具有收敛速度快、占用机时少、数值稳定性好、对初始点要求范围宽、优化结果好等特点，比较适合测井解释和储层评价的最优化方法。

一般采用非线性加权最小二乘原理与误差理论来建立最优化测井解释的数学模型：

$$\min F(x,a) = \min \sum_{i=1}^{m} \frac{[a_i - f_i(x,z)]^2}{\sigma_i^2 + \tau_i^2} + \sum_{j=1}^{p} \frac{g_j^2(x)}{\tau_j} \quad (2\text{-}3\text{-}23)$$

约束条件： $g_j(x) \geq 0 \quad (j=1,2,\cdots,p)$

式中：a 为经过环境校正的电阻率测井值向量，如阵列感应曲线、双侧向等曲线；x 为侵入带、地层真电阻率、冲洗带电阻率、侵入深度、冲洗带深度等；z 为区域性解释参数向量，不同的测井响应方程，解释参数也不同；$f_i(x,z)$ 为第 i 种测井响应方程；σ_i 为第 i 种实际测井值的测量误差；τ_i 为第 i 种测井响应方程的误差；$F(x,a)$ 为最优化测井解释的目标函数；$g_j(x)$ 为对 x 的第 j 种不等式约束。

（2）电阻率广义反演实现方法。

电阻率广义反演方法是根据电阻率测井响应一维模型，即用地层电阻率物理模型和几何因子（钻井液侵入深度的函数）表达电阻率测井响应，用最优化反演算法计算地层电阻率和钻井液侵入深度的方法，电阻率广义最优化反演的步骤如下：测井曲线测量误差计算；对反演变量设置初始值；分析电阻率测井仪器特性，计算电阻率测井仪器几何因子；构造电阻率测井响应模型；计算电阻率测井响应值和响应误差；根据电阻率测井曲线值，计算与构造曲线理论值之间的累积误差目标函数 F 值；应用最优化方法（变尺度方法结合抛物线方法）对 F 值进行寻优；判断 F 值是否满足最小条件和约束条件，如果不满足，则修改初始值，重新计数目标函数，否则输出优化结果。

以 HDIL 阵列感应电阻率测井为例，建立五参数台阶式侵入剖面（图 2-3-37），五参数分别是冲洗带电阻率 R_{xo}、过渡带电阻率 R_i、原状地层电阻率 R_t、冲洗带半径 D_{xo}、过渡带半径 D_i。

根据五参数阶跃解释模型建立相应的

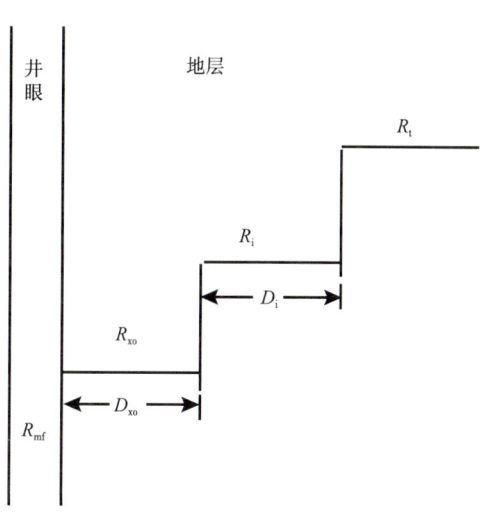

图 2-3-37　五参数阶跃侵入剖面示意图

测井响应方程，设地层冲洗带的几何因子是 G_{xo}，地层过渡带的几何因子是 G_i-G_{xo}，则原状地层的几何因子为 $1-G_i$，因此整个地层对测井的响应为：

$$R_a = G_{xo}R_{xo} + (G_i - G_{xo})R_i + (1 - G_i)R_t \tag{2-3-24}$$

式中：G_{xo}、G_i 为阵列感应测井地层冲洗带几何因子和侵入带几何因子。

由图 2-3-38 可见，在 HDIL 阵列感应处理技术中，不同探测深度电阻率曲线的径向几何因子只与侵入深度有关，是 D_{xo}、D_i 的函数；与电阻率关系不明显。

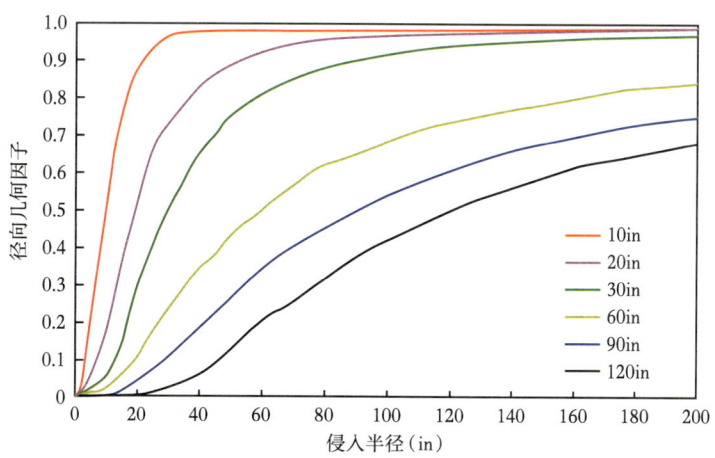

图 2-3-38　HDIL 径向积分几何因子

由于阵列感应测井中10in探测深度电阻率曲线经常受到各种环境因素影响，表现出明显的不稳定性，故在此舍弃掉了10in电阻率曲线，建立了2ft纵向分辨率其他5种探测深度电阻率曲线响应方程：

$$R_{\text{M2R2}} = G_{\text{M2R2o}}R_{\text{xo}} + \left(G_{\text{M2R2i}} - G_{\text{M2R2o}}\right)R_{\text{i}} + \left(1 - G_{\text{M2R2i}}\right)R_{\text{t}} \quad (2\text{-}3\text{-}25)$$

$$R_{\text{M2R3}} = G_{\text{M2R3o}}R_{\text{xo}} + \left(G_{\text{M2R3i}} - G_{\text{M2R3o}}\right)R_{\text{i}} + \left(1 - G_{\text{M2R3i}}\right)R_{\text{t}} \quad (2\text{-}3\text{-}26)$$

$$R_{\text{M2R6}} = G_{\text{M2R6o}}R_{\text{xo}} + \left(G_{\text{M2R6i}} - G_{\text{M2R6o}}\right)R_{\text{i}} + \left(1 - G_{\text{M2R6i}}\right)R_{\text{t}} \quad (2\text{-}3\text{-}27)$$

$$R_{\text{M2R9}} = G_{\text{M2R9o}}R_{\text{xo}} + \left(G_{\text{M2R9i}} - G_{\text{M2R9o}}\right)R_{\text{i}} + \left(1 - G_{\text{M2R9i}}\right)R_{\text{t}} \quad (2\text{-}3\text{-}28)$$

$$R_{\text{M2R}X} = G_{\text{M2R}Xo}R_{\text{xo}} + \left(G_{\text{M2R}Xi} - G_{\text{M2R}Xo}\right)R_{\text{i}} + \left(1 - G_{\text{M2R}Xi}\right)R_{\text{t}} \quad (2\text{-}3\text{-}29)$$

通过对图2-3-38进行回归，可以得到不同探测深度电阻率曲线的过渡带和冲洗带的径向积分因子。

为检验广义反演方法的正确性，利用时间推移测井资料的不同次测井曲线的反演电阻率与HDIL一维反演电阻率对比来分析电阻率广义反演结果的准确性。图2-3-39为张海19井时间推移测井资料电阻率广义反演处理成果图。张海19井第一次测井的浸泡天数24天，钻井液电阻率0.23Ω·m/18℃；第二次测井的浸泡天数30天，钻井液电阻率0.23Ω·m；两次测井时间差6天。第8道为第一次、第二次阵列感应测井广义反演及HDIL一维反演电阻率对比。第9道为第一次、第二次阵列感应测井广义反演及HDIL一维反演侵入深度对比。可见，第二次测井的120in探测深度电阻率曲线明显低于第一次测井的120in探测深度电阻率曲线，说明第二次测井受侵入影响已经非常明显；对比发

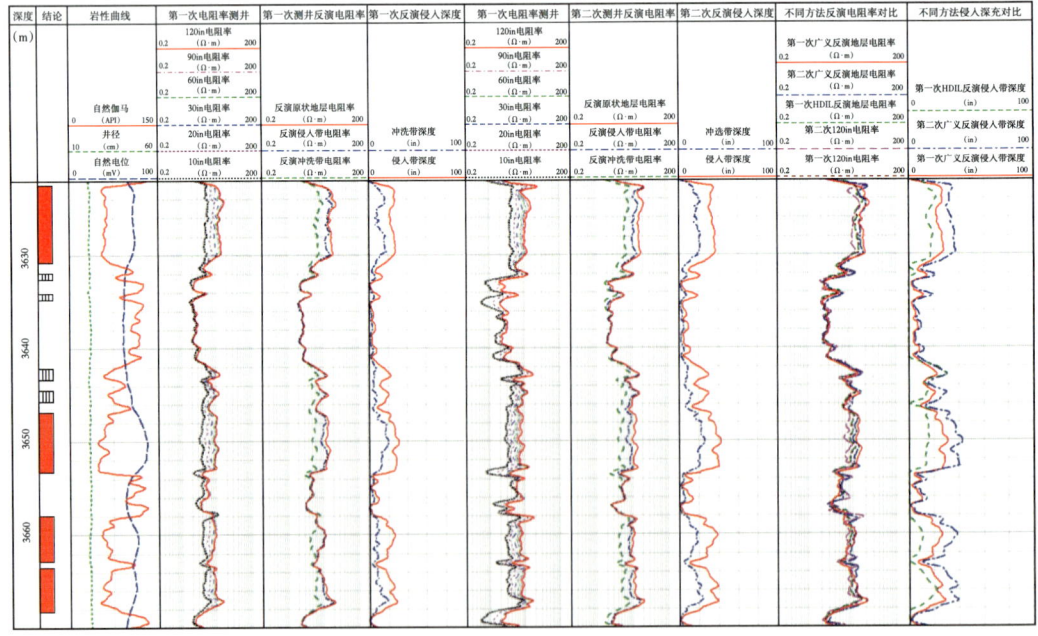

图2-3-39 张海19井电阻率广义反演处理成果图

现，第一次阵列感应测井的 HDIL 一维反演原状地层电阻率与第一次测井的 120in 探测深度电阻率曲线完全重合，说明 HDIL 一维反演中原状地层电阻率反演结果严重受 120in 探测深度电阻率曲线数值约束；通过对比两次测井的广义反演原状地层电阻率曲线数值发现，虽然两次测井的 120in 探测深度电阻率曲线存在明显差异，但是两次广义反演得到的原状地层电阻率数值基本一致，且由两次广义反演得到的过渡带深度表现为第二次测井时侵入深度大于第一次测井时侵入深度，与实际情况基本一致，说明阵列感应广义反演获得的结果是可靠的。

4. 应用效果

如图 2-3-40 所示，滨海 28 井为滨海探区的一口重点探井，钻井液电阻率为 0.24Ω·m/18℃，其沙一段测井时已浸泡 38 天。从原始测井曲线上看，电阻率较低，只能解释为水层。应用电阻率广义连续反演侵入校正处理后，174~176 号层的电阻率从 12Ω·m 上升到 20Ω·m，含油饱和度提高 15%~20%，据此成果将 173~175 号层从水层改为油层，并建议试油验证。对 173~175 号层 4175.5~4187m 合试，泵排日产油 103.8t，累积产油 262t，日产气 27291m³，累积产气 126065m³。应用该技术避免了漏失油层。

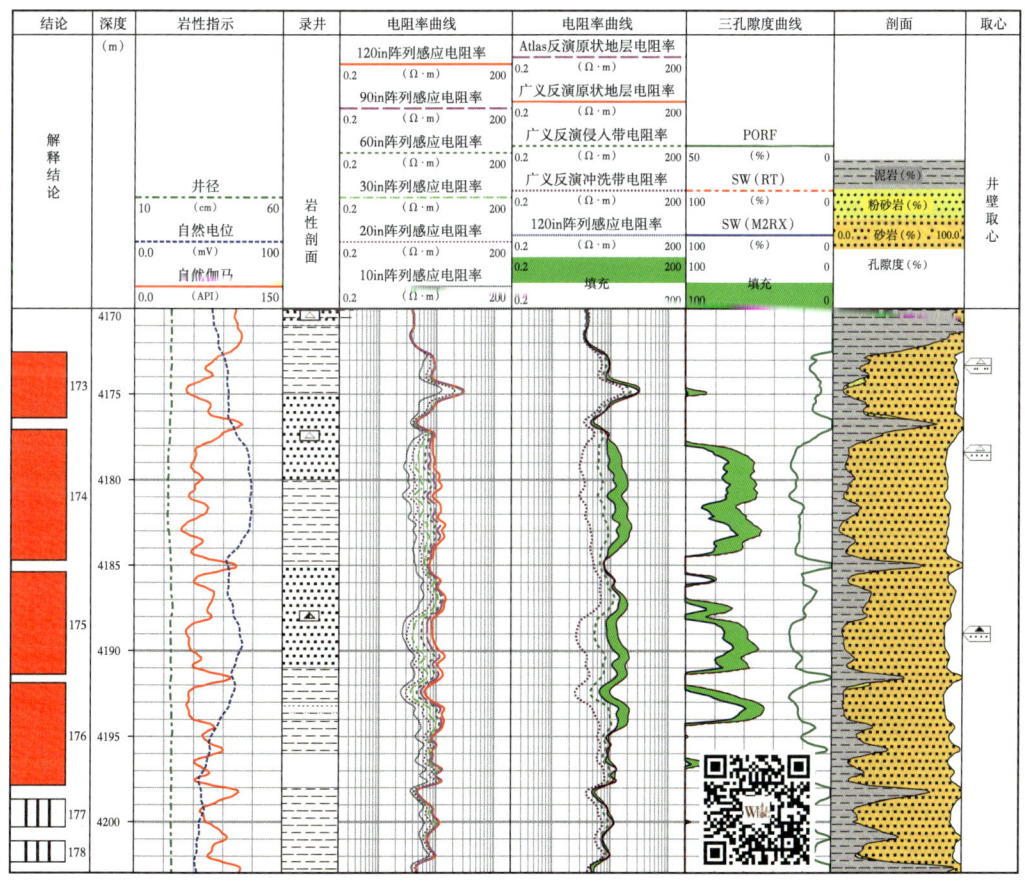

图 2-3-40　滨海 28 井电阻率广义反演及饱和度计算成果对比图

图 2-3-41 为滨 19 井多因素融合变 m、n 值饱和度定量评价成果图，从电阻率测井曲线上看，34、35、39 号层的电阻率明显低于 44、45 号层，应用固定 m、n 参数计算

得到的各解释层原含水饱和度基本达到100%，为典型水层显示。应用连续可变m、n公式计算的含水饱和度可清楚看出，34、35、39号层含油性明显好于44、45号层，依据变m、n饱和度计算结果，解释34、35、39号层为油层，44、45为水层。对34~39号层试油，压裂泵排，日产油4.4t，累积产油12.92t，验证了变m、n含水饱和度计算方法的适应性和准确性。

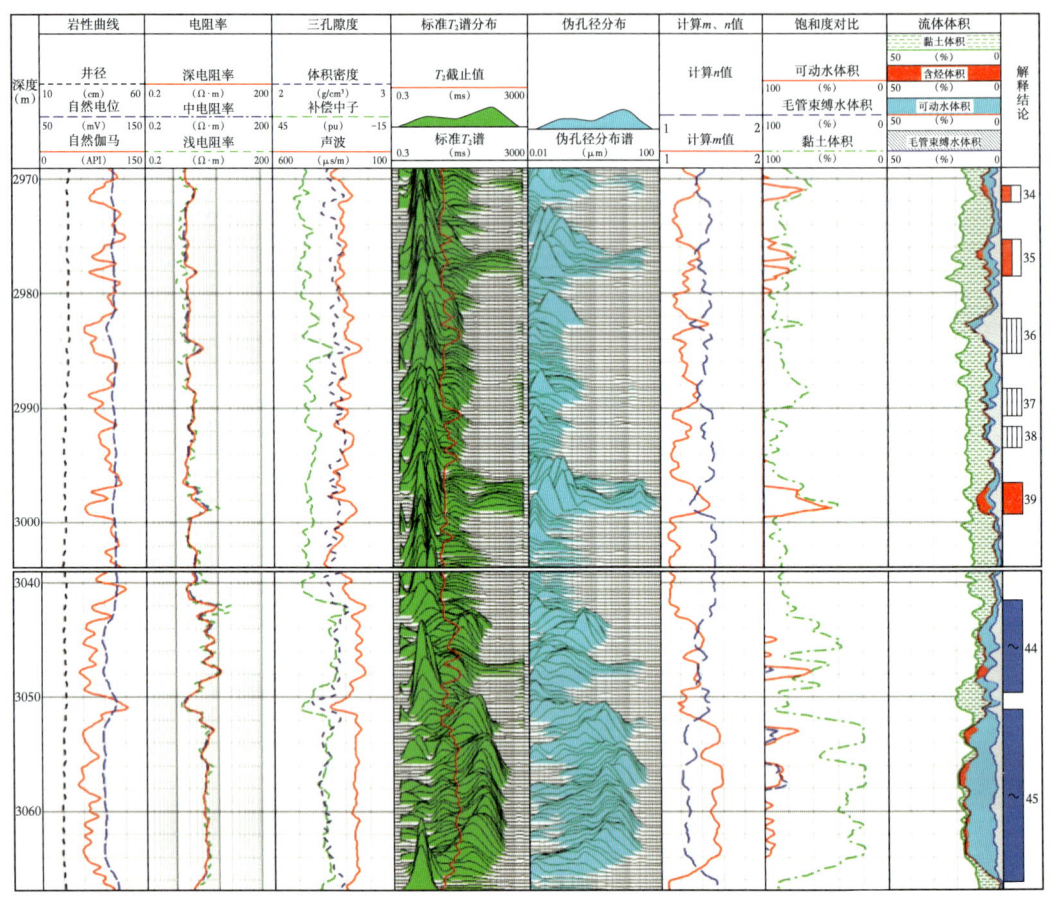

图 2-3-41 滨19井饱和度处理结果对比图

5. 结论及建议

歧口凹陷低阻油气层类型主要有储层黏土矿物成分以蒙脱石或伊蒙混层为主的黏土附加导电性型、高束缚水饱和度型、盐水钻井液侵入型、油水层矿化度差异型。根据不同主控因素研究有针对性的评价方法才能做到有的放矢，从而提高低阻油气层评价准确性。成熟、配套、有针对性的评价技术是解决低阻油层评价难题的关键。低阻油气层饱和度定量评价一直是低阻油气层综合解释的难点与重点，无论何种饱和度评价模型均离不开m、n值，故m、n值的准确性直接影响饱和度定量评价的准确性。通过岩心分析明确了歧口凹陷不同主控因素低阻油层控制m、n值变化的关键参数，并建立了相应的m、n值计算模型，实现了连续、可变m、n值的饱和度定量计算，提高了低阻油气层饱和度定量评价准确性。

三、辽河断陷兴隆台变质岩油气藏测井评价

1. 地质背景

辽河断陷是在华北克拉通基础上发育起来的新生代内陆裂谷型断陷盆地,其基底结构复杂,构造落差大。基底断裂活动造成断陷内多凹多隆面貌。受中央凸起分割,盆地被分割成 3 个不同结构形式的独立凹陷,即西部凹陷、东部凹陷和大民屯凹陷(图 2-3-42)。

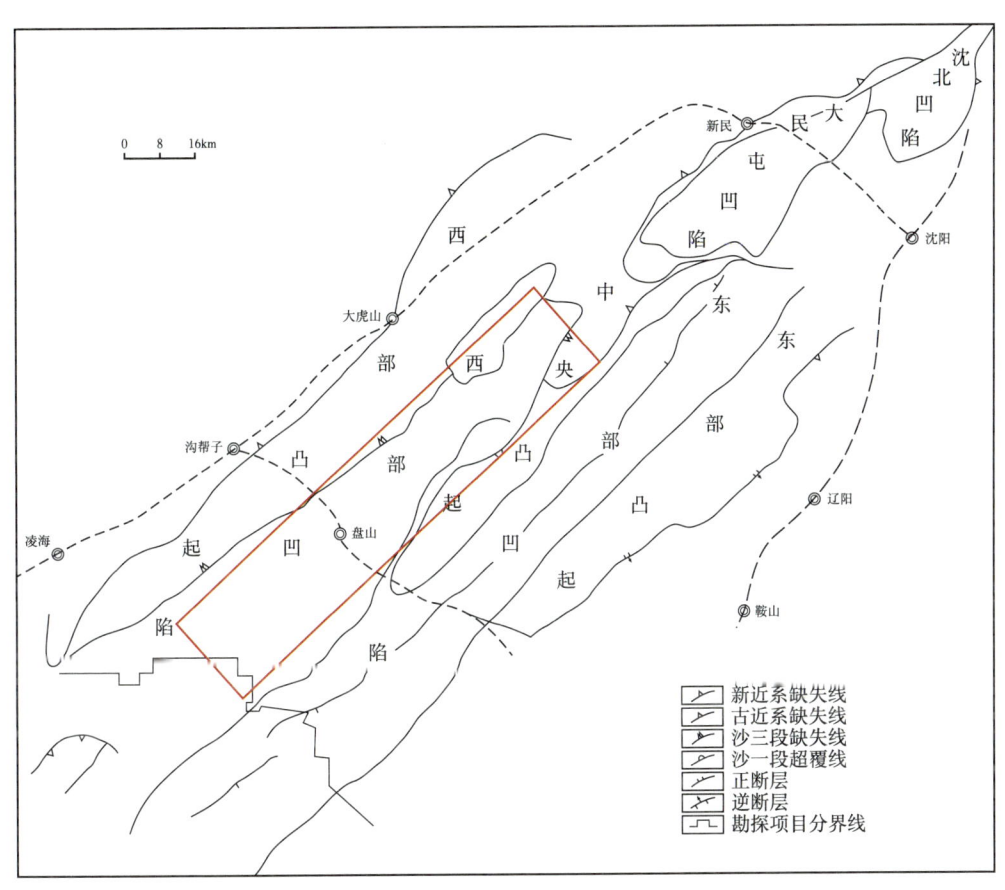

图 2-3-42 辽河断陷构造略图

兴隆台变质岩潜山处于西部凹陷地堑地垒系的东侧,是东侧地垒带的最高点,其四面环洼,分别为陈家—盘山洼陷和清水洼陷。

兴隆台变质岩潜山带被生油洼陷的沙四段、沙三段巨厚暗色生油岩体系包围和覆盖,潜山高程幅度达 2000 余米,构成了独特的"新生古储"含油气系统,系统内各地质因素发育条件好,时空搭配恰当,因此,该油气系统含油气丰富,是油气有利的富集区。

兴隆台油田潜山的勘探始于 20 世纪 70 年代,已有兴 25、兴 70、兴 86、兴 94、兴 229 等井钻遇潜山,且部分井在潜山段试油已获得工业油流,但由于受到当时技术条件的限制,没有进一步深入勘探。80 年代大民屯凹陷东胜堡、西部凹陷齐家等太古宇潜山勘探成功,推动了本区潜山的勘探工作,1985—1987 年部署实施了兴 68、兴古 2、兴古 4 三口探井,在潜山段均获得工业油气流,但是由于产能下降太快,勘探工作又一度搁置。1996 年部署兴 603 井,在太古宇未获得较好的产能。在兴隆台潜山的勘探过程中,由于

地质认识的限制，一直认为2720m为潜山的出油底界，从而限制了对潜山深层的勘探工作。2003年在兴马潜山带南部部署马古1井，完钻井深4081.02m，在3844.83~4081.02m裸眼井段试油、投产，获得日产油21.2t、日产气23441m³的工业油气流。

2005年为了进一步解剖兴隆台高潜山，特别是潜山深部含油气情况，确定含油底界，扩大含油面积，基于兴隆台地区城市三维地震资料，部署兴古了7井，完钻井深4230m，试图寻求更大突破。

2．存在问题

变质岩等基岩类油气藏，其形成条件、控制因素、分布规律和测井响应特征具有特殊规律。在已发现的变质岩储层中，主控因素为优势岩性和裂缝系统，优势岩性区带裂缝系统更发育，有效性更好。优势岩性区带背景下的裂缝系统控制油气在变质岩潜山中的分布，是油气渗流的通道，裂缝系统的大小和连续性决定了变质岩油气藏规模与产能，因此优势岩性划分、岩性准确识别、裂缝系统精细表征以及宏观优势岩性区带展布描述是变质岩储层油气藏评价的关键问题。

3．测井评价技术

针对变质岩储层岩性的多变性、储层品质的强非均质性以及测井响应特征复杂性，应用测井岩性综合识别技术、"最优化＋声电成像＋阵列声波"变质岩储层测井精细评价技术及多井对比技术，实现岩石组分的定量表征、裂缝性系统的快速识别、裂缝的有效性评价和宏观优势岩性区带描述，精准识别和评价油气目标体。

1）优势岩性序列

变质岩储层发育的主控因素与岩性和构造应力密切相关，储层的形成与其所含矿物成分有重要关系。大量的岩心、岩屑观察和鉴定表明，在相同应力条件下，随着暗色矿物含量的增加，形成储层的难度增大。岩石暗色矿物含量增加，岩石的塑性增强，不易产生裂缝（即便产生了少量的裂缝，也被方解石及其本身蚀变的绿泥石等充填）；而以长英质脆性矿物为主，岩石破碎后孔隙发育且不易充填，容易形成高品质储层，如混合花岗岩、花岗岩等（表2-3-9）。

表2-3-9 宏观裂缝与岩性关系统计表

岩性	岩心长度（m）	裂缝条数（条）	裂缝密度（条/m）	被充填裂缝比例（%）
混合花岗岩类	104.78	2014	19.2	9.0
片麻岩类	23.97	271	11.3	32.7
基性侵入岩类	16.70	48	2.9	100.0

根据岩心和测试资料统计结果得出优势岩性序列（表2-3-10）。

表2-3-10 太古宇变质岩潜山优势岩性序列

序列	Ⅰ	Ⅱ	Ⅲ	Ⅳ（非储集岩）	Ⅴ（非储集岩）
岩性	混合花岗岩类	酸性侵入岩类	片麻岩类	基性侵入岩类	角闪岩类
	混合片麻岩类	中性侵入岩类			

2）测井岩性综合识别

变质岩储层发育程度与岩性密切相关，准确识别岩性是储层评价的前提，地质、岩矿及测井多学科结合的研究结果表明，太古宇潜山划分为两大类 7 种岩石类型。基于岩矿刻度测井理论，利用测井曲线形态模式库技术（图 2-3-43）、测井曲线交会技术（图 2-3-44）、测井岩性识别特征模板（图 2-3-45）和最优化测井解释技术解决了兴隆台潜山岩性认识和矿物定量评价问题。

岩石学分类	岩石常规测井分类	测井曲线形态特征（模式图）	
		密度（黑色）—中子（绿色）	自然伽马
变质岩	混合花岗岩类	大的"正差异"或"绞合状"	"高锯齿状"
	混合片麻岩类	"绞合状"或小的"负差异"	"高锯齿状"
	片麻岩类	"负差异"或"绞合状"	"高锯齿状"
	角闪岩类	大的"负差异"	"低平直状"
岩浆岩	酸性岩类	大的"正差异"或"绞合状"	"高平直状"
	中性岩类	小的"正差异"或"绞合状"	"中高平直状"
	基性岩类	大的"负差异"	"低平直状"

图 2-3-43 测井岩性识别模式图

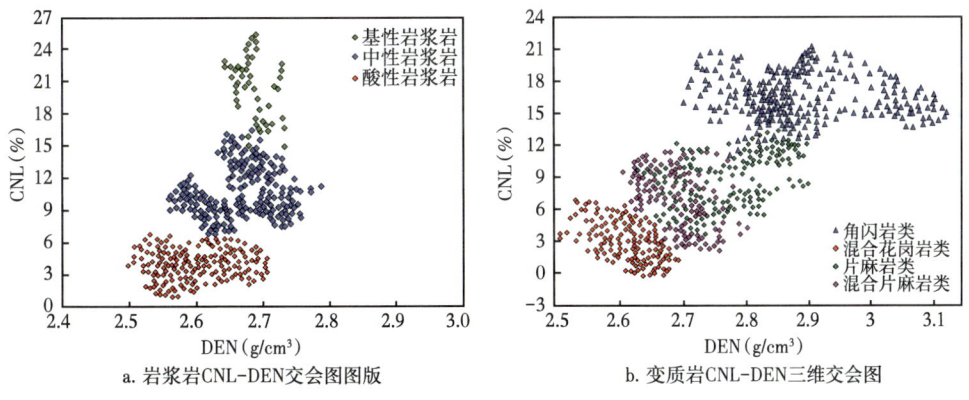

a. 岩浆岩CNL-DEN交会图图版　　　　b. 变质岩CNL-DEN三维交会图

图 2-3-44 测井曲线交会图

3）基于最优化理论的矿物含量表征

最优化测井解释方法是以广义地球物理反演为理论依据，结合最优化算法和统计概率理论，充分利用多种测井信息，对储层进行测井评价的一门技术。通过最优化测井解释方法结合岩心矿物 X 射线衍射成果标定，精细定量描述了地层的矿物组成（图 2-3-46）。

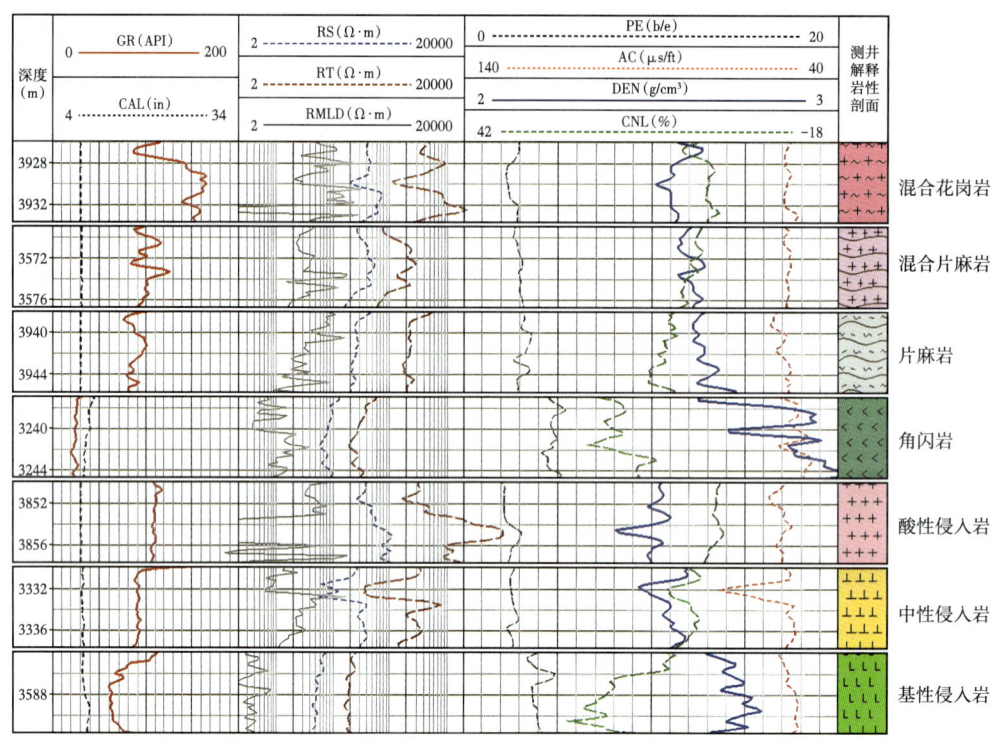

图 2-3-45 测井岩性识别特征模板

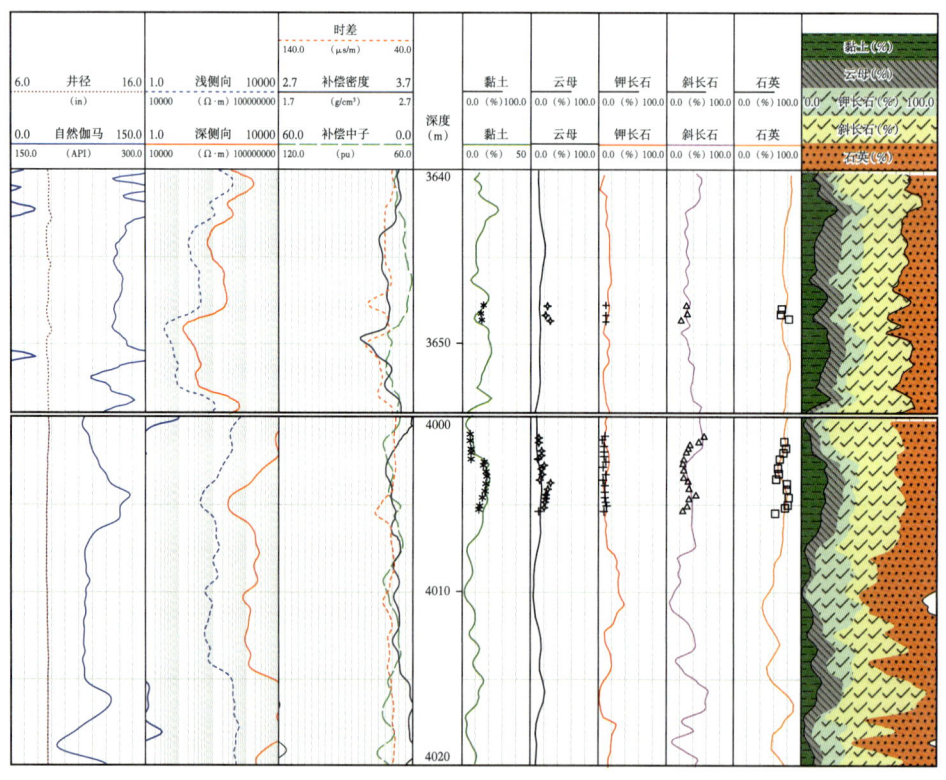

图 2-3-46 兴古 7 井矿物成分测井描述成果图

4）基于扫描成像测井的裂缝识别与精细表征

常规测井资料识别裂缝主要是根据电阻率值径向差异以及三孔隙度测井的曲线异常判断裂缝发育井段，由于常规测井资料分辨率有限、多解性强，裂缝解释可靠程度较低。

成像测井对裂缝反映敏感，直观成像，可快速准确识别裂缝发育带，描述裂缝产状并量化裂缝参数包括裂缝宽度（FVA）、平均水动力宽度（FVAH）、裂缝长度（FVTL）、裂缝密度（FVDC），实现对裂缝系统的精细评价（图2-3-47）。

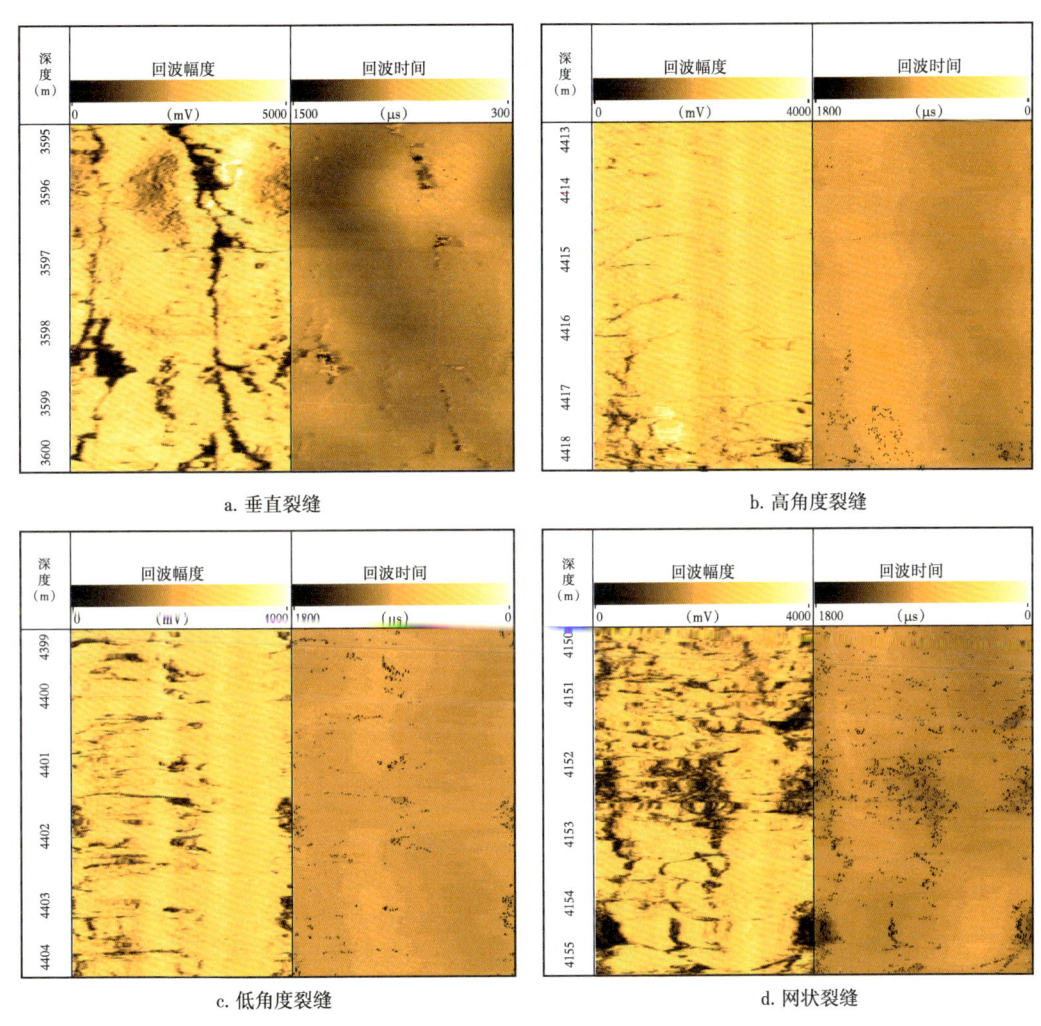

图2-3-47 扫描成像测井的裂缝识别

兴古7井2592~3614m井段采用声成像（CIBL）测井系列（图2-3-48），成像资料显示发育高角度和垂直裂缝（绘图道4、5），裂缝倾角普遍大于50°（绘图道7），孔隙以次生孔隙（绘图道8）为主，裂缝宽度最大达到0.5mm（绘图道10），裂缝密度最大达到4条/m（绘图道9）。

5）基于阵列声波测井的裂缝有效性评价

斯通利波幅度的衰减与裂缝内充填的介质有关，当裂缝被流体充填时，会造成斯通利波幅度的衰减；当裂缝被矿物质充填时，斯通利波幅度的衰减不明显，因此，斯通利波幅度衰减意味着地层为有效渗透层段。在有效裂缝发育段，斯通利波中心频率出现降低频，即发生频移，波速降低，即传播时间滞后，因此通过正确显示频移和时滞这两个特征来指示地层的渗透性。

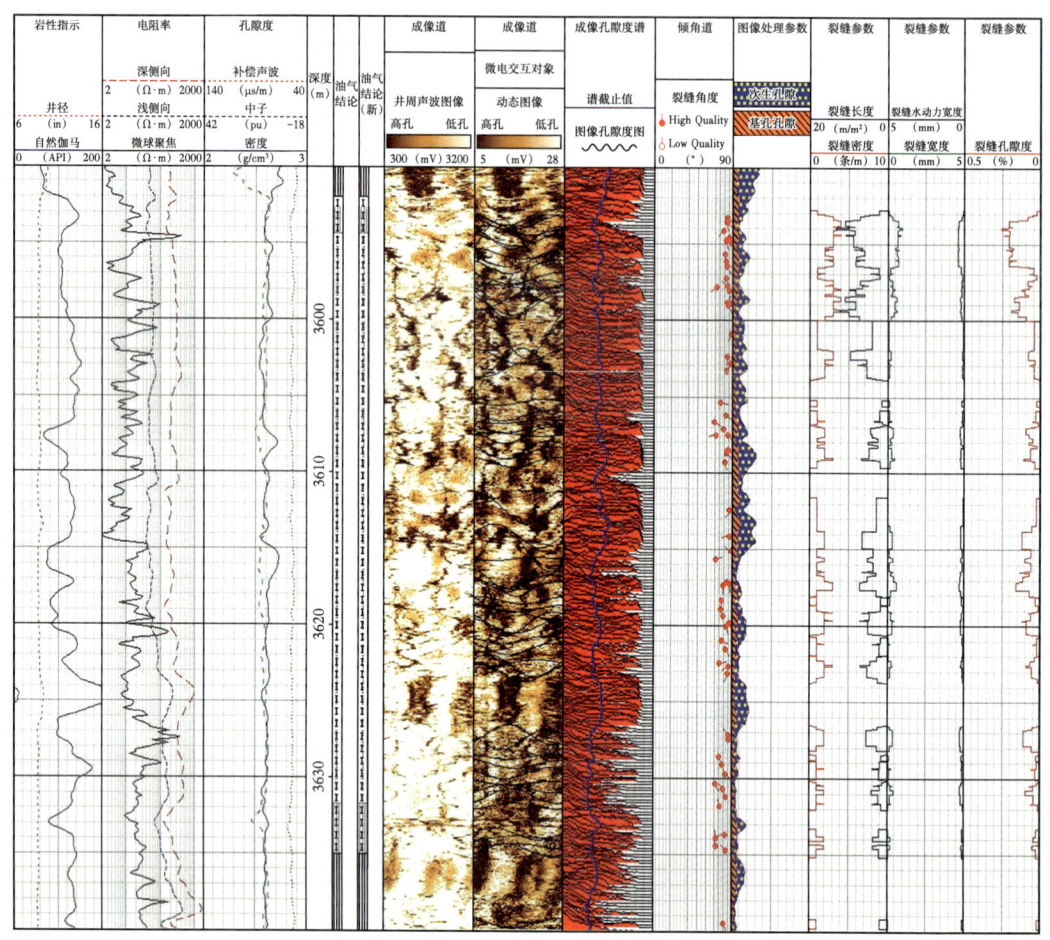

图 2-3-48　兴古 7 井声成像裂缝评价成果图

兴古 7 井阵列声波采用 XMAC 测井系列，基于阵列声波的升幅度衰减以及时间滞后效应和频率移动效应进一步评价裂缝的有效性。资料显示，在对应的裂缝发育带有明显的声幅衰减、时滞和频移，证实了裂缝系统的有效性（图 2-3-49）。

6）优势储集岩空间展布

通过对兴古 7 块系列探井和评价井的变质岩潜山太古宇油层特征分析，进一步证实了油层分布受裂缝发育程度控制作用明显，而裂缝发育带的分段性以及与岩性的相关性表明裂缝发育程度受优势岩性、构造活动控制作用显著，因此在准确识别单井岩性的基础上，通过多井对比确定岩性横向及纵向分布规律，寻找出有利的储集岩分布位置，是变质岩油气藏勘探的关键。

利用岩性识别技术对其中的 43 多口井进行了单井岩性识别，分类统计每口井不同岩性的厚度，并根据统计情况得到了如下认识：

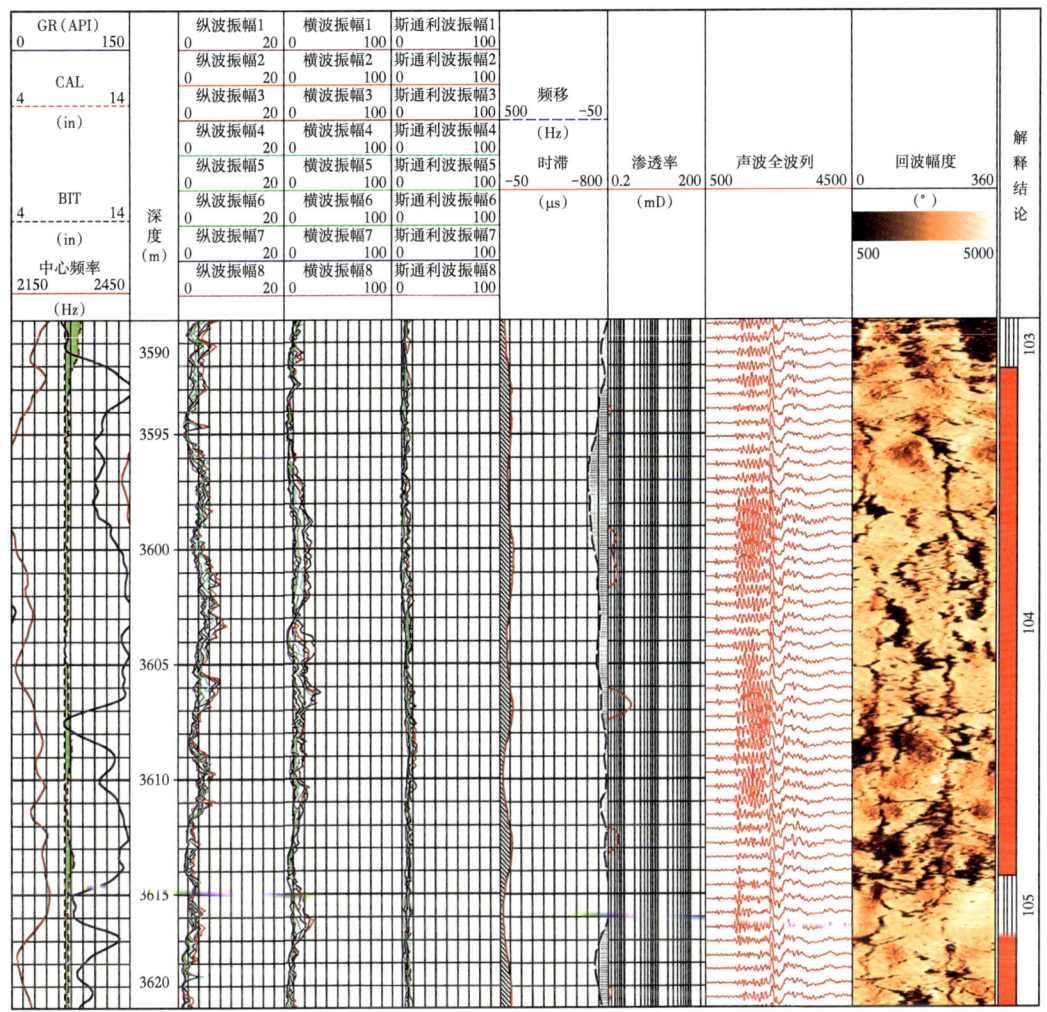

图 2-3-49　兴古 7 井阵列声波裂缝有效性评价

（1）潜山岩性南北分带，东西局部有差异（图 2-3-50）。

（2）马古—兴古—陈古潜山带侵入岩厚度逐渐增加。北部陈古潜山以中酸性侵入岩为主，中部兴古潜山以片麻岩、混合岩为主，南部马古潜山以混合岩为主（图 2-3-51）。

4. 应用效果

基于"优势岩性序列"认识，结合"测井岩性综合识别技术"以及"最优化＋声电成像＋阵列声波"变质岩储层测井精细评价技术，对兴古 7 井进行了测井精细评价，共解释了油层 142m/12 层、差油层 236.2m/35 层。兴古 7 井进行了系统的测试和试油，其中裸眼测试 2748.38~2596.58m 井段射开 151.8m/裸眼，液面 1041.3m，日产油 30.8t，累积出油 3.2t，日产气 1399m³，结论为油层；第一次试油在太古宇 4014.65~3978.0m 井段试油射开 33.0m/5 层，液面 2026.2m，日产油 3.09t，累积出油 1.7t，结论为油层；第二次试油在太古宇 3653.5~3592.0m 井段试油射开 52.0m/4 层，8mm 油嘴，日产油 66.5t，日产气 23049m³，累积出油 94.9t，结论为油层。试油结果证实了测井解释的成果，兴隆台潜山储层底界为 3960m，兴古 7 块油藏埋深 2470~3960m。

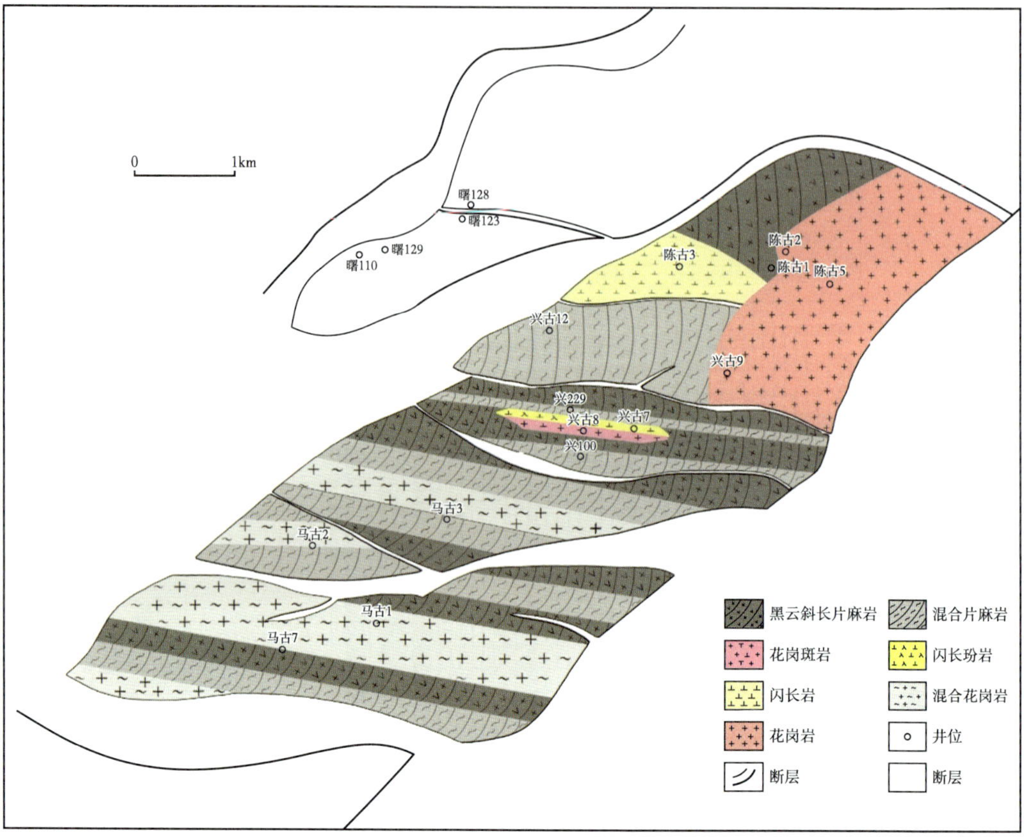

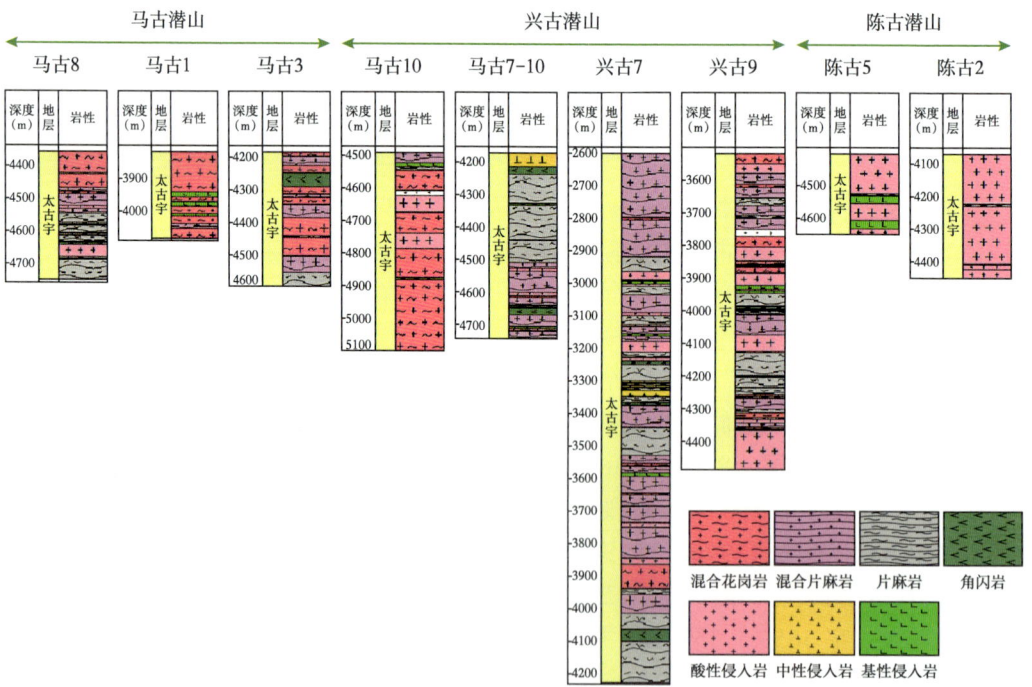

图 2-3-50 兴古潜山岩性分布图

图 2-3-51 兴古潜山带岩性横向分布柱状对比图

利用相关技术和认识成果，在对兴马潜山带的评价勘探中又部署了兴古 8 预探井及兴古 7-1（图 2-3-52）、兴古 7-3 两口评价井，均取得了良好的效果（表 2-3-11），通过试油、试采进一步落实了潜山深部含油气情况，证实了该潜山带具有较高的产能，扩大了含油面积，为提供整装规模的储量区提供了依据。

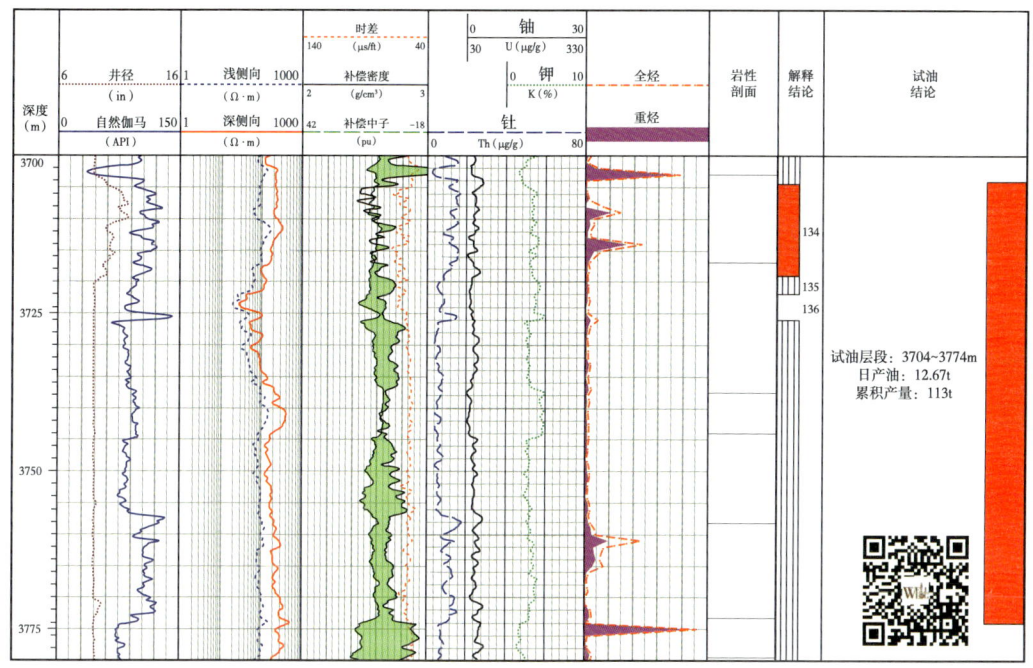

图 2-3-52　解释评价成果图

表 2-3-11　相关试油成果

井名	层位	井段（m）	厚度	日产量 油（t）	日产量 气（m³）	累积产量 油（t）	累积产量 气（m³）	试油结论
兴古 8	Ar	3733.1~3719.1	14m/1 层	5.83		20.73		油层
		3022.1~2967.1	48/3 层	1.65		5.04		油层
兴古 7-1	Ar	3774.0~3704.5	45.5m/4 层	12.67		113.608		油层
兴古 7-3	Ar	4109~3950	90.5m/3 层	15	3033	135.985	9741	油层

5. 结论及建议

优势储集岩空间展布和有效裂缝系统控制着油气在变质岩潜山中的分布。裂缝系统是油气渗流的通道，有效裂缝系统对于变质岩储层成藏和高产起着决定性作用。优势岩性测井识别和裂缝系统表征是变质岩储层油气评价的关键问题。

基于"测井岩性综合识别技术"以及"最优化＋声电成像＋阵列声波"变质岩储层测井精细评价技术，对变质岩储层的油气藏精细描述具有很好的作用。

第三章 四川盆地测井解释评价典型应用实例

四川盆地是我国重要的天然气生产基地,中国石油与中国石化在该盆地勘探发现了储量品质好、丰度高的常规碳酸盐岩天然气藏,同时随着近年勘探技术与地质认识的提升,发现了志留系龙马溪组与寒武系筇竹寺组页岩气、上三叠统须家河组致密气及侏罗系致密油藏。本章优选了3个单井测井评价案例与2个区块测井综合评价研究成果,系统介绍了缝洞型、裂缝孔隙型及礁滩型碳酸盐岩3种储层类型的气藏测井评价技术、致密砂岩气藏测井评价技术及页岩气藏三品质评价技术。这些技术为勘探新区新领域油气发现与规模上产发挥了测井技术关键支撑作用。

第一节 地质背景

四川盆地位于中国西南部,四周皆为高山,北界为米仓山、大巴山,南界为大凉山、娄山,西侧为龙门山、邛崃山,东侧有七曜山(也称齐岳山)(张金川等,2008)。盆地内部海拔从西向东逐渐变高,以龙泉山、华蓥山为界显示出明显的三分特点,具体表现为盆西平原地貌(即成都平原)、盆中丘陵地貌和盆东山地地貌,面积约为$19\times10^4\text{km}^2$,是扬子地台西北缘一个呈北东向延展的菱形盆地(图3-1-1)。

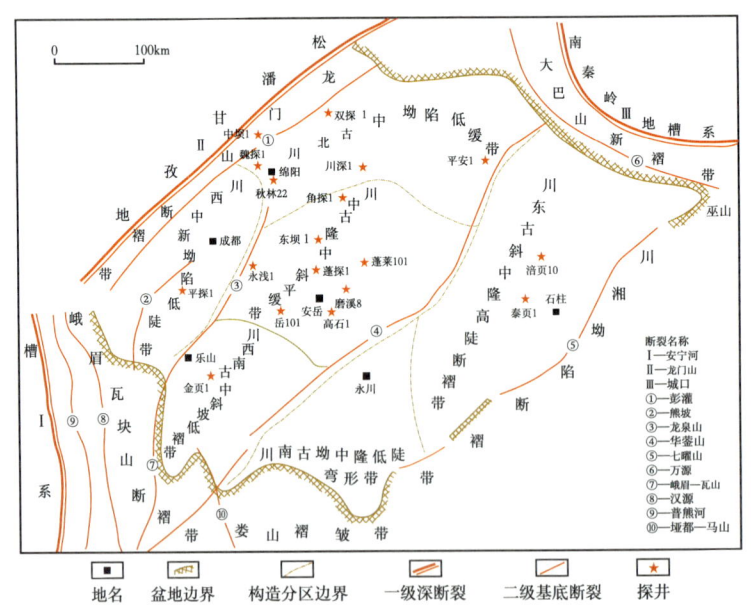

图3-1-1 四川盆地构造纲要(据杨雨等,2023)

四川盆地的形成和发展经历了多次构造运动，受特提斯构造域、太平洋构造域的影响，形成以前震旦系变质岩为基底的大型叠合含油气盆地。四川盆地长期处于冈瓦纳大陆与劳亚大陆之间的过渡转换部位（任纪舜等，1994），在叠合演化过程中经历了多期重要构造事件，中奥陶世末的构造事件形成了川中古隆起；中志留世末的构造事件导致四川盆地的区域隆升，直至二叠纪才全面沉降；中三叠世末的构造事件形成了泸州—开江古隆起；晚三叠世—早白垩世，周边造山带对盆地挤压冲断作用持续增强，在周缘形成山前冲断带；晚白垩世—第四纪，盆地全面隆升，消亡遭受剥蚀（王学军等，2015）。

四川盆地地层发育较为齐全，除泥盆系和古近—新近系缺失以外，其余地层均有发育，沉积厚度达6000~12000m（何登发等，2011），川西最厚，川中最薄。以主要区域不整合面为依据，在纵向上将四川盆地的地层系统划分为5个构造层。沉积盖层之下的新元古界构造层由青白口系和南华系的变质岩组成，构成了盆地的基底。震旦系是在裂谷盆地基础上发育第一套稳定的沉积盖层，与下伏基底呈不整合接触。前震旦纪基底形成后，四川盆地自震旦纪至中三叠世，以垂直升降运动为主，形成海相克拉通盆地，沉积物为碳酸盐岩夹泥页岩或其他陆源碎屑岩，沉积岩厚4000~7000m；晚三叠世中期后，沉积环境发生巨大改变，以陆相沉积为主导地位，此时的四川盆地也由海相克拉通盆地转变为前陆盆地，沉积物为陆源碎屑岩夹湖相碳酸盐岩，沉积岩厚2000~5000m（魏魁生等，1997）。其中，三叠系在川东弥散于侏罗系中，最厚处在川西南部；侏罗系广泛出露，在川西地区最厚；白垩系呈狭长带状展布于龙门山、米仓山、大巴山前缘与宜宾—赤水一带，在川西地层最厚；新生界主要分布于川西南部，在成都平原出露较广，厚度相对较薄。

四川盆地的形成与演化曾经历了中—新元古代扬子地台基底形成阶段、震旦纪—中三叠世被动大陆边缘阶段、晚三叠世盆山转换与前陆盆地形成演化阶段、侏罗纪—第四纪前陆盆地沉积构造演化阶段（毛琼等，2006）。四川盆地震旦系—志留系主要为一套台地型碳酸盐岩—碎屑岩沉积，泥盆系为一套陆棚沉积—局限台地沉积的碎屑岩、生物碎屑灰岩、生物灰岩和白云岩，石炭系为开阔台地相石灰岩和潮坪沉积的白云岩、白云质灰岩沉积，二叠系为一套海陆过渡相—海陆过渡相的砂页岩夹煤线、玄武岩沉积和台地相石灰岩、泥质灰岩夹砂页灰岩、生物灰岩、白云岩、黑色页岩沉积，中—下三叠统为一套浅海相石灰岩、泥灰岩、紫红色页岩、砂质泥岩、鲕粒灰岩、白云岩夹泥页岩及石膏层沉积，上三叠统小塘子组—须家河组为滨海相—三角洲—湖泊相—河流相砂泥岩和砾岩组合，侏罗系主要为河流、滨湖、三角洲—浅湖泊—半深水—深水湖泊相页岩、石灰岩沉积组合，白垩系—第四系为河流、湖泊相砂岩、泥岩夹粉砂岩、泥灰岩和砾岩沉积。

根据基底性质、沉积盖层、气藏（田）特征及天然气类型等，把四川盆地划分为4个油气聚集区，即4个构造区块：川东气区、川南气区（包括川南和川西南）、川西气区和川中油气区（朱光有等，2006）。四川盆地烃源层系控制了油气纵向分布，目前已发现21套含油气层系，基本围绕上震旦统、下寒武统、下志留统、二叠系、上三叠统、下侏罗统等烃源层系规律分布（邹才能等，2014）。该盆地整体既富油又富气，常规—非常规油气并重，更以天然气为主。盆地主要发育3类常规油气与3类非常规油气，3类常规气藏为震旦系灯影组碳酸盐岩缝洞型气藏、寒武系龙王庙组和石炭系裂缝—孔隙型白云岩气藏和二叠系—三叠系碳酸盐岩礁滩型气藏；3类非常规油气为志留系龙马溪组与寒武系筇竹寺组页岩气、上三叠统须家河组致密气及侏罗系致密油。区域性地层不整合对四川盆地油气成藏具有重要作用（杨威等，2023），与区域性不整合相关的领域是四川盆地勘探的重点，前震旦系具备形成大气田的烃源岩、储层和配置条件，具有较大勘探潜力。图3-1-2为四川盆地地层、构造、生储盖综合柱状图。

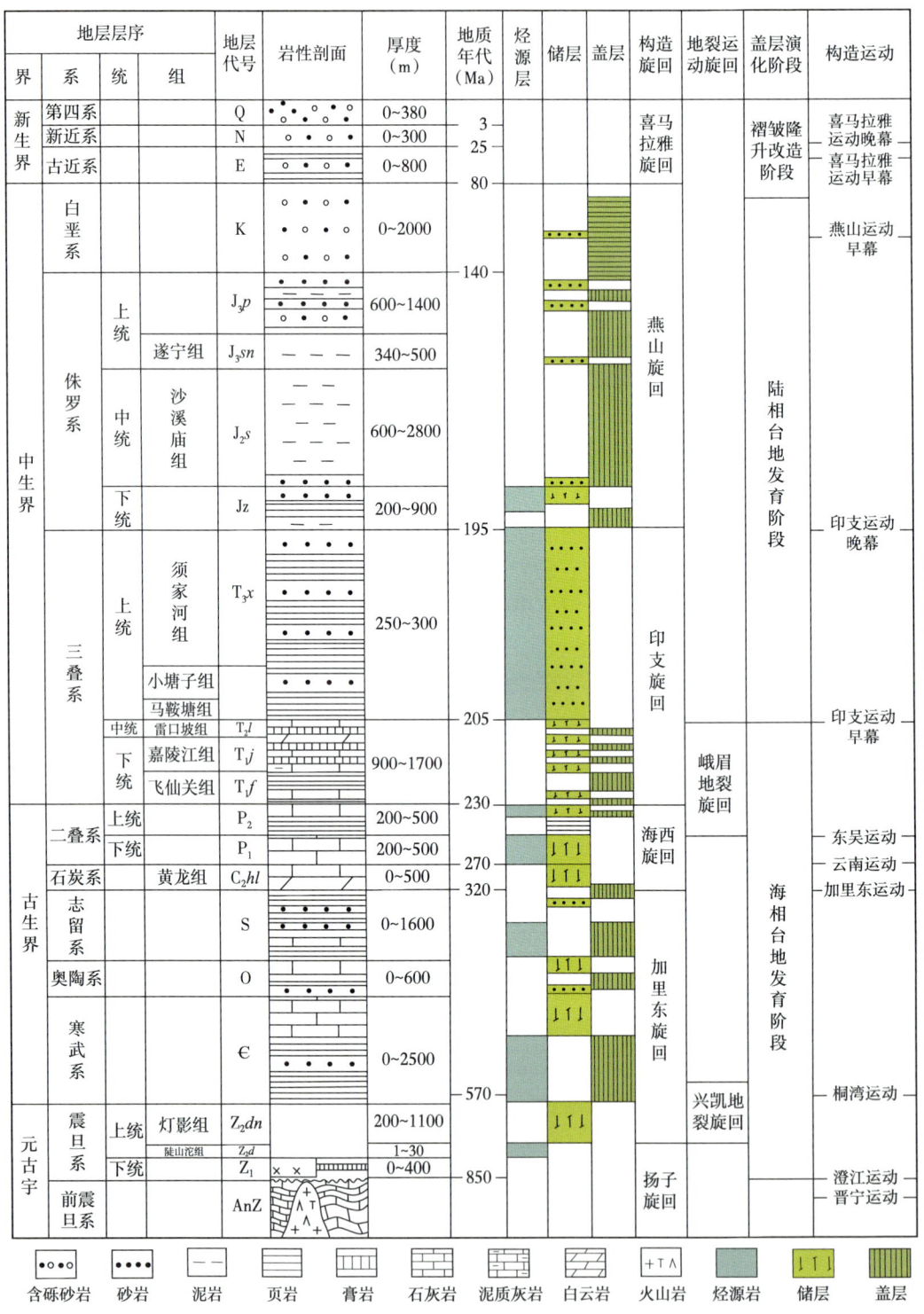

图3-1-2 四川盆地地层、构造、生储盖综合柱状图（据施振生等，2022）

第二节 单井案例

一、川西坳陷大邑1井致密砂岩气层测井评价

1. 地质背景

大邑1井位于四川省成都市大邑县悦来镇胜利村二组，是在川西坳陷大邑背斜近轴部部署的一口预探井。大邑构造区域上位于川西中—新生界沉积坳陷，属于龙门山山前断褶构造带之大邑潜伏构造亚带，地处龙门山山系的中南段西部。大邑构造为北东展布，向北东倾伏，西南仰起，构造轴向为北东向，长轴在11~16.4km之间，短轴在2.1~2.7km之间，两翼不对称，倾角7°~12°。由深至浅从雷口坡顶（T_6）到白田坝底（T_4）构造形态变化不大，总体上都是两翼均被断层切割遮挡的背斜。沉积地层自上而下依次为第四系、白垩系、侏罗系、三叠系。

大邑1井含油气层系主要位于三叠系须家河组，该区域须二段为松潘—甘孜三角形海槽发生褶皱变形导致川西地区发生被动沉降形成的大陆边缘残余前陆盆地沉积，因龙门山此时还未大面积隆升成陆，物源主要来自东侧的隆升剥蚀区。川西坳陷从东到西依次分布有辫状河平原、曲流河平原、网状河平原，河水由东到西流向巴颜喀拉海。须三段和须二段类似，物源主要来自东侧，但沉积相带发生了较大改变，纵向上出现网状河道和泛滥沼泽的交替沉积，横向上川西坳陷中段北部和南侧出现大片泛滥沼泽相带，但由东到西仍有曲流河平原→网状河平原+泛滥沼泽+决口扇→三角洲的相序递变特征。该区须家河组主要处于网状河相带，发育含少量泥岩透镜体的大套河道叠置砂体。

须二、须三储层储集空间主要为次生残余粒间孔、粒间溶孔、粒内溶孔，局部发育微裂纹及微裂缝。邻区QX3井须三段样品物性分析孔隙度一般为1.74%~2.83%，平均2.28%，渗透率为0.00171~186mD，平均26.7mD；QX4井须三段样品物性分析孔隙度一般为1.12%~4.16%，平均3.08%，渗透率平均0.0244mD；平落坝PL1井须三段有效储层平均孔隙度4.8%。总的来说，须家河组属超低孔、低渗储层，但局部由于裂缝的改造，次生溶孔比较发育，因此物性条件得以大大改善。大邑构造储层为次生溶孔和微裂缝较为发育的储层。

2. 存在问题

大邑1井为大邑构造首口预探井，须二段岩性主要为灰色中粒岩屑石英砂岩，储集类型以裂缝—孔隙型为主，因此裂缝的有效性评价十分关键。在此之前，川西坳陷其他构造的须二段都是高压地层，地压系数大于1.6。本井须二段在钻井液密度为1.25~1.30g/cm³的条件下仅有2层微含气层显示，最高全烃值3.33%。测井电阻率一直是反映岩性及流体信息的重要参数，但由于该井位于断层附近，裂缝非常发育，从而导致钻井液侵入储层，致使电阻率测井受钻井液侵入影响对流体判断困难，气水关系不明显，气水界限难以确定，导致储层流体性质识别难度大。

3. 测井评价技术

大邑1井须二段属于超致密碎屑岩，以孔隙型、裂缝—孔隙型、孔隙—裂缝型储层为主，属特低孔特低渗储层。据录井、岩心资料分析，大邑须家河组储层岩性以灰白色

中粒富岩屑砂岩为主，粗粒富岩屑砂岩和细粒富岩屑砂岩次之。须二段（取心井段集中在 Tx_2^1 砂组，共 194 个样品），孔隙度最高 7.99%，最低为 0.57%，平均 3.27%，孔隙度峰值在 2%~4%；渗透率最高 227.08mD，最低 0.001mD，峰值在 0.02~0.06mD（图 3-2-1）。

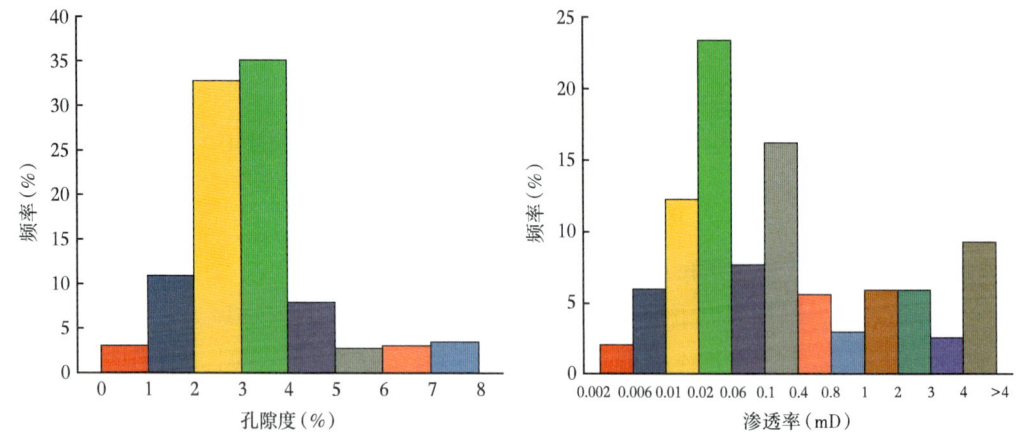

图 3-2-1　大邑构造须二段孔隙度、渗透率频率直方图

本井以常规资料为基础，结合电成像以及偶极声波资料进行了储层划分、裂缝有效性评价以及流体类型识别，储层的有效性评价采用了微电阻率成像结合常规评价裂缝的有效性，用斯通滤波有效渗透性评价储层的渗流能力，并划分储层类型。流体性质识别则主要利用纵横波速度比与纵波时差交会法、饱和度反演法、电成像的谱分析法对储层流体性质进行了判别，解决了裂缝发育时储层有效性评价与流体类型判识的难题。

1）裂缝有效性评价技术

（1）从裂缝充填与溶蚀程度评价裂缝有效性。

裂缝形成后在漫长的地史中必然伴随充填与溶蚀的改造作用。充填对裂缝起破坏作用，影响裂缝有效性；溶蚀则对裂缝起建设性作用，可提高裂缝的有效性。

裂缝充填包括高阻充填与低阻充填，高阻充填物一般为次生石英或方解石晶体，低阻充填一般为泥质充填。高阻充填缝在成像图上表现为较亮的正弦波条纹，在常规电阻率曲线上无明显低阻特征，一般为无效的闭合缝。泥质充填缝与有效张开缝在成像图上均表现为黑色条纹，也具有低阻的特征，差别主要在自然伽马，有效张开缝与背景岩性比较其伽马值几乎无变化。

溶蚀孔洞主要发育在碳酸钙含量较高的灰质砾岩和钙屑砂岩中，以及长石含量较高的长石岩屑石英砂岩或岩屑长石石英砂岩中。当天然裂缝发育时，由于地下水的侵蚀沟通，容易在致密岩石的裂缝发育段附近形成次生溶蚀孔洞，缝洞的良好沟通更提高了裂缝的有效性，此时即使是低角度裂缝也将为有效缝。钻遇该类缝洞体时，一般均会发生规模不等的井漏现象。

大邑 1 井在录井过程中多处出现井漏情况，如井段 5067.63~5071.09m 漏失钻井液 17.25m³，5082.50~5094.61m 漏失钻井液 0.9m³。

（2）从裂缝倾角评价裂缝有效性。

须家河组产气层段是裂缝相对发育的层段，储层产气状况对裂缝的依赖性较强。通过对川西其他地区须家河组气层产能与测井判别裂缝发育段之间的关系分析，可以发现，不同产状裂缝对储层渗透性的改善效果是不一样的，一般水平缝对渗透性的改善作用非常有限，斜缝和高角度缝对储层渗透性改善作用非常明显。须二气藏天然气富集、高产与高角度有效裂缝密切相关。

在大邑1井成像测井井段（4975.5~5160.0m），裂缝非常发育，倾角大于60º的高角度缝有56条，占张开缝的21%。从裂缝倾角的角度分析，裂缝有效性整体较好。

（3）从裂缝走向评价裂缝有效性。

当裂缝走向与现今最大水平主应力方向一致或夹角很小时，裂缝大多为现今构造运动所产生，裂缝形成时间较短、未被充填，大多为开启状态，这种裂缝能最大限度地发挥其渗流通道的作用，此时认为裂缝系统是有效的；反之，当裂缝走向与现今最大水平主应力垂直或斜交时，裂缝大多为古构造运动所产生，经过漫长的地质时期，其中部分裂缝已被矿物质充填，没有被充填的部分也可能在现今构造应力作用下闭合，裂缝的渗透作用大大降低，从而削弱了裂缝的有效性。

当裂缝走向与现今最大水平主应力间的夹角小于30º时，裂缝是有效的；当二者夹角大于30º时，裂缝的有效性较差。也就是说，当裂缝走向与现今最大水平主应力方向相近时才有效。

图3-2-2为大邑1井须二段5065~5074.5m电成像测井处理成果图，图中显示储层段裂缝极为发育，以高角度缝为主，裂缝走向与现今最大水平主应力方向几乎平行，可判断裂缝有效性好。

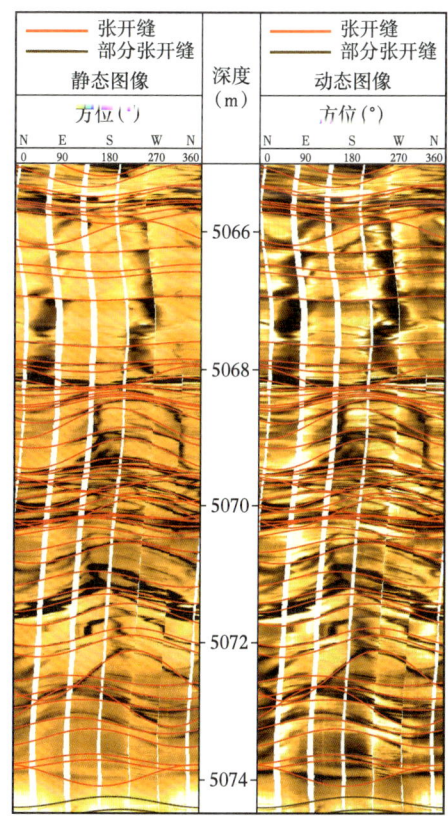
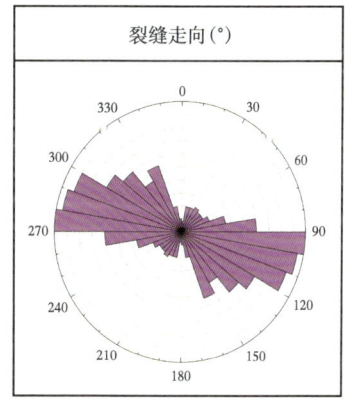
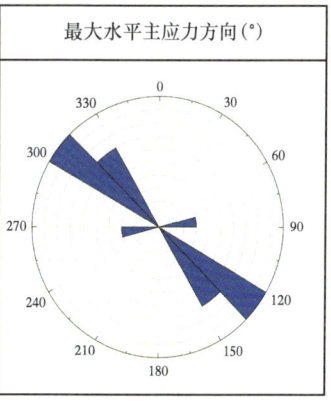

图3-2-2 大邑1井须二裂缝走向与最大主应力方向关系图

（4）斯通利波能量衰减与反射评价裂缝有效性。

①用斯通利波能量衰减判断裂缝的渗透性。

低频斯通利波与储层的渗滤性具有直接关系，用斯通利波的能量衰减和传播速度可以较好地估算裂缝储层的渗透性。

斯通利波是一种具有较大径向探测深度的管波。它在井筒中的传播近似于活塞运动，造成井壁在径向上的膨胀和收缩，这时如有有效裂缝与井壁连通，则将使井液沿着裂缝流进和流出，从而消耗能量，使其幅度降低；而在无效裂缝处，则不会发生能量衰减。斯通利波能量受其他因素（如岩性变化、层界面、井眼条件等）影响较小，它主要与地层的渗透性有关。斯通利波的衰减主要发生在渗透性好的层段。因此，利用斯通利波能量衰减可以定性判断裂缝储层的渗透性。图3-2-3为大邑1井5040.0~5140.0m单极、偶极波能量衰减图，与成像对应的裂缝发育井段纵波、横波和斯通利波都发生了能量衰减，进一步说明了裂缝的有效性整体较好。

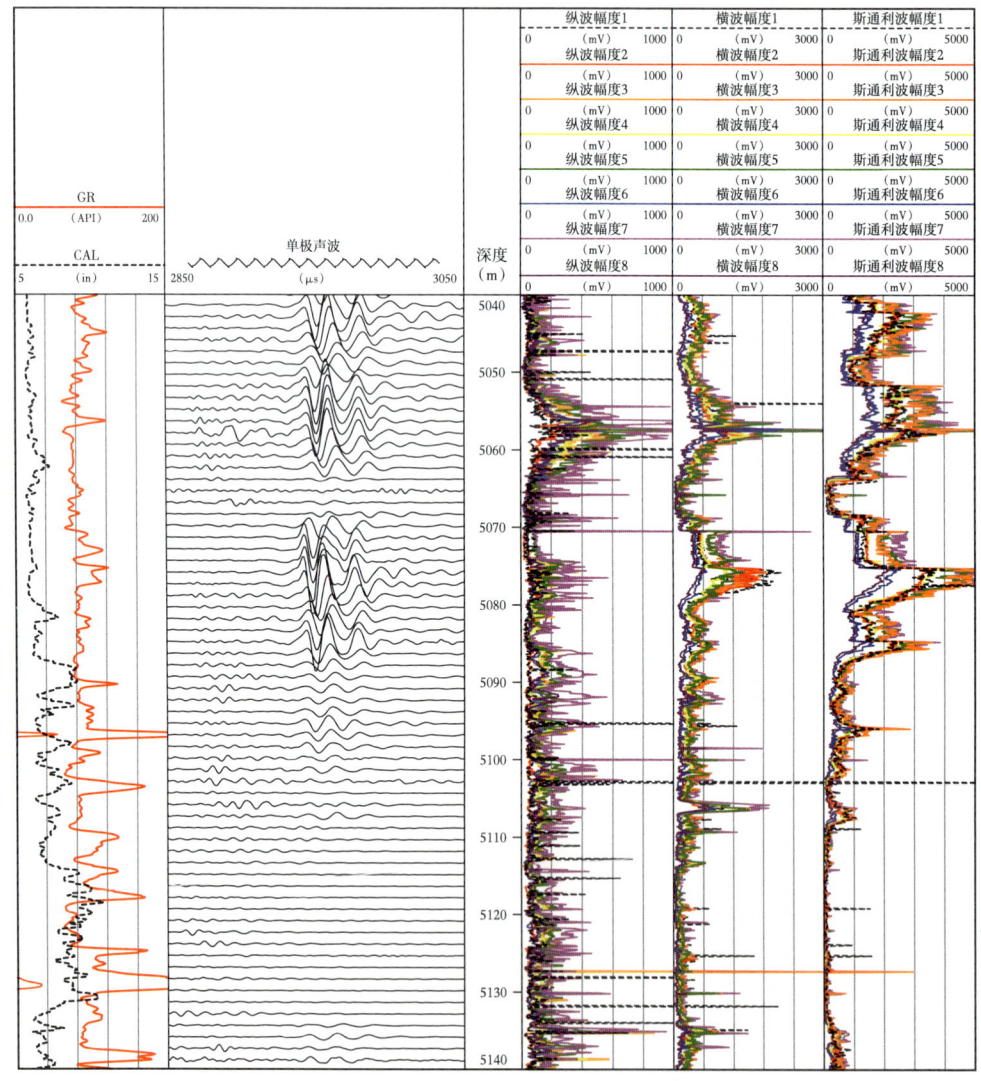

图 3-2-3　大邑 1 井 5040.0~5140.0m 偶极声波能量衰减图

②利用斯通利波反射定性判断裂缝储层的渗透性。

排除岩性界面和砂岩中交错层理的影响,斯通利波人字形干涉条纹出现,同时反射系数增大指示有效裂缝存在。因此可利用斯通利波反射特征进一步识别裂缝发育程度和裂缝有效性(图3-2-4)。

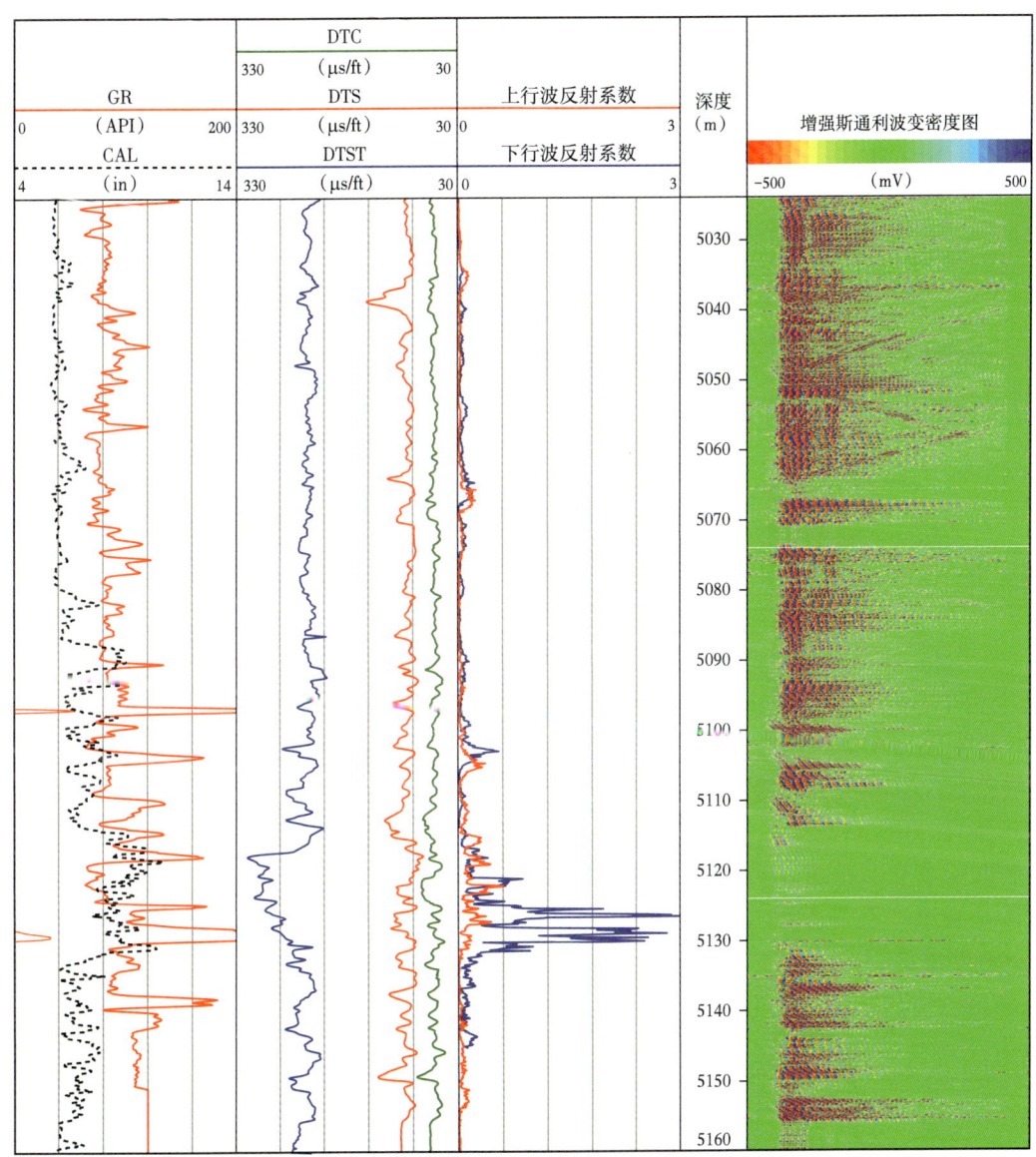

图 3-2-4　大邑 1 井 5024~5160m 斯通利波反射图

2)储层类型评价

须二段储层类型按储集空间的差异可划分为低孔孔隙型储层、特低孔孔隙型储层、超低孔孔隙型储层、裂缝—孔隙型储层、孔隙—裂缝型储层和裂缝型储层。

孔隙型储层中的裂缝不发育,孔隙是储集空间,孔隙喉道是渗滤通道。

裂缝—孔隙型储层中的孔隙是主要的储集空间,裂缝是主要的渗滤通道,喉道为次要通道。

孔隙—裂缝型储层中的孔隙与裂缝构成主要的储集空间，裂缝比较发育，是主要渗滤通道。

大邑1井须二段储层主要发育在5065.0~5074.8m以及5110.4~5128.0m，这两段储层成像资料显示裂缝发育，其中5110.4~5128.0m测井曲线特征反映该层位于断层破碎带上，物性较好，电阻率测值较致密围岩降低，且深浅侧向呈大幅度正差异曲线响应特征，深侧向电阻率测值为43~69Ω·m；成像测井显示此段岩石比较破碎，裂缝比较发育（图3-2-5），在井段5110.28~5128.61m，发育天然缝44条，其中张开缝43条、闭合缝1条。综合分析判断该段为裂缝—孔隙型储层。

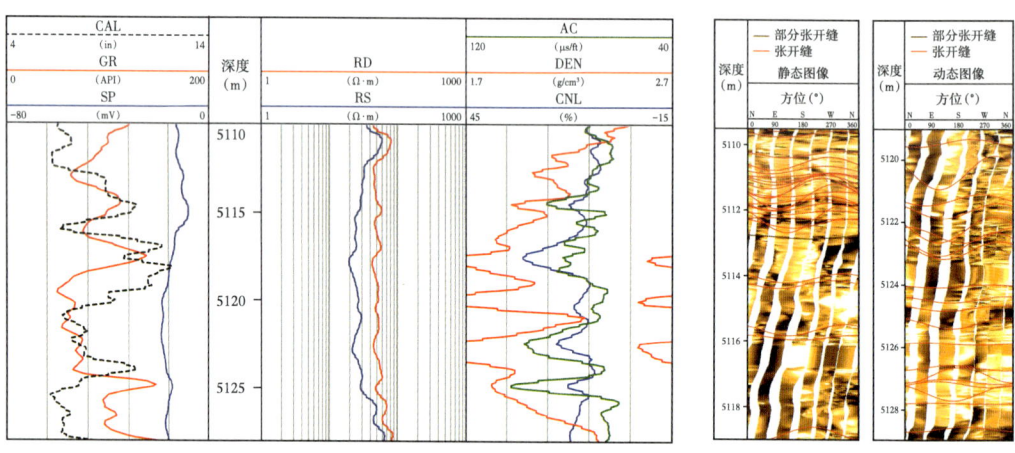

图3-2-5　大邑1井5110.4~5128.0m孔隙—裂缝型储层测井响应特征

5065.0~5074.8m，三孔隙度和电阻率曲线均指示本层裂缝较发育，尤其电阻率测量值较致密围岩明显降低，显示裂缝有效性较好。在钻井过程中，5067.63~5071.09m发生裂缝性漏失，漏失钻井液7.8m³；成像测井资料显示，在5065.17~5074.51m井段发育天然缝58条（图3-2-6），其中张开缝56条、闭合缝2条；在该段井径规则的情况下，斯通利波能量衰减严重，表明储层段渗透性能较好（如图3-2-6所示）；综合分析认为，该段是裂缝—孔隙型储层，但电阻率值相对较低，最低处仅为16.7Ω·m（5065.3m），因此判断准该层流体性质至关重要。

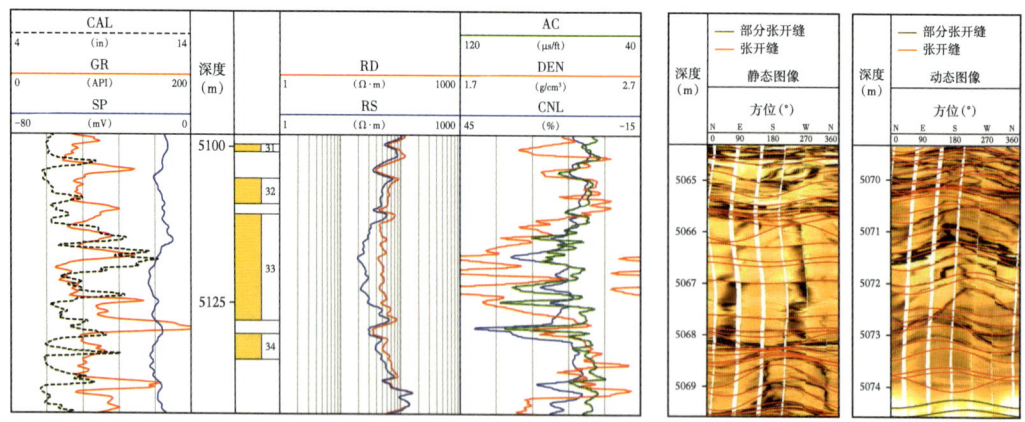

图3-2-6　大邑1井5065.0~5074.8m裂缝—孔隙型储层测井响应特征（常规图与成像图深度不匹配）

综上所述，5065.0~5074.8m 和 5110.4~5128.0m 评价为裂缝—孔隙型储层。

3）流体类型评价

由于储层复杂，各类方法技术的基础不同，适用条件也相应地有所不同，故不同的方法在不同类型的储层中具有不同的应用效果。本井主要采用了饱和度反演法、纵横波速度比与纵波时差交会法以及电成像谱分析法。

（1）饱和度反演法。

饱和度反演法主要是基于在岩电参数准确的情况下，采用该区域油气藏的气层的含气饱和度下限，利用阿奇公式进行反演计算，将反演饱和度与气层饱和度下限进行对比，从而判断储层是否含水。

大邑与新场构造均属于川西气田，因此采用新场气田成熟的岩电参数进行计算。首先根据邻区新场构造须二段饱和度解释模型进行不同饱和度条件下的电阻率反演计算（表3-2-1）。当孔隙度为3%（有效储层下限），含水饱和度为40%时，其反演电阻率为37.8Ω·m；含水饱和度58.5%（气层上限）时，其反演电阻率为31.2Ω·m。随着孔隙度增大，电阻率相应地有所降低，这可作为储层是否含水的电阻率最高界限，高于这个界限就没有含水的可能。5110.4~5128.0m 最低电阻率为43Ω·m，直接排除含水的可能性。

5065.0~5074.8m，电阻率最低值为16.7Ω·m，按照新场须二段饱和度模型进行反演，反演具体结果见表3-2-1。当含水饱和度为58.5%时，孔隙度4.2%反演电阻率为16.8Ω·m；当含水饱和度为50%时，孔隙度4.4%反演电阻率为16.8Ω·m；含水饱和度为40%时，则孔隙度4.7%反演电阻率为16.5Ω·m。综合解释该裂缝发育段总孔隙度大于5%，其含水时的电阻率下限值将低于16.7Ω·m，因此排除了含水的可能性。据此评价该层含气性较好。

表3-2-1 饱和度反演计算数据表

S_w（%）	40	50	58.5	40	50	58.5
ϕ（%）	3.0	3.0	3.0	4.7	4.4	4.2
RD（Ω·m）	37.8	34.0	31.2	16.5	16.8	16.8

（2）纵横波速度比与纵波时差交会法。

理论上讲，孔隙中含有天然气时，纵波在气层处速度变慢，但横波速度却变化极小，因此在岩石孔隙一定的情况下，随含气饱和度增大，v_p/v_s 值降低，经过与斯伦贝谢公司的标准图版相比较，认为当 v_p/v_s < 1.58 时砂体含有一定量的天然气。从 Wavesonic 交叉偶极声波测井资料中提取出纵波时差、横波时差和斯通利波时差，由纵横波时差换算出纵横波速度比值，就可利用纵横波速度比值识别气层。

利用纵横波速度比与纵波时差交会法，5110.4~5128.0m 及 5065.0~5074.5.0m 储层流体性质判别数据点大都落在气区，其含气性较好（图3-2-7）。

（3）电成像谱分析法。

川西地区须家河储层基质孔隙度很低，但发育的裂缝不仅提供了有效的储集空间，更重要的是改善了储层的渗流能力。因此除了定性分析裂缝性质外，还需要定量提取裂

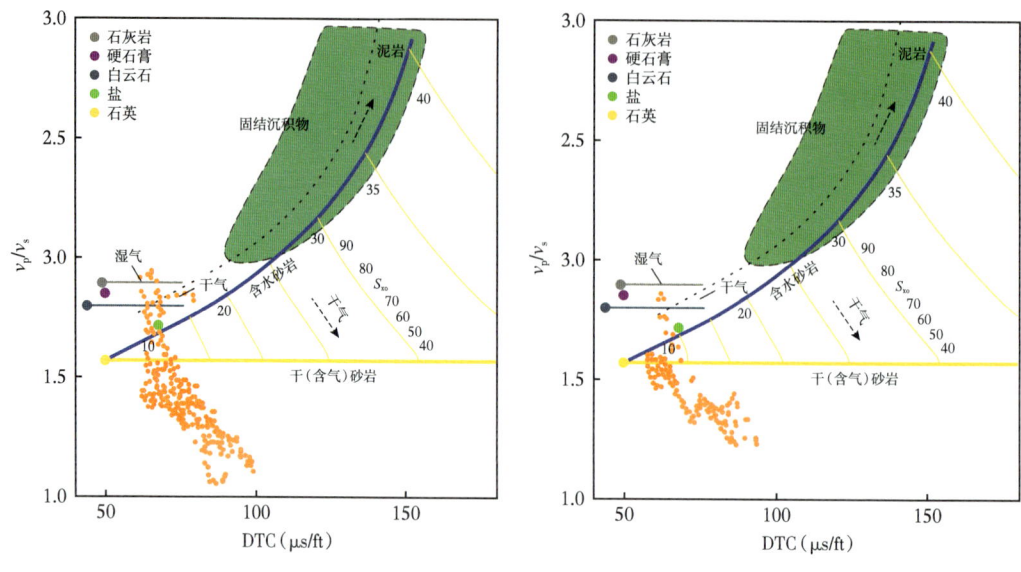

图 3-2-7 大邑 1 井 DTC-v_p/v_s 交会图

缝属性,才能准确定量评价裂缝性储层。通常,定量评价裂缝发育程度主要采用裂缝宽度、裂缝长度、裂缝密度、裂缝孔隙度等参数,其中裂缝孔隙度计算是裂缝定量评价的难点。通过全直径岩心裂缝分析数据刻度成像测井,基于阿奇公式采用谱分析法建立了裂缝孔隙度定量计算模型,将电成像各电扣电阻率值转换成相应的原始视孔隙度 ϕ'。成像谱分析计算模型为:

$$\phi' = \sqrt[m]{\frac{abR_{mf}}{R_{xo}S_{xo}^n}} \qquad (3-2-1)$$

式中:S_{xo} 为选取常规测井计算的冲洗带含水饱和度,%;R_{mf} 为钻井液电阻率,$\Omega \cdot m$;R_{xo} 为成像电极的电阻率,也是冲洗带电阻率,$\Omega \cdot m$。

在将电成像转换为视孔隙度图像后,通过刻度进行孔隙度频率分布谱分析,根据谱分布区间差异划分出裂缝孔隙度及基质孔隙度,含水储层谱峰则明显后移。因此,通过模型计算的电成像孔隙度谱,不仅能够计算裂缝孔隙度,还可以用于储层含流体性质判别。

新 5 井 Tx_2^5 和 Tx_2^6 砂组测井分析成果图(图 3-2-8)显示储层电阻率相对较高,岩性、物性和含气性都较好,电成像处理显示裂缝及溶蚀孔隙发育,储层特征明显,常规测井难以有效识别薄层及少量裂缝中的含流体信息。本井经标定的电成像孔隙度谱分析图显示在 5042.0~5043.0m 部分谱峰位于气水界限 GW 右边,表明裂缝中赋存可动地层水,测井解释为气水同层。生产测井证实,5033.2~5044.9m 为主产水层,5073.4~5091.7m 为次产水层,仅产少量气。

大邑 1 井采用电成像谱分析法确定裂缝段流体性质。该方法判断流体性质的理论基础是阿奇导电模型,基于裂缝储层含高矿化度地层水后电阻率更低的特征,经谱分析处理后,含水储层谱峰将明显后移,用测试结果标定气水界限值(本井采用新场须二段标定值),用于储层含流体性质判别。图 3-2-9 为 5065.0~5073.0m 电成像谱分析图,图中可见谱峰没有明显后移的现象,说明该层没有明显的含水特征。

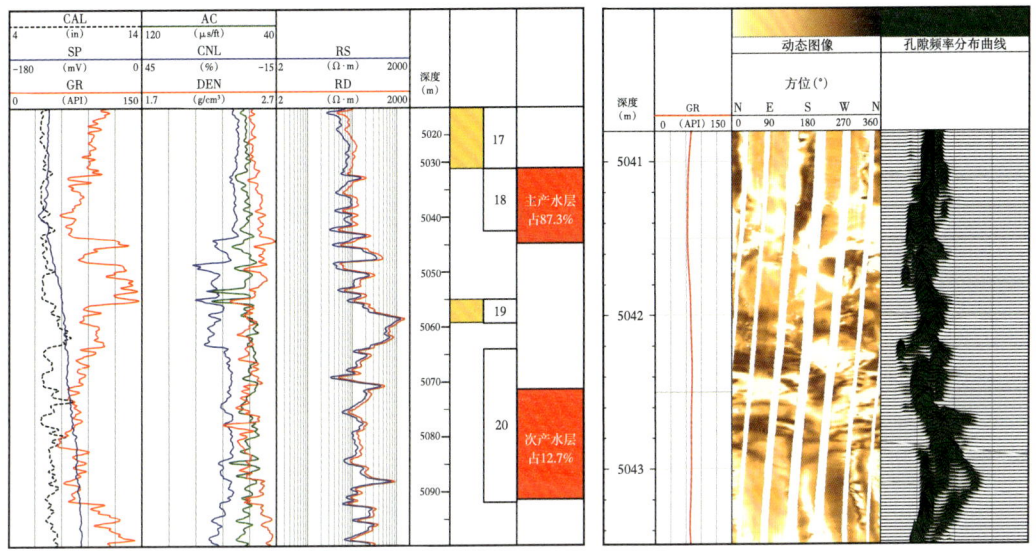

图 3-2-8　新 5 井 Tx_2^5 和 Tx_2^6 砂组测井分析成果图

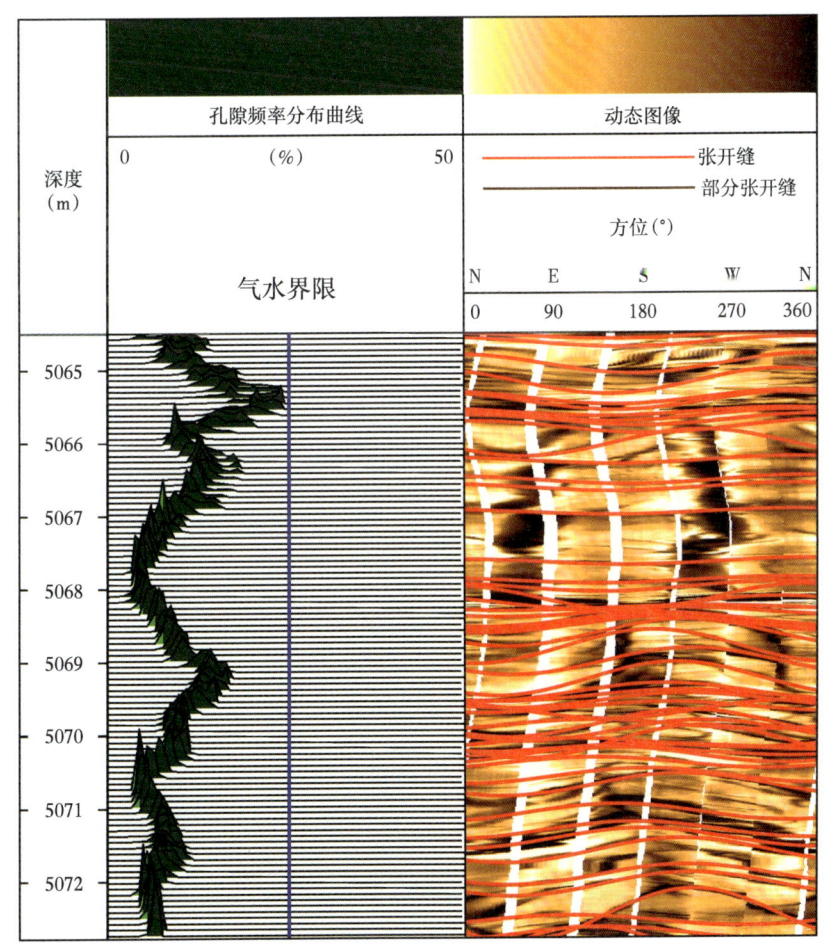

图 3-2-9　大邑 1 井 5065.0~5073.0m 电成像谱分析图

4. 应用效果

根据以上储层评价方法，完成了大邑 1 井须家河组储层评价。须三段和须二段共计解释储层 14 层 122.9m，裂缝—孔隙性气层 2 层 17.5m，差气层 4 层 46.8m、含气层 8 层 68.3m。根据以上测井资料解释结论，对须二段 5060.51~5090.51m、5101.51~5123.51m 井段测试，获天然气无阻流量 53.0861×10^{4}m^3/d，地压系数 1.15。

生产测井证实，该井主产气层为 5065.0~5070.0m，相对产量为本井总产量的 84.7%，产层中部流动温度 114.7℃，流动压力 20.67MPa；次产气层 5079.0~5085.0m，相对产量为总产量的 11%，产层中部流动温度 119.6℃，流动压力 20.75MPa；次产气层 5105.0~5107.0m，相对产量为总产量的 4.3%，产层中部流动温度 122.8℃，流动压力 20.94MPa。

5. 结论及建议

为了评价裂缝性储层流体性质，本井采用饱和度反演法、纵横波速度比与纵波时差交会法、电成像谱分析法，实现了储层流体性质的准确评价，解释成果得到生产测井的肯定。5065.0~5074.8m 为主要产能贡献段，5110.4~5128m 储层段的产能贡献较低，与该段断层角砾充填后裂缝有效性较低有关。大邑 1 井须二段取得了川西坳陷大邑构造须二段气藏的勘探重大突破。

对于裂缝发育的储层，常规测井资料很难实现对储层流体的准确评价，建议采集电成像、偶极声波、核磁共振测井资料，以便更准确地评价流体性质及储层有效性。

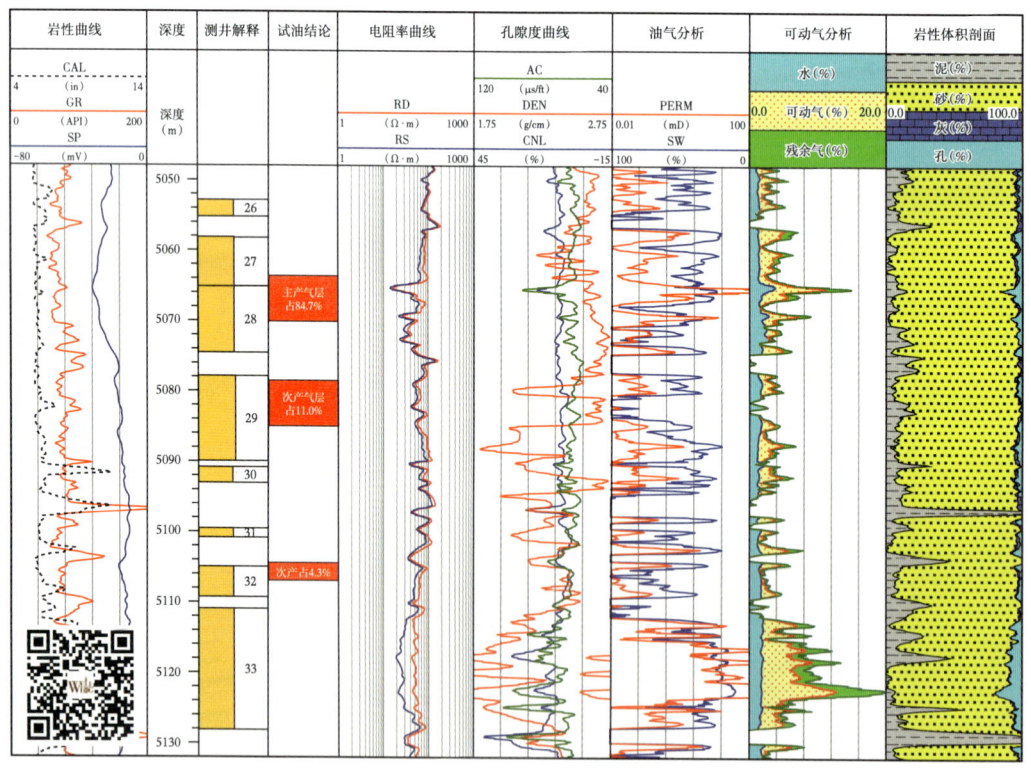

图 3-2-10　大邑 1 井 5060.0~5123.5m 试油成果图

二、磨溪构造磨溪 8 井寒武系龙王庙组白云岩气层测井评价

1. 地质背景

磨溪 8 井构造位于四川盆地乐山—龙女寺古隆起磨溪—安平店潜伏构造震顶构造高部位。乐山—龙女寺古隆起区是盆地内加里东期形成巨型鼻状古隆起，现今震旦系顶界总的构造轮廓是西高东低，轴向呈北东向，核部位于川西南部，轴线位于老龙坝—资中—安岳一线。目前在古隆起带已发现大的背斜构造带有 3 个，即威远构造、高石梯—安平店—磨溪潜伏构造带及盘龙场潜伏构造带。高石梯—安平店—磨溪潜伏构造带东为龙女寺构造，西南临近资阳古圈闭和威远构造。磨溪 8 井主要目的层为寒武系龙王庙组。

根据岩心和薄片观察，磨溪地区龙王庙组主要岩性为大套的白云岩，含少量钙质、石英、黄铁矿。次生孔、洞、缝主要发育在砂屑白云岩、残余砂屑白云岩和细—中晶白云岩中，而泥晶白云岩、粉晶白云岩等很少见到溶蚀孔洞的发育。

龙王庙组储层沉积相为颗粒滩亚相，以裂缝—孔隙型储层为主，岩心储层段小柱塞样品分析孔隙度在 2.00%~18.48% 之间，总平均孔隙度为 4.28%，渗透率在 0.0001~248mD 之间，平均渗透率 0.966mD；岩心储层段全直径样品分析孔隙度在 2.01%~10.92% 之间，平均孔隙度为 4.81%。统计结果表明，龙王庙组储层具有典型的低孔低渗特征。

2. 存在问题

寒武系龙王庙组主要岩性为白云岩；黄铁矿以孔隙充填、裂缝充填以及交代颗粒的方式，呈团块状、结核状和分散状等形式分布于沉积岩中。黄铁矿是导电金属，它的含量多少对电阻率影响较大，直接影响后续储层参数计算及流体性质判别。与此同时，部分井岩心孔隙中充填沥青，在薄片下大部分孔隙边缘充填沥青，部分孔隙则全部被沥青充填。由于沥青基本不具备流动性，并且和油气具有相同的测井响应特征，容易造成测井计算有效孔隙度偏高。因此，除主岩性白云岩外，黄铁矿和沥青识别是重点和关键。

寒武系龙王庙组作为最古老的油气勘探层系，储层具有多期溶蚀、多重介质、孔隙结构复杂、岩溶发育、硅质等充填作用强以及非均质、似均质储集体相互重叠的特点，造成了复杂的孔隙空间结构，其储层的有效性、产能评价及流体性质是亟待解决的难题。

3. 测井评价技术

针对磨溪 8 井寒武系龙王庙组深层碳酸盐岩岩性和孔隙结构复杂状况，对龙王庙组进行了 5700 系列测井，取得深浅双侧向、岩性密度、补偿中子、井径、井斜、自然伽马能谱、阵列声波（XMAC）和电成像（FMI）资料。测井资料质量优等，满足解释评价要求。

1）黄铁矿的识别与校正

根据岩心观察描述及 ECS 元素测井结果，寒武系龙王庙组部分井富含黄铁矿，主要充填于裂缝或溶洞中，或以分散状形式存在。黄铁矿在常规测井曲线上具有明显特征，主要表现为低伽马、较低声波时差、较低中子、较高密度和极低电阻率。当黄铁矿含量增加时，密度值增加，超过纯云岩密度值；电阻率降低，可低于 $30\Omega \cdot m$ 甚至更低，如磨溪 202 井 4661m 黄铁矿充填于裂缝或孔洞中，深侧向电阻率低至 $44.5\Omega \cdot m$（图 3-2-11）。黄铁矿对储层参数计算以及流体性质判别将带来较大影响，因此，黄铁矿的识别显得尤为重要。利用常规测井资料，利用高密度和低电阻率的镜像特征来识别黄铁矿，而

分散状黄铁矿仅利用常规测井识别较为困难，需结合成像测井及元素测井结果进行综合识别。同时可以通过不含黄铁矿的地层建立声波时差—电阻率关系式，将含黄铁矿地层的电阻率利用该关系式校正到不含黄铁矿的正常地层电阻率值上，从而消除黄铁矿对电阻率的影响。

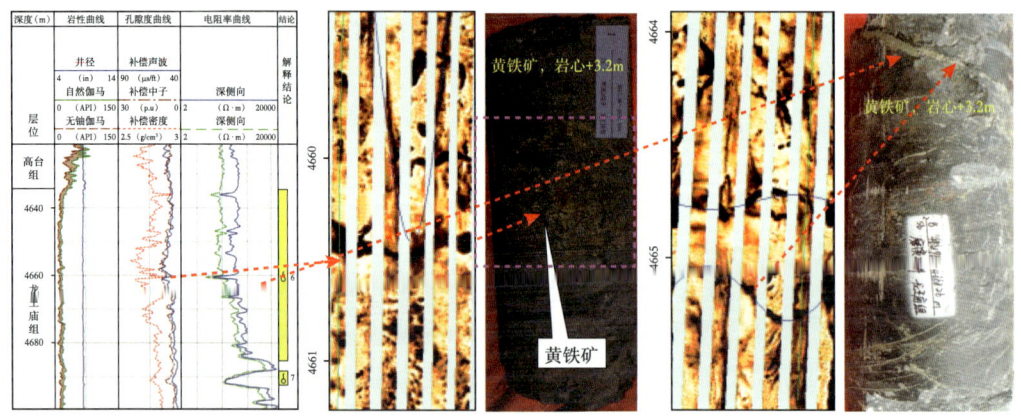

图 3-2-11　磨溪 202 井黄铁矿充填于裂缝或孔洞中的测井响应特征

2）沥青测井评价

基于岩石物理配套实验分析，在明确沥青对储层测井响应特征影响的基础上，利用常规测井与核磁共振测井资料相结合，建立了含沥青储层定性识别及定量评价方法。

（1）定性识别方法。

根据常规测井资料，对比分析富含沥青储层段与不含沥青储层段纵波时差与电阻率之间关系（图 3-2-12），可以看出富含沥青储层段表现为电阻率随纵波时差增加而增加或基本保持不变，与正常气层段纵波时差与电阻率之间关系存在差异。因此，在纵波时差与电阻率关系图中拟合一条分界线，回归出分界线方程，利用纵波时差反算一条电阻率曲线，当实测电阻率值高于声波反算值时，表明储层中富含沥青。

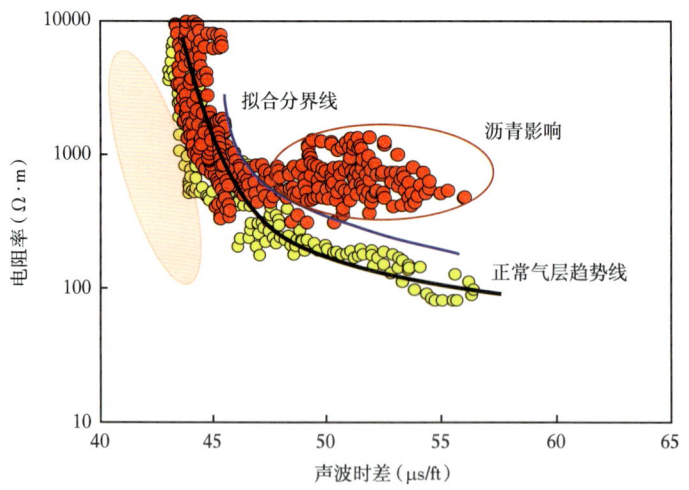

图 3-2-12　含沥青储层纵波时差—电阻率识别图版

$$R_{\text{T\_ac}} = b\Delta t^a \qquad (3\text{-}2\text{-}2)$$

式中：$R_{\text{T\_ac}}$ 为纵波时差反算电阻率，$\Omega \cdot m$；a、b 为常数。

图 3-2-13 为含沥青储层识别成果图。图中第 3 道为电阻率曲线。当实测深电阻率值大于声波反算电阻率值时充填黑色，表示为富含沥青层段。MX16 井龙王庙组深度段 4747~4786m 富含沥青，含沥青储层段识别结果与岩心薄片分析结果基本一致，进一步验证利用声波时差与电阻率交会识别含沥青储层可行。

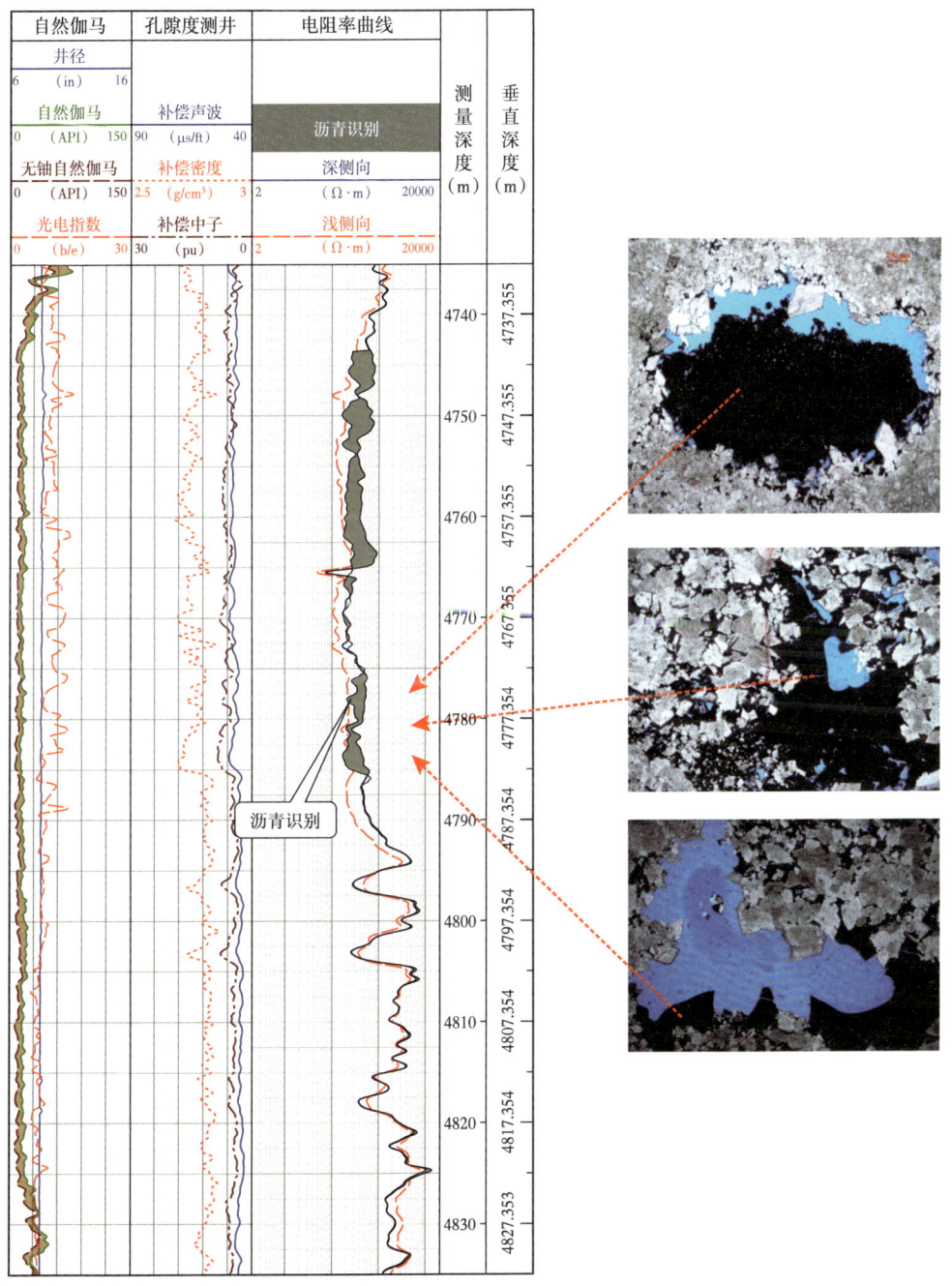

图 3-2-13　MX16 井声电关系识别含沥青储层

（2）定量评价方法。

根据岩石物理配套实验分析成果可知，常规测井资料孔隙度计算模型把沥青当成孔隙中流体的一部分，导致富含沥青储层段常规测井计算孔隙度偏高。而核磁共振测井孔隙度解释模型把沥青当成骨架或者黏土束缚水，因此核磁共振测井有效孔隙度（$T_2 > 3ms$）基本反映地层中没有被沥青充填的有效孔隙度。由此可见，常规测井计算孔隙度与核磁共振分析孔隙度之差代表储层中沥青含量大小。图3-2-14为MX107井龙王庙组含沥青储层定量评价成果图，第3道为含沥青储层定性识别成果道，第7、第8道为沥青定量分析成果道。深度段4750~4770m为沥青富集层段。常规测井计算孔隙度与核磁共振有效孔隙度差异较大，计算沥青含量分布范围为0.1%~3.6%，平均值为1.6%；沥青含量计算结果与岩性扫描测井分析总有机碳含量一致性较好。常规测井解释该层段孔隙度达4.4%，经沥青校正后，储层有效孔隙度仅为2.8%，测井综合解释为差气层。对该段酸化压裂测试，日产气576m³，试气结论与测井解释成果一致。

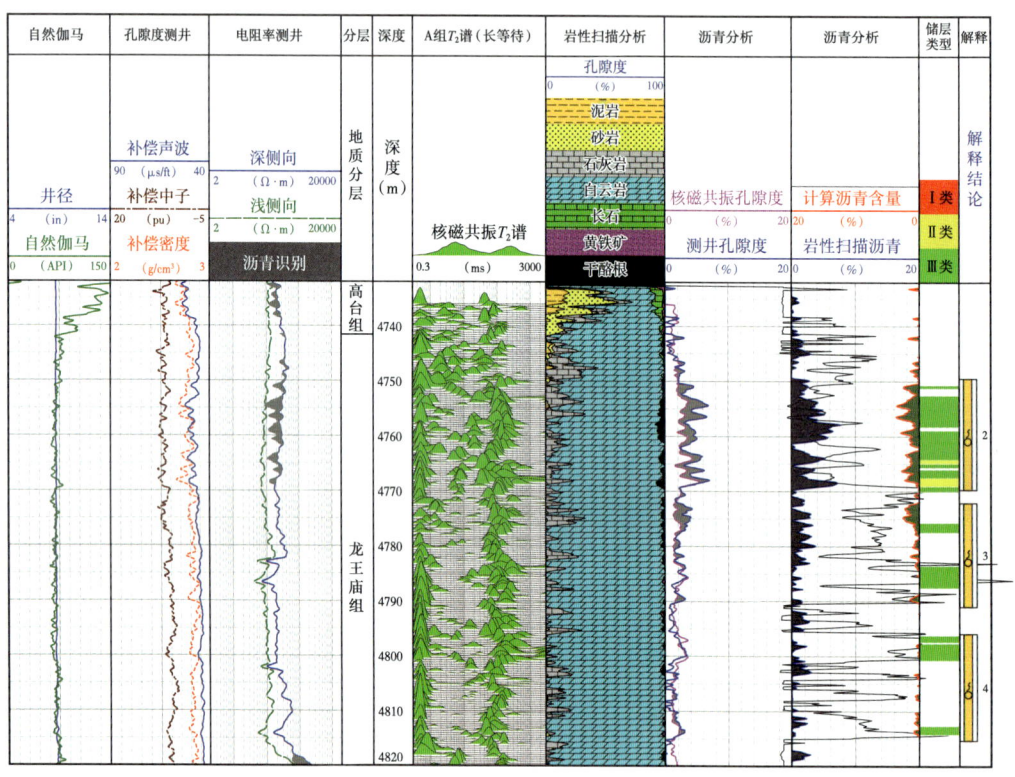

图3-2-14　MX107井龙王庙组含沥青储层定量评价

3）成像测井评价

龙王庙组及灯影组储层的常规测井响应特征通常表现为"两低、两高、一变化"，即低伽马、低密度，高中子、高声波时差，电阻率随物性及流体不同而变化，双侧向在气层段一般为正差异特征，而在水层段主要为差异变小或重合的特征。

储层段电成像图表现为不均一的斑块状或颗粒状特征，且斑块颜色较深，它常常代表孔隙或溶洞，若有裂缝，则呈不规则正弦曲线状高导特征。Ⅰ、Ⅱ类储层成像测井均显示为溶蚀孔洞发育，储层为厚层块状，层理及缝合线不发育，表明为相对高能的沉积环境；Ⅲ类储层成像测井显示为薄层弱溶蚀的特征，储层为间歇性发育，孔洞不发育，层理及缝合线较发育，显示为相对低能的沉积环境；Ⅳ类层成像测井特征为块状亮色夹大量暗色条带，暗色条带为含泥质较重的薄层。

阵列声波测井对储层的主要响应特征为纵波、横波、斯通利波能量出现明显衰减，时差明显增大。优质储层斯通利波能量衰减量一般大于10%，储层物性越好。斯通利波能量衰减越明显，反映储层渗透性越好。

4）储层流体性质判别

在利用常规测井资料选取流体性质判别方法时，要尽可能地选用能反映流体信息的曲线。在综合考虑地层水矿化度、黄铁矿影响基础上，结合龙王庙组测试资料建立气水识别图版，通过试验电阻率法（包括深浅双侧向比值与电阻率交会图版法和电阻率与孔隙度交会图版法）、孔隙度重叠法、P1/2法以及体积压缩系数等方法，认为电阻率的高低和深浅双侧向的正负差异可较好地反映龙王庙组含流体情况。因此，建立了以电法为主，以其他方法为辅的流体性质判别方法，较好解决了龙王庙组的气水识别问题。

（1）可动水指数法。

根据可动水饱和度和束缚水饱和度概念，地层含水饱和度（S_w）是可动水饱和度（S_{wm}）与束缚水饱和度（S_{wi}）之和，即$S_w=S_{wm}+S_{wi}$。因此，可利用束缚水饱和度与含水饱和度重叠判断地层是否存在可动水。在气层段，$S_w \approx S_{wi}$，$S_{wm} \approx 0$；在水层段，$S_w \gg S_{wi}$；在气水同层段，则介于两者之间。S_w/S_{wi}即为可动水指数，其值大于某一临界值则储层为水层。

根据磨溪地区龙王庙组岩心相渗和压汞分析束缚水饱和度与孔隙度关系，得到束缚水饱和度的经验公式为：

$$S_{wi}=73.94\phi^{-0.8709} \quad (3-2-3)$$

利用公式（3-2-3）可计算一条连续的束缚水饱和度曲线，将测井计算的含水饱和度除以束缚水饱和度即为可动水指数，经试气成果标定的磨溪区块龙王庙组可动水指数的临界值为1.5，即可动水指数大于1.5为水层。

（2）利用深浅双侧向比值与深电阻率交会（$R_t/R_{xo}-R_t$）判别含气性。

该方法利用深侧向电阻率绝对值与深浅双侧向比值的关系对储层流体性质进行判别。由深浅双侧向仪器原理可知，深侧向探测到的主要是原状地层的电阻率，而浅侧向的探测深度相对较浅，可部分反映冲洗带的电阻率。在气层段，由于天然气的电阻率大于地层水的电阻率，含气性好时深电阻率增大，而浅测向受钻井液侵入的影响导致电阻率降低，因此双侧向正差异较大；地层含水时，深电阻率降低，双侧向差异变小，甚至变为重合或负差异。因此，利用深浅双侧向值的高低及其差异特征可以判别储层的流体性质。

根据高石梯—磨溪地区龙王庙组测井及试气资料可知，气层的电阻率均较高，且深浅双侧向呈"正差异"；龙王庙组气层电阻率一般大于100Ω·m，双侧向比值大于1.7。

（3）视电阻增大率法。

电阻增大率I是指原状地层电阻率（R_t）与100%含水时电阻率（R_o）的比值。类似的，定义地层视电阻增大率为地层电阻率与典型水层电阻率比值，表示为：

$$I_\text{a} = \frac{R_\text{t}}{R_\text{oa}} \tag{3-2-4}$$

式中：I_a 为视电阻增大率；R_oa 为典型水层电阻率，$\Omega \cdot \text{m}$。

根据岩心半渗透隔板岩电实验分析结果可知，岩心孔隙度（ϕ）与岩心 100% 饱含水时电阻率（R_o）之间具有很好的相关性，因此，可建立孔隙度反算纯水层电阻率 R_oa 的计算公式。在气层段，实测电阻率大于反算水层电阻率；在水层段，实测电阻率与反算水层电阻率基本重合，龙王庙组气层段视电阻增大率一般大于4，水层则小于4。

（4）中子—密度和中子—声波时差交会法。

根据天然气对孔隙度测井的影响可知，天然气使声速降低，测井声波时差明显变大或出现周波跳跃；由于天然气密度明显低于水的密度，因此气层段密度曲线会明显降低，使密度孔隙度增大。与此同时，由于天然气的含氢指数极低，使中子测井读数明显降低，即出现所谓的"挖掘效应"。挖掘效应明显时，中子值甚至可能出现负值。基于上述原理，可利用三孔隙度曲线或者两种孔隙度曲线重叠来进行气水识别。最常用的是采用中子声波时差和中子密度重叠法。

根据高石梯—磨溪地区龙王庙组测井及试气资料，分别建立了中子—声波时差和中子—密度交会图，从气层和水层数据点中间引一分界线，并回归出分界线方程。

中子声波时差重叠法气水分界线：

$$\text{AC}_\text{CNL} = a\text{CNL} + b \tag{3-2-5}$$

式中：AC_CNL 为根据中子—声波时差交会图版估算的气水层分界线声波时差，$\mu\text{s/ft}$。

中子密度重叠法气水分界线：

$$\text{DEN}_\text{CNL} = a\text{CNL} + b \tag{3-2-6}$$

式中：DEN_CNL 为根据中子—密度交会图版估算的气水层分界线密度，g/cm^3；a、b 为拟合系数。

将实测声波时差和密度与拟合的分界线声波时差和密度重合，实测声波时差高于分界线或密度低于分界线的为气层，反之为水层。从实际应用效果看，龙王庙组中子—密度法效果较好。

4.应用效果

对磨溪 8 井龙王庙组测井综合解释，测井解释气层 2 层，第一层 4646.4~4677.5m，有效厚度 31.1m，平均孔隙度 5.8%，含水饱和度 9.1%；第二层 4697.7~4714.8m，有效厚度 17.1m，平均孔隙度 7.1%，含水饱和度 15.6%；岩性为白云岩，常规测井资料指示储层孔隙较发育，电成像资料反映储层裂缝较发育，阵列声波能量衰减较明显，录井无显示，综合解释为气层。

1）25 号储层

井段 4646.4~4677.5m，厚 31.1m。岩性以白云岩为主，有少量石灰岩；录井无显示。该段自然伽马值介于 20~28API 之间；电阻率为中高阻特征，深侧向电阻率值为 887.5~2282.8Ω·m，浅侧向电阻率值为 105.6~1010.4Ω·m；补偿中子值为 6.0~8.9pu，补偿声波时差为 46.4~51.9μs/ft，补偿密度为 2.58~2.75g/cm³。经计算，其孔隙度为 2.0%~9.2%，含水饱和度为 11%~48%。测井曲线反映物性较好，成像测井见裂缝发育，阵列声波处理表明能量衰减明显。经孔隙度—电阻率交会法判断该层具有气层特征（图 3-2-15）。测井、地质综合分析，解释为气层。

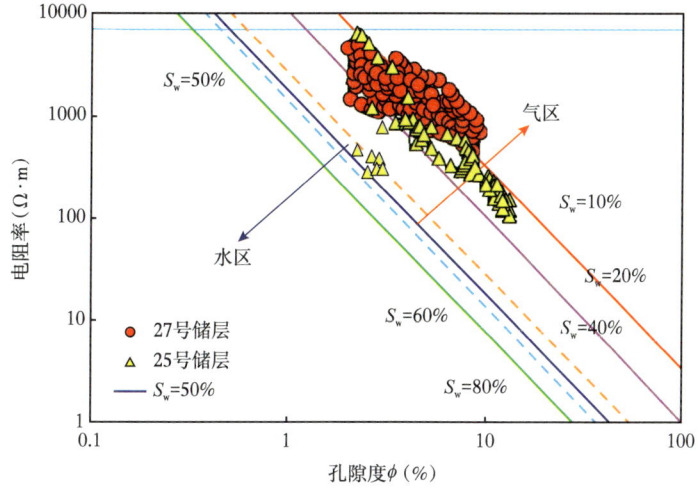

图 3-2-15　磨溪 8 井龙王庙气层孔隙度—电阻率交会判别图

2）26 号储层

井段 4680.3~4695.6m，厚 15.3m。岩性以白云岩为主，有少量石灰岩；录井无显示。该段自然伽马值介于 20~26API 之间；电阻率为高阻特征，深侧向电阻率值为 1244.4~1735.0Ω·m，浅侧向电阻率值为 560.2~712.8Ω·m；补偿中子值为 7.0pu 左右，补偿声波时差为 46.8~50.0μs/ft，补偿密度为 2.62~2.74g/cm^3。经计算，孔隙度为 2.2%~7.0%，含水饱和度为 8%~36%。测井曲线反映物性较差，成像测井反应裂缝欠发育，阵列声波处理表明能量衰减不明显。测井、地质综合分析，解释为差气层（图 3-2-16）。

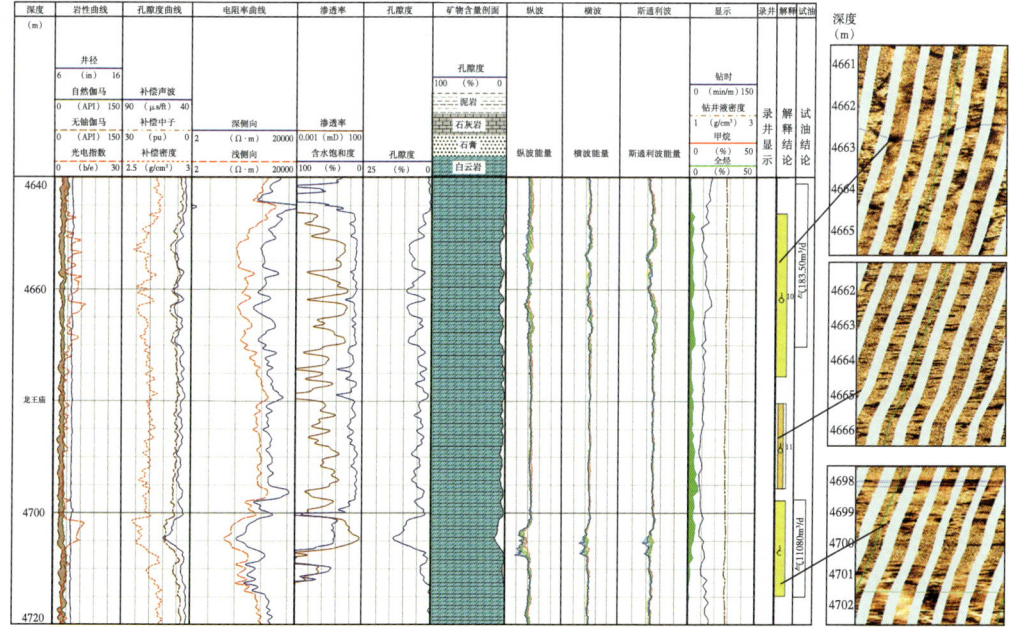

图 3-2-16　磨溪 8 井龙王庙组处理成果图

- 165 -

3）27号储层

井段4697.7~4714.8m，厚17.1m。岩性以白云岩为主，有少量石灰岩；录井无显示。该段自然伽马值介于20~33API之间；电阻率为中阻特征，深侧向电阻率值为115.8~755.0Ω·m，浅侧向电阻率值为40.5~385.7Ω·m；补偿中子值为5.1~11.7pu，补偿声波时差为44.1~58.3μs/ft，补偿密度为2.58~2.78g/cm³。经计算，孔隙度为2.0%~13.4%，含水饱和度为12%~39%。测井曲线反映物性较好，成像测井见裂缝发育，阵列声波处理表明能量明显衰减。经孔隙度—电阻率交会法判断，该层具有气层特征（图3-2-15）。测井、地质综合分析，解释为气层（图3-2-16）。

龙王庙组下储层段4697.5~4713m射孔解堵酸化后，用30mm、35mm孔板两条放喷管线测试，在稳定油压54.55MPa、稳定时间150min条件下，测试产气107.18×10⁴m³/d，无阻流量1215×10⁴m³/d，硫化氢10.03g/m³。对龙王庙组上段4646.5~4671m实施，射孔酸化联作，稳定油压53.67MPa，稳定时间170min，测试产气83.5×10⁴m³/d，硫化氢9.2g/m³。磨溪8井龙王庙组获高产工业气流，至此，四川盆地寒武系龙王庙组油气勘探取得重大发现。

5. 结论及建议

针对磨溪高石梯地区寒武系龙王庙组非均质缝洞型白云岩储层，建立了该区黄铁矿识别与校正技术、沥青识别与定量评价方法，结合微电阻率成像测井识别孔、洞、缝储集空间，划分储层类型，评价储层的有效性，在此基础上提出可动水指数法、深浅双侧向比值与深电阻率交会法、视电阻率增大率法及中子密度与中子声波时差交会法等4种方法判断流体类型，取得明显成效，为磨溪8井的气层的发现与评价提供了测井技术支撑。

建议针对古老寒武系缝洞型白云岩储层采用强化成像、元素扫描、阵列声波等测井新技术采集，为非均质缝洞型碳酸岩储层精细刻画与表征难题以及流体类型判识提供新的手段。

三、川南太阳背斜阳102井奥陶系五峰—龙马溪组页岩气层测井评价

1. 地质背景

太阳浅层页岩气田阳102井区位于四川盆地南部边缘区，构造上属于四川台坳川南低陡褶带太阳背斜构造西侧；太阳复背斜构造形态整体呈现"三凹一隆"构造格局，以"强叠加褶皱变形，弱多期断裂改造"为特征，发育两组近南北向压扭性走滑断裂、一组近东西向挤压性断裂，具有东西分块、南北分带特点（图3-2-17）。

阳102井区钻遇地层自上而下分别为新生界第四系，古生界二叠系、志留系、奥陶系，由于地层剧烈抬升，区域上侏罗系、三叠系等地层大部分缺失；目的层为志留系龙马溪组—奥陶系五峰组，志留系可细分为韩家店组（S_1h）、石牛栏组（S_1sh）及龙马溪组（S_1l）；上奥陶统五峰组与上覆的志留系龙马溪组和下伏的宝塔组均为整合接触。

阳102井区储层主要为上奥陶统五峰组—下志留系龙马溪组页岩，为非常规储层。区块内五峰组—龙马溪组页岩主要为陆棚沉积，从西至东稳定分布，厚度在25~50m，优质页岩段为深水陆棚相沉积，生物硅泥质陆棚沉积微相。区内沉积了具有高伽马值、高声波时差和低密度特征的黑色富有机制硅泥质页岩，TOC通常较高（>2%）。

研究表明，太阳背斜构造形态完整，五峰组—龙马溪组经历晚期挤压隆升剥蚀和

埋深变浅（埋深小于2000m占66%），压扭性走滑断层具有封闭性，目的层相对保存完整，页岩气藏整体保存条件相对较好。

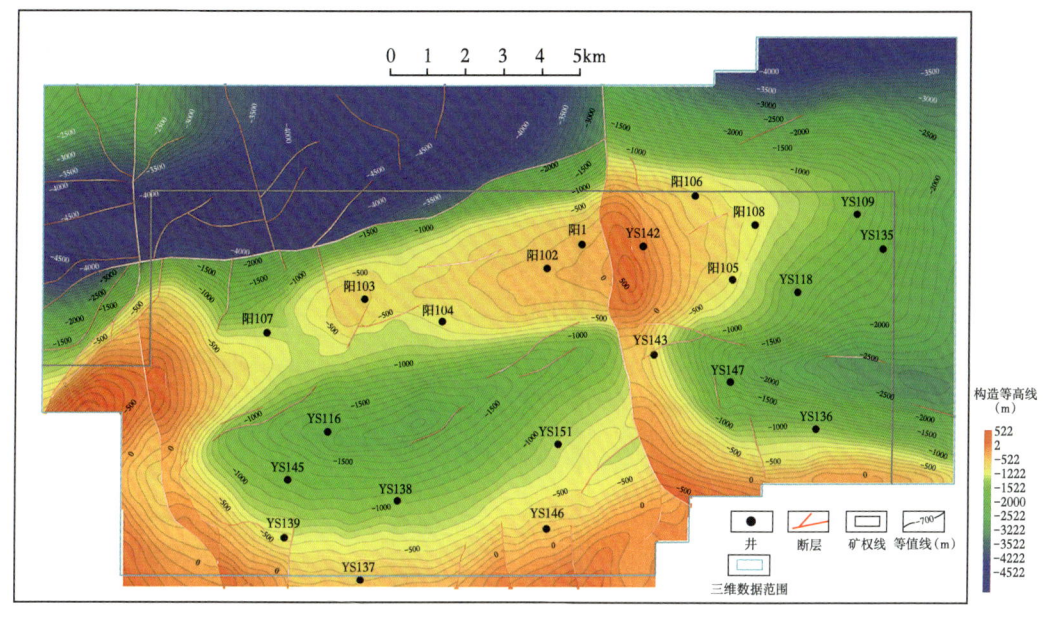

图 3-2-17　阳102井区浅层页岩气藏区域构造位置图

2. 存在问题

四川盆地及其南缘成功开发的页岩气田主要为埋深在2000m以深的中深层页岩气藏，2000m以浅页岩气藏尚未有开发成功的先例。太阳区块整体埋深小于1500m，阳102井区埋深在600~800m，埋深浅。相比于中深层页岩气储层，本区页岩储层孔隙压力、含气量、游离气占比均存在明显变化，其有效开发在国内尚处于探索阶段。根据测井资料识别优质页岩储层响应特征，总有机碳含量、物性、含气量、脆性矿物含量、岩石力学参数计算、裂缝发育情况以及储层级别划分标准的建立，是阳102井区浅层页岩气研究的首要问题。

3. 测井评价技术

阳102井区所钻探的井均采用的是EILog、ECLIPS-5700及MAXIS-500等成像测井系列仪器进行资料采集，除常规测井外，还包括微电阻率成像测井（FMI、MCI）、核磁共振测井（CMR）或偶极横波成像（DSI、XMAC-Ⅱ）等。通过测井资料重复性、一致性以及测前测后刻度检查，资料优等，满足解释评价要求。

1）储层测井响应特征

本区页岩储层通常呈现"四高两低"的测井响应特征，即高伽马、高铀、高声波时差、中高电阻率，低密度、低中子孔隙度。优质页岩段声波时差—中子曲线存在明显的"挖掘效应"（图3-2-18）。图3-2-19为阳102井区测井响应多井连井对比图，储层的响应特征基本一致，页岩储层横向分布稳定。

成像测井显示，龙马溪组优质页岩段纹层状构造明显，层理缝发育，局部发育高阻缝及钻井诱导缝（图3-2-20）。

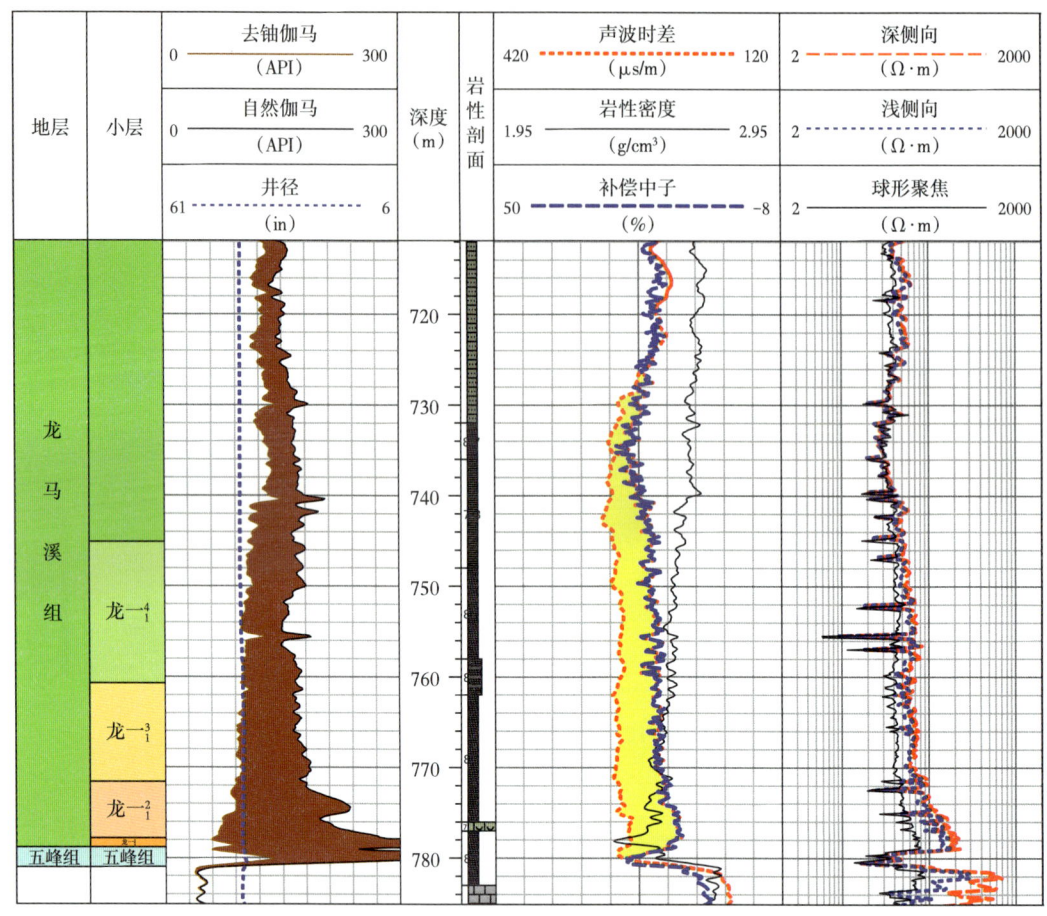

图 3-2-18 阳 102 井页岩储层测井响应特征图

2）页岩储层参数测井评价方法

页岩储层测井评价方法主要基于其"七性"关系研究，建立体积模型、总有机碳含量、物性、含气量、岩石力学、地应力等参数计算模型。

根据区域地质特征和实钻井的岩心分析资料，建立合理的岩石物理模型，是测井计算岩石矿物成分含量、孔隙度的基础。太阳区块页岩气储层由于沉积于深水、半深水陆棚，储层一般为富含有机质的黑色页岩，矿物成分主要包括黏土、石英、长石（斜长石、正长石）、有机质、方解石和白云石、少量黄铁矿，流体主要为天然气和束缚水（图 3-2-21）。

（1）岩石矿物组分计算方法。

① 敏感测井曲线的多元线性回归模型

利用太阳区块五峰组—龙马溪组 X 射线衍射全岩矿物分析样品与常规测井曲线进行相关性分析，泥质含量、硅质含量、钙质含量与电阻率、补偿中子、无铀伽马等曲线均具有较好的相关性。因此，可利用常规测井曲线建立多元回归模型，计算公式如下：

$$V_{Si}=6.64877\times \ln U+18.115\times \ln SGR-69.5328 \quad (3\text{-}2\text{-}7)$$

$$V_{sh}=1.69\times 0.8729CNL+4.90648\times K-0.27712 \quad (3\text{-}2\text{-}8)$$

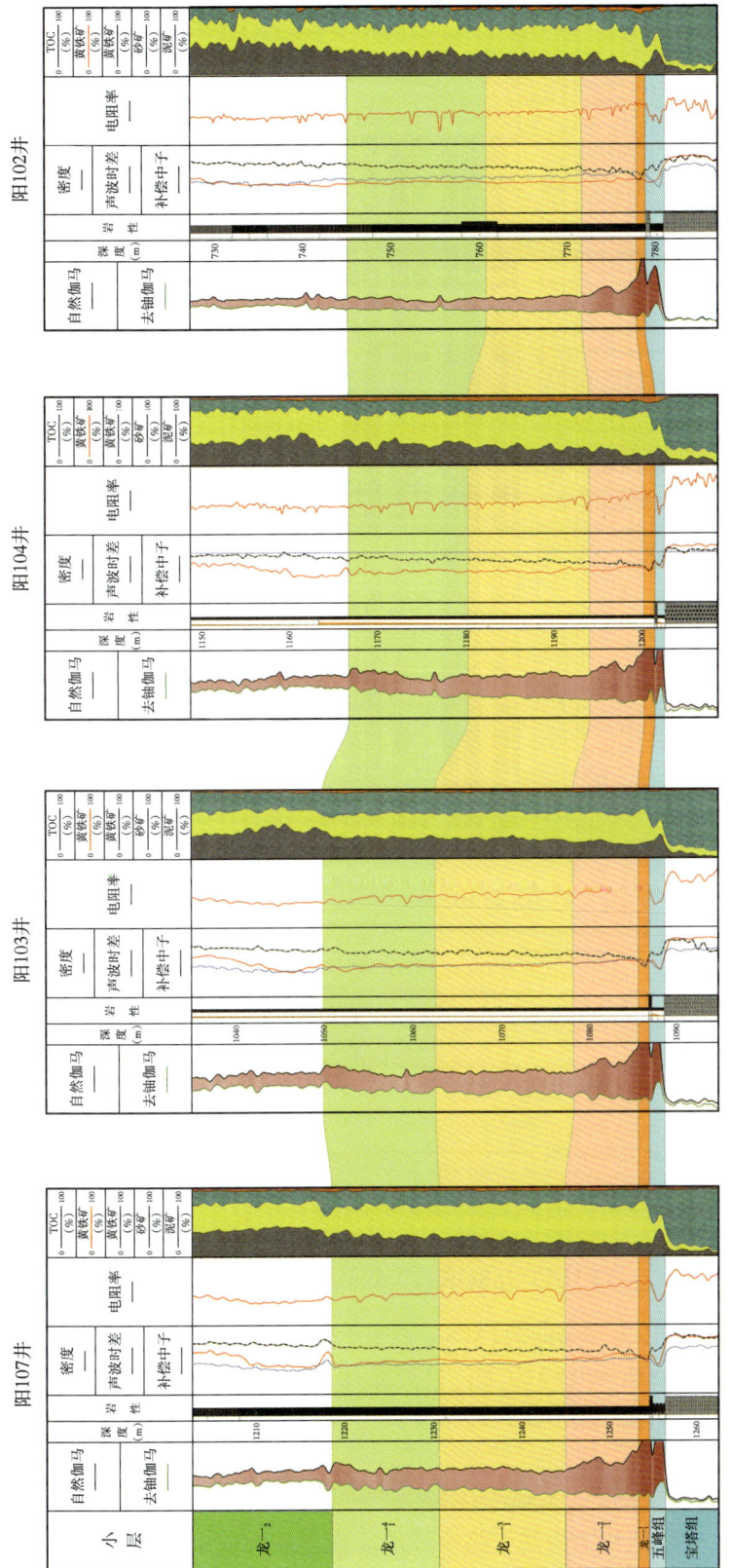

图3-2-19 阳102井区龙马溪组测井响应特征连井图

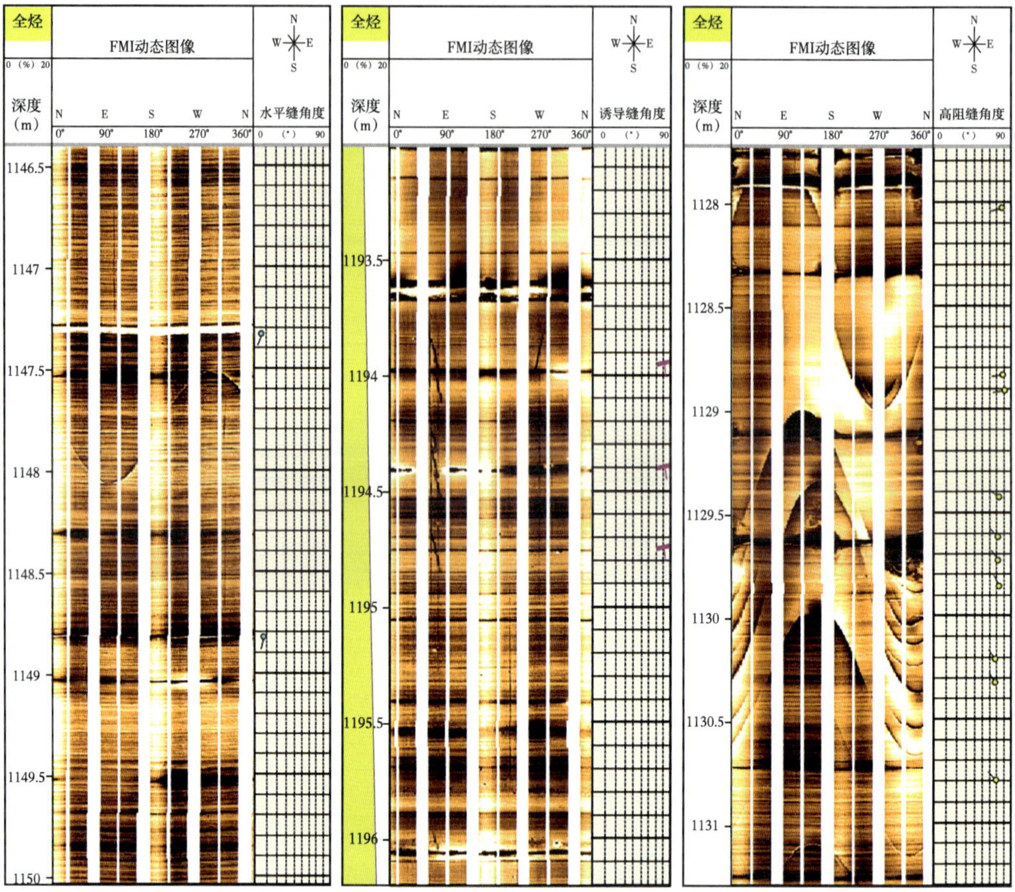

图 3-2-20　阳 102 井区龙马溪组成像测井图

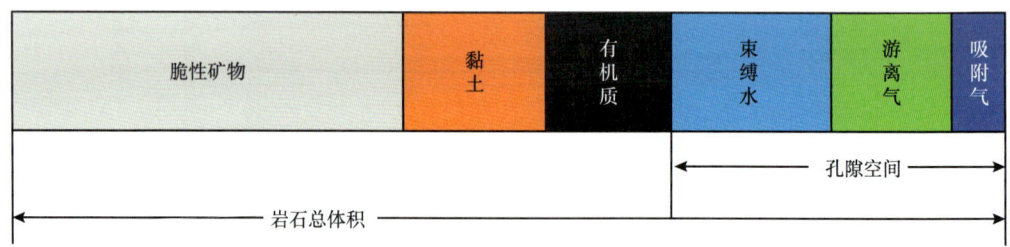

图 3-2-21　页岩气岩石物理模型

$$V_{Ca}=-32.1613\times\ln SGR-22.6289\times\ln CNL+255.3087 \quad (3\text{-}2\text{-}9)$$

式中：U 为铀曲线；SGR 为伽马曲线；CNL 为中子曲线；K 为钾曲线。

多元模型相关性均达到 0.85 以上，计算结果与岩心分析结果一致性较好，精度不高，但满足基本评价要求，成本低，可用于无岩性扫描测井项目的水平井评价，计算结果如图 3-2-22 所示。

②元素测井。

元素测井的主要应用分别为基于热中子的元素俘获和快中子的非弹性原理得到地层元素，依据各种元素和岩石物理模型得到地层中的矿物含量。

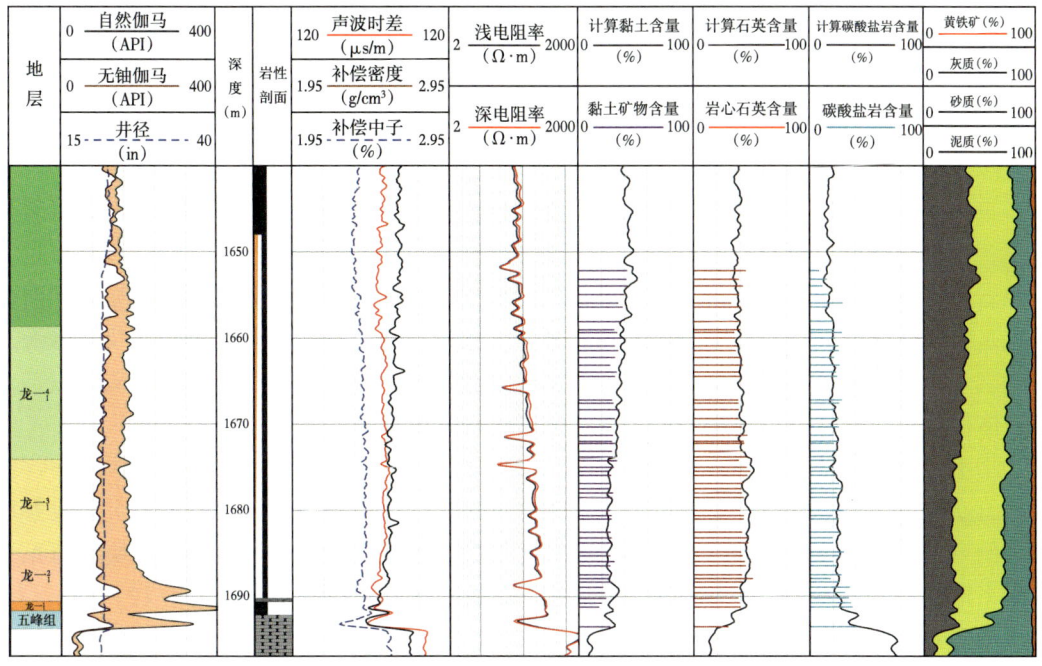

图 3-2-22　阳 105 井测井计算矿物成分含量与岩心全岩矿物对比

元素测井矿物计算结果与岩心分析结果一致性较好，精度高，可计算得到钠长石、伊利石、石英等多种矿物成分。应用常规方法计算矿物，容易受井眼及岩性影响，使矿物计算失准，因此需要岩心刻度。而元素测井测量得到的矿物是地层的真实反映，不需要大量岩心刻度，且比常规方法分辨率更高，计算效果如图 3-2-23 所示。

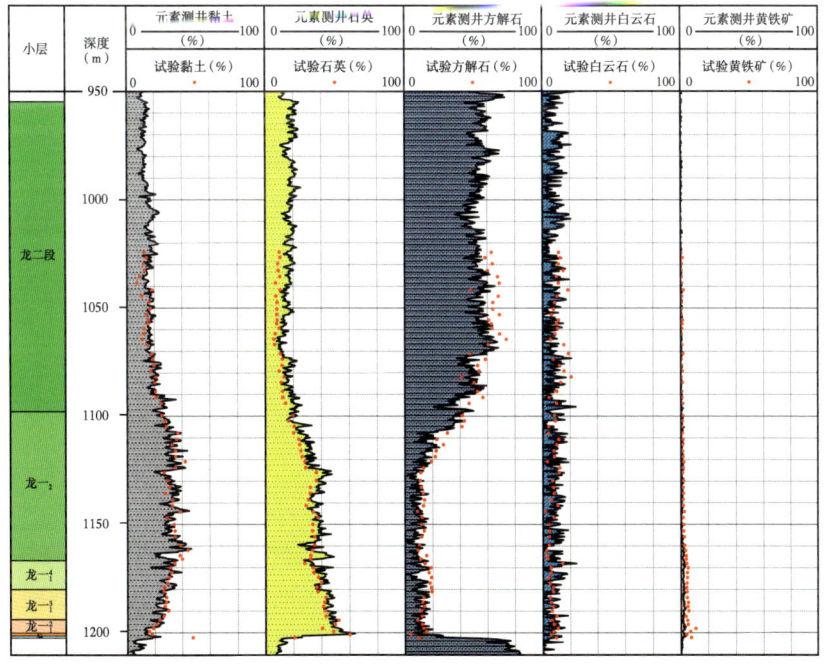

图 3-2-23　阳 104 井元素测井计算矿物成分含量与岩心全岩矿物对比

两种矿物含量计算方法适用性不同。敏感测井曲线的多元线性回归计算精度不高，但满足基本评价要求，成本低，可用于无元素测井项目的水平开发井评价；元素测井矿物计算结果精度高，可准确得到多种矿物成分含量，后续孔隙度、含气量计算与储层评价中资料利用率较高。

（2）总有机碳含量测井计算方法。

页岩气地层中除岩石矿物骨架和流体外，还含有大量的有机质，常用总有机碳含量来表达，又称为残余有机碳，它是岩石中残留的或剩余的有机碳含量。油气成因理论认为，烃源岩中只有很少一部分有机质转化成油气排替出去，大部分仍残留在烃源岩中，同时由于碳是有机质中含量大、稳定程度高的元素，所以用剩余有机碳含量来近似地反映烃源岩内的剩余有机质含量。得到总有机碳含量后，结合岩石的密度测井值和总有机碳含量与干酪根体积之间的换算关系，应用测井资料可以计算出页岩储层中干酪根的体积。

①电阻率与孔隙度测井曲线重叠法。

$\Delta \lg R$ 法 [见式（1-2-19）、式（1-2-20）及式（1-2-21）] 中 LOM 为与页岩成熟度有关的一个参数，变化于 5~18 之间。成熟度越高，则 LOM 值也高。太阳区块志留系和奥陶系地层的成熟度高，平均 2.55，故在采用 $\Delta \lg R$ 法时 LOM 的取值大于 12。

②多元回归法。

能谱测井能够测得地层中铀元素浓度，它和有机质之间有很好的经验关系。同时，对测井密度与岩心分析的总有机碳含量的关系进行了分析，发现太阳区块五峰组—龙马溪组测井密度与岩心分析的总有机碳含量同样存在良好的函数关系（图 3-2-24）。因此，利用能谱测井铀元素含量、补偿密度测井曲线，建立该区多元 TOC 计算模型，其计算结果如图 3-2-25 所示。

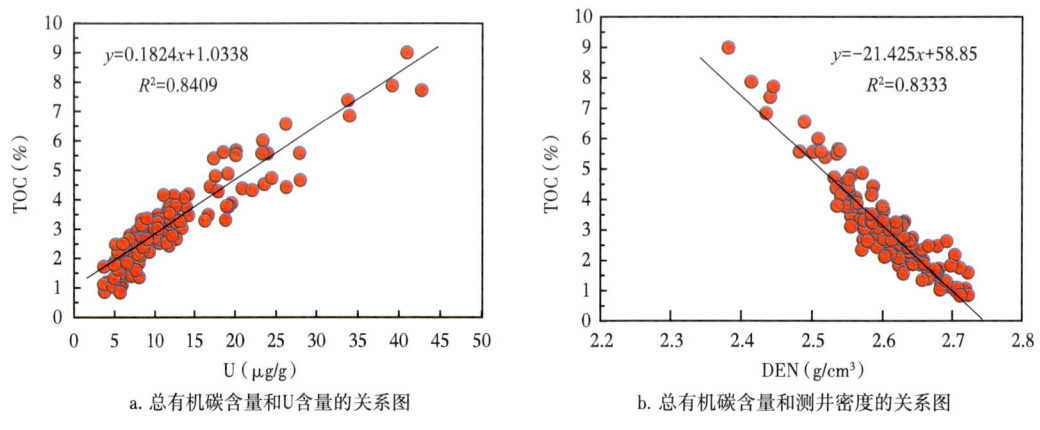

a. 总有机碳含量和U含量的关系图　　　b. 总有机碳含量和测井密度的关系图

图 3-2-24　太阳区块五峰组—龙马溪组铀、密度与总有机碳含量的关系

③Modified Schmoker 公式计算。

地层元素测井是一种在井下实时测量地层中主要元素含量的测井方法，对于复杂岩性储层的精细评价具有重要意义，其主要地质应用是岩性识别，能够确定 Si、Ca、Fe、S、Ti、Gd、Mg、K、Mn、Al 等 10 余种元素的含量，进而通过矿物转换模型确定出地层矿物含量，利用测井密度与矿物计算得到的骨架密度差异为干酪根，骨架密度需要根据需要根据元素测井得到的矿物质量分数计算：

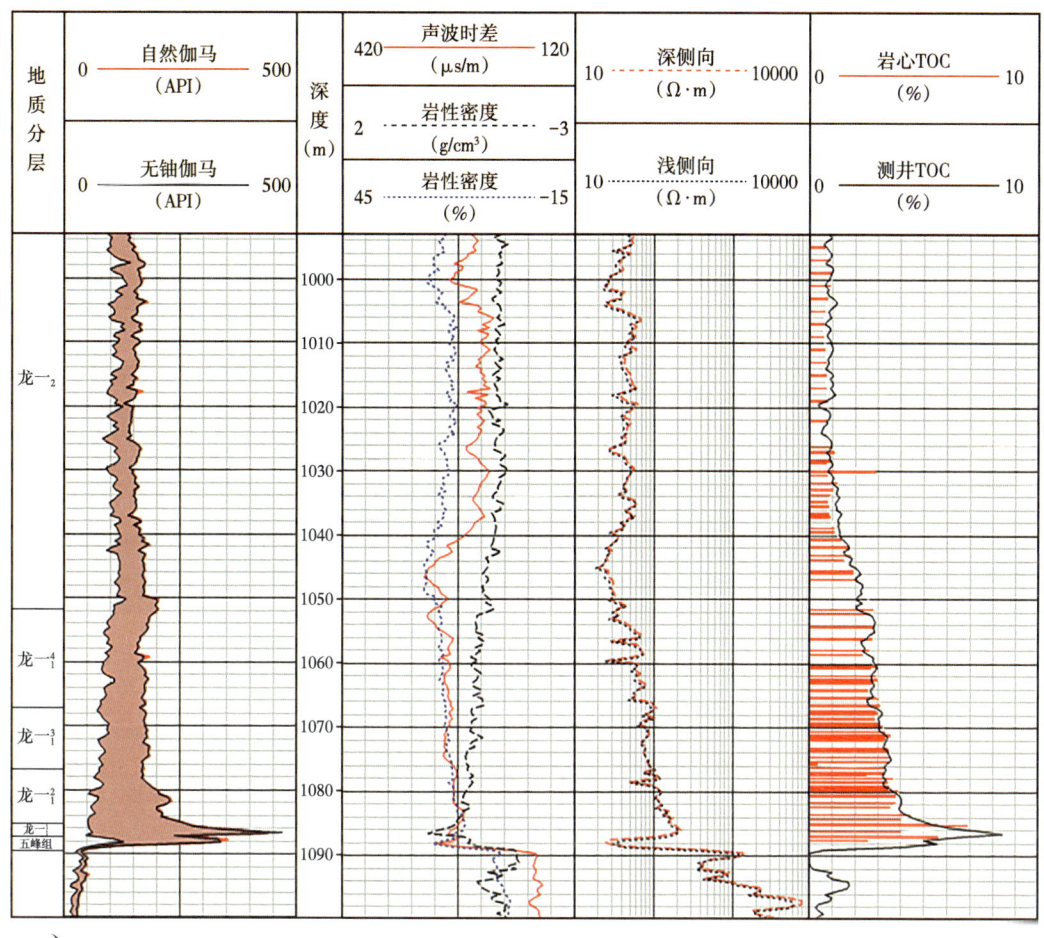

图 3-2-25　阳 103 井 TOC 计算成果与岩心分析数据对比

$$A = \frac{1}{1 - \frac{1}{\mathrm{RHOG}}} \quad (3\text{-}2\text{-}10)$$

$$B = A - 1 \quad (3\text{-}2\text{-}11)$$

$$\mathrm{TOC} = \frac{A}{\mathrm{RHOB}} - B \quad (3\text{-}2\text{-}12)$$

式中：A、B 为中间系数；RHOG 为骨架密度，g/cm³；RHOB 为测量体积密度，g/cm³。

④核磁共振法计算。

由于干酪根与地层流体密度相近，干酪根在密度测井上被识别为孔隙；而核磁共振测井仅对地层流体有响应，干酪根在核磁共振测井上表现为骨架，因此密度测井与核磁共振测井确定孔隙度的差值可反映干酪根体积，进而可将干酪根体积转换为总有机碳含量。

根据核磁共振测井和密度测井确定的孔隙度值可得到干酪根体积为：

$$V_{\text{ker}} = \frac{\text{RHOG} - \text{RHOB}}{\text{RHOG} - \text{RHOK}} - \frac{\phi_{\text{nmr}}}{H_{\text{f}}} \times \frac{\text{RHOG} - \text{RHOF}}{\text{RHOG} - \text{RHOK}} \quad (3\text{-}2\text{-}13)$$

$$\text{TOC} = V_{\text{ker}} \times \frac{\text{RHOK}}{\text{RHOB} \times C} \quad (3\text{-}2\text{-}14)$$

式中：V_{ker} 为干酪根体积，cm^3；RHOK 为干酪根密度，g/cm^3；C 为转化因子，H_{f} 为流体含烃指数；RHOG 为骨架密度，g/cm^3；RHOF 为孔隙流体视密度，g/cm^3；ϕ_{nmr} 为核磁共振孔隙度，%。

利用核磁共振测井和密度测井结合的方法可以较精确评价地层总有机碳含量，但在黏土矿物含量较多的情况下，密度测井确定的骨架密度不准确，且利用核磁共振测井不能得到准确的地层总孔隙度真值，因此，可利用地层元素测井资料获取骨架密度值，提高总有机碳含量计算精度。

⑤ LithoScanner 岩性扫描测井。

LithoScanner 岩性扫描测井作为斯伦贝谢最新的元素测井仪器，可以直接测量非弹谱得到地层中总碳的含量，将与碳酸盐等矿物相关的无机碳含量从总碳中扣除，就可以定量得到地层中总有机碳含量，且不受井况及岩性影响。

在传统的 $\Delta\lg R$ 及 Schmoker 等仅通过常规曲线进行干酪根计算的方法中，都存在一定的局限性，给定量判断 TOC 带来难度。通过新一代 LithoScanner 非弹性能谱直接测量总有机碳含量，去除人为判断的影响是精确计算 TOC 的新趋势。

太阳区块内已开展岩性扫描测井、电阻率与孔隙度测井曲线重叠法、多元回归法、Modified Schmoker 公式、核磁共振法这 5 种计算方法适应性分析。其中 3 种计算方法均可以满足昭通页岩气储层计算精度需求，元素扫描测井资料精度最佳，计算结果与岩心实验结果相对误差仅为 5.8%，其次为 Modified Schmoker 公式法，计算结果与岩心实验结果相对误差为 7.1%，多元回归法计算结果与岩心实验结果相对误差为 7.7%。岩性扫描测井需使用斯伦贝谢仪器测量；Modified Schmoker 公式法可采用国产元素测井仪器结果进行计算；多元回归法仅采用常规测井资料即可计算，成本低。

（3）孔隙度测井计算方法。

在建立孔隙度计算模型前，需先确定建立模型的岩心孔隙度数据。太阳区块孔隙度测量方法主要有两种：覆压气测法、核磁共振法。覆压气测法一般利用标准柱塞样品测量孔隙度，一般围压 6.8~7MPa，通过注入流体（包括液体或气体）直接确定孔隙体积，进而得到孔隙度。覆压孔隙度由于地面上的样品内孔隙无气体支撑，施加围压，孔隙明显被压缩，造成测量误差，测量结果往往偏小，储层条件下孔隙内有气体支撑孔隙结构，所以覆压条件下测量结果不准确。核磁共振法是将岩心柱塞样制好，经洗油洗盐和烘干处理后，测量一次岩心的 T_2 谱，抽真空加压饱和盐水，将饱和岩心放入核磁共振仪中测量其饱和水岩心的 T_2 谱，通过标准曲线定量转化，将 T_2 谱面积转化为相应的孔隙体积，两次 T_2 谱差值计算出核磁共振孔隙度。

但昭通核磁共振孔隙度测量过程中，经过一次测量仪器更新，核磁共振仪器回波间隔由原来的 0.2ms 提高到 0.06ms。精度提高后，0.2ms 回波间隔的仪器测量不到的微孔信号，0.06ms 回波间隔的仪器可测量到，其测量信号明显增大，孔隙度测量结果比之前有所增大（图 3-2-26、图 3-2-27）。

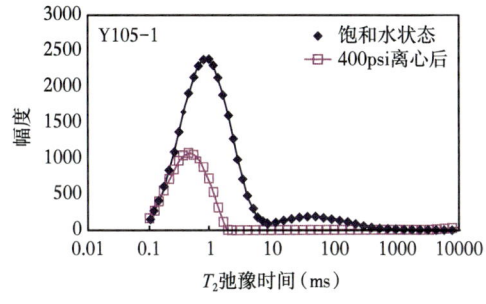
图 3-2-26 仪器回波间隔 0.2ms 测量结果

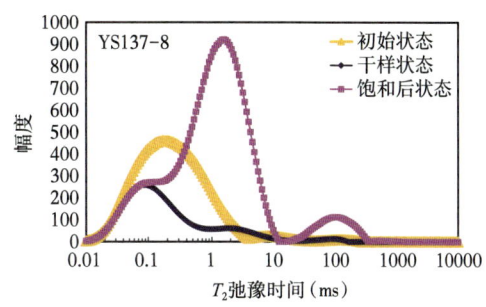
图 3-2-27 仪器回波间隔 0.06ms 测量结果

①多元拟合法。

优质页岩储层通常体现为低密度测井值特征，反映了储层孔隙发育、物性好。因此，密度测井值与页岩储层孔隙度有较好的线性关系，其次为声波时差测井曲线；同时，由于页岩储层有机碳富集，其内部热演化形成的有机孔是甲烷气体存储的最重要储集空间，孔隙度与铀及 TOC 同样存在密切的关系，具体关系见图 3-2-28。据此建立了密度、声波时差、铀含量计算孔隙度多元拟合关系，其计算效果如图 3-2-29 所示。

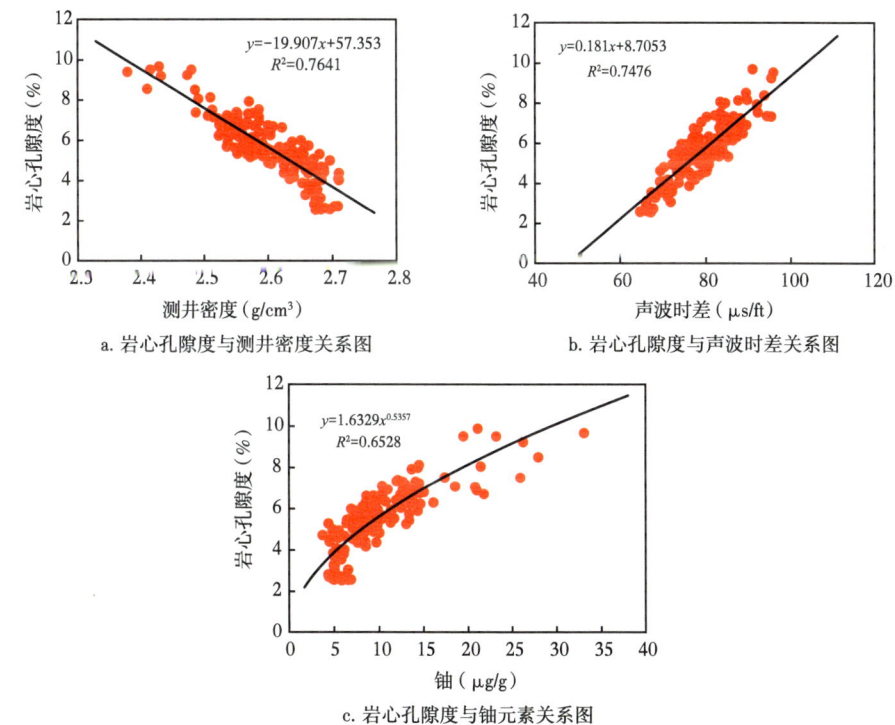

a. 岩心孔隙度与测井密度关系图　　b. 岩心孔隙度与声波时差关系图

c. 岩心孔隙度与铀元素关系图

图 3-2-28 阳 102 井区岩心孔隙度与密度、声波时差及铀含量关系

②变骨架密度法。

对于非常规储层，页岩储层岩性复杂，骨架密度变化范围大，应用定骨架方法计算的孔隙度存在很大的误差，难以满足中基性火山岩储层油气储量计算的要求。研究区内有丰富的元素测井资料，可以直接获取储层骨架矿物含量。根据元素测井资料解释结果

建立了精度较高的变骨架参数孔隙度解释模型，计算效果如图 3-2-30 所示。

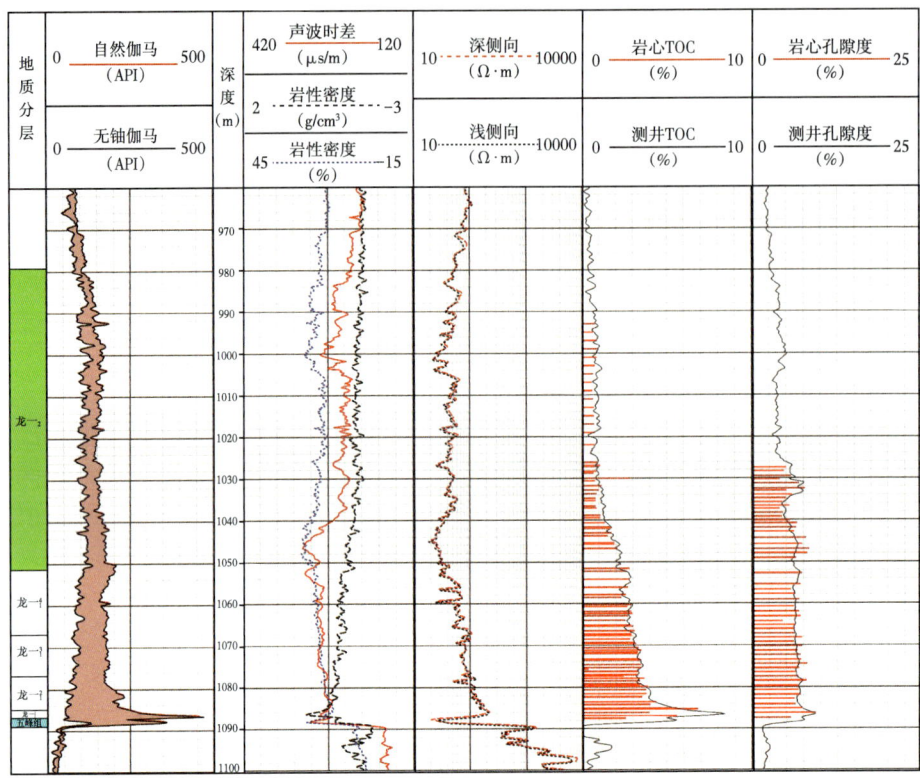

图 3-2-29　阳 103 井测井技术孔隙度与岩心分析对比

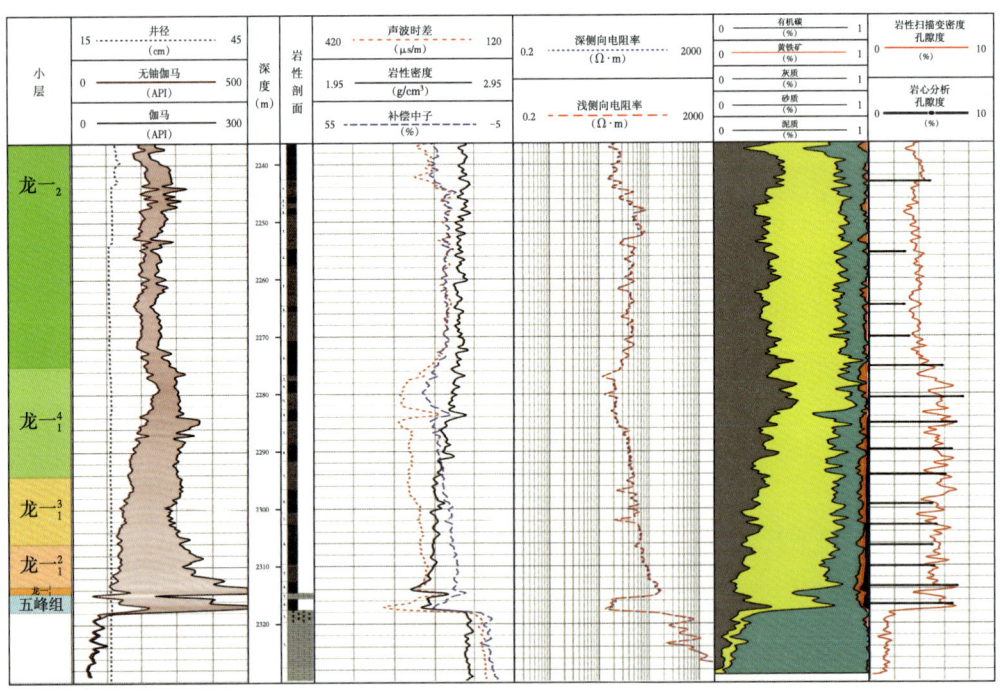

图 3-2-30　YS116 井孔隙度计算成果

③拟合矿物变骨架密度法。

根据矿物计算中敏感测井曲线的多元线性回归模型计算矿物含量，进而计算变骨架密度孔隙度，计算效果如图 3-2-31 所示。

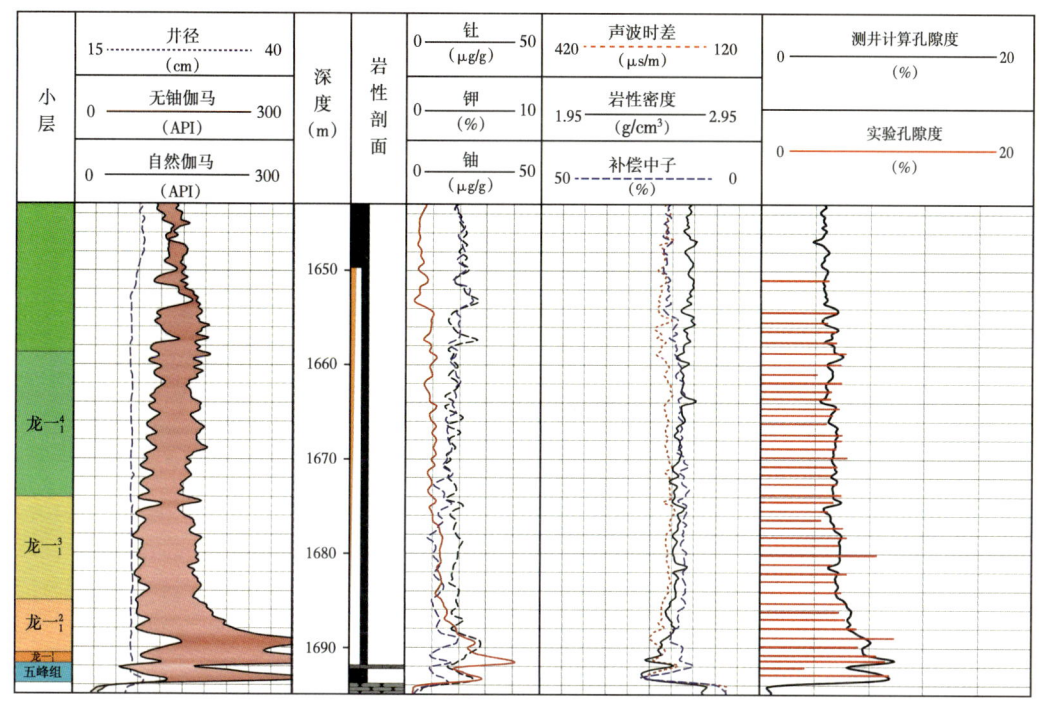

图 3-2-31　拟合矿物计算变骨架孔隙度与岩心孔隙度对比

在太阳区块内，拟合矿物变骨架密度法与变骨架密度法计算孔隙度精度均较高，其中变骨架密度法计算孔隙度结果与岩心实验结果相对误差仅 2.1%，拟合矿物变骨架密度法计算孔隙度结果与岩心实验结果相对误差 6.3%，两者均可达到 DZ/T 0217《石油天然气储量计算规范》中孔隙度计算规范要求。变骨架密度法需使用国产化元素测井仪器进行数据采集；拟合法仅采用常规测井即可，成本较低。

④含气量测井计算方法。

页岩的含气量测定通常由解吸气量、损失气量和残余气量 3 部分组成，即页岩的含气量＝解吸气量＋损失气量＋残余气量。针对含气量测试实验，为了更准确地获取页岩储层含气量，中国石油勘探开发研究院廊坊分院设计了保压取心测量含气量实验，特点为多级减压，大/小双量程流量计结合。经多次调整工艺措施，最终确定的方案为：岩心保压内筒排水降压＋多次集气＋自然解析＋加热解析（图 3-2-32）。从取心筒长度来看，1m 筒内测量到的含气量最大，认为 1m 筒的含气量最为精确。保压取心可以避开长时间的损失气量的计算，可以提高含气量测试的精度，认为保压取心含气量实验更精确。

页岩含气量测井计算模型简化为吸附气和游离气两部分。对于游离气而言，有效孔隙度和含气饱和度是评价游离气的主要参数，这点与常规气藏一致，但与常规气藏不同的是，页岩气储层要计算游离气含量，即从井下储层条件换算到地面标准条件下

（1atm，25℃）每吨岩石所含游离气的体积，故与地层压力和温度以及天然气的压缩因子等有关，这与常规气藏的储量计算方法类似。对于页岩地层吸附气含量而言，主要的控制因素为地层总有机碳含量及有机质成熟度，并且受地层压力、地层温度的影响。太阳区块根据本区岩心等温吸附实验，结合地层压力、温度等资料，利用朗缪尔（Langmuir）方程来研究地层吸附气含量，并通过实验、测井资料建立吸附气含量计算模型。

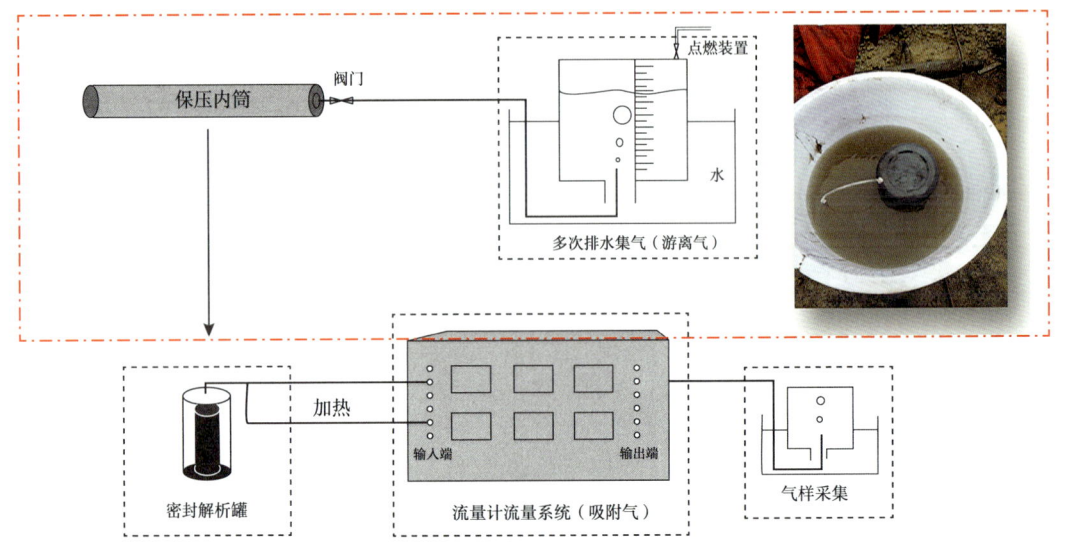

图 3-2-32　密闭保压取心流程示意图

a. 地层压力计算模型研究。

利用测井资料进行地层孔隙压力评价的方法有等效深度法、伊顿（Eaton）法、岩石力学参数法等。针对太阳区块储层低渗透率特点及其异常地层压力形成机制，采用伊顿法进行地层孔隙压力预测评价，以泥岩正常压实理论为基础，在太阳区块地层具有较好的适应性。根据已有地层孔隙压力实测结果及所建立的正常压实趋势线，得到研究区内各井地层压力测试深度段伊顿指数。计算结果统计分析表明，伊顿指数并不是一个常数，随着埋深增大及声波时差的减小有逐渐增大的趋势，太阳区块伊顿指数与地层埋深（图 3-2-33、图 3-2-34），对比发现，伊顿指数与地层埋深具有较好的非线性关系，随深度呈指数关系增大，拟合精度可以满足工程计算要求。

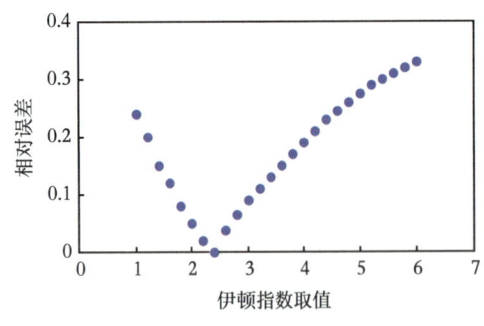

图 3-2-33　迭代法确定伊顿指数取值

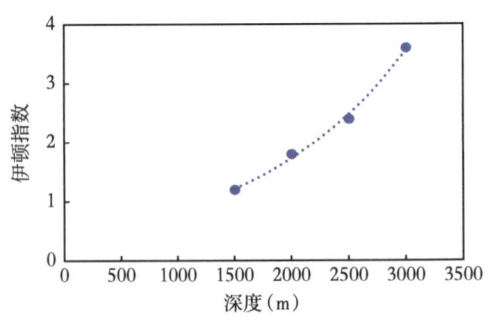

图 3-2-34　伊顿指数随深度变化规律

利用变伊顿指数法计算地层压力效果如图 3-2-35 所示。

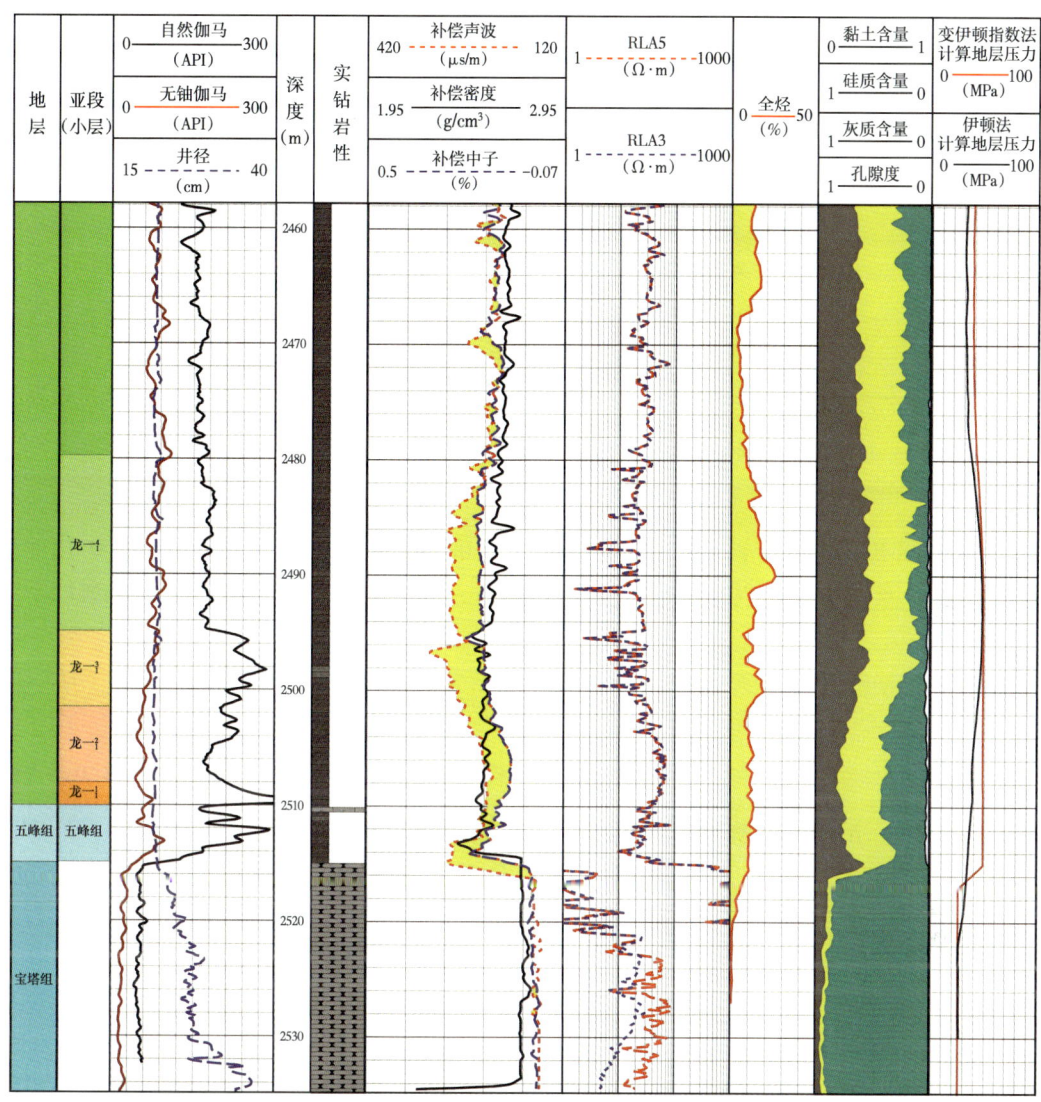

图 3-2-35　YS108 变伊顿指数法计算地层压力成果

b. 含水饱和度测井计算模型研究。

页岩储层中的流体主要为束缚水、吸附气和游离气，基本上没有可动水，因此测井计算出的含水饱和度就是束缚水饱和度。下面介绍 Simandoux 方程（电法）和神经网络法（非电法）。

Simandoux 方程适用于含泥质较多、岩性很细的含油气粉砂岩，同时该模型不考虑黏土或泥质的具体分布形式，只是把泥质看成是黏土和细粉砂组成，把泥质部分当作可含油气的、泥质较重、岩性很细的粉砂岩。选取邻区 YS104 等井的岩心样品开展岩电实验，地层因素测量成功 104 个，不同饱和度下的电阻增大率测量成功 65 个。将岩心不同含水饱和度 S_w 和对应的电阻率 R_t 计算得到的地层电阻率增大系数 I 在对数坐标下作图，得到饱和度指数 $n=2.1304$ 和岩性相关系数 $b=1.0134$（图 3-2-36）。将 100% 饱和地

层水的岩样电阻率 R_0 计算得到的地层因素 F 与地层孔隙度在对数坐标下进行统计回归，得到岩性系数 a=1.0610 和胶结指数 m=1.3139（图 3-2-37）。

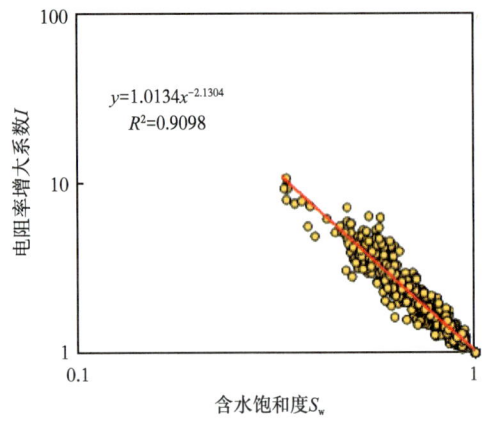
图 3-2-36　电阻率指数与含水饱和度关系曲线

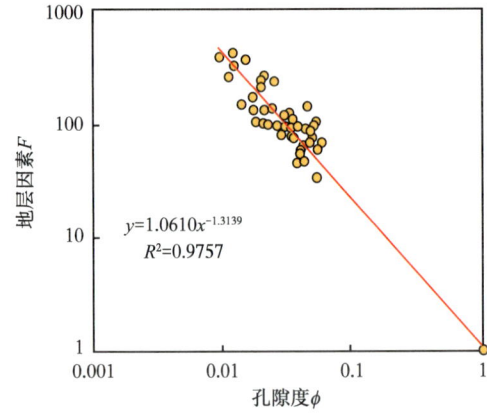
图 3-2-37　地层电阻率因素图版

借用邻区长宁区块宁西 202 井返排率超过 100%，取得地层混合液的平均矿化度为 29000mg/L，查图版得 20℃ 时 R_{ws} 为 0.248Ω·m。地层条件下地层水电阻率根据如下公式计算得到：

$$R_w = R_{ws} \times (R_{wt} + X)/(F_{temp} + X) \qquad (3\text{-}2\text{-}15)$$

$$X = 10^{-0.34 \times \lg R_{mfs} + 0.641} \qquad (3\text{-}2\text{-}16)$$

式中：R_w、R_{ws}、R_{wt}、R_{mfs} 分别为地层条件下地层水电阻率、地面地层水电阻率、地层电阻率、钻井液滤液电阻率，Ω·m；X 和 F_{temp} 分别为地面地层水电阻率的温度和地层温度，℃，由测井实测得到。

用 Simandoux 公式计算含水饱和度受电阻率和泥质含量影响较大，部分井在目的层段受泥质、黄铁矿等影响，电阻率出现下降现象，影响含水饱和度的计算，此时建议采用神经网络方法计算含水饱和度。利用多条测井原始曲线生成训练数据，岩心含水饱和度为目标曲线，采用神经网络法学习（图 3-2-38）。从大量岩心含水饱和度数据中挖掘规律，并用于预测模型，在电阻率出现下降的目的层段内，采用神经网络法计算含水饱和度效果更好（图 3-2-39）。

c. 游离气量测井计算模型研究。

游离气含量的计算方法主要与有效孔隙度和含气饱和度有关，与常规储层的评价相似。当然，由于页岩气储层要计算含气量，这种含气量是指从井下储层条件换算到地面标准条件下（1atm，25℃）每吨岩石中所含的游离气体积，故与地层的压力和温度以及天然气的压缩因子等有关。

地层条件下游离气含量为：

$$Q_f = \frac{\phi \times S_g}{\text{DEN}} \qquad (3\text{-}2\text{-}17)$$

式中：Q_f 为储层温度压力下游离气含量，m³/t；S_g 为含气饱和度，小数。

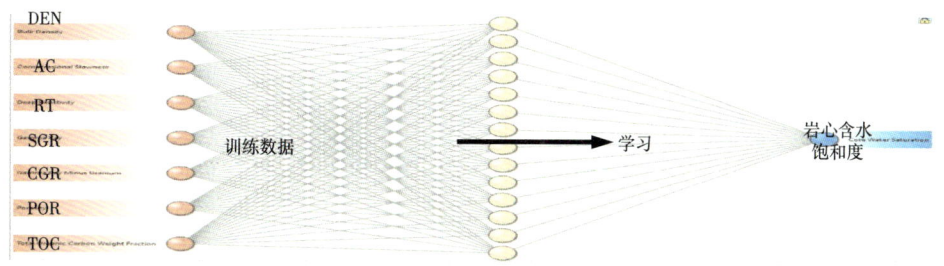

阳104井机器学习模拟结果

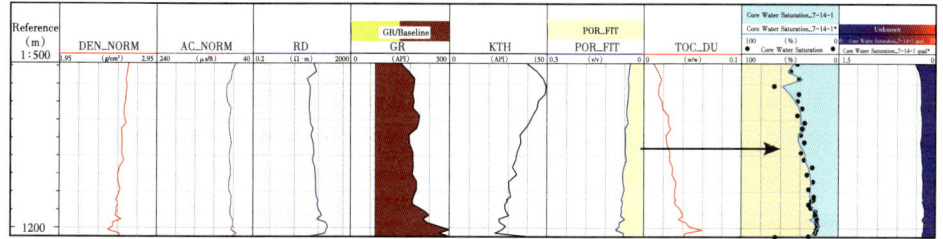

图 3-2-38 机器学习模拟结果

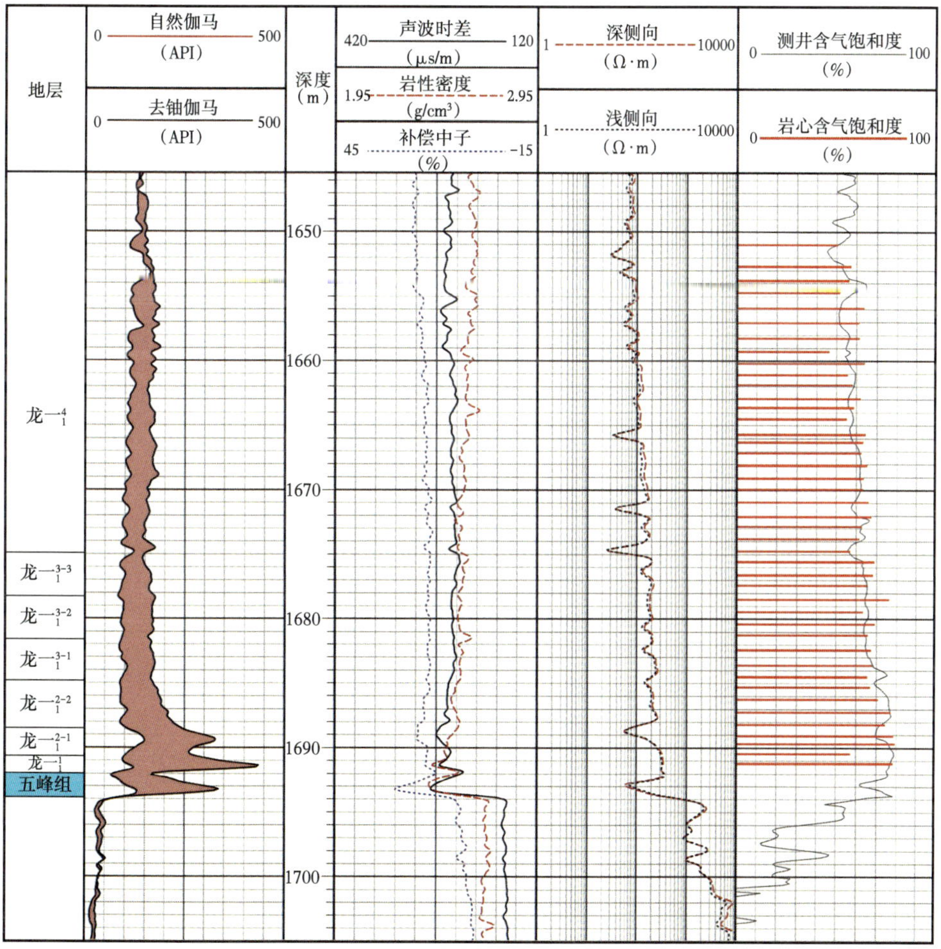

图 3-2-39 阳105井计算含水饱和度与岩心含水饱和度对比图

标准条件下游离气含量为换算到1atm和25℃的标准条件下游离气的含量,由气体物质平衡方程得以下的换算公式:

$$V_\text{f} = \frac{Q_\text{f} \times p_\text{log} \times (25+273)}{p_0 \times (T_\text{log}+273) \times Z} \quad (3\text{-}2\text{-}18)$$

式中:V_f为游离气含量,m³/t;p_log为地层压力,MPa;T_log为地层温度,℃;p_0为标准大气压;Z为气藏原始天然气偏差系数,通过高压物性实验或页岩气组分和相对密度经温压校正得到。

d. 吸附气量测井计算模型研究。

一般吸附含量占总含气量的20%~80%。根据国内外研究结果,对于浅层的页岩,压力对吸附气含量影响较大,而深层页岩的温度对吸附气含量影响更大。页岩吸附气量主要通过朗缪尔等温吸附方程计算。朗缪尔等温吸附方程,对煤层气、页岩气乃至水蒸气等在物质表面的吸附均适用。其基本理论认为,吸附在干酪根表面上的甲烷与页岩中的游离甲烷处于平衡状态,朗缪尔等温线就是用来描述某一恒定温度下的这种平衡关系的。该关系涉及两个重要参数:朗缪尔体积和朗缪尔压力。前者描述的是无限大压力下的气体积,而后者描述气含量等于1/2朗缪尔体积时的压力。在一定的温度条件下,任一压力条件下吸附的气体体积可用如下公式表示:

$$V_\text{a} = (p \times V_\text{L}) / (p + p_\text{L}) \quad (3\text{-}2\text{-}19)$$

式中:p为储层压力,MPa;p_L为吸附气量达到饱和吸附量一半时的压力,又称朗缪尔压力,MPa;V_L为达到饱和吸附时所吸附的气量,又称朗缪尔体积,m³/t;V_a为吸附气含量,m³/t。

吸附气含量的影响因素包括地层温度、压力、页岩孔隙度、总有机碳含量、湿度等,其中总有机碳含量为主要控制因素。而页岩吸附性质可以用朗缪尔方程来描述,因此,总有机碳含量对吸附气量的影响可以通过等温吸附参数来体现,也就是说通过大量的岩心等温吸附实验建立基于测井参数的等温吸附参数统计计算模型。对研究区朗缪尔压力(p_L)与总有机碳含量相关性分析,得到如下计算公式:

$$P_\text{L} = 4.9314 \times \text{TOC}^{-0.321} \quad (3\text{-}2\text{-}20)$$

对研究区朗缪尔体积(V_L)与TOC的关系进行数理统计分析,得到如下朗缪尔体积(V_L)计算公式:

$$V_\text{L} = 2.2712 \times \text{TOC}^{0.3255} \quad (3\text{-}2\text{-}21)$$

研究区朗缪尔压力(p_L)、朗缪尔体积(V_L)与TOC关系如图3-2-40所示。

e. 总含气量计算效果验证。

页岩气储层某一深度点的总含气量计算公式如下:

$$V_\text{t} = V_\text{a} + V_\text{f} \quad (3\text{-}2\text{-}22)$$

式中:V_t为总的含气量,m³/t。

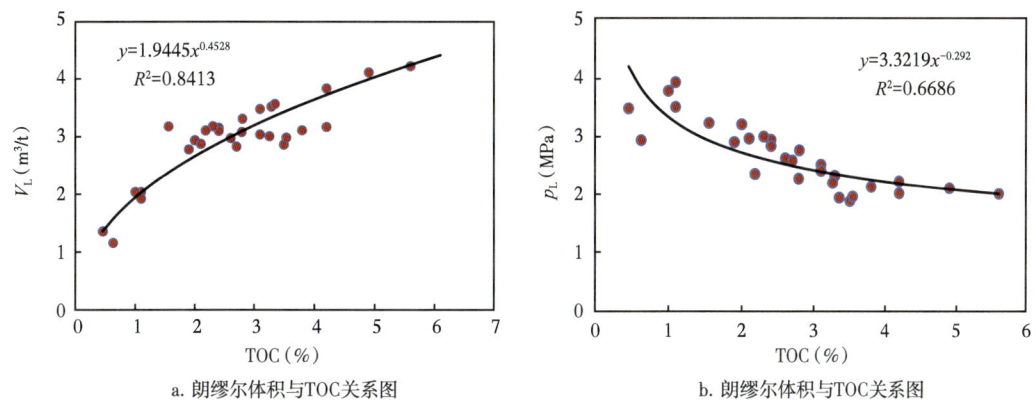

a. 朗缪尔体积与TOC关系图　　　　　b. 朗缪尔体积与TOC关系图

图 3-2-40　研究区朗缪尔压力（p_L）、朗缪尔体积（V_L）与 TOC 关系图

根据研究区内 YS151 保压密闭取心测量含气量情况，选择 7~10 筒次的 1m 取心测量结果标定测井计算结果，计算效果如图 3-2-41 所示。

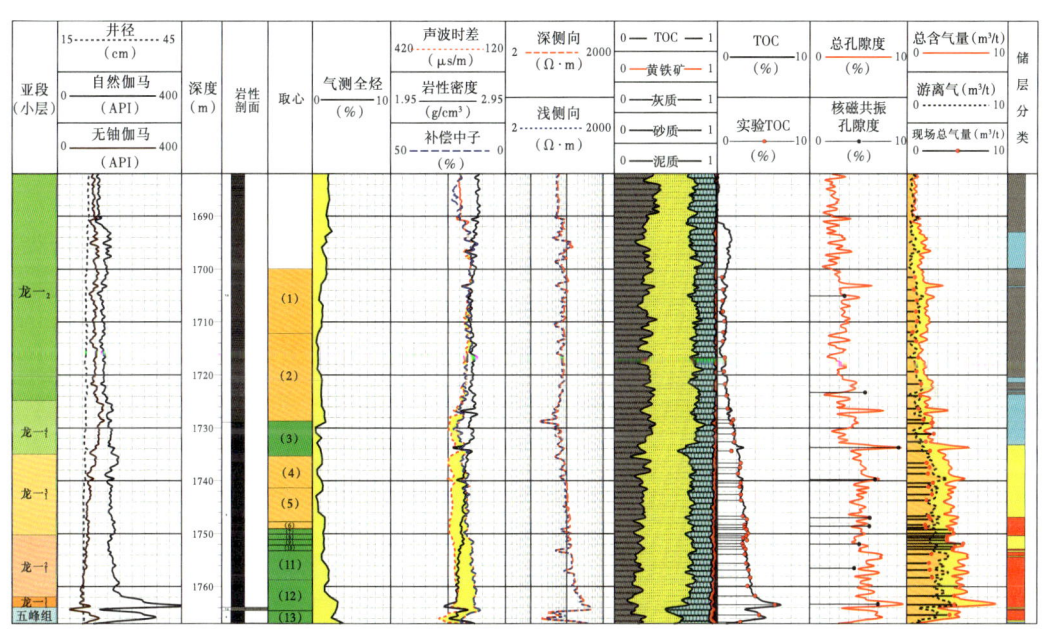

图 3-2-41　YS151 井储层参数计算结果

计算结果与保压取心 1m 段的含气量测试对应性好，与 TOC、孔隙度、朗缪尔体积、朗缪尔压力、实测压力对应性好，验证了模型的可靠性。

（4）岩石力学参数计算方法。

岩石力学研究主要是根据区域构造和地层岩性层序，利用声波测井、密度、伽马射线和其他测井资料建立岩石力学模型，该模型包括岩石的弹性参数、强度参数和地层的应力及压力等数据，并结合室内岩心实验结果以及实际钻完井资料，对模型进行更新和修正。

①岩石弹性参数计算。

对于弹性介质，当动应力不超过介质的弹性极限时，则产生弹性波。该弹性波的传播特征与岩石的动力学特性有关。根据纵、横波传播方程给出的纵、横波速度与岩石动力学参数之间的理论关系，用声波测井得到纵波时差 Δt_c、横波时差 Δt_s，用密度测井得到体积密度，就可计算各种岩石力学参数。

岩石的动态力学参数是指岩石在各种动载荷或周期变化载荷（如声波、冲击、震动等）作用下所表现出的力学性质参数。在静载荷作用下，岩石表现出的力学参数称为静态参数。井眼的变形和破坏是相对较慢的静态过程。实验研究表明，对于一块完整致密的岩石来说，其动、静力学参数比较接近。对于疏松或欠固结的地层，动、静力学参数可能有显著的差异。一般情况下，动态参数要大于静态参数。

②岩石强度参数计算。

岩石的单轴抗压强度（UCS）通常根据测井曲线计算得到。利用岩石杨氏模量来确定岩石抗压强度，利用泥质含量和有效孔隙度来计算内摩擦角，而岩石抗拉强度为抗压强度的函数。阳102井区阳105井岩石力学参数计算成果见图3-2-42。

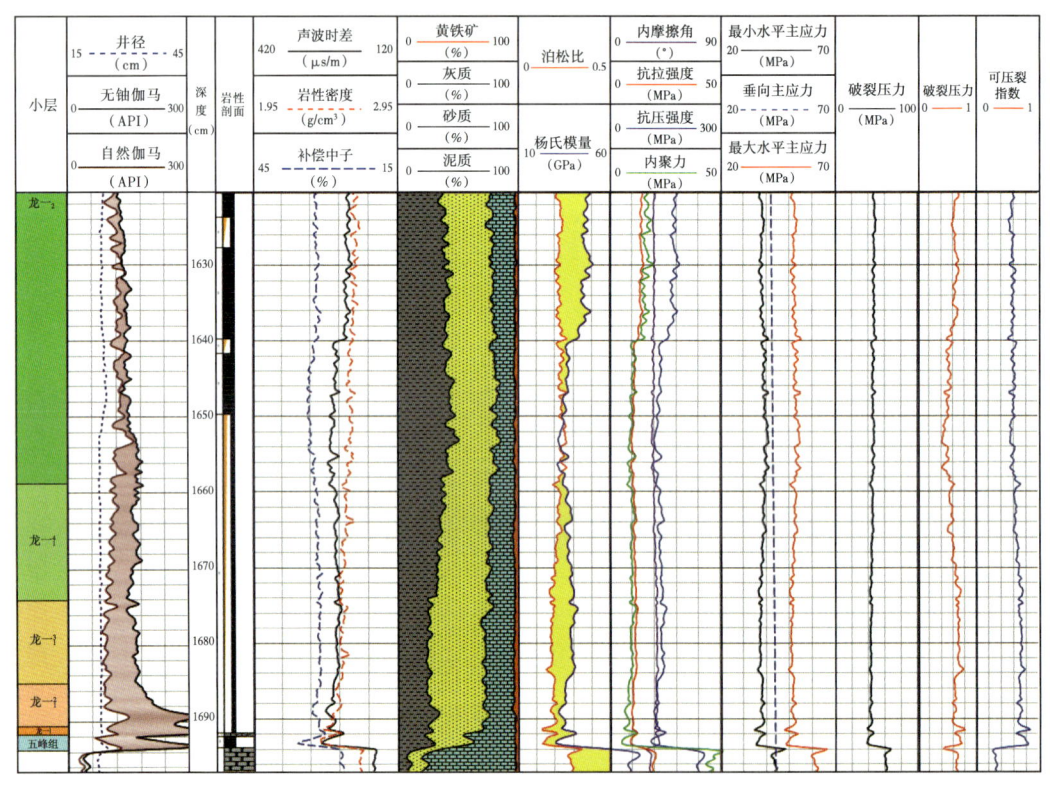

图 3-2-42　阳 105 井岩石力学参数计算成果

（5）地应力计算方法。

上覆地层压力通过对地层密度进行积分计算得到。典型的地层密度通过电缆测井得到，也可以利用岩心测得的密度。垂直（上覆岩层）应力密度当量约为 2.64g/cm^3 左右。

根据太阳区块多井地层应力参数分析结果，存在最大水平主应力＞垂向应力＞最小水平主应力的应力机制，与区域构造背景的应力机制一致（图 3-2-43）。

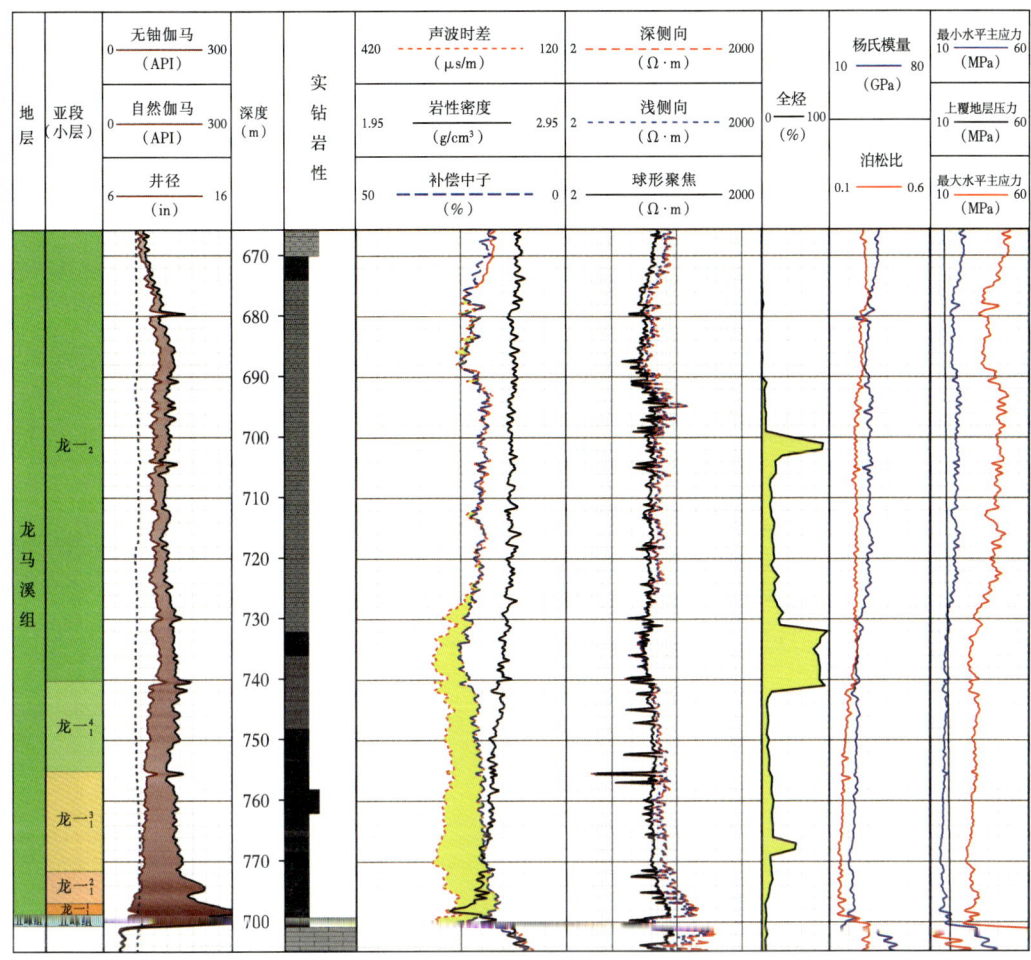

图 3-2-43　阳 102 井地应力计算结果

3）浅层页岩储层评价标准

页岩储层评价标准主要参考 DZ/T 0254《页岩气资源量和储量估算规范》及 Q/SY 16847《页岩气测井评价技术规范》，根据四川盆地奥陶系五峰组—志留系龙马溪组页岩特征，制定分类评价标准，以 TOC、孔隙度、含气量和脆性为主要指标。太阳区块属于浅层页岩气区块，根据阳 102 井区的评价成果，把压力系数当作反映保存条件及含气性的重要参数进行了评价，作为评价标准中的一项（表 3-2-2）。

表 3-2-2　太阳区块页岩气储层评价标准

	参数	Ⅰ类储层	Ⅱ类储层	Ⅲ类储层	非储层
定性评定参数、指标	TOC（%）	>3	2~3	1~2	<1
	有效孔隙度（%）	>5	3~5	2~3	<2
	含气量（m³/t）	>3	2~3	1~2	<1
	脆性指数（%）	>55	45~55	30~45	<30
	孔隙压力系数	>1.2	1.1~1.2	1.0~1.1	<1.0

太阳区块阳102井区五峰组—龙马溪组一段页岩储层厚度在50.3~57.4m（平均54.8m），其中Ⅰ类储层平均厚度20.0m，占36.3%；Ⅱ类储层平均厚度21.5m，占比38.9%；Ⅲ类储层平均厚度13.5m，占比24.6%。

4. 应用效果

根据以上五峰—龙马溪组页岩储层评价方法，完成了太阳气田阳102、阳105、YS137等多口评价井测井解释综合评价（图3-2-44、图3-2-45、图3-2-46）。对阳102井志留系龙马溪组含气性最佳、地应力较小的井段768.5~770.0m、773.7~774.7m、777.3~778.8m（图3-2-44）进行加砂体积压裂改造和排液试气。该井2017年5月23日试气，初始压力4.5MPa，有效试气时间共计19天，试气累积产量13.6×10⁴m³，累积返排液量1620.2m³，返排率71.53%，测试产量1.12×10⁴m³/d，试采配产产量0.8×10⁴m³/d（井口压力在3.9~2.4MPa），压力恢复最高井口压力14MPa。试气结果表明，阳102井试气反应地层能力充足。

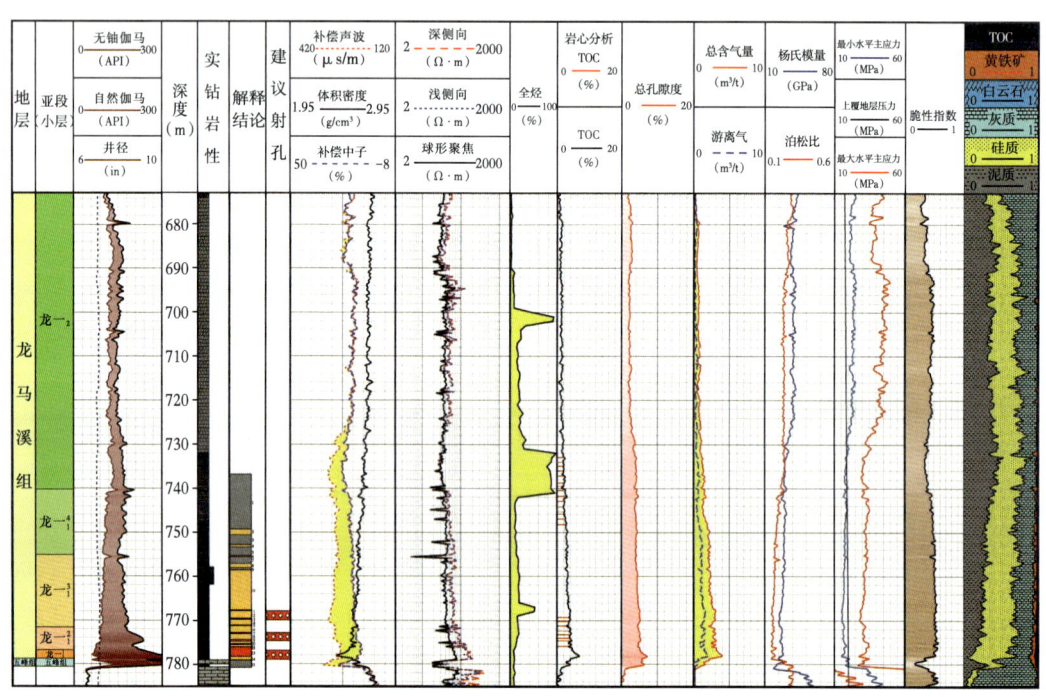

图3-2-44 太阳区块阳102井测井解释综合成果

阳105井是阳102井试气获得突破后在太阳背斜大断裂东部部署的一口重要评价井（图3-2-45）。本井首次采用中国石油集团测井有限公司国产化EILog成像测井系列代替国外先进技术进行完井测井资料采集，包括核磁共振、地层元素、阵列声波等特殊测井项目。成像测井项目提供了丰富的评价信息，核磁共振测井能够提供孔隙度、渗透率、束缚水饱和度、可动流体体积等储层品质参数评价，元素测井能够提供储层复杂矿物组分、TOC等烃源岩品质参数评价，阵列声波测井资料能够提供泊松比、杨氏模量、抗压强度、破裂压力、脆性指数等工程品质参数的评价。

本井在龙马溪组1658~1694m进行试气，获得17300m³/d的产气量，揭开了太阳浅层页岩气田的开发序幕。

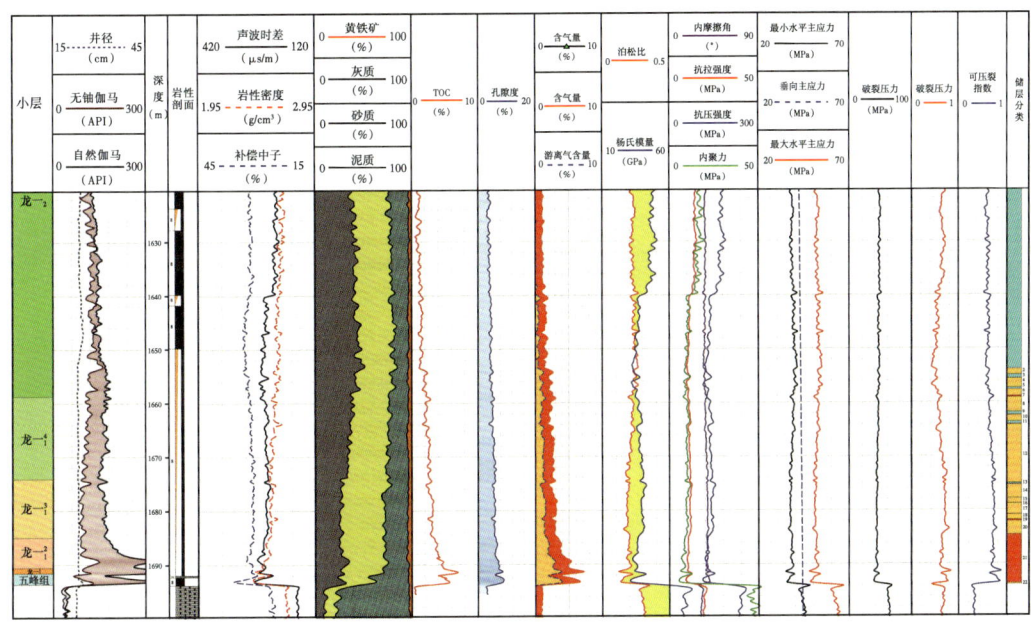

图 3-2-45 太阳区块阳 105 井测井解释综合成果

图 3-2-46 为根据太阳区块阳 102 井区测井解释模型，采用常规测井资料解释的 YS137 井成果图。本井常规资料特别是声波时差—中子曲线"挖掘效应"非常突出，对储层含气性定性判断效果明显，是页岩储层含气性判断的有效方法。该井对 4~10 号层进行了试气作业，日产气 20000m³，最高日产气量近 40000m³。

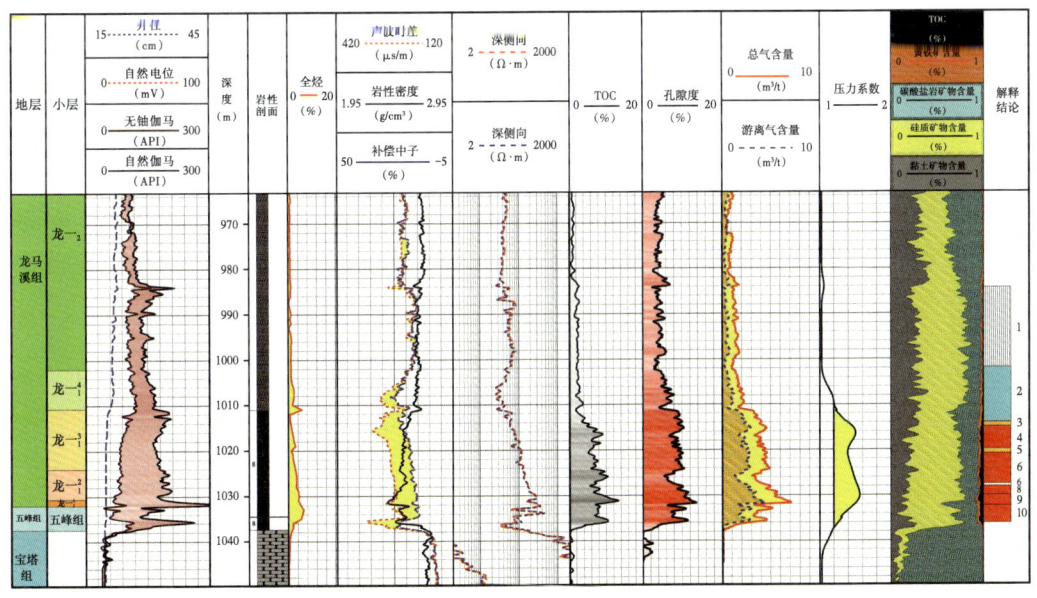

图 3-2-46 太阳区块海坝区块 YS137 井测井解释综合成果

图 3-2-47 为太阳区块探评井及水平井单井试气产量示意图，从图中可以看出，多口井试气获得工业气流，揭示了太阳气田良好的开发前景。

通过试气成果对该套页岩气测井综合评价方法进行了验证。统计表明，本区测井解释符合率达到 90% 以上，进一步验证了测井解释方法及模型的可靠性。

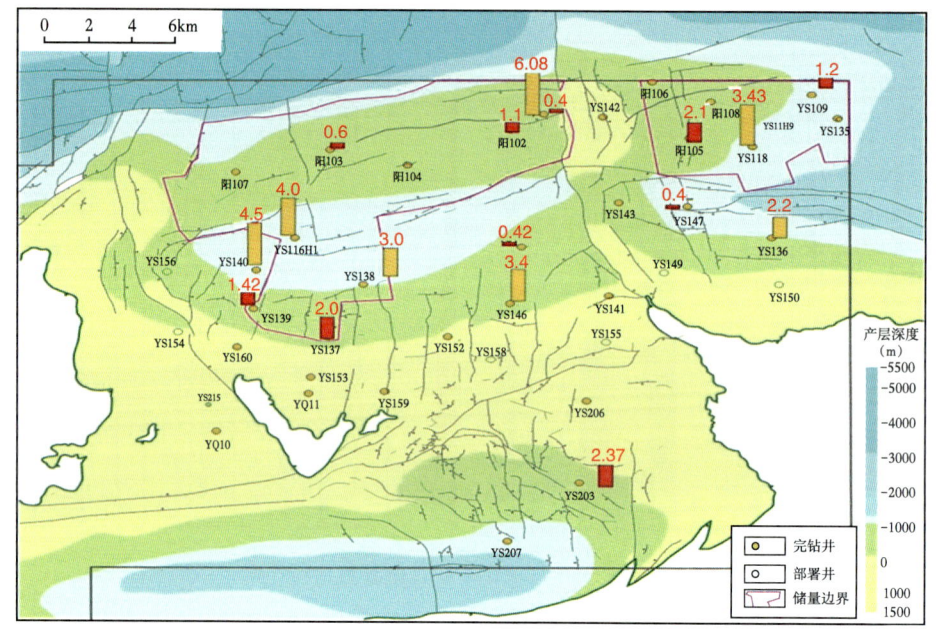

图 3-2-47　太阳区块单井试气产量分布

5. 结论及建议

（1）太阳区块浅层页岩气实现开发，在国内尚属首次，其地质构造背景及页岩储层含气特征与中深层相比存在较大差异。针对以上难点，测井解释人员基于精细分析页岩储层测井响应特征，深入开展页岩气储层"七性"关系研究，重点针对 TOC、孔隙度、含气量、脆性指数及孔隙压力系数等参数建立了定性及定量评价模型，为区域地质研究与勘探开发部署提供测井依据。

（2）页岩气田主要通过部署水平开发井进行产能建设，因此，水平井测井综合解释评价在整个开发评价中占据重要的地位。井眼轨迹精细分析、储层综合评价及压裂分段是水平井测井综合解释的核心，水平井测井资料响应与直井差异巨大，建议加大水平井测井综合评价方面的研究。

第三节　区块案例

一、川北古中坳陷秋林区块沙溪庙组致密砂岩气藏测井评价

1. 地质背景

金秋气田位于四川省三台县境内，区域构造位置属于川北古中坳陷低缓构造带西南位置。秋林地区作为四川盆地的组成部分，经历了四川盆地的历次沉积演化和构造运动，相继沉积了中—下三叠统及其以下以碳酸盐岩为主的海相地层和上三叠统—侏罗系以砂泥岩为主的陆相地层。

金秋气田地表出露白垩系剑门关组和侏罗系上统蓬莱镇组，自上而下依次发育白垩系剑门关组，侏罗系上统蓬莱镇组、遂宁组，中统沙溪庙组、下统凉高山组和自流井组，地层层序正常。早侏罗世至中侏罗世早期为湖相与河流相间互沉积。

区内侏罗系中统沙溪庙组顶埋深1300~1600m，主要为一套巨厚的陆相碎屑岩地层，中上部为河流相，底部发育少量三角洲—湖泊交替相沉积，地层厚度1100~1300m。地层岩性以紫红色泥岩夹灰绿色粉砂岩、砂岩为主要特征。沙庙组底部以"关口砂岩"之底与下伏凉高山组灰黑色泥页岩为分界，顶部以遂宁组之底砖红色粉、细砂岩作为分界标志。

沙溪庙组内部，又以"叶肢介页岩"之顶为分层标志，进一步划分为沙一段、沙二段。

沙一段下部发育灰色、灰绿色泥岩夹浅灰色、灰绿色薄—中层粉—细砂岩，中上部发育紫红色、灰绿色泥岩夹中—厚层浅灰色细砂岩。顶部为一套约数米厚的深灰、黑灰色"叶肢介页岩"。地层厚度200~250m。

沙二段主要发育紫红色泥岩夹中—厚层块状浅灰色细—中砂岩，地层厚度1000~1100m。按照沉积旋回和层序地层划分原则，沙二段又分为4个亚段，地层从下到上为沙二$_1$亚段厚度为250~290m；沙二$_2$亚段厚度为230~270m；沙二$_3$亚段厚度为290~330m；沙二$_4$亚段厚度为190~250m。金秋气田沙溪庙组产气层段主要分布在沙二$_1$亚段上部，储集岩以细—中粒长石砂岩、岩屑长石砂岩为主，是沙溪庙组含油气层的主要储集层段之一。

2. 存在问题

（1）不同砂组骨架参数变化大，测井响应关系复杂，储层参数精确计算难度大。

（2）同期次砂组孔渗关系具有较好一致性，不同期次砂组孔渗关系差异较大，非均质性强，不同井孔隙结构存在较大差异，储层有效性评价难度大。

（3）储层含气性识别难度大。秋林208井14号河道砂体孔隙度10.7%，电阻率最低值8.2Ω·m，深浅电阻负差异特征，测井解释为水层，1904.6~1917.6m测试干层。

（4）产能级别预测难度大。单井测试产量差异较大，产能主控因素尚未明确，孔隙度、储厚与产气量无明显正相关关系，产能级别预测难度大。

3. 测井评价技术

1）多矿物组分最优化技术

（1）岩石体积模型及泥质含量计算方法。

根据金华—秋林地区沙溪庙组钻井取心描述、岩心薄片及全岩分析等岩石矿物组分分析资料，建立了沙溪庙组岩石物理体积模型，金秋气田沙溪庙组岩石物理体积由石英、泥质和孔隙组成。根据岩石物理体积模型，基于各种测井曲线的响应方程式形成了矿物含量计算方法。

结合沙溪庙组地层矿物类型，为了更好地进行评价，在ELANPlus矿物模型中设置了2类矿物：石英、绿泥石。其中，石英即代表了砂质碎屑矿物，黏土矿物主要为绿泥石。利用Techlog软件ELAN模块对常规测井进行岩性剖面处理解释，利用优化技术，通过调节矿物测井响应参数，输入曲线权值等，得到最终模型，处理结果与X射线衍射全岩分析结果进行对比，当岩石矿物含量基本一致时，标定了测井矿物含量处理参数，如地层岩石（或矿物）、流体体积含量等。

图3-3-1为金浅5H、秋林18、秋林20H井沙溪庙组测井处理解释成果图。通过

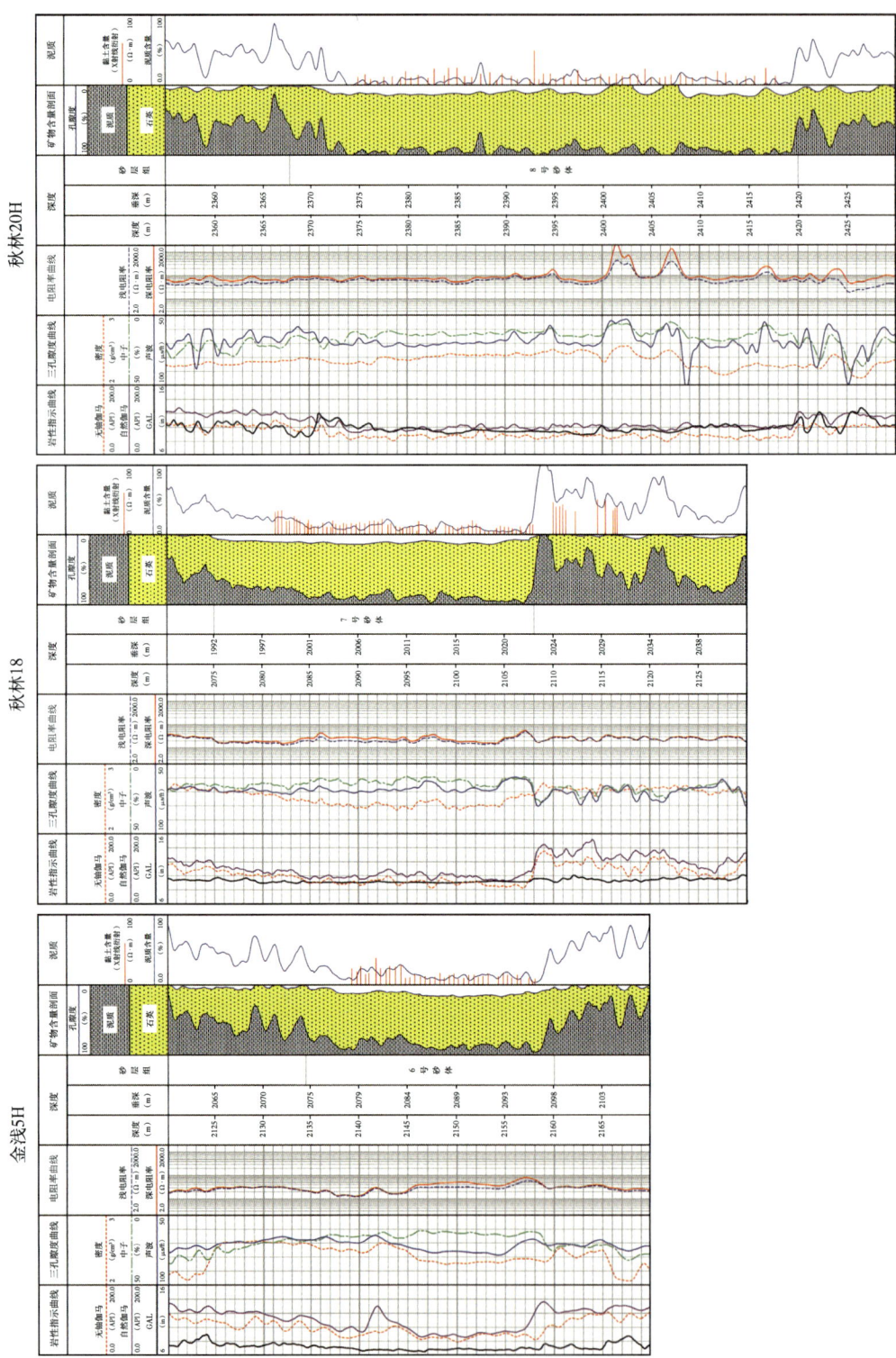

图3-3-1 金浅5H、秋林18、秋林20H井沙溪庙组测井处理解释成果图

优化处理，可见黏土、石英等矿物含量与岩心分析比较吻合，整体上正确地处理出致密气地层复杂矿物组分。

（2）孔隙度的计算方法。

岩心孔隙度与声波时差、密度、中子三孔隙曲线关系分析表明：声波时差和密度与孔隙度相关性较好，中子与岩心孔隙度相关性较差，所以采用声波或密度计算孔隙度（图3-3-2）。

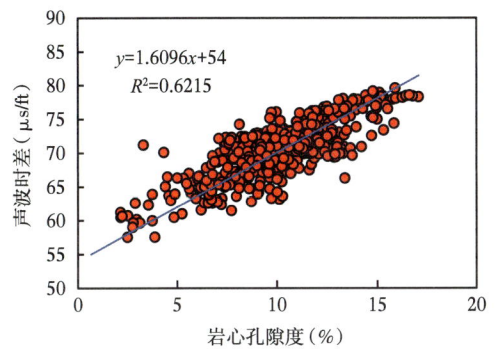 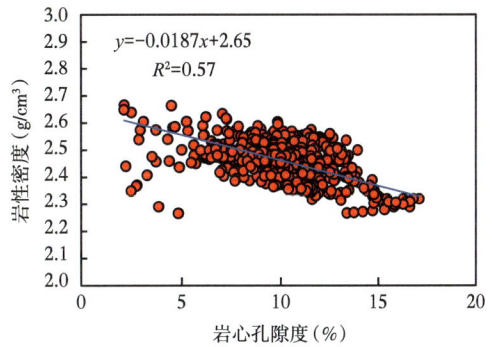

图3-3-2 沙二段岩心孔隙度与声波时差、密度关系图

孔隙度测井曲线不仅是孔隙度的反映，且受到泥质含量的影响较大，尤其在岩性非均质性较强的储层中，泥质对孔隙度测井曲线的影响尤为明显，严重影响孔隙度的计算精度，需进行泥质校正方可得到更加精确的计算结果。简化泥质的校正方法，在孔隙度模型中引入了泥质含量曲线，建立了孔隙度测井—泥质含量双参数组合孔隙度模型。

图3-3-3为秋林18井沙二段AC-V_{sh}多参数模型。该井泥质非均质性较强，单AC模型的相关性仅为0.0045，引入泥质含量后，相关性提高至0.8028，孔隙度精度有了较大提升。

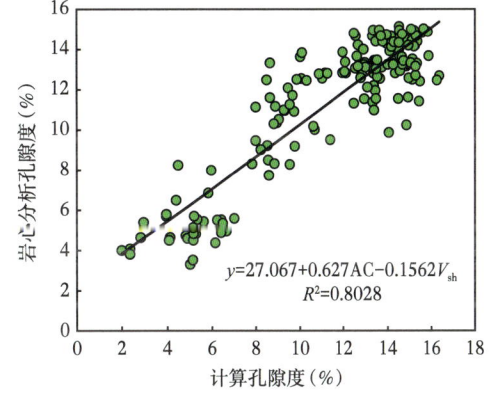

图3-3-3 秋林18井沙二段单参数与多参数模型对比

图3-3-4为秋林205井沙二段孔隙度计算结果。结合物性实验分析结果，可见相对原先生产中采取的固定模型，基于曲线优选及双参数组合建模的孔隙度计算结果的精度更高。

2）基于核磁共振测井的多参数渗透率模型

核磁共振测量获取的原始数据是自旋回波串，自旋回波串是在多种横向弛豫分量共同作用下产生的，基于自旋回波串的反演，就可以得出不同弛豫时间的流体在总的流体中所占的比例，即常见的T_2弛豫时间谱。存在于大孔隙中的流体弛豫时间较长，存在于小孔隙中的流体弛豫时间较短，所以T_2谱表征的是岩石中不同孔径大小的孔隙在总孔隙体积中所占比例。岩石的孔隙喉道半径是影响岩石渗透率的重要因素之一，因此岩石的渗透率完全可以从核磁共振测井T_2谱中获得。

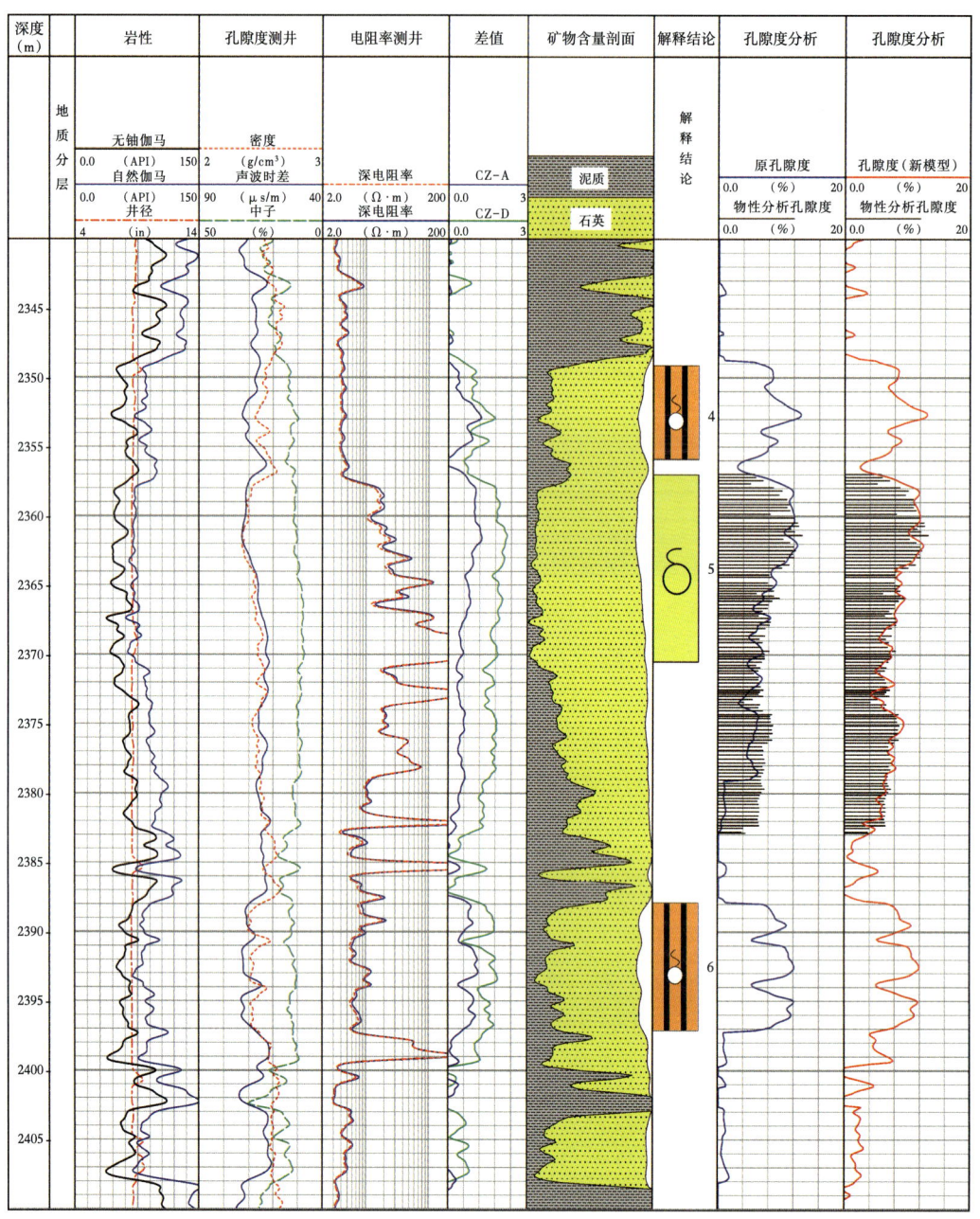

图 3-3-4　秋林 205 井沙二段孔隙度计算结果

基于核磁共振 T_2 谱的渗透率计算方法主要有 Coates 模型、SDR 模型、SDR-reg 模型 3 种，各有优缺点。传统的核磁共振计算渗透率的 Coates 模型和 SDR 模型在致密储层中精度已达不到在致密储层中的要求，需建立新的适应特定致密储层特征的渗透率模型。

对于 I 类储层，将核磁共振测量参数同渗透率进行相关性分析。从表 3-3-1 可以看出：核磁共振总孔隙度 ϕ_{nmr}、中孔隙孔隙度 S_2、可动孔隙度 FPOR 与渗透率的相关性最高，分别为 0.674、0.683 和 0.655。因此，选取 ϕ_{nmr}、S_2 和 FPOR 来拟合渗透率公式。

表 3-3-1　核磁共振实验结果参数相关关系分析表（Ⅰ类孔渗变化一致的储层）

	渗透率	核磁共振总孔隙度	大孔隙	中孔隙	小孔隙	T_2 几何均值	可动孔隙度
渗透率	1.000						
核磁共振总孔隙度	0.674	1.000					
大孔隙	0.098	0.338	1.000				
中孔隙	0.683	0.711	0.265	1.000			
小孔隙	0.304	0.415	−0.024	0.011	1.000		
T_2 几何均值	0.351	0.326	−0.654	0.294	0.431	1.000	
可动孔隙度	0.655	0.765	0.138	0.674	0.732	0.529	1.000

对于Ⅱ类储层，将核磁共振测量参数同渗透率进行相关性分析。从表 3-3-2 可以看出：核磁共振总孔隙度 ϕ_{nmr}、中孔隙孔隙度 S_2 与渗透率的相关性最高，分别为 0.572 和 0.442。因此，选取 ϕ_{nmr} 和 S_2 来拟合渗透率公式。

表 3-3-2　核磁共振实验结果参数相关关系分析表（Ⅱ类高孔低渗储层）

	渗透率	核磁共振总孔隙度	大孔隙	中孔隙	小孔隙	T_2 几何均值	可动孔隙度
渗透率	1.000						
核磁共振总孔隙度	0.572	1.000					
大孔隙	0.416	0.720	1.000				
中孔隙	0.442	0.847	0.640	1.000			
小孔隙	−0.216	−0.422	−0.560	−0.463	1.000		
T_2 几何均值	0.248	0.227	−0.179	0.315	0.070	1.000	
可动孔隙度	0.382	0.395	0.053	0.533	0.411	0.370	1.000

优选出两类储层渗透率的核磁共振敏感参数，得到Ⅰ类、Ⅱ类渗透率多参数模型表达式（表 3-3-3）。

表 3-3-3　核磁共振渗透率计算公式

	组合模型	相关系数
Ⅰ类	$K=0.00121\phi_{nmr}^{0.8731}S_2^{0.8643}\text{FPOR}^{1.7057}$	0.8163
Ⅱ类	$K=0.05229\phi_{nmr}^{0.9976}S_2^{0.3406}$	0.7425

图 3-3-5 是秋林 16 井 8 号砂组核磁共振渗透率计算结果图。该段 8 号砂组孔渗关系判别为Ⅰ类，利用核磁共振总孔隙度、中孔隙孔隙度及可动孔隙度计算渗透率。其中

第六道为多参数新模型计算的渗透率值同岩心分析渗透的对比，红色杆状线为岩心分析渗透率。可以看出新模型计算的渗透率同岩心分析渗透率一致性较好。

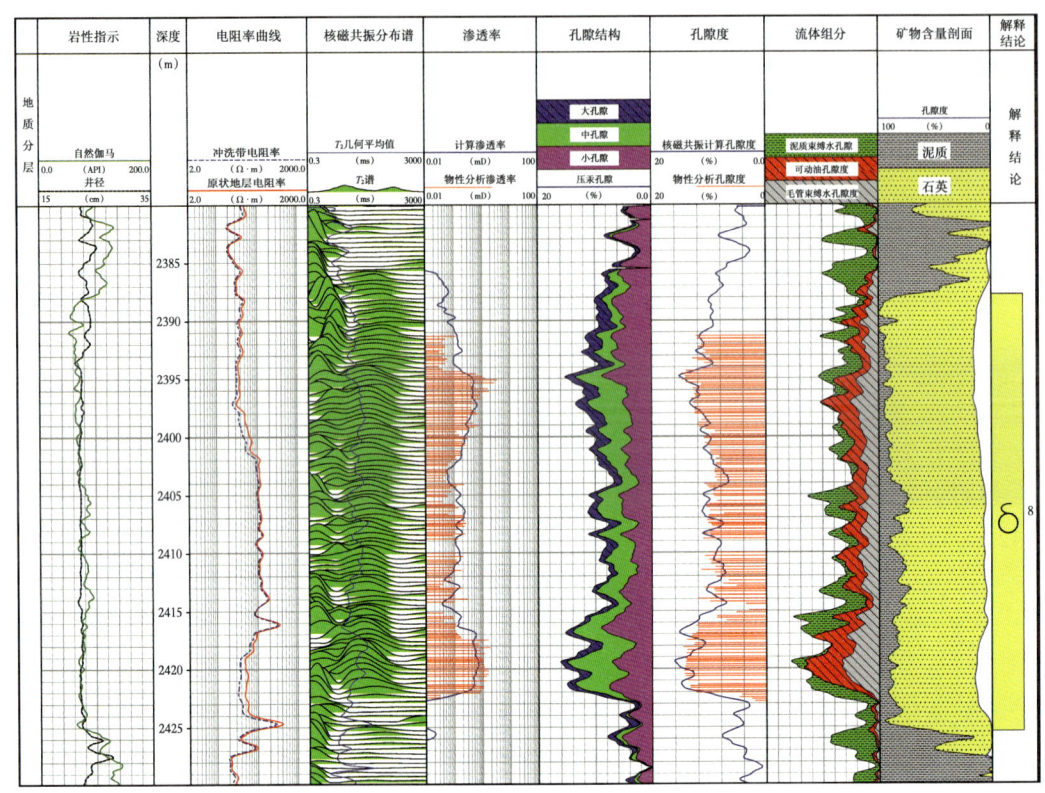

图 3-3-5 秋林 16 井 8 号砂组核磁共振渗透率计算成果图

图 3-3-6 是秋林 207 井 8 号砂体常规方法、SDR 模型、多参数模型渗透率计算结果图。其中红色杆状线为岩心分析渗透率，第六道为常规计算渗透率同岩心分析渗透的对比，第七道红色实线为多参数新模型计算的渗透率值，第八道为 SDR 模型计算渗透率同岩心分析渗透的对比。可以看出，多参数模型计算的渗透率同岩心分析渗透率吻合得更好。

3）储层有效性评价方法

（1）储层品质影响因素分析。

除了孔隙度、渗透率之外，储层品质还受岩性（泥质含量、粒度）、非均质性等因素控制，同时，储层厚度的大小也与产能有密切的关系。

物性参数孔隙度和渗透率都是评价储层品质的重要参数。孔隙度反映岩石的储集空间大小，而渗透率则反映储层孔隙空间的连通性和岩石的渗流能力。通常，孔隙结构的复杂性造成了孔隙度基本相同的储层之间渗透率差别很大，因此，在低孔低渗储层中，应用孔隙度或渗透率单一参数对储层进行岩石物理分类的方法显然不适用，两者组合形成评价储层品质的宏观参数。

岩性主要表征参数为泥质含量。黏土矿物的增加会堵塞岩石的喉道与孔隙，造成储层渗流能力下降。

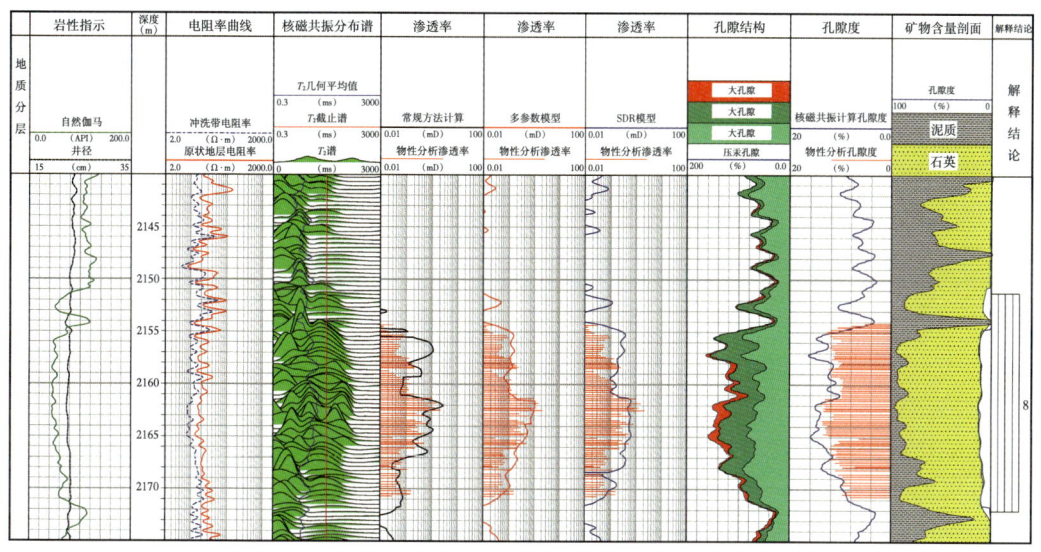

图 3-3-6　秋林 207 井 8 号砂体核磁共振综合解释图

储层非均质性主要通过储层内部泥质含量最大值与最小值的差值、泥质含量的方差来表征。方差越大，表示数据点越分散，储层非均质性越强，孔隙连通性越差。

$$F_4 = \alpha \sigma_{vsh} \tag{3-3-1}$$

$$\alpha = V_{shmax} - V_{shmin} \tag{3-3-2}$$

$$\sigma_{vsh} = \sqrt{\frac{\sum\limits_{i=1}^{n} P_{vshi}(V_{shi} - V_{shav})^2}{\sum\limits_{i=1}^{n} P_{vshi}}} \tag{3-3-3}$$

式中：F_4 为表征储层非均质性的综合参数；α 为泥质含量差值；σ_{vsh} 为泥质含量方差；V_{shmax}、V_{shmin} 分别为泥质含量最大值和最小值；V_{shi}、V_{shav} 分别为第 i 点泥质含量和泥质含量平均值；P_{vshi} 为泥质含量 V_{shi} 取值的概率。

储层非均质性的综合参数越小，说明岩性曲线越光滑，水动力条件对沉积物的改造越充分，分选磨圆性好，岩性越纯。

（2）主成分分析法。

以金华秋林地区沙溪庙组沙二段地层为例，在深入分析 MICP 数据特征的基础上，提取 5 个敏感性（参数孔隙度、渗透率、泥质含量、非均质性和储层厚度）来表征储层品质。利用主成分分析数据挖掘技术解决数据之间的共线问题和孔隙结构分类问题，然后将常规测井资料作为输入层，提出了一种储层品质分类评价方法。表 3-3-4 是主成分分析的结果，第一列是提取的主成分（F_3 是泥质含量，F_1 是孔隙度，F_2 是渗透率，F_5 是储层厚度，F_4 是非均质性参数）；第二列为每个主成分对应的特征值，其大小表示包含原始变量各主成分的能力；第三列和第四列表示每个主成分的贡献率及累积贡献率。从表中可以看出，F_3、F_1、F_2 这 3 个主成分包含原始数据 90% 以上的信息。

表 3-3-4 主成分分析

主成分	特征值	贡献率（%）	累积贡献率（%）
F_3	1.42	0.579710145	0.579710145
F_1	1.02	0.246376812	0.826086957
F_2	0.85	0.101449275	0.927536232
F_5	0.78	0.043478261	0.971014493
F_4	0.75	0.028985507	1

由主分析分析的碎石图（图 3-3-7）的结果也可以看到，F_3、F_1、F_2 这 3 个主成分所对应的平台陡峭，包含原始数据的大部分信息。主成分分析主要用于数据压缩，消除共线性。由此推断出储层品质主因子可以从泥质含量、孔隙度和渗透率 3 方面来描述。

储层品质主因子：

$$Q_1=0.539K-0.338V_{sh}+0.541\phi \quad (3-3-4)$$

此外，结合 F_5、F_4 可构建储层品质次因子：

$$Q_2=F_5/F_4 \quad (3-3-5)$$

（3）储层品质分类评价标准。

结合试气资料，根据不同级别的产能进行储层类型划分，利用主因子和次因子建立 6、7、8 号砂组储层品质分类评价交会图版。由图 3-3-8 可见，Ⅰ、Ⅱ、Ⅲ类储层品质的储层能够有效区分开。

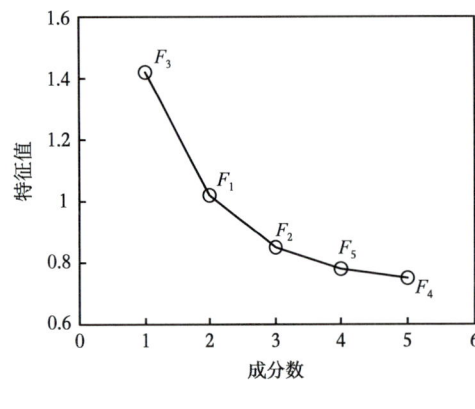

图 3-3-7　主成分分析碎石图

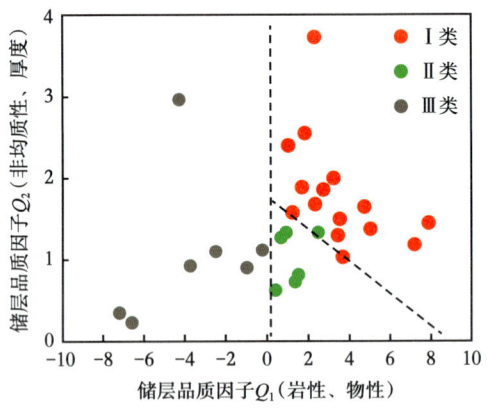

图 3-3-8　6、7、8 号砂组储层品质分类评价交会图版

根据图版形成了相应的解释标准（表 3-3-5），在储层段将测井响应值分别代入上述判别函数，分别计算这 2 种主、次因子，根据解释标准进行精细判识。

表 3-3-5 基于充填程度识别主、次因子的解释标准

储层类型	储层品质因子 Q_1	储层品质因子 Q_2	产能
Ⅰ类	> 0	> 1.75~0.22Q_1	直井无阻流量 ≥ $1 \times 10^4 m^3/d$；水平井高产（米指数 70~400m^3/m）
Ⅱ类	> 0	< 1.75~0.22Q_1	直井无阻流量（0.1~1）$\times 10^4 m^3/d$；水平井中—低产（米指数 < 70m^3/m）
Ⅲ类	< 0	/	微气或干层

如图 3-3-9 所示，秋林 203 井沙溪庙组 8 号砂组采用储层品质双因子图版进行判别，与试气结果较为符合。沙二段 2235.0~2255.0m 井段岩性、物性主因子较大，储层非均质性不强，储层品质主要以红色所示的Ⅰ类为主，预测产能区间：直井无阻流量 ≥ $1 \times 10^4 m^3/d$；水平井米指数 70~400m^3/m。

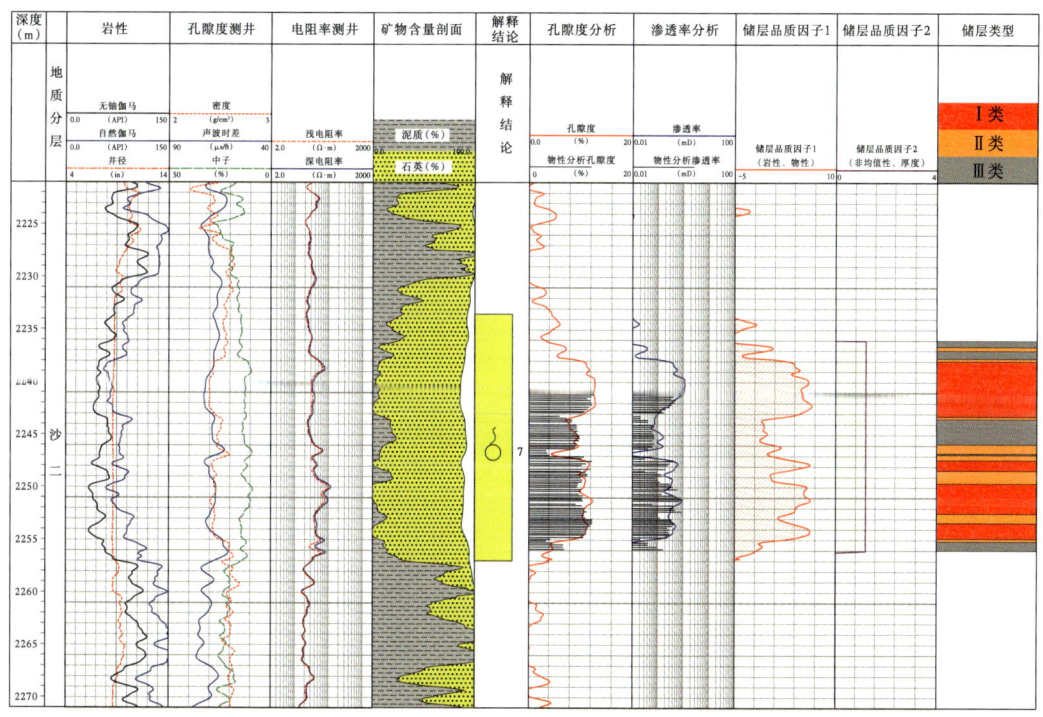

图 3-3-9 秋林 203 井沙溪庙组 8 号砂组储层品质分类评价成果图（Ⅰ类储层）

水平段 2633~4000m 射孔试气，试气结果为日产气 21300m^3，米指数达到 169.2m^3/m，表示储层品质类型判识准确，应用效果较好。

图 3-3-10、图 3-3-11 分别为秋林 17 井和金浅 2 井沙溪庙组 8 号砂组储层品质分类评价成果图。秋林 17 井沙二段 2162.0~2183.0m 井段和金浅 2 井沙二段 2241.19~2272.05m 砂体，表征岩性、物性主因子为中高值，两段储层品质均以Ⅱ类为主。预测产能区间：直井无阻流量（0.1~1）$\times 10^4 m^3/d$；水平井中—低产，米指数 < 70m^3/m。

秋林 17 井侧钻 2288~3106.7m 射孔试气，日产气为 $2.04 \times 10^4 m^3$，米指数为 24.94m^3/m；金浅 2 井水平段 2381.3~3177.9m 射孔试气，日产气 $5.4 \times 10^4 m^3$，米指数为 67.75m^3/m。

试气结论验证了储层品质的分类结果。

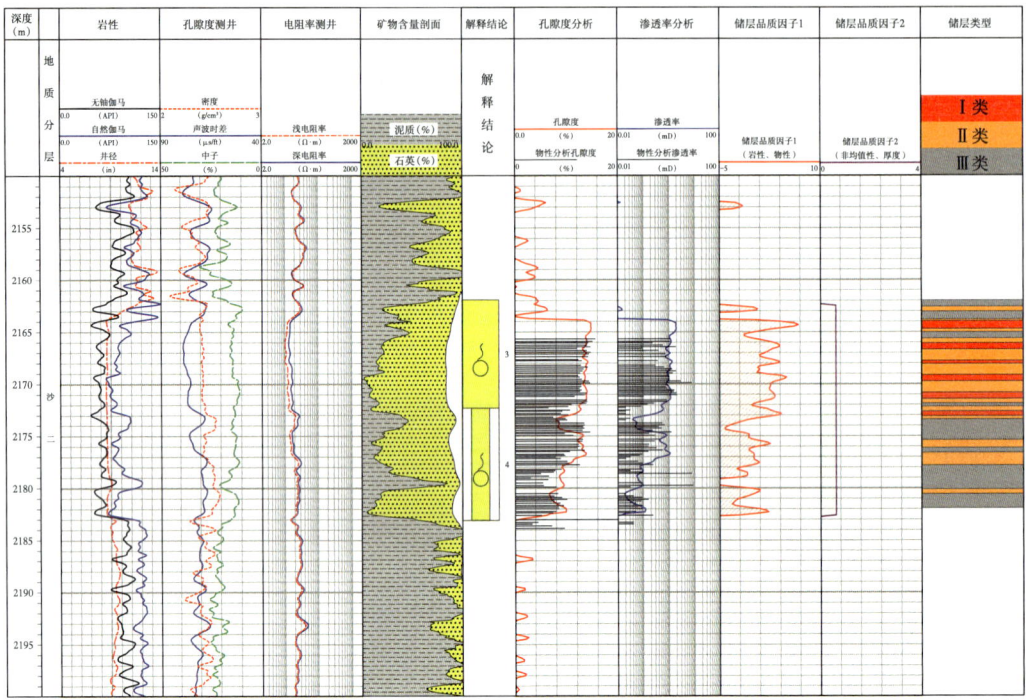

图 3-3-10　秋林 17 井沙溪庙组 8 号砂组储层品质分类评价成果图（Ⅱ类储层）

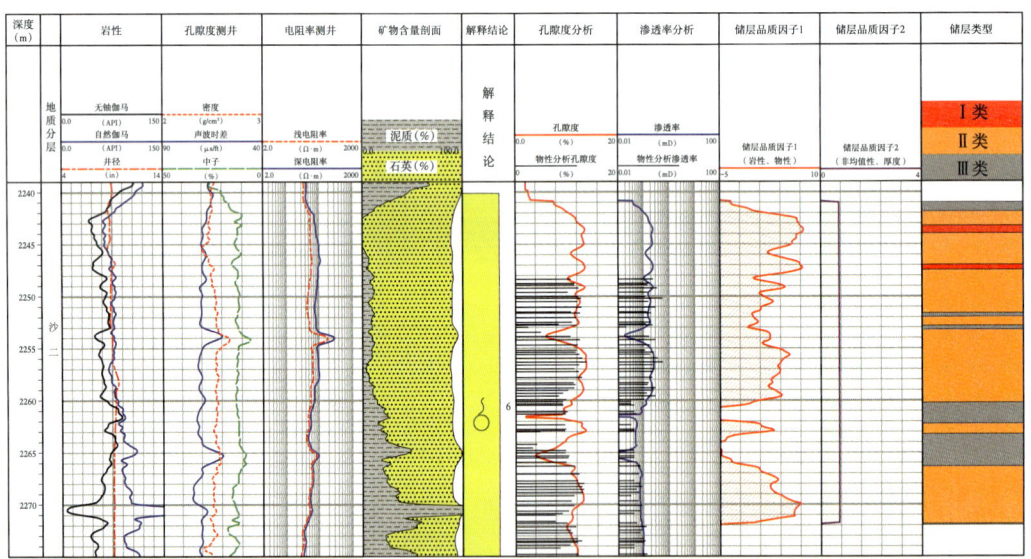

图 3-3-11　金浅 2 井沙溪庙组 8 号砂组储层品质分类评价成果图（Ⅱ类储层）

4）储层含气性判识方法

（1）高灵敏度组合流体识别因子。

针对声学参数对储层流体的敏感响应特征，调研地震、测井中进行流体性质识别的方法技术，基于岩石物理实验分析资料对不同的流体识别因子进行对比分析，优选出适用于碳酸盐岩储层的高灵敏度识别因子，用于研究区气层的准确、定性判识。

①高灵敏度流体识别因子。

σ_{HSFIF}为考虑波阻抗、体积模量、拉梅系数等参数的流体敏感程度：

$$\sigma_{\mathrm{HSFIF}} = \frac{I_P}{I_S}I_P^2 - CI_S^2 \qquad (3\text{-}3\text{-}6)$$

式中：I_P和I_S分别为饱和流体岩石纵、横波阻抗，$\mathrm{m \cdot g/(s \cdot cm^3)}$；$C$为调节参数。

②新的流体识别因子F_I。

流体识别目的是将含水和含气储层区分开来，因此选择的流体识别因子对含不同流体储层应表现出明显的差异（最好是一个正值和一个负值，或是差异较大的2个正值）。为此，对已有的流体识别因子进行修改，增加对流体敏感的$\lambda\rho$项，建立一个更为灵敏的流体识别因子：

$$F_I = \frac{\left(I_P^2 I_S^2 - CI_S^4\right)\dfrac{I_S}{I_P}}{\lambda\rho} \qquad (3\text{-}3\text{-}7)$$

$$\lambda\rho = I_P^2 - 2I_S^2 \qquad (3\text{-}3\text{-}8)$$

这是一个波阻抗量纲的4次方、2次方和0次方的组合。

③新的流体识别因子γf。

考虑v_P/v_S对流体较敏感，且对储层中流体异常背景的去噪效果较好，构建新的流体识别因子γf：

$$\gamma f = \frac{v_P}{v_S}\left(\rho_{\mathrm{sat}} v_P^2 - C\rho_{\mathrm{sat}} v_S^2\right) \qquad (3\text{-}3\text{-}9)$$

$$\gamma = \frac{v_P}{v_S} f = \rho_{\mathrm{sat}} v_P^2 - C\rho_{\mathrm{sat}} v_S^2 \qquad (3\text{-}3\text{-}10)$$

式中：ρ_{sat}为饱和流体岩石的密度，$\mathrm{g/cm^3}$；v_P、v_S分别为纵、横波速度，$\mathrm{m/s}$。

④新的流体识别因子F_w。

为了将含水和含气储层明显分开，利用4次幂量纲和0次幂量纲组合的形式，让高次幂将差异大的地方突出，低次幂将噪声减小，从而能较灵敏地实现流体识别。基于此提出了一个高灵敏度流体识别因子F_w：

$$F_w = \left(I_P^4 - CI_S^4\right)\frac{I_P}{I_S} \qquad (3\text{-}3\text{-}11)$$

（2）流体识别因子敏感性分析。

根据岩石物理实验分析数据，对前人提出的几种高敏感度流体识别因子的敏感性进行分析，高灵敏度流体识别因子σ_{HSFIF}、流体识别因子γf、流体识别因子F_w对不同流体（气、水条件下）的分辨能力较强；当储层流体含气时，流体识别因子数值减小；当储层饱和水时，流体识别因子数值相对变大。因此实际工作中可计算这3项作为流体性质判识的参数。根据秋林 16、秋林 205、秋林 203 井 30 块变饱和度纵横波速实验数据（图 3-3-12），σ_{HSFIF} 可作为区域适用性较强的沙二段组合流体识别因子。

4. 应用效果

利用阵列声波、基于岩心声学实验与理论计算，根据不同含水饱和度的变化差异，构建灵敏度较高的组合流体识别因子，结合三孔隙度差值可准确识别致密气层。计算 13 个试气层段的实际组合流体识别因子与三孔隙度差值，建立储层含气性判识交会图版（图 3-3-13）。

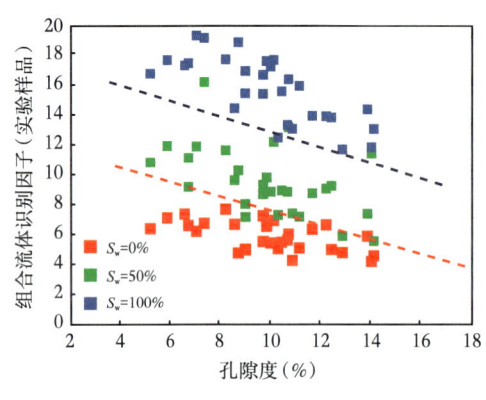 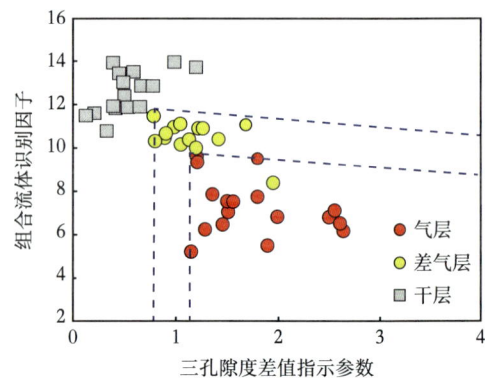

图 3-3-12　不同含水饱和度岩样的组合流体识别因子

图 3-3-13　组合流体识别因子—三孔隙度差值综合识别图版

应用上述优选出的组合流体识别因子与三孔隙度差值进行储层含气性检测。图 3-3-14 为秋林 16 井沙溪庙组 8 号砂组含气性解释成果图，图中第十一道为组合流体识别因子曲线；第十二道为三孔隙度差值曲线。

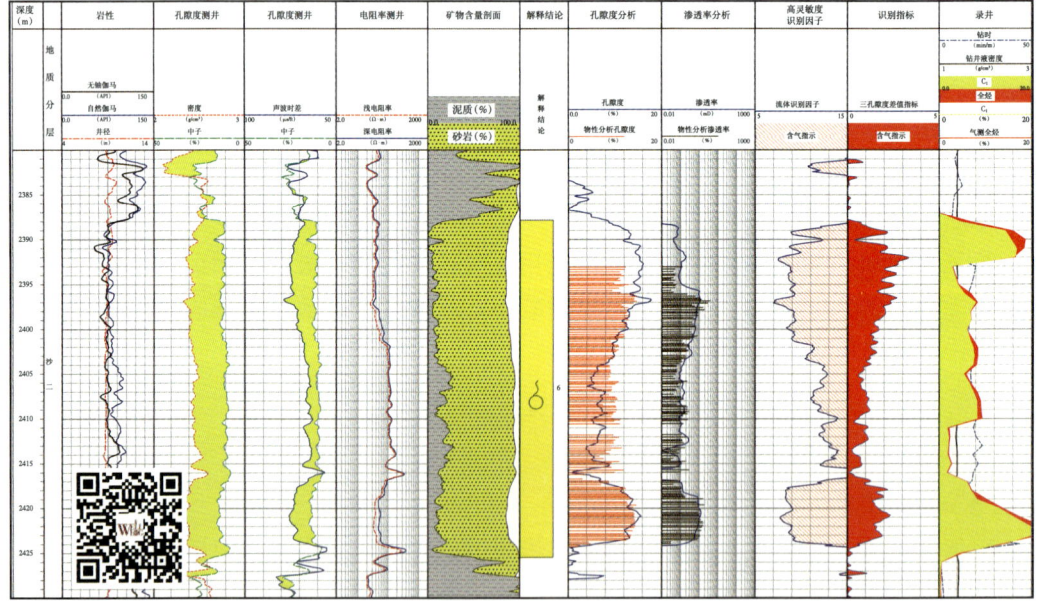

图 3-3-14　秋林 16 井沙溪庙组 8 号砂组组合流体识别因子—三孔隙度差值计算成果（气层）

从图 3-3-14 中可以看出，2388.0~2424.0m 储层组合流体识别因子呈现数据减小明显趋势，三孔隙度差值较大，表现出好的含气性显示，根据交会图版解释为气层（图 3-3-15）。该井侧钻 2514.0~3434.0m 试气，获日产 $35.51×10^4m^3$ 高产气流，试气结果与流体识别结果吻合较好，由此验证了该方法的有效性和准确性。

图 3-3-16 为秋林 203 井沙溪庙组 8 号砂组含气性解释成果图，图中第十一道为组合流体识别因子曲线；第十二道为三孔隙度差值曲线。

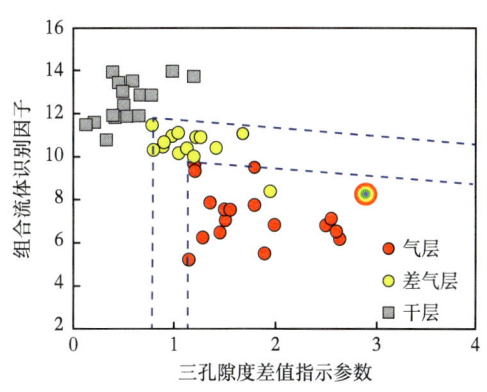

图 3-3-15　组合流体识别因子—三孔隙度差值图版（秋林 16 井沙二段 8 号砂组）

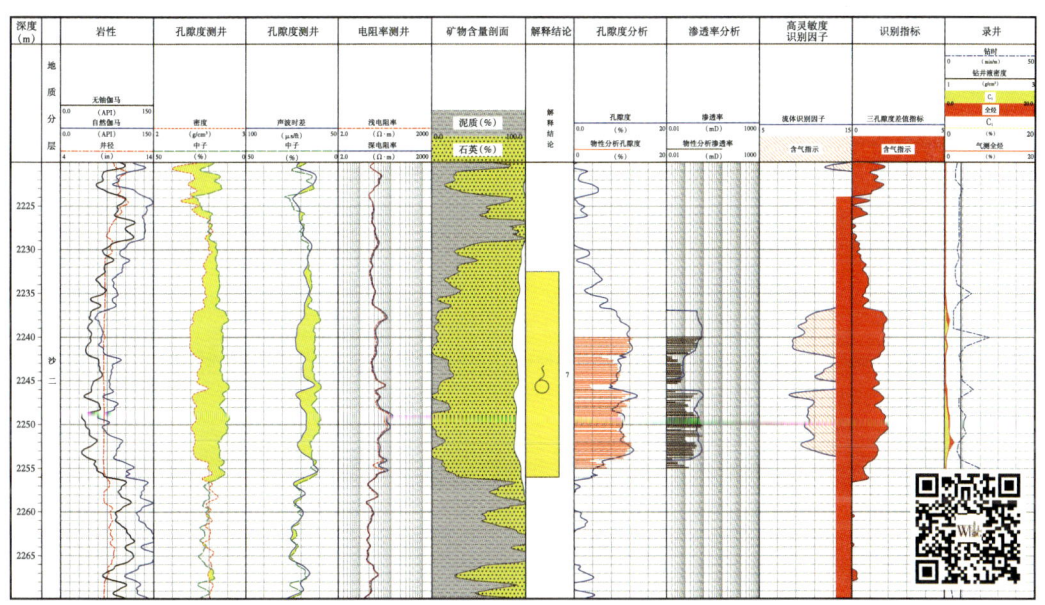

图 3-3-16　秋林 203 井沙溪庙组 8 号砂组组合流体识别因子—三孔隙度差值计算成果（气层）

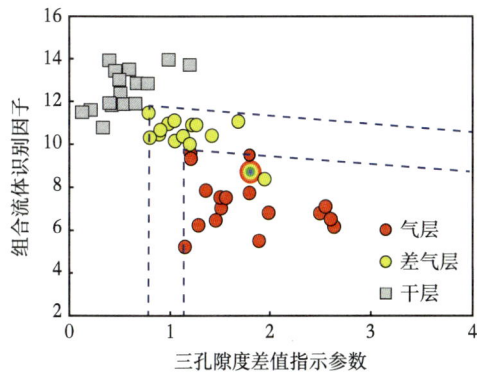

图 3-3-17　组合流体识别因子—三孔隙度差值图版（秋林 201 井、秋林 203 井）

从图 3-3-16 中可以看出，秋林 203 井沙溪庙组 8 号砂组 2235.1~2255.5m 储层组合流体识别因子呈现低值，三孔隙度差值接近 2.0，表现出较好的含气性。根据交会图版（图 3-3-17），秋林 203 井沙溪庙组 8 号砂组解释为气层。秋林 203 井侧钻，2633.0~4000.0m 试气，日产气 $23.13×10^4m^3$，试气结果均与解释结论相符。

图 3-3-18、图 3-3-19 分别为金浅 6 沙溪庙组 7 号砂组、金浅 1 井沙溪庙组 8 号砂

组含气性解释成果图，图中第十一道为组合流体识别因子曲线；第十二道为三孔隙度差值指示曲线。

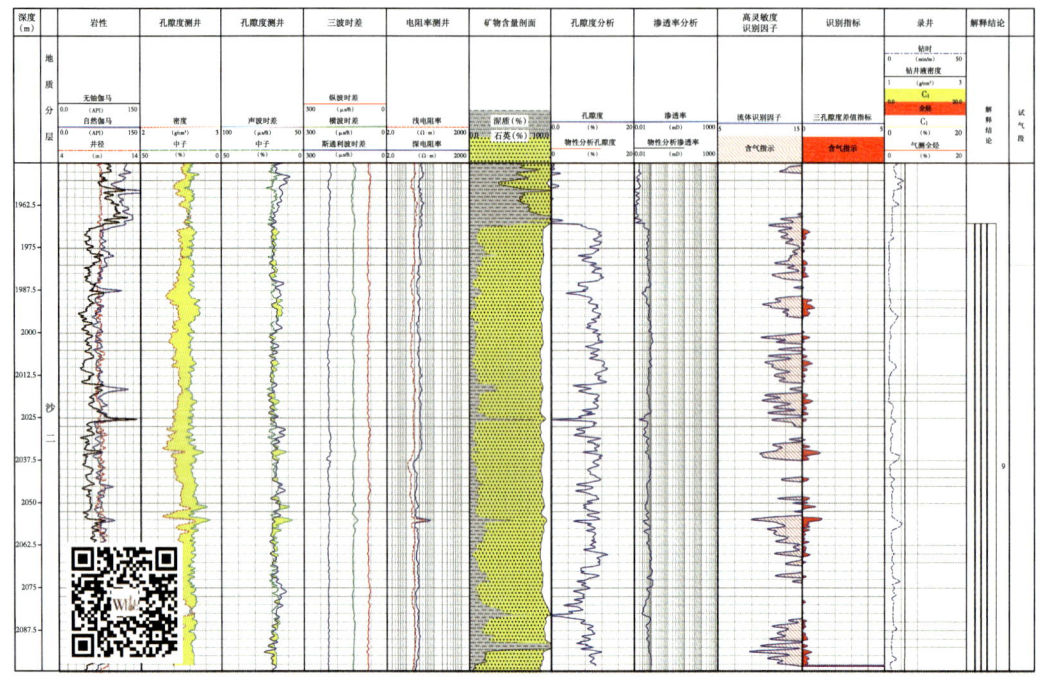

图 3-3-18　金浅 6 沙溪庙组 7 号砂组组合流体识别因子计算成果（干层）

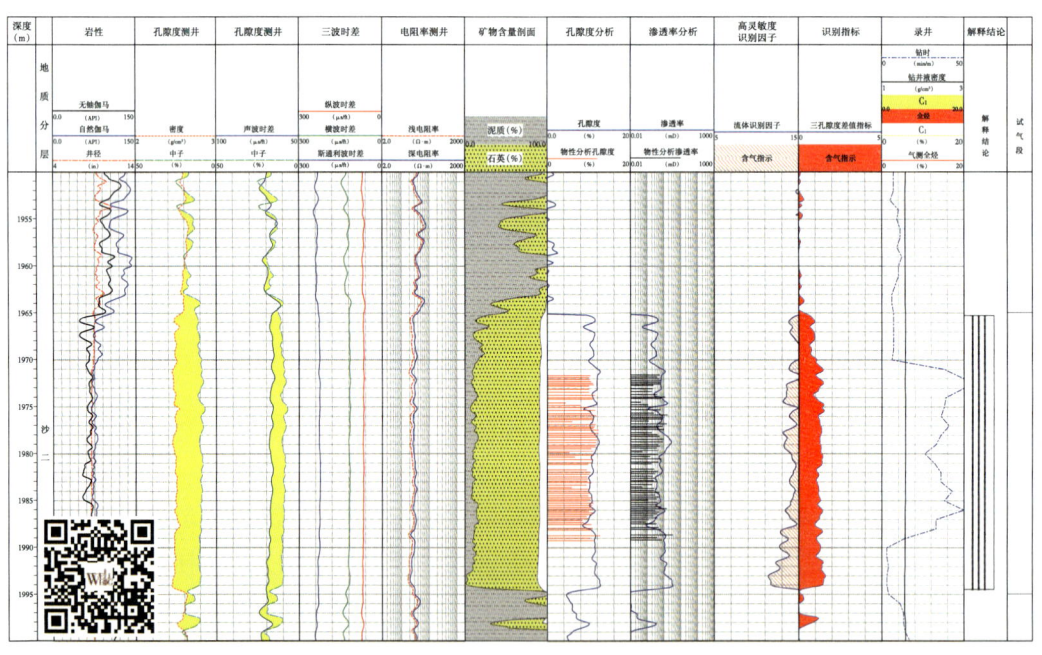

图 3-3-19　金浅 1 井沙溪庙组 8 号砂组组合流体识别因子计算成果（干层）

从图 3-3-18、图 3-3-19 中可以看出，金浅 6 沙溪庙组 7 号砂组整段组合流体识别因子为较高值，三孔隙度差值仅为 0.5 左右；金浅 1 井沙溪庙组 8 号砂组 1965.5~

1994.4m 储层三孔隙度差值较大，但组合流体识别因子为较高值，两口井目的层均表现为含气性较差，根据交会图版（图 3-3-20）均解释为干层。金浅 6 井水平段 1967.0~2110m、金浅 1 井 1965.3~1994.5m 试气，均为干层，与解释结论相符。

13 口井 20 个试气层段的解释成果表与符合率统计表明，声波时差—中子重叠法解释符合率为 85%，三孔隙度差值指示法解释符合率为 90.0%，三孔隙度差值指示参数—组合流体识别因子交会法解释符合率为 95.0%。

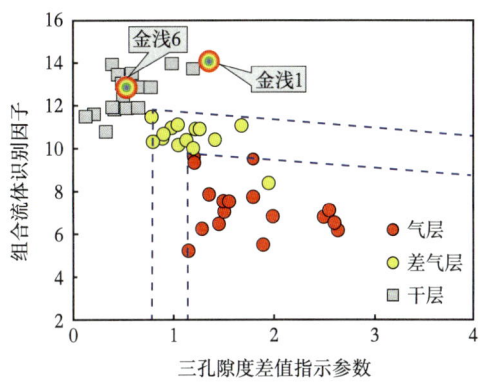

图 3-3-20　组合流体识别因子－三孔隙度差值图版（金浅 6 井、金浅 1 井）

5. 结论及建议

针对沙溪庙组致密砂岩储层岩性定量识别难度大、物性参数计算精度低、有效储层划分标准不完善、流体性质识别难度大、储层品质分类与岩石力学参数测井评价方法有待提升等方面的问题，基于配套的岩化、薄片、物性分析、核磁共振等岩石物理实验，开展储层特征及"四性"关系分析，在岩性识别、物性参数精细建模、有效储层划分及定量评价、含气性判别方法、储层品质综合评价和工程力学参数评价方法等方面形成特色技术，取得的主要结论及认识如下：

（1）建立了消除泥质影响的最小二乘法和核磁共振孔隙结构多参数渗透率模型，将渗透率计算绝对误差控制在半个数量级以内，平均绝对误差 0.13mD；同时，利用印度尼西亚饱和度模型分段计算，提高了强非均质性砂体中储层参数的评价精度。

（2）通过分段幂级数法伪毛管压力曲线转换技术，确定了 6~8 号砂组的孔隙度（8%）、渗透率（0.1mD）、孔隙结构（$R_{20} \geq 0.4\mu m$）及核磁共振参数下限（50ms 占比 ≥ 20%）。实际生产中存在高孔高渗的干层，证明储层有效性并不完全由物性决定；但目前用该下限标准识别有效储层的准确率大于 80%，因此可初步作为区域有效储层的识别标准。

（3）基于常规三孔隙度曲线差值、阵列声波高灵敏度组合流体识别因子、气测指标等参数，建立了多参数结合的含气性评价方法，提高了气层判识的精度，解释符合率提高至 95%。

二、永川构造泸 203 井区志留统龙马溪组海相页岩气藏测井评价

1. 地质背景

泸 203 井区位于四川盆地南部，构造上处于川中古隆中斜平缓带、川西南古中斜坡低褶带、川南古坳中隆低陡带等三大构造带的交接地区——永川帚状构造带南部，包括云顶场构造、古佛山构造、梯子崖构造、海潮构造、龙洞坪构造及新店子构造的部分区域，主要为 NE 向及 SN 向构造叠加复合，整体具有"北聚敛南撒开"的构造特征。该区受到华蓥山走滑断裂及綦江断裂的影响，构造及断层具扭动特征，构造轴线呈 NE—NNE 向，向东轴线向 SN 向转变。背斜狭长紧闭，向斜宽缓，不同背斜带均表现为北高南低特征。

龙马溪组由下到上可分为3段，龙一段发育灰黑色碳质笔石页岩，龙二段主要为深灰色粉砂岩夹粉砂质泥岩，龙三段发育深灰色含粉砂质泥岩。其中龙一段又可分为2个亚段，底部Ⅰ亚段高硅质富有机质页岩为现阶段的主要开发层系，根据TOC及硅质矿物的差异，Ⅰ亚段由下向上可分为4个小层：龙一$_1^1$、龙一$_1^2$、龙一$_1^3$、龙一$_1^4$。龙马溪组向上与石牛栏组泥质灰岩，向下与奥陶系五峰组页岩均呈整合接触。优质页岩厚度在60m以上，有机质类型以Ⅰ型为主，热演化程度较高，是现阶段四川盆地深层页岩气勘探的主要地区。

2016年，在各大国际公司先后退出川南地区深层页岩气开发的背景下，中国石油与地方政府合资成立四川页岩气勘探开发有限责任公司，坚定不移地选择了自主评价、自主创新、自主开发的发展之路，在"三控"富集高产理论的指导下，明确了最有利的勘探开发区带，部署了一批评价井，获得了国内首口测试产量超百万立方米气井——泸203井，编制了阳101、黄202、足203等井区试采方案，阳101H1-2井、阳101H2-8井、黄202井等气井相继获得高产，深层页岩气开发取得了"由点及面"的战略突破，全面进入了产能建设的新阶段。为最大化动用地下地面资源，落实"十四五"深层页岩气上产区块平台260个、开发井1871口。截至2021年底，累计开钻井223口，完钻井181口，投产井98口，日产气量突破500×10^4 m³，大会战组织模式已经建立，产能建设取得初步成效，具备了"十四五"建成140×10^8m³/a的资源、技术等各项基础条件。

四川盆地奥陶系五峰组—志留系龙马溪组海相页岩品质优，分布连续稳定，是目前我国页岩气勘探开发的主要领域。其中埋深3500~4500 m的深层可工作有利区面积达1.2×10^4km²，地质资源量达6.6×10^{12}m³，资源潜力巨大，是"气大庆"和"双碳"目标建设的重点领域，但受埋藏深度深、温度和压力高、应力与应力差大等复杂地质工程条件影响，开发难度远超北美地区。在壳牌公司和英国石油公司（BP）相继退出四川盆地南部地区（简称川南地区）深层页岩气开发的背景下，中国石油坚持自主创新，持续深化深层页岩气勘探开发理论，在川南地区形成了以"五好"为核心的深层页岩气勘探开发关键技术，建立了深层页岩气高产井培育模式，取得了深层页岩气勘探开发的重大新进展。

2. 存在问题

1）深层页岩气高产主控因素

由于不同勘探区块、不同井区的储层地质特征差异大，测井响应特征复杂多变，测井储层识别和综合评价面临新的难题，加之页岩气井需要进行大规模的体积压裂改造才能获得工业产能，因此高产主控因素需要综合裸眼测井和生产测井资料进一步分析和评价。

2）深层页岩气综合品质测井解释评价标准

由于深层页岩气高产主控因素尚不明确，针对中浅层优质页岩气的测井评价关键参数（总有机碳含量、总含气量、脆性指数和孔隙度）的评价标准和界线还需要进一步分析。目前有4项关键参数全部满足Ⅰ类标准，综合品质才是Ⅰ类的绝对判别法，4项关键参数的权重综合品质判别法，均需要在深层页岩气评价上进一步证明其适用性和可靠性。

3. 测井评价技术

1）泸203评价井及直改平井基本情况

泸203井原是位于四川省泸州市泸县的一口评价井，构造位置在福集向斜北西翼。为评价泸县—长宁区块北部向斜构造埋深4000m以浅龙马溪组页岩储层厚度、品质、含气性及水平井产能,该井水平段达1500m。该井共进行了2次综合测井,测井采集项目包含常规综合测井、自然伽马能谱测井、交叉偶极声波测井、元素俘获测井和电成像测井(3500~3840m)。地质录井和测井资料表明,泸203井地层层序正常;录井及气测井显示龙马溪组气测异常共计3次。

泸203(直改井)的直井段龙马溪组优质页岩位于井段3780~3714.3m,厚度为36.6m,地层倾角5°~6°,倾向130°~140°,最大主应力方向为北东60°~70°。泸203井水平巷道选择龙马溪组优质页岩段底部,箱体位置对应泸203井导眼段井深3805.5~3810.5m(垂深3801.8~3806.8m),其中龙一$_1^1$小层2.2m,龙一$_1^2$小层2.8m,箱体高度5m,水平轨迹方位165°,靶前距300m,水平段长1500m,预测水平段地层视倾角平均4°。测井资料有常规综合、自然伽马能谱和交叉偶极阵列声波(2904.26~5600m),采用5700钻具传输工艺完成采集。地质录井和测井资料表明,泸203井地层层序正常;录井及气测井显示气测异常14次。

2)特殊测井资料处理及应用

(1)电成像测井资料的应用。

泸203评价井成像在龙马溪—五峰组,测量井段3344.5~3819.5m,主要以层理为主。井段3780m至井底,层位龙一$_1$,倾角在10°左右,倾向主要为70°~90°(图3-3-21)。

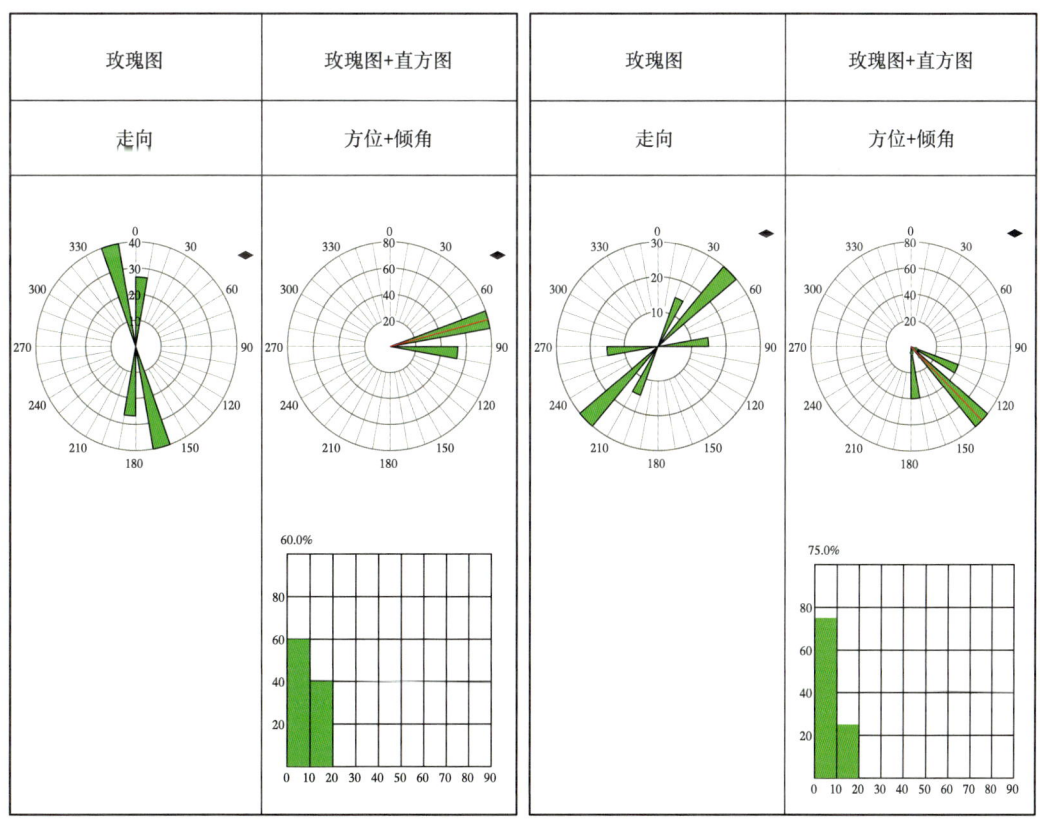

图3-3-21 泸203井龙一$_1^1$、龙一$_1^2$主力产层段地层(走向、倾向和倾角频率统计)图

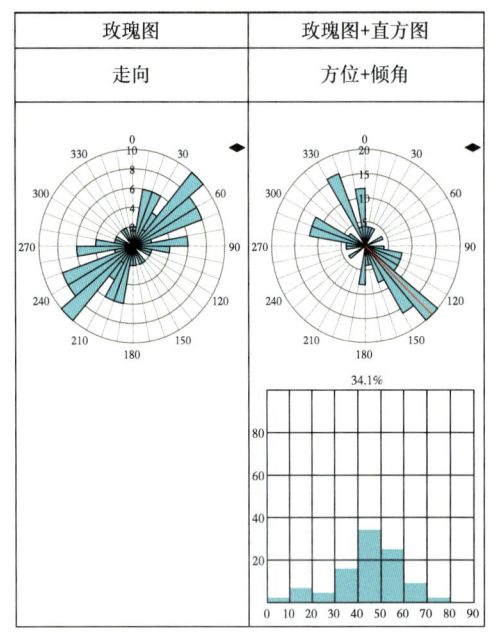

图 3-3-22　泸 203 井充填缝（倾向、走向和倾角频率统计）图

泸 203 评价井电成像测量井段内发育有 44 条充填缝，充填缝倾角主要在 40°~60°，倾向主要在 130°~150° 之间，走向在 10°~70° 之间（图 3-3-22）；成像图上有结核揉皱、黄铁矿斑点、井眼崩落、裂缝、层理各种地质特征。

本井成像测量井段内崩落较明显，崩落方向为近 175° 左右，即最小主应力方向为近南北向，最大主应力为近东西向，为 85° 左右，与交叉偶极阵列声波拾取的最大主应力方向一致（图 3-3-23）。其中井段 2970~3050m 交叉偶极声波最大水平主应力方位在 70° 左右，与龙一$_2$段对比，角度也发生了一定变化。

（2）交叉偶极阵列声波资料的应用。

岩石力学参数在页岩气开发占有极为重要的作用，是关系到能否成功压裂页岩气储层、实现商业开发页岩气的关键。本井最大主应力方向主要为 85° 左右（图 3-3-24），通过偶极阵列声波计算得地层的最大主应力、最小主应力、垂向应力和脆性指数。

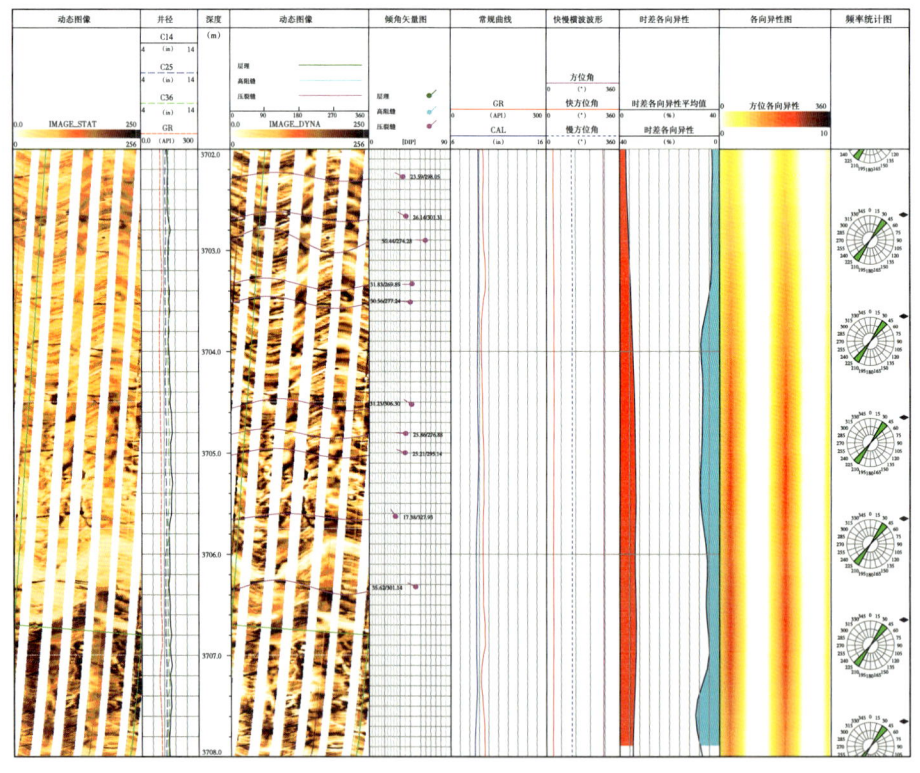

图 3-3-23　泸 203 井电成像井眼崩落与交叉偶极各向异性识别地应力方向图

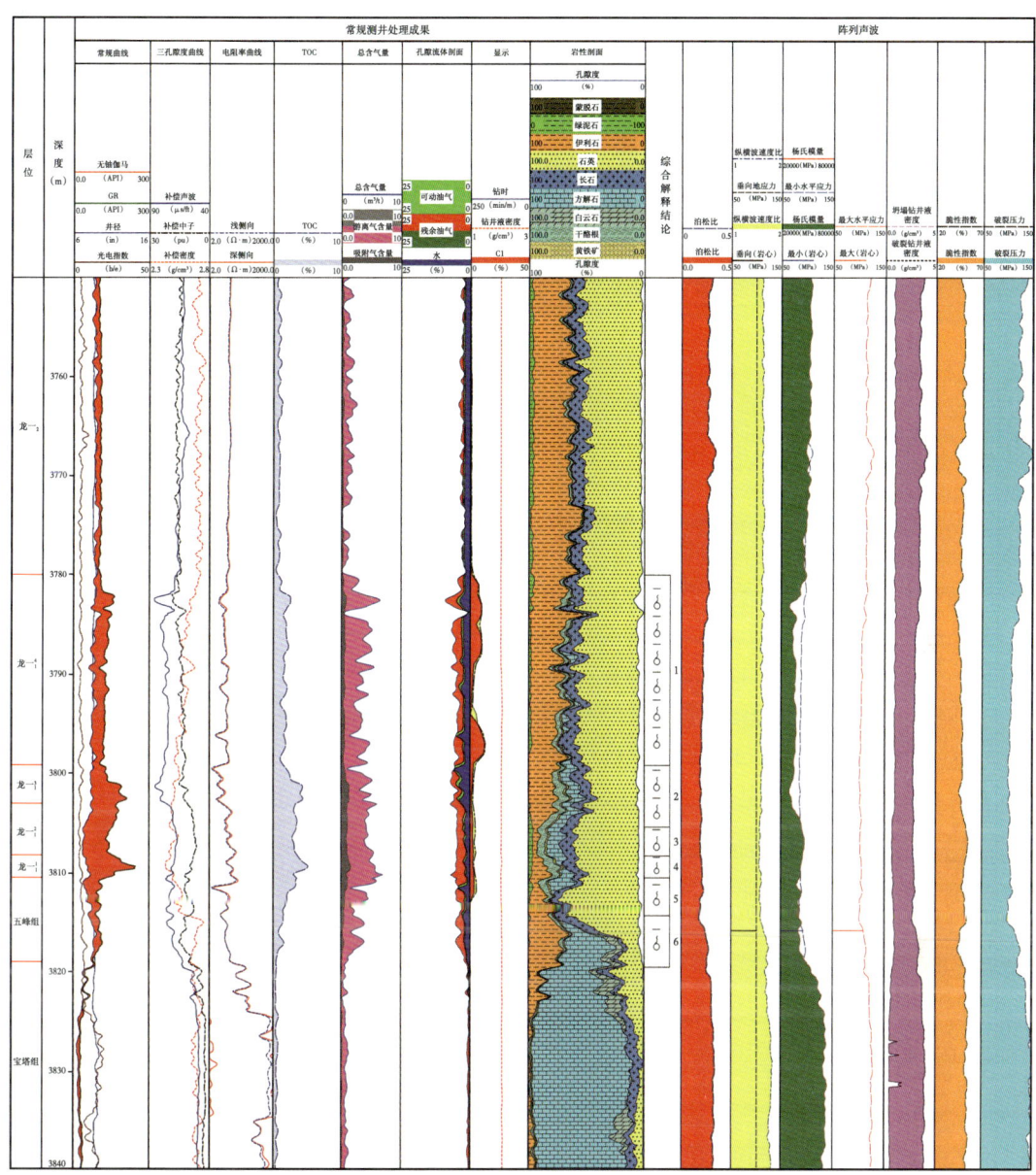

图 3-3-24　泸 203 井龙马溪储层段可压性分析图

①脆性指数及可压性评价。

泸 203 井龙马溪段岩石力学参数和脆性指数处理成果表明，龙马溪储层段脆性指数主要为 50%~70%，平均为 48.08%；泊松比主要在 0.25~0.3，平均为 0.28。对龙马溪组可压性分析：龙一$_1^4$—五峰组（3780~3819m）的破裂压力为 100~129MPa，平均为 110MPa；最大水平主应力 100.4~116 MPa，平均为 105.8MPa；最小水平主应力 85.5~99.4MPa，平均为 90.3MPa；垂向地应力 100.1~101.1MPa，平均为 100.6MPa，平均最大与最小水平主应力差 15.5MPa。以脆性指数和破裂压力划分一条中等基线，整体划分了 4 段：3815~3820m、3750~3785m 脆性指数中等，破裂压力中等；3820~3840m，脆性指数逐渐减小，破裂压力大；3785~3815m 脆性指数大，破裂压力小。

泸203井龙马溪段岩石力学参数和脆性指数处理成果表明，龙马溪储层段泊松比主要在0.25~0.3；含碳酸盐脆性指数主要为60%~75%。龙马溪组可压性分析资料表明，龙一$_1^4$至井底（3847~5552m）的破裂压力为91~135MPa，平均为112MPa；最大水平主应力94~120.0 MPa，平均为105.5MPa；最小水平主应力84.5~106.1MPa，平均为91.5MPa；垂向地应力99.8~102.5MPa，平均为101.3MPa，平均最大与最小水平主应力差19.6MPa（图3-3-25）。

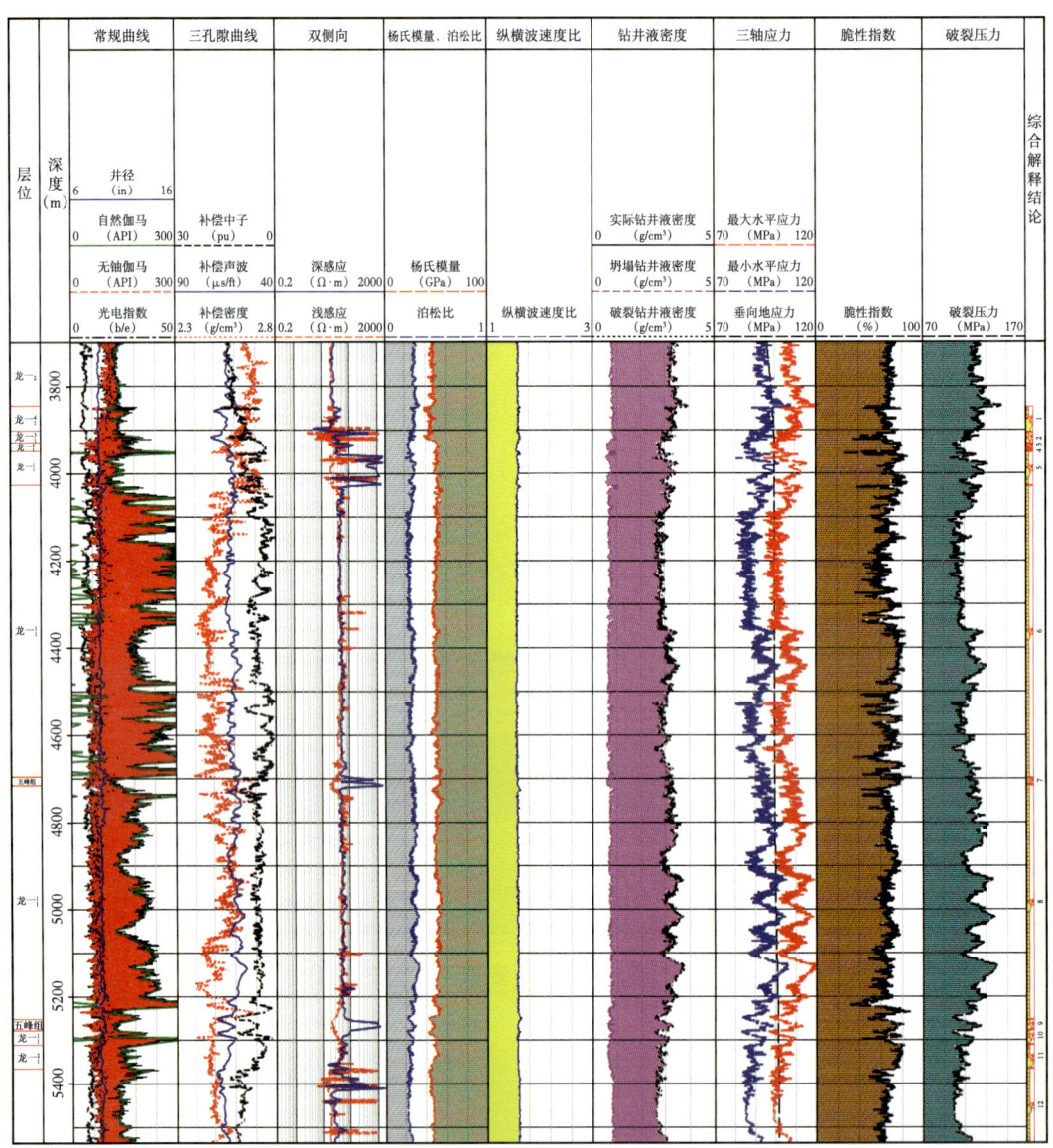

图3-3-25 泸203井岩石力学参数处理成果图

②各向异性分析。

从泸203评价井交叉偶极各向异性处理成果图（图3-3-26）上可以看出：2900~3500m各向异性不明显，井段3500~3820m各向异性相对明显，拾取的最小主应力方向为近南北向，最大主应力为近东西向，为85°左右。

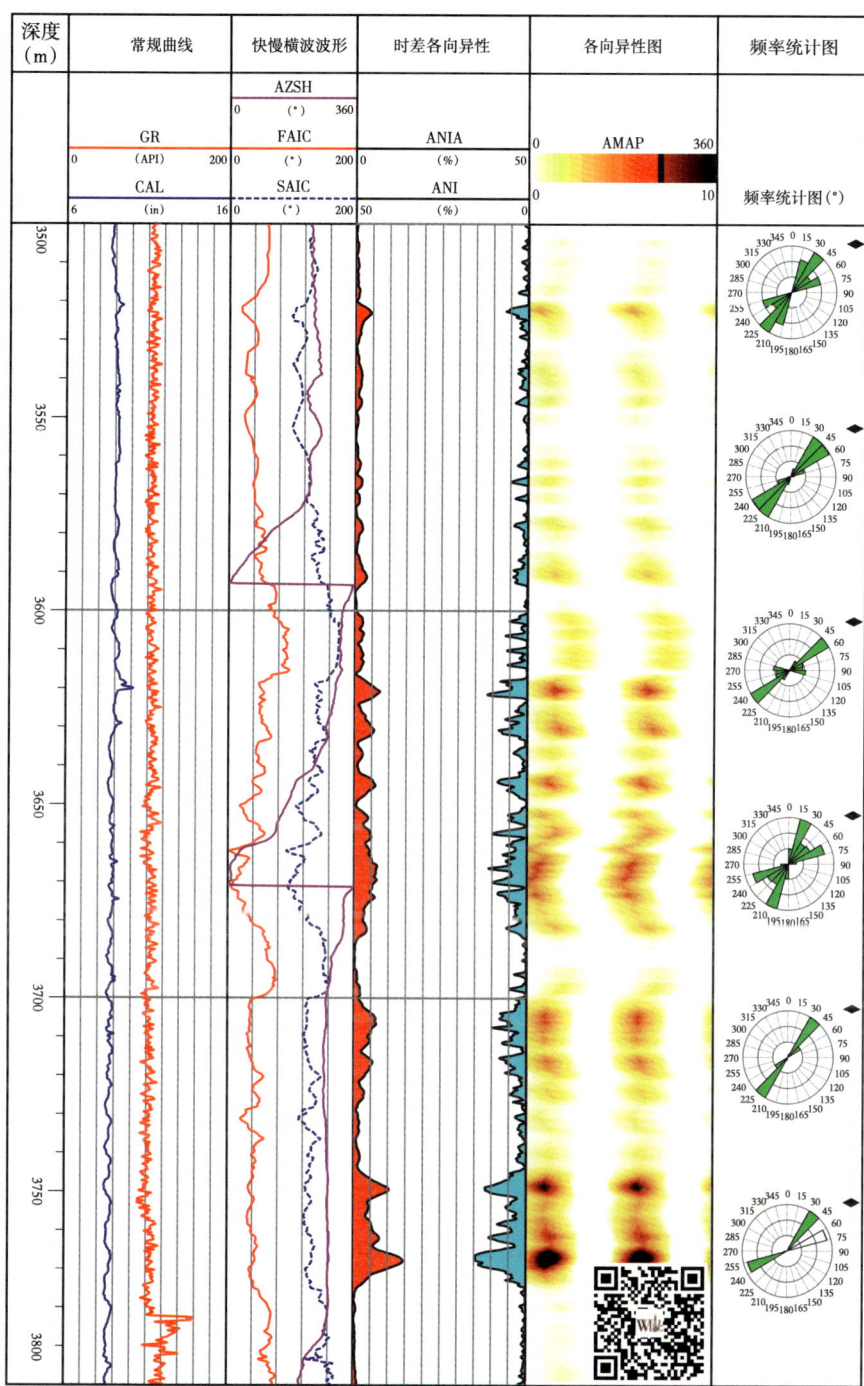

图 3-3-26 泸 203 井龙马溪组交叉偶极各向异性处理成果图

③裂缝识别。

根据斯通利波能量衰减进行细分，发现井段 3960~4140m（180m）、4160~4369m（209m）、4444~4658m（214m）、4696~4793m（97m）、4915~5014m（99m）、5054~5172m（118m）、5236~5311m（75m）、5365~5408m（43m），共计 8 段（1035m），

钻时较快、显示较高、三孔隙度曲线变化明显，TOC和含气量值高。结合录井资料显示，全烃含量相对较高，钻时较快，指示微细裂缝可能发育，压裂施工设计应重点加以关注（图3-3-27）。

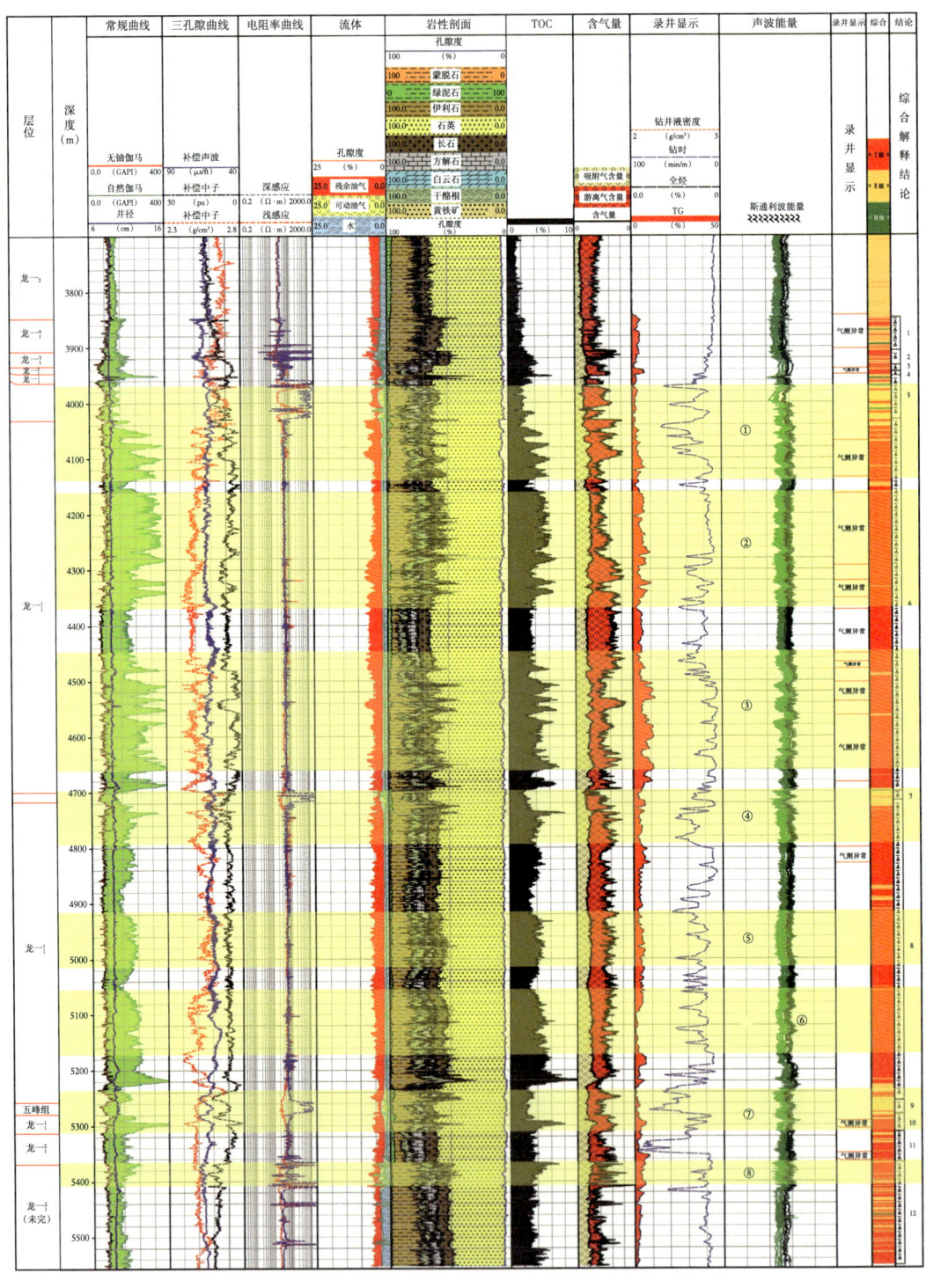

图3-3-27 泸203（直改平）斯通利波能量裂缝识别评价图

泸203井交叉偶极阵列声波采集仪器为5700系列，资料准确、可靠。远探测横波偏移成像处理显示：3900~4000m大斜度段及5300~5500m井眼轨迹上翘井段，图像识别的层界面（图3-3-28）和地质模型（图3-3-29）完全吻合。在4670~4750m的断层处，成像上有较为明显的异常段。

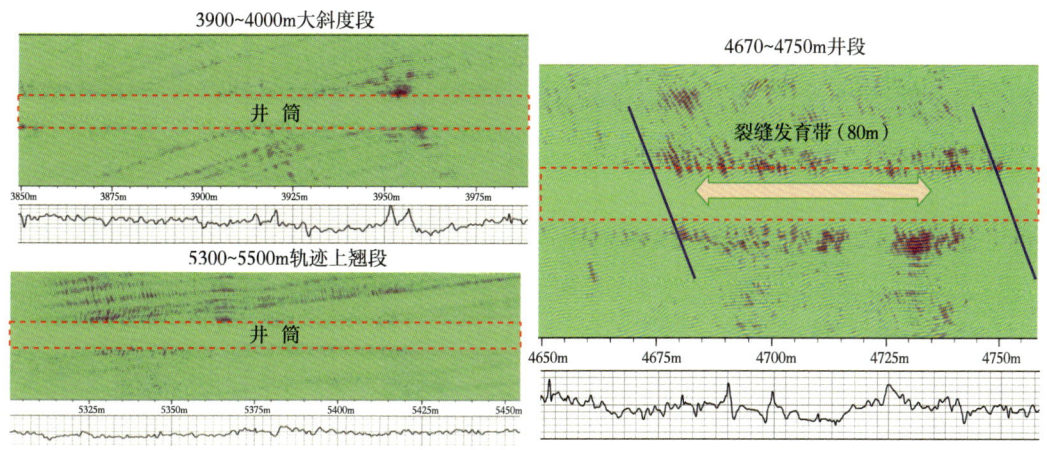

图3-3-28 泸203（直改平）交叉偶极横波识别大斜度、上翘井段和裂缝发育带图

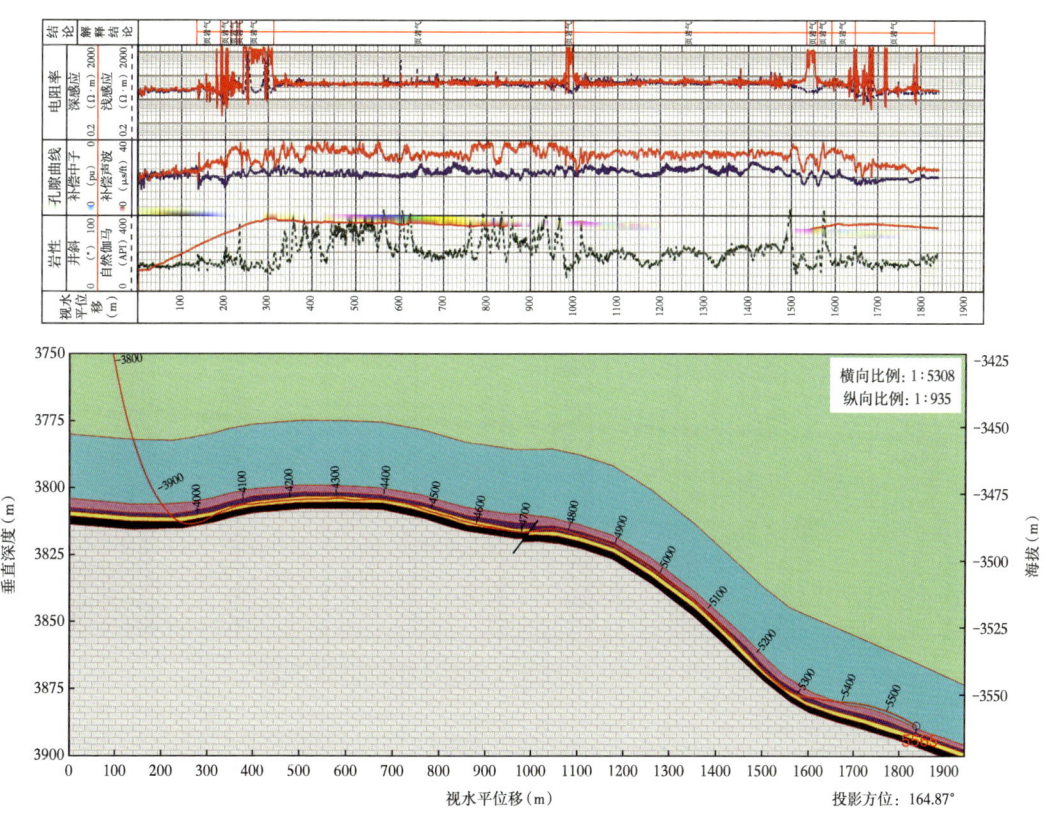

图3-3-29 泸203地质模型图

（3）元素俘获测井资料的应用。

如图3-3-30所示，泸203井元素曲线中，井段3780m以上铝元素递增趋势，到

3700m 趋于稳定,指示从 3780m 往上泥质含量逐渐增加;3780m 往上钙元素明显降低,指示碳酸盐岩含量减少;井段 3780~3811m,铝元素递减趋势,到龙一$_1^2$达到最低,指示泥质含量逐渐减少,在龙一$_1^2$泥质含量最低;3810~3811m,五峰组顶部,钙元素明显增加,指示观音桥灰岩段;井段 3811~3816.5m,硅元素明显增加,指示本段石英含量较高。

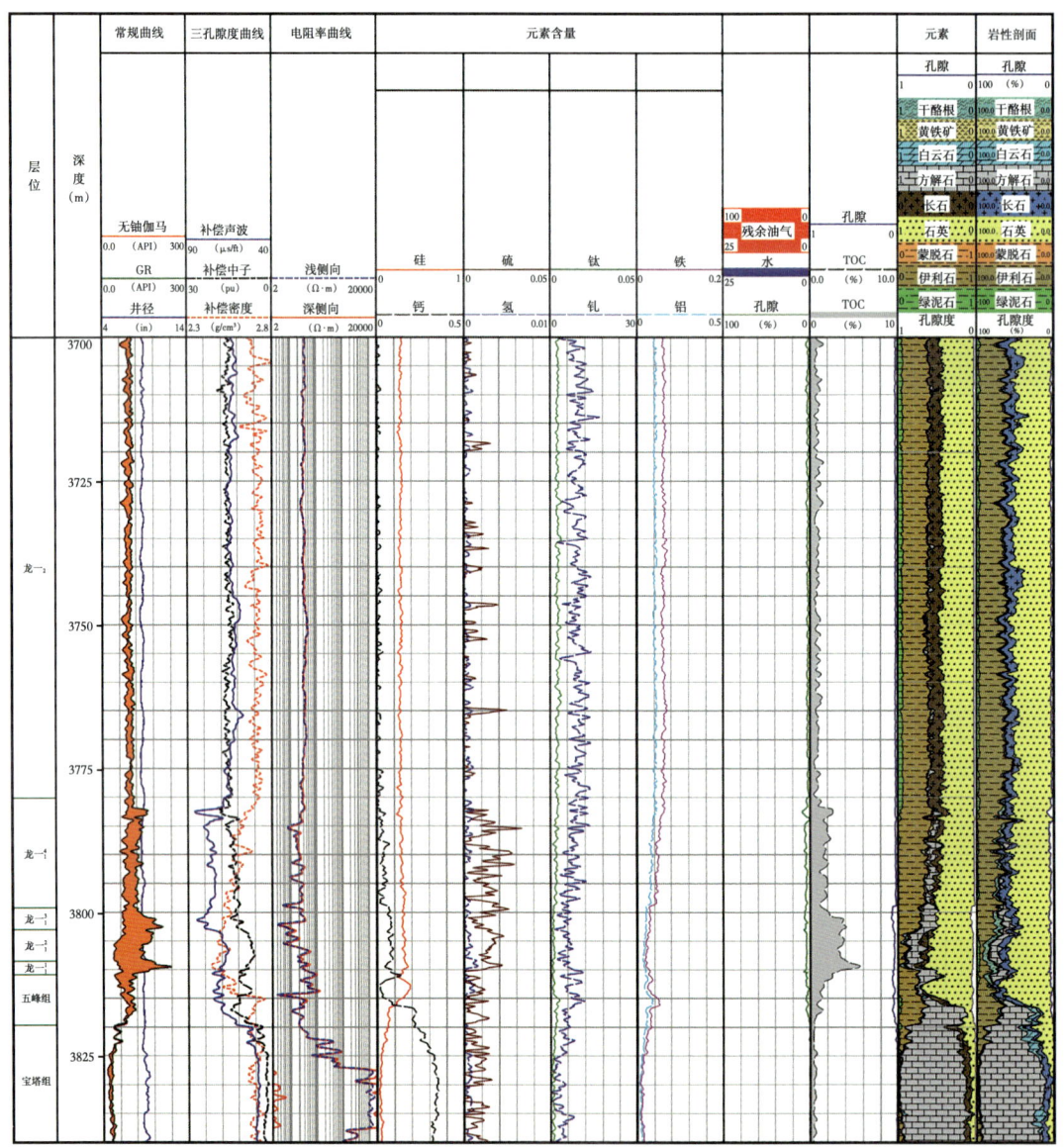

图 3-3-30　泸 203 井 ECS 元素俘获测井处理成果图

3）优质页岩气储层评价

（1）优质页岩气储层常规测井响应特征。

泸 203 井区主力产层段为龙一$_1^2$、龙一$_1^1$,多井对比长宁（宁 201）、威远（威 204）及黄瓜山构造的黄 202 井常规综合测井响应特征如图 3-3-31 所示。

①自然伽马为高值。TOC 高段,自然伽马特别高,与无铀伽马值相差大,主要是铀元素含量明显增高。

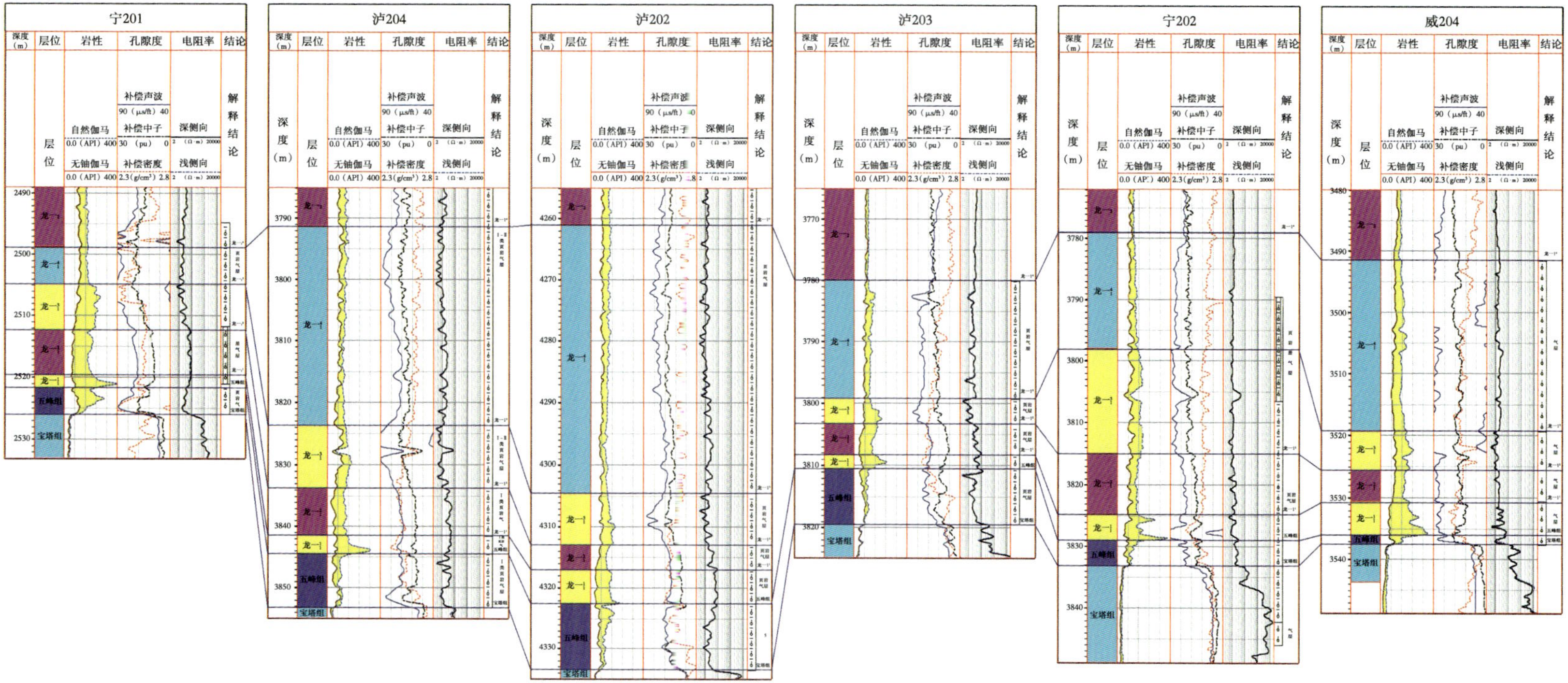

图3-3-31 川南X块优质页岩气层测井响应特征对比图

-213-

②双侧向为中、低值。页理发育段，双侧向一般为负差异，随粉砂质、灰质含量增高，电阻率增大，负差异不明显或呈正差异，优质页岩储层电阻率特征值大于$10\Omega \cdot m$。

③三孔隙度为高值。在高含有机碳井段，补偿密度明显低异常，低于$2.55g/cm^3$。

④由于天然气挖掘效应及高硅岩性综合因素，补偿中子值低于9.0pu。

⑤湖相沉积和海相沉积的页岩测井曲线特征有一定的差异，湖相沉积的页岩声波时差和补偿中子值高于海相沉积，湖相页岩无明显特别高伽马异常。

（2）关键参数计算模型。

结合建产区页岩气勘探开发特点，从页岩气属性参数预测角度出发，分析页岩气富集成藏的主要影响因素（总有机碳含量、矿物组分和孔隙度），建立了页岩储层品质、工程品质关键参数计算模型。

影响页岩气富集的因素多种多样，总的来说，包括由页岩自身品质决定的内部因素，如页岩厚度、沉积微相、矿物组成、有机地化、物性参数等，以及由页岩形成过程中外部作用带来的因素，如页岩埋深、构造、压力和温度等。评价页岩气富集的参数便是指分析页岩游离气与吸附气的主控因素，游离气含量主要与孔隙度、含水饱和度、碳酸盐含量、密度、压力、温度等有关；而吸附气主要受总有机碳含量、总烃量、含水饱和度、石英含量、黄铁矿含量、密度、压力、温度等影响，可见影响页岩气富集的因素错综复杂，完全精准地预测不仅工作量大而且难度较大；在不同工区不同地层，根据不同的资料分析页岩气富集成藏时，由于出发点和目的的不同，各影响因素的重要程度自然也不同。

根据建产区页岩气勘探开发特点，从本工区页岩气属性参数预测角度出发，分析页岩气富集成藏的简要影响因素：总有机碳含量、矿物组分和孔隙度，并以此为基础建立储层品质、工程品质关键参数模型。

①储层品质评价模型。

a.孔隙度模型。

孔隙度标准化计算模型：

$$POR = \frac{PAQ}{PAQ+PDQ}PORA + \frac{PDQ}{PAQ+PDQ}PORD \quad (3-3-12)$$

孔隙度泥质校正与计算模型：

$$POR = POR[1-2SH(1-SH)]PCS + PJS \quad (3-3-13)$$

式中：POR为孔隙度，%；PAQ为声波计算孔隙度，%；PDQ为密度计算孔隙度，%；PAQ为声波孔隙度归一化权重；PDQ为密度孔隙度归一化权重；SH为泥质含量，%；PCS、PJS为校正系数。

b.TOC模型。

线性模型计算公式：

$$TOC = 0.202U + 0.2585 \quad (3-3-14)$$

对数模型计算公式：

$$TOC = 2.345\ln U - 7.863 \quad (3-3-15)$$

式中：U为铀值含量，$\mu g/g$。

c. 含气量模型。

首先介绍吸附气含量计算模型。

朗缪尔公式：

$$V_o = (V_L p)/(p+p_L) \quad (3\text{-}3\text{-}16)$$

吸附气含量温度校正公式：

$$V_t = a\ln(RT)\ln(p_0/p) + b \quad (3\text{-}3\text{-}17)$$

总有机碳含量校正公式：

$$V_a = V_t \text{TOC}/(\log \text{TOC}_L) \quad (3\text{-}3\text{-}18)$$

然后介绍游离气含量计算模型。

储层条件下游离气含量计算公式：

$$V_{fl} = \frac{\text{POR}}{100} \frac{100-S_w}{100} \times \frac{1}{\text{DEN}} \quad (3\text{-}3\text{-}19)$$

标准条件下游离气含量计算公式：

$$V_f = (V_{fl} \times p_{\log} \times 273)/[0.1013(273+T_{\log})Z_{gas}] \quad (3\text{-}3\text{-}20)$$

式中：TOC_L 为朗缪尔等温线实验样品的总有机碳含量，%；$T_{\log}$ 为储层温度，℃；$p_{\log}$ 为储层压力，MPa；V_f 为游离气含量，m³/t；Z_{gas} 为天然气压缩因子，在研究区域地层压力条件下其值一般为 0.95 左右。

d. 含水饱和度模型。

$$\frac{1}{R_t} = \frac{V_{sh}S_w}{R_{sh}} + \frac{\phi^m S_w^n}{aR_w(1-V_{sh})} \quad (3\text{-}3\text{-}21)$$

式中：R_{sh} 为泥岩电阻率，$\Omega \cdot m$。

确定了岩电参数取值：$a=0.9905$，$m=1.2514$，$n=2.4753$，以孔隙度及地层因素拟合建立了地层电阻率因素图版（图 3-3-32）。

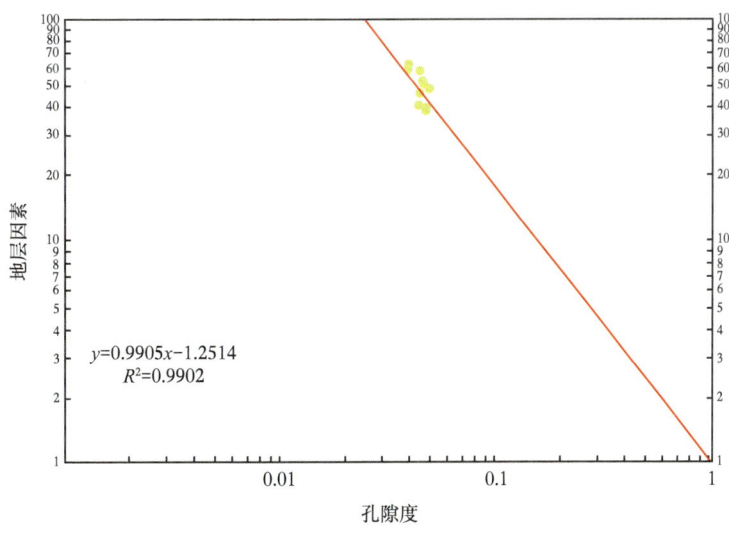

图 3-3-32 地层电阻率因素图版

②工程品质评价。

a. 三轴应力计算模型。

$$\begin{cases} S_V = g\int_0^d \rho_b(h)\cos\theta \mathrm{d}h \\ S_{h\min} = \dfrac{\mu}{1-\mu}(S_V - \alpha p_p) + \alpha p_p + \beta_1(S_V - \alpha p_p) \\ S_{H\max} = \dfrac{\mu}{1-\mu}(S_V - \alpha p_p) + \alpha p_p + \beta_2(S_V - \alpha p_p) \end{cases} \quad (3\text{-}3\text{-}22)$$

式中：g 为地层重力加速度，9.8m/s²；θ 为井斜角；S_V、$S_{h\min}$、$S_{h\max}$ 分别为垂向、最小和最大地应力，MPa；d 为地层深度；ρ_b 为上覆地层密度，g/cm³；p_p 为地层压力，MPa；μ 为泊松比。

b. 脆性指数计算模型。

矿物成分法计算公式：

$$\mathrm{BRIT} = \frac{V_{\mathrm{qua}} + V_{\mathrm{fel}} + V_{\mathrm{cal}}}{V_{\mathrm{cla}} + V_{\mathrm{qua}} + V_{\mathrm{fel}} + V_{\mathrm{cal}}} \quad (3\text{-}3\text{-}23)$$

泊杨法计算公式：

$$\begin{cases} \mathrm{YM\_BRIT} = (\mathrm{YM} - \mathrm{YM\_MIN})/(\mathrm{YM\_MAX} - \mathrm{YM\_MIN}) \times 100 \\ \mathrm{PR\_BRIT} = (\mathrm{PR} - \mathrm{PR\_MAX})/(\mathrm{PR\_MIN} - \mathrm{PR\_MAX}) \times 100 \\ \mathrm{BRIT} = (\mathrm{YM\_BRIT} + \mathrm{PR\_BRIT})/2 \end{cases} \quad (3\text{-}3\text{-}24)$$

式中：V_{qua} 为石英矿物含量，%；V_{fel} 为长石矿物含量，%；V_{cal} 为方解石矿物含量，%；V_{cla} 为泥质含量，%；YM_BRIT 为杨氏模量计算的脆性指数；YM_MIN、YM_MAX 为最小、最大杨氏模量；PR_BRIT 为泊松比计算的脆性指数；PR_MIN、PR-MAX 为最小、最大泊松比；BRIT 为脆性指数，%。

③岩石力学参数计算模型。

根据建产区页岩储层力学特征，从本工区页岩岩石力学参数预测角度出发，分析常规测井曲线资料，首先通过声波测井数据资料可建立求取目标区域的岩石力学参数计算模型，其次利用密度测井数据计算地层垂向应力，最后结合地层条件建立适当的岩石力学参数计算模型从而求取水平地应力。

动态泊松比模型：

$$\mu = \Delta t_s^2 - 2\Delta t_p^2 / 2(\Delta t_s^2 - \Delta t_p^2) \quad (3\text{-}3\text{-}25)$$

动态杨氏模量模型：

$$E = \rho_b(3\Delta t_s^2 - 4\Delta t_p^2)/\Delta t_s^2(\Delta t_s^2 - \Delta t_p^2) \quad (3\text{-}3\text{-}26)$$

动态抗拉强度模型：

$$S_t = 0.0045 E_d(1 - V_{\mathrm{sh}}) + 0.008 V_{\mathrm{sh}}/16.5 \quad (3\text{-}3\text{-}27)$$

黏聚力模型：

$$C=4.69433\times10^7\rho_b^2(1-2\mu)\left(1+\frac{\mu}{1-\mu}\right)(1+0.78V_{sh})/\Delta t_c^4 \quad (3\text{-}3\text{-}28)$$

内摩擦角模型：

$$\varphi=\left[2.654\lg(58.93-1.785C)+\sqrt{58.93-1.785C^2+1}+20\right]\pi/180 \quad (3\text{-}3\text{-}29)$$

式中：Δt_p、Δt_s 为纵、横波时差，μs/ft；ρ_b 为地层密度，g/cm³；E_d 为杨氏模量，MPa；μ 为泊松比；V_{sh} 为泥质含量，%。

（3）优质页岩气储层综合品质评价标准。

①对可能含油气的渗透层进行划分。

②对目的层段的主要储层进行细致划分。

③对有油气显示的厚度大于0.5m的储层进行划分。

④对气测、地化有显示层段要认真细致处理解释，做到不漏掉可能油气层。

⑤根据所测的钻探目的，精细评价钻探目的层。本井对龙马溪组页岩气储层进行认真细致的处理解释。页岩气储层综合评价主要从储层品质评价方面进行分析。储层品质（RQ）评价的关键参数有孔隙度、渗透率、含水饱和度、总有机碳含量TOC、总含气量等。

⑥页岩气水平井储层测井分类评价标准见表3-3-6和表3-3-7。

表3-3-6 页岩气储层分类评价标准

评价类型	评价参数	分类			备注
	指标	Ⅰ	Ⅱ	Ⅲ	
烃源岩	总有机碳含量（%）	＞3	2~3	＜2	
物性特征	孔隙度（%）	＞5	3~5	＜3	孔隙型储层
		＞4	3~4	＜3	裂缝型储层
含气性	游离和吸附气量（m³/t）	＞3	2~3	＜2	
岩石力学	脆性指数（%）	＞55	35~55	＜35	

表3-3-7 页岩综合品质分类评价标准

指标	单项参数	单项分类后权重系数			综合品质		
	单项权重	Ⅰ权重	Ⅱ权重	Ⅲ权重	Ⅰ	Ⅱ	Ⅲ
总有机碳含量	0.3	1	0.7	0.4	综合品质≥0.85	综合品质≥0.6	综合品质＜0.6
孔隙度	0.2	1	0.7	0.4			
含气量	0.3	1	0.7	0.4			
脆性指数	0.2	1	0.7	0.4			

4.应用效果

1）泸203评价井岩心刻度与标定

由于本井岩心取心井段主要在五峰组进行了取心，而在主力产层段没有岩心，主要参考邻井泸202井进行整体的测井成果关键参数刻度（图3-3-33）。

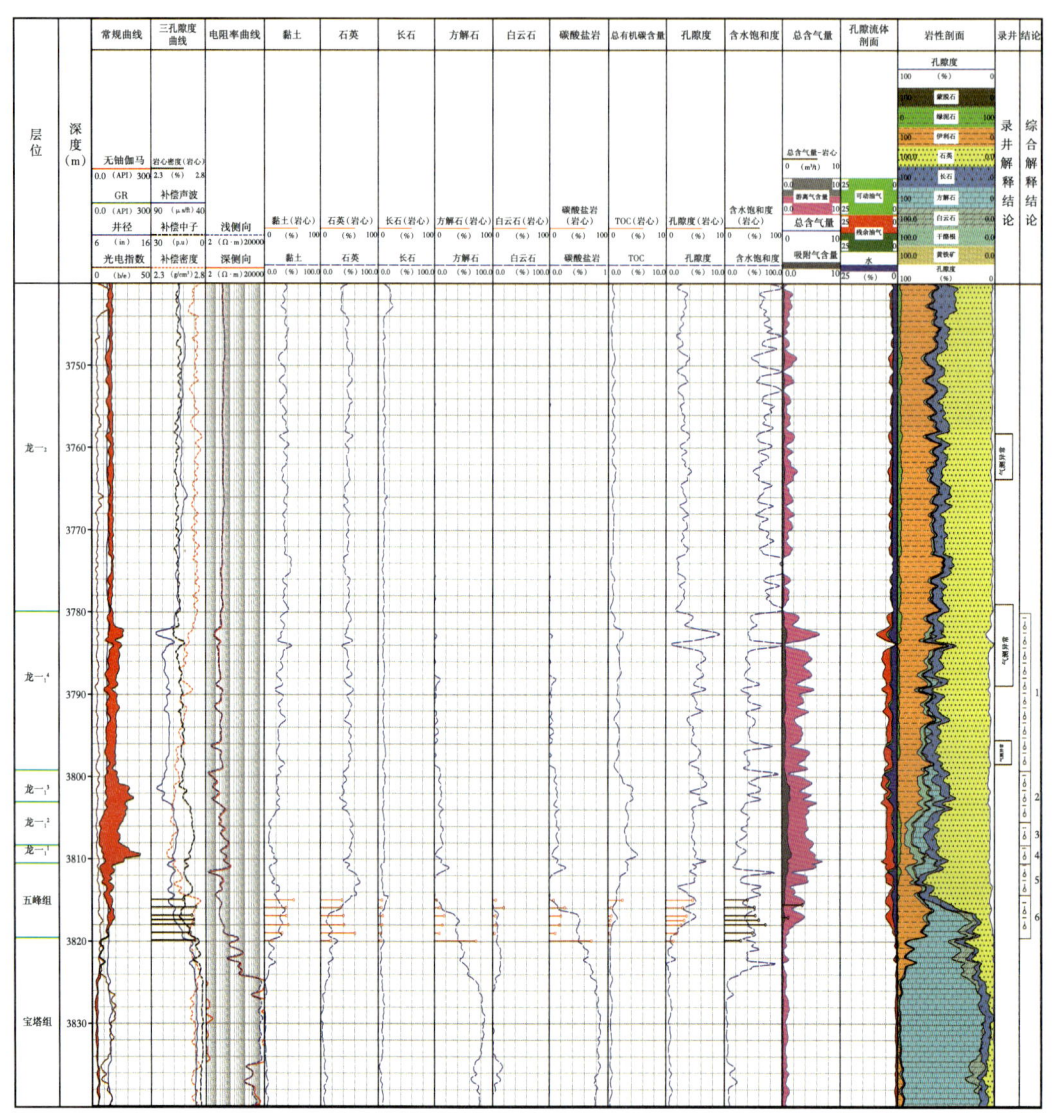

图3-3-33 泸203井岩心刻度处理成果图

从岩心刻度成果来看，泸203井共解释页岩气层39.5m，综合品质评定优质页岩气层储层厚度36.6m，其中Ⅰ类储层厚21.9m，Ⅱ类储层厚14.7m。龙一$_1^3$至龙一$_1^1$（3799.2~3810.5m），TOC平均为3.3%，孔隙度平均值为5.3%，按地层压力系数1.0计算含气量平均为4.4m³/t，脆性指数平均为67%。

2）泸203评价井铂金箱体的优选

在深化地层认识的过程中，根据区块各井区的地质特征，通过测井解释、岩心分析、元素俘获、矿物评价等大数据综合研究，认识到在地质"甜点"中还存在"蜜点"，优选出 5.1m 的"铂金"箱体（图 3-3-34）。

泸 203 井"铂金"箱体优选的依据为：

（1）储层品质和完井品质好，位于优质页岩气储层井段的中下部；

（2）测井特征明显，箱体顶低自然伽马值特征明显，有利于地质导向。

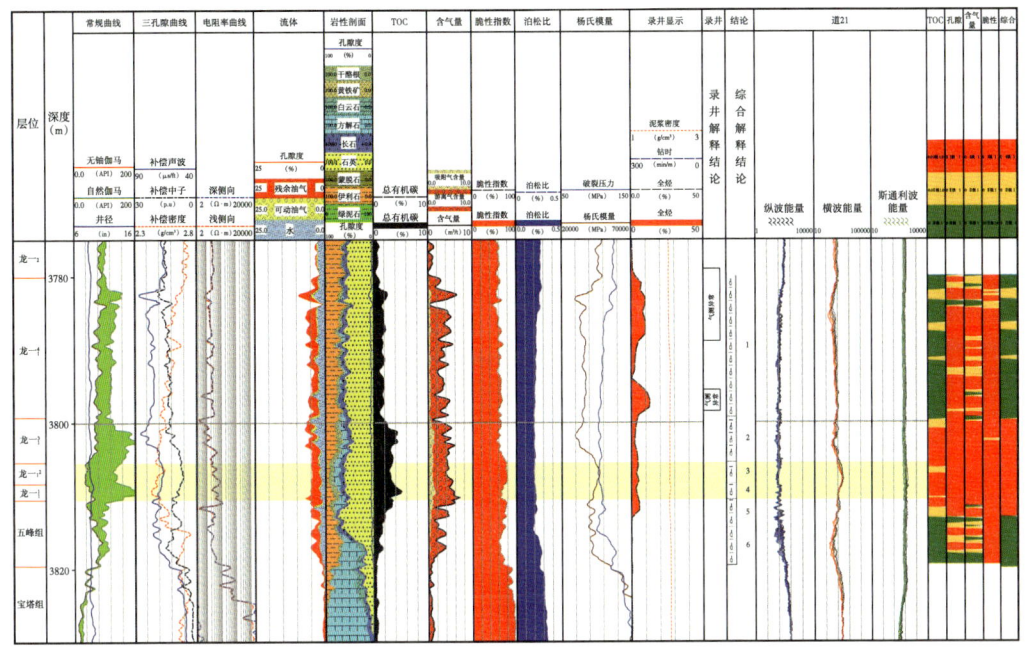

图 3-3-34　泸 203 井"铂金"箱体选取成果图（3805.4~3810.5m）

"铂金"箱体优选关键参数平均统计为 3805.4~3810.5m，厚度 5.1m，总孔隙度为 4.9%，TOC 为 3.5%，脆性矿物含量为 73.0%（碳酸盐岩+石英+长石），总含气量在压力系数 1.0 时为 5.0m³/t，总含气量在压力系数 2.0 时为 7.0m³/t。根据综合品质评定表，该 5.1m 厚度均为Ⅰ类优质页岩气储层。

3）泸 203（直改平）重点压裂试油井段优选与射孔方式

（1）水平段测井综合解释评价。

泸 203 井综合测井解释评价 12 段Ⅰ~Ⅱ类优质页岩气储层。

①泸 203 井的小层对比和解释成果表明，本井水平段井眼轨迹整体在优质页岩气层穿行，水平段长 1500m，箱体钻遇长度 1287.2m，箱体钻遇率为 85.8%；

②泸 203 井测井综合品质评定计算表明：本井Ⅰ类储层厚 1344.8m（88.9%），Ⅱ类储层厚 168.2m（11.1%），Ⅰ+Ⅱ类储层厚 1512m（100%）；

③泸 203 综合品质平均评价参数：孔隙度为 4.9%，TOC 为 3.3%，总含气量为 4.5m³/t（压力系数 1.0），脆性指数（含碳酸盐 69.1%），表明总体综合品质高，易压裂。

（2）重点压裂试油段建议。

测井综合解释（图 3-3-35）发现：3960~4140 m、4160~4369m、4444~4658m、4696~4793m、4915~5014m、5054~5172m、5236~5311m（75m）、5365~5408m 共计 8 段（1035m）优质储层特征明显，微细裂缝可能发育，录井显示较好，建议作为重点层段进行试油。

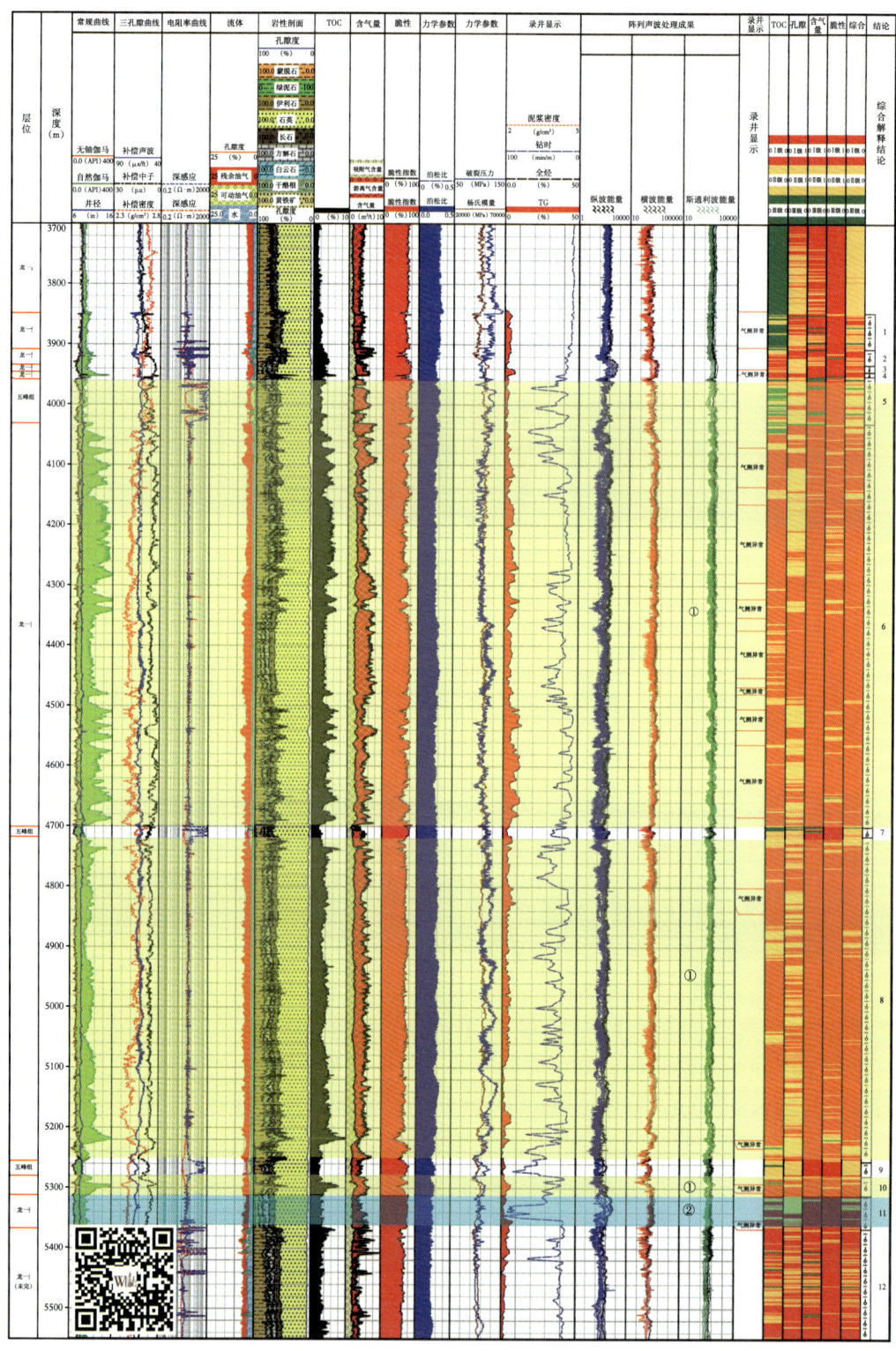

图 3-3-35 泸 203 井重点试油段优选图

（3）射孔方向选择。

泸203井钻遇4695~4760m、5215~5280m 2段五峰组页岩储层，由于五峰段整体黏土含量过高，且底部综合测井评价品质为Ⅲ类，宝塔组碳酸盐岩矿物含量非常高，为压裂施工"底板"，故建议上述2段向上射孔，以期更多的压裂施工强度作用于Ⅰ类优质页岩储层龙一$_1^1$—龙一$_1^2$段，提高整体产能。

4）试油成果

2019年3月，泸203井完成放喷测试，关井最高井口压力为57.1MPa，测试日产量$137.9×10^4m^3$，成为国内首口单井测试日产量超百万立方米的页岩气井。即便是在常规天然气田中，日产量能超过百万立方米的井也极为少见，对页岩气田来说目前更属凤毛麟角。泸203井展现了四川页岩气田巨大的资源潜力。

值得一提的是，这口井钻遇的气藏，属于埋深4000m左右的深层页岩气藏。此前中国国内开采的页岩气主要以3500m以浅的资源为主，泸203井的突破不仅扩大了中国页岩气开采的新局面，对全球页岩气工业的发展也将起到推动作用。

小层测井特征对比（图3-3-36至图3-3-39）显示，泸203井Ⅰ+Ⅱ类储层比邻井略有减薄，含气量更高。

泸203井龙一$_1^1$小层具有"两高夹一脆"的特征，如图3-3-40所示。

龙一$_1^1$小层整体为优质储层，具有杨氏模量高、泊松比低、脆性指数高、易压裂的特点，是地质"甜点"中的工程"甜点"。

层理发育，与宁201井龙一$_1^1$、龙一$_1^2$小层相当，如图3-3-41所示。

泸203井龙一$_1^1$优质页岩段层理发育，发育5.1条/m。

Ⅰ+Ⅱ类储层测井综合品质评价占比100%。泸203井A点深度4040m，Ⅰ+Ⅱ类段长1513m，Ⅰ类优质页岩气储层1344.8m，占比88.9%；Ⅱ类优质页岩气储层168.2m，占比11.1%。

5. 结论及建议

通过国家"十三五"期间在四川盆地勘探开发的努力，建立起页岩气测井评价技术方法与方案，形成了集优质页岩气层测井特征识别与评价、页岩裂缝评价、页岩岩石力学参数测井评价和页岩气综合品质评价的创新型配套技术方法，实现了在泸203井深层海相页岩气开发中的规模应用，获得了显著的应用成效。

四川盆地天然气勘探开发的进度进一步提升，不断跨越产量台阶，背后支撑的是常规气、页岩气和致密气的"三驾马车"齐发力。据分析，四川盆地的$3000×10^4t$油气当量结构中，常规气占比61.7%，页岩气占比约31.7%，致密气占比约6.6%。与$2000×10^4t$时的结构相比，常规气持续稳步上涨，非常规气迅猛发展，页岩气贡献了最大增量。2023年，大页1H井吴家坪组高产，开启了四川盆地万亿立方米海相页岩气的开发序幕，页岩气的测井解释评价期待在未来能更加有力地支撑页岩气的勘探开发。

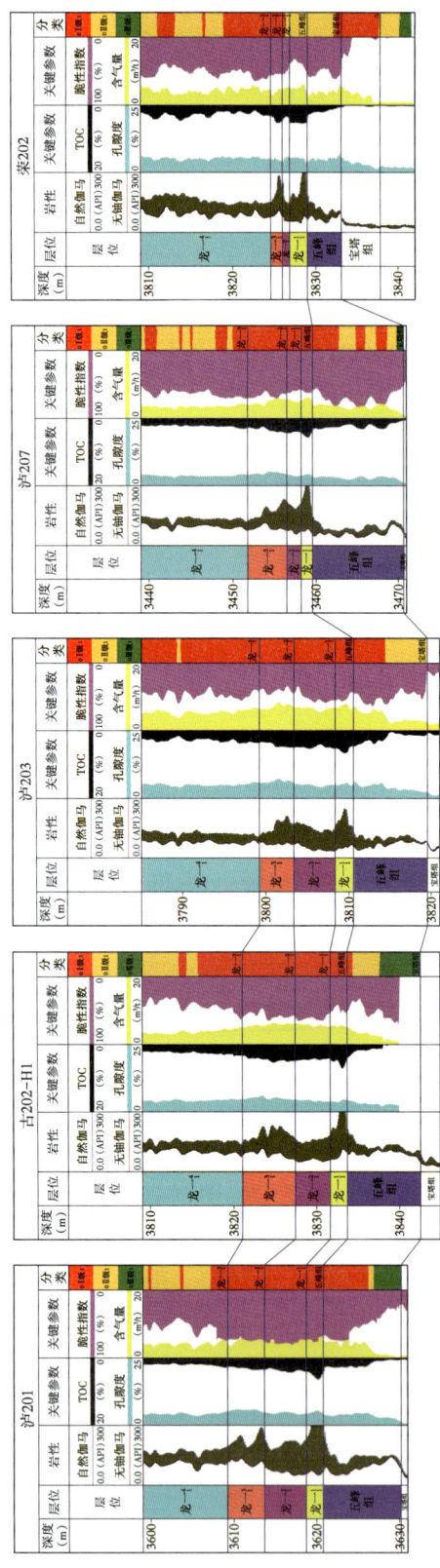

图3-3-36 泸203 Ⅰ+Ⅱ类优质页岩厚度横向对比图（南北向）

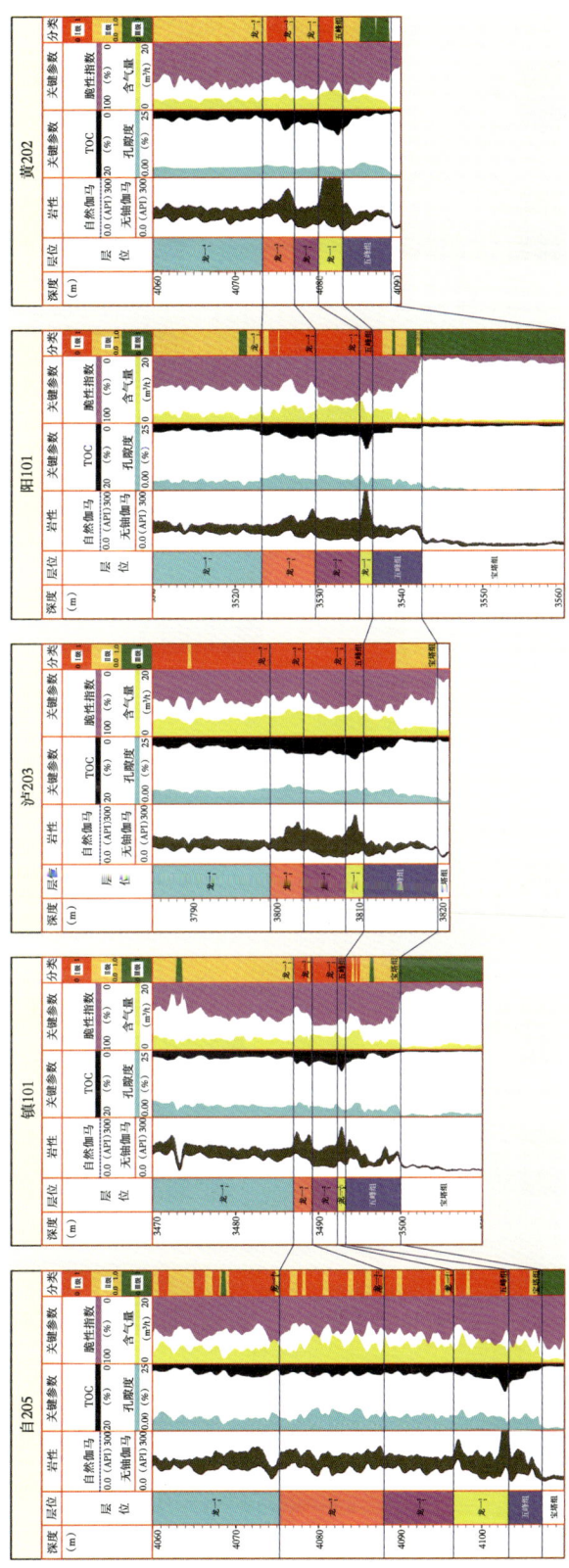

图3-3-37 泸203 Ⅰ+Ⅱ类优质页岩厚度横向对比图（东西向）

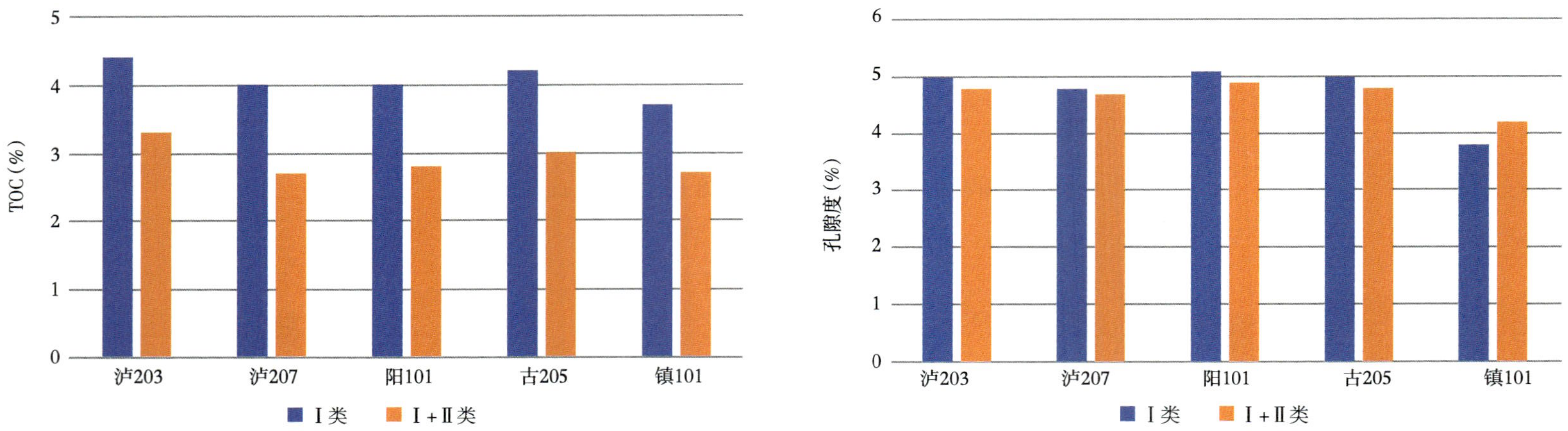

图3-3-38 泸203TOC和孔隙度邻井对比直方图

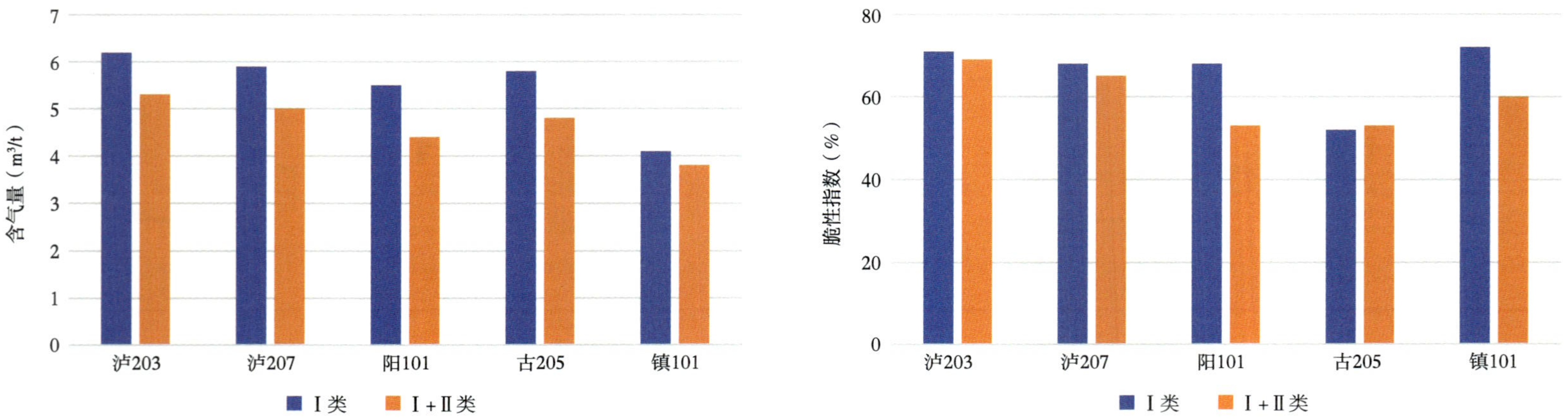

图3-3-39 泸203井含气量和脆性指数邻井对比直方图

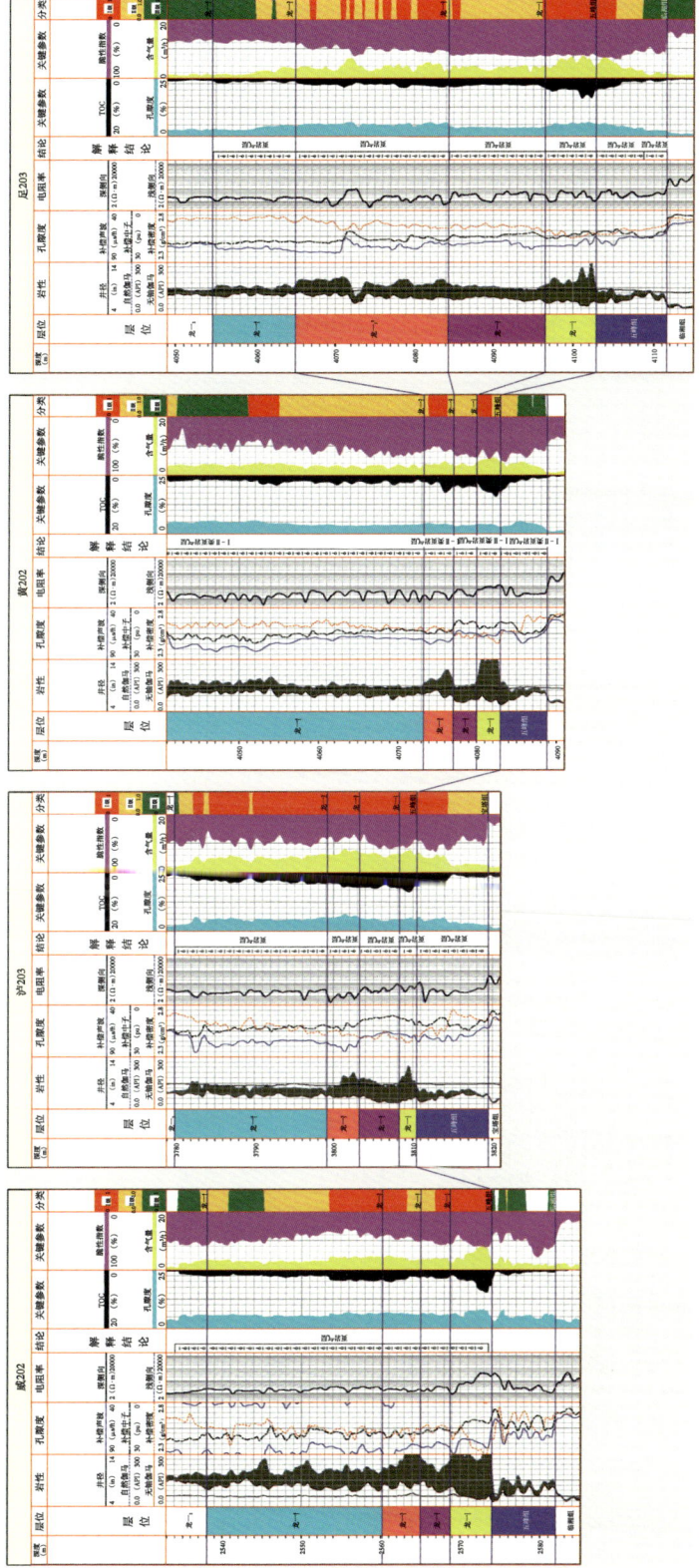

图3-3-40 威202—泸205—黄202—足203井测井综合品质多井对比图

-225-

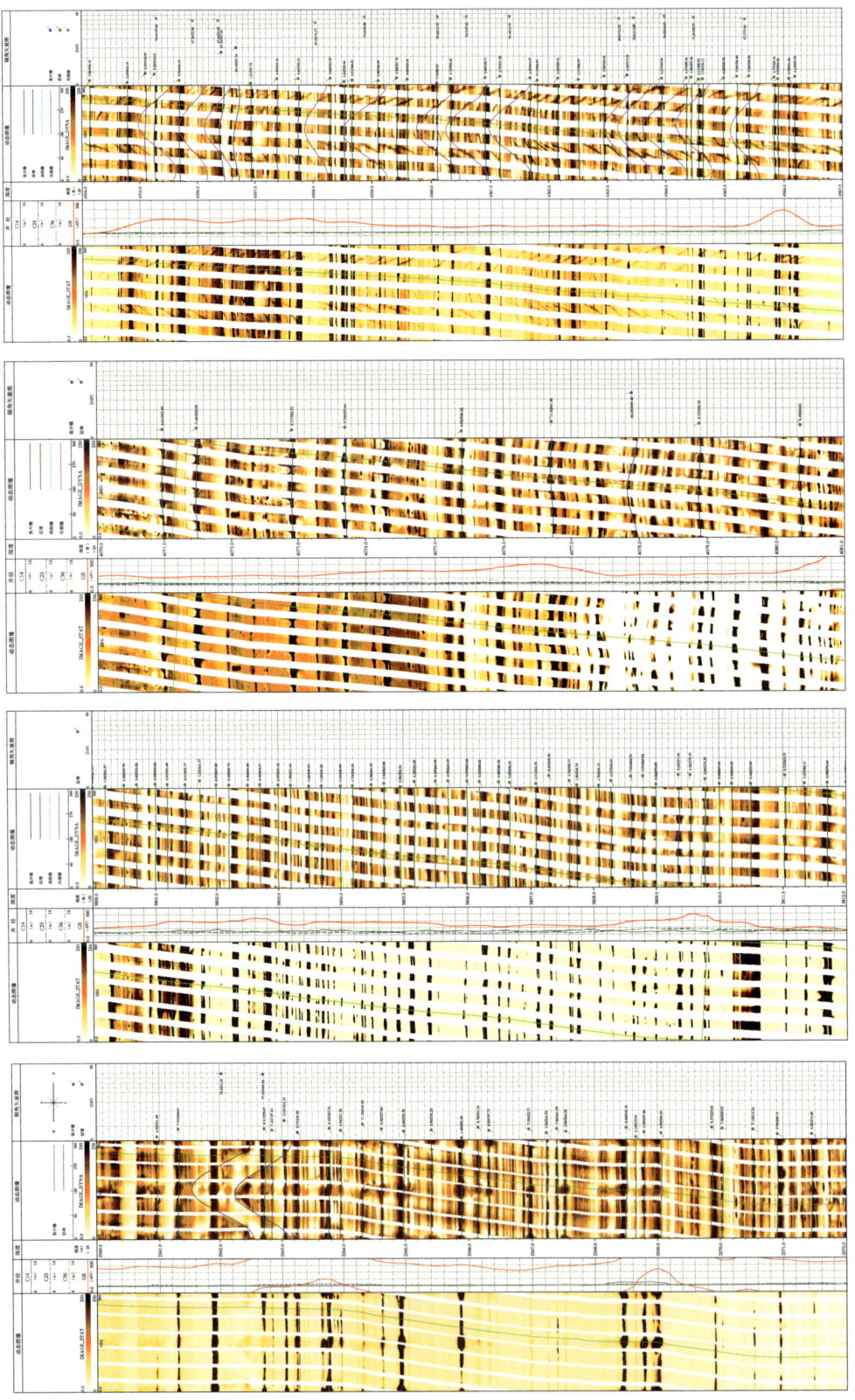

图3-3-41 威202—泸203—黄202—足203井成像测井多井对比图

第四章 鄂尔多斯盆地测井解释评价典型应用实例

鄂尔多斯盆地是目前中国油气产量当量最大的含油气盆地，油气资源十分丰富，已发现常规石油与天然气、非常规致密油气、页岩油气、煤层气等多种油气矿产。油气资源总体分布规律呈现垂向上叠置成藏、平面上北气南油、相态上下气上油的特点。天然气主要分布于上古生界石炭系—二叠系碎屑岩和下古生界奥陶系海相碳酸盐岩储层中，常规原油主要分布在三叠系延长组长6、长4+5、长8、长9砂岩储层段，三叠系延长组长7段是致密油、页岩油主要勘探层系；盆地主要油气田体现"三低"特征，即低渗、低压、低丰度。本章优选伊陕斜坡、延川南等地区的2个单井测井评价案例与3个区块测井综合评价研究成果，介绍了"三低一复杂"致密碎屑岩油气藏测井评价技术、煤层气测井评价技术、碳酸盐岩气藏评价技术以及致密（页岩）油藏测井评价技术，展现了上述测井方法与测井技术在致密油气、碳酸盐岩油气、页岩油气藏勘探开发中发挥的关键核心作用。

第一节 地质背景

鄂尔多斯盆地位于中国华北陆块西部，是华北地台解体后独立发展起来的中生代大型多旋回克拉通叠合盆地。现今盆地四面被不同时期的造山带环绕，形成"盆""山"分布格局，北连阴山、大青山和狼山，南至秦岭，东接吕梁山、中条山，西临贺兰山、六盘山，横跨陕、甘、宁、内蒙古、晋五省（自治区），面积约为 $37×10^4 km^2$，为我国内陆第二大沉积盆地，总体特征为周边构造活跃，断层发育；内部构造稳定，地层平缓；整体东高西低，向西平缓倾斜（周雁等，2023）。鄂尔多斯盆地构造区划分及外围盆地分布如图4-1-1所示。

由太古宙至新生代，鄂尔多斯盆地依次经历了阜平、五台、吕梁、晋宁、加里东、海西、印支、燕山和喜马拉雅等9大构造运动旋回，总体表现为基底形成—裂解—汇聚—离散—汇聚—造山—裂解—汇聚—造山—掀斜—断陷的运动旋回特征（赵振宇等，2012）。太古宙—古元古代是盆地基底形成的主要时期。由于经历了迁西、阜平、五台、吕梁4次构造运动，盆地基底岩系发生变质、混合岩化及褶皱作用，并由此形成了由麻粒岩相（分布于古陆核中部）与绿片岩相（分布于古陆核周边）组成的复杂变质岩系。在盆地基底形成过程中，阜平运动促使古陆核形成，五台运动使古陆核由塑性向刚性转变，并最终在吕梁运动后形成了稳定的结晶基底（王涛等，2007）。中元古代早期至中期，盆地主要沿袭了华北板块的演化特征，发育大陆边缘裂谷和陆内拗拉槽（段吉业等，2002）。中元古代晚期，古亚洲洋向华北板块俯冲，盆地北缘转变为主动大陆边缘，发育岛弧型火山沉积建造；至1Ga左右，盆地北缘进入碰撞挤压造山阶段，构造变形强烈，褶皱断裂发育（刘正宏等，2000）。随着泛大陆的解体，华北古陆与西伯利亚、劳伦大陆裂开，形成了独立的华北板块。盆地北缘兴蒙洋拉伸（Tonian）纪（1000—720Ma）开始张裂，成冰（Cryogenian）纪（720—635Ma）、埃迪卡拉（Ediacaran）纪（635—538.8Ma）达到扩张高峰期。早—中寒武世，鄂尔多斯盆地继承了新元古代后期的应力特征，表现为区域伸展，受其影响，盆地北部形成了东西向的乌兰格尔隆起、中西部南北向的靖边鞍状隆起以及盆地东部的吕梁隆起。中奥陶世马家沟组沉积时期，近南北向挤压开始占据主导地位，盆内发生拗陷（王雪莲等，2005），构造分异明显。进入晚奥陶世，盆地南侧的秦祁洋向北俯冲而北侧的兴蒙洋向南俯冲，南北向挤压进一步加剧，随之盆地两侧转换为活动大陆边缘，发育"沟—弧—盆"体系，华北板块整体抬升，海水退出全区。奥陶纪末，由于加里东运动影响，鄂尔多斯地块普遍抬升、剥蚀。海西运动早期，鄂尔多斯盆地继承了加里东期的碰撞抬升，并一直持续到晚石炭世，风

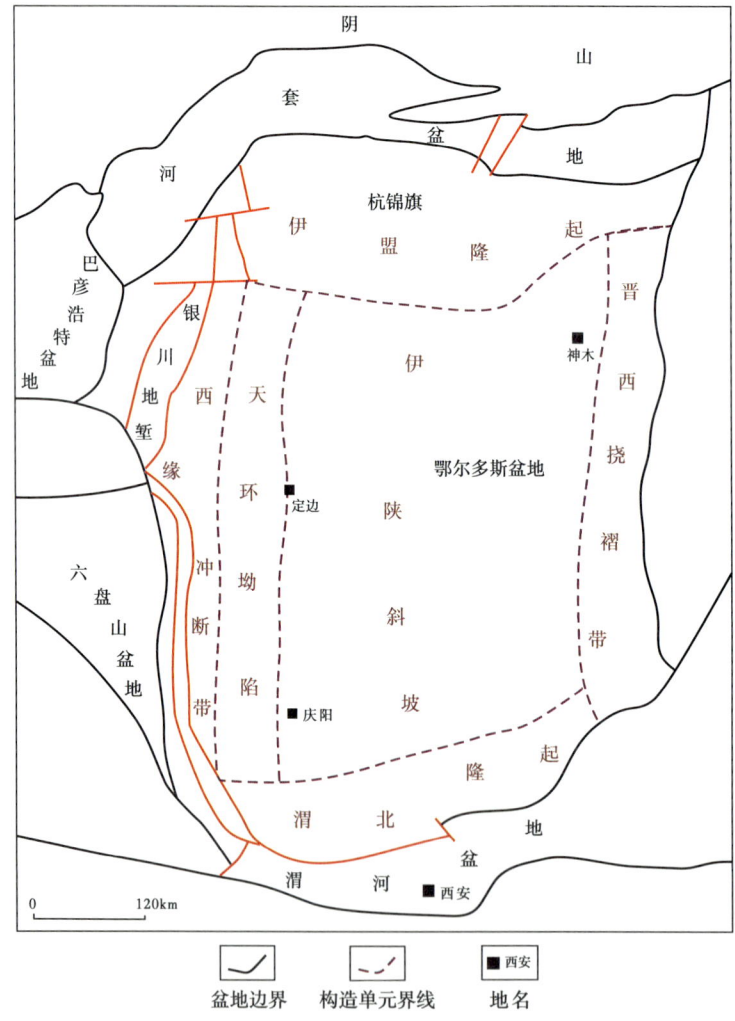

图 4-1-1 鄂尔多斯盆地及邻区构造单元划分（据周雁等，2023）

化剥蚀长达 $1.5×10^8$~$1.8×10^8$a，地层缺失志留系—下石炭统；中—新生代，鄂尔多斯盆地受古亚洲洋、古特提斯洋和环太平洋三大区域动力体系控制，周缘板块相继汇聚、碰撞造山，并最终导致了吕梁隆起、六盘山冲断带及阴山岩浆岩带的形成与发展。由于后期燕山运动的影响，盆地进一步抬升剥蚀，且东部持续隆起，东高西低的古地理格局一直持续至今。

鄂尔多斯盆地的结晶基底以岩浆岩和变质岩为主，主要形成于太古宙至古元古代时期，盆地内部被巨厚的沉积盖层所覆盖，结晶基底主要出露在盆地四周地区，各地层之间多以整合和假整合接触（徐兴雨等，2020）。中—新元古代沉积由长城系、蓟县系和震旦系组成，厚 800~2770m，其中长城系和蓟县系主要发育石英砂岩和碳酸盐岩，震旦系为山麓冰川沉积物（王毅等，2016）。下古生界发育寒武系和奥陶系，缺失志留系；下寒武统包括辛集组和馒头组；中寒武统包括以砂岩、石灰岩和页岩的毛庄组，以及以石灰岩、白云岩和鲕粒灰岩为主的徐庄组和张夏组；上寒武统主要发育泥晶、粉晶白云岩及竹叶状灰岩。晚古生代沉积缺失泥盆系和下石炭统，上古生界的本溪组以铁质岩、铝土岩和石灰岩透镜体为主，石炭系太原组发育泥岩、砂岩、石灰岩和煤层，二叠系以砂岩、泥岩为主。中生代沉积时期，三叠系发育齐全，且以砂岩、泥岩为主，或夹多层砾岩；侏罗系以石英砂岩、泥岩为主，局部夹煤线或薄层砂砾岩；大部分地区缺失上白垩统，白垩系底部为砾岩，中下部为砂岩，上部由泥岩、粉砂岩组成。新生代沉积期间的古近系—新近系下部以砂砾岩为主，上部为红色黏土，第四系主要为黄土堆积，地块周缘的断陷内以河湖相碎屑岩为主，厚度较大。

大量的野外露头和部分钻井岩心资料所反映的岩石类型、沉积结构及构造、古生物化石以及沉积韵律等表明（郭艳琴等，2019）：鄂尔多斯盆地从中—新元古代到早古生代，再到晚古生代—中三叠世，最后到晚三叠世—白垩纪，沉积体系经历了海相沉积体系、海陆过渡相沉积体系以及陆相沉积体系。其中，海相沉积体系主要包括海岸沉积、碳酸盐岩潮坪沉积、碳酸盐岩台地沉积、台地边缘沉积、深水斜坡—海槽沉积和陆棚沉积等 6 种类型；海陆过渡相沉积体系主要包括扇三角洲沉积、辫状河三角洲沉积、曲流河三角洲沉积等 3 种类型；陆相沉积体系主要包括冲积扇沉积、河流沉积、湖泊沉积以及沙漠沉积等 4 种类型（图 4-1-2）。

鄂尔多斯盆地矿产资源十分丰富，已发现常规石油、常规天然气、非常规页岩气、致密气、致密油、煤层气、油砂等多种油气矿产。油气资源中体分布规律呈现垂向上叠置成藏、平面上北气南油、相态上下气上油的特点。鄂尔多斯盆地延长组长 7 段是致密油、页岩油主要勘探区（周雁等，2023）；上古生界石炭系—二叠系煤系烃源岩广泛分布，东北厚西南薄，热演化程度南高北低，是大气田形成的物质基础，迄今已发现 3 个煤源气田，主要分布于上古生界石炭系—二叠系碎屑岩和下古生界奥陶系海相碳酸盐岩储层，石炭系—二叠系煤系烃源岩全盆地分布，具有雄厚的天然气资源基础（Yang et al.，2014）；下古生界碳酸盐岩层系发育，其中寒武系张夏组、奥陶系烃源岩较好，烃源岩热演化程度高，近年来在靖边西侧奥陶系、盆地中部奥陶系马家沟组中部组合及东部盐洼膏盐下等层位勘探取得重要突破，发现了高产气流（周雁等，2023），今后需要进一步明确奥陶系碳酸盐岩烃源岩生烃潜力。

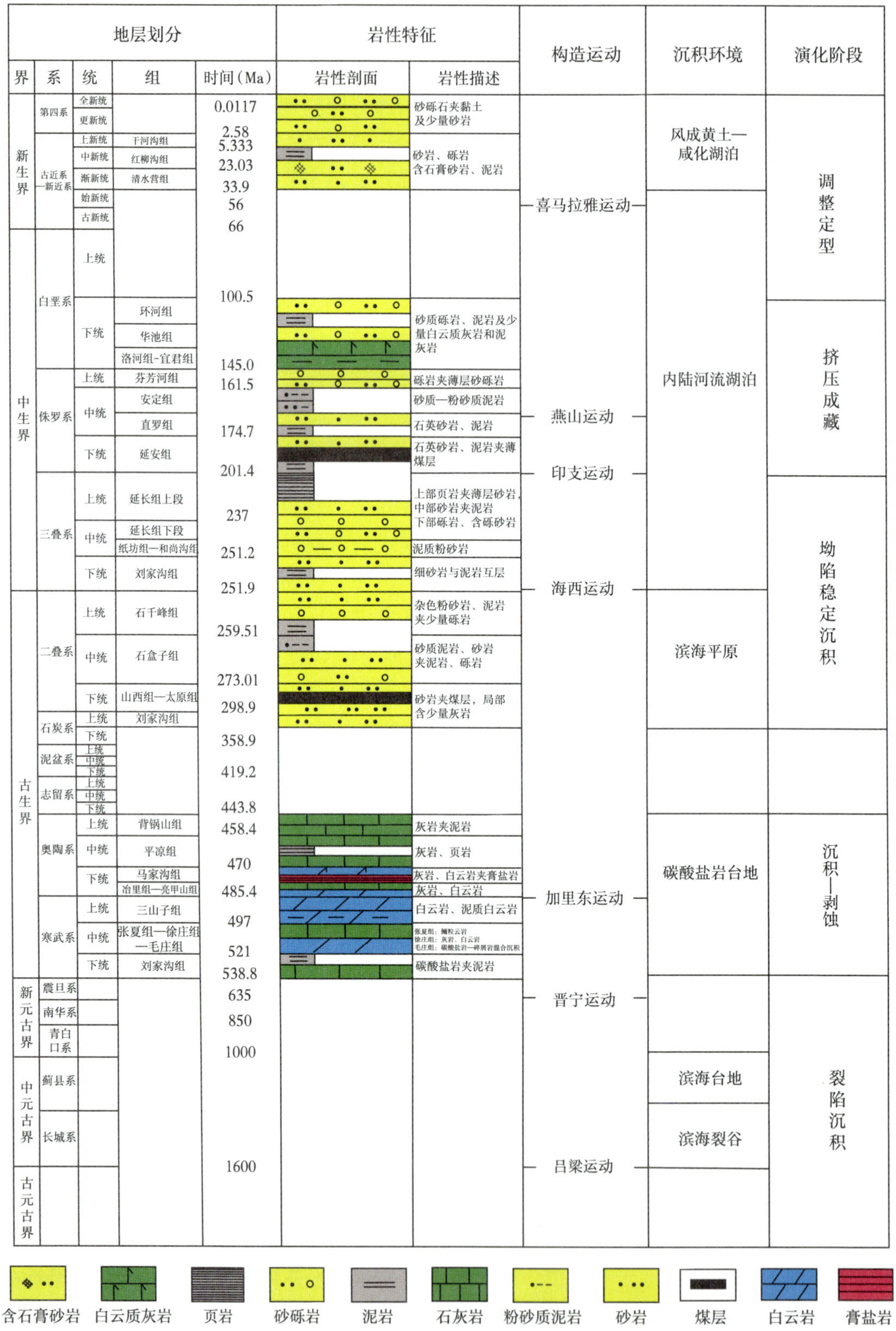

图 4-1-2 鄂尔多斯盆地地层、构造演化综合柱状图（据周雁等，2023）

第二节 单井案例

一、伊陕斜坡大牛地气田大52井致密气层测井评价

1. 地质背景

大52井位于陕西省榆林市榆阳区小壕兔乡贾明采当村三队，处于鄂尔多斯盆地北部伊陕斜坡东段塔巴庙鼻状构造带，为大牛地气田西南部的一口滚动勘探井。大牛地气田内断裂不发育，总体为一东北高、西南低的平缓单斜构造，缺乏有效的构造圈闭条件，有利沉积相造就了良好的大型岩性圈闭条件。大牛地气田上古生界地层自上而下依次为二叠系石千峰组、上石盒子组、下石盒子组和山西组，石炭系太原组和本溪组。

有利储层主要分布于太原组潮坪沙坝、山西组分流河道以及下石盒子组河道砂等沉积砂体。太原组从上到下可分为太2和太1段。太1段底部为砂岩、泥岩互层夹煤层，局部夹石灰岩透镜体；太2段为砂岩、泥岩和石灰岩互层夹薄煤层。山西组自下而上划分为山1段和山2段。山1段岩性主要为灰色中—粗粒岩屑石英砂岩、岩屑砂岩、砂砾岩，夹深灰色、黑色泥岩、碳质泥岩和煤层。山2段岩性主要为灰色中—粗砂岩、砂砾岩和灰黑色泥岩互层，局部夹薄煤层。下石盒子组岩性为灰白色含砾粗砂岩、中—粗粒砂岩及灰绿色细砂岩与深灰色泥岩互层。大52井位于DK13井区，邻井在下石盒子组、山西组、太原组及马家沟组马五段均发现油气显示，以盒1和山1油气显示最为突出。

本井钻探目的：（1）重点探索评价盒3段储层的分布及含气性，取全取准各项油气地质资料，扩大含气面积，为计算储量提供资料数据；（2）探索盒1段、山1段、山2段、太2段、盒2段和下古生界奥陶系风化壳储层的分布及含气性，为本区进一步勘探和油气评价提供依据。

2. 存在问题

DK13井区山1段储集岩以中—粗粒岩屑砂岩和岩屑石英砂岩为主，其次为含砾粗粒岩屑砂岩和岩屑细砂岩。岩石颗粒支撑，孔隙式胶结为主，再生孔隙式和基底式胶结较少；颗粒分选中等—好，磨圆以次棱角、次棱角—次圆状为主；颗粒间以点接触、线接触为主。薄片分析石英含量33%~94%，岩屑含量6%~62%，长石含量一般不超过5%；大部分不含方解石或方解石含量小于5%，小部分方解石含量为5%~29%。

受岩屑、灰质胶结作用的影响，山1段岩石成分多样，导致三孔隙度曲线测井响应特征复杂。山1段部分砂岩的声波时差及密度值达到干层标准（大牛地气田干层标准为声波时差 < 210μs/m，密度 > 2.55g/cm³），表现为致密储层特征，但其自然电位与电阻率曲线均反映出储层具有一定的渗透性，且地层电阻率值又较高，两相矛盾，无法判断是干层还是气层。山1段储层岩性的复杂性导致气层测井响应的复杂化，增加了气层识别难度。

3. 测井评价技术

为了有效识别山1储层流体性质，对大52井测井系列进行优化设计，测井项目除常规测井外，在目的层增加了核磁共振与偶极横波成像测井。按照岩心刻度测井的原则，建立了混合骨架孔隙度计算模型；应用核磁共振测井资料评价储层的孔隙度、孔隙

结构特征，同时利用斯通利波进行储层渗透性的判断。

1）偶极横波成像测井

本井偶极声波（DSI）成像测井为 Schlumberger Maxis-500 测井系列，测量井段为 2295.0~3039.0m。从偶极声波测井数据中可提取准确的纵、横波及斯通利波信息。

斯通利波是一种管波，它在井筒中的传播类似于一个活塞的运动，造成井壁在径向上的膨胀和收缩。低频斯通利波在渗透性地层出现的频散和能量衰减与地层原始渗透率有密切关系。因此，利用斯通利波能量衰减可以定性判断储层的渗透性。

图 4-2-1、图 4-2-2 为斯通利波（ST）处理成果图，图中第一道为常规曲线道，包括自然伽马 GR、井径 CAL、钻头直径 BS、井径钻头直径差值 CAL-BS。第二道显示的

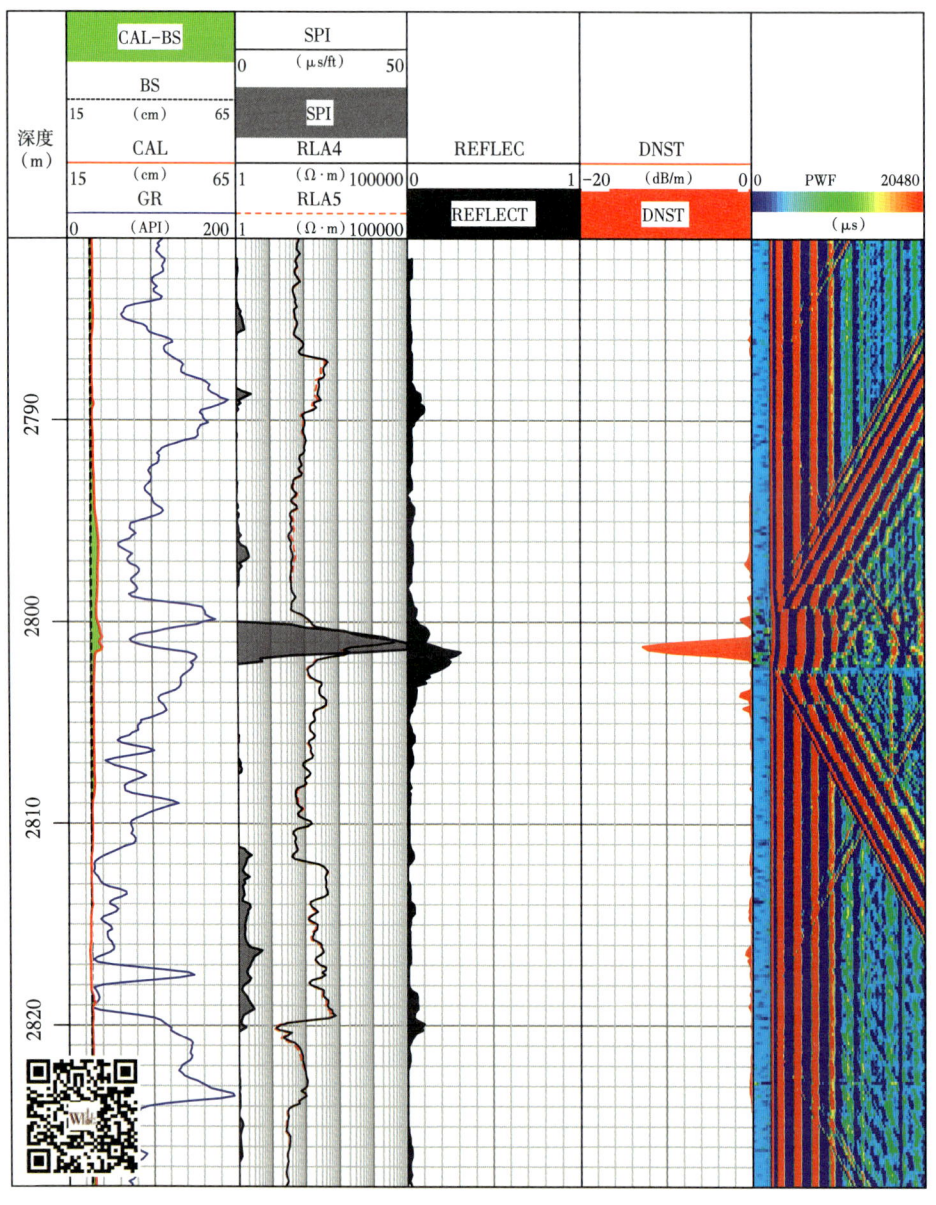

图 4-2-1　斯通利波处理成果图（2781~2828m）

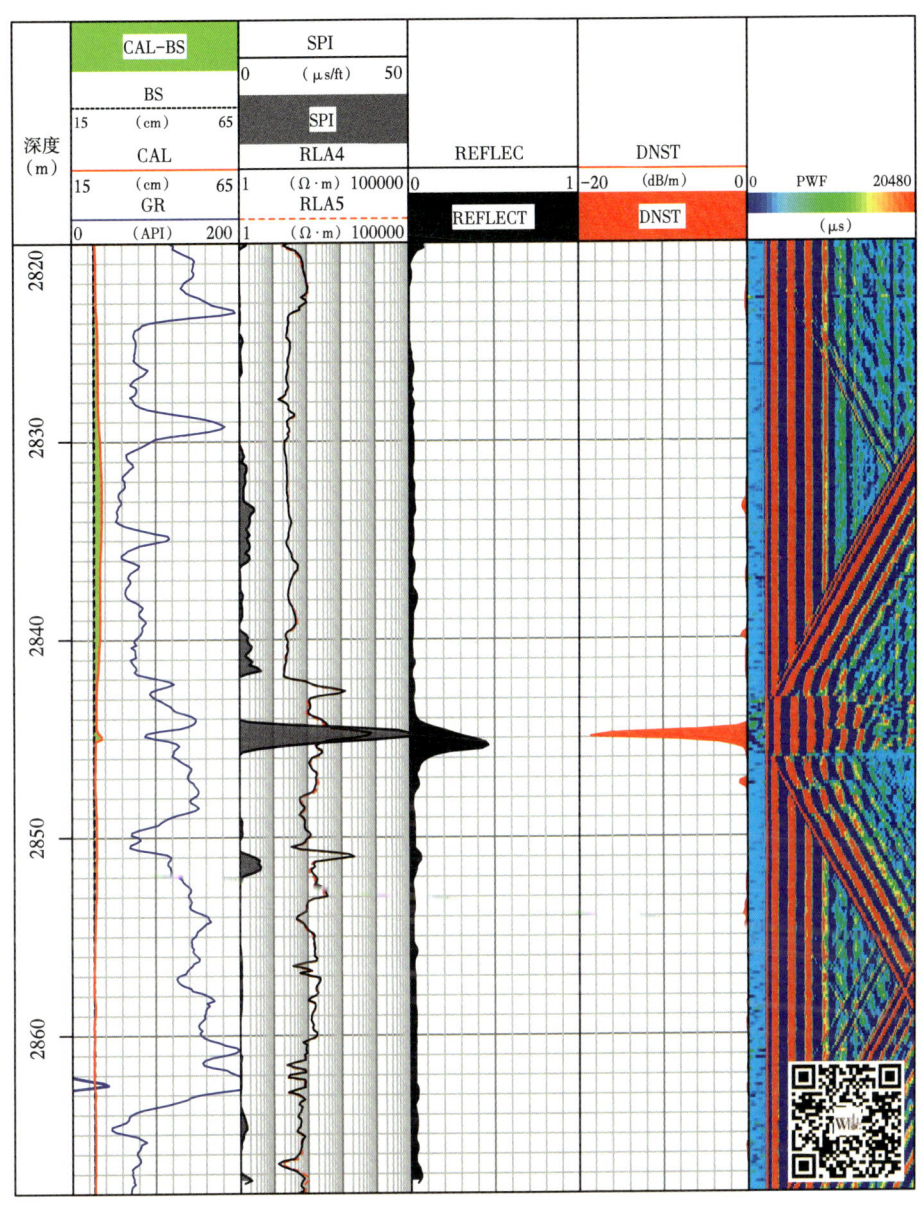

图 4-2-2 斯通利波处理成果图（2820~2868m）

是阵列侧向（RLA4、RLA5）、ST 渗流能力指示（SPI，指示储层相对渗透性的大小）。第三道显示的是 ST 反射系数（REFLEC）、ST 差分能量（DNST），扣除井眼影响，当地层存在渗透性时，反射系数增大，差分能量衰减。第四道显示的是斯通利波变密度波形（PWF）：对于有效孔、洞、缝储渗系统，其间必然有地层流体，故而形成声阻抗界面，使得声波发生反射和干涉，在图上出现人字形；而在致密地层处，则不能形成明显的声阻抗界面，因此变密度图形上没有干扰。

（1）山 1 段斯通利波处理成果分井段描述。

2779~2810m：井眼较好的井段没有强反射和能量衰减，渗透性指示弱，仅在 2793~2799m 井段有稍好的渗透性指示和反射（图 4-2-1）。2810~2842m：以砂岩为主夹泥岩，反射较弱，能量衰减很小，但有一定的渗透性。2842~2862m：除煤层造成能量衰减、反射强以外，其余地层渗透性很差，基本上没有反射和能量的衰减（图4-2-2）。

（2）山1段斯通利波处理结果分砂岩层显示情况。

2795.0~2798.9m砂岩有较弱的渗透性，没有反射及能量的衰减。2811.1~2819.6m砂岩渗透性较前几层好，有微弱的反射，能量衰减很小（图4-2-1）。2824.0~2828.4m砂岩有一定的渗透性显示，没有反射和能量衰减。2830.0~2834.5m及2835.1~2841.9m砂岩渗透性指示同2811.1~2819.6m砂岩，没有反射和衰减（图4-2-2）。

总体上评价，该井山1段砂岩剖面中，大部分砂岩致密，渗透性较差，只有2811.1~2819.6m及2830.0~2834.5m砂岩段有较好的渗透性。

2）核磁共振测井

本井砂泥岩核磁共振测井（CMR）测量井段分别为2595~2675m、2776~2876m，孔隙流体为气和水。山1段砂泥岩剖面选用本区实验得到的T_2截止值16ms进行核磁共振资料处理。图4-2-3为山1段核磁共振处理成果图，由图可知：2811.1~2819.6m井段

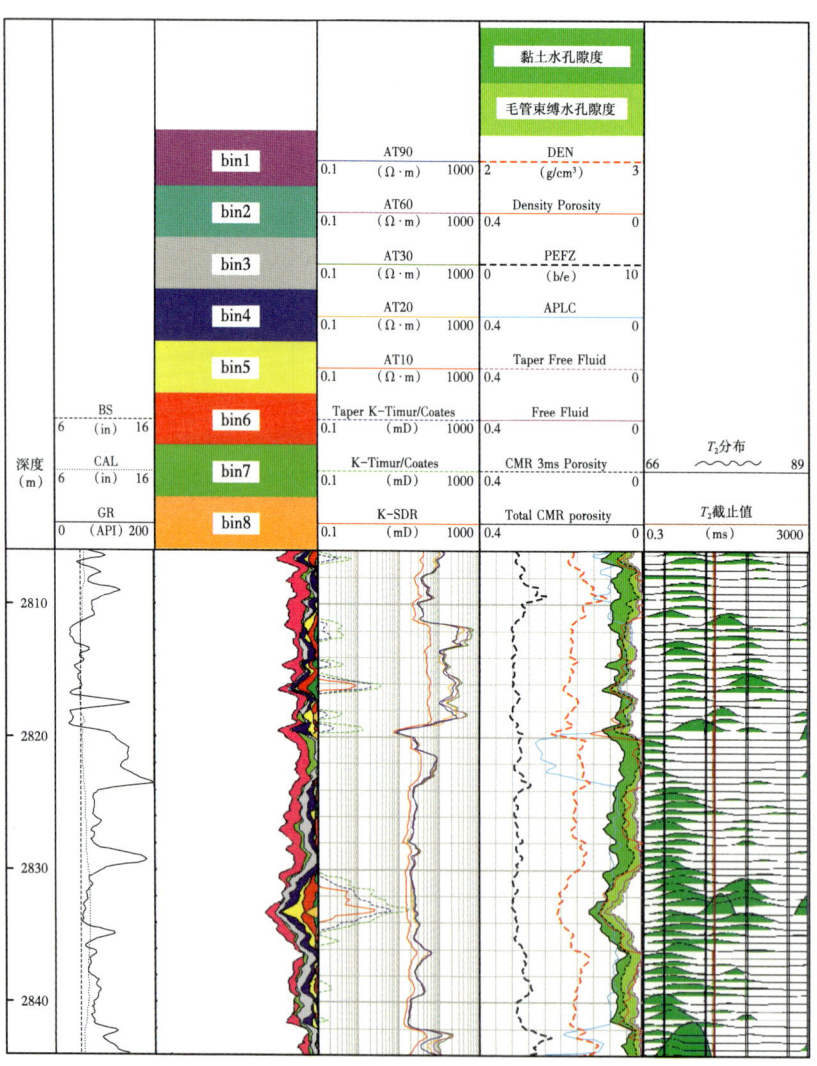

图4-2-3 大52井山1段核磁共振处理成果图

以自由流体为主，总孔隙度在8%左右，自由流体孔隙度在5%左右，K-SDR渗透率约0.9mD，中等以上孔径孔隙为主；2824.0~2828.4m井段有自由流体存在，总孔隙度在12%左右，自由流体孔隙度在3%左右；中等以上孔径的孔隙占30%左右；2830.0~2834.5m井段以自由流体为主，总孔隙度最高为14%左右，自由流体孔隙度在10%左右，K-SDR渗透率接近于1.5mD，区间孔隙分布图显示以中等以上孔径孔隙为主；2835.1~2841.9m井段以束缚水为主，但有自由流体存在，总孔隙度在7%左右，自由流体孔隙度在3%左右，中等以上孔径的孔隙占30%左右。

总体上看，山1段砂岩岩性致密，物性较差，只有2811.1~2819.6m井段和2830.0~2834.5m井段物性稍好，其中2830.0~2834.5m井段最好。

3）常规测井解释评价

根据薄片资料对DK13井区山1段砂岩矿物组分进行了统计，山1段平均石英含量为69%，岩屑含量为29%，灰质含量为5%。统计分析结果表明，山1段岩性主要为石英砂岩、岩屑石英和岩屑砂岩，同时还存在一些含灰质砂岩。因此，DK13井区山1段砂岩已不是传统意义上的砂岩，而是多种矿物的混积砂岩。鉴于此，为了准确评价储层孔隙度，提出了混合骨架孔隙度计算模型。

根据山1段致密砂岩岩心分析数据，确定了其混积砂岩骨架密度值和声波时差值，见表4-2-1。

表4-2-1 DK13井区山1段骨架参数值表

岩性	骨架密度（g/cm³）	骨架声波时差（μs/m）
山1段砂岩	2.67	176.7
含灰质砂岩	2.68	174
泥质	2.63	210
煤	1.40	328
石灰岩	2.71	156
流体	1.00	620

根据表4-2-1中骨架值，应用体积模型法，计算山1段地层孔隙度。图4-2-4为山1段新、旧孔隙度模型计算结果对比图。原孔隙度计算模型采用的是纯砂岩骨架参数值，而新模型采用的是混合骨架参数值。由图可知，混合骨架法计算的孔隙度与岩心分析孔隙度吻合度更高，优于原孔隙度模型。

4. 应用效果

图4-2-5为大52井山1段测井综合解释成果图。2811.1~2819.6m（19号层）井段岩性为浅灰色中砂岩，测井特征表现为：底部自然伽马呈低值，为27API，中间自然伽马略有升高，为50API，2817.0~2818.0m井段出现泥质尖，自然伽马值高达148API；自然电位有较大的负异常；井径接近钻头直径；深侧向电阻率为顶底部高值，中间低值，最大值为733.92Ω·m，平均为279.62Ω·m；三孔隙度曲线比较稳定，声波时差、中子、密度的平均值分别为205.26μs/m、5.9%、2.56g/cm³。分析认为，该层为含灰质砂岩。常规

测井评价结果为泥质含量为 10.2%，孔隙度为 5.6%，渗透率为 0.455mD，含气饱和度为 37.95%。

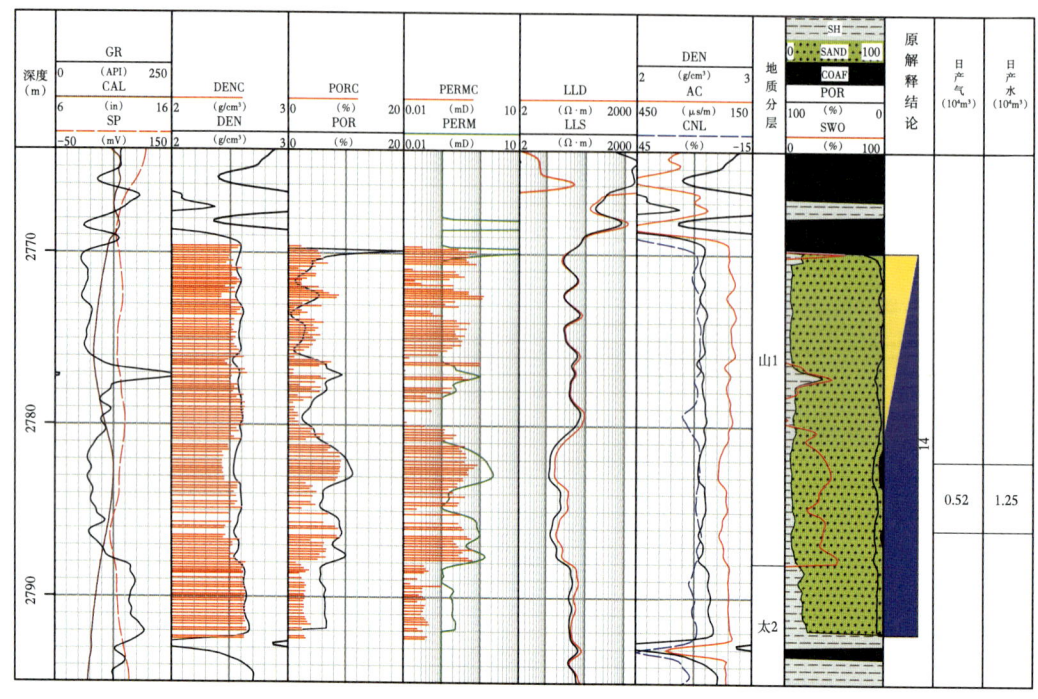

a. 纯砂岩孔隙度模型

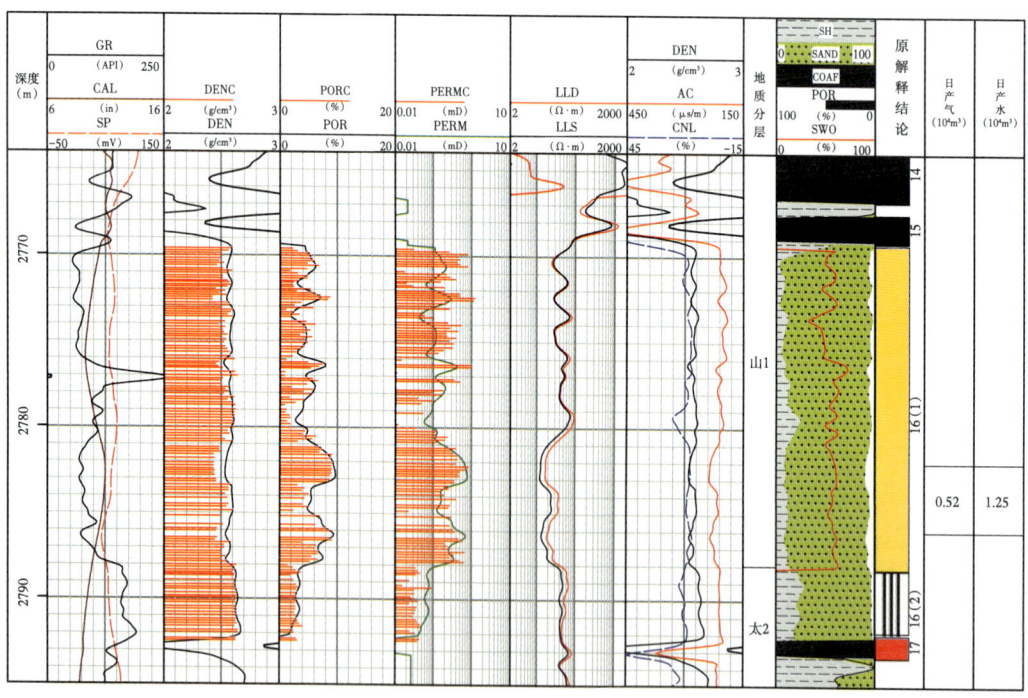

b. 混合骨架孔隙度模型

图 4-2-4　山 1 段新、旧孔隙度模型计算结果对比图

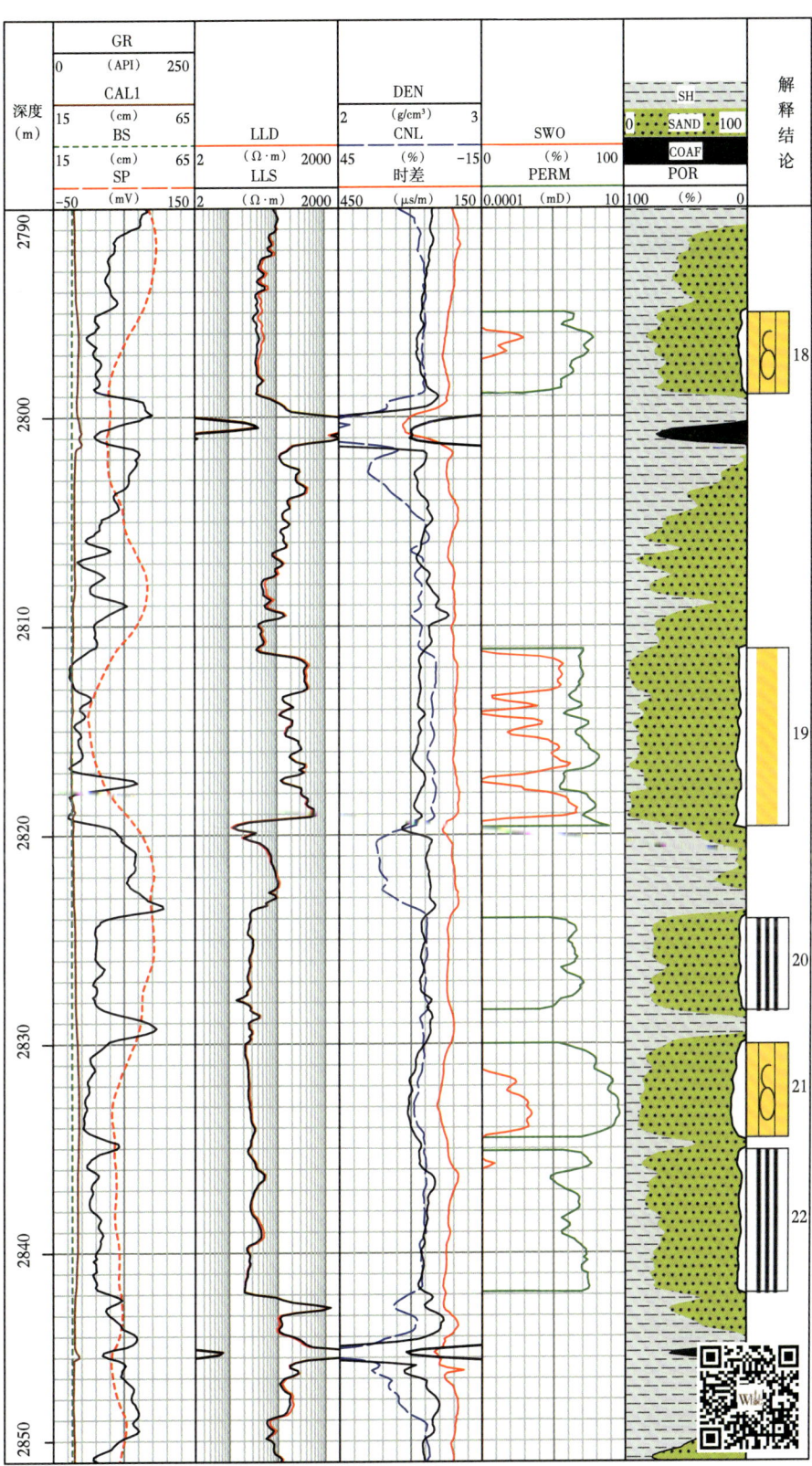

图 4-2-5 大 52 井山 1 段组合成果图（2790~2850m）

斯通利波处理成果图（图 4-2-1）显示，19 号层处存在微弱反射，能量有衰减，具有一定的渗透性。

核磁共振测井成果图（图 4-2-3）显示，19 号层以自由流体为主，总孔隙度在 8% 左右，自由流体孔隙度在 5% 左右，K-SDR 渗透率约 0.9mD，中等以上孔径孔隙为主。

气测显示表明，录井井段 2809.0~2811.0m 全烃值为 1.868%，背景值为 0.028%，比值为 66.7；2813.5~2815.5m 井段全烃值为 0.835%，背景值为 0.090%，比值为 9.3。

综合常规测井、斯通利波处理成果、核磁共振测井评价结果，19 号层有一定孔隙性及含气饱和度，但含气饱和度不太高，同时气测异常，综合解释为低产气层。

为验证 19 号层的物性及含气性，对山 1 段 2812.0~2820.0m 进行射孔，测试产气 4420m^3/d，产水 0.227m^3/d。测试结果与测井解释结论一致，说明现有的孔隙度评价方法切实可行。

5. 结论及建议

山 1 段储层矿物组分复杂，孔隙度计算困难。以岩石物理实验为基础，建立了混合骨架孔隙度计算模型，提高了孔隙度计算精度。应用核磁共振测井进一步评价储层孔隙度、孔隙结构特征，同时利用斯通利波进行储层渗透性的判断，提高储层评价技术手段。

二、延川南区块 Y3 井煤层气层测井评价

1. 地质背景

Y3 井地理位置位于山西省吉县柏山寺乡河头村西南方向 500m 左右，是鄂尔多斯盆地东南缘延川南区块的一口参数井。延川南区块内地层总体走向北东，倾向北西，东南部和西北部煤层分布稳定。

Y3 井的钻探目的：（1）了解目标区地层特征及煤层分布情况，主要煤层的埋深、厚度、煤岩特征、割理及裂隙发育程度，煤系地层的水文地质特征等；（2）获取主要煤层的煤样和煤储层特征参数，煤层含气量、渗透率、储层压力、地应力、煤层顶底板岩石物理力学性质等参数；（3）探索山西组和太原组煤层含气性，石盒子组砂岩层的含气性；（4）取得适应目标区煤层气勘探开发工程、工艺的技术参数；（5）进行压裂排采试验，初步评价煤层气可采性，获取煤层气排采参数。该井于 2010 年 8 月 8 日完钻测井，完钻井深 1269.0m，完钻层位为石炭系中统本溪组。

2. 存在问题

煤层岩性复杂，物性非均质性强，以吸附状态赋存的含气性也相对隐蔽。在煤层测井解释中，除煤层含气量外，还要进行煤质分析，提供水分、灰分、挥发分、固定碳等参数，同时也要分析煤层的结构、割理发育程度、沉积微相、煤层及顶底板的岩石力学性质（侯俊胜，2000）。因此传统的碎屑岩或碳酸盐岩分析含气储层的方法显然是不合适的，必须采用适合煤储层的测井评价技术，才能达到精细分析和定量解释煤层气的目的。该井为 Y3 井区第一口参数井，区域内邻井资料少。如何利用测井资料，建立一套适用该区块的煤层气解释模型，对山西组、太原组煤层进行精细评价，是该井评价的难点。

3. 测井评价技术

该井测井项目除常规测井外,在目的层增加了微电阻率扫描成像测井(FMI)、声波扫描成像测井(SonicScanner)、元素俘获能谱测井(ECS)。综合利用常规和ECS、FMI、SonicScanner等测井资料,并结合气测、岩心等录井资料,运用交会图、回归分析等多种方法,进行煤层划分,建立该区煤层测井精细评价技术。

1)岩性识别

煤层在测井曲线上的响应特征与其他岩层有明显区别,常规测井曲线响应特征具有"四高三低"的特点:电阻率高,声波时差高,中子高,扩径严重,自然伽马低,自然电位低,密度低。山西组2号煤层(1169.1~1174.1m,中间有0.5m夹矸),是本井的主要煤层(图4-2-6)。ECS测井结果显示,煤层的硅含量低,铁含量低,铝含量低。

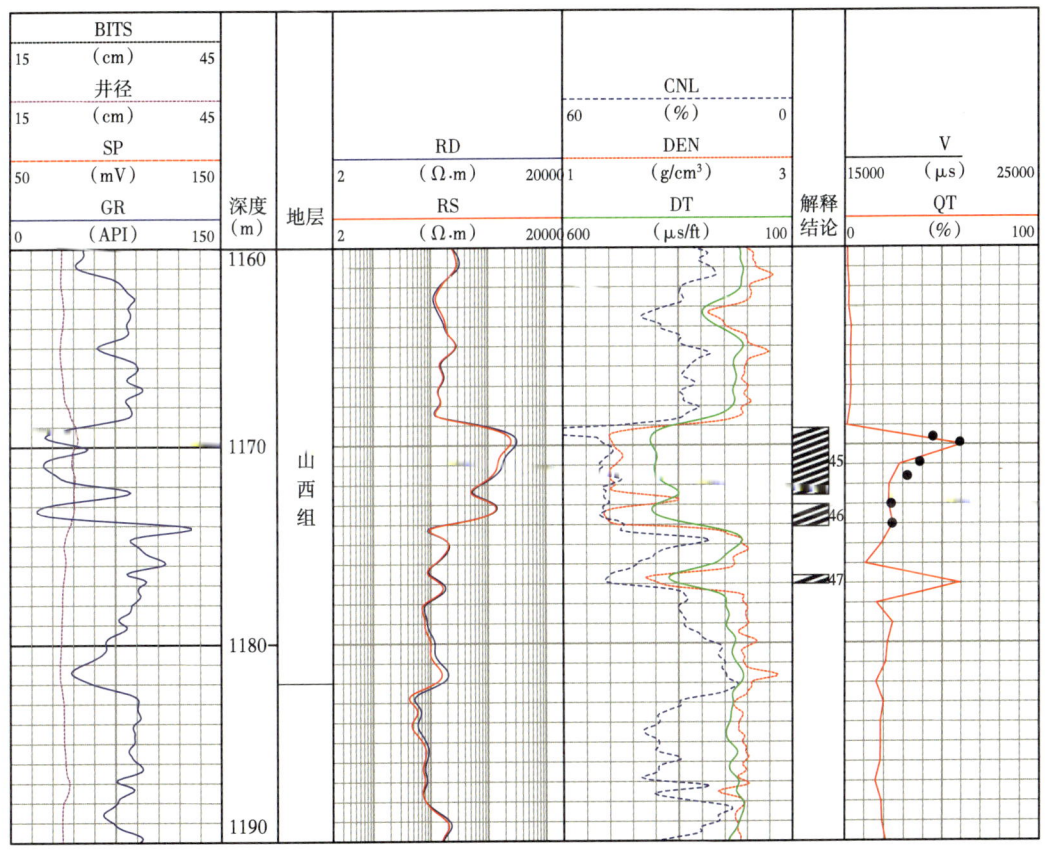

图4-2-6 Y3井2号煤层测井曲线响应特征图

FMI静态图像为亮黄色—白色,动态图像多呈厚层状特征,具有一定的成层性。FMI图像上煤层段地层倾角基本小于5°,推测煤体结构总体上可能为原生结构煤。煤层顶底板为沼泽环境沉积的泥岩,煤层顶板发育水平层理,煤层底板发育块状层理,相邻上下地层与煤层整合接触。1172.0~1172.5m夹矸石,矸石层地层倾角变大,推测矸石层附近煤层煤体结构可能发生了变化,该段煤体结构需结合岩心分析结果确定。煤层上部裂隙发育,煤岩因裂隙发育而略呈破碎状;煤层下部裂隙不太发育,部分裂隙发生闭合(图4-2-7)。

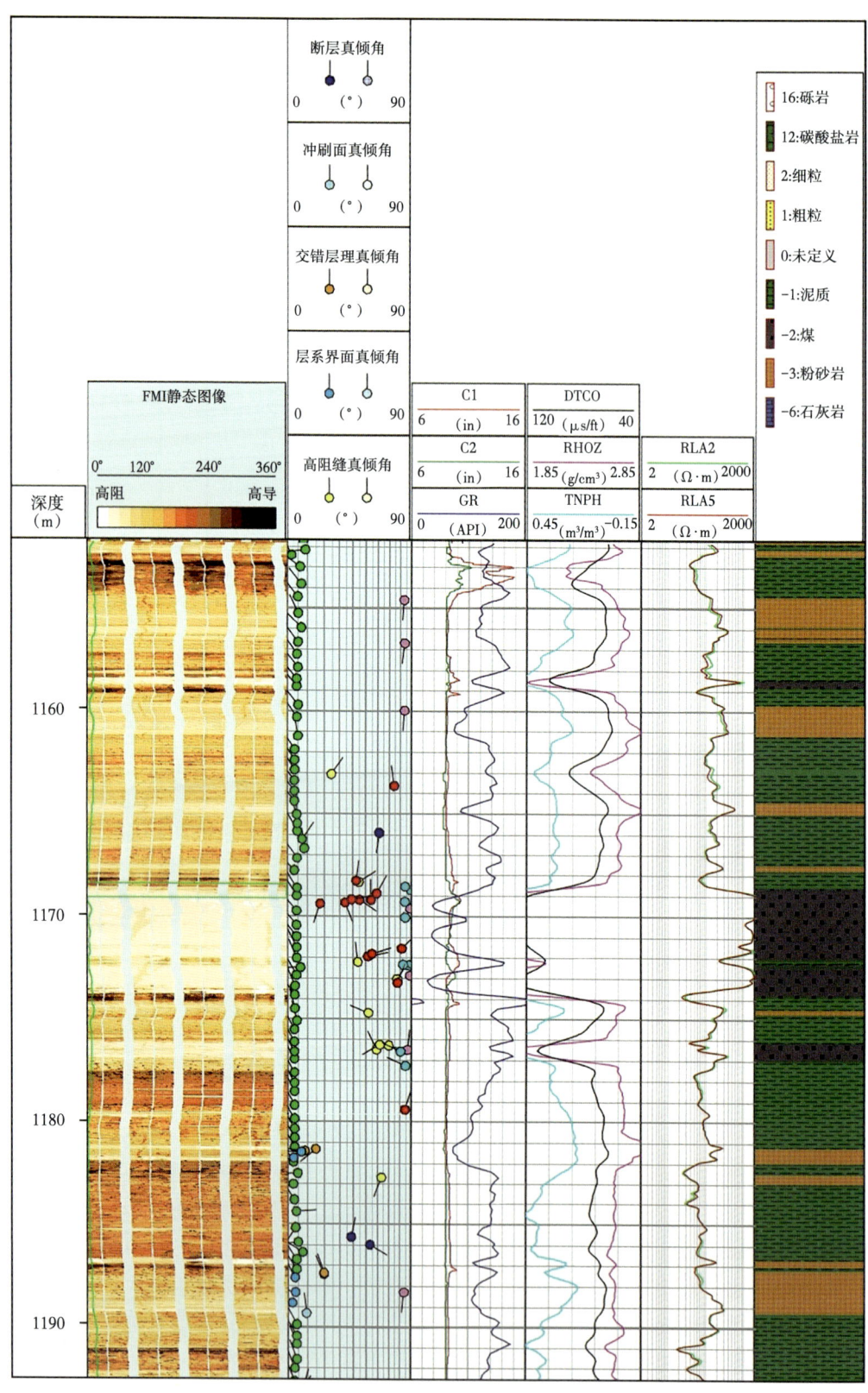

图 4-2-7 Y3 井 FMI 测井岩性识别图像

2）割理分析

割理是煤化过程中，由于煤层脱水，干化收缩，而产生大致相互垂直的两组微裂缝（张胜利等，1996）。一组延伸很远，可达几百米，成为面割理。次要的一组只发育于2条面割理之间，成为端割理。

FMI 图像上表现为这两组割理与煤层层面正交或陡角相交，且二者的蝌蚪倾向近乎垂直。一般面割理在图像上表现为相对比较连续的特征，缝宽相对较大，而端割理表现为相对不连续且开启度较小的裂缝。本井的煤层割理表现为与层面近垂直相交的连续裂缝与不连续裂缝，其中一组走向为北西西—南东东向，缝宽相对较大，且非常连续，为面割理；另一组走向为北北东—南南西向，不连续且开启度较小，缝宽相对较小，为端割理，端割理走向与面割理互相垂直（图 4-2-8）。

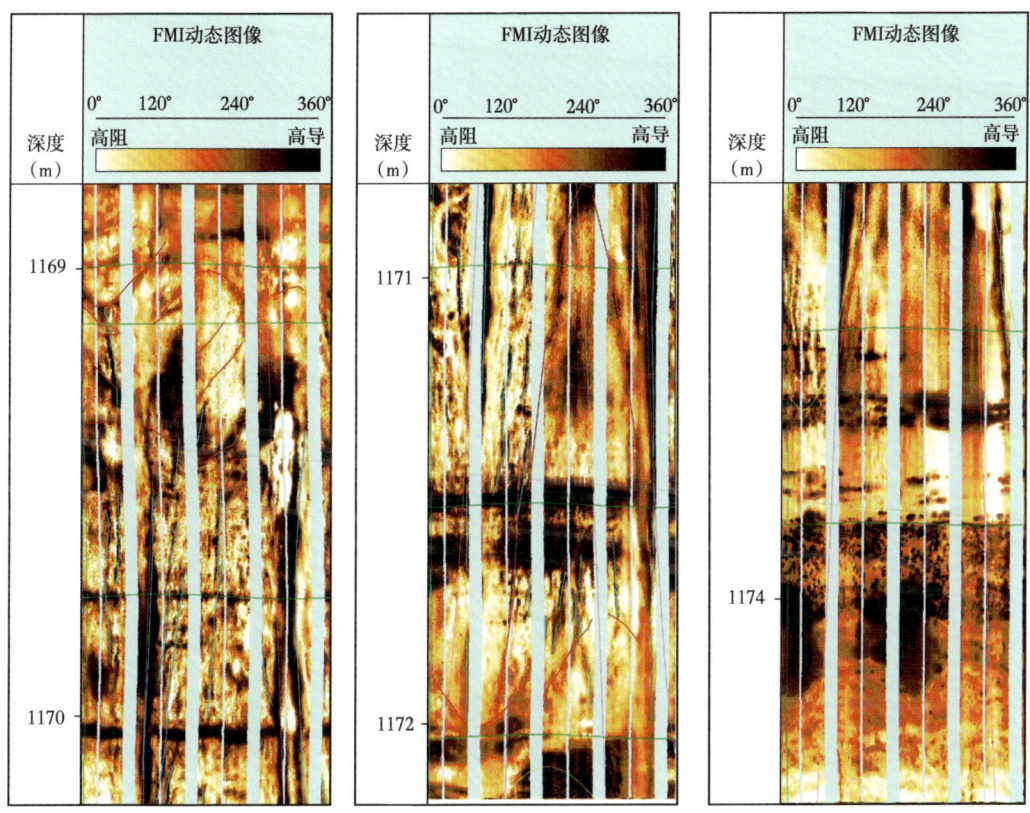

图 4-2-8　Y3 井煤层割理 FMI 图像特征

本井现今最大水平主应力方向为东—西向，面割理的走向与现今最大水平主应力方向夹角近平行，说明现今构造应力利于保持面割理的持续开启。面割理的走向与现今最大水平主应力方向的关系能够为后期水平井钻井方位设计提供依据。

在低频斯通利波的变密度图上，经常可以分辨出明显的反射斯通利波，即倒 V 字形的干涉条纹，在井眼条件较好的情况下是一种很好的低角度裂缝/割理或岩性变化的指示。当斯通利波遇到与井眼相交的开启裂缝/割理时，由于裂缝/割理引起的较大声阻抗反差，使一定量的斯通利波反射，斯通利波能量衰减、时差增大，因此可以用斯通利波能量衰减来判断裂缝/割理的有效性。

图 4-2-9 显示本井 2 号煤层中部斯通利波波形有明显的倒 V 字形干涉条纹，且斯通利波有明显的能量衰减。对比 FMI 图像得知，本井在部分层段发育微裂缝和割理。

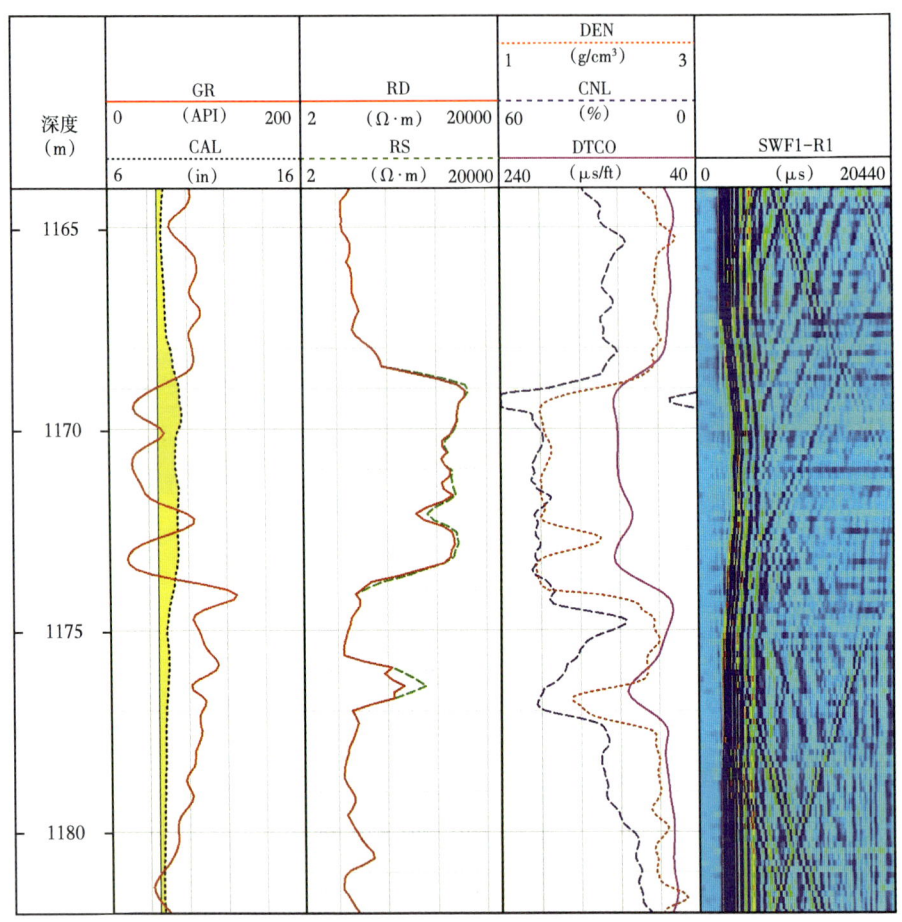

图 4-2-9　Y3 井煤层斯通利波能量衰减

3）煤层气评价

常规测井评价煤层工业组分主要利用体积模型、数值回归分析 2 种方法，在有岩心测试数据的情况下，用回归公式计算的工业分析误差数值小于体积模型法。岩心分析测试研究表明，煤心的体积密度与固定碳存在线性相关关系，而固定碳又与灰分、挥发分和水分含量存在线性相关关系。通过对 Y3 井岩心分析固定碳含量与补偿密度进行回归分析，制作交会图，相关系数为 0.896（图 4-2-10）。

除上述基于常规测井的评价方法，本井还利用 ECS 测井计算岩性剖面。ECS 测井可以测定地层中的硅、钙、硫、铁、钛、钆等的含量，从而提供精确的岩性剖面，计算煤层灰分含量，继而用岩心相似组合分析计算水分、挥发分、固定碳含量。Y3 井 ECS 测井计算灰分含量 10.5%，与煤心实验分析结果较为一致。

测井评价含气量主要采用回归分析、朗缪尔方程和 KIM 方程计算。大量煤层气研究表明，煤层含气量与补偿密度呈负相关关系，应用回归公式可以有效计算工区的煤层气含量。根据本井 2 号煤实验分析制作的含气量与补偿密度曲线交会图（图 4-2-11）相关性较好。根据该公式，本井 2 号煤定量计算含气量为 15.5m³/t（图 4-2-12）。

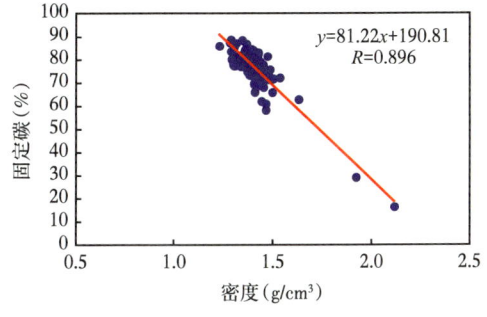

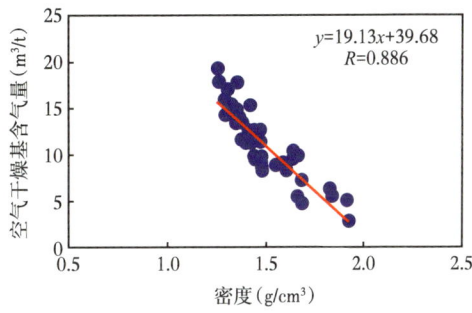

图 4-2-10　2 号煤固定碳与密度交会图　　　　图 4-2-11　2 号煤含气量与密度交会图

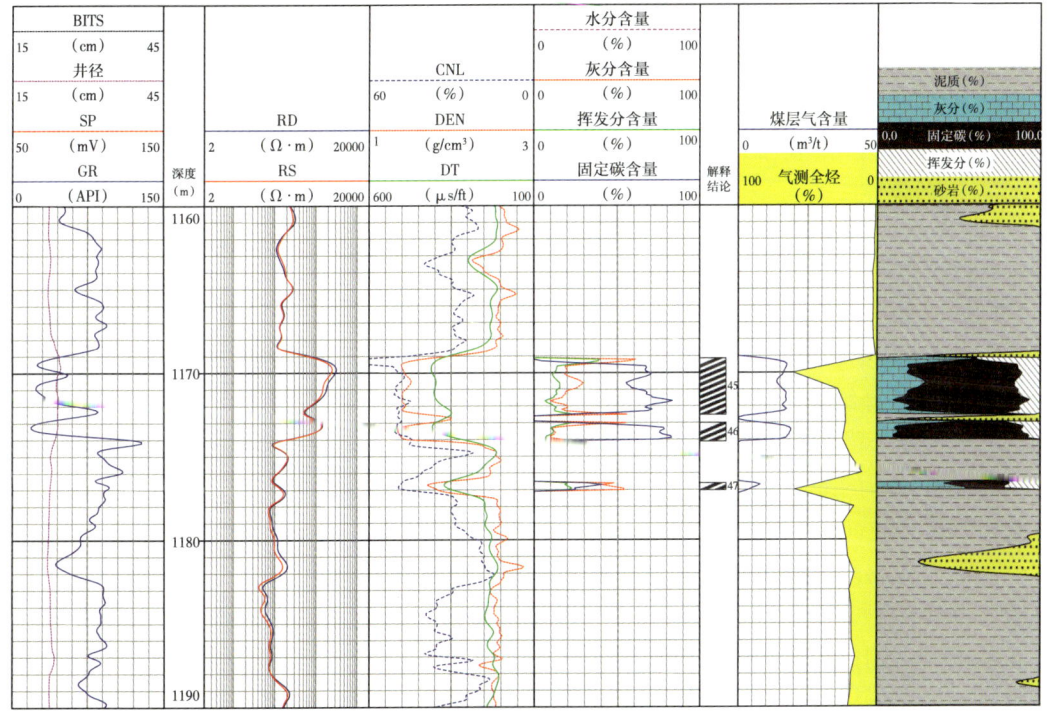

图 4-2-12　Y3 井 2 号煤常规测井处理成果图

4）岩石力学分析

岩石力学分析主要是根据区域构造和地层岩性层序，利用 SonicScanner 声波测井、密度和其他测井资料，建立一个动态的岩石力学模型。该模型包括岩石的弹性参数、强度参数和地层的应力及压力等数据。

图 4-2-13 是计算得到的岩石力学参数。总体而言，与周围砂泥岩地层相比，煤层的杨氏模量和强度较低，泊松比较高。由于杨氏模量相对较低，煤层压裂缝宽较宽。煤层段的应力低于上下砂泥岩隔层的应力，具有很好的应力封隔能力。煤层段最大最小水平主应力之差小于周围砂泥岩地层的最大最小地应力之差，拉伸破坏压力是最小水平主应力的 1.7 倍左右。从提高井壁稳定性的角度，煤层水平井最佳钻井方向为最小水平主应力方向。

- 243 -

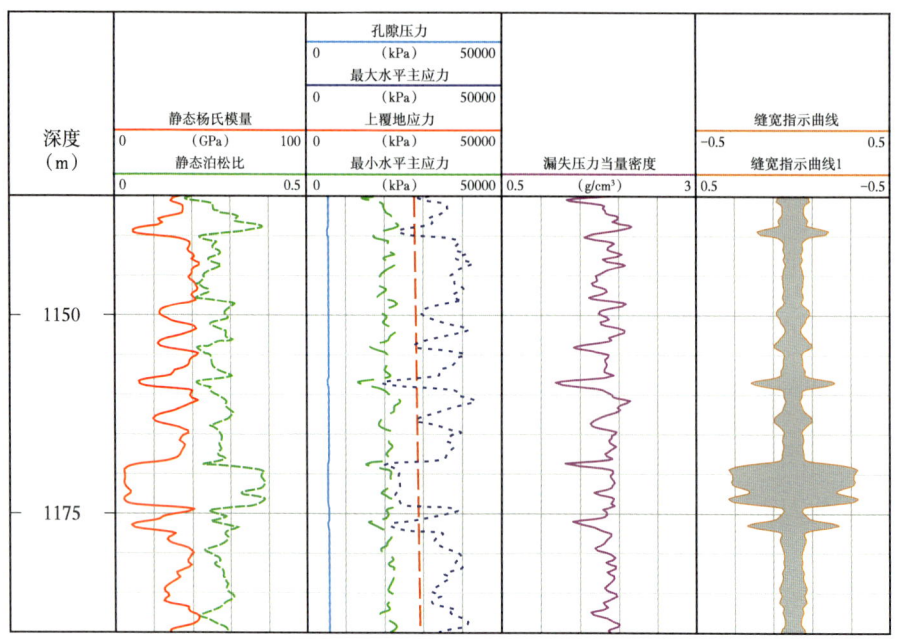

图 4-2-13 Y3 井岩石力学参数成果图

4. 应用效果

根据以上煤层气测井评价方法，完成了 Y3 井目的层段的测井解释，共解释煤层 8 层（7.9m）。其中 2 号煤层厚度较大，物性、含气性相对较好，顶底板封隔性好，建议测试。依据解释结论，对 Y3 井 2 号煤层压裂改造后，日产气量 1010.50m³，日产水量 0.04m³。现处于稳产期，一直稳产在 1000m³/d，排采曲线具有高产井的基本特征，证实了测井资料分析的准确性。

5. 结论及建议

依据本井测井资料，建立了一套基于常规测井＋特殊测井＋岩心资料的煤层气评价方法和解释模型，在延川南区块煤层气的勘探开发初期起到重要的作用。针对该区块，建立基于岩心测试资料标定的煤层工业组分、含气量、孔隙度等参数计算模型。应用成像测井资料对煤层进行岩性、割理、地应力、岩石力学等方面进行分析，为煤层气后续的水平井及压裂作业提供有价值的信息。

第三节　区块案例

一、伊陕斜坡苏里格气田致密砂岩气藏测井评价

1. 地质背景

苏里格气田位于内蒙古自治区鄂尔多斯市境内，构造位置位于盆地一级构造单元伊陕斜坡的西北部，西邻天环坳陷。苏里格地区上古生界具有煤系烃源岩广覆式生烃、河流—三角洲砂体大面积发育、区域封盖层广泛分布等诸多有利条件，奠定了该地区形成大型岩性气藏的基础。

苏里格气田主力气层为二叠系下石盒子组盒 8 段和山 1、山 2 段，气层岩性为三角洲平原分流河道沉积中—粗粒石英砂岩，储层孔隙以粒间溶孔为主，发育少量原生粒间孔、晶间孔，孔隙度为 4%~14%，渗透率为 0.01~5mD，气藏压力系数为 0.87~0.94，天然气甲烷含量在 90% 以上，不含 H_2S。气藏为岩性圈闭，有效储层分布受砂体和物性双重控制，非均质性较强。气藏无边底水，属定容弹性驱动气藏。

2. 存在问题

苏里格气田主力气层埋深超过 3000m，表现出深层致密砂岩气藏的典型特点。储层受岩性、裂缝、钻井液电阻率等综合影响，主要面临"低对比度、低适应性、非线性"的困难。低对比度是指气层与水层、有效储层与非储层、工业产层与低产层的测井对比度低，有效储层识别难度大，同时，试气产水量与电性相关性差，缺乏产水率分级评价模型；低适应性是指由于储层沉积、成岩、成藏作用差异，油气层纵向和平面非均质性强，测井解释模型的适应性差；非线性是指受到孔隙结构、岩石胶结方式等多种因素的影响，测井解释中传统的阿奇公式、体积组分模型等表现出一定程度的不适应性，储层定量评价难度大。

3. 测井评价技术

针对苏里格气田盒 8、山 1 段砂岩储层解释评价难点，以岩石物理实验分析为基础，通过储层"四性"关系分析，明确了有效储层岩性与孔隙类型特征。基于配套岩石物理实验，分层系建立了变岩电参数的阿奇公式含气饱和度定量计算模型，在天然气测井响应机理研究的基础上提出交会图版法、视弹性模量系数法等气水层综合判识技术，为勘探评价提供技术支持。

1）"四性"关系分析

储层"四性"关系指储层岩性、物性、电性及含气性之间的关系，是地下储集岩矿物组合、物性、孔喉结构与流体类型及其相互作用状态的综合反映。取心及薄片资料表明，储层物性与岩性密切相关，一般石英含量越高，物性越好。受岩性影响，储层物性特征也存在很大的差异。一般来说，粗粒纯石英砂岩发育复合型孔隙类型，具有为中高孔、中高渗特征；中—粗粒岩屑质石英砂岩主要发育粒间孔—溶孔型孔隙组合，物性特征为中低孔、中低渗；岩屑砂岩主要发育溶孔—微孔型孔隙组合，物性特征为低孔低渗（图 4-3-1）。胶结物不同，对储层物性的影响也不同。硅质胶结物对储层不具有"致命"的影响，发育在石英含量相对较高的储层，可使砂岩抗压实能力增强，总体会使储层的孔隙度有降低的趋势，但对渗透率的影响相对较弱；钙质胶结物主要为铁方解石，会充填粒间孔和溶蚀孔，使储层的孔隙度、渗透率明显减小；泥质碎屑类（包括喷出岩、千枚岩、泥板岩和变质砂岩）会随着地层上覆压力的增加，被挤压变形呈假杂基状态充填在孔隙中，使储层的物性变差（图 4-3-2）。

上古生界储层致密化的主要因素为压实作用和泥质、钙质等对孔隙的充填胶结。其中，泥质岩屑或陆源杂基含量高是导致储层物性变差的最普遍的因素。泥质胶结致密层的测井特征为高伽马（大于 60API）、高密度（大于 $2.60g/cm^3$），其岩性多为岩屑砂岩或含泥细—中粒石英砂岩，仅发育少量微孔，孔隙之间连通性差，孔喉小且分选好，此类储层渗透率小于 0.1mD，孔隙度一般小于 5.0%，为非有效储层。硅质胶结致密层通常出现在细粒石英砂岩中，储层岩性纯，但石英次生加大较严重，使孔喉连通性变差，测井响应特点是高密度（大于 2.58g/cm³）、低时差（小于 208μs/m）；另外，粒度对储层物性的影响也很明显，有效储层主要为中粗粒以上石英砂岩和岩屑石英砂岩，粉—细砂岩渗透率一般小于 0.1mD。

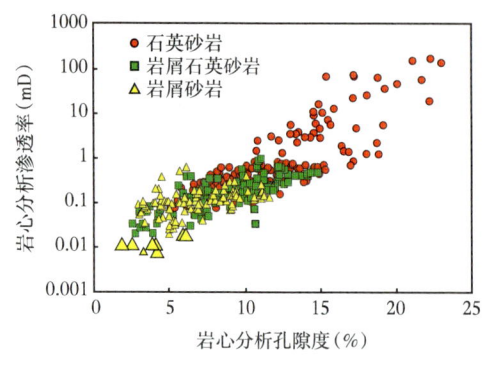

图 4-3-1　苏里格气田盒 8 段不同岩性储层孔渗关系对比图

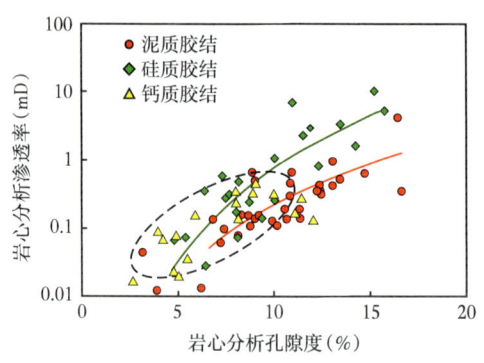

图 4-3-2　苏里格气田盒 8 段不同填隙物类型对物性影响对比图

含气性受孔隙结构的影响也比较大。宏观物性相近的储层，如果孔隙结构不同，则含气饱和度也有差异。上古生界储层按不同类型孔隙的储集性能优劣排序，依次为残余粒间孔、大溶孔（粒间溶孔）、小溶孔、高岭石晶间孔、各类微溶孔及泥质微孔等。如果较大的孔隙之间有微裂缝沟通，则储集性能可大幅度改善。大体上，储层孔隙空间中依照上述序列靠后的孔隙类型百分比逐渐增多，则储集性能相对变差，束缚水饱和度依次升高。

自然伽马测井曲线能较好地反应储层岩性和泥质含量。在大段测井剖面上，自然伽马曲线与其他曲线之间具有良好的相关性，表明岩性是影响储层电性特征的最主要因素。大套砂岩的自然电位负异常特征也比较明显。纯泥岩地层一般自然伽马值很高（大于 150API），密度测井值高（2.65~2.72g/cm³），补偿中子中高值（大于 15%），声波时差中等（220~250μs/m）。岩石组分中石英矿物（含石英岩）、硅质胶结物、黏土矿物含量对电性参数影响较为敏感。一般石英砂岩 P_e 值 1.8~2.2b/e，岩屑石英砂岩 P_e 值 2.2~2.6b/e，岩屑砂岩 P_e 值大于 2.4b/e。石英和硅质胶结物含量的增加会使声波时差明显降低，电阻率增大。当硅质胶结物含量超过 8% 时，深侧向电阻率一般大于 50Ω·m，此时声波时差一般小于 220μs/m。伴随黏土矿物水云母、泥质等杂基含量的增加，储层孔隙结构明显变差，束缚水饱和度增加，会导致测井电阻率降低，声波时差增大，自然伽马值升高。

常规测井中的三孔隙度组合是综合反映储层物性最理想的曲线。密度和声波时差较好反映了储层孔隙度与渗透率的变化趋势。随着储层孔隙度增大，渗透性增强，声波时差值增大，密度值减小，地层电阻率呈降低趋势。同时，深、浅侧向电阻率及自然电位对渗透层也有良好反映。苏里格气田西二区盒 8、山 1 段渗透性好的层段，地层电阻率一般小于 40.0Ω·m，深、浅侧向电阻率表现为正差异，自然电位表现为明显负异常。

对于纯石英砂岩储层，密度受骨架背景值影响小，具有较高的纵向分辨率，解释的有效孔隙度精度较高，但密度测井受井径影响较大，且对井间刻度要求较高，容易造成较大系统误差；相对而言，声波时差曲线稳定，总体可很好反映储层孔隙度变化，缺点是受硅质胶结的影响，声波传播路径会发生变化，导致解释模型的复杂化。总体而言，依据岩电归位后取心物性分析与声波时差可建立较好的经验关系式。

天然气含氢指数低并存在挖掘效应，与相同岩性及储集性条件的水层相比，储层含气可引起补偿中子、密度测井值的降低和声波时差值增大。所以在孔隙度刻度下，岩性较纯的气层，中子—密度视孔隙度或中子—声波视孔隙度可呈明显的镜像特征。好的气层电阻率较高（30~200Ω·m），补偿中子 5.0%~12.0%，声波时差 220~270μs/m，密度小于 2.52g/cm³，P_e 小于 2.2b/e，自然伽马小于 45API，自然电位负异常明显。

对渗透性强、含气性好的地层，在钻井液滤液的侵入下会产生由井壁向地层深部电阻率逐渐增高的侵入剖面。因此，含气性好的储层，深、浅电阻率值一般表现为正差异。此外，在渗透性好的气层段，由于天然气黏度小、易压缩，钻井液滤液很快侵入地层，容易形成滤饼，出现井径缩径现象。

2）储层参数及含气性高精度评价模型

由于苏里格地区盒 8、山 1 段属于低孔低渗低饱和度气藏，所以根据储层"四性"关系特征，利用"岩心刻度测井"方法建立了储层参数解释模型。孔、渗参数解释模型建立过程中，首先对物性参数与测井参数之间进行相关性分析，优选出最佳的组合关系，在综合考虑地质—物理意义、测井曲线可靠性等因素的基础上，利用统计法建立解释孔、渗测井解释模型。

（1）孔隙度计算解释模型。

对苏里格地区盒 8 段储层 7 口井岩心物性分析数据归位，分层段读取物性参数平均值，对应测井参数特征值，优选出最佳的组合关系，采用 71 个数据点，利用数学统计方法，建立了盒 8 段的岩心分析孔隙度与测井声波时差、密度解释模型（图 4-3-3、图 4-3-4）。岩心分析孔隙度与声波时差和测井密度的相关性较好，相关系数分别为 0.9、0.87。

苏里格地区盒 8 段声波时差—孔隙度模型：

$$\phi = 0.173\Delta t - 30.31 \tag{4-3-1}$$

苏里格地区盒 8 段测井密度—孔隙度模型：

$$\phi = -41.89\text{DEN} + 114.1 \tag{4-3-2}$$

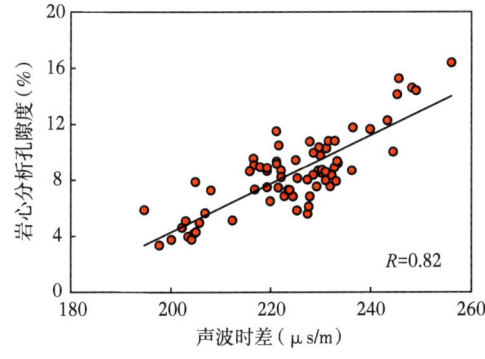
图 4-3-3　盒 8 段声波时差计算孔隙度模型

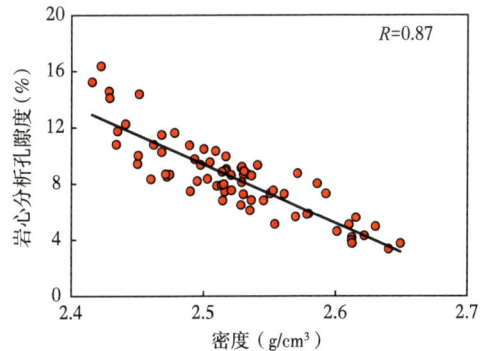
图 4-3-4　盒 8 段密度计算孔隙度模型

对苏里格地区山 1 段储层 14 口井岩心物性分析数据归位，分层段读取物性参数平均值，对应测井参数特征值，优选出最佳的组合关系，采用 43 个数据点，利用数学统计方法，建立了山 1 段的岩心分析孔隙度与测井声波时差、密度解释模型（图 4-3-4、图 4-3-5）。岩心分析孔隙度与声波时差和测井密度的相关性较好，相关系数分别为 0.9、0.89。

苏里格地区山 1 段声波时差—孔隙度模型：

$$\phi = 0.168\Delta t - 30.93 \qquad (4\text{-}3\text{-}3)$$

苏里格地区山 1 段测井密度—孔隙度模型：

$$\phi = -40.88 \mathrm{DEN} + 110.9 \qquad (4\text{-}3\text{-}4)$$

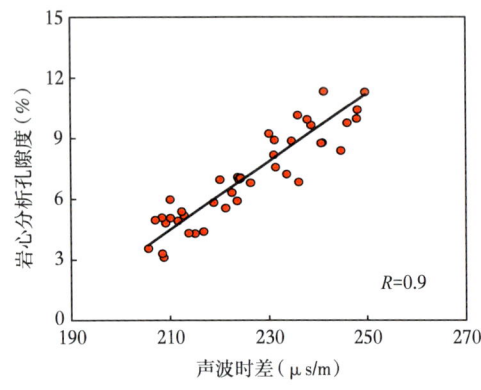

图 4-3-5　山 1 段声波时差计算孔隙度模型　　图 4-3-6　山 1 段密度计算孔隙度模型

（2）基于泥质含量校正的渗透率计算解释模型。

对岩心分析渗透率数据与影响渗透率的主要因素如孔隙度、泥质含量等进行单相关分析后，可根据单相关分析结果建立多元统计模型（图 4-3-7），本地区中泥质含量较大的泥质砂岩储层采用下列公式：

$$K = a\phi^b / V_{\mathrm{sh}}^c \qquad (4\text{-}3\text{-}5)$$

此公式作为渗透率通用模型，基于最小二乘法规划求解分析，得出公式中系数 a、b、c。建立基于泥质含量校正的渗透率计算模型：

$$K = 0.000069 \times \phi^{3.615} / V_{\mathrm{sh}}^{-0.166} \qquad (4\text{-}3\text{-}6)$$

对于苏里格地区山 1 段储层渗透性受泥质含量、束缚水饱和度等多因素影响储层，建立基于泥质含量校正的渗透率模型（图 4-3-8）：

$$K = 0.00135 \phi^{2.168} / V_{\mathrm{sh}}^{-0.109} \qquad (4\text{-}3\text{-}7)$$

（3）含水饱和度计算模型。

阿奇（Archie）公式是美国壳牌公司石油测井工程师 G.E. Archie 在 1942 年发表的关于砂岩电阻率的定律。

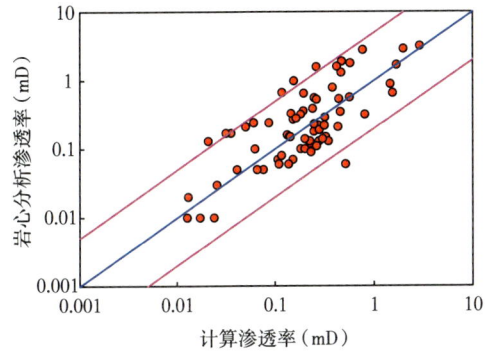

图 4-3-7 苏里格地区盒 8 段渗透率计算模型

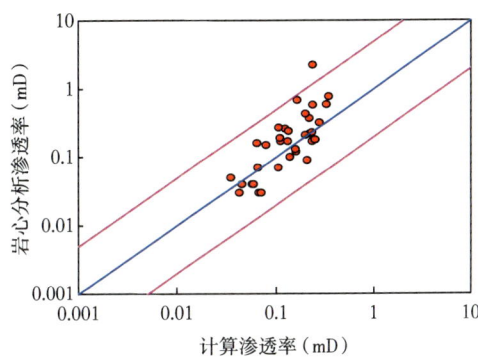

图 4-3-8 山 1 段渗透率计算模型

对于纯净的、无泥质且 100% 含水的砂岩（即含水饱和度 $S_w=1$ 时的砂岩），其电阻率 R_0 与孔隙水的电阻率成正比，其比例系数称为地层因素 F，地层因素 F 是孔隙度 ϕ 的函数。

$$F = \frac{R_0}{R_w} = \frac{a}{\phi^m} \tag{4-3-8}$$

对于含水饱和度小于 1 的纯砂岩（即在纯净砂岩的孔隙中除了水之外还有石油或天然气等其他类型的流体），其电阻率与同种砂岩在 100% 含水时的电阻率成正比，其比例系数称为电阻率指数或电阻率增大系数 I，I 是含水饱和度 S_w 的函数。

$$I = \frac{R_t}{R_0} = \frac{b}{S_w^n} \tag{4-3-9}$$

经典的阿奇公式没有考虑泥质对电阻率的影响，没有考虑不同物性储层 m、n 值可能不同，适合于纯的较均质的砂岩储层。在外观上，阿奇公式形式简单，参数少。

公式如下：

$$S_w = \sqrt[n]{\frac{abR_w}{\phi^m R_t}} \tag{4-3-10}$$

在内涵上，阿奇公式的特点为：（1）把岩石的电阻率表示成为了孔隙度、含水饱和度及孔隙流体电阻率的函数；（2）在已知孔隙度、胶结指数和饱和度指数的前提下，含水饱和度与岩层电阻率之间的关系是唯一的。

虽然阿奇公式影响深远，而且在岩石物理学和石油测井的发展中具有划时代的意义和里程碑式的作用，但是没有考虑泥质、淡水、低孔隙、非均匀几何参数分布（孔隙度、曲折度）、非均匀饱和度分布、各向异性以及参数 a 和 b 对岩石电阻率的贡献和隐藏在这些参数及因素后面的物理机制。因此，在应用阿奇公式时，必须注意有关的应用条件：①岩石中没有泥质，换句话说，岩石的骨架是绝缘体；②岩石的孔隙度在空间上的分布是均匀的；③岩石中所含流体的饱和度在空间上的分布是均匀的；④岩石中所含有的水不是淡水；⑤岩石的电学性质是各向同性的。

（4）苏里格地区阿奇模型参数确定：常规岩电变 m 值（$a=1$）。

通过对苏里格地区盒 8 段储层 31 块样品岩电资料的统计，采用变 m 指数计算方法，当 $a=1$ 时，$m=0.615\times\lg\phi+2.368$，相关系数为 0.98，如图 4-3-9 所示。

通过对苏里格地区山 1 段储层 15 块样品岩电资料的统计，采用变 m 指数计算方法，当 $a=1$ 时，$m=0.412\times\lg\phi+2.094$，相关系数为 0.98，如图 4-3-10 所示。

基于常规岩电实验，分别得到苏里格地区盒 8 段和山 1 段储层固定 m、n 和变 m 指数法的岩电参数值（表 4-3-1）。

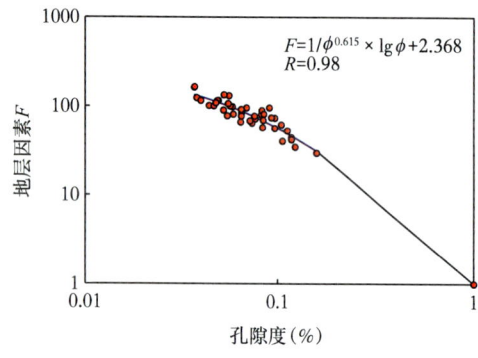
图 4-3-9 苏里格地区盒 8 段储层地层因素与孔隙度关系图（$a=1$）

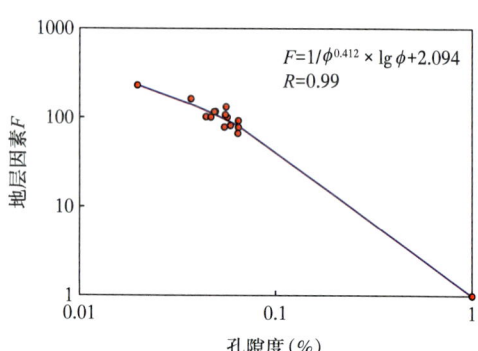
图 4-3-10 苏里格地区山 1 段储层地层因素与孔隙度关系图（$a=1$）

表 4-3-1 苏里格地区盒 8 段和山 1 段储层岩电参数统计表

地区	层位	分类	岩电参数			
			a	b	m	n
苏里格	盒 8	$a\neq1$	1.888	1.158	1.42	2.19
		$a=1$	1	1.158	$0.615\times\lg\phi+2.368$	2.19
	山 1	$a\neq1$	1256	1.221	1.47	1.47
		$a=1$	1	1.221	$0.412\times\lg\phi+2.094$	1.47

（5）水分析资料确定 R_w。

原始地层水电阻率采用地层水分析资料确定。一般认为，在一个不太长的井段内，地层水矿化度和电阻率基本保持不变，采用相同地层水电阻率进行解释。

上古生界一般采用压裂试气，地层测试初期产出的液体，大多数为压裂液等外部侵入水和地层水的混合体。为求得准确的地层水矿化度，选用试气周期较长、地层测试产水量较大、水型组分相对稳定、Cl^- 含量较高（一般大于 15000mg/L），且总矿化度与地层深度有较好正相关的地层水资料，求取地层水电阻率。

根据上述原则，选用 6 口井产水层（水型均为 $CaCl_2$）的水分析资料，求得本区盒 8、山 1 地层水平均矿化度为 42g/L，等效矿化度为 39.76g/L，对应地层水电阻率约为 $R_w=0.06\Omega\cdot m$。

根据变岩电参数计算出的含气饱和度精度更高，通过与密闭取心对比，绝对误差控制在 5% 以内，满足了探明储量提交饱和度计算精度要求。

3）气层含水特征分析

沉积盆地中，地层水的组成与盆地构造史、隆剥史、岩层压实作用等有关。综合分析多方面作用，盒 8 段储层水来源主要有：①生烃层与储层中的同沉积水；②压释水，主要来自上石盒子组和山西组及本身；③凝析水，盒 8 段气藏的地温较高（100~105℃），地层压力大，可转化为凝析水的水蒸气含量很大。苏里格气田试气出水井主要为气水同出，根据苏里格地区盒 8 段 30 口井的地层水水分析数据统计结果，苏里格地区地层水绝大多数为 $CaCl_2$ 型，地层水矿化度分布较低，平均值为 43.7g/L，最大值 79.12g/L，最小值只有 17g/L；根据苏里格地区山 1 段 19 口井的地层水水分析数据统计结果，地层水矿化度平均值为 47.9g/L，最大值 101g/L，最小值为 9g/L，如图 4-3-11 所示。

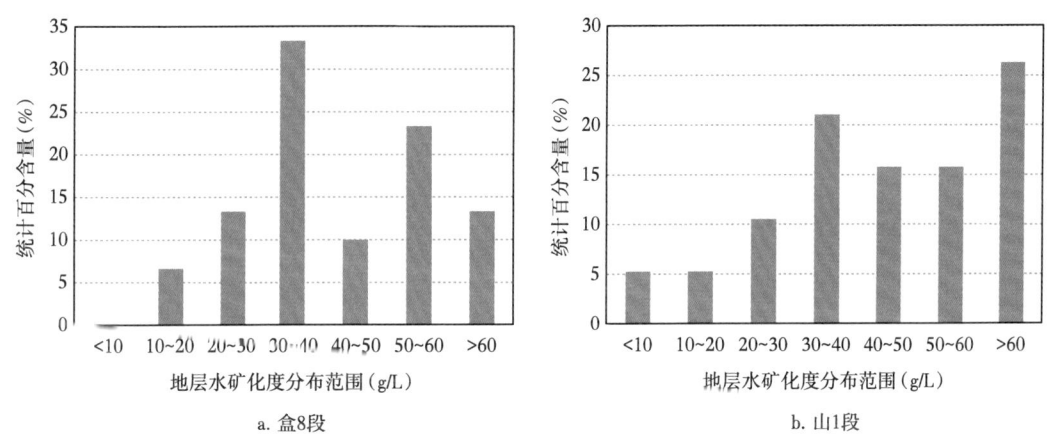

图 4-3-11　苏里格地区盒 8、山 1 段地层水矿化度分布统计直方图

苏里格地区在纵向上多层位产水，气、水层呈孤立状交叉分布，产水层段厚度较小，无统一的气水界面。山西组和石盒子组地层水在平面上主要集中在苏里格气田西北部，受到沉积微相控制比较明显，主要分布于河道沉积的翼部，在其他地区只有零星分布，产水井之间往往被产气井被分割，日产水量也相对较低。产水层段不受构造或海拔高程控制，倾向西南的区域平缓单斜构造高部位和低部位都是地层水相对富集区，储集单元内部气水分异不明显，平面上缺乏统一的气水分布边界。

对出水井的电阻率统计分析可知：苏里格地区盒 8 段出水井测井电阻率多数大于 20Ω·m，整体偏高（图 4-3-12），说明出水层电阻率受地层水矿化度、岩性影响大，对含气性的反映具有不确定性，气水识别难度大。

基于成藏特征，通过烃源岩、构造、储集特征等因素与气水分布关系的研究，明确低饱和度致密气储层出水的主控因素是高束缚水饱和度。

束缚水是指油藏形成时残余在孔隙中的水，原始条件下，它与油气共存且不参与流动。孔隙中的水可划分为黏土束缚水、毛管束缚水和自由水 3 类。其中黏土束缚水在储层压裂后仍然保持束缚状态，部分毛管束缚水在渗流条件得到改善，驱动压差大于毛管力时可释放为自由水。

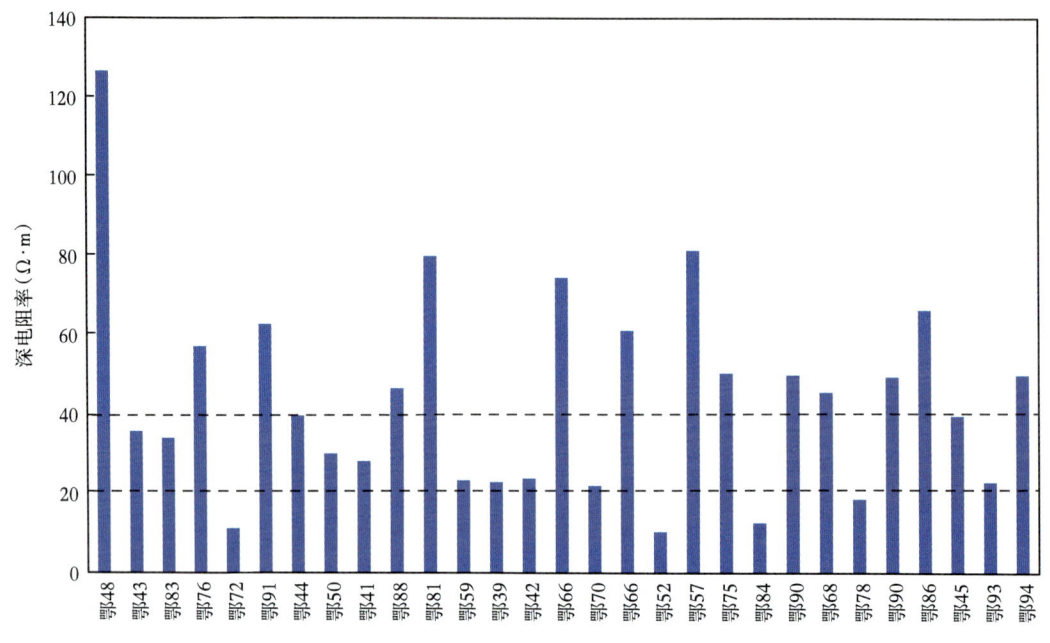

图 4-3-12 苏里格盒 8 段试气出水井电阻率直方图

地层水在储层孔隙中的产状，主要受孔隙大小、喉道及岩石颗粒表面的吸附所控制。结合苏里格气藏区域低幅度构造、储层微观孔隙结构复杂、石英砂岩储层较强亲水性特点和气水的相渗特征，依据其物理意义，将地层水产状划分为 3 类：①储层微孔隙发育造成的原状束缚水，包括亲水岩石颗粒表面的吸附水、微毛管中的水及孤立孔隙中的水，在相渗曲线上对应于水相渗透率为零的部分；②储层非均质性造成的毛管水，即受毛管力作用而滞留在小孔喉中的水；③气藏充注程度不足形成的滞留水，即存在于较大孔隙内的水。

一般说来，造成高束缚水饱和度的主要影响因素可以从其储层特征具体分析，主要表现在储层岩性差异、物性不同、孔隙结构复杂等导致束缚水饱和度增高。总体而言，宏观上天然气的富集程度受烃源岩的影响，但从储层特征分析也可看出，苏里格的气水分布也受储层物性和孔隙结构综合控制。

4）气水判识方法

（1）纵波时差差值法。

孔隙中含有天然气时，纵波速度降低，但对横波速度影响很小。1985 年 Castagna 等建立了饱和水的砂岩的纵横波速度符合下面的关系式：

$$v_p = 1.16 v_s + 1.36 \tag{4-3-11}$$

式中：v_p 为纵波速度，km/s；v_s 为横波速度，km/s。

当有纵横波测井资料时，根据式（4-3-11）可以计算得到饱和水时砂岩的纵波时差。当储层含有天然气时，测得的纵波时差比式（4-3-15）计算的结果大，两者之间的差值指示储层中天然气的存在。苏 97 井盒 8 段计算与实测纵波时差之间有明显差值，解释为气层，试气获井口产量 $3.1115 \times 10^4 \mathrm{m}^3/\mathrm{d}$（图 4-3-13）。

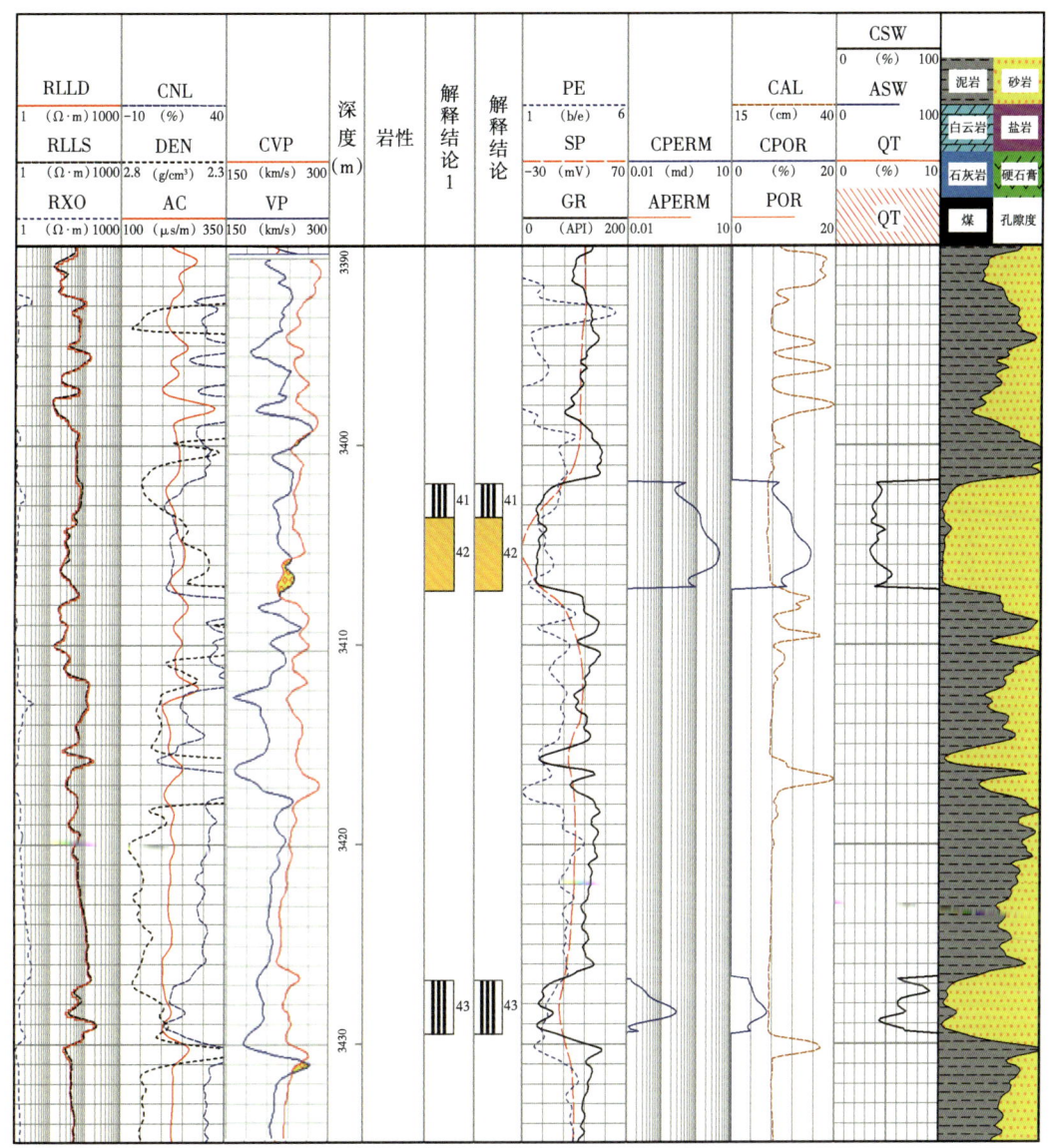

图 4-3-13　苏 97 井石盒子组盒 8 段测井解释成果图

（2）中子—密度视孔隙度交会法。

天然气的密度和含氢指数低，其性质明显不同于液态的油和水，中子测井同时存在挖掘效应。孔隙度和含气饱和度较高的气层，其冲洗带残余气饱和度也高，对各种孔隙度测井均有影响，中子—密度视孔隙度常呈明显镜像特征。孔隙度和含气饱和度较低的气层，其反映则不明显。因此，对于孔隙度和含气饱和度较高的气层，可采用中子—密度测井重叠方法快速识别气层。图 4-3-14 为苏 72 井盒 8 段中子—密度重叠快速识别气层实例，在 3254~3266m 层段，中子、密度孔隙度测井曲线明显镜像分异，指示储层含气性较好，该层经负压射孔获初产 $16.1115\times10^4 m^3/d$。图 4-3-15 为苏里格西部地区 19 口井 56 个层点密度—中子视孔隙度差值（$\phi_D-\phi_N$，%）与深侧向电阻率（R_{LLD}，$\Omega\cdot m$）的交会图，大部分气层 $\phi_D-\phi_N \geqslant 0$，图版符合率为 91.07%。

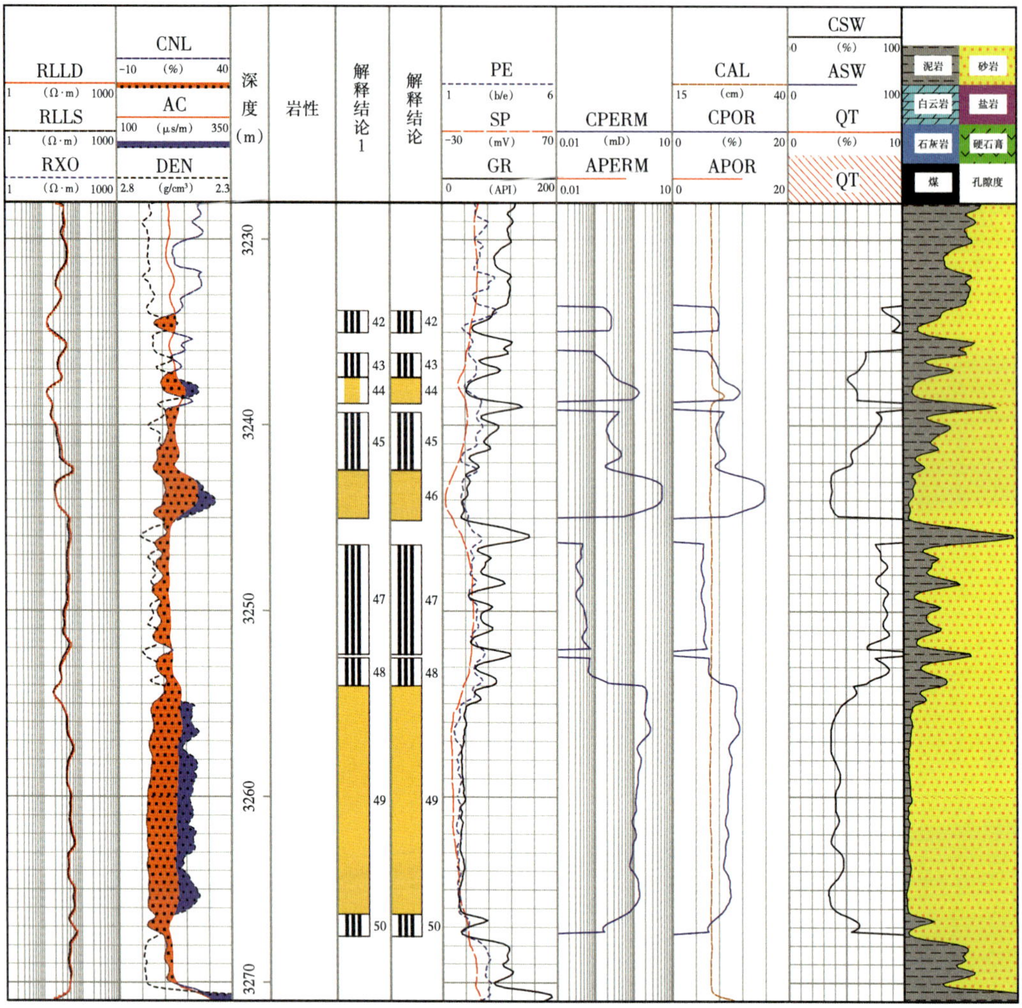

图 4-3-14 苏 72 井石盒子组盒 8 段测井解释成果图

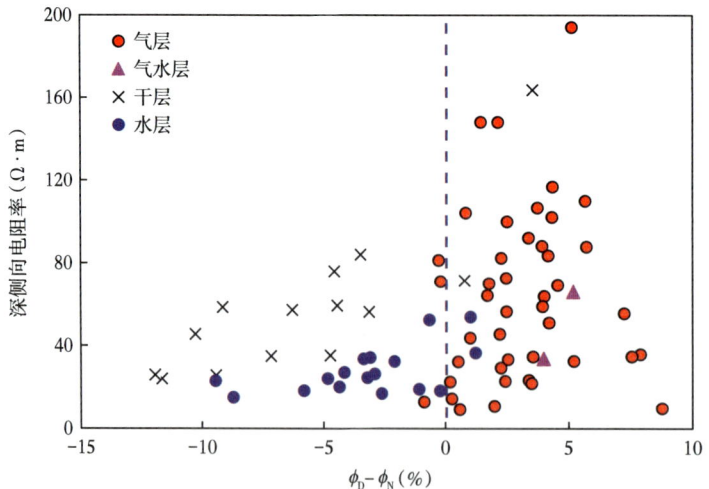

图 4-3-15 苏里格气田密度—中子视孔隙度差值与深侧向电阻率的交会图

（3）侵入分析与感应—侧向联合解释法。

高分辨率感应测井通过软聚焦技术，消除了钻井液侵入和围岩对地层电阻率测量值的影响，得到的原状地层电阻率精度较高，同时反演的侵入剖面也反映了储层渗透性的好坏和储层的流体性质。在淡水钻井液侵入高矿化度水地层条件下，一般在气层段会出现明显的减阻侵入特征，在水层段会出现增阻侵入特征。对于物性较好的典型气层和水层，高分辨率感应测井的这一特征比较明显。对于渗透性较差的气水层识别问题，利用感应—侧向联合测井取得了好的效果。针对苏里格西部高低阻气层并存，气、水关系复杂的特点，采用了双侧向—高分辨率感应联测技术。由于侧向、感应测井测量原理不同，侧向相当于电路中各导电地层串联，而感应相当于并联，这样淡水钻井液侵入水层和气层后对其测量值的影响有很大不同。在水层，侵入带内形成高侵电阻率剖面，由于侧向测井受侵入带高阻部分影响大，测量值比实际地层电阻率值成倍增高，钻井液越淡，侧向测井值越高。而感应测井也反映高侵，但由于是并联分流，深感应测井受高侵侵入带的影响相对较小，测量值增幅不大。

因此，在淡水钻井液条件下，对于水层，受侵入影响不同，侧向测井值比感应测井值高更多，其比值（R_{LLD}/R_{ILD}）应大于气层比值。故可以用侧向—感应联合解释，以识别受岩性和钻井液侵入影响的部分高阻水层与低阻气层。

利用苏里格气田西区 27 口井 67 个试气层点的资料建立了双侧向—高分辨率感应联合识别气水层的图版（图 4-3-16），应用效果较好。

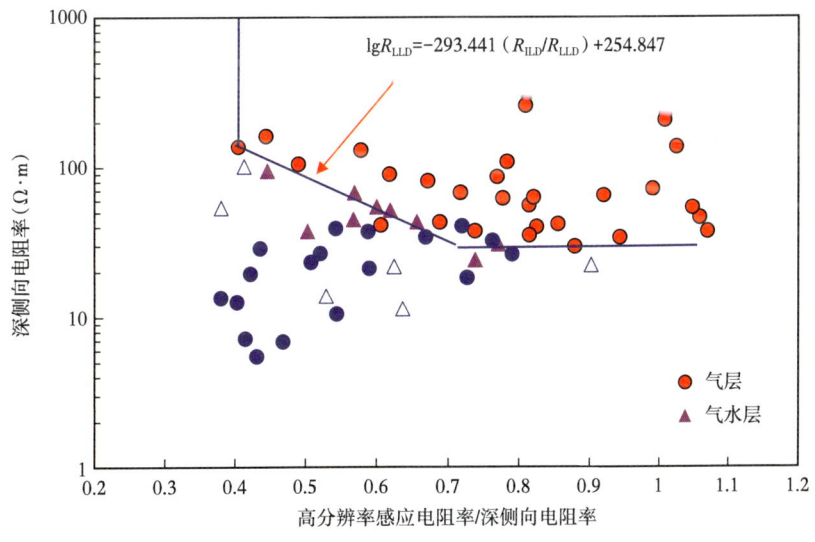

图 4-3-16　苏里格气田西区盒 8 段侧向—感应联合识别气水层图版

（4）致密气层产水率分级评价技术。

产水率，指油气田在开采时，产水量在总流体产量中所占百分比，是一个与油气田开发情况紧密相关的动态参数。研究区测井解释气水层，但试气产水率差异较大，对射孔层段和试气方案的制定影响很大，因此计算准确的产水率至关重要。利用常规物性构建伪毛管压力曲线，基于分形理论转化为气水相渗曲线，进而采用神经元非线性函数建立了基于相渗的产水率评价模型。

①基于相渗的非线性函数的产水率模型。

对于气、水共渗体系，由达西定律可知，地层产水率可近似表示为气水相对渗透率的函数，而气水相对渗透率是气藏含水饱和度的函数，所以产水率也就是含水饱和度的函数。

基于达西定律的地层产水率计算公式为：

$$F_w = \frac{Q_w}{Q_g + Q_w} = \frac{1}{1 + \frac{K_{rg}}{K_{rw}} \times \frac{\mu_w}{\mu_o}} \quad (4-3-12)$$

$$K_{rg} = f(S_w), K_{rw} = f(S_w) \quad (4-3-13)$$

由式（4-3-12）、式（4-3-13）可得：

$$\frac{K_{rg}}{K_{rw}} = f(S_w) = ae^{-bS_w} \quad (4-3-14)$$

$$f_w = \frac{1}{1 + \frac{\mu_w}{\mu_g} \times a \times e^{b \times \lg\left(\frac{1}{1-S_w}\right)}} \quad (4-3-15)$$

式中：Q_w 为产水量，m^3；Q_g 为产气量，km^3；K_{rg} 为气相渗透率，mD；K_{rw} 为气相渗透率，mD；μ_w 为水的黏度，Pa·s；μ_o 为液态天然气的黏度，Pa·s；a、b 为系数。

利用神经元非线性 Sigmoid 函数的突变性质建立含水率—含水饱和度关系。

根据式（4-3-15）计算的 F_w 与 S_w 关系与岩心实验分析的产水率—饱和度关系进行刻度，可以得到系数 a 和系数 b，得到最终的研究区块的产水率评价计算模型：

$$f_w = \frac{1}{1 + 0.5 \times 237.93 \times e^{-11.5694 \times \lg\left(\frac{1}{1-S_w}\right)}} \quad (4-3-16)$$

图 4-3-17 为计算产水率与含水饱和度关系模型图。

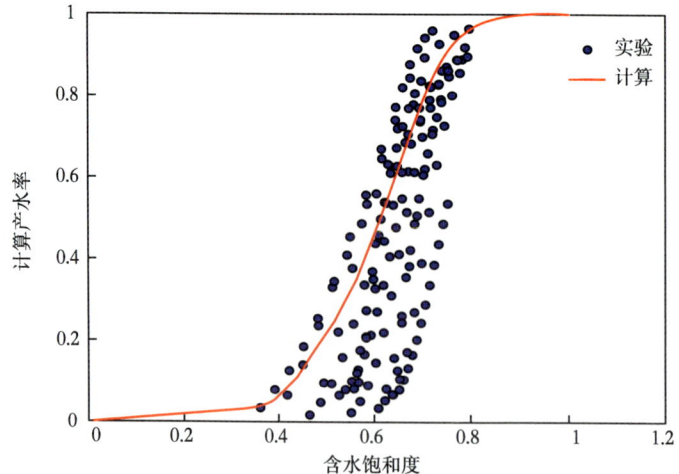

图 4-3-17　计算产水率与含水饱和度关系模型图

②建立产水率分级评价标准。

根据产水率定量计算模型,制定了分级评价标准,如图4-3-18和表4-3-2所示,当$F_w \leqslant 20\%$,$S_w \leqslant 50\%$时,解释为气层;当$20\% < F_w \leqslant 50\%$,$50\% < S_w \leqslant 60\%$时,解释为一类气水同层;当$50\% < F_w \leqslant 80\%$,$60\% < S_w \leqslant 70\%$时,解释为二类气水同层;当$F_w > 80\%$,$S_w > 70\%$时,解释为含气水层或水层。

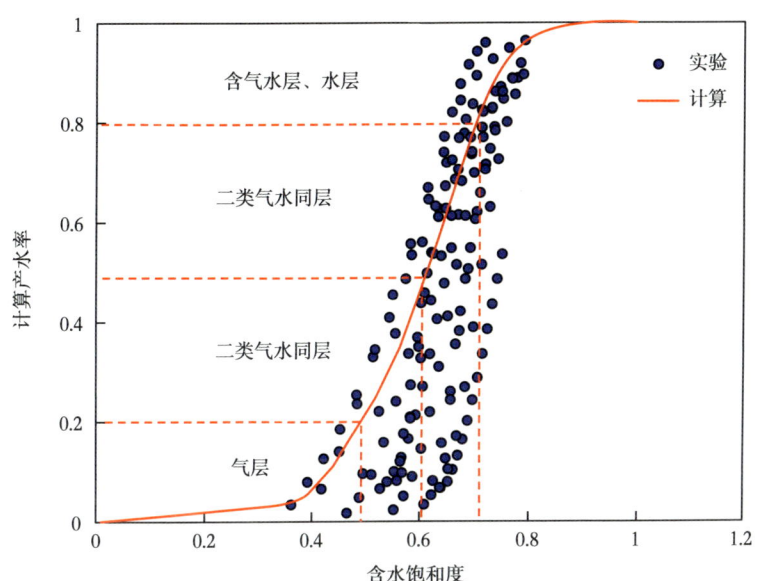

图4-3-18 基于含水饱和度的产水率分级图

表4-3-2 低饱和度致密气储层产水率分级评价标准

解释结论	产水率(%)	含水饱和度(%)
气层	≤20	≤50
一类气水同层	20~50	50~60
二类气水同层	50~80	60~70
含气水层、水层	>80	>70

4.应用效果分析

苏里格气田上古生界石盒子组和山西组致密砂岩储层具有岩性控制物性、物性控制含气性的基本特点,岩性和孔隙结构是影响含气性的主要因素;石英砂岩的孔隙结构、含气性和试气效果明显好于岩屑砂岩;岩性识别和孔隙结构分析在气层测井解释中具有主导作用,是测井气层识别和评价的关键;分区、分层、分岩性建立测井解释模型和图版标准是提高解释效果的基本思路;加强核磁共振、成像及阵列声波测井资料在物性、含气性及有效性判识方面的应用是提高测井解释精度的有效手段,开展气水层测井产水率分级评价可以为射孔段优选及施工参数优化提供准确依据。

对苏54-22-82C2井盒8下—山1段采用感应—侧向联合识别气水层图版(图4-3-19)进行综合解释评价。评价结果显示,盒8段气层电阻率、感应/侧向参数点(绿色点)在图版气层区域，而下部山西组层点（棕色）在含水区域。试气获井口产量 $4.4597\times10^4\text{m}^3/\text{d}$，无阻流量 $21.8324\times10^4\text{m}^3/\text{d}$，产水 $0.5\text{m}^3/\text{d}$，试气结果显示与解释结论相符（图 4-3-20）。

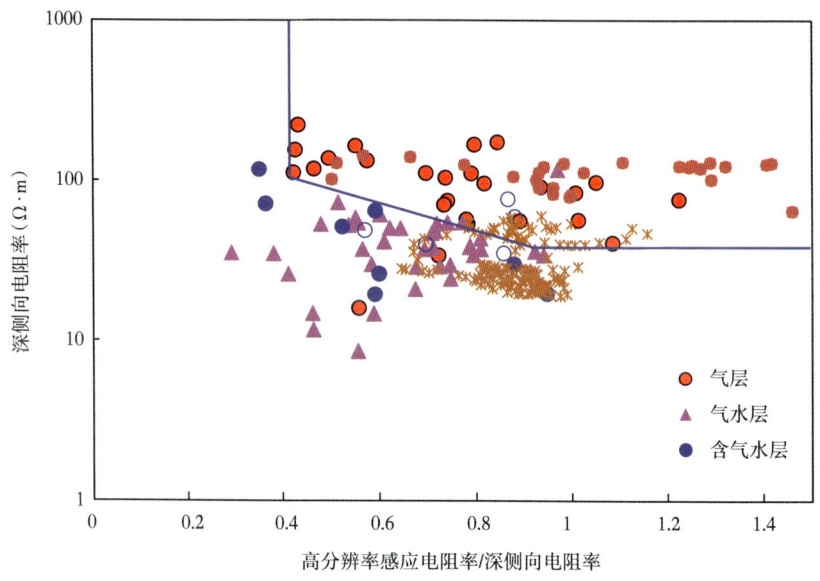

图 4-3-19　苏里格西区盒 8 段感应—侧向联合识别气水层图版

5. 结论及建议

（1）苏里格气田盒 8、山 1 段砂岩有效储层主要为中—粗粒石英砂岩，孔隙类型主要为岩屑、杂基溶孔；储层致密化的主要因素为压实作用和泥质、钙质、硅质等对孔隙的充填胶结，其中泥质岩屑或陆源杂基含量高是导致储层物性变差的最普遍因素。

（2）基于配套岩石物理实验，分层系建立了变岩电参数的阿奇公式含气饱和度定量计算模型，为储量提交提供了重要技术支持。

（3）在天然气测井响应机理研究的基础上，提出了交会图版法、视弹性模量系数法、密度—中子视孔隙度镜像特征法、侵入分析法、气测综合分析法等气水层综合判识技术，气水层识别符合率达到 85% 以上；侧向—感应联测是识别低阻气水层的有效手段。

（4）以储层产水率评价为核心，基于配套压汞及气水相渗实验，采用神经元非线性 Sigmoid 函数构建了低饱和度致密气层非线性产水率评价模型，建立了产水率分级评价标准，有效提高了试气方案的针对性。

二、伊陕斜坡靖边气田奥陶系碳酸盐岩气藏测井评价

1. 地质背景

鄂尔多斯盆地是一个多旋回演化、多沉积类型的大型沉积盆地。早古生代以来，加里东运动使鄂尔多斯地块抬升为陆，遭受 1.3 亿年的风化淋滤剥蚀，形成下古生界奥陶系岩溶地貌和碳酸盐岩岩溶孔型储层。鄂尔多斯盆地下古生界奥陶系从下至上分布着不同类型的碳酸盐岩储层。盆地本部的奥陶系可划分为 3 个成藏组合：马五$_1$—马五$_4$ 为上部成藏组合；马五$_5$—马五$_{10}$ 为中部成藏组合，储层主要为白云岩晶间孔储层，圈闭类型以岩性圈闭为主；马四为下部成藏组合，储层主要为白云岩晶间孔储层，圈闭条件与中部成藏组合相近。

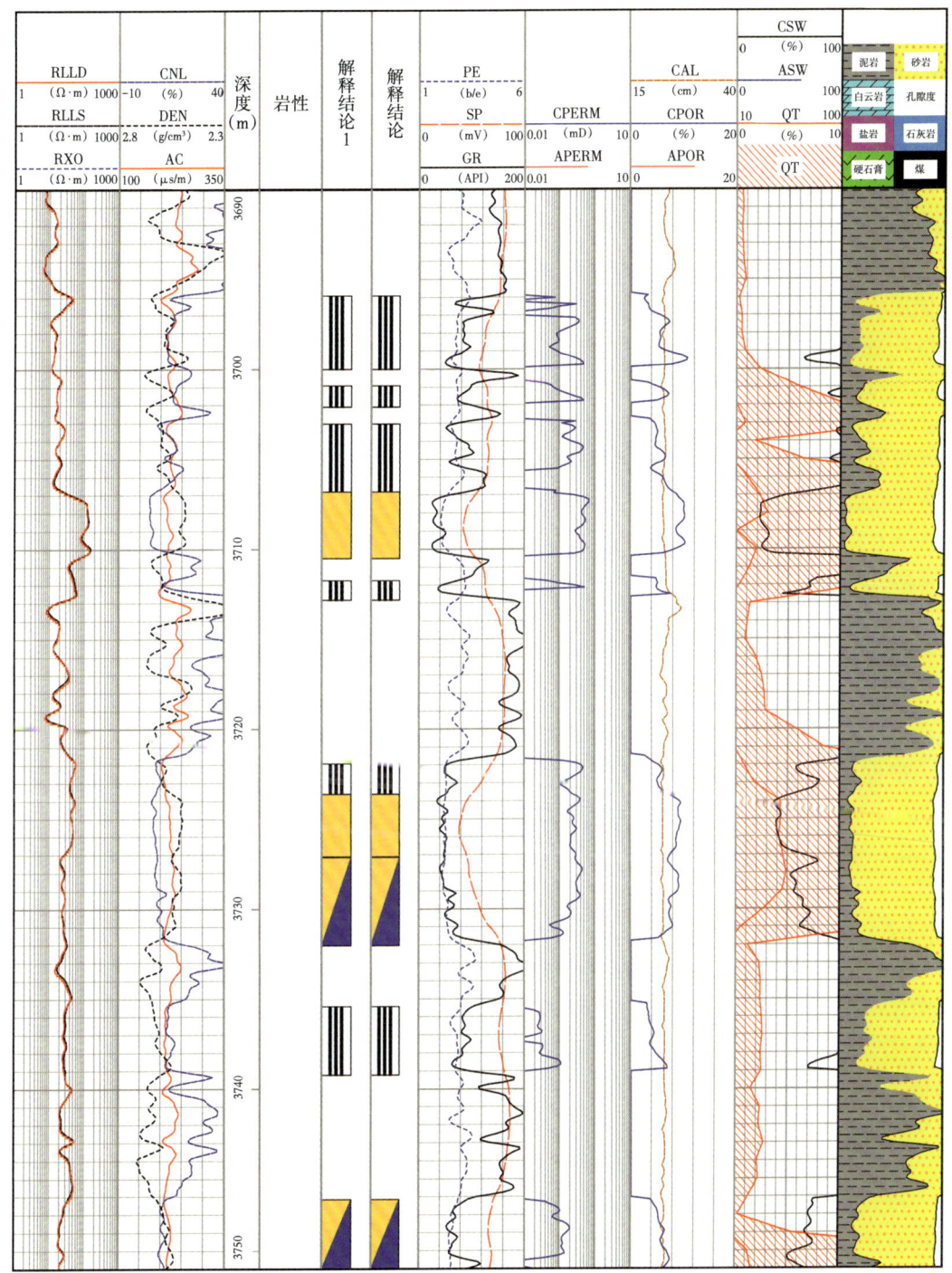

图 4-3-20 苏 54-22-82C2 井盒 8 下—山 1 段测井解释成果图

靖边气田位于内蒙古自治区乌审旗、鄂托克前旗和陕西省榆林市、延安市境内，区域构造隶属鄂尔多斯盆地伊陕斜坡中部。地层自下而上可划分为马一、马二至马六等 6 个岩性段，其中马一、三、五段以白云岩、膏盐为主，马二、四、六段以石灰岩为主，马六段在盆地内分布局限。马家沟组马五$_{1+2}$ 段岩性主要为细粉晶白云岩，其次为泥晶云岩和粒屑白云岩，储层孔隙类型以溶孔为主，其次为晶间孔、膏模孔，此外还有少量晶间溶孔、粒内孔。储层孔隙度主要分布在1.5%~9.5%之间，平均为5.1%；渗透率主要分布在0.01~5.0mD之间，平均为1.678mD。气藏压力系数为0.83~1.01，天然气甲烷含量平均在95%以上，为低含硫干气。气藏为古地貌（地层）—岩性复合圈闭，有效储层分布受岩性和古地貌双重控制，非均质性较强。气藏无边底水，属定容弹性驱动气藏。

2. 存在问题

随着盆地勘探程度的加深，储层地质情况变得更为复杂。受构造背景、沉积及成岩等因素的影响，该区储层储集类型更加复杂，非均质性强，溶蚀孔洞次生充填不一，有效储层控制因素比较复杂，主要体现在：（1）孔隙空间多样，储层类型判识难；（2）孔洞缝配置关系复杂，储层有效性评价难；（3）不同区域溶蚀和充填程度差异大，流体性质识别难度大；（4）非均质性强，储层参数定量计算难。

3. 测井评价技术

针对靖边气田碳酸盐岩储层解释评价难点，以微电阻率成像精细处理解释为基础，开展岩溶风化壳储层与滩相致密白云岩储层成像测井解释模式研究。在此基础上，基于微电阻率成像测井孔隙谱，建立两类碳酸盐岩储层的成像测井产能分级评价方法。针对碳酸盐岩气藏高低阻气层并存、气水关系复杂的难点，采取多种方法建立复杂气水层综合识别技术。

1）储层特征

（1）储集岩性及物性。

马五$_{1+2}$储层的储集岩有细粉晶白云岩、泥晶白云岩、粒屑白云岩、含灰白云岩和灰质白云岩等，其中结构较粗的细粉晶白云岩是其主要储集岩。

根据靖边气田49口井的物性分析资料统计结果，马五$_{1+2}$储层孔隙度主要分布在2.5%~7.8%之间，平均为5.2%，最大15.3%；渗透率主要分布在0.1~10.4mD之间，平均为1.81mD，最大146.74mD。马五$_{1+2}$储层内部马五$_1$的物性条件相对较好，其中又以马五$_1^3$小层最好。

（2）储集空间及储集类型。

白云岩储层的储集空间包括孔隙和裂缝两大类。裂缝主要起沟通孔隙的作用，对提高储层的渗滤能力有重要意义。孔隙按其发育特征和成因可分为3类：溶蚀孔、晶间孔及铸模孔。溶蚀孔在岩心柱面上呈斑状、蜂窝状分布，占岩心柱面的15%~30%；晶间孔呈多边形或不规则状零星分布，占岩心柱面的3%~9%；铸模孔多呈条、板状成层带分布，占岩心柱面的0.1%~3%。

奥陶系上部成藏组合碳酸盐岩储层的储集空间主要有溶蚀孔洞、晶间孔及晶间溶孔、微裂孔、微裂隙、构造缝和层间缝等。溶蚀孔洞是由易溶石膏和岩盐的粉屑和结核团块溶蚀而成，成层分布，或近裂缝处发育。晶间孔主要指白云岩晶粒之间的孔隙，在晶间孔基础上溶蚀扩大形成的孔隙为晶间溶孔，在碳酸盐岩储层中发育普遍。微裂孔是在微裂隙末端被溶蚀扩大形成的溶孔和微裂隙半充填形成串珠状孔隙。微裂隙是以宽度为0.1~0.2mm的水平或垂直裂隙，局部成树枝或网格状裂缝系统。上述类型为碳酸盐岩储层的主要储集空间，马五$_1$—马五$_2$段普遍发育。依据上述储集空间，将奥陶系碳酸盐岩储层划分为3种类型：裂缝—溶蚀孔洞型、孔隙型和裂缝—微孔型。3类储层在压汞曲线特征上及其孔渗关系上有显著差异。

2)"四性"关系

（1）电性特征。

靖边气田奥陶系碳酸盐岩地层横向分布区域广，纵向上不同矿物成分组成不同岩性，孔洞缝配置关系复杂，导致其电性响应特征各不相同（表4-3-3）。

表4-3-3 高桥地区下古储层不同岩性测井识别特征表

岩性 曲线	石灰岩	白云岩	致密 白云岩	晶间孔 白云岩	斑溶孔 白云岩	晶间溶孔 白云岩	灰质 白云岩	硬石膏	石膏	盐岩
P_e（b/e）	5.08	3.14	3.0~3.3	3.0~3.3	3.0~3.3	3.0~3.3	3.34	5.06	3.42	4.17
AC（μs/m）	156	145~180	≤155	155~162	>160	175	145~155	164	171	220
DEN（g/cm³）	2.71	2.68~2.85	>2.8	2.7~2.8	≤2.74	≤2.64	2.71~2.85	>2.87	2.35	2.03
CNL（%）	0	5左右	<5	<6	>5	6.5	>1.0	−2	49	−2

凝灰质泥岩或云质泥岩均以高自然伽马（>50API）、高声波时差值（>180μs/m）、高补偿中子、低密度、低电阻率、低P_e（光电截面积吸收指数）和局部井眼扩大为特征。

石灰岩、灰质云岩以低声波时差（155μs/m左右）、低自然伽马、高电阻率和高P_e值（5b/e左右）为特征。

硬石膏和膏质云岩以高密度（2.9g/cm³左右）为主要特征，配合高电阻、低自然伽马。

白云岩为主要的储集岩类，低自然伽马、低P_e（3b/e左右）。其中致密白云岩可以低声波时差（145~155μs/m）和高密度值（2.8g/cm³）区别于孔洞型白云岩的声波时差（155~170μs/m）和密度值（2.7g/cm³左右）。

深侧向电阻率值在反映储层含气性的同时，受到岩性、裂缝及钻井液侵入的综合影响，孔、缝系统的白云岩储层孔隙结构复杂、组合多样，采用声波时差和深侧向电阻率的组合可以较好地区分气层好坏。马五$_{1+2}$气层一般深侧向电阻率在100~300Ω·m，声波时差大于160μs/m，如图4-3-21所示。马五$_4$储层由于孔隙结构较马五$_{1+2}$储层孔隙结构复杂，孔隙度相同时束缚水饱和度约偏高10%。该气层电阻率低于200Ω·m，声波时差可达到170~180μs/m。

（2）物性与电性的关系。

马五$_1$层有4个白云岩层，溶蚀孔洞、晶间孔发育，并伴有微细裂隙连通，物性好。声波时差与孔隙度有很好的响应关系，一般在155~170μs/m。密度测井局部受井径的影响，但总体上也反映了地层的孔隙性，一般在2.60~2.75 g/cm³。石灰岩标定后的补偿中子孔隙度一般为4%~10%。

马五$_{2-3}$储层以泥—细粉晶云岩为主，少见溶蚀孔洞，晶间孔和微裂隙为主要的储集空间。低时差、高密度、高电阻率为本层的主要特征。对于好的储层，由于裂缝发育，通常井眼扩径，导致密度明显降低，声波时差偏高。

马五$_4$储层为细粉晶斑溶孔洞白云岩，大孔小喉，连通性差。电性特点为低自然伽马（<20API）、低密度（2.55~2.74g/cm³）、低电阻率。

（3）含气性与岩性、物性的关系。

岩性控制物性，物性控制含油气性，这是岩性油气藏的一般特点。靖边潜台东马五$_{1+2}$气藏也符合这一基本规律。马五$_{1+2}$气藏含气饱和度一般在70%~85%之间。相同物性的储层，如果孔隙结构不同，则含气饱和度也有差异。如果较大的孔隙之间有微裂缝沟通，则储集性能可大幅度改善。

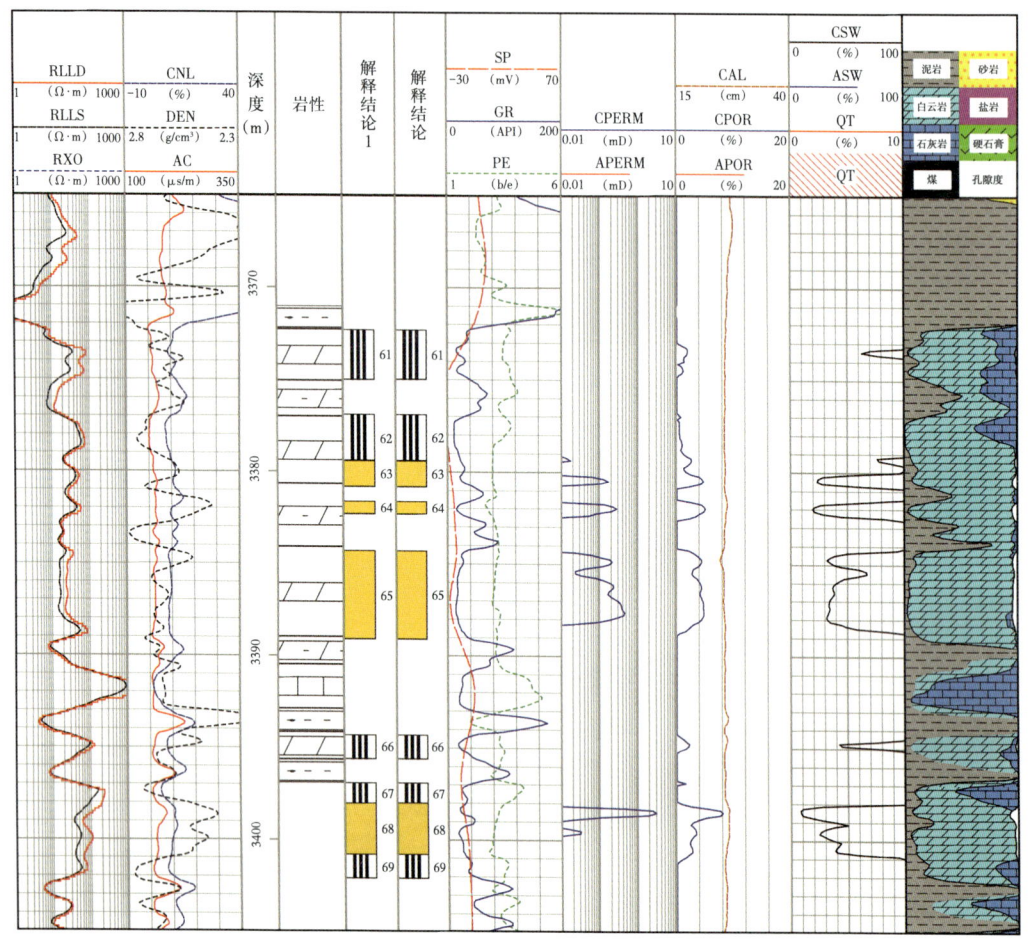

图4-3-21 陕227井马五$_{1+2}$白云岩储层四性关系图

3）碳酸盐岩储层成像测井解释模式

（1）岩溶风化壳储层成像测井地质模式。

奥陶系顶部碳酸盐岩是由大气淡水淋滤带和潜流带形成的溶缝、溶洞及晶间孔等多种孔隙类型组成的储集体。

储集岩类为泥—细粉晶云岩；储集空间以溶蚀孔洞和裂缝为主，其次为晶间孔；储层类型主要为裂缝—溶蚀孔洞型、孔隙型和裂缝—微孔型。碳酸盐岩储层在横向上可划分为岩溶台地—岩溶阶地—岩溶洼地。

在纵向上可分为上下两带，从上至下分别为垂直淋滤岩溶带和水平潜流岩溶带。垂直淋滤带的地表水向下沿裂缝或断层垂直渗流，对碳酸盐岩进行溶蚀而形成垂向分布的溶缝、溶孔和落水洞，这些孔洞里往往被后期的填隙物（泥、淡水白云石、方解石晶体、角砾）充填或半充填，这种岩溶具有未充填或含泥的溶缝和溶孔、含泥小型溶洞、角砾岩等典型的地质特征。

孔、洞、缝常被钻井液或泥质充填，具有较好的导电性，在电阻率成像图上表现为暗斑、暗点和暗线特征。垂直淋滤带的成像测井模式为不规则组合的垂直暗线模式。

在地下潜流面附近，淡水以水平方向流动为主，对碳酸盐岩进行溶蚀后形成水平方向的大型溶蚀孔洞、地下洞穴及暗河等，这种岩溶带的地质特征为：开放的溶洞、再沉积的泥岩及垮塌的角砾岩等。水平潜流岩溶带的成像测井模式为不规则的暗斑、暗点和暗线模式。碳酸盐岩储层上部覆盖着后期沉积的铁铝质黏土与铝土矿，是岩溶储层的盖层，成像测井上呈现为单一暗块模式。碳酸盐岩储层成像模式的划分为碳酸盐岩储层的成像测井解释奠定了基础。

碳酸盐岩储层的沉积相带具有如下典型特征：

①残积带：位于古碳酸盐岩顶部侵蚀面上。侵蚀面凹凸不平，起伏较大。整体上，碳酸盐岩残积层成像测井特征表现为暗—亮—暗组合，暗色部分是铁铝质泥岩，亮色部分是铝土矿。成像测井资料上明显可见与下伏马家沟组白云岩的不整合侵蚀面。

②渗流带：位于侵蚀面之下，分布于碳酸盐岩的顶部。大气淡水在该带以垂直高速沿裂缝向下渗流溶蚀为主，裂缝和溶蚀孔洞十分发育，可形成裂缝型、溶蚀孔洞—裂缝型储层。成像测井资料上可见垂直淋滤缝及溶蚀孔洞，淋滤缝垂向延伸且分叉较多，向下逐渐变细，直至消失。

③潜流带：位于垂直渗流带之下，为水平流动带，岩溶水受压力梯度控制并沿水平方向流动，以层流为主。溶蚀形成水平方向的溶蚀孔洞层。成像测井资料上可见近似水平方向延伸的溶蚀孔缝，是水平潜流岩溶带最典型特征。

在成像测井解释模式的基础上，系统建立了碳酸盐岩储层不同沉积相带典型成像测井图版（图4-3-22），为成像测井的地质应用奠定了坚实的基础，为利用沉积相带综合预测储层产能提供了可能。

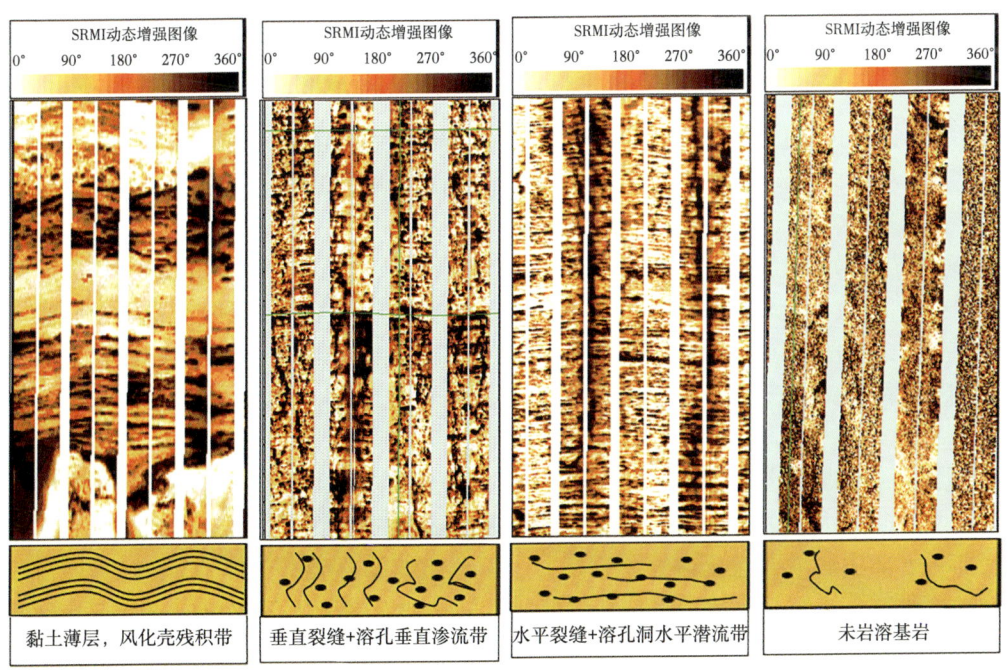

图4-3-22 上组合碳酸盐岩储层典型特征图像

（2）滩相白云岩储层成像测井地质模式。

与风化壳储层相比，古隆起东侧奥陶系中部成藏组合在成像测井资料上（图4-3-23）有如下特点：第一，成层性好，地层倾角接近于0°，反映中部成藏组合马五₅是在开阔台地环境下沉积的。第二，无渗流带特征。虽然有垂直裂缝发育，但不具备淋滤缝的特征，淋滤缝不发育。图像上有很多暗斑、暗片，但却不是溶蚀孔洞的特征。取心也显示中部成藏组合溶蚀孔洞并不发育。溶蚀孔洞形成的物质基础来说，上部成藏组合风化壳储层是硬石膏结核溶解形成的溶模孔，在图像上有相对规则的暗斑特征，而中部成藏组合马五₅不具备类似于风化壳储层大型溶蚀孔洞形成的物质基础，成像测井溶蚀孔洞特征不明显。第三，有明显的水体能量差异指示和清晰的沉积旋回，且同一期旋回表现为逆粒序。

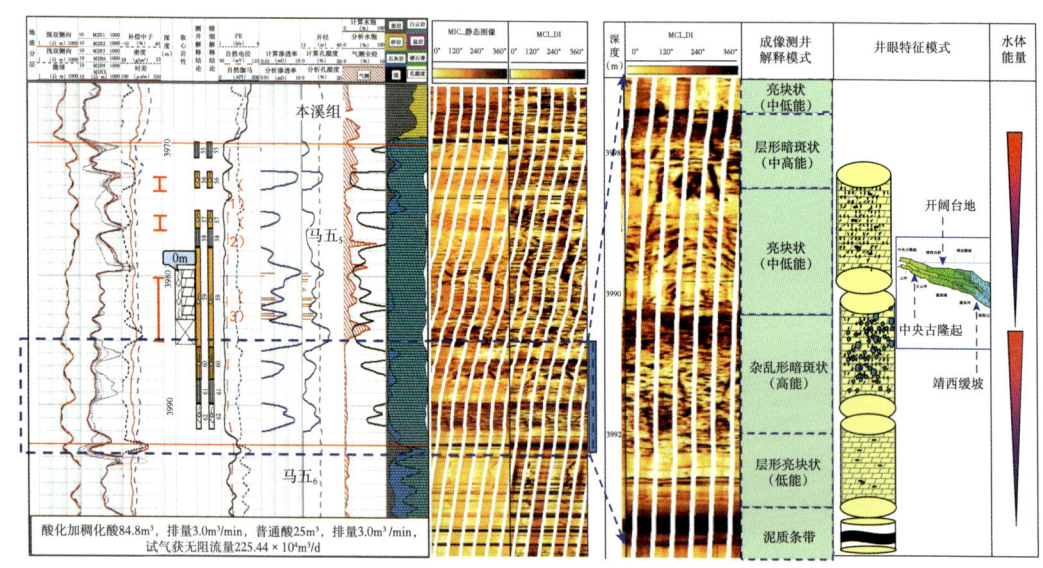

图4-3-23　奥陶系中组合碳酸盐岩储层典型特征图像（苏345井）

岩石特性及成像测井表明，上部成藏组合与中部成藏组合是完全不同的两种储层类型，存在两种不同的测井解释模式。上部成藏组合是典型的风化壳储层，盆地古隆起东坡中组合马五₅储层具有开阔台地滩相特征。

滩相储层有如下特征：①岩石以沉积颗粒岩为特征（颗粒含量大于50%的碳酸盐岩叫颗粒岩），颗粒含量较高，成分以砂屑和鲕粒为主。岩石类型主要有亮晶砂屑云岩、亮晶鲕粒灰岩，少量砾屑、生屑。②垂向剖面上发育向上变浅和向上变粗的逆粒序沉积序列。③随着颗粒滩生长，单滩体间歇暴露，并接受大气淡水和混合水淋溶，改造成优质储层。

根据国内外滩相储层的解释理论和方法，综合鄂尔多斯盆地实际情况和已有的地质研究成果，提出并建立了中部成藏组合台地滩相储层的成像测井解释模式。这一解释模式也是和上部成藏组合对比建立起来的。上部成藏组合主要是识别孔洞缝的发育情况，但中部成藏组合图像上溶蚀孔洞特征已经找不到规律，图像上的暗斑暗点并非溶蚀孔洞的特征，而是颗粒滩体沉积时水体能量的客观反映。依据滩相储层的解释方法，将中部成藏组合图像分为杂乱暗斑状、层形暗斑状、面包型亮块状和层形亮块状，对应的水体能量依次由高到低。

由上部成藏组合到中部成藏组合，成像测井解释模式实现了一个转变，由上部成藏组合以识别孔、洞、缝为主的孔隙空间判别方式转变到中部成藏组合以识别沉积环境主的储层结构判别方式，在中部成藏组合储层类型判识和有效性评价方面取得了较好的效果。

在成像测井解释模式的基础上，系统建立了中部成藏组合颗粒滩相储层的成像测井解释图版（图4-3-24），为利用成像测井解释中组合滩相储层的有效性奠定了基础。

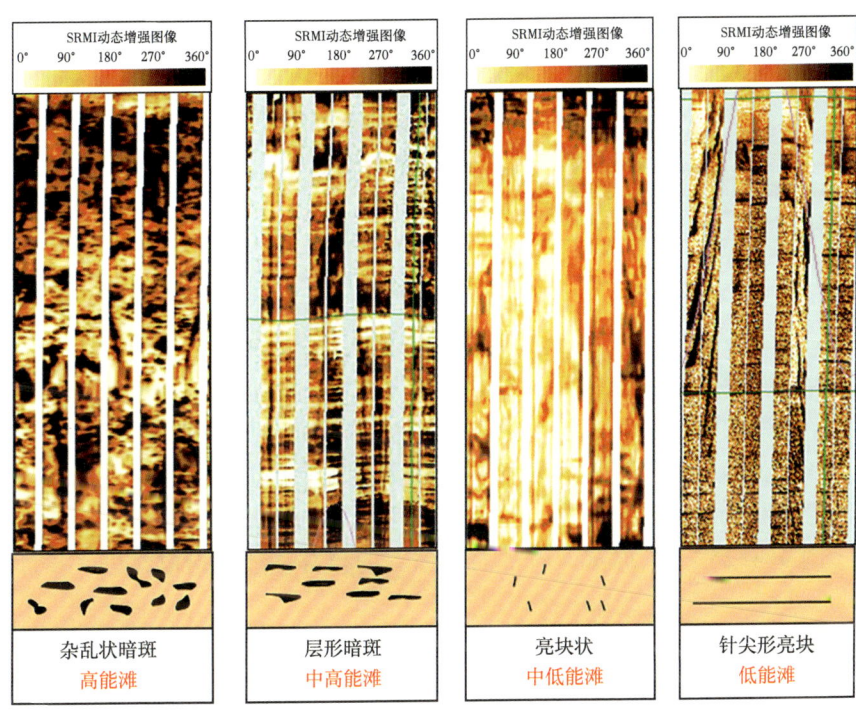

图4-3-24　鄂尔多斯盆地中部成藏组合颗粒滩相储层典型特征图像

4）碳酸盐岩储层有效性评价

常规测井可以用声波时差和密度求得储层孔隙度。这种方法将储层等效为一定范围内的均质性储层，无法表征孔隙的分布和非均质性，更无法评价储层的渗透性和连通性。而碳酸盐岩储层的特殊性在于：由于后期溶蚀作用，大多发育有多种孔隙系统，孔洞缝配置关系复杂。对于同样大小的孔隙度，不同类型的储层表现出迥然不同的渗透性，甚至可以相差几个数量级（图4-3-25）。

孔洞缝的搭配关系对碳酸盐岩储层的产能具有决定性作用，成像测井的孔隙频谱分析方法为表征孔隙配置关系以及次生孔隙的定量评价提供了有效手段。利用阿奇公式可将FMI电导率图像转变为孔隙度图像。用此方法计算出的孔隙度，能较好地反映孔隙尺寸大小的变化，一般孔隙度值高，就说明视孔隙尺寸大。同时，不同孔径的孔隙值的分布，可分为不同的百分比（20%，40%，60%，80%），将孔隙度频率值转变为图像，同样可方便地看出孔隙的分布：频率越高，密度越大，对孔隙度的贡献也就越大。

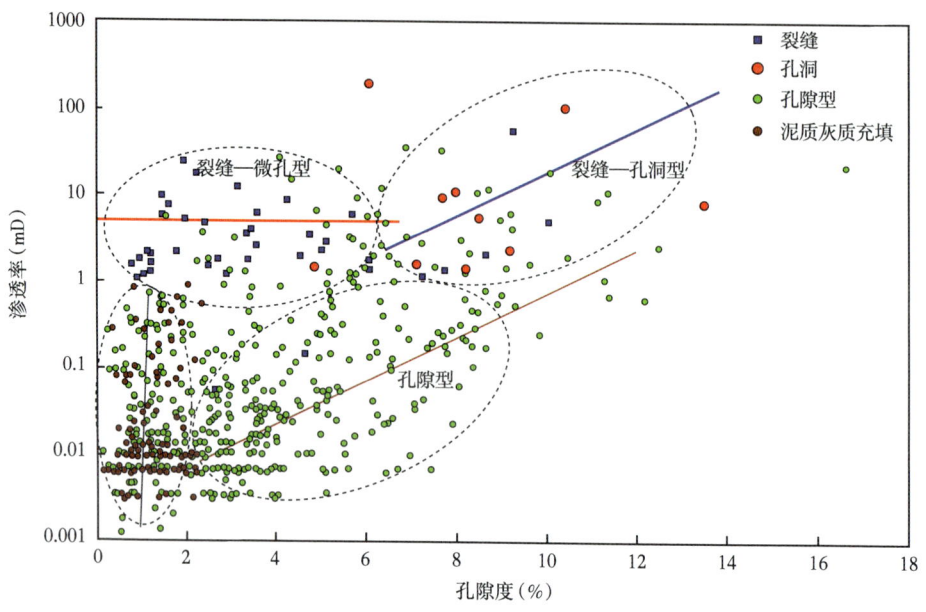

图 4-3-25　岩心分析表征的储层有效性关系

成像测井表征渗透性的原理是，钻井液侵入不同的渗透区，在成像上表现为不同的电阻率特征。渗透率较高的孔洞发育区在 FMI 图像上为高导异常体，多为分散的暗色斑点状或串珠状，而致密低渗透区在图像上表现为亮块或亮斑状特征，利用图像处理技术将电阻率图像转化为视孔隙度图像，并可计算出平均孔隙度和不同比例的次生孔隙度等多种参数（图 4-3-26）。依据图像特征对图像上的异常体进行拾取，进一步计算次生孔隙发育情况。

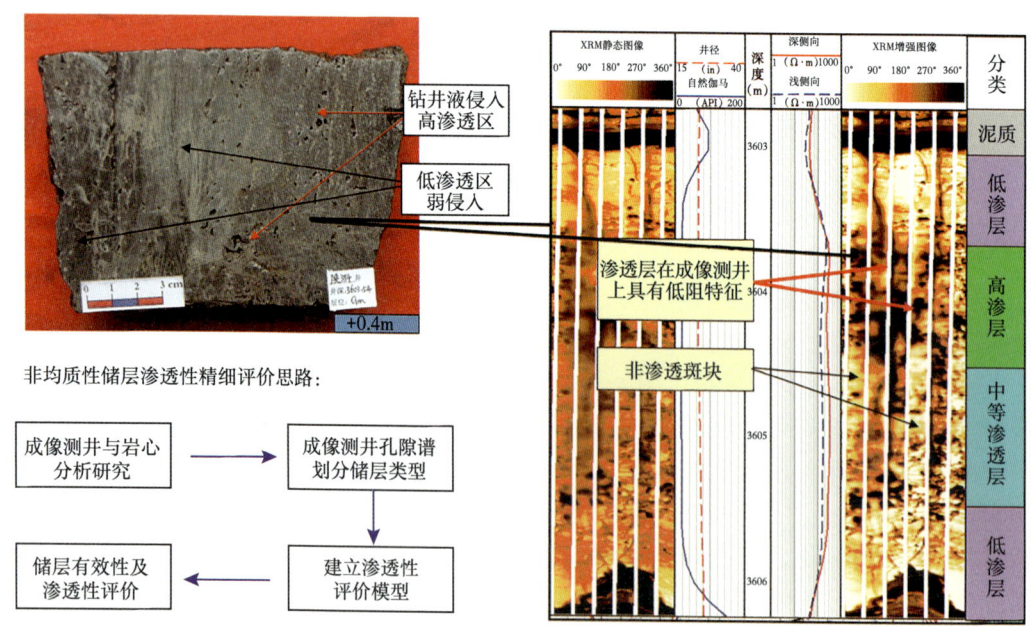

图 4-3-26　陕 384 井马五$_1^3$段成像测井图

频谱分布图的宽窄反映非均质性的强弱：若处理出的频率分布图只有一个峰，说明孔隙分布单一或仅发育原生孔隙；若谱带分布宽，说明非均质性强，孔隙空间包含了不同大小孔隙的分布。谱带位置的前后反映了孔隙的大小以及储集性能的强弱。谱峰位置越靠前，说明小孔隙所占的比例越高，谱峰位置越靠后，说明大孔隙或洞缝所占的比例越高，储集性能越好（图4-3-27）。

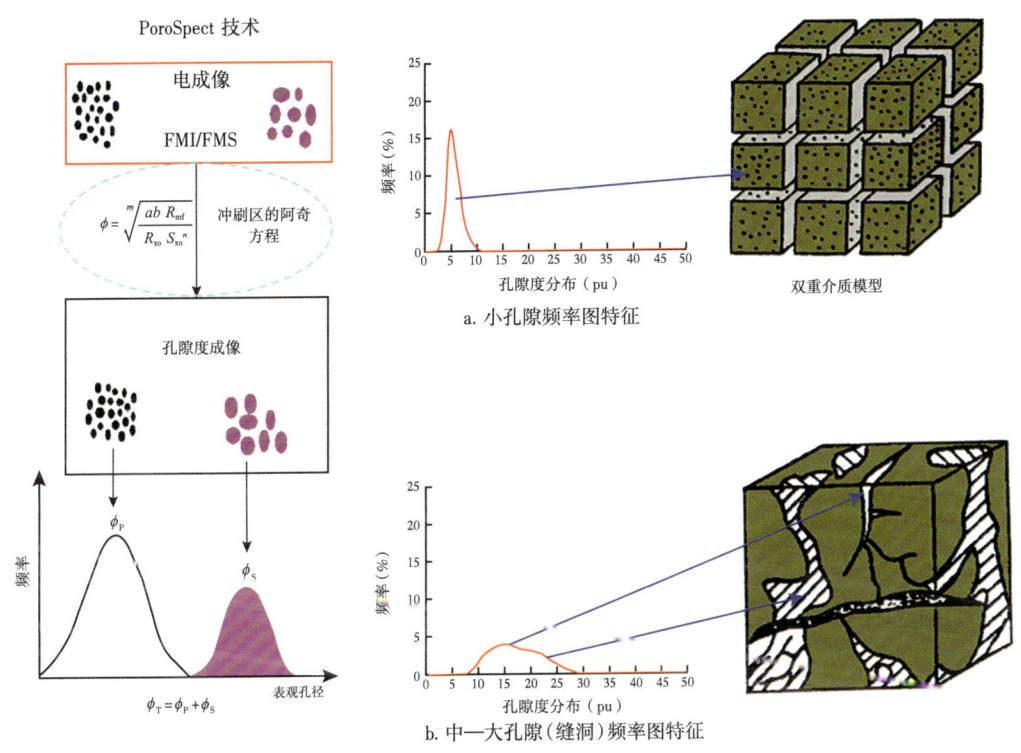

图4-3-27 孔洞频谱定量表征孔洞缝配置关系示意图

孔隙频谱能够反映储层连通性和渗透性，主要原因在于孔洞缝的合理搭配决定着储层的连通性。单一孔隙度储层的连通性远不及多种孔隙共存储层的连通性。

根据孔隙谱分布原理，可以对成像测井的孔隙谱分解为微孔、中孔和洞（缝）。3种孔隙对渗透率的贡献各不相同，微孔和中孔的渗透性主要受孔隙度均值控制。孔隙度均值越大，谱越靠后，渗透性越好；而洞缝储层的渗透性主要受洞缝发育程度控制，洞缝越发育且搭配好，孔隙连通性好，渗透率高；根据岩石物理实验和全直径岩心的标定，可以得到成像测井三孔隙分类的储层渗透性评价模型：

$$K = c \times \phi^4 \times \left(\frac{\text{poro3}}{\text{poro1} + \text{poro2}} \right)^2 \quad (4\text{-}3\text{-}17)$$

式中：K为渗透性评价模型，mD；poro1为微孔三孔隙分布，%；poro2为中孔三孔隙分布，%；poro3为洞（缝）三孔隙分布，%；c为常数。

利用这一模型对新完钻的碳酸盐岩储层进行了系统评价，取得较好效果（图4-3-28）。

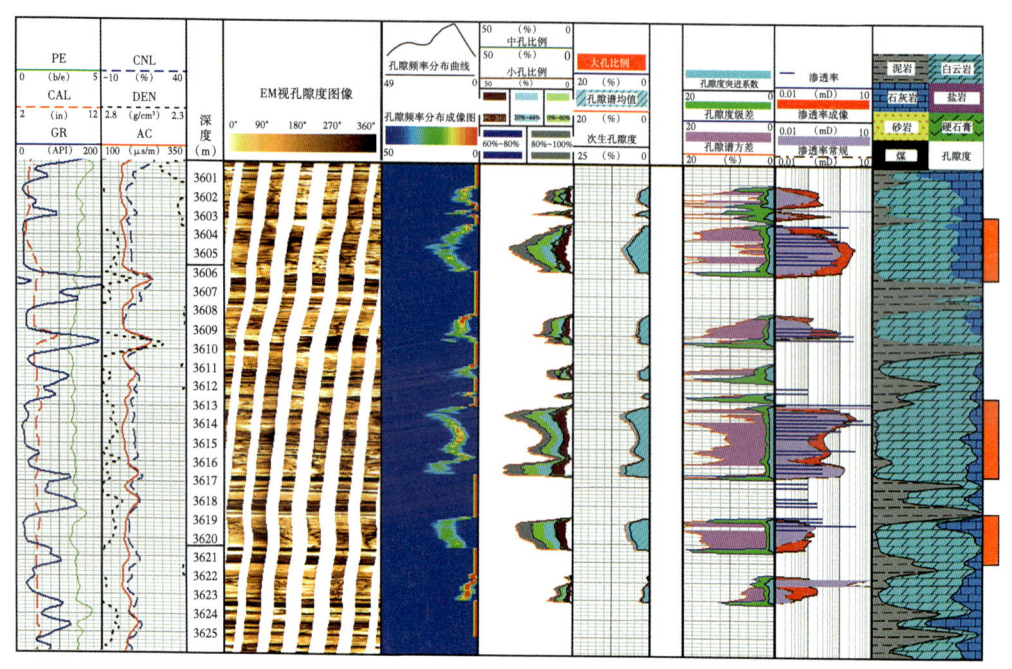

图 4-3-28　陕 384 井储层有效性评价成果图

从孔隙谱可以看出，马五$_1^3$、马五$_1^{2}$和马五$_1^{3}$次生孔隙发育，电成像孔隙分类渗透率与岩心分析渗透率吻合好，表明电成像孔隙谱渗透率具有较高的精度。常规测井也可以通过总孔隙度计算得到渗透率，但这种计算结果基本依赖于岩心刻度。而成像测井对图像的分析人为控制因素少，纵向上趋势明显，可比性强。重要的是，孔隙谱可以得到井周的孔隙突变系数，孔隙度级差系数，孔隙度均值和孔隙度方差，其中用孔隙度均值和方差交会形成的储层有效性判别模板，具有划分和识别碳酸盐岩储层产能的功能（图 4-3-29）。

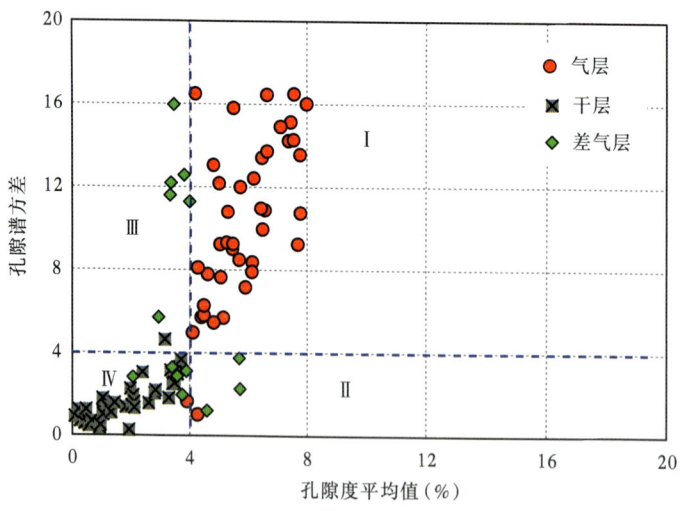

图 4-3-29　陕 384 井孔隙谱均值与方差交会图

孔隙谱均值代表了储层储集性能的强弱，均值越大，储集性能越好；孔隙谱方差代表了储层的非均质性，孔隙谱方差越大，表示储层大小孔隙分布范围宽，储层的渗透性好。

对气层、差气层、干层的孔隙谱均值和方差作交会图，交会数据点可以分为4个区。

若孔隙谱均值和方差的交会点在Ⅰ区占有一定比例，表明孔洞缝发育，搭配好，储集能力和连通性能均较好，可获得高产，表现为自然主导产能，如陕384、陕356、陕319等井。从构造位置看，古岩溶斜坡是天然气分布最广的地貌单元。在岩溶斜坡带中，古岩溶台地、古岩溶残丘处于古岩溶水的经流带，溶蚀作用强烈，储层充填程度低，储层有效厚度大，物性好，横向稳定，且与古岩溶斜坡上古沟槽岩溶盆地的古谷地紧邻，具有丰富的天然气源和有利的运移通道（天然气以侧向运移为主）。

若交会点在Ⅱ区占有一定比例，同时落在一区的数据点较少，表明孔隙发育，裂缝不太发育，储集性能较好，在酸化和压裂改造下，可获得中高产，表现为酸化主导产能，例如陕331井（图4-3-30）。

若交会点大部分落在Ⅲ区，孔隙度差，连通性好，中低产，压裂主导产能，例如陕401、陕289、陕455、米32等井。

若大部分点落在Ⅳ区，表明孔隙度差，连通性也差，低产或干层，如陕315、陕363、陕346、陕348、苏352等井。

以陕331井为例，从成像测井可以看出，马五$_1^1$、马五$_1^2$和马五$_1^3$的次生孔隙相对发育。孔隙谱交会图落在Ⅱ区（图4-3-31），表明孔隙相对发育，而裂缝不太发育。对该三段进行射孔，射孔井段为马五$_1^1$（3527~3529m）、马五$_1^2$（3532~3535m）、马五$_1^3$（3539~3541m），交联酸压裂，加陶粒22.6m³，排量3.0m³/min，砂比22.3%，伴注液氮，试气获$5.6389×10^4$m³/d（无阻）。

5）流体识别方法

碳酸盐岩储层发育有裂缝、溶孔、溶洞等储集空间，造成了储层基质孔隙度低、各向异性和非均质性等特点，给储层流体类型的识别带来了相当的大难度。

（1）交会图法。

交会图法是利用单层试气资料的测井参数进行交会来识别气层和非气层的一种经验方法。具体是以单层试气结果为依据，作对应层段测井参数交会图，得到气层的各种测井及解释参数限值。图4-3-32为靖西某井碳酸盐储层气水识别交会图应用实例。从声波时差—深侧向电阻率交会图可以看出，气层的电阻率下限并不是一个定值，而是随声波时差（孔隙度）增大呈下降的趋势，二者之间表现为一个函数关系，这是次生孔和微孔隙发育的储层在测井响应上的一个突出特点。

（2）声波气检测法。

纵横波时差与岩石物理学参数之间有着紧密的关系，岩石的剪切模量与岩石体积密度和横波速度呈正相关关系（与横波时差呈负相关关系），而与岩石孔隙中的流体类型无关，岩石的体积密度可间接地反映地层流体性质。不同岩性，其剪切模量值也各不相同。声波检测法的基本的原理是：纵波速度对气的敏感性较高，少量的气就可以使纵波速度明显降低；横波速度对气不敏感，地层含气仅使横波速度略低，因此地层含气会使纵横波速度比下降。孔隙流体的体积模量与孔隙中流体性质有关，当地层中流体为气水两相流动时，流体体积模量的变化主要取决于储层含气饱和度和含水饱和度大小。天然气的体积模量和水的体积模量都为常数。当岩石只含气水两相时，岩石孔隙中流体体积模量可以看成是由气和水的体积模量组成。若实际测量的纵波时差与计算的气层理论纵波时差值接近，储层可判别为气层；若实际测量的纵波时差与计算的水层理论纵波时差值接近，储层可判别为水层。图 4-3-33 为靖西碳酸盐声波时差法气水识别实例。

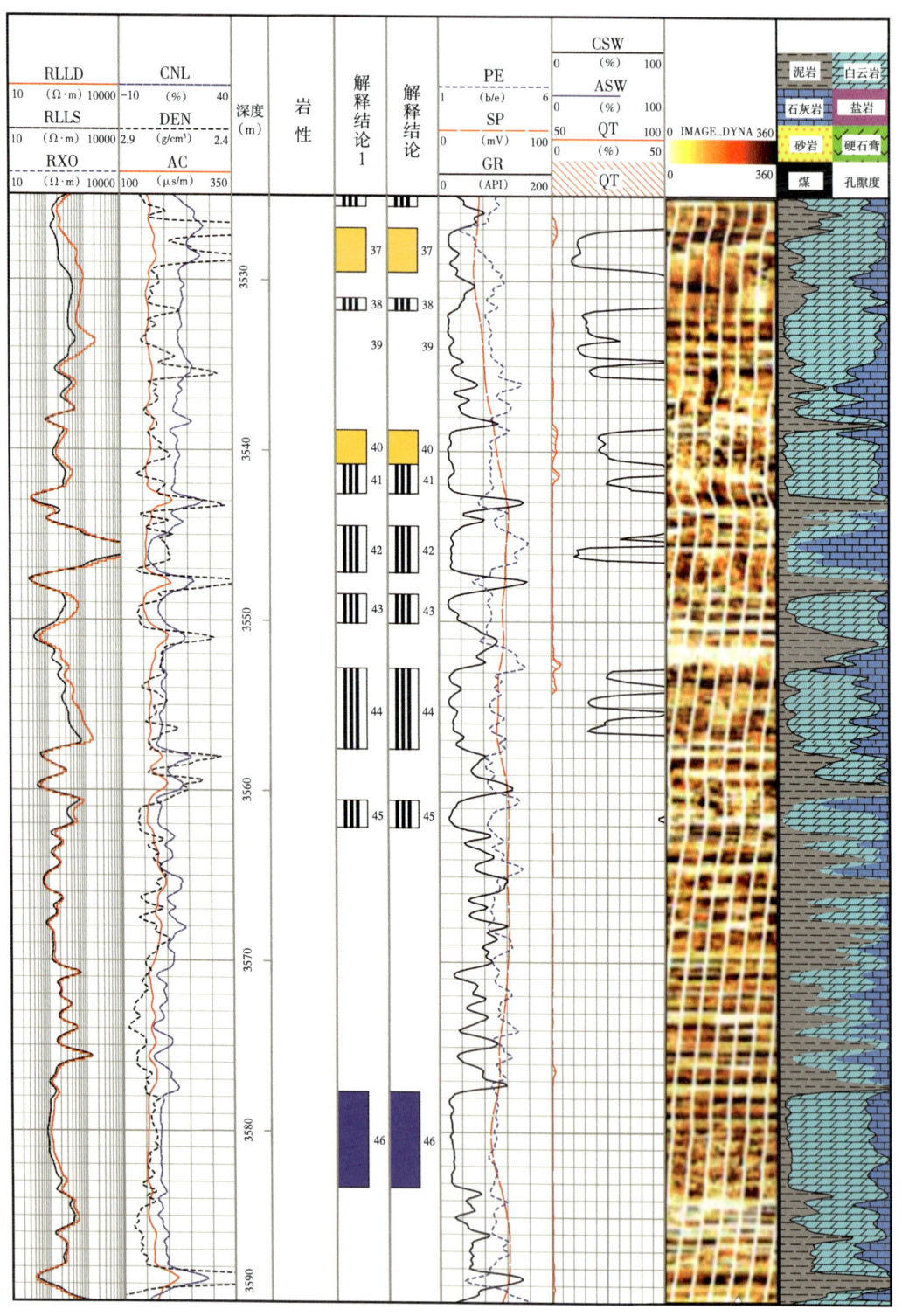

图 4-3-30　陕 331 井储层有效性评价成果图

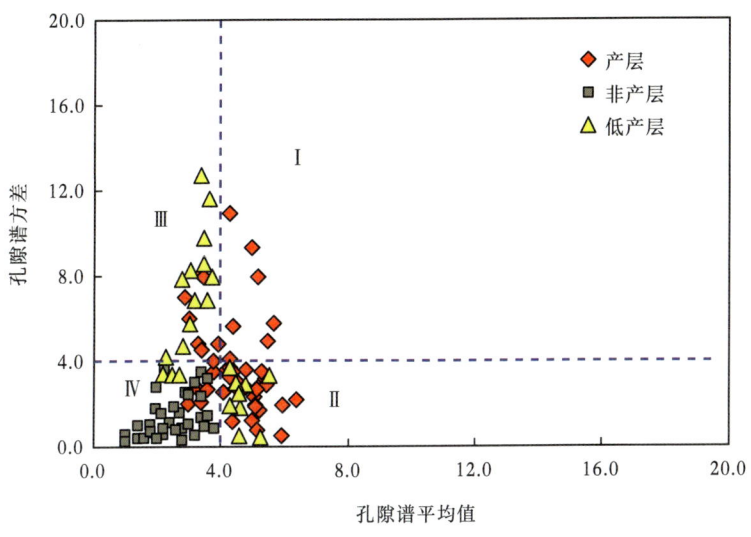

图 4-3-31 陕 331 井孔隙谱均值与方差交会图

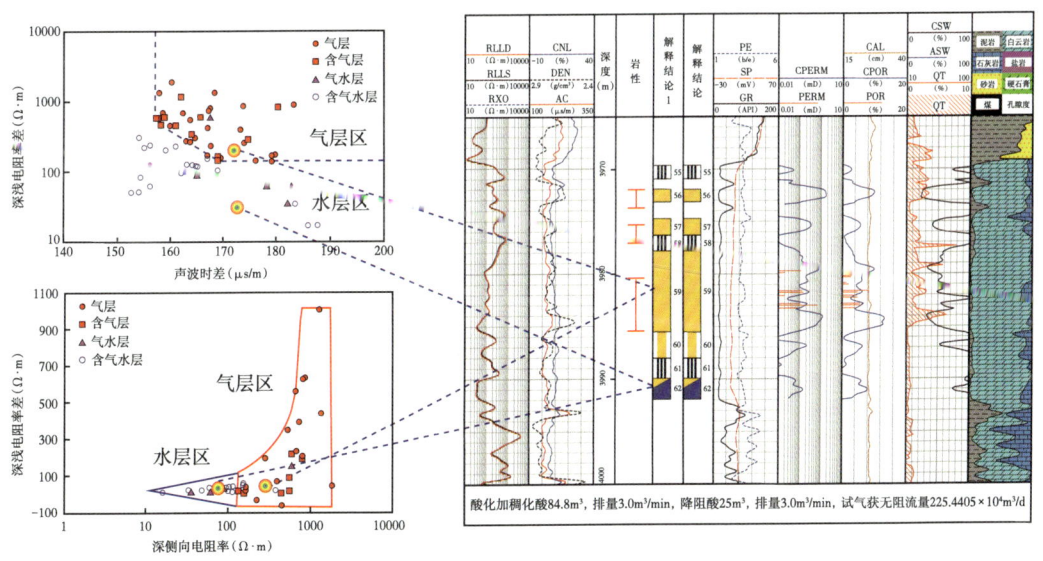

图 4-3-32 靖西某井碳酸盐储层气水识别交会图应用实例

（3）视地层水电阻率频谱法。

电成像测井资料是一种电性测井测量资料，后期经浅侧向电阻率测井资料刻度后，成像资料也应可以用来有效识别流体性质。与孔隙度分布的计算类似，对于给定的图像框，根据孔隙度可以计算出视地层水电阻率的分布。根据相应的计算方法，可以把图像电阻率数值转换为视地层水电阻率数值。这样在给定长度的窗口内，所有的像素点都可以计算出一个视地层水电阻率值，对电阻率的数值进行直方图频率统计，即可生成视地层水频率分布曲线。根据该曲线，可以了解该窗口对应的地层中视地层水电阻率大小的分布情况。视地层水电阻率频率分布曲线与核磁共振测井 T_2 谱相似。对于水层而言，其电阻率测井数值相对于气层而言较低，所以在成像资料上其颜色较气层的要暗一些。在视地层水电阻率分布图上其主峰向左偏离。对于气层而言，由于其视地层水电阻率值较大,所以其主峰值将偏向右边(图4-3-34)。

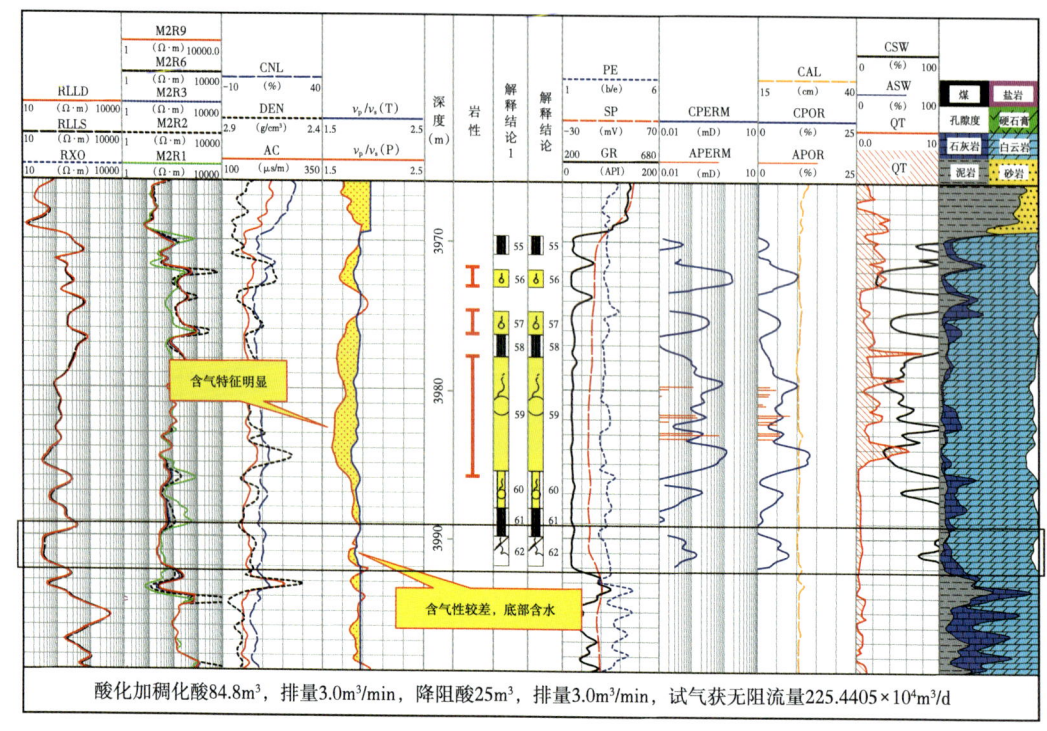

图 4-3-33　靖西碳酸盐声波时差法气水识别实例

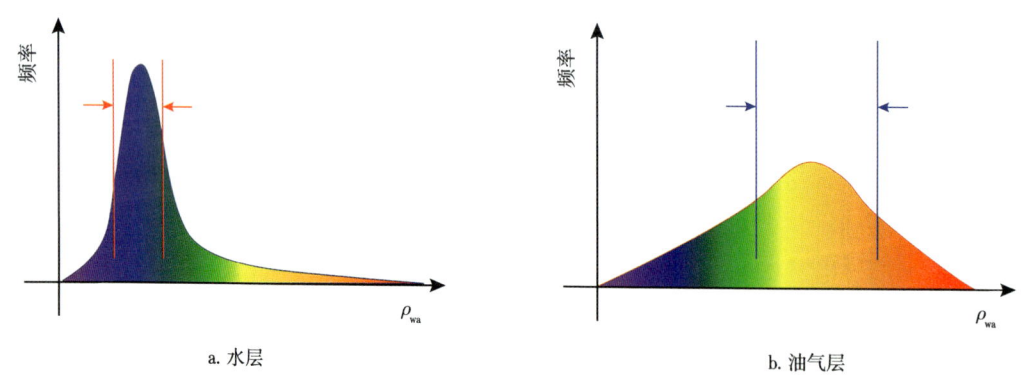

图 4-3-34　水层和油气层 R_{wa} 分布频谱示意图

视地层水电阻率计算方法根据阿奇公式:

$$R_{wa}=R_{xo}\times\phi^m \qquad (4\text{-}3\text{-}18)$$

对于成像测井的每个电极:

$$R_{wai}=R_{xoi}\times\phi_i^m \qquad (4\text{-}3\text{-}19)$$

式中:R_{wa} 为视地层水电阻率,Ω·m。

统9马五$_4^1$段储层地层水电阻率谱宽,整体向大的方向偏移,综合常规测井资料解释为气层,试气获 $56.69\times10^4\text{m}^3/\text{d}$ 工业气流(图4-3-35)。

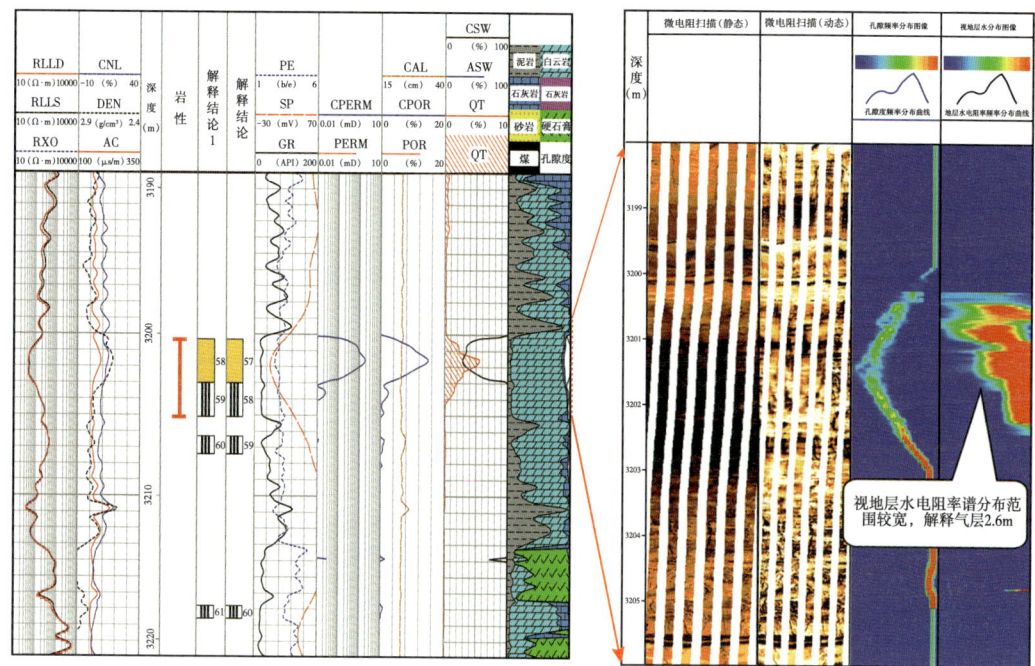

图 4-3-35 统 9 井测井解释成果图

4. 应用效果

鄂尔多斯盆地致密碳酸盐岩储层地质情况复杂，南北、东西成岩相、溶蚀程度及充填程度差异大，孔洞缝的配置关系复杂，储层的有效性判识和气层识别是测井面临的核心问题，常规测井的评价能力明显不足，成像测井成为评价碳酸盐岩储层最有效、最核心的技术手段。

靖边气田陕 400 井马五$_{1+2}$段发育典型的致密碳酸盐岩储层，基于常规资料+成像测井，建立测井物性及含气性解释模型，开展成像测井深化处理及应用，计算裂缝发育程度及裂缝孔隙度等，判断裂缝及溶孔发育（图 4-3-36）；通过成像测井划分为垂直渗透带，孔隙谱均值与方差交会在 I 类区，结合流体识别方法综合解释为气层，在马五 1 段（3866.5~3872.2m）、马五 2 段（3880.4~3883m）组合酸酸化，加稠化酸 108m³，排量 3.2~3.4m³/min，降阻酸 27m³，排量 1.5m³/min，试气获无阻流量 88.6518×10⁴m³/d。

5. 结论及建议

（1）针对岩溶风化壳储层，建立了以储集空间识别为主的残积层、垂直渗流带、水平潜流带、未岩溶基岩的成像测井解释模式；针对滩相致密白云岩储层，建立了以沉积构造识别为主的高能滩、中高能滩、中低能滩、低能滩的成像测井解释模式。

（2）基于成像测井孔隙谱，提取反映孔、洞、缝发育及连通程度的均值及方差，建立了两类碳酸盐岩储层的成像测井产能分级评价模型，并结合沉积环境和储层结构特征，建立了成像测井产能分级评价模式，测井产能分级预测符合率达到 80% 以上。

（3）针对碳酸盐岩气藏高低阻气层并存、气水关系复杂的特点，创新发展了视地层水电阻率正态分布法、纵横波速度比值法、多参数交会图版法等复杂气水层综合识别技术。

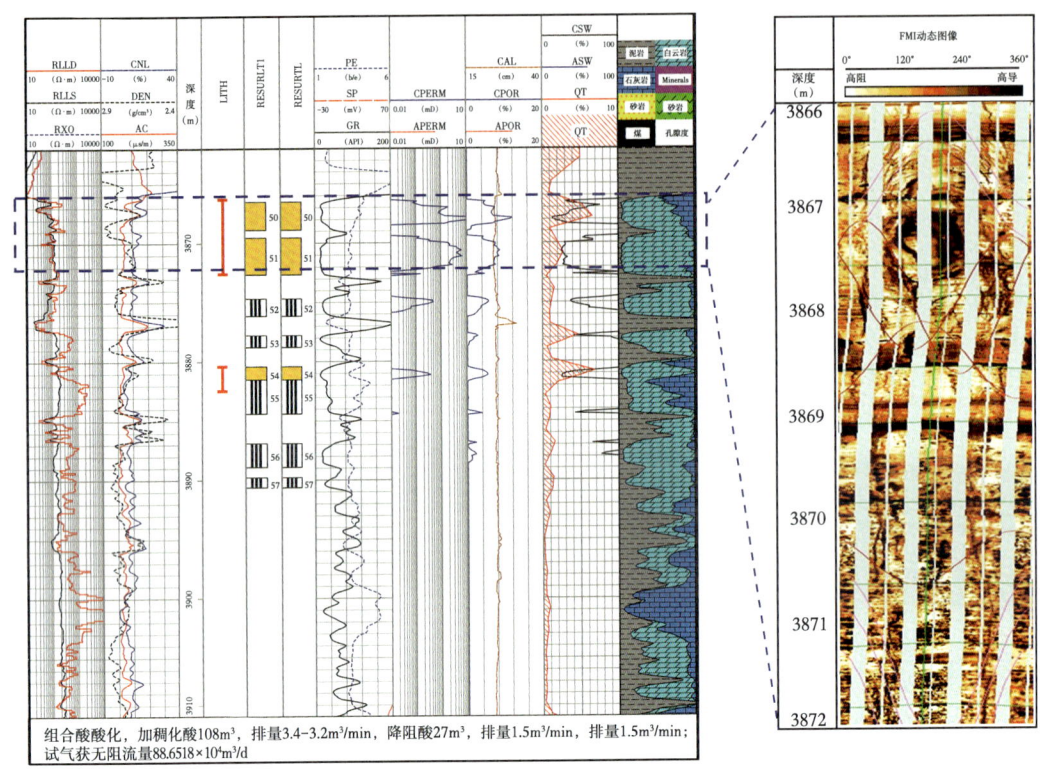

图 4-3-36 陕 400 井马家沟组测井解释成果图

三、伊陕斜坡庆城油田长 7 致密（页岩）油藏测井评价

1. 地质背景

庆城油田位于甘肃省庆阳市华池县、庆城县境内。勘探范围北起长官庙，南至和盛，西起天池乡，东到太白。区域构造处于鄂尔多斯盆地伊陕斜坡西南部。

庆城油田长 7_{1+2} 主要发育半深湖—深湖亚相，沉积主体为半深湖重力流水道浊积，砂体发育，为多期砂体的连续叠加。纵向上砂岩多为块状，层理不发育，砂岩颜色多为灰黑色。在砂层之间常夹有灰色细粒钙质砂岩或泥岩夹层。在平面上，该期砂体呈带状展布，连片性较好，受沉积微相控制明显，砂体延伸方向为南西—北东向。岩石类型主要以长石岩屑砂岩为主，其次为岩屑长石砂岩；粒度细，填隙物含量较高；孔隙类型以长石溶孔为主，储层物性较差，孔喉分选好。孔隙度主要分布在 6%~12%，渗透率 0.03~0.5mD，主要分布在 0.3mD 以下。长 7_{1+2} 油藏分布主要受沉积相带和储层物性控制，属于典型的岩性圈闭油藏。

长 7_{1+2} 油藏与盆地已开发的特低渗透、超低渗透油藏相比，在测井地质特征方面既有共性，也有差异性。共性主要表现在物性差、孔喉结构复杂、非均质性强、岩电性质复杂、油层识别评价难度大等特点。差异性主要表现在：（1）成藏及沉积模式不同。长 7_{1+2} 油藏具源储共生的成藏特点，主要以深湖—半深湖相重力流沉积为主；而低渗透油藏为源外成藏，以三角洲前缘沉积为主。（2）储层性质不同。长 7_{1+2} 油藏储层岩性以粉砂—细砂岩为主；孔隙类型以溶孔、微孔为主；渗透率小于 0.5mD；低渗透储层以粒间孔为主，储层物性相对较好。

（3）评价侧重不同。长 7_{1+2} 油藏储层岩石矿物组分、孔隙结构、岩石力学特征、总有机碳含量等相关参数的评价极为关键；低渗透油藏主要是评价其含油性。（4）开采方式不同。长 7_{1+2} 油藏一般采用水平井及体积压裂等非常规方式开采，因此岩石力学参数的计算及压裂效果的预测至关重要。这些差异性，决定了长 7_{1+2} 油藏与低渗透油藏测井评价方法和侧重点不同。

2. 存在问题

（1）储层地质—岩石物理特征复杂，常规测井系列分辨能力低、信息量不足，急需开展测井新技术、新方法试验及系列优选；

（2）储层储集空间小，孔隙类型多样，孔隙结构复杂，流体赋存方式多样，急需新型的储层（油层）评价理论、技术以及精度更高的储层参数计算方法；

（3）体积压裂、水平井开发等非常规工艺是页岩油有效开发的必要手段，急需开展岩石力学分析，为水平井钻井和压裂优选提供支撑；

（4）成藏控制因素复杂，平面非均质性强，储层产能影响因素多，"甜点"规律不清。

3. 测井评价技术

长7油藏与常规油藏在本质上的差异，决定了测井评价的内容、方法的不同。为此，在常规油气藏"四性"关系评价的基础上，针对长7油藏测井评价的特点，以岩石物理研究为基础，提出了以描述源岩特性、储层特性、岩石力学特性为研究内容的长7油藏测井"三品质"评价的思路，建立测井资料与岩石物理特性参数的测井解释模型，为长7油藏储层评价、烃源岩和源储匹配关系评价、资源量评价、水平井设计、压裂施工设计提供技术支撑。

1）岩石物理特征分析

（1）岩性特征。

庆城油田长 7_1、长 7_2 油层取心井薄片资料分析表明，岩性主要为长石岩屑砂岩，其次为岩屑长石砂岩，而岩屑砂岩和长石砂岩均不是很发育。石英平均含量为 40.25%，长石平均含量为 20.31%，岩屑平均含量为 23.08%，岩屑成分以变质岩岩屑为主。填隙物含量较高，平均含量为 16.42%。填隙物以水云母为主，其次为铁白云石、铁方解石、硅质。颗粒次棱状，磨圆度差；胶结类型为孔隙型、加大—孔隙、再生—孔隙和压嵌—孔隙。

（2）物性特征。

庆城油田延长组长 7_1、长 7_2 储层物性较差，孔隙度主要分布范围为 6.0%~12.0%，平均值为 8.5%；渗透率分布范围为 0.03~0.50mD，平均值为 0.1mD，绝大部分样品渗透率小于 0.30mD，储层非均质性强。储层孔隙类型以长石溶孔为主，占总孔隙的 58.5%，粒间孔次之，占总孔隙的 28.0%；岩屑溶孔、粒间溶孔较少，见到少量晶间孔、微裂缝，面孔率为 1.05%，平均孔径为 18.54μm。

（3）含油性特征。

庆城油田长 7_{1+2} 油藏储层岩心、录井资料统计表明，含油显示级别主要包括油斑、油迹、荧光等。本区试油证实，油迹及以下级别的砂岩大都不具有工业价值，试油出油的井段普遍为油斑，有少数试油层为荧光也能出工业油流。

（4）电性特征。

庆城油田长 7_{1+2} 油藏属岩性油藏，油层电阻率数值中等，与储层岩性、物性、含油性之间有较好的对应关系。有效储层以岩屑长石砂岩、长石岩屑砂岩为主，储层物性与岩性密切相关，一般泥质含量与碳酸盐含量越高，物性越差；物性好和孔隙结构较好的砂岩，含油级别较高，物性控制着含油性。

（5）烃源岩特征。

长7油层组沉积期为最大湖泛期，湖盆强烈拗陷，湖水分布范围广（超过$10×10^4 km^2$），沉积了一套富有机质的油页岩、暗色泥岩，厚20~60m。烃源岩有机质类型好，以低等水生生物为主，富含铁、硫、磷等元素，TOC值平均均为13.75%，以Ⅰ、Ⅱ$_1$型干酪根为主，烃源岩条件优越，是长7油藏成藏的重要资源基础。

2）页岩油"三品质"定量评价方法

根据盆地页岩油地质与工程应用需求，在常规储层"四性"评价基础上，重构了页岩油"三品质"测井评价参数体系，共包含储层品质、烃源岩品质及完井品质评价在内的多项参数（图4-3-37）。

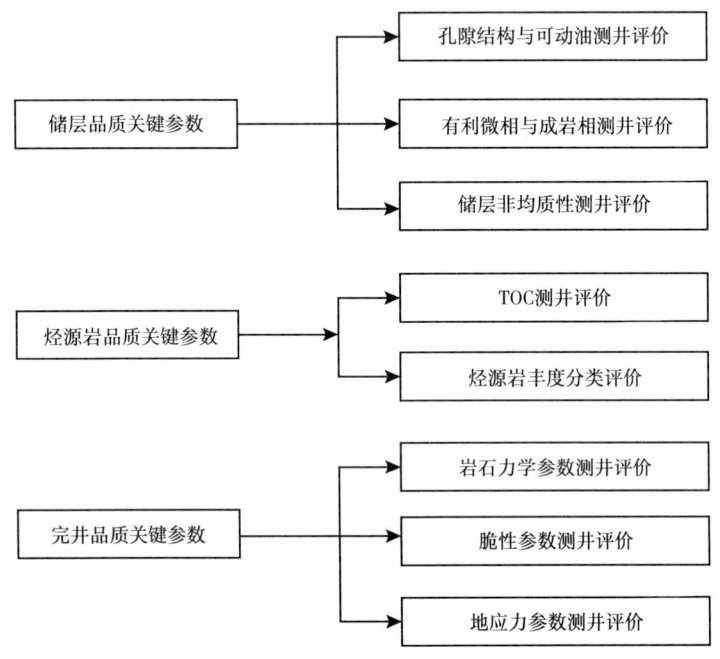

图4-3-37 页岩油评价参数体系

（1）储层品质定量评价。

储层品质评价是长7_{1+2}页岩油砂岩储层测井评价的主要任务之一，以岩石组分和孔隙结构评价为核心，应用测井新技术构建新模型，进行储层品质评价。

①储层岩石组分精细解释。

根据该地区储层岩石物理特征以及X射线衍射分析资料，选择含量较高的石英、长石、伊利石以及绿泥石4种矿物成分作为地层的矿物组成。由于长7段是鄂尔多斯盆地主力生油层，有机质丰度较高，所以在烃源岩层段除选择前面所述4种矿物外，还需将干酪根作为一种特殊矿物加入模型，由此建立长7段页岩油段岩石物理体积模型。

ECS测井是地层元素俘获谱测井的简称。ECS测井可测量地层中的硅、钙、铁、硫、钛、钆等元素，通过氧闭合可计算砂岩、泥岩、碳酸盐岩、黄铁矿等的矿物含量。图 4-3-38 为木 53 井长 7 段 ECS 评价与 X 射线衍射实验结果对比图，图中第 6 至第 9 道的实线分别为泥质、砂岩、碳酸盐岩、黄铁矿的 ECS 计算结果，而红点是 X 射线衍射实验结果，二者吻合较好。图中显示木 53 井 2263~2286m 段 GR 值较高，平均值为 183API，常规测井解释岩性为泥岩，但从 ECS 测井解释结果看，该层段的砂岩含量普遍高于 50%，介于 40%~70% 之间，和 X 射线衍射实验分析结果一致性较好。因此，利用 ECS 测井可以很好地识别高自然伽马储层。

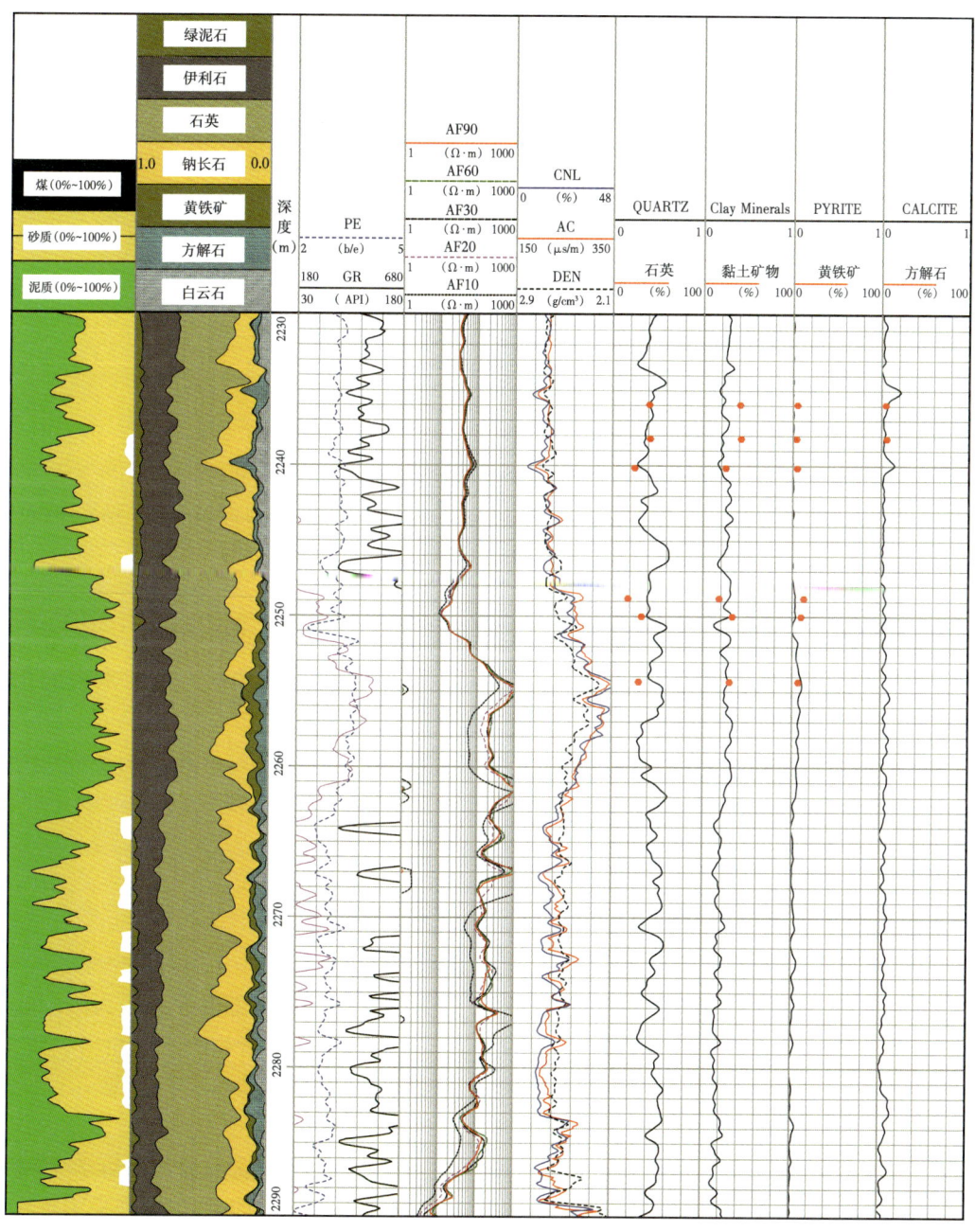

图 4-3-38　木 53 井长 7 页岩油段 ECS 与 X 射线衍射实验结果对比图

该地区测井系列除少数探井测量了新技术外,大多是常规测井曲线。这些常规测井数据,对于不同的矿物,其测井响应值,如补偿中子(NPHI)、声波时差(DT)、自然伽马(GR)、密度(RHOB)、岩性(PE)有很大的差异,说明测井记录对矿物具有区分作用,在构建模型时应该包括上述测井记录,充分利用已有的测井信息。

因此,根据研究区的岩石物理模型,利用常规资料中的声波时差、中子、密度、自然伽马等常规测井数据,可以得到其测井响应方程组(4-3-20)以及目标函数(4-3-21)。

$$\begin{cases} \rho_b = \rho_1 V_1 + \rho_2 V_2 + \cdots + \rho_i V_i + \cdots \rho_m V_m \\ \Delta t = \Delta t_1 V_1 + \Delta t_2 V_2 + \cdots + \Delta t_i V_i + \cdots + \Delta t_m V_m \\ \phi_{CNL} = \phi_{CNL_1} V_1 + \phi_{CNL_2} V_2 + \cdots + \phi_{CML_i} V_i + \cdots + \phi_{CNL_m} V_m \\ \cdots\cdots \\ 1 = V_1 + V_2 + \cdots + V_i + \cdots + V_m \end{cases} \quad (4\text{-}3\text{-}20)$$

对于方程组(4-3-20),可以采用最优化的方法来计算各种矿物体积含量,并通过目标函数(4-3-21)来决定最优化解:

$$\varepsilon^2 = \left[\frac{t_m - t'_m}{U_m}\right]^2 \quad (4\text{-}3\text{-}21)$$

式中:$i=1, 2, \cdots, m$ 代表所选择的各种矿物;ρ_i、Δt_i、ϕ_{CNL_i} 为各种矿物的密度、声波时差、中子等测井响应值;V_i 为各种矿物的体积含量。t_m 和 U_m 是经过校正的接近实际地层的第 m 种矿物的测井测量值;t'_m 是相对应的通过测井响应方程计算的理论值;ε 是第 m 种矿物测井响应方程的误差。

②储层孔隙结构评价。

利用核磁共振测井来表征孔隙结构,是目前常用的方法。研究表明,T_2 分布与压汞得到的孔径分布曲线类似,因此,将 T_2 分布曲线转换为压汞曲线,从而来表征孔隙结构。

基于幂函数的修正公式将核磁共振 T_2 谱转化为伪毛管压力曲线,通过伪毛管压力反映孔喉半径分布与核磁共振 T_2 谱之间的非线性转换得到,即:

$$p_c = \frac{E}{T_2 D} \times \left[1 + \frac{A}{(B \times T_2 + 1)^C}\right] \quad (4\text{-}3\text{-}22)$$

式中:p_c 为伪毛管压力,MPa;A、B、C、D、E 为系数。

该方法综合幂函数和可变刻度法的优点,对幂函数转化小孔部分误差较大的问题用变刻度系数进行修正。基于岩石物理实验标定,并对核磁共振测井进行含油影响校正,利用核磁共振测井反演毛管压力曲线,计算的孔隙结构定量评价参数合理可靠。

图 4-3-39 为木 53 井核磁共振测井资料进行含油校正前后 T_2 谱对比以及转换的伪毛管压力曲线与实测毛管压力曲线对比图。从图 4-3-39a 可看出,含油校正前后 T_2 谱有明显差异,反映大孔隙的部分进行含油校正后左移,根据含油校正前后的 T_2 谱采用本次研究建立的伪毛管压力转换方法,获得的伪毛管压力曲线与压汞实验曲线对比可看出(图

4-3-39b），含油校正前转换的伪毛管压力曲线由于受含油影响，排驱压力较低，而经含油校正后的T_2谱转换的伪毛管压力曲线排驱压力增大，与压汞测量毛管压力曲线获得的排驱压力相近，说明在经含油影响校正后通过岩石物理实验标定建立的新的核磁共振与伪毛管压力转换关系具有较好的应用效果，在此基础上计算的孔隙结构测井定量评价参数合理可靠。

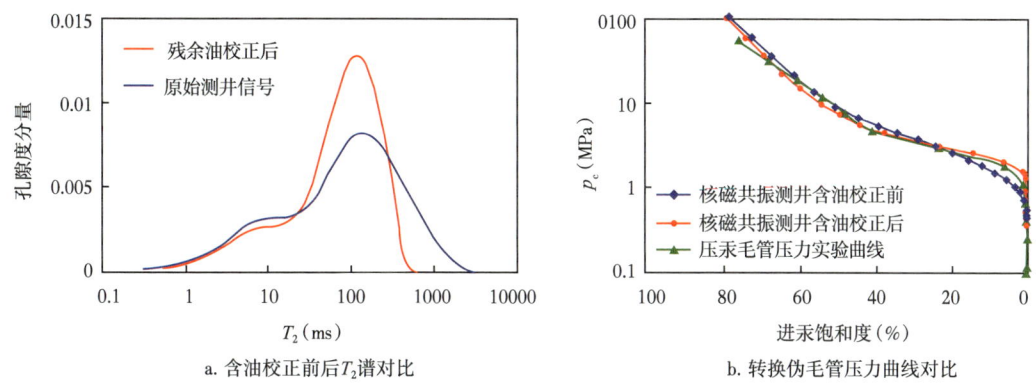

图 4-3-39　核磁共振测井资料含油校正前后及转换伪毛管压力曲线对比

图 4-3-40 为木 53 井 T_2 谱含油校正前后计算的孔隙结构参数对比图，由图可见，含油校正前后，T_2 谱、转换的伪毛管压力曲线、计算的排驱压力、中值压力、中值半径等参数有明显的差异，校正后的评价结果更加可靠。如第 53 号层直接应用测量的核磁共振信息反演 T_2 谱获得的排驱压力小于 1MPa，根据该区的储层评价标准评价为Ⅰ类储层。但该井段岩心分析孔隙度为 9%，渗透率为 0.17mD，为Ⅱ~Ⅲ类储层。由于核磁共振测井受含油的影响，因此孔隙结构评价过于乐观。通过含油校正后转换的伪毛管压力曲线得到排驱压力为 1.5MPa，评价为Ⅱ~Ⅲ类储层，与取心分析结果一致。

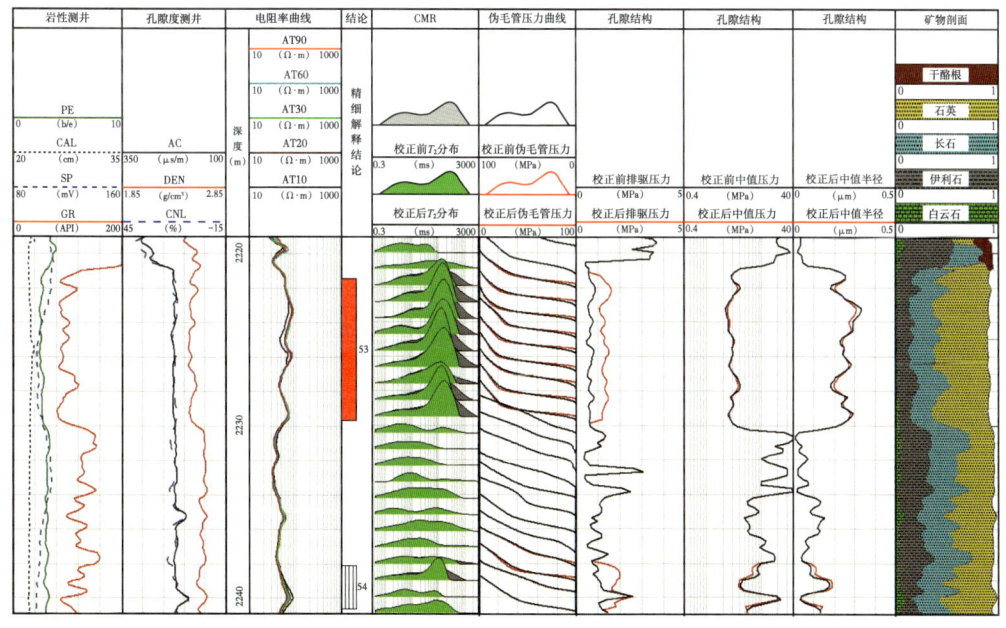

图 4-3-40　木 53 井 T_2 谱含油校正前后计算的孔隙结构参数对比图

（2）烃源岩品质定量评价。

根据岩性特征、有机地球化学指标并结合测井参数特征，将盆地长 7 泥页岩划分为油页岩（优质烃源岩）、黑色泥岩和一般泥岩 3 种类型，其中一般泥岩为非烃源岩，盆地烃源岩残余有机碳含量与源岩的自然伽马、密度、铀含量之间相关性较好。通过岩性以及 TOC 将烃源岩划分为 3 类，并与测井参数相结合，最终确定了烃源岩测井分类标准（表 4-3-4）。

表 4-3-4　长 7 泥岩测井分类标准

长 7 泥岩类型	自然伽马（API）	密度（g/cm³）	TOC（%）	划分类型
油页岩	>180	<2.3	>10	Ⅰ类
		2.4~2.3	6~10	Ⅱ类
黑色泥岩	120~180	2.3~2.5	2~6	Ⅲ类
一般泥岩	<120	>2.5	<2	

测井计算 TOC 方法主要有 3 种，第一种是 Exxon 石油公司的 $\Delta \lg R$ 法；第二种是自然伽马能谱铀曲线拟合法；第三种是多元回归分析法。

本次将利用自然伽马能谱 U 曲线和 $\Delta \lg R$ 来对 TOC 进行拟合，利用多元线性方程拟合得出了拟合公式，其相关性达到了 0.88：

$$TOC = 0.48U + 1.78 \lg R + 0.184 \quad (4\text{-}3\text{-}23)$$

从图 4-3-41 计算的结果可以看出，其计算结果较只用 U 曲线计算结果相比有明显改善。故利用 U 曲线与 $\Delta \lg R$ 多元拟合法评价 TOC 效果最好。

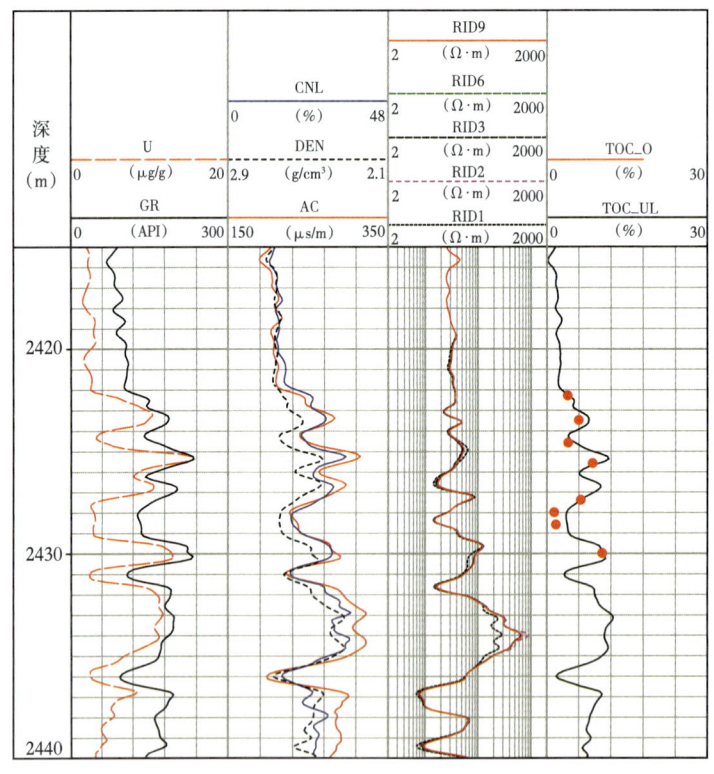

图 4-3-41　镇 58 井长 7 段烃源岩 TOC 铀曲线与 $\Delta \lg R$ 多元拟合计算结果

由于盆地长 7 采集自然伽马能谱资料较少，需求寻求一种适应于常规测井的 TOC 计算方法。盆地长 7 大量的总有机碳含量岩心实验数据与测井响应特征的关系表明，随着总有机碳含量增加，自然伽马、声波时差增大，密度降低，电阻率升高。综合现有实际测井资料，优选声波时差、密度、自然伽马和电阻率多元回归建立了 TOC 计算模型公式，拟合公式相关性达到了 0.82：

$$TOC = 0.083 \times GR - 18.24 \times DEN - 0.37 \times AC - 0.072 \times RT + 69.83 \quad (4\text{-}3\text{-}24)$$

（3）完井品质定量评价。

鄂尔多斯盆地长 7 储层岩性致密、物性差，前期按照常规压裂思路平均单井试油产量小于 6t/d。以测井新技术资料为基础，通过综合分析储层完井品质参数，可以为页岩油优质高效钻完井及压裂增产等提供工程地质依据与技术支撑。

岩石的脆性是页岩油体积压裂改造需要考虑的重要岩石力学特征之一。当黏土矿物含量较高时，岩石表现为塑性特征，不利于产生复杂缝网体积。而当储层中石英、长石、碳酸盐岩等脆性矿物含量较高时，岩石的脆性特征强，有利于形成裂缝网络体积，适合于体积压裂改造。常用的评价页岩脆性指数的计算方法有 2 种：一是岩石力学参数法，二是岩石矿物分析法。

①岩石力学参数法：根据该区的岩石力学实验结果，杨氏模量和泊松比与岩石脆性指数之间具有较好的相关关系（图 4-3-42），可用杨氏模量和泊松比这 2 个独立的岩石力学参数来计算岩石脆性系数，公式为：

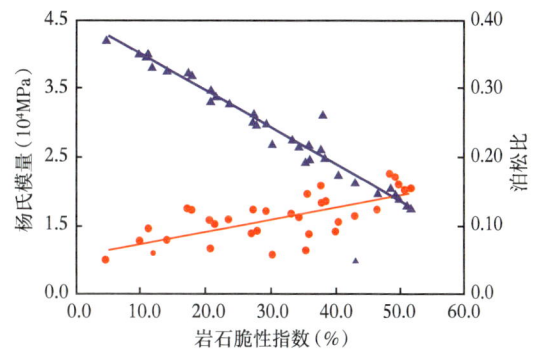

图 4-3-42 岩石脆性指数与杨氏模量、泊松比关系

$$\Delta E = \frac{E-1}{9-1} \quad (4\text{-}3\text{-}25)$$

$$\Delta PR = \frac{0.4 - PR}{0.4 - 0.1} \quad (4\text{-}3\text{-}26)$$

$$BI_1 = \frac{\Delta E + \Delta PR}{2} \times 100 \quad (4\text{-}3\text{-}27)$$

式中：E 为实测弹性模量，10000MPa；PR 为实测泊松比；ΔE 为归一化后的弹性模量；ΔPR 为归一化后的泊松比；BI_1 为脆性系数，%。

②岩石矿物分析法：通过测定岩石矿物含量，根据脆性矿物成分含量高低可大致判断脆性强弱。通常用石英、长石等占总矿物的百分含量来表示其脆性系数。如延长组地层为砂泥岩剖面，其脆性系数计算公式为：

$$BI_2 = \frac{1-POR-SH}{1-POR} \times 100 \quad (4\text{-}3\text{-}28)$$

阵列声波测井采集井数相对较少，难以进行全区的岩石脆性指数评价，岩石矿物分析法则可以弥补这一不足。岩石矿物分析法的关键在于精细确定储层的矿物组成及其含量。

因此，当有横波测井资料时，首先考虑用岩石力学参数法进行计算；如果没有测井新技术资料，则考虑用岩石矿物分析法。

3）解释标准和油层下限

（1）物性下限。

根据长 7_{1+2} 储层 56 口井常规物性分析资料，结合试油资料，通过数学统计方法，确定了鄂尔多斯盆地延长组长 7_{1+2} 油层声波时差下限值为 213μs/m，密度下限值为 2.58g/cm³，电阻率下限值为 23Ω·m，孔隙度下限为 5%，渗透率下限为 0.025mD（图 4-3-43）。

（2）含油饱和度下限。

首先对密闭取心含水饱和度进行校正，利用校正后的含水饱和度与孔隙度交会图确定含油饱和度下限值为 58%（图 4-3-44）。

通过以上得出了鄂尔多斯盆地庆城油田延长组长 7_{1+2} 储层孔隙度、渗透率、含油饱和度、声波时差、电阻率及密度下限值，见表 4-3-5。

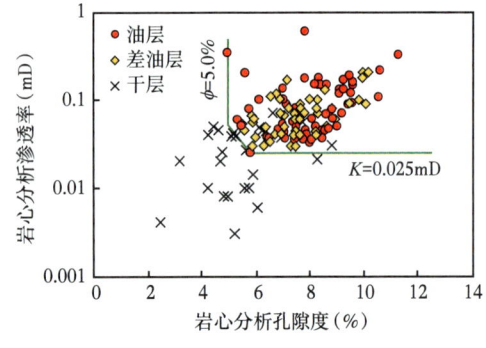

图 4-3-43 长 7_{1+2} 储层分析孔隙度与分析渗透率关系图

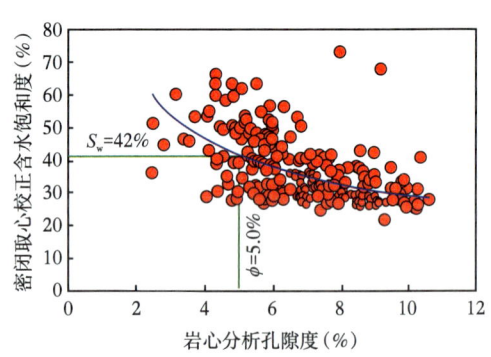

图 4-3-44 密闭取心含水饱和度与孔隙度交汇图版

表 4-3-5 鄂尔多斯盆地庆城油田长 7_{1+2} 油层下限标准

层位	岩性	渗透率（mD）	孔隙度（%）	含油饱和度（%）	声波时差（μs/m）	电阻率（Ω·m）	密度（g/cm³）	含油级别
长 7	细砂岩	≥0.025	≥5.0	≥58	≥215	≥20.0	≤2.58	油迹以上

4）测井关键属性参数优选及"甜点"评价

（1）测井关键属性参数。

分析该区页岩油"甜点"的主控因素，构建"甜点"测井表征的关键参数。本次研究选取烃源岩总有机碳含量、储层砂体结构、储层脆性指数等，其中，总有机碳含量及脆性指数以上已介绍，下面介绍储层砂体结构。

研究区长7期主要沉积相为三角洲前缘亚相和湖底扇相,其中具有生产能力的优势相分别为水下分流河道微相和主沟道微相,它们具有砂体厚度较大、连通性好、泥质含量低、储层物性好等特征。然而这些砂体的薄厚程度、空间组合关系对产量影响较大。因此,结合实际生产情况,提出"块状砂岩"与"层状砂岩"这两种砂体结构概念,并结合砂体成因类型、测井识别精度与生产状况,给出了判别这两种砂体结构的标准,见表4-3-6。同时,电成像测井图中,块状砂体整体呈厚层亮色背景的特征,层状砂体整体颜色比块状砂体较暗。

表4-3-6 块状砂体结构和层状砂体结构的划分标准

类型	岩心识别标准	测井识别标准
块状结构砂体	①单砂层厚度大于2m且小于5m; ②处于同一个沉积旋回内有多个砂层且厚度大于2m,夹层数≤1,夹层厚度≤1m,累计砂层厚度≥5m; ③2≤夹层数≤3,单个夹层厚度≤1m,累计夹层厚度≤3m,累加砂层厚度≥15m	低自然伽马、自然电位负异常、低声波时差、低补偿中子、低光电截面指数、高密度、缩径;曲线形态呈现箱形、微齿化箱形及钟形特征
层状结构砂体	①单砂层厚度小于2m; ②处于同一个沉积旋回内有多个砂层且厚度大于1.5m,单个夹层厚度≤1m,夹层数≥1,累计夹层厚度≤2m,累计加砂层厚度≤5m; ③累计砂层厚度≥5m,单个夹层厚度≤1m,夹层数≥2,累计夹层厚度≥2m	低自然伽马、自然电位负异常、低声波时差、低补偿中子、低光电截面指数、高密度、缩径;曲线形态呈现钟形、微齿化的钟形、指形及漏斗形特征

依据研究区长7试油资料,并统计其所对应的砂层厚度,得出累计砂层厚度与产液量关系:①当累计砂层厚度小于5m时,产液量明显降低;②当累计砂层大于5m时,最大产液量与累计砂层厚度基本上呈正向关系;③累计砂层厚度5m处,是砂层厚度与产液量关系的发生变化点。

(2)"甜点"评价。

经过多井对比评价,分析烃源岩、储层厚度、砂体结构、物性、脆性指数等主要参数的平面分布规律,通过源储配置关系分析和综合评价,优选"甜点"分布区,结果表明:烃源岩对页岩油分布具有较好的控制作用,且烃源岩与储层配置关系对单井产能具有较好控制作用。烃源岩总有机碳含量越高,砂体结构越好,储层物性与含油饱和度越高,脆性指数越大,即储层含油富集程度越高,则单井产能就越高;反之,烃源岩总有机碳含量越低,砂体结构越差,储层物性越差,含油饱和度越低,脆性指数越低,则单井产能就越低;若烃源岩总有机碳含量较高,储层物性较差,或储层物性较好,而烃源岩总有机碳含量较低,则单井产量适中。将各关键参数平面分布图叠加,综合优选"甜点"区,为页岩油开发建产提供参考和技术支撑。

5)水平井分段分级评价技术

由于原有水平井测井采集系列较少,常规三孔隙度测井中仅有声波时差测井,且声波时差对物性变化不敏感,用单一的声波时差曲线很难给出正确的解释结论并指导射孔井段,因此,采用综合指数法对储层进行流体性质识别以及分级分段评估。

综合评价指数采用物性参数声波时差、岩性参数泥质含量、视电阻增大率 RI 来综合反映储层特征：

$$Z=(AC/AC\text{下限})\times(1-V_{sh})\times RI \quad (4-3-29)$$

式中：RI 为视电阻增大率，就是通过构建一个 100% 含水的标准水层，利用地层电阻率 R_t 与标准水层电阻率 R_0 的比值 RI 来定性判断油水层。

定义任一地层真电阻率与其地层因素的比值为视地层水电阻率，由阿奇公式可知：

$$RI=\frac{R_t}{R_0} \quad (4-3-30)$$

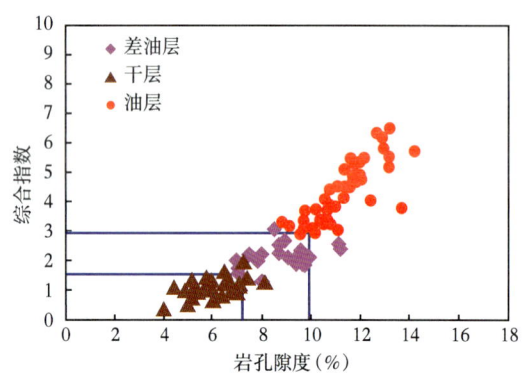

$$F=\frac{R_0}{R_w}=\frac{a}{\phi^m} \quad (4-3-31)$$

$$RI=\frac{R_t\phi^m}{aR_w} \quad (4-3-32)$$

如图 4-3-45 所示，通过综合指数和孔隙度关系分析可以较为容易地将砂体划分为油层、差油层、干层 3 类，分类标准见表 4-3-7。

图 4-3-45　综合指数与孔隙度关系图

表 4-3-7　储层分段分级评估标准

分级	解释结论	综合指数	声波时差（μs/m）	RI	孔隙度（%）	泥质含量（%）
Ⅰ类储层	油层	＞3.0	＞218.0	＞3.0	＞10.0	＜25.0
Ⅱ类储层	差油层	1.5~3.0	208.0~218.0	2.0~3.0	7.0~10.0	＜35.0
干层	干层	＜1.5	＜208.0	＜2.0	＜7.0	＞45.0

4. 应用效果

以高精度与成像测井资料为基础，建立了致密油储层、烃源岩、工程力学等 3 类品质定量解释模型，对宏观砂体结构、微观孔隙结构、总有机碳含量指标、储隔层应力差、岩石脆性等指标参数进行定量解释，形成了测井评价技术体系，实现了对致密油地质"甜点"和工程"甜点"的测井评价，提高了致密油开发选区、选井、选层和压裂方案设计的针对性。

庆城油田城 96 井长 7 段形成了广覆式富有机质页岩＋大面积细粒砂岩沉积，基于常规资料＋成像测井，建立长 7 油藏最优化解释模型，开展全剖面岩石矿物组分精确计算，与 X 射线衍射分析值吻合较好；根据核磁共振测井，建立了孔隙结构与可动油测井评价模型；按照源储配置精细解释思路，建立了烃源岩 TOC 计算方法及分类评价标准，为寻找优质烃源岩提供了依据；基于阵列声波测井，建立了脆性指数和地应力计算公式，为有利压裂层段选择提供依据，如图4-3-46所示。综合分析，在长7_2亚段2003~2005m、2013~2016m和2019~2021m进行射孔压裂改造，加陶88.0m³、纤维1591kg，砂比为18.0%，排量为5.0m³/min，入地总液量为875.5m³，加K240高效黏土稳定剂，试油获日产21.42t的高产工业油流。

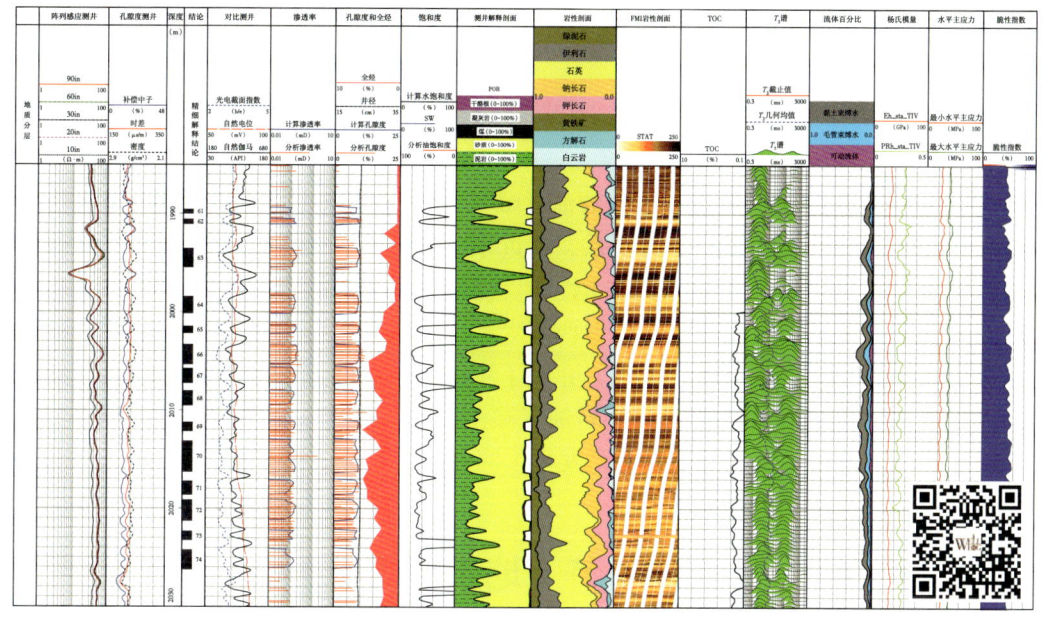

图4-3-46 城96井长7_{1+2}测井综合解释成果图

5. 结论及建议

（1）利用核磁共振测井可以实现致密砂岩储层孔喉尺寸的定量评价，通过构建T_2谱与毛管压力曲线转换，形成了孔隙结构定量评价技术，建立了致密储层微观定量表征参数。

（2）利用变差方差根函数定量分析测井曲线光滑程度，构建砂体结构指数与含油性指数，实现对砂体结构和含油性的评价，准确识别高产油层。

（3）通过实验分析，建立了长7泥岩测井分类标准，形成了$\Delta \lg R$法和测井参数多元回归2种TOC定量评价方法，构建了烃源岩品质分类参数。

（4）构建综合指数开展水平井分段分级评价，能够为水平井射孔压裂提供有力的技术支持。

（5）利用单井测井资料评价致密储层烃源岩品质、工程力学品质及储层品质，通过含油性与优质烃源岩叠合识别有利区，为井位优化部署、提高非常规油气资源勘探开发效益提供了技术保障。

第五章 柴达木盆地测井解释评价典型应用实例

柴达木盆地位于青藏高原东北部，是中国西部重要的石油天然气探区之一。截至2019年，在柴达木盆地找到不同类型的油气藏共32个，其中油田23个、气田9个，油气藏在基岩、石炭系、侏罗系、白垩系、古近系、新近系、第四系均有分布，由于基岩与湖相碳酸盐岩岩性复杂，储层非均质性强，流体赋存状态复杂，测井储层与油气评价面临巨大挑战。本章优选了柴达木盆地西部坳陷、阿尔金山等地区2个单井测井评价案例与2个区块测井综合评价研究成果，介绍了青藏高原东北部山地薄互层碎屑岩及砂砾岩油气藏测井评价技术、湖相碳酸盐岩油气藏测井评价技术、基岩气藏测井评价技术，为勘探新区新领域油气发现与规模上产发挥了测井技术关键支撑作用。

第一节 地质背景

柴达木盆地是被誉为"世界屋脊"的青藏高原内部最大的沉积巨厚山间地块盆地，面积为$12\times10^4 km^2$，盆地西北边界是左行走滑的阿尔金走滑断裂（Cowgill，2007），东北边界为祁连山宗务隆山断裂，南界为东昆仑中央断裂。盆地基底具有古生代褶皱基底和元古宙结晶基底的双重基底结构（付锁堂等，2014）。

柴达木盆地是一个具有新生代构造活动的断陷盆地，在北西向断裂和北东向断裂的控制下，具有南北分带、东西分段的特点（贾承造，2005；戴俊生等，2003）。根据盆地内的地层分布特征、构造挤压变形程度、基底的性质等特点，将柴达木盆地分为多个构造单元（陈能贵等，2015），包括柴北缘隆起带、柴西隆起带、三湖坳陷区和一里坪坳陷区（图5-1-1）。

多期构造运动是柴达木盆地的典型特征。震旦纪—三叠纪的构造事件可以大致概括为"二一四二"，即盆地构造演化过程整体上为两个早期的一级断层构造旋回、四个晚期的二级断层构造旋回（汤良杰等，1999）。早期阶段，由于古昆仑洋处于拉伸扩张阶段，柴达木盆地开始由被动大陆边缘向弧后前陆盆地转化。在晚泥盆世之后，昆仑洋开始发生闭合，直至三叠纪晚期，柴达木反转成陆，中—新生代陆相盆地演化阶段从此刻开始（刘永江等，2001）。受到印支运动的影响，柴达木盆地及邻近板块在纵向上发生大规模的构造活动。在晚白垩世，柴达木盆地开始形成坳陷盆地。在持续南北挤压应力的作用下，大量的断陷与坳陷形成于中—新生代，柴达木盆地为复合含油气盆地（Meng Q R, et al., 2003）。新生代，受青藏高原隆升的影响，在柴达木盆地西北和阿尔金山之间形成了茫崖坳陷。在北西—南东方向形成了大量平行排列的褶皱与断层（Zhou J et al., 2006）。新近纪以来，由于青藏高原隆升的持续影响，柴达木盆地沉积中心逐步由盆地西南向盆地西北迁移（吴光大等，2006），柴达木盆地构造演化进入相对稳定期。

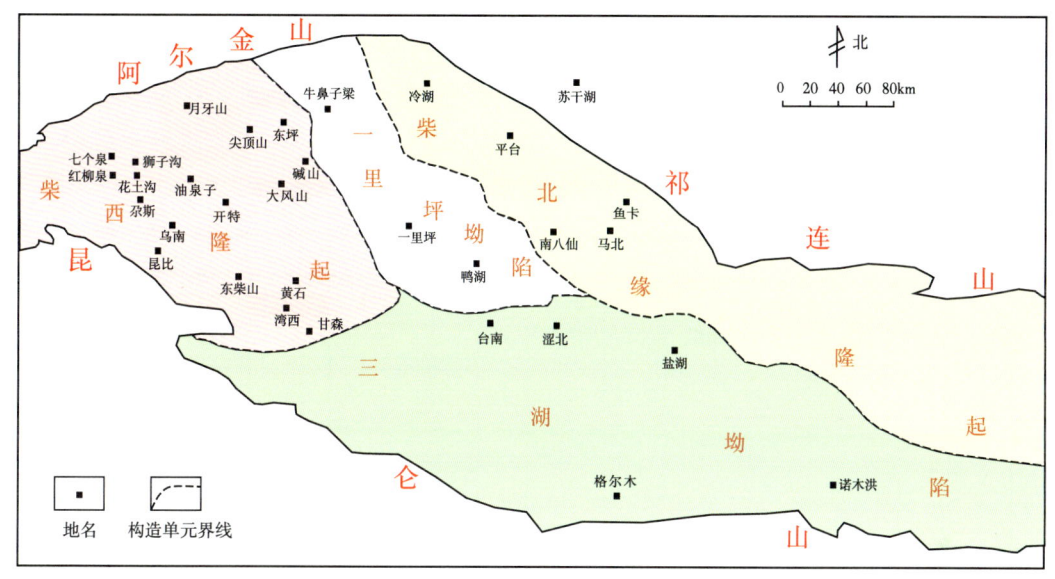

图 5-1-1　柴达木盆地构造单元划分图（据陈能贵等，2015）

柴达木盆地及周缘地层发育比较齐全，但偶有间断或缺失（图 5-1-2）。中生界以侏罗系和白垩系多见，以砂砾岩、砂泥岩及粉砂质泥岩为主，主要分布在阿尔金山西段南缘的柴西地区和祁连山南缘的柴北地区。新生界在盆内出露最为广泛，以泥岩、粉砂岩和砂质泥岩地层为主（袁剑英等，2011）。第四系包含七个泉组、察尔汗组和以达布逊组（李剑，2019）。古近—新近系主要出露在柴达木盆地西部地区的背斜构造带中，自下而上划分为路乐河组、下干柴沟组、上干柴沟组、下油砂山组、上油砂山组、狮子沟组（刘池阳等，2020）。

柴达木盆地的沉积、构造演化主要经历了 3 个阶段（戴俊生等，2000）：中生代柴达木盆地为伸展型盆地，盆地北部早期断陷、晚期坳陷，沉积了下—中侏罗统河湖相含煤建造和上侏罗统、白垩系红色陆相地层；古新世—渐新世演化为坳陷型盆地，局部发育湖相沉积，其余大部分以冲积扇、洪泛平原等棕红色、杂色粗碎屑沉积为主。渐新世至中新世中期，发育咸化湖泊—盐湖沉积，为烃源岩与湖相碳酸盐岩储层的主要发育期。中新世中—晚期至上新世，湖水逐渐变淡为半咸水，形成滨岸浅湖相沉积。上新世中—晚期发育河流相与局部盐湖，河流沉积与石盐等蒸发岩混积伴生（王建功等，2020）；第四纪更新世湖泊沉积速率空前，最大沉积厚度超过 2800m，发育了一套稳定的、连续沉积的湖相沉积（郭泽清等，2011）。

柴达木盆地已发现的油气藏主要分布在狮子沟—英雄岭构造带和阿尔金山前带，主要分布层位为侏罗系、古近系和新近系。油气藏类型主要分为构造型油气藏（如南翼山油田与英东油田及涩北气田）、岩性油气藏（如七个泉与红柳泉油田）、地层油气藏（如昆北切四号油田和尖北、东坪基岩气藏）。主力勘探层位分别为古近系和新近系，其中古近系主要以下干柴沟组为目的层；新近系主要以下油砂山组和上油砂山组为目的层。

- 287 -

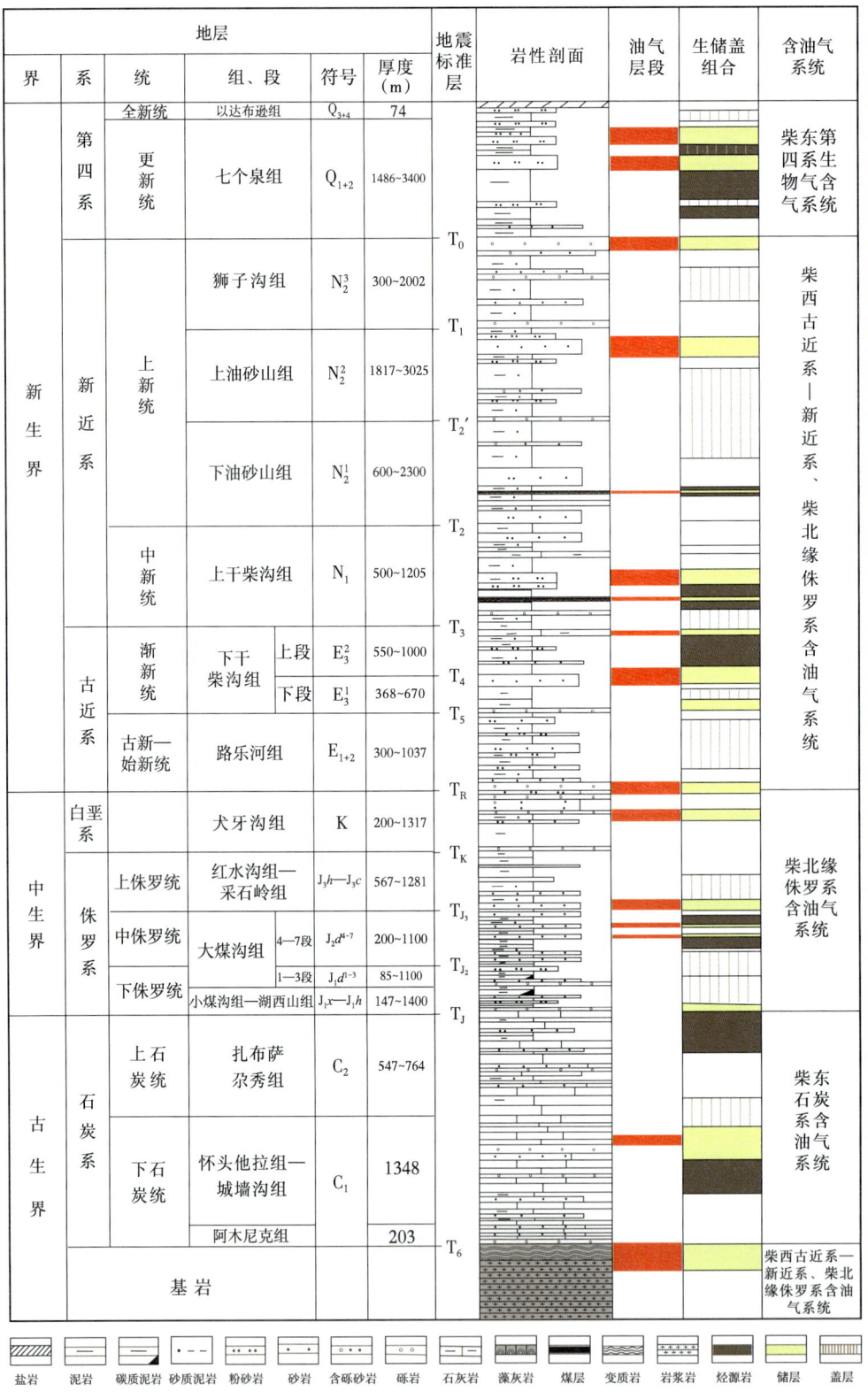

图 5-1-2 柴达木盆地地层综合柱状图（据李国欣等，2022）

第二节 单井案例

一、西部坳陷英西油田狮42井湖相碳酸盐岩层测井评价

1. 地质背景

狮42井位于青海省海西蒙古族藏族自治州茫崖市花土沟镇，处于柴达木盆地西部坳陷区狮子沟—英雄岭构造带的西北端。该区地面构造形态为一大型弧形背斜，构造南陡北缓，其东西长约24km，南北宽约7~8km，由自西向东的狮子沟、花土沟和游园沟3个高点组成。英西发育浅、中、深3个构造层。浅层主要为狮子沟滑脱断层，上盘发育狮子沟和花土沟构造，中部以低幅度鞍部连接，下盘发育花西背斜构造。中深层主要受狮子沟、狮南断层影响，发育多个背斜、断背斜、断鼻等构造圈闭，与浅层狮子沟、花土沟等圈闭高点不一致。

钻井揭示英西油田自上而下依次为上油砂山组、下油砂山组、上干柴沟组及下干柴沟组上段。有利储层主要分布于下干柴沟组上段滨浅湖—半深湖沉积环境中的灰云坪微相。

根据区域沉积特征，结合地面地质调查及钻井资料分析，英西地区主要钻遇上油砂山组、下油砂山组、上干柴沟组及下干柴沟组上段。上油砂山组地层厚度300~1400m，与下伏地层整合接触，岩性以泥岩、砂质泥岩及泥质粉砂岩为主。下油砂山组地层厚度700~1300m，与下伏地层整合接触，岩性以泥岩、砂质泥岩及泥质粉砂岩为主。上干柴沟组地层厚度650~770m，与下伏地层假整合接触，上部岩性以泥岩、砂质泥岩、粉砂岩为主，下部以泥岩、砂质泥岩、泥质粉砂岩为主。下干柴沟组上段地层厚度1300~2800m，上部以泥岩、盐岩、泥质灰云岩为主，下部以灰质泥岩、泥岩、泥质灰云岩、盐质泥岩为主。

狮42井处于狮24井区，设计井深4300m，目的层为古近系下干柴沟组上段。本井钻探目的和任务：（1）探索狮24井区高产油层向西北方向延伸情况及产能；（2）进一步落实狮24井区英西三号断层与脆性地层的配属关系，为该区下步的勘探部署提供依据。

狮24井区钻至下干柴沟组上段中下部的井有3口（狮38井、狮30井、狮24井），花79井钻至下干柴沟组上段顶部；4口井钻探过程中均见良好油气显示，狮24井、花79井分别在下干柴沟组上段下部和下干柴沟组上段顶部获得高产工业油流。

2. 存在问题

英西地区古近系下干柴沟组上段储层岩性复杂，矿物类型多样，具有泥质＋细粉砂＋灰云岩＋膏盐混合沉积特征，多为碎屑岩、碳酸盐岩与蒸发岩的过渡岩性。这种湖相复杂的矿物组合非均质性强，造成英西储层岩性定性识别与定量计算的难度较大。

岩性与物性关系认识尚不明确，相同的矿物成分，矿物分布状态不同，物性也有较大差异；白云岩越发育，物性越好的常规认识与核磁共振测井、试油产能不符合；储集空间多样，既有溶蚀孔，又有晶间孔和裂缝，孔隙空间的组合形式多样，孔隙空间在总孔隙度中占比差异性大，非均质性强，导致储层孔隙结构复杂，储层类型的确定困难；英西地区基质孔隙度集中分布在2%~6%，基质渗透率为0.02~0.5mD，有效储层平均孔

隙度为 3.12%，平均渗透率为 0.15mD，是典型的基质低孔特低渗储层，前期物性参数的计算精度较低，有效储层量化评价难度大，无法满足储层定量计算需求。

储层矿物成分复杂，孔隙结构复杂及低孔特低渗条件下，油、水、干层的电性差异小，流体对电阻率测井贡献小，流体识别困难。目标层段砂泥薄互层发育，非均质性强，储层识别困难；英西地区 E_3^2 地层受构造运动影响，发育高陡构造带，而高陡构造及地应力对物性、电性有较大影响，很难建立高精度流体识别图版；湖相多孔介质碳酸盐岩，岩性类型多，孔隙结构复杂，裂缝发育，该类储层的饱和度定量评价难度大。

3.测井评价技术

为了评价狮 42 井储层的岩性、裂缝发育及流体性质，对狮 42 井测井系列进行优化设计。测井项目除常规测井外，在目的层增加了岩性扫描测井与电成像测井。

1）储层主要特征

对英西 12 口井 416 个样品的 X 射线衍射实验数据进行统计，统计结果表明，随着白云石含量的增加，孔隙度逐渐增大。由于全是储层段样品，泥质含量变化范围较小，导致黏土含量与孔隙度的关系不明显，而利用岩心孔隙度分别与岩性扫描测井中得到的白云石含量和泥质含量交会具有一定的相关性，即储层物性具有随泥质含量降低、白云石含量增高而变好的趋势（图 5-2-1、图 5-2-2）。

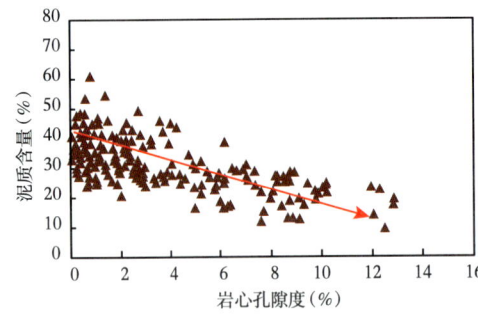

图 5-2-1 岩心孔隙度与泥质含量交会图

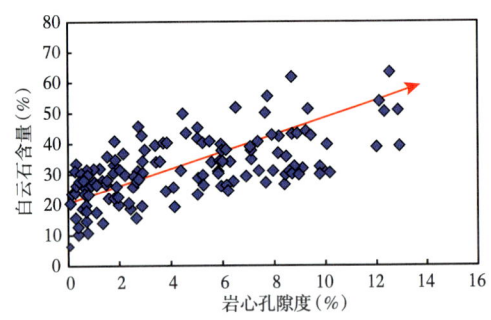

图 5-2-2 岩心孔隙度与白云石含量交会图

英西油田下干柴沟组上段油藏取心资料显示，随着泥质含量降低、白云石含量增大，含油性逐渐变好，确定英西含油下限为油迹。交会图显示，当黏土含量小于 30%、白云石含量大于 30% 时，储层含油性较好（图 5-2-3）。

2）储层参数计算

（1）孔隙度。

对于英西深层复杂碳酸盐岩储层，常规的方法难以准确计算孔隙度，主要原因在于矿物成分复杂，且不同矿物成分的骨架密度差异较大，三孔隙度曲线难以满足需要。岩性扫描测井得到了各种矿物的含量，并已知不同矿物的骨架密度，根据得到的矿物体积，利用不同矿物的含量和骨架密

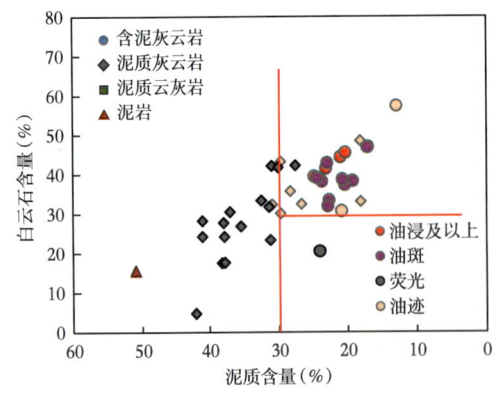

图 5-2-3 矿物含量与含油性关系图

度得出地层的骨架密度值，结合密度测井实现变骨架密度孔隙度计算。

$$\rho_{混ma} = \rho_{砂}V_{砂} + \rho_{黏土}V_{黏土} + \rho_{灰}V_{灰} + \rho_{云}V_{云}$$
$$+ \rho_{盐}V_{盐} + \rho_{膏}V_{膏} + \rho_{黄铁矿}V_{黄铁矿} \quad (5-2-1)$$

$$\phi = \frac{\rho_b - \rho_{混ma}}{\rho_f - \rho_{混ma}} - V_{黏土}\frac{\rho_{黏土} - \rho_{混ma}}{\rho_f - \rho_{混ma}} \quad (5-2-2)$$

式中：$\rho_{混ma}$、$\rho_{砂}$、$\rho_{黏土}$、$\rho_{灰}$、$\rho_{云}$、$\rho_{盐}$、$\rho_{膏}$、$\rho_{黄铁矿}$分别为地层、砂岩、黏土、石灰岩、白云岩、盐岩、石膏、黄铁矿骨架密度，g/cm³；$V_{混ma}$、$V_{砂}$、$V_{黏土}$、$V_{灰}$、$V_{云}$、$V_{盐}$、$V_{膏}$、$V_{黄铁矿}$分别为地层、砂岩、黏土、石灰岩、白云岩、盐岩、石膏、黄铁矿相对含量，%。

（2）孔洞参数。

由于英西下干柴沟组上段储层储集空间类型多样，白云石晶间孔、晶间溶孔、粒间孔、裂缝等次生缝洞的存在改善了储层的储集性能及渗流能力，因此次生孔隙评价尤其重要。

基于电成像测井资料，利用成像孔隙结构分析技术开展次生孔隙评价，一定程度上可以反映孔隙结构特征。电成像上的高导非均质块多与多孔隙、高渗透性的层段对应，这些高导非均质块可以通过背景值计算、非均质性分析、非均质性截止值确定、假象去除等步骤提取出来，并计算得到高导非均质块面积占FMI图像面积的比例，还可得到非均质块的平均面积。次生孔隙发育井段，成像孔隙结构分析计算得到的面孔率较高，而视面孔面积的大小可以一定程度上反映次生孔隙相对发育区块的大小。该方法采用人机交互的方式，可以人为选取合理的截止值、去除图像上的假象等。

图5-2-4为狮49-1井成像孔隙结构分析结果与核磁共振测井处理结果对比，两者

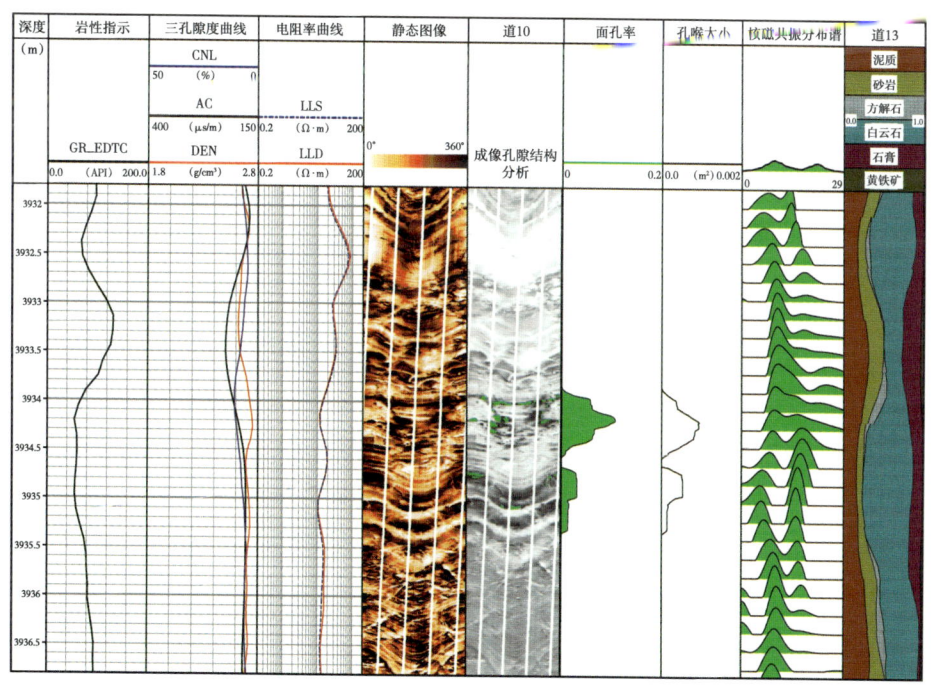

图5-2-4 狮49-1井FMI成像孔隙结构分析结果与核磁共振数据对比

对应性较好。狮 49-1 井成像显示，3936.3~3936.9m 有裂缝发育，且裂缝面不规则，沿缝有溶蚀孔洞发育，成像孔隙结构分析计算的视面孔率较高，对应核磁共振 T_2 谱双峰特征明显，且谱峰靠后，说明有大孔发育；而之上的 3935~3936m 及之下的 3938~3939m 层段成像孔隙结构分析计算得到的视面孔率为零，表明次生孔隙不发育，对应核磁共振 T_2 谱谱峰靠前，说明以小孔为主，两者吻合很好。

（3）渗透率。

英西发育多种类型孔隙，既有基质孔隙，也有溶蚀孔和裂缝。裂缝的发育程度不同，导致孔渗关系复杂，难以建立单一的渗透率计算模型。通过对孔渗样品进行分类，根据流体移动指数，将物性分析数据分为 3 类（图 5-2-5）。渗透率计算见表 5-2-1。

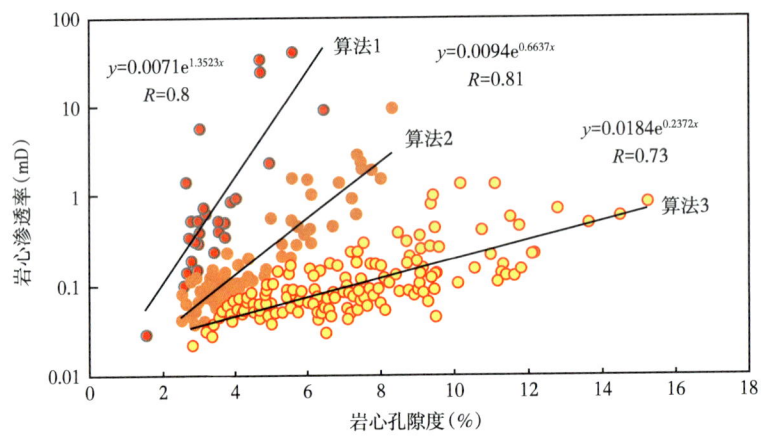

图 5-2-5　英西油田 E_3^2 油藏渗透率计算图版

表 5-2-1　渗透率计算统计表

流体移动指数	裂缝发育	计算公式	相关系数
FZI ≥ 2.5	强烈	$K=0.0071\times e^{1.3523}\times \phi$	$R=0.80$
1 ≤ FZI < 2.5	较弱	$K=0.0094\times e^{0.6637}\times \phi$	$R=0.81$
FZI < 1	不发育	$K=0.0184\times e^{0.2372}\times \phi$	$R=0.73$

3）储层分类

大量成像测井资料与取心资料对比结果显示，成像特征可分为暗斑状、弱层状、强层状及致密块状（含亮斑状）4 种类型（图 5-2-6），其中暗斑状在 FMI 图像上表现为发育暗色斑块、斑点或暗色正弦曲线特征，代表次生孔隙（如张开缝、半充填缝、溶蚀孔洞）相对发育；弱层状在 FMI 图像上表现为薄层状或互层状特征，单层厚度比强层状要厚，产状稳定或有变化，沉积速率较强层状要快，沉积时水动力条件较强层状要强；强层状在 FMI 图像上为纹层状特征，单层厚度很薄，产状较稳定，沉积时沉积速率很慢，水动力条件很弱，为安静水体下的沉积；致密块状在 FMI 图像上看不到明显的层状特征，有多种成因，如石膏聚集、快速沉积等。

针对英西盐下储层复杂岩性，提取对储层发育有利的矿物组分作为分类敏感参数，建立储层矿物含量与基质孔隙度结合表征储层好坏的基质储层因子（JZI），分类效果更加明显。

$$JZI = \phi \times \sum_{i=1}^{3} V_i \quad (5-2-3)$$

式中：JZI 为基质储层因子；ϕ 为基质孔隙度，%；V_i 为白云岩、石灰岩、砂岩矿物体积，小数。

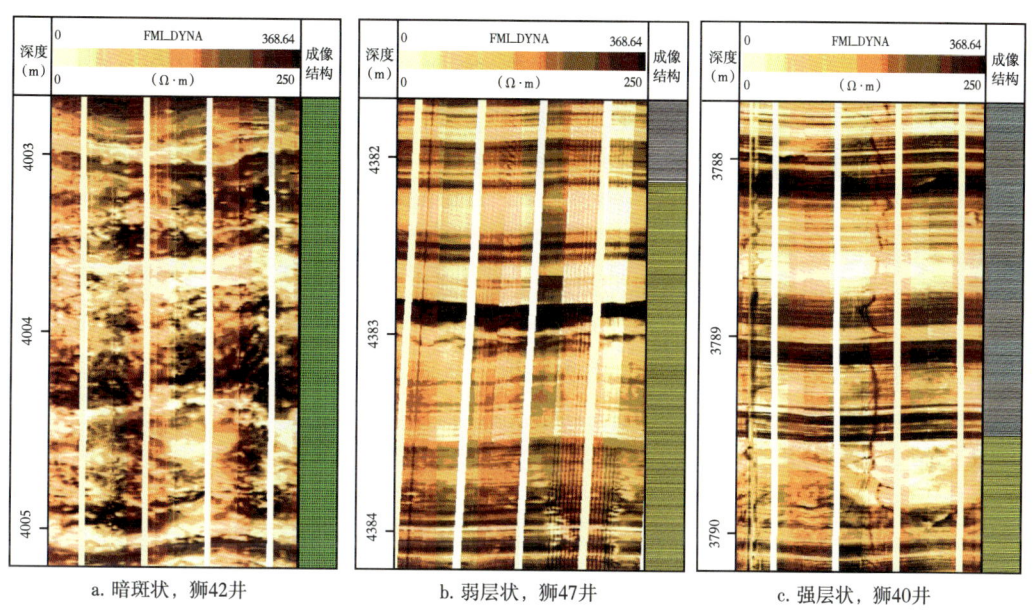

a. 暗斑状，狮42井　　　b. 弱层状，狮47井　　　c. 强层状，狮40井

图 5-2-6　成像特征示例图

为了把储层矿物对物性影响进行量化表征，根据矿物及其对物性的影响、成岩作用类型和强度，将储层划分为成岩微裂缝相、溶蚀相、晶间孔相和压实致密相 4 种成岩相类型。各成岩相具有不同的成岩作用组合、成岩矿物和储层孔隙发育特征。成岩微裂缝相渗透率高，多对应宏观裂缝发育段；溶蚀相孔隙度高，多发育于规模岩溶段、有碳酸岩或膏溶孔或后期有机酸性液体溶蚀段；溶蚀相孔隙度高到一般、渗透率一般，多为白云石等重结晶形成的晶间孔隙；压实致密相物性差，多发育于泥灰岩和膏盐岩等，抗压实能力弱，压实致密。

成岩相系数：

$$Z_1 = 15.86 - 4.82 \text{DEN} - 0.032 \text{GR} - 3.779 \text{AN} + 2.58 \text{DOL} - 4.66 \text{ILL} + 4.647 \text{QUA} \quad (5-2-4)$$

$$Z_2 = 33.64 - 11.85 \text{DEN} - 0.027 \text{GR} + 1.43 \text{AN} - 3.27 \text{DOL} + 2.63 \text{ILL} + 2.46 \text{QUA} \quad (5-2-5)$$

式中：AN 为元素测井得到的石膏含量，%；DOL 为白云岩含量，%；ILL 为伊利石含量，%；QUA 为石英及长石含量，%。

基于岩心压汞与核磁共振的分析结果，将储层分为大孔粗喉型、小孔细喉型和致密型 3 种孔隙结构。依据总结出的孔隙结构类型及相应特征，在系统取心井的典型层段与测井曲线响应进行对照分析，分析各孔隙结构相的测井响应特征，运用主成分分析法实现基于测井资料划分孔隙结构类型。

孔隙结构相系数：

$$Z_3=8.67-0.69DEN-0.026GR-3.86AN+3.26DOL-5.98ILL-4.42QUA \quad (5-2-6)$$

为更加简单明了地表征储层孔隙结构，将孔隙结构相与成岩相进行组合，最终确定了孔隙结构指数：

孔隙结构指数 =0.6× 孔隙结构相系数 +0.4× 成岩相系数

$$m_1=0.6Z_3+0.4(Z_1+Z_2)/2 \quad (5-2-7)$$

同时考虑到裂缝对储层的影响，基质储层因子结合孔隙结构指数和裂缝孔隙度，参考生产测试资料，共同建立英西油藏盐下储层分类图版（图5-2-7），图版精度为95.8%。

4）流体性质识别

（1）测录井结合流体性质识别。

针对测井解释油水层存在挑战与困难，采用测录井结合进行综合解释就成为首选的方法之一。录井资料是第一手的、最直观的也是重要的资料，充分发挥录井在英西复杂油气藏评价中的应用可以提高油气层解释精度，从而提高勘探成功率和勘探效益。

目前主要采用的是气测组分的比值区分油、水层，基于水层轻组分含量高、重组分含量低，而含油层轻组分含量相对低、重组分含量相对高的原理，利用试油资料建立气测录井中的轻—中烃比值与轻—重烃比值交会图，准确区分含油层和水层。图5-2-8横坐标为轻—中烃比值$[C_1/(C_2+C_3)]$，纵坐标为轻—重烃比值$[(C_1+C_2)/(C_4+C_5)]$比值。图中显示水层的数据点横坐标多大于7，纵坐标多大于30；含油的层段横坐标则多小于7，纵坐标多小于30。该图版可有效地区分水区和含油区，但对于含油区的含油水层、油水层及油层无法进行识别。

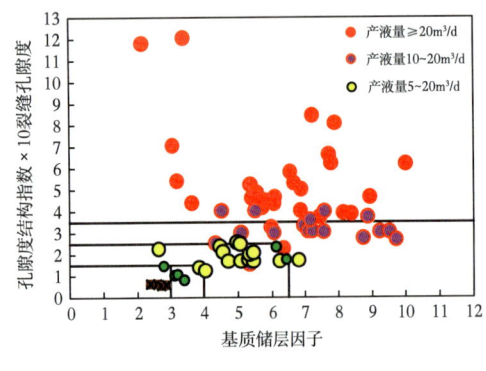

图 5-2-7 英西地区储层分类标准

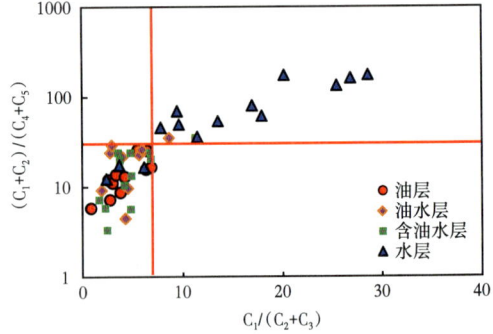

图 5-2-8 气测组分识别流体性质图版

（2）热中子俘获截面流体识别技术。

岩性扫描测井主要用于矿物成分定量计算及岩性的评价，但同时还能提供热中子俘获截面的测量，尽管只有一个接收探头，与阵列超热中子仪器得到的热中子俘获截面对比显示，其精度是满足需求的。如图5-2-9所示，利用外部输入的孔隙度、骨架热中子俘获截面数值计算地层100%含水时热中子俘获截面值；对比实测的热中子俘获截面与计算值的差异，如果计算的Σ大于实测的Σ，则表明地层孔隙中含油，将该差值除以孔隙度就得到了含油指示，其值越大，地层中含油量越多，两者接近则说明孔隙100%含水。

利用前述两个图版将水层、含油水层剔除以后，采用电性图版进一步考虑黏土含量对孔隙结构、碳酸盐岩含量对电阻率的影响，多参数融合在一起，对储层流体性质进行综合判别（图5-2-10）。从图中可以看出，X、Y轴值较小区域为水层，X轴值较小、Y轴值较大为油层，X轴值较大、Y轴值较小为水层，X轴值较大、Y轴值较大为油层。

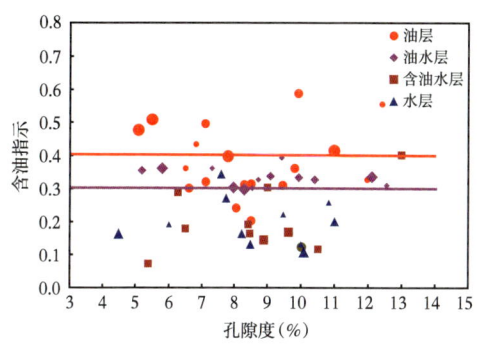
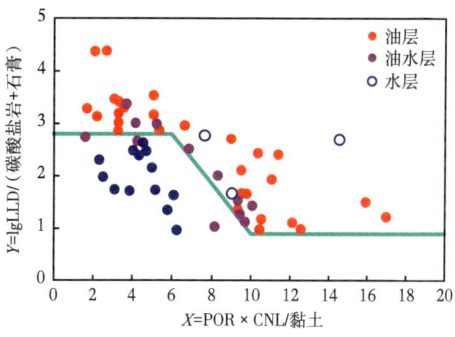

图5-2-9 热中子宏观俘获截面识别流体图版　　图5-2-10 英西油藏流体性质识别电阻率图版

综合上述流体性质识别方法，通过测井与录井相结合、电法与非电法结合、逐步剥离的方法建立流体性质识别图版，建立英西下干柴沟组上段油藏流体识别标准（表5-2-2）。

表5-2-2　英西油藏流体识别评价标准

流体性质	$(C_1+C_2)/(C_4+C_5)$	$C_1/(C_2+C_3)$	含油指示	X=POR×CNL/黏土 Y=lgLLD/（碳酸盐岩＋石膏）	含油饱和度（%）
油层	＜30	＜7	＞0.4	$X<6$，$Y>2.8$ $X<10$，$Y>0.9$	≥50
油水层	＜30	＜7	0.3~0.4	$6<X<10$，$Y>5.65-0.475X$	$40\leq S_o<50$
水层	＞30	＞7	＜0.3		＜40

4. 应用效果

图5-2-11为狮42井下干柴沟组上段测井综合解释成果图。其中Ⅳ-8号小层（4050~4090m）岩性为云灰岩，基质孔隙度为4.9%，高导缝发育，裂缝孔隙度最高为0.5%，成像孔隙结构分析处理显示沿裂缝角砾孔发育，属于缝（洞）—孔隙型储层，电阻率相对围岩低值（3.9Ω·m），基质渗透率为0.022mD，裂缝渗透率为0.914mD，含油饱和度为54.8%；对该层进行试油，试采初期日产油203t，累积产油2941.37t。

5. 结论及建议

（1）结合岩心岩石物理配套实验研究，深化了储层认识。利用岩性扫描测井明确了白云石≥30%、泥质含量≤30%为英西油田有效储层的基本条件，明确了有利储层的主要岩性为含泥灰云岩和泥质灰云岩。

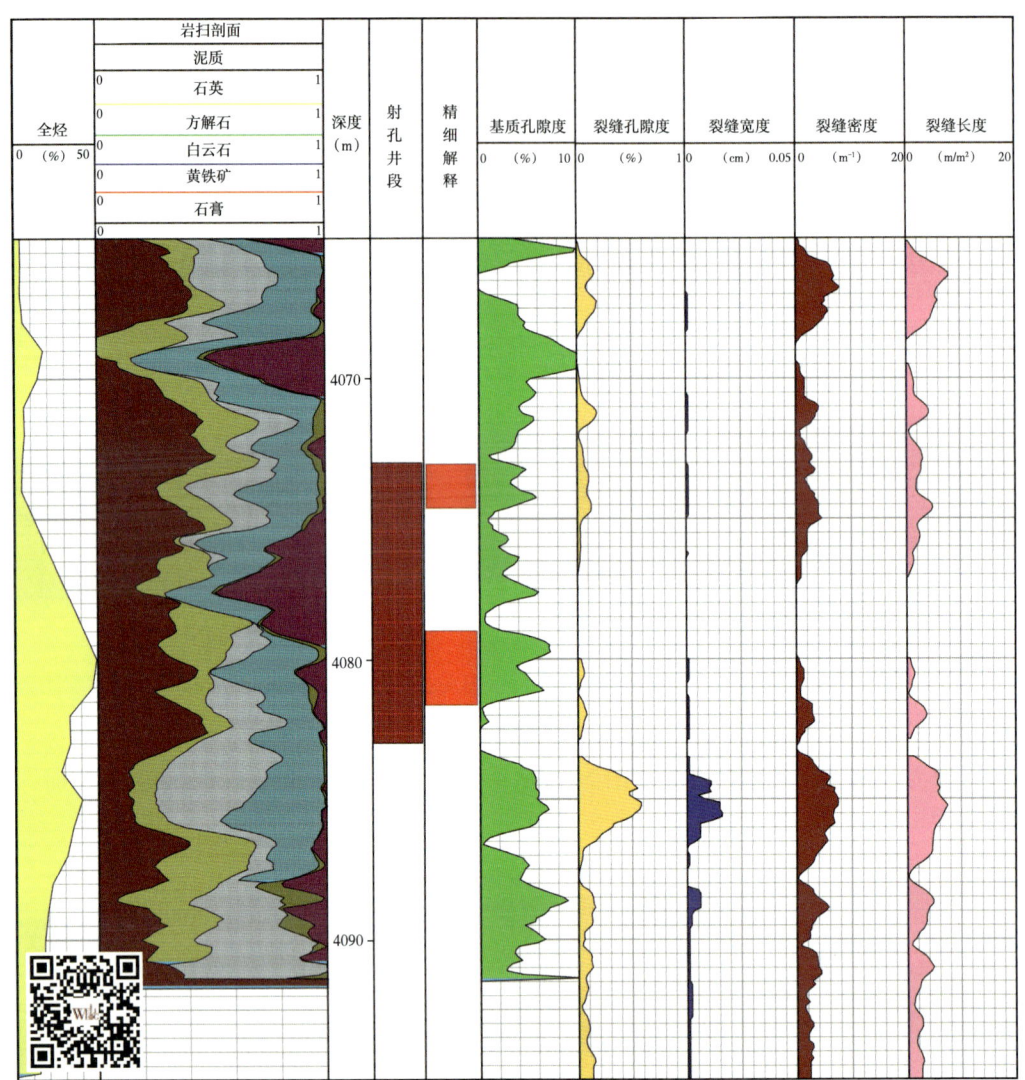

图 5-2-11 狮 42 井下干柴沟组上段测井综合成果图

（2）应用岩性扫描测井变骨架密度方法计算孔隙度，与岩心分析结果基本吻合，孔隙度计算精度高；深化电成像测井应用，明确了有利的图像结构为暗斑状结构，电成像精细计算裂缝参数，利用基质储层因子及孔隙结构指数形成分类评价图版，根据不同成像构造结合试油试采产液量确定以成像构造为主的分类标准，即暗斑状和弱层状为好储层，强层状和致密块状（含亮斑状）为差储层。

（3）多种技术手段综合应用，建立了适合英西复杂岩性有效储层划分标准；针对复杂碳酸岩的流体识别难点，形成了电阻率图版法、热中子俘获截面法和气测组分法结合的流体性质识别技术。

二、阿尔金山前牛中气田牛 171 井基岩测井评价

1. 地质背景

牛中一号构造牛 171 井位于青海省柴达木盆地阿尔金山前东段，夹持于东坪鼻隆和

牛东鼻隆之间，为柴达木盆地阿尔金斜坡三级构造，西接东坪气田东坪1区块，东邻东坪气田牛东区块，主要受近东西和南北两个方向断层控制。近南北向的牛中一号、牛中二号断层使整个地区由东向西逐级抬升，受东西向断层的影响，在牛北断层下盘形成多个台阶，形成近东西向展布的多个断鼻、断块、断背斜圈闭。经三维地震多轮解释落实T_6层圈闭13个，圈闭落实面积43.1km^2。

钻井揭示本区共存在有9套地层，其中七个泉组岩性主要为灰色泥岩及石膏质泥岩，含少量灰色泥质粉砂岩；狮子沟组岩性主要为灰色、棕黄色泥岩、砂质泥岩及泥质粉砂岩，呈不等厚互层；上油砂山组岩性为泥岩、含砾泥岩、砾岩，呈不等厚互层；下油砂山组岩性为砾岩、砾状砂岩、泥岩、含砾泥岩，呈不等厚互层；上干柴沟组岩性以砾岩、砂岩、含砾泥岩为主；下干柴沟组上段岩性以泥岩、砂质泥岩、含砾泥岩为主，呈不等厚互层；下干柴沟组下段岩性以泥岩、砂质泥岩、含砾泥岩为主；路乐河组岩性以砂质泥岩、泥岩、泥质粉砂岩、含石膏泥岩、石膏质泥岩互层为主；基岩岩性为片麻岩。

本井钻探目的和任务：（1）探索牛中一号断背斜基岩气藏的气柱高度；（2）评价牛中一号断背斜基岩气藏储量规模；（3）为储量计算提供参数。

本井完钻井深5466.88m，目的层为基岩。

2. 存在问题

阿尔金山前勘探已发现多个基岩气藏，岩性复杂，矿物成分多样，既发育侵入岩（花岗岩、花岗闪长岩、闪长岩、辉长岩），又发育变质岩（片麻岩、变质灰岩、片岩、板岩），且纵向上发育多种岩性，岩性识别难度大。岩心、薄片等资料证实，基岩储层发育不同尺度、不同类型的溶蚀孔及裂缝，双重介质特征表现明显，储层测井参数表征困难。孔隙度、裂缝发育程度、长石蚀变、导电矿物等因素影响基岩储层的电性，流体识别困难。

3. 测井评价技术

1）岩性基本特征

目前本区有4口井钻遇基岩储层。其中，牛17井、牛新1井基岩井段岩屑薄片鉴定岩性为花岗片麻岩。根据阿尔金山前片岩、花岗岩、花岗片麻岩岩性识别图版，由于3种岩性矿物组分差异，也会造成中子、密度及声波测井基线值不同，故利用 M 和 N 值［式（5-2-8）、式（5-2-9）］交会对牛171井基岩储层开展岩性识别。M-N交会图显示，牛171井基岩 M 值主要集中在0.5~0.58之间，N 值主要集中在0.7~0.82之间。岩性与东坪103井基本一致，均为花岗片麻岩，属变质岩（图5-2-12）。

$$M = \frac{\Delta t_\mathrm{f} - \Delta t}{\rho_\mathrm{b} - \rho_\mathrm{f}} \times 0.01 \quad （5\text{-}2\text{-}8）$$

$$N = \frac{\varPhi_\mathrm{Nf} - \varPhi_\mathrm{N}}{\rho_\mathrm{b} - \rho_\mathrm{f}} \quad （5\text{-}2\text{-}9）$$

式中：Δt_f 为流体声波值；Δt 为声波测井值，μs/m；ρ_b 为密度测井值；ρ_f 为流体密度值，g/cm^3；$\varPhi_\mathrm{Nf}$ 为流体中子值；$\varPhi_\mathrm{N}$ 为中子测井值，%。

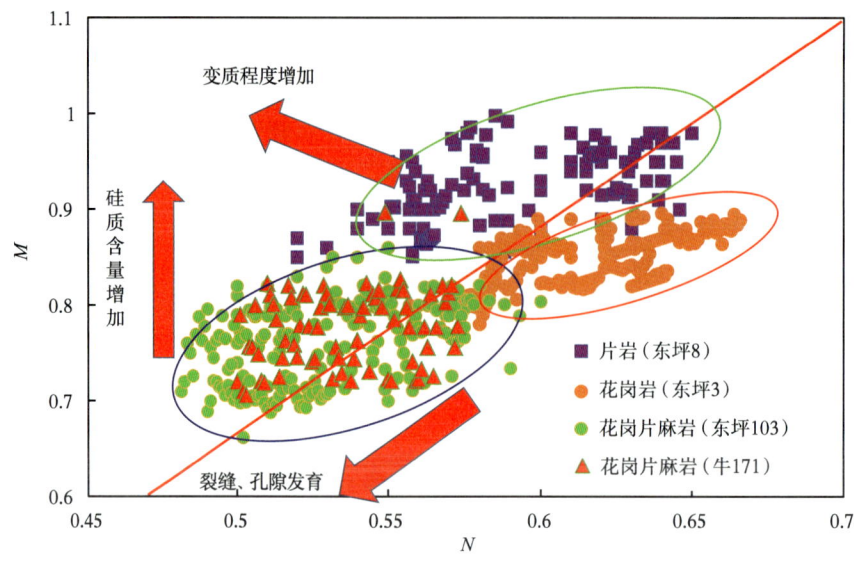

图 5-2-12　牛 171 井基岩 M-N 交会图

2）储层参数计算

（1）有效孔隙度解释方法。

基岩孔隙度的计算包括裂缝孔隙度和基质孔孔隙度的计算两部分。本区利用微电阻率扫描成像测井计算裂缝孔隙度。电成像计算裂缝孔隙度的公式为：

$$W = c \times A \times R_{mf}^{b} \times R_{xo}^{1-b} \quad (5\text{-}2\text{-}10)$$

式中：W 为裂缝宽度，μm；A 为由裂缝造成的电导异常的面积；b、c 为与仪器有关的常数；A 和 R_{xo} 是标定到浅侧向电阻率 LLS 后的图像计算的。

计算得到裂缝宽度以后，再利用公式计算裂缝的孔隙度：

$$\text{FVA} = \frac{\sum_{j=1}^{n} L_j W_j}{\sum_{j=1}^{n} L_j} \quad (5\text{-}2\text{-}11)$$

式中：FVA 为裂缝孔隙度，%；L_j 为第 j 条裂缝的长度，1/m；W_j 为第 j 条裂缝的宽度，μm。

图 5-2-13 显示牛 171 井裂缝整体较发育，裂缝孔隙度主要分布在 0%~0.18% 之间，平均为 0.03%。

裂缝作为主要的渗流通道，主要由裂缝的溶蚀而产生的溶蚀孔是主要的储集空间。溶蚀孔隙度是利用声波进行计算的，其主要原因是基岩的矿物成分比较复杂，密度和中子的骨架值难以确定，而不同矿物的声波时差骨架值的差异比较小，因此采用声波计算溶蚀部分的孔隙度。电阻率随声波时差的降低而增大的趋势非常明显，当电阻率增大到一定程度时，声波时差值不再变化，此时的声波时差值即为基岩的骨架值。本区基岩段未进行取心，无法进行取样，因此借鉴坪西井区孔隙度计算经验，利用声波时差与深侧向电阻率进行交会，求取储层岩性骨架值，再根据威利公式计算孔隙度。

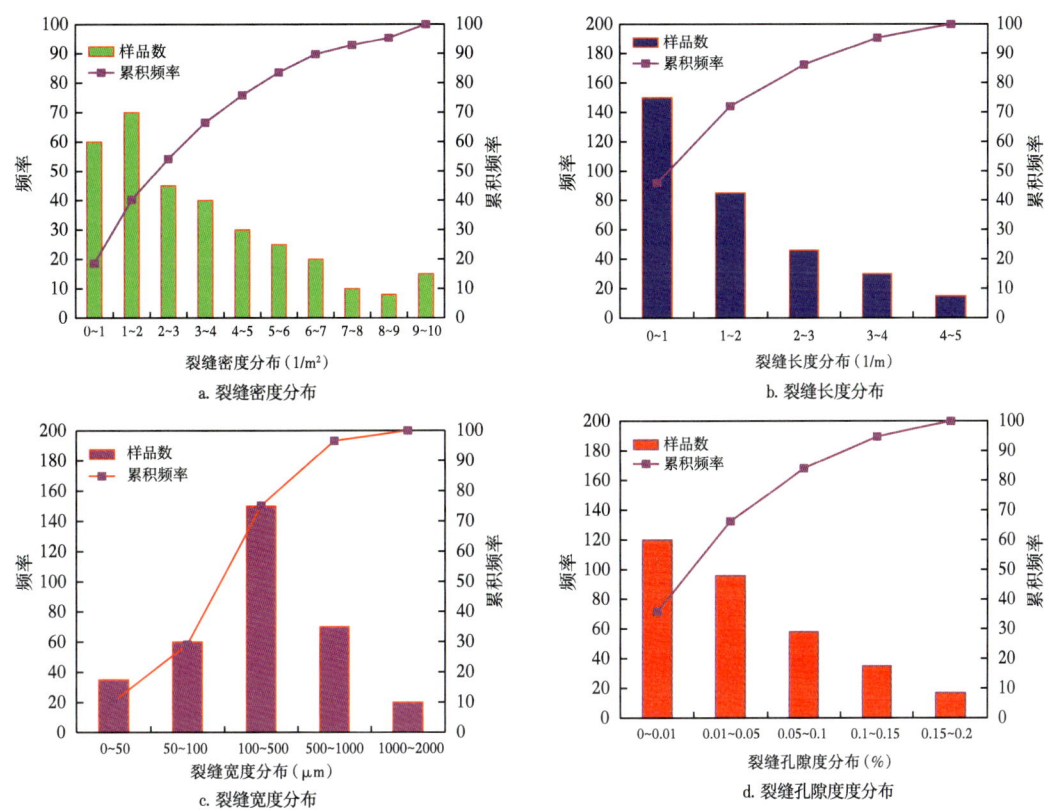

图 5-2-13 牛 171 井基岩裂缝参数统计直方图

牛 17 区块基岩岩性为片麻岩，确定骨架值为 165μs/m（图 5-2-14）。

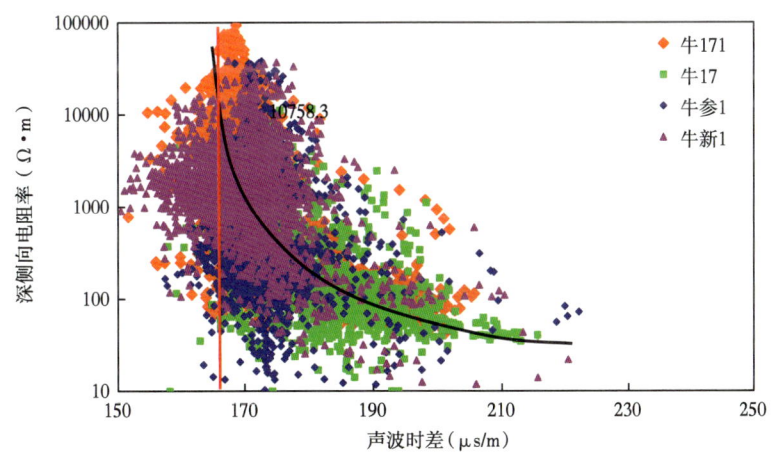

图 5-2-14 牛 17 区块基岩声波时差—电阻率交会图

牛 171 井储层孔隙度主要分布在 2%~10.5% 之间，平均为 4.3%，中值为 2.7%。（图 5-2-15）。

（2）PoroTex 溶蚀评价方法。

将 FMI 图像中的高导非均质块（称为面孔）提取出来，并计算得到高导非均质块面积占 FMI 图像面积的比例（称为 FMI 视面孔率 HTR_Prop），并可计算得到非均质块的面积（称为视面孔面积 HTR_Size），即面孔总面积除以面孔个数。次生孔隙较发育的井段，PoroTex 提供的面孔率会较高，非均质块的面积越大，视面孔面积越大。PoroTex 溶蚀评价方法采用人机交互的方式，既可以对裂缝进行定量评价，也可以对溶蚀孔隙进行定量评价，且可以去除井壁崩落、钻井诱导缝等假象，孔隙评价结果更客观。

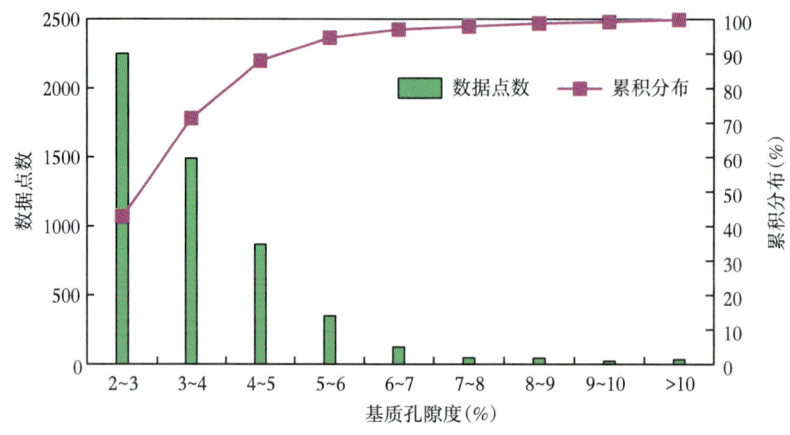

图 5-2-15 牛 171 井基岩基质孔隙度统计直方图

图 5-2-16 为基于 FMI 电阻率成像资料利用 PoroTex 溶蚀评价方法计算的结果，可以看出，该井的溶蚀主要是沿裂缝的溶蚀和局部的点状溶蚀。

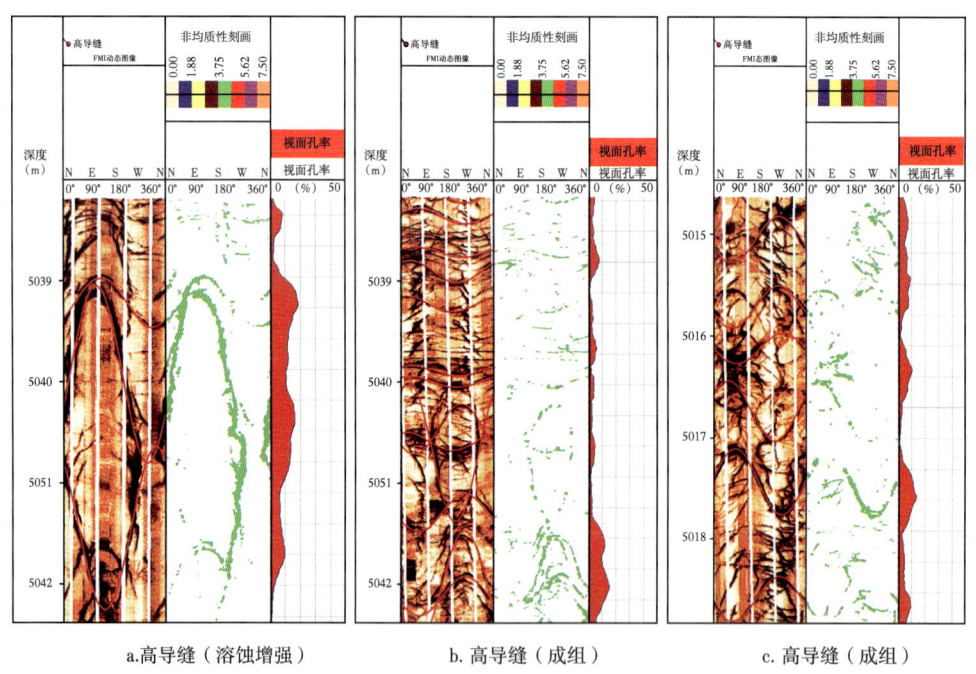

图 5-2-16 牛 171 井裂缝溶蚀发育层段

（3）含气饱和度解释方法。

牛 17 井区含气饱和度的计算分为基质部分和裂缝部分。牛 17 井成像测井解释显示，基岩裂缝平均宽度为 129.9μm（图 5-2-17），根据斯伦贝谢道尔实验室裂缝宽度与含气饱和度关系图（图 5-2-18），取裂缝部分饱和度为 95%，基质部分根据式（5-2-12）进行计算：

$$\frac{1}{R_\mathrm{d}} = \frac{\phi_\mathrm{b}^{m_\mathrm{b}} \times S_\mathrm{wb}^{n_\mathrm{b}}}{R_\mathrm{w}} + \frac{\phi_\mathrm{f}^{m_\mathrm{f}}}{R_\mathrm{m}} \qquad (5\text{-}2\text{-}12)$$

式中：R_d 为深电阻率，$\Omega\cdot\mathrm{m}$；R_w 为地层水电阻率，$\Omega\cdot\mathrm{m}$；R_m 为钻井液电阻率，$\Omega\cdot\mathrm{m}$；S_wb 为溶蚀孔部分的含水饱和度，小数；ϕ_nb 为溶蚀孔孔隙度，小数；ϕ_f 为裂缝孔隙度，小数；m_b 为溶蚀孔的胶结指数，取 1.6；n_b 为溶蚀孔的饱和度指数，取 1.5；m_f 为裂缝的胶结指数，取 1.4。

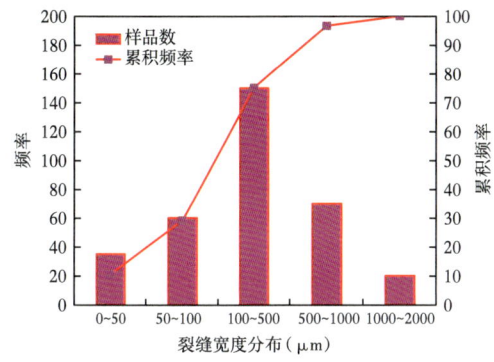 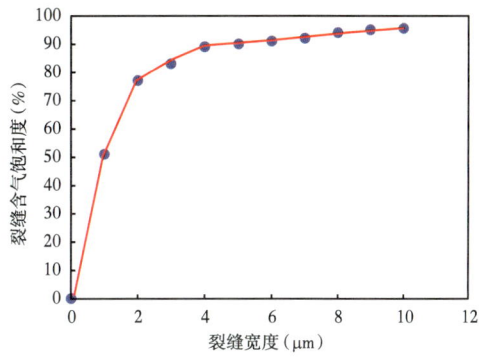

图 5-2-17　牛 171 井基岩裂缝宽度统计图　　图 5-2-18　裂缝宽度—裂缝含气饱和度关系图

式（5-2-12）计算了溶蚀孔部分的含气饱和度，还需要计算裂缝部分的含气饱和度。法国石油实验室的研究人员提出的计算方法为：

$$S_\mathrm{wf} = \frac{3 \times B}{2 \times W} \qquad (5\text{-}2\text{-}13)$$

式中：S_wf 为裂缝含气饱和度，小数；B 为水膜的厚度，取值为 0.32μm；W 为裂缝的宽度，μm。

牛 17 区块的岩电参数确定为：$a=1.3106$；$b=1.0204$；$m=1.641$；$n=2.511$。

地层因素与孔隙度关系及电阻增大率与饱和度关系如图 5-2-19、图 5-2-20 所示。

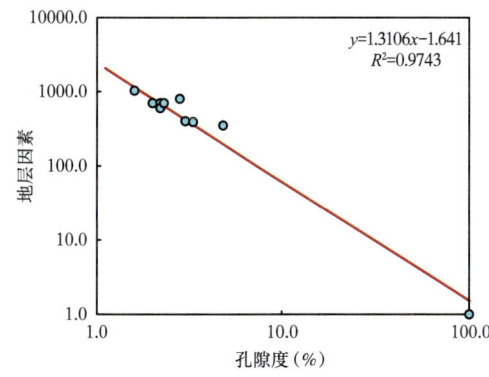 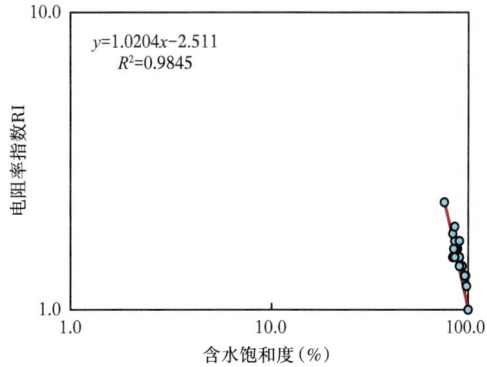

图 5-2-19　地层因素与孔隙度关系图　　图 5-2-20　基岩电阻增大率与含水饱和度关系图

3）储层产能预测

基于基岩储层储集空间类型、孔隙结构特征等，充分考虑基质孔隙度、裂缝孔隙度、溶蚀面孔率、电阻率等与产量关系，建立基岩储层品质指数 RQI_b。

图 5-2-21 为阿尔金山前基质孔隙度、裂缝孔隙度、面孔率及电阻率指数与产量的对应关系图，从图中可以看出，上述 4 个储层物性及电性参数与产量都具有比较好的正相关关系。基于上述认识，构建基岩品质指数公式如下：

$$RQI_b = \phi \times 0.32 + \max(\phi\_F \times 10000, 0) \times 0.28 + HTR \times 10 \times 0.3 + \lg(1/LLD)$$
$$-0.1\lg(1/1000)/[(\lg(1/10) - \lg(1/1000)] \qquad (5\text{-}2\text{-}14)$$

基于构建的 RQI_b 参数，可以看出 RQI_b 参数与产量之间的正相关关系更强（图 5-2-22），根据 RQI_b 的大于与产量的关系建立储层分类标准，其中 I 类储层的产量约大于 $14 \times 10^4 m^3/d$，$RQI_b > 0.78$；II 类储层产量大于 $5 \times 10^4 m^3/d$，$RQI_b > 0.32$，III 类储层的产量低于 $5 \times 10^4 m^3/d$，$RQI_b < 0.32$。

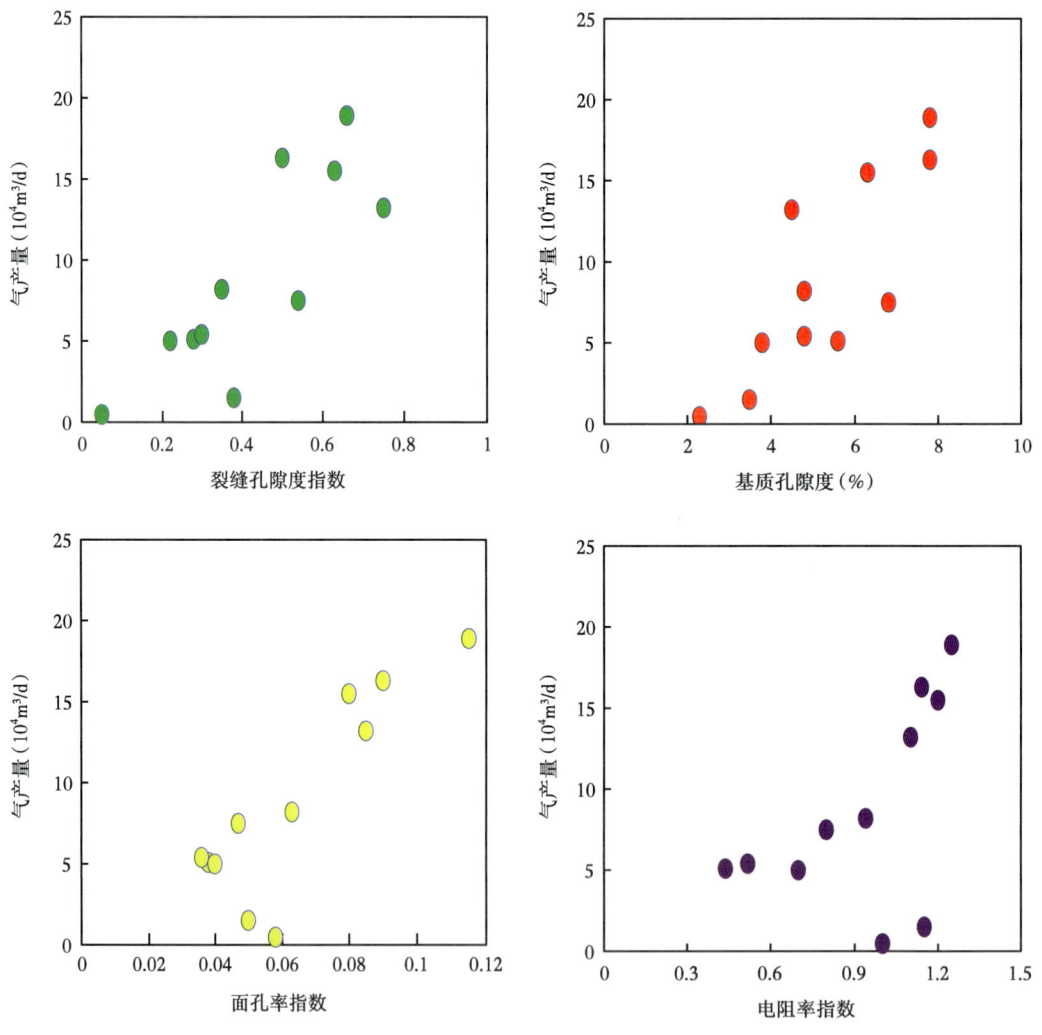

图 5-2-21 储层裂缝孔隙度、基质孔隙度、面孔率、电阻率指数与产量的关系

4）流体性质判别

基岩储层孔隙类型多样，孔隙结构复杂，其导电机理也非常复杂，影响电阻率的因素较多，如孔隙、裂缝发育程度，长石蚀变、导电矿物、暗色矿物转化形成的附加导电性，从而导致其导电机理不符合阿奇公式，因此基于电法的流体性质判别方法在基岩储层不适用。

在东坪、尖北、昆特依区块，验证的非电法流体识别方法主要包括饱含水含氢指数法、电阻率比值法、泊松比与流体压缩系数法、热中子俘获截面法，见表5-2-3。

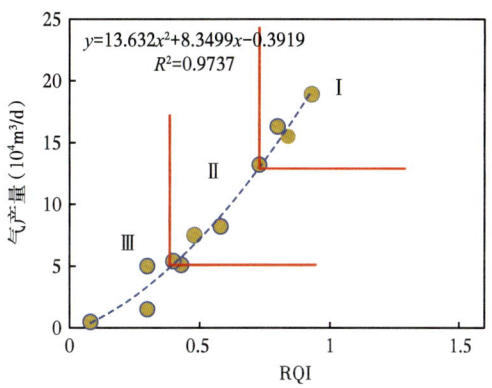

图 5-2-22 阿尔金山前基岩产能预测图版

表 5-2-3 阿尔金山前基岩储层非电法流体判别方法

序号	流体性质判别方法	与前期研究成果的关系			适用性
		完善	深化	新建	
1	饱含水含氢指数对比法	√			东坪、坪西、尖北、昆特依
2	电阻率比值法	√			尖北
3	泊松比与流体压缩系数法		√		尖北、昆特依、坪西
4	热中子俘获截面法			√	仅在尖北采集两口井，均适用

（1）饱含水含氢指数对比法的非电法流体识别技术。

假定基岩储层孔隙饱含水，不含天然气，计算全井段动态骨架中子值；再选择最低孔隙度、高电阻率的致密层段（极低电阻率的水层段）的动态骨架中子值作为固定骨架值。

$$\phi_{ma} = \frac{\phi_N - \phi_N \times \phi_f}{1-\phi} \quad (5-2-15)$$

式中：ϕ_{ma} 为动态骨架中子测井值；ϕ_N 为中子测井值；ϕ_f 为水层段中子测井值。

计算饱含水的中子测井曲线，如果储层含有天然气，实测的中子测井值会小于饱含水中子测井值。

$$\phi_N = (1-\phi) \times \phi_{ma} + \phi \times \phi_f \quad (5-2-16)$$

利用声波时差、实测中子值与饱含水中子值的差值作交会图，能够较好地在东平地区进行流体识别，见图 5-2-23 及表 5-2-4。

（2）拉梅系数（泊松比）与流体压缩系数法。

岩石物理弹性参数中拉梅系数（λ）、泊松比（POIS）、体积压缩系数（CB）对含气性的变化更加敏感，为利用声波测井对天然气进行定性判别和定量计算提供了重要依据。

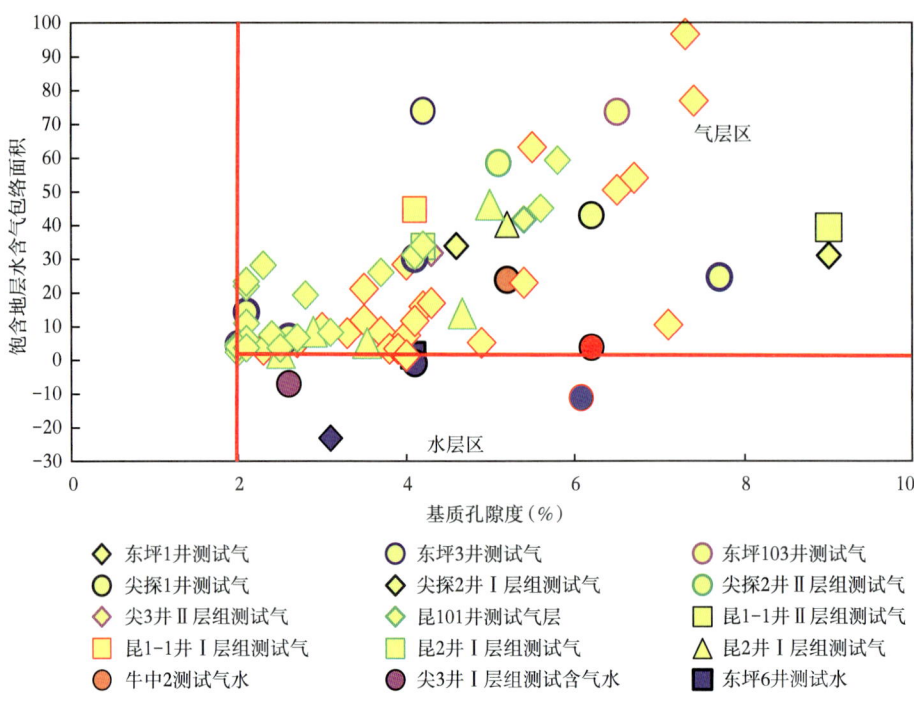

图 5-2-23 牛17区块基岩饱含地层水含气包络面积与基质孔隙度交会图

表 5-2-4 牛17区块基岩气藏测井解释标准

类型	基质孔隙度（%）	实测的中子孔隙度测井值与计算的饱含水中子孔隙度值包络面积
气层	≥ 2.0	≥ 1.3
水层	≥ 2.0	< 1.3
干层	< 2.0	/

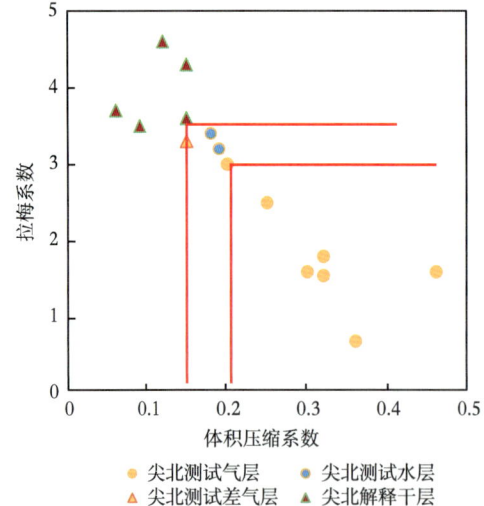

图 5-2-24 基岩体积压缩系数—拉梅系数识别流体交会图

图 5-2-24采用了尖北区块共5口井测试层段的数据，误入气层区的非气层数据0个，误入干层区的非干层数据0个，漏掉气层数据0个，利用体积压缩系数与拉梅系数交会图建立流体识别图版，其中气层拉梅系数小于3.0，体积压缩系数大于0.2；差气层或水层拉梅系数介于3.0~3.5之间，体积压缩系数介于0.2~0.15之间；干层拉梅系数大于3.5，体积压缩系数小于0.15（图5-2-24、表5-2-5），由于本区测试水层均含有少量气，因此利用该方法难以有效识别水层和差气层。

表 5-2-5　尖北区块基岩气藏阵列声波岩石力学法解释标准

解释结论	体积压缩系数（1/GPa）	拉梅系数（1/GPa）
气层	≥ 0.2	≤ 3.0
差气层、水层	0.2 > 体积压缩系数 ≥ 0.15	3.0 < 拉梅系数 ≤ 3.5
干层	< 0.15	> 3.5

本区主要采用饱含水含氢指数对比法识别储层流体性质，拉梅系数（泊松比）与流体压缩系数法作为辅助。根据两种方法综合对牛 171 井进行全井段测井解释。

4. 应用效果

如图 5-2-25 所示，牛 171 井试气 Ⅱ 层组射孔井段 5164.0~5174.0m（基岩），厚度为 10.0m，岩性为片麻岩，声波时差为 196μs/m，岩性密度为 2.673g/cm³，深侧向电阻率为 517.0Ω·m，计算基质孔隙度为 7.6%，计算含气饱和度 74.4%。岩石力学参数、饱含地层水中子与实测中子孔隙度交会均有好的含气指示，全烃显示最高 4.9%。裂缝较发育，溶蚀程度较好，裂缝孔隙度最高 0.21%，视面孔率最高 51.1%（图 5-2-26），裂缝宽度 282~1523μm。牛 171 井于 2022 年 11 月常规射孔，最高日产气 12.8×10⁴m³（5mm 油嘴），3mm 气嘴日产气 5.2×10⁴m³，油压 45MPa，累积产气 629×10⁴m³。

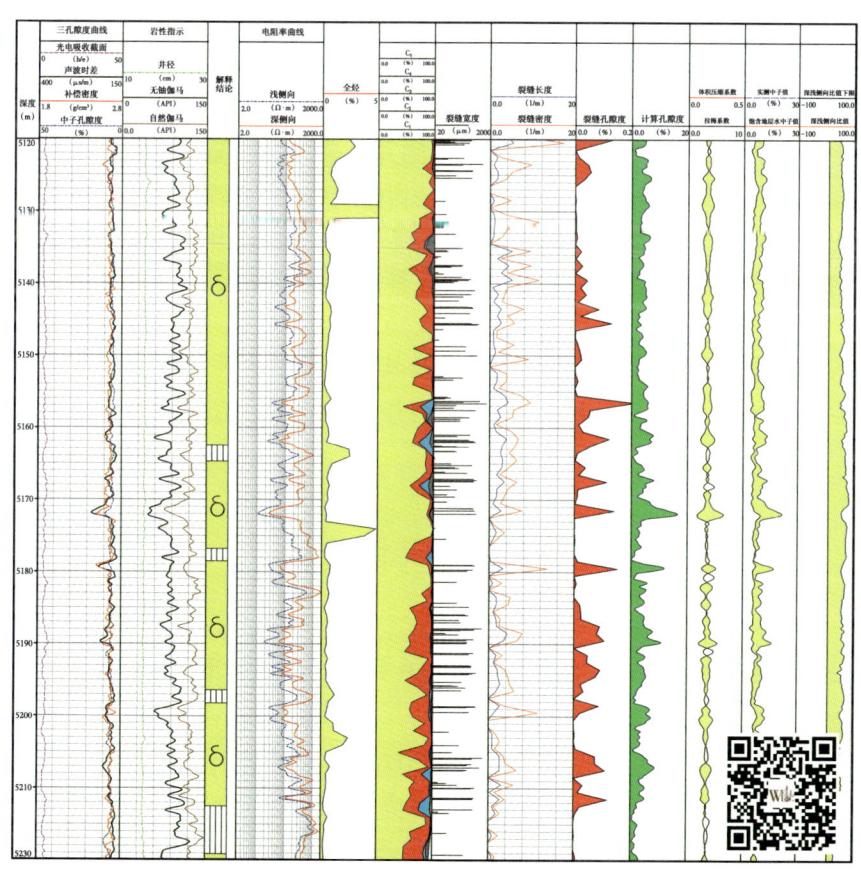

图 5-2-25　牛 171 井高产气层测井成果图

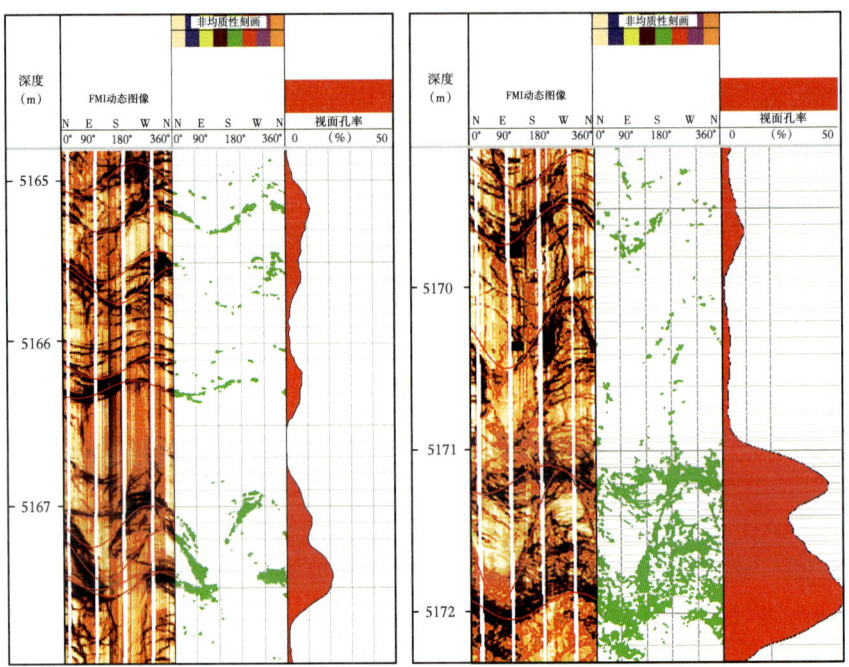

图 5-2-26 牛171井基岩气层成像特征图

5. 结论及建议

（1）针对基岩储层基岩储层岩性复杂、裂缝孔隙组合多样、非均质性强，致使储层主控因素不清，利用岩心刻度测井、电成像测井，采用变骨架法、结合数值模拟算法，定性及定量确定物性参数，进而为综合评价基岩储层有效性奠定基础。

（2）在精确识别岩性及求取物性参数基础上，通过 Porotex 技术、声波各向异性、地应力方向、构建储层品质指数（RQI）等多种信息开展储层有效性的评价和储层分类研究。

（3）下一步重点开展基岩储层裂缝发育及其有效性的主控因素研究，明确裂缝发育与断层、地层变形程度、矿物组分、风化淋滤作用的关系，为基岩气藏储层精细评价提供技术支撑。

第三节　区块案例

一、西部坳陷英东油田薄互层碎屑岩复杂断块油气藏测井评价

1. 地质背景

英东地区位于青海省柴达木盆地西部坳陷区，包括油砂山、英东等构造。该区地面构造整体为一由南东向北西方向抬升的大型鼻隆构造，自西向东在鼻隆背景上依次发育油砂沟、七一沟和大乌斯3个高点。

英东地区受断层控制，存在浅、中、深3套构造层。浅层构造为油砂山断层上盘冲起构造，构造主要发育于新近系，断层发育，构造破碎；中层构造为受油砂山断层牵引

在其下盘发育的新近系构造。这两套构造均为英东油田现今发现的主要含油气构造，各构造均受油砂山断裂的控制而呈北西向展布，圈闭依附于油砂山断裂上。

受周缘山系的影响，英东油田形成了冲断和扭动兼具的地质结构，西段冲断强烈，油砂山断层纵向断距最大达1500m，上盘抬起较高，形成复杂冲断背斜；东段则以扭动为主，断距相对较小，形成相对简单的断背斜或断鼻；下盘则为受油砂山断层牵引、依附油砂山断层而形成断鼻、断块构造形态。区内浅层断层展布，以NW向的油砂山断层控制了浅层构造带的形成，NWW向次级断层与主断层斜交，控制局部构造的发育，断层主要发育于构造主体、油砂山断层附近，依附油砂山断层而形成。

2. 存在问题

1）构造复杂油气水分布规律认识难度大

英东为多断块复杂构造，断层多、组合关系复杂，区域地表起伏大、破碎严重、地层疏松，地震精细解释难度大，影响断层识别与断裂系统精细描述，平面上不同区块测井油气水分布规律认识不清。

2）流体区分难度大

柴达木盆地油气混储的油气系统以英东油田最具代表性。2010年在英东一号构造钻探砂37井获得突破，陆续钻了多口探井和评价井，采集了三维地震资料，并于2011年上交了控制储量。随着资料的丰富，油藏、构造认识的深入，多井精细评价的开展，英东一号构造的复杂性逐渐显现：在复杂构造条件下纵向上存在多个油气水动力系统，油气水混储现象尤为突出。这种复杂性包括测井响应特征、构造解释、流体性质及油气水分布等。油层与气层测井响应类似，气层的中子测井没有出现明显的挖掘效应、声波测井也没有类似的周波跳跃等气层的响应特征，同时存在低阻油层、高阻水层的现象，储层流体识别成为测井评价的难点，油气及油水区分是制约英东地区勘探开发的一个瓶颈问题。

3）纵向断块发育、油气水系统多，井间差异大，油气分布规律复杂

英东油田是一个纵向叠置复杂断块构造油气藏。断层发育且断距大，单井地层重复多，地层对比困难，纵向含油气井段长，油气水系统多，井间差异大，油气分布异常复杂，岩石物理评价及油气系统的认识面临诸多挑战。

3. 测井评价技术

1）井震结合，倾角与图像结合识别断层、破碎带

基于英东油田构造的复杂性，采用多种方法进行了复杂断块构造识别和构造解释。从单井入手，开展电成像、倾角测井资料的精细处理解释，由点及面，加强地层对比，井震结合，精细刻画断层展布，明确了英东构造特征。

（1）倾角及成像资料准确识别断层破碎带。

地层对比是关键的基础性工作，对于油藏认识至关重要，逆断层引起的地层重复使得地层的对比与划分非常困难。而倾角资料可准确识别断点，结合常规曲线实现地层的精确对比。

由于断层两盘上下错动，倾角变化明显，在断层的上盘，倾向基本一致，下盘倾向基本一致。而断层上下盘倾向不一致，此处即为断层面。而且断层之间呈明显的杂乱模式，反映为断层破碎带，要结合井径曲线排除不规则井眼的影响。

（2）倾角解释结果与地震结合确定断点，辅助构造解释，明确英东油田构造特征。

英东油田多数井都钻遇了两、三条断层，识别这些断层对于小层的对比，精细构造

解释起到了关键作用。在K_3、K_4两个标志层控制下，根据沉积旋回、岩性、电性特征，确认了7个标志层及24个辅助标志层，纵向上划分24个砂层组，共305个小层。

2）细化单元，建立储层参数解释模型，精确计算储层参数

（1）储层孔隙度计算方法。

完成岩心的覆压校正后，分3个层段分别建立孔隙度的计算图版。岩心样品数为45。图5-3-1a是N_2^2的孔隙度计算图版，是测井密度值与覆压校正的岩心孔隙度交会图，图5-3-1b是岩心分析孔隙度与测井计算的孔隙度的对比。

N_2^2回归关系式为：

$$\phi=2.1217-0.8008DEN \quad (5-3-1)$$

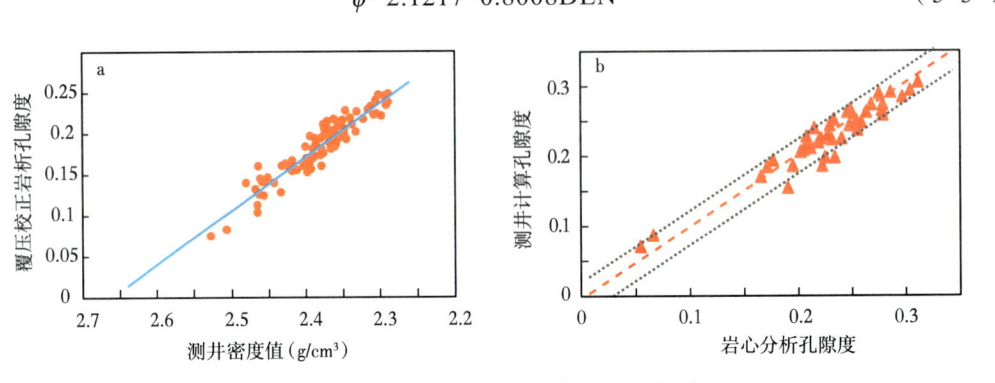

图5-3-1 N_2^2孔隙度计算图版与验证图版对比

当孔隙度为0时，得到的骨架密度为2.65g/cm³，与石英的骨架值一致，说明回归得到的关系式是合理的。岩心样品数为98，测井计算孔隙度与岩心分析的孔隙度对比表明，二者基本分布在45°线附近，孔隙度的正负偏差小于1.5%，符合要求，如图5-3-1所示。N_2^1-K_4上回归关系式为：

$$\phi=1.7385-0.652DEN \quad (5-3-2)$$

当孔隙度为0时，得到的骨架密度为2.666g/cm³，下部地层碳酸盐岩含量高，因此骨架密度比石英的骨架值略大，说明回归得到的关系式是合理的。岩心样品数为51，测井计算孔隙度与岩心分析孔隙度对比表明，二者基本分布在45°线附近，孔隙度的正负偏差小于1.5%，符合要求，如图5-3-2所示。

N_2^1-K_4下回归关系式为：

$$\phi=1.5369-0.5702DEN \quad (5-3-3)$$

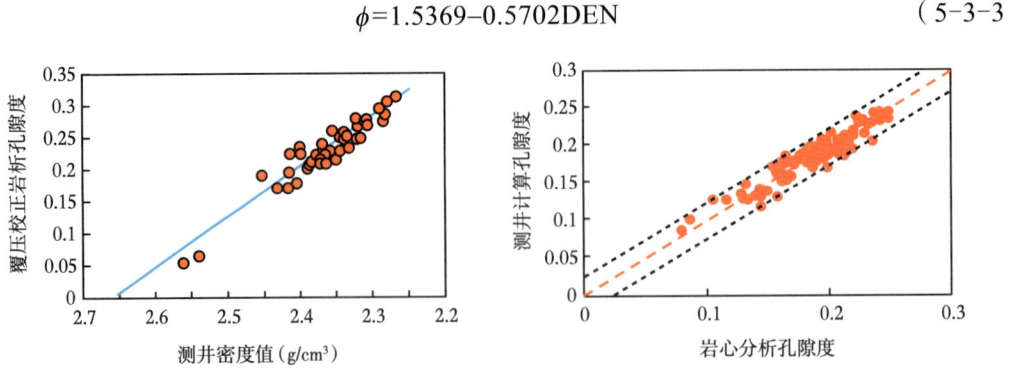

图5-3-2 N_2^1-K_4上孔隙度计算图版与验证图版

当孔隙度为 0 时，得到的骨架密度为 2.695g/cm³，同样由于碳酸盐岩含量高，密度骨架值偏高。测井计算的孔隙度与岩心分析的孔隙度对比表明，二者基本分布在 45°线附近，孔隙度的正负偏差小于 1.5%，符合要求（图 5-3-3）。

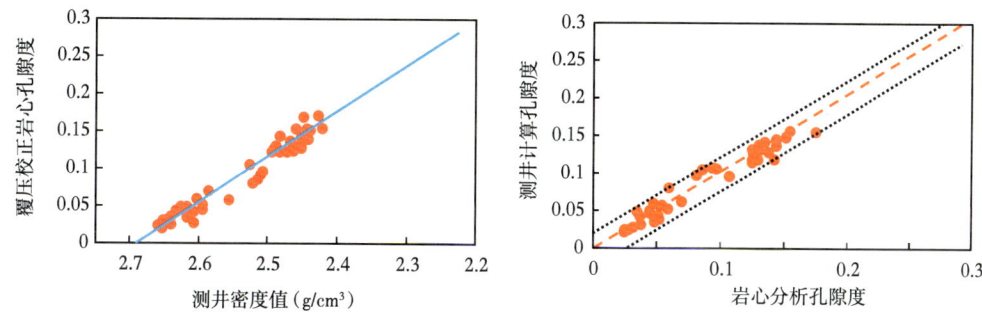

图 5-3-3　N_2^1-K_4 下孔隙度计算图版与验证图版

图 5-3-4 是英东 108 井测井计算的孔隙度与岩心分析结果的对比图，在 2700.6~2703.3m、2704.7~2706.7m，测井计算的孔隙度与岩心分析结果吻合很好，同时在其右侧的渗透率道中，测井计算的渗透率与岩心分析结果的一致性也较好。因此测井计算的孔隙度是可信的。

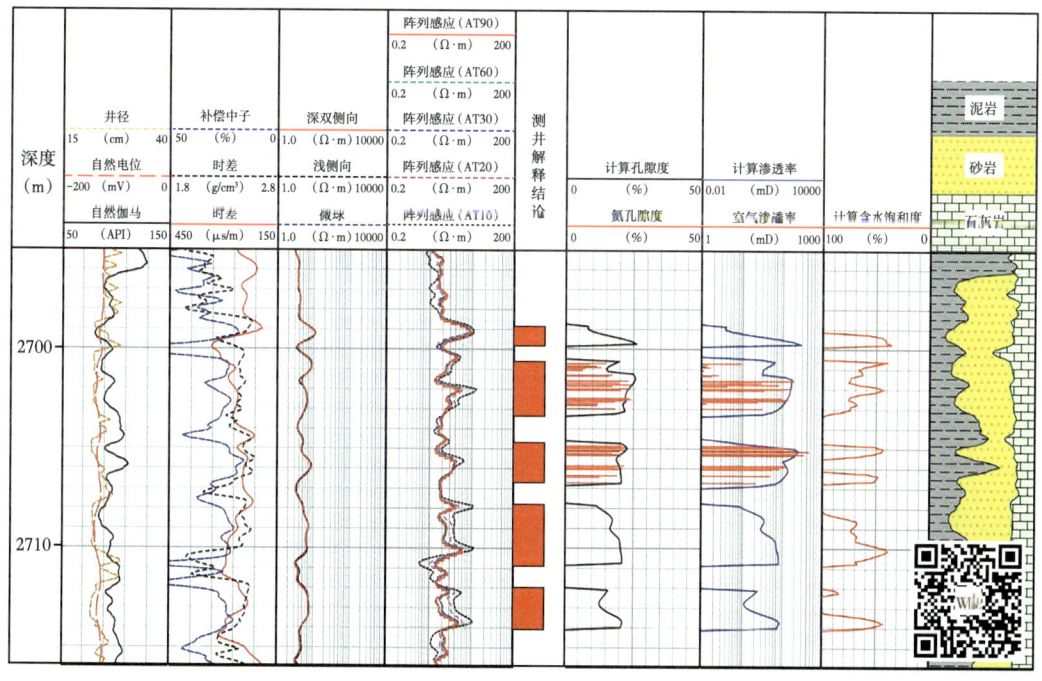

图 5-3-4　英东油田英东 108 井测井解释成果图

（2）储层渗透率计算方法。

研究表明，渗透率与孔隙度关系较好，渗透率的主控因素是孔隙度。

N_2^2 储层的渗透率计算模型：$K=0.0008e^{0.4767\phi}$，相关系数 $R=0.92$，如图 5-3-5 所示。

N_2^1-K_4 以上储层渗透率计算模型：$K=0.0012e^{0.526\phi}$，相关系数 $R=0.93$，如图 5-3-6 所示。

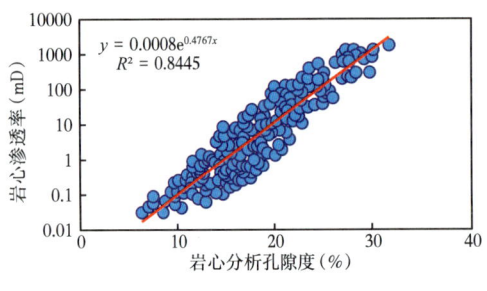

图 5-3-5 N_2^2 计算渗透率图版

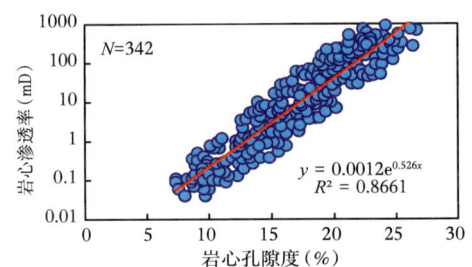

图 5-3-6 N_2^1-K_4 以上计算渗透率图版

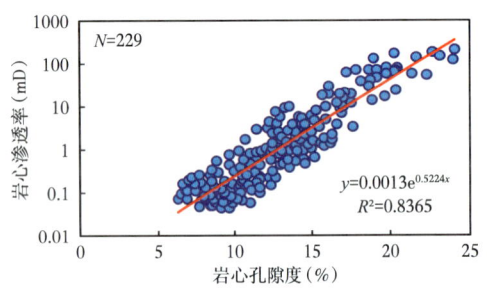

图 5-3-7 N_2^1-K_4 以下渗透率模型

N_2^1-K_4 以下储层渗透率计算模型：$K=0.0013e^{0.5224\phi}$，相关系数 $R=0.91$，如图 5-3-7 所示。

3）细化单元、分别针对上油砂山组、下油砂山组 N_2^1 上和 N_2^1 下多方法精细解释图版

（1）常规孔隙度与电阻率图版。

读取测试层段典型的测井值，并利用这些测井值建立图版，用于区分流体类型。图 5-3-8 是 N_2^2 层位孔隙度与感应电阻率交会图版，利用该图版可以有效区分油气水层及干层。需要说明的是，上油砂山组没有测试证实的干层，因此下限取了测试出油最低的值，其孔隙度为 16%。

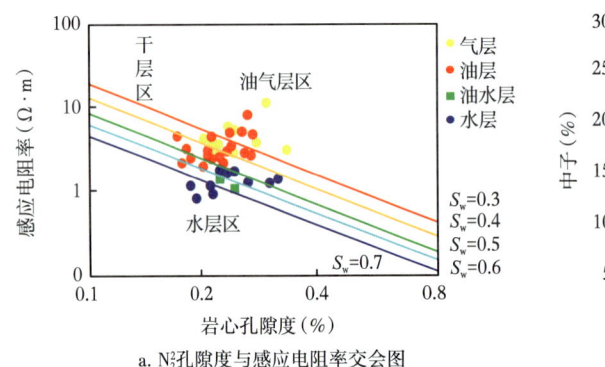

a. N_2^2 孔隙度与感应电阻率交会图　　b. N_2^2 密度与中子交会图

图 5-3-8 N_2^2 层位流体识别图版

下油砂山组采用了与上油砂山组相同的方法来建立密度—电阻率交会图版（图 5-3-9）、孔隙度与电阻率交会图（图 5-3-10）进行流体区分。本次总共采用 114 个样本点，以密度 2.5g/cm³、电阻率 2Ω·m 为界限，分别区分干层、油气层和水层，误入点共 6 个。其中有 1 个油层点落在干层区，2 个油层点落在水层区，3 个水层点落在油气层区，图版的符合率超过 85%。同时，绝大多数油气层点处于含水饱和度 50% 以下的区间内。该图版对油气的区分效果差。

（2）烃组分组合录井技术及常规放射性测井校正识别技术。

针对英东地区多系统、油气混储等特点，气测录井蕴含了大量烃组分的信息，充分利用气测录井中不同组分的含量，建立轻重组分面积比与测试生产气油比交会图版，识

别出气层、油层以及油气同层，识别精度较高。利用气体组分星形图面积比 S_a/S_b 能够较准确地计算气油比（图 5-3-11）。建立油气识别模式图版，为现场判识流体性质提供技术支持。

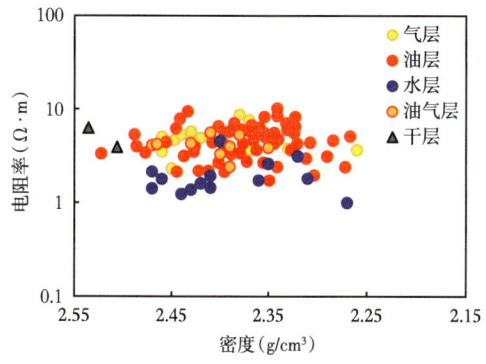

图 5-3-9　英东 N_2^1-K_4 上密度—电阻率交会图

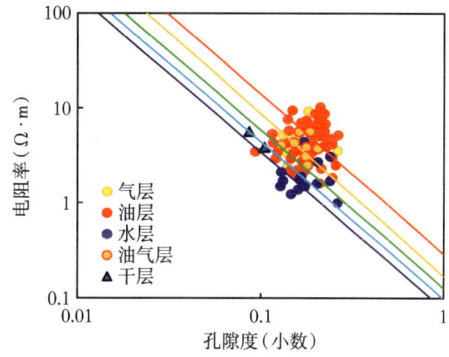

图 5-3-10　英东 N_2^1-K_4 上孔隙度—电阻率交会图

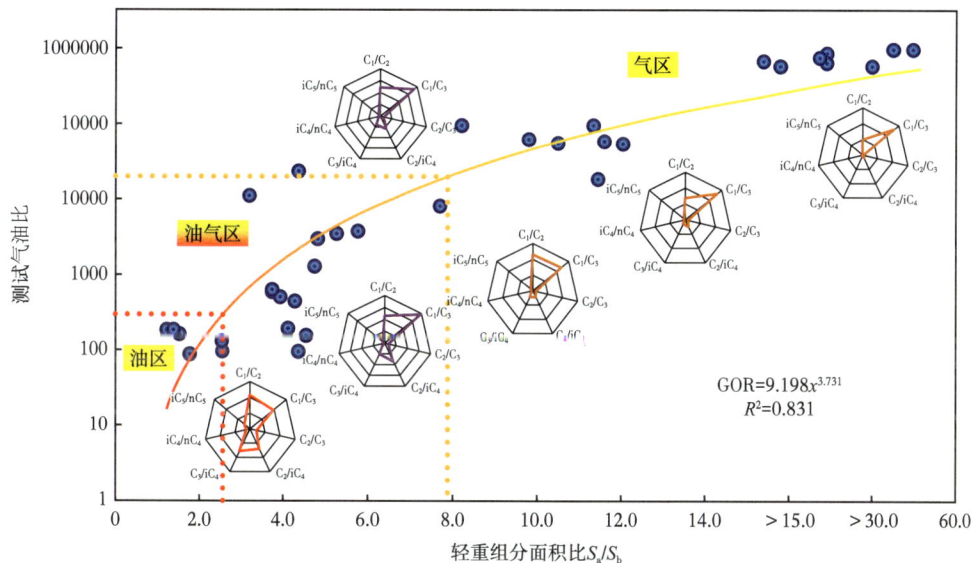

图 5-3-11　气体轻重面积比 S_a/S_b 计算生产气油比

随着钍含量升高，泥质含量升高，地层中钍的存在是导致泥质含量增高的重要原因。岩石骨架中泥质含量的增高，影响中子孔隙度测井值，使气层的中子挖掘效应复杂化，导致油气区分存在一定困难。通过自然伽马能谱测井钍含量与泥质含量校正中子测井值，可提高油气层区分效果，图版能区分超过 85% 的油气层（图 5-3-12）。

（3）利用岩石力学参数进行含气性评价。

从偶极子声波测井中提取的纵波、横波蕴含了大量与油气有关的信息。通过实验分析纵横波对不同含油饱和度的声波速度差异及岩石弹性参数（包括泊松比、体积模量、杨氏模量、剪切模量和拉梅系数）与含气饱和度之间的关系，建立一套不同声学参数的交会图版（图 5-3-13）。分析认为，体积模量和泊松比对含气饱和度的变化更加敏感，对油、气的定性判别和定量计算提供了重要依据。

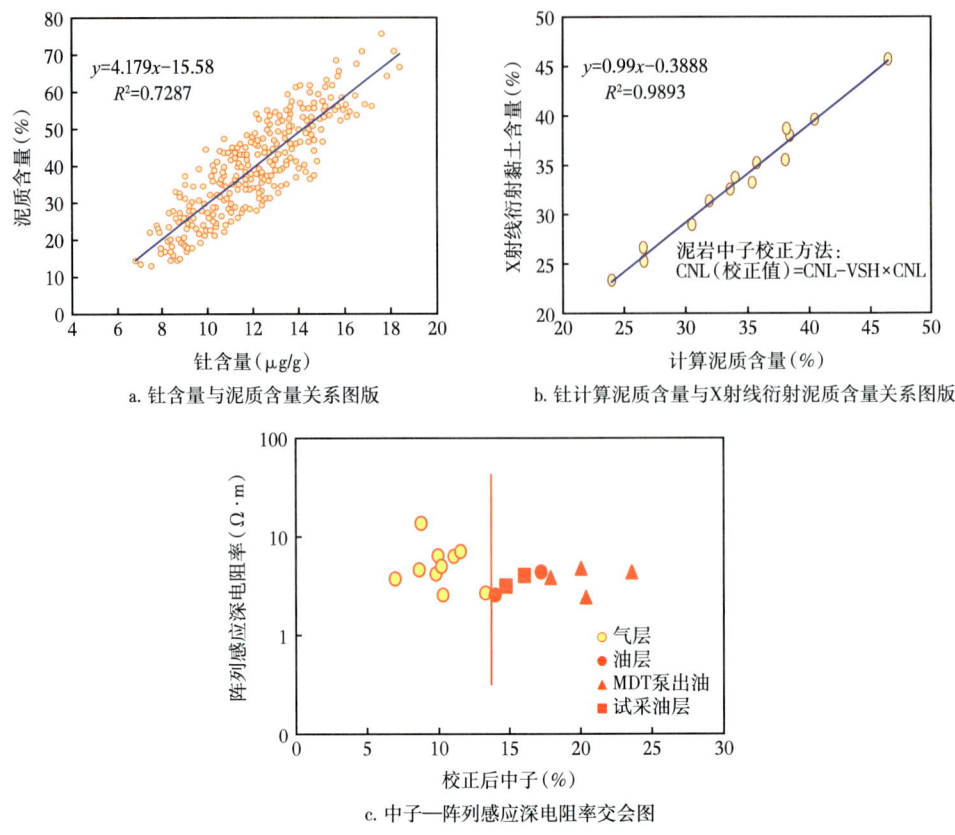

a. 钍含量与泥质含量关系图版　　b. 钍计算泥质含量与X射线衍射泥质含量关系图版

c. 中子—阵列感应深电阻率交会图

图 5-3-12　英东油田 N_2^2 校正后流体识别图版

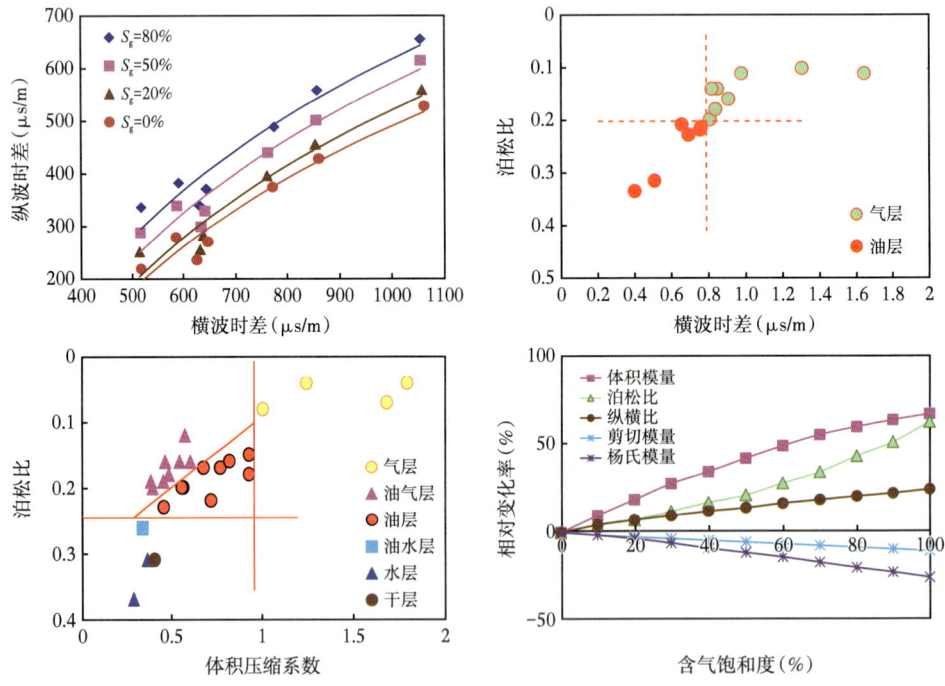

图 5-3-13　基于岩石物理实验的阵列声波油气评价技术

4. 应用效果

深度挖掘阵列声波测井信息，利用构建的弹性力学指示参数进行流体性质判别，油气区分效果显著。砂 37 井 851~863m 段，体积压缩系数增大，泊松比减小，呈现气层特征，射孔后日产气 $5\times10^4m^3$；796~800m，体积压缩系数值较小，无明显气层特征，射孔后日产油 $2.25m^3$，日产气 $2.61\times10^4m^3$。通过试采验证，非电法流体识别结果与试油结论具有很好的一致性（图 5-3-14）。

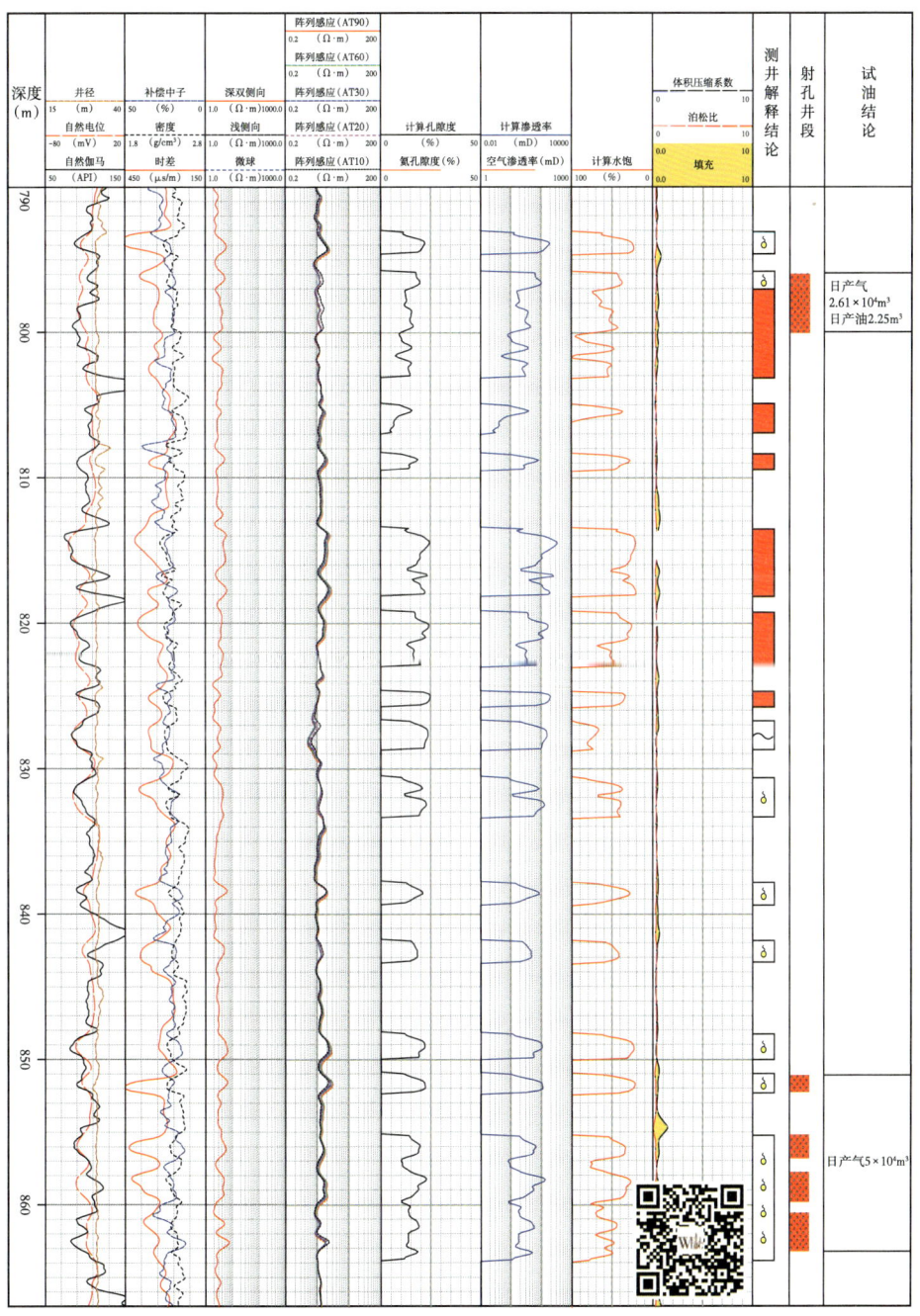

图 5-3-14　砂 37 井测井解释综合图

5. 结论及建议

通过对复杂流体类型进行研究以及对大量基础资料的统计分析，在英东油田复杂构造背景下，综合应用地质、测井、测试、分析化验、岩石物理规律认识和解释方法研究，得到如下结论：

（1）强化地层倾角评价，明确了地层产状、断层位置；利用井震结合，多信息综合建立合理构造模型，落实构造。

（2）结合数值模拟理清了油气层阵列感应高侵机理，明确了英东油田油气层电阻率高侵的主要原因，高矿化度地层水与低矿化度钻井液的巨大差异是重要的影响因素。在时间推移测井基础上，建立了油气层高侵校正方法。

（3）分层位、分储层确定各储层有效厚度下限标准，提高了储层认识。建立储层参数解释模型，不断完善英东油田油气层解释图版、解释标准和解释模型，使英东油气层的解释符合率达到87.6%。针对下油砂山组N_2^1-K_4上油气难以区分的问题，研究得出地层中钍的存在是导致泥质含量增高的重要原因，而岩石骨架中泥质含量的增高影响中子孔隙度测井值，在气与油层中的影响更加严重。通过泥质含量进行校正，提高了油气识别率。

（4）电法测井与非电法技术相结合识别流体性质，取得了很好效果。通过对复杂流体类型识别技术研究，建立了柴达木盆地复杂流体测井评价与采集技术系列。测井、录井和试井结合研究，配套形成测录井油气定量区分技术和测井试井产能预测技术，为油气混储油田开发提供技术保障。

二、昆北断裂昆北油田切12区块山前砂砾岩油藏测井评价

1. 地质背景

昆北断阶带位于柴西南区南部，是昆仑山隆升向盆地挤压形成的昆北大逆断裂主控的断阶构造带。昆北断裂断距500~3600m，断裂上盘基岩顶埋深2000m左右，下盘基岩顶埋深4000~6000m。断裂带上盘以昆北Ⅱ号断裂和切8井为界，平面可分为3个区，西区是北倾斜坡背景上由反冲断层控制的断鼻或断背斜构造，主要有切4号、切6号、切12号和切16号等构造；切12号构造整体为一鼻状构造，为受构造控制油藏。切12号构造主体位于昆北断层及F1断层夹持的半背斜高部位。主要断裂对圈闭形成有较强的控制作用，同时断层对油气藏的分布具有一定的控制作用。断层既是油气运移的通道，同时又对油气起到封堵作用。纵向上，油气主要分布于E_3^1及基岩风化壳层段，经切12井、切11井及切121井等井钻探，在E_3^1层段均获得高产工业油流。切12号构造总体构造形态为受昆北及⑥号断层控制形成的半背斜，构造轴向北北东向。在切10井和切12井之间发育一条北北东向断层，分割构造成东西两块。切12井位于东块的较高部位。

2. 存在问题

（1）储层岩性混杂，母岩类型多样，有效储层识别难

储层岩性、岩相复杂、成岩作用多期多样、泥质含量变化大、非均质性强，测井曲线分辨率低，井眼扩径严重，曲线对储层的储集性及含油性没有直观的反映，有效储层精细划分难。

（2）岩性复杂，孔隙结构复杂，储层中胶结物、泥质含量、粒度对物性的影响比较明显，导致储层测井参数计算精度低。

砂砾岩储层岩石胶结作用不强，储层岩石分选较差，岩性较粗，多含砾石颗粒，钻样困难，柱塞样在含油层段钻取少，在非含油层段钻取多，岩样代表性不足影响了物性参数的精细建模。

（3）砂砾岩砾石含量、砾石支撑及分选非均质性强，孔隙结构复杂且测井表征难，导致储层分类评价标准难以建立，直接影响储层有效性评价。

地层胶结弱，储层井段扩径严重（图5-3-15），三孔隙度曲线不同程度受到扩径影响；图5-3-16为切12-10-8井岩心实验结果对比，以孔隙度为例，煤油法测量结果与氦气法测量结果差异大且规律不同。如何在研究过程中去伪存真，建立有效性评价方法，是需要面对的问题。

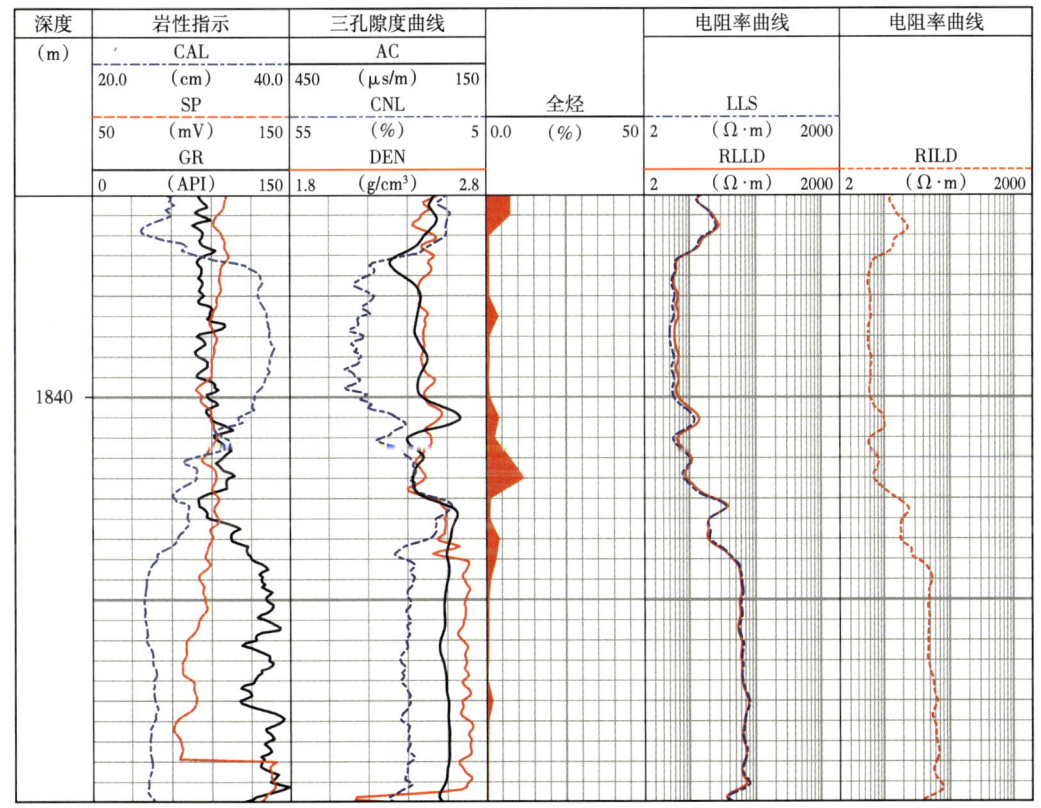

图 5-3-15 储层井眼扩径现象

3. 测井评价技术

1）岩性识别

基于 M、N 交会技术，构建岩性敏感参数 LSI，有效识别岩性。

切12井区 E_3^1 底部储层与非储层物性差别小，有效性评价对物性参数计算要求比较高。本次研究对前人研究模型的适应性进行了分析，对三孔隙度曲线与物性参数匹配性差的原因进行剖析，构建的岩性敏感指数 LSI 既能确定测井曲线失真层段，又能反映地层岩性，分类建模提高了储层物性参数计算精度。

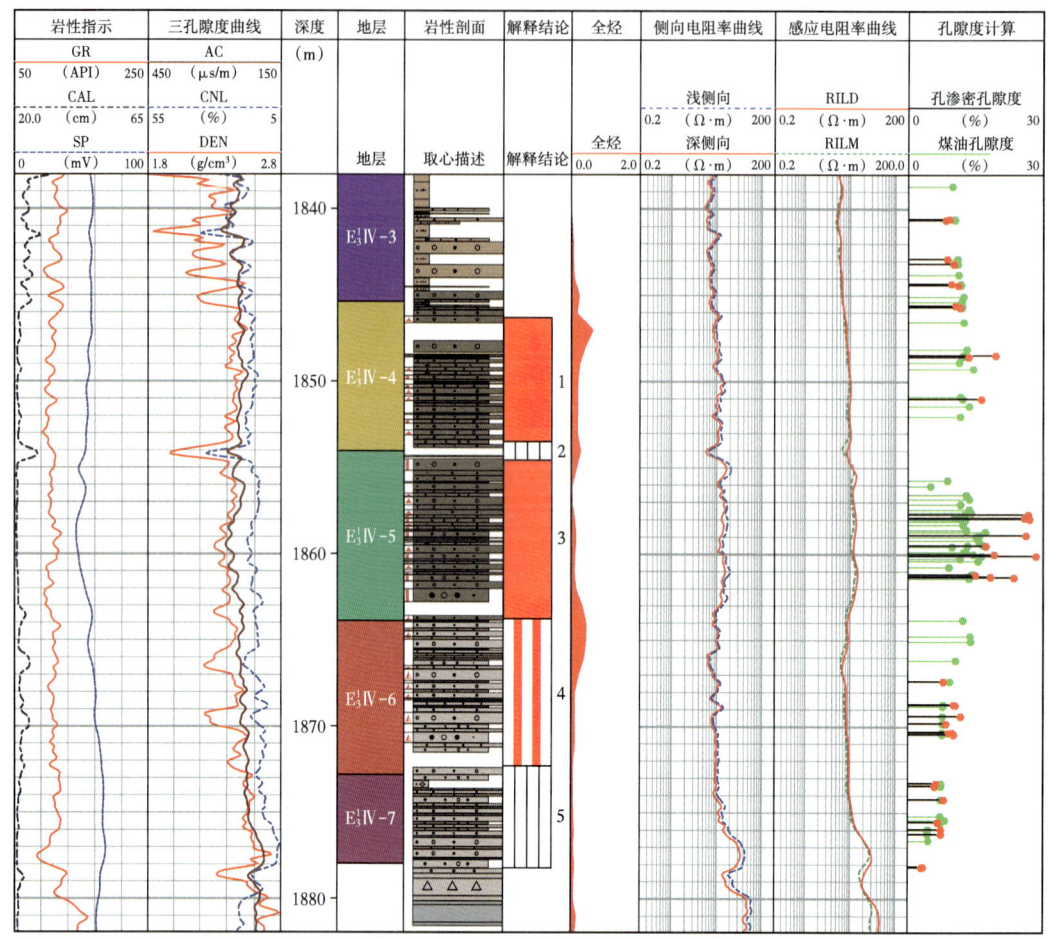

图 5-3-16　切 12-10-8 井氦气法孔隙度与煤油法孔隙度分析结果对比（岩心）

（1）LSI 指数反映岩石粒度特征。

M、N 参数计算公式为：

$$N = \frac{\phi_{Nf} - \phi_N}{\rho_b - \rho_f} \qquad (5\text{-}3\text{-}4)$$

$$M = \frac{\Delta t_f - \Delta t}{\rho_b - \rho_f} \times 0.003 \qquad (5\text{-}3\text{-}5)$$

式中：ϕ_{nf} 为流体中子；Δt_f 为流体声波时差，μs/m；ρ_f 为流体密度，g/cm³。

M、N 参数能有效反映储层岩性，将 M、N 参数统一到同一标准下，提出构建 LSI 指数，具体计算公式为：

$$\phi = -0.038 \text{CNL} + 0.154 \text{AC} - 29.15 \text{DEN} + 49.11 \qquad (5\text{-}3\text{-}6)$$

LSI 指数与岩石粒度中值有较好的对应性，如图 5-3-17 所示。

（2）LSI 指数剔除低品质测井资料层段。

确定各纯岩性 M、N 值，见表 5-3-1。

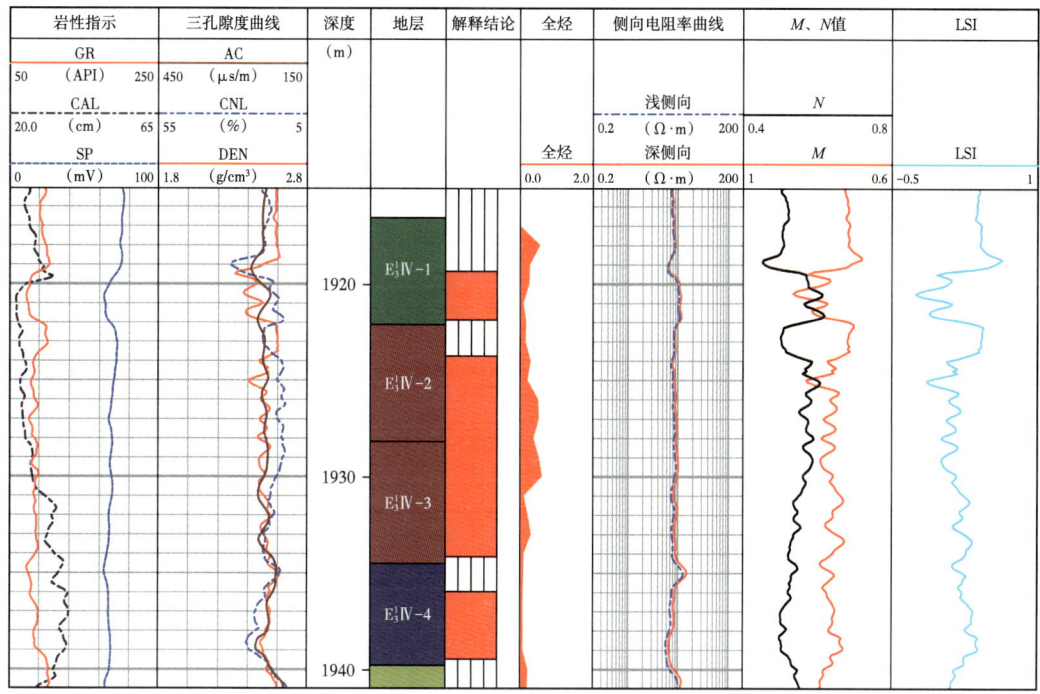

图 5-3-17　LSI 指数与岩石粒度中值对比（切 11 井）

表 5-3-1　各岩性 M、N 值

岩性	M 值	N 值
砂岩	0.85	0.7
泥岩	0.6	0.5
石灰岩	0.82	0.6
白云岩	0.78	0.5

岩心分析可以确定：无论储层段还是非储层段，至少含有 10% 的泥以及 10% 的灰质。由此确定：

$$N_{区域最大}=0.8N_{砂}+0.1N_{泥}+0.1N_{灰}=0.8\times0.7+0.1\times0.6+0.1\times0.5=0.67 \quad (5\text{-}3\text{-}7)$$

$$M_{区域最大}=0.8M_{砂}+0.1M_{泥}+0.1M_{灰}=0.8\times0.85+0.1\times0.6+0.1\times0.82=0.82 \quad (5\text{-}3\text{-}8)$$

进而有：

$$\text{LSI} \geq \frac{N_{\max}-N_{区域最大}}{N_{\max}-N_{\min}}-\frac{N_{区域最大}-N_{\min}}{N_{\max}-N_{\min}}=\frac{0.8-0.67}{0.4}-\frac{0.82-0.6}{0.4}=-0.225 \quad (5\text{-}3\text{-}9)$$

本区地层 LSI 指数应该大于 -0.225；对于 LSI 指数小于 -0.225 的地层，基本可以确定其三孔隙度曲线受到扩径或者测井的影响。如图 5-3-18 所示，LSI 指数小于 -0.225 的地层与扩径现象对应，三孔隙曲线品质不高。

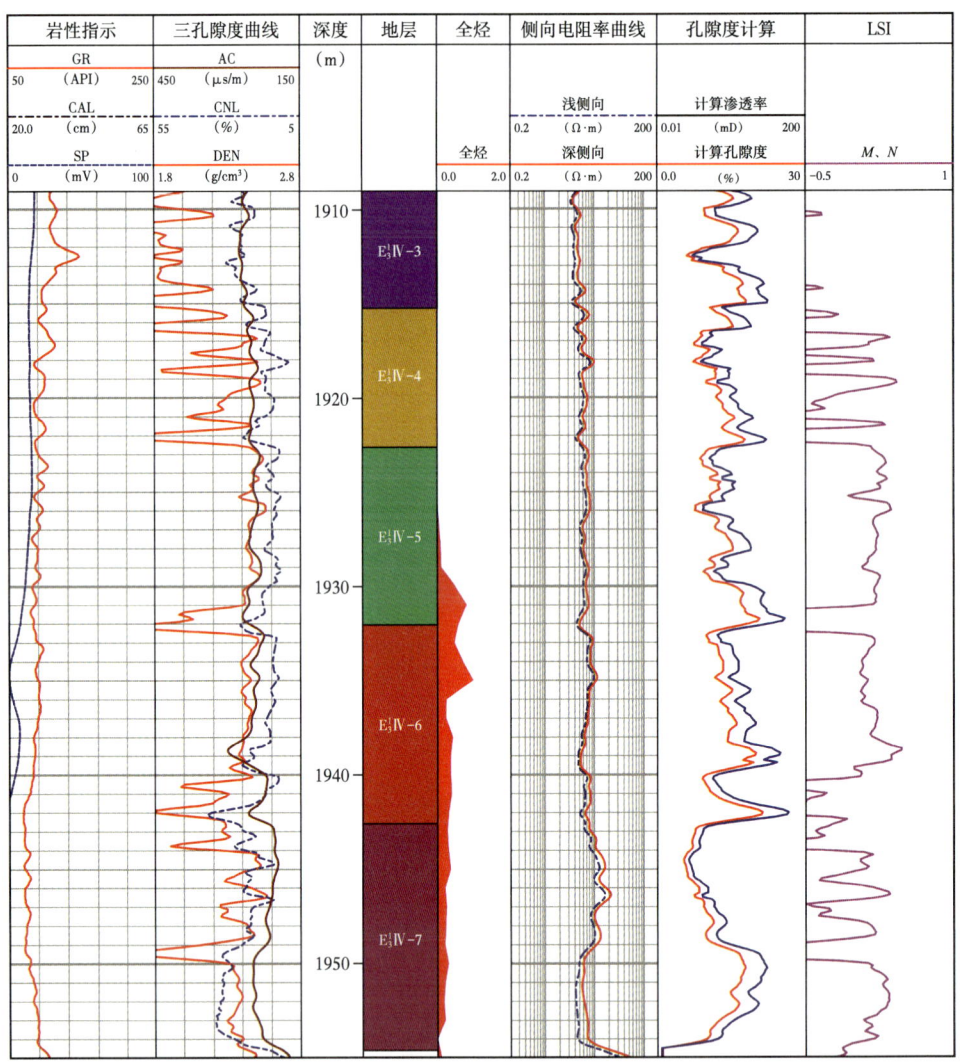

图 5-3-18 LSI 指数与测井资料品质（切 122 井）

（3）LSI 指数开展储层岩性分类。

LSI > -0.225 的样品可近似分为两类：一是以砂为主的岩性（砂岩及母岩为砂岩的砾岩），这类岩石 LSI 较小；二是灰质泥质含量高或者母岩含灰含泥的砾岩，这类岩石 LSI 值相对更高。

通过确定 M、N 分界确定 LSI 指数对地层分类，具体方法为：

$$N_{分界}=0.5N_{砂}+0.4N_{泥}+0.1N_{灰}=0.5\times0.67+0.4\times0.5+0.1\times0.6=0.595 \quad (5\text{-}3\text{-}10)$$

$$M_{分界}=0.5M_{砂}+0.4M_{泥}+0.1M_{灰}=0.5\times0.85+0.4\times0.6+0.1\times0.82=0.747 \quad (5\text{-}3\text{-}11)$$

$$LSI_{分界}=\frac{N_{\max}-N_{分界}}{N_{\max}-N_{\min}}-\frac{M_{分界}-M_{\min}}{M_{\max}-M_{\min}}=\frac{0.8-0.595}{0.4}-\frac{0.747-0.6}{0.4}=0.145 \quad (5\text{-}3\text{-}12)$$

将 LSI > -0.225 的样品分为两类,一类是 LSI > 0.145 的地层,为泥或灰含量高;另一类是 -0.225 < LSI < 0.145 的地层,以砂为主(可以是砾岩)。

2)储层参数模型建立

(1)基于 M、N 交会技术构建的岩性敏感参数 LSI,分类建模提高参数计算精度。

①基于 LSI 指数分类的孔隙度建模。

对 $-0.225 \leq \text{LSI} \leq 0.145$ 地层,三孔隙度交会确定孔隙度计算方法:

$$\phi = -0.038\text{CNL} + 0.154\text{AC} - 29.15\text{DEN} + 49.11 \quad (5\text{-}3\text{-}13)$$

$$R^2 = 0.81$$

对 LSI > 0.145 地层,中子测井与孔隙度的对应性较差,选用声波时差、密度以及泥质含量计算孔隙度。

$$\phi = 0.077\text{AC} - 33.69\ln\text{DEN} - 3.15\ln V_{\text{sh}} + 16.9 \quad (5\text{-}3\text{-}14)$$

$$R^2 = 0.66$$

对于 LSI < -0.225 的地层,借用 2016 年建立的孔隙度模型得:

$$\phi = 0.15\text{AC} - 26.50 \quad (5\text{-}3\text{-}15)$$

②基于 LSI 指数分类的渗透率建模。

不同类型储层(基于 LSI 指数的分类)孔隙度与渗透率的相关性不同,储层渗透率的求取可以参考孔隙度建模的方法,开展相应研究。

对 LSI > 0.145 地层,相关系数为 0.8660:

$$K = 0.00000388\phi^{5.3074} + 0.00395 V_{\text{sh}}^{-1.72} \quad (5\text{-}3\text{-}16)$$

对 $-0.225 \leq \text{LSI} \leq 0.145$ 地层,相关系数为 0.9274:

$$K = 0.0355752\text{e}^{0.3722\phi} - 10.876 V_{\text{sh}} \quad (5\text{-}3\text{-}17)$$

对当 LSI ≤ -0.225 地层,相关系数为 0.8:

$$K = 0.00001\phi^{4.81374} \quad (5\text{-}3\text{-}18)$$

图 5-3-19 是切 11 井测井计算孔渗与岩心分析计算对比,二者一致性较好,模型计算精度较高。

(2)基于微孔指数的渗透性综合表征技术。

分析不同孔喉类型储层孔隙度测井机制,对于中子测井而言,测量的是含氢指数,与孔隙喉道类型无关,表征储层总孔隙度;声波在岩石中传播,遵循费马最小时差原理,表征的是骨架及孔隙度的综合响应,若储层孔喉比过大或者孔隙主要以微孔镶嵌于骨架中,传播路径会选择速度更快的岩石骨架而绕开部分孔隙(一部分孔隙没有被声波测井探测到),测量的时差偏小,计算的声波孔隙度也会偏小;中子孔隙度与声波孔隙度就会出现差异,差异越大,地层孔喉比越大或者微孔隙越大。无论是哪一种情况,都代表地层有效性更差(基于相同孔隙度条件下),利用这个差异即可定性评价储层有效性，定义为储层微孔指数。

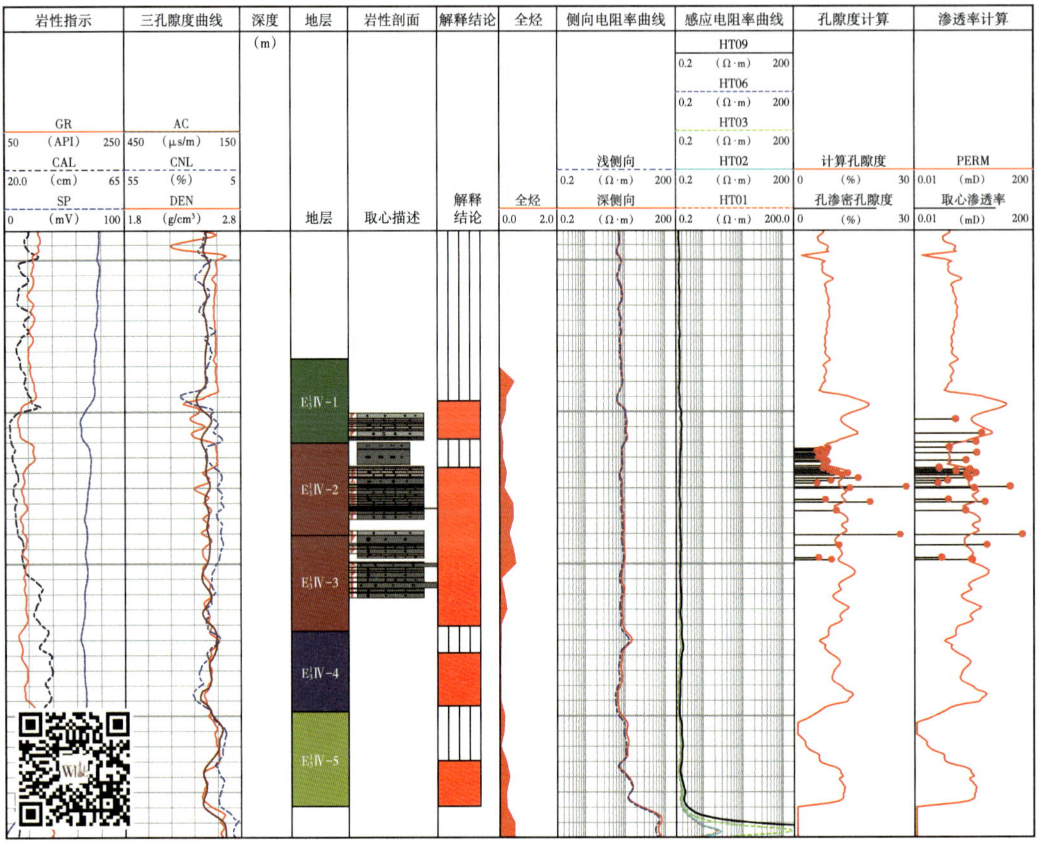

图 5-3-19　切 11 井孔渗计算效果图

常用的声波体积模型如图 5-3-20a 所示，其对应的声波时差方程为：

$$(\phi_1 + \phi_2)\Delta t_f + (1 - \phi_1 - \phi_2)\Delta t_{ma} = \Delta t \quad (5-3-19)$$

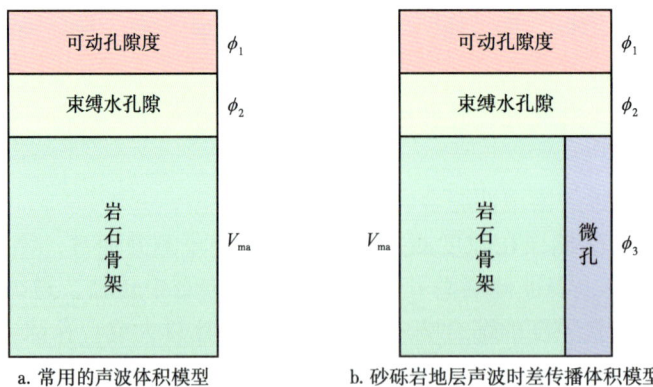

a. 常用的声波体积模型　　　b. 砂砾岩地层声波时差传播体积模型

图 5-3-20　声波体积模型图

式（5-3-19）不能有效刻画微孔指数。基于此，调整砂砾岩地层声波时差传播体积模型，如图 5-3-20b 所示，对应的声波时差方程为：

$$(\phi_1 + \phi_2)\Delta t_f + (1 - \phi_1 - \phi_2)\Delta t_{ma} = \Delta t \quad (5\text{-}3\text{-}20)$$

联立中子测井,可以获得微孔指数 MPI 的计算公式为:

$$\text{MPI} = \left(1 - \frac{\Delta t_{ma}}{\Delta t_f}\right)\text{CNL} + \frac{\Delta t_{ma} - \Delta t}{\Delta t_f} \quad (5\text{-}3\text{-}21)$$

选用氦气孔隙度及空气渗透率评价储层有效性存在一定的局限性。相比可动孔隙度,微孔及束缚孔为无效孔。无效孔隙度较高的岩石虽然具有一定的空气渗透率,但并不真正体现储层在流体为油或水条件下的渗流能力。在泥质校正、微孔剔除以及束缚水饱和度准确评价基础上,计算储层可动孔隙度,能够定量表征储层渗流特性(图 5-3-21)。核磁共振实验能够获取岩样的束缚水饱和度,研究发现,其与总孔及泥质含量相关性较好。

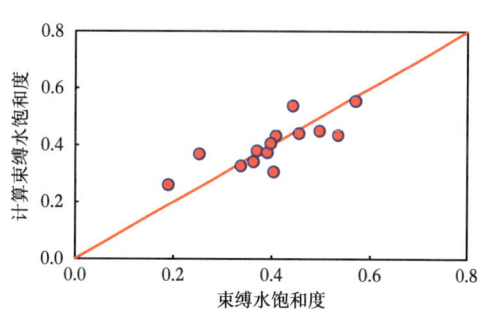

图 5-3-21 束缚水饱和度计算对比

束缚水饱和度计算公式:

$$S_{wi} = 0.151\ln V_{sh} - 0.175\ln\phi + 0.468 \quad (5\text{-}3\text{-}22)$$

可动孔隙度计算公式如下:

$$\phi_m = \phi_t(1 - \text{MPI})(1 - S_{wi}) \quad (5\text{-}3\text{-}23)$$

式中:ϕ_m 为可动孔隙度。

可动孔隙度评价储层有效性取得良好效果。如图 5-3-22 所示,以切 12-23-6 井为

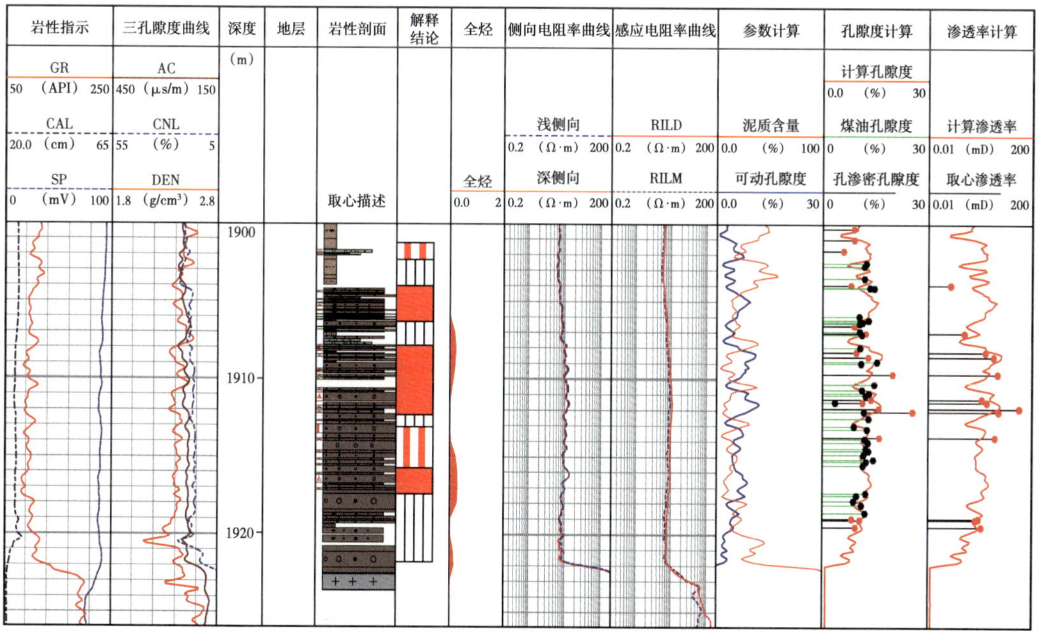

图 5-3-22 切 12-23-6 井储层有效性评价

例，1902.5~1904m、1906.35~1908.2m、1912.16~1913.16m 及 1917.68~1921.9m 计算孔隙度纵向上差异较小，均大于 8.5%，原解释为油层，钻井取心不含油，岩心描述分别为泥岩、泥质细砂岩、含泥砂砾岩、泥质砂砾岩，与解释结论不符。计算地层可动孔隙度，地层纵向上出现明显差异，上述 4 段地层泥质含量较高，可动孔隙度小于 3%，综合解释为隔夹层。

（3）储层饱和度计算方法。

切 12 井区 E_3^1 油藏主要为孔隙型砂岩储层，以粒间孔隙为主，测井解释采用阿奇公式计算含水饱和度，相关参数由岩电实验确定。

$$S_w = \sqrt[n]{\frac{a \times b \times R_w}{R_t \times \phi^m}} \qquad (5\text{-}3\text{-}24)$$

共计收集到 3 口井 4 个地层水分析资料，$CaCl_2$ 水型，等效 NaCl 矿化度最小为 50077mg/L，最大为 57525mg/L，平均为 54624mg/L，各井深度及地层水矿化度差异不大。换算到油藏条件的地层水电阻率为 $0.065\Omega \cdot m$。建立地层因素（F）—孔隙度（ϕ）关系图版（图 5-3-23）、电阻增大率（I）与含水饱和度（S_w）的关系图版（图 5-3-24），确定 a、b、m、n 值分别为：$a=1$，$m=1.61$；$b=1.0$，$n=1.64$。切 12-7-11 井饱和度计算效果如图 5-3-25 所示。

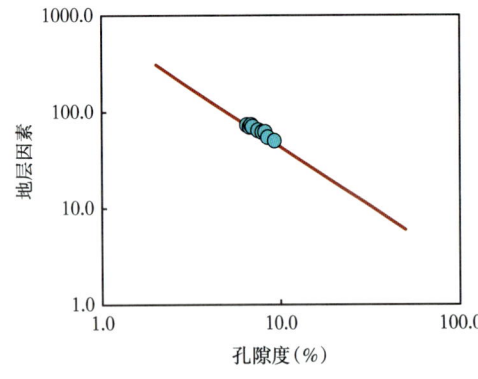 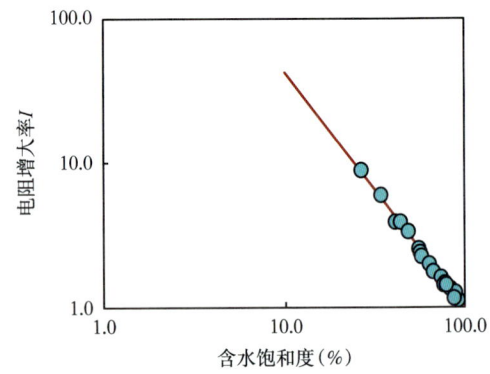

图 5-3-23 地层因素与孔隙度关系　　图 5-3-24 电阻增大率与含水饱和度关系

（4）有效孔隙度下限的确定。

图 5-3-26 为切 12 区块 E_3^1 油藏不同岩性孔隙度与渗透率分布直方图。根据物性分析及岩心描述资料，不等粒砂岩、砂砾岩、砾状砂岩、中粗砂岩物性最好。本区取心段未发育粉砂岩、细砂岩储层，颗粒粗细对储层物性影响不大，砾石含量对储层物性的影响也不明显。结合岩性特征研究，E_3^1 油藏储层主要以物性好的不等粒砂岩、砾状砂岩为主。

从图 5-3-27 可看出，切 12 区块 E_3^1 油藏孔隙度在 8.0%、空气渗透率在 0.4mD 以上的储层岩性在含灰泥砂岩级别以上。

（5）有效饱和度下限的确定。

应用切 12 区块 E_3^1 油藏试油、试采 41 层点，建立孔隙度与含油饱和度交会图，其中油层数据 30 个、水层数据 5 个，干层数据 6 个。图版精度为 92.79%，如图 5-3-28 所示。

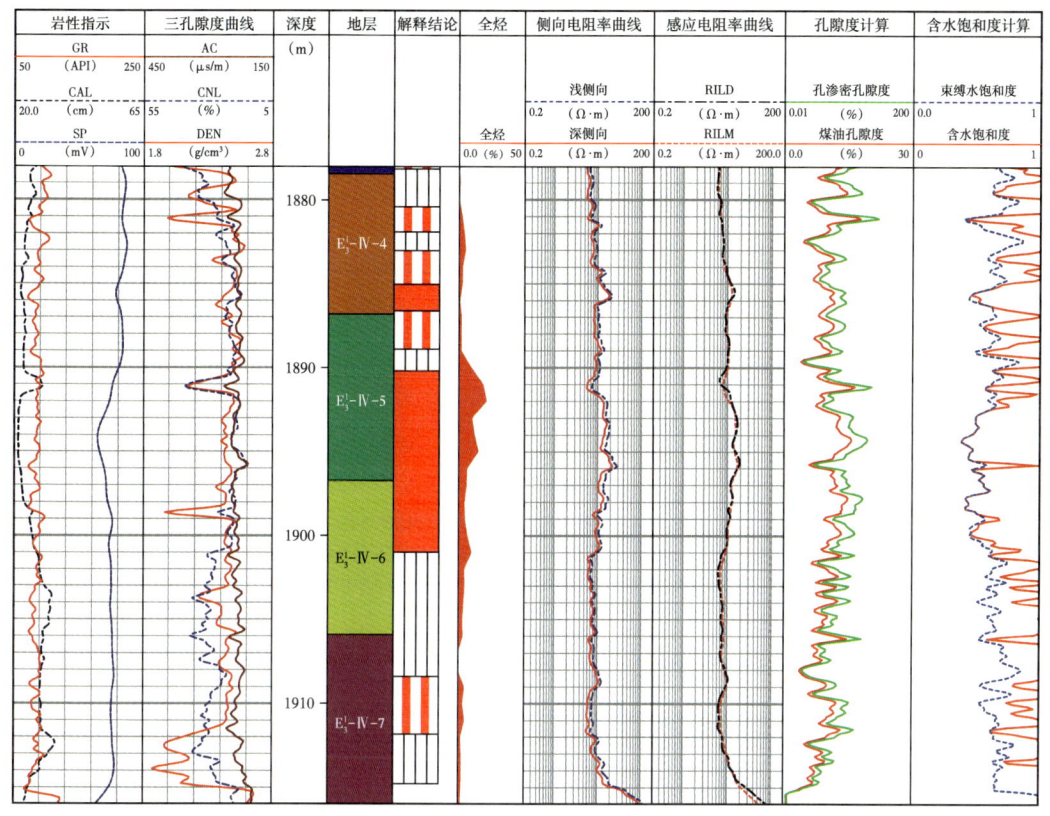

图 5-3-25 切 12-7-11 井水层含水饱和度计算示意图

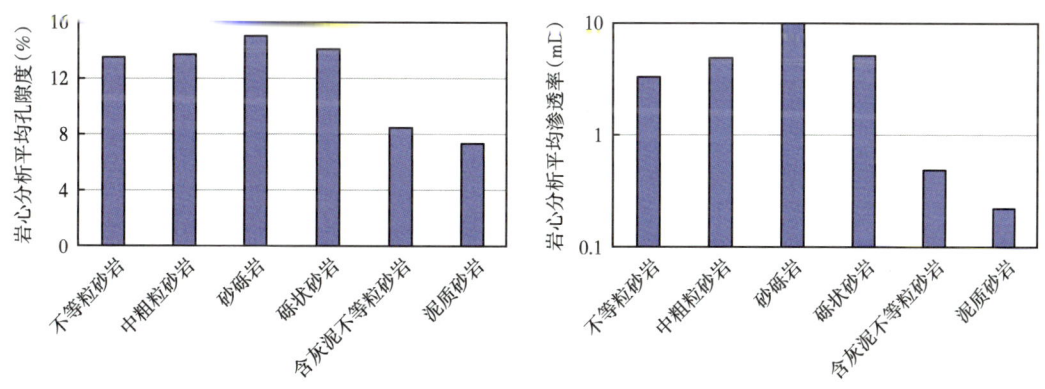

图 5-3-26 切 12 区块 E_3^1 油藏不同岩性平均孔隙度与渗透率分布直方图

物性标准为：

油层：$S_o \geqslant 45.0\%$，$\phi \geqslant 8.5\%$。

水层：$S_o < 45.0\%$，$\phi \geqslant 8.5\%$。

干层：$\phi < 8.5\%$。

（6）创建储层孔隙结构指数（RQI）的定量表征方法，实现了储层分类评价。

储层品质指数与压汞参数有良好的相关性（图 5-3-29），因此，在没有压汞试验的井中孔隙结构系数可以很好地表征微观孔喉结构和储层品质。RQI 越大，反应的储层孔喉结构越好，储层品质越好（表 5-3-2）。

$$RQI=\sqrt{K/\phi_e} \qquad (5-3-25)$$

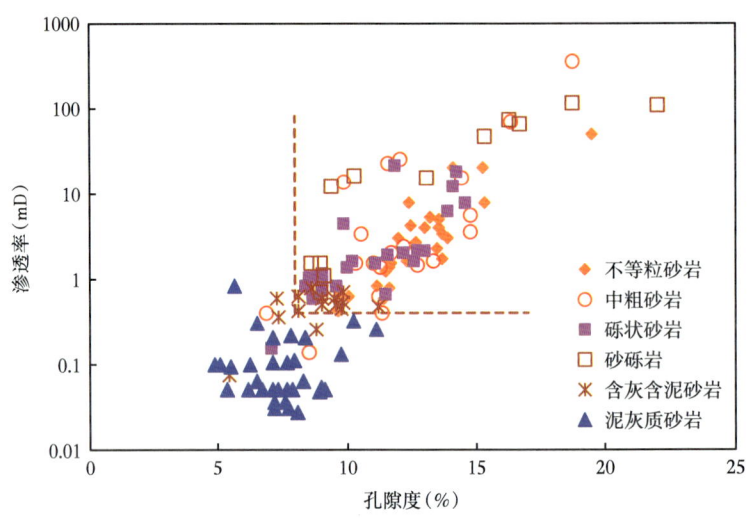

图 5-3-27 切 12 区块 E_3^1 油藏岩性与物性关系图

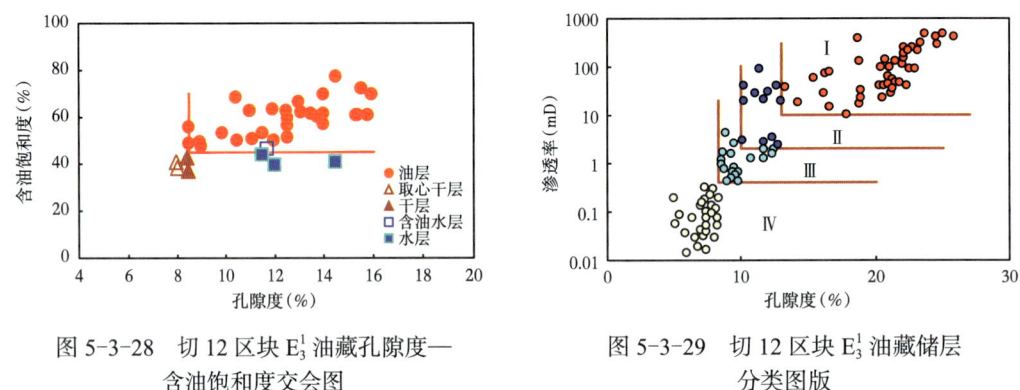

图 5-3-28 切 12 区块 E_3^1 油藏孔隙度—
含油饱和度交会图

图 5-3-29 切 12 区块 E_3^1 油藏储层
分类图版

表 5-3-2 切 12 区 E_3^1 油藏储层分类标准

储层类型	Ⅰ类	Ⅱ类	Ⅲ类	Ⅳ类
岩性	细砂岩	砾状砂岩	细砾岩	含砾不等粒砂岩
RQI	＞0.8	1.2~0.45	0.45~0.22	＜0.22
孔隙度（%）	＞13	13~10	10~8.3	＜8.3
渗透率（mD）	＞10	10~2	2~0.4	＜0.4
初期产能	自然高产≥10m³/d	自然产能 3~10m³/d	1~3m³/d 或措施求产	基本无产

3）山前砂砾岩储层流体性质判别方法

（1）流体识别图版建立。

以取心井、产液剖面井为依托，进行"四性"关系研究，建立可动孔隙度与泥质含量、可动孔隙度与饱和度交会的流体识别图版。泥质含量为本区互层的主控因素，结合泥质含量及可动孔隙度，形成本区有效储层评价标准，详见图 5-3-30 及图 5-3-31。

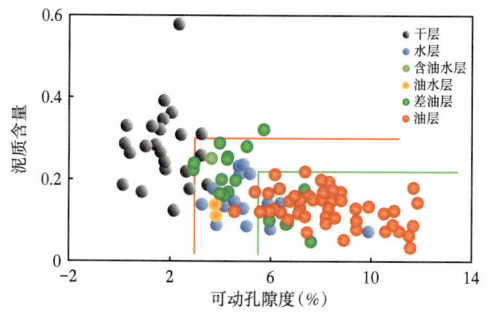 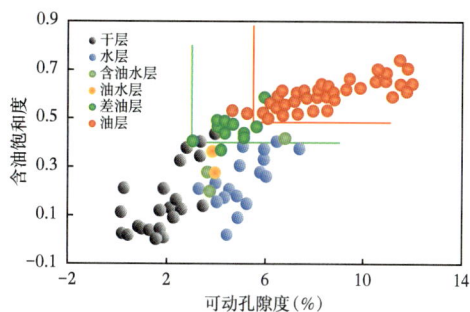

图 5-3-30 切 12 井区储层有效性评价图版　　图 5-3-31 切 12 井区储层流体评价图版

油层：可动孔隙度大于 5.5%，泥质含量小于 22%，含油饱和度大于 48%。
差油层：可动孔隙度 3%~7%，泥质含量小于 30%，含油饱和度大于 40%。
水层：可动孔隙度大于 3%，泥质含量小于 30%，含油饱和度小于 40%。

（2）录井图谱法识别流体。

油层：气测全烃显示明显，全烃曲线升高幅度大，峰形饱满，呈箱形、馒头状或指状。烃组分出峰齐全，重烃含量高，C_1 相对含量一般在 70%~90% 之间。

油水同层：全烃值显示较高，烃组分特征与油层相似，但全烃值低于油层，峰形欠饱满，一般呈倒三角形，全烃峰具有拖尾现象，表征为上油下水特征。

干层/水层：全烃曲线升高幅度小（或几乎没有变化），峰形宽，以不规则锯齿状为主要特征，变化速度缓慢，具"慢起慢降"特点，并具明显的拖尾现象。

4）优势储层判识标准建立

在储层有效性评价基础上，利用采油强度刻度储层物性差异，形成优势储层判识标准。理论依据是：优势储层不一定有较高的产能（储层产能受物性好坏、能量补充、层间干扰等多个因素影响），但产液能力强的储层一定是优势储层（图 5-3-32）。

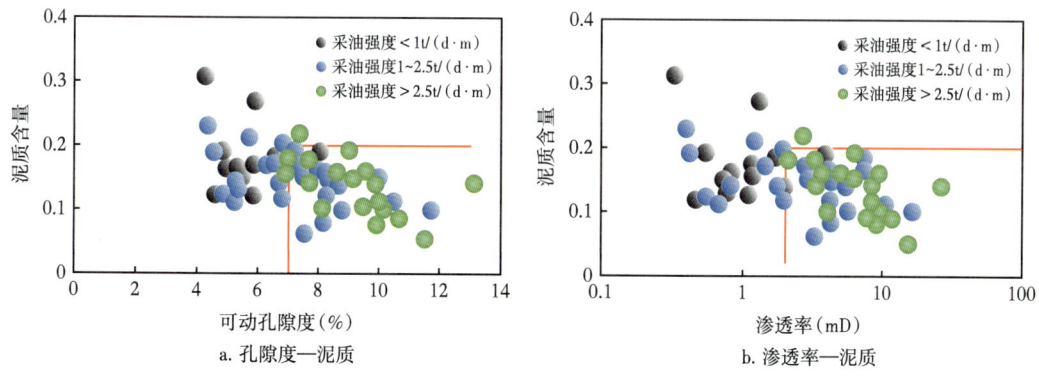

图 5-3-32 切 12 井区采油强度确定优势储层下限

4. 应用效果

图 5-3-33 为切 12-24-9 井两次解释结果对比，二次解释将 1946.5~1953.4m 原解释结论从油水同层变更为油层，1969.5~1976.3m 差油层变更为油层，增加解释

1955.1~1959.5m、1961.5~1967.4m 两个差油层。依据有三：（1）如图 5-3-44 所示，解释层段在图版中的位置支持。（2）开发效果印证，本井 2011 年 11 月 30 日打开 1946.1~1956m，日产液 7.37t，其中油 7.25t；2012 年 7 月补开 1969.4~1976.5m，压裂，日增液 6.49t，增油 6.4t。（3）油藏认识支持，如图 5-3-45 所示，过切 12-24-9 井作油藏东西向剖面，切 12-24-4、切 12-24-6、切 12-24-8 井均在 2、3 小层解释出油层、差油层且得到开发验证，本井在 1955.1~1959.5m、1961.5~1967.4m 井段未进行储层划分显然是不合适的。

5. 结论及建议

通过对昆北断裂昆北油田切 12 区块山前砂砾岩油藏测井评价综合研究，基于 M-N 交会图技术，构建了岩性敏感参数 LSI，能有效识别岩性，并进行岩性分类。同时，基于 LSI 指数建立的孔隙度、渗透率模型提高了参数的计算精度。利用交会图技术确定了孔、渗、饱参数的下限，采用孔隙度结构指数 RQI 实现了储层的精准分类，分别从测井、录井角度分别建立了流体性质识别图版，有效指导了山前砂砾岩流体性质评价。建议在该区进行电成像、核磁共振及阵列声波测井来完善该区砂砾岩测井综合评价技术。

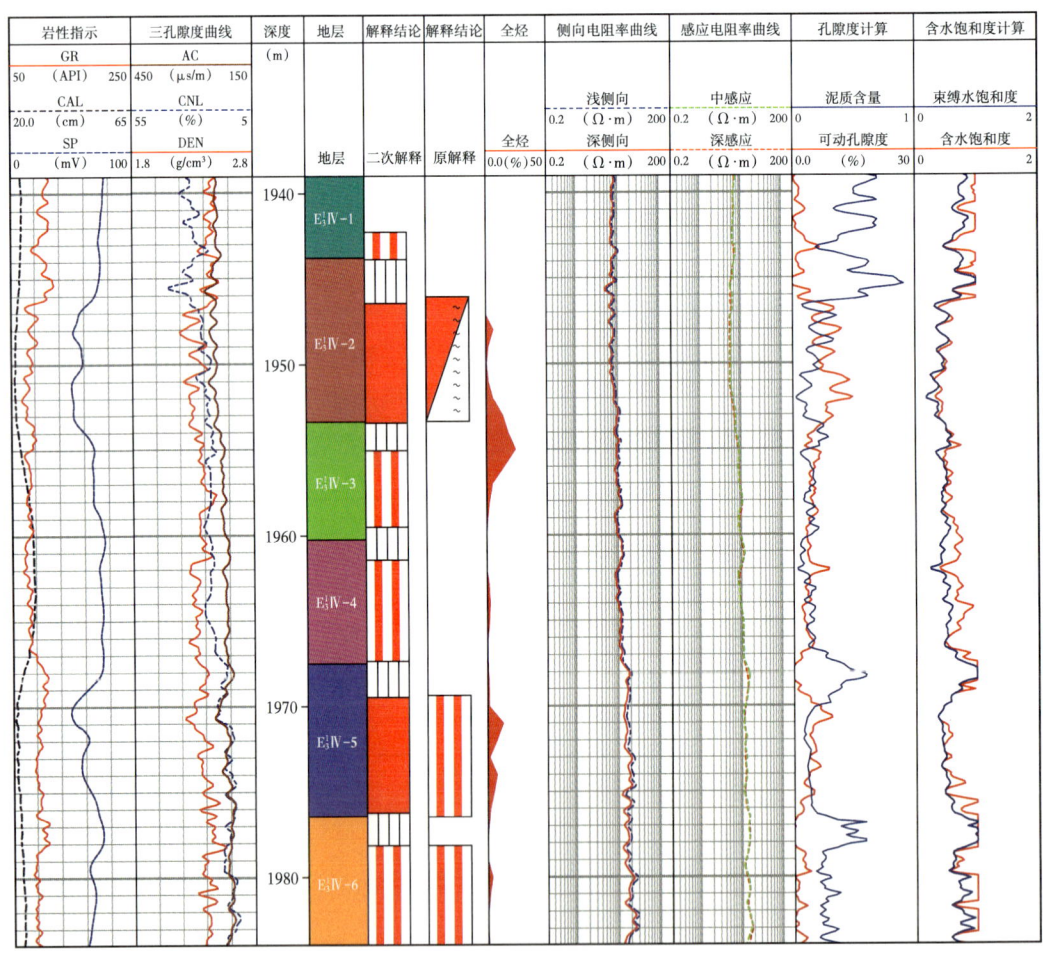

图 5-3-33 切 12-24-9 井储层有效性评价

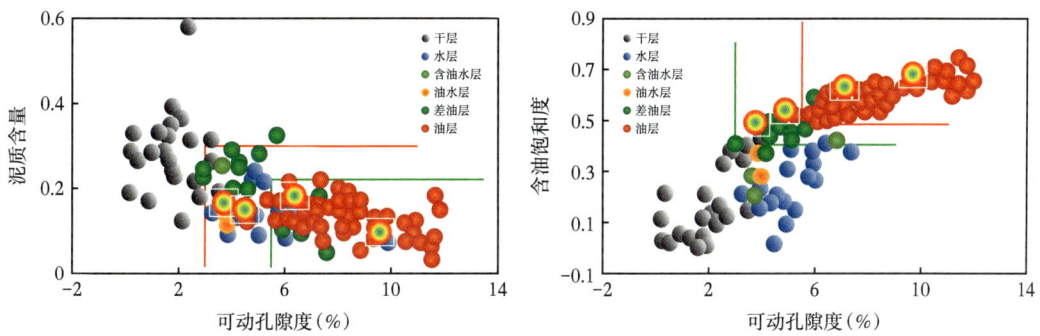

图 5-3-34 切 12-24-9 井变更层有效性及含油性评价图

第六章 准噶尔盆地测井解释评价典型应用实例

准噶尔盆地是中国最早发现石油并投入开发的油气田之一,截至 2022 年底已建成油气产量 $1748×10^4$t 的大油田。准噶尔盆地基底最古老地层为奥陶系,但石炭系下统为盆地分布最广的地层,其上先后沉积了二叠系、三叠系、侏罗系、白垩系、古近系、新近系及第四系,是大型叠合含油气盆地。三叠系和侏罗系是主要烃源岩层系,白垩系、侏罗系、三叠系、二叠系及石炭系是主要油气产层。除石炭系产层为火成岩储层外,其余层系的产层主体为碎屑岩储层,二叠系风城组以云质岩储层为主。本章优选准噶尔盆地自 2000 年以来 2 个单井测井成功案例和 2 个区块测井综合评价研究成果,系统介绍了陆梁低阻多油水系统油藏评价技术、玛湖致密砂砾岩油气藏评价技术、西部隆起火山碎屑岩油藏测井评价技术以及吉木萨尔页岩油藏"七性"关系"三品质"评价技术,为勘探新区新领域油气发现与规模上产发挥了测井技术关键支撑作用。

第一节 地质背景

准噶尔盆地位于新疆北部,面积约 $13.4×10^4$km^2,整体呈三角形,被 3 条大型山脉环绕,西北部和东北部分别与扎伊尔山—哈拉阿拉特山、克拉美丽—青格里底山为邻,南接伊林黑比尔根—博格达山(冯有良等,2023)。

准噶尔盆地处于哈萨克斯坦板块东南缘,是中亚造山带的重要组成部分(Xiao W J et al.,2008),被古生代褶皱带所围限。盆地西缘为西准噶尔褶皱造山带,盆地北东及东面是西伯利亚古板块南缘的阿尔泰褶皱造山带及东准噶尔褶皱造山带,盆地南缘为北天山褶皱造山带。依据盆地内部二叠系构造特征及后期构造改造特点,将准噶尔盆地划分为西部隆起、东部隆起、陆梁隆起、北天山山前冲断带、中央坳陷和乌伦古坳陷等 6 个一级构造单元和 44 个二级构造单元(何登发等,2002)(图 6-1-1)。

根据准噶尔盆地区域地质背景、周缘界山的隆升历史、盆地沉积充填特征及地质结构样式等特征,吴孔友等(2005)认为准噶尔盆地演化经历了碰撞—成盆、压陷—挠曲、挠曲—坳陷、坳陷—沉降、再生前陆盆地等 5 个阶段。

晚石炭世准噶尔地体与西伯利亚板块、哈萨克斯坦板块、中天山地体闭合完毕(方世虎等,2007)。二叠纪早期,在强烈的碰撞、隆升运动过程中,西北缘和东北缘形成周缘前陆盆地(赖世新等,1999)。二叠世晚期,受天山运动晚期影响,盆地周缘海槽全部褶皱成山,准噶尔盆地真正形成。强烈构造运动作用下,盆内形成凹凸相间的构造格局(邱楠生等,2002)。盆地在三叠纪早期经历构造抬升之后,整体处于沉积—抬升的陆内坳陷演化阶段。三叠纪末，受盆地整体抬升剥蚀影响，形成区域性不整合。侏罗纪—白垩纪，准噶尔盆地处于坳陷—沉降阶段。早—中燕山期，北天山的冲断隆升作用使山前坳陷发展成深坳陷区，沉积了巨厚的侏罗系。晚侏罗世末，受燕山中期构造运动的强烈挤压作用影响，盆地发生变形收缩。燕山运动晚期，盆地缓慢而均衡下沉，白垩系厚度与岩性特征相对稳定，盆地全区均有沉积。新近纪至第四纪，准噶尔盆地受喜马拉雅运动的影响，北天山山系发生强烈隆升和向盆地冲断的构造运动，准噶尔盆地南缘发生挠曲下沉形成了近 EW 向的大范围前陆盆地系统（陈业全等，2004）。

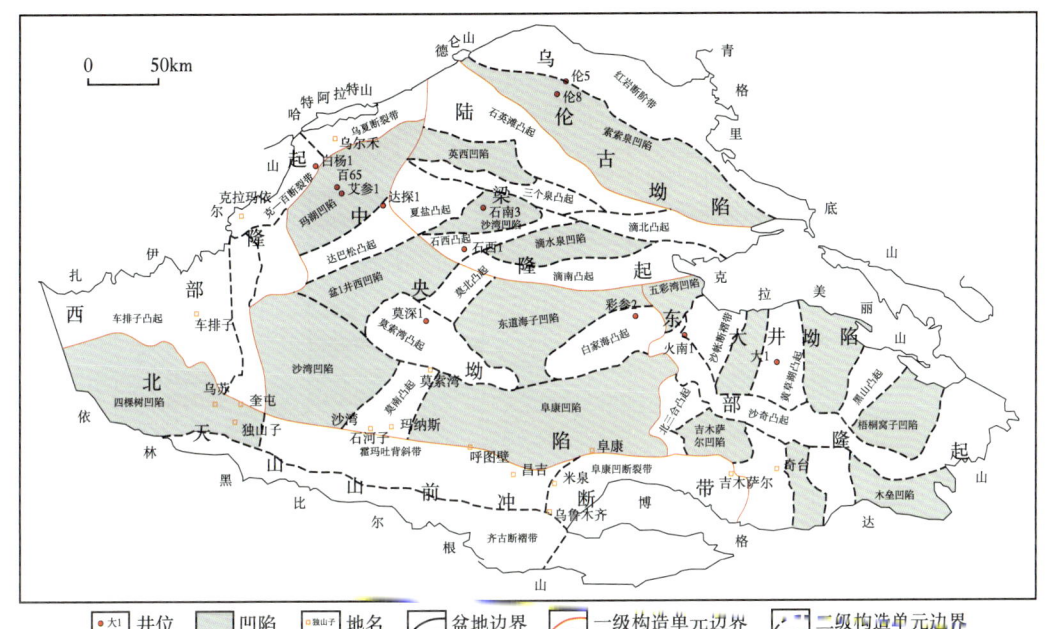

图 6-1-1 准噶尔盆地大地构造位置图（据何登发等，2002）

准噶尔盆地基地最老地层为奥陶系，分布最新、最广的地层为下石炭统。下石炭统总体上以海相火山喷发岩为主，岩性以安山岩、安山玄武岩、火山角砾岩及凝灰岩为主，夹海相砂岩、砾岩、泥岩、碳质泥岩和煤线（王绪龙等，2013）。盆地南缘下二叠统包括石人子沟组和塔什库拉组，属于海相沉积环境。石人子沟组下部沉积巨厚灰绿色钙质砾岩、砂岩、粉砂岩及砂质泥岩交互层，上部沉积灰黑色薄层粉砂岩夹暗灰色细砂岩、碎屑灰岩、钙质砂岩；塔什库拉组为灰色砂岩、粉砂岩、黑色泥页岩等韵律状频繁交互层（方世虎等，2006）。

三叠统在南缘冲断带和东区隆起区命名为上仓房沟群，包括韭菜园子组和烧房沟组。韭菜园子组与梧桐沟组连续沉积，为曲流河泛滥平原和浅湖沉积物（王绪龙等，2013）。侏罗系是盆地最发育的地层单元之一，包括八道湾组、三工河组、西山窑组、头屯河组、齐古组和喀拉扎组（图 6-1-2）。中新统包括沙湾组和塔西河组。沙湾组下部为棕红色砂质泥岩夹灰绿色砾岩和含砾砂岩。第四系包含西域组和乌苏组。更新统西域组主要为灰黑色砾岩夹薄层砂岩（Fu B H et al.，2003）。

准噶尔盆地经历了多次隆升、沉降和湖盆的扩张与收缩，各种陆相沉积体系在盆地均大量发育（胡小文等，2020）。下三叠统主要为炎热干旱环境下的冲积扇相和河流相红色砾岩夹砂泥岩；中三叠统主要为河流—三角洲相红色和灰色—灰绿色砂泥岩；晚三叠世转为潮湿气候下湖泊或湖沼环境，地层沉积灰绿、灰黑色泥质粉砂岩，夹碳质泥岩（陈业全等，2004）。早—中侏罗世为盆内暗色含煤碎屑建造发育时期（金若时等，2016）。西山窑组为河流、湖沼相沉积，是准噶尔盆地的主要含煤层位。头屯河组为一套含炭屑的河湖相碎屑岩沉积，表现为"下灰上红，下砂上泥"的结构特征。下白垩统吐谷鲁群为河湖相、湖沼相，古近系以河流相沉积为主（胡小文等，2020）。

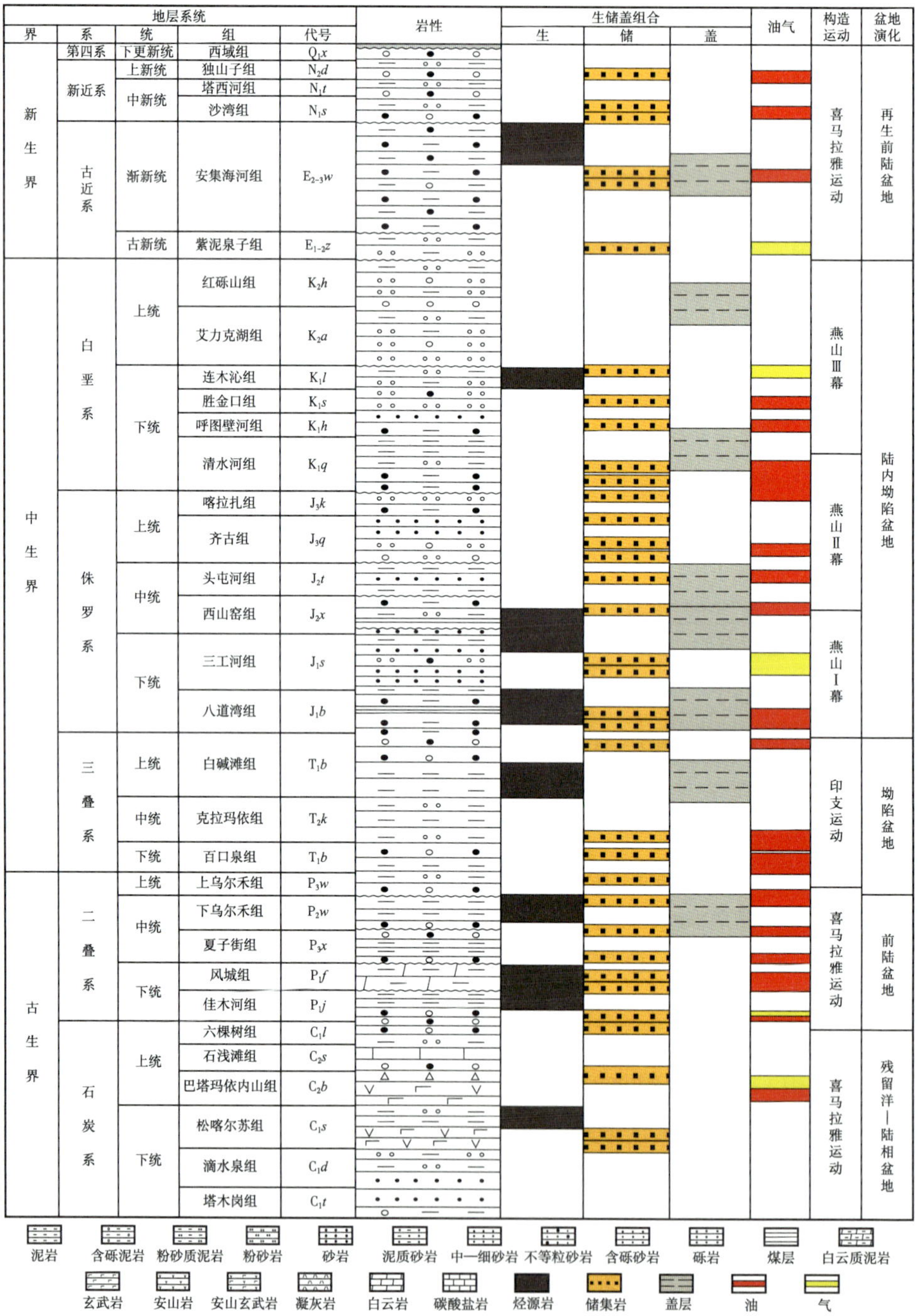

图 6-1-2 准噶尔盆地综合地层特征（据宋永等，2024）

准噶尔盆地是大型叠合含油气盆地，发育了晚石炭世—第四纪沉积盖层，具有多油源、多期生烃、多期成藏、多期调整、多油气系统控油的成藏特点（祝彦贺等，2008）。准噶尔盆地发育二叠系佳木河组、风城组、乌尔禾组和侏罗系四套烃源岩。风城组烃源岩的主要生油期为三叠纪和早中侏罗世；而佳木河组烃源岩的主要生油期从风城组沉积期可以一直延续至三叠纪（向奎等，2008）；晚侏罗世—早白垩世是下乌尔禾组烃源岩，主要生油期为陆梁隆起中西部及莫索湾凸起成熟油气主要的成藏期；是下乌尔禾组烃源岩的生气高峰期从新近纪持续至今（张义杰等，2010）。准噶尔盆地的构造演化及基地特性决定了隐蔽油气藏类型，按圈闭成因将其分为4大类：岩性类、地层类、复合类和（准）连续型（刘传虎，2014）。

准噶尔盆地玛湖凹陷分布了5套区域性盖层，根据5套盖层从石炭系到白垩系分为3套生储盖组合。上组合：白垩系下部吐谷鲁群区域性厚层泥岩和下部白垩系、侏罗系上部储层的储盖组合，侏罗系三工河组厚层区域泥岩和八道湾组砂岩储层。中组合：克拉玛依组、百口泉组储层和上覆白碱滩组厚层泥岩形成的储盖组合。下组合：石炭系和二叠系组成的储盖组合，下乌尔禾组以碎屑岩储层为主，风城组以云质岩储层为主，佳木河组和石炭系储层与上覆佳木河组厚层泥岩成储盖组合（雷德文等，2017）。

第二节 单井案例

一、陆梁隆起陆梁油田陆 9 井低阻油气层测井评价

1. 地质背景

陆 9 井位于准噶尔盆地腹部古尔班通古特沙漠北部，行政隶属和布克赛尔蒙古自治县管辖，在克拉玛依市以东约 120km，位于已开发的石南油气田北约 20km 处。在构造区划上，陆梁油田属于准噶尔盆地陆梁隆起西部的三个泉凸起，陆 9 井区位于三个泉凸起 1 号背斜东高点上。

三个泉凸起形成于海西运动末期，早泥盆世—石炭纪发育大套岛弧火山岩建造，钙碱性火山岩系列广泛分布。该期运动隆起时间长，致使构造高部位石炭系之上缺失二叠系佳木河组（P_1j）、风城组（P_1f）、夏子街组（P_2x）及大部分乌尔禾组（P_2w）。晚三叠世，盆地整体下降，进入泛盆沉积时期，这一时期为全盆地填平补齐阶段。至三叠纪末，经历不甚强烈的印支运动后，早—中侏罗世，该区构造相对稳定，形成了多个储层组合。在燕山运动早期，陆梁隆起再度抬升，形成了侏罗系内部不整合及张性断裂。自新近纪开始，准噶尔盆地北升南降的整体掀斜更趋强烈，但断裂活动已基本结束。三个泉凸起的油气主要来自油田南部的盆 1 井西凹陷的二叠系风城组和下乌尔禾组。

三个泉地区自下而上发育的地层为：石炭系（C），三叠系克拉玛依组（T_2k）、白碱滩组（T_3b），侏罗系八道湾组（J_1b）、三工河组（J_1s）、西山窑组（J_2x）、头屯河组（J_2t），白垩系清水河组（K_1q）、呼图壁河组（K_1h）、胜金口组（K_1s）、连木沁组（K_1l）、艾里克湖组（K_2a）。西山窑组上、下为灰色中细砂岩，中部为褐色泥岩及两套煤层，自下而上可划分为 3 段，即 J_2x_1、J_2x_{2+3}、J_2x_4，平面上连续性好，含油层为 J_2x_1 和

J_2x_4，2套油层砂体在平面上分布稳定。头屯河组储层为一套灰绿色中细砂岩，沉积厚度12~36m，平均厚度在20m左右。白垩系呼图壁河组为一套棕褐色及灰绿色泥岩与细砂岩互层，发育多套储盖组合，厚度为855~929m，是陆梁油田白垩系的主要目的层。

2. 存在问题

陆9井区白垩系及侏罗系油藏均为层状油藏特征，横向上砂体变化快，不连续，纵向上气油水混层、油层、油水同层、水层构成气、油、水交互层，没有统一的油水界面。储层岩性主要为粉—细砂岩，储层物性好，电阻率低，油气层与水层电阻率差异不明显，为典型的低阻油藏特征，常规测井资料准确识别流体性质、计算饱和度难度大。

3. 测井评价技术

陆9井白垩系、侏罗系纵向上含油层系多，油藏纵向跨度达800多米，各单油层具有独立的油水系统，为"一砂一藏"的油藏类型。每一个砂层组为不同油藏的组合。依据各砂层的构造、砂体特征及试油试采资料综合分析，除$K_1h_2^{7-4}$和$K_1h_2^{3-4}$等个别主力油藏以构造控制为主，其余各油藏大多为受构造和岩性双重控制的构造岩性油藏或岩性构造油藏，并普遍发育边、底水，因此难以进行逐层试油验证产能及流体性质。为了解决低阻油层流体快速及准确评价的难题，在常规测井的基础上，结合斯伦贝谢的电缆地层测试与核磁共振测井资料进行流体性质识别和储层参数计算。

1）储层测井响应特征

（1）侏罗系西山窑组。

陆9井区侏罗系西山窑组为一套三角洲前缘亚相沉积，岩性以灰色、灰黑色细砂岩为主，砂岩类型以细粒岩屑砂岩为主，其次为中粒岩屑砂岩及不等粒岩屑砂岩。西山窑组煤层发育，呈现三高两低的典型特征，发育较厚砂层，测井响应特征为低自然伽马，中等电阻率，中—低中子测井值，自然电位为负异常。本层组主要依据自然伽马、自然电位结合中子曲线划分储层。砂层段储层电阻率一般高于围岩，分布在6.0~20.0Ω·m，自然伽马56~86API，密度值为2.45~2.28g/cm³，中子值为20%~28%，声波时差为75~83μs/ft，储层孔隙度平均为16.9%，物性好。

（2）侏罗系头屯河组。

陆9井区侏罗系头屯河组一套三角洲前缘亚相沉积，岩性以灰色、浅灰色及灰褐色砂岩为主。砂岩类型为细粒、中粒、不等粒岩屑砂岩、长石岩屑砂岩。胶结物以方解石为主，其次为高岭石。头屯河组发育规模后砂层，测井响应特征为低自然伽马，中—高电阻率，中—低中子测井值，自然电位为负异常。本层组主要依据自然伽马、自然电位结合中子曲线划分储层。砂层段储层电阻率略高于围岩，分布在9.0~15.0Ω·m，自然伽马55~72API，密度值为2.52~2.35g/cm³，中子值为16%~23%，声波时差为70~80μs/ft，储层孔隙度平均为13.5%，物性较好。

（3）白垩系呼图壁河组。

陆9井区白垩系呼图壁河组总体以三角洲与滨浅湖沉积为主，为一套砂泥岩互层沉积，地层厚度较大，发育三角洲平原、三角洲前缘和滨浅湖3种亚相。岩性主要为灰色细粒岩屑砂岩，胶结物以方解石为主，方沸石为辅；胶结类型以孔隙型为主，压嵌—孔隙型为辅。头屯河组砂体纵向叠置，以砂泥岩互层为主，砂层段测井响应特征为低自然伽马，中等电阻率，中—高中子测井值，自然电位为弱负异常。本层组主要依据自然伽马曲线或自然伽马结合电阻率曲线划分储层。砂层段储层电阻率油层略高于围岩，水层与围岩相当，分布在 4.0~12.0Ω·m，自然伽马 56~71API，密度值为 2.13~2.25g/cm³，泥岩层为高密度，中子值砂泥岩差异小，声波时差为 100μs/ft 左右，储层孔隙度平均为 26%，物性很好。

2）电缆地层测试识别流体性质

陆 9 井的测井资料采用 CSU 测井系列和 MAXIS-500 测井系列录取。测井项目有常规 9 条曲线、核磁共振测井和 MDT 测井。现场在快速直观解释的基础上取得 MDT 有效压力点 104 个，其中在解释的油层段进行 OFA 光学流体分析 10 个点，取得含油样品 5 个。

地层测压：新近系完成测压 2 层，回归流体密度 0.97g/cm³，解释为水层；白垩系完成测压 4 层，通过压力回归解释气层 2 层、油层 2 层、水层 2 层，气层、油层及水层回归的流体密度分别为 0.524 g/cm³、0.833g/cm³、0.972g/cm³；侏罗系完成测压 4 层，解释油层 2 层、含油水层 1 层、水层 4 层，气层、油层及水层回归的流体密度分别为 0.437 g/cm³、0.822g/cm³、1.01g/cm³（图 6-2-1）。

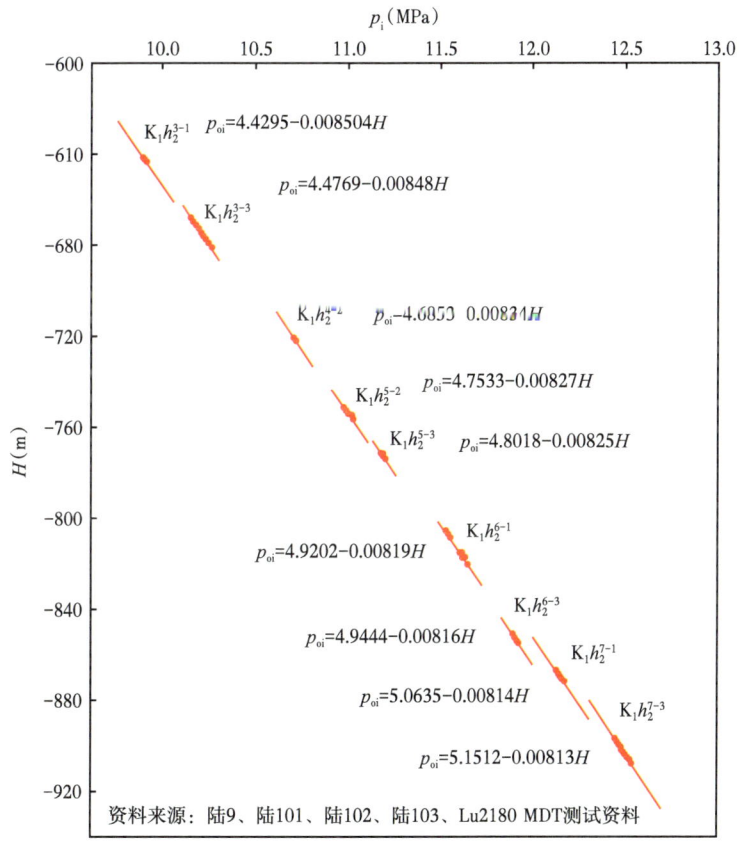

图 6-2-1 呼图壁河组地层压力剖面图

流体分析及取样：陆 9 井井下分析共 5 点，其中侏罗系 3 点（2227m、2226m、2135.5m），分析过程中电阻率均有不同程度的升高，光谱上也有较明显油气显示；白垩系 2 点（1690m、1032m），分别为油与气（图 6-2-2）。

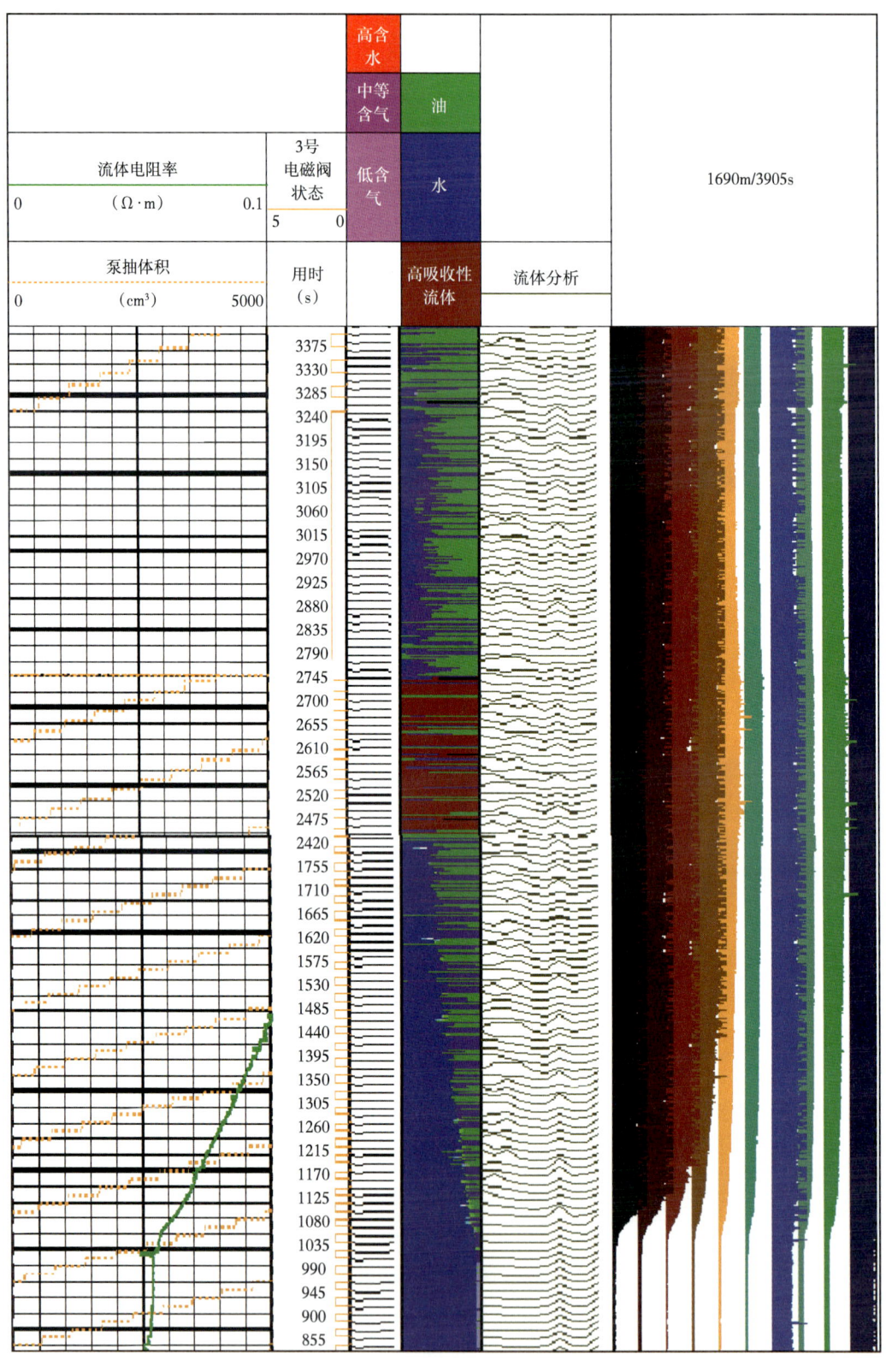

图 6-2-2 1690m 光谱分析成果图

陆9井油水界面：根据定点流体的光谱分析特征，可以有效识别油、气、水不同的流体性质，结合多点的测压回归，确定不同井段的流体密度，确定不同流体相邻界面为5个，其中2个气油界面，深度为911.8m（图6-2-3）、1416.5m；油水界面3个，深度分别为1036m、1421.5m、2236.5m。

3）储层参数计算及油层标准建立

后期区域岩石物理资料丰富后，分层组确定了孔隙度指数（m）、岩性系数（a）、饱和度指数（n）、岩性系数（b）与地层水电阻率值（R_w），建立地层孔隙度和饱和度模型参数，见表6-2-1。

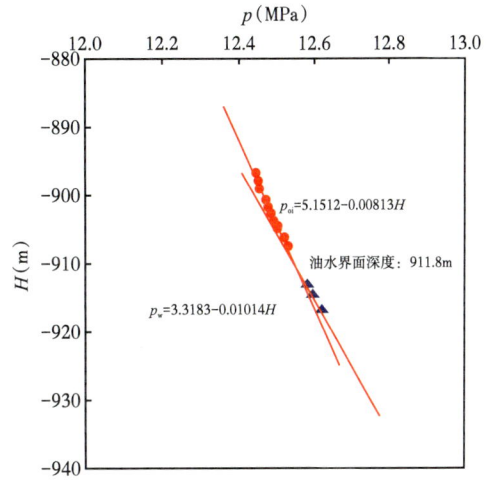

图6-2-3　陆9井911.8m油水界面

表6-2-1　各层组储层解释参数

层组	m	n	a	b	R_w（$\Omega \cdot m$）
J_2x_4	1.89	1.99	0.787	1	0.22
J_2x_1	1.89	1.99	0.787	1	0.13
J_2t	1.8	1.966	0.996	0.979	0.13
$K_1h_1^1$					0.25
$K_1h_1^2$—$K_1h_1^4$	1.563	1.884	0.85	1.026	0.36
$K_1h_1^5$—$K_1h_1^7$					0.33
$K_1h_2^7$					0.24
$K_1h_2^6$—$K_1h_2^5$	1.87	1.92	0.534	1.02	0.30
$K_1h_2^4$—$K_1h_2^3$					0.40

根据岩石物理实验确定主要层组的砂岩骨架，建立孔隙度计算模型，为孔隙度计算提供准确依据（表6-2-2）。

表6-2-2　各层组孔隙度模型

层组	孔隙度计算模型	相关系数
侏罗系西山窑组西4段	$\phi=134.327-49.51\rho_b$	0.871
西1段	$\phi=155.075-57.87\rho_b$	0.94
头屯河组	$\phi=134.327-49.511\rho_b$	0.871
呼图壁河组1段	$\phi=159.629-59.881\rho_b$	0.92
呼图壁河组2段	$\phi=156.55-58.381\rho_b$	0.93

基于建立的孔隙度、饱和度模型，结合试油及电缆地层测试资料，确定各层组的油层标准，见表6-2-3。

表6-2-3 陆9井区各油层标准

1	层组	油层标准
2	J_2x_4	$\phi \geq 15.5\%$，$S_o \geq 43\%$，$R_t \geq 11.0\Omega \cdot m$
3	J_2x_1	$\phi \geq 12.5\%$，$S_o \geq 47\%$，$R_t \geq 13.0\Omega \cdot m$
4	J_2t	$\phi \geq 12.5\%$，$S_o \geq 46\%$，$R_t \geq 12.0\Omega \cdot m$
5	$K_1h_1^5$—$K_1h_1^7$	$\phi \geq 24\%$，$S_o \geq 46\%$，$R_t \geq 5.8\Omega \cdot m$
6	$K_1h_1^2$—$K_1h_1^4$	$\phi \geq 24\%$，$S_o \geq 47\%$，$R_t \geq 6.0\Omega \cdot m$
7	$K_1h_1^1$	$\phi \geq 24\%$，$S_o \geq 48\%$，$R_t \geq 4.8\Omega \cdot m$
8	$K_1h_2^7$	$\phi \geq 27\%$，$S_o \geq 50\%$，$R_t \geq 4.7\Omega \cdot m$
9	$K_1h_2^5$—$K_1h_2^6$	$\phi \geq 27\%$，$S_o \geq 50\%$，$R_t \geq 6.7\Omega \cdot m$
10	$K_1h_2^3$—$K_1h_2^4$	$\phi \geq 27\%$，$S_o \geq 48\%$，$R_t \geq 7.0\Omega \cdot m$

4. 应用效果

图6-2-4为西山窑组J_2x_4测井综合解释成果图。图中第1、第2、第3道为常规测井曲线，第5道为解释MDT压力剖面，第6道为核磁共振测井波谱图，第7道为核磁共振孔隙结构分布分析图，第8道为有效孔隙度和含油饱和度处理曲线，第9道为ELAN解释剖面，第10道为含水饱和度和核磁共振束缚水饱和度重叠图。

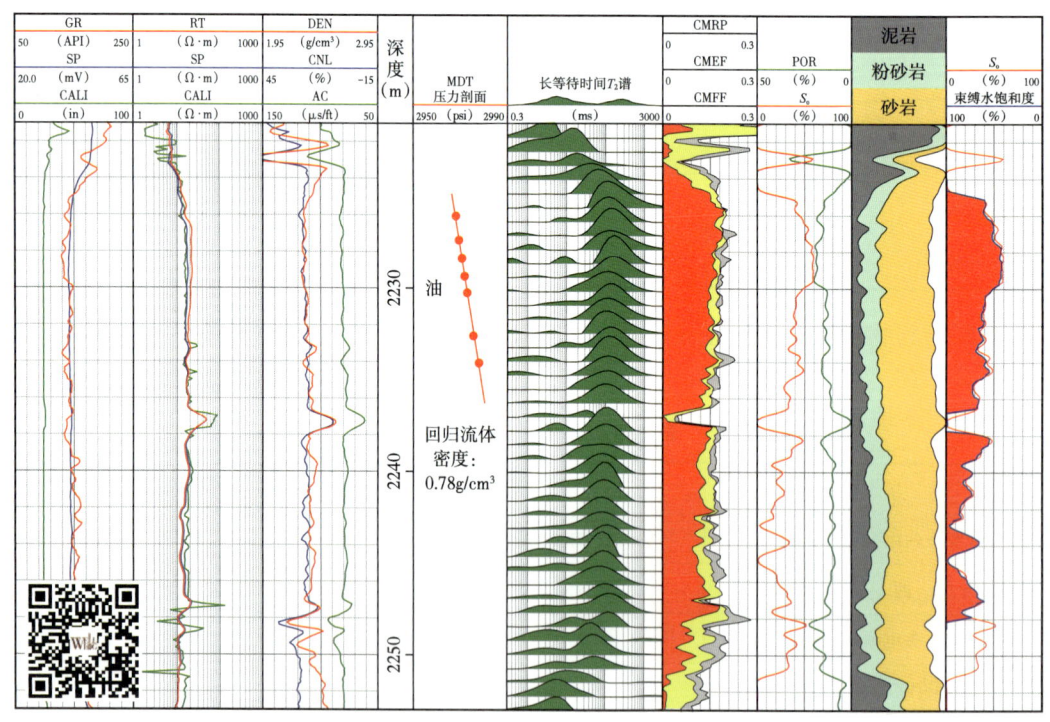

图6-2-4 陆9井侏罗系西山窑组（J_2x_4）测井评价成果图

砂层的顶部获得MDT有效压力点7个，回归流体密度为0.789g/cm³，为油层显示。2226m和2227m井下应用MDT进行OFA光学流体分析，结果为原油，证明了MDT压力剖面解释油层的可靠性。该井段电阻率曲线从上到下数值逐渐减小，上部为20Ω·m左右，下部为10~12Ω·m。电阻率的变化是含油性的变化引起的，还是物性和孔隙结构的变化引起的呢？核磁共振孔隙度和综合处理孔隙度成果图显示，整个砂层从上到下孔隙度逐渐减小。自然伽马测井曲线显示，岩性从上到下逐渐变细，整体呈反韵律沉积。核磁共振孔隙结构分布图上显示，微细孔隙从上到下逐渐增高。核磁共振处理束缚水饱和度从上到下束缚水饱和度逐渐增加。含水饱和度和核磁共振束缚水饱和度的重叠图上显示，2248~2251m无可动流体，应为干层，砂层其他段无可动水，应为油层。本着预探井重在发现的原则，优选2226~2230m进行射孔试油，2000年6月11日至19日用3.5mm油嘴求产，井口油压1.44~1.53MPa，套压0.76~0.82MPa，日产油24.18m³，日产气300m³。后期评价井证明，陆9井该砂层段在油水界面以上，证明解释结论的正确性。

西1段（图6-2-5）全井段电阻率曲线呈增阻侵入，似乎为水层特征。密度测井显示全井段砂层物性变化不大。MDT现场上部测压未成功，下部获得有效压力点3个，经回归地层条件下的流体密度为1.02g/cm³，为水层显示。在处理中心，用下部MDT测压证明为水层的2154~2162m来进行地层水标定，进行了全层段的处理。处理结果显示，上部含油饱和度有明显增加的趋势，结合钻井、录井资料综合解释为油水同层，解释油水界面2152m。根据以上解释结论，优选2133.5~214m进行试油后经抽提求产，日产油20m³，日产水30m³。

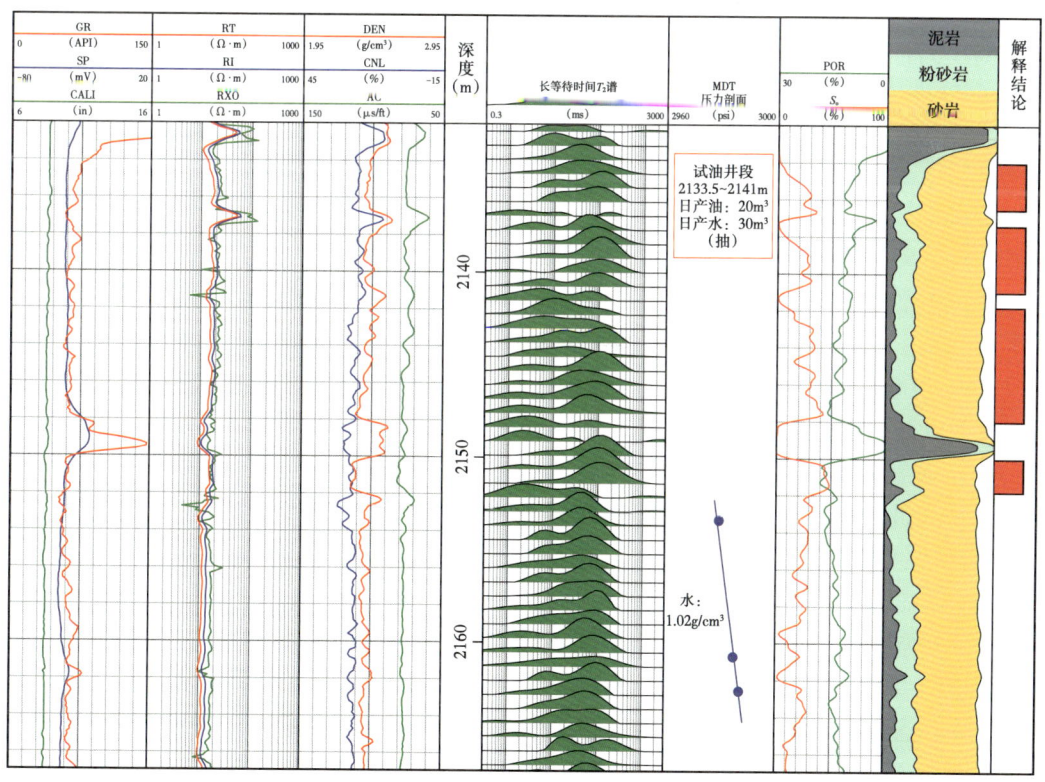

图6-2-5 陆9井侏罗系西山窑组（J_2x_1）测井评价成果图

呼图壁河组该解释井段MDT获得有效压力点4个，回归流体密度为0.77g/cm³，为典型的油层显示。为了验证以上解释结果，进行了MDT取样，获得了含油样品，从而验证了解释油层的可靠性。快速评价成果图上核磁共振孔隙结构分析显示该段大直径的孔隙十分发育，物性好。核磁共振获得的束缚水饱和度和含水饱和度重叠图上显示该段无可动水，产液应为纯油。在上述评价的基础上，优选1323~1328m进行射孔试油，日产油24.6t（图6-2-6）。

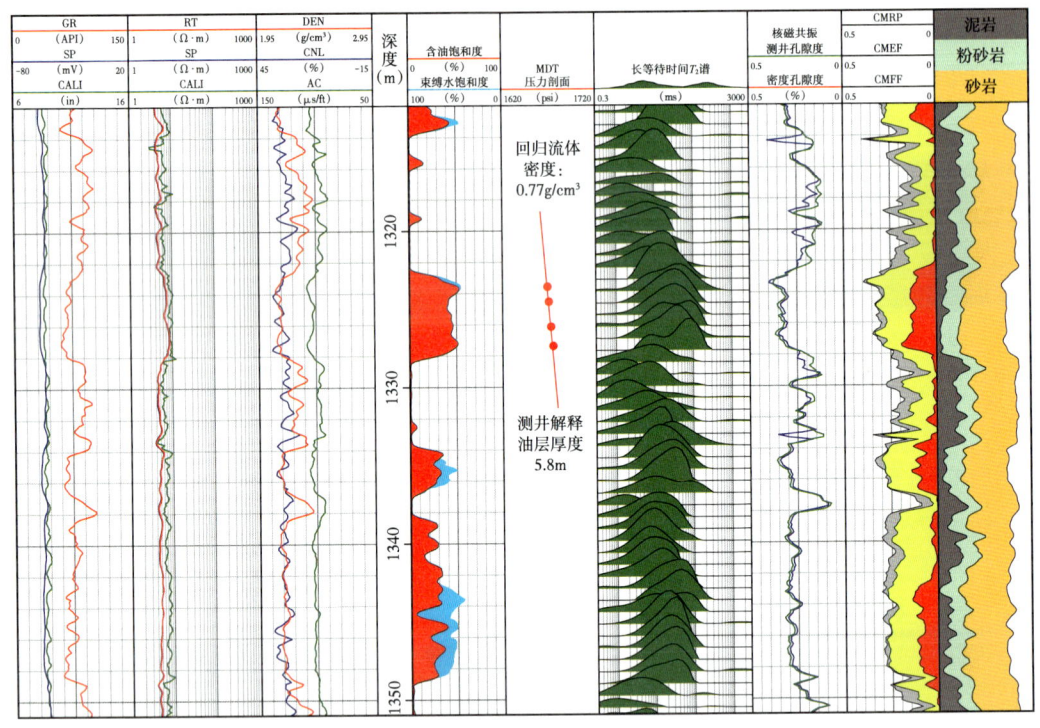

图6-2-6 陆9井白垩系测井综合评价成果图

5. 结论及建议

（1）陆梁油田陆9井储层岩性主要为粉—细砂岩，储层物性好，电阻率低，油气层与水层电阻率差异不明显，为典型的低阻油藏的特征。试油层地层压力较大、次生孔隙较发育为油气高产的主要原因。但区域油水关系复杂，流体识别难度大，可以继续加强核磁共振以及MDT识别流体的应用方法和适用性。

（2）应用MDT电缆地层测试技术，快速验证了陆9井多层系含油，特别是在白垩系首次发现并快速验证油层，为加快陆梁油田的油气勘探提供了重要的决策依据。依据测井评价结果，陆梁油田的勘探工作打破了以往等待试油出油后才部署其他探井的做法。

（3）在陆9井侏罗系西山窑组喷出高产油气流后3个多月的时间内，在三个泉地区共部署预探井和评价井24口，4口预探井获得工业油气流，陆9井MDT验证的多层系油藏首次试油都一次性获得了工业油流。MDT电缆地层测试技术为发现和加快三个泉地区的油气勘探赢得了宝贵的时间。测井技术为油气发现做出了巨大的贡献，有力支撑了该区域。截至2005年，陆梁油田已探明侏罗系西山窑组、头屯河组和白垩系呼图壁河组含油面积 42.9km², 石油地质储量 12184×10⁴t。

二、西部隆起车排子凸起 S13 井火山碎屑岩油层测井评价

1. 地质背景

S13 井位于准噶尔盆地西部隆起车排子凸起西翼 S13 井区石炭系构造圈闭高部位的一口预探井。本井钻探目的是了解 S13 井区石炭系含油气情况，目的层为石炭系，于 2016 年 9 月 1 日完钻，完钻井深 2300m，完钻层位石炭系。

准噶尔盆地是在前寒武系结晶基底和海西期褶皱变质基底之上发展起来的晚古生代、中生代、新生代大型挤压复合叠加盆地。车排子凸起位于准噶尔盆地西北缘，在区域构造上属准噶尔盆地西部隆起，其西面和北面邻近扎伊尔山，南面为四棵树凹陷，向东以红—车断裂带与昌吉凹陷以及中拐凸起相接。该区是长期继承发展的古凸起，缺失二叠系、三叠系，侏罗系在局部残存较薄，白垩系、古近系超覆沉积在基岩之上。车排子凸起构造简单，为一向南东倾的大型斜坡。邻区红车断裂带发现有车排子油田和红山嘴油田。

晚二叠世至早三叠世西准噶尔褶皱带向东南方向推覆，受天山构造带阻挡，整个车西南地区强烈隆升，同时形成了红车断裂，并向东挤压冲断，将四棵树凹陷与昌吉凹陷分割；至中晚三叠世—早侏罗纪，车排子凸起仍然大面积处于剥蚀状态，但由于湖盆扩大，在其周边也沉积了较厚的中—上三叠统—下侏罗统；至中—晚侏罗世，车排子凸起再次隆升，大面积遭受剥蚀，侏罗—三叠系仅部分地区残存；自白垩纪至今，构造运动在该区明显减弱，湖盆迅速扩大，各套地层超覆在凸起之上。

S13 井区东、西部各发育一条近南北走向逆断层，北部近东西向逆断层与之相连形成断块圈闭构造主体格局，对油气聚集起控制作用。井区地层由南到北缓慢抬升，地层呈单斜特征，与断层配合易形成构造圈闭，成藏条件有利。本井自上而下钻遇的地层依次为：第四系西域组，新近系独山子组、塔西河组和沙湾组，古近系及石炭系。

2. 存在问题

车排子凸起西翼石炭系岩性为火山碎屑岩和沉火山碎屑岩，主要为沉凝灰岩、凝灰质泥岩、凝灰岩互层。岩性及岩石成分复杂，储层类型为裂缝性储层，储集空间类型多；受岩性和储集空间类型影响，储层测井响应特征差异大，储层识别难度大；不同储层类型钻井液侵入状况不同，电阻率的变化反映储层流体信息的能力也不同。当裂缝发育时，钻井液侵入较深，使得测量电阻率大幅降低。录井气测绝对含量极低，钻井液密度 1.07g/cm³ 条件下气测全烃最高仅为 1.04%，一般都在 0.1% 以下，岩屑含油级别都为荧光，测井流体性质识别困难。

3. 测井评价技术

为准确求取储层参数，评价储层裂缝发育情况，准确判识储层有效性和储层流体性质，对本井测井系列进行优化设计。本井除采用 ECLIPS-5700 系列采集常规测井资料外，还在目的层采集了哈里伯顿电成像测井（XRMI）及 MRIL-P 型核磁共振测井、贝克休斯正交多极子阵列声波测井（XMAC-II）等测井资料。

1）储层识别及类型划分

车排子西翼石炭系主要是在火山活动和沉积活动的双重作用之下形成的沉火山碎屑岩、火山碎屑沉积岩地层，夹杂少量凝灰岩和泥岩，其岩性兼具火山岩和沉积岩的特

征，火山岩特性对储层的形成和储层特性影响更大。

在火山碎屑及后期改造作用的影响下，石炭系岩性变化大，储集空间类型多，孔隙结构复杂，形成裂缝—孔隙双重介质储层，非均质性极强，孔、洞、缝交织在一起，使储层性能有很大的差异性和突变性。储集空间与其依附的孔缝组合关系，形成了不同的储层类型。根据岩心观察及常规、电成像测井资料，可将本区石炭系储层类型划分为孔隙型、裂缝—孔隙型和裂缝型。

（1）孔隙型储层。

孔隙型储层的储集空间以原生及次生孔隙空间为主，无大型裂缝发育。储集空间和渗流通道分别是孔隙和孔隙喉道，由于这种类型的储层原生孔隙连通性较差，渗透率较低，一般为低渗储层。图6-2-7为石炭系孔隙型储层的测井响应特征。三孔隙度曲线数值显示孔隙度增大，电阻率曲线数值降低，曲线形态变化较平缓，电成像静态图像呈棕黄色，动态图像上可见暗色斑块，裂缝不发育。

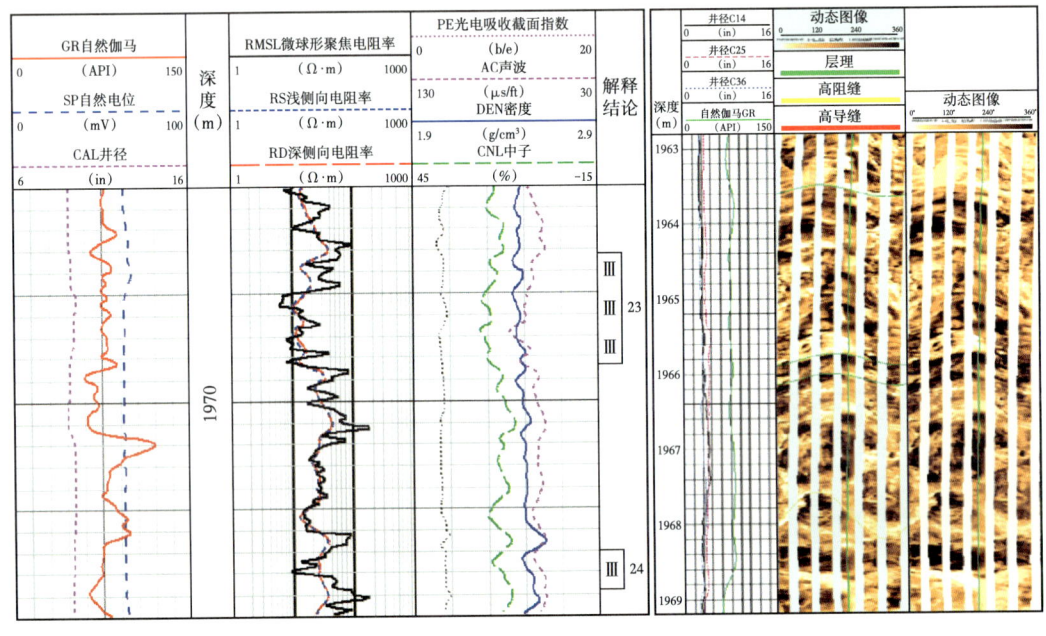

图6-2-7 孔隙型储层测井响应特征

（2）裂缝型储层。

裂缝型储层基质孔隙不发育，裂缝相对发育，储集空间和渗透通道都是以裂缝为主。这类储层一般初期产能高，稳产时间短，产能下降快。三孔隙度曲线形态呈尖刀状，中子、声波快速增大，密度快速减小，电阻率曲线急剧降低，井眼易扩径，电成像动态图像上明显发育较多的暗色正弦条纹，部分裂缝边缘不平滑，有掉块和溶蚀现象，静态图像呈较暗色（图6-2-8）。

（3）裂缝—孔隙型储层。

裂缝—孔隙型储层的基质孔隙发育，又有一定的裂缝发育。基质孔隙是主要的储集空间，裂缝是主要的渗流通道。裂缝对基质孔隙的连通，大大改善了储层的渗流特性，是最为理想的储层类型。由于基质孔隙渗透性较好，供液能力较强，产能一般较为稳定。裂缝孔隙型储层测井响应特征兼具裂缝性和孔隙型储层的双重特征，三孔隙度曲线整体呈孔隙度增大趋势，局部孔隙度急剧增大呈尖刀状，电阻率降低，井眼易扩径。电成像图上动态图像可见发育多条高角度高导缝，静态图像呈黄色，局部呈暗色，如图 6-2-9 中 40 号层。

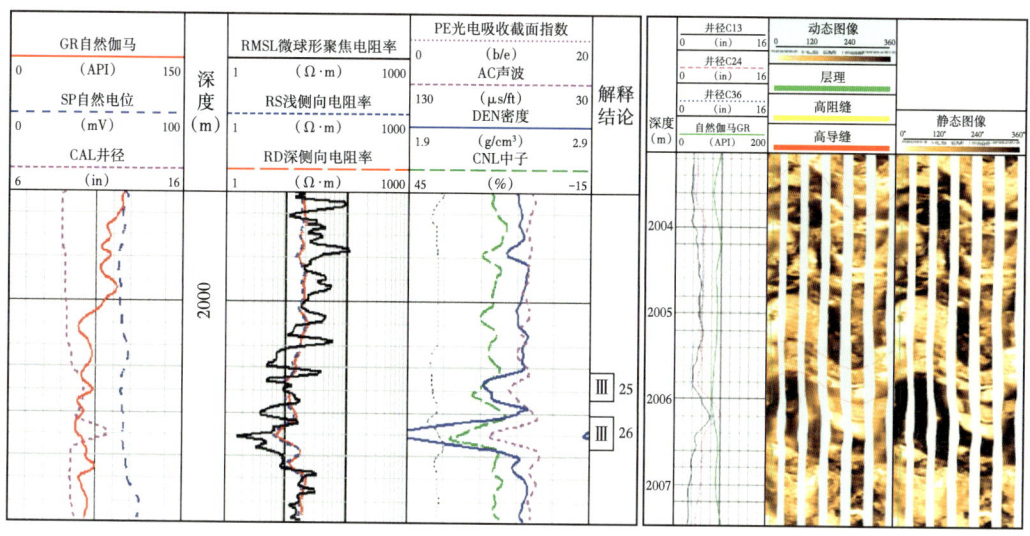

图 6-2-8　裂缝型储层测井响应特征

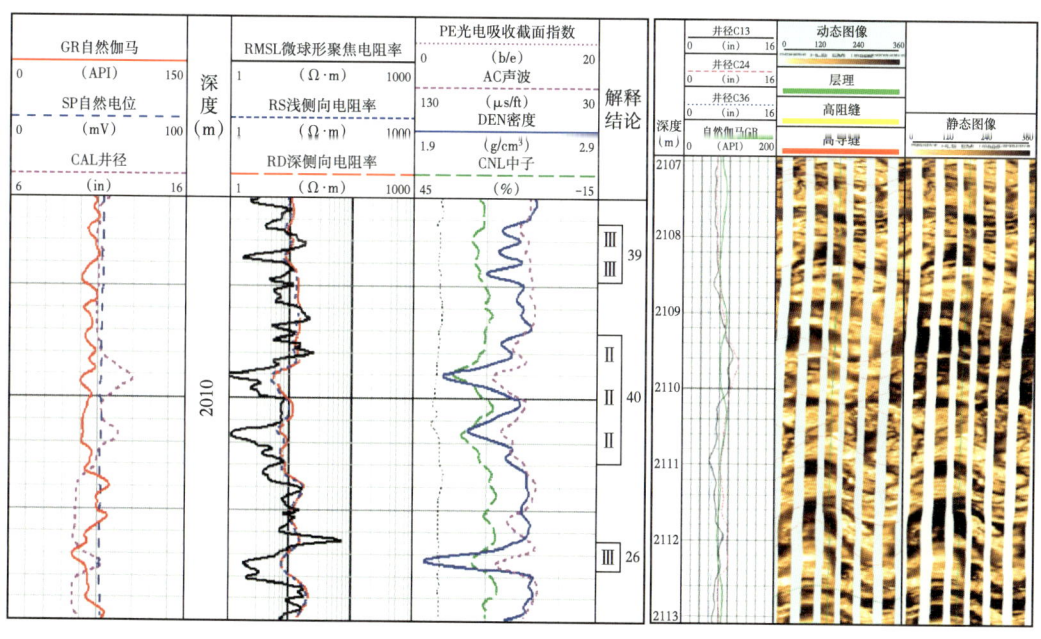

图 6-2-9　裂缝孔隙型储层测井响应特征

2）储层有效性评价

（1）利用次生孔隙度评价储层有效性。

储层的次生孔隙，是指岩石在后期改造作用中形成的孔隙，一般指裂缝和溶蚀孔洞。石炭系基质孔隙一般较小，次生孔隙越发育，储层物性越好。

通常认为,密度测井对孔隙度的变化敏感性好,各种尺寸的孔隙度都能反映。声波测井骨架时差变化不大,由于其滑行波首波测井的特点,声波时差仅能反映均质孔隙,对各向异性的次生孔隙不敏感,计算孔隙度通常偏低。因此,可利用密度孔隙度(ϕ_D)和声波孔隙度(ϕ_S)的差值计算次生孔隙度(ϕ_2)。

在网状裂缝发育带,三孔隙度曲线在一定程度都受到宏观裂缝的影响,因此,这种方法反映的次生孔隙度的大小是定性的,有一定的不确定性。

图 6-2-10 是 S13 井 2000~2062m 井段次生孔隙度计算结果。图中密度孔隙度与声波孔隙度重叠,Ⅱ类储层段出现差异,说明次生孔隙发育,储层有效性好,Ⅲ类层及致密层段无差异或差异小,说明次生孔隙不发育,储层有效性差。部分层受井眼扩径影响出现异常。

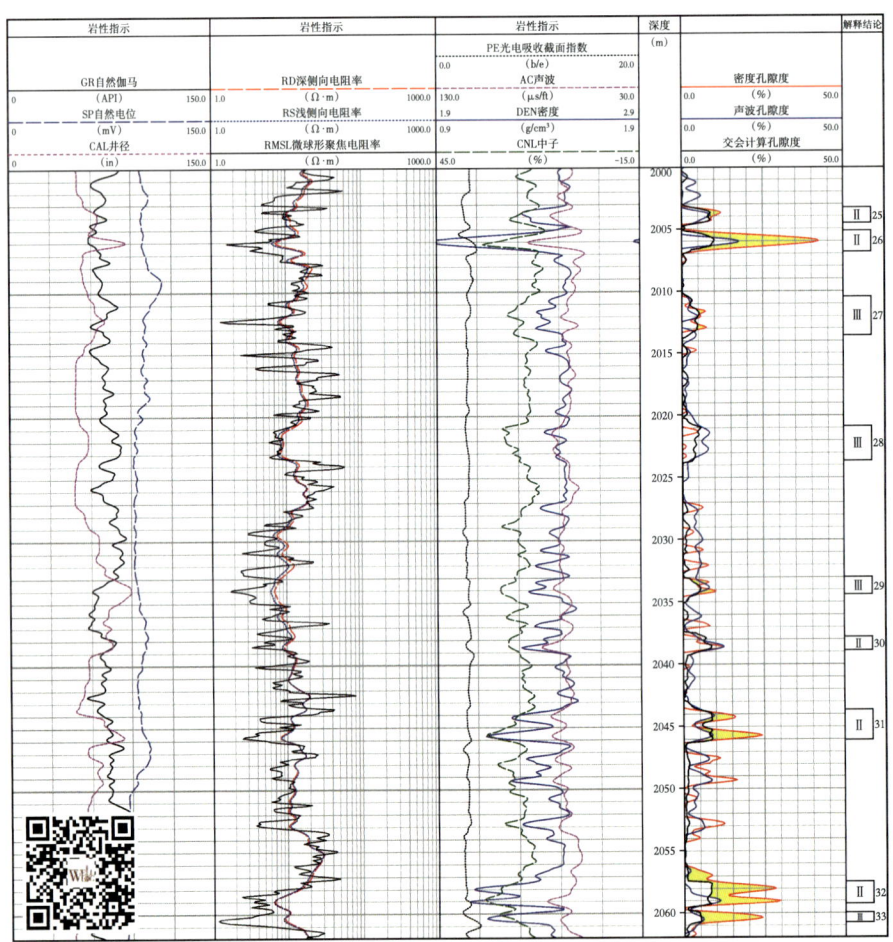

图 6-2-10　S13 井孔隙度计算对比图

(2)成像测井与阵列声波测井相结合判断储层有效性。

利用成像测井资料,可以有效地识别出各类裂缝,但却无法区分低阻充填缝和开启缝,也无法区分垂直裂缝和垂直的钻井诱导缝,某些较高角度的流面与高导缝也极为相似,一些火山集块岩的边缘以及自碎火山熔岩的碎块边缘也极易与网状裂缝混淆。因此,成像测井对于裂缝的类型和性质的判识具有多解性。而多极子阵列声波测井正好可以弥补这一不足,两者结合可以较好地排除上述裂缝识别的不确定性。

任何各向异性或非连续性介质，对声波的传播都会产生影响，流体和固体的弹性特征有着极大差异，所以，如果不连续介质为流体时，将对声波的传播产生巨大的影响，造成声波能量的明显衰减，这就是开启裂缝的情况。

在裂缝性地层中，阵列声波测井与电成像测井、常规测井结合综合判断裂缝的有效性，主要从以下几个方面分析。

①声波能量（幅度）衰减。

声波传播过程，有效缝（开启缝）中的流体会使声波产生能量衰减。纵波、横波和斯通利波对有效缝的反映极为敏感，其响应特征受裂缝倾角的影响较大，裂缝的倾角不同，响应特征也有所不同。

在网状裂缝发育段，纵波、横波及斯通利波能量均有较大衰减；低角度裂缝发育段，纵波、横波能量衰减幅度大，斯通利波能量衰减幅度较小；高角度缝发育段，纵波能量衰减幅度较小，横波和斯通利波能量衰减幅度较大；诱导缝由于切入井壁较浅，而声波测井探测深度较深，对纵波、横波和斯通利波的能量衰减影响都不大。

②声波全波列变密度图。

对于有效的孔洞及裂缝储渗系统，其间必然有地层流体，故而形成声阻抗界面，使得声波发生反射和干涉，而在填充或闭合的裂缝处，则不能形成明显的声阻抗界面，所以变密度图上没有干涉条纹。因此，利用声波全波列变密度图像的干涉条纹特征可以定性判断裂缝发育井段，但必须结合常规测井资料剔除泥岩、大井眼的影响。

③各向异性成像图。

有效裂缝发育层段，横波在传播过程中通常分离成快横波、慢横波，且快横波、慢横波速度通常显示出方位各向异性，在横波各向异性成像图上会呈现出较强的各向异性特征。

④地层流体迁移指数。

斯通利波对流体的流动性反应敏感，根据斯通利波传播特征，可以计算地层流体迁移指数来判断评价储层的有效性。

斯通利波能量衰减等直接指示井筒与地层之间有无流体流动。地层流体迁移指数（K_{st}）定义为地层实测斯通利波时差（D_{st}）与理论估算致密地层斯通利波时差（D_{stc}）的差别。该参数可以反映地层的渗透性。在渗透性地层，岩石的切变模量将下降，从而使斯通利波时差增大，K_{st} 增大。致密地层斯通利波时差（D_{stc}）的理论估算公式为：

$$D_{stc} = \sqrt{\left(\frac{\rho_f}{\rho_b}\right)D_{sh}^2 + D_f^2} \qquad (6\text{-}2\text{-}1)$$

则地层流体迁移指数（K_{st}）为：

$$K_{st} = (D_{st} - D_{stc})/D_{stc} \qquad (6\text{-}2\text{-}2)$$

式中：D_{st}、D_{stc}、D_{sh}、D_f 分别为地层实测斯通利波时差、理论估算致密地层斯通利波时差、泥质斯通利波时差和流体斯通利波时差，μs/m；ρ_f 为流体密度，g/cm³。

图 6-2-11 为 S13 井斯通利波流体迁移指数成果图，图中显示Ⅱ类层处 K_{st} 值较大，Ⅲ类层的 K_{st} 值较小。制作 K_{st} 指数同孔隙度、杨氏模量交会图（图 6-2-12），Ⅱ类层、Ⅲ类层具

有较好的分区效果，Ⅱ类层的 K_{st} 值普遍大于 0.015，Ⅲ类层的 K_{st} 值大部分小于 0.015。

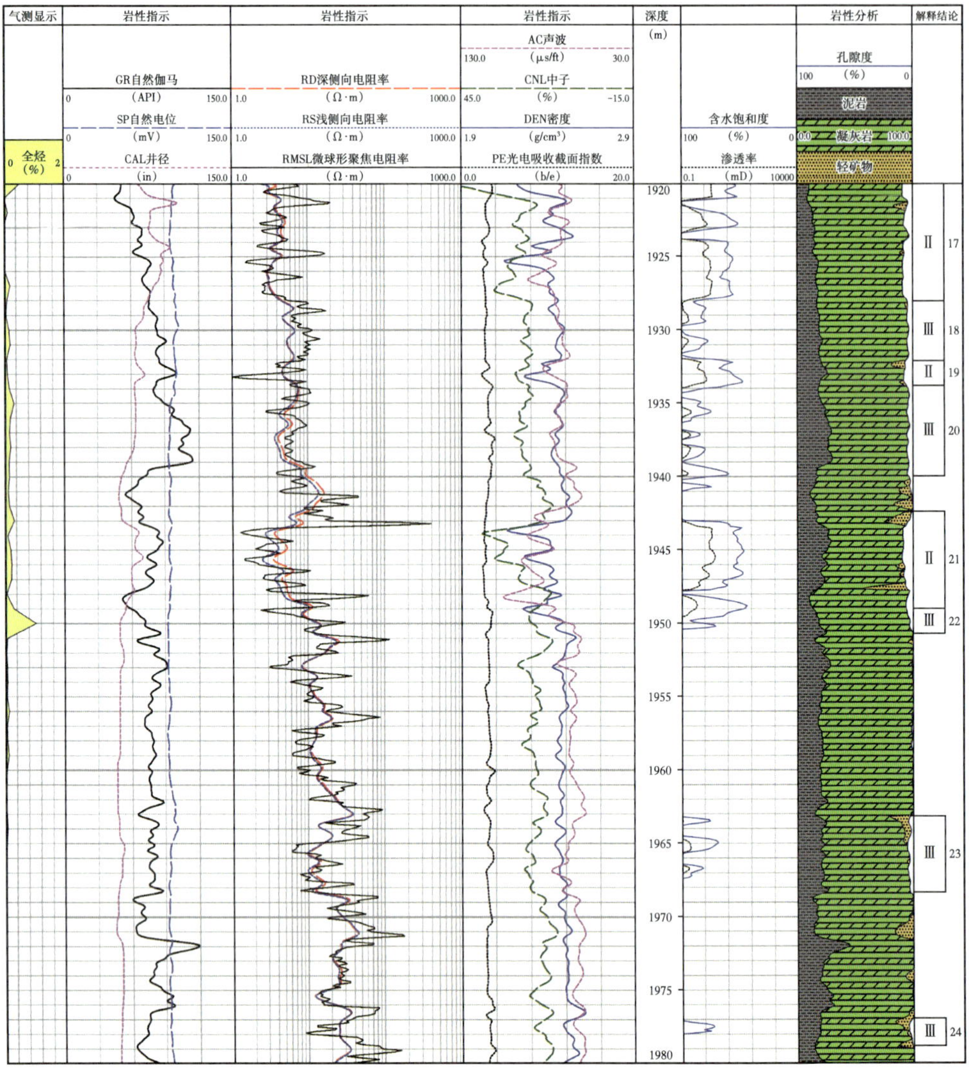

图 6-2-11　S13 井斯通利波流体迁移指数成果图（1920~1980m）

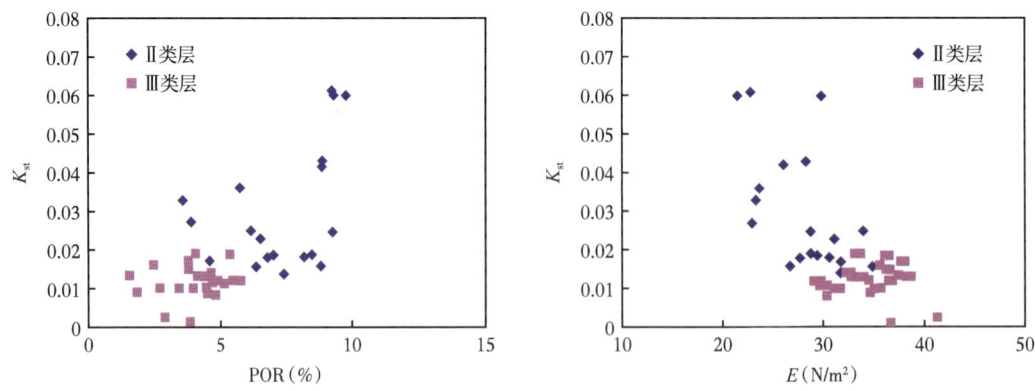

图 6-2-12　地层流体迁移指数 K_{st} 与孔隙度 POR、杨氏模量 E 交会图

⑤偶极横波远探测成像判断储层有效性。

声波测井的声源向地层发射声波脉冲信号时,一方面会产生沿井壁地层传播的滑行波,这是常规声波测井测量的对象;另一方面会直接进入地层中,碰到缝洞等界面产生反射波,这是偶极声波远探测测井测量的对象。单井反射声波远探测就是以井中声源辐射到井外地层中的声场能量作为入射波,探测从井旁裂缝反射回来的声场,通过分析处理接收到的全波信号,获取井旁的裂缝以及构造异常的信息。远探测声波反射测井实现了测井由一孔之见到一孔远见的跨越,不但可对井壁成像观察到的裂缝进行有效性评价,还可以对井外数十米内可能存在的异常体进行探测。在偶极横波远探测成像图上,裂缝表现为暗色条带状异常体,孔洞表现为点状杂乱异常体。

3)储层油水层评价方法

(1)交会图技术判识油水层。

根据区域石炭系试油资料,选取储层敏感参数电阻率、孔隙度、密度、气测全烃等参数建立交会图版(图6-2-13),可以看出,对于有效储层和干层的区分,密度和孔隙度曲线区分效果较好;对于油层、水层的区分,电阻率曲线区分效果差,气测全烃曲线区分效果较好。因此,全烃—孔隙度交会图版具有较好的应用效果。一般有效储层(油、水层)孔隙度大于6%,密度测井值小于2.4g/cm³,油层的气测全烃数值高于0.1%。但由于交会图上个别数据点有一定的交叉,判识时可能有一定误差,需根据实际情况具体分析。

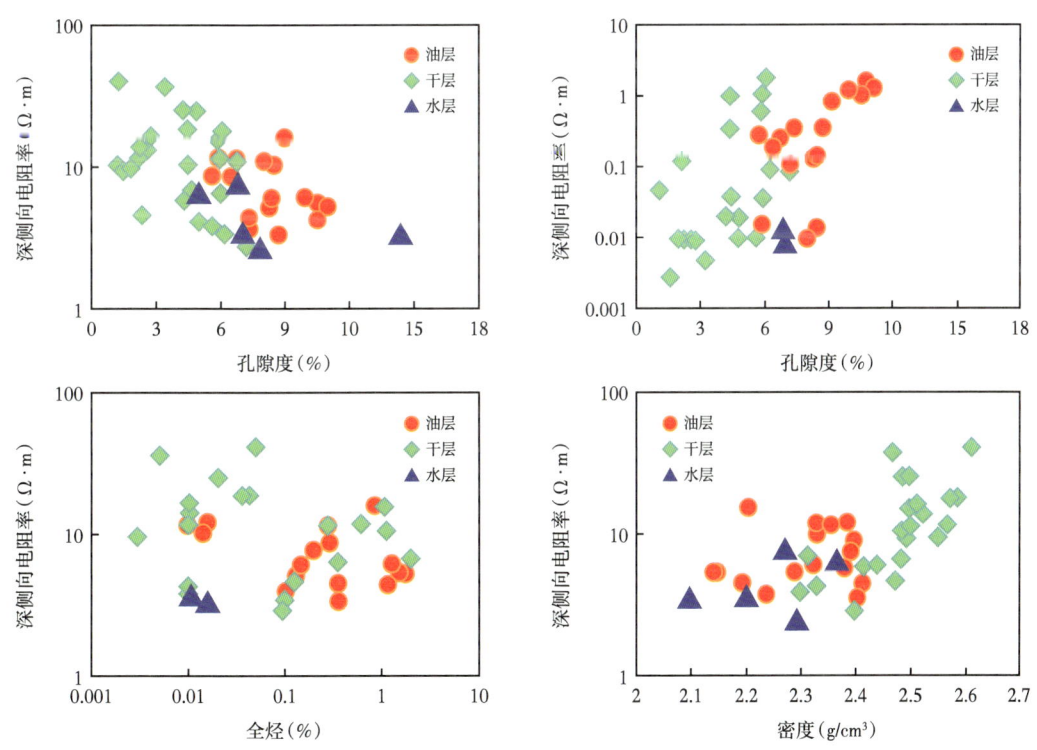

图6-2-13 车排子西翼石炭系敏感参数交会图版

(2)费舍尔(Fisher)判别法判识油水层。

根据试油结果,把储层分为油层、水层、干层3类。自然伽马GR、声波时差AC、中子 CNL、密度 DEN 和深探测电阻率 RD 等测井值对油水层判别影响较大，为多参数判别火成岩流体性质提供了基础条件，此外加入了气测全烃曲线 QT 和计算交会孔隙度 POR，利用这 7 项变量值求出不同类储层判别函数。

根据车排子西翼石炭系各井储层试油情况，构建的二维非标准化判别函数为：

$$\text{Function1} = -0.001\text{GR} + 0.008\text{RD} + 0.238\text{CNL} - 0.011\text{AC} + 3.998\text{DEN}$$
$$-0.662\text{POR} + 1.937\text{QT} - 9.931 \quad (6\text{-}2\text{-}3)$$

$$\text{Function2} = -0.017\text{GR} - 0.009\text{RD} - 0.231\text{CNL} + 0.039\text{AC} + 6.484\text{DEN}$$
$$+0.109\text{POR} + 0.172\text{QT} - 13.024 \quad (6\text{-}2\text{-}4)$$

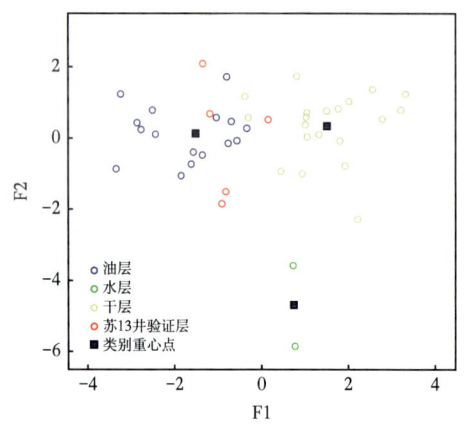

图 6-2-14 车排子西翼石炭系油水层判别分类图示

将待判样品点测井变量值代入 2 个判别方程，得到 2 个判别值，即平面空间中一个点（图 6-2-14），考察该样品点与各类重心点的距离，距离哪一个重心点最近，就属于哪一类别。

在计算出储层各类别重心点后，根据各采集样点距各储层类别重心的远近距离构建出油层、水层和干层的判别函数 f_1、f_2、f_3：

$$f_1 = 1.595\text{GR} + 1.657\text{RD} + 2.983\text{CNL} + 3.291\text{AC}$$
$$+367.78\text{DEN} + 0.731\text{POR} + 13.412\text{QT} - 661.394 \quad (6\text{-}2\text{-}5)$$

$$f_2 = 1.675\text{GR} + 1.720\text{RD} + 4.638\text{CNL} + 3.077\text{AC}$$
$$+345.496\text{DEN} - 1.295\text{POR} + 16.965\text{QT} - 631.241 \quad (6\text{-}2\text{-}6)$$

$$f_3 = 1.587\text{GR} + 1.680\text{RD} + 3.643\text{CNL} + 3.266\text{AC} + 381.395\text{DEN}$$
$$-1.236\text{POR} + 19.235\text{QT} - 694.518 \quad (6\text{-}2\text{-}7)$$

将待判储层样点测井参数代入上式，$f = \max(f_1, f_2, f_3)$，最大函数值所对应的类别（油水层），即为该储层段所属的储层流体类别，以此即可判断其流体性质。

4. 应用效果

图 6-2-15 为 S13 井石炭系 1920~1980m 测井解释综合图。该段地层岩性以沉凝灰岩为主，其次为凝灰质泥岩，储层类型以裂缝孔隙型为主，孔隙型次之。测井资料显示，该段自然伽马曲线数值在 50~120API 之间，电阻率分布范围在 3~40Ω·m 之间，三孔隙度曲线显示储层发育。其中 17、19、21 号层井段分别为 1920~1928m、1932.1~1933.8m 和 1942.4~1949m，岩性为沉凝灰岩，井眼小幅扩径，自然伽马数值为 52~100API；深探测电阻率数值低于围岩，为 3.6~9Ω·m；声波、中子测井值增大；密度测井值降低；中子—密度交会计算的孔隙度数值为 4%~10%；电成像静态图像呈棕色至棕黄色，动态图像可见局部发育高导缝、高阻缝和孔洞；斯通利波幅度衰减明显，地层流动迁移指数 K_{st} 较大，在 0.01~0.08 之间；声波全波列变密度图上出现干涉条纹，表明裂缝有效性较好；声波远探测图像显示，1950m 以上见到较为明显的条带状反射

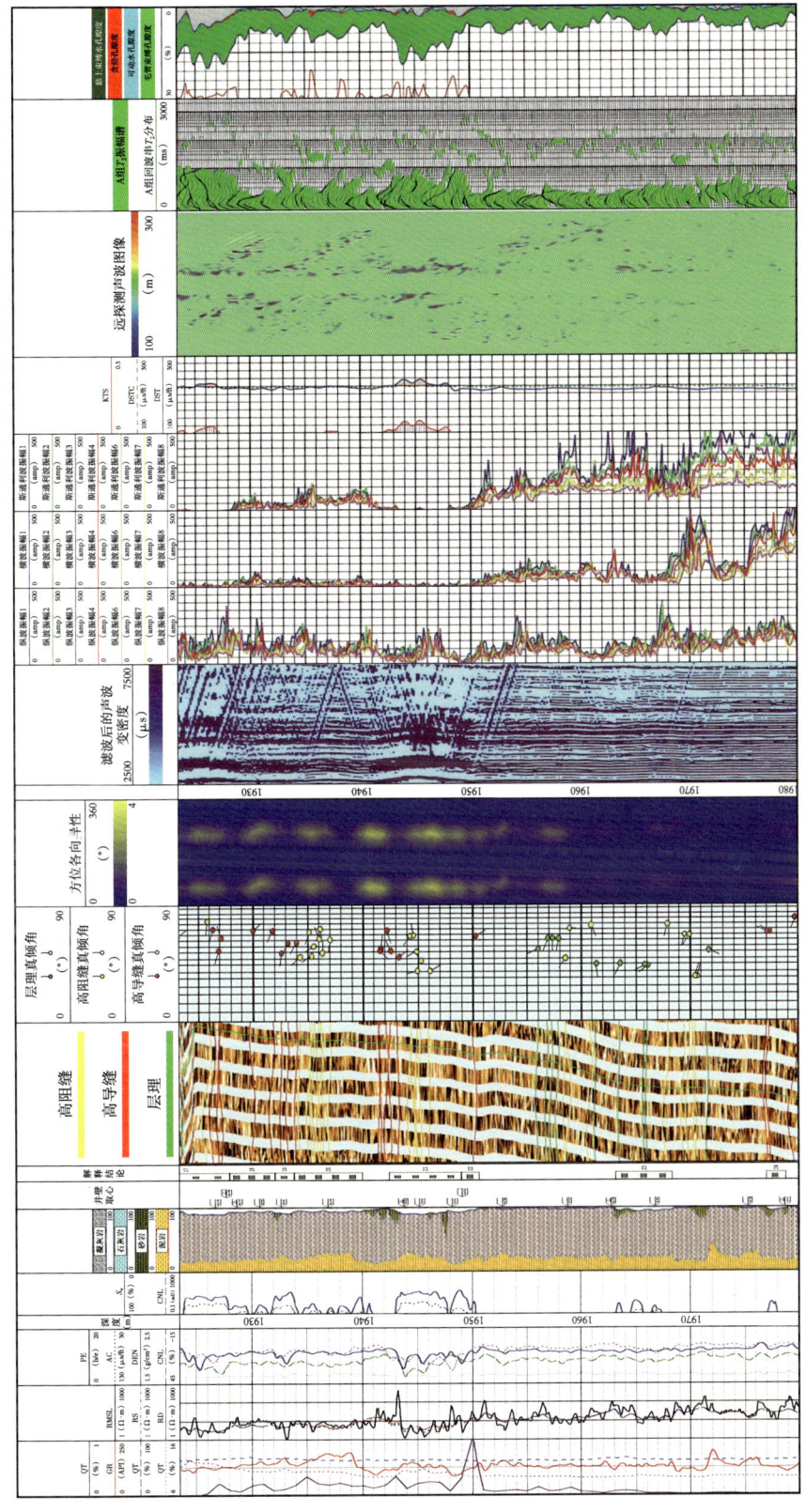

图 6-2-15 S13井综合测井成果图

- 347 -

异常，表明裂缝发育规模较大，向井外延伸较远。根据以上测井综合解释为Ⅱ类层。读取 17、19、21 号层各测井曲线数特征值，利用 Fisher 判别法进行分析，数据点主要落在油层区域内（图 6-2-14），判别结果为油层；岩屑录井见到荧光显示，气测全烃值在 0.07%~0.33% 之间。测井综合解释为Ⅱ类油层。

其他层常规测井曲线显示储层孔隙度较小，电阻率数值较高，电成像拾取的裂缝以高阻缝和层理为主，有少量高导缝，地层各向异性弱，斯通利波幅度衰减不明显，地层迁移指数小，说明该段地层渗透性较差，裂缝主要为无效裂缝。

对石炭系 1920~2300m 井段进行裸眼测试，6mm 油嘴放喷求产，日产原油 20.7m^3，累积出油 70.1m^3，不含水，原油密度 0.8255g/cm^3，黏度 4.08$mPa·s$，为轻质原油。证明储层裂缝发育，有效性好，含油丰度高。

5. 结论及建议

（1）常规测井与电成像测井、阵列声波测井相结合，能有效识别裂缝和储层类型，其中斯通利波幅度衰减、声波远探测相结合，是评价储层有效性的较好方法。

（2）裂缝性油气藏储层油气层测井响应特征不明显，准确获取第一性资料在流体性质评价中尤为重要。

（3）综合分析气测、岩屑录井和测井资料的基础上，再结合 Fisher 判别法对石炭系复杂储层流体性质进行判别，具有一定的应用效果。

第三节　区块案例

一、中央坳陷玛湖地区二叠系乌尔禾组砂砾岩油藏测井评价

1. 地质背景

玛湖凹陷是准噶尔盆地中央坳陷分布最北的一个二级构造单元，凹陷内沉积巨厚泥岩，是准噶尔盆地最重要的烃源区之一。整体构造特征具成排分布特点，断背斜沿构造带呈珠状排列，是海西构造运动的产物。根据构造位置进一步可分为 4 个区块，即以玛东 2 井、盐北 4 井为代表的玛东斜坡区，以玛 131 井为代表的玛北斜坡区，以艾湖 1 井、玛 18 井为代表的玛西斜坡区，以玛湖 1 井、玛湖 8 井为代表的玛南斜坡区。

玛湖凹陷南斜坡地层发育齐全，自上而下分别为白垩系吐谷鲁群，侏罗系西山窑组、三工河组、八道湾组，三叠系白碱滩组、克拉玛依上亚组、克拉玛依下亚组、百口泉组，二叠系上乌尔禾组和下乌尔禾组。其中白垩系与侏罗系、侏罗系与三叠系、三叠系与二叠系间均为角度不整合接触。

通过区域岩心资料、单井沉积序列、沉积相及沉积旋回分析，结合地震相和测井相识别，认为玛湖凹陷南斜坡二叠系乌尔禾组沉积相类型为扇三角洲沉积体系，可划分出扇三角洲平原、扇三角洲前缘和前扇三角洲（滨浅湖）亚相。

二叠系乌尔禾组储层质量主要控制因素为沉积相（扇三角洲前缘水下分流河道）、成岩相（浊沸石粒间溶孔发育型成岩相）和早期原油充注。下乌尔禾组扇三角洲前缘亚相储层以水下分流河道砂体为主，由于水动力条件较强，砂砾间泥杂基含量受淘洗后普

遍较低，致使砂砾岩物性明显好于其他类型沉积亚相。成岩作用早期形成的浊沸石胶结物充填了大量原生粒间孔，增强了储层的抗压能力，为后期的溶蚀孔形成打下了基础。

根据100余口井不同深度、不同层位的试油实测地层压力资料，建立了地层压力与深度的关系。玛湖凹陷侏罗系及以上地层基本为常压，三叠统、二叠统地层压力由正常压力发育异常高压，随深度的增加地层异常压力越高，本区三叠系及以下地层在3000m以下超压地层发育，压力系数为1.3~1.7。横向受泥岩厚度影响，超压程度差异较大。

2. 存在问题

玛湖地区二叠系乌尔禾组致密砾岩埋藏深，油藏类型及产能主控因素复杂，普遍存在超压现象，黏土类型及含量变化快，浊沸石、沥青等特殊矿物局部发育，储层为基质—裂缝双重孔隙特征，流体赋存状态及分布规律不清。此类储层测井定量评价、有效性分析及流体性质评价均属世界级难题。根据测井资料识别特殊黏土矿物类型及含量计算、划分储层级别、评价储层有效性、识别流体性质并计算其饱和度、产能评价等是玛湖地区乌尔禾组需解决的关键问题。

3. 测井评价技术

玛湖井区所钻探的井均采用的是LOGIQ及MAXIS-500等成像测井系列仪器进行资料采集，除常规测井外，还包括微电阻率成像测井（FMI）、核磁共振测井（MRIL-P）或偶极横波成像（DSI、SONIS SCANNER）等。针对测井解释评价难点，以含浊沸石砾岩储层测井响应分析为基础，建立浊沸石含量计算模型，形成含浊沸石砾岩储层分类标准。基于沥青含量对砾岩储层物性的影响与测井响应的分析，建立沥青含量计算模型，形成了含沥青砾岩储层流体识别方法；基于岩石物理实验分析结果，明确地层超压是形成高渗透性油层的主控因素，构建超压砾岩储层渗透率计算方法，为超压储层物性精确评价奠定了基础，建立一套适合玛湖地区二叠系乌尔禾组砂砾岩储层测井评价方法。

1）含浊沸石砾岩储层测井评价

（1）含浊沸石砂砾岩储层测井响应特征。

浊沸石对储层矿物组分、岩石导电、物性等有明显影响，在地球物理测井理论的指导下，开展储层岩性、岩心分析矿物组分、物性以及各种测井曲线等参数之间的相关性分析，厘清含有浊沸石与不含浊沸石的储层测井响应特征，为浊沸石储层测井评价奠定基础。

①岩石矿物类型。

根据研究区岩心全岩矿物分析结果，组成岩石的主要矿物包括石英、斜长石、钾长石、浊沸石、方解石等，黏土矿物有蒙脱石、伊蒙混层、绿泥石等。理论上，浊沸石是一种低密度、低伽马、高中子测井响应的矿物（图6-3-1），其密度测井值与蒙脱石黏土矿物平均值（2.2g/cm³）接近，中子测井值低于蒙脱石平均值（43%）。

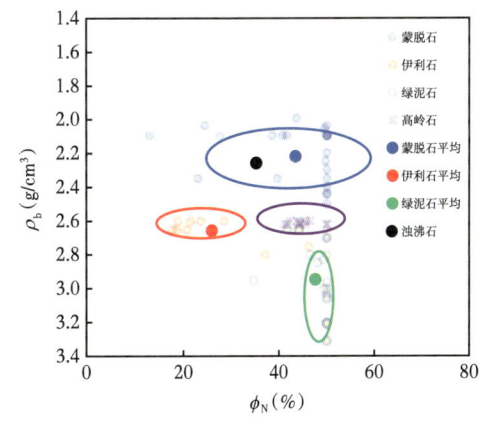

图6-3-1 黏土矿物和沸石中子ϕ_N—密度ρ_b交会图

②测井响应特征。

相对于不含浊沸石矿物的岩心（图6-3-2），含有浊沸石矿物的岩心明显具有更低的岩石骨架密度（2.556g/cm³），根据对应井段岩矿组分分析可知，低骨架密度矿物是浊沸石，其分子式为：$CaAl_2Si_2O \cdot 124H_2O$。

选取盐北4井、盐北1井、玛607、玛201井4口井含浊沸石层段与不含浊沸石层段的测井数据，分析自然伽马、深电阻率、中子、声波时差的直方图和交会图，比较两者之间测井值分布范围以及不同测井曲线之间交会关系，分析含浊沸石储层在各测井曲线的特征。

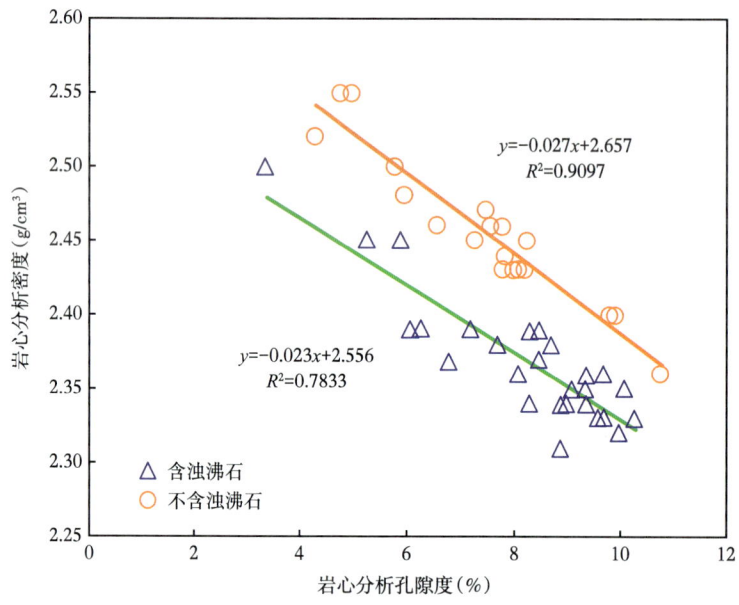

图6-3-2 含浊沸石与不含浊沸石岩心骨架密度对比

图6-3-3表明经过泥质和孔隙度校正后，不含浊沸石储层校正后的中子测井值主要在6%~10%之间，平均值为8.8%；含浊沸石储层的中子测井值在11%~19%之间，平均值为14.6%，两者之间有明显差异。

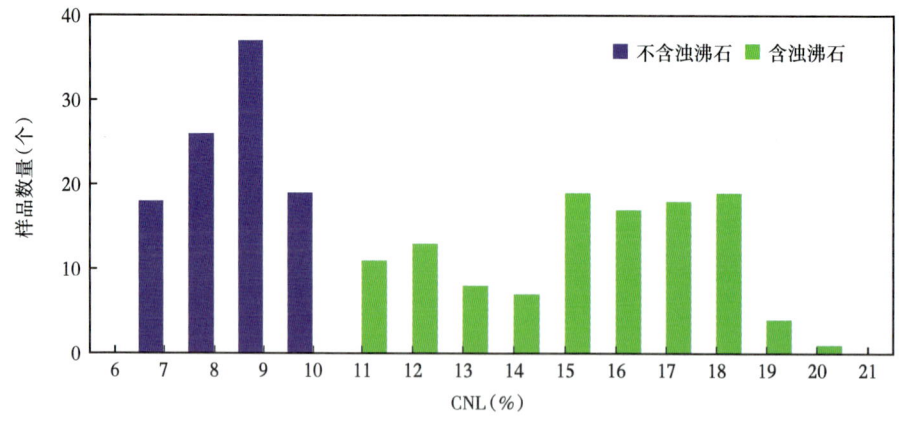

图6-3-3 含浊沸石与不含浊沸石岩石骨架中子响应值对比

类似地，在对声波时差测井值进行泥质校正和孔隙度校正的基础上得到，含浊沸石储层声波时差值范围在52~56μs/ft，平均值在54.1μs/ft，不含浊沸石储集层声波时差值范围在52~54μs/ft，平均值在52.3μs/ft（图6-3-4）。两者之间在声波时差测井值仅相差2μs/ft，初步认为浊沸石矿物时差值与岩石骨架矿物中石英、长石相近。

具有相似条件的含浊沸石与不含浊沸石砂砾岩层段深电阻率值分布范围分析表明，含浊沸石储层电阻率值范围在30~90Ω·m，算术平均值在47.8Ω·m，不含浊沸石储层电阻率值范围在5~20Ω·m，平均值在12.5Ω·m（图6-3-5）。含浊沸石储层电阻率明显高于不含浊沸石地层，具有高阻特征。

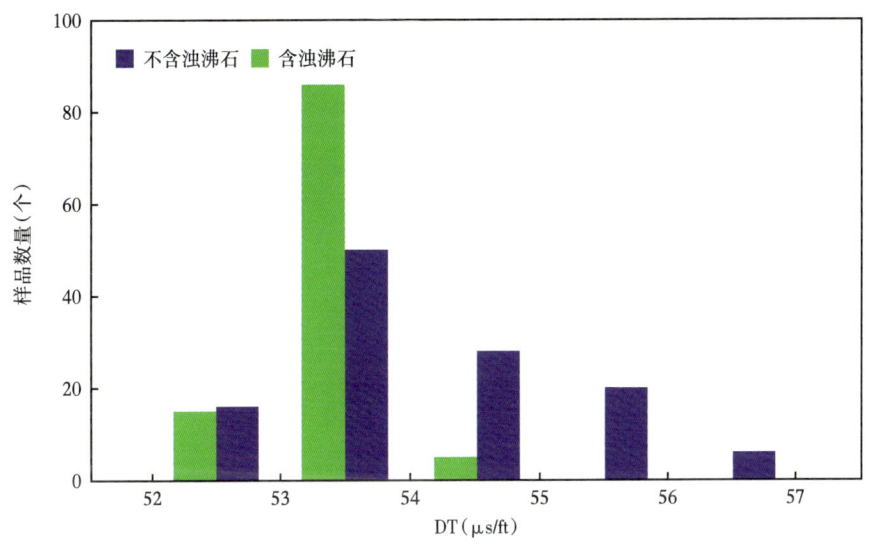

图6-3-4　含浊沸石与不含浊沸石地层声波时差值对比

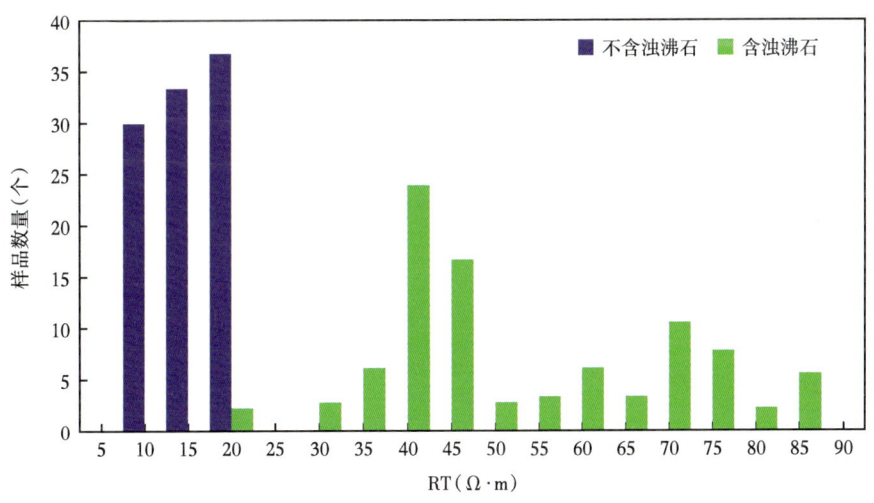

图6-3-5　含浊沸石与不含浊沸石地层电阻率

对含浊沸石储层高电阻率特征，还需要考察含油性的影响。因此选择不含油储层段分析含浊沸石与不含浊沸石储层电阻率差异。以盐北2井（图6-3-6）为例，在4601~4603m井段，岩石薄片鉴定证实储层含浊沸石，电阻率值为79Ω·m；4627~4630m井段储层不含浊沸石，电阻率值为 21Ω·m，对比两者差异显示含沸石储层具有更高电阻率。

根据自然伽马测井曲线在含浊沸石储层与不含浊沸石层段上的响应特征（图 6-3-7），含浊沸石储层自然伽马值主要范围在 44~52API，频率峰值对应的 GR 值为 46API，不含浊沸石储层电阻率值范围在 48~60API，频率峰值对应的 GR 值为 56API，显示含浊沸石储层具有低 GR 特征。

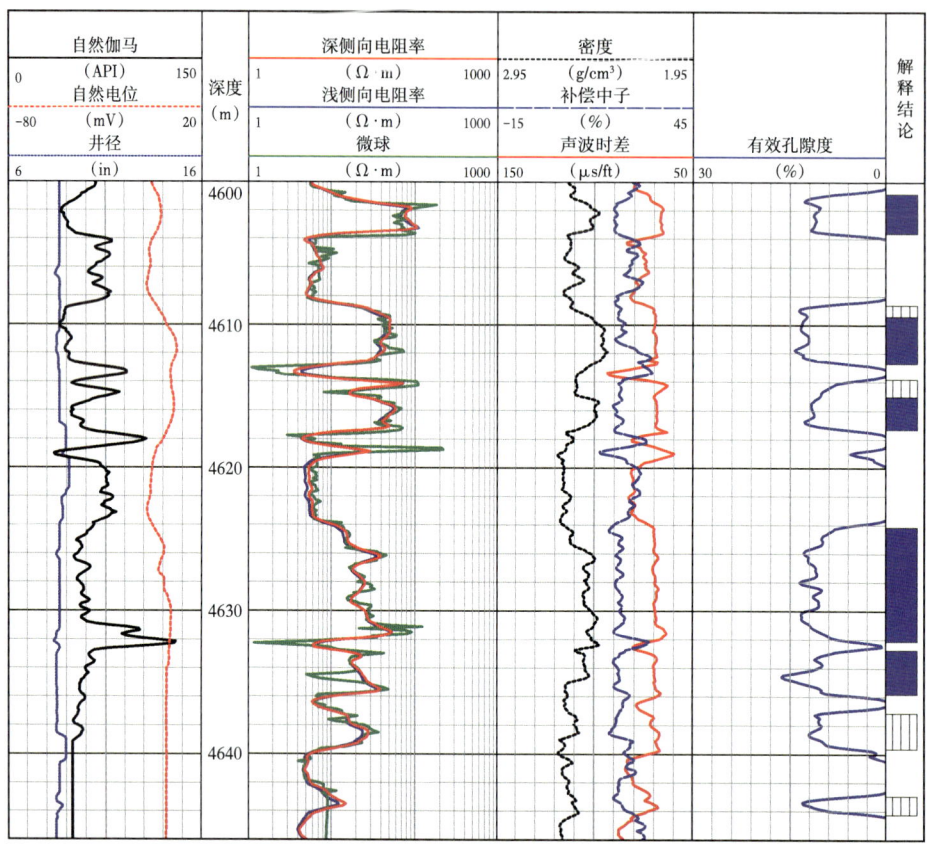

图 6-3-6　含浊沸石与不含浊沸石地层电阻率差异（盐北 2 井）

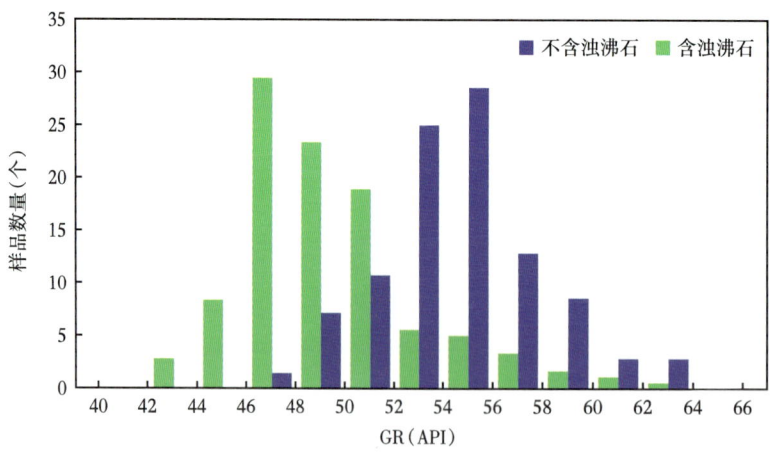

图 6-3-7　含浊沸石与不含浊沸石地层自然伽马（GR）特征

对比含浊沸石储层与不含浊沸石层段上的核磁共振 T_2 谱分布特征（图 6-3-8a），核磁共振 T_2 谱短弛豫部分（＜3ms），在含浊沸石层段（图 6-3-8b），比相邻上部不含沸石段（图 6-3-8c）分布要略宽，推测这部分信号可能来自浊沸石微孔结构中的水信号，但还需要进一步实验证实。对于不含浊沸石的地层，T_2 谱上小于 3ms 的短弛豫部分较窄。

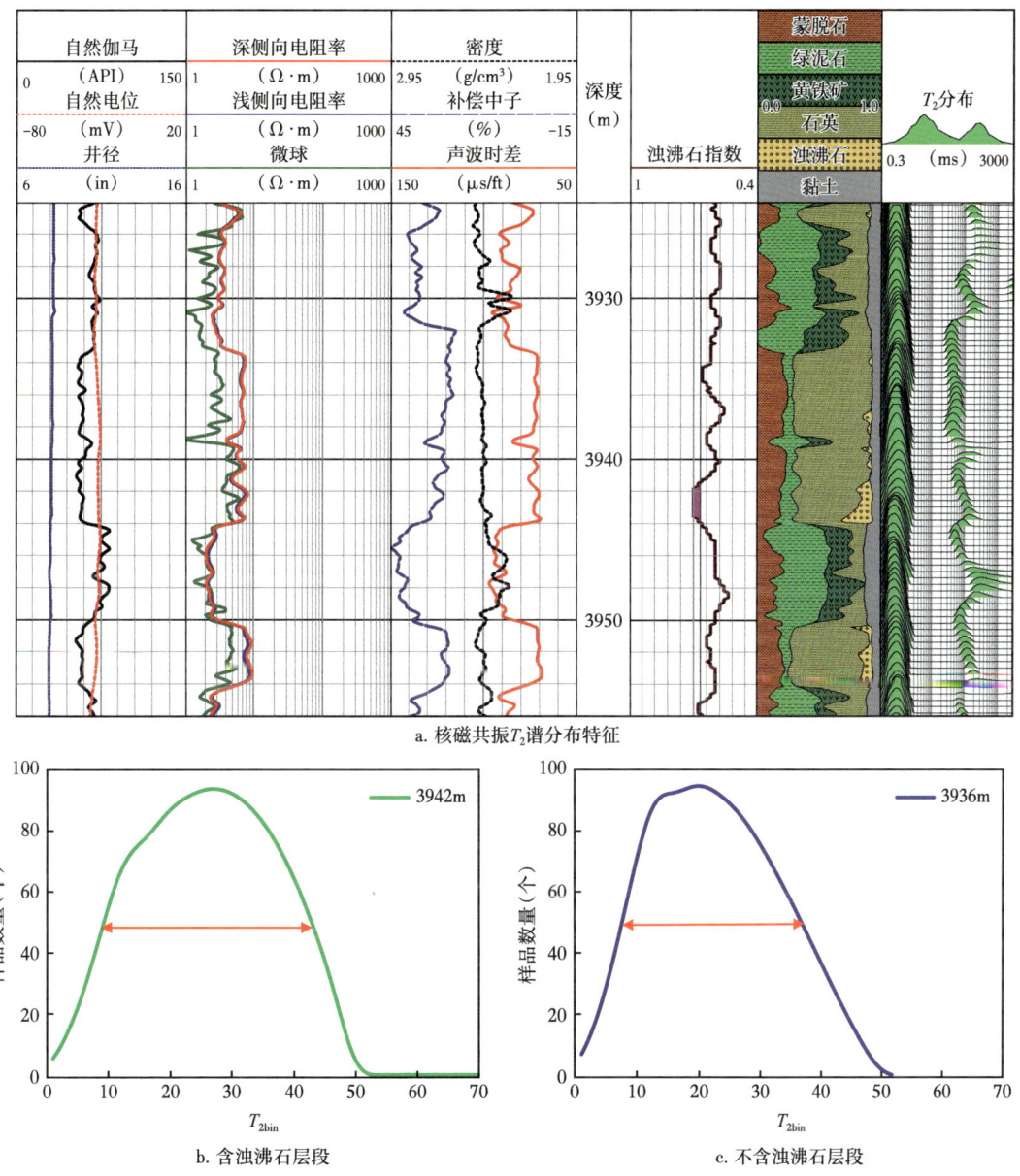

图 6-3-8　含浊沸石与不含浊沸石核磁共振 T_2 分布特征（盐北 4 井）

综上所述，盐北 4 井区含浊沸石地层在常规测井曲线上具有低自然伽马、低密度、高中子孔隙度、高电阻率"两低两高"的测井特征。在核磁共振测井 T_2 谱分布上，含浊沸石储层具有短 T_2 弛豫特征。

（2）含浊沸石砂砾岩储层测井识别。

根据含浊沸石矿物地层测井响应特征分析结果，开展了密度、中子孔隙度以及核磁共振等测井曲线及参数之间交会分析，总结得出"两低两高"测井曲线组合定性识别法、密度—声波视孔隙度重叠（交会）法、密度视孔隙度—核磁共振有效孔隙度交会（重叠）法、核磁共振T_2特征谱法、多参数神经网络模式识别法等5种识别含浊沸石储层的测井识别方法。

①测井曲线特征综合分析法。

由于含浊沸石地层具有"两低两高"的测井响应特征（低自然伽马、低密度、高中子孔隙度、高电阻率）。在常规测井资料定性判别地层中是否含有浊沸石矿物时，可以利用这种特征，综合几条曲线对地层含浊沸石矿物进行定性识别。

Da13井（4555~4561m）层段具有低自然伽马（44API）、低声波时差（70μs/ft）、低密度（2.39g/cm³）、高中子（26.7%）和高电阻率（36.2Ω·m）特征。测井曲线形态组合特征上声波时差表现平直无变化，密度、中子曲线向左偏。这表示在孔隙度基本不变情况下，密度的降低、中子孔隙度的增加是由岩石骨架矿物导致的，同时电阻率高、GR值低，综合判别为含浊沸石（图6-3-9）。邻近的下部地层三孔隙度都向右偏，表现出良好的一致性，为致密砂岩特征，不含浊沸石。

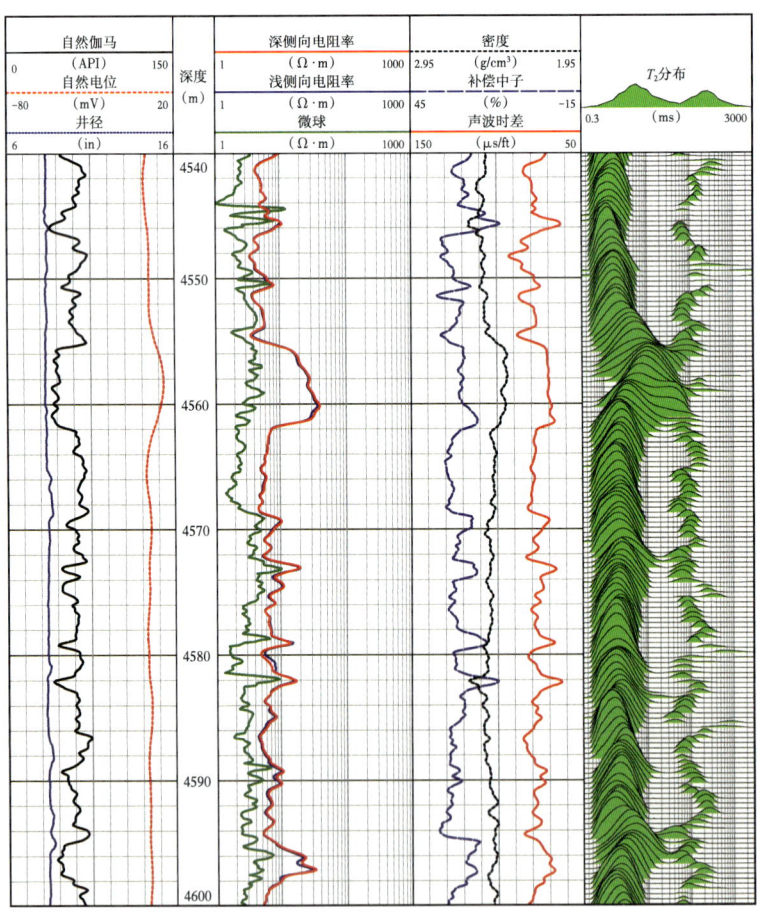

图6-3-9　Da13井测井曲线组合定性识别含浊沸石层

②密度—声波视孔隙度交会法。

利用含浊沸石储层具有低密度、声波时差与不含沸石储层基本相同的特点，在相同声波时差情况下，地层中不含泥质或含少量泥质时，密度测井值越小，则储层中含浊沸石的可能性越大。为了将声波时差与密度放在同一量纲下比较分析，引入密度视孔隙度、声波视孔隙度两个参数，定义如下：

$$\phi_D = \frac{DEN - 2.65}{1.0 - 2.65} \qquad (6-3-1)$$

$$\phi_C = \frac{\Delta t - 55}{189 - 55} \qquad (6-3-2)$$

式中：ϕ_D、ϕ_C 分别为密度视孔隙度和声波视孔隙度，小数；1.0 和 2.65 为纯砂岩地层水密度和岩石骨架密度，g/cm^3；189 和 55 为纯砂岩地层水声波时差和岩石骨架声波时差，$\mu s/ft$。

实际应用时，以层为单位，按照公式（6-3-1）、公式（6-3-2）分别计算其密度视孔隙度、声波视孔隙度，然后作交会图版进行分析，如图 6-3-10 所示。含沸石地层（储层），$\phi_D \geqslant \phi_C$ 时，数据点位于对角线以下。反之，当数据点位于对角线附近，即 $\phi_D \approx \phi_C$ 时，代表地层（储层）不含沸石矿物。当数据点位于对角线之上且远离对角线（$\phi_D \ll \phi_C$）时，表示地层泥质含量高。

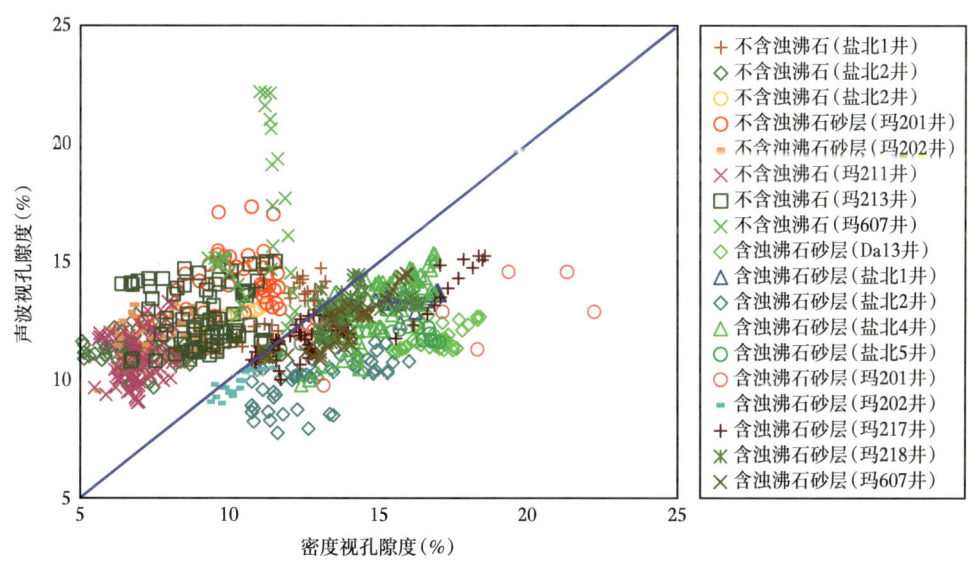

图 6-3-10 密度—声波视孔隙度交会图

③密度视孔隙度与核磁共振有效孔隙度交会法。

根据浊沸石矿物元素组成、晶体结构以及测井响应特征，对于核磁共振测井，砂层中含浊沸石不会增加地层有效孔隙度，但是由于浊沸石矿物密度低，地层含浊沸石密度测井值会降低，因此当地层中含有浊沸石时，密度视孔隙度大于核磁共振有效孔隙度；不含浊沸石，无泥质或泥质含量很低时，密度视孔隙度与核磁共振有效孔隙度则比较接近。

图 6-3-11 是应用密度视孔隙度与核磁共振有效孔隙度交会法识别含浊沸石层实例。盐北 5 井（4243~4246m）密度视孔隙度（第 8 道红色曲线）大于核磁共振有效孔隙度（第 8 道蓝色线），根据判别图版地层中含沸石，其他测井曲线显示出低自然伽马、高电阻率、高中子（与邻近层比）特征；3967~3990m 段密度视孔隙度约等于核磁共振有效孔隙度，图版判别地层中不含浊沸石，对应深电阻率曲线值降低，中子孔隙度与邻近层相比减小，表现不含浊沸石特征。

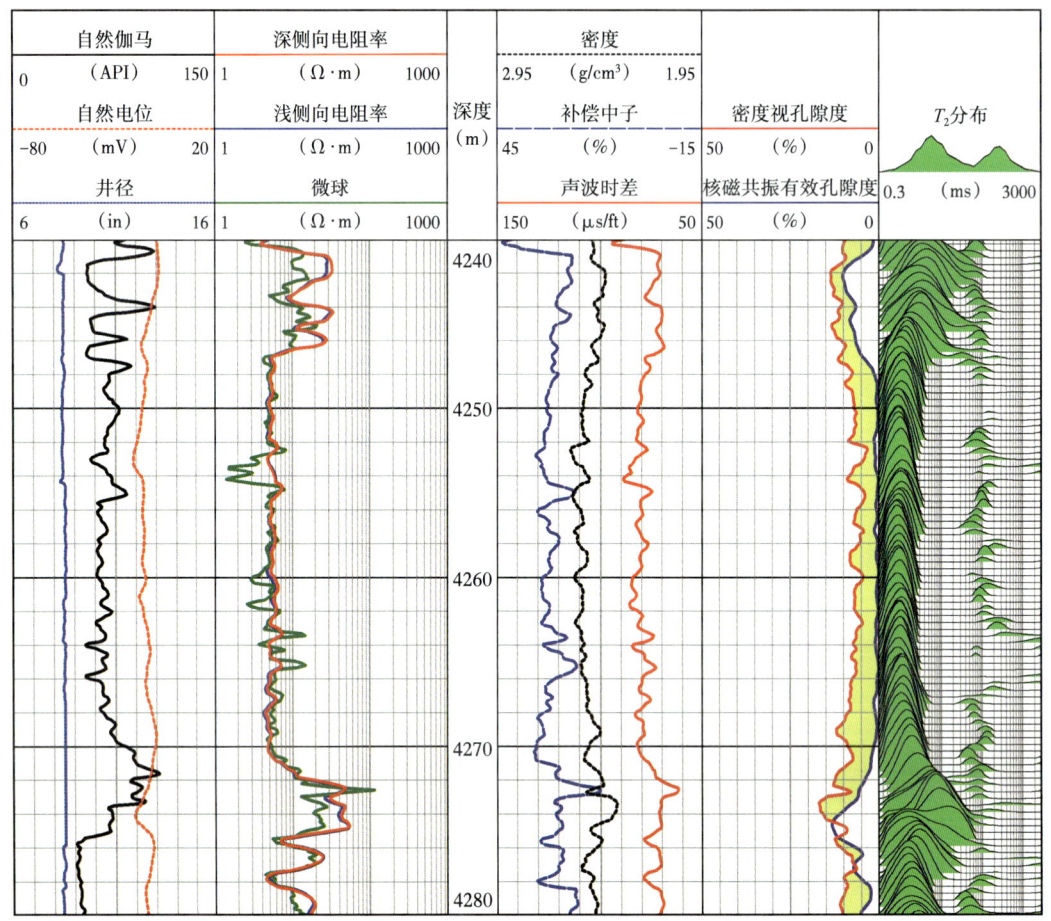

图 6-3-11　盐北 5 井密度视孔隙度—核磁共振有效孔隙度重叠法识别含沸石层

④多参数神经网络模式识别法。

研究区地层主要矿物石英、斜长石、钾长石、浊沸石、黏土矿物之间测井响应交叉重叠，仅靠两条测井曲线交会很难准确分辨复杂的储层岩性，要综合考虑多条测井曲线所包含的矿物组分信息综合判别。人工神经网络提供了一种可以处理各种模糊的、非线性模式识别问题的方法，识别储层是否含浊沸石的多层神经网络模型如图 6-3-12 所示，该网络体系结构由 3 层组成。第一层为输入层，由与含浊沸石储层识别有关的自然伽马相对值 dGR、电阻率相对值 dRT 等神经元组成。第二层为隐层，其神经元与外界没有直接关系，但其状态的改变能影响输入与输出之间的关系。第三层为输出层，该层由含浊沸石层、不含浊沸石层、泥岩层 3 个神经元组成。

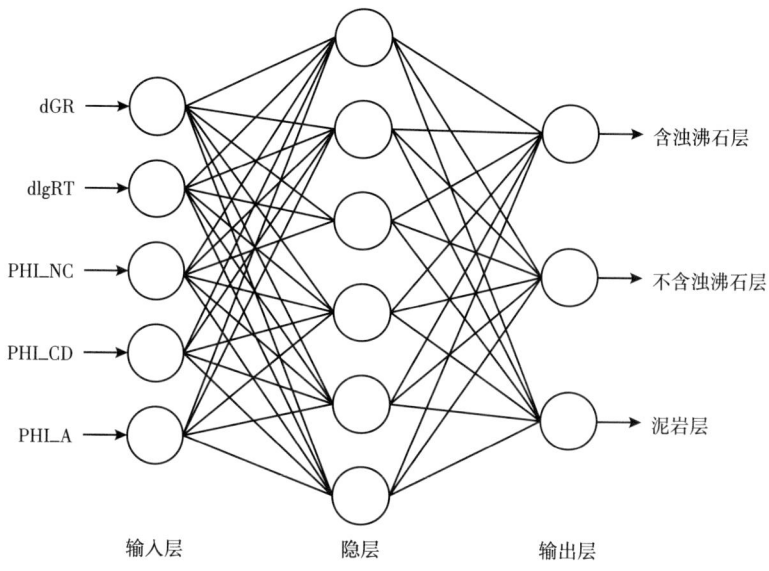

图 6-3-12　多测井参数神经网络模式识别含沸石层原理图

根据含浊沸石储层在测井上的响应特征，优化选取了 5 条曲线作为识别含浊沸石储层的输入，输出端分为含浊沸石砂砾岩、不含浊沸石砂砾岩与泥岩，建立了识别含浊沸石储层的神经网络模型。优选的输入曲线包括 dGR、dlgRT、PHI_NC、PHI_CD、PHI_A，各条曲线的意义如下：

$$dGR = \frac{GR - GR_{min}}{GR_{max} - GR_{min}} \qquad (6-3-3)$$

$$dRT = \frac{lgRT - lg1}{lg100 - lg1} = \frac{lgRT}{2} \qquad (6-3-4)$$

$$PHI\_NC = PHIN - PHIC \qquad (6-3-5)$$

$$PHI\_CD = PHIC - PHID \qquad (6-3-6)$$

$$PHI\_A = \frac{PHIC + PHID + PHIN}{3} \qquad (6-3-7)$$

式中：dGR 为自然伽马相对值，小数；GR 为自然伽马测井值，API；GR_{min}、GR_{max} 为 GR 最小值、最大值，API；dRT 为深电阻率对数相对值，小数；RT 为深电阻率测井值，$\Omega \cdot m$；1、100 为深电阻率左右刻度值，$\Omega \cdot m$；PNI_NC 为中子—声波视孔隙度差，小数；PHIN 为中子测井（视）孔隙度，小数；PHI_CD 为声波—密度视孔隙度差，小数；PHI_A 为 3 种视孔隙度平均值，小数。

图 6-3-13 为盐北 4 井 3857~3880m 井段多参数神经网络模式识别浊沸石的实例，第 9 道为多参数神经网络模式识别含沸石层结果，与岩心分析和最优化模型解释的含沸石层结果基本一致。

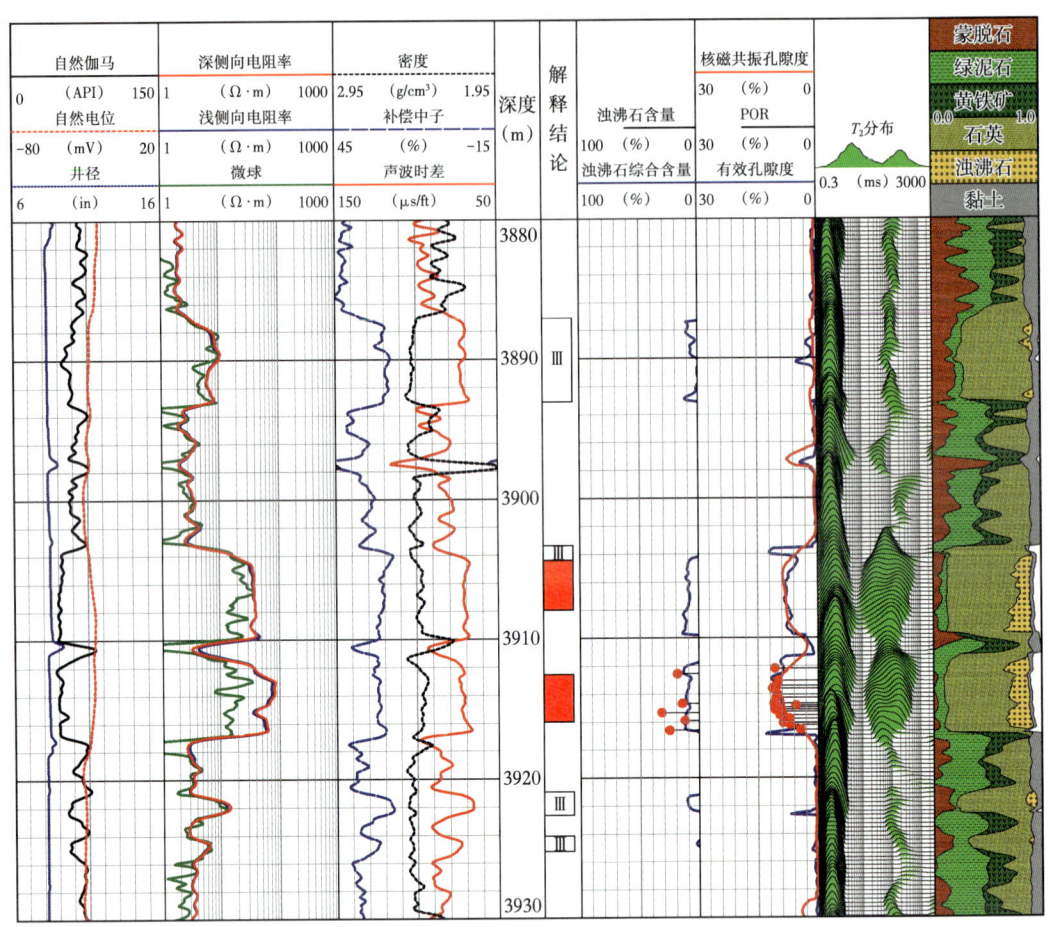

图 6-3-13 盐北 4 井多参数神经网络模式识别含沸石层

⑤核磁共振 T_2 谱特征法。

浊沸石本身具有微孔结构的特点，如果微孔中含水，则核磁共振 T_2 谱弛豫时间比较短，因此在岩心分析证实的浊沸石矿物含量标定的情况下，分析比较含浊沸石与不含浊沸石的砂岩段 T_2 谱上小于 3ms 的短弛豫部分，结果表明：核磁共振 T_2 分布上短弛豫部分（< 3ms）在含浊沸石层段比相邻上部不含沸石段分布要略宽，推测这部分信号来自沸石微孔结构中的水信号（需要岩心核磁共振实验证实）。对于不含沸石的地层，T_2 谱上小于 3ms 的短弛豫部分较窄。对于泥岩层，核磁共振 T_2 谱分布基本都小于 3ms，且分布范围窄，峰值相对较高。

应用核磁共振 T_2 分布短弛豫分量上含浊沸石层段比相邻不含沸石地层要略宽的特征，可定性判别地层是否包含浊沸石。根据 T_2 分布刻度特点，定义 T_2 短弛豫分量宽度（T_{2ab}）为：

$$T_{2ab} = \lg T_{2a} - \lg T_{2b} \quad (6-3-8)$$

式中：T_{2a}、T_{2b} 分别为短弛豫分量峰左半幅点和右半幅点对应的 T_2；T_{2ab} 表示短弛豫分布半幅点的宽度。

统计分析含浊沸石储层与不含浊沸石层的 T_{2ab} 值（图 6-3-14），地层含浊沸石与不含浊沸石的界限在 0.67。

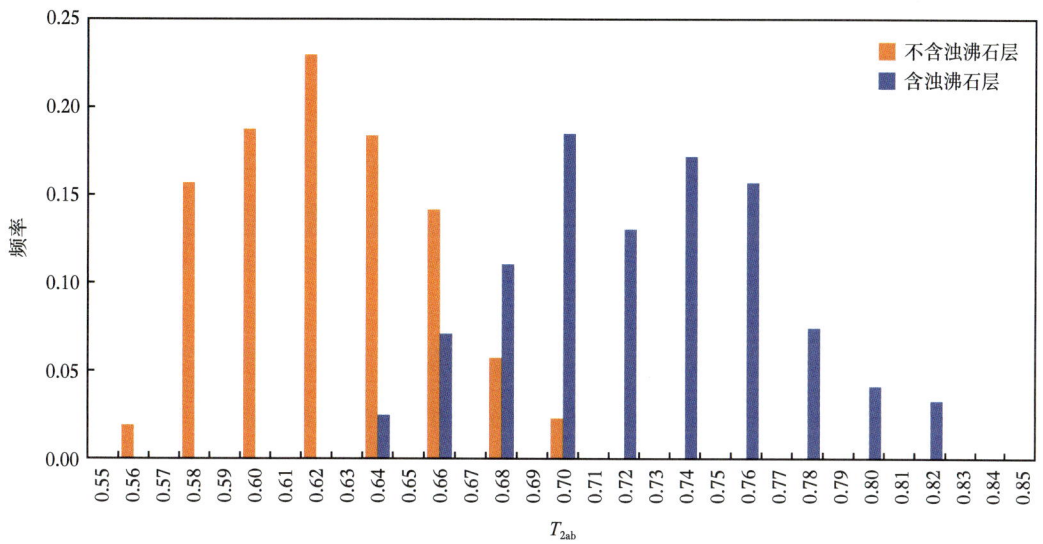

图 6-3-14 含浊沸石层与不含浊沸石层的核磁共振 T_2 分布上短弛豫部分宽度频率图

应用前述 5 种方法对实际测井资料进行了处理（表 6-3-1），对照有岩心全岩矿物分析资料和岩石薄片分析资料证实含浊沸石的层段（7 口井共 15 层），各种方法符合率比较，多参数神经网络模式识别法符合率最高，14 层符合，符合率 93.3%，测井曲线响应特征综合判别法、密度视孔隙度与核磁共振有效孔隙度交会法符合率较差。

表 6-3-1 五种方法判别含浊沸石储层成果表

井名	起始深度（m）	终止深度（m）	岩心分析结果	曲线综合判别	密度—中子重叠	核磁共振—密度交会	T_2 谱特征	多参数神经网络判别
Da13	4555.9	4560.8	含浊沸石	√	√	√	√	√
Da13	4618.7	4623.1	含浊沸石	√	√	√	√	√
玛 211	3758.5	3767.3	含浊沸石	×	×	—	—	×
玛 217	3998.8	4000.8	含浊沸石	√	√	√	√	√
玛 217	4001.9	4006.2	含浊沸石	√	√	√	√	√
玛 217	4007.2	4009.7	含浊沸石	×	×	√	√	√
玛 607	4104.7	4111.7	含浊沸石	√	√	√	√	√
盐北 1	4030.5	4036.7	含浊沸石	×	×	×	×	√
盐北 1	4049.4	4051.3	含浊沸石	×	×	×	×	√
盐北 1	4068.9	4071.0	含浊沸石	√	√	√	√	√
盐北 2	4467.3	4469.2	含浊沸石	√	√	—	—	√
盐北 2	4601.6	4603.6	含浊沸石	√	√	—	—	√
盐北 4	3868.3	3870.8	含浊沸石	√	√	√	√	√
盐北 4	3912.1	3916.4	含浊沸石	√	√	√	√	√
盐北 4	3934.8	3938.9	不含浊沸石	√	√	×	√	√
判别准确率				73.3%	80.0%	75.0%	83.3%	93.3%

（3）浊沸石含量计算。

结合岩心全岩矿物分析数据与测井曲线，分析浊沸石含量与密度、中子、声波以及核磁共振 T_2 谱等测井曲线之间关系，建立了密度—核磁共振测井组合法、视孔隙度差值法、最优化多矿物模型法等 3 种计算浊沸石含量的方法。

①密度—核磁共振共振测井组合法。

选择密度曲线与核磁共振有效孔隙度曲线作为敏感参数，建立浊沸石含量计算模型。假设完全含水的含浊沸石地层的视骨架密度为 ρ_{ma}，有效孔隙度为 ϕ_e，则根据测井岩石物理体积模型，视骨架密度表征的是地层除流体之外的岩石的综合密度响应，可以将骨架密度分解为：

$$\rho_{ma} = \rho_z(1-V_{zfs}) + \rho_{zfs}V_{zfs} \quad (6-3-9)$$

式中：ρ_z 为除去浊沸石的综合密度响应值，g/cm³；ρ_{zfs} 为浊沸石的密度，g/cm³；V_{zfs} 为地层中浊沸石的含量，%。

将式（6-3-11）变形可得浊沸石含量：

$$V_{zfs} = \frac{\rho_z - \rho_{ma}}{\rho_z - \rho_{zfs}} \quad (6-3-10)$$

由于二叠系地层内主要造岩矿物为石英和长石，所以式（6-3-10）中 ρ_z 的取值可以利用全岩矿物分析的石英、长石含量加权平均求得：

$$\rho_z = a\rho_{quartz} + b\rho_{feldspar} \quad (6-3-11)$$

式中：ρ_{quartz} 为石英的密度，g/cm³；$\rho_{feldspar}$ 为长石的密度，单位为 g/cm³；a、b 分别为石英、长石体积分数计算的权值。

由研究区内多口井样品全岩矿物分析可知（表 6-3-2），ρ_z 值平均为 2.623g/cm³。浊沸石密度值为 2.000g/cm³，因此式（6-3-11）可以改写，得到地层中的浊沸石含量计算公式：

$$V_{zfs} = \frac{2.623 - \rho_{ma}}{2.623 - 2} \quad (6-3-12)$$

表 6-3-2 研究区部分井全岩矿物分析中石英与长石的体积比

井号	石英含量（%）	长石含量（%）	a	b	ρ_z（g/cm³）
玛 607	30	34	0.47	0.53	2.623
玛 607	26	26	0.4	0.6	2.62
玛 607	28	30	0.48	0.52	2.624
盐北 4	31	29	0.52	0,48	2.626
盐北 4	28	27	0.51	0,49	2.625
盐北 4	35	30	0.54	0.46	2.627
盐北 4	28	26	0.52	0.48	2.626
盐北 4	25	30	0.45	0.55	2.623

续表

井号	石英含量（%）	长石含量（%）	a	b	ρ_z（g/cm³）
玛217	29	34	0.46	0.54	2.623
玛217	25	27	0.48	0.52	2.624
玛217	21	29	0.42	0.58	2.621
玛217	15	22	0.41	0.09	2.62

沙探001井为沙湾凹陷2020年新井，主探上乌尔禾组。将浊沸石测井识别及含量计算方法应用于这口井中，浊沸石含量计算与岩心分析结果相对误差为3.2%，应用效果良好。

②视孔隙度差值法。

根据浊沸石测井响应特征，建立中子—声波视孔隙度差值（PHIN_C）以及密度—声波视孔隙度差值（PHIC_D）与浊沸石含量的关系。

依据岩心全岩矿物分析的浊沸石含量与两个视孔隙度差值之间相关性分析结果，建立利用中子—声波视孔隙度差值、声波—密度视孔隙度差值计算浊沸石含量的模型：

$$V_{zeo} = -0.063 + 1.047 \text{PHIN\_C} - 1.813 \text{PHIC\_D} \quad (6\text{-}3\text{-}13)$$

式中：PHIN_C、PHIC_D均为小数。

③多矿物模型最优化方法。

与传统测井解释方法相反，最优化测井解释是将所有测井信息、误差及某些地区地质经验综合成一个多维信息复合体。运用数学上的最优化数学方法，综合地进行多维处理，寻求复合体的最优解，从所有可能的解释结果中得到最佳的解释结果（图6-3-18）。

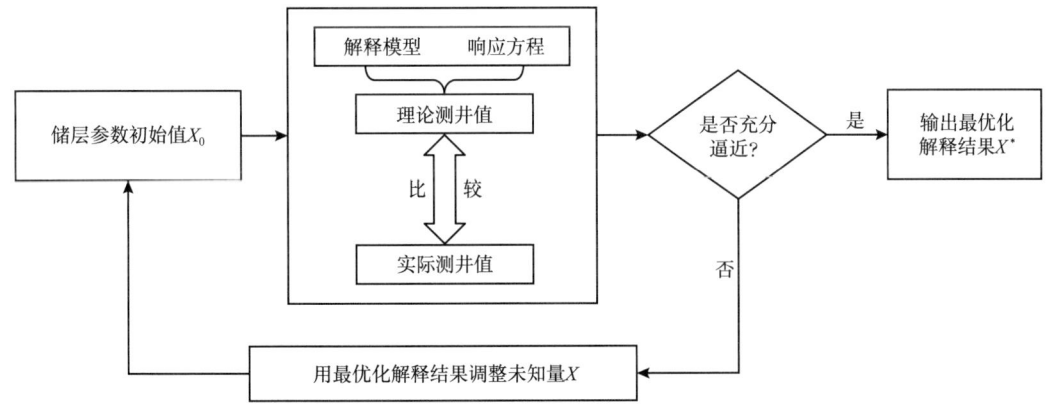

图6-3-15 最优化测井解释原理

多参数多矿物模型最优化方法测井处理需要做好输入曲线优选、矿物组合选择以及参数优化。

优选对浊沸石敏感的测井曲线作为输入曲线，根据测井响应特征分析结果，输入曲线包括中子、密度、声波、自然伽马、深浅电阻率、核磁共振有效孔隙度等。

矿物组合是根据不同岩性层段的测井曲线特征，在砂砾岩段与泥岩段分别选取不同矿物组合。砂砾岩段矿物组分模型包括石英、长石、浊沸石、蒙脱石；泥岩段矿物组分模型包括石英、绿泥石、蒙脱石、特殊矿物。

矿物测井响应参数优化是选择关键井，填入各矿物测井响应特征参数（表6-3-3、表6-3-4），计算处理测井曲线。根据结果，对照岩心分析数据，优化矿物响应参数，最终达到处理结果与实际储层情况相一致，确定下来各矿物在本地区响应特征参数，应用处理其他井。

表6-3-3 砂砾岩段矿物组分与测井响应参数表

砂砾岩段	石英	长石	蒙脱石	浊沸石	油	束缚水	自由水
密度校正（g/cm³）	2.71	2.95	2.2	2.26	0.6608	0.9884	0.9884
中子校正	0.1	0.48	0.43	0.353	0.9925	0.9813	0.9813
DT（μs/ft）	52	82	82	52	189	189	189
GR（API）	45	100	80	50	0	0	0

表6-3-4 泥岩段矿物组分与测井响应参数表

泥岩段	石英	绿泥石	蒙脱石	特殊矿物	油	束缚水	自由水
密度校正（g/cm³）	2.71	2.95	2.2	2.13	0.6608	0.9884	0.9884
中子校正	0.1	0.48	0.43	0.02	0.9925	0.9813	0.9813
DT（μs/ft）	52	82	82	90	189	189	189
GR（API）	45	100	80	50	0	0	0

图6-3-16为盐北4井利用最优化方法处理结果，第8、第9道蓝色实线分别为优化法计算的浊沸石含量、有效孔隙度。图中上部一套储层的浊沸石含量及有效孔隙度计算结果与岩心分析数据（杆状图形式表示）基本吻合。下部一套储层（3933~3944m）泥质含量高，计算得到的浊沸石含量很低，与岩心分析结果吻合；但孔隙度计算结果与岩心分析结果差别较大，认为是泥质组分引起的岩心分析数据偏高。

应用以上3种计算浊沸石含量的方法对14口井实际测井资料进行了处理，模型计算值与岩心分析结果相对误差小于15%。综合分析认为：多矿物模型最优化方法计算结果与岩心分析数据吻合最好，视孔隙度差法与最优化模型计算结果基本一致，密度—核磁共振测井组合法计算结果受地层含泥质影响较大。对于含泥质地层，计算浊沸石含量偏高；在无泥质或泥质含量低的地层，计算结果与岩心分析结果吻合较好。

图6-3-17是多矿物模型最优化方法计算浊沸石含量与岩心分析数据对比结果，其中红色实心圆点是两者吻合比较好的数据点，蓝色空心方框是所有岩心分析数据以及与之对应的最优化计算浊沸石含量数据点。对于图中斜线上方偏左侧数据点，实际资料分析发现一般都是一套含沸石储层中分析浊沸石含量较低的样品数据点；而对于斜线右侧浊沸石含量高达30%~50%的数据点，实际现场岩心观察发现，这样的浊沸石含量数据

是明显偏高的，现场未观察到这样的岩心。

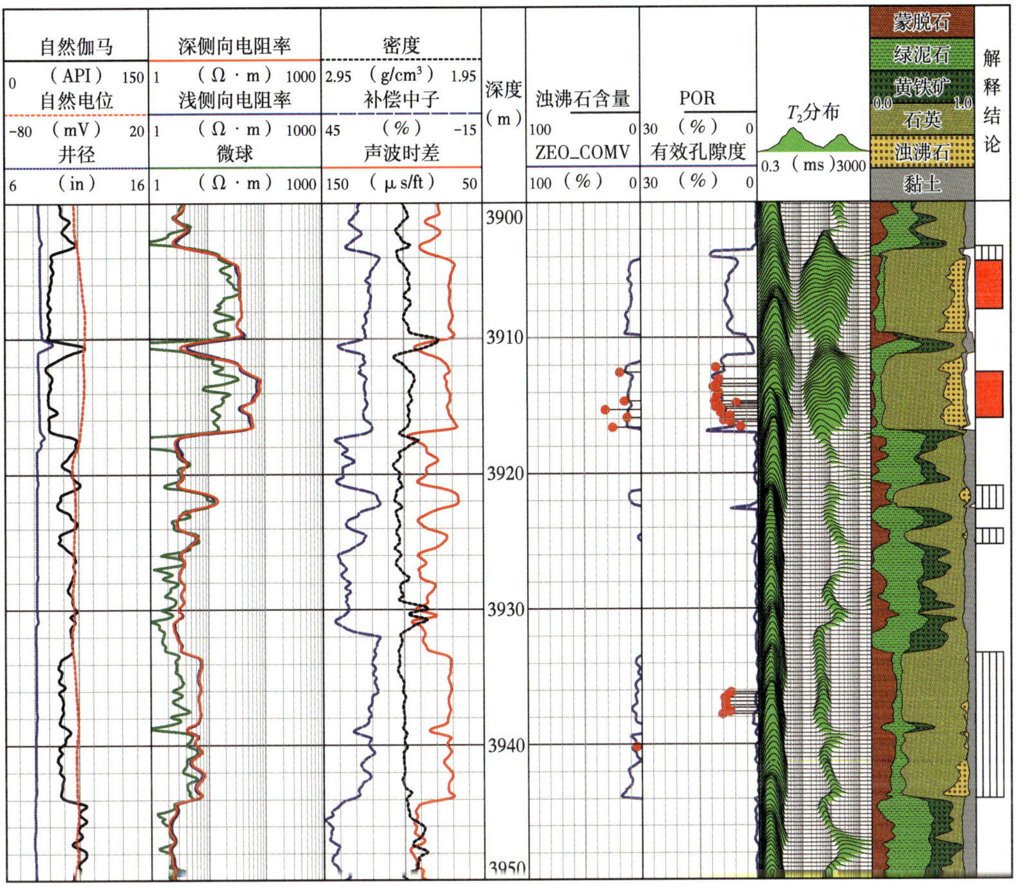

图 6-3-16 盐北 4 井最优化多矿物模型计算的浊沸石含量与岩心对比

（4）含浊沸石砂砾岩储层分类。

①成岩作用对含浊沸石砂砾岩储层的控制作用。

含浊沸石砂砾岩储层主要发育在扇三角洲前缘，砂砾沉积后在早成岩阶段具有较大的粒间孔隙度。随着上覆沉积物快速增厚，在持续的压实作用下，砂砾岩的粒间孔隙快速减少，成岩环境逐渐封闭，同时，早期易溶火山碎屑物质大量溶蚀，钾、钠、钙、镁等碱金属离子局部富集，形成封闭性碱性成岩环境。随着埋藏深度的增加以及地温梯度的逐渐升高，碎屑物中火山玻璃质等易溶碎屑进一步释放大量碱金属离子，导致沸石类

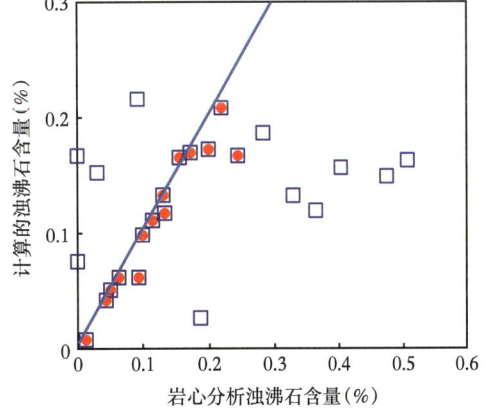

图 6-3-17 最优化多矿物模型计算的
浊沸石含量与岩心对比

矿物在封闭型碱性成岩环境中大量析出胶结原生孔隙。晚三叠世末至早侏罗世，风城组烃源岩发育较广泛的油气充注过程，浊沸石胶结砂砾岩在有机酸作用下，发生溶蚀增孔

现象，形成大量易溶碎屑颗粒以及胶结物次生孔隙。由于储层自身较致密的特点，有机酸溶蚀却不易排出的特点，碱金属离子原地富集，碱性成岩作用恢复增强，形成沸石类以及绿泥石等自生黏土矿物的原地充填胶结。综上，成岩作用对含浊沸石砂砾岩储层的控制作用可以简要表达为：压实作用减孔，浊沸石、泥质胶结减孔，浊沸石溶蚀增孔的过程。

如前所述，压实、胶结作用控制浊沸石含量、黏土含量，溶蚀作用控制溶蚀孔发育进而控制有效孔隙度，浊沸石含量、黏土含量控制物性进而控制产能。因此，需对压实作用、胶结作用、溶蚀作用进行测井表征，才能对含浊沸石砂砾岩储层开展分类研究。

压实作用可以导致砂砾岩原生孔隙中的水被挤压出来，从而导致原生孔隙大量损失。理论认为，地层压实作用越强烈时，声波时差值会呈现逐渐减小的趋势；同时，声波测井在计算地层孔隙度时，需要进行压实程度校正，因此可以用岩心孔隙度刻度声波孔隙度，进而反算出压实校正系数。其具体方法如下，由声波测井计算地层孔隙度：

$$\phi = \frac{\Delta t_{ma} - \Delta t}{\Delta t_{ma} - \Delta t_f} \cdot \frac{1}{C_p} \tag{6-3-14}$$

式中：Δt_{ma} 为岩石骨架的声波时差，$\mu s/ft$；Δt 为声波测井测量时差，$\mu s/ft$；Δt_f 为流体的声波时差，$\mu s/ft$；C_p 为压实校正系数。

地层压实作用越强烈，C_p 就越大，反之就越小。合适的压实校正系数可以使声波孔隙度被校正到与岩心孔隙度相等。因此，可以利用岩心孔隙度或者核磁共振有效孔隙度作为式（6-3-14）中的 ϕ，反算得到压实校正系数：

$$C_p = \frac{\Delta t_{ma} - \Delta t}{\Delta t_{ma} - \Delta t_f} \cdot \frac{1}{\phi} \tag{6-3-15}$$

胶结作用：虽然保留原生粒间孔隙，但胶结物占据了孔隙空间，同时岩石也变得更加致密。通过岩石薄片观察发现，黏土矿物和浊沸石作为胶结物普遍充填在砂砾岩岩石颗粒之间，因此胶结作用强弱就需要用浊沸石含量及黏土矿物含量来评价。黏土含量计算方法主要利用中子孔隙度与核磁共振总孔隙度的差值与 X 射线衍射（XRD）分析黏土含量建立线性回归模型，其原理不再赘述。

溶蚀作用：玛湖凹陷二叠系砂砾岩多由中基性火山碎屑组成，浊沸石则多是在钾、镁、钙等富含碱金属流体的碱性环境下形成的碱性矿物。当有机质排酸并运移到含浊沸石的砂砾岩储层后，有机酸便会对中基性的火山碎屑和浊沸石进行溶蚀，进而形成溶蚀孔。浊沸石的溶蚀是储层形成次生孔隙进而改善储层物性的关键因素。声波测井受到岩石骨架和粒间孔隙的影响，而核磁共振能够提供不受岩性影响的孔隙度曲线，因此选用核磁共振有效孔隙度与声波时差孔隙度的差值可以表征溶蚀孔。

②基于成岩作用表征的含浊沸石砂砾岩储层分类方法。

基于上述成岩作用的测井表征方法，对研究区内 15 口井二叠系含浊沸石砂砾岩储层进行储层测井分类评价，研究了浊沸石含量与储层物性、成岩作用综合关系。按照成岩作用，可以将浊沸石含量与核磁共振有效孔隙度交会图分为3个区域：一类区域浊沸石含量小于8.2%，核磁共振有效孔隙度小于5.8%，强烈压实作用导致原生孔隙大量减少，浊沸石胶结缺乏孔隙空间，基本无溶蚀孔，基质物性差，因此导致产能差；二类区域，浊沸石含量为8.2%~18.5%，核磁共振有效孔隙度大于5.8%，压实作用较弱，为浊沸石生成预留了原生孔隙空间，浊沸石形成后由于有机酸的强烈溶蚀形成大量的溶蚀孔，这类储层物性最好，试油后可以形成工业油气流；第三类浊沸石含量大于18.5%，核磁共振有效孔隙度小于5.8%，为中等压实的岩石，保留一定量的原生孔，浊沸石大量胶结后，由于溶蚀作用不够强烈，溶蚀孔较少，这类储层物性中等—差，产能中等—差。表6-3-5给出了含浊沸石砂砾岩储层三类储层的具体分类指标。

表6-3-5 玛湖凹陷二叠系含浊沸石储层分类方案

成岩相	压实作用	胶结作用		溶蚀作用	核磁共振有效孔隙度（%）	日产液量（m³）	典型井
	压实系数	黏土含量（%）	浊沸石含量（%）	溶蚀孔隙度（%）			
强压实、弱胶结、弱溶蚀	2.55~3	0.5~2	0~0.85	<2	<6	<5	玛东2
强压实、中等胶结、强溶蚀	1.3~2	0.5~3	8.5~18.5	2~8	>5.8	>10	玛湖11、玛湖22、玛湖40、玛218、达18、中佳6
中等压实、强胶结、中—弱溶蚀	2~2.55	3~6	18.5~25	2~3	2.2~7	<10	玛湖10、玛湖16、玛湖32

2）含沥青砾岩储层测井评价

（1）含沥青砂砾岩储层测井定性识别。

对于含沥青砂砾岩储层，沥青的溶解会引起气测孔隙度、渗透率的增加，岩样密度减小，纵横波时差不同程度增加，同时电阻率降低。所以，在地层中由于沥青充填到孔隙空间中，与含油层相比，沥青的存在导致电阻率升高，密度值升高，声波值降低，中子值降低。根据岩石物理实验分析结果，确定了含沥青砂砾岩储层测井定性识别敏感参数，即电阻率（RT）、纵波时差（AC）、密度（DEN），并构建了RT/CNL和AC/DEN测井定性识别图版（图6-3-18）。沥青将导致砂砾岩储层AC减小，DEN增大，RT增大，CNL减小。因此，AC/DEN减小，RT/CNL增大。与不含沥青储层相比，含沥青储层斜率更大，利用这一关系可以对含沥青砂砾岩储层进行定性识别。

（2）砂砾岩储层沥青含量测井定量计算。

在定性识别含沥青砂砾岩储层的基础上，构建沥青含量计算方法。测井曲线的响应特征表明，沥青对电阻率（RT）和纵波时差（AC）的影响较明显，可以确定上述测井曲线为沥青敏感曲线。设置合适的刻度范围，使不含沥青段的AC与RT曲线重合。在含沥青层段，AC时差减小，而RT会显著增大，从而形成明显的AC和RT曲线包络现象（图6-3-19）。基于这一变化特征，建立了视沥青含量（$\Delta\lg R$）的计算方法：

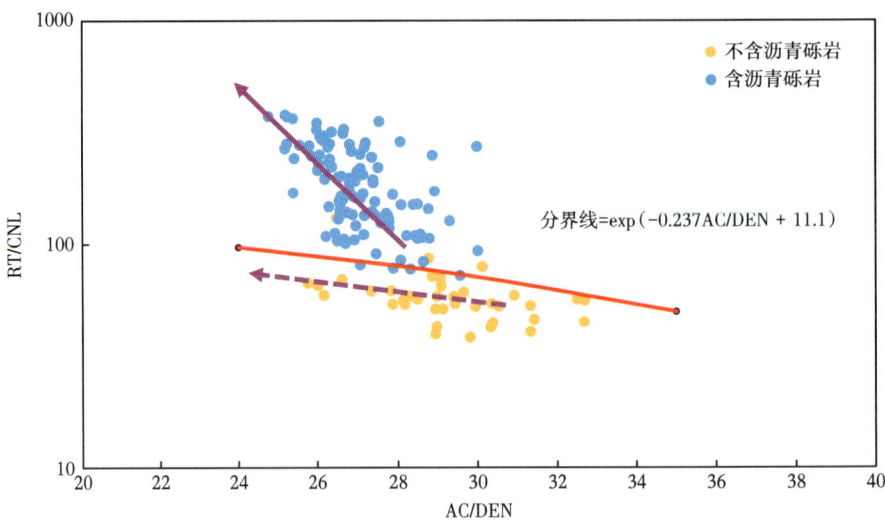

图 6-3-18　含沥青砂砾岩储层测井定性识别图版

$$\Delta \lg R = \lg \frac{R_t}{R_0} + k(\Delta t - \Delta t_0) \quad (6\text{-}3\text{-}16)$$

式中：$\Delta \lg R$ 为视沥青含量，%；R_0 为不含沥青段储层电阻率，$\Omega \cdot m$；Δt_0 为不含沥青段储层声波时差，$\mu s/ft$；k 为比例系数。

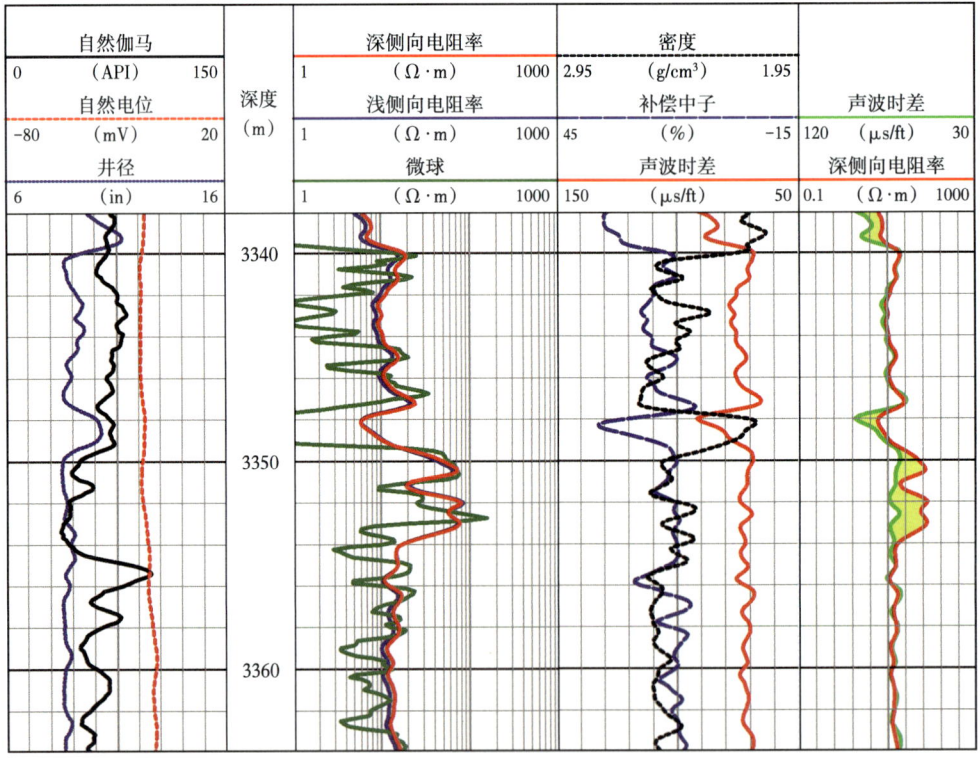

图 6-3-19　AC 与 RT 包络法识别含沥青砂砾岩储集层段（玛湖 025 井）

对比岩石物理实验分析获得的沥青含量与对应层段视沥青含量测井计算结果，平均相对误差为7.6%，二者具有较高的指数相关性（图6-3-20）。图6-3-21为玛湖025井三叠系百口泉组沥青评价综合图。

（3）含沥青砂砾岩储层测井曲线校正方法。

以含沥青砂砾岩储层岩石物理实验数据为基础，分别建立含沥青砂砾岩储层纵波时差、密度、电阻率曲线校正图版（图6-3-22和图6-3-23）。密度和声波时差受沥青含量影响相对较小，其校正函数呈线性变化；电阻率受沥青影响最大，其校正函数呈指数型变化。

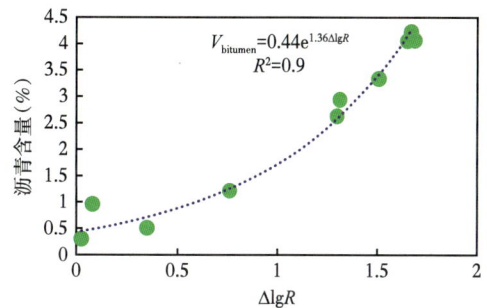

图6-3-20 玛湖凹陷含沥青砂砾岩储层测井定量计算方法

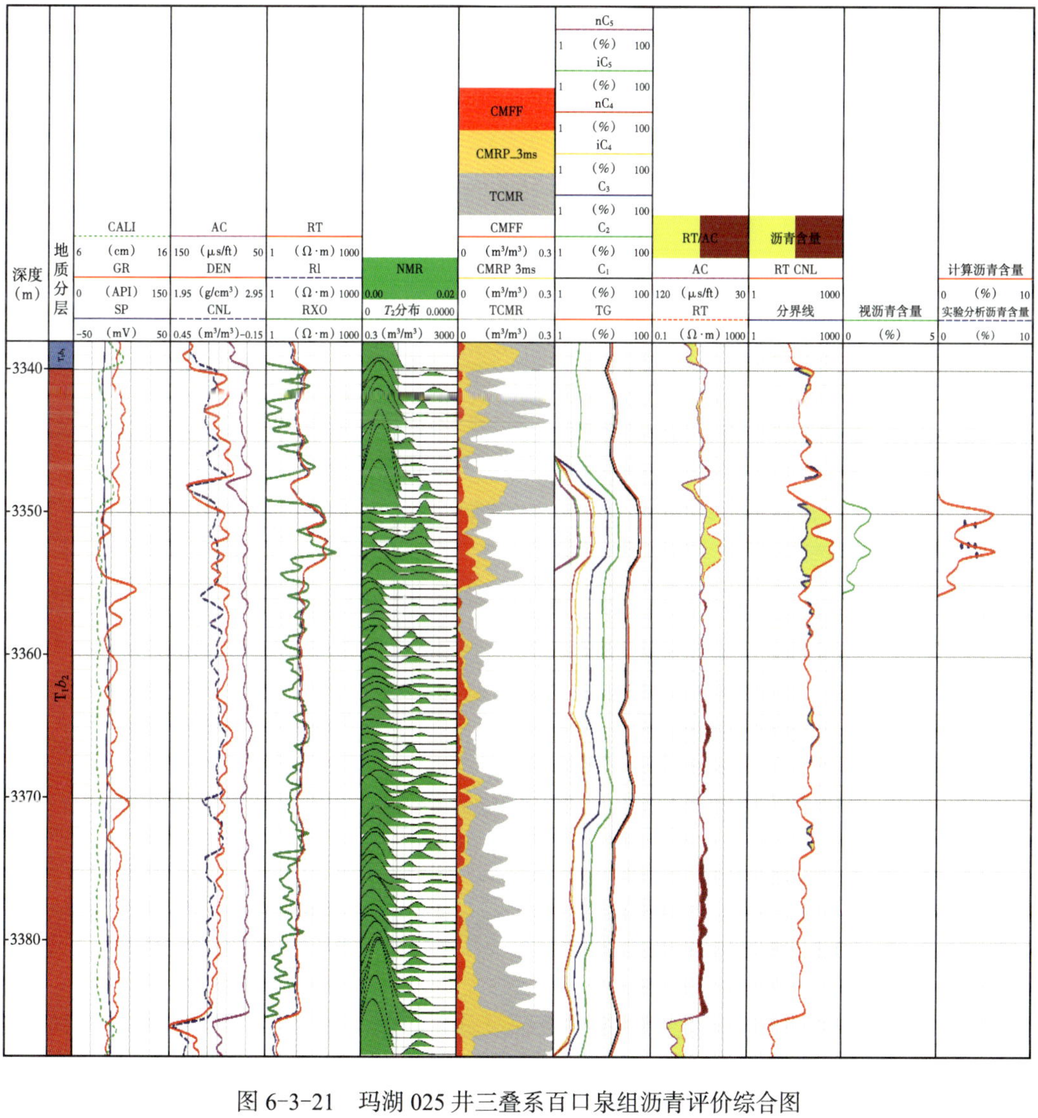

图6-3-21 玛湖025井三叠系百口泉组沥青评价综合图

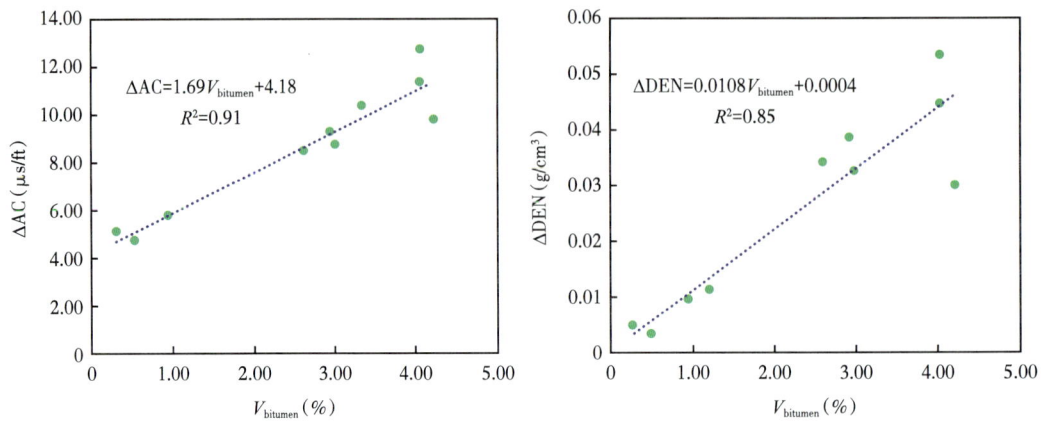

图 6-3-22　含沥青砂砾岩储层密度、纵波时差测井校正图版

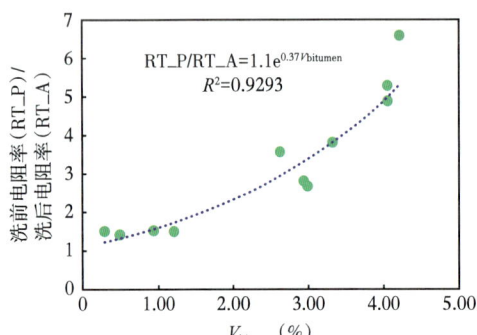

图 6-3-23　含沥青砂砾岩储层电阻率
测井校正图版

含沥青砂砾岩储层密度、声波时差和电阻率测井校正函数为：

$$DEN_c = DEN - (0.0108V_{bitumen} + 0.004) \quad (6-3-17)$$

$$AC_c = AC + (1.69V_{bitumen} + 4.18) \quad (6-3-18)$$

$$RT_c = \frac{RT}{1.1 \times e^{0.37V_{bitumen}}} \quad (6-3-19)$$

式中：DEN_c、AC_c、RT_c 分别为密度、声波时差和电阻率校正值，g/cm^3，$\mu s/ft$，$\Omega \cdot m$；DEN、AC、RT 分别为密度、声波时差和电阻率原始值，g/cm^3，$\mu s/ft$，$\Omega \cdot m$；$V_{bitumen}$ 为沥青含量。

（4）含沥青砂砾岩储层流体性质识别。

含有沥青的储层岩电参数与不含沥青的储层具有巨大差异，如不含沥青的储层 $m=1.914$（图 6-3-24a），而含沥青的储层 m 则接近 2.9（图 6-3-24b），这就导致了利用阿奇公式计算含油饱和度的不适应性。

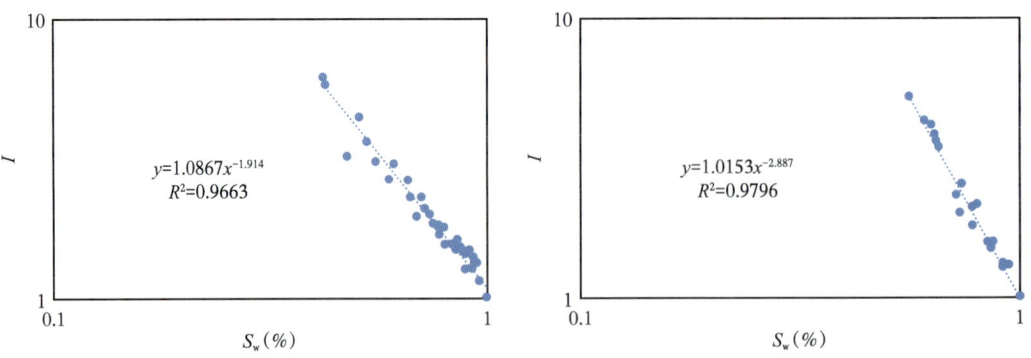

图 6-3-24　不含沥青与含沥青砂砾岩岩心含水饱和度和电阻率增大系数交会图

以克016井为例（图6-3-25），该井3087~3096m储层段试油结果为日产油33.9t、日产水27.57m³，试油结论是油水同层，原油性质为稀油，原油密度为0.8786g/cm³，黏度为31.85mPa·s；3140~3153m储集层段试油结果为日产油0.001t，试油结论为干层，原油性质为沥青，其密度为0.9196g/cm³，黏度为230.11mPa·s。可以看出，沥青比稀油的密度和黏度上都大。沥青与轻质油虽然在物理性质上有较为明显的差异，但在地有沥青时，其测井响应却与油层十分类似。利用常规测井解释理论，如果3087~3096m储集层段解释为油水同层，3140~3153m储集层段物性更好，电阻率平均值为60Ω·m，应至少解释为油水同层，但试油结果恰恰相反，这是由于沥青充填与岩石的孔隙中，不像稀油属于流体，干沥青属于固体，因此在岩石体积物理模型里可以认为沥青属于骨架的一部分。在沥青发育的储集层段，沥青的密度远小于岩石的密度，使得储层的密度降低、声波时差降低、中子降低、电阻率升高，进而造成了储集层段（3140~3153m储集层段）物性变好、电阻率在全井段最大、含油性变好的假象。

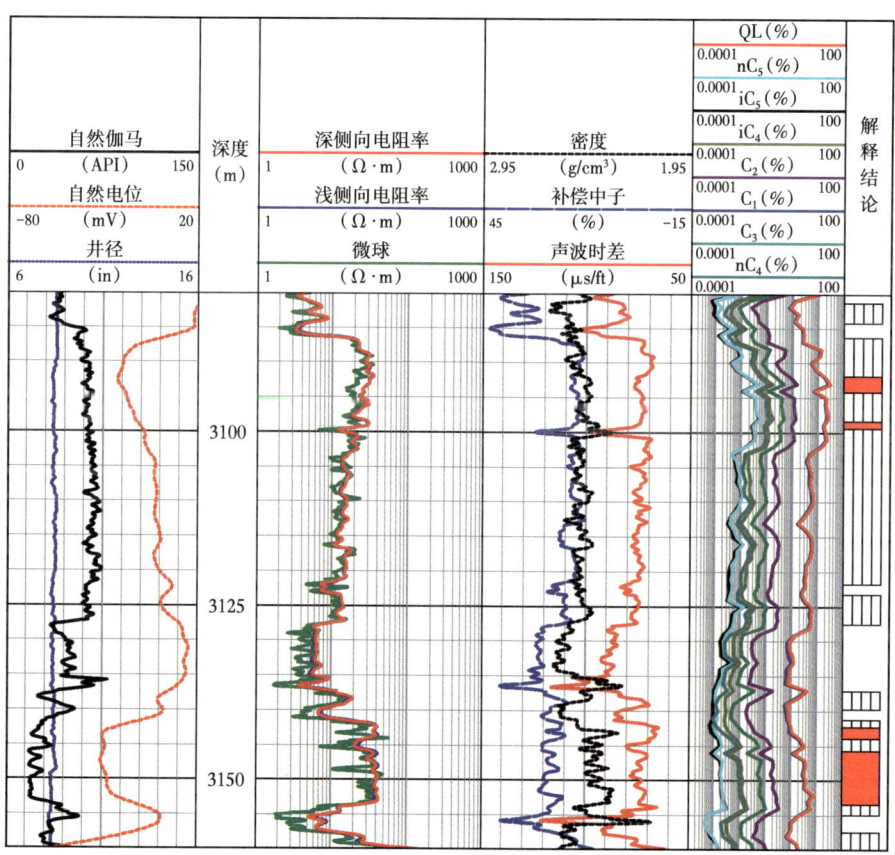

图 6-3-25　克016井二叠系上乌尔禾组综合测井曲线图

根据多期充注、调整的油藏特点及储层沥青、稠油、稀油、天然气共存的特性，建立了"三步法"进行油气层识别的技术方法，具体方法如下：

①利用常规测井手段识别含烃类储层。

如上文所述，含有沥青及稠油的储层，电阻率具有普遍升高的特点，利用孔隙度与电阻率交会图技术（图6-3-26）只能确保不漏失含烃类储层，并不能完全判断储层的流体性质，因此该方法进行流体性质识别准确率仅为52.5%，远不能达到测井解释的要求。

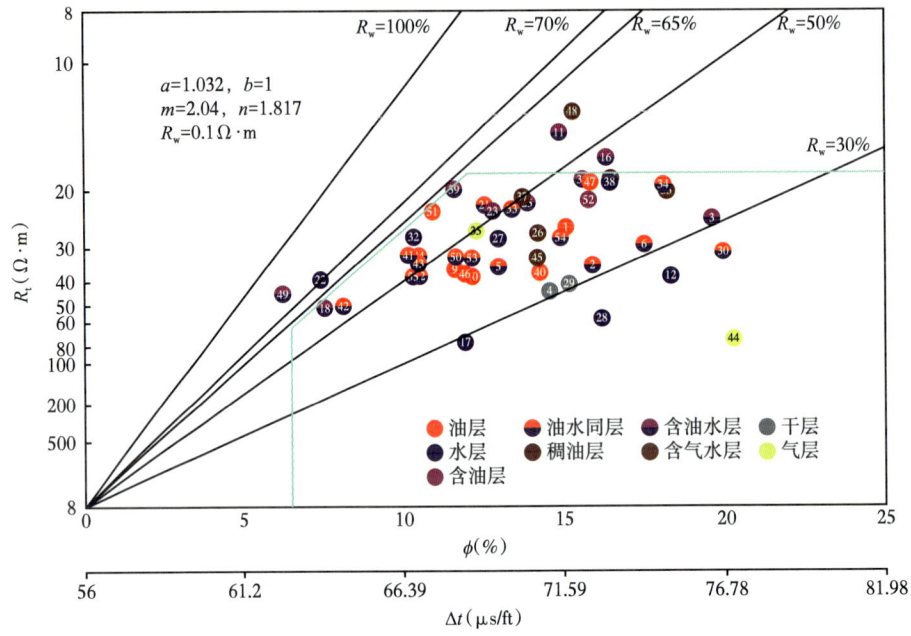

图6-3-26　中拐凸起及东缘上乌尔禾组孔隙度与电阻率交会图

②应用两种图版剔除沥青层及不含轻烃类的储层。

薄片观察表明，沥青在砂砾岩储层中填充孔隙，同时还存在浸染泥质的情况。受声波时差小、密度数值低的沥青影响，上述两种不同分布状态沥青的岩石的密度、声波都比岩石骨架、泥岩的物理参数要低，且由于浸染泥质的沥青主要存在于泥质中，所以其声波时差略大于充填在孔隙空间中的干沥青（图6-3-27）。

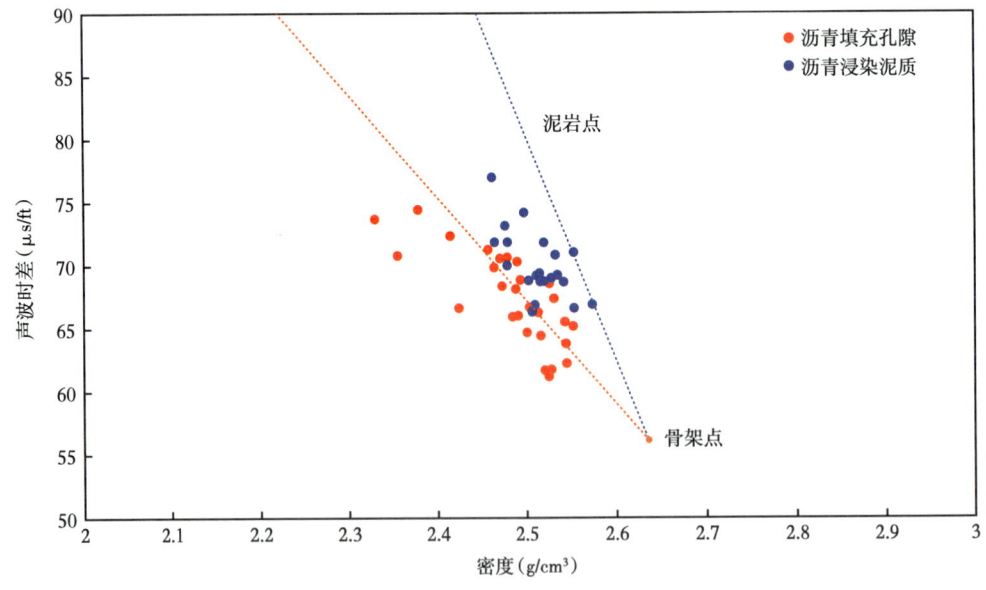

图6-3-27　中拐凸起及东缘上乌尔禾组沥青分布形式识别图版

- 370 -

水、油、干沥青的核磁共振体积弛豫时间不同（图6-3-28），它们的核磁共振T_2谱形态也呈现显著的差异。轻质油的核磁共振弛豫时间在100~3000ms之间（主峰在400ms附近），重质油在10~400ms之间（主峰在60ms附近），而沥青在0.3~100ms之间，因此可以用T_2=100ms处是否有独立的谱峰作为轻质油存在的证据。由于核磁共振探测地层时往往在1000ms后会有不反应地层信息的噪声信号，因此，选取100~1000ms的核磁共振孔隙度与T_2几何平均值交会制作核磁共振流体性质识别图版（图6-3-29）。可以看出，100ms后的T_2几何平均值是核磁共振图版上

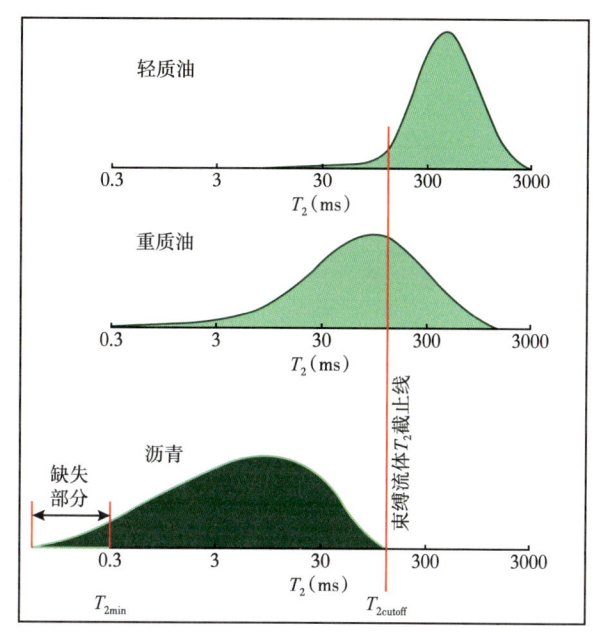

图6-3-28　轻质油、重质油、沥青核磁共振T_2波谱图

轻质油的发育区。经过第二步剔除后的孔隙度—电阻率交会图（图6-3-30），含有沥青、稠油和不含轻质油的储层被大大削减，此时的测井解释符合率已到达65%。

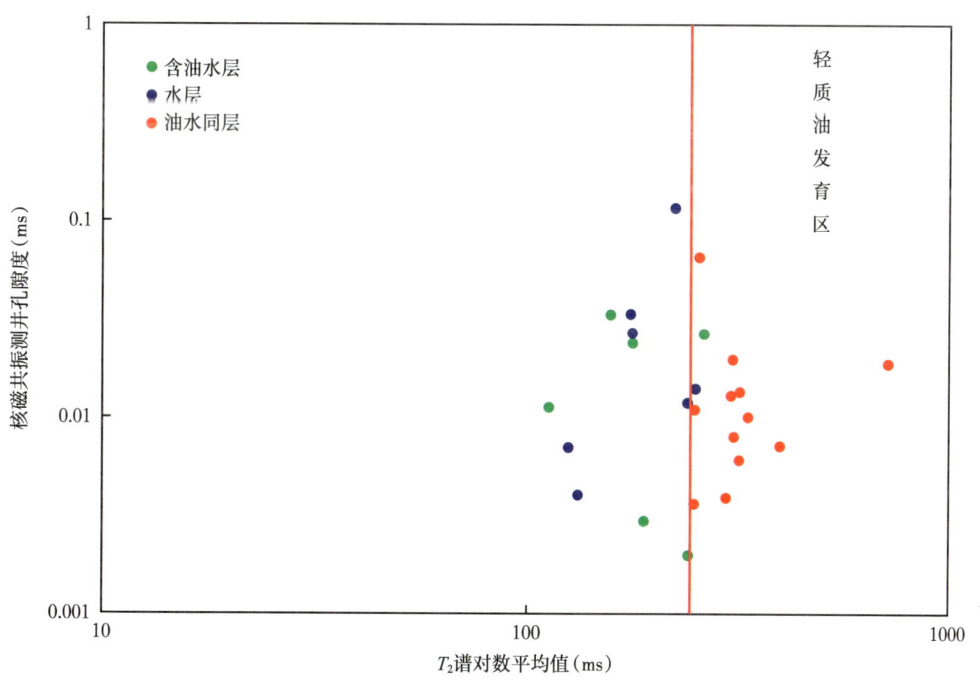

图6-3-29　中拐凸起上乌尔禾组核磁共振流体性质识别图版

③剔除冲刷砂砾岩形成的长T_2，消除貌似含有轻质油的储层。

致密砂砾岩储层与冲刷砂砾岩储层的最大区别在于，前者的厚度一般较厚，由于岩

石致密导致储层物性差，T_2 谱响应时间一般结束于 100ms 之前；而后者一般厚度极小，物性极好，导致 T_2 谱结束时间在 1000ms 之前。因此，结合电成像图像，通过观察 T_2 谱的长短，可以判断是否发育冲刷砂砾岩（图 6-3-31）。

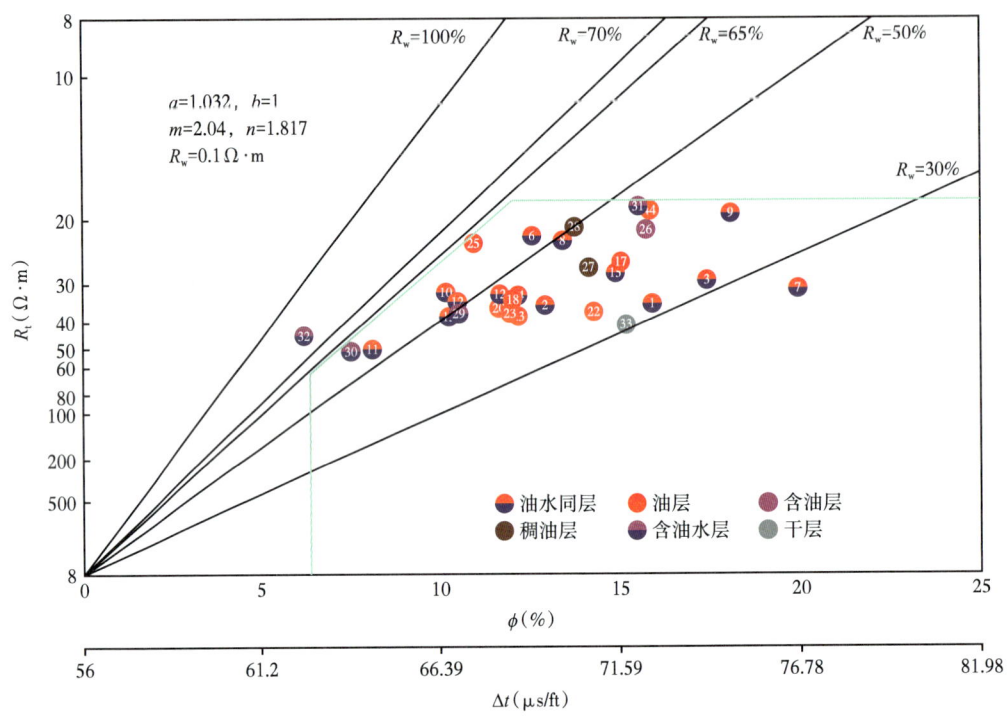

图 6-3-30　经过第二步剔除后的孔隙度—电阻率交会图

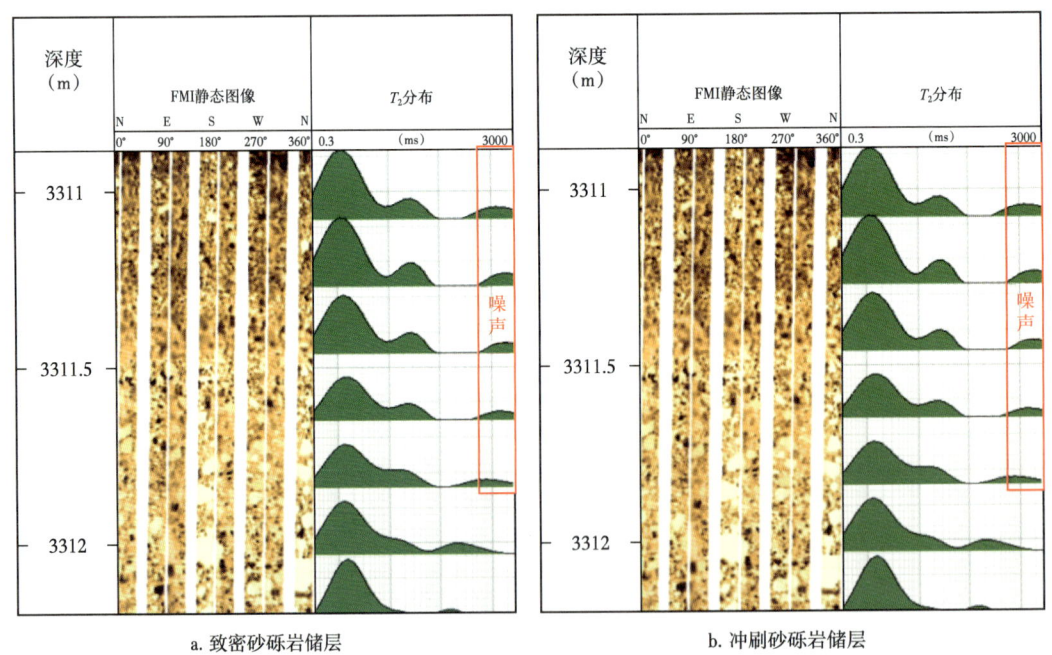

a. 致密砂砾岩储层　　　　　　　　　　b. 冲刷砂砾岩储层

图 6-3-31　金龙 47 井上乌尔禾组致密砂砾岩、冲刷砂砾岩储层的 FMI、核磁共振特征

冲刷砂砾岩厚度极小，平面展布很小，而致密砂砾岩厚度大，平面展布就大，冲刷砂砾岩类似于透镜体被"包裹"在致密砂砾岩储层中。因此冲刷砂砾岩的 T_2 谱虽然长，但仅仅代表物性好的大孔径信息，而并不代表是含有油气。同时，冲刷砂砾岩层由于渗透率高，侵入较深，现有的测井技术无法直接探测该类储层的流体性质，需要用与其直接接触的储层间接的判断流体性质。所以，冲刷砂砾岩发育的储集层段的流体性质，是由包裹于上下的致密储层决定的。综上，需要剔除由冲刷砂砾岩造成的长 T_2 层段。

金龙 42 井储层段核磁共振曲线"拖尾"说明此处应该含油油气，从电成像上看，3177.5m 处砂砾岩由大颗粒砾石堆叠而成，属于冲刷砂砾岩的特征，而 3177.5m 上下储层的粒径变小，没有冲刷砂砾岩的特征，因此可以判断此处为油层，且高产油。试油结果显示 3175-3223m 试油层段日产油 33.75t，日产气 $1.694×10^4m^3$，为高产油气流（图 6-3-32）。

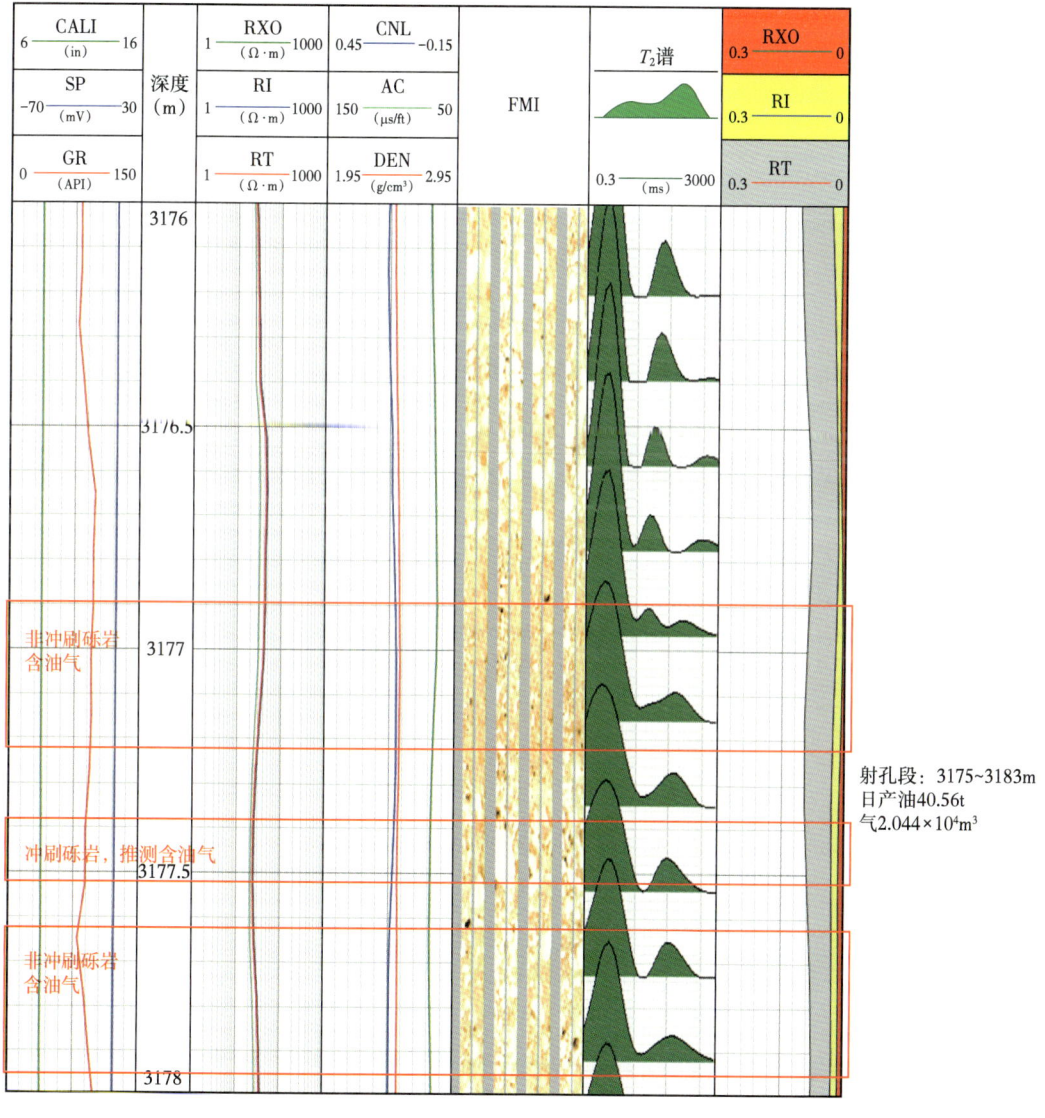

图 6-3-32　金龙 42 井上乌尔禾组冲刷砂砾岩解释成果图

经过第三步剔除后的孔隙度—电阻率交会图（图6-3-33），含有沥青、稠油和不含轻质油的储层被大大削减，此时的测井解释符合率已达85%。

3）超压砾岩储层测井评价

（1）超压砾岩的成因机理。

国内外研究人员已经提出10多种超压形成机制，主要包括：机械压实、化学溶解与沉淀、流体热膨胀、有机质生烃和裂解、黏土矿物脱水、构造作用（如侧向挤压等）、承压作用、古压力、流体注入、气水密度差等。研究认为，流体热增压和矿物转化脱水作用很难成为异常高压形成的主要因素，构造挤压作用、快速沉积引起的欠压实作用和烃类的生成作用是全球典型超压盆地异常高压形成的主因。玛湖凹陷在二叠纪是沉降中心，三叠纪初沉降中心南移，玛湖凹陷邻近沉降中心，凹陷内部沉积有厚层湖相泥岩。通过选取玛南斜坡区三叠系白碱滩组厚层泥岩为正常压实为基准，由浅到深建立了泥岩声波时差随深度变化曲线（图6-3-34）。泥岩声波时差曲线存在异常偏大现象，说明玛湖凹陷泥岩存在欠压实现象。快速沉积欠压实作用是玛湖凹陷异常高压形成的主要因素。

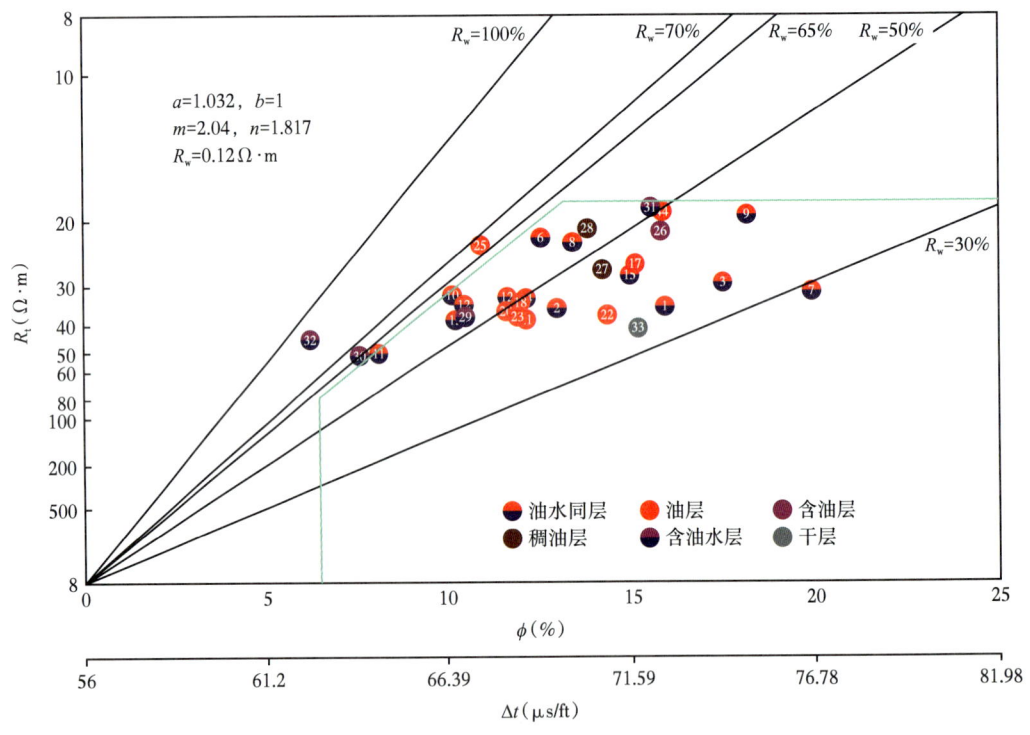

图6-3-33 经过第三步剔除后的孔隙度—电阻率交会图

泥岩的欠压实造成声波时差增大，泥岩电阻率降低，表现为地层压力升高。图6-3-35为超压地层压力系数与声波时差及泥岩电阻率关系图，地层压力系数与声波时差呈正向关系，与泥岩电阻率呈反向关系。因此，可以通过泥岩电阻率和声波时差来识别储层的超压程度。

（2）超压砾岩的识别。

基于欠压实成因超压机理，地层"存储孔"与连通孔大于正常压实地层，超压增加

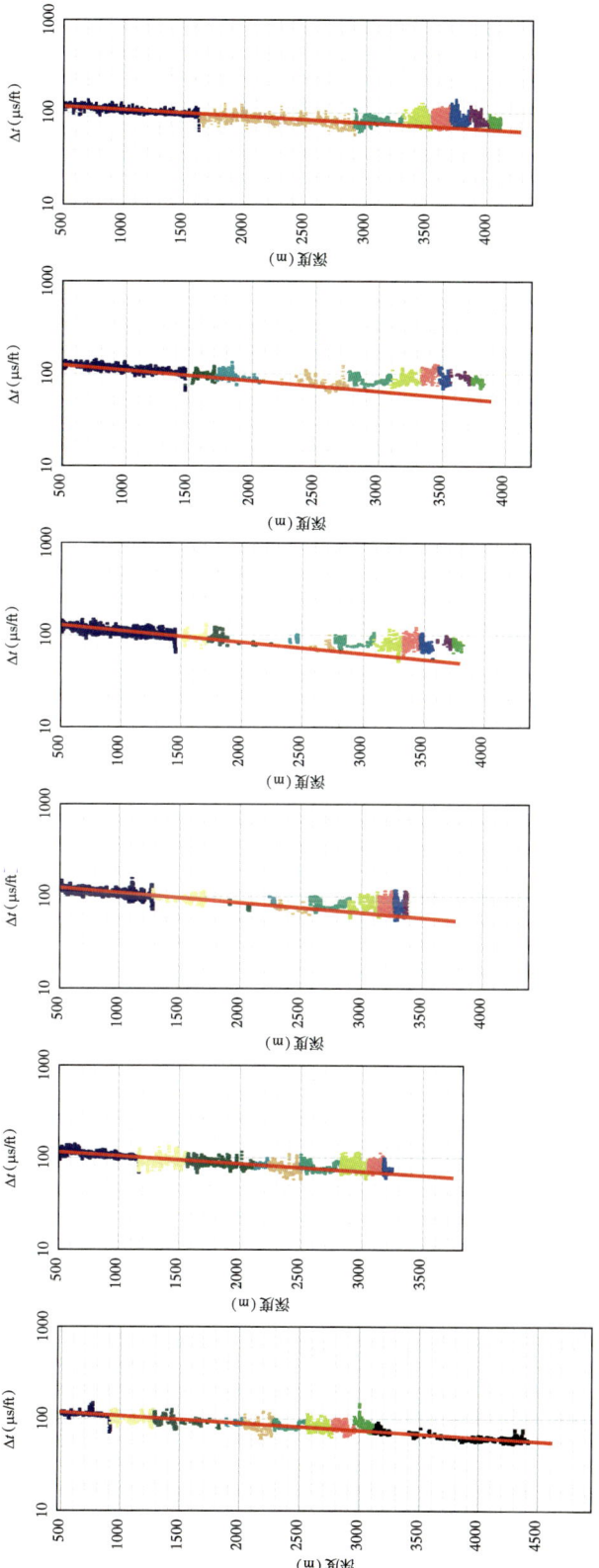

图 6-3-34 典型井声波时差与深度的关系图

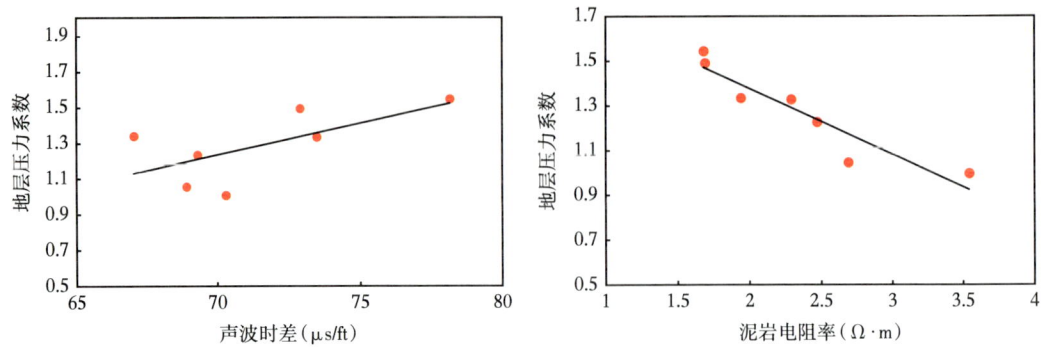

图 6-3-35 地层压力系数与声波时差及超压泥岩电阻率关系图

了储层空间，改善了储层的渗流能力；因此，超压强度是油气形成和储层产能的主控因素。据此构建了超压储层的表征方法。通过分析，地层压力系数与声波时差及超压泥岩电阻率具有较好的关系，形成了超压指数与地层压力关系公式：

$$p_i = AC/R_{sh} \qquad (6\text{-}3\text{-}20)$$

$$p_i = a\rho - b \qquad (6\text{-}3\text{-}21)$$

式中：a、b 为常数；p_i 为超压指数；AC 为储层声波时差值，μs/ft；R_{sh} 为相邻的泥岩电阻率值，$\Omega \cdot m$；ρ 为地层压力系数。

储层压力越高，储层物性越好（图 6-3-36）。

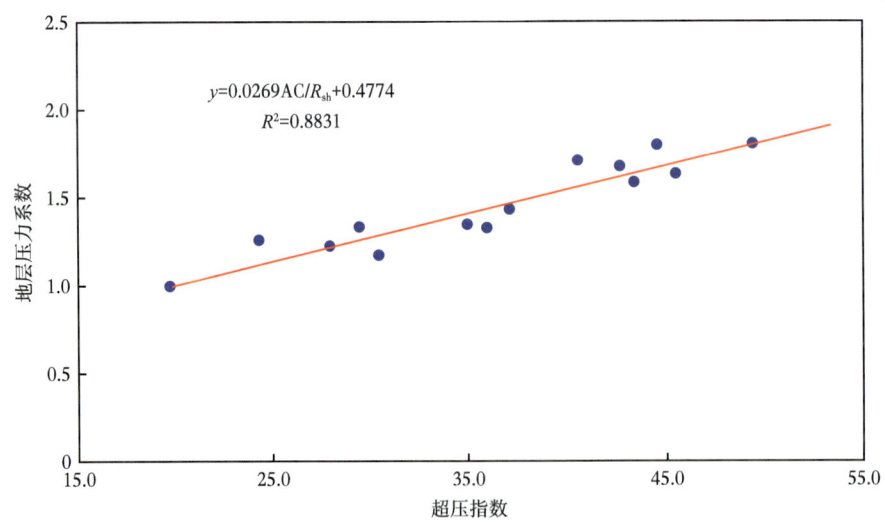

图 6-3-36 超压指数与地层压力系数交会图

超压指数反映了储层的品质好坏，同时也反映了储层超压程度，表现为储层超压越强，储层的物性越好，储层的含油性越好。

利用超压指数能定量的判断地层超压程度，超压越强，储层品质越好。图 6-3-37 为玛湖 016 井为典型的超压层，超压指数为 8，指示地层压力系数约为 1.7。该段试油压裂后，2.5mm 油嘴日产油 10.65t，地层压力系数 1.85。

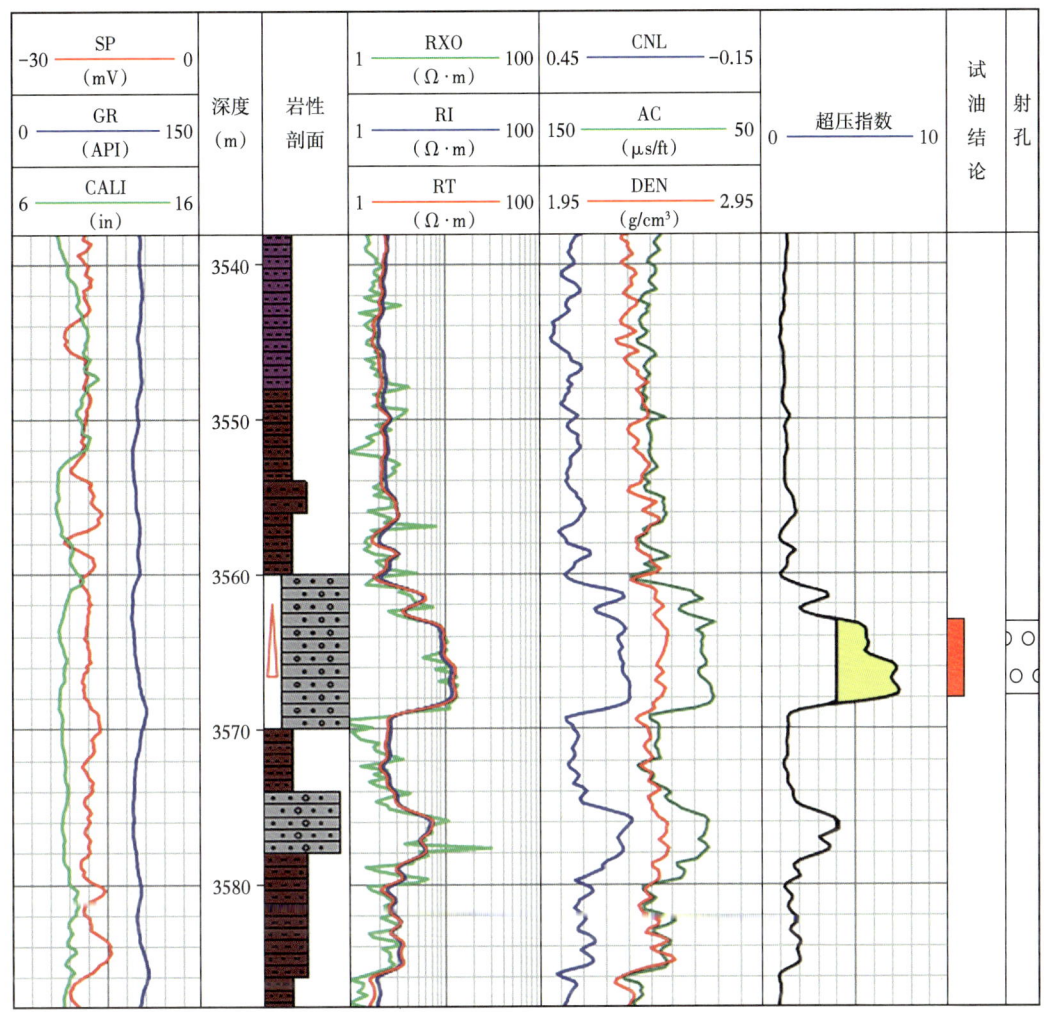

图 6-3-37　玛湖 016 井 P_3w_2 综合测井图

（3）超压砾岩高产机理。

超压对储层的影响主要表现在以下 3 个方面：

①超压滞缓孔隙流体运动，减缓或抑制成岩作用，保留大量原生孔隙。

②超压支撑部分上覆岩体的负荷，减少地层的有效应力，减缓超压层的压实作用，保留原始储集空间。

③超压使上覆封隔层和围岩发生破裂，形成微裂缝，增加储集空间，改善储层连通性，提高储层的渗透性能。

玛湖凹陷二叠系乌尔禾组超压发育，超压层内部的砂砾岩明显具有高渗透率特征。铸体薄片分析结果表明，砾岩保留了储层粒间孔隙，超压使砾面孔"撑开"，储层孔隙结构发生了变化，地层"存储孔"与"连通孔"大于正常压实地层，增强了储层的连通性，渗透率提高数百倍。储层砾岩孔隙发育，具有孔隙和微细裂缝的双重孔隙结构特征，储层的连通性好，毛管阻力小，在核磁共振曲线上表现为大孔隙的结构特征，形成了高渗透性储层。

图 6-3-38 为玛湖凹陷乌尔禾组 3 口井不同超压储层孔渗对比，正常压实的储层孔隙度、渗透率关系的斜率比超压储层的孔隙度、渗透率关系的斜率小，说明储层的孔隙结构与储层的渗透性受超压的控制。超压越强，储层的渗透性越好。

针对超压高渗透砾岩油藏，创新动态孔隙压力实验技术，分析地层超压条件下声电孔渗变化规律，揭示了孔隙超压改善储层渗流能力的超压砾岩储层高产机理。

选取玛湖凹陷二叠系上乌尔禾组 4 块不同物性的砾岩岩样，进行了不同孔隙压力下的孔隙度、渗透率、电阻率、声波的测量。随地层压力系数变大，孔隙度、渗透率、声波时差变大，电阻率变小。

变孔隙压力孔隙度测量实验结果（图 6-3-39）表明：孔隙度随孔隙压力增大而增大，但绝对值变化不大，在 2% 以内。

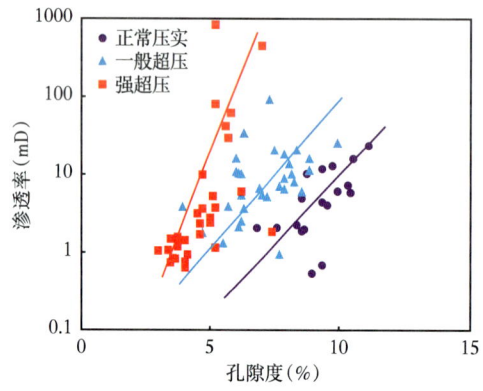

图 6-3-38 不同超压储层孔渗分析对比图　　图 6-3-39 孔隙度变化率与地层压力系数交会图

变孔隙压力渗透率测量实验结果（图 6-3-40）表明：渗透率随孔隙压力增大呈非线性关系增大。当孔隙压力达到临界值时，渗透率异常增高，反映了储层孔隙结构的变化，形成了砾石颗粒的砾面孔。砾面孔具有孔隙和微细裂缝的双重特性，从而提高了储层的渗流能力。实验结果表明，地层超压是形成高渗透性油层的主控因素。

变孔隙压力电阻率测量实验结果（图 6-3-41）表明：超压带中泥岩的低电阻率可能是因为超压导致泥岩中形成大量的微裂隙，从而增加了超压泥岩中束缚水的相互联系而使电阻率降低。实验结果进一步证实，超压使岩石的电阻率降低。

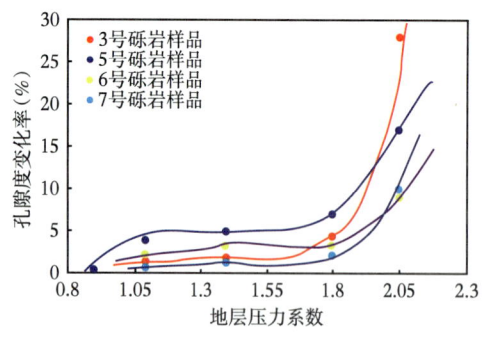 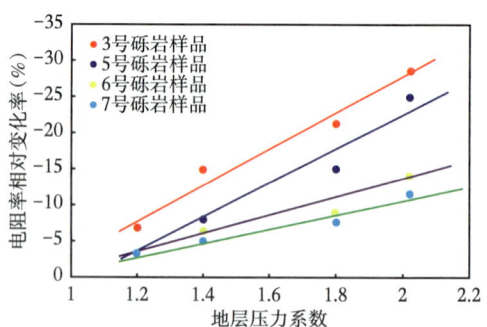

图 6-3-40 渗透率变化率与地层压力系数交会图　　图 6-3-41 电阻率变化率与地层压力系数交会图

变孔隙压力声波测量实验结果（图6-3-42）表明：超压的声波时差是由于超压改变了储层孔隙结构，产生微裂隙，增大了储层孔隙度，降低了声波的传播能力。岩石物理实验表明，不同物性的储层整体表现为声波时差随孔隙压力的增大而增大。

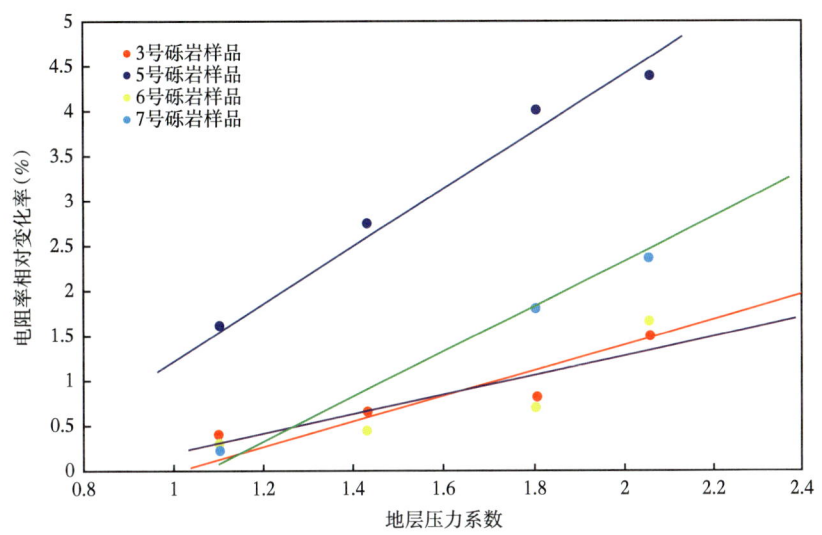

图6-3-42　声波变化率与地层压力系数交会图

（4）超压砾岩储层渗透率计算方法

常规砾岩储层核磁共振渗透率SDR模型通过岩心刻度后可求准研究区常压致密砾岩储层渗透率，但该模型在超压段需要改进。超压储层渗透率的主控因素为储层的超压强度和储层孔隙结构，超压强度越高，储层物性越好，因而模型改进的关键是构建超压储层的物性指数和孔隙结构指数，渗透率则是这2个指数的综合反映。SDR超压模型一般式为：

$$K = A\left(\frac{\phi}{100}\right)^4 \times T_{2GM}^2 \times p_i \times f_i \quad (6\text{-}3\text{-}22)$$

式中：K为SDR超压模型计算的渗透率，mD；p_i为超压物性指数；f_i为孔隙结构指数。

核磁共振测井曲线测量值综合反映孔隙结构指的变化，f_i为核磁共振可动烃孔隙度与有效孔隙度之比（ϕ_f/ϕ_e），因此式（6-3-22）可写为：

$$K = A\left(\frac{\phi}{100}\right)^4 \times T_{2GM}^2 \times \frac{DT}{R_{sh}} \times \frac{\phi_f}{\phi_e} \quad (6\text{-}3\text{-}23)$$

式中：A为经验系数，由岩心数据刻度。

4. 应用效果

根据上述含浊沸石砂砾岩储层评价方法，完成了盐北4井的测井解释综合评价（图6-3-43）。盐北4井二叠系下乌尔禾组测井综合解释油层6层，厚15.7m。对盐北4井3904.0~3917.0m层段进行压裂试油，日产油14.19m³，日产气470m³。测井综合评价结果与试油结果对比，进一步验证了含浊沸石砂砾岩储层评价方法的正确性。

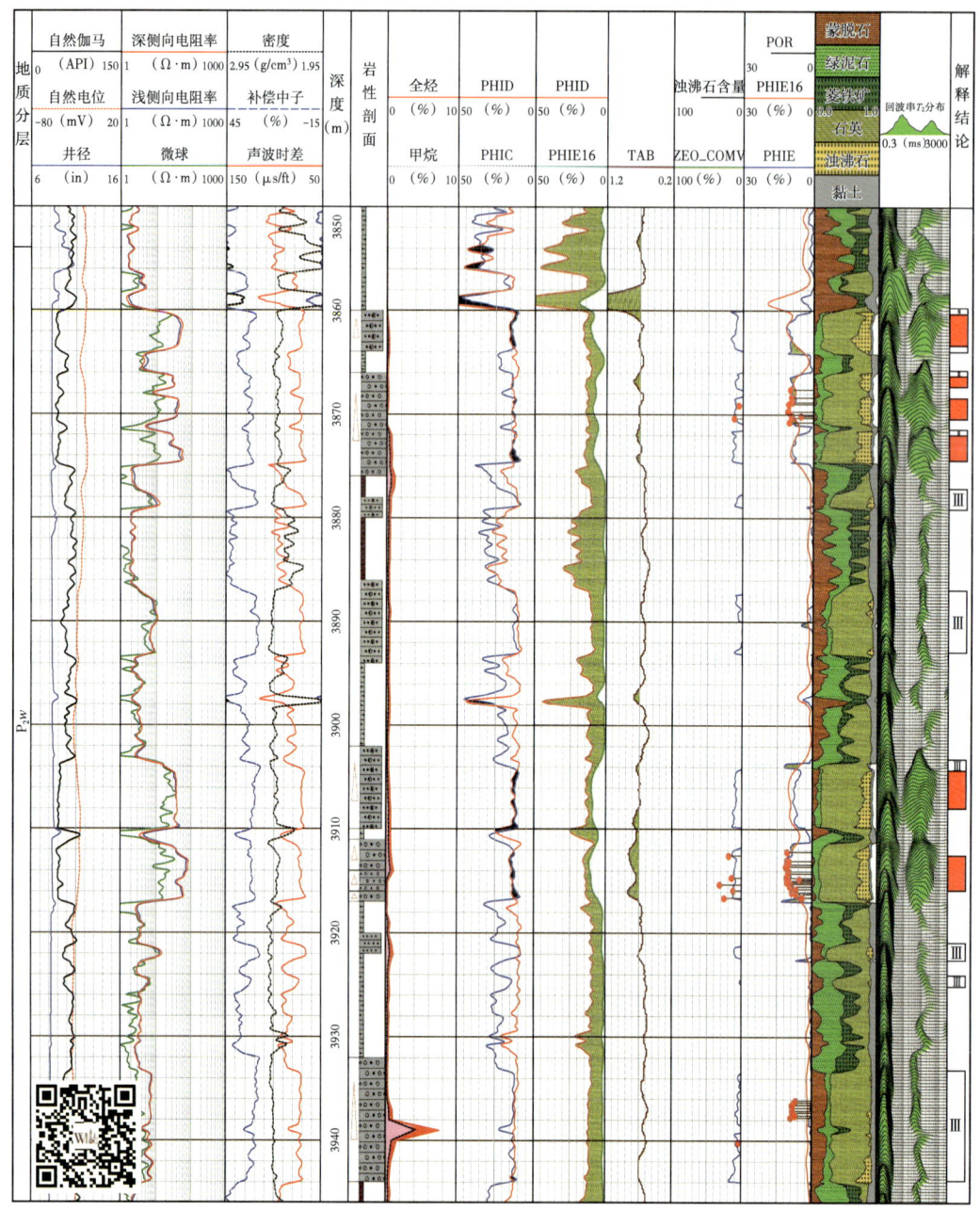

图 6-3-43 盐北 4 井测井解释成果图

根据上述超压砾岩储层评价方法,完成了玛湖 013 井的测井解释综合评价,如图 6-3-44 所示。玛湖 013 井乌尔禾组第一套储层为超压层,深度为 3642.0~3648.0m,SDR 超压模型计算的渗透率分布在 1.13~82.8mD,平均为 20.03mD,为优质储层,测井综合解释为油层。

根据以上测井资料解释结论,对 3642.0~3648.0m 层段进行压裂试油,该段试油初期日产达 100.1t,稳定日产 27.9t。测井综合评价结果与试油结果对比,进一步验证了含浊沸石砂砾岩储层评价方法的正确性(图 6-3-45)。

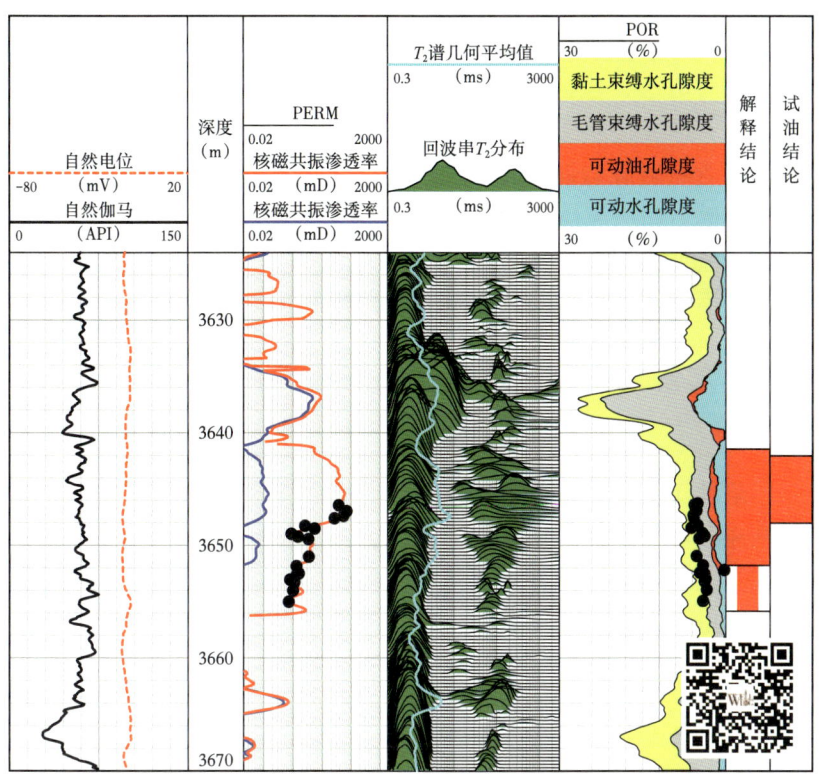

图 6-3-44 玛湖 013 井核磁共振渗透率处理结果对比图

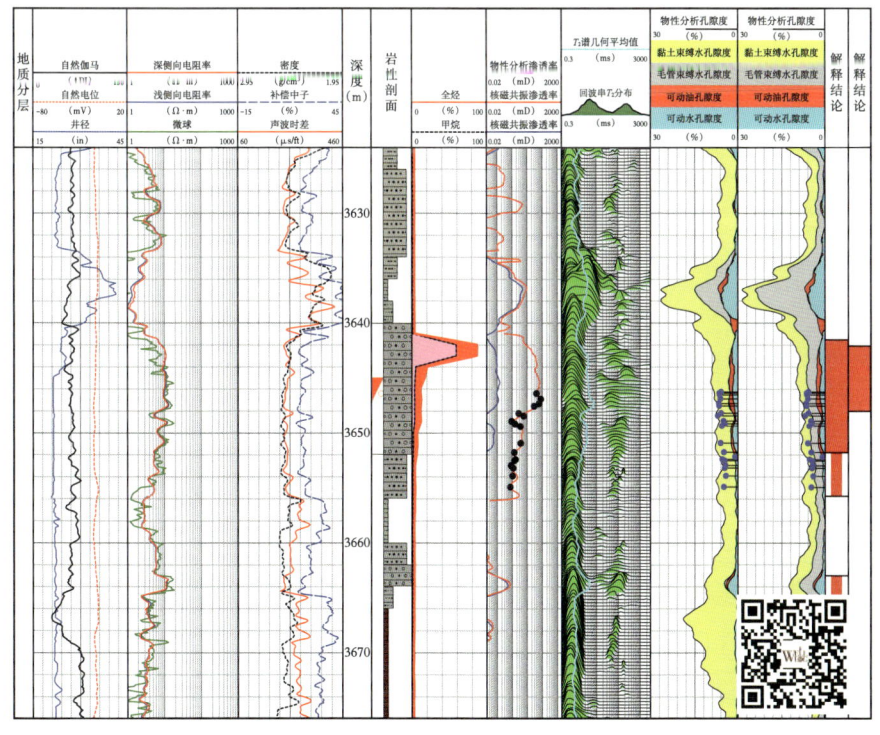

图 6-3-45 玛湖 013 井测井解释成果图

5. 结论及建议

（1）以含浊沸石砾岩储层测井响应分析为基础，对含浊沸石砾岩储层浊沸石识别及含量计算提出了多种方法，包括密度—核磁共振测井组合法、视孔隙度差值法、多矿物模型最优化方法等，形成含浊沸石砾岩储层分类标准。

（2）基于沥青含量对砾岩储层物性的影响与测井响应的分析，建立沥青含量计算模型，形成了含沥青砾岩储层流体识别方法。

（3）基于岩石物理实验分析结果，明确地层超压是形成高渗透性油层的主控因素，构建超压砾岩储层渗透率计算方法，为超压储层物性精确评价奠定了基础。

二、东部隆起吉木萨尔凹陷页岩油层测井评价

1. 地质背景

吉木萨尔凹陷位于新疆准噶尔盆地东部隆起区的西南端，是形成于中石炭统褶皱基底上且具有西断东超特征的箕状凹陷。北界为吉木萨尔断裂，西以西地断裂和老庄湾断裂为界，南以三台断裂为界，东部为逐渐抬升的斜坡，最终过渡到古西凸起上，主力开发区油藏埋深约3000m。凹陷主要发育上古生界至新生界，在斜坡的东部边缘二叠系—白垩系均表现为由西至东逐渐变薄甚至剥蚀尖灭（图6-3-46）。吉木萨尔凹陷内钻遇地层自上而下有第四系（Q）、新近系（N）、古近系（E）、侏罗系（J）、三叠系（T）、二叠系（P）和石炭系（C）。目的层为二叠系芦草沟组（P_2l）。

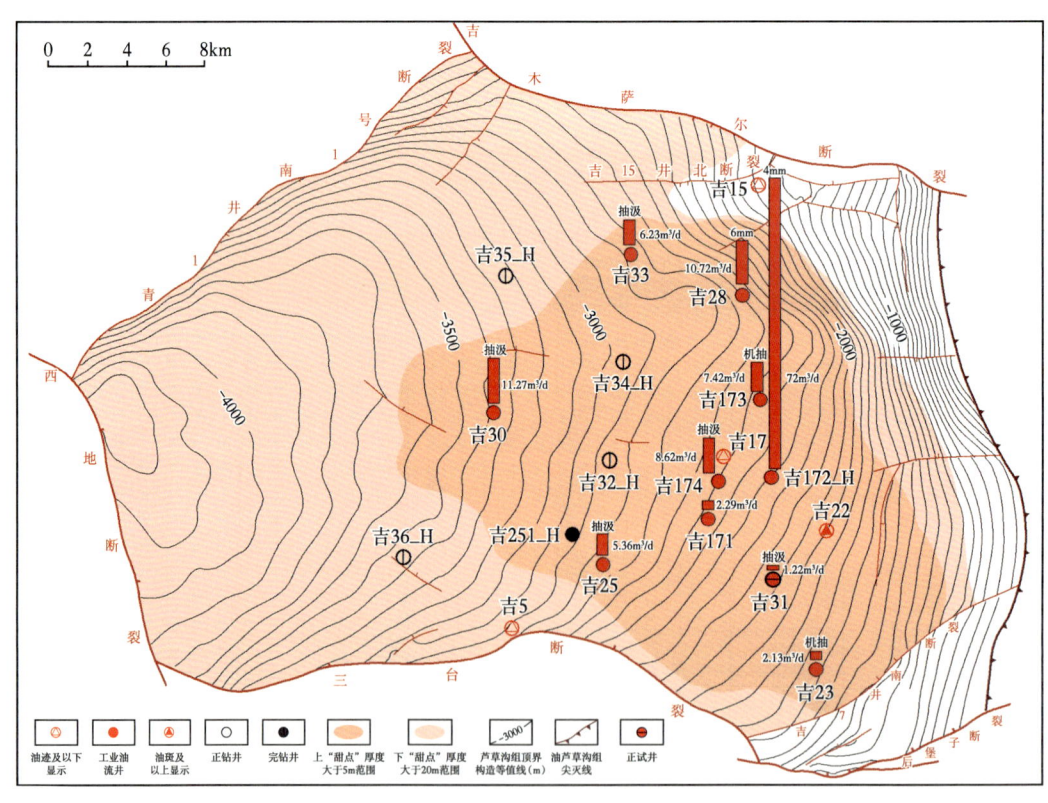

图6-3-46 吉木萨尔凹陷芦草沟组顶界构造图

芦草沟组整体属于细粒沉积体系，形成于气候干旱的欠补偿咸化湖泊环境，并伴随着频繁的火山活动，形成一套多组分来源的混积岩。芦草沟组主要发育的岩性包括黑色泥页岩、深黑色白云质泥岩、灰黑色白云质粉砂岩、灰黑色粉砂质白云岩、灰白色白云岩等，地层厚度范围100~350m，具有2个主力"甜点"段。"甜点"段以白云质粉砂岩、粉砂质白云岩、白云岩为主，横向分布范围广，纵向上单层厚度薄（0.5~2m），累计厚度20~60m，含油饱和度为60%~95%。芦草沟组页岩油成藏类型为近源成藏，主要表现为源储一体以及源储互层，烃源岩有机质类型属于Ⅰ、Ⅱ$_1$型，R_o为0.6%~1.3%，处于低成熟—成熟阶段，页岩油原油性质具有低成熟、高黏度、高密度、高凝点特征。

2. 存在问题

吉木萨尔凹陷页岩油储层岩性复杂（包括碎屑岩类、碳酸盐岩类、凝灰岩类及其上述岩石的过渡岩类），矿物类型繁多，垂向多呈薄层状分布，非均质性强；页岩油藏源储互层，原始含油饱和度高，储层孔隙结构以微米级、纳米级为主，油质偏重，流体动用难度大。因此，上下"甜点"的准确识别是评价的关键，需要明确优势物性及含油性岩性，明确测井响应特征，建立岩性识别图版；由于岩性复杂，利用常规测井资料准确评价孔隙度、含油饱和度误差大，如何建立基于核磁共振测井资料的"甜点"参数评价方法是关键；页岩油的开发需要规模压裂，准确获取地层的工程参数也是测井评价的重要内容。因此根据测井资料建立起一套复杂岩性识别、孔隙结构分布、含油饱和度评价、岩石力学参数计算及"甜点"分类的解释方法是吉木萨尔页岩油示范区研究的主要问题。

3. 测井评价技术

吉木萨尔页岩油示范区所钻探的探评井常规测井采集系列为EXCELL-2000、MAXIS、CSU等，除常规测井外，还采集了包括微电阻率成像测井（FMI、XRMI）、核磁共振测井（CMR、MRIL-P）、偶极声波成像（DSI、Sonic Scanner）等成像资料。电成像主要分析评价地层岩性、裂缝；核磁共振资料主要评价地层孔隙度、孔隙结构，计算含油饱和度；偶极声波主要评价地层脆性、应力等工程参数，分析压裂效果。通过常规及成像资料的综合应用，建立一套适合吉木萨尔页岩油的测井评价方法。

1）复杂岩性识别

根据测井岩性识别思路，通过岩石物理响应正演，剖析了测井曲线组合在反映骨架密度、粒度及渗透性等方面的适用性，建立了3类测井曲线组合参数，分别为三孔隙度幅度差dL1、声波—密度幅度差dL2、电阻率幅度差dL3，开展岩性识别。

（1）三孔隙度幅度差dL1。

结合该区三孔隙度曲线特征，确定了各条测井曲线的刻度范围，将3条曲线重叠在一起，确定幅度差dL1，结合核磁共振测井数据及岩心观察，分析幅度差dL1对骨架密度信息的区分效果。

计算dL1时，将DT和RHOB曲线正向刻度，PHIN曲线反向刻度，其中DT的刻度范围为50~100μs/ft，RHOB的刻度范围为2~3g/cm³，PHIN的刻度范围为0.45~0.05。dL1可表达为：

$$dL1 = \left(\frac{\phi_N - 0.45}{0.05 - 0.45} - \frac{\rho_b - 2}{3 - 2} \right) - \left(\frac{\rho_b - 2}{3 - 2} - \frac{\Delta t - 50}{3 - 2} \right) \quad (6\text{-}3\text{-}24)$$

式中：dL1 为三孔隙度幅度差；ϕ_N 为测井中子值，小数；ρ_b 为测井密度值，g/cm³。

图 6-3-47 显示了 J174 井 dL1 计算结果。dL1 与核磁共振测井计算的骨架密度呈现明显负向关系，当 dL1 < 0 时，骨架密度值均大于 2.65g/cm³，岩心显示以白云岩和云屑砂岩为主；当 dL1 > 0 时，骨架密度值主要小于 2.65g/cm³，岩心显示以粉砂岩为主，当 dL1 > 0.2 时，骨架密度值通常小于 2.5 g/cm³，岩心显示以长石砂岩和泥岩为主。由此可见，三孔隙度幅度差 dL1 能够有效反映骨架密度信息，对白云岩、砂岩和泥岩区分效果明显，但长石砂岩和泥页岩通常对应会出现重叠（对应较大的 dL1），还需借助其他敏感参数进行区分。

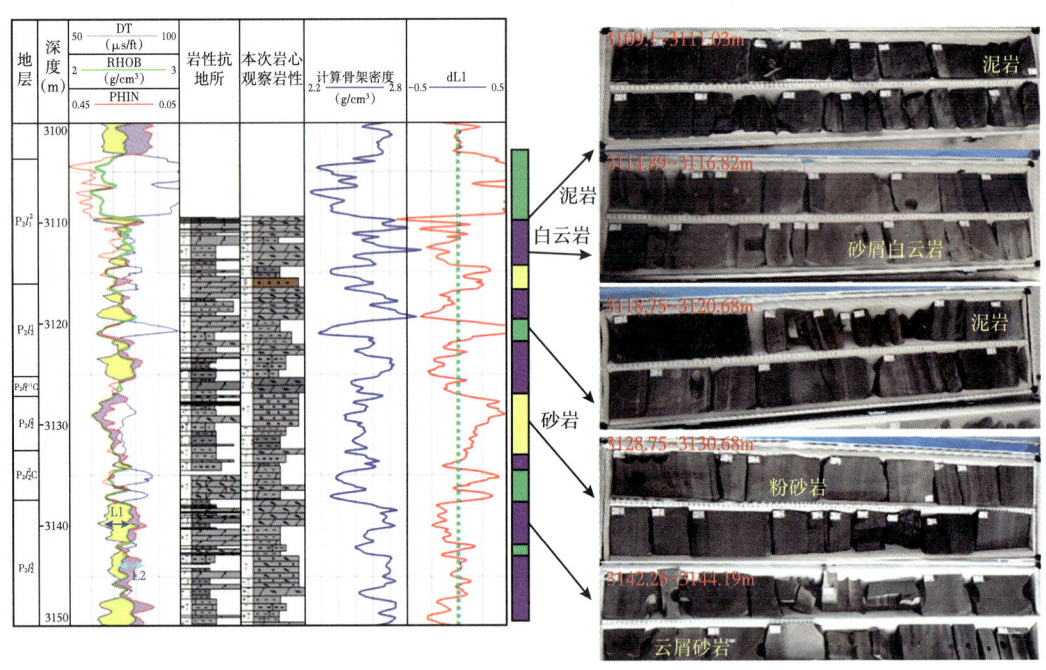

图 6-3-47　三孔隙度曲线幅度差 dL1 效果分析（J174 井）

（2）密度—声波幅度差 dL2。

构建密度—声波幅度差 dL2 时，将密度曲线和声波时差曲线刻度反向，这与 dL1 时完全不同。密度曲线反向刻度，声波时差曲线正向刻度。由于孔隙度增加，密度值降低，声波时差值增大，两种曲线的刻度相反能够消除孔隙度和骨架矿物差异的影响，突出反映粒度信息。最终密度曲线的刻度设置为 2.65~2.2g/cm³，声波时差曲线的刻度设置为 55~105μs/ft，幅度差 dL2 可表示为：

$$dL2 = \frac{\rho_b - 2.65}{2.2 - 2.65} - \frac{\Delta t - 55}{105 - 55} \qquad (6-3-25)$$

式中：dL2 为密度—声波幅度差。

图 6-3-48 显示了 dL2 的识别效果。岩心显示为粉砂岩、云质粉砂岩等较粗岩性层段，通常密度—声波时差曲线呈现正幅度差，而泥岩层段通常对应负的幅度差，同时 dL2 的幅度与核磁共振孔隙度呈现较好相关性，dL2 幅度越大，核磁共振孔隙度越高。因此 dL2 能够有效区分细粒沉积物中相对粗粒（砂岩、砂屑云岩）和细粒岩性（泥岩、

云质泥岩和泥晶白云岩）。

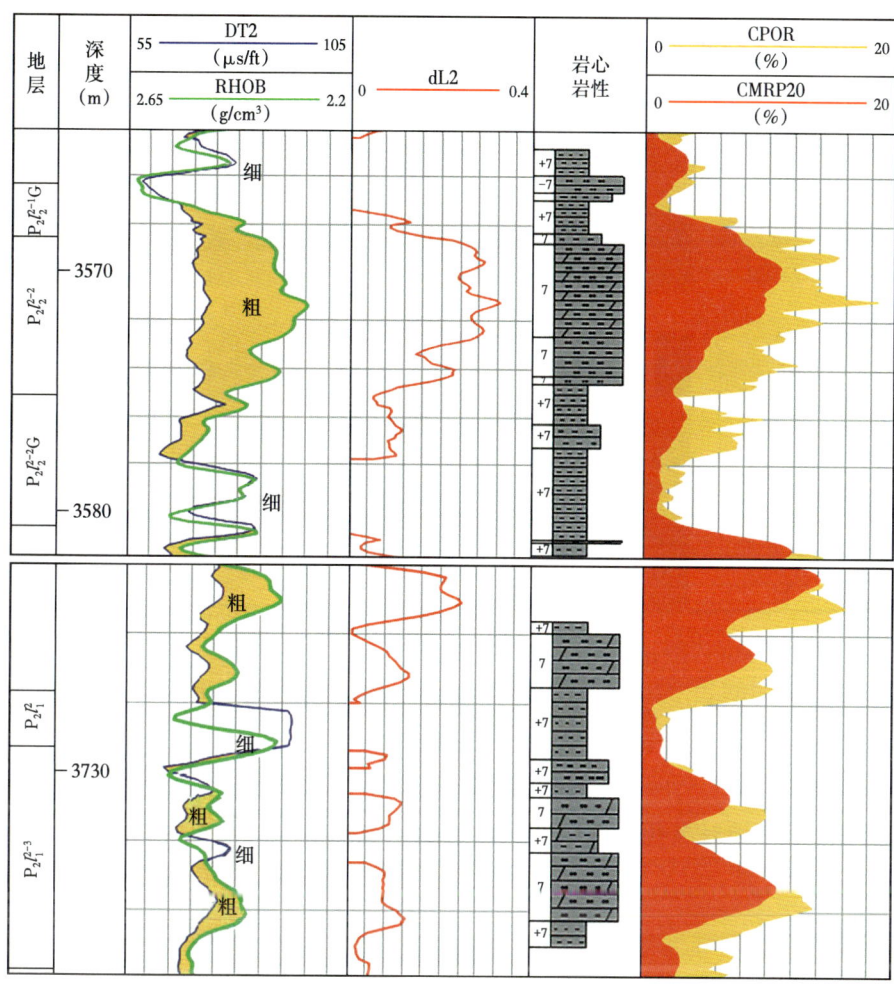

图 6-3-48　密度—声波曲线幅度差 dL2 效果分析（J32 井）

（3）电阻率幅度差 dL3。

对于芦草沟组，电阻率幅度差可用来揭示致密夹层（泥页岩、云质泥岩等）、亲水且高渗层（主要为砂屑云岩、粉砂岩、云质粉砂岩），可以作为 dL1 和 dL2 在识别主要岩性上的一个重要补充和验证参数。通过分析，确定电阻率幅度差 dL3 的计算公式如下：

$$dL3 = \frac{R_\mathrm{I} - R_\mathrm{XO}}{R_\mathrm{I}} \tag{6-3-26}$$

式中：dL3 为电阻率幅度差；R_I 为浅电阻率，$\Omega \cdot m$。

本次主要利用声波、密度、中子和深浅电阻率共 5 条曲线进行岩性精细识别，构建了反映岩石骨架密度信息、粒度信息、渗透性信息的敏感曲线组合 dL1、dL2 和 dL3，进行主要岩性识别。将芦草沟组主要岩性划分为砂屑云岩、泥晶云岩、云质粉砂岩、粉砂岩、云质泥岩和页岩共 6 类主要岩性，对应的曲线特征如图 6-3-49 所示。

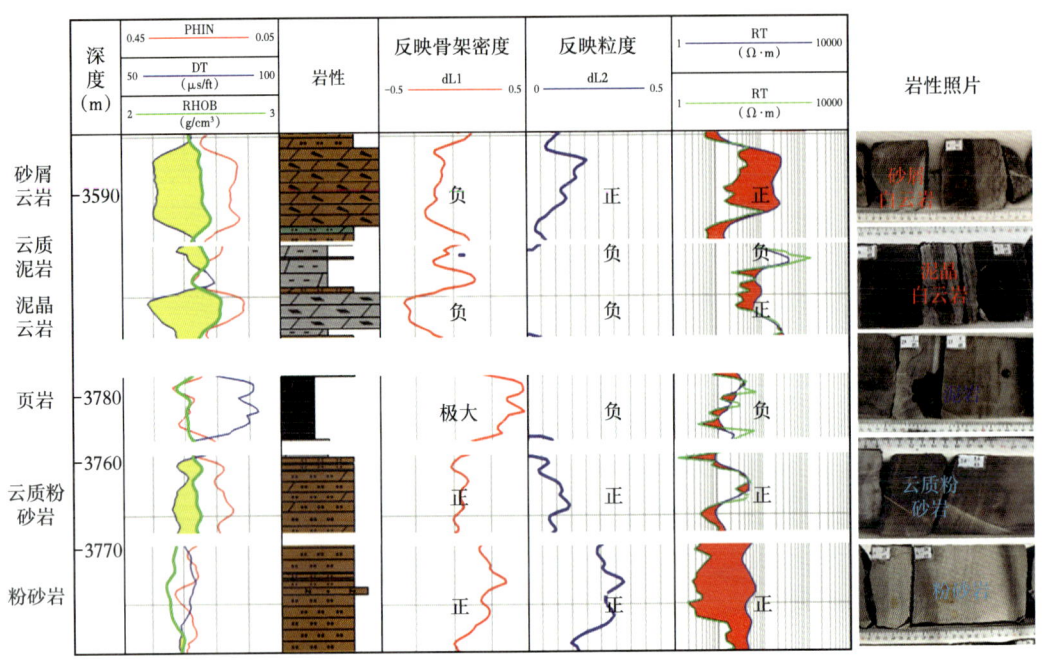

图 6-3-49 芦草沟组主要岩性的测井识别图版

在吉木萨尔页岩油示范区提出的三孔隙度幅度差 dL1，实现了对白云岩类和碎屑岩类的区分；构建的密度—声波幅度差 dL2，有效反映粒度信息，实现了对粗粒和细粒沉积（泥岩、泥晶云岩）的区分；引入的电阻率幅度差 dL3，反映渗透性信息，有效识别高阻致密隔夹层和相对高孔渗储层，实现了示范区内 6 类岩性（砂屑云岩、泥晶云岩、云质粉砂岩、粉砂岩、云质泥岩、页岩）的精细识别（图 6-3-50）。

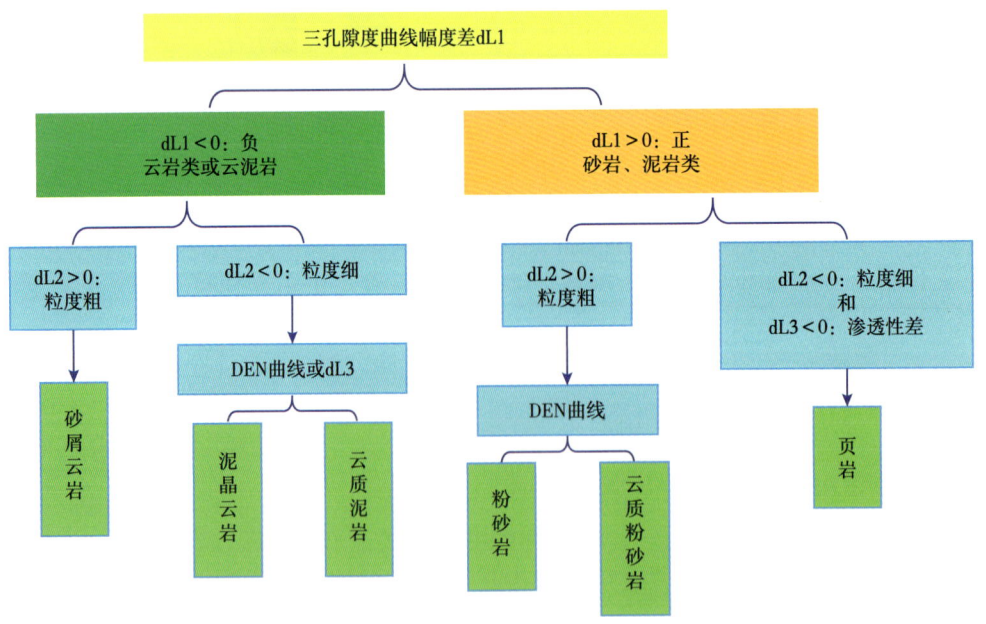

图 6-3-50 芦草沟组页岩油储层主要岩性测井识别流程页岩油储层参数测井解释

2）页岩油物性测井表征

（1）常规测井孔隙度解释方法。

根据常规测井曲线响应特征，结合岩石薄片与物性分析资料，在岩心分析数据与测井响应进行岩心归位的基础上，分"甜点"岩性分别建立了孔隙度模型。

根据岩心薄片分析资料，结合测井岩性识别图版，利用吉木萨尔区块吉174等井二叠系芦草沟组粉细砂岩的岩心资料，建立岩心分析孔隙度与对应测井密度值关系图版（图6-3-51），确定芦草沟组粉细砂岩储层段孔隙度的关系式，相关系数为0.9354。

$$\phi=-0.6011\rho_b+1.5784 \qquad (6-3-27)$$

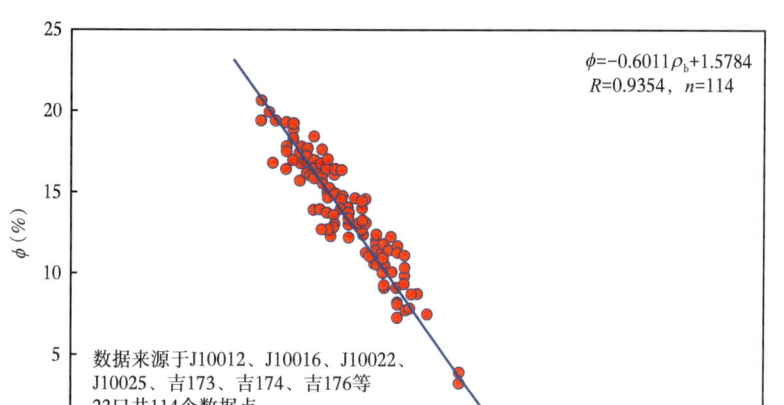

图6-3-51　芦草沟组粉细砂岩孔隙度—密度关系图

按照上述方法，分别建立了芦草沟组云质粉砂岩、泥晶云岩、砂屑云岩、含黄铁矿粉砂岩等不同岩性的孔隙度与密度关系的响应方程，并利用计算机对各井上下"甜点"有效厚度段孔隙度进行处理。

（2）核磁共振测井孔隙度解释方法。

与常规测井求取孔隙度相比，核磁共振测井能够提供与储层岩性无关的孔隙度，因此，选取本区岩心分析和核磁共振处理数据，使用岩心刻度测井的方法，确定本区储层段核磁共振T_2截止值为1.7ms，作为本区页岩油储层核磁共振有效孔隙度计算的截止值（图6-3-52）。

（3）渗透率解释方法。

①常规渗透率模型。

针对研究区储层特征，根据岩心物性分析资料，建立本区页岩油储层的渗透率计算模型，相关系数为0.781：

$$K=0.005e^{0.1684\phi} \qquad (6-3-28)$$

②改进渗透率模型。

页岩油储层的非均质性强，孔隙度与渗透率间的关系异常复杂。储层品质因子RQI=$(100K/\phi)^{0.5}$常用于反映储层品质差异。通过岩心孔隙度和渗透率值，计算相应的RQI，发现非泥岩类岩石的RQI值与黏土呈现明显负相关（图6-3-53），泥岩类岩石的

RQI 值与黏土含量较弱，与孔隙度呈明显正相关。因此，分非泥岩类和泥岩类建立 RQI 的计算公式，非泥岩类相关系数为 0.3674。

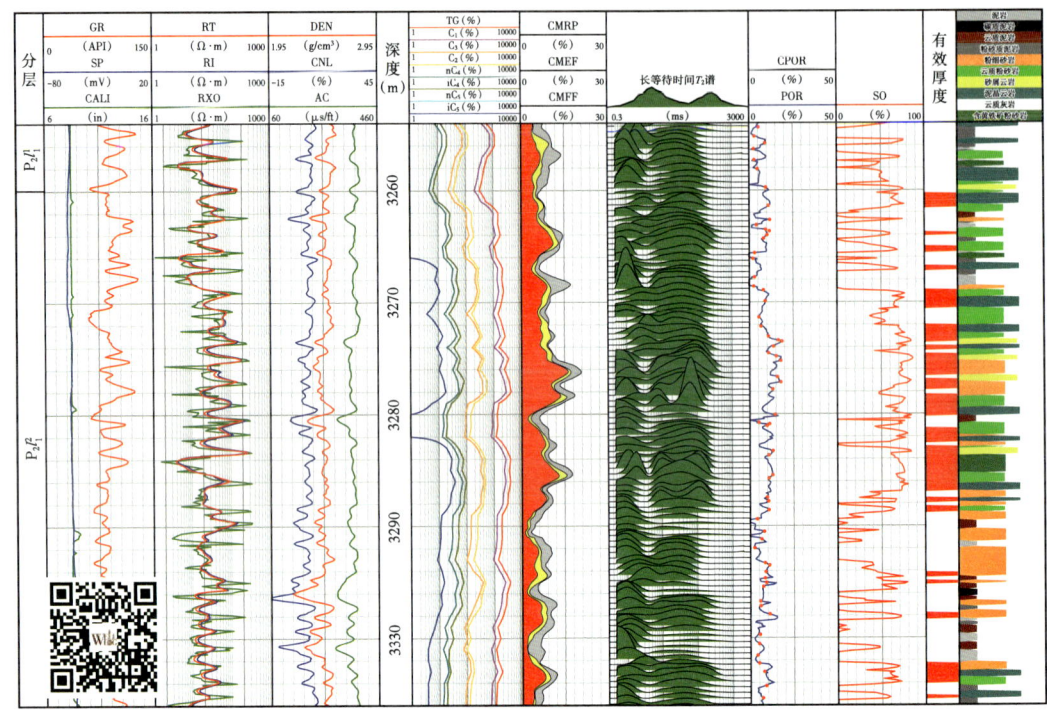

图 6-3-52　吉 174 井测井解释成果图

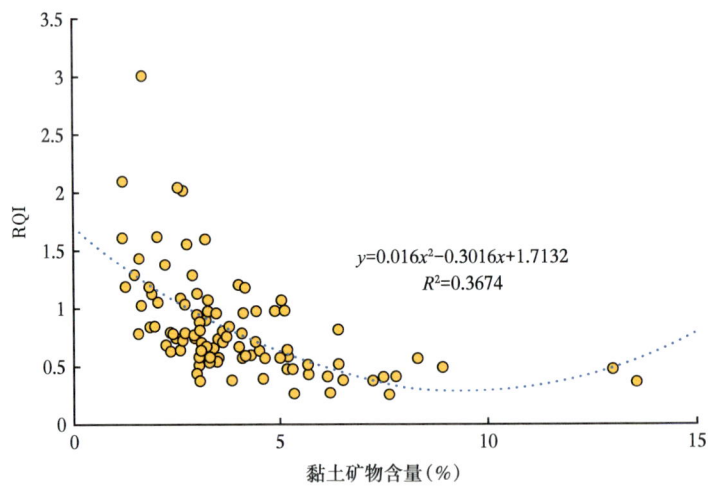

图 6-3-53　非泥岩类 RQI 值与黏土矿物含量间关系

砂岩和云岩类 RQI 的计算公式：

$$\text{RQI}=0.016V_{sh}^2-0.3016V_{sh}+1.7132 \quad (6\text{-}3\text{-}29)$$

泥岩类 RQI 的计算公式，当孔隙度（ϕ）大于 6% 时：

$$\text{RQI}=0.0074\phi^2-0.133\phi+1.0137 \quad (6\text{-}3\text{-}30)$$

对于泥岩类，当孔隙度（ϕ）小于 6% 时，RQI 取固定值为 0.45。

因此，根据 RQI 值，结合孔隙度计算结果，可计算得到渗透率值。图 6-3-54 展示了吉 174 井渗透率计算结果，与岩心分析渗透率相比，计算渗透率的分布范围及变化

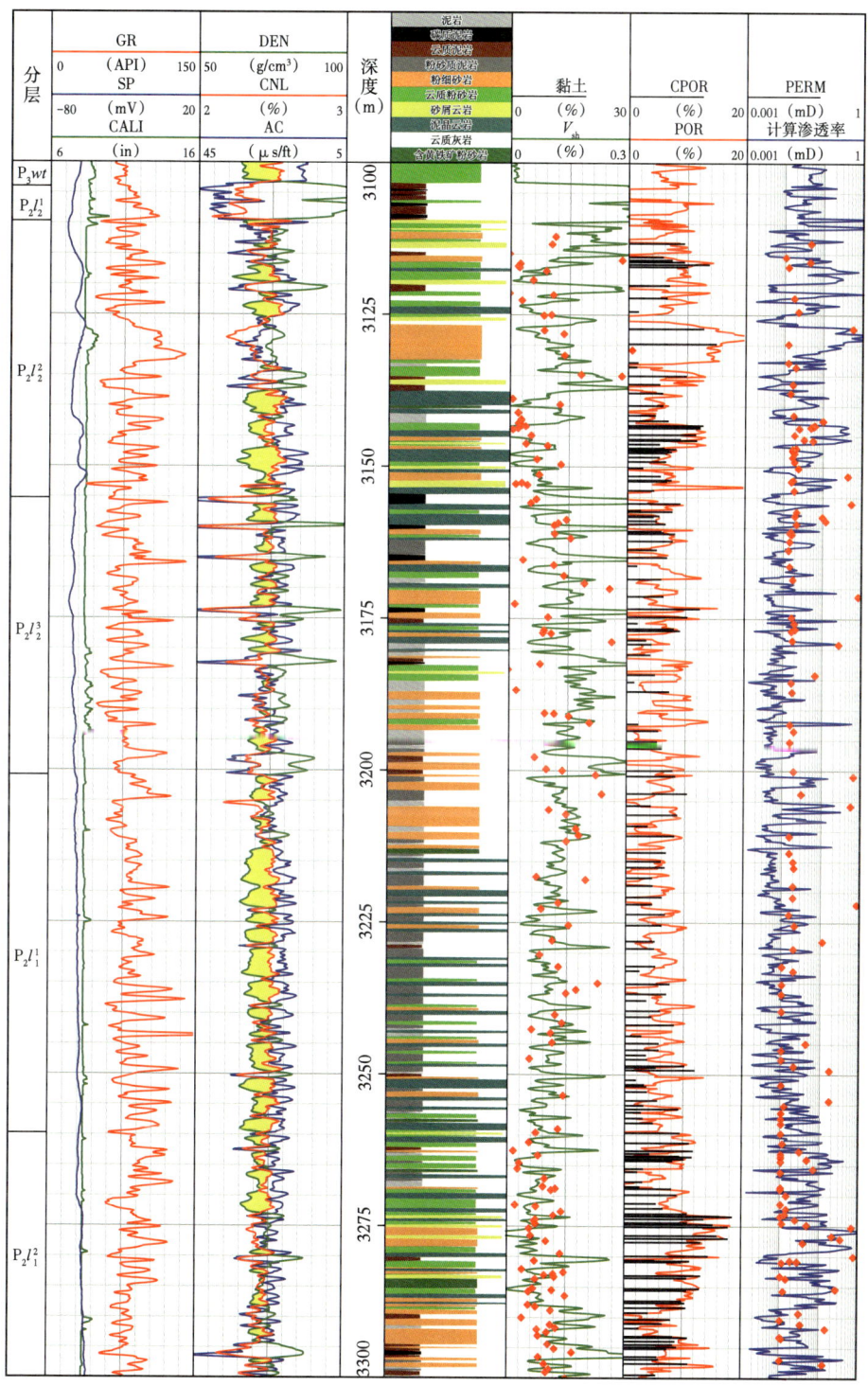

图 6-3-54　吉 174 井渗透率计算结果

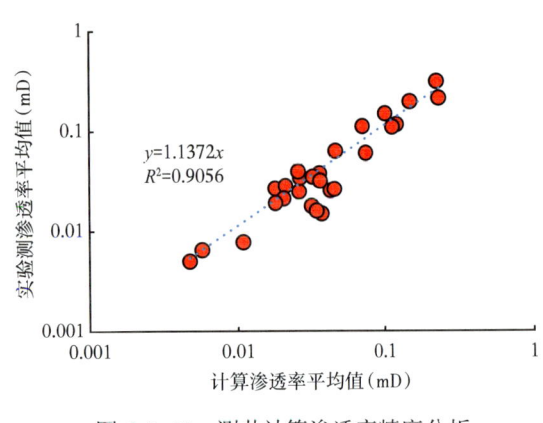

图 6-3-55 测井计算渗透率精度分析

趋势均吻合较好。由于岩心分辨率明显高于测井曲线的探测能力,并且渗透率变化范围较大,直接根据岩心分析来统计测井计算渗透率的误差会较大。本次选用均值方法,即分析某一岩性段内岩心分析渗透率的均值和测井计算均值的相关性,两者相关系数高达 0.9056(图 6-3-55),说明本次计算渗透率精度较高。

3)页岩油烃源岩评价方法

(1)烃源岩评价方法及测井表征。

由于研究区地层多为厘米级的薄层,常规电阻率测井分辨率低,双侧向测井的纵向分辨率通常大于 0.4m,厚度小于 0.5m 的薄层通常无法识别,直接利用常规测井深电阻率与声波时差计算的 TOC 精度较低;而微电阻率扫描成像测井分辨率较高,大于 0.05m 的薄层均可识别。利用微电阻率扫描成像测井分辨率高的特点,采用降维处理和分段对数线性刻度方法,合成了高分辨率电阻率曲线。该技术使合成的深探测电阻率分辨率从 0.4m 提高到 0.1m 左右,对薄互储层有较好的识别作用,有效解决了薄互层识别与评价的技术难题,总有机碳含量值的精度大幅提高(图 6-3-56)。

(2)氯仿沥青"A"计算方法。

尽管储层和烃源岩中烃类的赋存状态存在着较大的差异,其共同点是烃类赋存于孔隙空间中,其差异是储层中的烃类赋存于"可动"孔隙空间内,而烃源岩中的烃类则大多赋存于孔隙尺寸更小的"束缚"空间内。孔隙流体的赋存状态不同导致了测井评价的方法有所差异。

烃源岩"有效孔隙度"几乎为零,其孔隙空间基本为黏土吸附孔隙(除少量的有机孔),烃源岩的烃类主要赋存于此类孔隙内,也就是说烃源岩中的烃类为吸附烃。考虑到烃源岩存在一定量尺寸较大的有机孔隙,粉砂质、白云质、灰质的烃源岩可能含有部分尺寸大于孔隙的孔隙空间。另外,由于研究区粉砂岩、白云岩和灰质岩也含有一定量的有机质,烃源岩的孔隙度可用核磁共振总孔隙度表征。

尽管烃源岩的孔隙空间主要为纳米级的吸附空间,但和其他岩石一样,岩石的导电模式主要是离子导电,导电性能取决于含水量和水的矿化度。因而,烃源岩的含烃量仍然可以用阿奇公式计算:

$$S_t = 1 - \sqrt[n]{\frac{abR_w}{\phi^m R_t}} \qquad (6\text{-}3\text{-}31)$$

式中:S_t 为烃源岩的含烃饱和度;a、b 为烃源岩恒温恒湿法岩电测量获得的岩性系数;m、n 为上述岩电实验方法获得的岩电参数;R_t 为烃源岩的电阻率,$\Omega \cdot m$。

评价烃源岩时通常用氯仿沥青"A"来表征烃源岩单位体积的含烃量。这样,就需要将测井计算的含烃饱和度转换为氯仿沥青"A"。根据体积模型,氯仿沥青"A"可用下式计算:

$$"A" = \frac{\phi_T S_h \rho_o}{\rho_b} \quad (6\text{-}3\text{-}32)$$

式中："A"为烃源岩烃类的质量分数，%；ϕ_T 为岩石的总孔隙度；S_h 为烃源岩的含烃饱和度；ρ_o 为烃类的密度，g/cm³；ρ_b 为岩石的体积密度，g/cm³。

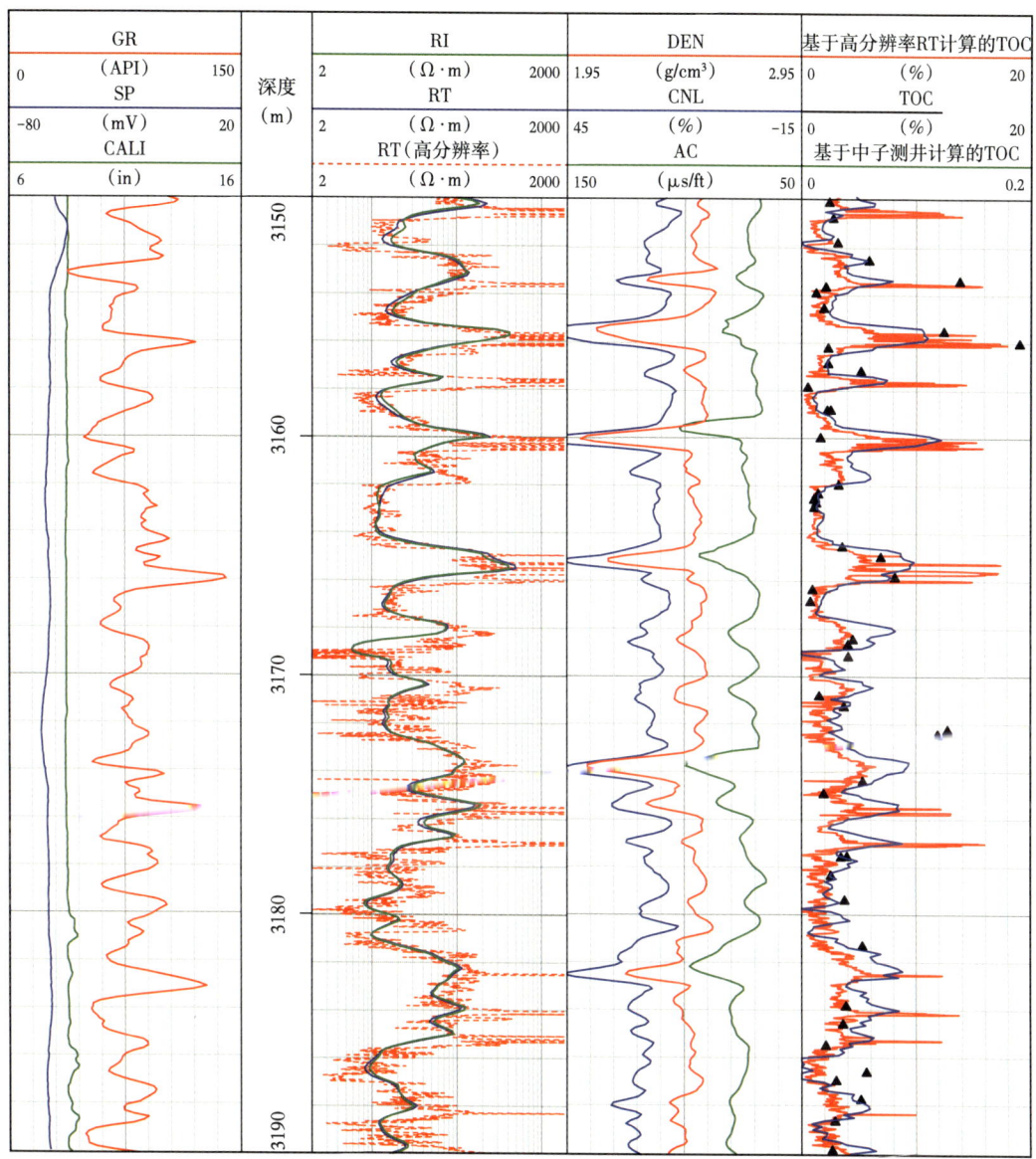

图 6-3-56 应用声波时差—电阻率测井曲线叠合法计算 TOC 成果图

图 6-3-57 为吉 174 井目的层段计算与实测氯仿沥青"A"对比图。图中最后一道"A"为测井计算结果，粉红色上三角"A1"为经过轻烃（$C_1 \sim C_{10}$）校正的样品实测的氯仿沥青"A"。从对比结果看，测量值和计算值具有相同的变化规律，数值相当，一致性好，完全可以满足烃源岩评价的精度，对比结果也进一步证明了用测井资料计算氯仿沥青"A"的可行性。

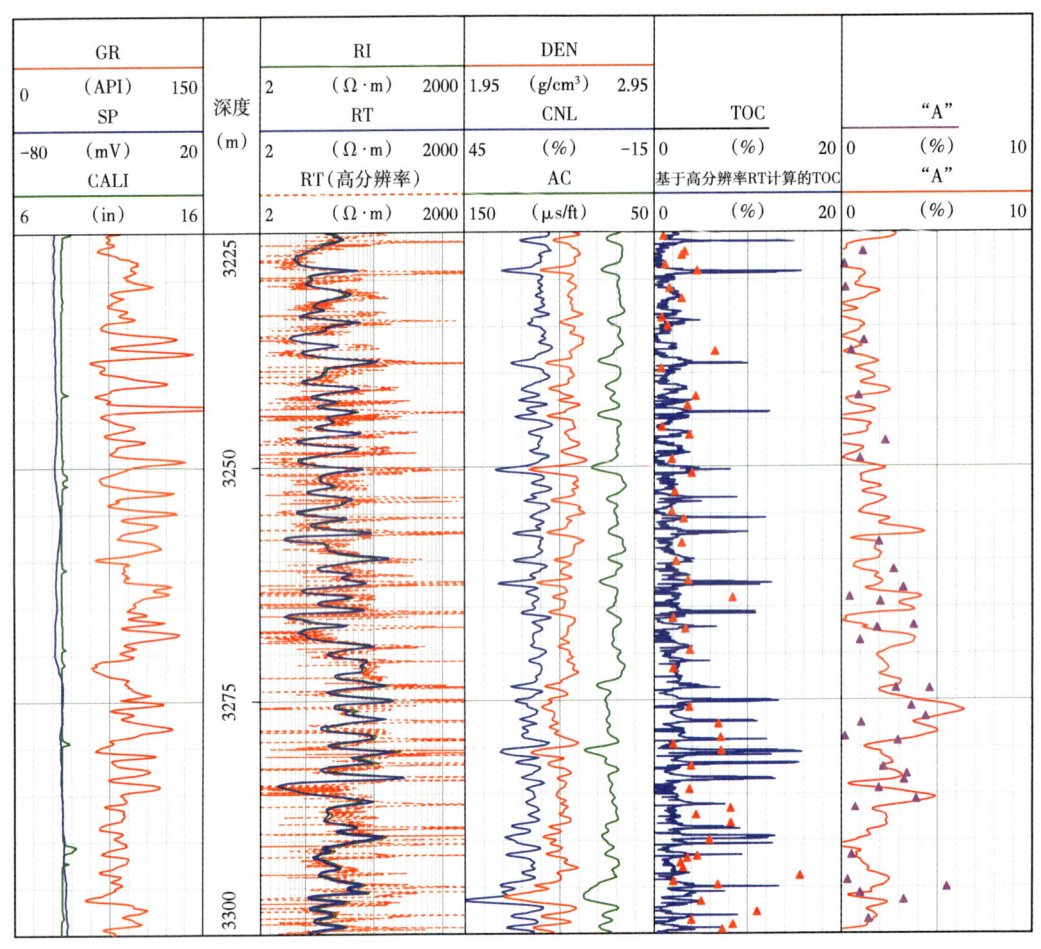

图 6-3-57 吉 174 井目的层段氯仿沥青"A"计算与实测对比图

（3）烃源岩生、排烃参数及有效烃源岩测井评价。

烃源岩的生、排烃量及生、排烃系数是烃源岩评价的重要参数。热解方法得到的 S_1 和氯仿沥青"A"均可反映烃源岩中已经生成的残留烃量，但这 2 个参数存在一定的差异。氯仿沥青"A"总烃分子的分布范围主要分布在 $C_{11}\sim C_{40}$ 之间，S_1 总烃分子的分布范围在 $C_1\sim C_{30}$ 之间。尽管氯仿沥青"A"和 S_1 主要成分都接近石油，但从其总烃的分布范围看，二者具有较大的差别。通常 S_1 的数值小于氯仿沥青"A"，约为氯仿沥青"A"的 83%。由于 $C_1\sim C_{10}$ 的轻烃组分较易挥发，取样损失较大，需要进行补偿计算。

通常，"A"/TOC 和 S_1/TOC 这 2 个参数可表征烃源岩单位有机碳对应的残余生烃量，均可称为生烃率。图 6-3-58 为芦草沟组泥岩类氯仿沥青"A"和 S_1 与 TOC 的交会图。图中显示，在 TOC 较低的情况下，随着 TOC 的增大，交会图中数据的生烃率外包络线单调增大；当 TOC 达到一定的数值后，生烃率达到峰值，生烃率外包络线随总有机碳含量增加不再单调增加。而由单调增长到变缓的转折点为排烃开始点，对应的 TOC 应为有效烃源岩的下限。因而，生烃率单调增长段拟合的函数，应为 TOC 生烃率函数。生烃率与交会图上数据点的差值应为单位 TOC 的排烃量，排烃量与生烃量的比值应为排烃效率。

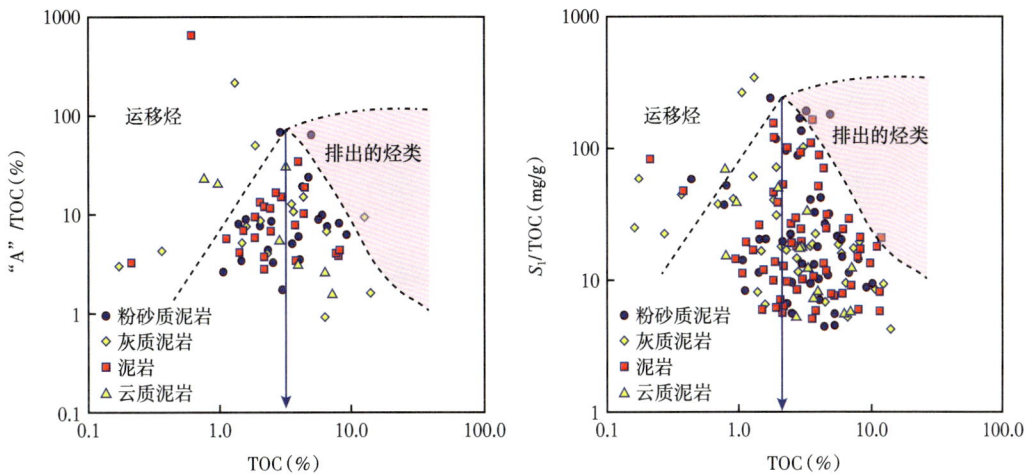

图 6-3-58　芦草沟组泥岩类相对生烃量与 TOC 交会图

上述方法在母质类型单一、成熟度基本一致的情况下是可行的。然而，在烃源岩剖面上，其母质类型和成熟度往往是有变化的，"外包络线"计算的生烃率应为最好的母质类对应的生烃率，或称为最大生烃率曲线。

因此，提出了平均生烃率曲线和平均残烃率曲线的概念（图 6-3-59）。模型将上升段和下降段分段处理。用上升段的平均数据和 TOC 进行计算，产生平均生烃模型（图中红色线）；用下降段的数据拟合产生残烃率曲线（图中蓝色线）。红色线可理解为不同母质类型对应的平均生烃率，蓝色线可理解为不同母质类型的平均剩余残烃率曲线。因此，不同 TOC 条件下对应的平均排烃率可用下式计算：

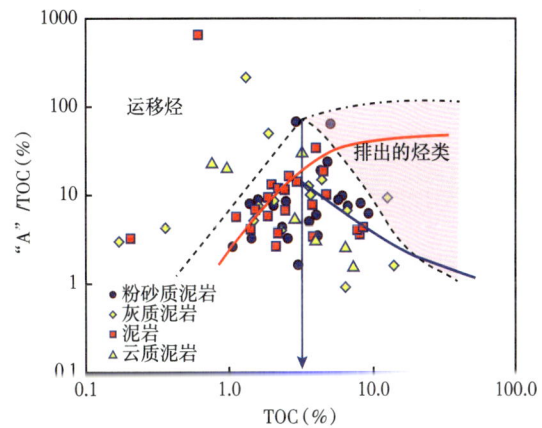

图 6-3-59　改进的平均生烃率、残烃率模型

$$I_{\mathrm{ahy}} = \frac{I_{\mathrm{ahg}} - I_{\mathrm{ahr}}}{I_{\mathrm{ahg}}} \times 100\% \quad (6\text{-}3\text{-}33)$$

式中：I_{ahy} 为平均排烃率，%；I_{ahg} 为平均生烃率，%；I_{ahr} 为平均残烃率，%。

有效烃源岩的下限为红蓝曲线的交点对应的 TOC 值，可理解为烃源岩开始排烃的平均 TOC 值。

根据吉 174 井芦草沟组泥岩段测井计算 TOC 与生烃率交会图计算的数据点排除有运移烃和下降段的数据点，平均生烃率曲线可用一元二次方程回归获得：

$$I_{\mathrm{ahg}} = 101.1 \lg \mathrm{TOC} - 33.42 (\lg \mathrm{TOC})^2 - 4.07 \quad (6\text{-}3\text{-}34)$$

式中：I_{ahg} 为平均生烃率，%；TOC 为测井计算的总有机碳含量，%。

平均生烃量可用式（6-3-35）计算：

$$Q_{ahg} = I_{ahg} \times TOC \tag{6-3-35}$$

式中：Q_{ahg} 为单位质量的烃源岩生烃量的质量分数，%。

应用下降段的数据点，回归得到平均残烃率的计算公式为：

$$I_{ahr} = 12.6 + \frac{110}{TOC + 2} \tag{6-3-36}$$

式中：I_{ahr} 为烃源岩的平均残烃率，%。

由此，可获得烃源岩中平均残烃量的计算公式：

$$Q_{ahr} = I_{ahr} \times TOC \tag{6-3-37}$$

式中：Q_{ahr} 为单位质量的烃源岩中残余烃量的质量分数，%。

因此可得单位重量烃源岩的平均排烃量为：

$$Q_{ahy} = Q_{ahg} - Q_{ahr} \tag{6-3-38}$$

平均排烃率为：

$$I_{ahy} = Q_{ahy} / Q_{ahg} \tag{6-3-39}$$

由平均生烃率和平均残烃率交点得到有效烃源岩的 TOC 下限为 2.8。

综上分析，吉174井上储层段不仅烃源岩有较好的生油能力，储层也有一定的生油能力，为典型的生储一体页岩油储层。图6-3-60中处理井段共36m，有效烃源岩的发

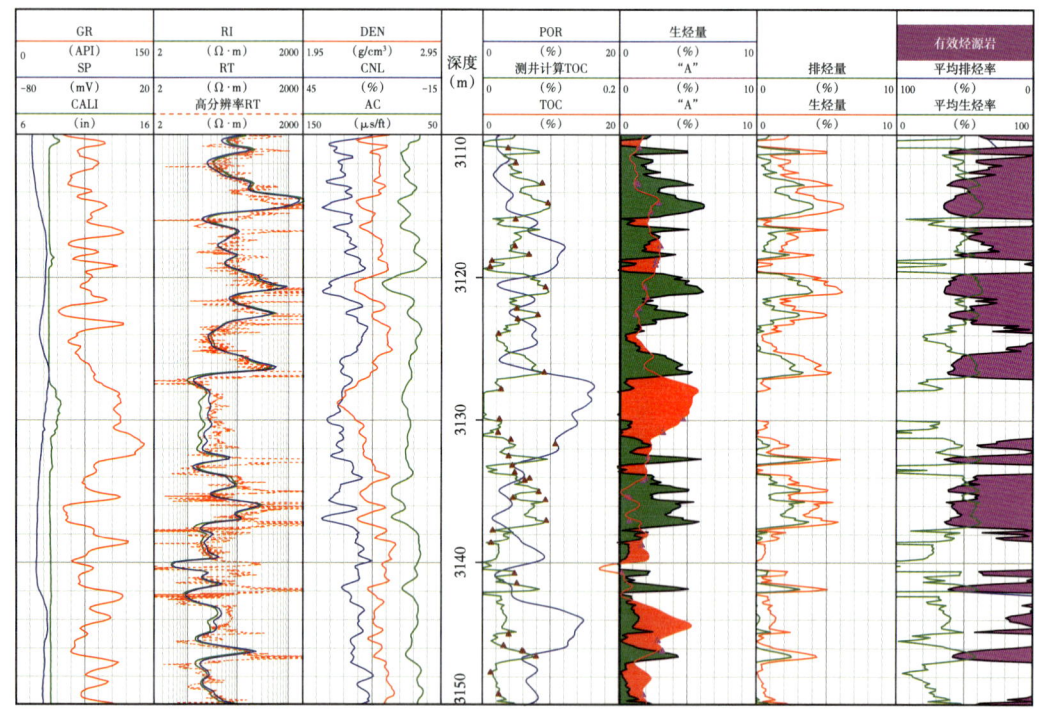

图 6-3-60 吉174井上"甜点"烃源岩测井综合评价成果图

育厚度主要分布在 0.5~3m 之间，累计厚度为 15m，占地层厚度的 41.6%。从计算结果统计，有效烃源岩段 TOC 主要分布在 4%~10% 之间，平均为 6.8%；氯仿沥青"A"主要分布在 1%~3% 之间，平均为 1.9%；平均生烃量主要分布在 1%~7% 之间，平均为 3.8%；平均排烃量主要分布在 0%~4% 之间，平均为 2.6%；生烃率主要分布在 40%~60% 之间，平均为 55%；排烃率主要分布在 0%~40% 之间，平均为 32%。

4）页岩油含油性及测井表征

（1）饱和度常规测井表征。

页岩油原始含油饱和度采用阿奇公式进行计算：

$$S_o = 1 - \sqrt[n]{\frac{abR_w}{\phi^m R_t}} \quad (6\text{-}3\text{-}40)$$

①孔隙度指数（m）和岩性系数（a）的确定。

根据二叠系芦草沟组粉细砂岩岩心样品岩电实验分析资料，建立地层因素（F）与孔隙度（ϕ）关系图版，由此确定粉细砂岩岩性系数（a）及孔隙度指数（m）（图 6-3-61）。依据上述方法，分别确定二叠系芦草沟组云质粉砂岩、泥晶云岩、砂屑云岩储层段的岩性系数（a）及孔隙度指数（m）。

②饱和度指数（n）和岩性系数（b）的确定。

根据二叠系芦草沟组粉细砂岩岩心样品岩电实验分析资料，建立电阻增大率（I）与含水饱和度（S_w）关系图版，由此确定粉细砂岩岩性系数（b）及饱和度指数（n）（图 6-3-62）。依据上述方法，分别确定二叠系芦草沟组云质粉砂岩、泥晶云岩、砂屑云岩储层段的饱和度指数（n）和岩性系数（b）。

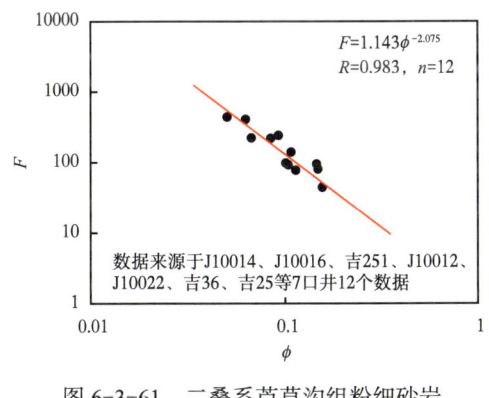

图 6-3-61 二叠系芦草沟组粉细砂岩孔隙度—地层因素图版

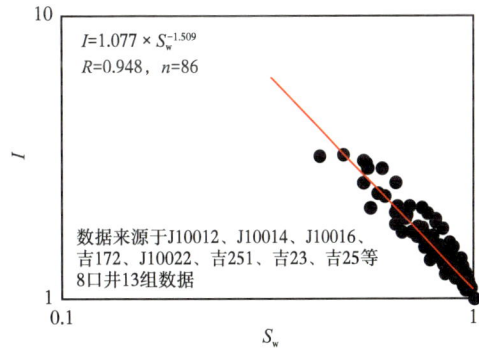

图 6-3-62 二叠系芦草沟组粉细砂岩饱和度—电阻率增大率图版

（2）饱和度核磁共振测井表征。

吉木萨尔凹陷二叠系芦草沟组页岩油储层的小孔隙主要含水亲水，大孔隙主要含油亲油。为准确评价储层含油性，利用核磁共振测井资料计算含油饱和度，以岩心分析含油饱和度为刻度依据，确定合适的 T_2 截止值，大于该截止值的孔隙组分为含油孔隙组分，小于该截止值的孔隙组分为包含束缚水的孔隙组分。因此，综合利用密闭取心饱和度分析结果迭代计算得到核磁共振测井计算含油饱和度的 T_2 截止值起算时间（图 6-3-63）。

最终优化分析确定含油饱和度的最优 T_2 截止值为 6ms，含油饱和度计算相对误差由 33% 降低为 4.1%（图 6-3-64）。

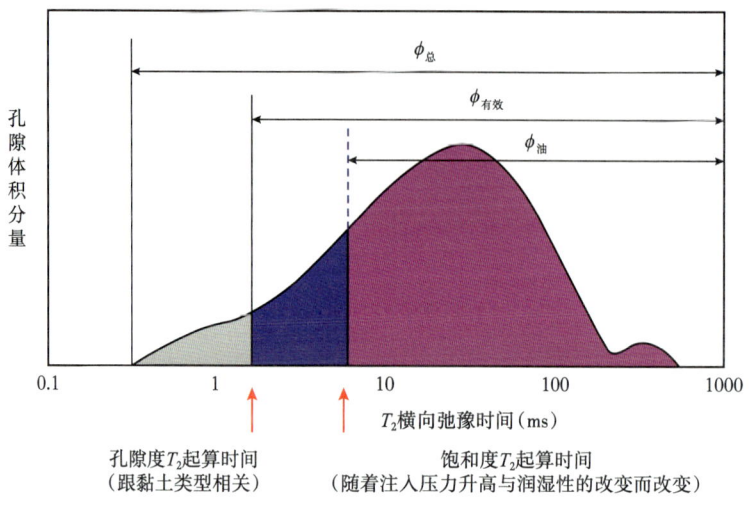

图 6-3-63　吉木萨尔凹陷页岩油核磁共振评价理论示意图

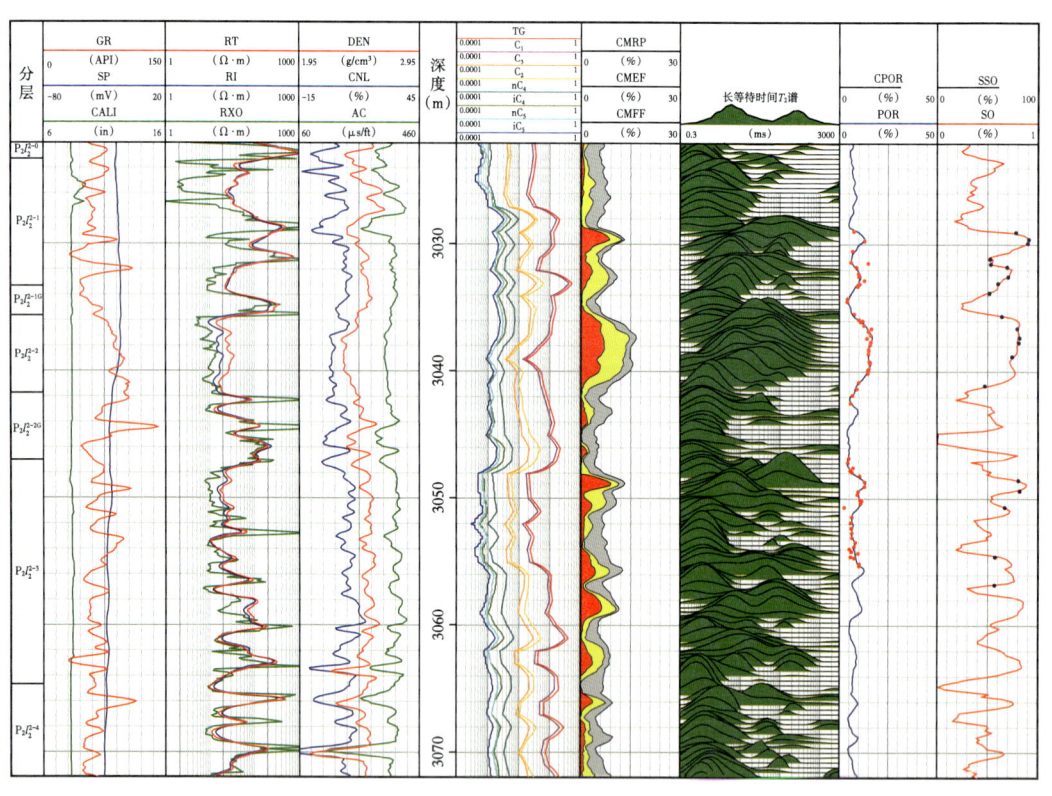

图 6-3-64　吉 176 井 6ms 截止值计算与密闭取心分析含油饱和度对比图

5）页岩油储层脆性测井表征

对于研究区目标层而言，影响岩石脆性较大的矿物类型主要是分散状黏土含量和非碎屑状碳酸盐岩含量。其次，岩石的脆性还与所处的应力环境有关，特别是上覆地层压力。在岩石的矿物组分及结构相同的条件下，岩石的埋深越大，脆性越差。综合上述因素，提出归一化的矿物体积脆性指数计算模型：

$$IB = Ae^{\alpha V_{Ca}-\beta V_{cl}} \qquad (6-3-41)$$

式中：IB 为矿物体积脆性指数；A 为刻度系数；α 为非碎屑碳酸盐岩刻度系数；β 为非结构黏土的刻度系数；V_{Ca} 为非碎屑碳酸盐岩体积百分比；V_{cl} 为非结构黏土的体积百分比。

经实验数据刻度、数据处理后，通过多元回归可得到刻度后的公式：

$$IB = 55e^{0.63V_{Ca}-0.65V_{cl}} \qquad (6-3-42)$$

图 6-3-65 为计算的脆性指数与样品脆性分类关系图。计算脆性指数大于等于 56 时脆性好，小于等于 51 时脆性差，介于二者之间时脆性一般。构建的测井脆性指数可以很好地表征脆性，脆性分类的准确度为 100%。

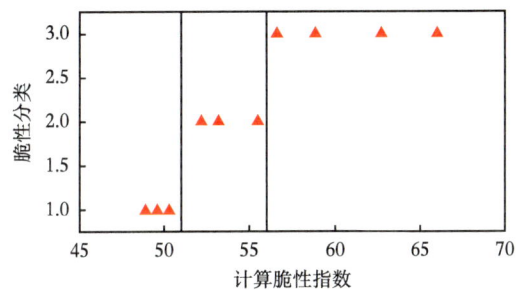

图 6-3-65　计算脆性指数与样品脆性分类关系图

进一步进行埋深校正，埋深校正后的脆性指数表征公式为：

$$IB = 55e^{0.63V_{Ca}-0.65V_{cl}-\gamma I_p} \qquad (6-3-43)$$

研究区目前储层埋深主要分布在 2290~4300m 之间，选择参考深度为 2800m，则埋深校正公式为：

$$I_p = (D-D_0)/D_0 = (D-2800)/2800 \qquad (6-3-44)$$

埋深校正系数 γ 分布在 0.3~0.8 之间，与岩石的矿物组分尤其是黏土含量有关。对于黏土含量较低的储层，γ 可取 0.3。若 γ 取 0.3，则埋深增加 1000m，脆性指数降低 10%，这一埋深校正值小于 Holt R M 等人计算的页岩的围压校正值。因此，对于黏土含量较低的页岩油储层，测井脆性指数的表征公式可表示为：

$$IB = 55e^{0.63V_{Ca}-0.65V_{cl}-0.3(D-2800)/2800} \qquad (6-3-45)$$

图 6-3-66 为吉 302 井样品分析井段的脆性指数测井处理成果图。处理结果显示，岩心测试的脆性指数与测井计算的脆性指数（IB）变化趋势完全一致，分析数据与计算数据基本一致，说明脆性指数的测井表征方法是可靠的。

通过分析，上"甜点"脆性指数整体上略小于下"甜点"，油藏评价部署主要集中在上、下"甜点"脆性指数相对高的范围内，压裂改造情况分析认为下"甜点"更易被改造，试油试采效果更好。

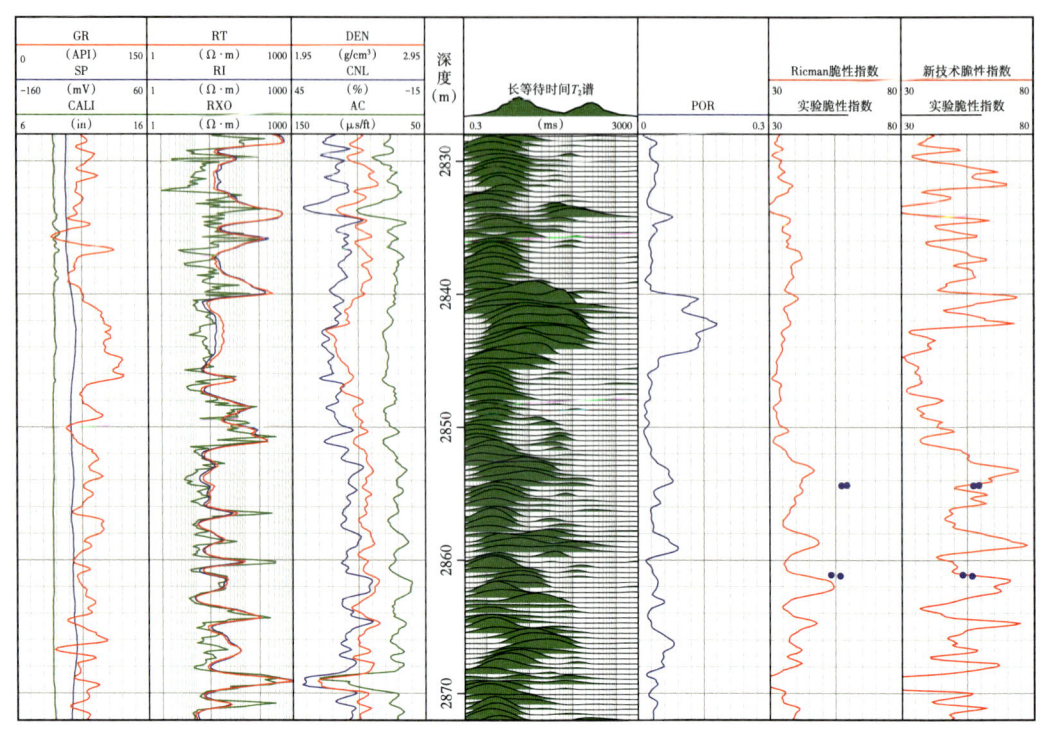

图 6-3-66　吉 302 井样品分析井段的脆性指数测井处理成果图

6）地应力及岩石力学参数评价

（1）地应力方向预测。

地应力方向预测主要应用井壁崩落、钻井诱导缝以及快 / 慢横波的方法综合预测。吉 33 井在页岩油井段进行了 FMI 测井和 DSI 测井。全井段 FMI 图像显示在部分泥岩段存在椭圆井眼，椭圆井眼的方位为 65°~245°，指示了最小水平主应力的方向（图 6-3-67）。

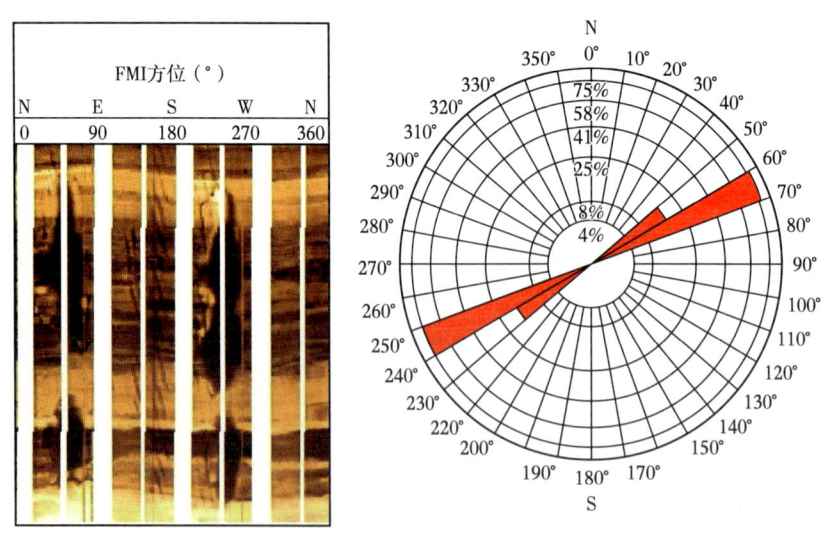

图 6-3-67　泥岩段椭圆井眼 FMI 图像及坍塌方位图

在部分粉砂岩段存在钻井诱导缝，钻井诱导缝的走向为335°~155°，指示了最大水平主应力的方向（图6-3-68）。

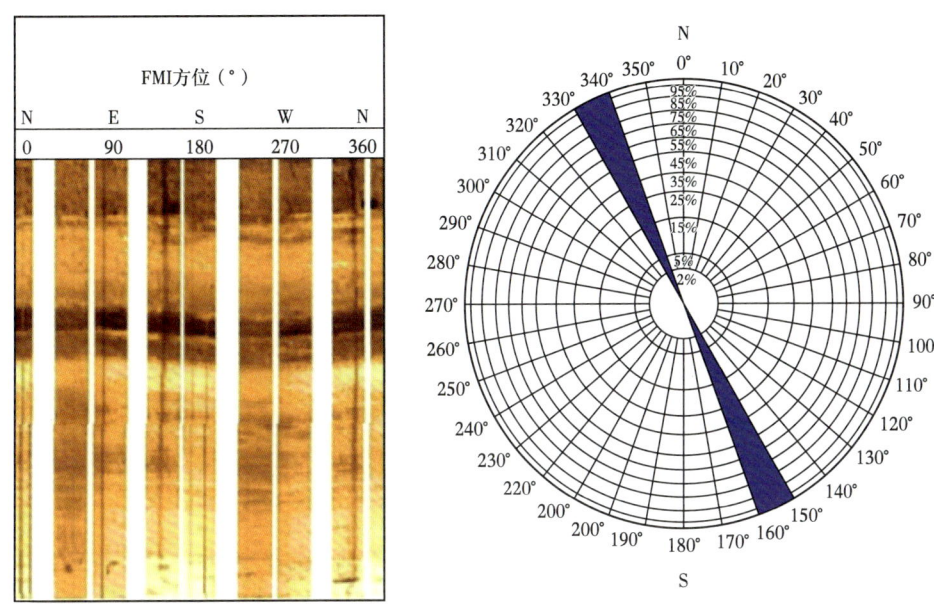

图6-3-68　一口井粉砂岩段诱导缝FMI图像及诱导缝走向图

该井段DSI横波各向异性的处理成果图如图6-3-69所示。处理成果图显示，横波的快波方位为主要分布在335°~155°之间，指示的最大水平主应力方向与钻井诱导缝确定的最大主应力方向完全一致。

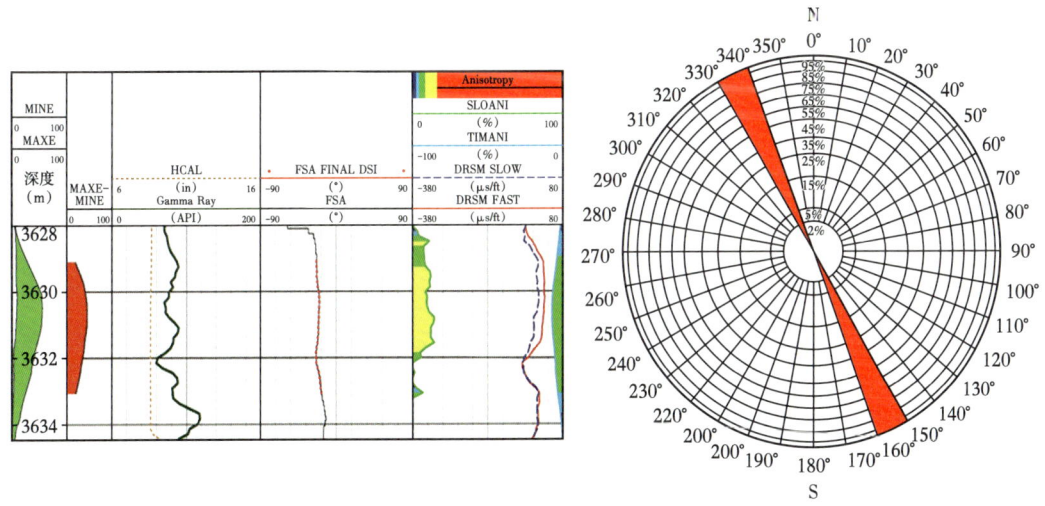

图6-3-69　粉砂岩段诱导缝FMI图像及诱导缝走向图

通过3种方法相互印证，提高了最大主应力方向判别的可靠性。图6-3-70为用上述方法确定的整个凹陷的最大水平主应力方向展布图。展布图显示，整个凹陷分布范围内最大水平主应力方向基本一致。该方向与凹陷形成过程及其后期主挤压力的方向一致，评价结果合理可靠。

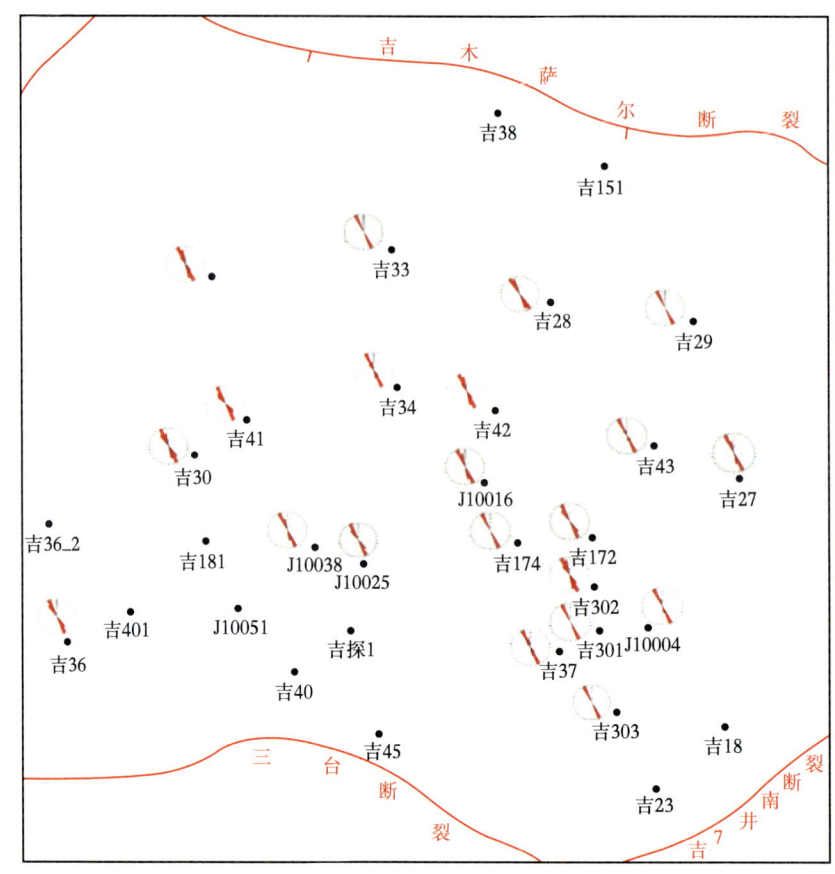

图 6-3-70 吉木萨尔凹陷的最大水平主应力方向展布图

（2）地应力大小预测。

利用压裂数据刻度，考虑构造应力的作用，优选地应力计算方法评价地应力的大小：

$$\sigma_H = \left(\frac{\mu}{1-\mu} + \gamma_1\right)(\sigma_v - \alpha p_p) + \alpha p_p \qquad (6-3-46)$$

$$\sigma_h = \left(\frac{\mu}{1-\mu} + \gamma_2\right)(\sigma_v - \alpha p_p) + \alpha p_p \qquad (6-3-47)$$

式中：σ_H 为最大水平主应力；σ_h 为最小水平主应力；μ 为剪切模量；σ_v 为正向应力分量；α 为孔隙压力指数；p_p 为孔隙压力；γ_1 和 γ_2 分别为最大水平主应力和最小水平主应力的构造应力系数。

图 6-3-71 为研究区一口井的地应力评价成果，经过实际压裂井的刻度，可以很好表征研究区地应力的大小。

（3）地应力的数值计算。

①上覆地层压力计算模型。

上覆地层压力主要取决于上覆地层密度随井深的变化情况，由密度测井资料用下式可求出上覆地层压力：

$$\sigma_v = \rho_{平均} g \mathrm{d}h_0 + \int_{h_0}^{H} \rho(h) g \mathrm{d}h \qquad (6\text{-}3\text{-}48)$$

式中：h_0 为测井起始深度，m；$\rho_{平均}$ 为未测井段上覆地层平均密度，g/cm³；$\rho(h)$ 为深度为 h 点的测井密度，g/cm³；g 为重力加速度，m/s²。

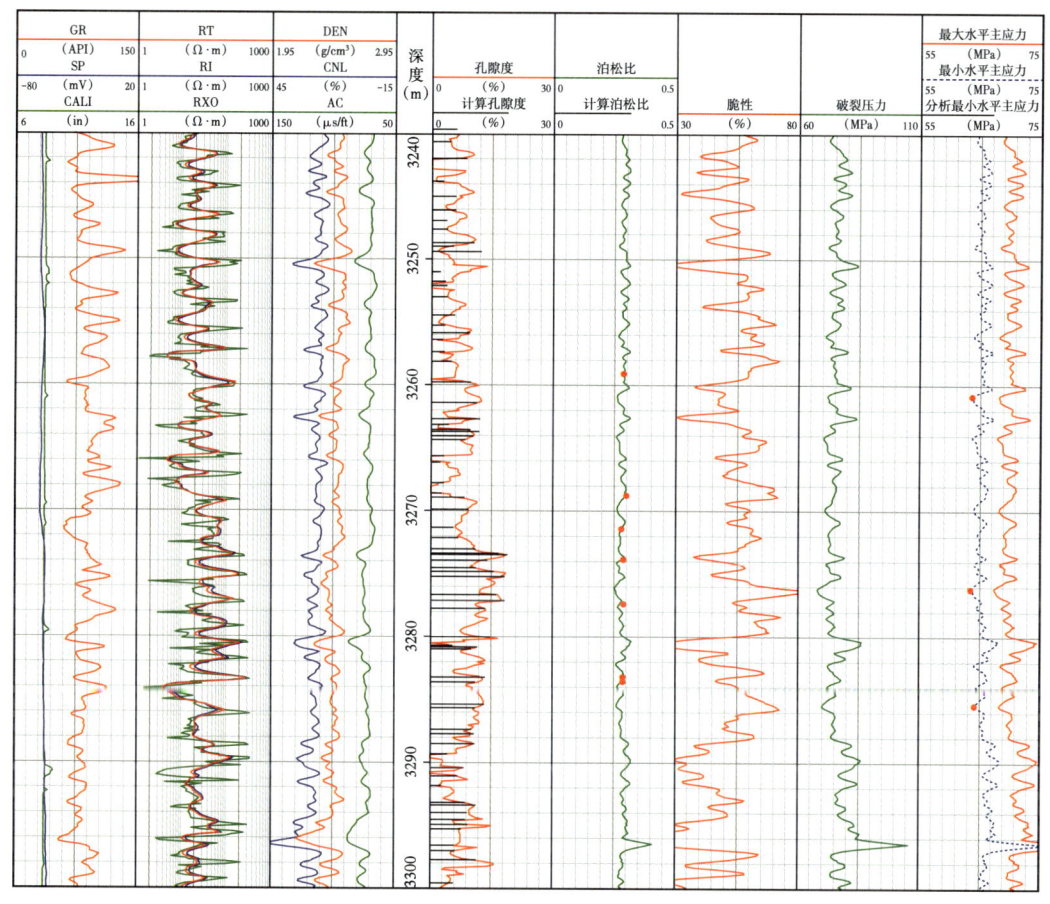

图 6-3-71　吉 174 井储层段工程地质参数评价成果图

②地层孔隙压力计算。

对于沉积岩而言，随着埋深的加大，泥岩的压实程度逐渐增大，孔隙度逐渐减小。在孔隙压力梯度相同的条件下，孔隙度的数值的减小系数应该恒定，在测井曲线上显现出反映孔隙度的密度曲线直线增大和声波时差曲线直线减小，这一直线称为正常压实曲线。在地层出现异常高压的情况下，上覆层的有效压力减小，泥岩的密度异常减小，声波时差异常增大。异常增大或减小的数值与正常压实曲线的差异与泥岩孔隙压力的增加成正比。在泥岩和储层相互接触的情况下，可以用上覆层泥岩的压力估算储层的压力。这种方法需要地层孔隙压力的标定。事实上，不仅差异压实可以造成地层的异常高压，其他因素也可以造成地层的异常高压。特别是页岩油气储层，储层的连通性差，油气的充注压力大，这种方法的应用受到了一定的限制。

- 401 -

由于页岩的连通性差，页岩油气储层获得产能需要压裂，压裂会造成地层一定程度的增压，测试数据的代表性相对较差。为了获得相对准确的地层压力数据，选择物性相对较好、经过长时间排采的试油井段测量地层压力，获得地层压力数据。应用地层压力数据建立了地层埋藏深度 H 与地层压力 p_p 的计算模型：

$$p_p = 0.013H \qquad (6\text{-}3\text{-}49)$$

③最小水平主应力计算。

1983 年黄荣樽教授进行地层破裂压力预测新方法的研究中提出了一个新的最小水平主应力预测模式：

$$\sigma_h = \left(\frac{\nu_s}{1-\nu_s} + \beta_1\right)(\sigma_v - \alpha p_p) + \alpha p_p \qquad (6\text{-}3\text{-}50)$$

式中：ν_s 为静态泊松比；β_1 为最小、最大水平主应力的构造应力系数；α 为 Biot 系数；p_p 为地层孔隙压力，MPa；σ_v 为垂向应力，MPa；σ_h 为最小水平主应力，MPa。

表 6-3-6 为测试压裂数据获得的最小水平主应力（闭合应力）。应用建立的数值模型，获得研究区 7 口井 20 个压裂井段的泊松比、地层压力及垂直应力。应用测试压裂数据获得最小水平主应力数据和其他参数，地层压力的支撑系数选为 1，应用式（6-3-51）计算出了每个压裂井段的最小水平主应力构造系数（表 6-3-6）。20 层计算的构造应力系数的平均值为 0.25。以 0.25 为构造参数，计算的水平最小水平主应力的平均相对误差为 4%。两种方法获得的构造应力系数完全一致，两种方法相互印证，构造应力系数选为 0.25。由此，可用下式计算研究区的最小水平主应力：

$$\sigma_h = \left(\frac{\nu_s}{1-\nu_s} + 0.25\right)(\sigma_v - p_p) + p_p \qquad (6\text{-}3\text{-}51)$$

表 6-3-6 压裂获得的闭合压力及计算的构造应力系数表

井号	试油井段（m）	油层中部深度（m）	闭合压力（MPa）	静态泊松比	上覆地层压力（MPa）	地层孔隙压力（MPa）	计算构造应力系数	计算最小水平主应力（MPa）	相对误差
吉 172	2958~2970	2964	56.5	0.26	69.93	38.53	0.22	57.36	0.02
吉 174	3302~3314	3308	65.1	0.29	79.22	43.00	0.20	66.78	0.03
吉 174	3284~3287	3285.5	66.9	0.28	78.61	42.71	0.28	65.98	0.01
吉 174	3273~3277	3275	66.8	0.28	78.33	42.58	0.29	65.23	0.02
吉 174	3255~3265	3260	67.6	0.28	77.92	42.38	0.33	64.86	0.04
吉 23	2360~2385	2372.5	49.8	0.32	53.96	30.84	0.35	47.60	0.04
吉 23	2309~2321	2315	48.6	0.29	52.41	30.10	0.41	44.93	0.08
吉 28	3281~3285	3283	64.8	0.30	78.54	42.68	0.20	66.72	0.03

续表

井号	试油井段（m）	油层中部深度（m）	闭合压力（MPa）	静态泊松比	上覆地层压力（MPa）	地层孔隙压力（MPa）	计算构造应力系数	计算最小水平主应力（MPa）	相对误差
吉28	3214~3224	3219	63.7	0.30	76.81	41.85	0.20	65.50	0.03
吉30	4092~4107	4099.5	88	0.35	100.59	53.29	0.19	90.82	0.03
吉30	4172~4184	4178	84.8	0.30	102.71	54.31	0.21	86.95	0.03
吉30	4161.5~4166	4163.7	83.6	0.27	102.32	54.13	0.23	84.36	0.01
吉30	4144~4150.5	4147.2	88.5	0.29	101.88	53.91	0.32	85.30	0.04
吉30	4121~4134	4127.5	89.3	0.29	101.34	53.66	0.33	85.48	0.04
吉31	2931~2945	2938	54	0.29	69.23	38.19	0.10	58.63	0.09
吉31	2896~2916	2906	61.1	0.27	68.36	37.78	0.39	56.74	0.07
吉31	2875~2886	2880.5	58	0.28	67.67	37.45	0.28	56.99	0.02
平均值							0.25	—	0.04

④最大水平主应力计算。

最大水平主应力计算方法是：在测井计算出 σ_h 后，采用井眼稳定性分析方法（图 6-3-72）。当椭圆井眼的切向应力相同时，井眼是稳定的，也就是说在 A 点和 B 点的切向应力是相等的，由此可以得出：

$$c = \frac{b}{a} = \frac{\sigma_h + p_w}{\sigma_H + p_w} \qquad (6-3-52)$$

式中：b 为椭圆井眼短轴半径，in；a 为椭圆井眼长轴半径，in；p_w 为钻井液液柱压力，MPa；σ_h 为最小水平主应力，MPa；σ_H 为最大水平主应力，MPa。

⑤破裂压力计算方法。

压裂施工曲线可确定储层的破裂压力以及最小水平应力。图 6-3-73 是地层破裂压

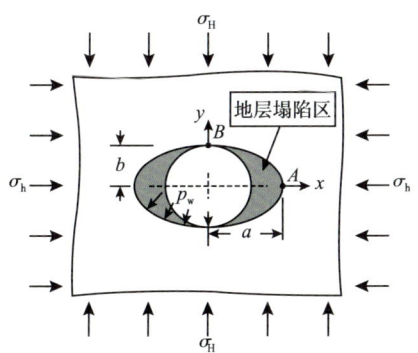

图 6-3-72　两向应力差与椭圆井眼关系图

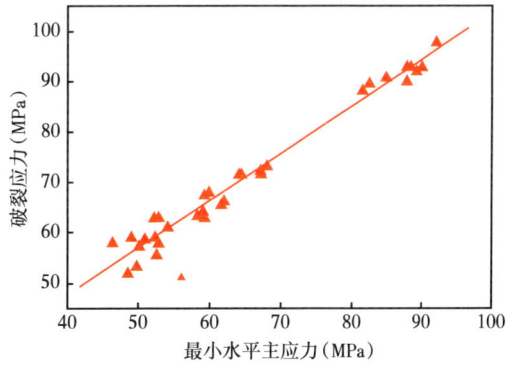

图 6-3-73　最小水平主应力与破裂压力交会图

力和最小水平应力关系图。图中显示,破裂压力和最小水平主应力呈线性关系,相关系数为 0.99,拟合公式为:

$$p_{wf} = 0.94\sigma_h + 10.2 \qquad (6-3-53)$$

式中:p_{wf} 为地层的破裂压力,MPa;σ_h 为地层水的最小水平主应力,MPa。

需说明的是,上述数据来源于页岩油"甜点"储层,主要岩性为粉细砂岩、云质粉细砂岩和颗粒云岩。上述岩性的地层黏土含量相对较低,一般小于 8%。对于黏土含量较高的地层,最小水平主应力与破裂压力的关系可表述为:

$$p_{wf} = (0.94\sigma_h + 10.2) e^{\alpha(V_{cl} - \beta)} \qquad (6-3-54)$$

式中:α 为黏土校正系数,研究区为 1.2;β 为页岩油储层的平均黏土含量,研究区为 0.06。

图 6-3-74 为吉 301 井地应力计算成果图,图中第七道绿色实线为最小水平主应力,蓝色实线为最大水平主应力,红色圆点和粉色三角分别为凯瑟尔法测定的最小和最大水

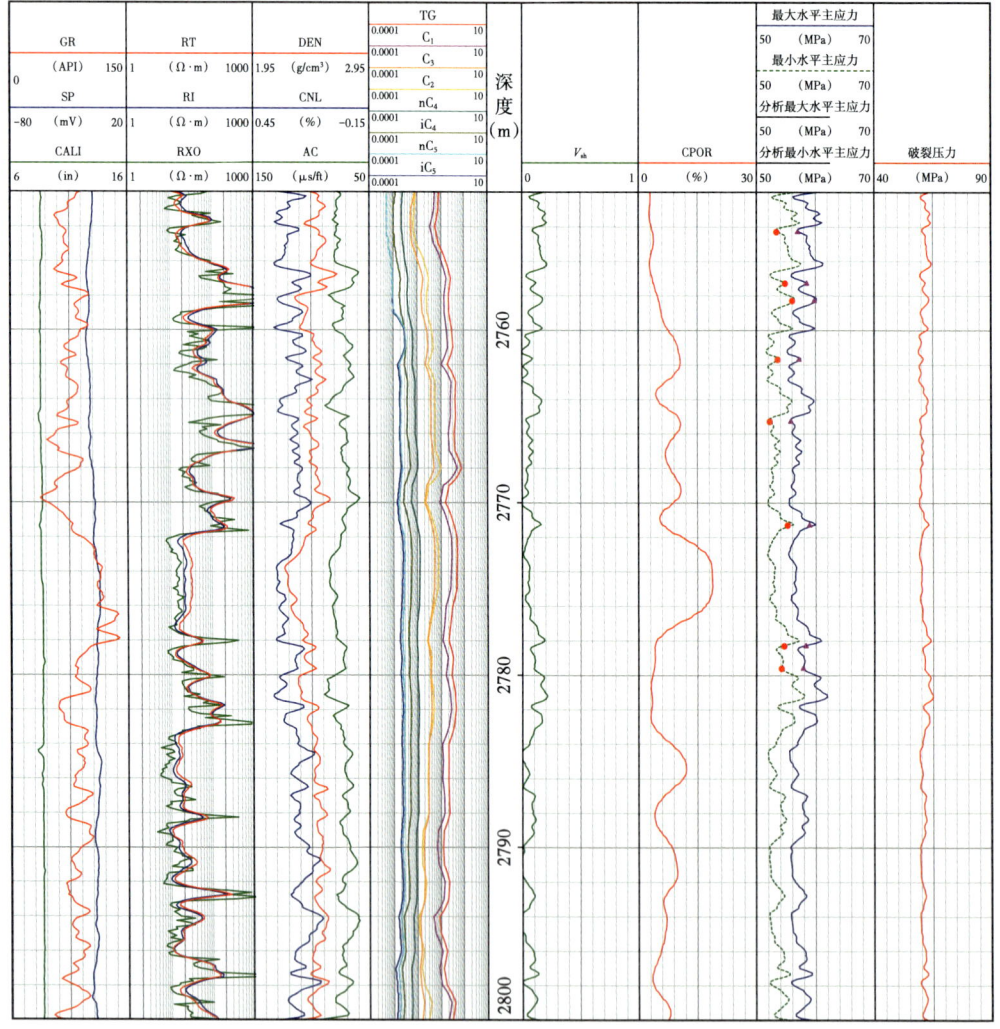

图 6-3-74 吉 301 井最大最小水平主应力计算成果图

平主应力值；第八道红色实线为计算的破裂压力。计算数据与岩心实测数据对比，不仅是变化形态还是数值，均具有较好的一致性，表明建立的地应力模型较为可靠。

4. 应用效果

根据以上页岩油油气藏评价方法，吉 174 井 3116~3120m 以云屑滩沉积为主，主要岩性为砂屑云岩，夹厘米级的泥晶、微晶云岩，砂屑粒度为细砂、粉砂级，云屑成分从上到下逐渐增加，含油饱和度在 50% 左右，脆性指数增大，破裂压力降低，最小水平主应力在 58MPa 左右；3127~3134m 为三角洲前缘沉积，岩性为长石岩屑粉细砂岩，岩性从上到下逐渐变细，黏土含量增加，黏土含量对物性控制明显，物性、脆性从上到下逐渐变差，储层上、下地层 TOC 大于 10%，含油饱和度在 60% 左右，破裂压力、最小水平主应力逐渐增大；3143~3146.5m，为内外碎屑混合沉积的产物，主要岩性为云屑砂岩，含油饱和度在 60% 左右，白云石含量高，黏土含量低，物性、脆性好，破裂压力低；3116.0~3146.0m，整体孔隙度大于 10%，饱和度大于 70% 的井段单层厚度薄，地质"甜点"薄，且地层脆性较差，含油性较好的层整体脆性大于 55，显示脆性较差，试油日产油 2.15t，日产水 13.22m³，累积产油 113.62t，测井解释与试油结果一致，解释评价方法见到了较好的应用效果（图 6-3-75）。

吉 10055 井，在下"甜点"4051~3146.0m 段，利用测井方法识别岩性中高阻为含云质粉砂岩，低阻为含黄铁矿粉砂岩，底部为泥晶云岩。该段孔隙度在 8%~12%，计算含油饱和度在 70% 左右。在下"甜点"4058~4063.0m 段，上部岩性为粉细砂岩，底部为泥晶云岩。该段孔隙度在 10%~14%，计算含油饱和度在 70%~80% 之间。两段"甜点"物性及含油性较好，在 4051~4064.0m 压裂试油，日产油 10.37t，验证了评价方法的准确性（图 6-3-76）。

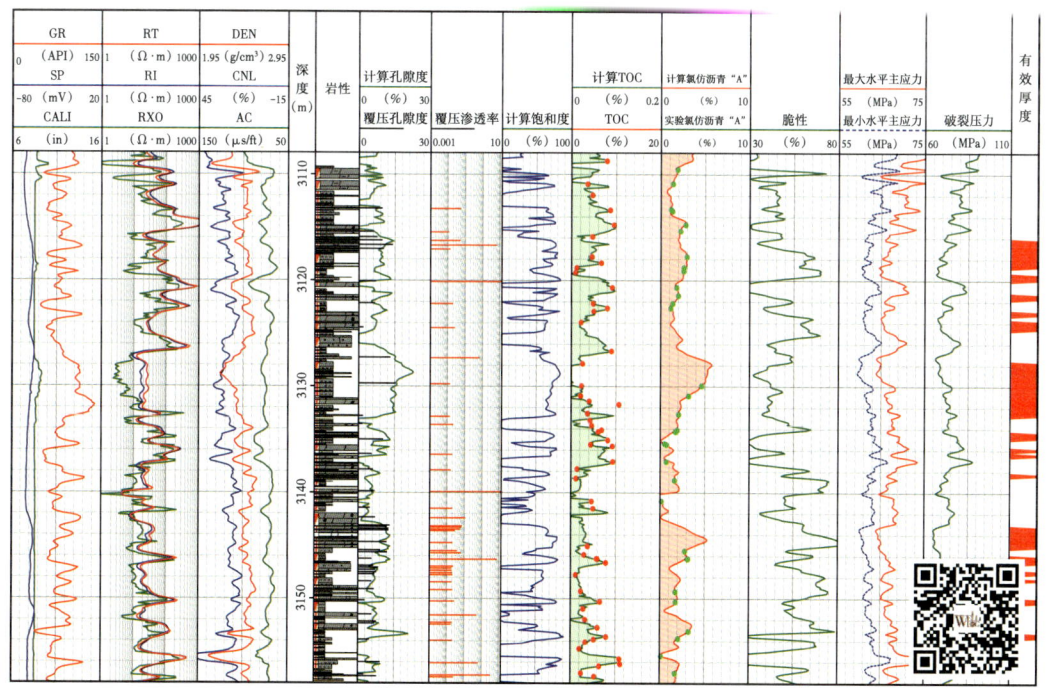

图 6-3-75　吉 174 井上"甜点"测井解释成果图

- 405 -

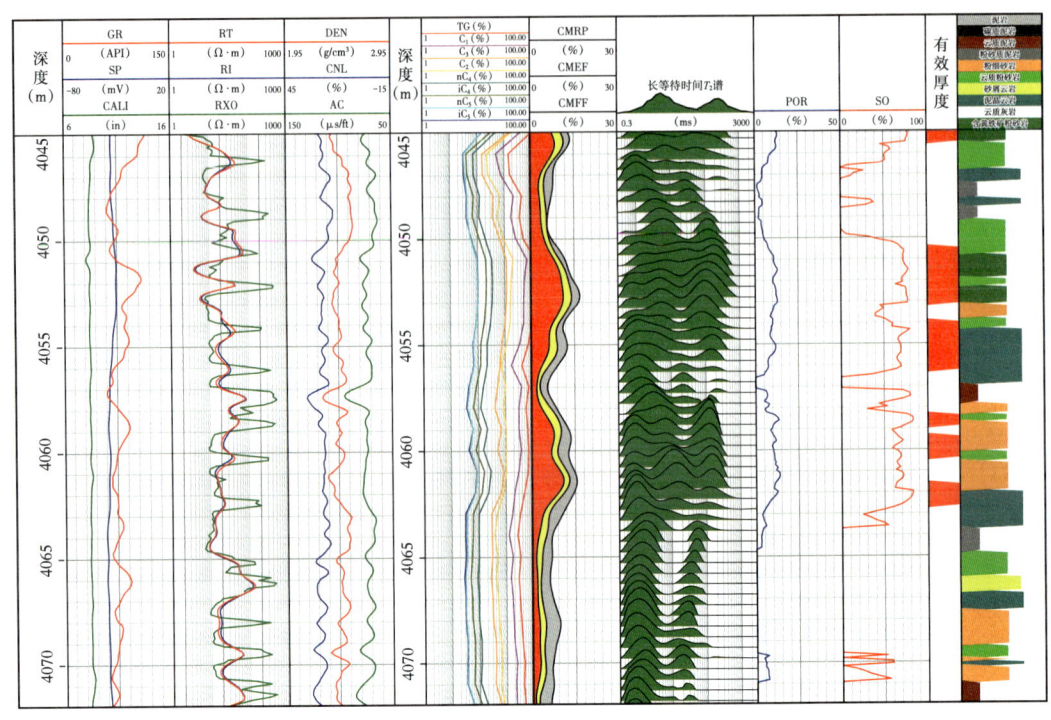

图 6-3-76 吉 10055 井下"甜点"测井解释成果图

5. 结论及建议

（1）吉木萨尔页岩油储层以无机孔为主，泥岩孔隙度很低，储层岩性为细粒级的碎屑岩和碳酸盐岩，黏土含量对储层物性控制明显，岩性对脆性有明显的控制作用，随黏土含量的增加脆性明显变差。上"甜点"相对厚度较大，储层物性较好；下"甜点"优质油层厚度大，但夹层发育，单层厚度小，测井精确识别难度大。

（2）基于核磁共振建立的孔隙度、含油饱和度与实验分析结果一致性好，能很好地反映地质"甜点"；基于常规分 6 套主要岩性建立的常规解释模型也能较好指示页岩油"甜点"，在岩性相对集中、变化不是太快的井段效果较好，对于太薄的薄互层精度不如核磁共振模型评价结果。

（3）利用偶极声波资料优化工程品质计算模型，能较好地评价页岩油机械特性、应力等关键参数；基于归一化的矿物体积脆性指数模型能较好地判断地层的脆性，对于页岩油工程改造具有较好的指导作用。

（4）吉木萨尔页岩油已建立"七性"关系评价模型，只有综合应用常规、电成像、核磁共振以及偶极声波资料等资料，才能进行地质、工程"甜点"的精细评价。

第七章　塔里木盆地测井解释评价典型应用实例

塔里木盆地是中国最大的内陆中新生代前陆盆地与古生代克拉通叠合含油气盆地，面积 $56×10^4km^2$。至 2022 年，塔里木油田公司产油气当量 $3310×10^4t$，西北油田产油气 $940×10^4t$。经过漫长的沉积构造演化，盆地依次发育了震旦系至泥盆系海相沉积、石炭系至二叠系海陆交互相沉积，以及三叠系至第四系陆相沉积，油气层（藏）从第四系到震旦系均有分布。主体天然气分布于库车前陆盆地的古近系、白垩系及侏罗系碎屑岩储层，黑油主要分布于克拉通奥陶系、寒武系碳酸盐岩以及石炭系等碎屑岩储层。本章优选塔里木盆地 3 个单井测井评价案例与 2 个区块测井综合评价研究成果，系统介绍了超深裂缝性砂岩油气藏测井技术及超深缝洞型碳酸盐岩油气藏测井技术。这些技术为勘探新区新领域油气发现与规模上产发挥了测井技术关键支撑作用。

第一节　地质背景

塔里木盆地位于东经 74°00′~91°00′，北纬 36°00′~42°00′，面积约 $56×10^4km^2$，是我国最大的内陆叠合含油气盆地（贾承造，1999），夹持于天山、昆仑山和阿尔金山之间，盆地腹部是塔克拉玛干沙漠，周缘是一些大型的山前冲积扇和冲积平原。根据现今构造面貌和地层埋深，可将塔里木盆地划分为"三隆四坳"7 个一级构造单元，"三隆"为塔北隆起、中央隆起和塔东南隆起，"四坳"为库车坳陷、北部坳陷、塔西南坳陷以及塔东南坳陷（贾承造，1999）。

塔北隆起这一级构造单元可细分为库尔勒鼻隆、轮南低凸起、轮台凸起以及英买力低凸起 4 个二级构造单元。前人对于北部坳陷二级构造单元划分存在争议，如金之钧等（2005）认为北部坳陷应划分成阿瓦提凹陷、满加尔凹陷、英吉苏凹陷以及孔雀河斜坡 4 个二级构造单元；李丕龙（2010）则认为满加尔凹陷、阿瓦提断陷及孔雀河斜坡构成了北部坳陷；而漆立新（2016）在北部凹陷区增加了顺托果勒隆起这一二级构造单元，其位于阿瓦提凹陷和满加尔凹陷之间。中央隆起带位于塔里木盆地中部，可分为 3 个二级构造单元，由西向东为巴楚隆起、塔中隆起以及塔东隆起（何治亮等，2006）。图 7-1-1 为塔里木盆地构造单元展布图。

盆地演化先后经历了南华纪—震旦纪早世大陆裂解、震旦纪晚世—奥陶纪被动大陆边缘、志留纪—泥盆纪前陆盆地、石炭纪—二叠纪中世残余弧后盆地、二叠纪晚世至今前陆盆地。对沉积有重大影响的构造运动包括南华纪塔里木运动，以及显生宙加里东、海西、印支、燕山和喜马拉雅 5 期构造运动（何登发等，2005）。

加里东中晚期—海西早期，是特提斯洋盆的俯冲消减，北天山洋盆向中天山地体俯冲，阿尔金—祁连山造山带形成（李萌等，2015）。海西晚期，南天山洋由东向西闭合，南天山洋向北俯冲，塔里木板块北缘与中天山岛弧碰撞，导致盆地北部发生强烈构造变形（何碧竹等，2011）。印支期，古特提斯洋闭合，晚三叠世—早侏罗世含塔里木陆块在内的欧亚板块与羌塘微陆块碰撞造山，羌塘地块拼贴于亚洲大陆的南缘（何碧竹等，2011）。燕山期，羌塘微陆块与欧亚板块拼贴，新特提斯洋俯冲消减（汤良杰，1997）。喜马拉雅期，印度板块与欧亚板块碰撞，雅鲁藏布江洋关闭，天山、昆仑山强烈陆内造山，形成了现今"两凸两凹"的构造格局（许怀智等，2009）。

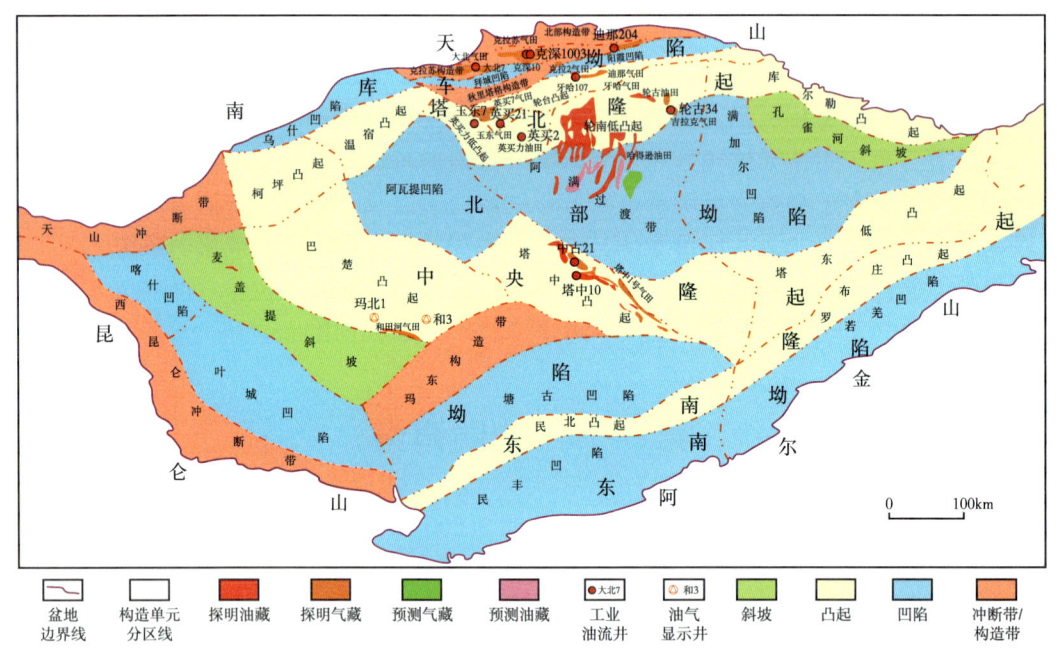

图 7-1-1 塔里木盆地构造区划（据王清华等，2024）

塔里木盆地经历漫长的沉积构造演化过程，依次发育了震旦系至泥盆系海相沉积、石炭系至二叠系海陆交互相沉积及三叠系至第四系陆相沉积。受多期构造的影响，塔里木盆地内不同构造层级剥蚀程度不一，已发现的石油地质储量主要分布在沙雅隆起和卡塔克隆起，分布层位主要为奥陶系、石炭系、三叠系和古近系；已获天然气储量主要分布在库车凹陷，分布层位主要为白垩系和古近系（徐向华等，2004）。图 7-1-2 为塔里木盆地主要储盖组合与含油气层系示意图。

实际钻井资料显示，下寒武统玉尔吐斯组以白云岩、碎屑岩和泥岩为主，中寒武统以海相碳酸盐岩为主，上寒武统主要发育膏云岩；奥陶系以海相沉积的各类石灰岩和白云岩为主；志留系以紫红色碎屑岩沉积为主；泥盆系则仅保存上泥盆统的东河塘组，为灰白色细砂岩与灰色泥岩互层；下石炭统发育卡拉沙依组和巴楚组，卡拉沙依组可分为砂泥岩互层段和上泥岩段，巴楚组包括标准石灰岩段、下泥岩段和砂泥岩互层段；二叠系仅发育中统，上部为灰色凝灰岩，中下部为灰英安岩、灰褐色凝灰岩、凝灰质泥岩及砂岩等（肖绪玉等，2017）。中生界由下向上包括三叠系柯吐尔组、阿克库勒组、哈拉哈塘组，下侏罗统及下白垩统亚格列木组、舒善河组、巴西盖组和巴什基奇组。三叠系下部为灰色、深灰色泥岩，向上变为红褐色泥岩和粉砂岩。白垩系和侏罗系岩性为棕色细砂岩、粉砂岩及泥岩互层。新生界发育完整，古近系和新近系以浅棕色细砂岩沉积为主，向上出现蓝灰色泥岩，再向上则变为浅灰色、灰色及灰白色粉砂岩沉积（朱文剑，2019）。

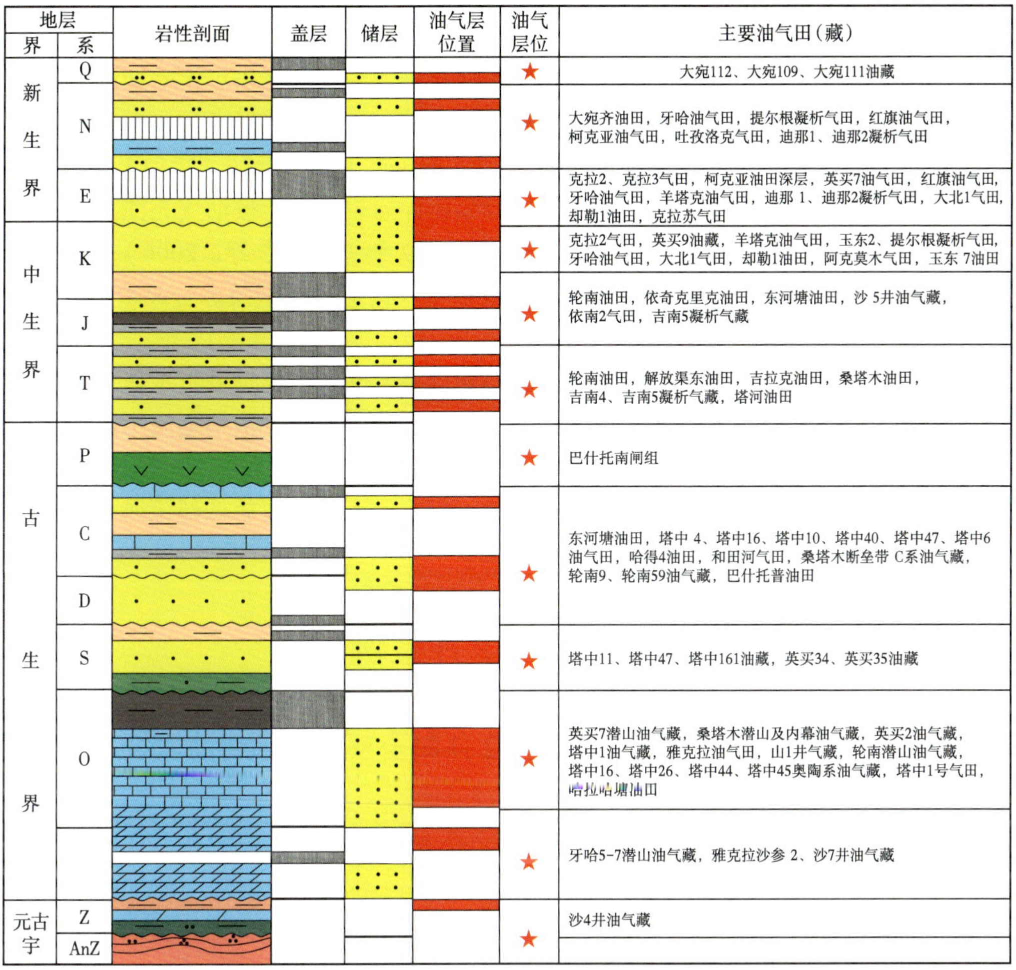

地层界	系	岩性剖面	盖层	储层	油气层位置	油气层位	主要油气田（藏）
新生界	Q					★	大宛112、大宛109、大宛111油藏
新生界	N					★	大宛齐油田，牙哈油田，提尔根凝析气田，红旗油气田，柯克亚油田，吐孜洛克气田，迪那1、迪那2凝析气田
新生界	E					★	克拉2、克拉3气田，柯克亚油田深层，英买7油田，红旗油气田，牙哈油气田，羊塔克油气田，迪那1、迪那2凝析气田，大北1气田，却勒1油田，克拉苏气田
中生界	K					★	克拉2气田，英买9油田，羊塔克油气田，玉东、提尔根凝析气田，牙哈油气田，大北1气田，却勒1油田，阿克莫木气田，玉东7油田
中生界	J					★	轮南油田，依奇克里克油田，东河塘油田，沙5井油气藏，依南2气田，吉拉克5凝析气藏
中生界	T					★	轮南油田，解放渠东油田，吉拉克油田，桑塔木油田，吉拉4、吉拉5凝析气藏，塔河油田
古生界	P					★	巴什托南闸组
古生界	C						东河塘油田，塔中4、塔中16、塔中10、塔中40、塔中47、塔中6油气田，哈得4油田，和田河气田，桑塔木断垒带C系油气藏，轮南9、轮南59油气藏，巴什托普油田
古生界	D					★	
古生界	S					★	塔中11、塔中47、塔中161油藏，英买34、英买35油藏
古生界	O					★	英买7潜山油气藏，桑塔木潜山及内幕油气藏，英买2油田，塔中1井气藏，雅克拉油气田，山1井气藏，轮南潜山油气藏，塔中16、塔中26、塔中44、塔中45奥陶系油气藏，塔中1号气田，哈拉哈塘油田
古生界						★	牙哈5-7潜山油气藏，雅克拉沙参2、沙7井油气藏
元古宇	Z					★	沙4井油气藏
元古宇	AnZ						

图 7-1-2 塔里木盆地主要储盖组合与含油气层系示意图

塔里木盆地经过震旦纪的填平补齐作用，从纽芬兰统开始，盆地进入海侵阶段，此时的寒武纪海底坡度较为平缓，同时又缺乏陆源物质注入，因此该期海水尤其适合碳酸盐岩发育。早寒武世，塔里木盆地以陆表海沉积模式为主，从筇竹寺组沉积期开始了向碳酸盐台地演化的过程（康建威等，2012）。寒武纪—早奥陶世，塔里木盆地形成了广阔的碳酸盐岩台地沉积环境。相应地，奥陶世，沉积相经历了半局限台地相—开阔台地相—台地边缘相—台缘斜坡相—混积浅水陆棚相的变化过程（史今雄，2020）。志留纪，塔里木地区经过奥陶纪晚期的抬升，广大地区遭受剥蚀，在奥陶纪与志留纪之间形成假整合接触。早志留世发生海侵，形成了广阔的潮坪环境，在塔里木地区广泛分布了碎屑岩沉积。志留纪中—晚期，塔里木抬升运动缓慢发展，水体进一步变浅，早志留世早期潮下台地普遍变为潮上台地（王莹莹，2017）。中晚志留—早泥盆世，海水逐渐由东向西退出，至晚泥盆世海水基本全部退出，广大地区为潮坪—潟湖相红色碎屑岩、泥质岩夹碳酸盐岩、含盐细碎屑岩建造。石炭纪发生了塔里木盆地继奥陶纪后的第二次较大海侵，自西向东发育开阔台地相、半闭塞台地相、潮坪—潟湖相、三角洲相及风成—障壁沙坝相。二叠统受海西晚期运动影响，大部分地区被剥蚀，三叠系到侏罗系开始大面积沉积。晚白垩世由于全球海平面上升，形成半闭塞潟湖相沉积，持续沉降，至古近系为河湖相碎屑岩和盐岩、膏泥岩沉积（张守安等，1998）。

依据油气藏储层特征、物性演化机制及源储接触关系，可将塔里木盆地深部油气藏划分为常规油气藏、致密油气藏及改造型油气藏3种。通过圈闭形态和成因类型常规油气藏进一步划分为背斜、断块、地层—岩性油气藏3类（庞雄奇等，2014）；塔里木盆地深部致密油气藏主要分布于库车坳陷新生界致密碎屑岩储层，按油气充注期与储层致密期先后关系可分为先成型油气藏、后成型油气藏2类（姜振学等，2006）；根据储层流体改造机制，可将改造型油气藏分为流体改造型、构造改造型及综合改造型油气藏3类（刘洛夫等，2008）。

塔里木盆地东河砂岩段是中国深埋优质海相碎屑岩储层，也是塔里木盆地最重要的产油层和勘探目的层之一。东河砂岩段为晚泥盆世晚期—早石炭世早期海平面上升背景下沉积的一套海侵砂（砾）岩，主体为滨岸海滩相砂岩（申银民等，2011）。东河砂岩段在全盆地范围内是一个明显的穿时沉积砂体，自西向东从古地貌低部位向高部位逐层超覆变薄（王招明等，2004）。

第二节　单井案例

一、库车坳陷博孜大北区块大北12井白垩系巨厚砂岩油气层测井评价

1. 地质背景

大北12井是部署在塔里木盆地库车坳陷克拉苏构造带大北12号构造西高点西南翼的一口预探井，位于新疆阿克苏地区拜城县。大北12井钻遇地层从上至下依次为第四系西域组，新近系库车组、康村组、吉迪克组，古近系苏维依组、库姆格列木群，白垩系巴什基奇克组、巴西改组，目的层为白垩系巴什基奇克组、巴西改组。

大北12井区邻井巴什基奇克组测井解释有效孔隙度分布于4.0%~11.0%，平均孔隙度为7.0%；基质岩块渗透率主峰为0.035~0.5mD，平均渗透率为0.234mD。邻井白垩系巴什基奇克组取心1筒，进尺2.69m，心长2.69m，收获率100%，岩心可见5条裂缝，以方解石、泥质半充填为主，开度0.1~0.3mm，裂缝视倾角为60°~90°，裂缝长度为8~40cm，平均缝长18cm。邻井白垩系巴什基奇克组采集了微电阻率电成像与超声成像，成像解释裂缝50条左右，平均裂缝倾角80°以上，裂缝整体走向为北东—南西向，倾向为北西—南东向。邻井取心与声电成像测井显示，大北12井区目的层裂缝发育。

本井测井采集为5700系列和MAX-500系列，测井项目除常规测井外，在目的层增加了油基钻井液微电阻率成像（NGI）和地层岩性探测测井（FLEX）。

2. 存在问题

大北12井目的层井深超6000m，井眼尺寸5.88in，井底温度超过120℃，压力在120MPa以上，必须采用耐高温、耐高压小井眼常规和成像测井仪器，克服超深高温高

压小井眼问题，对测井装备提出了较高要求。

大北 12 井钻遇地层的陡翼，目的层地层倾角大部分井段都在 60°以上，是典型的高陡构造，对阵列感应测井视电阻率有较大影响。开展高陡构造阵列感应环境校正，分析油基钻井液条件下储层的岩性、物性、含油性及裂缝的影响，进行储层有效性及流体性质评价，是本井评价的重点和难点。

3. 测井评价技术

大北 12 井目的层采用油基钻井液，通过引进斯伦贝谢新一代油基电成像并开展高陡构造条件下电测井响应物理与数值模拟校正方法研究，对井旁构造和裂缝评价以及储层流体性质进行了精细分析与评价，形成了前陆盆地油基钻井液体系下高陡构造储层测井评价技术系列。

1）井旁构造与裂缝评价

大北 12 井主要利用 NGI 成像测井资料进行井旁构造和裂缝评价，处理解释井段 5380.0～5662.5m，总共 282.5m。本井仪器测量过程中加速度计和磁力计工作正常（图 7-2-1），据此计算的各种地质界面和产状真实可靠。

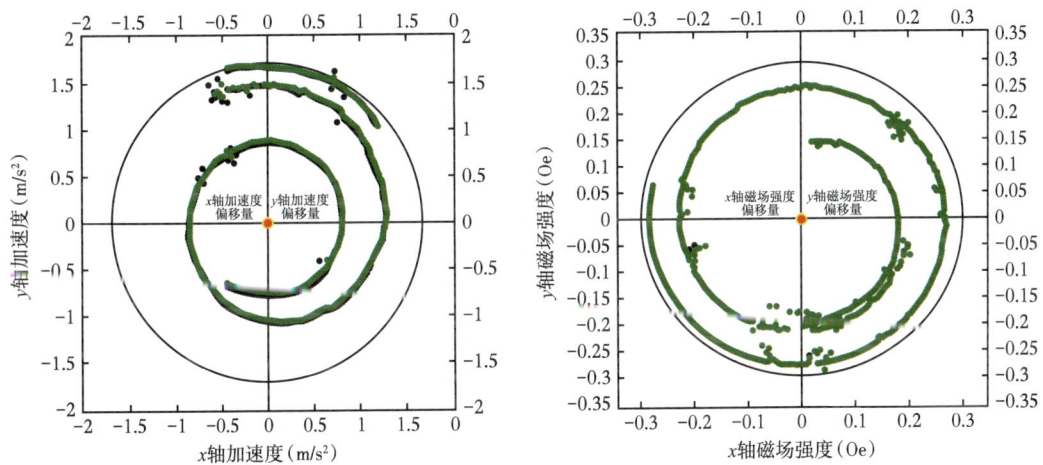

图 7-2-1　大北 12 井成像测井曲线质量控制

（1）井旁构造特征。

测量段地层产状整体呈红模式，自上而下倾向稳定，倾角逐渐变大。5380～5420m 倾向南南东，倾角主频约 25°；5420～5526m 倾向南南东，倾角主频约 42°；5526～5663m 倾向南南东，倾角主频约 60°；5420.5m 附近地层角度突然变大，倾向不变，推测在 5420.5m 附近存在小型断层，如图 7-2-2 所示。

（2）井旁裂缝分析。

测量段裂缝发育，解释张开缝 10 条、半张开缝 59 条、闭合缝 54 条、小断层 23 条。在钻井液漏失井段附近，可见张开缝、半张开缝、闭合缝或小断层。裂缝产状分析表明，张开缝倾向为北西西、北北东，走向为北北东—南南西、北西西—南东东向，倾角为 50°~80°；半张开缝倾向为北西西，走向为北北东—南南西，倾角为 45°~88°；闭合缝倾向为北西西、北北东，走向为北北东—南南西、北西西—南东东向，倾角为 44°~84°；小断层倾向为北北东，走向为北西西—南东东，倾角为 44°~86°（图 7-2-3）。

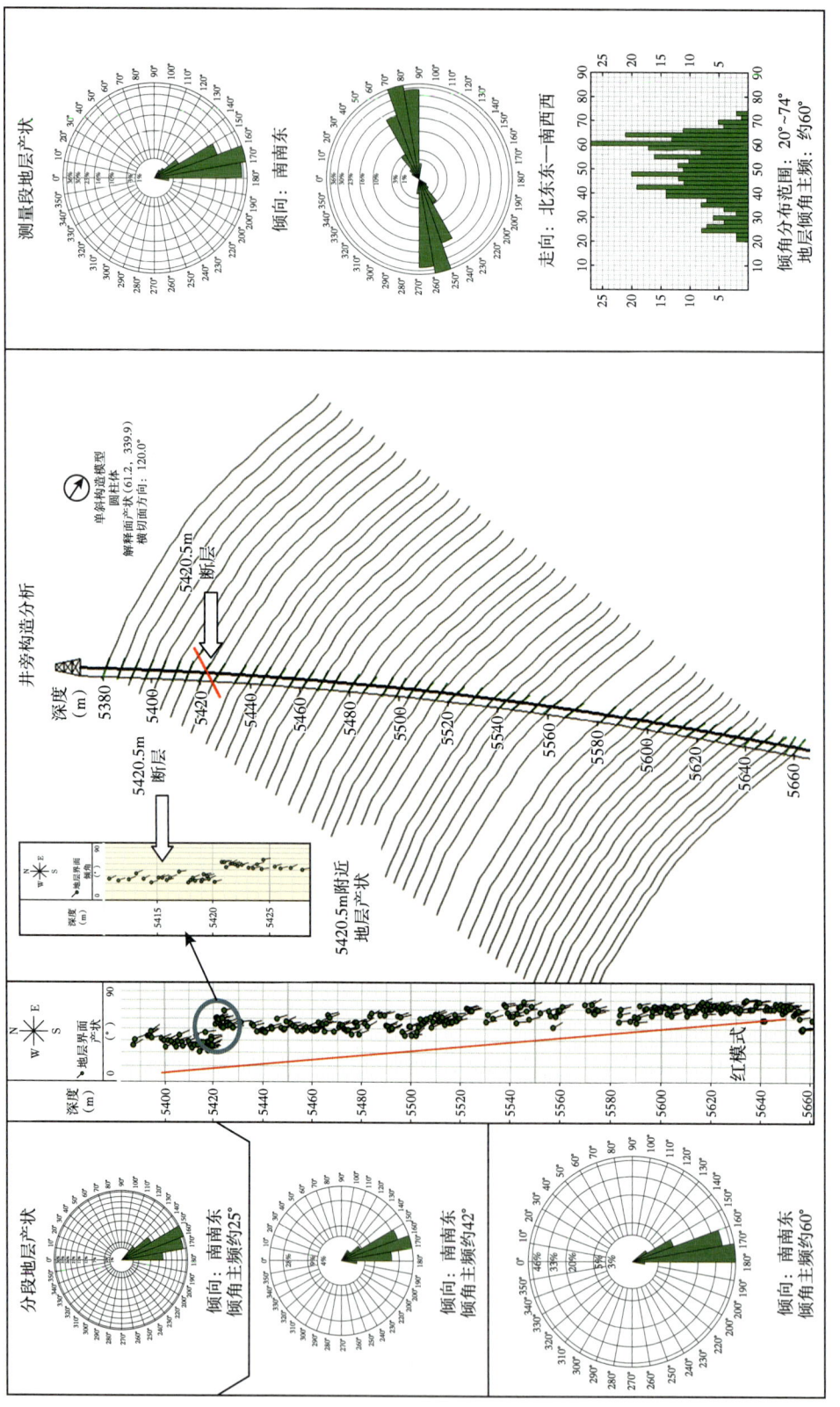

图 7-2-2 大北12井井旁构造分析

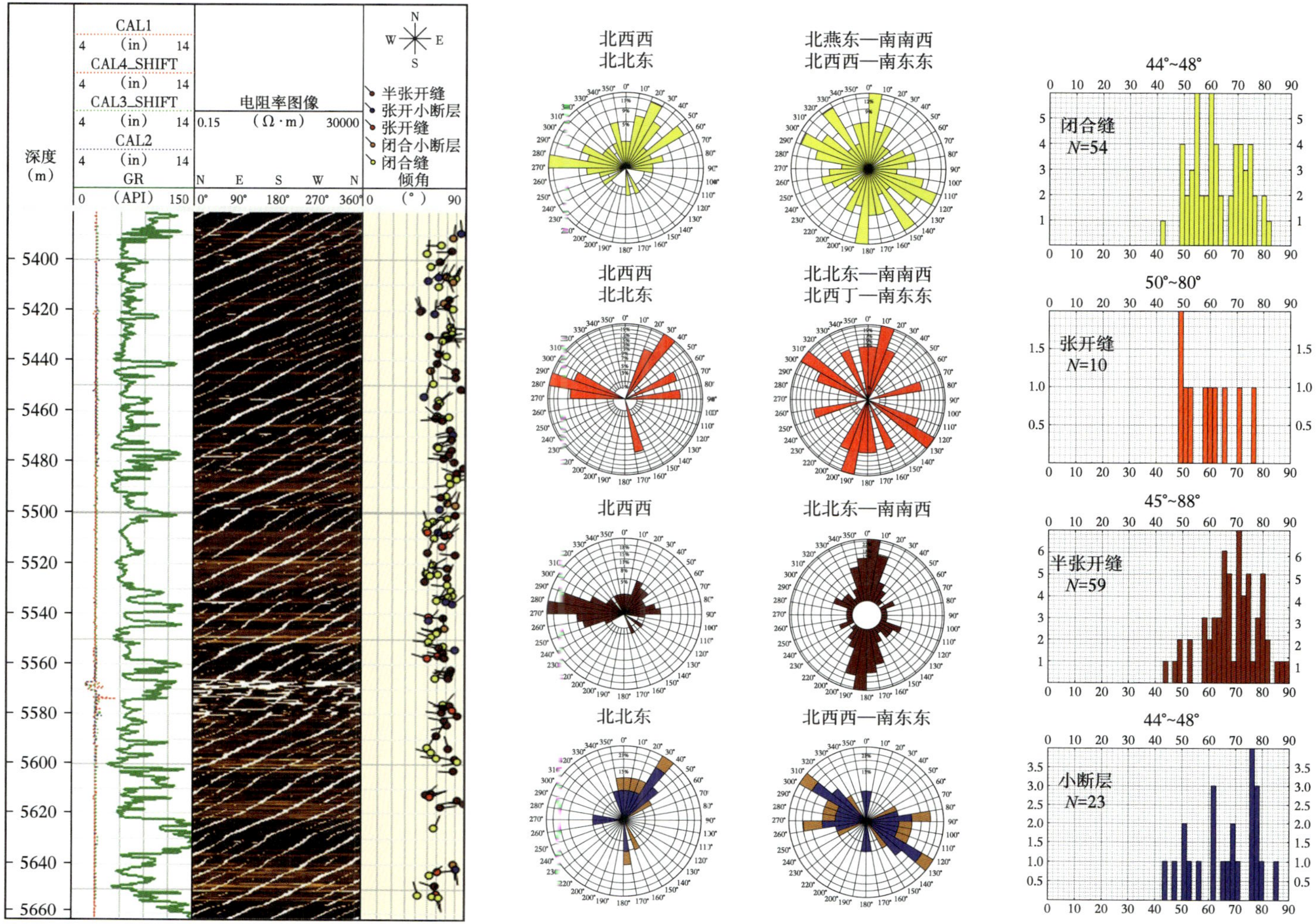

图 7-2-3 大北12井井旁裂缝分析

另外，本井井眼崩落和诱导缝发育。井壁崩落优势方位为北东东—南西西向，井壁崩落发育段最大井斜小于10°，故本井在井斜小于10°的测量段现今最小水平主应力方向北东东—南西西向。钻井诱导缝优势方位为北北西—南南东向，在井斜小于10°的测量段现今最大水平主应力方向北北西—南南东向。裂缝走向与最大主应力方向基本一致，角度差在20°以内，裂缝有效性较好，指示储层有效性较好（图7-2-4）。

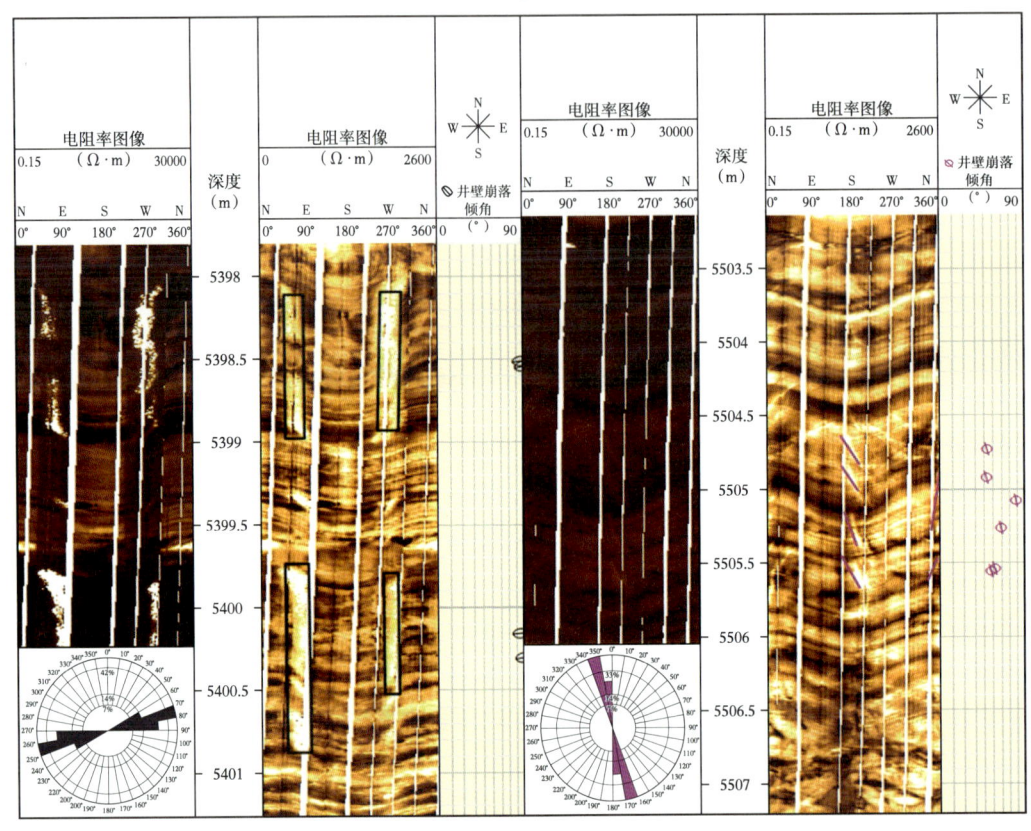

图7-2-4 大北12井崩落及诱导缝分析

2）电阻率主控因素分析

（1）粒度对电阻率的影响。

总体上，随着岩石颗粒的增大，电阻率依次升高，但裂缝型储层变化趋势没有孔隙型稳定；Ⅰ、Ⅱ类较好储层岩性相对于Ⅲ、Ⅳ类储层较粗一些。裂缝—孔隙型Ⅰ类储层细砂岩平均电阻率是26.46Ω·m，含气细砂岩平均电阻率是29.23Ω·m，含气时电阻率显高；裂缝—孔隙型Ⅱ类储层粉砂岩平均电阻率是19.64Ω·m，泥质粉砂岩平均电阻率是14.11Ω·m，泥质使电阻率偏低；孔隙型Ⅳ类储层含砾细砂岩的平均电阻率为62.49Ω·m，明显高于细砂岩的平均电阻率29.13Ω·m。电阻率与岩性的分析关系，含砾的粉砂岩、细砂岩或中砂岩的平均电阻率高于单一的粉砂岩、细砂岩或中砂岩，颗粒越小，则总颗粒表面积越大，因此中砂岩电阻率高于粉砂岩、细砂岩。

（2）泥质含量对电阻率的影响。

泥质含量对地层电阻率有明显影响。随着泥质含量的增加，电阻率逐渐降低，而且降低的幅度随着含水饱和度的降低而增大。泥质的分布形式及测量电流的方向对泥质砂岩储层的电性有明显影响。泥质分为3类：分散、层状、结构。当测量电流方向与层状泥质垂直时，泥质对电性的影响较弱，但层状泥质和结构泥质的相对含量对结果影响很大；当测量电流方向与层状泥质平行时，泥质对电性的影响较强，但层状泥质和结构泥质的相对含量对结果影响不大。

（3）储层物性对电阻率的影响。

在纯气层，储层孔隙度、渗透率的变化对地层电阻率有影响。物性越好，电阻率越高，含气饱和度也越高。孔渗变好以后，储层空间变大，导致天然气含量增加，地层电阻率则会升高。

3）高陡构造电阻率校正技术

阵列感应测井仪器测量的基本原理是以无限大水平地层测量为设计基础的。当在高陡地层或在大斜度井中测量时，测量的视电阻率反映的是水平电阻率 R_h 和垂直电阻率 R_v 的综合响应。一般情况下，地层的垂向电阻率往往大于水平电阻率，导致阵列感应视电阻率不仅受岩性、储层流体类型的影响，同时也受井眼与地层各向异性系数（λ）的影响。因此，在进行高陡地层测井资料分析的过程中，地层所表现出的电阻率各向异性需要重点考虑，一般各向异性系数 λ 用垂直电阻率 R_v 与水平电阻率 R_h 之比的平方根来表征，其数学表达式为：

$$\lambda = \sqrt{\frac{R_v}{R_h}} = \left[\frac{h_{sd}^2}{(h_{sd}+h_{sh})^2} + \left(\frac{R_{sd}}{R_{sh}}+\frac{R_{sh}}{R_{sd}}\right)\frac{h_{sd}h_{sh}}{(h_{sd}+h_{sh})^2} + \frac{h_{sh}^2}{(h_{sd}+h_{sh})^2}\right]^{\frac{1}{2}} \quad (7-2-1)$$

式中：λ 为地层各向异性系数；R_v 为垂直电阻率，$\Omega \cdot m$；R_h 为水平电阻率，$\Omega \cdot m$；R_{st} 为砂岩电阻率，$\Omega \cdot m$；R_{sh} 为泥岩电阻率，$\Omega \cdot m$；h_{sd} 为砂岩累计厚度，m；h_{sh} 为泥岩累计厚度，m。

由上述各向异性系数定义可知，各向异性指数主要与砂泥岩电阻率反差程度和砂泥岩相对厚度有关。可以推导出地层视电阻率：

$$R_a = \frac{R_m}{\sqrt{1+(\lambda^2-1)\cos^2\theta}} = \frac{\lambda R_k}{\sqrt{1+(\lambda^2-1)\cos^2\theta}} = \frac{R_h}{\sqrt{1+(1-\lambda^2)\sin^2\theta/\lambda^2}} \quad (7-2-2)$$

式中：$R_m = \sqrt{R_v \cdot R_h}$ 为各向异性地层平均电阻率；θ 为地层倾角。

4）综合评价成果

根据大北12井区白垩系巴什基奇克组岩心分析资料，可以得出密度孔隙度解释模型：

$$\phi = 1.0499 - 0.4132 DEN \quad (7-2-3)$$

基质渗透率的计算模型为：

$$PERM = 0.0368 e^{0.3219\phi} \quad (7-2-4)$$

式中：e=2.718282，ϕ 为分析孔隙度，%。

含气饱和度采用阿奇公式求取：

$$S_w = \sqrt[n]{\frac{abR_w}{\phi^m R_t}} \quad (7-2-5)$$

式中：a、b 为岩性系数，$a=1.1418$，$b=1.0162$；m 为孔隙度指数，$m=1.631$；n 为饱和度指数，$n=1.671$；R_w 为地层水电阻率，取 $0.018\Omega \cdot m$。

依据阿奇公式建立的孔隙度与电阻率流体识别图版如图 7-2-5 所示。

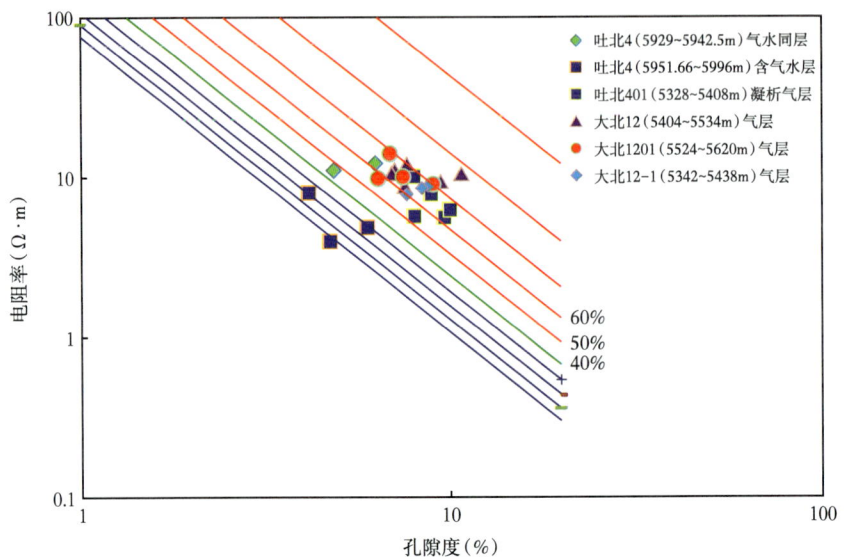

图 7-2-5 大北 12 井流体识别图版

大北 12 井目的层井段解释以油气层、差油气层为主，其中巴什基奇克组解释油气层 55 层，总厚度 165.5m，平均孔隙度为 7.5%，平均含气饱和度为 60%；巴西改组解释油气层 4 层 9m，平均孔隙度为 4.9%，平均含气饱和度为 60%。测井综合处理解释成果如图 7-2-6 所示。

4. 应用效果

大北 12 井 2019 年 7 月 5 日试油，试油层位巴什基奇克组 5412~5525m，试油井段孔隙度为 6%~10%，裂缝密度 1~2 条 /m，裂缝发育，含气饱和度平均为 68%，酸压挤入地层总液量 $511m^3$，累积返排 $119m^3$，返排率为 23%，工作制度 6mm，油压为 64.638MPa，日产油 $9.16m^3$，日产气 $328666m^3$。测试结论为凝析气层，如图 7-2-7 所示。

5. 结论及建议

（1）大北 12 井流体识别图版和裂缝定量评价可以准确进行流体性质评价和储层有效性分析，但是致密储层饱和度计算一直是一个难题，下一步还需深入研究工区储层岩性对饱和度测井评价的影响，展开岩石粒径测井评价方法研究，并以此建立不同粒径条件下饱和度评价模型，进一步提高饱和度评价的精度。

（2）裂缝作为博孜—大北地区产能主控因素，精细化评价显得尤其重要，需要进一步开展油基钻井液井储层有效性评价方法研究，分析钻井液类型对成像测井响应的影响规律，特别是进一步研究油基钻井液井中有效裂缝的识别与定量评价。

（3）全面考虑地质、储层和测井特点，结合试油等资料，对研究区内的测井资料进行综合解释，获得准确的测井储层、油气评价数据和图表，为油田勘探与生产服务。

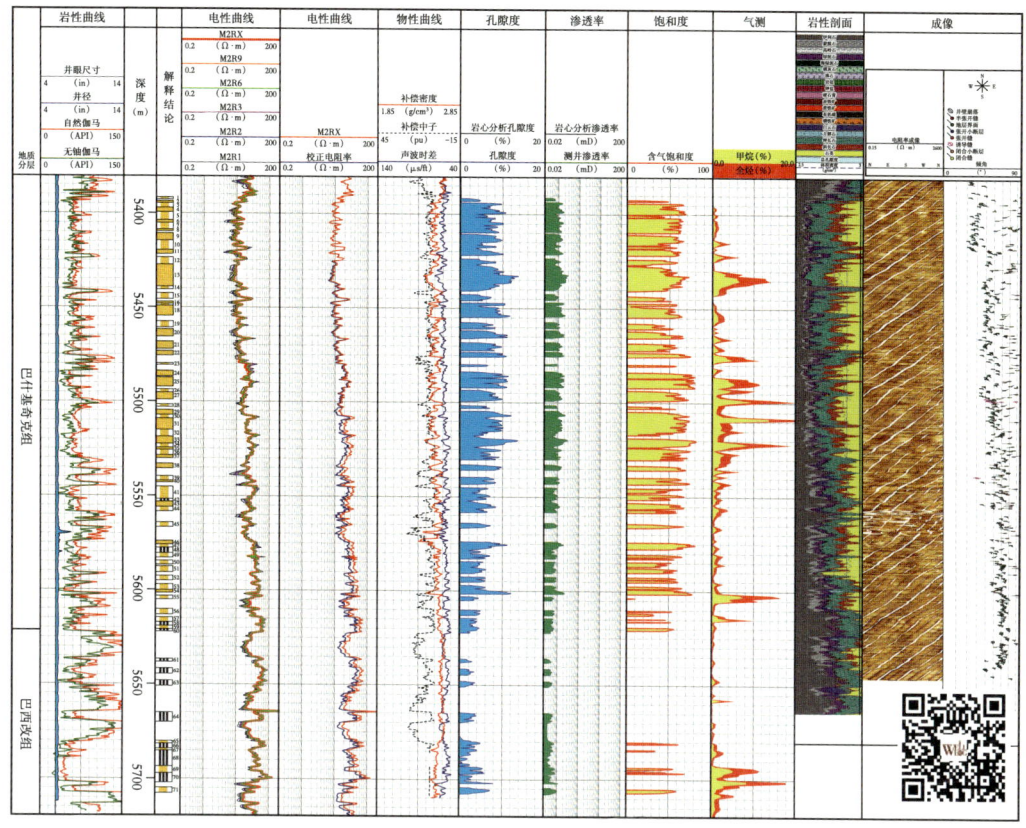

图 7-2-6 大北 12 井综合处理成果图

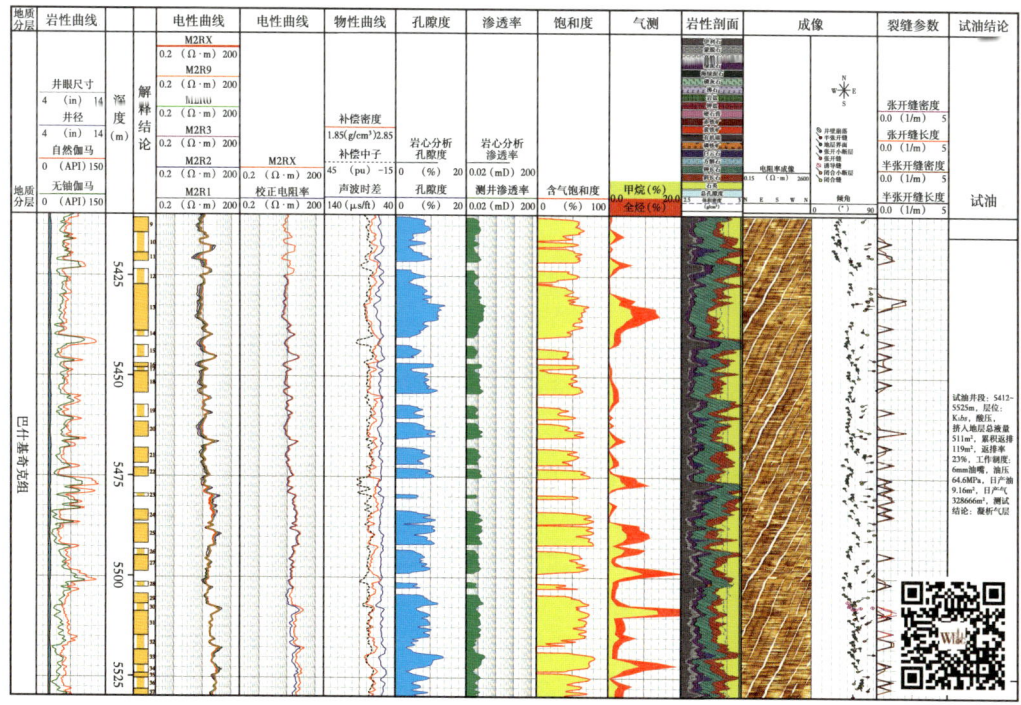

图 7-2-7 大北 12 井试油井段解释图

二、塔北隆起轮探 1 井寒武系盐下碳酸盐岩油层测井评价

1. 地质背景

轮探 1 井是部署在塔北隆起轮南低凸起寒武系盐下台缘丘滩带高部位的一口风险探井，设计井深 9400m，目的层为下寒武统肖尔布拉克组和震旦系奇格布拉克组，钻探目的是探索轮南下寒武统白云岩储盖组合的有效性及含油气性，落实台盆区下寒武统—震旦系烃源岩发育情况，探索轮南地区震旦系奇格布拉克组地层、岩性及含油气性。轮探 1 井钻进至井深 8882m，钻揭震旦系苏盖特组 42m 达到钻探目的，提前完钻。轮探 1 井自上而下钻遇新生界第四系，新近系库车组、康村组、吉迪克组，古近系苏维依组，中生界白垩系，侏罗系，三叠系，古生界石炭系卡拉沙依组，奥陶系鹰山组、蓬莱坝组，寒武系下丘里塔格组、阿瓦塔格组、沙依里克组、吾松格尔组、肖尔布拉克组、玉尔吐斯组，元古宇震旦系奇格布拉克组（未穿），其中石炭系巴楚组缺失。

2. 存在问题

（1）轮探 1 井的含油气层位埋藏更深，钻井井深达到 8882m，井底温度达到 171℃，井底压力达到 152MPa，高温高压环境给测井数据采集带来挑战。

（2）轮探 1 井微电阻率成像测井资料采集了斯伦贝谢公司的 MAXIS-500 系列 FMI-HD，但受到高温高压环境影响，资料质量不佳，给井旁构造及裂缝评价带来挑战。

（3）轮探 1 井目的层岩性复杂，目的层岩性主要有石灰岩、白云岩、少量泥质、石膏质、砂岩及烃源岩，导致储层孔隙度计算不准确，且轮探 1 井为首口钻揭寒武系烃源岩井，生油岩骨架无法确定，给储层有效性及烃源岩评价带来挑战。

3. 测井评价技术

本井采用 5700 测井系列，除常规测井项目外，在目的层增加了微电阻率成像和远探测声波测井资料的采集，部分井段采集了岩性探测（FLEX）测井资料。通过测井资料重复性、一致性以及测前测后刻度检查，资料品质优等，满足解释评价要求。针对轮探 1 井超深碳酸盐岩目的层，开展了井旁构造精细处理解释与评价、多目的层岩性精准判识与评价、井筒到井旁裂缝探测与评价、次生孔洞缝非均质储层有效性评价以及流体类型判识方法研究。

1）微电阻率成像测井资料处理与评价

如图 7-2-8 所示，利用微电阻率成像资料对本井井旁构造进行精细处理解释，认为轮探 1 井地层倾角在 8005m 及 8399m 处有明显变化，显示 8005~8399m 发育一套断层，断点结合电阻率曲线判断为 8260m 附近，断点上下地层倾向相反。断层上盘 7483~8005m 井段地层倾向为南东向 155°，地层倾角在 6°左右；8005~8260m 断层上牵引段地层倾向为南东向 140°，地层倾角由 5°逐渐增大到 15°；8260~8399m 断层下牵引段地层倾向为北东向 40°，地层倾角由 25°逐渐变化到 5°；8399~8610m 断层下盘地层倾向为北东向 45°，地层倾角在 6°左右。通过对比本井油气显示与断层位置关系发现，沙依里克组油气显示与断层对应性较好。

利用电成像资料对本井的裂缝进行产状解释及统计（图 7-2-9），并对椭圆井眼地应力方位进行了解释（图 7-2-10）。可见，本井天然裂缝走向与现今地层最大主应力方向基本一致。

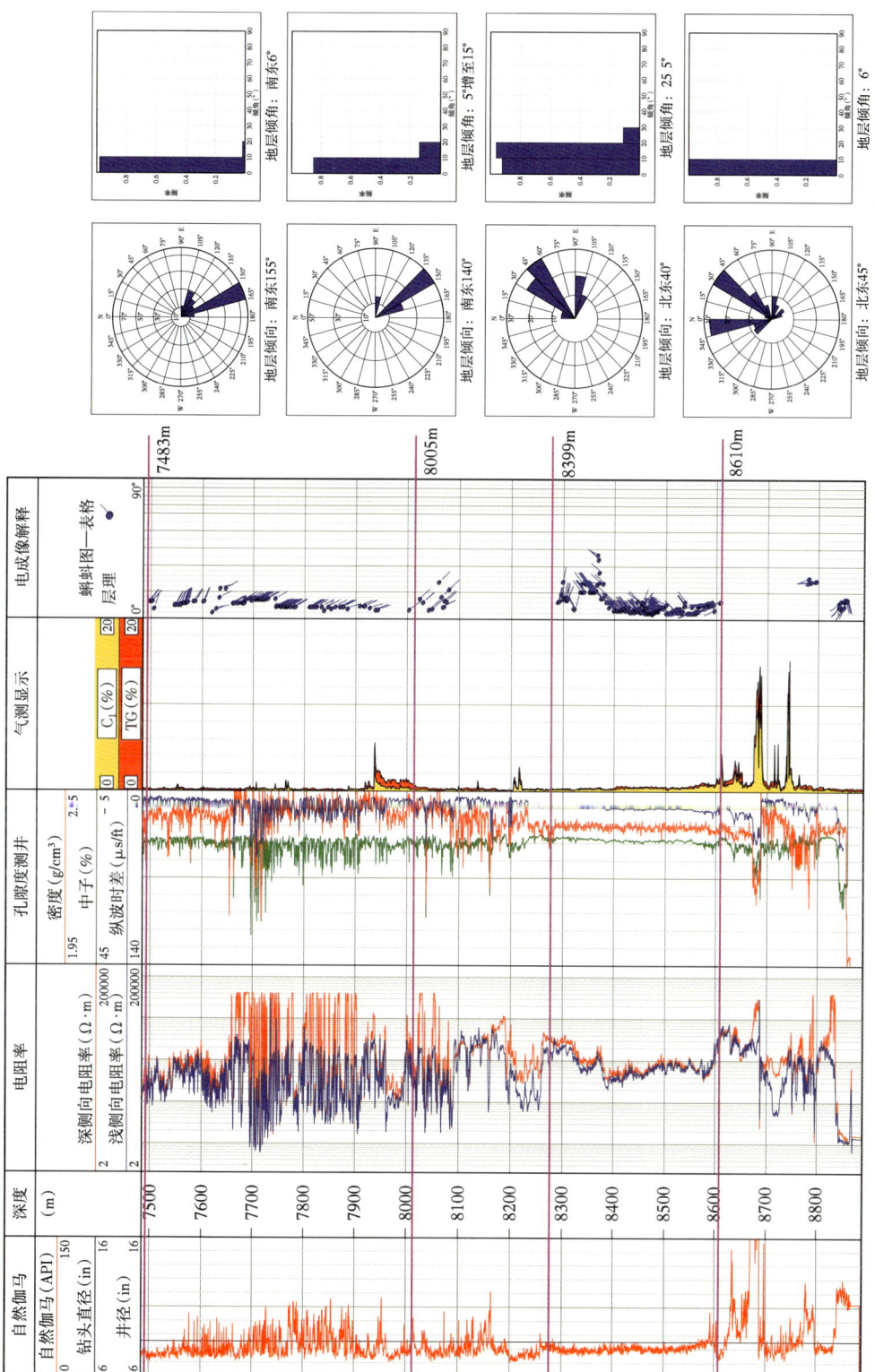

图 7-2-8 轮探1井FMI-HD测井资料构造解释

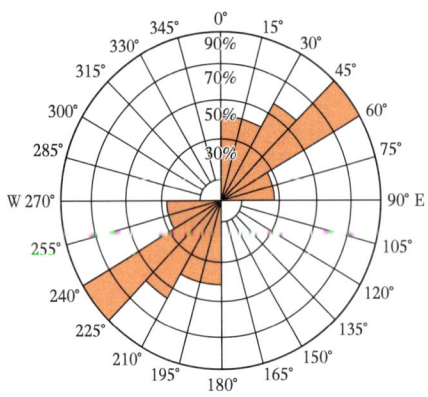

图 7-2-9　轮探 1 井 FMI-HD 测井资料
裂缝解释成果统计

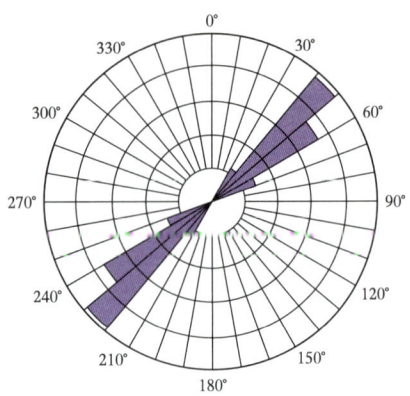

图 7-2-10　轮探 1 井 FMI-HD 测井资料
椭圆井眼地应力方位频率图

2）深横波成像测井资料处理与评价

对 XMAC-F1 资料进行了各向异性处理（图 7-2-11）。横波在各向异性地层中会发生分裂现象，即当一束横波信号入射各向异性地层，且声波的质点振动方向与地层刚性最强方向一致时，声波传播最快。其中传播速度较快的横波称快横波，它指示了最大主应力的方位。

从轮探 1 井 XMAC-F1 各向异性处理成果来看，寒武系下丘里塔格组、吾松格尔组及震旦系奇格布拉克组各向异性整体较强，这 3 段地层扩径严重，可能由应力强所导致；相应地，XMAC-F1 偶极波形也可能受扩径严重影响。

综合 FMI、XMAC-F1 测井资料，可以分析现今最大主应力方位。该数据可以为后期酸压试油改造提供重要参考。主要通过 3 个方面分析现今最大主应力方位：第一，受现今地应力影响，会发生井眼变形，此时，椭圆井眼的短轴方向即指示了现今最大主应力方位；第二，由于地层钻开应力释放，会在井壁附件形成诱导缝，此时，诱导缝走向与最大主应力方位一致；第三，由于最大主应力影响造成井壁各向异性，横波在井壁附近传播发生横波分裂现象，此时，快横波方位和最大主应力一致。

利用以上 3 种方法，对轮探 1 井现今最大主应力方位进行了分析并进行了统计（图 7-2-12）。由图可见，3 种方法统计的地应力具有较好的一致性，现今最大主应力方位为北东—南西向。

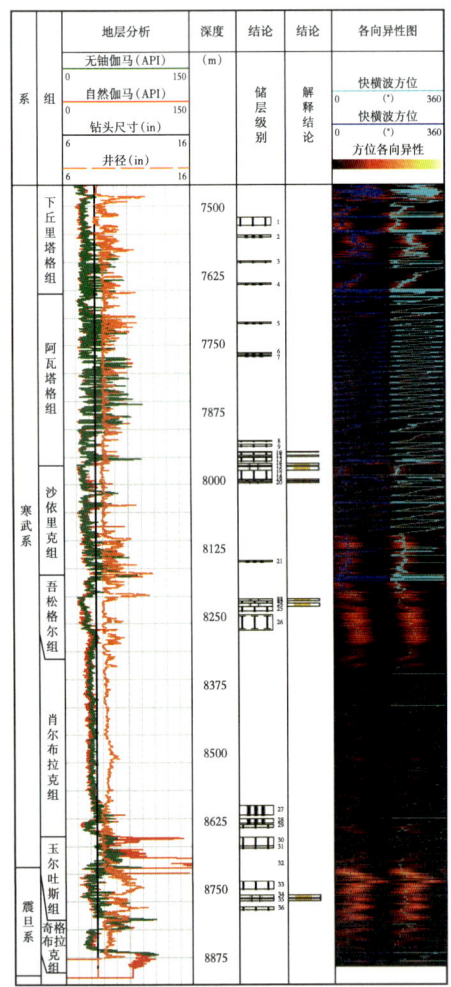

图 7-2-11　轮探 1 井深横波成像测井资料
各向异性处理成果图

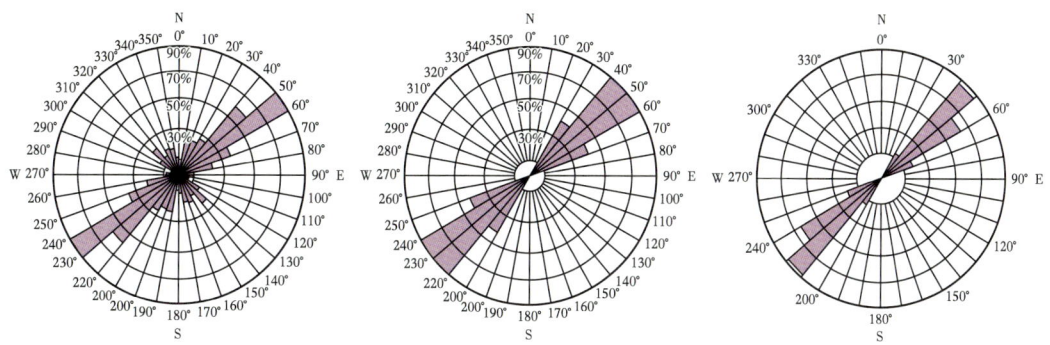

图 7-2-12 轮探 1 井现今地应力分析成果图

结合深横波成像测井处理结果及常规测井资料,处理得到井旁反射体共 2 条。反射体产状信息见表 7-2-1。

表 7-2-1 反射体产状信息

反射界面编号	与井相交深度	发育井段（m）	走向	倾向	与井相对位置	倾角（°）	与井轴上/下距离（m）
1	/	8398~8408	北东 20°	北西 70° 或南东 70°	北西 70° 或南东 70°	70	23.4/19.6
2	/	8647~8671	北东 20°	北西 70° 或南东 70°	北西 70° 或南东 70°	72	20.6/25

1 号反射体成像结果如图 7-2-13 所示,在该井段无明显的扩径缩径现象,深横波成像测井原始采集信号信噪比高,质量好,成像结果中反射体特征清晰,表明该反射体可靠性较高。

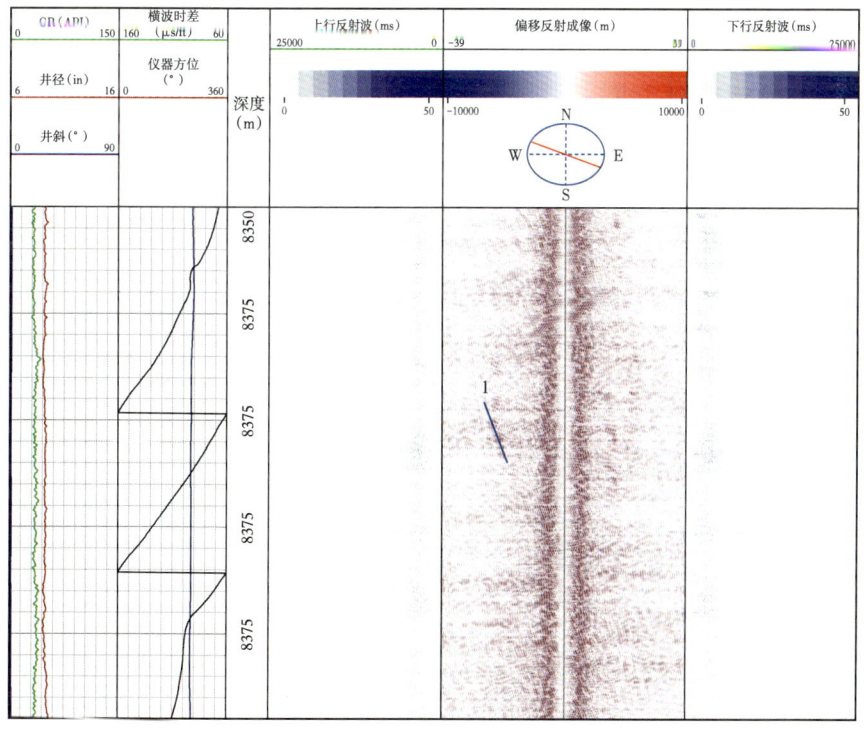

图 7-2-13 轮探 1 井深横波成像解释井旁反射体 1

2号反射体成像结果如图7-2-14所示,深横波成像测井原始采集信号信噪比高,质量好,成像结果中反射体特征清晰,但是在该井段存在扩径现象,岩性也有明显变化,表明该反射体可靠性一般。

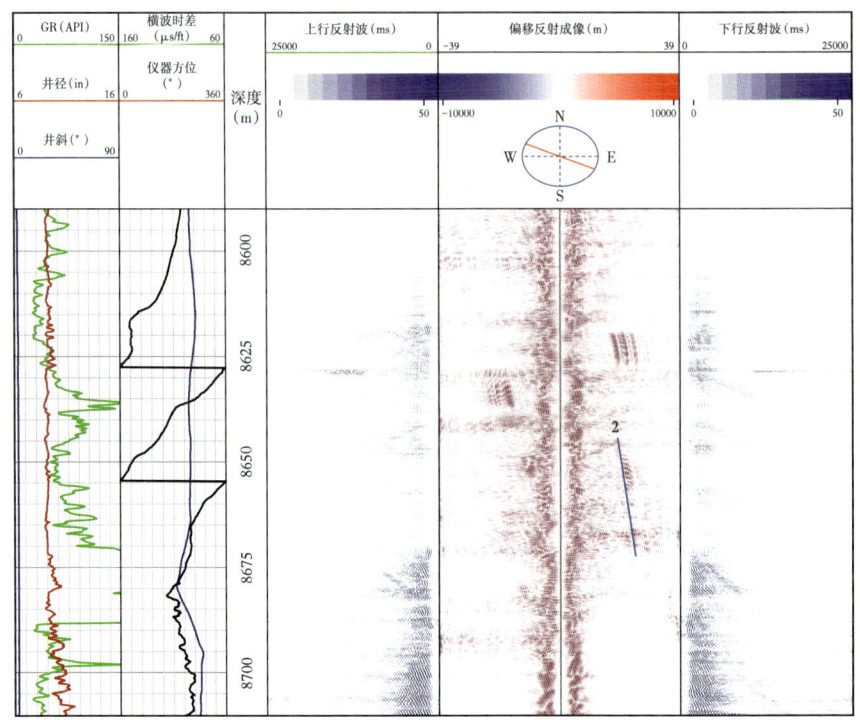

图 7-2-14　轮探 1 井深横波成像解释井旁反射体 2

3)岩性扫描测井资料处理与评价

本井采集了岩性扫描测井资料(FLEX)。该资料经过处理,能准确计算出地层各种矿物的含量,为岩性的精细评价提供技术支持。将贝克休斯公司岩性扫描测井资料的处理成果与常规测井资料计算的岩性剖面进行了对比(图7-2-15)。对比结果表明,根据

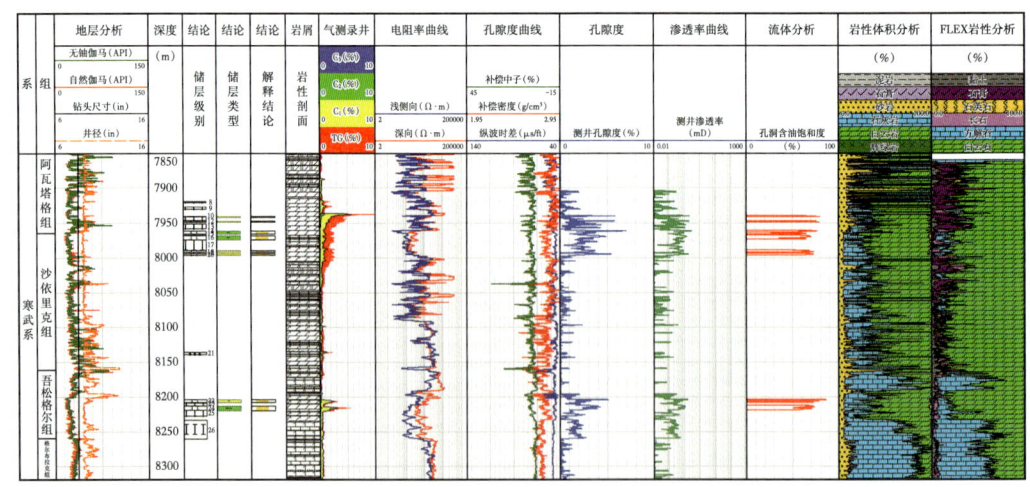

图 7-2-15　轮探 1 井 FLEX 处理成果图

常规测井资料处理岩性剖面与岩性扫描测井岩性剖面大致相同。FLEX 元素测井各颜色代表矿物如图 7-2-16 所示。

在 7870~8100m 井段（图 7-2-17），录井岩屑为灰色石膏质白云岩及灰色含泥含灰白云岩；从常规测井响应来看，在电阻率高值处，均对应密度高值，部分井段高于 2.9g/cm³，其中 7870~7970m 井段石膏含量最高，约占总体积 50%。

4. 应用效果

本井的常规测井资料综合处理成果图如图 7-2-18 所示。本井从上至下可以按照地层将储层分层三大段：分别为寒武系中统沙依里克组 7939.5~7996.0m，共解释 Ⅱ 类孔洞型差油层 8.5m/4 层、Ⅱ 类裂缝孔洞型差油层 10.5m/2 层，孔隙度为 3.0%~5.0%；寒武系下统吾松格尔组 8203.5~8260.0m，共解释 Ⅱ 类孔洞型差油层 4.5m/1 层、Ⅱ 类裂缝—孔洞型差油层 6.5m/1 层，孔隙度为 3.1%~3.5%；震旦系奇格布拉克组 8712.0~8764.0m，共解释 Ⅱ 类孔洞型差气层 19.5m/2 层，孔隙度为 3.8%~4.1%。

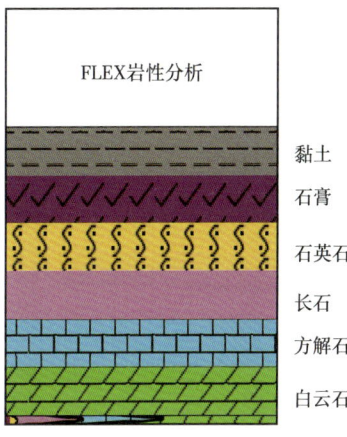

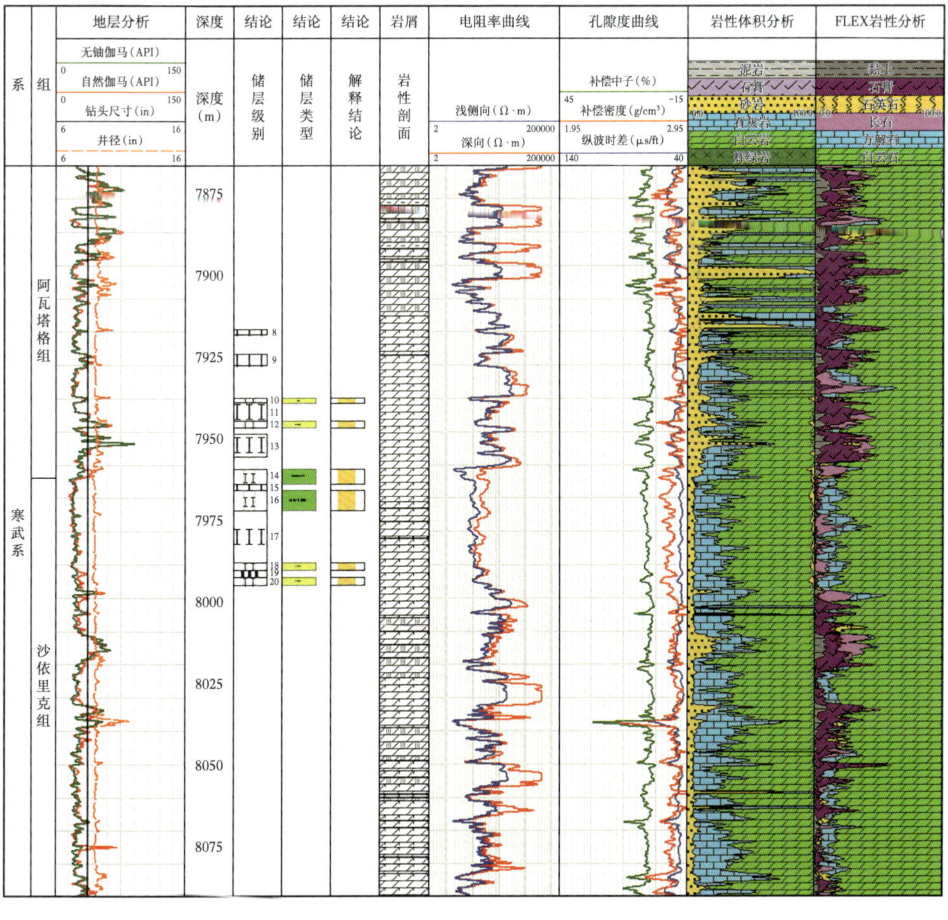

图 7-2-16　FLEX 元素测井资料处理剖面矿物图

图 7-2-17　轮探 1 井 FLEX 元素测井资料处理成果图（7870~8100m）

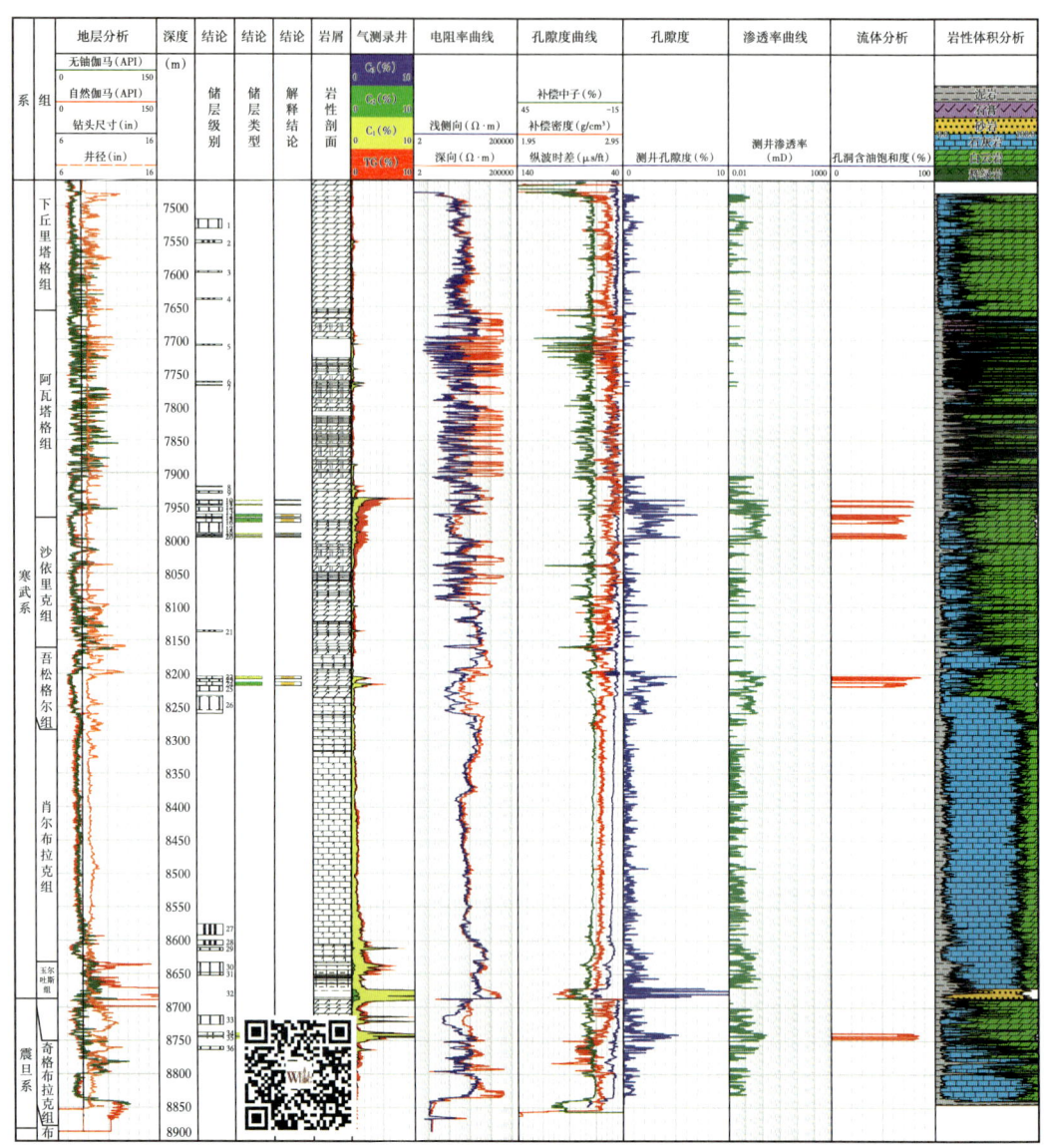

图 7-2-18 轮探 1 井常规测井资料综合处理成果图

轮探 1 井完井后对井段 8737~8750m 进行试油，气举敞放，举深 3000m，泵压为 6MPa，注气量为 28800m³/d，油压为 0，见气，测试结论为干层（含气）；对井段 7940~8260m 进行试油，10mm 油嘴求产，油压为 11.714MPa，日产油 134m³，日产气 45917m³，6mm 油嘴求产，油压为 13.801MPa，折日产油 90.7m³，折日产气 21498m³，测试结论油层。

5. 结论及建议

轮探 1 井钻探与测井评价表明，塔北隆起超深层寒武系到震旦系中生、储、盖层均较发育，具备良好的油气成藏条件。测井解释与完井试油证实，本井震旦系奇格布拉克组含气，寒武系下统玉尔吐斯组是优质烃源岩，寒武系沙依里克组与吾松格尔组是良好的储层并富集油气，展示了良好的勘探前景。8000m 级寒武系、震旦系碳酸盐岩超深层测井采集与油气评价技术基本成熟,为万米深井油气勘探储备了测井技术手段。建议进一步加强 8000m 以深复杂岩性岩石物理实验研究、非均质储层物理模拟与测井油气评价研究,完善耐高温高压高端成像测井采集装备研制与现场应用。

三、顺托果勒低隆顺北 7CX 井奥陶系储层测井评价

1. 地质背景

顺北油田位于塔克拉玛干沙漠北缘的戈壁荒漠地区,顺北 7 井位于顺托果勒低隆北缘,区块内奥陶系发育齐全,自下而上发育有下统蓬莱坝组、中—下统鹰山组、中统一间房组与上统恰尔巴克组、良里塔格组、桑塔木组。直井以奥陶系一间房组储集体为目的层,兼顾鹰山组,部署目的为探索北西向走滑断裂带储层发育特征与含油气性。设计井深 7838m,实钻完钻井深 7900m。

直井奥陶系钻井过程中未发生放空漏失,取心显示孔、缝均不发育。分析认为,顺北 7 井直井位于 7 号断裂带西侧,在地震时间剖面上位于 T_7^4 地震反射波(奥陶系中统一间房组顶面)以下"串珠"状振幅异常反射的边缘,未钻遇规模储集体。经研究决定对顺北 7 井进行侧钻。顺北 7CX 井完钻井深 8121.00m(斜深)/7863.66m(垂深),完钻层位奥陶系中—下统鹰山组($O_{1-2}y$)。该侧钻井以 O_2yj 为目的层,兼顾 $O_{1-2}y$,探索北西向走滑断裂带储层发育特征与含油气性。

顺北 7CX 井在钻进至斜深 7791.69m(斜深)/7786.22m(垂深)和 7979.70m(斜深)/7850.85m(垂深)处发生井漏,层位为奥陶系中—下统鹰山组($O_{1-2}y$),分析因钻遇裂缝发育带引起。

2. 存在问题

顺北 7CX 井为顺北油气田 7 号北西向主干断裂带的第二口井,前期断裂带储层测井资料和成像测井资料较少,断裂型储层储集空间类型不清楚,是否有洞穴型储层不清楚,是否有充填不清楚,需要常规测井曲线和成像测井资料结合,对其进行研究。本井储层岩性主要为泥晶灰岩、含砂屑泥晶灰岩,断裂型储层非均质性较强,局部层段裂缝及洞穴储层发育。

3. 测井评价技术

顺北 7CX 井采用了 EXCELL-2000I 常规测井系列、斯伦贝谢声电成像测井。利用成像测井资料对其构造及地应力、裂缝及洞穴结构特征进行分析;偶极子声波测井资料用于储层有效性评价及岩石力学分析,指导后期酸压作业。

1)地层岩性特征

顺北 7CX 井恰尔巴克组上部为棕褐色灰质泥岩,下部为黄灰色泥质灰岩,以层状特征为主。一间房组岩性为黄灰色泥晶灰岩、(含)砂屑泥晶灰岩,顶部受不整合影响,电阻率较低,其余层段相对致密。鹰山组岩性为黄灰色泥晶灰岩、含砂屑泥晶灰岩,局部层段裂缝及溶洞穴较发育(图 7-2-19)。

2)储层测井响应特征

对于块状灰岩油藏,由于储集空间的非均质性,油气仅储存于有效的储集体内,因此划分有效储层和非有效储层是储量研究和计算的首要问题。由于储集空间类型的多样性,孔洞缝的发育情况及在空间组合关系上的不同,构成了不同的储层类型,依此可将

顺北区块碳酸盐岩储层划分为裂缝型、洞穴型、孔洞型 3 种类型。各类储层的测井响应特征见表 7-2-2。

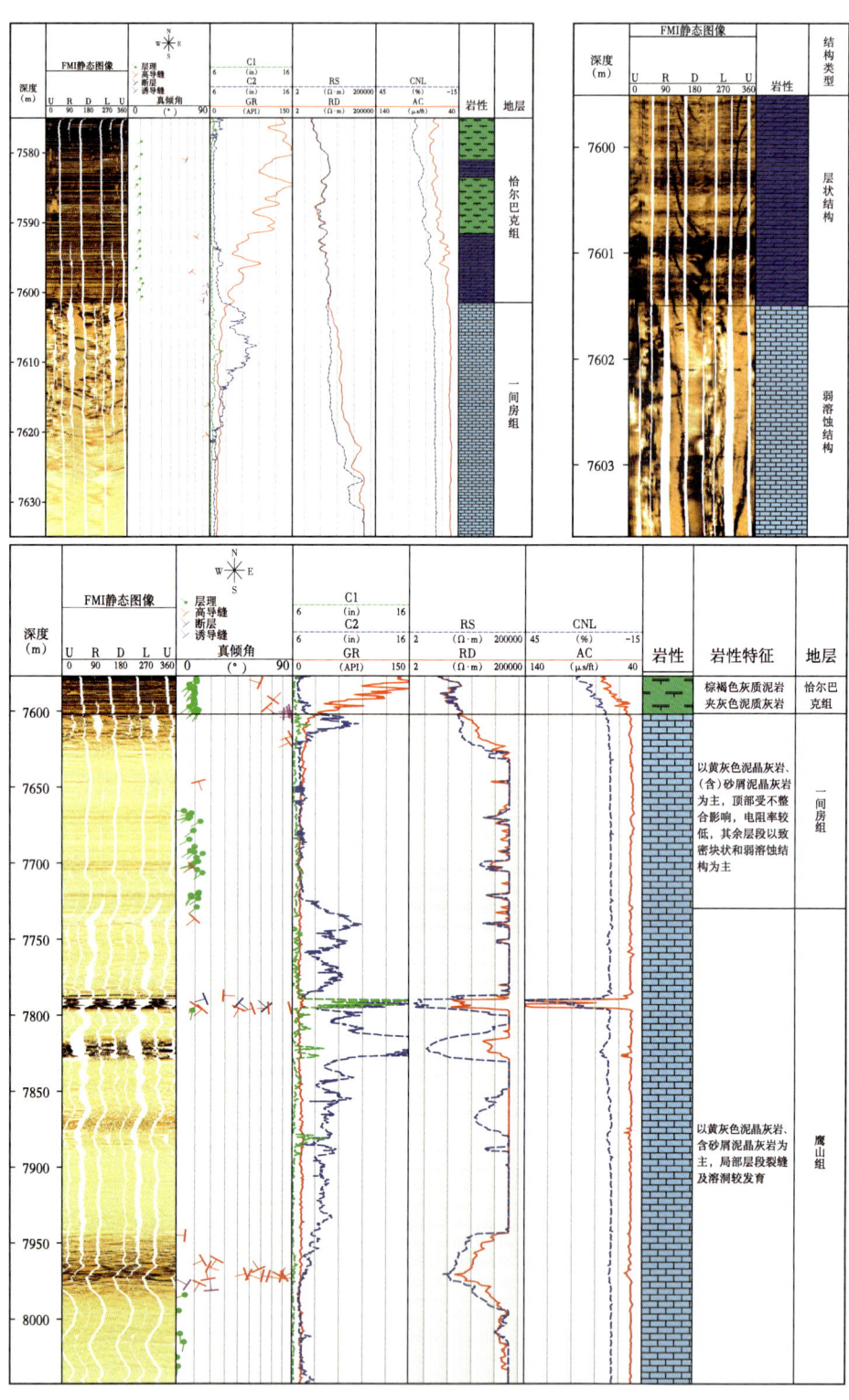

图 7-2-19　顺北 7CX 井地层及岩性特征

表 7-2-2 顺北井区奥陶系油藏储层测井响应特征

储层类型	精细划分	自然伽马	井径	电阻率	三孔隙度	成像特征	放空漏失情况
裂缝型	裂缝带	自然伽马和去铀伽马基本不变,为低值	不扩径或扩径不明显	双侧向测井值明显降低,呈大的"正差异";随着井斜角的增大,异常幅度减小,直至双侧向测井值变为"负差异"	密度、声波时差、中子孔隙度曲线基本不变;裂缝密集发育处或裂缝宽度较大时密度、中子、声波曲线均有响应,且变化趋势一致	在成像图上表现为黑色"正弦线"或"余弦线"的响应;随着井斜角的增大,黑色"正弦线"或"余弦线"的幅度变小,"正弦线"或"余弦线"变得平直	部分裂缝储层段钻井过程中发生放空漏失
裂缝型	分散裂缝	自然伽马和去铀伽马基本不变,为低值	不扩径	电阻率较基岩明显降低,呈"尖峰状"	密度、声波时差、中子孔隙度曲线基本不变;裂缝密集发育处或裂缝宽度较大时密度、中子、声波曲线均有响应,且变化趋势一致	开度较小或单条发育	一般不发生放空漏失
洞穴型	未充填	自然伽马和去铀伽马基本不变,为低值	扩径明显	双侧向测井值明显降低,呈大的"正差异";洞穴上下电阻率曲线有幅度低于洞穴处的负尖峰响应(洞穴型储层伴生裂缝)	密度测井值在洞穴处明显降低,声波时差和中子孔隙度增大	在成像上表现为暗色高导特征;洞穴上下可见暗色正弦线(高倾角裂缝),正弦线的幅度随井斜角的增大而减小(裂缝的视倾角变小)	钻井过程中多发生放空、漏失现象,且漏速高,漏失量大
洞穴型	角砾充填	自然伽马和去铀伽马基本不变或略增大	扩径明显	双侧向测井值明显降低,呈大的"正差异";洞穴上下电阻率曲线有幅度低于洞穴处的负尖峰响应(伴生裂缝)	密度测井值在洞穴处明显降低,声波时差和中子孔隙度增大	在成像上表现为暗色高导特征;原地角砾半充填的洞穴上可见亮色交叉切割的角砾,洞穴上下可见暗色正弦线,正弦线的幅度随井斜角的增大而减小	钻井过程中多发生放空漏失现象,但放空频率低于未充填洞穴
孔洞型		自然伽马和 QH 较低,曲线平直	井径曲线平直	双侧向电阻率降低,且基本没有幅度差	声波时差略有增大,密度测井值略有降低,中子孔隙度略有增大	在成像图上可见明显的暗黑色斑点或斑块	一般不发生放空漏失

结合该井常规测井和成像测井分析,顺北 7CX 井钻遇的储层类型主要为裂缝型和洞穴型,故对裂缝型及洞穴型储层测井响应特征进行了精细描述。

(1)裂缝型储层测井响应特征。

裂缝是碳酸盐岩储层中最发育、油气显示十分活跃的储渗空间之一。裂缝可作为储集空间,但更为重要的是作为连通渠道。相比孔洞型储层,这类储层渗流条件更好。这种储集空间类型的测井响应特征如下：自然伽马曲线值较低，变化平缓；井径曲线上一般没有显示，比较规则；三孔隙度曲线一般没有明显的变化，声波只对低角度缝和平缝有所反应，对高角度裂缝声波曲线基本无响应，当裂缝密集发育处或裂缝宽度较大时密度、中子、声波曲线均有响应，且变化趋势一致；双侧向电阻率测井值明显降低，且表现为深浅侧向测井值出现"差异"。在电成像 FMI 测井资料上，裂缝表示为高阻亮背景下黑色的正弦线（斜交缝）或对称出现的黑色直线（直劈缝）。在岩心上也可以直接观察到裂缝特征的存在。

从裂缝定量计算结果来看，本井测量段裂缝发育程度相对较差，主要分布在层段7580~7622m、7786~7797m、7943~7978m（图 7-2-20）。其中 7580~7622m 位于不整合面附近，裂缝相对较发育，走向以北西—南东和北东—南西向为主，以中高角度裂缝为主（图 7-2-21）；7786~7797m 和 7943~7978m 均位于鹰山组内部，为洞穴伴生裂缝，走向以北西—南东和近南北向为主，裂缝倾角变化较大（图 7-2-22、图 7-2-23）。

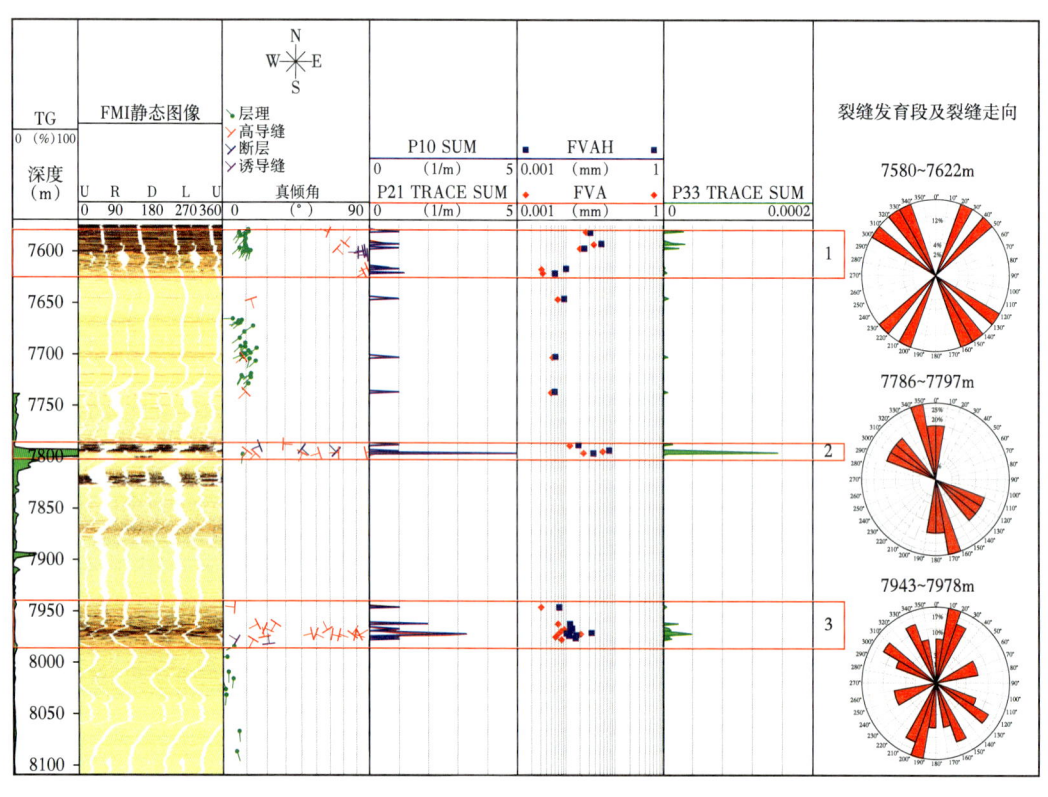

图 7-2-20 顺北 7CX 井裂缝发育段

本井奥陶系目的层现场录井过程中也发生了多次相关的工程异常；综合分析，本井裂缝及洞穴发育段与井漏段有很好的对应关系。第一次井漏：钻进至斜深 7791.69m/垂深 7786.31m，水平位移 57.54m，井口失返，通过降密度（1.37g/cm³ 降至 1.25g/cm³）恢复正常钻进，共计漏失密度 1.25~1.37g/cm³ 钻井液 90.65m³，该段 FMI 图像上见溶洞及裂缝发育。第二次井漏：钻进至 7979.70m/垂深 7850.58m，水平位移 222.15m，发生井漏，循环钻井液，漏速由 11.91m³/h 降至 1.16m³/h，共计漏失 1.27g/cm³ 钻井液 57.87m³，该段 FMI 图像上裂缝较发育。

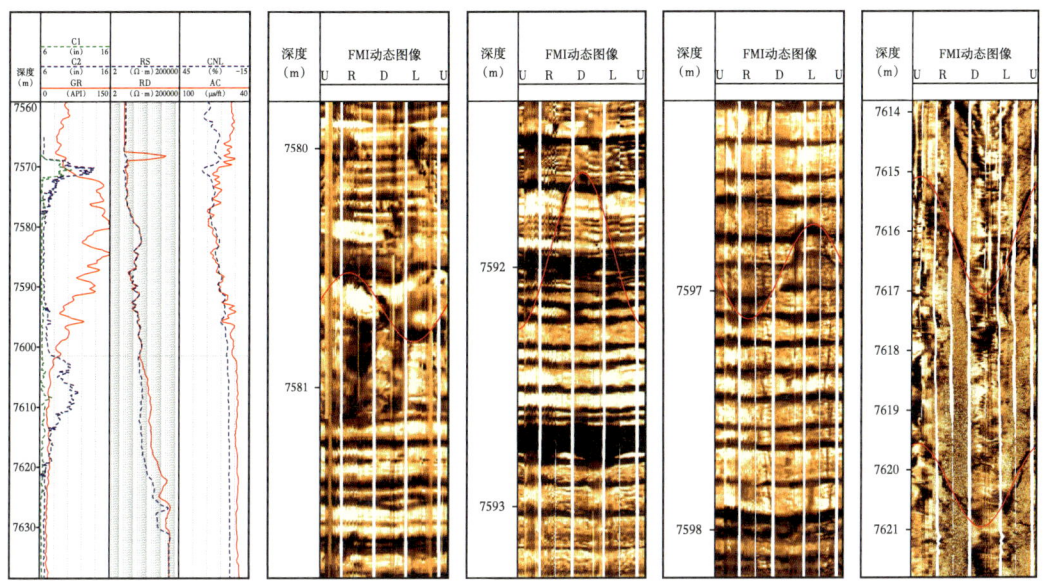

图 7-2-21 顺北 7CX 井 7580~7622m 常规测井曲线及电成像测井裂缝特征

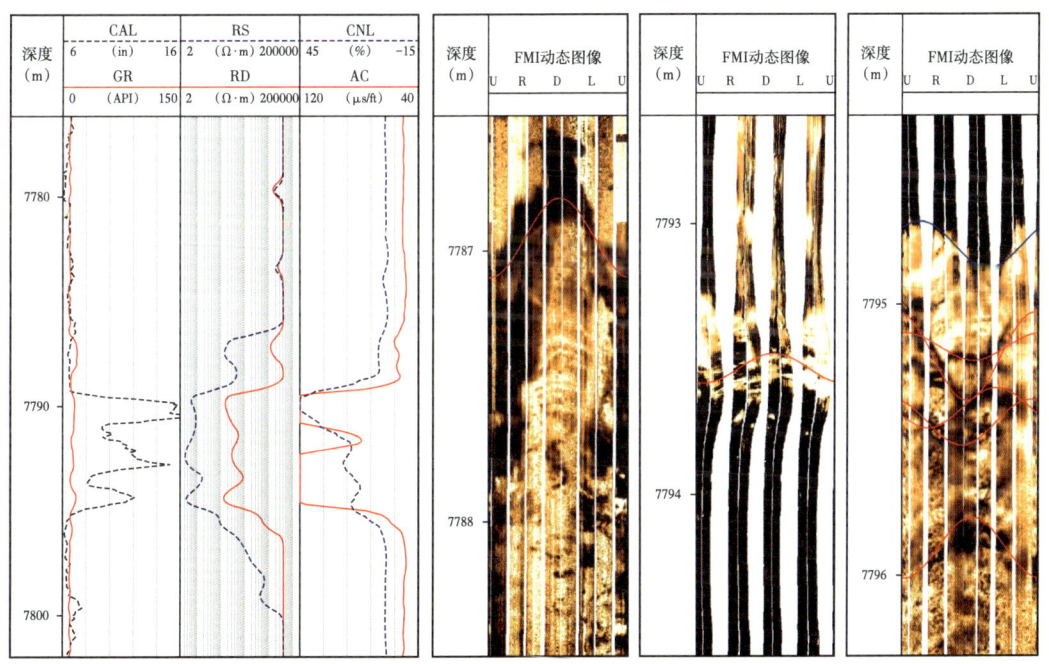

图 7-2-22 顺北 7CX 井 7786~7797m 常规测井曲线及电成像测井裂缝特征

（2）洞穴型储层测井响应特征。

这种储集空间类型的测井响应特征如下：自然伽马曲线值较低，变化平缓；井眼扩径明显，双侧向测井值明显降低，呈大的"正差异"；洞穴上下电阻率曲线有幅度低于洞穴处的负尖峰响应（洞穴型储层伴生裂缝）；密度测井值在洞穴处明显降低，声波时差和中子孔隙度增大；在成像上表现为暗色高导特征；洞穴上下可见暗色正弦线（高倾角裂缝），正弦线的幅度随井斜角的增大而减小，当有角砾充填时，成像图上可见亮色交叉切割的角砾。钻井过程中多发生放空漏失现象，且漏速高，漏失量大。

本井 7787~7796m 储层发育段，以洞穴和裂缝为主，其中 7789.5~7794.9m 为洞穴。从洞穴产状上看，溶洞顶界为近西倾，底界为北西倾，按趋势在井眼附近相交，本井位于洞穴系统边缘。

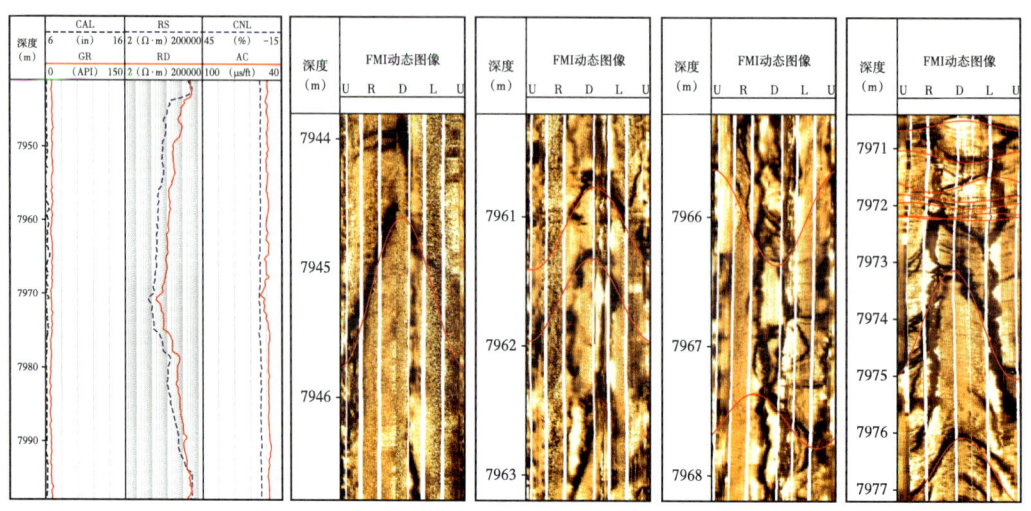

图 7-2-23　顺北 7CX 井 7943~7978m 常规测井曲线及电成像测井裂缝特征

洞穴中上部角砾半充填带，下部为未充填带。洞穴顶底有过渡带，裂缝型储层发育（图 7-2-24）。顺北 7CX 井随钻测井资料、成像测井资料显示断层附近发育核—带结构和缝网结构，夹持基岩，裂缝开启度低（图 7-2-25）。成像测井显示，顺北 7CX 钻遇典型核带结构（图 7-2-26）。

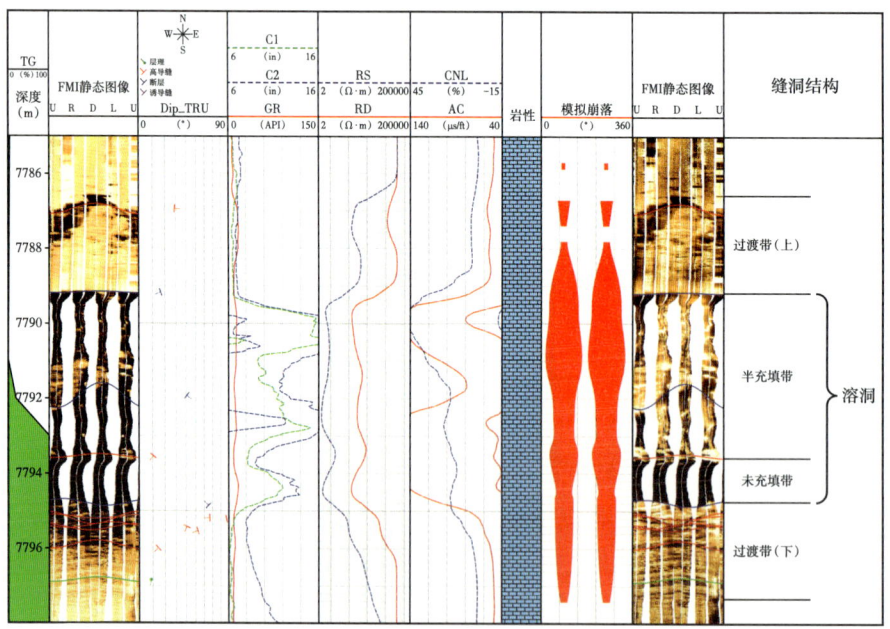

图 7-2-24　顺北 7CX 井 7787~7796m 常规测井曲线及电成像测井洞穴特征

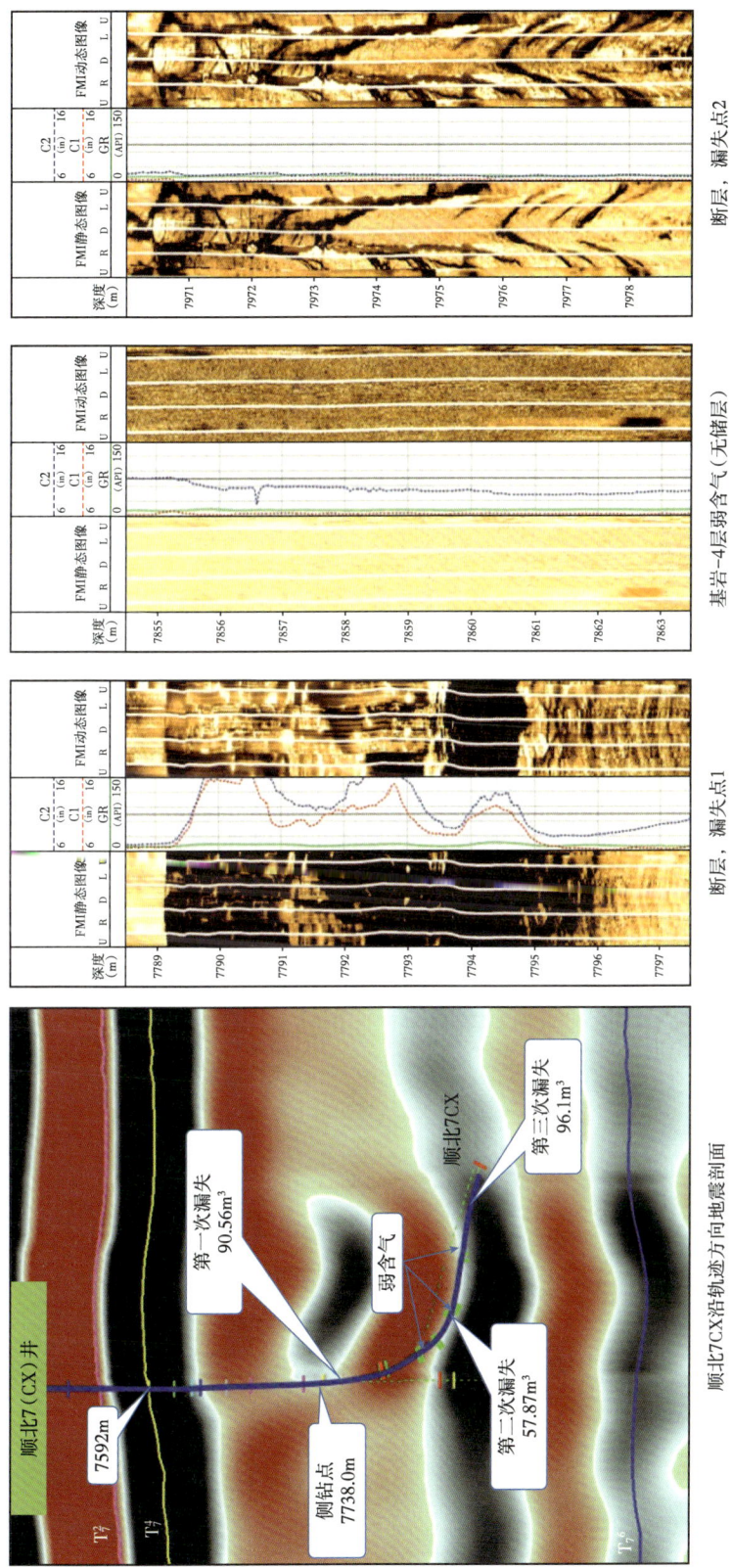

图 7-2-25　顺北7CX井随钻与成像显示储层发育情况

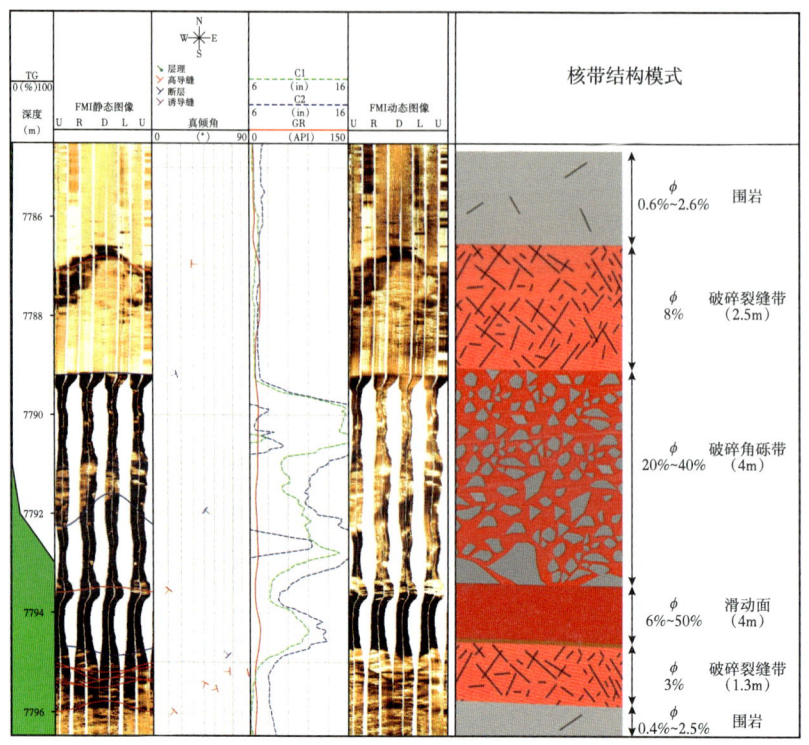

图 7-2-26　顺北 7CX 井 7787~7796m 成像测井与核—带结构模式

3）储层段岩石力学参数分析

偶极子声波测井资料显示，顺北 7CX 井整体地层倾角以南西向为主，地层倾角稳定，角度较低，主频为 10°，表现为单斜构造的特点（图 7-2-27）。

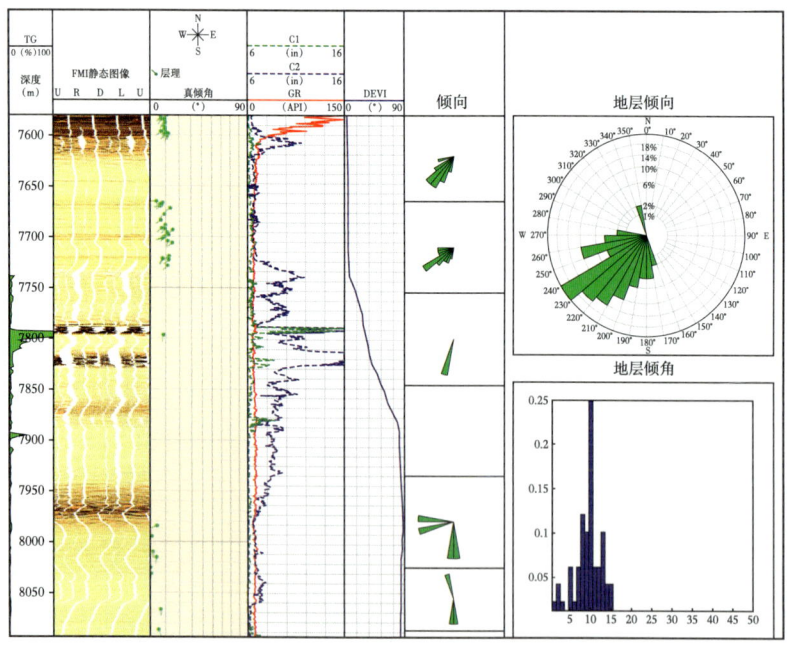

图 7-2-27　顺北 7CX 井井旁构造特征

综合分析认为，顺北 7CX 井井旁最大水平主应力方位为近南北向，和直井段基本一致（图 7-2-28）。

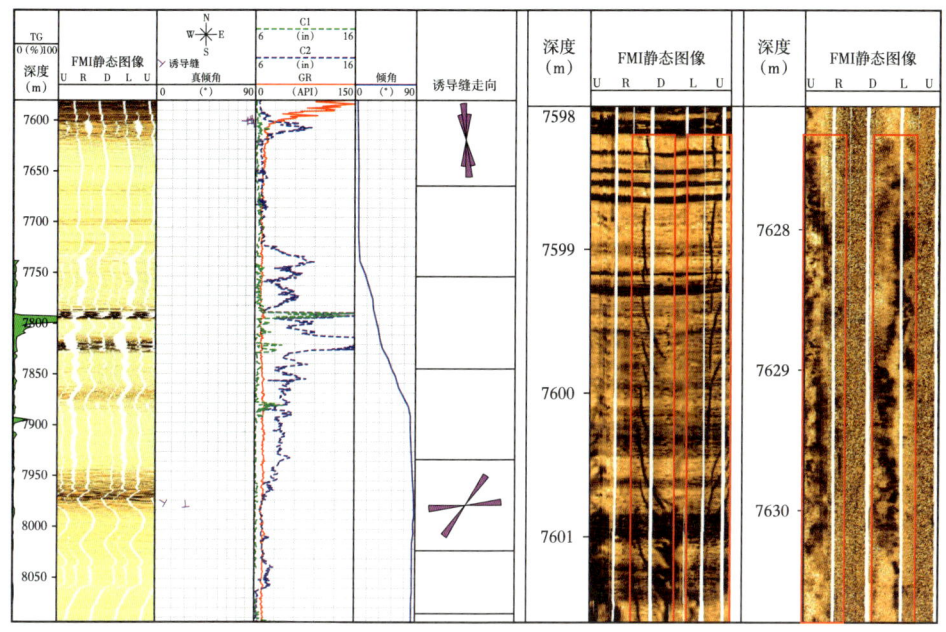

图 7-2-28　顺北 7CX 井井旁地应力特征

顺北 7CX 井全井段段泊松比 0.22~0.38，杨氏模量 20~80GPa，抗压强度为 70~230MPa（图 7-2-29）。岩石力学模型为水力压裂提供关键信息，储层段杨氏模量为 34~61GPa，泊松比为 0.31~0.36，最小水平主应力为 148~169MPa（图 7-2-30）。

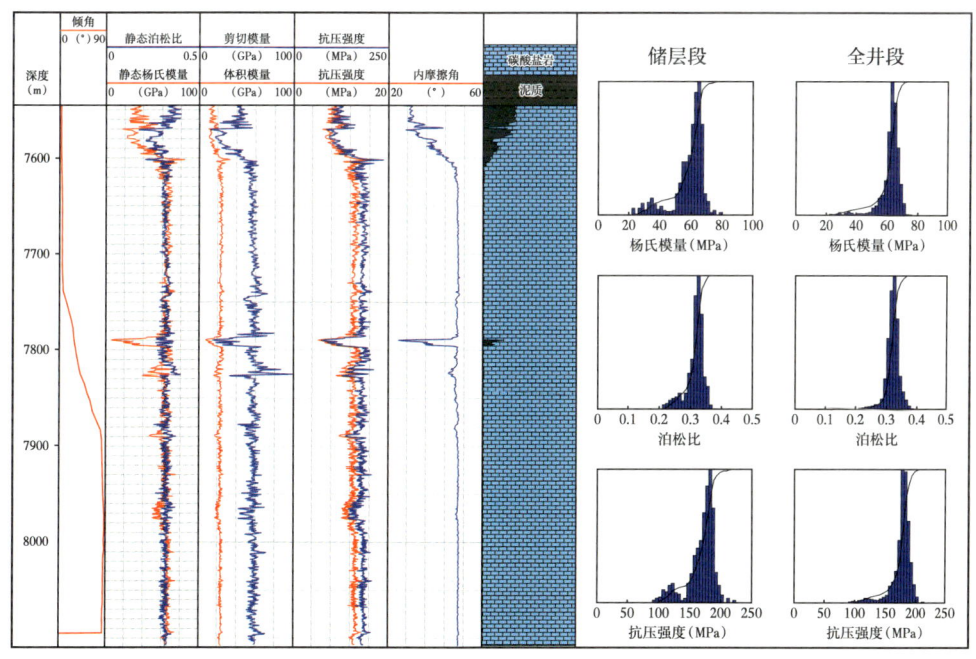

图 7-2-29　顺北 7CX 井岩石力学参数分析

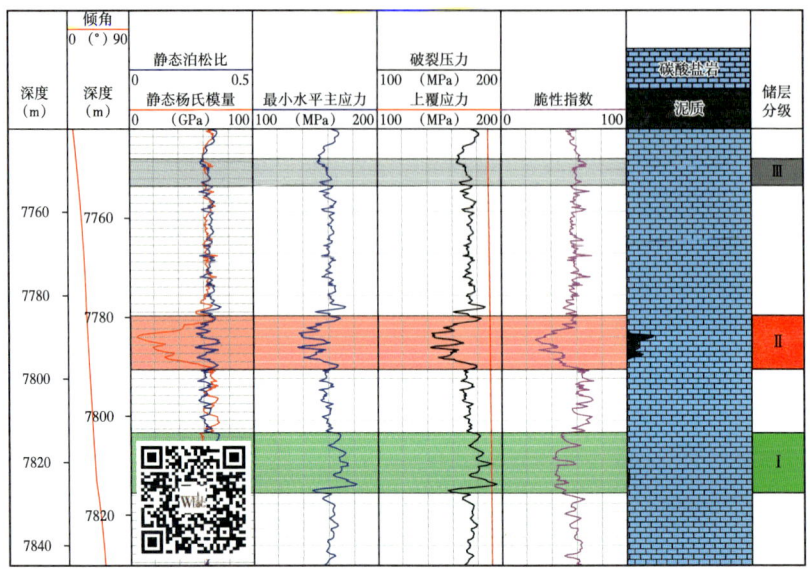

图 7-2-30 顺北 7CX 井储层段岩石力学参数

在储层段,选择水平主应力较低的井段射孔,将有利于裂缝的起裂和压裂缝高度的控制;天然裂缝及井壁诱导缝会影响压裂作业的破裂压力,同时天然裂缝还会影响压裂缝的延展方向及规模,压裂作业应予考虑;建议应用岩石力学分析结果、地层评价结果及成像裂缝解释结果进行详细的水力压裂设计,优化压裂级及每级内的射孔簇,提高压裂作业的有效性。

4. 应用效果

顺北 7CX 井先后进行常规完井试油与酸压试油,进行 2 次压力恢复试井作业。钻完井期间共计漏失 421.93m^3,酸压注入 1365.9m^3,累积产液 2331.58m^3,累积产油 1526.47m^3,证实了储层的有效性。压后获 270m^3/d 高产,3 月 13 日关井前仍保持 142 m^3/d 油产量,改造前后的采液指数分别为 0.85m^3/(d·MPa)和 6.9m^3/(d·MPa),采液能力提升了 50 倍,改造前后储层渗透率为 3mD 和 550mD,改造前后表皮系数分别为 15 和 -2,流动通道明显改善(图 7-2-31)。

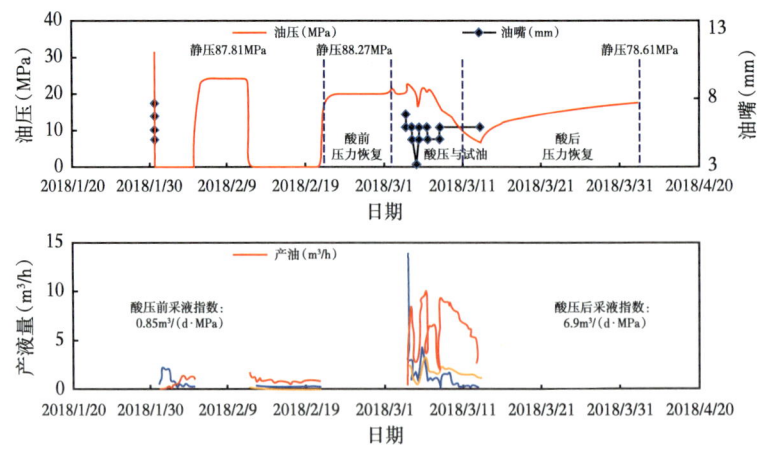

图 7-2-31 顺北 7CX 井生产曲线

5. 结论及建议

顺北 7CX 井是顺北油气田 7 号断裂带上的第二口井，成像测井可以清晰识别储集空间类型和断裂带的核带结构，结合常规测井及偶极子声波测井资料，对岩性、裂缝发育层段，地应力等进行了分析，深化了目前对顺北断裂带储层的认识。

第三节　区块案例

一、库车坳陷克深 8 裂缝性低孔砂岩气藏测井评价

1. 地质背景

克深 8 气藏位于库车坳陷克拉苏构造带克深区带的克深段克深 8 号构造上。库车坳陷位于塔里木盆地北部，北与南天山断裂褶皱带以逆冲断层相接，南为塔北隆起，东起阳霞凹陷，西至乌什凹陷，是一个以中—新生代沉积为主的叠加型前陆盆地。坳陷自北向南划分为"两带一凹"，即克拉苏冲断带、拜城凹陷、秋里塔格冲断带。克拉苏冲断带南北向以克拉苏断裂为界可进一步划分为克拉区带和克深区带。克深 8 号构造位于克深区带克深段，南北分别受克深 2 断裂和克深 8 断裂控制。钻探证实，库车前陆盆地克拉苏构造带深部区（以下简称克深地区）白垩系巴什基奇克组发育的巨厚砂岩储层与上覆由古近系库姆格列木群盐岩、膏岩和含膏泥岩组成的优质盖层构成区内良好的储盖组合。根据岩性组合的差异，将克深地区白垩系巴什基奇克组划分为 3 个岩性段。克深 8 气藏岩性主要为中砂岩、细砂岩、含泥砾细砂岩，各岩性段沉积相空间分布稳定，物性差异较小。总体上白垩系巴什基奇克组储层砂地比高，裂缝发育程度高，且空间上不存在明显的泥岩隔层和横向砂体尖灭带，因此垂向上将整个白垩系巴什基奇克组划归为一套含气砂岩储层。

克深 8 气藏目的层段普通岩石薄片的观察鉴定表明主要以岩屑长石砂岩为主，少量长石岩屑砂岩。克深 8 气藏储层岩石粒度以中—细粒为主，其次为粗粒，砂岩分选中—好，个别样品分选差，磨圆中等，多为次棱角—次圆状，颗粒以点—线接触为主，成分成熟度低—中等，胶结类型普遍为孔隙—加大，偶见压嵌—孔隙式胶结。通过对岩石薄片的系统观察鉴定，克深 8 气藏储层填隙物以胶结物为主，杂基含量稍低。克深 8 气藏 188 块岩心孔渗分析表明：白垩系巴什基奇克组第一+二岩性段孔隙度主要分布于 3.0%~5.0%，占 52.1%，小于 3.0% 的占 22.9%，大于 5.0% 的占 25.1%，平均孔隙度为 4.22%；渗透率主峰区为 0.01~0.05mD，平均为 0.043mD，属于特低孔特低渗储层（图 7-3-1）。

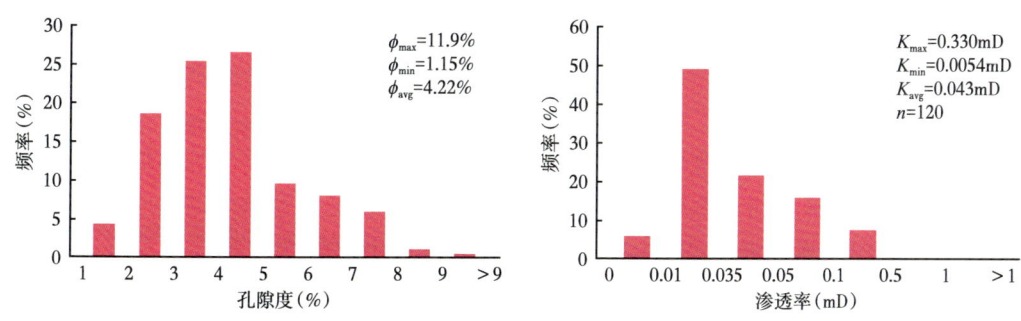

图 7-3-1　克深 8 气藏 K_1bs_{1+2} 层段物性直方图

克深 8 区块的克深 8、克深 801、克深 802、克深 8003、克深 806 等井录取了井下温压资料。资料可靠，因此，采用上述 5 口井数据建立温度梯度和压力梯度回归曲线，实测温压数据点回归出温度梯度 2.21℃/100m，静压梯度 0.29MPa/100m，区块气藏体积中部深度为 7127.744m（海拔 -5583.005m），气藏中部地层温度为 174.42℃，地层压力系数在 1.77 左右，气藏中部地层压力为 122.70MPa，因此克深 8 气藏属于异常高温高压气藏。古近系巨厚的膏盐层是库车坳陷最为优质的区域性盖层，同下伏的白垩系砂岩组成区域性的储盖组合。在克深 8 号构造白垩系巴什基奇克组顶面构造图上，高点海拔为 -5175m，气藏幅度为 700m，远大于克深 8 气藏白垩系巴什基奇克组储层厚度（320m），具有边水层状特征（图 7-3-2）。克深 8 井测试时共取得 43 个天然气分析样品，分析表明甲烷含量高、非烃含量低，是非常优质的天然气。天然气平均相对分子质量为 16.61；相对密度较低，为 0.5532~0.6078，平均为 0.5736；天然气甲烷含量高，平均为 96.881%；干燥系数（C_1/C_{1+}）高，可达 0.993，表现为典型干气特征。克深 8 气藏未见到水层，但其上盘克深 2 气藏克深 207 井 2 层测试中均见水，地层水水型为 $CaCl_2$ 型，pH 值平均为 5.51，密度平均为 1.10g/cm³，Cl^- 含量为 93300~96300mg/L，总矿化度为 154400~161600mg/L，平均 158916mg/L，与气藏南部断块的克深 7 井地层水性质一致，是封闭条件很好的气田水。

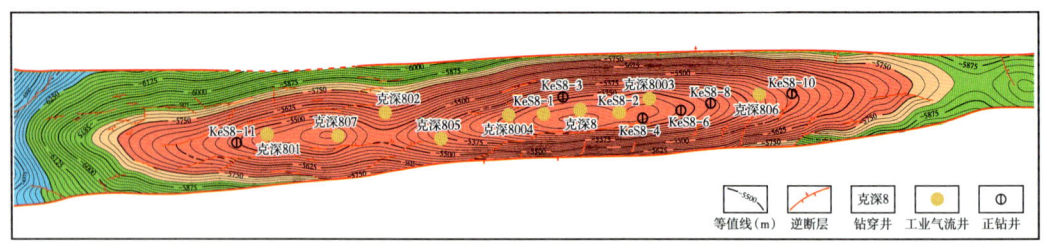

图 7-3-2　克深 8 构造白垩系巴什基奇克组顶面构造图

结合克深 8 井天然气分析结果和录取的温压资料综合分析，克深 8 气藏为边水层状断背斜型常温超高压干气气藏（表 7-3-1）。

表 7-3-1　克深 8 气藏气藏参数表

气藏名称	气藏类型	驱动类型	高点埋藏深度（m）	含气高度（m）	中部海拔（m）	原始地层压力（MPa）	压力系数	地层温度（℃）	地温梯度（℃/100m）
克深 8 气藏	边水层状干气气藏	边水驱动	6720	575	-5583.005	122.701	1.77	174.423	2.21

2. 存在问题

克拉苏气田克深 8 气藏白垩系巴什基奇克组基质岩块储层是典型的特低孔特低渗储层，取心与成像测井资料表明储层中裂缝发育。裂缝不仅是一种油气储集空间，更重要的是它发挥着油气流通通道的作用。裂缝的连通性对于裂缝性低孔砂岩油气藏更加重要。因此，裂缝有效性的评价是本区储层有效性评价的重要部分。同时在本区目的层规模采用了油基钻井液，油基钻井液条件下裂缝储层中裂缝的识别与评价也是亟待解决的难题。除此之外，裂缝性低孔砂岩储层强烈的非均质性导致流体赋存状态也非常复杂，流体类型准确判识也是本区研究的重点和难点。

3. 测井评价技术

针对克深 8 超深高温高压不同钻井液体系裂缝性低孔砂岩油气藏测井评价难题，开展了不同钻井液体系采集资料试验与质量控制评价。不同钻井液体系测井响应特征分析、测井储层参数模型建立与检验、不同钻井液体系裂缝识别与有效性评价、产层下限标准以及流体类型判识技术研究，形成了超深高温高压裂缝性低空砂岩油气藏测井评价体系。

1）基础资料收集整理与测井资料预处理

油气藏测井储层描述与油气评价是以齐全、可靠的测井资料为基础，以孔隙度、渗透率和饱和度等储层参数为研究重点，以丰富的地质、钻井、测试等信息为依据，对油气藏进行储层精细解释和油气评价。鉴于油气藏测井储层描述的这一特点，重点收集和整理了克深 8 气藏以下几方面资料。

（1）岩心资料。

克深 8 气藏在目的层取心井 7 口（克深 8 井、克深 801 井、克深 802 井、克深 807 井、克深 8003 井、克深 8004 井、克深 8-2 井），共取心 17 筒，总进尺 91.20m，总心长 73.34m，岩心收获率 81.40%。

（2）试油资料。

对克深 8 气藏完钻的多口井进行了完井试油，均获得高产气流。如克深 8 井对白垩系 6860.00~6903.00m 井段进行完井测试，用 8mm 油嘴放喷求产，油压为 89.61MPa，日产气 726264m^3，测试结论为气层。

（3）测井资料。

克深 8 气藏目的层段采用的测井系列主体为斯伦贝谢 MAXIS-500 系列、贝克休斯 ECLIPS-5700 以及少量哈里伯顿 LOGIQ 系列，测井内容比较全，除常规的高分辨率阵列感应、中子、密度、自然伽马能谱、声波时差以及微电阻率成像测井外，还进行了偶极横波、元素俘获能谱（ECS）、核磁共振和油基钻井液微电阻率成像（EI、FMI-HD）以及超声波成像（UXPL）等新技术测井资料的采集，基本满足生产解释与测井储层参数研究的需要。

（4）测井资料预处理。

①测井资料质量控制是油气藏测井储层描述与油气评价的基础。克深 8 气藏所有井测井资料均通过了室外一次验收和室内二次验收。测井资料质量全部为合格或者优秀，满足油气藏评价要求。

②深度匹配是因为不同系列测井时，测井采集因仪器重量不同导致电缆拉伸强度不同，各种测井系列之间必然存在着深度误差，因此必须把各种系列的测井深度统一起来，确保在同一深度的各条测井曲线的响应值来自同一深度的地层。深度匹配的具体方法是以电阻率系列测井中的自然伽马曲线为标准，将其他系列测井中的自然伽马曲线深度校正到电阻率系列测井上来，使各种系列测井曲线的深度能达到一致。

③岩心与测井曲线深度归位是油气藏测井评价研究过程中一项十分重要的基础工作，归位的精度直接影响到测井解释模型建立的准确性。由于钻井深度与测井深度之间

存在系统误差，所以需要把岩心分析资料的深度归位到测井深度上来，这样两者才能匹配。主要用以下两种方法来归位：一是利用岩心地面自然伽马测量曲线与测井自然伽马曲线进行对比，校正岩心深度，使之准确地归位到测井深度上（图7-3-3）；二是利用岩心分析密度测量值的杆状图与测井密度曲线进行对比归位，岩心归位值为正值表示岩心深度相对于测井深度向下归位，为负值表示岩心深度相对于测井深度向上归位。

④曲线标准化是油气藏测井资料储层描述研究以及多井精细处理的关键，由于克深气田克深8气藏测井资料采集工作是在不同年度由不同测井公司完成的，测井仪器系列不尽相同，这样就形成了由于仪器不同、刻度标准不同以及操作方式不同而产生的系统误差，为了消除这些系统误差，必须进行曲线标准化工作。

克深8气藏进行曲线标准化的主要方法是选取白垩系巴什基奇克组顶部稳定的泥岩层作为标准层，将各井标准层的去铀伽马、岩性密度与声波时差等测井资料分别合并在一起作为标准层的标准值，然后分别将各井标准层的去铀伽马、岩性密度与声波时差等值与标准值对比，形成各井岩性密度与声波时差等测量值的校正量，见表7-3-2。通过对比分析，校正后的测井密度值与声波时差值能够精确地计算地层基质孔隙度，并可以用于油气藏描述中。

2）储层的测井响应特征

克拉苏气田克深8气藏属于裂缝性低孔砂岩储层，与一般中高孔、中高渗碎屑岩储层有很大的差别，因此厘清裂缝性低孔砂岩储层的测井响应特征对测井解释与油气评价十分重要。

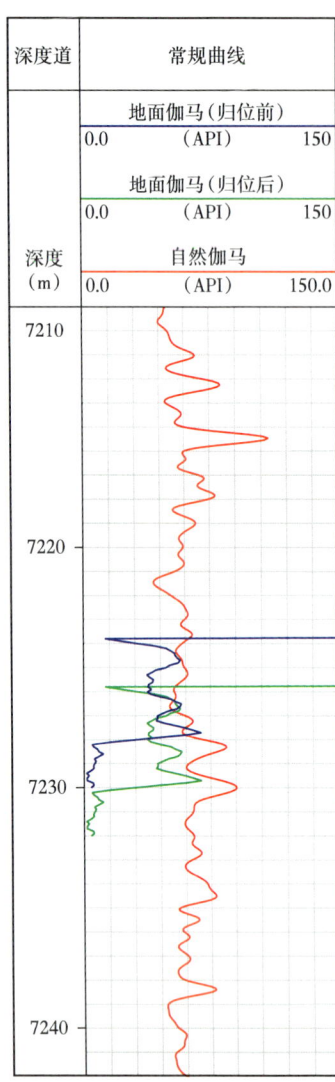

图7-3-3　克深8气藏岩心地面伽马归位图（克深801）

表7-3-2　克深气田克深8气藏曲线标准化校正表

井号	去铀伽马（API）		岩性密度（g/cm³）		声波时差（μs/ft）	
	峰值	校正量	峰值	校正量	峰值	校正量
克深8	85	0	2.68	0	61	2
克深802	80	5	2.62	0.06	/	/
克深8003	90	-5	2.68	0	63	0
克深806	75	10	2.68	0	63	0
克深8004	85	0	2.66	0.02	64	-1
克深8-1	85	0	2.67	0.01	64	-1
克深8-2	75	10	2.66	0.02	63	0
克深807	85	0	2.69	-0.01	59	-4

（1）粉—细砂岩储层段测井响应特征。

粉—细砂岩储层段是研究区域主要储层，自然伽马和岩性密度测量值相对较低，声波时差较大，测井电阻率一般在 5.0~50Ω·m，因侵入程度不同而呈现较大变化范围，与围岩差异较小甚至低于围岩。在气层段，阵列感应测井电阻率普遍因井眼水基钻井液侵入地层，呈现低侵特征（图 7-3-4）。

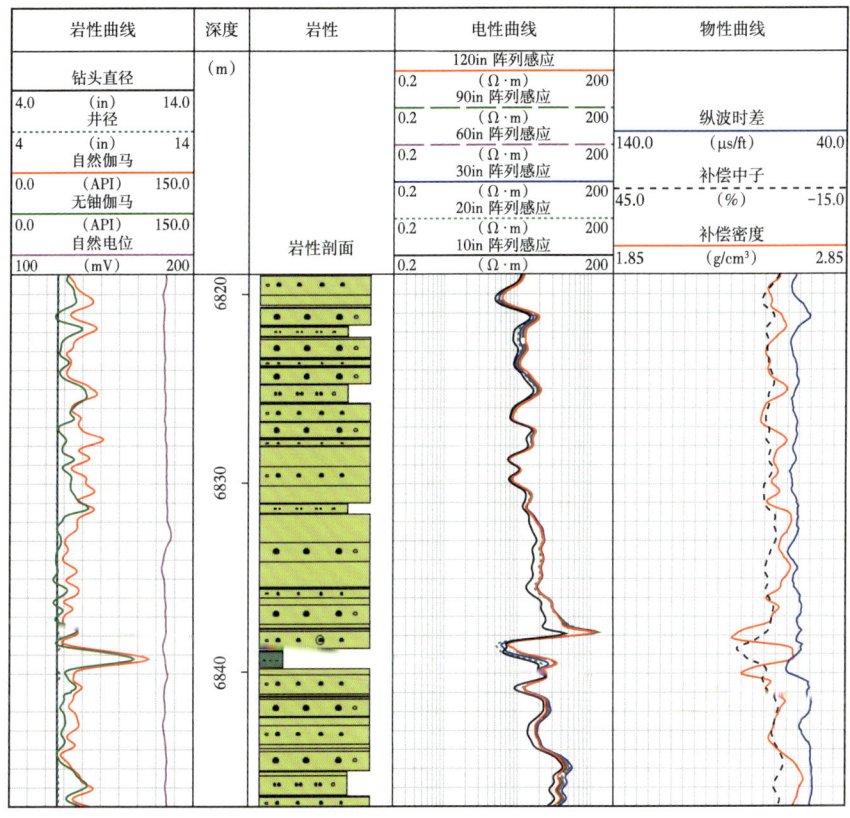

图 7-3-4 克深 8 气藏白垩系粉细砂岩测井响应特征图

（2）含砾砂岩储层段测井响应特征。

含砾砂岩储层以低伽马、低中子、低声波，高密度、高电阻为特征。测井电阻率一般高于围岩，电阻率多在 10~200Ω·m 之间（图 7-3-5）。

含砾砂岩储层测井电阻率发生凸起，而粉—细砂岩储层普遍比较平缓甚至下凹，自然伽马则与相对纯净的粉细砂岩比较接近，无明显差异。

（3）裂缝测井响应特征。

克拉苏气田克深 8 气藏白垩系砂岩储层中广泛发育裂缝，且裂缝纵、横向分布特征随不同层位和构造部位变化而有很大差异。研究区主要以斜交缝、高角度裂缝为主，且致密砂岩中裂缝发育概率较高。裂缝发育层段在测井响应上主要呈现以下特征：自然伽马出现一定程度的齿状变化，井径出现不稳定特征（图 7-3-6）。从定量评价来看，本区储层裂缝孔隙度占总孔隙度比例有限，裂缝发育主要改善储层的渗流能力。本区有 10 口井钻完井，6 口井使用水基钻井液钻探目的层，4 口井使用油基钻井液。储层裂缝在不同的钻井液体系下响应特征差别较大。

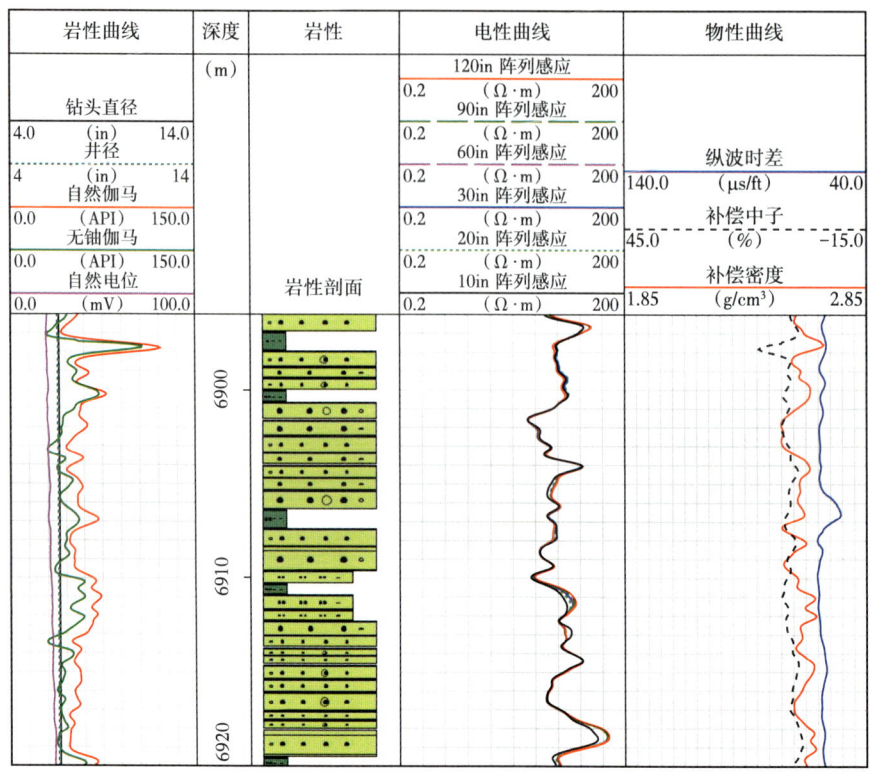

图 7-3-5 克深 8 气藏白垩系含砾砂岩测井响应特征图

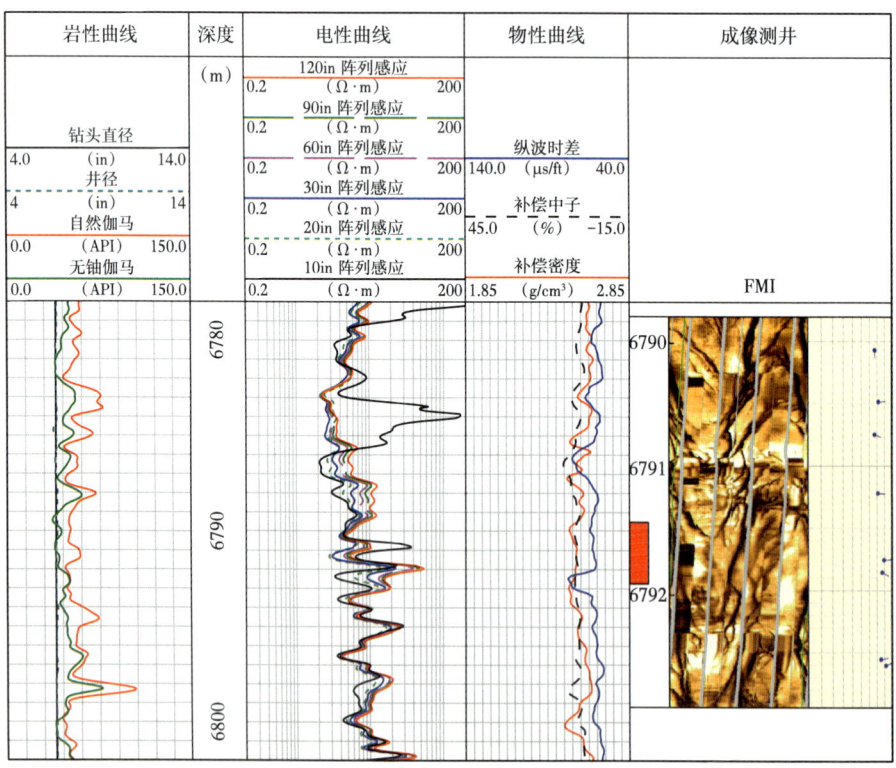

图 7-3-6 克深 8 气藏白垩系裂缝发育段测井响应特征图

①水基钻井液裂缝响应特征。

在水基钻井液钻探目的储层的情况下,微电阻率成像测井资料(FMI、XRIM 等)是识别裂缝的主要手段,依据裂缝发育处电阻率与围岩电阻率的差异进行识别。在钻井时,地下处于开启状态的有效缝被水基钻井液侵入。相对于水基钻井液,其他岩类的电阻率都比钻井液的电阻率大得多,这样在有效缝(开启缝)发育处的电阻率就相对较低,表现为暗色,可以清晰地在电成像测井图像上反映出来(图7-3-7a)。而受到高阻矿物充填的裂缝在成像测井上生成的图像表现出比围岩更亮的颜色(图7-3-7b),这种裂缝为高阻充填缝(闭合缝)。

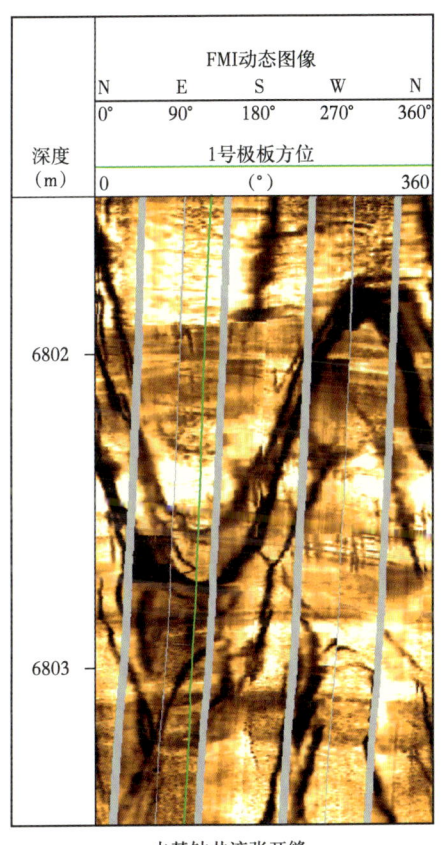
a. 水基钻井液张开缝

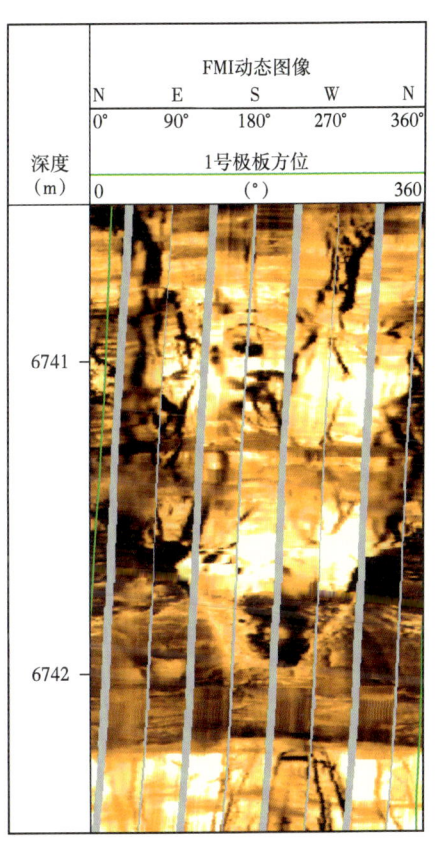
b. 水基钻井液高阻充填缝

图 7-3-7 水基钻井液裂缝微电阻率成像测井特征

②油基钻井液裂缝响应特征。

在油基钻井液钻探目的储层的情况下,贝克休斯公司测量的电阻率成像(EI)和声成像测井(UXPL)是识别裂缝的主要手段。在钻井过程中,由于油基钻井液的电阻率远远大于地层岩石的电阻率,这样在电阻率成像(EI)图上,有效缝(张开缝)发育处的电阻率就相对较高,表现为亮色,而受到其他高阻矿物充填的裂缝在电成像测井图像上生成的图像同样表现出比围岩更亮的颜色。这样就需要通过声成像来区分裂缝的有效性,在电成像上的高阻亮缝,相对在声成像上也有明显的裂缝显示,说明裂缝为开启缝(图7-3-8a);反之,若在电成像上表现为高阻裂缝,而在声成像上没有明显的显示,这种裂缝应为高阻充填缝(图7-3-8b)。

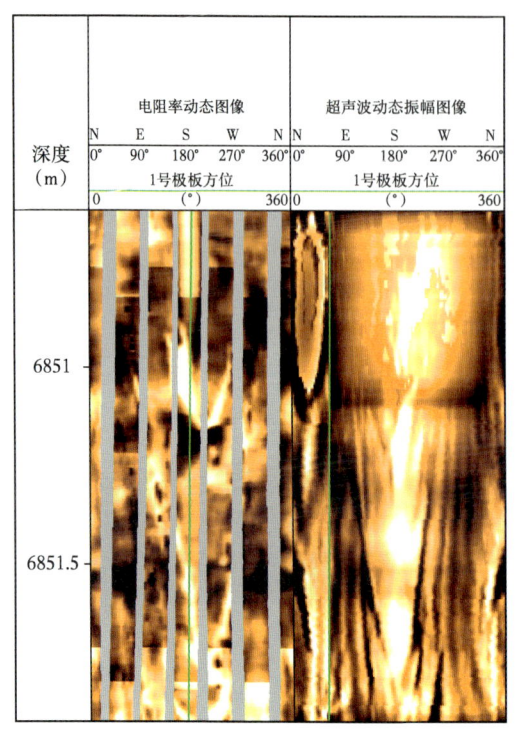 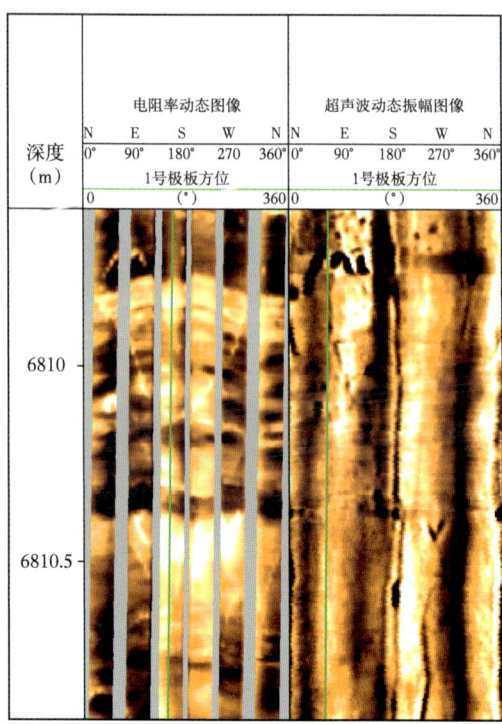

a. 油基钻井液开启缝　　　　　　　　　　　　b. 油基钻井液高阻充填缝

图 7-3-8　油基钻井液裂缝微电阻率成像测井特征

裂缝的分类方法有很多，本次储层参数研究中对工区裂缝按倾角进行分类（表 7-3-3），其中对天然裂缝中的低阻裂缝的命名遵循如下规律：倾角大于 70° 的裂缝可划分为高角度缝，倾角介于 45°~70° 之间的裂缝可划分为斜交缝，倾角小于 45° 但大于 30° 的裂缝属于低角度缝，倾角小于 30° 的裂缝命名为水平缝（由于克深地区单井井深基本都超过 6000m，属于超深井，低角度裂缝基本被压实，故资料中未见）；每米裂缝发育超过 3 条且产状不规律的裂缝组合，命名为网状裂缝。

表 7-3-3　克拉苏气田克深 8 气藏裂缝分类

裂缝分类	天然裂缝	高阻缝	
		低阻缝	高角度缝（$\theta > 70°$）
			斜交缝（$45° < \theta < 70°$）
			低角度缝（$30° < \theta < 45°$）
			水平缝（$\theta < 30°$）
			网状裂缝
	诱导缝	应力释放缝	
		钻具诱导缝	

3）测井模型与解释参数

在测井储层描述和油气评价中建立测井储层参数模型，并确定各井目的层储层参数，是工作重点。而目的层有效孔隙度、含油（气）饱和度、渗透率和泥质含量是关键储层参数。克深8气藏采用岩心刻度与检验测井的方法，建立相关解释模型，并用新钻井取心分析数据进行检验，确保储层参数的可靠性。克深气田克深8气藏用已经完钻的10口井中的5口井岩心实验分析资料进行建模与检验，证实模型与参数有较强的准确性与可靠性。

（1）泥质含量计算模型。

泥质含量是区分储层与非储层的重要参考参数。通过研究储层的薄片、粒度资料认为，克深8气藏储层的泥质主要由黏土和部分细粉砂组成，其粒径≤0.01mm，其黏土组分主要是伊利石。泥质是胶结物和填隙物，起到堵塞喉道、减少孔隙度的作用。将粒度分析的这部分体积经过测井"体积加权归一"校正后的数值作为泥质含量（V_{sh}）：

$$V_{sh} = V_{\leq 0.01} \times (1-\phi) \quad (7-3-1)$$

为了能够准确计算泥质含量，避免其他非泥质放射性矿物的影响，不能用自然伽马总值，必须选择去铀伽马计算泥质含量：

$$\Delta CGR = \frac{CGR - CGR_{min}}{CGR_{max} - CGR_{min}}, \quad V_{sh} = \frac{2^{GCUR \times \Delta CGR} - 1}{2^{GCUR} - 1} \times 100\% \quad (7-3-2)$$

式中：CGR为去铀伽马测井值，API；CGR_{min}为纯砂岩去铀伽马值，API；CGR_{max}为纯泥岩去铀伽马值，API；V_{sh}为泥质含量，%；GCUR为地质年代校正系数，新地层取2.0，老地层取3.7。

（2）孔隙度计算模型。

在测井信息中，反映岩石孔隙度的信息有岩性密度、补偿中子和声波时差，用岩心分析的孔隙度来刻度测井岩性密度和声波时差，通过统计回归得到孔隙度的计算模型。

根据克深气田克深8气藏白垩系巴什基奇克组岩心分析资料，建立测井密度与岩心分析孔隙度交会图（图7-3-9a）和稳定砂岩段测井的中子密度交会图（图7-3-9b），可以看出，白垩系巴什基奇克组砂岩骨架密度均值为2.6603g/cm³，与标准的纯砂岩的骨架密度值2.65g/cm³比较接近。可以确定密度孔隙度计算模型为：

$$\phi = \frac{2.66-\rho}{2.66-\rho_f} \quad (7-3-3)$$

式中：ϕ为测井计算孔隙度，%；ρ为岩性密度测井值，g/cm³；ρ_f为流体密度值，g/cm³。

通过建立测井声波时差与岩心分析孔隙度交会图（图7-3-10），可以确定声波孔隙度的解释模型为：

$$\phi = 0.7692\Delta t - 42.12 \quad (7-3-4)$$

式中：ϕ为测井计算孔隙度，%；Δt为声波时差测井值，ms/ft。

比较相关性和资料点的发散程度，最后在测井资料处理过程中选择密度孔隙度公式计算研究区的孔隙度参数，只有在井况不好、扩径比较严重、岩性密度测井资料质量较差的情况下，选择声波孔隙度公式计算孔隙度参数。

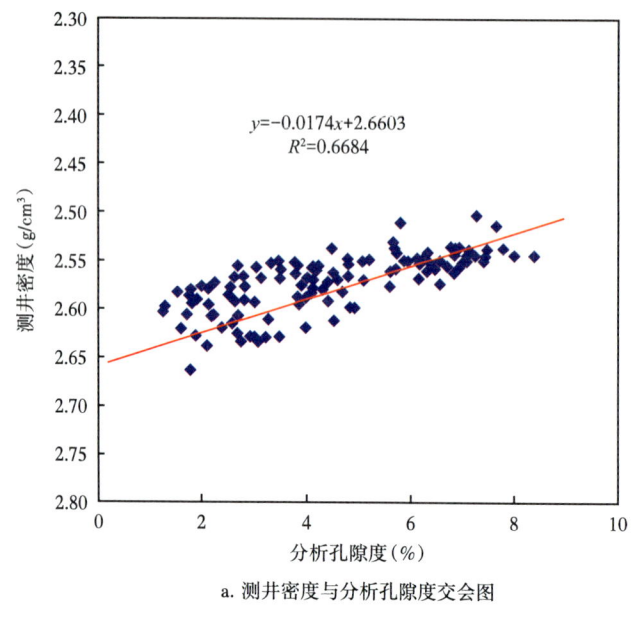

a. 测井密度与分析孔隙度交会图

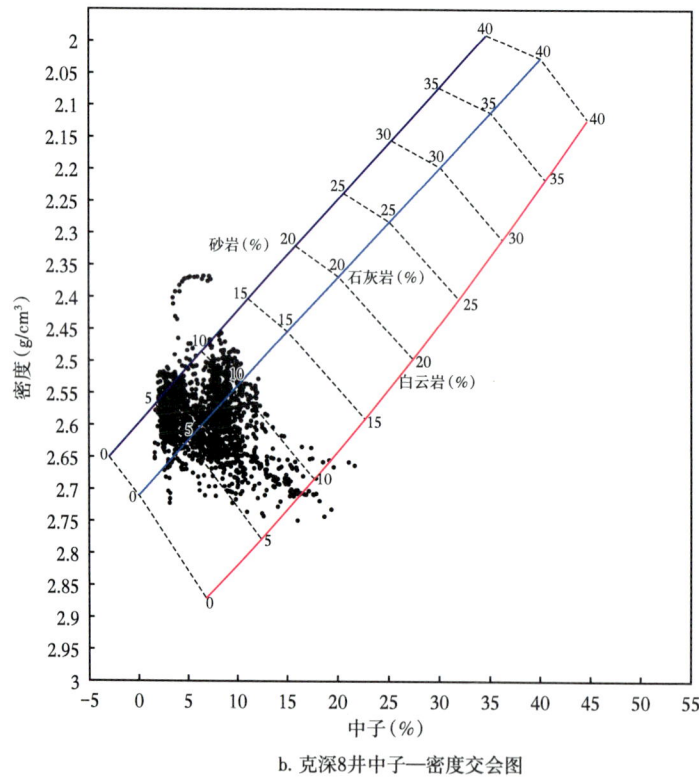

b. 克深8井中子—密度交会图

图 7-3-9　克深 8 井交会图

（3）渗透率计算模型。

对于粒间孔隙为主的碎屑岩储层，渗透率和孔隙度有较好的相关性。克深 8 气藏的岩心分析孔隙度与渗透率的关系如图 7-3-11 所示，所选用的样品的岩心分析渗透率基本没受裂缝的附加影响，与分析孔隙度的关系相关性好，由此可确定基质渗透率与孔隙度的函数关系，即为基质渗透率的计算模型：

$$K=0.0138e^{0.3027\phi} \quad (7\text{-}3\text{-}5)$$

式中：K 为基质渗透率，mD；ϕ 为测井计算孔隙度，%。

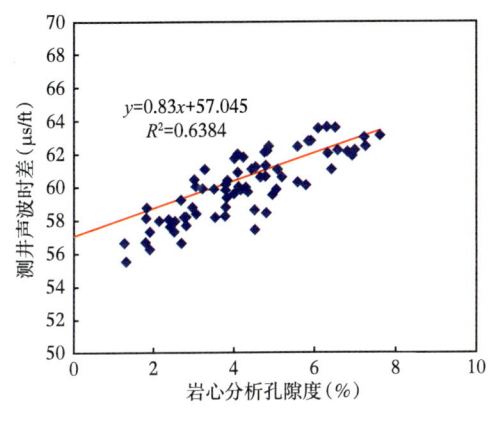

图 7-3-10 克深 8 气藏测井声波时差与分析孔隙度交会图

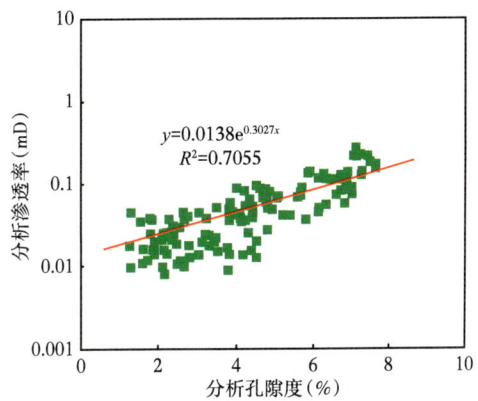

图 7-3-11 克深 8 气藏分析孔渗交会图

（4）孔渗覆压校正。

常规岩心孔隙度必须经过覆压条件下校正，转化为地层条件下的孔隙度才能用于储量计算。对克深气田克深 8 气藏白垩系巴什基奇克组岩心样品的全直径孔隙度作覆压校正，校正结果可以用于探明储量计算。

孔隙度和渗透率计算模型是以地面条件下的氦气法孔隙度实验分析资料为基础的，通过对 3 口井实验分析数据有效的 8 块样品作覆压孔隙度、渗透率测试，可以建立孔隙度和渗透率的覆压校正模型。

在作覆压校正前需要求取地层的有效上覆压力，克深 8 气藏的有效上覆压力由下式确定：

$$p_e = p_{GS} - p_f = \frac{h\rho}{100} - p_f \quad (7\text{-}3\text{-}6)$$

式中：p_e 为有效上覆压力，MPa；p_{GS} 为上覆地层压力，MPa；p_f 为流体压力，MPa；h 为上覆岩层厚度，m；ρ 为上覆岩层密度，g/cm^3。

克深 8 气藏上覆地层平均密度 ρ 取 2.30g/cm^3，上覆地层厚度 h 取气藏深度 6700m，由此可以计算出上覆地层压力为 154.1MPa 时对应的气藏孔隙流体压力为 124.0MPa，计算得到有效上覆压力为 30.1MPa。由于有效上覆压力对应的孔渗为三轴孔渗，而单轴孔渗才是地层经过覆压校正后的真实孔渗，因此需要将三轴孔渗换算成单轴孔渗，换算公式如下：

$$\phi_{\text{单轴}} = \phi_{\text{地面}} - 0.619(\phi_{\text{地面}} - \phi_{\text{三轴}}) \quad (7\text{-}3\text{-}7)$$

将经过覆压校正后的真实孔渗和地面孔渗分别建立关系（图 7-3-12），就可以得到孔隙度与渗透率覆压校正公式：

$$\phi_{\text{地下}} = 1.0039\phi_{\text{地面}} - 0.4269 \quad (7\text{-}3\text{-}8)$$

$$K_{\text{地下}} = 0.1442K_{\text{地面}}^{0.8424} \quad (7\text{-}3\text{-}9)$$

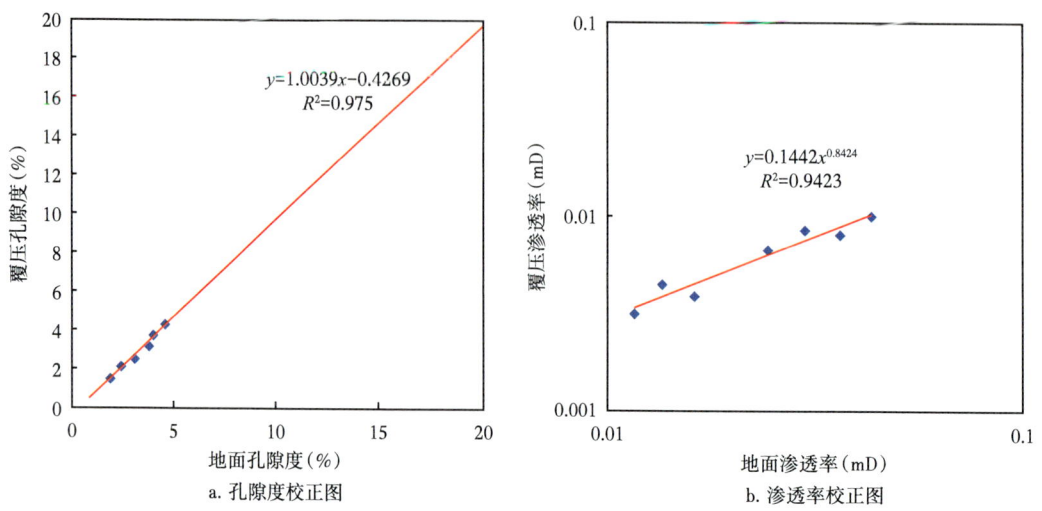

a. 孔隙度校正图　　b. 渗透率校正图

图 7-3-12　克深 8 气藏覆压校正图

通过比较不同孔隙度对应于不同的有效上覆压力的校正值可以看出（表 7-3-4），克深 8 气藏的储层净上覆压力在 20MPa、30MPa、40MPa 和 45MPa 时，对于不同的孔隙度，孔隙度校正量的绝对误差很小，相对误差小于 10%。

表 7-3-4　克深 8 气藏不同净上覆压力孔隙度校正对比表

地面孔隙度（%）	20MPa		30MPa		40MPa		45MPa	
	覆压孔隙度（%）	差值（%）	覆压孔隙度（%）	差值（%）	覆压孔隙度（%）	差值（%）	覆压孔隙度（%）	差值（%）
2.41	2.19	0.22	2.10	0.31	2.04	0.37	2.01	0.40
1.89	1.70	0.19	1.50	0.39	1.41	0.48	1.38	0.51
4.59	4.35	0.24	4.26	0.33	4.21	0.38	4.18	0.41
3.05	2.65	0.40	2.50	0.55	2.46	0.59	2.41	0.64
4.02	3.82	0.20	3.76	0.26	3.71	0.31	3.70	0.32
3.99	3.74	0.25	3.63	0.35	3.56	0.43	3.53	0.46
3.83	3.21	0.62	3.13	0.70	3.07	0.76	3.05	0.78

（5）含气饱和度计算模型。

①饱和度计算模型。

在石油天然气的勘探开发过程中，油气储层的划分和油气储量的计算主要依赖于油藏含油（气）饱和度及其他参数。因此，含油（气）饱和度或含水饱和度的计算就成了测井解释工作的中心。

测井解释用来计算储层含水饱和度的方法很多，但阿奇公式法一直是一种主要的有效方法，通过阿奇公式可以得到克深 8 气藏的含气饱和度计算模型：

$$S_\mathrm{g}=(1-S_\mathrm{w})\times100\%=\left(1-\sqrt[n]{\frac{abR_\mathrm{w}}{R_\mathrm{t}\phi^m}}\right)\times100\% \tag{7-3-10}$$

②岩电参数。

岩电参数 a、b、m、n 可以用岩电实验分析资料来确定。根据地层因素与地层孔隙度的关系 $F=a/\phi^m$，可以确定 a 和 m 的值。通过克深 8 气藏的孔隙度与地层因素的关系（图 7-3-13a）可以得出：$a=1.1191$，$m=1.6660$。

同样，根据电阻增大率与含水饱和度的关系 $I=b/S_\mathrm{w}^n$，可以确定 b 和 n 的值。通过克深 8 气藏的电阻增大率与含水饱和度的关系（图 7-3-13b）可得出：$b=1.0189$，$n=1.7940$。

③地层水电阻率。

克深 8 气藏尚无地层水分析资料，借用邻近的克深 2 气田的水分析资料来确定该区的地层水电阻率。从克深 2 气田克深 207 井 6990.00~7018.00m 取样的地层水分析资料得知，该地区的地层水为 $CaCl_2$ 型，地层水的平均总矿化度 158916mg/L，地层水取样点温度大约为 160℃ 左右。根据通过地层水电阻率换算公式与换算图版，可以确定克深 207 井的地层水电阻率为 $0.019\Omega\cdot m$。

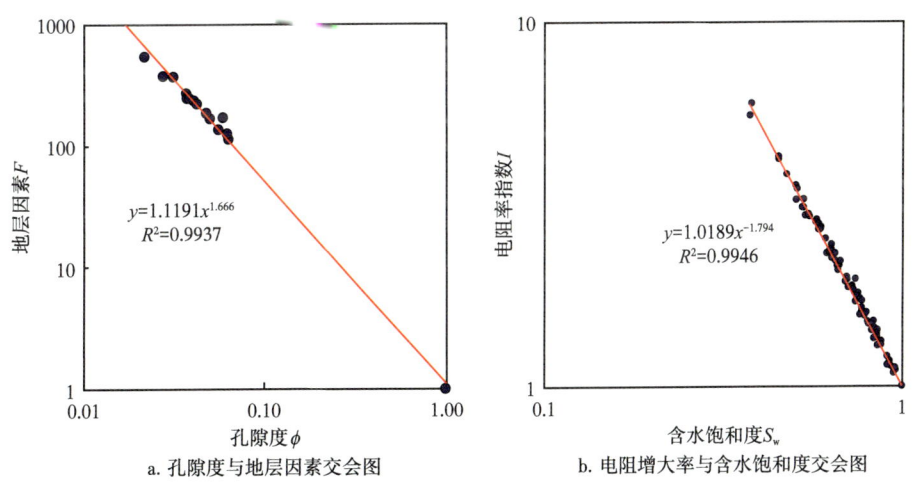

图 7-3-13 克深 8 气藏岩电实验分析结果

4）地质检验

通过与岩心实验分析数据对比，对测井储层参数模型计算成果进行检验，是油气藏测井评价的重要环节。在岩心与测井曲线进行深度归位的前提下，选取有代表性的井段，将岩心分析数据与测井计算结果进行对比，以检验模型计算精度。克深 8 气藏主要采用杆状图、交会图、直方图和分段统计等方法来对泥质含量、孔隙度、渗透率和饱和度的计算模型进行检验。

(1)泥质含量检验。

泥质含量检验的方法是用取心岩样粒度分析资料中粒径小于 0.01mm，相当于分类为黏土加部分细粉砂岩的含量值，将粒度分析泥质含量作杆状图与测井去铀伽马计算的泥质含量以同横向比例重叠进行检验。从泥质含量检验杆状图（图 7-3-14）中可以看出测井计算的泥质含量与岩心分析的泥质含量对比结果比较好。

(2)孔隙度检验。

①杆状图与交会图法检验。

通过克深 8 气藏岩心分析孔隙度与测井计算孔隙度的杆状图与交会图进行对比（图 7-3-15、图 7-3-16），可以很直观地对测井计算孔隙度的精度进行检查。从岩心分析孔隙度与测井计算孔隙度的杆状图（图 7-3-15）可以看出，测井计算的孔隙度与岩心分析的孔隙度吻合程度比较高；同时从岩心分析孔隙度与测井计算孔隙度交会图（图 7-3-16）中也可以看出，各井的数据点基本分布于中线两侧，表明测井计算的孔隙度与岩心分析的孔隙度有较好的相关性，都在误差允许的范围内。

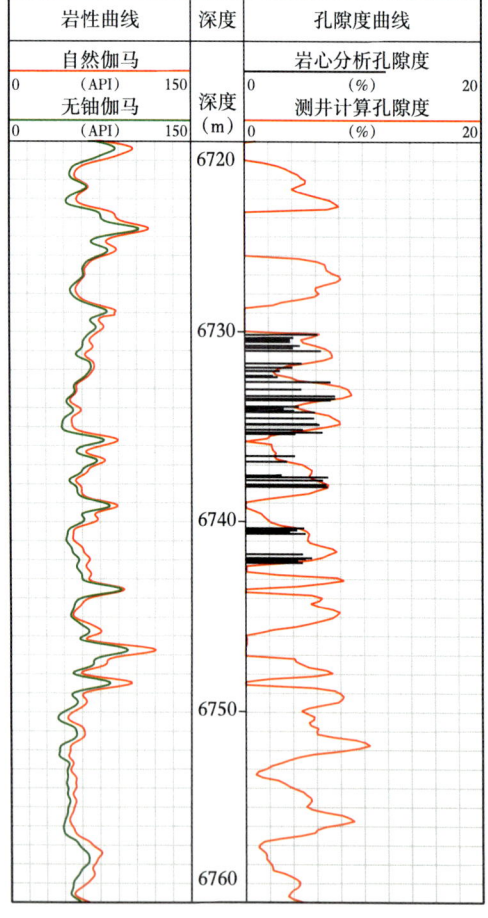

图 7-3-14 克深 8 井泥质含量检验杆状图　　图 7-3-15 克深 8 井测井计算孔隙度检验杆状图

②直方图法检验。

将取心井的岩心分析孔隙度与对应的测井计算孔隙度分别作直方图。利用比较可靠的物性分析资料作克深8气藏的孔隙度分布直方图（图7-3-17），可以看出，测井计算的孔隙度与岩心分析孔隙度的峰值非常接近，表明测井计算的孔隙度误差比较小，能够用于探明储量的计算。

③分段统计法检验。

分别将测井计算孔隙度与岩心分析孔隙度分段取平均值来进行对比，可以精确地求出测井计算孔隙度的绝对误差与相对误差。表7-3-5为克深8气藏5口取心井的岩心分析孔隙度与测井计算孔隙度的误差统计表，

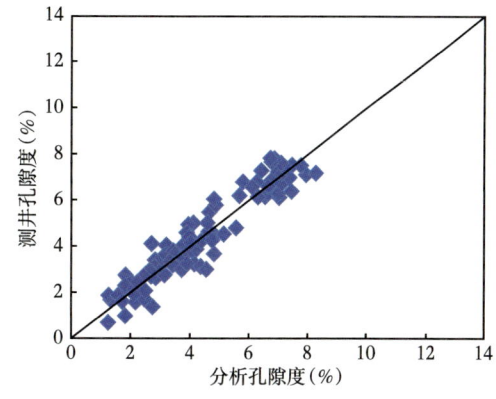

图 7-3-16 克深8气藏孔隙度对比图

通过数据分析对比，可以得出克深8气藏孔隙度的平均绝对误差小于0.2%，相对误差小于6.0%，满足探明储量参数计算的要求。

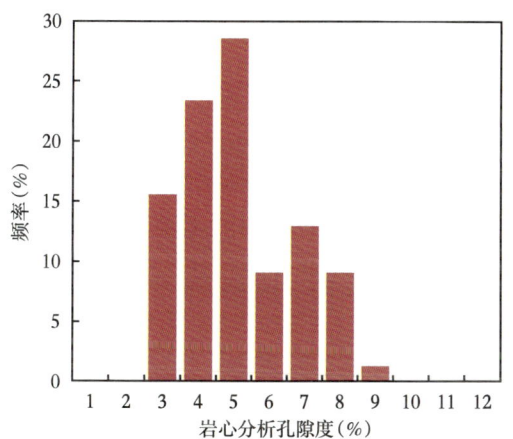
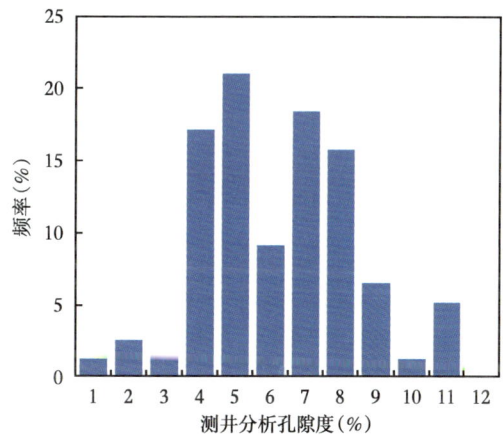

图 7-3-17 克深8气藏孔隙度对比直方图

表 7-3-5 克深气田克深8气藏测井计算孔隙度误差分析表

井号	起始深度（m）	终止深度（m）	岩心分析孔隙度（%）	测井计算孔隙度（%）	绝对误差（%）	相对误差（%）
克深8	6728.00	6736.08	5.17	5.33	0.16	3.00
	6736.08	6742.85	4.76	4.94	0.18	3.64
克深802	7235.00	7242.14	3.92	3.97	0.05	1.28
克深8003	6775.00	6783.00	4.87	4.64	-0.23	4.72
克深8004	6996.40	7000.20	1.93	1.91	-0.02	1.04
	7000.20	7009.00	2.48	2.38	-0.10	4.20
克深8-2	6778.00	6785.70	3.96	4.02	0.06	1.49
	6785.70	6792.34	2.38	2.37	-0.01	0.42

（3）渗透率杆状图法检验。

通过克深 8 气藏岩心分析渗透率与测井计算渗透率的杆状图进行对比（图 7-3-18），可以很直观地对测井计算渗透率的精度进行检查。从岩心分析渗透率与测井计算渗透率的杆状图可以看出，测井计算的渗透率与岩心分析的渗透率吻合程度很高，表明测井计算的渗透率与岩心分析的渗透率有较好的相关性，此外还采用了直方图检验与分段统计检验方法，通过数据分析对比，可以得出克深 8 气藏渗透率的平均绝对误差小于 0.01mD，相对误差小于 20%，满足探明储量参数计算的要求。

（4）饱和度检验。

本次用毛管压力曲线确定气藏原始含气饱和度，是通过气藏的含气高度与毛管压力曲线的关系计算得到的，计算方法如下所述。

首先找出毛管压力 p_c 与气柱高度的关系，将毛管压力曲线的 p_c 坐标转换为高度坐标，具体做法如下：

①将实验室毛管压力换算为地层毛管压力。

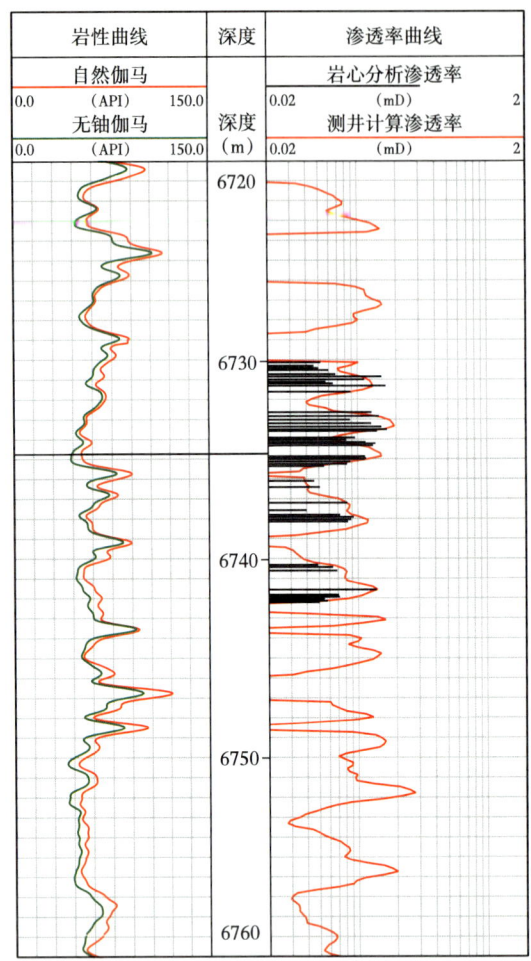

图 7-3-18 克深 8 井测井计算渗透率检验杆状图

实验室毛管压力：

$$p_{cL}=2\sigma_L\cos\theta_L/r \qquad (7\text{-}3\text{-}11)$$

地层毛管压力：

$$p_{cR}=2\sigma_R\cos\theta_R/r \qquad (7\text{-}3\text{-}12)$$

$$p_{cR}=\frac{\sigma_R\cos\theta_R}{\sigma_L\cos\theta_L}p_{cL} \qquad (7\text{-}3\text{-}13)$$

式中：σ_L、σ_R 分别为实验室和地层条件下的表面张力，mN/m；θ_L、θ_R 分别为实验室和地层条件下的润湿角，(°)；p_{cL}、p_{cR} 分别为实验室和地层条件下的毛管压力，MPa。

实验室条件下的表面张力和润湿角都很容易由实验方法取得，但求准地层条件下的表面张力和润湿角却比较困难，可使用美国岩心公司提供的数据（表 7-3-6）。

表 7-3-6 美国岩心公司提供可使用的数据表

条件	系统	润湿角	$\cos\theta$	表面张力（mN/m）	$\sigma\cos\theta$
实验室	空气—水	0	1.0	72	72
	油—水	30	0.866	48	42
	空气—水银	140	0.765	480	367
地层	空气—油	0	1.0	24	24
	水—油	30	0.866	30	26
	水—气	0	1.0	50	50

根据美国岩心公司提供的可使用的数据与克深 8 气藏实验资料和测试资料，可以确定该气田的岩石参数，得出 p_{cR}=（50/367）p_{cL}=0.01362p_{cL}。

②气藏毛管压力应与气水重力差平衡，因而气藏毛管压力可表示为：

$$p_{cR} = H(\rho_w - \rho_g)G \quad (7\text{-}3\text{-}14)$$

将式（7-3-14）换算为 SI 制实用单位，并解含气高度为：

$$H = \frac{100 p_{cR}}{\rho_w - \rho_g} \quad (7\text{-}3\text{-}15)$$

式中，H 为气藏自由水面以上高度，m；ρ_w、ρ_g 分别为地层水和地层气的密度，g/cm³。

克拉苏气田克深 8 气藏地层水借用克深 2 井区克深 207 井地层水的分析化验资料。克深 207 井地层水密度为 1.07~1.11g/cm³，取中间值 1.09g/cm³，地层条件下气密度为 0.29g/cm³（温度为 160℃，压力为 116MPa），将地层毛管压力换算为自由水界面以上高度：

$$H = \frac{100 p_{cR}}{\rho_w - \rho_g} = \frac{100 \times 0.1362 \times p_{cL}}{1.09 - 0.29} = 17.025 p_{cL} \quad (7\text{-}3\text{-}16)$$

根据式（7-3-16）则可将距自由水界面以上不同高度的地层毛管压力转换成实验室的毛管压力：

$$p_{cL} = 0.05874 H \quad (7\text{-}3\text{-}17)$$

整理克深 8 气藏的毛管压力资料，根据气藏的自由水界面，将每个样品的深度换算成气藏高度，分别计算出相应的含气饱和度，该饱和度值即为原始气藏条件下的含气饱和度。通过对毛管压力资料换算的含气饱和度与测井计算的连续含气饱和度进行对比分析（图 7-3-19），发现二者的形态与数值符合程度比较高，证明测井计算的含气饱和度是可靠的，能够用于探明储量的计算。

5）裂缝有效性评价

克深 8 气藏白垩系巴什基奇克组储层裂缝发育，天然裂缝改善了储层的渗流能力，裂缝有效性评价是本区储层有效性评价的重要部分。对于水基钻井液钻探的储层，采用水基声电成像测井资料定量评价裂缝有效性。对于油基钻井液钻探的储层，通过岩心刻度油基声电成像测井资料，提出裂缝走向与最大水平主应力夹角大小、裂缝面法向应力大小等方法结合来半定量评价裂缝有效性。

（1）水基钻井液条件下裂缝识别与有效性评价。

①微电阻率成像测井定量评价裂缝有效性。

水基钻井液钻井条件下，应用水基微电阻率成像测井可以较准确地识别张开缝、闭合缝、诱导缝等多种裂缝，使用岩心刻度成像测井克服人为主观色彩，将岩心地面测量的伽马曲线与测井测量的地层伽马曲线进行深度归位，如图7-3-20第1道所示，然后将岩心归位到测井伽马曲线相应的深度，仔细观察岩心的地质特征，在成像测井图上找到与岩心相对应的地质特征，进行精细的深度归位，如图7-3-20最后两道所示，成像测井

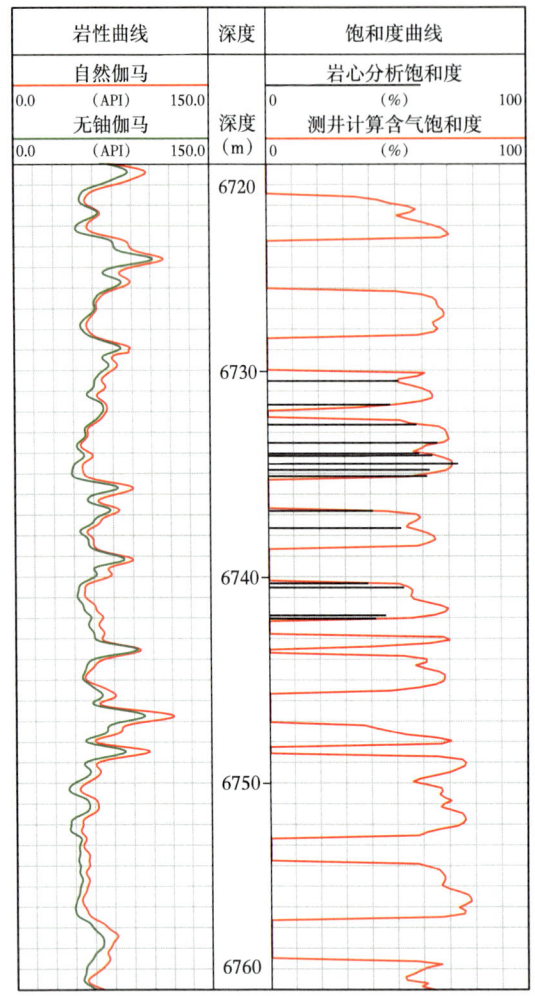

图7-3-19 克深8井测井计算含气饱和度检验杆状图

中的裂缝与岩心的裂缝角度与方位有很好的一致性，它们表现为同一条裂缝。

在客观准确地识别出裂缝后，为了定量评价这些裂缝的有效性，应用冲洗带电阻率刻度微电阻率成像测井，经过一系列的计算，可以得到裂缝宽度，裂缝长度，裂缝密度、裂缝孔隙度等参数。如图7-3-20所示，该井采用的是水基钻井液，在成像图上可以较清楚地识别层理与裂缝等地质现象，如图中第四道所示，经过浅电阻率刻度后，得到该井段裂缝参数，依据这些参数可以定量评价该段裂缝的有效性与裂缝的发育程度，进而指导产能预测。

②声电成像结合评价裂缝有效性。

在水基钻井液钻探目的储层井中，利用微电阻率成像测井资料能够精确拾取储层中的裂缝，而这些裂缝是否有效可以通过偶极横波成像测井资料计算的反射系数与斯通利波渗透率进行评价。通过对克深801井处理解释可以看到（图7-3-21），由偶极横波成像测井资料计算的反射系数与斯通利波渗透率与裂缝的发育程度和裂缝参数有较好的相关性，从而表明通过微电阻率成像测井资料拾取的裂缝是有效的，也说明了克深2井区主要发育开启的有效裂缝。

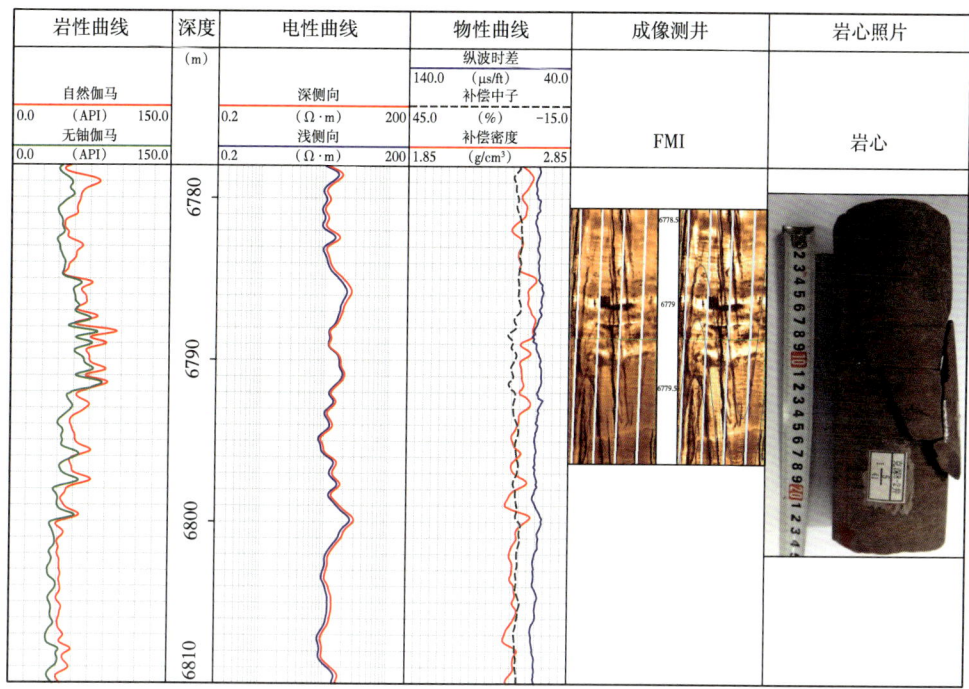

图 7-3-20 克深 8-2 井岩心标定成像测井图

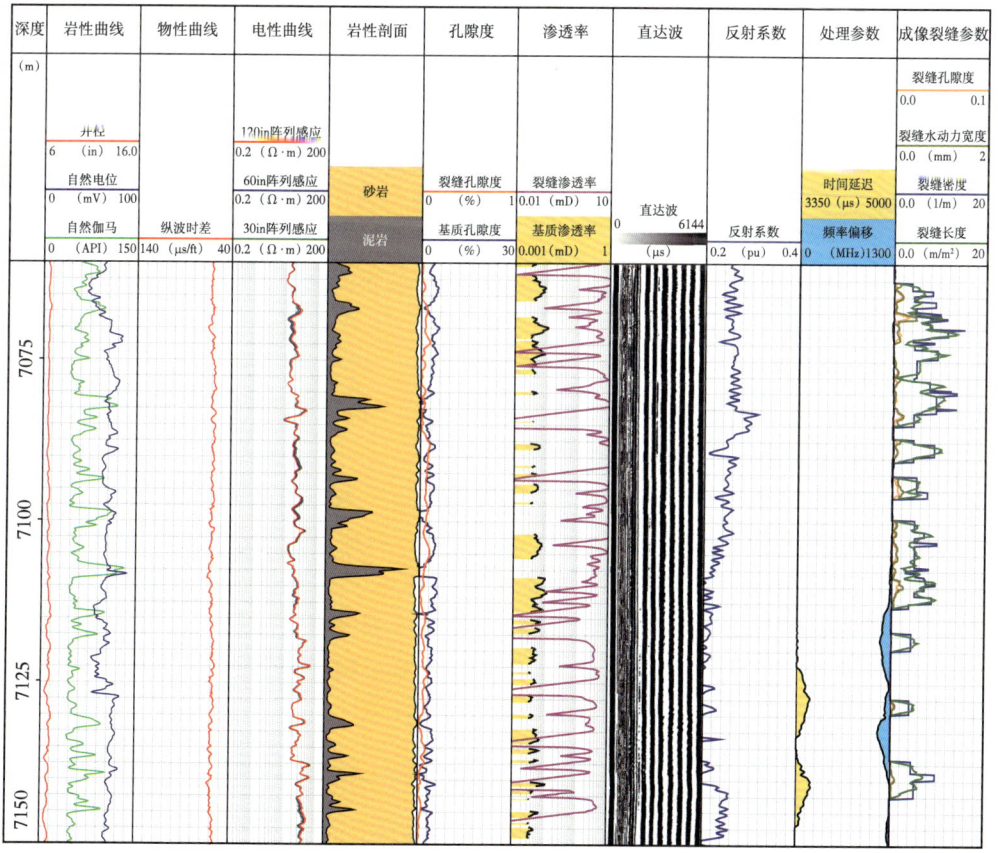

图 7-3-21 克深 801 井声电成像结合评价裂缝有效性

另外，电成像裂缝参数与油气产能有密切关系，其数值大小可说明油气层产能的大小，因此建立斯通利波反射系数与渗透率与电成像裂缝参数关系，可说明裂缝的有效性。

图 7-3-22 是斯通利波渗透率与裂缝参数关系图，从图中可以看出，裂缝参数（包括密度、孔隙度、宽度及长度）与斯通利波渗透率关系密切，斯通利波渗透率随裂缝参数值增大而增大，其中斯通利波渗透率与裂缝密度关系的相关性最高，由于斯通利波渗透率反映的是地层总渗透率，因此所建立的模型可用于计算地层的渗透率。

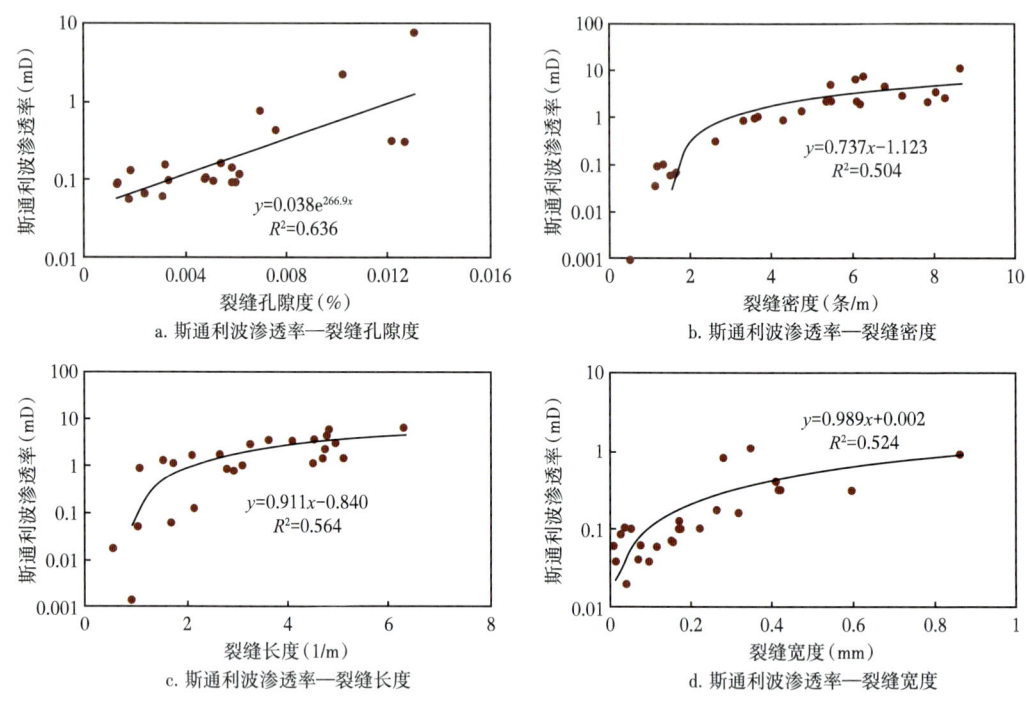

图 7-3-22　斯通利波渗透率与裂缝参数关系图

图 7-3-23 是斯通利波反射系数与裂缝参数关系图，从图中可以看出，裂缝密度、孔隙度、宽度及长度与斯通利波反射关系也较密切，斯通利波反射系数随裂缝参数值增大而增大，斯通利波反射系数与裂缝密度、宽度、长度关系的相关性高，说明裂缝密度、宽度、长度对斯通利波反射系数影响大，而裂缝孔隙度对反射系数影响要小一些。

（2）油基钻井液条件下裂缝识别与有效性评价。

克深 8 气藏在钻遇目的层时，6 口井使用水基钻井液，4 口井使用油基钻井液。油基钻井液对传统的微电阻率成像测井有很大的影响，识别裂缝的效果很差。2013 年引入了贝克休斯的油基电成像（EI）与超声波成像（UXPL）对油基钻井液钻探井的目的层进行测井，可以清楚地识别油基钻井液条件下储层的裂缝以及地层的层理。利用岩心精确标定油基钻井液声电成像测井，从而识别出有效裂缝指导成像测井的解释，并引入裂缝面法向应力来半定量评价裂缝的有效性。

①岩心精确标定成像测井。

应用岩心测量的地面伽马与测井伽马进行对比，将岩心的深度归位到测井深度。然后，仔细观察岩心的裂缝、层理等特征，与对应深度段的油基钻井液成像测井精细对比，经过分析研究，找到与成像测井相同地质特征层段。图 7-3-24 为克深 8004 井岩心标定成像测井图，岩心照片中 3 条泥质条带与电成像测井的 3 条黑色泥质条带一一对应，岩心照片下半段的裂缝与超声成像测井中的裂缝角度、方位都有很好的对应关系。

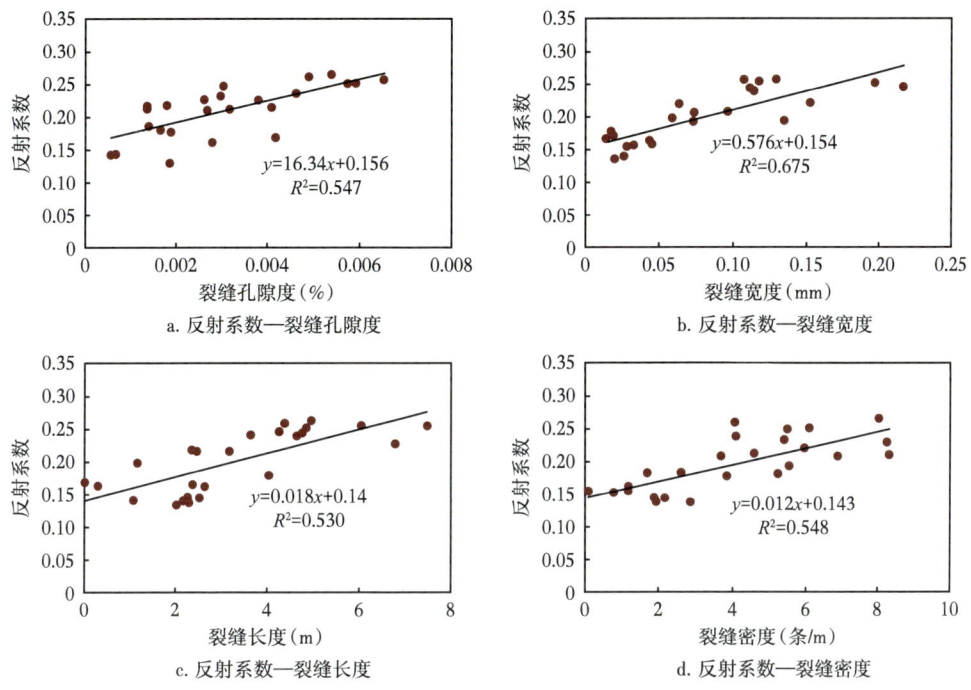

图 7-3-23　斯通利波反射系数与裂缝参数关系图

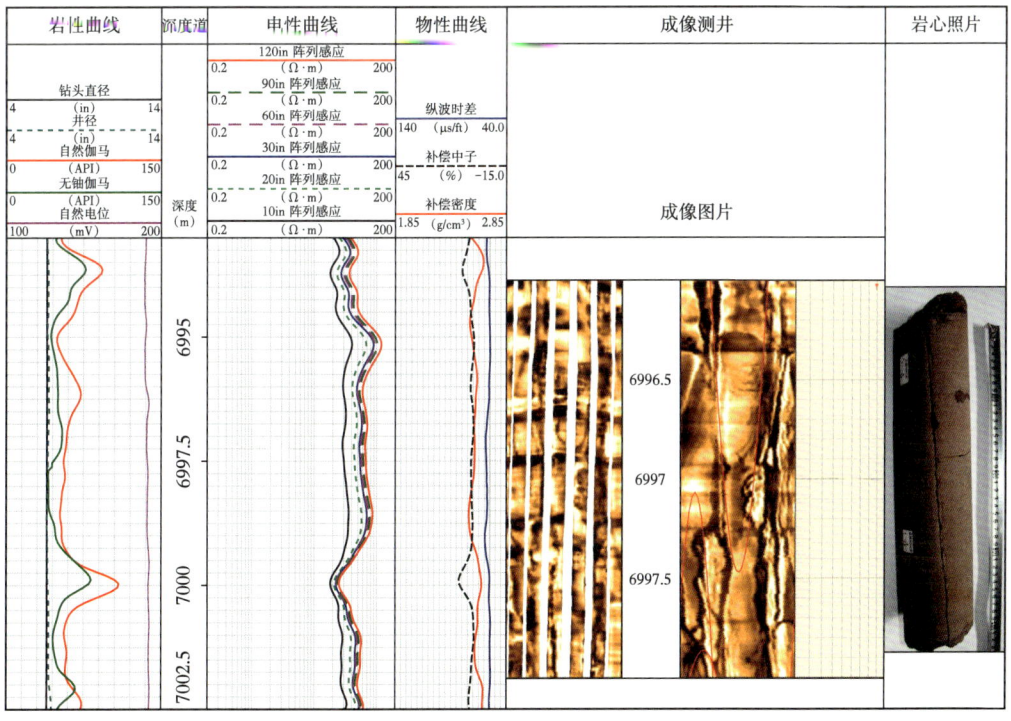

图 7-3-24　克深 8004 井岩心标定成像测井图

②裂缝面法向应力半定量评价裂缝有效性。

通过岩心标定成像测井可以更加准确地识别成像测井的裂缝，同时，对没有取心的成像测井裂缝识别有很好的指导性作用。但是这种对裂缝的识别只是局限于定性层面，为了半定量地评价裂缝的有效性，引入裂缝面法向应力的概念。

裂缝面法向应力的计算公式为：

$$\sigma_n = l^2\sigma_H + m^2\sigma_h + n^2\sigma_v \quad (7\text{-}3\text{-}18)$$

$$l = \sin\theta \cdot \sin\beta \quad (7\text{-}3\text{-}19)$$

$$m = \cos\theta \cdot \sin\beta \quad (7\text{-}3\text{-}20)$$

$$n = \cos\beta \quad (7\text{-}3\text{-}21)$$

式中：θ 为最大主应力方向与裂缝走向夹角；β 为裂缝倾角；σ_n 表示裂缝面法向应力；σ_H 表示最大水平主应力；σ_h 表示最小水平主应力；σ_v 表示上覆地层压力。

首先通过一维岩石力学建模计算三轴主应力数据 σ_H、σ_h 和 σ_v。然后通过成像测井解释获得最大水平主应力方向和天然裂缝走向数据，统计每一口井两者之间的夹角 θ。同时统计每一口井裂缝的倾角 β，然后通过方向余弦计算作用在裂缝面上的正应力 σ_n。一般情况下，裂缝面法向应力越小，表示裂缝延伸长度、开度越大，有效性越好。

图 7-3-25 为克深 8004 井裂缝面法向应力评价成果图。图中的杆状图表示裂缝的正应力。从图中可以看出，6830m、6835m、6845m 与 6862m 处几条裂缝的正应力数值

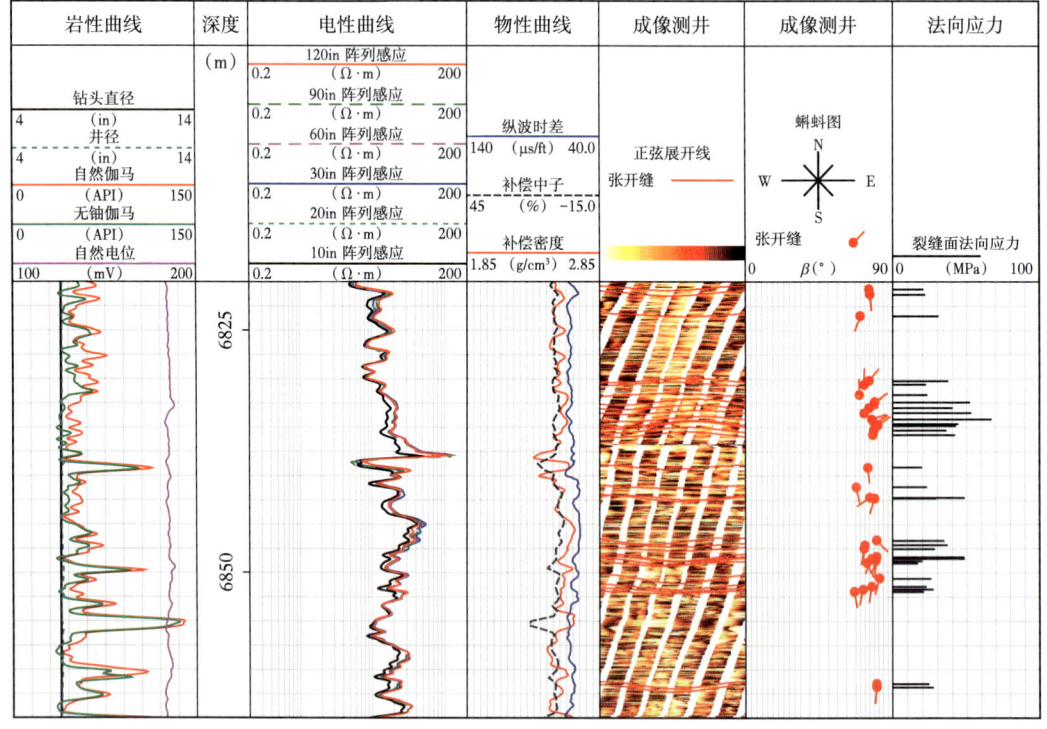

图 7-3-25　克深 8004 井裂缝面法向应力评价成果图

比较大,这几条裂缝普遍延伸长度小于1m,开度不是太大,有些裂缝还是不连续的半充填缝,而其他裂缝有效性要高一些。这样应用正应力可以半定量地评价油基钻井液成像测井裂缝的有效性。

6)有效厚度下限标准

(1)裂缝影响因素分析。

有效厚度下限值的确定是以经过地质检验、校正到气藏状态下的测井储层参数为基础,以单层试油资料为约束条件,结合参考国内外气层下限标准,采用多种统计方法制定出该气田有效储层岩性、物性、含油性的下限值,为最终确定可靠的有效厚度提供依据。

克拉苏构造区受强烈挤压地应力影响,砂岩地层致密化程度高,砂岩中裂缝异常发育,使储层储集条件和渗滤条件发生了深刻变化。克深8气藏除克深802、克深806井外有8口井在目的层段都进行了微电阻率成像测井,从5口井水基钻井液体系采集的电成像测井资料、3口油基钻井液电成像(EI)[其中克深8004井、克深805井测量了超声波成像(UXPL)]的测井资料上看,目的层段都存在大量的高角度裂缝及微裂缝,这些裂缝对储层的产能起到非常好的改善作用。与孔隙型储层相比,裂缝性砂岩储层的物性下限可以大幅度降低。

通过"岩心标定成像"(图7-3-26),对克深8气藏8口井电成像测井资料进行精细裂缝评价。

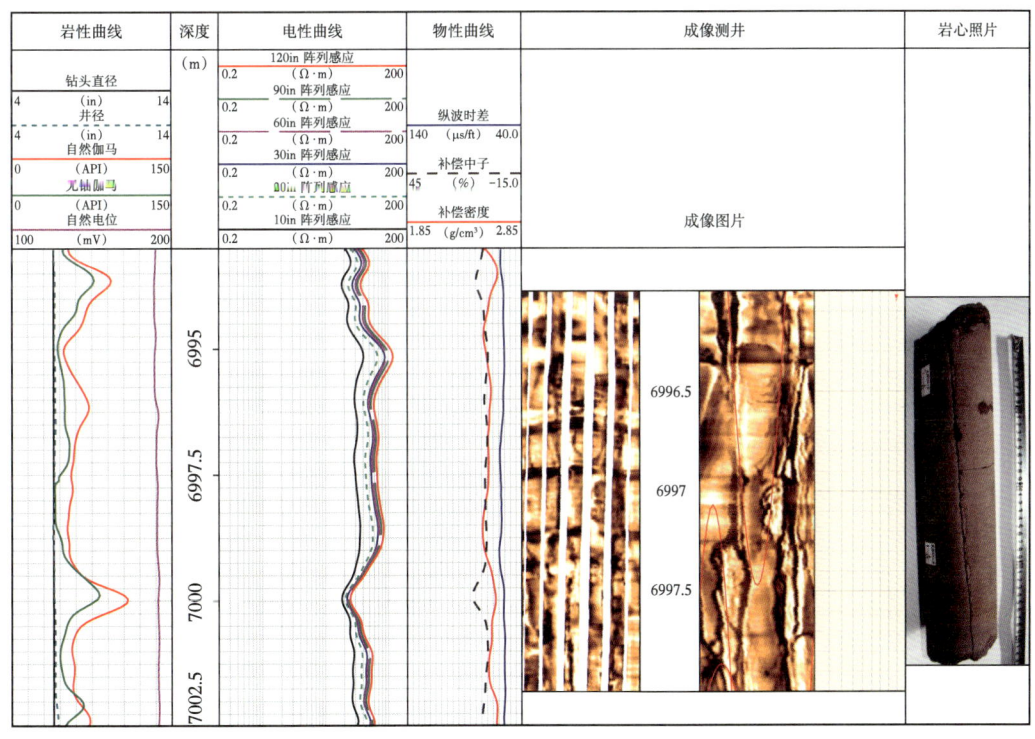

图7-3-26 克深8井区岩心标定成像

这8口井的井壁成像测井资料分析表明,砂岩裂缝有如下4种组合形式(图7-3-27)。

①共轭缝组合:两组裂缝呈共轭状,通常是一组裂缝发育较强,倾角较大;另一组强度较弱。当两组裂缝强度都大时,则把岩石切割成碎块状(图7-3-27a)。

②平行单斜状组合：裂缝组系产状相近，且呈平行状，裂缝类型既有斜交缝也有高角度缝（图7-3-28b）。

③高角度缝主导的网状裂缝组合：以高角度缝为主导，其他各种走向的裂缝交织成网状（图7-3-28c）。

④小断层组合：岩石发生小尺度错动，呈碎块状（图7-3-27d）。

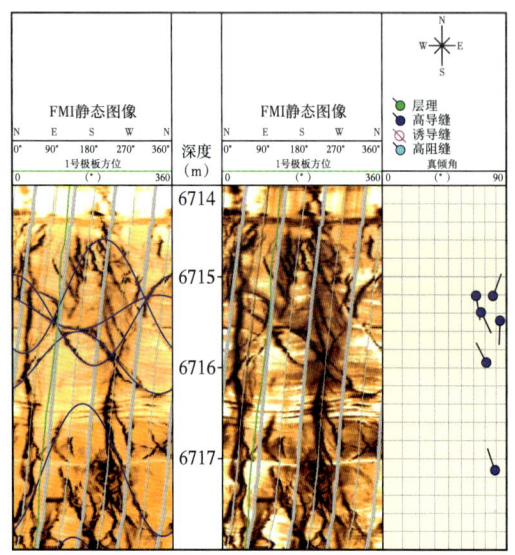

a. 共轭缝组合（克深8-2）　　　　　　b. 平行单斜状组合（克深8-2）

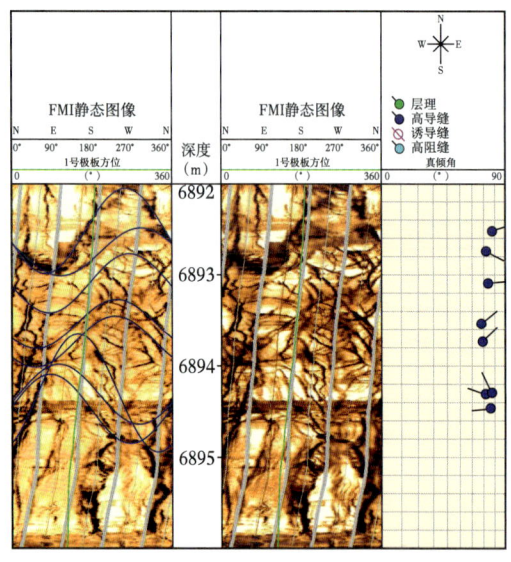

c. 网状裂缝组合（克深8-2）　　　　　　d. 小断层组合（克深8-2）

图7-3-27　克深8气藏砂岩裂缝井壁成像测井图

分段统计发现，裂缝走向主要为北西—南东向，其次为北东—南西向，裂缝倾角50°~80°，裂缝性质为高角度构造缝和斜交构造缝。

裂缝的发育极大地改善了致密砂岩储层的品质。一方面，裂缝的发育有利于扩大储集空间。本区挤压应力强烈，砂岩原生粒间孔隙损失殆尽，裂缝发育加速地下水的流动，有利于溶蚀作用进行，从而扩大有效储集空间。另一方面，裂缝本身作为流体渗滤通道，大大改善致密砂岩储层渗滤条件，提高储层渗透率，从而形成优质储层。

克深 8 气藏目的层段的成像测井资料分析表明，目的层段存在大量的高角度裂缝及微裂缝，裂缝组合类型表现为单组系（占多数）、网状系，类似于"棋盘格"（少量）。这些裂缝主要为有效缝，也有部分被泥质或高阻物质部分充填。

通过对克深地区进行岩心标本及露头的观察，结合成像测井资料可以发现，该区裂缝主要以高角度缝为主，其次为斜交缝。该类缝在成像测井上响应清晰，裂缝倾角大于60°，对于致密砂岩和低孔低渗砂岩储层来说，宏观裂缝发育是决定该类储层能否形成工业性油气藏的决定性因素。

上述分析表明，经岩心标定的成像测井资料识别的裂缝是可靠的，从而表明研究区的裂缝发育，而裂缝发育大大改善了储层的渗流能力，并且将基质孔隙与裂缝通道有机的结合，提高了气藏的稳产基础，也降低了产层下限，故在确定本区储层下限时，充分考虑了裂缝发育的因素。

（2）最小流动孔喉半径法确定孔渗下限。

选取克深 8 气藏能代表气藏特征的毛管压力曲线，通过对压汞曲线进行 $J(S_w)$ 函数处理，求取代表气层段的平均毛管压力曲线（图 7-3-28）；然后根据沃尔法和渗透能力分布法确定出最小流动孔喉半径（表 7-3-7、表 7-3-8），并在综合分析的基础上求取气层的最小流动孔喉半径（表 7-3-9）。

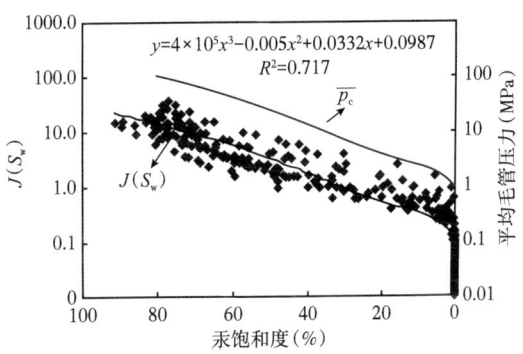

图 7-3-28 克深 8 气藏平均毛管压力曲线

表 7-3-7 克深 8 气藏 K_1bs 沃尔法确定的孔隙流动下限数据表

序号	累积孔隙体积（%）	累积孔隙体积对应压力（MPa）	相应孔喉半径 r_i（10^{-4}cm）	r_i^2	$(2i-1)r_i^2$	区间渗透率贡献（%）	累积渗透率贡献（%）
1	0	0.9792	0.75064	0.56346	0.56346	27.961	27.961
2	5	2.3036	0.31907	0.10181	0.30542	15.156	43.117
3	10	3.1815	0.23102	0.05337	0.26685	13.242	56.359
4	15	3.9107	0.18795	0.03532	0.24726	12.270	68.630
5	20	4.7887	0.15349	0.02356	0.21202	10.522	79.151
6	25	6.1131	0.12023	0.01446	0.15902	7.891	87.042
7	30	8.1815	0.08984	0.00807	0.10492	5.206	92.249
8	35	11.2917	0.06509	0.00424	0.06356	3.154	95.403
9	40	15.7411	0.04669	0.00218	0.03706	1.839	97.242
10	45	21.8274	0.03367	0.00113	0.02154	1.069	98.311

续表

序号	累积孔隙体积（%）	累积孔隙体积对应压力（MPa）	相应孔喉半径 r_i（10^{-4}cm）	r_i^2	$(2i-1)r_i^2$	区间渗透率贡献（%）	累积渗透率贡献（%）
11	50	29.8482	0.02462	0.00061	0.01273	0.632	98.943
12	55	40.1012	0.01833	0.00034	0.00773	0.383	99.326
13	60	52.8839	0.01390	0.00019	0.00483	0.240	99.566
14	65	68.4940	0.01073	0.00012	0.00311	0.154	99.720
15	70	87.2292	0.00843	0.00007	0.00206	0.102	99.822
16	75	109.3869	0.00672	0.00005	0.00140	0.069	99.892
17	80	135.2649	0.00543	0.00003	0.00097	0.048	99.940
18	85	165.1607	0.00445	0.00002	0.00069	0.034	99.975
19	90	199.3720	0.00369	0.00001	0.00050	0.025	100.000
Σ					2.01514		

将克深 8 气藏 K_1bs 平均孔喉半径与相应实测的孔隙度、渗透率作相关图（图 7-3-29），根据已确定的最小流动孔喉半径，克深 8 气藏 K_1bs 孔隙度下限为 3.59%，渗透率下限为 0.026mD。

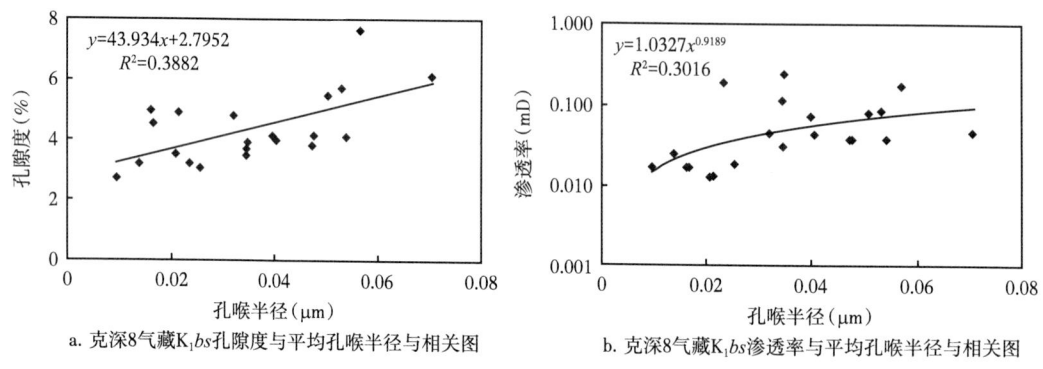

图 7-3-29 克深 8 气藏平均孔喉半径与孔渗关系图

表 7-3-8 克深 8 气藏 K_1bs 渗透能力分步法确定的孔隙流动下限数据表

孔喉半径（μm）	对应毛管压力（MPa）	$1/p_c^2$	累积进汞量（%）	区间进汞量（%）	区间渗透能力 ΔK_i	$\sum \Delta K_i$
4	0.1838	1.0000	0	0	0.00000	0.0000
2.5	0.2940	11.5693	0	0	0.00000	0.0000
1.6	0.4594	4.7388	0	0	0.00000	0.0000
1	0.7350	1.8511	0	0	17.48563	17.4856

续表

孔喉半径（μm）	对应毛管压力（MPa）	$1/p_c^2$	累积进汞量（%）	区间进汞量（%）	区间渗透能力 ΔK_i	$\sum \Delta K_i$
0.63	1.1667	0.7347	0.6	0.6	26.72204	44.2077
0.4	1.8375	0.2962	2.9	2.3	25.99457	70.2022
0.25	2.9400	0.1157	8.5	5.6	19.48258	89.6848
0.16	4.5938	0.0474	19.1	10.6	6.75859	96.4434
0.1	7.3500	0.0185	28.2	9.1	2.12742	98.5708
0.063	11.6667	0.0073	35.5	7.3	0.80166	99.3725
0.04	18.3750	0.0030	42.4	6.9	0.34350	99.7160
0.025	29.4000	0.0012	49.8	7.4	0.13969	99.8557
0.016	45.9375	0.0005	57.4	7.6	0.06684	99.9225
0.01	73.5000	0.0002	66.4	9	0.02943	99.9520
0.0063	116.6667	0.0001	76.5	10.1	0.00837	99.9603
0.004	183.7500	0.0000	83.7	7.2	0.00000	100.0000
$\sum$						

表 7-3-9　克深 8 气藏 K_1bs 毛管压力曲线确定最小流动孔喉半径数据表

处理毛管曲线		最小流动孔喉半径（μm）		
来源	条数	确定方法		选值
		沃尔法	渗透能力分布法	
克深 8、克深 801、克深 802、克深 8003	19	0.008	0.018	0.018

（3）比较孔渗关系确定孔渗下限。

与克深 8 气藏相近的克深 2 气田孔隙度下限为 4.0%，渗透率下限为 0.035mD；大北 1、2 气田孔隙度下限为 4.0%，渗透率下限为 0.055mD。克深 8 气藏目的层段存在大量的高角度裂缝及微裂缝，这些裂缝对储层的产能起到非常好的改善作用。克深 8、克深 2、大北 1 同属超高压气藏并且天然气性质相近，储层物性以及裂缝的发育程度都比较接近。因此，参考已经上缴探明储量的气田的孔渗下限，结合该地区目的层的裂缝性储层的具体情况，可以确定克深 8 气藏的孔隙度下限为 4%。

（4）借鉴四川邛西气田确定孔渗下限。

川西北地区邛西气田须二段储层属裂缝—孔隙型致密砂岩储层，与克深气田克深 8 气藏的储层特点很相似，因此，该气田的有效储层的取值下限可供比较参考。表 7-3-10 为邛西气田目的层段的下限综合统计表，孔隙度与渗透率下限分别取 3.5% 和 0.015mD。

表7-3-10 四川邛西气田须二段有效储层下限综合统计表

方法	孔隙度下限（m）	渗透率下限（mD）
生产测井法	3.46	
孔隙结构参数法	3.33	
孔渗关系法	3.50	0.015
综合取值	3.50	0.015

（5）油资料约束法确定孔渗下限。

利用克深气田克深8气藏测试层段的孔渗数据作交会图（图7-3-30），可以看出：克深8003井经测试证实为气层的层段，孔隙度最小为4.3%，渗透率为0.05mD；由此可以推断孔隙度下限应该在4.3%之下，基质渗透率下限在0.05mD之下。

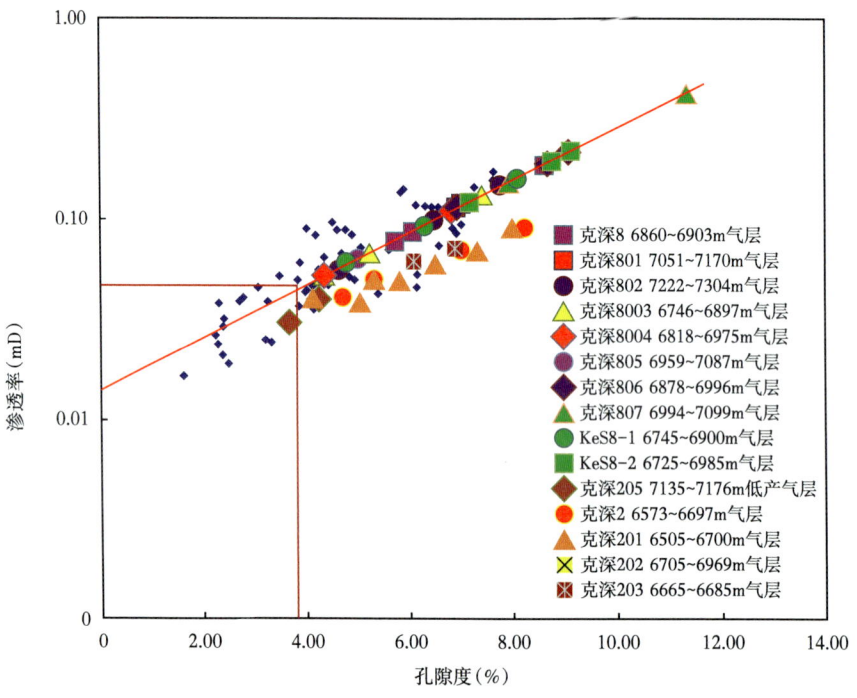

图7-3-30 克深8气藏孔隙度与渗透率交会图

（6）综合取值法最终确定孔渗下限。

将上述几种取值方法综合分析（表7-3-11），最终确定克深气田克深8气藏白垩系巴什基奇克组孔隙度下限为4.0%，渗透率下限为0.045mD。

表7-3-11 克深气田克深8气藏不同方法确定孔渗下限统计表

方法	最小流动孔喉半径法	相近气田比较	试油资料约束法	借鉴四川邛西气田	综合取值
孔隙度下限（%）	3.59	4.0	<4.3	3.5	4.0
渗透率下限（mD）	0.026	0.035~0.05	<0.05	0.015	0.045

（7）孔隙度下限敏感性分析。

气层有效厚度下限中有 4 个主要条件，固定其中 3 个条件不变；改变另一个条件，检查对有效厚度的影响，称为敏感性检验。

图 7-3-32 是孔隙度、渗透率、饱和度、泥质含量灵敏度检测图，可以看出孔隙度下限为 4.0%，渗透率下限为 0.045mD，含气饱和度下限为 50%，泥质含量下限为 20%，均在曲线变化的拐点上，拐点左边厚度基本不受下限值变化的影响，即表明选择的截止值已是可选截止值的下限值。

从孔隙度敏感性检验分析（图 7-3-31a）中可以看出，孔隙度为 4.0% 的下限值基本上都是在图版曲线变化相对较平缓的地方，但由于克深 8 气藏基质孔隙度普遍较低，储层厚度对孔隙度截止值的变化比较敏感。

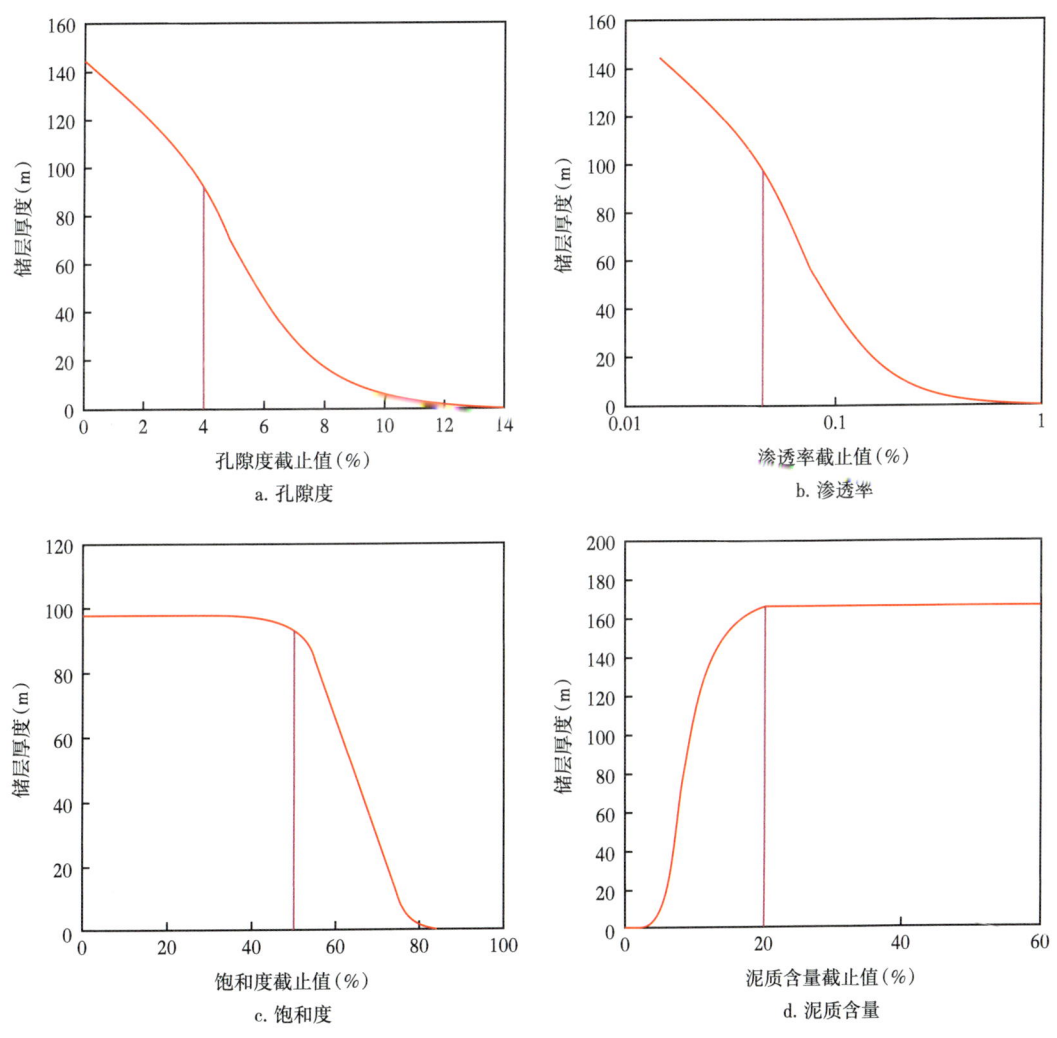

图 7-3-31　克深 8003 敏感性检验图

（8）试油约束法确定饱和度下限。

根据克深 8 气藏试油资料得到孔隙度与电阻率交会图（图 7-3-32），克深 8 气藏的产气层段均在 50% 的饱和度线之上，由此确定含气饱和度下限为 50%。

（9）试油约束法确定电阻率下限。

根据克深8气藏试油资料得到孔隙度与电阻率交会图，结合实际测井资料的解释评价，确定了本区块的电阻率下限值（表7-3-12）。

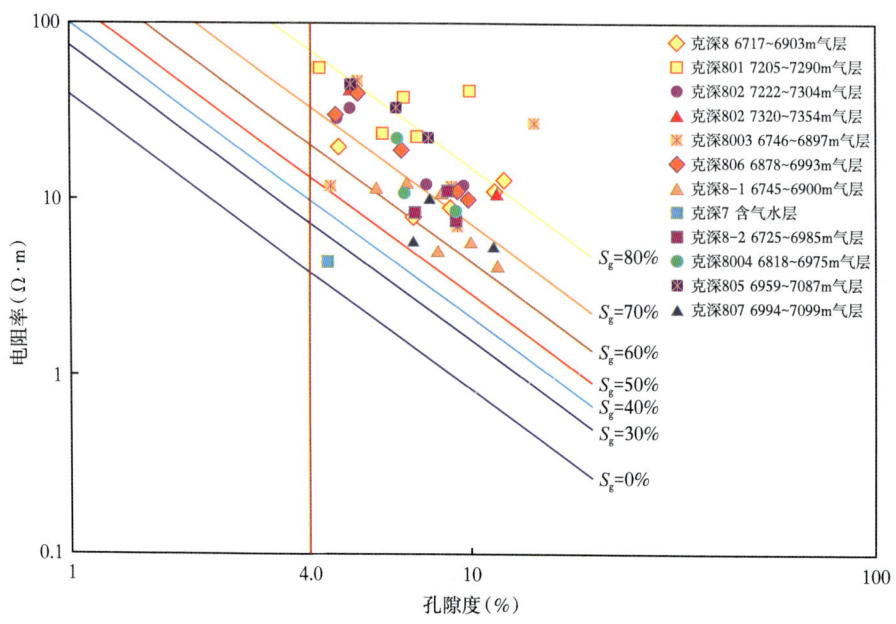

图 7-3-32　克深8气藏测试井段孔隙度与电阻率交会图

表 7-3-12　克拉苏气田克深8气藏电阻率下限值表

序号	孔隙度（%）	电阻率（Ω·m）
1	4.0	16.0
2	5.0	11.0
3	6.0	8.2
4	7.0	6.3
5	8.0	5.0
6	9.0	4.1
7	10.0	3.5

7）流体性质识别

由于克拉苏气田克深8气藏属于裂缝性低孔砂岩储层，因此，如何提高油气层的准确识别至关重要。克深8气藏裂缝性低孔砂岩储层流体性质的识别因储集空间流体响应被岩石骨架的影响覆盖，流体性质的电测井响应微弱，因此，采用传统方法识别流体性质遇到重大的挑战，必须采取精雕细刻的方法，通过生产实践不断摸索、检验，形成了以下流体性质评价方法，取得了明显的地质效果。

（1）三孔隙度差值与比值法。

气的密度大大低于油和水的密度，因此气层的密度测井值低于地层完全含水时的地层密度测井值；气的含氢指数远低于1，气层常存在挖掘效应，因此气层中子测井值比它完全含水时偏低；地层含气后，岩石纵波时差增大，甚至出现周波跳跃，因此，气层的纵波时差高于其完全含水时的纵波时差。这就是用三孔隙度差值法和三孔隙度比值法识别气的物理基础。

三孔隙度差值定义为：

$$C_3 = \phi_{da} + \phi_{sa} - 2\phi_{na} \tag{7-3-22}$$

三孔隙度比值定义为：

$$B_3 = \frac{\phi_{da}\phi_{sa}}{\phi_{na}^2} \tag{7-3-23}$$

式中：ϕ_{da}是地层密度孔隙度；ϕ_{na}是中子孔隙度；ϕ_{sa}是声波孔隙度。

由于ϕ_{da}、ϕ_{na}、ϕ_{sa}都作了岩性和泥质校正，因而只反映了孔隙流体性质的影响，三者的影响一并用C_3或B_3表示。显然，若地层为水层或油层，$C_3=0$，$B_3=1$；若地层为气层，$C_3>0$，$B_3>1$。

图7-3-33为应用三孔隙度差值与比值法识别克深8003井气层的成果图，在6746~6897m层段，三孔隙度差值大于0，三孔隙度比值大于1，显示为气层。对6746~6897m井段进行测试，采用完井酸化的方式，用6mm油嘴放喷求产，油压为99.375MPa，日产气526144m³，测试结论为气层，与三孔隙度差值与比值法判别得到的结论一致。

三孔隙度差值与比值法识别气层有一定的局限性，受溶解气、孔隙类型的影响较大，不能有效地区分气层与水层，因此，结合流体特征指数能够较好地识别气层，一般不会漏失气层。

（2）全波列测井资料识别油气层。

理论和实验研究表明，声波速度（或时差）比与含气饱和度有密切的关系，以下主要讨论用纵横波速度比直观指示油气解释方法和用流体压缩系数识别油气层的方法，以及用含气饱和度指示、流体压缩系数、时差比差和岩石压缩比来综合解释气层的方法。

①纵横波速度比指示气层的方法。

纵横波速度比的变化能够定性指示气的存在，但是纵横波速度比除了与饱和流体性质存在密切关系外，同时也与岩性、压实和胶结程度、覆盖层的有效压力和孔隙度等参数有关，且受侵入效应的影响。为此，通过研究求准完全饱和水时纵横波速度比来和实测纵横波速度比进行比较指示气层。完全饱和水时纵横波速度比这一数值也可称为速度比背景值。

把计算的水饱和地层的纵横波速度比值与实测波形提取的纵横波速度比值进行比较，就能判别气层的存在。当纵横波速度比的实测值小于计算值时为油气层，当纵横波速度比的实测值大于或等于计算值时为水层。

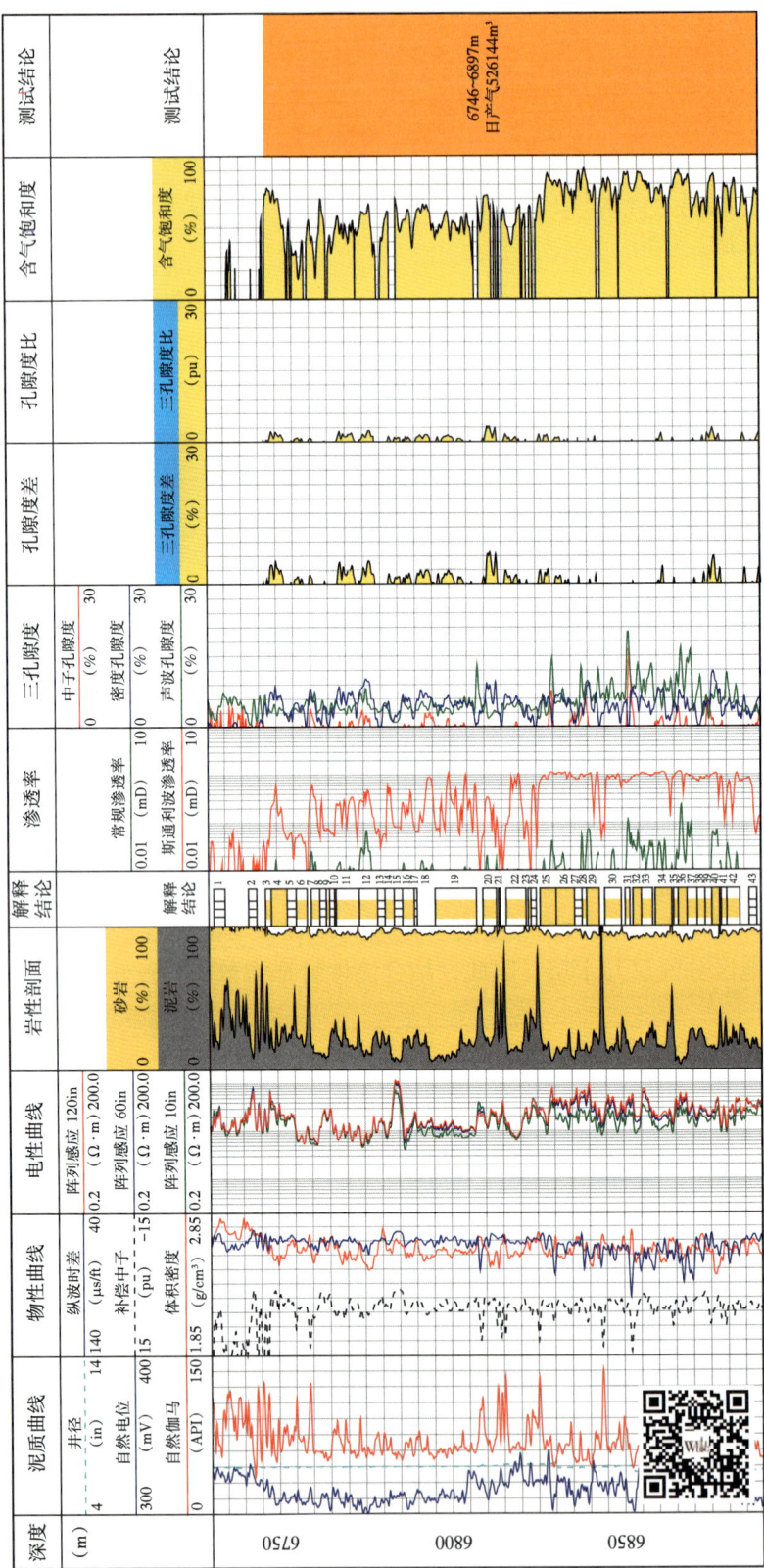

图 7-3-33 克深 8003 井三孔隙率差值与比值法识别气层成果

②流体压缩系数识别气层方法。

在含气地层中，往往是地层纵波速度减小明显，而横波速度变化很小，因此含气地层的纵横波速度比要比饱和水地层的纵横波速度比小得多，利用这一性质可以用来识别气层。原因是孔隙中水和气相在声学特性上有很大的差异，水的压缩系数远小于气的压缩系数。因此只要获得流体压缩系数，就能做到定量或半定量区分出水层和气层或油气层。

克深 8 气藏利用阵列声波测井获得的参数用于油气识别，主要参数包括纵波时差、横波时差、斯通利波时差及纵横波速度比。

利用纵波、横波时差、密度及泥质和孔隙度资料计算了弹性模量和流体压缩系数，提供了完全含水时的纵横波速度比、岩石杨氏模量、切变模量、泊松比、岩石压缩系数和流体压缩系数。体积流体压缩系数是用体积模型求得的，孔隙流体压缩系数用孔隙结构模型求得的。

采用岩心声波实验模型计算了含气饱和度指示参数，提供了含气饱和度指示。饱和水的纵横波速度比与实测纵横波速度比重叠，可定性识别油气层，流体压缩系数、岩石压缩系数与泊松比两条曲线重叠，可定量或半定量识别油气层。一般水层的压缩系数小于 $4\times10^{-10}Pa^{-1}$；油气层的压缩系数较高，一般大于 $8\times10^{-10}Pa^{-1}$，但往往由于孔隙结构、岩石组分、胶结物等因素的影响，计算的流体压缩系数可能会偏低。因此用流体压缩系数识别油气层要参考水层值。

图 7-3-34 是克深 8003 井声波气层识别成果图。从图中可以看出，测量时差比与完全含水时差比重叠，显示为明显的气层特征。同时，流体压缩系数和气指示值气特征显示明显。这与测井解释结论以及测试结论是一致的。

4. 应用效果

通过上述克深 8 井区裂缝性低孔砂岩气藏从储层测井响应特征、储层参数建模与地质检验、不同钻井液体系下裂缝识别与有效性评价、产层下限确定方法与评价标准以及裂缝性低孔砂岩储层流体类型判识技术的研究，形成了库车深层克深 8 气藏裂缝性低孔砂岩气藏测井评价技术系列，从单井评价到多井解释，从单井参数计算到多井对比研究，为探明储量上报与开发上产提供了测井技术支持。

图 7-3-35 为克深 802 井测井综合解释成果图，全井解释气层完井试油，7222~7304m 段 10mm 油嘴酸化，获日产气 $111\times10^4m^3$ 以上高产气流。依据上述技术对该气藏 10 口井开展了测井储层参数综合评价，全部解释为气层，无水。克深 8 区块 10 口井（克深 8 井、克深 801 井、克深 802 井、克深 8003 井、克深 8004 井、克深 805 井、克深 806 井、克深 807 井、KeS8-1 井、克深 8-2 井）测试均获得 10^6m^3 高产气流，均未钻至圈闭溢出点海拔 -5825m，且测试未见水（图 7-3-36）。根据测井提供的孔渗饱有效厚度以及地震提供的气藏面积，采用容积法计算，克深 8 气藏上报新增天然气地质储量为 $1584.55\times10^8m^3$。

5. 结论及建议

克深 8 气藏是库车坳陷白垩系超深层发现的整装裂缝性低孔砂岩气藏。储层厚度大，基质岩块储层是典型的特低孔低渗储层，但地层高角度裂缝发育，目的层钻井液体系既有水基也有油基，给测井储层描述与油气评价带来巨大的挑战。针对该区块测井评价难题，通过攻关研究，圆满解决了上述难题，并形成以下创新的结论与认识：

（1）针对复杂岩性，引进元素扫描成像，克服高伽马的影响，准确识别长石砂岩。

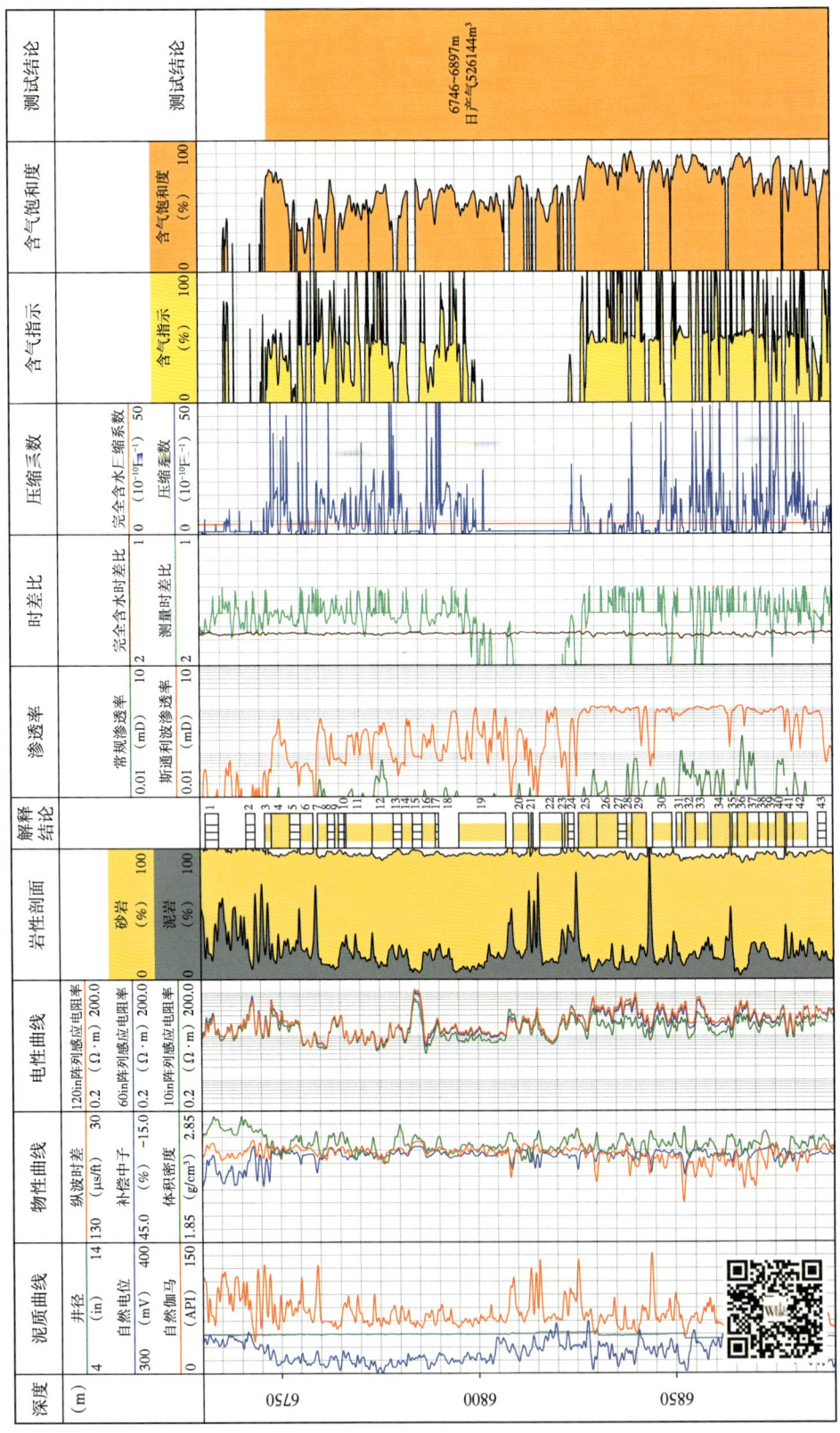

图 7-3-34 克深 8003 井全波列测井法识别气层

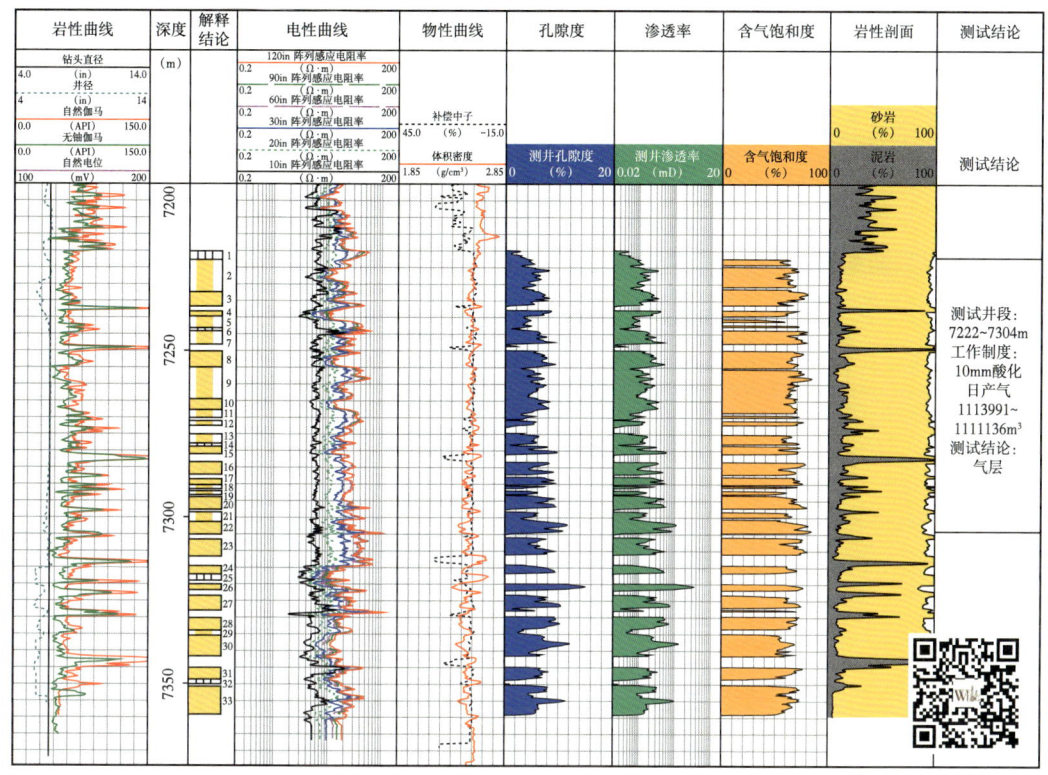

图 7-3-35　克深 802 井测井综合解释成果图

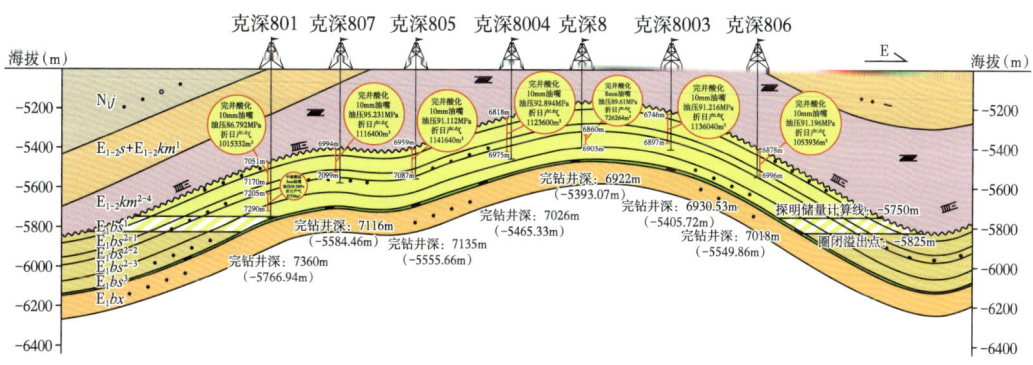

图 7-3-36　克深 8 气藏东西向连井剖面图

（2）针对油基钻井液体系下裂缝识别与有效性评价难题，提出岩心标定油基钻井液声电成像，建立油基钻井液体系下裂缝识别典型特征识别图版库，并建立裂缝面法向应力评价标准，准确评价裂缝有效性。

（3）发明了含裂缝流体压缩系数法识别气层、水层、干层的专利技术，使该区流体性质识别符合率达到创纪录的新高。

（4）建立了超深高温超高压低空裂缝性砂岩气藏储层参数模型、地质检验方法与产层下限评价标准，高效支撑了 1500 多亿立方米天然气探明储量上报。

（5）建议进一步加强超深层裂缝性低孔砂岩岩石物理实验研究，强化油基钻井液电成像裂缝参数定量计算研究，为万米深层勘探开发储备测井技术。

二、中央隆起中古5—中古8井区块奥陶统礁滩型碳酸盐岩油气藏测井评价

1. 地质背景

塔里木盆地塔中Ⅰ号气田中古5—中古8井区位于塔里木盆地中央隆起塔中隆起北斜坡塔中Ⅰ号坡折带中东部（图7-3-37），北为满加尔凹陷，西南为塔中隆起塔中10号构造带及中央断垒带。

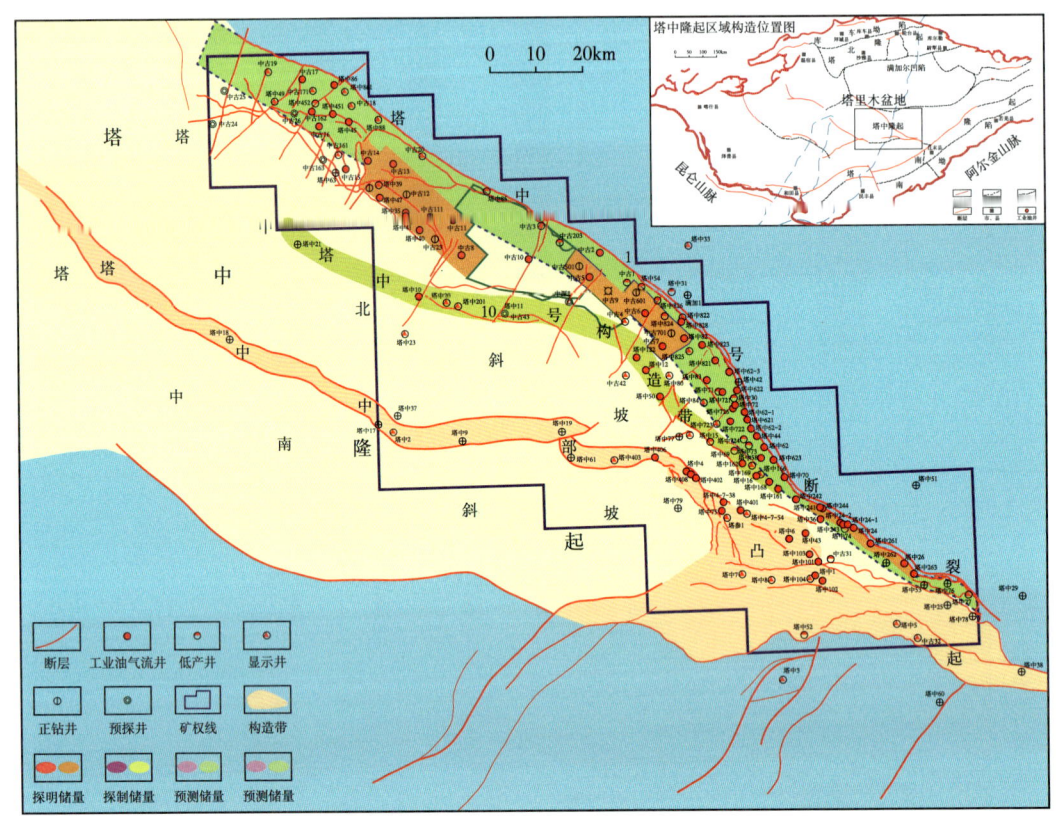

图7-3-37 中古5—中古8井区奥陶系油气藏区域构造位置示意图

中古5—中古8井区钻遇地层自上而下分别为新生界第四系、新近—古近系、中生界白垩系、三叠系，古生界二叠系、石炭系、泥盆系、志留系、奥陶系，缺失侏罗系。目的层为奥陶系，可细分为上奥陶统桑塔木组（O_3s）、良里塔格组（O_3l）及下奥陶统鹰山组（$O_{1-2}y$）；上奥陶统与上覆的志留系和下伏的下奥陶统均为不整合接触。

中古5—中古8井区储层主要分布在下奥陶统鹰山组风化壳及局部上奥陶统良里塔格组良三段礁滩复合体中，在断层、构造裂缝和溶蚀作用下形成统一的储集体。区块内下奥陶统鹰山组为开阔台地沉积，地形有一定分异，主要发育台内滩和台内洼地2种亚相，仅在中古7井鹰山组中段见有薄层灰泥丘亚相；上奥陶统良里塔格组四段、五段沉积时期，沿塔中Ⅰ号坡折带发育了近南北走向的台地边缘相带，其东为斜坡和盆地相区，其西为台地相区，沉积微相主要有台缘粒屑滩、滩间海。有效储层主要为碳酸盐岩，储集空间为裂缝、溶蚀孔洞和洞穴。

研究表明，塔中地区具有三期成藏、两期调整、油气充注过程复杂的特点。在加里东期、海西晚期以油充注为主，喜马拉雅期主要为天然气充注为主，先油后气，多期油气充注造成油气藏复杂化，目前仍处在气侵的调整中。塔中Ⅰ号坡折带气侵的方向来自北部满加尔凹陷，向南呈面状的运聚态势，挥发油藏与凝析气藏没有截然界限。

2. 存在问题

塔中地区奥陶系发育礁滩体、风化壳以及内幕型碳酸盐岩等储层，成因类型多样；储集空间以次生孔、洞和裂缝为主，非均质性强；奥陶系油藏多期油气充注、流体赋存状态复杂。此类储层测井定量评价、有效性分析及流体性质评价均属世界级难题。根据测井资料识别储集空间类型、划分储层级别、评价储层有效性、识别流体性质并计算其饱和度、建立有效产层划分标准等是中古 5—中古 8 井区研究的首要问题。

3. 测井评价技术

中古 5—中古 8 井区所钻探的井均采用 ECLIPS-5700、EXCELL-2000、MCM 及 MAXIS-500 等成像测井系列仪器进行资料采集，除常规测井外，还包括微电阻率成像测井（FMI、XRMI）、核磁共振测井（P-MRIL）或偶极横波成像（DSI、XMAC-Ⅱ）等。通过测井资料重复性、一致性以及测前测后刻度检查，资料优等，满足解释评价要求。

1）储层测井响应特征

对于块状裂缝溶洞型灰岩油藏，由于储集空间的非均质性，油气仅储存于有效的储集体内，因此划分有效储层和非有效储层是储量研究和计算的首要问题。由于储集空间类型的多样性，孔洞缝的发育情况及在空间组合关系上的不同，构成了不同的储层类型。按照孔洞缝在地下储层中的不同组合方式，参考邻近工区探明储量成果，将本区储层类型分为 4 类：裂缝型、孔洞型、裂缝孔洞型及洞穴型。碳酸盐岩基块测井响应特征较明显，主要表现为高电阻、低孔隙度及低自然伽马特征，一般不扩径。而对于不同类型的储层，其测井响应特征也不同。以下重点对裂缝孔洞型及洞穴型储层测井响应特征进行精细描述，裂缝型和孔洞型的测井响应特征不再一一赘述。

（1）裂缝—孔洞型储层测井响应特征。

裂缝—孔洞型储层不但孔洞发育，而且裂缝也发育。孔洞是其重要储集空间；裂缝也可作为储集空间，但更为重要的是作为连通渠道。相比孔洞型储层，这类储层渗流条件更好。这类储层综合了裂缝与孔洞型储层的储集特征，在测井曲线上也具有这两种储层的响应特征。图 7-3-38 为中古 111 井奥陶系常规测井曲线（第 1~4 道）及 XRMI 成像（第 5~6 道）。在 XRMI 成像测井图像上观察到未充填缝或泥质充填缝呈暗色线状，而方解石充填缝呈连续亮色线状，方解石半充填缝呈断续亮色线状，孔洞发育处可见明显较大面积或斑点状暗色斑块；常规测井双侧向呈正差异，且电阻率值降低，中子孔隙度大于 2%，声波时差增大，密度值有较小幅度起伏，小于骨架值（2.71g/cm^3）。

（2）洞穴型储层测井响应特征。

图 7-3-39 为中古 7 井常规（第 1~4 道）及 XRMI 成像（第 5~6 道）。从 XRMI 图像上可看到明显较大面积的暗色斑块，常规测井曲线中电阻率值低，深、浅侧向差异大，密度值降低很多，反映此井段洞穴发育。该类储层的孔渗都较高，是非常有利的储层，产量也较高。但该类储层段岩心收获率很低。

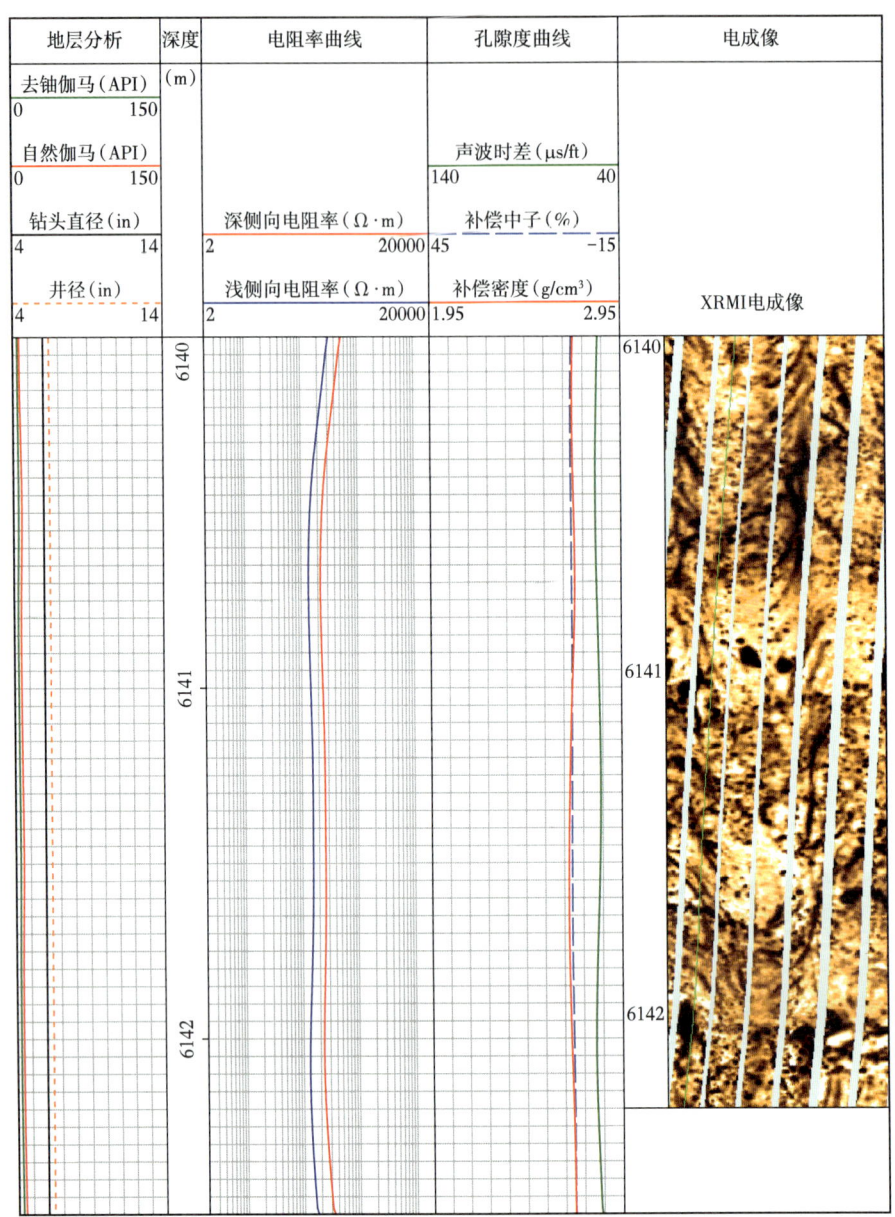

图 7-3-38 中古 111 井常规测井曲线及 XRMI 图像反映的裂缝孔洞型储层

2）缝洞型碳酸盐岩储层参数测井评价方法

准确计算碳酸盐岩测井储层参数难度大，可用来印证的资料也少，本次采用多种方法计算该区的测井储层参数，进行相互检验与印证。

由于洞穴型储层往往伴随有扩径及钻井液侵入严重等现象，使得曲线失真严重，因此在实际处理中，没有对其进行孔隙度、渗透率及饱和度的求取；下面将主要针对裂缝型、孔洞型及裂缝孔洞型储层，建立起这 3 种储层类型的测井响应特征与解释图版。

本区岩性变化不大，岩石矿物成分以方解石为主；储层的孔隙空间是由裂缝、溶蚀孔洞及孔隙空间组成；因此在解释中用裂缝孔隙度、孔洞孔隙度、总有效孔隙度等参数来描述这种复杂孔隙结构的储层特征。

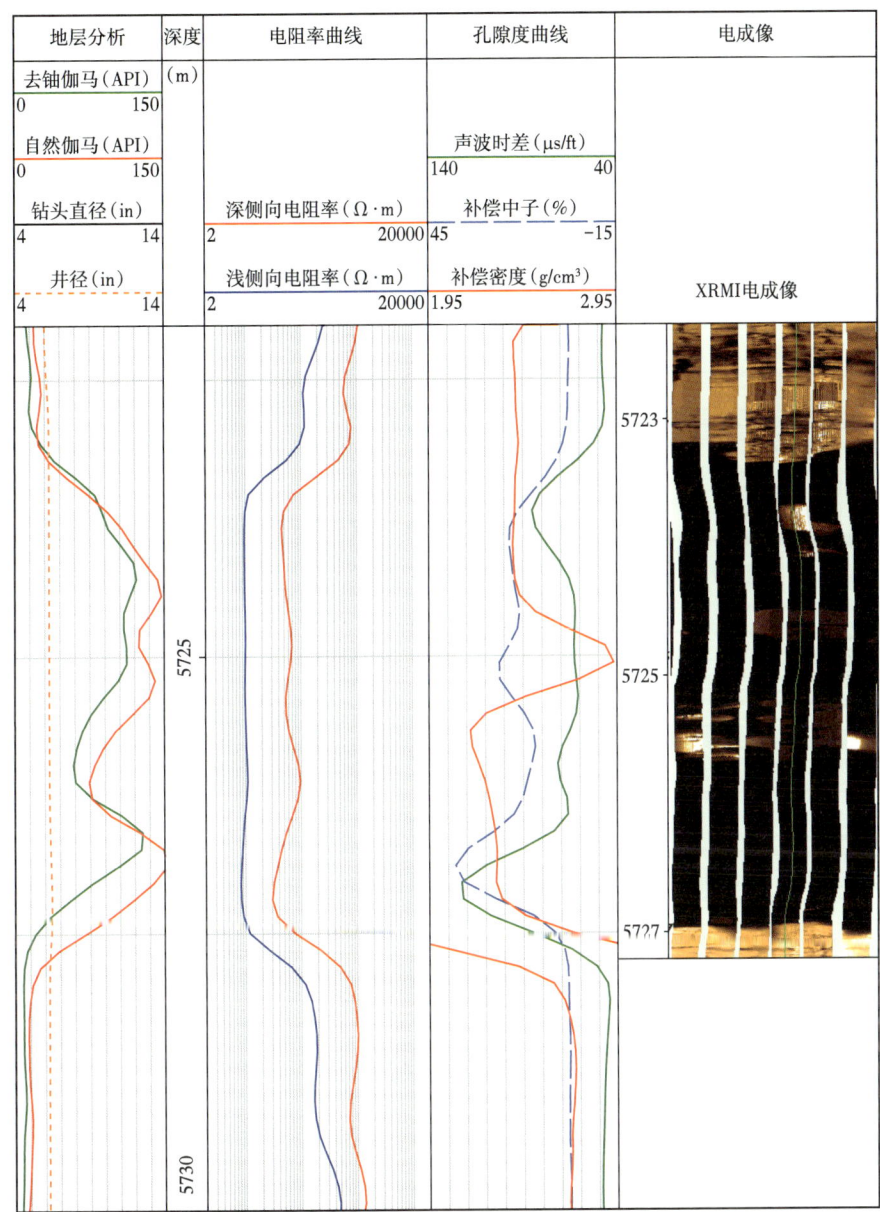

图 7-3-39　中古 7 井常规测井曲线及 XRMI 图像反映的洞穴型储层

（1）孔洞型储层储层参数测井评价方法。

①孔洞型储层孔隙度计算方法。

孔洞型储层的储集空间主要为溶蚀孔洞。因此，要求取孔洞孔隙度。孔洞孔隙度的求取主要有两种方法，其一是直接利用常规测井资料求取，其二是利用成像测井资料求取。

孔洞型储层的储集空间以溶蚀孔、洞为主；孔洞极其发育，利用常规测井资料中裂缝体积中子—密度交会计算的有效孔隙度可认为等于孔洞孔隙度。

在有 XRMI、FMI 电成像测井资料的情况下，从成像资料可以提取孔洞面孔率、孔洞密度、孔洞的平均半径等参数，再用岩心扫描图像数据和全直径资料加以验证并转化为孔洞孔隙度（图7-3-40），这样求取的参数最为可靠。

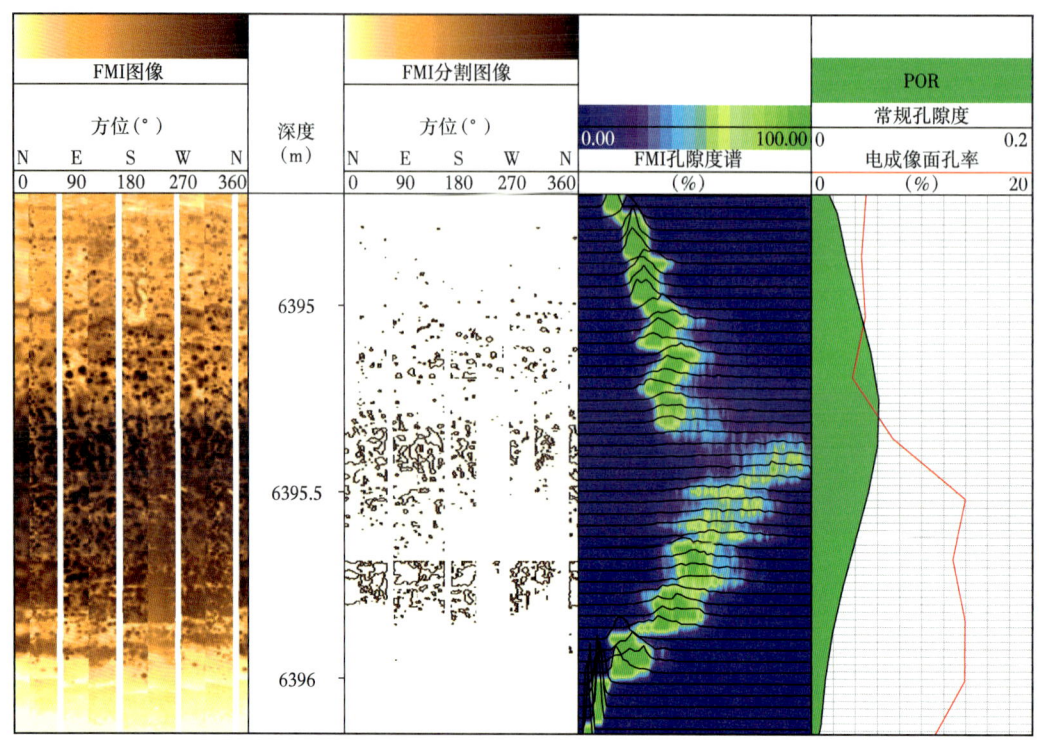

图7-3-40 利用FMI成像资料求取孔洞型储层参数实例图

这种方法受成像测井分辨率影响，有局限性。电成像的最小分辨率为5mm，倘若孔洞的孔径大于5mm，求得的参数将是准确的；倘若孔洞的孔径小于5mm，虽然小孔洞的叠加效应使得成像测井在图像可以进行识别，但要正确计算参数就显得无能为力了，再考虑到该区以后开发的需要，不可能大量采集成像资料。因此，还必须采用常规测井资料计算孔洞孔隙度。

②孔洞型储层含烃饱和度计算方法。

利用塔中82井区的岩电实验数据分析，分别作出地层因素与孔隙度、电阻率指数与含水饱和度关系图（图7-3-41）；经回归得出本区的岩电参数 a、b、m、n 值。

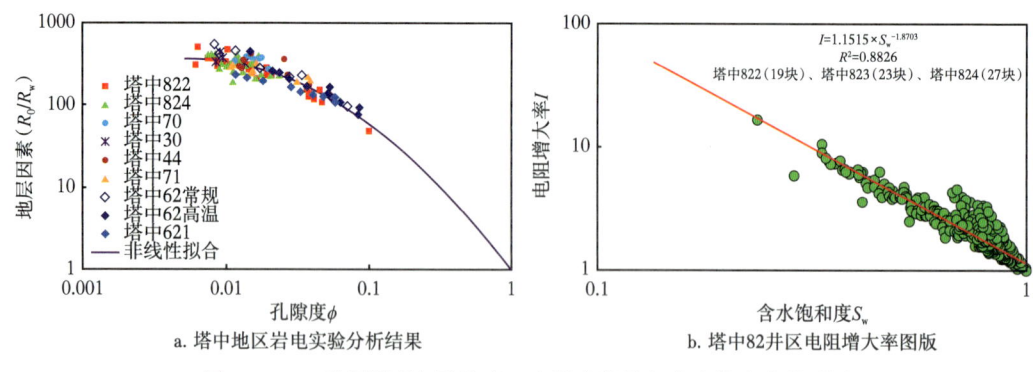

a. 塔中地区岩电实验分析结果　　　b. 塔中82井区电阻增大率图版

图7-3-41 地层因素与孔隙度、电阻率指数与含水饱和度关系图

从塔中 82 井区岩电实验分析结果来看，对于裂缝—孔洞型储层来说，由于孔隙度太低，地层因素与孔隙度的关系不再是单纯的双对数直线关系，而是表现出更为复杂的曲线变化关系［式（7-3-24），相关系数为 0.94］，这表明 m 值不再是一个定值，而是随着孔隙度的改变而改变。

$$F = \frac{1}{\phi^{2.2967+0.5141\lg\phi}} \quad (7\text{-}3\text{-}24)$$

因此，如果 $a=1$，则 $m=2.2967+0.5141\lg\phi$。

从塔中地区奥陶系含水饱和度—电阻率指数关系可得到关系式（7-3-25），相关系数为 0.94。

$$I = \frac{1.1515}{S_w^{1.8703}} \quad (7\text{-}3\text{-}25)$$

（2）裂缝型储层参数测井评价方法。

①裂缝型储层孔隙度计算方法。

裂缝型储层主要发育裂缝，溶蚀孔洞不发育。因此，要求取裂缝孔隙度。裂缝孔隙度的求取主要有 3 种方法，其一是利用常规测井资料求取，其二是利用成像测井资料自动处理获得，其三是利用手工拾取裂缝，从而求得裂缝孔隙度。

a. 常规测井资料求取。

裂缝大多分布在基岩电阻率较高的硬地层中，它既有储集能力，又是油气渗流的主要通道。在众多的常规测井方法中，双侧向测井仪具有较强的电流聚焦能力，它对探测高阻层特别有效，因此，它是裂缝性地层中常用的测井方法。本方法借鉴"八五""九五"国家攻关课题，开展对双侧向测井进行物理、数值模拟与研究，对岩心裂缝孔隙度进行观测，并用它来刻度双侧向测井研究成果。通过对轮南、英买力、塔中、塔西南、和田河、桑塔木等地区裂缝性储层的大量计算、岩心观测与实际测井、测试应用研究，建立了正演的简化测井解释方法，形成了一套较完整的裂缝性碳酸盐岩储层双侧向测井评价模型。在计算本区奥陶系碳酸盐岩储层裂缝孔隙度时，仍采用已建立的一套双侧向测井解释模型。但由于在建立双侧向测井解释模型时，研究对象不存在低电阻层，因而未考虑泥质的存在引起双侧向电阻率降低的问题。而在本区奥陶系碳酸盐岩中，一些井段存在泥质使双侧向电阻率大大降低的特点，若不加考虑泥质附加导电因素，直接套用已建立的双侧向测井解释模型，所计算的裂缝孔隙度和张开度是无法应用的。因此，在利用双侧向测井解释模型计算裂缝参数时，必须对双侧向电阻率进行泥质的附加导电校正。

从岩石的导电机理出发，在含泥质的碳酸盐岩地层，电导率是地层泥质部分导电与纯岩性部分（包括裂缝）导电的并联结果，因此地层电导率可看成是地层泥质部分与包括裂缝在内的纯岩性部分的电导率之和。若能找到岩层电导率与泥质含量之间的变化关系，即可根据这一关系对岩层电导率进行含泥质校正。为此对桑南斜坡奥陶系绘制了地层电导率与泥质含量交会图（图 7-3-42）。

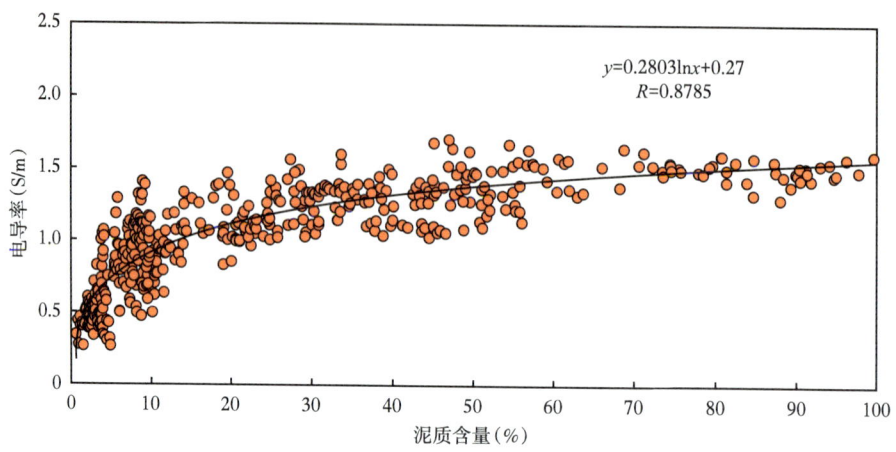

图 7-3-42　地层电导率与泥质含量相关关系图

拟合求出关系式为：

$$C_{sh}=0.2803\ln V_{sh}+0.274 \quad (7\text{-}3\text{-}26)$$

式中：C_{sh} 为泥质电导率，S/m；V_{sh} 为泥质含量。

对深浅侧向电阻率进行泥质附加导电校正后，代入双侧向测井简化模型，即可对裂缝孔隙度进行估算。

不论从微观上还是从宏观上讲，在裂缝性地层中双侧向的电场分布都是三维的，模式匹配法及高效数值解法只在二维问题中效果才好。在进行裂缝的双侧向测井响应的正演计算时，采用了三维有限元法计算。由于三维有限元法的计算速度较慢，要对裂缝的双侧向测井响应进行严格的反演是不现实的。在目前条件下，通过对裂缝的双侧向测井响应进行准确的、大量的计算和认真分析，来建立较好的裂缝双侧向测井响应与地层参数（孔隙度、流体电导率、倾角、侵入半径及基岩电导率）之间的函数关系，利用这些函数关系对裂缝的双侧向进行反演，也是一种快速有效的反演方法。但由于双侧向测井只有两条曲线，而地层参数较多，所以对裂缝的双侧向测井响应进行反演存在多解性。为此在建立双侧向测井解释模型时，假定侵入半径为无穷远，并根据裂缝倾角将裂缝分为3组：低角度或水平缝（0°~50°）、斜交缝（60°~75°）及高角度或立缝（75°~90°）。通过这样的假定，在讨论双侧向电导率的表示形式时，还需寻找尽可能接近实际的表达式，用660组数据简化的双侧向解释公式为：

$$X = C_{mf}\phi_f \quad (7\text{-}3\text{-}27)$$

深侧向：

$$C_{lldo} = d_1 x^{d_2} C_b + d_3 x^{d_4} \quad (7\text{-}3\text{-}28)$$

浅侧向：

$$C_{llso} = s_1 x^{s_2} C_b + s_3 x^{s_4} \quad (7\text{-}3\text{-}29)$$

式中：C_{lldo}、C_{llso} 分别为经泥质附加导电校正后的深、浅侧向电导率，S/m；C_b 为基岩电导率，S/m；ϕ_f 为裂缝孔隙度；C_{mf} 为钻井液电导率；d_1、d_2、d_3、d_4、s_1、s_2、s_3、s_4 为分析所得系数。

从严格意义上讲，式（7-3-28）、式（7-3-29）只是近似相等，如何求解这两式更好，塔里木油田已作了大量的尝试。下面将给出较好的一种方法。根据裂缝倾角将裂缝分为 3 组，所对应的双侧向电导率的表达式如下：

高角度或立缝：

$$C_{lldo}=2.19813X^{0.115533}C_b+0.242353X^{0.966162432} \tag{7-3-30}$$

$$C_{llso}=1.91675X^{0.0845022}C_b+0.354343X^{0.983048} \tag{7-3-31}$$

斜交缝：

$$C_{lldo}=1.45232X^{0.0640265}C_b+0.416279X^{0.998381} \tag{7-3-32}$$

$$C_{llso}=1.70807X^{0.0711936}C_b+0.446206X^{0.992311} \tag{7-3-33}$$

低角度或水平缝：

$$C_{lldo}=1.16613X^{0.0389691}C_b+0.769238X^{1.00081} \tag{7-3-34}$$

$$C_{llso}=1.70807X^{0.248365}C_b+0.42231X^{0.935661} \tag{7-3-35}$$

由于式（7-3-28）、式（7-3-29）为近似等式，则可用 Δd、Δs 表示其误差，即：

$$\Delta d = \left(C_{lldo} - d_1 x^{d_2} C_b - d_3 x^{d_4}\right)^2 \tag{7-3-36}$$

$$\Delta s = \left(C_{llso} - s_1 x^{s_2} C_b - s_3 x^{s_4}\right)^2 \tag{7-3-37}$$

令 $\Delta = \Delta d + \Delta s$，则有：

$$\Delta = \left(C_{lldo} - d_1 x^{d_2} C_b - d_3 x^{d_4}\right)^2 + \left(C_{llso} - s_1 x^{s_2} C_b - s_3 x^{s_4}\right)^2 \tag{7-3-38}$$

显然，式（7-3-38）有极小值点。式（7-3-38）对 x 求导得：

$$\Delta x = -2\left(C_{lldo} - d_1 x^{d_2} C_b - d_3 x^{d_4}\right)\left(d_1 d_2 C_b x^{d_2-1} + d_3 d_4 x^{d_4-1}\right)$$
$$-2\left(C_{llso} - s_1 x^{s_2} C_b - s_3 x^{s_4}\right)\left(s_1 s_2 C_b x^{s_2-1} + s_3 s_4 x^{s_4-1}\right) \tag{7-3-39}$$

求解 Δx 所得的根即为式（7-3-28）、式（7-3-29）中 x 的最佳值。由于 x 满足两式的取值范围小，所以求解式（7-3-39）的根不能用牛顿迭代法，因为当给定一个初值 x_0 时，x_1 很可能超出 x 的有效取值范围。求式（7-3-39）的根可用二分法或截距法，x_0、x_1 分别取为 0.0001、0.5。在本研究中，采用二分法求得 x 的值，根据简化的双侧向解释公式即可计算裂缝孔隙度：

$$\phi_f = X/C_{mf} \tag{7-3-40}$$

图 7-3-43 为中古 203 井利用常规测井资料计算裂缝孔隙度实例。

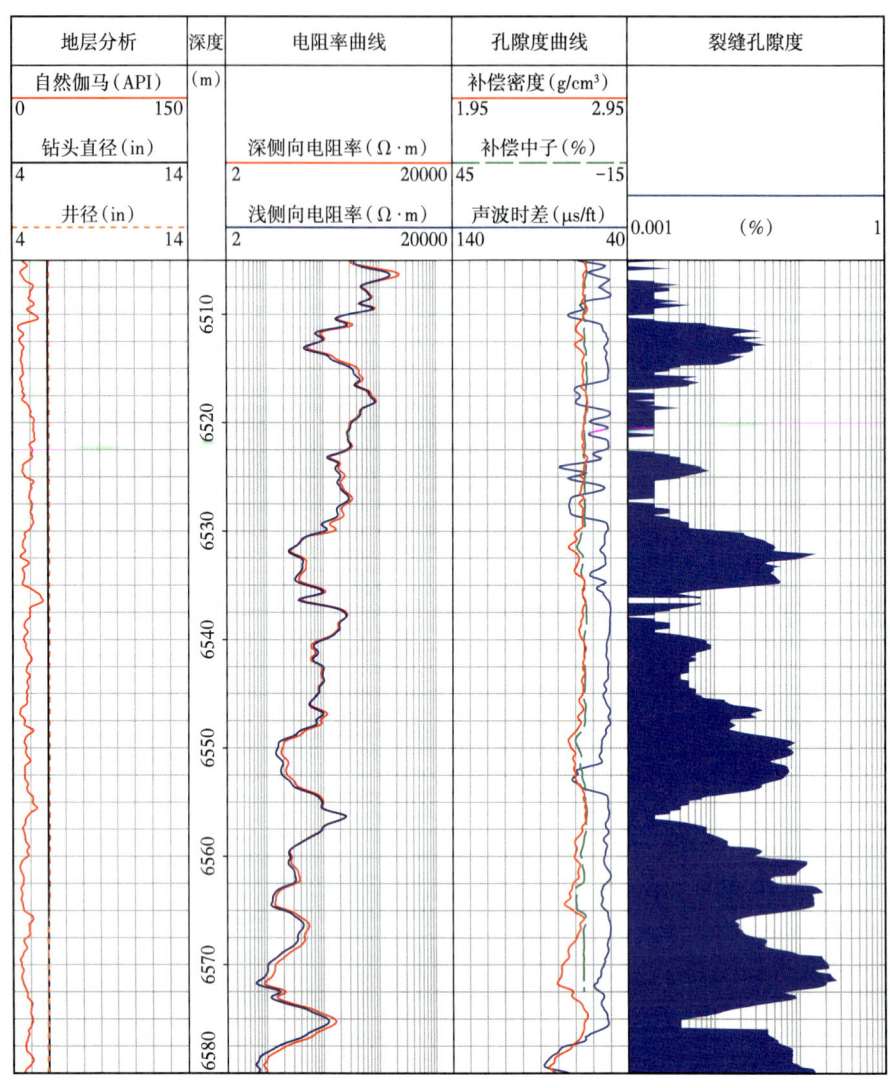

图 7-3-43　利用常规测井资料计算裂缝孔隙度实例图（中古 203 井）

通过对所选择的 660 组数据进行计算，将其结果分成 3 组，第一组为低角度或水平缝情况，角度在 0°~50° 变化，令所有这些数据为一集合为 R_{ds0}；第二组为斜交缝，角度在 60°~73° 之间变化，令所有这些数据为一个集合 R_{ds6}；第三组为高角度或立缝，角度在 75°~90° 之间变化，令所有这些数据为一个 R_{ds9}。

对 3 个集合中的每一组数据都作如下运算：

$$X = (R_{lld0} - R_{lls0})/\sqrt{R_{lld0} \times R_{lls0}} \tag{7-3-41}$$

式中：R_{lld0}、R_{lls0} 分别为经泥质附加导电校正后的深、浅侧向电阻率。

通过对 660 组数据进行统计分析，得到如下结论：当 $x > 0.1$ 时，裂缝为准立缝；当 $0 < x \leq 0.1$ 时，裂缝为中间角度裂缝；当 $x \leq 0$ 时，裂缝为准水平缝。

上述理论可简化为利用双侧向计算裂缝孔隙度（ϕ_f）公式：

$$\phi_f = (8.52253/R_s - 8.242778/R_d + 0.00071236) R_{mf} \times 100 \quad (R_d > R_s) \quad (7\text{-}3\text{-}42)$$

$$\phi_f = (1.99247/R_d - 0.992719/R_s + 0.000318291) R_{mf} \times 100 \quad (R_d < R_s) \quad (7\text{-}3\text{-}43)$$

式中：R_d 为深侧向测井响应；R_s 为浅侧向测井响应。

斯伦贝谢公司 A.M.Sibbit 等（1985）采用有限元法对双侧向不同产状裂缝响应的计算，提出利用双侧向差异来估算裂缝张开度。

高角度或立缝发育条件下，当 $R_{mb}=10000\Omega\cdot m$，$R_m=0.1\Omega\cdot m$，钻井液无限侵入时（即 $C_{so}-C_{do}$），裂缝张开度 ε 为：

$$\varepsilon = \frac{C_{so} - C_{do}}{4C_m} \times 10^4 \quad (7\text{-}3\text{-}44)$$

低角度或水平缝发育条件下，相同地层电阻率及钻井液电阻率条件下的公式为：

$$\varepsilon = \frac{C_{do} - C_b}{1.2 C_m} \times 10^3 \quad (7\text{-}3\text{-}45)$$

式中：ε 为裂缝张开度；C_{do}、C_{so} 分别为泥质附加导电校正之后的深侧向和浅侧向电导率，S/m；C_m、C_b 分别为钻井液和基岩电导率，S/m。

用双侧向电导率差异所求的 ε 是等效裂缝宽度，即当其中有若干条裂缝时，所求 ε 是这些裂缝宽度总和。

b. 成像测井资料自动处理计算。

为了从成像测井资料中提取定量信息，如面孔率、裂缝长度和裂缝宽度等相关参数，一个基本的步骤就是要对电成像图像数据进行图像分割，即从成像测井资料中分离出主要反映裂缝、孔洞的子图像，然后采用相应的方法对分割后的子图像进行进一步的处理和参数计算。

图像分割采用了二维小波变换图像分割算法，以期将溶蚀孔、洞、裂缝的图像从背景中分离出来。考虑图像像元邻域的特征，直接在二维图像中按 Mallat 方法应用二维小波变换求出目标与背景边缘的点集。接着按这个边缘点集坐标点所对应的原图像的像素灰度值的平均值作为分割阈值进行图像分割。采用这种方法的优点是处理人员对结果的干预较小，处理结果连续，处理参数一致，具有较强的对比性。对于分割后的图像，就可以作进一步的图像处理、目标形状分析和目标属性分析。

面孔率：

$$\text{FVPA} = \frac{\sum_{f(x,y) > \Gamma} \text{sgn}(f(x,y))}{\text{总面积}} \quad (7\text{-}3\text{-}46)$$

式中：Γ 为图像分割值；sgn 为符号函数。

单目标（孔洞、裂缝）长度 L。根据边缘跟踪算法得到目标的边缘集 P，设 $a(x_1, y_1)$、$a(x_2, y_2)$ 是边缘上任意两点，则目标的长度定义为：

$$L = \max_{a(x_1,y_1), a(x_2,y_2) \in P} \left\{ \sqrt{(x_2 - x_1)^2 + (y_2 - y_1)^2} \right\} \quad (7\text{-}3\text{-}47)$$

这样定义的长度,当目标为圆时,是其直径;当目标为矩形时,是其长对角线的长度,而不是矩形实际的长度;当目标为复杂图形时,是其边界点集中两点间距离的最大值。

单目标(孔洞、裂缝)宽度 W 定义为边缘上垂直于长度的一组直线 0101、0202、0303、……中距离最大的直线长度。

利用上述方法对中古 203 井处理的成果图如图 7-3-44 所示。图中第三道为分割后的图像,第四道为孔隙度频谱,第五道为成像面孔率(红色线)和总孔隙度(黑色线),第六道为裂缝长度(粉红色填充)和裂缝宽度(浅蓝色填充)。

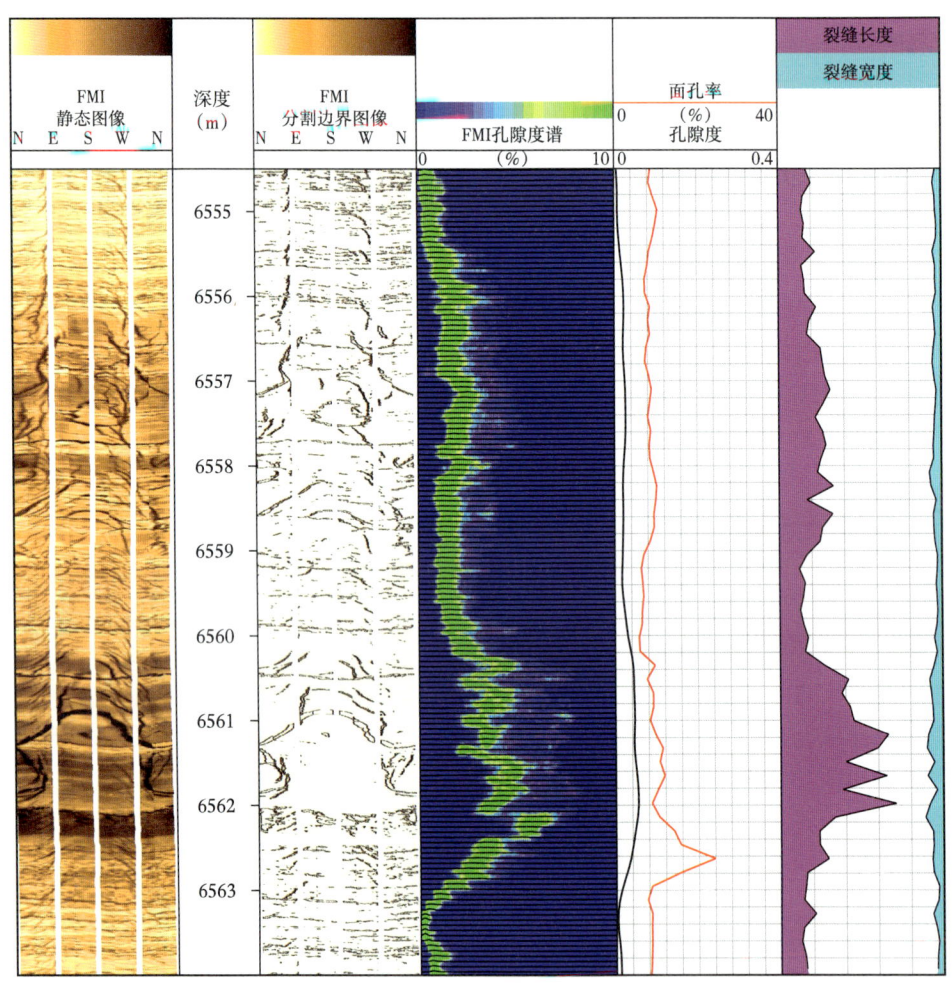

图 7-3-44 利用 FMI 测井资料处理的面孔率、裂缝长度及裂缝宽度实例图

c. 成像测井资料手工拾取裂缝计算裂缝孔隙度。

成像测井资料经过手工拾取裂缝后,Geoframe 可以根据手工解释的裂缝计算出裂缝孔隙度(FVPA)、裂缝长度(FVTL)、裂缝张开度(FVA)和裂缝密度等参数。图 7-3-45 是中古 203 井利用 FMI 成像测井资料手工解释裂缝后所计算的裂缝参数成果图。图中,第 1 道为 FMI 静态图像,第 2 道为深度,第 3 道为裂缝孔隙度,第 4 道为裂缝张开度,第 5 道为裂缝长度。

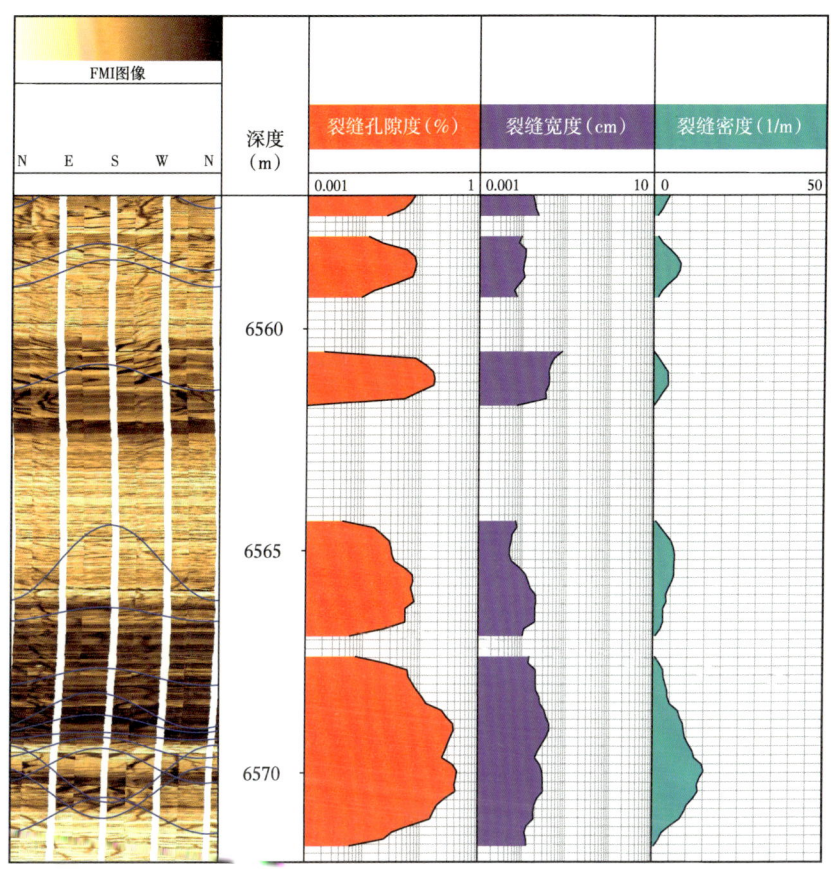

图 7-3-45 FMI 成像测井资料手工拾取裂缝计算的裂缝参数实例图

②裂缝型储层含烃饱和度计算方法。

一般认为,在裂缝型油气层中,裂缝孔隙中的束缚水饱和度极低。法国石油研究院通过实验测定岩石壁水膜的厚度,假定裂缝宽度为 100μm,当水和油在裂缝中分布达到平衡时,测定束缚在裂缝壁一边的水膜厚度为 0.16μm,则裂缝壁两边的水膜厚度为 0.32μm。经过推导,裂缝孔隙含水饱和度 S_{wf} 公式为:

$$S_{wf} = 3 \times B_w / (2 \times \Delta D) \tag{7-3-48}$$

式中:B_w 为裂缝壁水膜厚度,μm;ΔD 为裂缝宽度,μm。

给出一系列裂缝宽度,根据式(7-3-48)可以计算出对应的裂缝可动流体饱和度值,再根据此表数据可以作出裂缝宽度(ΔD)与裂缝可动流体饱和度(S_o)的关系图。

图 7-3-46 和图 7-3-47 是利用电阻率成像资料(FMI)定量处理得到的裂缝宽度分布范围统计图,可以看出中古 8 井区裂缝宽度的分布范围:中古 1 井的裂缝宽度基本上在 20μm 以上,中古 203 井的裂缝宽度基本上在 5μm 以上,约占总数的 88%。利用图 7-3-48 可以查出所对应的裂缝流体饱和度在 95% 以上。据中古 7 的岩心铸体薄片分析,发现发育构造微缝宽度 0.01~0.05mm(10~50μm)之间,裂缝含气饱和度在 95% 以上。因此,该区裂缝饱和度值取为 90% 应该是合理的。

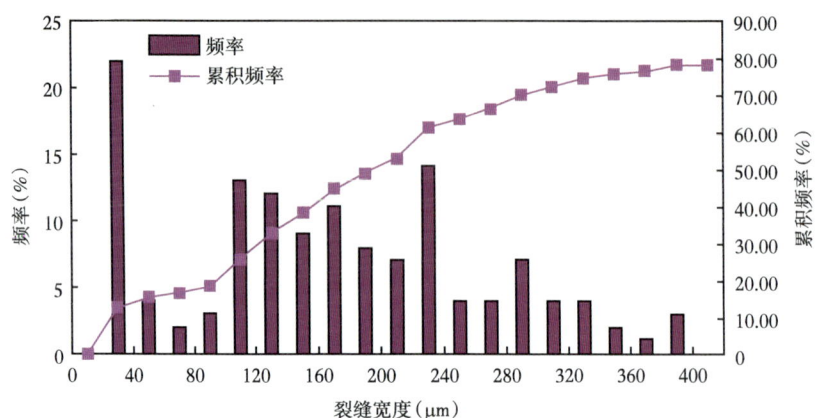

图 7-3-46 中古 1 井裂缝平均宽度直方图

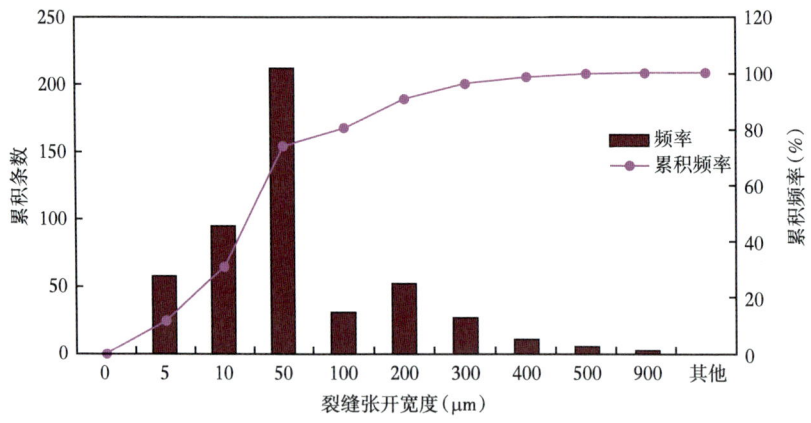

图 7-3-47 中古 203 井裂缝平均宽度直方图

（3）裂缝—孔洞型储层参数测井评价方法。

①裂缝—孔洞型储层孔隙度计算方法。

a. 常规测井资料求取。

裂缝—孔洞型储层中孔洞、裂缝均发育。由中子—密度交会计算的有效孔隙度（ϕ_e）等于裂缝孔隙度（ϕ_f）加孔洞孔隙度（ϕ_{kd}），再加少量原生有效孔隙度（ϕ_y）。即：

$$\phi_e = \phi_f + \phi_{kd} + \phi_y \quad (7\text{-}3\text{-}49)$$

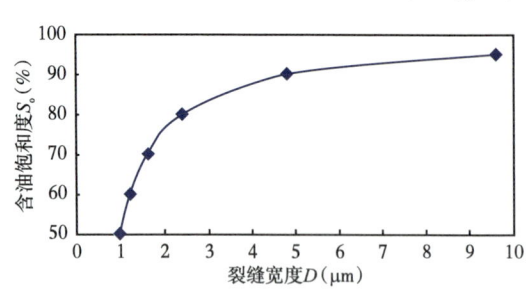

图 7-3-48 裂缝可动流体饱和度与裂缝宽度试验数据图

由于测井常规资料是地层的综合响应，无法区分次生孔隙与原生孔隙。但本区原生孔隙不发育，且有效体积也很小。所以，可以把孔洞孔隙度（ϕ_{kd}）与少量原生有效孔隙度（ϕ_y）合并，作为广义的孔洞孔隙度（ϕ_{kd}）。这样，广义的孔洞孔隙度（ϕ_{kd}）就可以表达如下：

$$\phi_{kd} = \phi_e - \phi_f \tag{7-3-50}$$

裂缝孔隙度（ϕ_f）利用双侧向测井资料求取得到。

对上述计算的测井孔隙度进行覆压校正后作为本次计算的孔隙度值。

b. 成像测井资料计算。

图 7-3-49 为中古 111 井 P 型核磁共振测井处理成果图。图中，最后一道为核磁共振处理孔隙度（红色曲线）与常规计算孔隙度（蓝色曲线）对比；由图可见，两者计算孔隙度趋势基本一致重合，说明常规计算孔隙度准确可靠，满足储量计算要求。

图 7-3-50 为中古 9 井岩心分析孔隙度与测井计算孔隙度曲线的对比图。由图上最后一道可见，测井计算孔隙度（红色曲线）与岩心分析孔隙度（绿色杆状图）之间有较好的一致性。

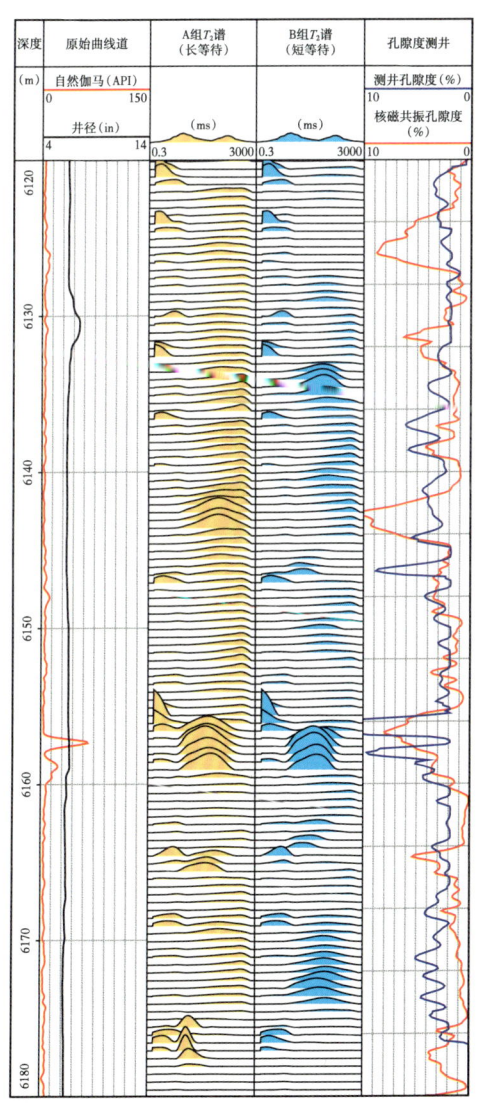

图 7-3-49 中古 111 井核磁共振测井处理成果与常规测井计算孔隙度对比图

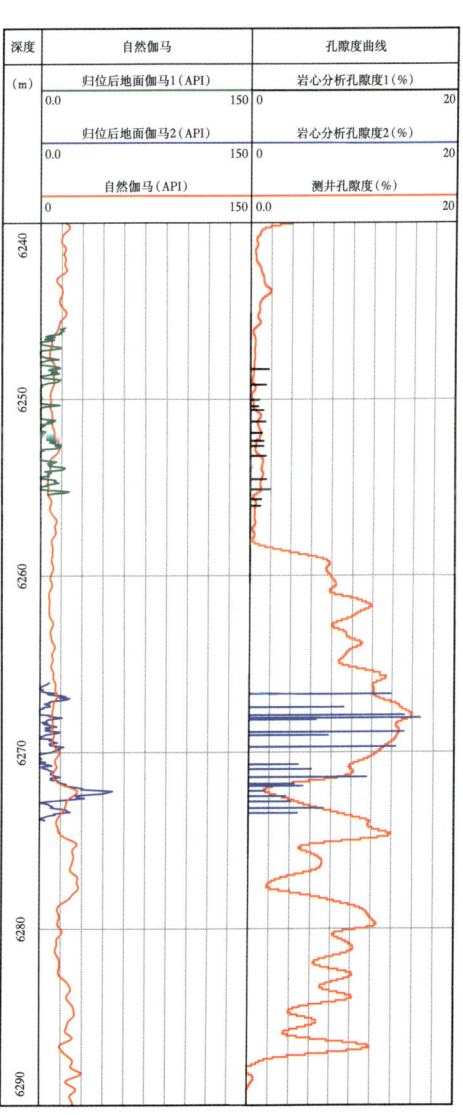

图 7-3-50 中古 9 井岩心分析孔隙度与测井计算孔隙度对比图

图 7-3-51 为中古 9 井岩心分析孔隙度与对应深度段测井解释孔隙度直方图对比，由图可见，测井计算孔隙度与岩性分析孔隙度分布特性一致，两者比较符合。

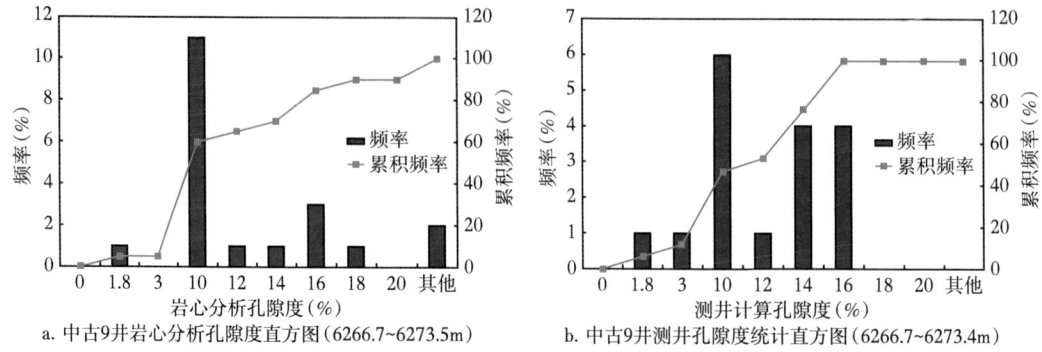

图 7-3-51　中古 9 井岩心分析与测井计算孔隙度统计直方图对比

②裂缝—孔洞型储层含烃饱和度计算。

a. 常规测井资料求取。

碳酸盐岩属于双重孔隙结构的储层。这两种孔隙空间具有不同的导电特征，因此应建立的双重孔隙结构导电物理模型；根据孔洞岩块与裂缝并联的导电特征，建立起双重孔隙结构的测井响应方程：

$$\frac{1}{R_t} = \left(\frac{\phi_f^{m_f} S_{wf}^{n_f}}{R_{mf} k_1} + \frac{\phi_{mb}^{m_b} S_{wb}^{n_b}}{R_w} \right) \qquad (7\text{-}3\text{-}51)$$

$$\frac{1}{R_s} = \left(\frac{\phi_f^{m_f} S_{wf}^{n_f}}{R_{mf} k_2} + \frac{\phi_{mb}^{m_b} S_{xo}^{n_b}}{R_z} \right) \qquad (7\text{-}3\text{-}52)$$

$$R_z = \frac{R_{mf} R_w}{Z R_{mf} + (1-Z) R_w} \qquad (7\text{-}3\text{-}53)$$

$$S_w = \frac{\phi_{mb} S_{mb} + \phi_f S_{wf}}{\phi_{mb} + \phi_f} \qquad (7\text{-}3\text{-}54)$$

$$S_{or} = 1 - S_w \qquad (7\text{-}3\text{-}55)$$

式中：R_t、R_s 为深浅侧向电阻率，$\Omega \cdot m$；ϕ_b、ϕ_f 为岩块与裂缝孔隙度，%；m_b、m_f 为岩块、裂缝的地层胶结指数；S_{wb}、S_{wf}、S_{xo} 为岩块、裂缝、冲刷带的含水饱和度，%；n_b、n_f 为岩块与裂缝的饱和度指数；R_{wf}、R_w、R_z 为钻井液滤液、地层水、地层水与钻井液混合的电阻率，$\Omega \cdot m$；k_1、k_2 为裂缝造成的畸变系数。

由建立模型导出的响应方程看出，需要对大量参数进行选定。

m、n 值的确定：对于裂缝—孔洞型储层来说，岩电参数采用该区实验结果。如果 $a=1$，则 $m=2.2967+0.5141 \lg\phi$，$b=1.1515$，$n=1.8703$。

m_f、S_{wf} 的确定：裂缝孔隙度指数 m_f 根据奥陶系裂缝较发育的特征，采用1.5，即 $m_f=1.5$。在裂缝中，由于钻井液侵入使裂缝被钻井液充满，所以 $S_{wf} \approx 1$。

R_z、k_1、k_2 的确定：R_z 作为混合液电阻率主要取决于 Z 值，Z 值一般选用 0.5~0.7。而 k_1、k_2 为裂缝造成的畸变系数，根据裂缝产状的不同，一般取值在 0.7~1.3 之间。

R_w 的确定：取本区中古7井奥陶系 5865~5880m 井段地层水分析资料，其氯离子平均值为 10.1×10^4 mg/L，总矿化度为 16.58×10^4 mg/L，结合地层温度 142℃。查图版后确定 R_w 约为 $0.055\Omega \cdot m/20°$，即 $0.014\Omega \cdot m/142°$。

b. 成像测井资料计算。

在中古8井区，中古111井采集了 P-MRIL 测井资料，这也为饱和度的验证提供了基础资料。在图 7-3-52 中，右侧最后一道中的蓝色线为常规测井资料计算饱和度，红色线为核磁共振测井资料处理饱和度。从处理成果看，核磁共振处理饱和度与常规测井计算饱和度趋势一致，大小相当，说明常规测井饱和度计算模型是可行的。因此，中古8井区的饱和度模型计算的饱和度也应该是可信的，满足探明储量的要求。

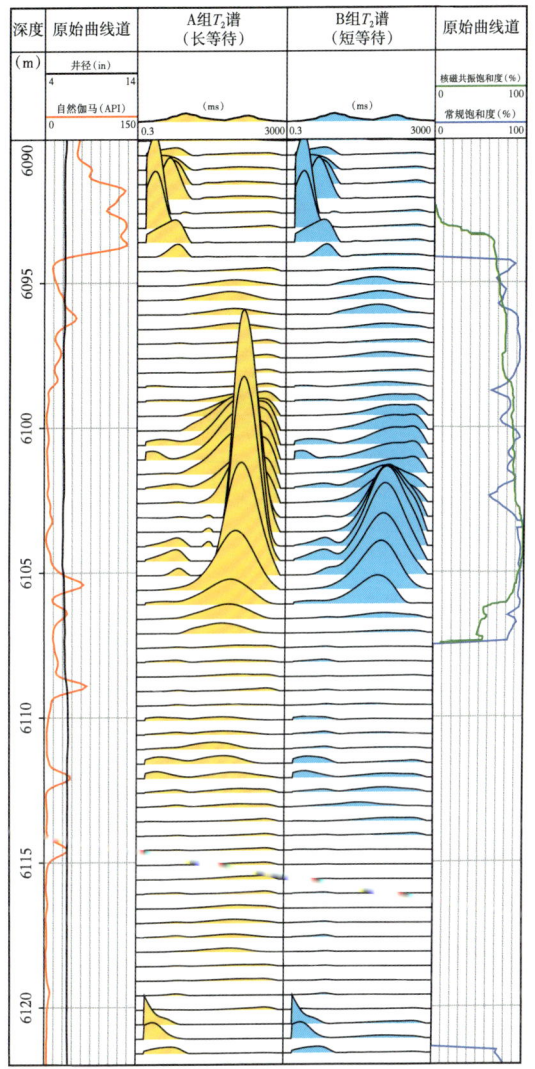

图 7-3-52 中古 111 井核磁共振处理饱和度与常规计算饱和度对比图

c. 用毛管压力实验成果检验。

测井计算含油饱和度的地质检验，主要采用油基钻井液密闭取心的饱和度或用岩心毛管压力测定的饱和度及试油结果进行检验。图 7-3-53 为塔中地区压汞实验分析数据中的孔隙度与束缚水饱和度关系图，图中红线为压汞实验分析数据孔隙度与束缚水饱和度拟合关系曲线，蓝线为测井处理孔隙度与束缚水饱和度拟合关系曲线。由图可以看出，测井处理饱和度与实验数据拟合曲线符合很好；这也从另一侧面说明饱和度计算方法是可靠的，满足探明储量要求。

（4）渗透率的估算。

对于碳酸盐岩中由裂缝和基块孔隙组成的双重介质储层，其渗透率不是由单一的基块孔隙渗透率或单一的裂缝渗透率所能表达，而是由基块孔隙渗透率 K_b 和裂缝渗透率

K_f 共同组成,且两者的差别很大,一般裂缝渗透率 K_f 比基块孔隙渗透率 K_b 要大得多,所以应分别计算这两部分的渗透率。

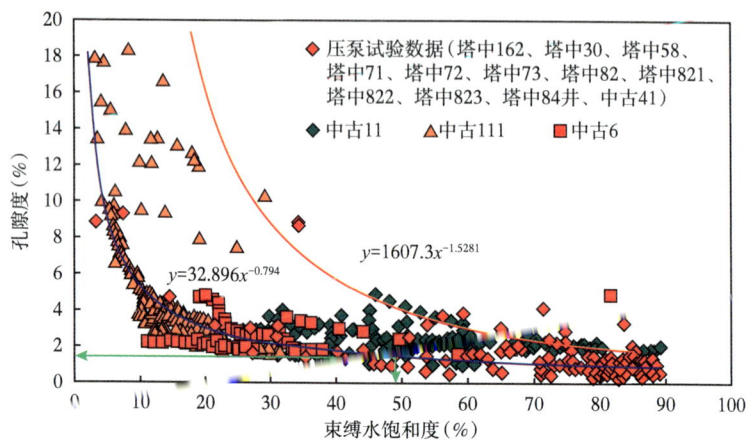

图 7-3-53　压汞测试孔饱关系确定有效储层孔隙度下限

①岩块渗透率。

将中古 8 及中古 5 井区奥陶系岩心分析孔隙度与对应的样品渗透率进行交会,发现在半对数坐标图上点子非常分散(图 7-3-54),相关性差,但点子的离散状况却表现出一定的规律性:在低孔段的渗透率偏高,高孔段的渗透率偏低,中孔段渗透率最高。造成这些现象的原因是:低孔岩石,特别是致密岩石,在钻井取心及岩心取塞样过程中产生了微裂缝,使渗透率增高;在中孔段储层,往往孔隙和裂缝都有一定程度的发育,使岩心渗透率较高;在高孔储层段,通常裂缝发育程度较低,故渗透率值基本反映的是孔隙的渗透率。

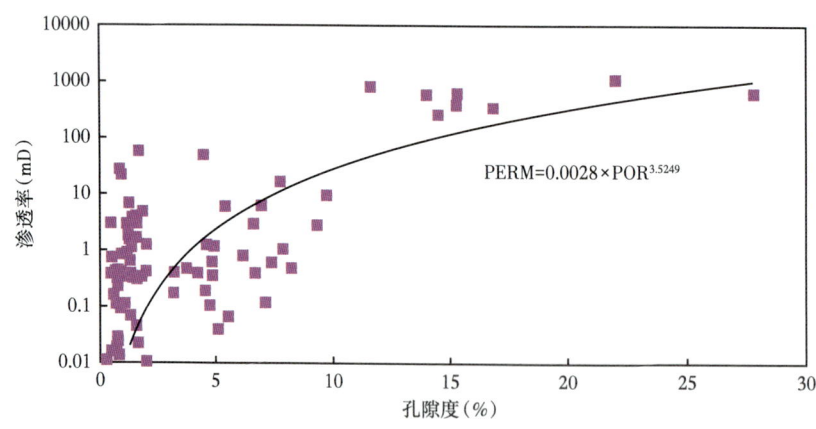

图 7-3-54　中古 8 及中古 5 井区奥陶系岩性分析孔渗交会图

裂缝—孔隙双重介质不可能完全用岩心孔隙度来求取储层渗透率,也不可能用低孔段和中孔段的岩心孔隙度来求岩块渗透率,因为它里面包含着较多的天然裂缝和人工诱导微裂缝,只有用相对高孔段的点子和中、低孔段的低渗透率点子才能建立岩块孔隙度与渗透率的关系。因此,在建立岩块孔隙度与渗透率的关系时,应尽量避开裂缝的干扰,即在岩心孔隙度与岩心渗透率关系图中,必须把受裂缝影响的数据去掉,并沿着孔隙度增加的方向，选取渗透率较低的数据来反映基块渗透率。为此，在低孔段选取渗透率变化的下限，在高孔段选取渗透率变化的实际回归值，在中孔段无法分别确定孔隙、裂缝对渗透率的贡献，故只好按低孔和高孔段渗透率变化趋势来取。于是可得出基块渗透率的估算公式为：

$$K_m = 0.0028\phi^{3.5249} \tag{7-3-56}$$

式中：K_m 为基块渗透率，mD；ϕ 为基块孔隙度，%。

式（7-3-56）与一般孔隙性储层的渗透率公式在形式上是一致的，不同之处在于前面的系数和指数值，它们综合反映了储层孔、喉结构及岩石粒度中值的差异，这是由不同储层的特定性质所决定的。

②裂缝渗透率。

应用测井资料计算裂缝渗透率是一个十分困难、探索性的课题。一些测试井段虽然孔隙度低，但由于存在裂缝而达到生产工业天然油气流的事实，说明裂缝造成岩石渗透率增大是一个需要重视解决的问题。

为了探讨本区奥陶系碳酸盐岩裂缝在渗透率方面的贡献，塔里木油田曾在和田河碳酸盐岩油藏中选用了 21 块带有裂缝的岩心，并用岩心人工造缝后测量其渗透率，与显微镜下观察到的裂缝宽度进行统计分析。实验结果表明，裂缝宽度与裂缝渗透率存在着明显的正相关。裂缝渗透率 K_f 随裂缝宽度 ΔD 增加而呈指数增加，拟合求得裂缝宽度与裂缝渗透率的关系式为：

$$K_f = \frac{8.22185 \times 10^5 L \Delta D^{2.596}}{S} \tag{7-3-57}$$

测井裂缝渗透率的近似估算与地质对比，式（7-3-57）可变换为：

$$K_f = 8.22185 \times 10^5 \phi_f \Delta D^{2.596} \tag{7-3-58}$$

式中：K_f 为裂缝渗透率，mD；ϕ_f 为裂缝孔隙度；ΔD 为裂缝宽度，μm。

常规测井曲线计算裂缝宽度采用斯伦贝谢公司 Sibbit 和 Faivre（1985）提出的双侧向差异来估算裂缝张开度，公式如下：

$$\begin{cases} \Delta C = C_{LLS} - C_{LLD} = 4 \times 10^{-4} \times \Delta D \times C_m & (对垂直裂缝模型，LLD>LLS) \\ \Delta C = C_{LLD} - C_b = 1.2 \times 10^{-5} \times \Delta D \times C_m & (对水平裂缝模型，LLD<LLS) \end{cases} \tag{7-3-59}$$

式中：ΔC 为浅深侧向电导率差值，S/m；C_m 为充满裂缝中的钻井液的电导率，S/m。

3）有效产层厚度下限标准

本区奥陶系碳酸盐岩储层属于双重介质。对于双重介质，一般用有效孔隙度表征储层的储集能力，用裂缝孔隙度表征储层的渗流能力，用含烃饱和度表征储层的含油性。因此，有效储层下限的确定是对这 3 个参数下限的界定。

（1）有效孔隙度下限的确定。

本区奥陶系碳酸盐岩储层属于双重孔隙介质，其裂缝和孔洞虽相互联系，但又有独立的储渗性能，因此分别求取裂缝和孔洞的有效孔隙度下限。

①用测试资料确定有效孔隙度下限。

图 7-3-55 为塔中地区奥陶系测试井段的有效孔隙度和裂缝孔隙度交会图。结合测试Ⅲ类层的塔中 825、塔中 70 及塔中 401 井及中古 5 边缘井中古 3 井和测试为干层的中古 4 井，可以得到有效孔隙度下限约 1.8%，裂缝孔隙度下限约 0.04%。

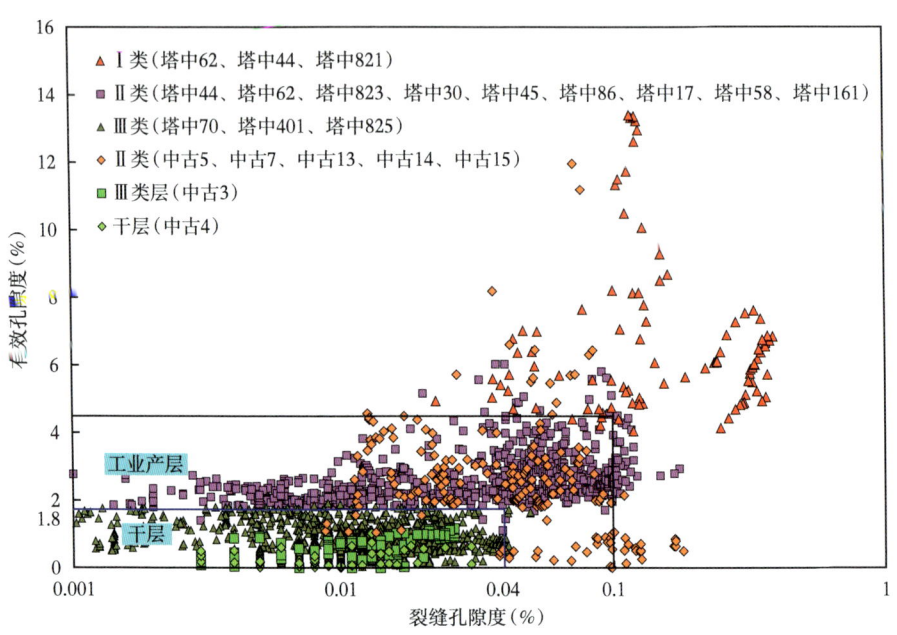

图 7-3-55　中古 8 井区储层下限图版

②类比法确定碳酸盐岩有效孔隙度下限标准。

依据国内一些碳酸盐岩油气藏储层评价标准与流体性质参数，一般油气区的有效孔隙度下限取 1.5%~2%，裂缝孔隙度下限取 0.005%~0.04%；气区有效孔隙度下限最低取到 1.25%。本区地面原油密度平均为 0.7969g/cm³，气油比平均为 2700m³/m³；对比分析，有效孔隙下限取 1.8%，裂缝有效孔隙度下限取 0.04% 是比较合理的。

（2）含油气饱和度下限的确定。

借用邻区塔中 62 井区相渗资料进行分析（图 7-3-56）。经塔中 621 井 4 个驱油岩样测定，临界含水饱和度为 45%，即当含水饱和度小于 45% 时，以气渗透为主；当含气饱和度达到 44% 时，气相渗透率已大于水相渗透率，储层的产气能力上升，产水能力下降；当含气饱和度达到 50%，水相渗透率趋于 0，油相渗透率大大高于水相渗透率。因此在本区根据相渗资料确定油气层的含气饱和度下限值为 50%。

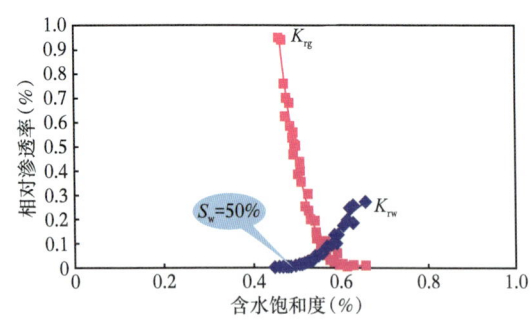

图 7-3-56　相渗法确定有效储层饱和度下限（塔中 621 井）

（3）有效储层电性标准。

双侧向电阻率是碳酸盐岩储层响应特征比较明显的测井曲线之一，因此无论是何种类型的储层，利用双侧向测井资料都能取得一定的效果。下面主要针对裂缝—孔洞型储层研究其电性响应特征。

裂缝—孔洞型储层具有裂缝、孔洞均比较发育的特点，因此，它同时具有较好的储集能力及渗流能力，是除未充填洞穴外最好的储层。

该类储层的流体性质判别图版如图7-3-57所示，由图中交会点趋势可见，随着孔隙度的增大，油气层的电阻率随之降低；对于裂缝—孔洞型油气层，其深侧向电阻率值一般大于110Ω·m；对于裂缝—孔洞型水层，其电阻率一般小于50Ω·m；而深侧向在50~110Ω·m的裂缝—孔洞型储层，则可能为气水同层。

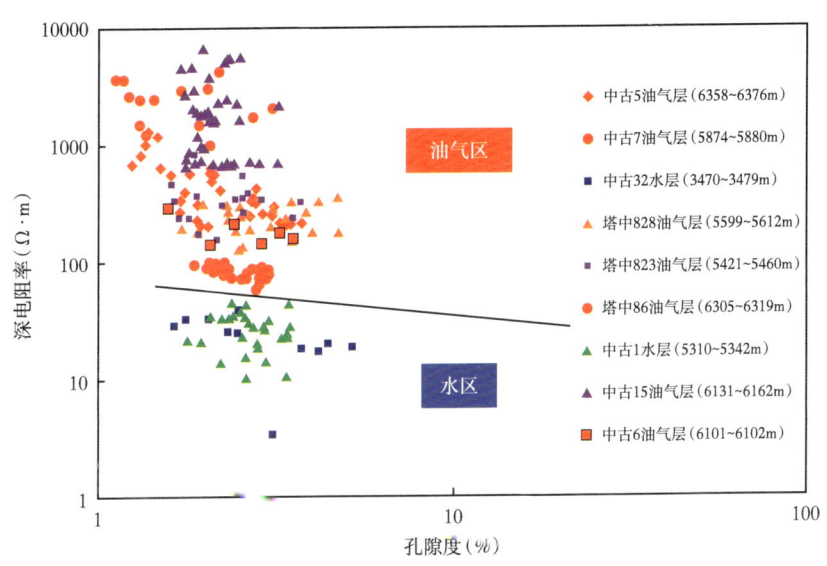

图7-3-57　中古8井区裂缝—孔洞型储层流体识别图版

（4）不同流体类型储层在电成像视地层水电阻率谱上的特征。

中古5井区—中古8井区碳酸盐岩储层发育裂缝、溶孔、溶洞等储集空间，储层非均质性强，给储层的流体性质识别带来了困难。通常最能有效揭示流体性质的测井资料是电阻率测井资料。因此，研究了利用微电阻率成像测井资料来识别流体性质的方法。

微电阻率成像测井资料经浅电阻率资料刻度后以高分辨率电导率图像的形式反映井壁附近地层的层理、裂缝、溶蚀孔洞等地质现象。电成像测井资料是一种电性测量，原理上成像资料经浅侧向电阻率测井资料刻度后也应可以用来识别流体性质。采用类似于孔隙度频谱分析的方法，对于给定的图像框，计算出视地层水电阻率的分布。在给定长度的深度窗口内，所有的像素点都可以计算出一个视地层水电阻率值，对视地层水电阻率的数值进行直方图频率统计，就生成频率分布曲线，就可以了解该窗口对应的地层中视地层水电阻率大小的分布情况。

视地层水电阻率频率分布曲线反映地层中流体的导电性。由于地层水的浸润，水层电阻率测井数值相对于油层较低，所以在成像资料上其颜色较油层的要暗一些。在视地层水电阻率分布图上，水层主峰向小的方向偏离。对于油层，由于地层原油的浸润，尽管钻井时被驱离了一部分，但仍残留一部分油气信息，其视地层水电阻率值较大，所以其主峰值将向大的方向偏离。

采用视地层水电阻率分布谱对中古5—中古8井区的微电阻率成像测井资料进行了

处理，在流体性质识别方面取得了良好效果。

图 7-3-58 为中古 9 井含气水层及水层的微电阻率成像测井资料视地层水电阻率分布处理实例。由图可见，对于水层，视地层水电阻率的分布相对集中且值偏小；对于含气水层，分布形态与水层差别较大，反映为分布主峰的视地层水电阻率值较低。

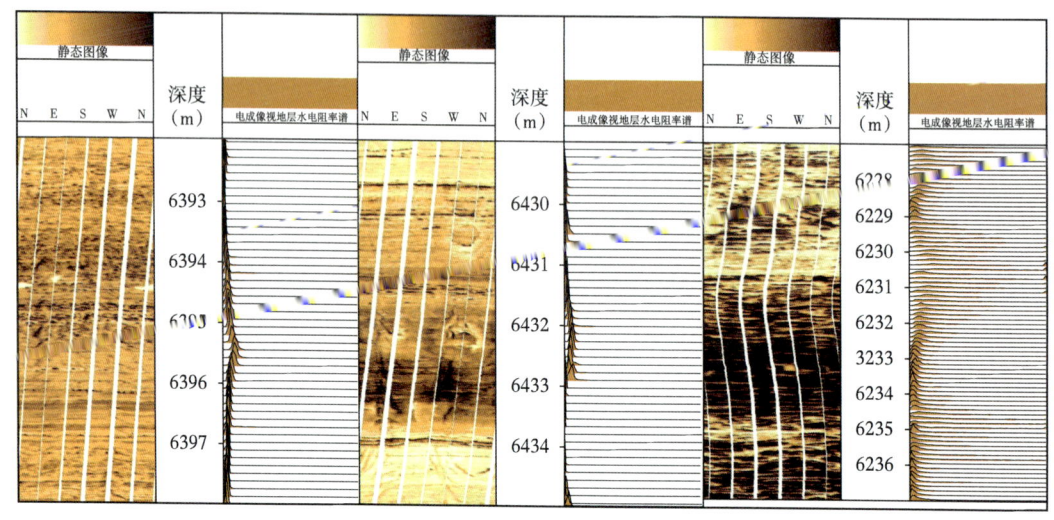

图 7-3-58 水层及含气水层的视地层水电阻率分布特征

图 7-3-59 为中古 15 井及中古 7 井的处理成果图。由图可见，对于油气储层，其视地层水分布没有主峰，或者主峰对应的视地层水电阻率值相对较高；视地层水电阻率分布范围较宽。

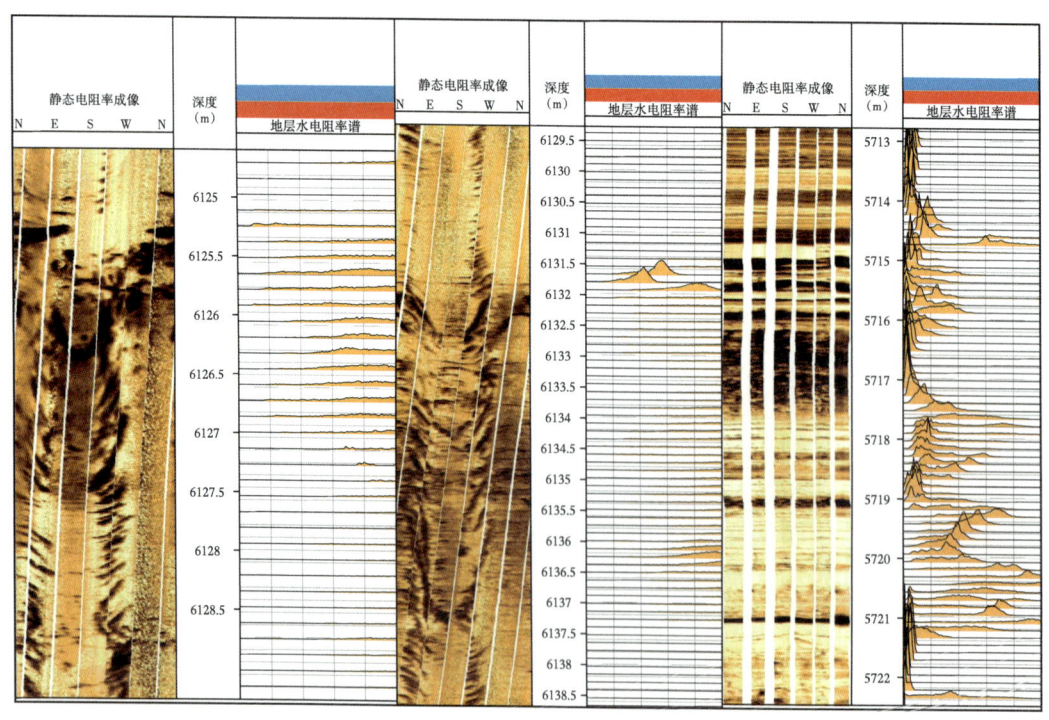

图 7-3-59 油气层的视地层水电阻率分布特征

（5）利用核磁共振测井资料识别流体性质。

中古 8 井区的中古 111 井采集了 P 型核磁共振测井资料。P 型核磁共振的一个重要作用是根据地区的流体的特点，选取合适的测量模式，通过不同谱的差异和特点，判别流体性质。根据塔中地区的地层温度和压力，油藏类型为凝析气和轻质油，选择差谱法的双 T_W（D9TW）和移谱法的双 T_E（DTE1100）。

差谱利用油、气和水的纵向弛豫时间 T_1 相差较大这一特性来进行流体性质识别。水的纵向弛豫时间 T_1 远小于油、气的纵向弛豫时间，也就是说，水的恢复速率远快于油和天然气的恢复速率。根据这一特性，用长、短两种等待时间 T_W 的 CPMG 脉冲序列进行两次测量。在长等待时间 T_{WL} 情况下，水和烃都得到了恢复；在短等待时间 T_W 情况下，水得到完全恢复，而油和气只有部分得到恢复。求出长短等待时间两个回波波列的差，差值中消除了水的信号，而油气的信号仍很大。用 TDA 法对差分谱进行时间域分析。

移谱是利用静态梯度磁场中流体扩散特性对横向弛豫的影响来探测天然气、凝析油气及中等黏度的油。根据不同流体的扩散系数不同这一特性，在两个 CPMG 脉冲序列中使用长短两个不同的回波间隔 T_E、T_{ES} 和一个长 T_W（一般取 $T_W \geq 3T_{1max}$）进行测量。扩散效应使长 T_E 的 T_2 谱向 T_2 减小的方向移动，如储层含有天然气（或凝析油气、中等黏度的油），长 T_E 数据中不含或部分含有气的信号，短 T_E 数据中则含有全部气的信号。通过求长短 T_E 的数据之差，可以得到油气的信号。

图 7-3-60 是中古 111 井的 P 型核磁共振识别流体性质处理成果图，在 6102~6107m 井段，流体的主要成分为天然气，其次为毛管束缚水。

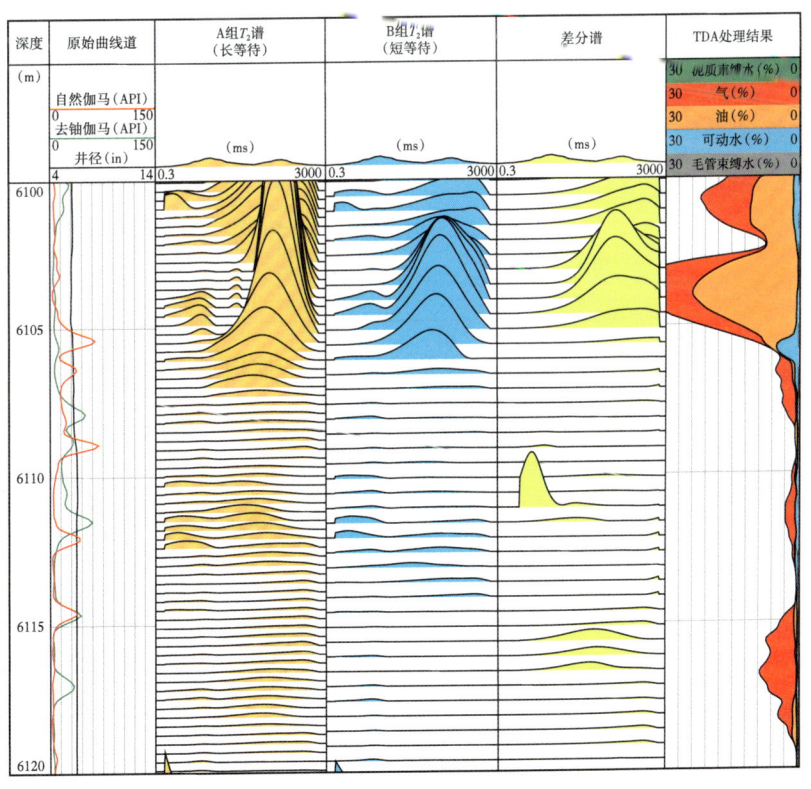

图 7-3-60　中古 111 井 P 型核磁共振测井处理成果图

（6）不同级别储层的电性标准。

根据中古 8 和中古 5 井区各单井奥陶系试油资料及其测井资料，建立了中古 5 和中古 8 井区有效储层的电性标准。在这两个井区，中古 5 井、中古 6 井、中古 7 井、中古 15 井经酸压均获得工业油气流，中古 1 井测试出水，中古 9 井测试为含气水层，中古 4 井试油结论为干层。分别对上述井试油井段资料建立的图版如图 7-3-61 所示。据此建立了储层与双侧向电阻率幅度的关系（表 7-3-13）。

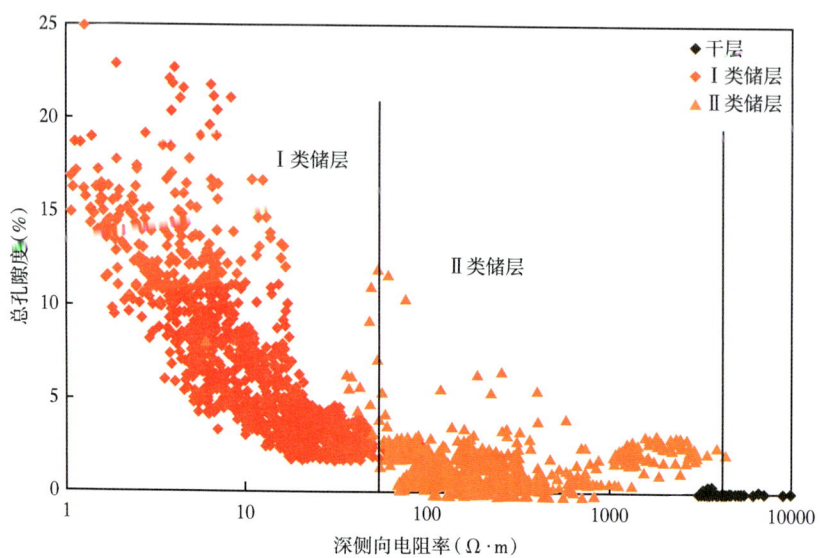

图 7-3-61　中古 8-21 井区储层电性特征图版

表 7-3-13　储层与双侧向电阻率幅度的关系

级别	电性标准		
	深侧向（R_t）（Ω·m）	浅侧向（R_s）（Ω·m）	二者关系
Ⅰ级储层	$R_t < 50$	$R_s < 40$	一般 $R_t \geqslant R_s$
Ⅱ级储层	$50 \leqslant R_t < 4000$	$40 \leqslant R_s < 4000$	一般 $R_t > R_s$
干层	$R_t \geqslant 4000$	$R_s \geqslant 4000$	一般 $R_t \approx R_s$

综合以上研究，建立了中古 8 井区油藏储层有效产层厚度下限标准（表 7-3-14）。

表 7-3-14　中古 8-21 井区油藏储层有效厚度下限标准

储层类型	裂缝孔隙度（%）	总有效孔隙度（%）	含油饱和度（%）
裂缝型	≥0.04	<1.8	≥50.0
裂缝孔洞型	≥0.04	≥1.8	≥50.0
孔洞型	<0.04	≥1.8	≥50.0
洞穴型	井径扩大，电阻率值降低，三孔隙度曲线跳跃；井漏、放空等。对于半充填洞穴，电阻率小于 50Ω·m；对于未充填洞穴，电阻率可低至 6.0Ω·m		

4. 应用效果

根据以上礁滩型碳酸盐岩油气藏评价方法，完成了中古 5 井和中古 7 井的测井解释综合评价（图 7-3-62、图 7-3-63 中 1~13 道）。中古 5 井奥陶系测井处理有效厚度 141.4m，

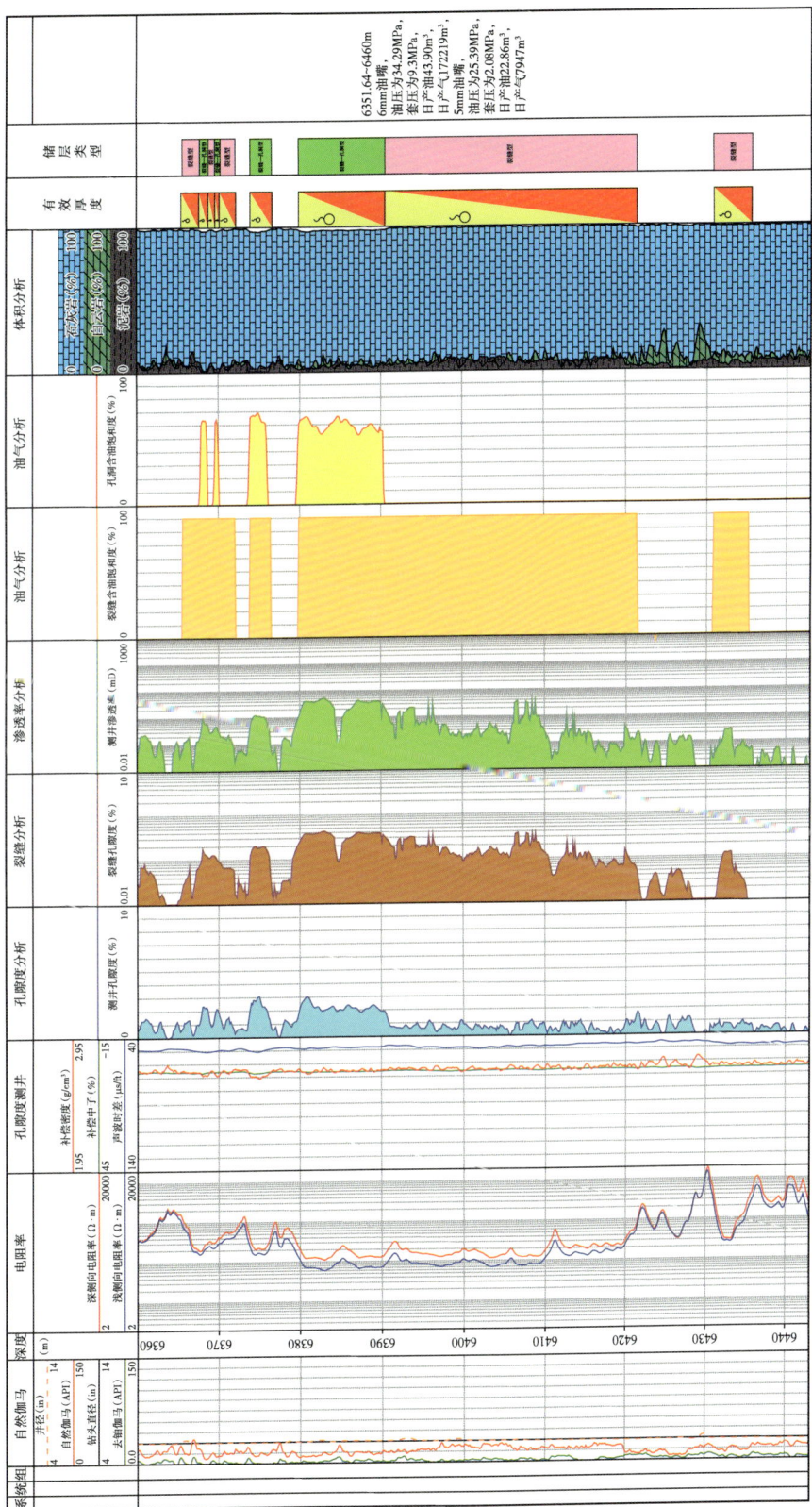

图 7-3-62　中古 5 井孤井综合评价结果与试油结果对比图

- 493 -

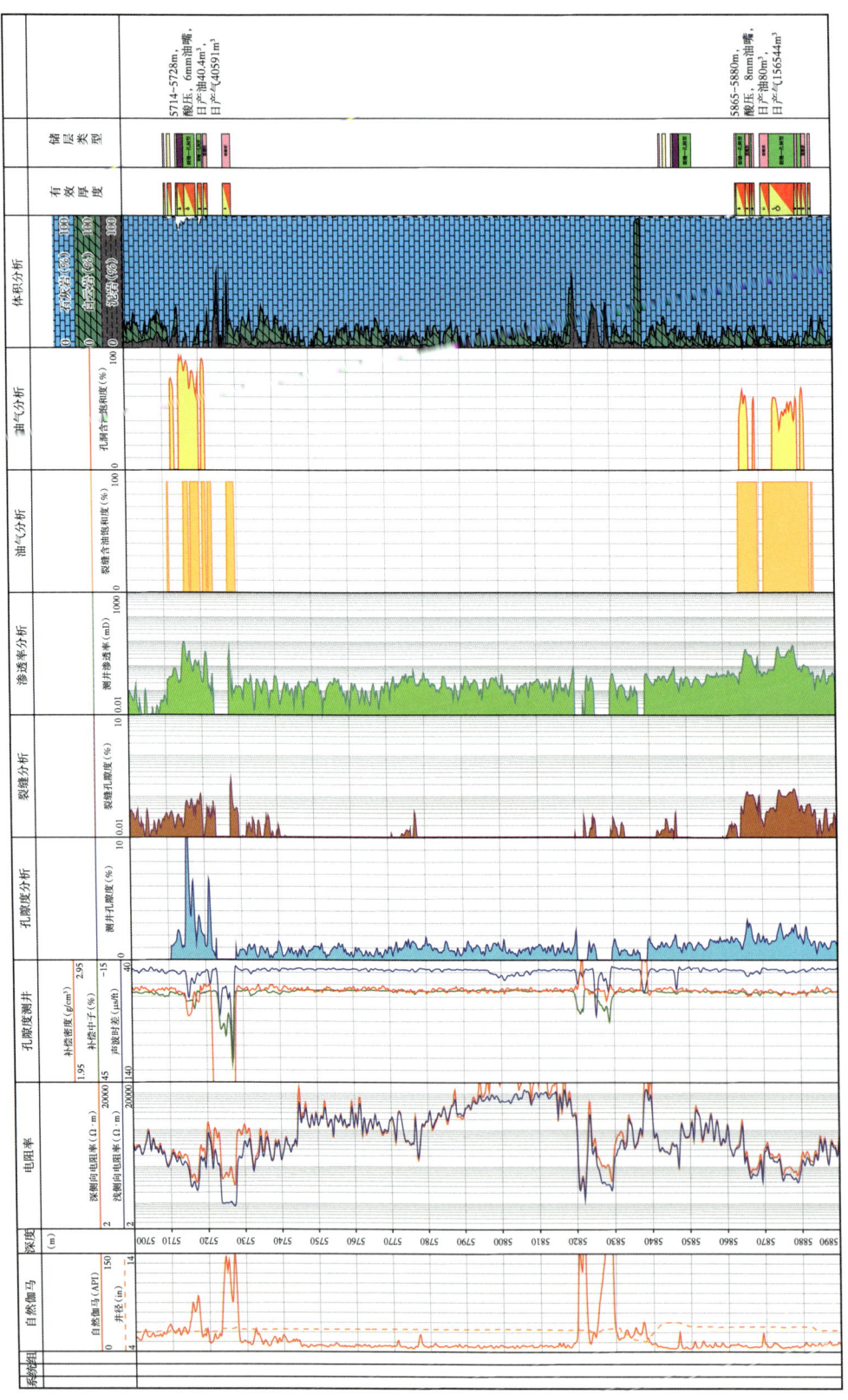

图 7-3-63　中古 7 井测井综合评价结果与试油结果对比图

其中裂缝型 84.7m、裂缝孔洞型 56.7m。中古 7 井奥陶系测井处理有效厚度 30.9m，其中洞穴型 1.8m、裂缝型 11.8m、孔洞型 2.9m、裂缝—孔洞型 14.4m。

根据以上测井资料解释结论，对中古 5 井 6351.64~6460m 层段进行酸化压裂（试油结果见图 7-3-62 最右侧道），6mm 油嘴，油压为 34.29MPa，套压为 9.3MPa，日产油 43.90m³，日产气 172219m³；5mm 油嘴，油压为 25.39MPa，套压为 2.08MPa，日产油 22.86m³，日产气 7947m³。对中古 7 井 5714~5728m 层段进行酸化压裂（试油结果见图 7-3-63 最右侧道），6mm 油嘴，日产油 40.4m³，日产气 40591m³；对 5865~5880m 层段进行酸化压裂，8mm 油嘴，日产油 80m³，日产气 156544m³，日产水 106m³。测井综合评价结果与试油结果对比进一步验证了礁滩型碳酸盐岩油气藏评价方法的正确性。

5. 结论及建议

（1）缝洞型碳酸盐岩测井评价是世界级难题。在精细分析储层孔隙空间结构与组合、合理地划分储层类型、结合储层分类的基础上研究储层的有效性，建立不同储层类型测井解释模型，定量评价缝洞型碳酸盐岩储层参数，为区域地质研究与勘探开发部署提供测井依据。

（2）通过大量岩心资料与测井资料，尤其是成像资料对比分析，结合前人地质研究的成果，将该区奥陶系碳酸盐岩储层划分为 4 种类型，即裂缝型、孔洞型、裂缝—孔洞型和溶洞型，并建立 3 种主要储层类型大量的测井解释图版。实践证明，成像测井是描述碳酸盐岩储集空间并研究其复杂非均质性的有力武器。

（3）成像测井不但可以提供大量的定量信息，也可以进行图像分割，得到储层量化参数。本次研究不仅对 FMI 进行了定量处理，得到裂缝参数及面孔率，而且对 XRMI 进行了谱分析，定量处理来识别流体。

（4）对缝洞型碳酸盐岩储层流体性质判别提出了多种方法，包括常规测井资料交会图法、微电阻率成像视地层水电阻率谱分析法、核磁共振流体性质识别法等。上述方法在该区流体判识中符合率满足油气评价需求，具有较强的推广应用前景。

第八章 东南沿海盆地测井解释评价典型应用实例

东南沿海盆地勘探开发区域主要包括莺歌海盆地、琼东南盆地、珠江口盆地以及东海陆架盆地，盆地主要油气目的层均为新生代古近系与新近系碎屑岩地层，作为基底的火成岩及花岗变质岩中也发现了油气藏。经过近40年的勘探开发，中国海油在我国东南沿海及渤海湾盆地建成了3个千万吨级的大油气田。本章优选东南沿海盆地2个单井测井评价案例与4个区块测井综合评价研究成果，系统介绍了莺歌海盆地高温高压油气藏测井评价技术、珠江口盆地特高产油气藏测井评价技术、低孔低渗油气藏测井评价技术以及潜山油气藏测井评价技术，为勘探新区新领域油气发现与规模上产发挥了测井技术关键支撑作用。

第一节 地质背景

本章涉及的东南沿海盆地主要包括莺歌海盆地、琼东南盆地和珠江口盆地。这3个盆地构造特征、沉积特征、储层特征及发现的油气藏类型各异。

一、莺歌海盆地

莺歌海盆地位于我国海南省西侧的北部湾海域，盆地形态呈NNW走向的长条形。由东南部的莺歌海坳陷和西北部的河内坳陷组成，两坳陷被临高凸起所分隔。莺歌海盆地东南侧以一号断裂带为界与琼东南盆地相邻，是在南海北部大陆架西区发育的新生代转换—伸展型含油气盆地。莺歌海盆地为典型的高地温及高大地热流值的高热盆地，盆地的莫霍面埋藏较浅，沉积基底埋藏深，地温梯度比较高，绝大多数大于4.0℃/100m。中央坳陷带为高地温梯度分布区，平均地温梯度为4.21~4.56℃/100m，并且距底辟构造越近增温越明显，主要是底辟带"热流体活动"为热源的热烘烤作用造成的。异常高压主要是由晚期快速沉降和快速沉积形成巨厚的欠压实泥岩产生的，晚中新世以后稳定沉降和构造活动微弱是保持异常高压的重要条件。图8-1-1为莺歌海盆地区域位置构造图（谢玉洪等，2012）。

莺歌海盆地是南海北部陆架西部发育的新生代伸展型含油气盆地，新生代最大沉积厚度超过17000m。裂陷期以来，莺歌海盆地持续强烈沉降，由于青藏高原的快速隆升、青藏高原东部大量的沉积物源供应、红河等河流搬运巨量沉积物至盆地，加剧了深大坳陷的发育，导致沉积物的巨厚堆积。根据莺歌海盆地内已有钻探资料及地震资料上的精细解释和对比，盆地内从老到新依次发育始新统岭头组，渐新统崖城组和陵水组，中新统三亚组、梅山组和黄流组，上新统莺歌海组，第四系乐东组，共8个二级层序单元。

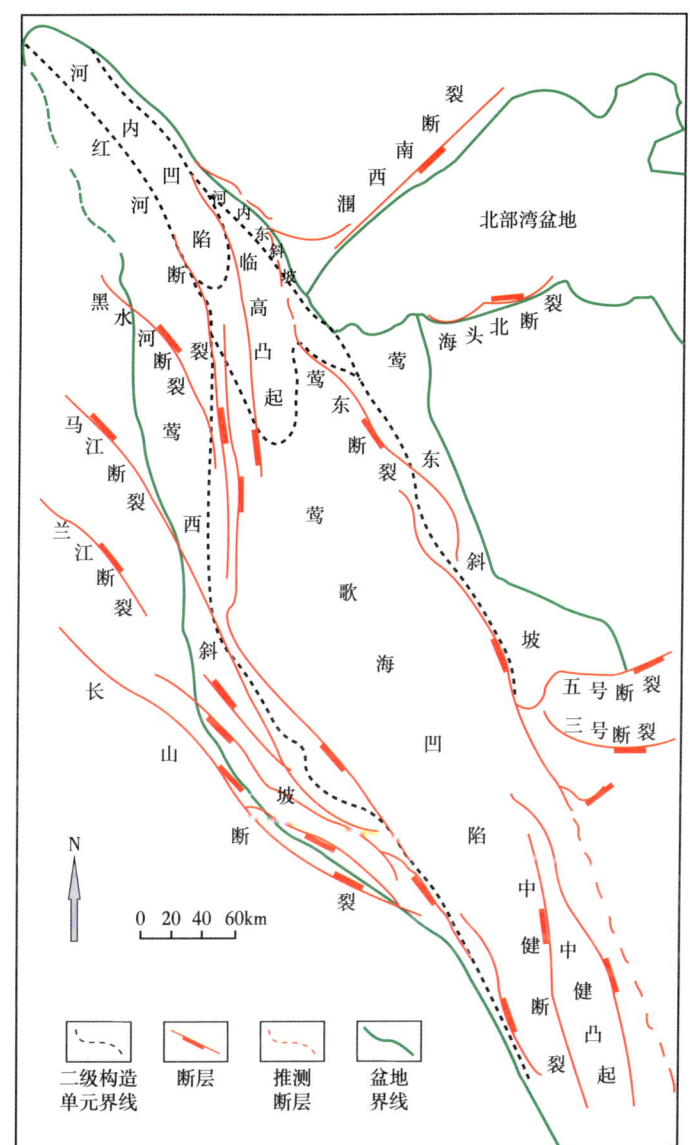

图 8-1-1 莺歌海盆地区域位置构造图（据谢玉洪等修改，2012）

（1）岭头组：在莺歌海盆地尚未钻遇。在地震剖面上，盆地底部具模状发散、强—中振幅、连续—中连续地震相、上超现象明显的一套反射波组，与古近系基底呈不整合接触的充填型沉积。结合周缘盆地对比，可将该套地层判定为河流、湖泊、扇三角洲沉积环境。

（2）崖城组：由上至下分别为一、二、三段，莺歌海盆地只有莺东斜坡带部分井钻遇该套地层，岩性为灰白色砂砾岩、砾状砂岩、砂岩与深灰色泥岩互层，并可见煤层，含有蕨类植物孢粉、底栖有孔虫。

（3）陵水组：由上至下分别为一、二、三段，岩性为浅灰色砾状砂岩、中—粗砂岩与深灰色泥岩互层，局部可见石灰岩，含有裸子植物孢粉、底栖有孔虫。

（4）三亚组：该组下部岩性为浅灰色含砾砂岩、中—粗砂岩、粉砂岩、泥质粉砂岩—粉砂岩—泥岩互层，局部可见钙质及或煤线；上部为浅灰色中—细砂岩与灰色泥岩互层，顶部为块状泥岩，总体表征为浅海—半深海沉积环境。

（5）梅山组：下部为浅灰色厚层细砂岩夹深灰色泥岩、粉砂质泥岩，上部为浅灰色厚层粉砂质泥岩、泥岩夹薄层粉—细砂岩，或与粉—细砂岩互层，见钙质，地震剖面上普遍发育大规模三角洲前积反射，总体仍为浅海—半深海沉积环境，梅山组沉积厚度超过4km，为盆地内厚度最大的地层单元。

（6）黄流组：岩性表现为粉砂岩、细砂岩与泥岩互层，细砂岩夹泥岩互层，或厚层泥岩夹粉砂岩、细砂岩层，地震剖面上表现为平行—亚平行、连续、中—强反射特征，普遍发育侵蚀沟谷、上超反射，表明沉积环境转变为滨浅海。

（7）莺歌海组：分为Ⅰ、Ⅱ两段，区域沉积厚度范围约463~2435m，为滨浅海相沉积。该时期处于加速沉降期，沉积了巨厚的地层，主要由大套浅灰色、深灰色厚层泥岩或粉砂质泥岩夹浅灰色粉—细砂岩组成，岩性向上有所变粗。该组以明显的陆架、陆坡沉积和S形前积层为特征。盆地边缘为中振幅连续反射，盆地中心多见丘状、波状弱反射，上覆地层与其存在下超关系。

（8）乐东组：钻井揭示该套地层主要由绿灰色、浅灰色厚层泥岩为主，夹薄层粉砂、细砂，富含生物碎屑，沉积中心位于盆地东南部琼东南盆地，但盆内局部地区地层厚度仍然可达2km以上。

二、琼东南盆地

琼东南盆地位于中国南海西北部海南岛以南、西沙群岛以北的海域中，海域面积约$6×10^4km^2$，盆地面积约$45×10^4km^2$。作为在中生代基底之上发育的大型新生代裂谷型大陆边缘盆地，琼东南盆地整体上呈NE向展布，西部为莺歌海盆地，东北部为珠江口盆地，东部为西北次海盆。自北向南，琼东南盆地构造区带可划分为北部坳陷带、中部隆起带、中央坳陷带和南部隆起带等4个一级构造单元，盆地深水区范围包含中央坳陷带和南部隆起带。具体构造单元见图8-1-2（据徐长贵等修改，2021）。

盆地的充填序列主要为新生代地层，包括始新统，渐新统崖城组和陵水组，中新统三亚组、梅山组和黄流组，上新统莺歌海组以及第四系。新生代地层划分为上下两大构造层，分别代表了裂陷作用和裂后热沉降作用的产物。裂后期充填又根据沉降速率的差异进一步划分为热沉降阶段和加速沉降阶段。对应着这3个构造演化阶段的划分，琼东南盆地在晚渐新世晚期和晚中新世早期发生了两次大的环境变化，即从洪积和湖相向滨浅海再向半深海—深海转变。加速沉降阶段，琼东南盆地构造活动趋于稳定，源自西北部和西部的沉积物供给较为充足，形成了具有不同特征的陆架—陆坡体系。

琼东南盆地的基底由古近系的火成岩、变质岩及沉积岩组成。盆地的充填序列则主要由古近—新近系和第四系组成，从下往上依次为始新统，渐新世的崖城组和陵水组，中新世的三亚组、梅山组和黄流组，上新世的莺歌海组以及第四系。盆地的地层单元具有如下特征：

（1）始新统：属于非海相沉积，为断陷早期的产物。盆地受早期断裂格架控制而呈地层多凹多凸的特点，凹与凸之间相互独立，具有多物源的特征，隆起区物源均四处扩散。此时沉积面积较小，沉积中心多，岩性与岩相变化大，发育了多个断陷湖盆，每个湖盆中心有中—深湖相沉积，滨浅湖相在其外围呈环带状展布，沉积的最大厚度可达

2000m。该套地层顶、底部有白色砂岩、砂砾岩，其大部分为深灰色、褐灰色等泥岩，总体上为河流—湖泊—扇三角洲沉积体系的产物。

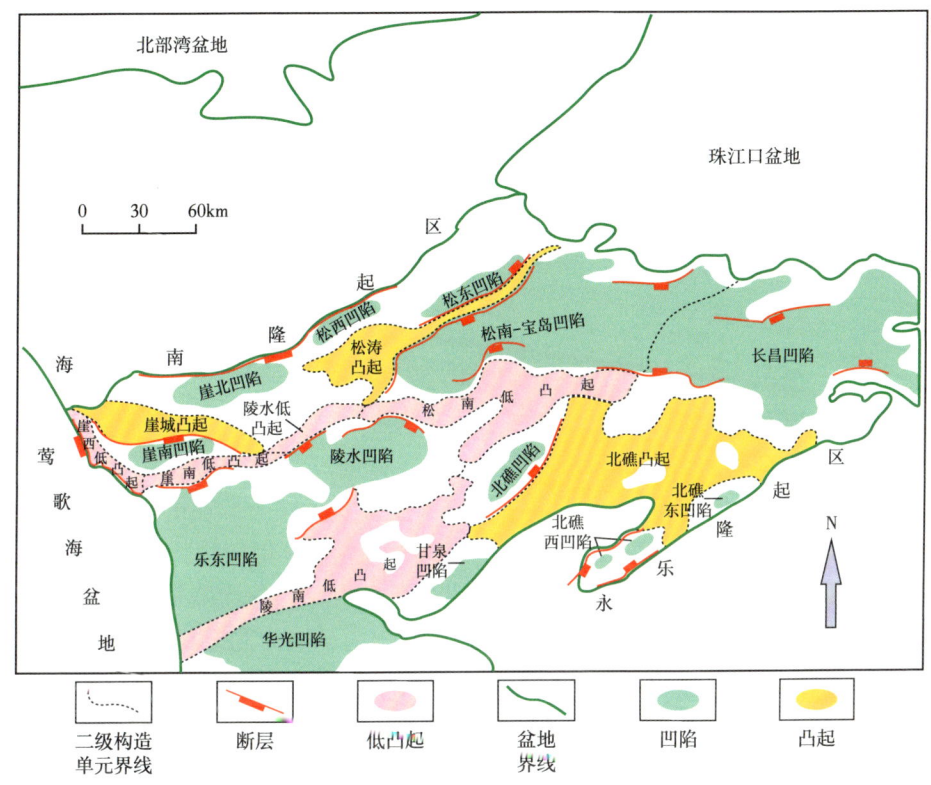

图 8-1-2　琼东南盆地构造单元（据徐长贵等修改，2021）

（2）崖城组：属于断陷晚期的沉积，在该组沉积早期仍有海陆过渡环境的存在，中晚期已完全变为海相环境，为滨浅海相沉积。崖三段底部为棕红色砂砾岩夹深灰色薄层泥岩；中上部为灰白色砂岩与深灰色泥岩的不等厚互层，且夹煤层和煤线。崖二段则以深灰色厚层泥岩为主，下部夹灰白色薄层砂岩。崖一段为灰白色砂岩、深灰色泥岩、砂质泥岩夹煤层和碳质泥岩。崖城组在盆地西部的最大厚度可达 2500m，且呈北厚南薄的格架样式。本组为碎屑滨岸（含沼泽）沉积体系的产物，是盆地重要的烃源岩层段。

（3）陵水组：地层仍呈北厚南薄之势，属于断陷晚期的产物。陵三段主要由灰白—浅灰色砾岩、砂岩组成，夹深灰色泥岩，局部见生物灰岩，是盆地的重要产气层；陵二段则以灰—深灰色泥岩为主，夹浅色薄层砂岩；而陵一段为浅灰色砂砾、中粗砂岩与灰—深灰色泥岩呈不等厚互层状产出（其顶部的不整合面特征明显）。该组下部为海陆过渡相沉积，中上部以海相沉积为主（局部出现了半深海相）。该组以滨岸碎屑沉积体系和半封闭浅海沉积体系为主体。

（4）三亚组：断坳或坳陷早期（盆地裂后充填初期）的产物，属于上构造层最底部的沉积。下部由灰—深灰色泥岩、砂质泥岩与灰白色砂岩、砂砾岩互层沉积组成，顶部为块状泥岩。上部沉积物进一步变细，颜色变深。

（5）梅山组：梅二段为褐色、灰白色砂岩、钙质砂岩及钙质、白云质砂岩与石灰岩及深灰泥岩不等厚互层状产出；梅一段为浅灰色泥岩，夹薄层粉砂岩、细砂岩。梅山组总体上为浅海—半深海沉积体系（其中以深水沉积为主）。梅山组沉积时期物源方向明显变为北—北东向，同时在盆地中部偏东出现了横贯全区的海底峡谷。

（6）黄流组：为坳陷阶段的产物。崖北凹陷缺失黄流组，崖南凹陷钻厚0~644m。黄二段主要为浅灰色、灰白色细砂岩、泥质粉砂岩夹薄层灰色、深灰色泥岩；黄一段主要为浅灰色、灰色砂质灰岩、灰黄色生物灰岩与灰色、深灰色泥岩、浅灰色粉、细砂岩不等厚互层。

（7）莺歌海组：由大套浅灰色、深灰色厚层块状泥岩组成，夹薄层浅灰色粉砂岩、泥质砂岩，中部夹厚层块状细砂岩。整体上该组以浅海—半深海沉积体系为主。

（8）第四系：主要由浅灰色、绿灰色黏土岩为主，夹薄层粉砂、细砂，富含生物碎屑未成岩。

三、珠江口盆地

珠江口盆地位于南海北部大陆边缘，总体呈NE—SW向展布，东西长约800km，面积约$17.8×10^4km^2$，是南海北部一个重要的含油气盆地。它处于欧亚、太平洋和印度洋三大板块交会处，是一个在加里东、海西、燕山期褶皱基底上形成的准被动大陆边缘盆地。地壳拉张导致位于板块交汇处的珠江口盆地形成了南北分带、东西分块的构造格局，从北至南，新生代沉积盆地大致分布在走向NE—NEE的坳陷带中，坳陷带之间为3条隆起带相隔，形成"三隆三坳"的格局，自北向南分别为北部隆起带、北部坳陷带、中央隆起带、中部坳陷带、南部隆起带和南部坳陷带。同时，这些NE—NEE向构造又被若干NW向断裂所切割，成为走向略有不同的若干段，形成"东西分块"的格局。盆地南侧与洋盆直接接触。图8-1-3为珠江口盆地构造单元划分。

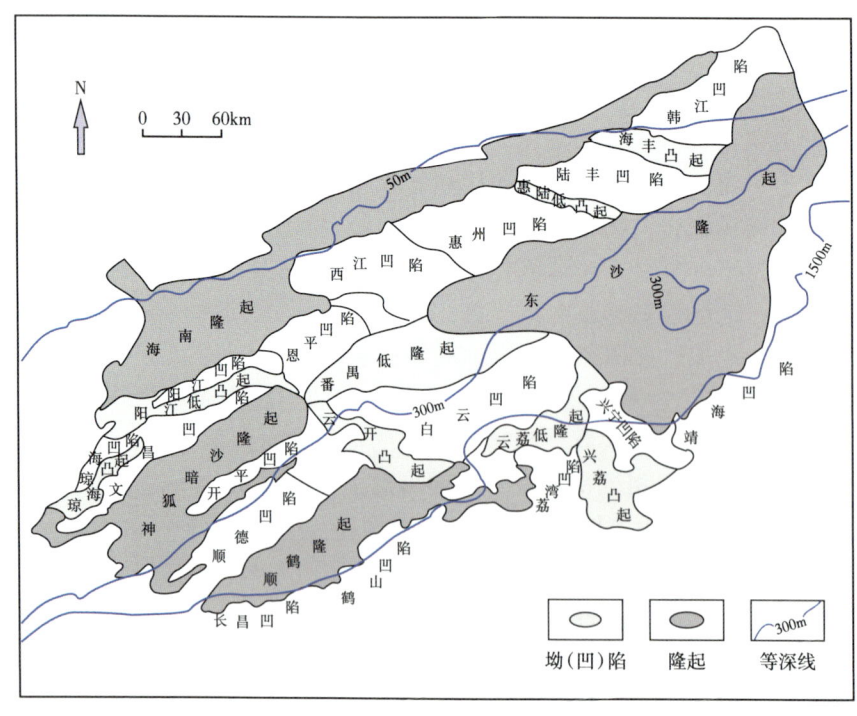

图8-1-3　珠江口盆地构造单元划分与油气平面分布（据张功成等修改，2007）

珠江口盆地地层自下而上为始新统文昌组、始新统—渐新统恩平组、渐新统珠海组、下中新统珠江组、中中新统韩江组、上中新统粤海组和上新统万山组。其中，文昌组和恩平组为断陷湖盆沉积，主要发育河流相、湖泊相和沼泽相，是盆地的主要烃源岩。从珠海组沉积时期盆地开始海侵，发育海陆过渡相砂泥岩沉积；到珠江组沉积时期海侵范围迅速扩大，水体变深，发育准被动大陆边缘盆地背景上的海陆过渡相地层特征三角洲沉积和开阔海相沉积。珠江口盆地的形成演化可分为3个阶段：早始新世—中渐新世的伸展断陷阶段、晚渐新世—中中新世的坳陷沉降阶段及晚中新世以后的块断升降阶段。盆地经历了多期构造运动，表现为不同规模的地震反射不整合、沉积和生物间断，并伴随断裂和岩浆活动。因此盆地具有"先断后坳、先陆后海"的演化历史。

作为新生代被动大陆边缘裂谷盆地的珠江口盆地，与中国近海其他裂谷盆地相似，具有下断上坳的双层结构。盆地经历了多期区域构造运动，具有下断上坳、下陆上海、陆生海储等一系列特征，在中生代褶皱基底之上沉积了9套地层（图8-1-4）。

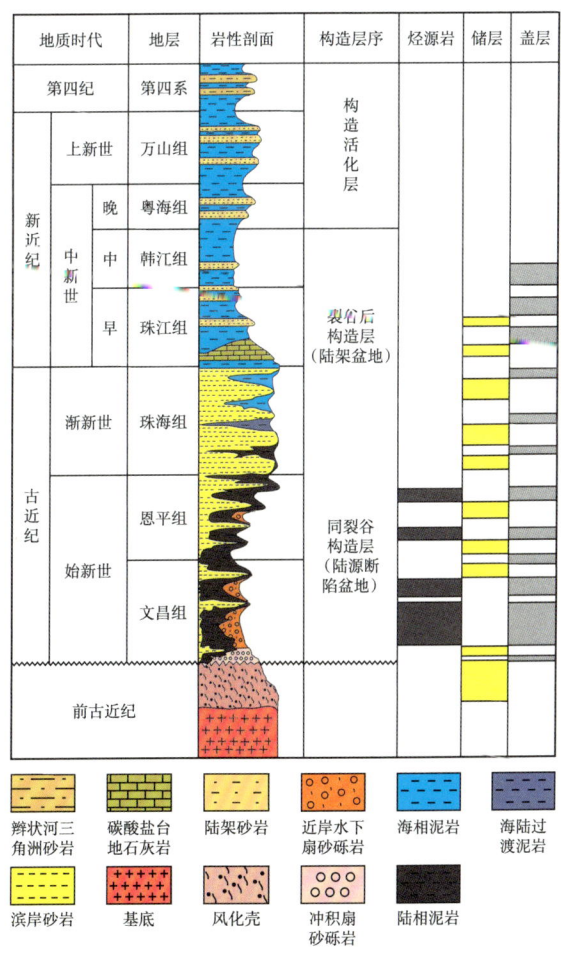

图8-1-4 珠江口盆地构造—地层综合柱状图
（据米立军修改，2018）

（1）神狐组：沉积于盆地裂陷初期，地层与燕山期花岗岩基底呈不整合接触，在珠一坳陷仅有局部地区钻遇到。岩性为一套杂色含凝灰质砂岩夹紫红、棕褐色泥岩，沉积相为浅水湖泊相和火山岩相。

（2）文昌组：沉积于盆地裂陷一幕，与下伏神狐组存在明显的岩性突变，在大部分地区直接超覆于前古近系基岩上；文昌组沉积末，由于珠琼二幕构造运动，断陷整体隆升，使文昌组上部遭受强烈剥蚀，反射层具有全区不整合特征。文昌组沉积期处于盆地的强烈裂陷期，具有多个沉积沉降中心，沉积厚度最大可达 2500m，洼陷中心大于 1000m。断陷中心为中深湖相沉积，暗色泥岩发育，为珠一坳陷最主要的烃源岩层系；断陷边缘为滨浅湖相沉积，以灰黑色泥岩为主，夹少量灰色砂岩、砾岩，部分地区上部夹煤层。

（3）恩平组：沉积于盆地裂陷二幕，与下伏地层呈平行不整合或角度不整合接触，在局部基底隆升较高的地区或者邻近边缘的隆起区，恩平组则直接超覆于基底之上；恩平组沉积末，在南海运动作用下发生区域性构造抬升与地层剥蚀，与上覆地层不整合接触，界面为区域性不整合面。地层最大厚度可达 3000m，除了断陷边缘和部分古隆起外，一般都大于 1000m。断陷中心为滨浅湖相沉积，边缘为冲积扇和河流相沉积，地层自下而上正旋回特征明显，下部为砂岩（含砾砂岩）夹灰色泥岩，上部为黑灰色泥岩与灰色砂岩（或粉砂岩）不等厚间互夹煤层，是珠一坳陷重要的烃源岩层系。

（4）珠海组：为盆地断坳转折期的海陆过渡相地层，受南海运动的影响，恩平组被广泛抬升剥蚀，形成区域性不整合面，即为珠海组底面，在靠近边缘隆起区，可见到削截及上超现象。地层沉积初期，物源主要来自盆地北部，此时古珠江三角洲开始发育，形成了三角洲—滨岸沉积体系；沉积中晚期，海水向北部及东北部大面积进入，珠一坳陷大面积为滨浅海环境，在北部发育三角洲沉积体系，边缘其他区域广泛发育滨岸沉积体系。珠海组可分为上下两套，下部以砂岩为主，局部夹棕红色或杂色泥岩；上部为大套灰—灰白色砂岩，以砂泥岩互层为特征。

（5）珠江组：珠海组沉积末期至珠江组沉积初期，发生了短期的沉积间断，但没有明显的构造运动，两地层间的界面为假整合面。珠江组为一套海相沉积地层，在海侵的影响下，珠江组下部发育一套三角洲—滨岸相砂岩，中下部在东沙隆起及其北坡地区发育生物礁和碳酸盐岩台地，中上部为大段泥岩夹砂岩，为新近系的主要储层段。珠江组沉积末期，南海扩张基本停止，盆地进入稳定热沉降阶段。

（6）韩江组：在南海运动之后的东沙运动初期，发生了幕式张裂活动，对珠江口盆地的演化和沉积体系产生了深远的影响。伴随断裂的形成，沉积了三角洲—浅海相的韩江组，厚度一般可达 1000m。总体上，韩江组由绿灰色泥岩与砂岩、含砾砂岩互层组成多个正韵律，其中泥岩不含钙或微含钙，砂岩常含钙、海绿石和绿泥石，是珠一坳陷较重要的储层。受珠江三角洲影响，韩江组从西往东、由北往南厚度增大、岩性变细。

（7）粤海组：晚中新世前后，受东沙运动影响，珠江口盆地发生块断升降和隆起剥蚀，先存断裂再次活动，产生了一系列 NWW 向的张扭性断层，并伴随着频繁的岩浆活动。粤海组为一套海相地层，绿灰色泥岩间互砂岩组成正韵律，局部为粗—细—粗沉积韵律，富含海绿石。近年来，珠一坳陷的部分构造的粤海组中发现了商业性油气层，证明了该地层的勘探潜力。

（8）万山组：为一套海相沉积地层，由下细上粗的反韵律组成，岩性为灰—绿灰色泥岩夹中—细砂岩，富含生物碎片，成岩性差，目前暂未在该地层中发现有效的储盖层。

第二节 单井案例

一、莺歌海盆地 L10-X 井超高温高压气层测井评价

1. 地质背景

L10 构造位于莺歌海盆地凹陷斜坡带，是乐东区成藏条件相对优越的地带。L10-X 井部署于该构造南部较高部位，主要目的层为黄流组二段Ⅱ、Ⅳ、Ⅴ气组；次要目的层为黄流组二段Ⅲ气组，目的层砂体类型为水道砂，上覆莺二段、黄流组一段大套区域泥岩盖层，总体处于泥包砂背景，圈闭条件和保存条件良好。本井目的层紧邻烃源岩，烃源条件良好；目标区深部断裂（裂隙）发育，下方存在明显构造脊，运移条件良好，具备良好的成藏条件。邻井方面，L10 气田已钻探 5 口井，均获得较好的油气显示，邻井同样层位测试获得商业气流。本井钻探目的在于扩大黄流组二段水道砂储量规模。

2. 存在问题

L10-X 井完钻深度 4311.5m，储层埋深均在 4000m 左右，属于海上深层与超深层储层，测井资料录取难度极大，主要目的层段测录井项目包括随钻常规、电成像、阵列声波、测压取样、井壁取心、岩屑录井、气测录井等。资料显示，储层上覆泥岩高中子、高声波，指示古沉积速度较快，存在超压环境，目的层温度高达 198~205℃，地层压力系数为 2.25~2.28，折算压力为 93MPa 左右，孔隙内压力过高，密度在 2.45g/cm³ 左右，孔隙度整体在 10% 左右，连通性较差，渗透率低。基于上述认识，本井储层物性下限很难确定，储层级别难以准确划分。

本井物性较差，且含灰质，致使整体电性较高，水层电性与气层电性差异小，对比度低，无法获得气层与水层精确的电性界限；部分储层电性较高，气测却较低，异常倍数较低，依靠常规测井曲线和气测数据识别储层内流体性质存在较大困难；另外，邻井指示黄流组二段气层中二氧化碳含量较高，需要进行非烃识别，确定烃类含量。

3. 测井评价技术

L10-X 井黄流组二段Ⅰ、Ⅱ、Ⅲ、Ⅳ、Ⅴ气组物性与气层电性下限不统一，需要分别结合邻井与本井资料进行评价。为了深化高温高压井区储层精细评价进程，以 L10-X 井为例，通过挖掘阵列声波、电成像、测压取样及录井气测资料潜力，形成了高温高压井区储层有效性评价方法及流体性质识别技术。

1) 储层有效性评价方法

首先基于常规测录井资料结合电成像资料识别泥灰质条带，判断储层均质程度，进而评价储层品质；再结合邻井与本井测压资料及常规中子密度孔隙度等形成图版获得储层物性下限划分有效储层，达到储层下限及储层级别划分的目的。

L10-X 井Ⅰ、Ⅱ气组结合常规资料与测压资料确定优质储层段测压主要为有效点，储层流度为 0.36~26.55 mD/cP，储层密度小于 2.36g/cm³，孔隙度大于 14%，另外有效储层成像颜色为黄色至棕黄色，图像指示储层均质性好，Ⅱ类储层图像见亮白色高阻条带分布（图 8-2-1、图 8-2-2）。

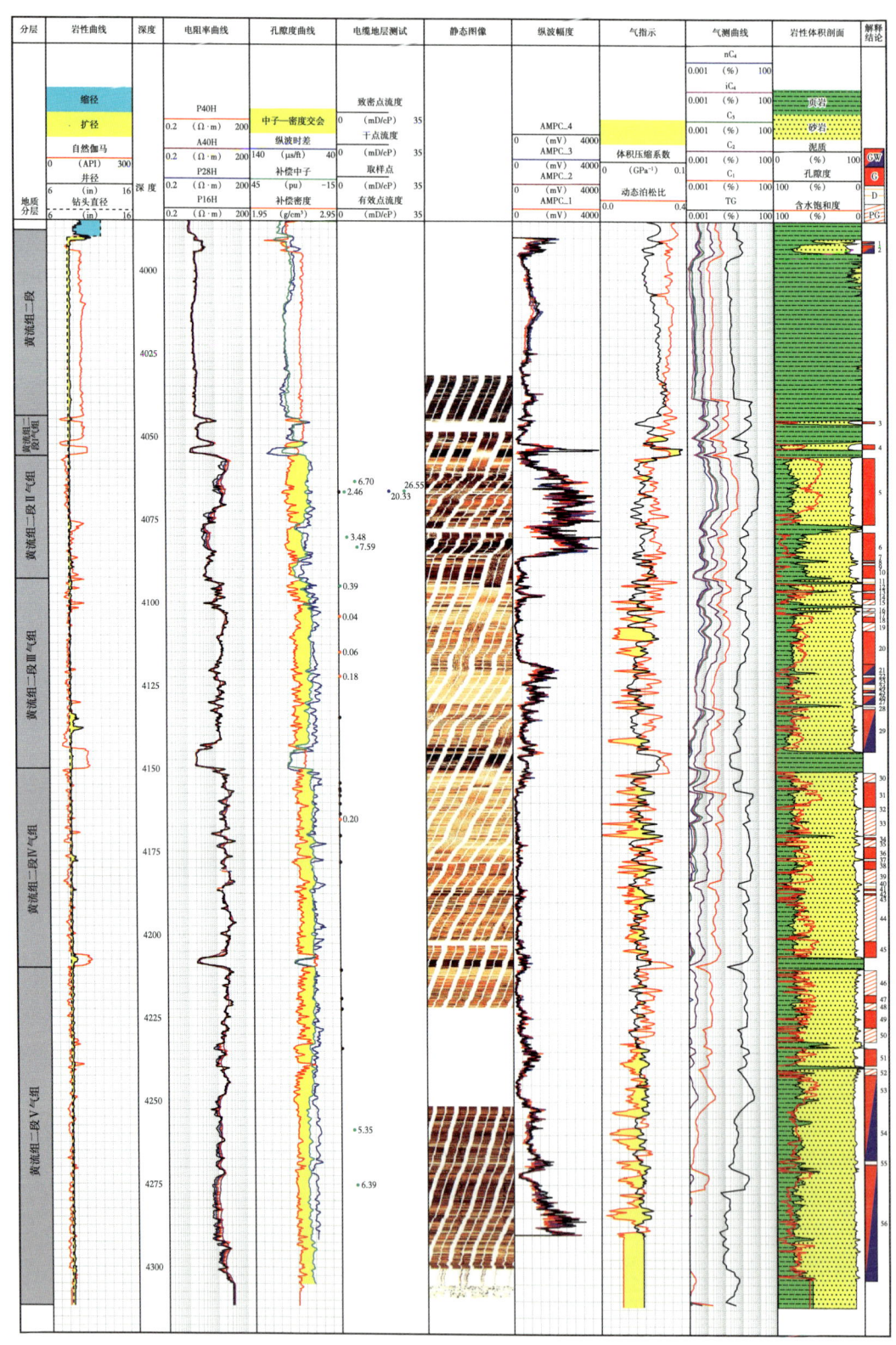

图 8-2-1 LD10-X 井测井综合解释成果图
GW 表示气水同层，G 表示气层；D 表示干层；PG 表示油气层

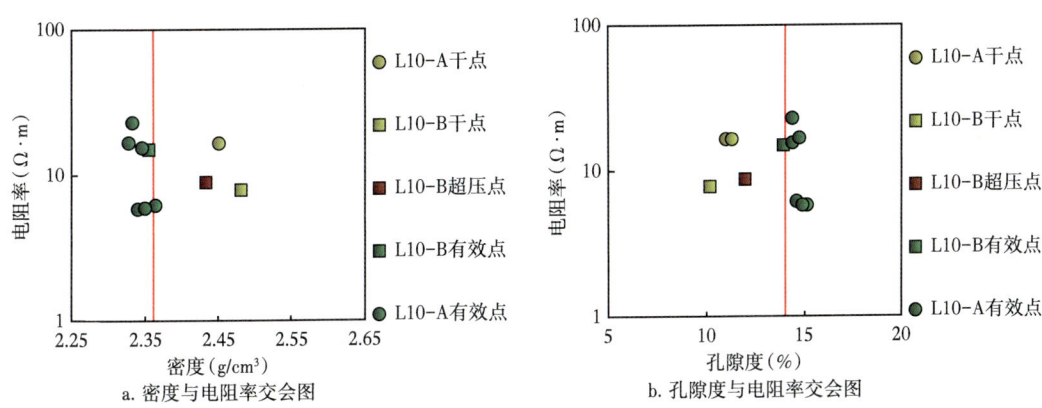

图 8-2-2　Ⅰ、Ⅱ气组物性下限成果图

Ⅲ、Ⅳ气组测压主要为干点与致密点，储层物性较差。邻井测压与常规曲线形成的下限图版指示，有效储层密度小于 2.52g/cm³，孔隙度大于 9%（图 8-2-3）；成像图像指示，储层亮白色高阻条带与棕黑色条带分布较多，储层均质性较差。

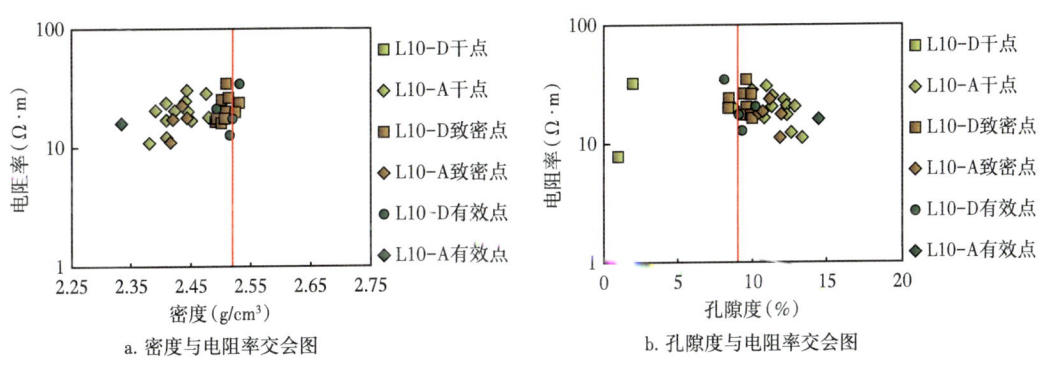

图 8-2-3　Ⅲ、Ⅳ气组物性下限成果图

Ⅴ气组测压主要为干点，在典型见水储层处测压为有效点，流度为 5.35~6.39 mD/cP。下限图版指示，有效储层密度小于 2.45g/cm³，孔隙度大于 11%（图 8-2-4）；成像图像指示，储层亮白色高阻条带与棕黑色条带在局部井段分布。

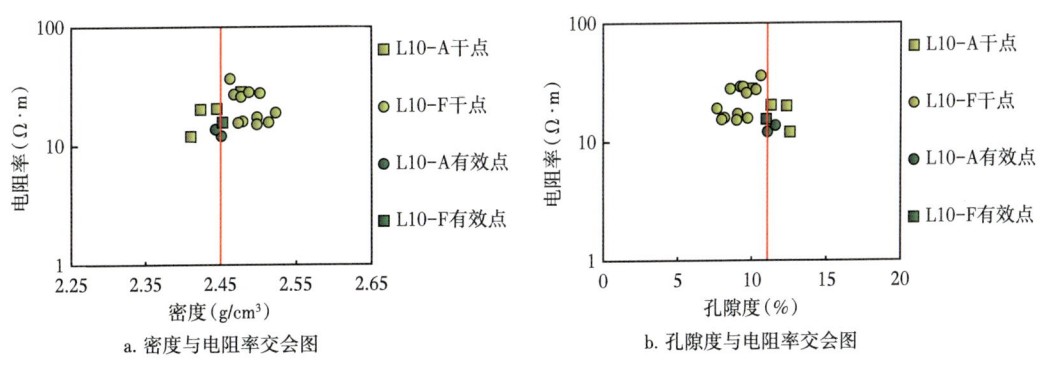

图 8-2-4　Ⅴ气组物性下限成果图

2）流体性质识别技术

该技术主要包含 4 项内容，综合分析实现流体性质识别：

（1）通过区域气测与电阻率交会图版，结合声波测井体积压缩系数和泊松比含气指示、波幅衰减，初步识别储层气、水等流体性质。其中气测和电阻率值越高，体积压缩系数和泊松比交会面积越大，同井段声波幅度衰减越明显，则含气指示越明显，含气性越好。

（2）基于邻井取样资料、测试资料及电阻率信息，形成图版判断气水电性下限，在同层位可直接根据电性下限识别气层。

（3）结合自研相关系数法明确井段气水界面。该方法是基于阿奇公式研发的一项判断气水界面的技术。对于水层或者干层，根据阿奇公式可得到储层电阻率 R_t 为 aR_w/ϕ^m；对于油气层，根据阿奇公式可得到储层电阻率 R_t 为 $abR_w/\phi^m S_w^n$，因为 R_w 与 a、b 均为固定值，因此可认为，在理想情况下，水层或者干层的含水饱和度为100%，电阻率与孔隙度曲线应呈幂函数关系，且相关系数很高；而对于油气层，电阻率不仅受物性影响，还受含气饱和度影响，电阻率与孔隙度已经不是简单的幂函数关系，而是受到含气饱和度的影响，相关性变差。因此利用同一储层不同深度点孔隙度与电阻率测井进行回归分析，求取幂函数的相关系数，可以对储层流体性质进行评价，该系数的大小决定了储层含气性的大小：当相关系数较高时，含气性差；相关系数变低时，说明受到了含气性的影响。该方法绕开了常规测井方法孔隙度大小及电阻率大小这一概念，而以二者相关性来定量评价储层流体性质，提供了一种新的评价流体性质的手段。

（4）进一步结合双斜率技术进行非烃识别，确定非烃类含量，建立识别图版，直观进行非烃气体识别。

结合气测与电性交会图版初步判断，Ⅰ、Ⅱ气组气层气测全烃在 $3×10^4 \mu L/L$ 以上，气测全烃为上部泥岩背景5倍以上（图8-2-5）；结合邻井与本井取样、测试及电阻率资料形成的图版指示电性下限在 $5\Omega \cdot m$ 以上（图8-2-6）；利用双斜率技术识别非烃含量并结合邻井测试标定，确定该气组二氧化碳含量在30%左右，烃含量为70%。

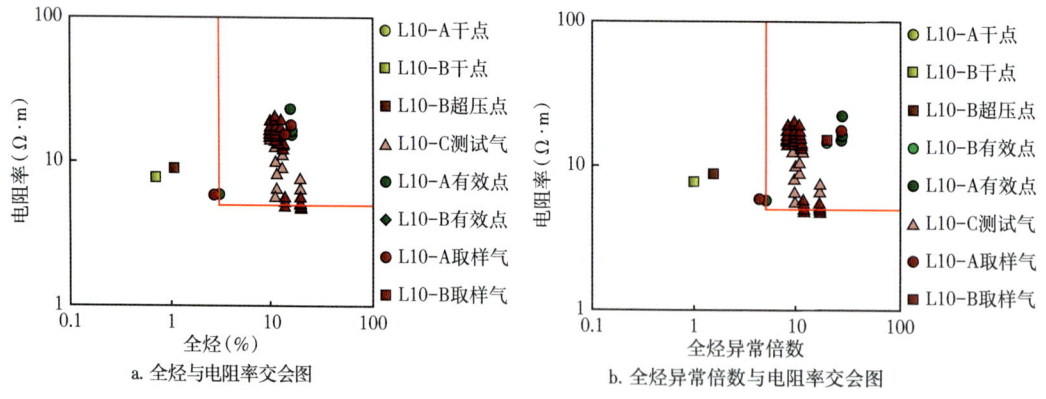

a. 全烃与电阻率交会图　　　b. 全烃异常倍数与电阻率交会图

图8-2-5　Ⅰ、Ⅱ气组气层气测下限成果图

Ⅲ、Ⅳ气组气层气测全烃在 $3×10^4 \mu L/L$ 以上，气测全烃为上部泥岩背景5倍以上（图8-2-7）；区域下限图版指示，电性下限在 $10\Omega \cdot m$ 以上（图8-2-8）；气指示资料在气层处包络明显，纵波波幅弱；利用双斜率技术识别非烃含量并结合邻井测试标定，确定Ⅲ气组二氧化碳含量在20%左右，烃含量为70%；Ⅳ气组二氧化碳含量在70%左右，烃含量为30%（图8-2-9）。相关系数法显示，4108~4115m孔隙度和电阻率相关系

数小,纵向 S_w 变化大,含气;4120~4133m 孔隙度与电阻率相关系数大,纵向 S_w 趋于常值,含水(图 8-2-9);结合声波测井气指示交会特征和纵波波幅衰减指示,综合判断气水界面为 4117.8m。

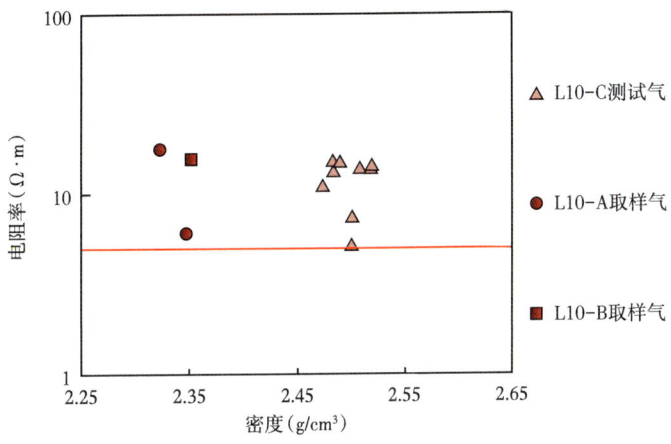

图 8-2-6　Ⅰ、Ⅱ气组气层电性下限成果图

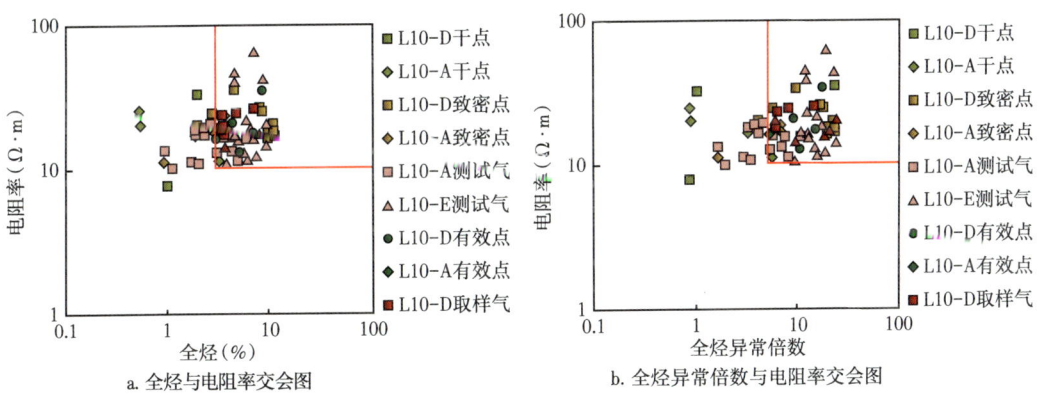

a. 全烃与电阻率交会图　　　　　　b. 全烃异常倍数与电阻率交会图

图 8-2-7　Ⅲ、Ⅳ气组气层气测下限成果图

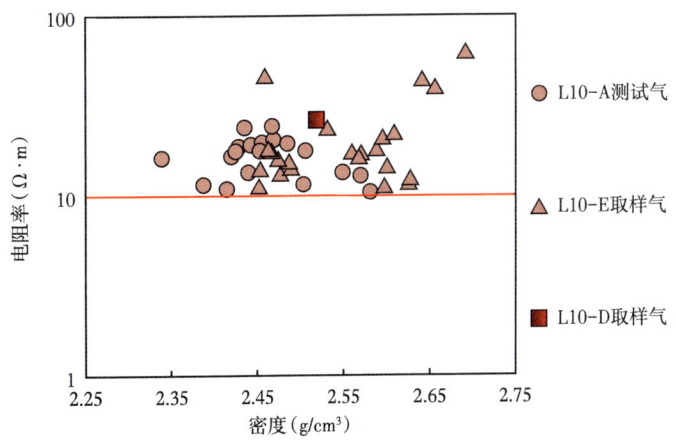

图 8-2-8　Ⅲ、Ⅳ气组气层电性下限成果图

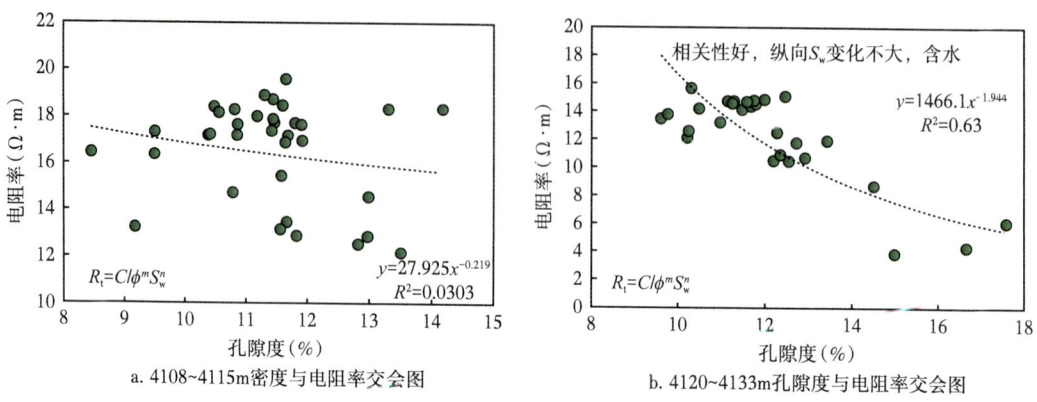

图 8-2-9　相关系数法技术评价Ⅱ、Ⅲ气组气、水成果图

Ⅴ气组气层气测全烃在 $2\times10^4\mu L/L$ 以上，气测全烃为上部泥岩背景 3 倍以上（图 8-2-10）；区域下限图版指示，电性下限在 $13\Omega\cdot m$ 以上（图 8-2-11）；利用双斜率技术识别非烃含量并结合邻井测试标定，确定二氧化碳含量在 70% 左右，烃含量为 30%（图 8-2-12）；相关系数法显示，4210~4250m 孔隙度和电阻率相关系数小，纵向 S_w 变化大，含气；4255~4267m 孔隙度与电阻率相关系数大，纵向 S_w 趋于常值，含水（图 8-2-13）；结合声波测井气指示交会特征和纵波波幅衰减指示，综合判断气水界面为 4250.5m。

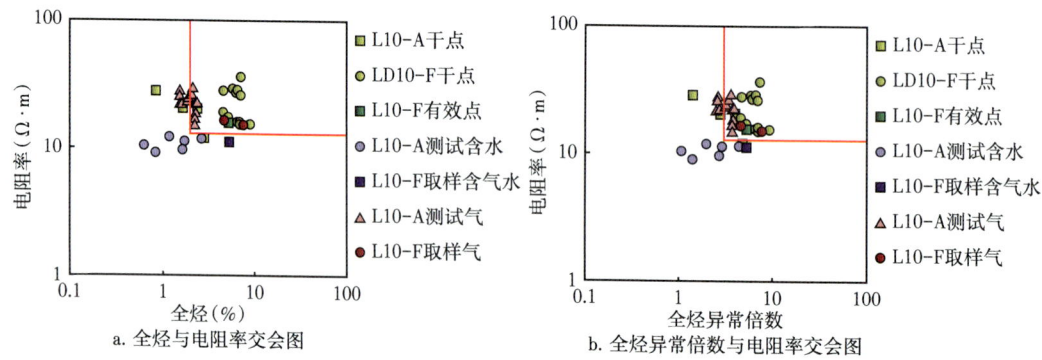

图 8-2-10　Ⅴ气组气层气测下限图

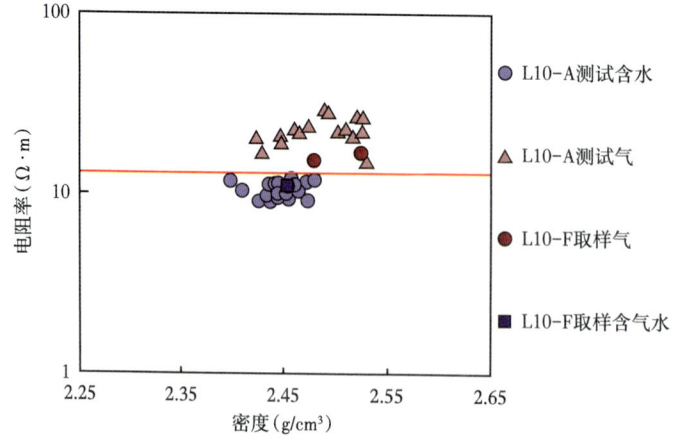

图 8-2-11　Ⅴ气组气层电性下限成果图

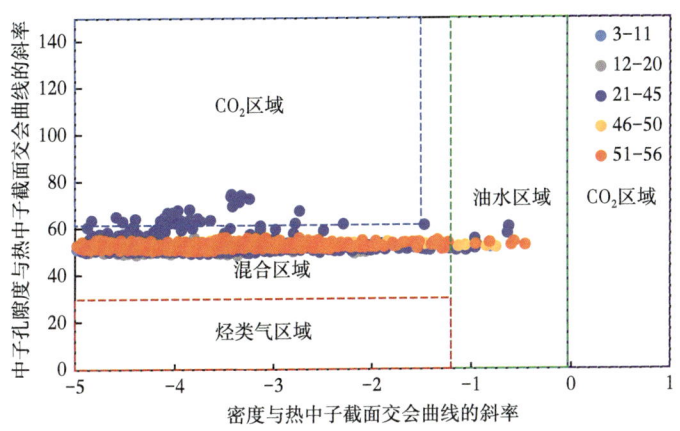

图 8-2-12 双斜率法非烃识别成果图

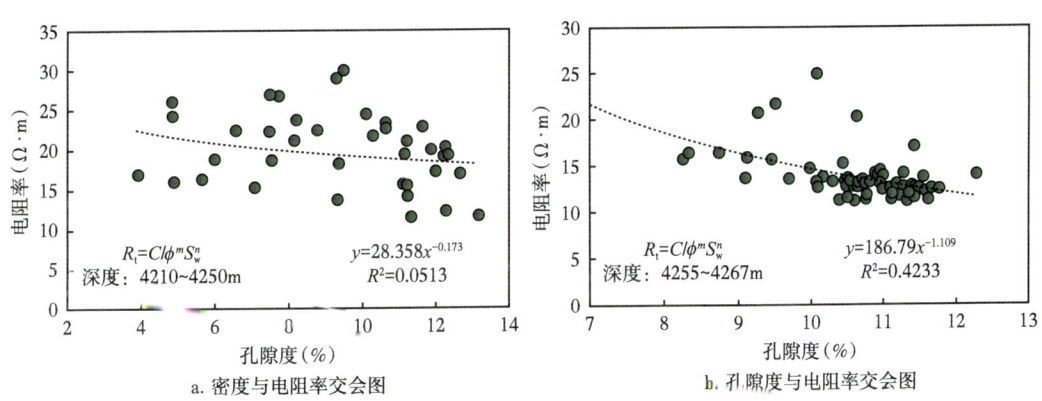

a. 密度与电阻率交会图　　　　　　　b. 孔隙度与电阻率交会图

图 8-2-13 相关系数法评价 V 气组气、水成果图

4. 应用效果

本井进行了两次 DST 测试,第一次测试深度为 4209.97~4228.87m、4235~4290m, V 气组测试日产气约 $1×10^4m^3$;第二次测试深度为 4095~4115m, Ⅲ 气组日产气约 $10×10^4m^3$;获得工业气流。

5. 结论及建议

在高温高压井解释评价过程中,由于储层高压,储层连通性存疑且用常规孔渗手段很难评价,测压资料对物性下限判断极其重要;另外,成像资料可对储层均质程度、泥灰质条件进行识别,可为储层品质评价提供重要评价参数指标。高温高压气井由于埋深较深,沟通深部断裂,一般非烃含量较高,需要注意非烃识别,确定精确的烃含量;另外,高压与深层导致气水电性对比度低,气测偏低,除区域流体性质图版外,还需结合阵列声波气指示、纵波波幅及相关系数法协助流体性质识别并精确判定气水界面。

本井评价方法的结果与测试结论相符,为今后南海西部高温高压井区储层精细评价提供了优质案例与方法。

二、珠江口盆地流花 LH16-2-X 井高孔高渗特高产细砂岩油层测井评价

1. 地质背景

LH16-2 油田位于番禺低隆起最东端,南部紧邻白云东凹与东沙隆起,其北部约

33km处是目前珠江口盆地最大的油田——LH11-1生物礁油田,西南部是目前已发现的天然气大气区。流花16-2为一翘倾半背斜构造,主要受一条NWW向北掉的反向断层控制,呈NWW向展布,构造形态较为简单。该构造具有良好的成藏条件,钻探目的层为新近系珠江组下部砂岩,岩性主要为石灰岩和中—细砂岩,局部粗砂,含砾。珠江组下段顶部为石灰岩,中下部砂岩发育,物性较好,为主要含油层段,属于轻质油气藏。

2. 存在问题

流花16-2周边多发育气藏,本井也存在气顶油藏的可能;主要目的层珠江组上部为巨厚灰色泥岩;中部为灰白色石灰岩、砂屑石灰岩、浅灰色白云质中砂岩,细—中粒砂岩夹薄层灰色泥岩;下部为厚层浅灰色砂岩、灰白色石灰岩夹薄层粉砂质泥岩。测井电阻率随着埋深增加,呈现持续走低的特征,尤其是ZJ30-Ⅱ层段,其流体性质和整段油水界面确定存在一定困难。如图8-2-14所示,测录井组合图中电阻率由高变低,地层流体性质是否发生变化存疑,如何通过测井资料确定地层流体性质,是测井解释面临的主要问题。

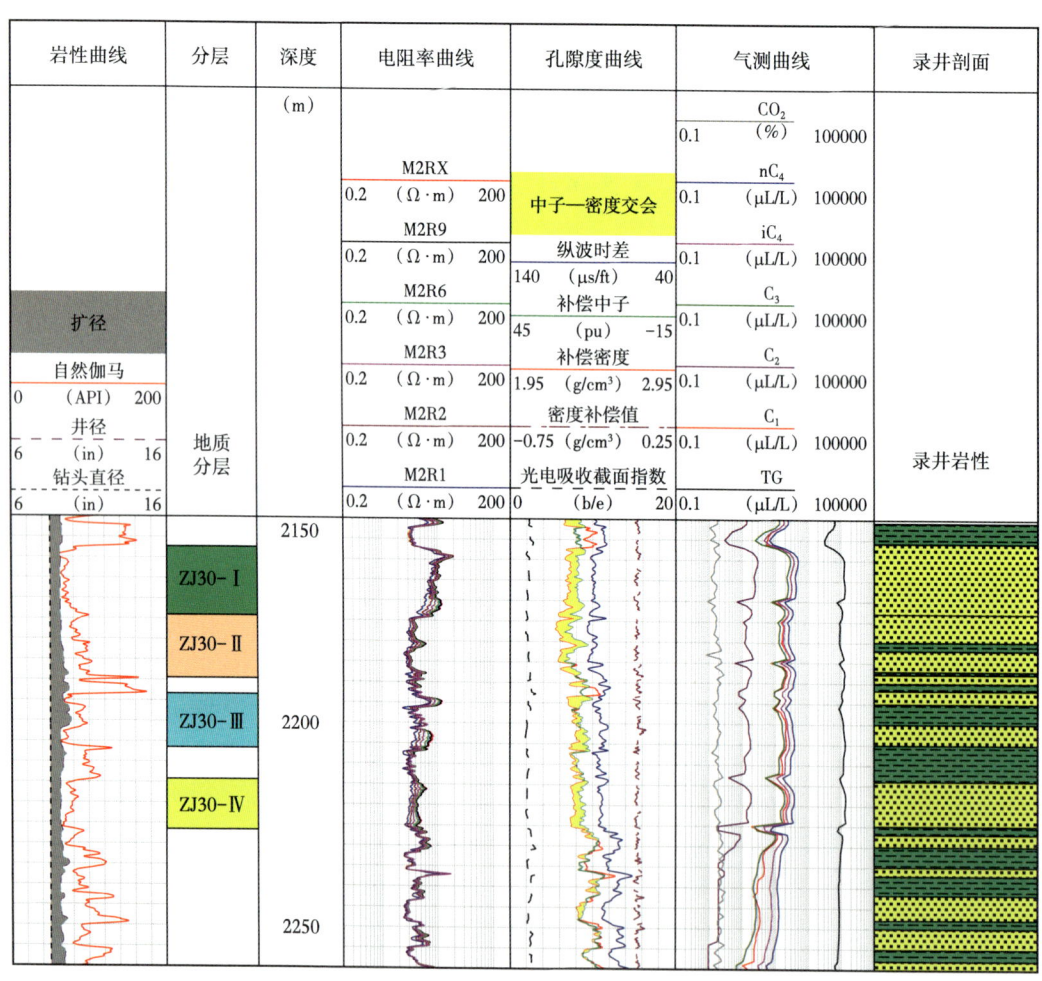

图8-2-14 LH16-2-X井测录井组合图

3. 测井评价技术

基于中子密度、阵列声波测井资料进行油气区分;基于电缆地层测试和地质录井资料确定油水界面。

ZJ30层自上往下电阻率在ZJ30-Ⅰ层底有明显变化台阶,录井岩性为浅灰色细砂岩和粗砂岩,整个层段气测变化异常,呈箱形,无明显降低。ZJ30层下部砂岩段气测值降低,说明含油性降低。

泊松比和流体压缩系数对储层的响应特征非常敏感。相对水层,气层或轻质油层的泊松比会明显减小,流体压缩系数明显增大。利用泊松比和流体压缩系数的这一反向变化特征,在同一曲线道中合理刻度后的泊松比和流体压缩系数曲线,可以形成明显的镜像包络线。

在ZJ30储层内泊松比和体积压缩系数曲线存在明显的镜像包络面积,没有见到明显油水界面。自ZJ30-Ⅳ层后,气测录井有明显下降,岩石力学参数包络面积几乎没有,显示含油性明显很低了。

本井在珠江组未发现水层,为搞清楚珠江组的油水界面深度,进行了MDT测压。由于地层渗透性低,MDT测压有效数据点少,单纯利用MDT测压数据回归油水界面深度并不十分可靠,结合常规测井曲线响应特征、MDT取样资料、壁心描述(表8-2-1)等资料综合判断,油水界面深度为2232.45m(图8-2-15)。

表8-2-1 LH16-2-X井壁取心描述表

序号	深度	长度	岩性描述	荧光显示
1	2219.0m	39mm	油迹细砂岩:灰色,成分主要为石英,含少量暗色矿物及海绿石,细粒,次棱角—次圆状,分选好,泥质胶结,较致密。含油面积3%,油味弱	直照暗黄色,面积20%,C级,滴照乳黄色,块状,反应快
2	2223.0m	40mm	油迹细砂岩:灰色,成分主要为石英,含少量暗色矿物及海绿石,细粒,次棱角—次圆状,分选好,泥质胶结,较致密。含油面积5%,油味弱	直照暗黄色,面积20%,C级,滴照乳黄色,块状,反应快
3	2225.0m	42mm	油迹细砂岩:灰色,成分主要为石英,含少量暗色矿物及海绿石,细粒,次棱角—次圆状,分选好,泥质胶结,较致密。含油面积5%,油味弱	直照暗黄色,面积20%,C级,滴照乳黄色,块状,反应快
4	2228.0m	35mm	油迹细砂岩:灰色,成分主要为石英,含少量暗色矿物及海绿石,细粒,次棱角—次圆状,分选好,泥质胶结,较致密。含油面积5%,油味弱	直照暗黄色,面积20%,C级,滴照乳黄色,块状,反应快
5	2232.5m	36mm	油迹细砂岩:灰色,成分主要为石英,含少量暗色矿物及海绿石,细粒,次棱角—次圆状,分选好,泥质胶结,较致密。含油面积5%,油味弱	直照暗黄色,面积20%,C级,滴照乳黄色,块状,反应快
6	2234.0m	30mm	中砂岩:浅灰色,成分以石英为主,含少量暗色矿物及海绿石,中粒为主,少量细粒,次棱角—次圆状,分选中等,泥质胶结,较致密	
7	2239.0m	35mm	细砂岩:浅灰色,成分以石英为主,含少量暗色矿物及海绿石,细粒,次棱角—次圆状,分选较好,泥质胶结,较致密	
8	2244.0m	36mm	细砂岩:浅灰色,成分以石英为主,含少量暗色矿物及海绿石,细粒,次棱角—次圆状,分选较好,泥质胶结,较致密。局部见不规则泥质条纹	

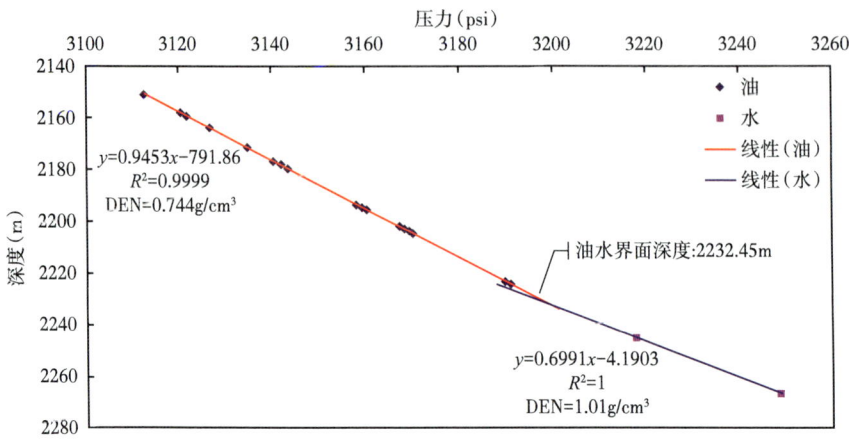

图 8-2-15　LH16-2-X 井油水界面分析图

4. 应用效果

图 8-2-16 为 LH16-2-XX 井的测录井组合图，其主要油层与邻井 LH16-2-X 对应较好。该井的岩性和油水关系要比 LH16-2-X 简单一些，并且没有出现 LH16-2-X 井的电阻率较低的油层。最终确定的油水界面和 LH16-2-X 井很接近，所以两口井的层位应该是相通的，具备统一的油水界面。

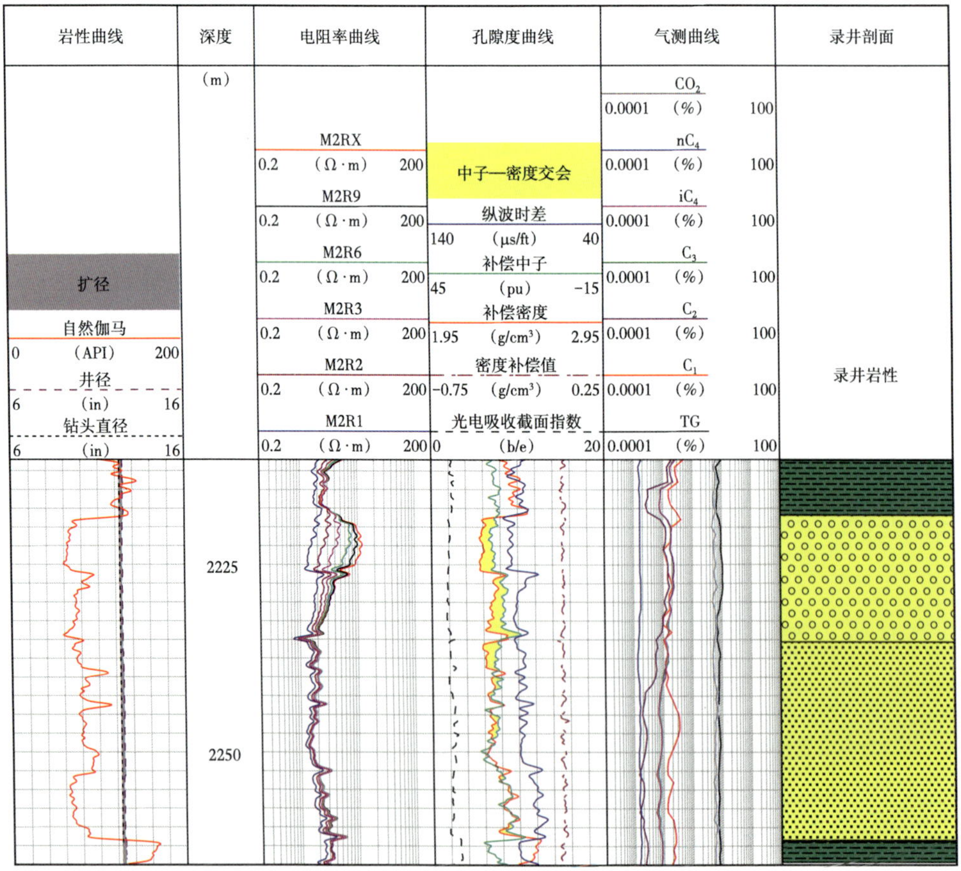

图 8-2-16　LH16-2-XX 井测录井组合图

在 ZJ30 油藏 ZJ30-Ⅰ、ZJ30-Ⅱ段进行 DST 测试，测试井段 2157.0~2190.0m，射开厚度 33.0m。采用 15.88mm 油嘴测得日产油量为 555.4m³，其采油指数高达 152.1m³/(d·MPa)，证实该层具有较高的生产能力。

5. 结论及建议

综合分析认为，常规测井、阵列声波测井、电缆地层测试、地质录井在本井中的应用达到良好效果，表明该组合评价体系适用于南海东部地区中浅层复杂流体性质识别，对于后期的勘探开发工作具有重要意义。

第三节　区块案例

一、莺—琼盆地高温高压气藏测井评价

1. 地质背景

莺歌海盆地和琼东南盆地（简称莺—琼盆地）中深层蕴含巨大的天然气资源量。但由于底辟带"热流体活动"，加上晚期快速沉降和快速沉积巨厚的欠压实泥岩，形成异常高压条件（谢玉洪，2011；金博等，2008）。已钻探井揭示了本地区地层温度为 150~250℃，压力系数 1.5~2.38，绝对压力最高可达 100MPa，属于高温高压—超高温超高压勘探开发领域。目前已经钻探发现东方 X-1、东方 X-2、乐东 Y-1、陵水 Z-1、陵水 X-2 等多个高温高压气田，累积探明储量超 $1500 \times 10^8 m^3$。已钻探气层的储层岩性主要以细砂岩和粉砂岩为主，胶结物主要为泥质，局部地区（乐东 10 区）灰质含量较重，为典型的碎屑岩储层类型。其中，东方 X-1 气田储层埋深 2850~3000m，孔隙度为 17.8%~22.7%，平均为 19.0%，渗透率为 0.3~23.3mD，平均为 5.6mD；东方 X-2 气田埋深 2900~3250m，孔隙度为 16%~18%，平均为 17.4%，渗透率为 2.3~110mD，平均为 18.1mD；乐东 Y-1 气田储层埋深 3990~4400m，孔隙度为 8.2%~14.5%，平均为 10.3%，渗透率为 0.3~33.7mD，平均为 2.7mD；陵水 Z-1 气田储层埋深 3900~4100m（含水深约 1000m），孔隙度为 14%~19.5%，平均为 16.9%，渗透率为 0.9~40.4mD，平均为 21.3mD；陵水 X-2 气田储层埋深 3600~3800m，孔隙度分布在 15.2%~26.3% 之间，平均为 19.5%，渗透率为 0.21~26.9mD，平均为 7.7mD。上述 6 个高温高压气田储层整体为低孔低渗—中孔中渗特征。

2. 存在问题

普遍存在的高温高压导致井筒作业条件复杂，测井资料录取困难，储层参数计算模型的关键参数获取难度大，且广泛分布的 CO_2 等非烃类气体导致气体组分评价不准，给测井评价工作带来极大的挑战，严重制约了气田的勘探发现与开发实施。需要解决的关键问题有：

（1）制定高温高压测井资料录取方案，并形成高温高压测井钻井液侵入校正的校正方法研究，确保测井曲线的可靠度。

（2）开展高温高压岩石物理实验，掌握岩石物理关键参数随地层温、压力的变化规律。

(3)形成储层参数测井精细评价方法,提高饱和度和渗透率等参数的计算精度。

(4)形成高温高压气层 CO_2 含量测井评价方法,解决气层组分评价难题。

3. 测井评价技术

1)测井资料录取规范与钻井液侵入校正方法

(1)高温高压测井资料录取规范。

高温高压井筒作业条件复杂,作业风险高,测井资料录取受限。通过近年的积极探索和经验总结,优选随钻测井系列替代电缆测井,引入无源测井及耐高温测井新技术,另外通过钻前设计及随钻分析指导现场优化作业,保障资料有效录取,图 8-3-1 为莺—琼盆地高温高压井资料录取决策路线图。

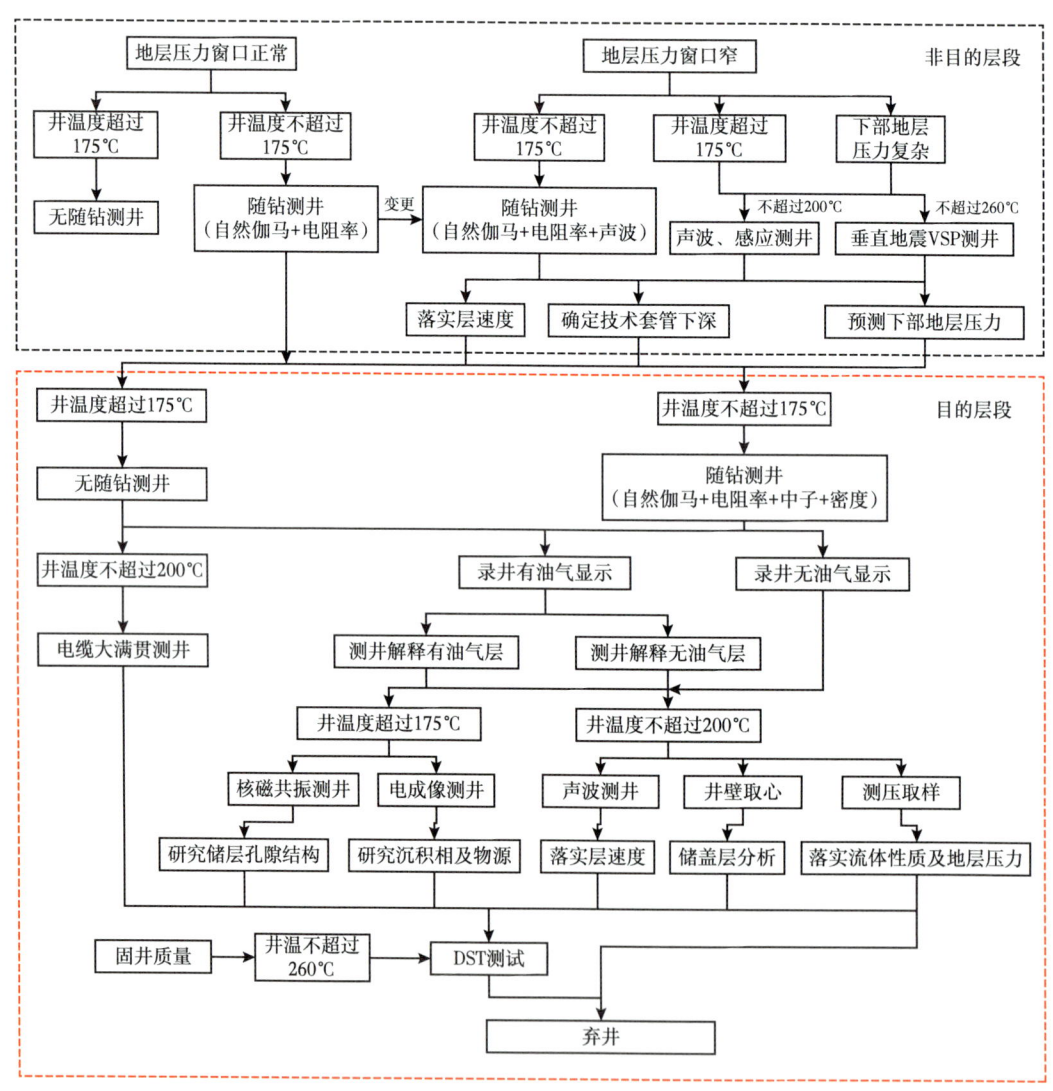

图 8-3-1 莺—琼盆地高温高压井资料录取决策路线图

(2)高温高压钻井液侵入电阻率校正方法。

即便是通过优化作业方案来进行测井资料的录取,但由于钻井过程中采用了高密度钻井液,随着地层暴露时间延长,钻井过程中钻井液滤液不可避免地侵入储层,影响测井资料的真实度。尤其在钻井取心等需要长时间暴露地层的作业后，部分气层段发生严重的钻井液侵入，电阻率曲线受到影响而显著降低，甚至降低至水层级别，使得气层难以识别，给油藏评价和储量计算带来困难。为此，提出了随钻电磁波电阻率测井联合反演方法来恢复原状地层的电阻率值，其核心思想是利用不同物理机制的两种或两种以上测井数据进行地质模型参数反演。通过增加特定探测目标的有效信息量（增加约束），来达到更准确反映地质目标体的目的。不同工作频率下随钻测井探测曲线具有不同的探测特性，为随钻测井联合反演提供了丰富的测井信息。

采用马奎特迭代算法，构造最小二乘目标函数（徐果明，2003）。假定 y 为实际测量的测井曲线数据，f 为地层模型参数正演响应曲线，并且假定目标函数是平方和的形式：

$$\varphi(\boldsymbol{x})=\sum_{k=1}^{m}[y_k-f_k(\boldsymbol{x})] \tag{8-3-1}$$

式中：m 为测井曲线个数；f 是关于参量 $\boldsymbol{x}$ 的非线性函数；$\boldsymbol{x}$ 是待反演参数。

对于随钻 ARC 系列 20 条电阻率测井曲线（包括 2MHz 和 400kHz 工作频率下的幅度衰减与相位差电阻率）联合反演，其中正演采用有限元素法（张中庆，2011；张庚骥，1986）。开展二维阶梯模型的三参数反演，待反演参数包括侵入带半径 r_i、随钻侵入带电阻率 R_{xo}、地层电阻率 R_t 共 3 组地层模型参数。为合理选取迭代反演所需各参数初始值，设计了一种基于视电阻率曲线分离程度的反演初始值选取方案。图 8-3-2 为通过正演仿

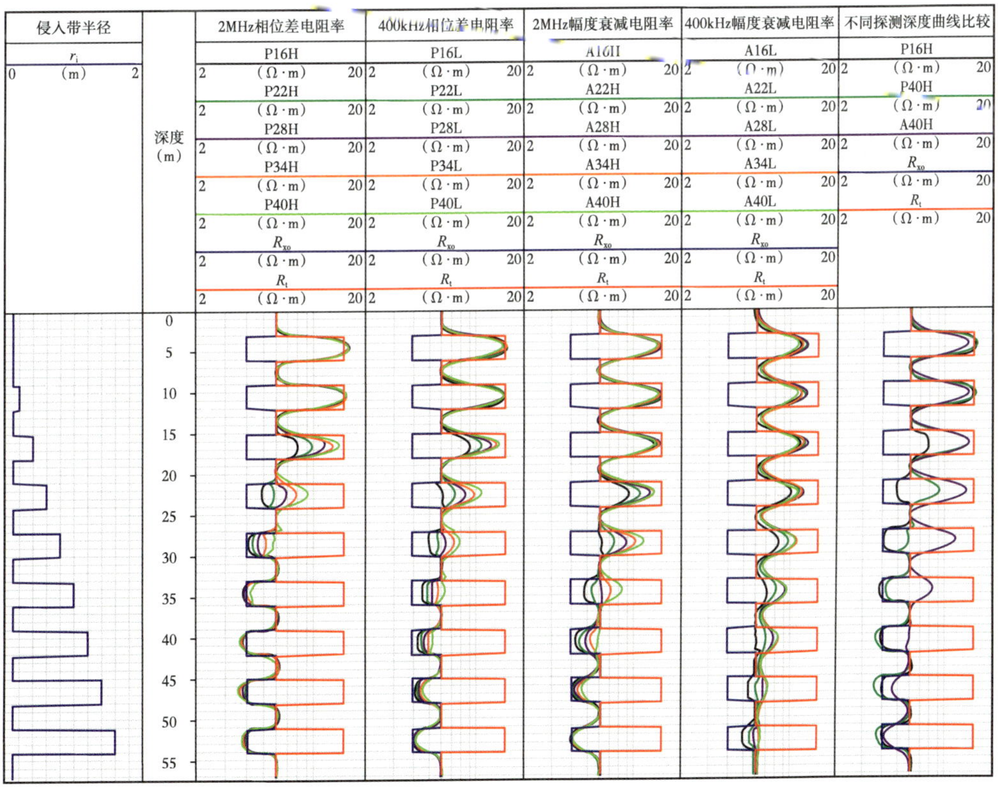

图 8-3-2　钻井液低侵影响下 ARC675 电阻率测井响应特征

真所得 ARC675 电阻率测井响应随钻井液侵入深度的变化特征 [中国南海西部电阻率背景：井径为 8.5in（21.59cm），钻井液电阻率为 0.02Ω·m，层厚 3.0m，围岩电阻率为 6.0Ω·m，渗透层侵入带半径为 0~1.6m，侵入带电阻率为 3.0Ω·m，地层电阻率为 15.0Ω·m]：①第 3 道至第 6 道分别为 2MHz 相位差电阻率、400kHz 相位差电阻率、2MHz 幅度衰减电阻率、400kHz 幅度衰减电阻率的不同源距电阻率，均随侵入深度的增加而逐渐偏离地层真电阻率，并趋向于侵入带电阻率；②第 3 道至第 6 道中，各道不同源距电阻率曲线间的分离程度均随侵入深度的增加而先增大后减小；③第 3 道至第 6 道中，各道不同源距间电阻率曲线的分离程度随着侵入深度的增加依次先后出现极大值。基于图 8-3-2 正演仿真的电阻率背景及获得的测井响应随钻井液侵入深度变化特征，根据不同探测深度电阻率测井曲线分离程度变化差异，进行钻井液侵入深度定性判别和反演各参数的初始值选取。首先，考查常用的 2MHz 电阻率曲线，定义 P40H、P16H 曲线的分离因子 S_{phls} 和 A40H、P40H 曲线分离因子 S_{lhap}：

$$S_{phls} = (R_{P40H} - R_{P16H})/R_{P16H} \quad (8\text{-}3\text{-}2)$$

$$S_{lhap} = (R_{A40H} - R_{P16H})/R_{P40H} \quad (8\text{-}3\text{-}3)$$

相关曲线随侵入深度变化的响应特征如图 8-3-2 第 7 道所示，经三次样条插值拟合，S_{phls}、S_{lhap} 与侵入带半径大小关系如图 8-3-3a 所示，可由 S_{phls}、S_{lhap} 大小定性判别钻井液侵入深度。结合 2MHz 和 400kHz 的相位差和幅度衰减电阻率，分别定义其长、短源距电阻率曲线分离因子：

$$S_{plls} = (R_{P40L} - R_{P16L})/R_{P16L} \quad (8\text{-}3\text{-}4)$$

$$S_{ahls} = (R_{A40H} - R_{A16H})/R_{A16H} \quad (8\text{-}3\text{-}5)$$

$$S_{alls} = (R_{A40L} - R_{A16L})/R_{A16L} \quad (8\text{-}3\text{-}6)$$

各电阻率与侵入带半径大小关系如图 8-3-3b 所示。由于该组电阻率曲线探测深度差异大，可在钻井液侵入影响严重时进一步区分侵入程度。利用常用的 2MHz 相位差电阻率曲线，分别考查视电阻率变化比例 R_{xo}/R_{P16H}、R_t/R_{P40H} 与侵入带半径大小关系（图 8-3-3c）。可在定性判别侵入深度后，根据该关系相应地定性判别 R_{xo} 和 R_t 的大小。根据图 8-3-3 所示的分离因子、变化比例与侵入带半径大小关系获得反演参数初始值选取方案见表 8-3-1。该方案能够定性区分 1.5m 以内的侵入深度，并相应选取反演各参数初值。表 8-3-1 中的判别准则是基于随钻电阻率测井不同频率、不同源距的幅度衰减和相位差电阻率曲线间固有的探测深度差异，比较不同探测深度曲线分离程度的相对大小而非绝对差异，进而定性判别钻井液侵入程度，因此该准则对于海上随钻电阻率测井受钻井液低侵影响情形具有普适性。在此定性判别的基础上，定量选取的反演参数初始值需经迭代反演计算而逐步收敛于真实值。

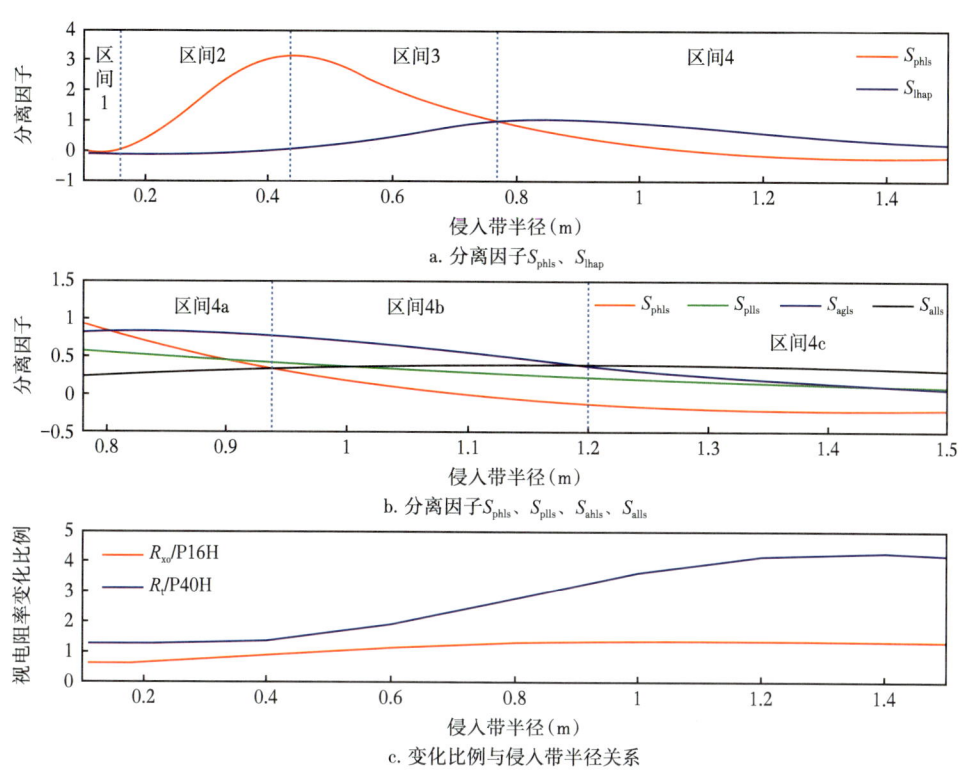

图 8-3-3 ARC675 电阻率测井曲线

表 8-3-1 ARC675 电阻率测井钻井液侵入深度定性判别准则与反演参数初始值选取方案

定性判别区间		判别准则	结论	初始值选取方案		
				r_{i0}（m）	R_{xo0}/P16H	R_{t0}/P40H
区间 1		$S_{phls} < 0.1$ 且 $S_{hlap} < 0.1$	无侵	井眼半径	约束 $Rxo=Rt$	1.00
区间 2		$S_{phls} \geq 0.1$ 且 $S_{hlap} < 0.1$	浅	0.30	0.40	1.00
区间 3		$S_{phls} \geq S_{hlap}$ 且 $S_{hlap} > 0.1$	中等	0.60	0.80	1.60
区间 4	区间 4a	$S_{phls} < S_{hlap}$	$S_{alls} < \min(S_{phls}, S_{plls}, S_{ahls})$	较深	0.85	1.00	2.85
	区间 4b		$S_{alls} < S_{ahls}$ 且 $S_{alls} \geq S_{phls}$	深	1.05	1.00	3.70
	区间 4c		$S_{alls} \geq \max(S_{phls}, S_{plls}, S_{ahls})$	特深	1.35	1.00	4.30

图 8-3-4 为研究区一口设定井的随钻迭代反演结果图，各参数反演结果与模型设定值吻合较好，说明该方法能够较大程度恢复地层原状电阻率值。

2）高温高压岩石物理实验及岩电参数变化规律

随着实验技术发展，岩电实验由地面温压走向地层温压条件。地层条件下，某一固定温度和压力下的单点岩电实验并不能反映随着埋深的增加，地层温度和压力不断变化时岩电参数的变化规律。为了弄清岩电参数随温度与压力的变化规律，创建了具有国内领先地位的高温高压岩电实验平台。以东方 X 区为例，特设计了 30 块岩样的 7×7 温压岩电实验：测量温度点为 25℃、40℃、60℃、80℃、100℃、120℃、140℃；压力点为 3MPa、5MPa、10MPa、20MPa、30MPa、40MPa、50MPa 的气驱水岩电参数测量实验，岩样饱和水矿化度为 25000 mg/L。通过对岩电实验结果数据体分析，研究 m、n 值受温度和压力的影响程度。

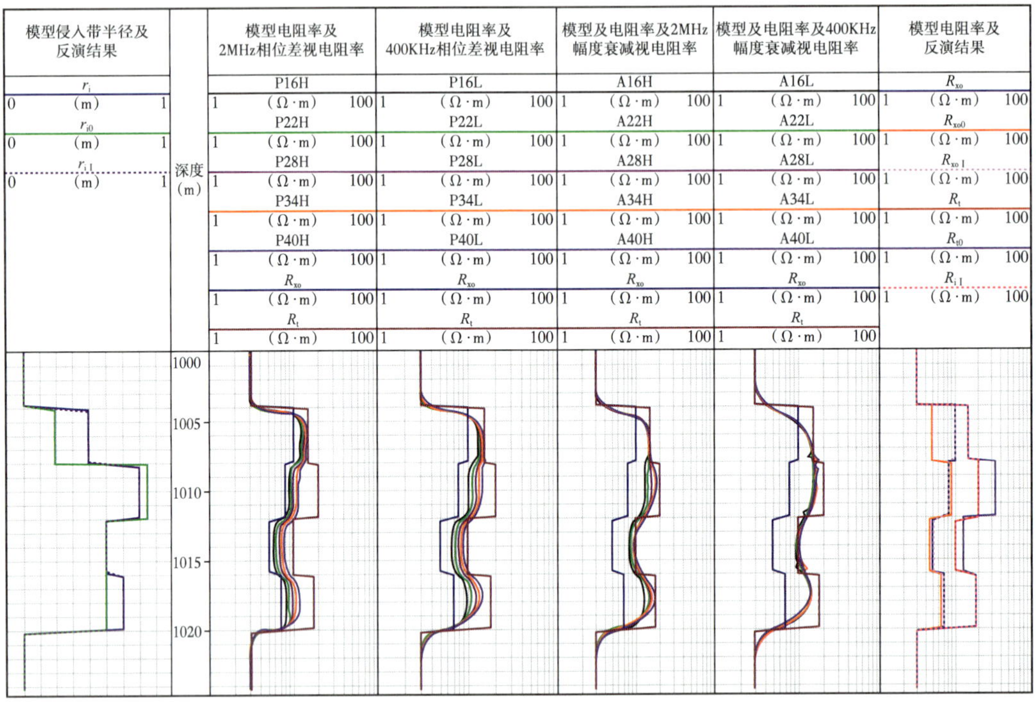

图 8-3-4　Y 井模型随钻迭代反演结果图

由阿奇公式 $F=R_0/R_w=a/\phi_e^m$ 可知，当 ϕ_e=100% 时，a=1，因此，从理论上讲，a=1。同时，根据区域经验，本区全部岩样 b 值的变化范围很小，其均值为 1.02996，也可近似为常数。为讨论和应用的方便，现假设 a=1、b=1，在此基础上讨论 m 和 n 随温度和压力的变化规律。图 8-3-5 给出了本地区岩电参数 m、n 随着温度和压力的变化情况。

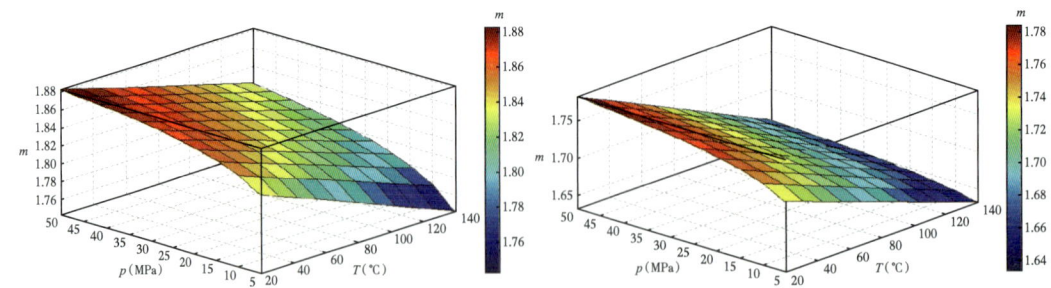

图 8-3-5　莺—琼盆地岩电参数 m、n 随温度和压力的变化规律图

根据拟合可得出 m 值和 n 值分别与温度和压力关系：

$$m = 1.91670899 + (0.000175296T + 0.00187)\ln p - 0.001962T \quad (8\text{-}3\text{-}7)$$

$$n = 1.6986195 + (-0.0001116622T + 0.0267665)\ln p - 0.000601136T \quad (8\text{-}3\text{-}8)$$

式中：T 为地层温度，℃；p 为地层压力，MPa。

由图 8-3-5 可看出，温度与压力对 m 值同时产生影响。在实际地层中，随深度的加深，温度与压力同时上升，它们对 m 值的影响会相互抵消一部分，但温度和压力在数值上的增加量是不一样的，因此，m 值随深度的变化而发生变化。在温度一定的情况下，m 值随着压力的增大而增大；当压力一定时，m 值随着温度的增大而减小。温度与压力对 n 值也同时产生影响。随着温度与压力同时上升，它们对 n 值的影响会相互抵消一部分，但温度和压力在数值上的增加量是不一样的，因此 n 值随深度的变化而发生变化，在温度一定的情况下，n 值随着压力的增大而增大；当压力一定时，n 值随着温度的增大而减小。因此，在存在异常高温高压的储层中计算油气饱和度时，必须考虑温度和压力对岩电参数 m、n 值的影响。

3）高温高压储层参数测井精细评价模型

（1）含水饱和度参数评价。

研究区储层主要岩性为粉砂岩和细砂岩，泥质含量一般在 15% 以下，泥质主要以分散泥质形式存在。根据地区经验（蔡军等，2007），该区含水饱和度计算公式中的印度尼西亚公式计算结果与实际密闭取心分析的饱和度吻合效果较好，式（8-3-9）为该区印度尼西亚公式的表现形式：

$$S_w^{n/2} = \frac{1}{\sqrt{R_t}} \bigg/ \frac{V_{cl}^{1-0.5V_{cl}}}{\sqrt{R_t}} + \sqrt{\frac{\phi_e^m}{aR_w}} \quad (8\text{-}3\text{-}9)$$

式中：S_w 为含水饱和度，小数；R_t、R_{sh} 分别代表原状地层和泥岩电阻率，$\Omega \cdot m$；V_{cl} 为储层泥质含量，小数；a、m、n 分别代表岩电参数中的岩性系数、胶结指数和饱和度指数；ϕ_e 为有效孔隙度，小数；R_w 为地层水电阻率，$\Omega \cdot m$。

式（8-3-9）中电阻率一般取经过钻井液侵入校正后的原状地层电阻率值；泥质含量一般采用经验公式计算，经过了大量的岩心粒度分析资料标定，可靠性较高；泥质电阻率通常选取解释层位附近的纯泥岩段电阻率值，本区一般取 2~3 $\Omega \cdot m$；地层水电阻率通过经过测压取样作业的水分析资料确定。因此，岩电参数是本区含水饱和度参数计算中最为关键的参数。莺—琼盆地根据不同的区块，已经分别获取到不同地层温度和压力条件下的岩电参数变化规律，为测井计算含水饱和度提供了不同温度和压力范围的关键参数。

（2）渗透率参数评价。

以东方 X 区黄流组为例，利用本区 3 种测井响应（自然伽马、中子、密度）和 2 个物性参数（孔隙度、渗透率），结合储层品质因子，对不同类型岩石物理相的响应特征进行分析，利用算法简单、收敛速度快的 K-means 聚类分析对研究区储层岩石物理相进行统计分析，建立研究区储层岩石物理相评价划分标准及判别模型，划分出 3 类岩石物理相：类型 1、类型 2、类型 3（表 8-3-2、表 8-3-3）（杨毅等，2017）。

表 8-3-2　莺歌海盆地中深层各类岩石物理相的岩性、铸体薄片、扫描电镜、毛管压力特征

	类型1	类型2	类型3
岩心	 a	 b	 c
铸体薄片	 d	 e	 f
扫描电镜	 g	 h	 i
压汞曲线	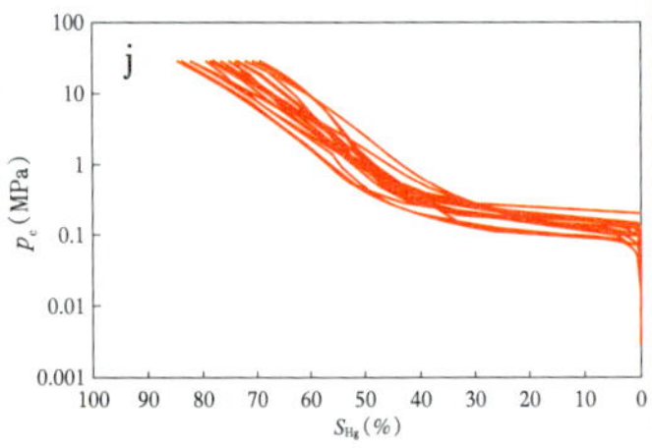 j	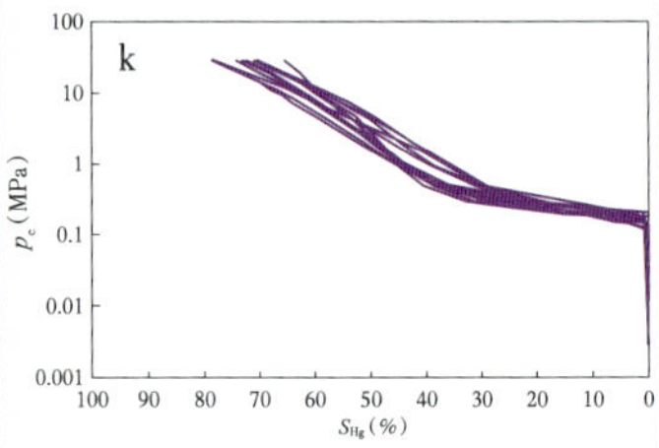 k	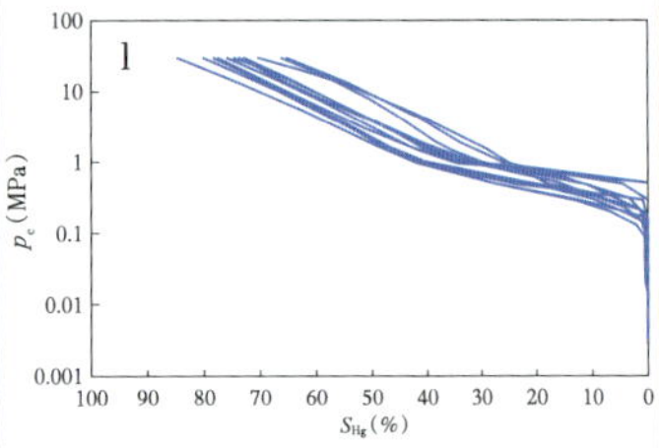 l
图片描述	a. D4井3269m，浅灰色中—细砂岩；b. D6井3170.0m，浅灰色细砂岩；c. D6井3177.0m，浅灰色泥质粉砂岩；d. D6井3130m，岩屑石英中—细砂岩，分选较好，长石溶蚀强烈，孔隙连通性较好；e. D8井，3167m长石岩屑石英极细—细砂岩；f. D6井3198m，岩屑石英粉砂质极细砂岩；g. D5井3166m，8~627μm粒间孔、6~13μm喉道分布较均匀；h. D1井3005m，8~43μm粒间孔、4~8μm喉道分布较均匀；i. D5井3083m，7~37μm粒间孔不均匀分布；l. PF1-3类岩石物理相压汞曲线		

表 8-3-3　岩石物理相分类参数聚类中心

岩石物理相类型	伽马（API）	中子（pu）	密度（g/cm³）	孔隙度（%）	渗透率（mD）	品质因子
类型1	77.5	17.2	2.34	18.4	26.5	0.42
类型2	80.4	16.6	2.36	17.9	21.5	0.34
类型3	88.5	18.1	2.42	16.2	5.1	0.11

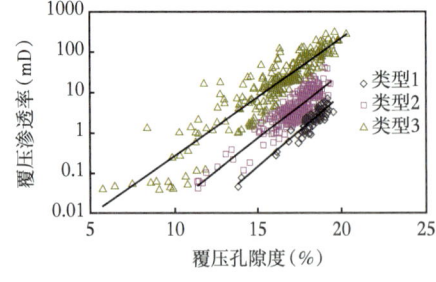

图 8-3-6　莺歌海盆地东方 X 区储层分类条件下孔渗关系模型

建立分类表征方法后，即可利用孔渗关系分类拟合方法（图 8-3-6）开展渗透率模型分类精细评价。

研究区 3 类渗透率模型如下。

类型1：$\qquad K = 0.0004e^{0.6374\phi_e}$ （8-3-10）

类型2：$\qquad K = 0.0001427e^{0.7467\phi_e}$ （8-3-11）

类型3：$\qquad K = 0.00006e^{0.6467\phi_e}$ （8-3-12）

4）高温高压气层 CO_2 定性识别与定量评价

（1）基于 NDS 参数的 CO_2 定性识别方法。

本区二氧化碳分布较广，利用测井资料识别出二氧化碳并对其含量准确评价，对后续勘探开发井位部署及储量研究至关重要。利用密度、中子测井资料对烃类气层（CH_4）与非烃气层（CO_2）的响应特征差异，计算高温高压气层段中子、密度曲线间隔 NDS 曲线［式（8-3-13）］，然后将 NDS 曲线除以孔隙度及含气饱和度，得到 NDS_{S_g} 曲线［式（8-3-14）］（何胜林等，2016）。

$$\mathrm{NDS} = \frac{\mathrm{DEN}-1.95}{0.05} - \frac{0.45-\mathrm{CNL}}{0.03} \quad (8\text{-}3\text{-}13)$$

$$\mathrm{NDS}_{S_g} = \frac{\mathrm{NDS}}{\phi_e S_g} \quad (8\text{-}3\text{-}14)$$

式中：NDS 为中子、密度曲线间隔值；DEN 为密度测井值，g/cm^3；CNL 为中子测井值，小数；NDS_{S_g} 为单位含气孔隙的 NDS 值；ϕ_e 为气层有效孔隙度，小数；S_g 为气层含气饱和度，小数。

利用式（8-3-13）和式（8-3-14）对东方 X 区气田已钻遇的气层段进行处理，得到各气层段的单位含气孔隙 NDS_{S_g} 值。将气田中烃类气层（CH_4）与非烃气层（CO_2）的 NDS_{S_g} 值作出频率分布直方图，见图 8-3-7。由图可见，这两类气层在 NDS_{S_g} 值存在较明显的界限，因此可以通过比较单位含气孔隙的 NDS_{S_g} 曲线的大小来建立烃类气层（CH_4）与非烃气层（CO_2）的判别标准：烃类气层（CH_4）NDS_{S_g} > -30；非烃类气层（CO_2）NDS_{S_g} < -30。

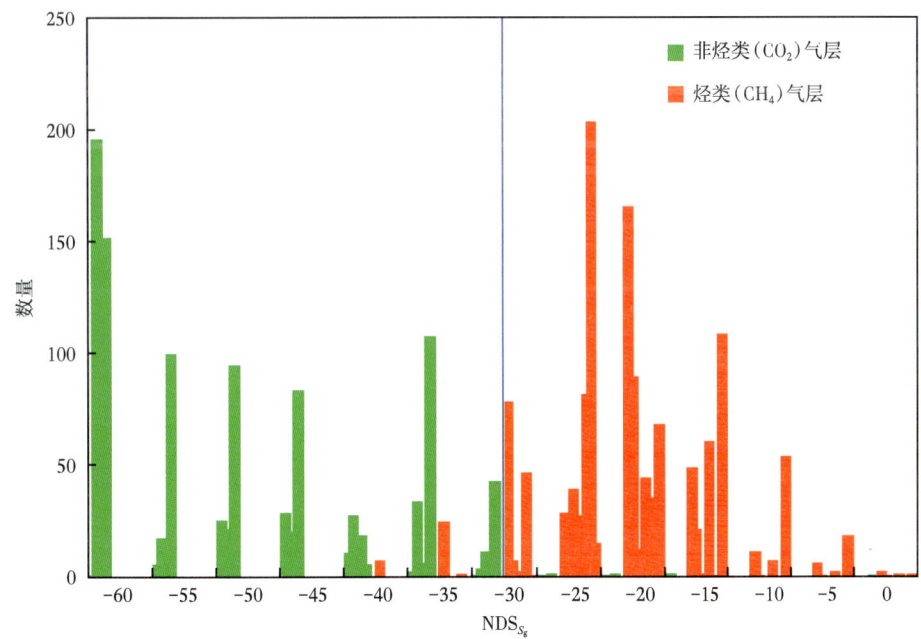

图 8-3-7　烃类与非烃类气层定性识别图版

由于本方法在利用密度、中子资料判别高温高压气层气体类型时排除了岩性、井眼条件、钻井液侵入等非流体影响因素，并将中子、密度曲线间隔 NDS 曲线除以孔隙度及含气饱和度，得到单位含气孔隙的 NDS_g 曲线，更真实地反映了不同气体组分对密度和中子资料的影响特性，大大提高了高温高压气层气体类型判别符合率，判断标准是用数值大小来反映气体类型，使气层气体类型判别由过去的定性判别提高到了半定量判别，使用起来更方便更易于操作，达到快速定性识别的效果。

（2）基于体积模型最优化的 CO_2 含量定量评价方法。

通过实验得知，在地下150℃和50MPa内压的温压条件下，甲烷气体密度为0.213g/cm³，纵波时差为395.85μs/ft；二氧化碳气体的密度为0.735g/cm³，纵波时差为545.27μs/ft。两者的物理性质不同（如密度、纵波时差等），导致在二氧化碳含量不同的地层，三孔隙度测井响应也会不同（侯大力等，2013）。同时，两种气体表现在不同物理性质上的差异程度不同，使得将不同的测井响应方程联立求解不同流体成分各自的含量成为可能。在对本地区二氧化碳定量求解中，选用的是基于岩石体积物理模型的最优化算法。把岩石分为骨架、泥质、地层水、甲烷和二氧化碳共5个部分（段亚男等，2012）。如果将这5个部分均作为未知数进行定量最优化求解，则可能会出现由于其中几个变量结果误差的累积导致其余几个变量与真实值出现较大偏差。因此在最优化求解中，应尽量避免出现过多的未知变量。考虑到本地区计算孔隙度和饱和度的方法的正确性已经得到验证，故可以将用已知模型计算出来的泥质、骨架以及地层水的相对体积作为已知量，用最优化方法计算出甲烷气体和二氧化碳气体的相对体积（何胜林等，2013；吴洪深等，2012）。在实际处理时发现，运用密度和纵波时差曲线计算孔隙度精度更高且相邻深度点无明显跳变，同时考虑到气体对补偿中子测井的挖掘效应使得气体饱和度的计算不够精确，故运用密度和纵波时差的体积物理模型进行最优化建模（图8-3-8）。

图8-3-8 最优化算法体积物理模型示意图

最优化建模的一般模型可表示为：

$$\min f(X) \text{ 或 } \max f(X) \quad (8\text{-}3\text{-}15)$$

约束条件为：

$$g_i(X) \geq 0; \ h_j(X) = 0 \quad (8\text{-}3\text{-}16)$$

式中：min、max 分别为目标函数的最小值和最大值（根据模型具体情况而定）；h_j、g_i 为约束函数；$i=1,\cdots,m$；$j=1,\cdots,p$。

因此，最优化模型的建立，实际上就是一个从确定决策变量到确定目标函数，再到确定约束条件的过程（程超等 2011；韩雪等，2012；王辉等，2002；冯国庆等，2002）。目标函数与约束条件实际上是为了使体积物理模型计算得到的结果同测井值的差距达到最小，计算得到的值可以通过不同的目标函数和约束条件组合，从不同的方向逼近测井值（两组目标函数分别从最小值和最大值的方向逼近测井值，共4种不同的逼近方向）。按照Matlab多目标最优化程序所要求的目标函数和约束条件格式，以两组目标函数同时从负方向（最大值方向）逼近为例进行说明。目标函数为：

$$\max(\rho_{CO_2}V_{CO_2} + \rho_{CH_4}V_{CH_4}) \qquad (8-3-17)$$

$$\max(\Delta t_{CO_2}V_{CO_2} + \Delta t_{CH_4}V_{CH_4}) \qquad (8-3-18)$$

约束条件为：

$$\rho_{CH_4}V_{CH_4} + \rho_{CO_2}V_{CO_2} \leqslant \rho - \rho_w V_w - \rho_{sh}V_{sh} - \rho_{ma}V_{ma} \qquad (8-3-19)$$

$$\Delta t_{CH_4}V_{CH_4} + \Delta t_{CO_2}V_{CO_2} \leqslant \Delta t - \Delta t_w V_w - \Delta t_{sh}V_{sh} - \Delta t_{ma}V_{ma} \qquad (8-3-20)$$

$$V_{CO_2} + V_{CH_4} \leqslant 1 - V_w - V_{sh} - V_{ma} \qquad (8-3-21)$$

$$0 \leqslant V_{CO_2}V_{CH_4} \leqslant 1 - V_w - V_{sh} - V_{ma} \qquad (8-3-22)$$

式中：V_{ma}、V_{sh}、V_w、V_{CH_4}、V_{CO_2}分别为各部分体积分数，且前3个为已知；ρ_{ma}、ρ_{sh}、ρ_w、ρ_{CH_4}、ρ_{CO_2}分别为各部分密度，g/cm³；Δt_{ma}、Δt_{sh}、Δt_w、Δt_{CH_4}、Δt_{CO_2}分别为各部分纵波时差，μm/ft；ma表示岩石骨架，sh表示泥质，w表示水，CH_4表示甲烷，CO_2表示二氧化碳。

式（8-3-17）和式（8-3-19）为运用密度体积物理模型建立的最优化表达式，其含义为岩石各部分密度之和从负方向无限接近于密度测井值；式（8-3-18）和式（8-3-20）为运用纵波时差体积物理模型建立的最优化表达式，其含义为岩石各部分纵波时差之和从负方向无限接近于纵波时差测井值。式（8-3-21）和式（8-3-22）为未知变量的取值范围。按照上述模型，用最优化程序对测井数据进行处理，取4种不同逼近方向结果的平均值，可以得到二氧化碳气体和甲烷气体的体积分数随深度变化的分布曲线。

4. 应用效果

图8-3-9为研究区乐东某气田深层的X-7井的测井综合评价成果图。该井目的层为黄流组二段V气组，埋深3800~4150m，地层温度为145℃，孔隙压力为65MPa，区域气层为典型的低孔低渗透储层。本井测井项目包括自然伽马、深中浅电阻率、补偿中子和补偿密度等。利用上文形成的高温高压储层测井评价技术对本井进行处理解释：图中第8道为基于岩石物理相的储层分类情况，本井主要目的层以2~3类为主；其中，孔隙度采用中子—密度交会法计算，渗透率是在储层分类条件下利用孔—渗关系计算所得，而含水饱和度的计算充分考虑了地层温度和压力对岩电参数的影响，上述3个参数的计算结果均与岩心分析值吻合较好；而本井体积模型最优化的CO_2含量定量评价方法的计算结果分别在3974.5m、3978.4m和4001.4m处与取样分析结果吻合良好，说明本节形成的莺—琼盆地高温高压储层测井评价技术具有良好的实用性。

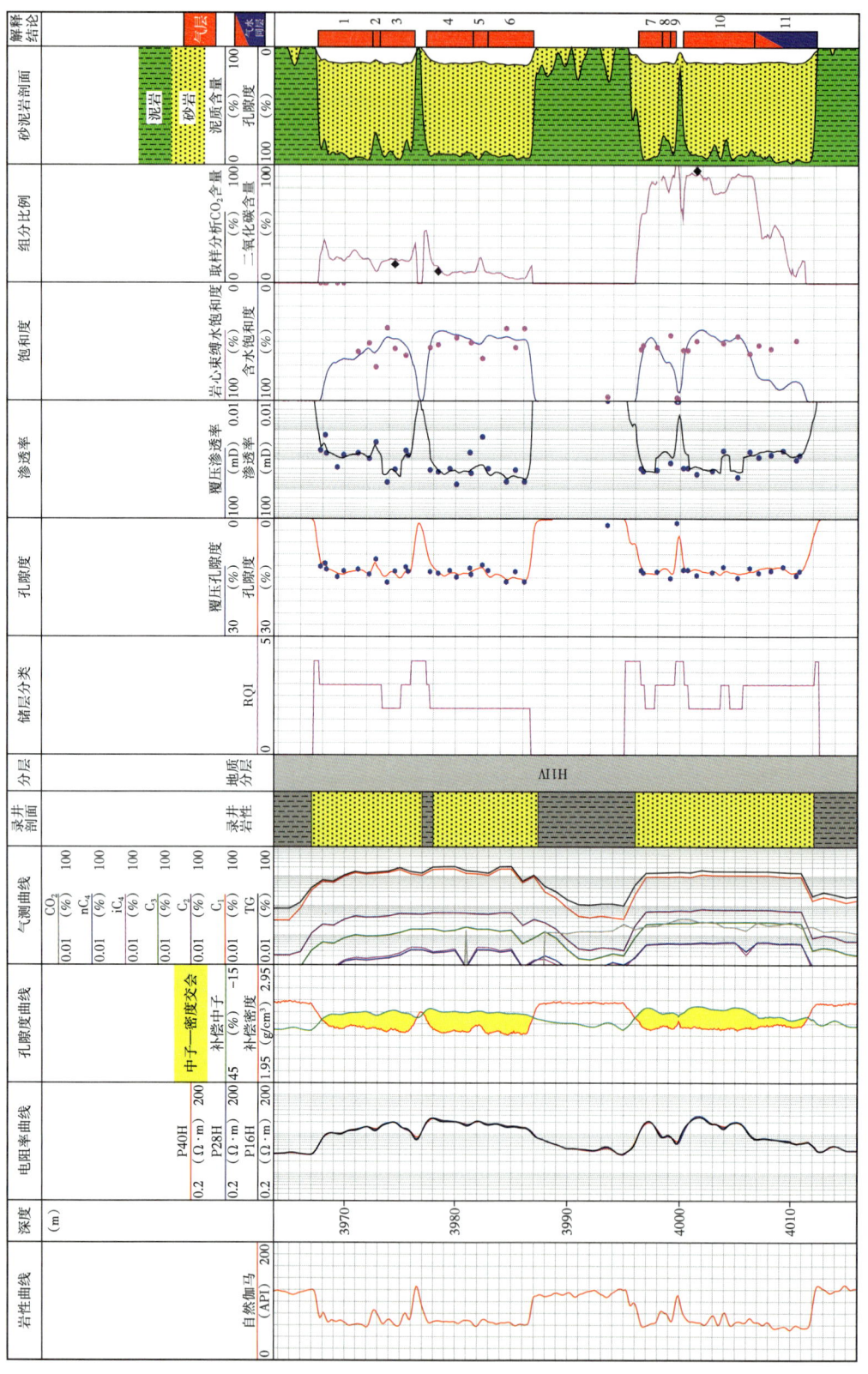

图 8-3-9 X-7井测井计算成果图

5. 结论及建议

本次建立了一套高温高压储层测井评价技术，提出了高温高压井筒测井资料录取规范，并形成钻井液污染测井资料校正技术；优选无源放射性测井及耐高温测井新技术替代电缆测井指导现场作业优化，提出钻井液循环降温的方式延长作业窗口期，从而保障资料的高效录取；基于随钻电磁波电阻率联合反演，形成了钻井液侵入电阻率等测井校正技术，保障了高温高压储层测井资料的可靠性。发展了高温高压条件下的岩石物理实验技术，在此基础上弄清了地层岩电参数随温度、压力的变化规律；基于实验获得的岩石物理关键参数随温度压力变化规律认识，形成高温高压储层参数测井精细评价方法，提高了孔隙度、饱和度等储层参数的计算精度；构建了单位含气孔隙的 NDS_g 参数对 CO_2 进行定性识别，在此基础上，形成了高温高压气层 CO_2 气体组分含量的最优化定量评价方法。

二、珠江口盆地南海西部海域高泥质疏松砂岩低电阻率油藏测井评价

1. 地质背景

文昌 X 油田、文昌 Y 油田位于珠江口盆地琼海凸起的中东部，为基底隆起基础上发育的低幅披覆背斜构造，构造完整平缓，两翼的倾角均下陡上缓，各油组构造特征在纵向上继承性较好，构造受张扭应力场的作用形成了一系列雁行排列的中小规模的断层。文昌 X 油田、文昌 Y 油田主力油组珠江组一段埋深在 950~1450m 之间，其中珠江组一段上部（ZJ1-1~ZJ1-3 油组）储层岩性以粉砂岩、泥质细砂岩为主，泥质杂基含量很高，另有海绿石、黄铁矿胶结，面孔率低，仅 7.7%；珠江组一段下部（ZJ1-4~ZJ1-7 油组）储层以石英砂岩和长石石英砂岩为主，含少量岩屑长石石英砂岩，主要为粉砂、细砂岩、中—细砂岩，成分成熟度中等，砂岩中泥质杂基含量较高（7.3%~22.8%）。砂岩分选中等，磨圆度为次圆—次棱状，颗粒支撑结构为主，局部为杂基状支撑，点状、游离状接触，胶结类型以孔隙—基底式胶结为主，反映结构成熟度低—中等。

涠洲 X 油田位于北部湾盆地北部拗陷涠西南低凸起上（涠西南凹陷东南斜坡的延续抬起部分）。涠西南低凸起是在涠西南凹陷和海中凹陷之间的北东东向凸起，其南部以三号断裂与海中凹陷相隔，其余三面与涠西南凹陷相连。在低凸起顶部缺失古近系，新近系直接覆盖在古生界轻变质砂岩、页岩之上。整体构造为一中间宽两翼窄的背斜构造，近东西向展布；整个构造具有顶部缓、两翼陡的特点。含油范围内断层较少，在构造的东南部受断层影响。油田主力油组地层划分为Ⅰ油组、Ⅱ油组，其中Ⅰ油组发育一套含有不连续泥岩夹层的砂岩，顶部发育一套低阻层；Ⅱ油组发育一套纯净的块状砂岩，细粒为主，局部中粗粒，基本上没有泥岩夹层，仅顶部见泥质斑块和条带，油层底部水层顶部发育一套稳定分布的薄钙质层。陆屑成熟度指数分布在 1.7%~19.4% 之间，总体来看成分成熟度较高。泥质杂基含量在 0%~38.0% 之间，胶结物含量在 1.5%~58.0% 之间，胶结物以白云石、方解石为主，其次是铁白云石，此外还有铁方解石、菱铁矿等碳酸盐胶结物。储层砂岩分选中—好，磨圆度为次棱—次圆状，表现为点状、游离状接触，孔隙式、嵌晶式胶结为主，结构成熟度中等。

2. 存在问题

随着勘探开发的深入，南海西部海域发现了大量的高泥质疏松砂岩低电阻率油层，

如文昌 X 油田、文昌 Y 油田、涠洲 W 油田。该类低电阻率油层成因复杂，以电阻率为主的测井响应特征与围岩差异极小甚至比围岩还低，局部甚至出现高孔低阻、低孔高阻现象，极大地增加了测井评价难度，导致前期无法准确识别储层流体性质，从而漏掉一大批油层，大大延缓甚至错失油田的发现；同时，该类油层含水饱和度计算精度低，储量评价结果存在极大风险，严重影响开发方案部署及实施，降低开发效率。南海西部海域低电阻率油藏规模巨大且部分油层经测试和生产证实具有较好的产能，是南海西部油田储量和产量的重要增长点，因此亟待测井技术和认识的创新，为南海西部低电阻率油藏的勘探和开发提供技术支撑。

3. 测井评价技术

南海西部海域高泥质疏松砂岩低电阻率油层主要集中在珠江口盆地和涠西南凹陷的浅层，如文昌 X、文昌 Y 等油田的珠江组一段上层序及涠洲 W 油田角尾组。本区低电阻率油层形成的地质因素主要包括 3 个方面：一是低幅构造成藏动力相对较弱，储层孔喉半径较小毛管阻力较大，油水分异作用差，含油饱和度低；二是珠江组一段上部属于浅海沉积环境，该储层以临滨与滨外陆棚之间的过渡带沉积相最为发育，水动力弱，主要沉积粉砂和黏土，其粒径比海岸砂细，比陆架泥粗，由于生物扰动不够强烈，沉积物中的泥砂混合不均匀，泥质呈不规则条带状分布，岩性细、泥质含量高，这使得储层微孔隙发育、束缚水饱和度偏高；三是由于研究区黏土矿物以蒙脱石为主，它具有很高的阳离子交换容量，导致地层具有较强的附加导电性。岩性细、泥质重是本类低电阻率油层形成的主要原因。

1）基于数字岩石物理导电机理研究技术

针对低电阻率油层成因已经取得上述认识，但未能从微观电流场理论角度出发从根本上对油层导电机理及电阻率响应规律取得直观、定量的认识。因此，需要对南海西部海域高泥质疏松砂岩低电阻率油层导电机理开展研究。

常规手段主要侧重于孔隙宏观结构分析，对微小孔往往是定性评价，刻画深度不够。本次采用了国际上较为先进的具有微观化、可视化、数字化特点的岩石物理数字岩心技术结合常规测井评价手段，开展详细的研究和分析。

（1）数字岩石物理技术理论。

随着计算机图像处理技术及计算方法的发展，CT 扫描及聚焦离子束—扫描电镜（FIB-SEM）技术、背散射扫描电镜及矿物定量分析仪等在岩石物理实验中的应用越来越广泛和成熟。可以直接利用计算机断层扫描（CT）、FIB-SEM 切割扫描等物理实验法，或采用一些数值重建算法，构建能够反映储层岩石真实孔隙空间结构特征的数字岩心模型。然后通过一定的数学物理算法，以二维或三维数字岩心为载体，进行岩石物理模拟实验，从而可以计算储层岩石的宏观物理性质（比如电阻率、弹性参数、孔隙度、渗透率等），也可以用来模拟岩石微观孔隙结构、裂缝和流体等因素对岩石弹性和电性的影响（图 8-3-10）。数字岩石物理技术作为新兴的数值模拟方法，已逐渐在复杂储层岩石物理特性研究中发挥重要的作用。与传统的岩石物理实验手段不同，基于三维数字岩心的岩石物理属性数值模拟具有计算速度快、费用低、测试样品选择灵活、可控性强、绿色环保的特点。

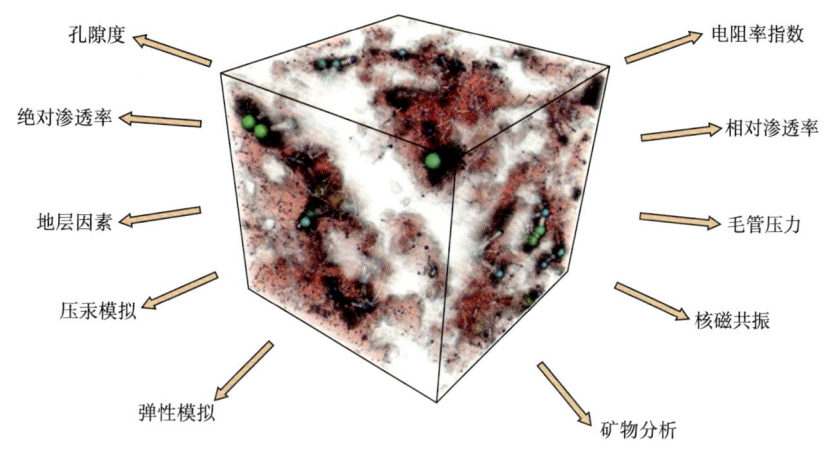

图 8-3-10　多尺度三维成像和孔隙网络数字岩心模型

（2）高泥质低电阻率油层导电机理。

针对南海西部高泥质低电阻率油层，基于岩心铸体薄片、CT、X射线衍射等实验分析资料，结合本区地质、测井资料，采用图像分割技术建立了符合地质油藏特征的数字岩石物理模型。根据研究区泥质的分布形态及含量，采用有限元方法进行导电数值模拟。

根据电流连续性定理对模型截面的电流密度积分计算得到电流，从而计算模型的电阻率。对于恒定电流场，Maxwell方程可用方程式（8-3-23）来表示，同时根据电荷守恒定律，恒定电流场的电流密度还满足式（8-3-24）。

$$\begin{cases} \nabla \cdot E = \dfrac{\rho}{\varepsilon_0} \\ \nabla \times E = 0 \end{cases} \quad (8\text{-}3\text{-}23)$$

式中：E 为电场强度，V/m；ρ 为电荷密度，C/m；ε_0 为真空介电常数，约为 8.8542×10^{-12}F/m。

$$\nabla \cdot E = \dfrac{\rho}{\varepsilon_0} \quad (8\text{-}3\text{-}24)$$

式中：J 为电流密度，A/m^2。

本次模拟构建的泥质砂岩导电模型，首先设置材料属性，给岩石微观导电模型一端接恒定电压，另一端选择接地，然后根据电流连续性定理对模型截面的电流密度积分计算得到电流，从而计算模型的电阻率。模拟恒定电流场中导电模型的电势及电流密度分布图（图 8-3-11）。

对泥质含量分别为 22%、26%、40% 的岩石体积模型，进行含水饱和度为 100%、80%、60% 的电流密度分布数值模拟（表 8-3-4），模拟计算得到电流密度分布图来研究本区导电性的主控因素。图 8-3-12 为泥质含量为 26% 时的数值模拟电流密度分布图。由数值模拟计算得到泥质砂岩电阻率 R_2（泥质砂岩导电模型）及其对应的纯砂岩区电阻率 R_1（纯砂岩导电模型），见表 8-3-4。文昌 X 油田低电阻率油层岩石电阻率计算结果表明：当含水饱和度较高时（纯水层），$R_1<R_2<R_{sh}$，岩石以砂岩区导电为主，泥质含量的增加（意味着砂岩减少）会导致岩石电阻率 R_2 增大；当油层含水饱和度较低时，$R_{sh}<R_2<R_1$，岩石以泥质区导电为主，因此，泥质含量的增加会导致岩石电阻率 R_2 降低。

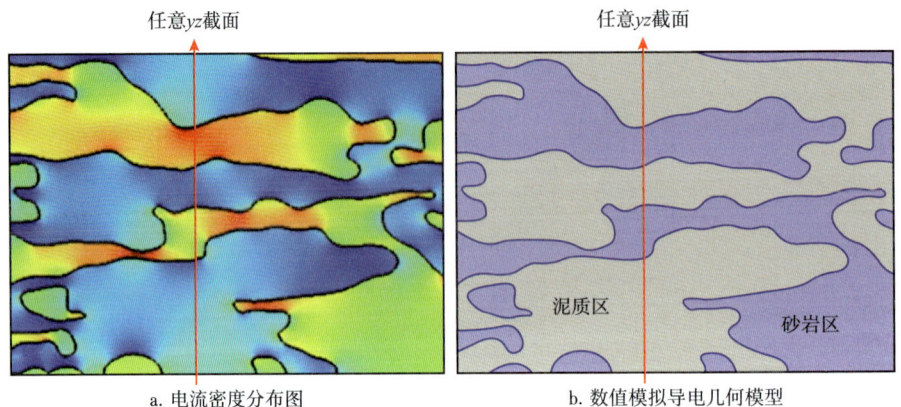

图 8-3-11 文昌 Y 油田低电阻率油层法向电流密度积分求回路电流示意图

表 8-3-4 样品导电数值模拟数据统计

样品编号	泥质砂岩实际导电几何模型				纯砂岩导电模型				
	泥质含量（%）	R_2（Ω·m）			泥质含量（%）	R_1（Ω·m）			
		$S_w=100\%$	$S_w=80\%$	$S_w=60\%$		$S_w=100\%$	$S_w=80\%$	$S_w=60\%$	$S_w=40\%$
1-1	40	0.94	1.1	1.43	1.8	0.62	0.83	1.71	4.65
1-2	36	0.91	1.08	1.45	7	0.69	0.91	1.64	3.2
1-3	26	0.87	1.05	1.5	9	0.74	0.93	1.67	2.71
1-4	22	0.78	0.98	1.64	2.5	0.67	0.89	1.82	3.84

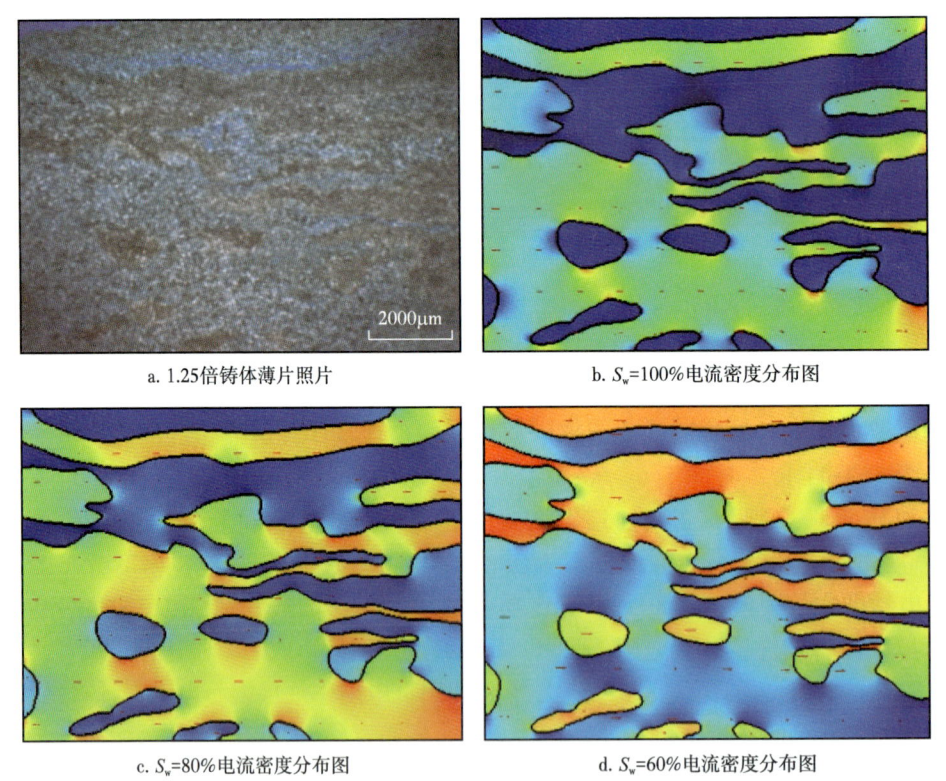

图 8-3-12 $V_{sh}=26\%$ 时不同含水饱和度情况下的导电数值模拟电流密度分布图

基于上述模拟结果，将计算得到的砂岩区岩石电阻率 R_1 视为纯砂岩储层的岩石电阻率，然后建立岩石电阻率—泥质含量交会图（图 8-3-13）。

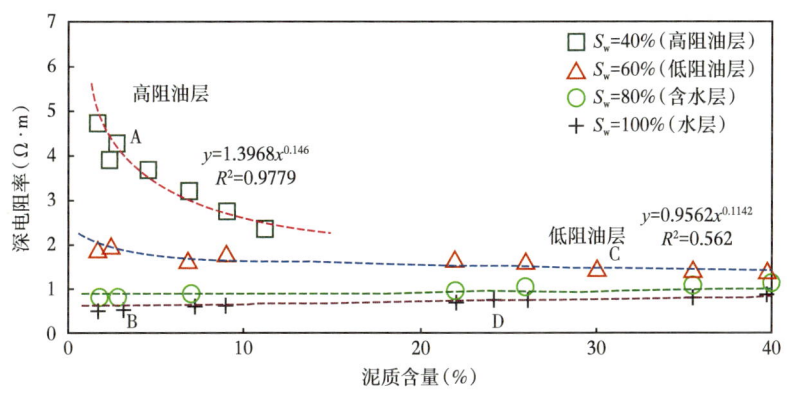

图 8-3-13　岩石电阻率—泥质含量交会图

从图中可以看出：①当含水饱和度 ≥ 80% 时（水层），无论泥质含量低还是高，储层岩石电阻率均较低（$R \leq 1.2\Omega \cdot m$）。②当含水饱和度为 60%~40% 时（油层），若泥质含量较低（$V_{sh} < 10\%$），则岩石电阻率相对较高（$1.6\Omega \cdot m < R < 5.0\Omega \cdot m$），储层可视为正常油层；若泥质含量较高（$V_{sh} > 20\%$），则岩石电阻率仍然较低（$R < 1.46\Omega \cdot m$），与水层差距不明显，即储层表现为低阻油层。

为了验证导电数值模拟结果的可靠性，本研究将导电模拟结果与珠江口盆地的实际测井资料进行了对比。图 8-3-14 为珠江口盆地的实际测井数据，图中 A 段为高阻油层，岩石电阻率为 $5.0\Omega \cdot m$，泥质含量为 5.0%；B 段为纯水层，岩石电阻率为 $0.72\Omega \cdot m$，泥质含量为 8.0%；C 段为低阻油层，岩石电阻率为 $1.43\Omega \cdot m$，泥质含量为 29.0%；D 段为纯水层，岩石电阻率为 $1.1\Omega \cdot m$，泥质含量为 21.0%。4 个井段电阻率特征分别与图 8-3-13 中的 A、B、C、D 点吻合，即低泥质含量储层具有正常电阻率值（油层为高值，水层为低值）；高泥质含量储层具有低电阻率特征（油层为低值，水层为低值）；泥质含量高且呈不规则条带状分布，是珠江口盆地油层电阻率降低的主要原因之一。对比结果表明，数值模拟电阻率与实际电阻率测井曲线吻合度较高，且较好地解释了正常油层和低阻油层的电阻率差异原因。数值模拟结果与实际测井曲线对比说明，本研究提出的岩石电阻率模拟方法是有效的。

2）流体性质定性识别方法

（1）纯油层电阻率重构法。

利用前面建立的研究区三维数字岩石物理模型，采用数值模拟方法可重构各种储层参数条件下的纯油层状态的电阻率曲线，结合井筒实测电阻率曲线，通过二者差异可以进行低电阻率油层的定性识别。

若模拟出的纯油层电阻率与实测电阻率相同（$R_{to}=R_t$），则为纯油层；若 $R_{to} < R_t$，则说明储层可动孔隙中油未充满，即为过渡带。如图 8-3-15 所示，图中蓝色杆状电阻率 RT 为重构电阻率曲线，红色曲线 M2RX 为实测电阻率曲线。1060~1063.5m，重构电阻率曲线 RT 与实测电阻率曲线 M2RX 基本一致，定性判断为油层；而 1063.5~1070m 重构电阻率曲线 RT0 大于实测电阻率曲线 M2RX，为过渡带。

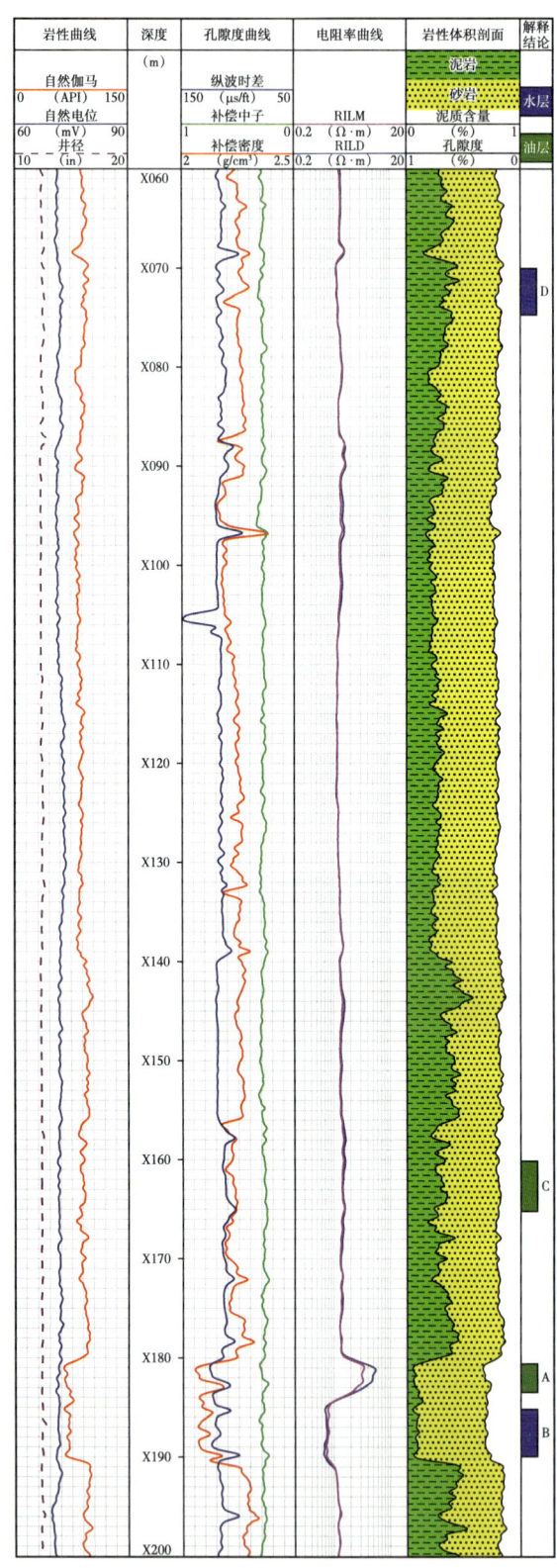

图 8-3-14 珠江口盆地测井解释成果图

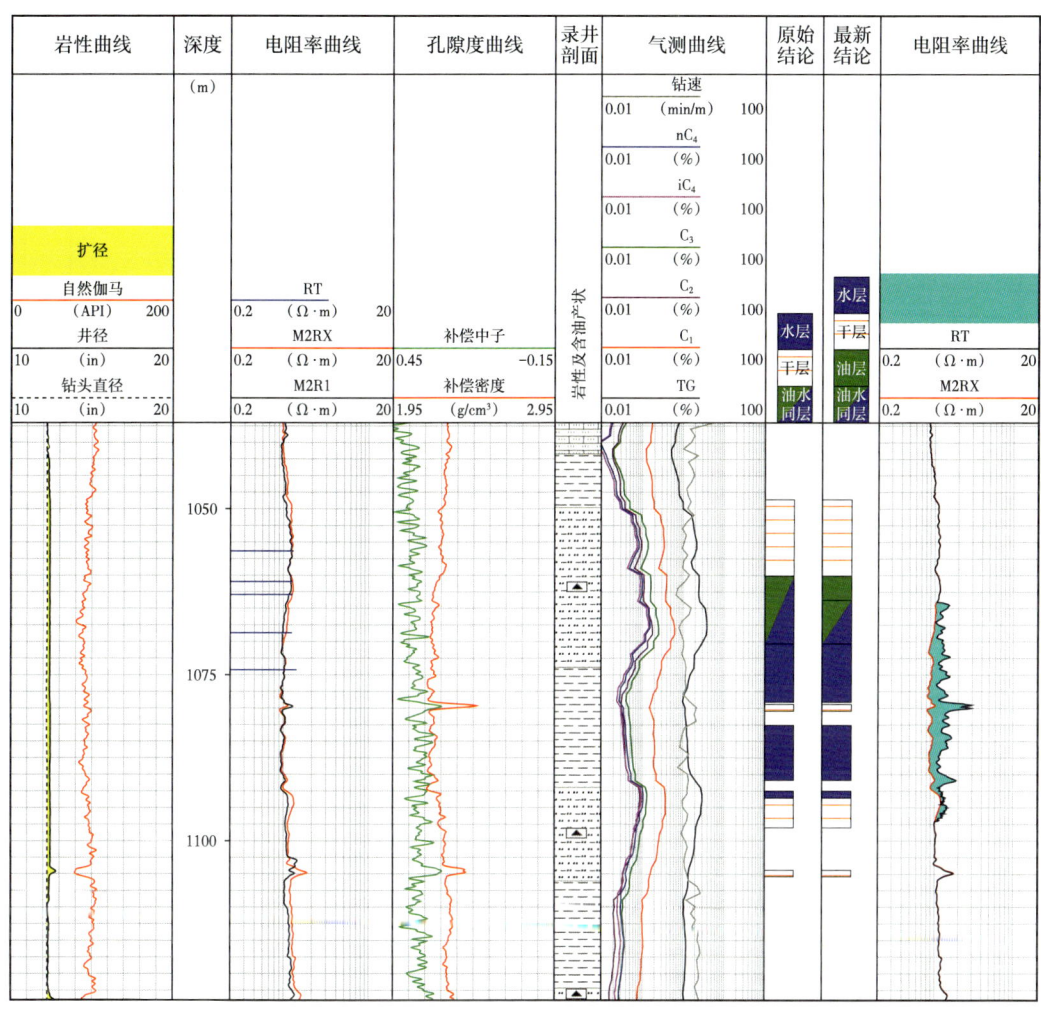

图 8-3-15 WCY-3 井纯油层电阻率重构法识别效果图

（2）BP 神经网络法。

由于低电阻率油层测井响应受岩石岩性、物性和地层水影响较大，因此测井识别油的信噪比降低，不同流体储层的电阻率差异变小，油水关系不明。虽然录井资料获得的是地下油气的直接信息，受油气藏储层岩性、地层水性质、物性影响相对较小，但其缺点是采样间隔大、分层精度低、储层厚度解释不够精确。基于以上认识，提出了将测井与录井综合在一起，发挥测井和录井资料的各自优势，利用测井信息的丰富性和高分辨率、高分层精度的优势，与录井资料识别油、气、水层的直观准确性，互相结合，对高束缚水储层开展油气识别。

网络结构的过程分为学习样本参数的选取、学习样本选取与预处理、网络结构的确定 3 个部分。首先选取已证实的油层、气层、水层及干层作为样本；再对测井和气测录井参数进行优选；最终选取了能较好反映储层特性和对储层流体性质较为敏感的 10 个参数 DEN、GR、RT、C_1/C_2、C_1/C_3、C_1/C_4、C_2/C_3、WH、BH、CH 作为网络的输入，进行样本的学习。利用样本学习的结果，对其他井的储层流体性质进行预测，输出油层、水层和干层 3 条判别曲线，曲线的值均在 0~1 之间，值越接近 1，则储层中含这种流体的概率就越大。

图 8-3-16 为 WCY-1 井的神经网络判别成果图，可以看到绿色的油线最高的层段对应的是油层，而蓝色的水线最高的层段对应的是水层。该方法适用于测录井数据和曲线齐全、质量较好的情况，且有效样本点越多，则最后判别结果的可靠性和合理性越高。

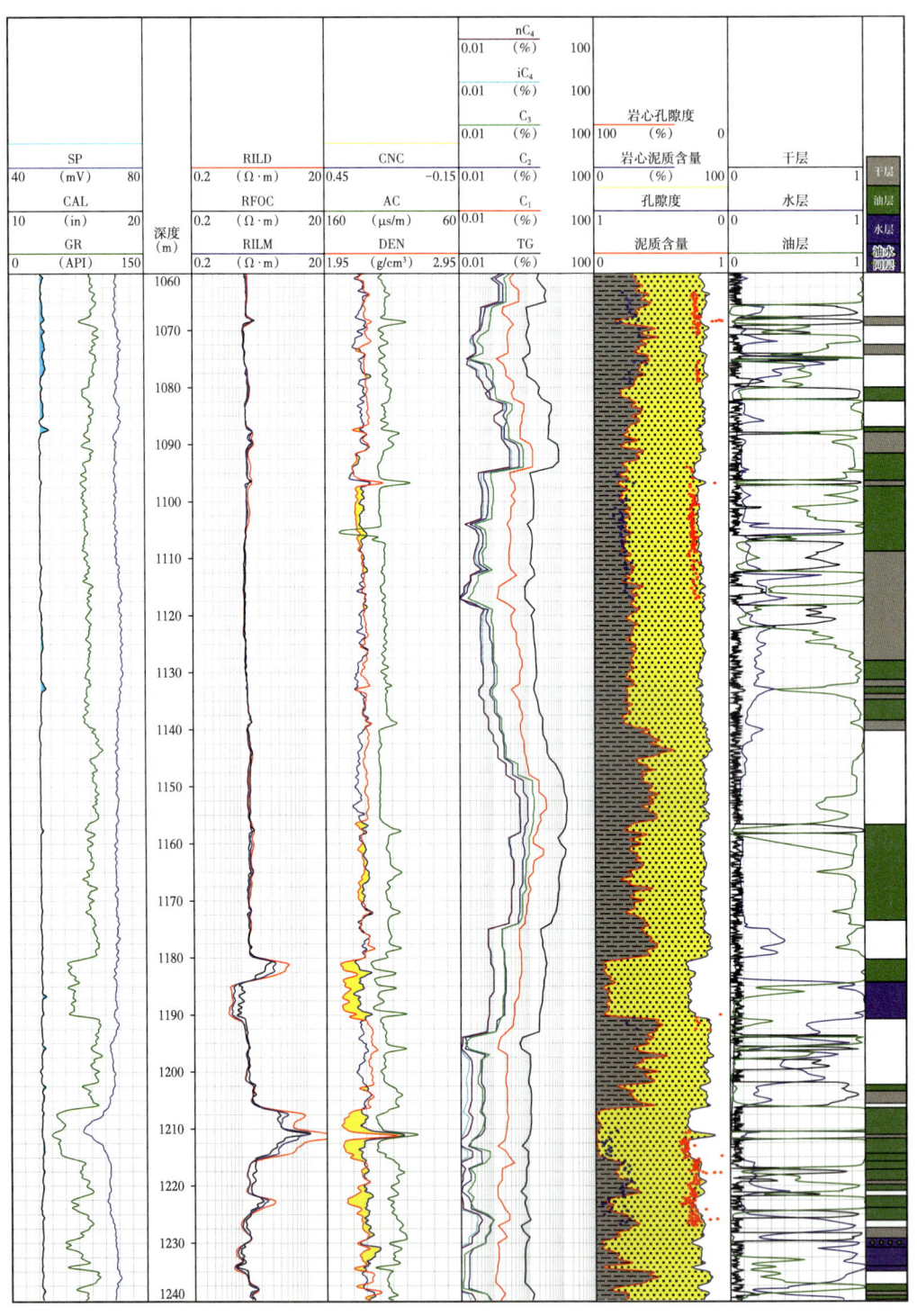

图 8-3-16　WCY-1 井神经网络法流体性质判别图

（3）小波变换法。

小波变换是一种时间—尺度分析方法，在时间、尺度两域都具有表征信号局部特征的能力。利用小波变换局部特性和多尺度的优势对测井曲线进行处理分析，可以得到各个层位的小波能谱特征，进而研究流体性质。试油资料可以证实储层的流体性质，因此，能谱特征识别库的建立是以取样、试油、生产等已经证实的资料为基础。图 8-3-17 是文昌区油层和水层的小波能谱特征图。通过分析认为：对于油层来说，尺度在大于 5 的位置有能谱峰值出现时为油层的小波能谱特征；而对于水层，尺度只在等于 5 或小于 5 的位置有能谱峰值出现或相对其他峰值很大时为水层的小波能谱特征。

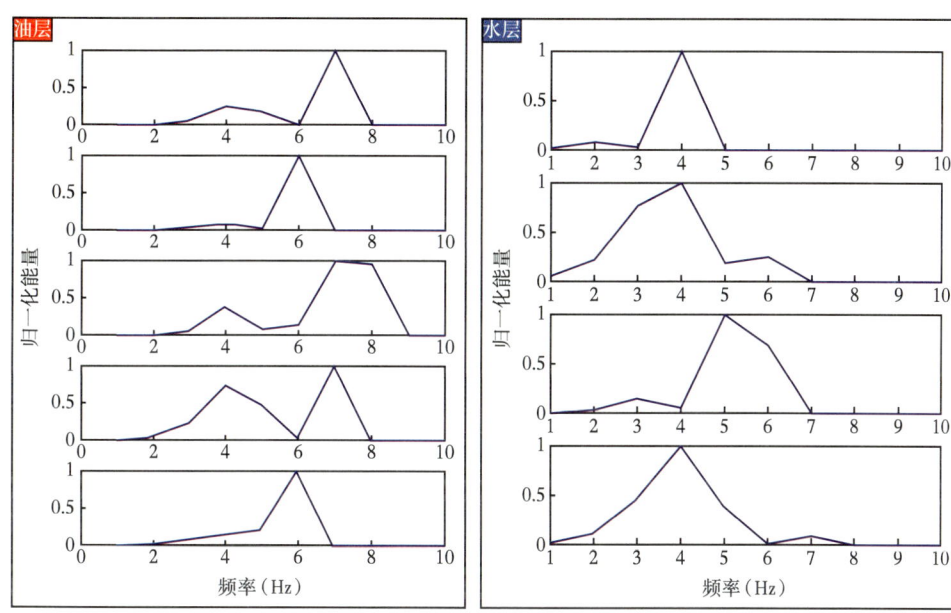

图 8-3-17　WCX-1 井油层和水层的小波能谱特征图

利用小波变换法对实际测井曲线进行处理，主要针对电阻率曲线进行小波变换多尺度能谱分析。图 8-3-18 是 WCX-2 井小波分析成果图，可以看到解释为油层的层段小波能谱峰均大于 5，而水层的能谱峰均小于或等于 5。通过对实际井资料进行小波变换处理识别流体性质发现，处理结果与试油和解释结论基本一致，说明该方法可以有效识别储层的流体性质。小波变换法的应用只需要测井电阻率曲线，从其判别原理上适用于所有油水层的流体判别，但判别手段略显单一，且同一套油层通过逐点小波变换判别可能出现不同的结果，因此该方法判别的效果与电阻率曲线逐点值的大小和分布趋势有很大关系。对于电阻率曲线比较稳定的厚油层、厚水层来说，其判别结果的可靠性和合理性更高。

上述定性识别方法各有优缺点，在实际测井解释工作中，往往根据资料录取情况综合考虑多种手段相结合，整体流体性质识别成功率在 95% 以上。

3）基于数值模拟的含水饱和度建模

南海西部高泥质疏松砂岩储层中泥质含量较高。泥质填充于岩石孔隙中，呈不规则条带状分布。泥质砂岩导电模型可分为砂岩区和泥质区，且泥质区与相邻泥岩层具有相近的电阻率。根据电阻串并联概念，砂岩区与泥质区导电关系介于并联和串联之间的某个状态，下面具体确定两者串并联关系。

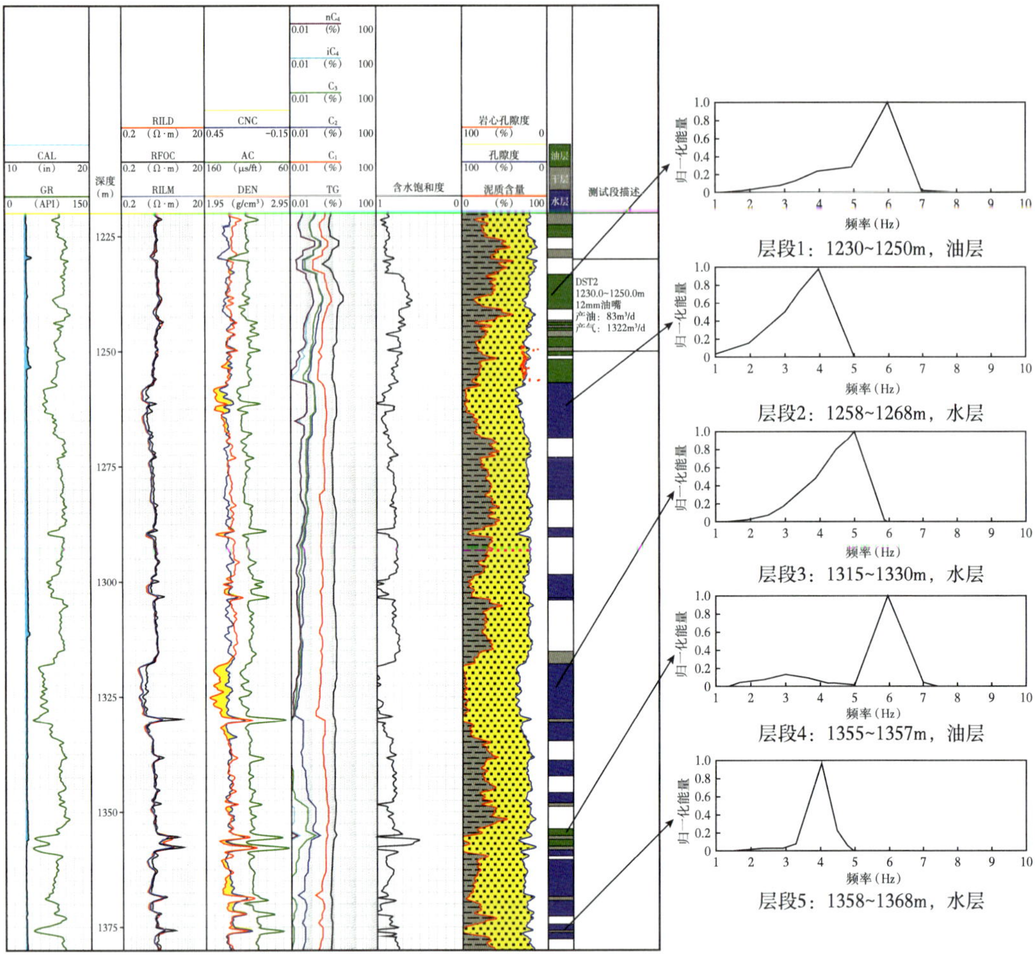

图 8-3-18 WCX-2 井小波分析成果图

（1）砂岩区—泥质区并联含水饱和度模型。

假设砂岩区与泥质区并联，根据电阻串并联概念，泥质砂岩可用体积模型表示，如图 8-3-19 所示。

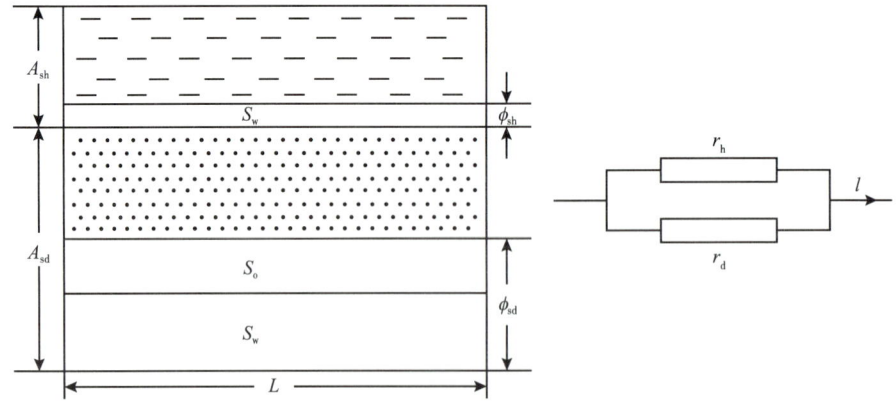

图 8-3-19 泥质砂岩并联模型及等效电路

- 534 -

设岩石为边长 L、截面积为 A 的立方体。泥质区等效体积为 V_{sh}，截面积为 A_{sh}，长度为 L，泥质区相对体积为 V_{sh}；砂岩区等效体积为 V_{sd}，截面积为 A_{sd}，长度为 L，砂岩区相对体积为 V_{sd}。假设电流垂直岩石截面流向地层，则泥质砂岩的电阻 $r_并$ 相当于泥质区电阻 r_h 和砂岩区电阻 r_d 并联的结果：

$$\frac{1}{r_并} = \frac{1}{r_h} + \frac{1}{r_d} \quad (8\text{-}3\text{-}25)$$

又因为 $r_并 = R_并 \frac{L}{A}$，$r_h = R_{sh} \frac{L}{A_{sh}}$，$r_d = R_{sd} \frac{L}{A_{sd}}$，代入式（8-3-25），两端乘以 L^2 得：

$$\frac{AL}{R_并} = \frac{A_{sh}L}{R_{sh}} + \frac{A_{sd}L}{R_{sd}} \quad (8\text{-}3\text{-}26)$$

即

$$\frac{V}{R_并} = \frac{V_{sh}}{R_{sh}} + \frac{V_{sd}}{R_{sd}} \quad (8\text{-}3\text{-}27)$$

又因 $V_h = \frac{V_{sh}}{V}$，$V_d = \frac{V_{sd}}{V} = \frac{V-V_{sh}}{V} = 1-V_h$，则泥质砂岩电阻率公式为：

$$\frac{1}{R_并} = \frac{V_h}{R_{sh}} + \frac{1-V_h}{R_{sd}} \quad (8\text{-}3\text{-}28)$$

$$R_并 = \frac{R_{sh}R_{sd}}{R_{sd}V_h + R_{sh}(1-V_h)} \quad (8\text{-}3\text{-}29)$$

再根据数值模拟数据可计算得到 V_h 与 V_{sh} 得关系式，可用公式（8-3-30）表示。

$$V_h = 1.4344V_{sh} - 0.0074 \quad (8\text{-}3\text{-}30)$$

（2）砂岩区—泥质区串联含水饱和度模型。

假设砂岩区与泥质区串联，根据电阻串并联概念，泥质砂岩可用体积模型表示，如图 8-3-20 所示。

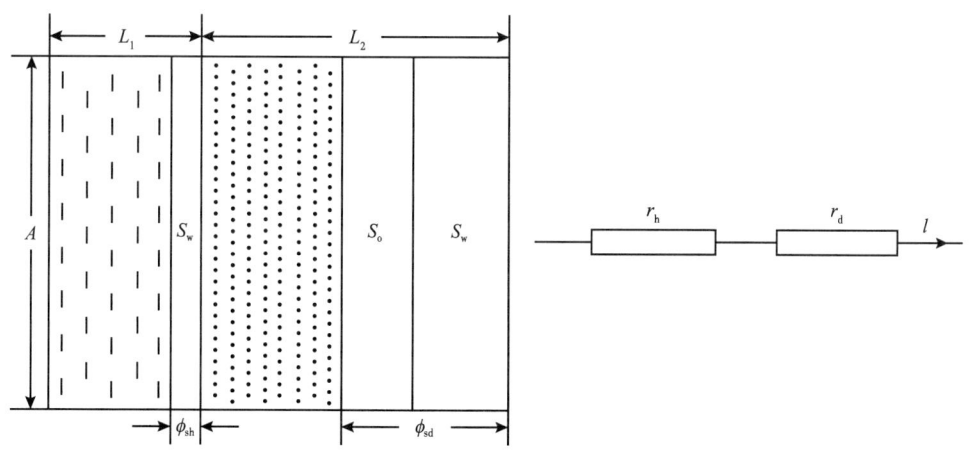

图 8-3-20 泥质砂岩串联模型及等效电路

设岩石为边长 L、截面积为 A 的立方体。泥质区等效体积为 V_{sh}，截面积为 A_{sh}，长度为 L，泥质区相对体积为 V_{sh}；砂岩区等效体积为 V_{sd}，截面积为 A_{sd}，长度为 L，砂岩区相对体积为 V_{sd}。假设电流垂直岩石截面流向地层，则泥质砂岩的电阻 $r_{串}$ 相当于泥质区电阻 r_h 和砂岩区电阻 r_d 串联的结果：

$$r_{串} = r_h + r_d \quad (8\text{-}3\text{-}31)$$

又因为 $r_{串} = R_{串}\dfrac{L}{A}$，$r_h = R_{sh}\dfrac{L_{sh}}{A}$，$r_d = R_{sd}\dfrac{L_{sd}}{A}$ 代入式（8-3-31），两端乘以 A^2 得：

$$R_{串}LA = R_{sh}L_{sh}A + R_{sd}L_{sd}A \quad (8\text{-}3\text{-}32)$$

即 $$R_{串}V = R_{sh}V_{sh} + R_{sd}V_{sd}$$

又因 $V_h = \dfrac{V_{sh}}{V}$，$V_d = \dfrac{V_{sd}}{V} = \dfrac{V - V_{sh}}{V} = 1 - V_h$，其中 $V_h = 1.4344V_{sh} - 0.0074$，则泥质砂岩电阻率公式为：

$$R_{串} = R_{sh}V_h + R_{sd}(1 - V_{sh}) \quad (8\text{-}3\text{-}33)$$

（3）基于数值模拟的含水饱和度模型。

根据数值模拟计算得到的泥质砂岩电阻率 R_t（即 R_2）、$R_{并}$，再利用公式（8-3-33）计算得到 $R_{串}$，见表 8-3-5；再分别绘制的 R_t 与 $R_{并}$、$R_{串}$ 交会图（图 8-3-21）。由图可以看出，泥质砂岩电阻率 R_t 与 $R_{并}$ 和 $R_{串}$ 存在较好线性关系，R_t 与 $R_{并}$ 的拟合公式为 $y = 1.0053x$，$R^2 = 0.9895$；R_t 与 $R_{串}$ 的拟合公式为 $y = 0.9676x$，$R^2 = 0.9828$。分析结果表明，泥质砂岩电阻率 R_t 与 $R_{并}$ 值更为接近的，即泥质条带与纯砂岩区的导电模式更倾向于并联。

表 8-3-5 泥质区—砂岩区串并联岩石电阻率计算结果

模型编号	R_{sh}（Ω·m）	V_h	V_{sd}	V_{sh}	S_w	R_{sd}（Ω·m）	R_t（Ω·m）	$R_{并}$（Ω·m）	$R_{串}$（Ω·m）
1-1	1.3	0.556	0.444	0.40	1.0	0.62	0.94	0.874	0.998
1-2	1.3	0.512	0.488	0.36	1.0	0.69	0.91	0.908	1.002
1-3	1.3	0.414	0.586	0.26	1.0	0.74	0.87	0.901	0.972
1-4	1.3	0.282	0.718	0.22	1.0	0.67	0.78	0.776	0.848
1-1	1.3	0.556	0.444	0.40	0.8	0.83	1.10	1.039	1.091
1-2	1.3	0.512	0.488	0.36	0.8	0.91	1.08	1.075	1.110
1-3	1.3	0.414	0.586	0.26	0.8	0.93	1.05	1.054	1.083
1-4	1.3	0.282	0.718	0.22	0.8	0.89	0.98	0.977	1.006
1-1	1.3	0.556	0.444	0.40	0.6	1.71	1.43	1.455	1.482
1-2	1.3	0.512	0.488	0.36	0.6	1.64	1.45	1.446	1.466
1-3	1.3	0.414	0.586	0.26	0.6	1.67	1.50	1.494	1.517
1-4	1.3	0.282	0.718	0.22	0.6	1.82	1.64	1.636	1.673

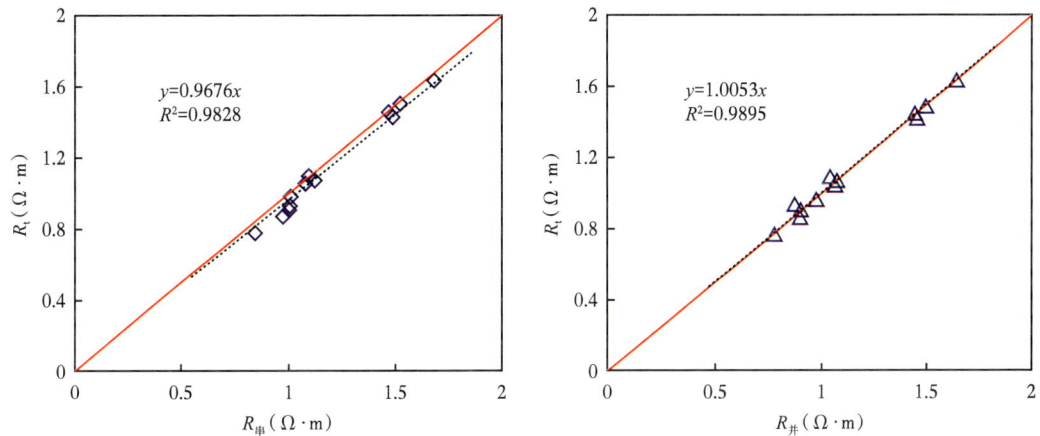

图 8-3-21 泥质砂岩电阻率 R_t 与 $R_并$、$R_串$ 交会图

根据以上计算结果分析,最终选用泥质区与砂岩区并联模式,即:

$$R_t = 1.0053 \frac{R_{sh} R_{sd}}{R_{sd} V_h + R_{sh}(1 - V_{sh})} \tag{8-3-34}$$

对于砂岩区,应用阿奇公式 $S_w^{-n} = \frac{R_{sd} \phi_{sd}^m}{abR_w}$,$\phi_{sd}$ 为砂岩区孔隙度,岩石有效孔隙度 $\phi_e = \phi_{sd}(1 - V_{sh})$,则:

$$R_{sd} = \frac{abR_w}{S_w^n \phi_{sd}^m} = \frac{abR_w(1 - V_{sh})^m}{S_w^n \phi_e^m} \tag{8-3-35}$$

将公式(8-3-35)代入式(8-3-34),可求得泥质砂岩含水饱和度 S_w:

$$S_w = \sqrt[n]{abR_w \frac{(1.0074 - 1.4344 V_{sh})^{m-1}}{\phi_e^m} \left(\frac{1.0053}{R_t} - \frac{1.4344 V_{sh} - 0.0074}{R_{sh}} \right)} \tag{8-3-36}$$

(4)含水饱和度计算结果对比。

根据分析建立的泥质砂岩含水饱和度拟合模型,进行含水饱和度计算。其中,R_t 为测井测得的岩石电阻率,R_{sh} 为邻近泥岩层电阻率(平均值为 $1.3\Omega \cdot m$),地层水电阻率 R_w 为 $0.088\Omega \cdot m$,针对低阻储层计算含水饱和度 S_w。

为了验证建立的泥质砂岩含水饱和度拟合模型的准确性,选取了阿奇公式、印度尼西亚公式、西门杜(Simandoux)公式与含水饱和度拟合模型进行对比。

将 WCY-P1 井取心段的密闭取心含水饱和度校正值,分别与阿奇公式、印度尼西亚公式、西门杜公式及含水饱和度拟合公式计算得到的含水饱和度作交会图(图 8-3-22),对比分析拟合含水饱和度公式的准确性。分析结果表明,含水饱和度拟合公式计算得到的含水饱和度更接近密闭取心含水饱和度校正值,而利用阿奇公式、印度尼西亚公式、西门杜公式计算得到含水饱和度与泥质砂岩拟合含水饱和度和密闭取心校正含水饱和度相比较，含水饱和度偏高。

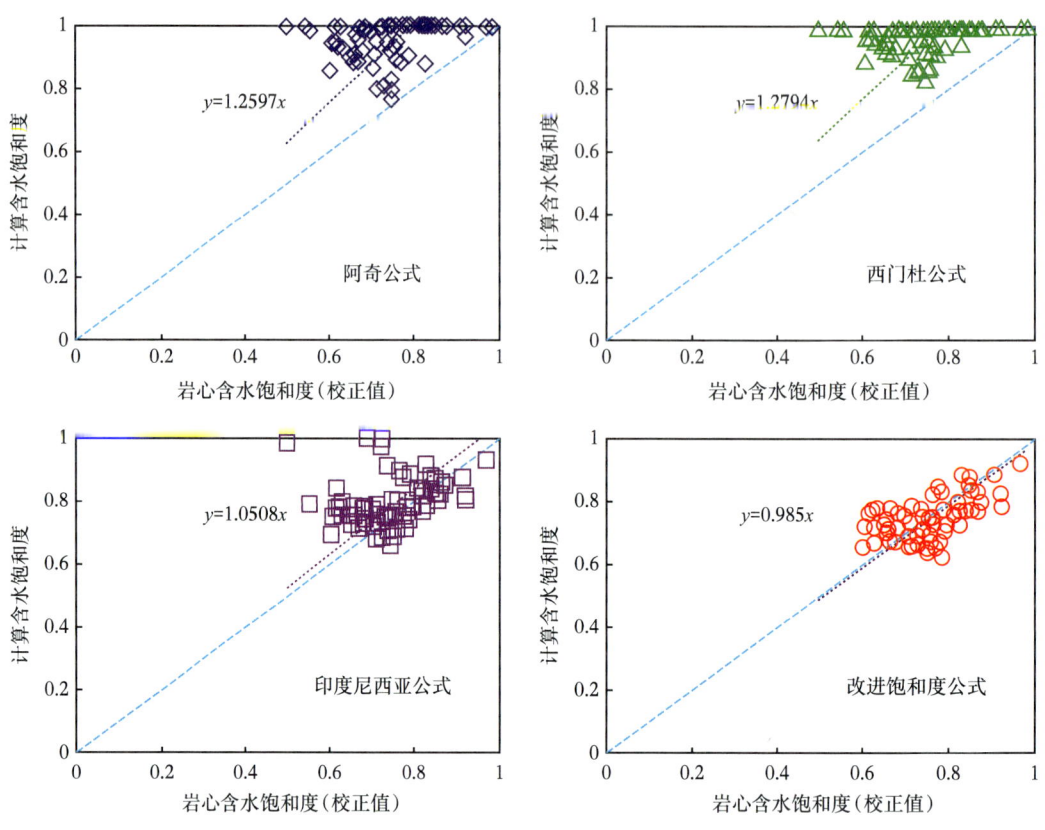

图 8-3-22　各含水饱和度模型计算结果与密闭取心含水饱和度（校正值）对比

泥质砂岩含水饱和度模型效果较好，比较适用于研究区泥质砂岩储层，并且可以结合核磁共振实验得到的束缚水饱和度计算可动水饱和度，为泥质砂岩储层饱和度评价提供了一种新方法。

4. 应用效果

WCY-A3 井 ZJ1-3L、ZJ1-4 油组泥质重、岩性细，原解释结论为含油水层（图 8-3-23），此次利用建立的高泥质疏松低电阻率油层测井评价技术开展 WCY-A3 井综合复查。ZJ1-3L、ZJ1-4 油组显示井段含油饱和度计算结果为 30%~35%，满足区域低电阻率油层含油饱和度下限 25% 的标准，且正演电阻率计算含油饱和度与实测电阻率计算含油饱和度基本一致，指示储层不含可动水；同时，该层段电阻率虽较低，但与下部水层的电阻率仍然存在一定差异，综合气测录井异常倍数较高，岩屑含油级别为油迹。该层段测井解释复查为油层，后期对该井区开发井进行上返补孔，产油 37m³/d，不产水且生产稳定。

研究成果成功应用于文昌 X 油田、文昌 Y 油田、涠洲 W 油田低电阻率油层测井解释评价工作，新增原油探明地质储量超 $10^8 m^3$，测井解释结果一致通过国家储委专家认可，并成功推进了文昌 Y 油田综合调整方案的实施，新建 1 座井口平台，共计实施 17 口井，预计累积增油超百万立方米。

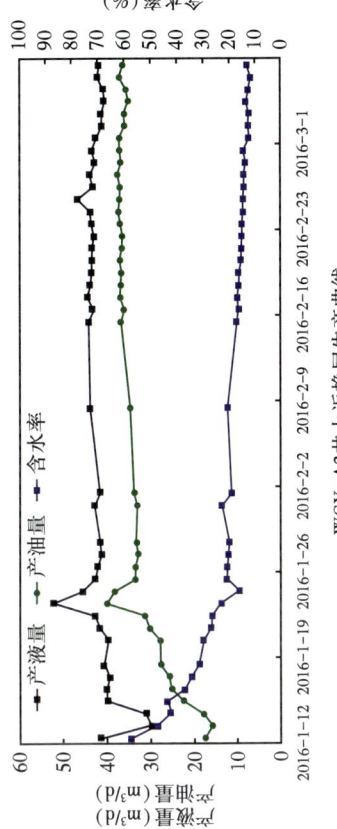

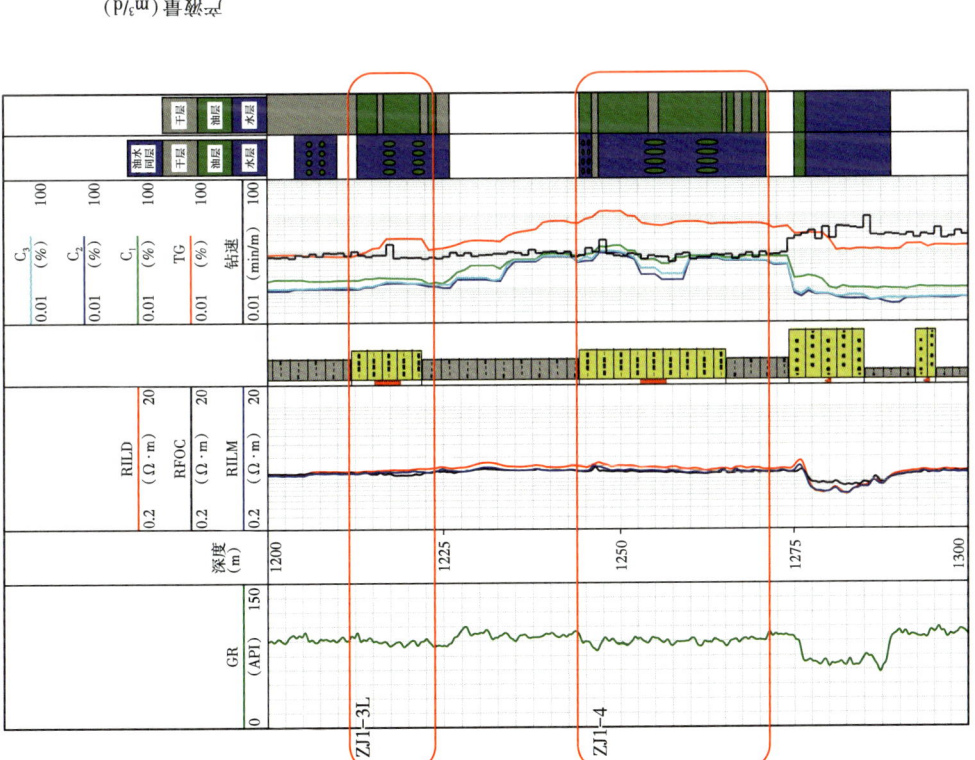

- 2014年2月，对WCY-A3井开展测井复查为油层；
- 2016年1月12日，单独上返换生产ZJ1-3L/4油组；
- 日产油37m³，不产水，生产稳定，累积产油万余立方米

图 8-3-23　WCY-A3井数字岩心饱和度模型应用效果图

5. 结论及建议

（1）从宏观地质成因机理出发，结合低电阻率油层三维数字岩石物理技术，明确了低幅构造、成藏动力相对较弱、岩性细以及层状分布泥质形成的并联导电效应是南海西部油田高泥质疏松砂岩低电阻率油层形成的主要原因。

（2）基于数字岩石物理导电理论新认识，结合低电阻率油层敏感参数分析，建立了以纯油层电阻率模拟重构、BP神经网络、小波变换为代表的流体性质综合识别方法，显著提高了高泥质疏松砂岩低电阻率油层识别成功率。

（3）首次通过数字岩石物理技术提取丰富的储层微观孔隙结构参数，提出了符合微观可视化电流场理论的新地层因素饱和度模型，建立了基于数字岩石物理饱和度计算新方法，新饱和度计算方法整体精度提高了 4.7%。

（4）建立的高泥质疏松砂岩低电阻率油层测井评价技术将推广应用到其他油田，为油气增储上产、调整挖潜作出重要贡献。

三、珠江口盆地陆丰凹陷古近系低孔低渗油藏测井评价

1. 地质背景

陆丰凹陷位于珠一坳陷东北部，古近系自下而上为文昌组、恩平组和珠海组。主力含油层段恩平组、文昌组主要发育辫状河三角洲和湖泊两类沉积体系，辫状河三角洲平原分流河道和辫状河三角洲前缘水下分流河道是研究区内的优质储层发育相带，储层岩性以中—粗砂岩为主。统计陆丰凹陷古近系已钻油层的岩心孔渗数据，孔隙度主值区间分布范围为 11%~13%，渗透率主值区间分布范围为 0.1~100mD，为典型的低孔低渗储层。近年陆丰凹陷多口井古近系 DST 测试均取得较好的产能，古近系已成为该区的主力勘探层系。复杂的孔隙结构导致陆丰凹陷古近系储层岩性相同，孔隙度相近，但渗透率相差 1~2 个数量级。孔隙度已经不能有效表征该类储层的品质，渗透率的高低则直接决定了储层的有效性和产能大小。运用传统分区分层建立孔渗模型进行储层渗透率评价显然已不适用，建立一套适合陆丰凹陷古近系低孔低渗储层渗透率的准确评价方法尤为必要。

2. 存在问题

充分利用海上丰富的电缆地层测试测压数据，综合运用岩心物性分析、压汞和核磁共振 T_2 谱，将储层划分为 4 类流动单元；利用电缆地层测试流度结合孔隙度识别流动单元类型，实现储层绝对渗透率的准确评价。

3. 测井评价技术

电缆地层测试测压流度结合孔隙度识别流动单元准确计算储层绝对渗透率。

Hearn 等（1984）首次提出流动单元是一个垂向和横向上连续的储集带，在该单元内部，影响流体流动的岩性和岩石物理性质相似。此后国内外学者在此基础上对流动单元的划分方法开展了大量研究，其中 Amafule 等（1993）等通过对 Kozeny-Carmen 理论进行改进，提出一种基于平均水力半径的流动单元划分方法，并且流动单元可以用"流动单元指数"（FZI）来描述和量化：

$$\text{FZI} = \frac{1}{\sqrt{f_s}\tau S_{gv}} = \frac{0.0314\sqrt{K/\phi}}{\phi/(1-\phi)} = \frac{\text{RQI}}{\phi_z} \qquad (8\text{-}3\text{-}37)$$

对式（8-3-37）左右两边取对数，公式变形为：

$$\lg RQI = \lg \phi_z + \lg FZI \tag{8-3-38}$$

式中：f_s 为形状系数；S_{gv} 为颗粒比表面，μm^{-1}；τ 为迂曲度；RQI 为储层品质因子；ϕ_z 为归一化孔隙度指数。

由式（8-3-38）可以看出，具有相同 FZI 值的储层落在斜率为 1 的直线上，具有不同 FZI 值的储层落在与之平行的直线上，FZI 值便是直线的截距。实际上，FZI 有效反映了岩石孔隙结构的差异，FZI 相同的储层具有相似的孔喉特征（余加松等，2017），使得同一类流动单元内部储层的孔隙度和渗透率之间表现出较好的相关性。本次研究通过对陆丰凹陷古近系 5 口井低孔低渗储层进行流动单元划分，建立与之相应的渗透率解释模型。采用 Q 型聚类分析方法，选取流动带指数、储层品质因子、归一化孔隙度指数和孔喉半径均值 4 个参数进行聚类分析，将储层划分为 4 类流动单元。不同流动单元储层表现出以下特征：（1）Ⅰ类流动单元为陆丰凹陷古近系最好的储层，岩性以中—粗砂岩为主，碎屑成分主要为石英，孔隙类型以粒间孔为主（图 8-3-24），面孔率大于 10%，该类流动单元渗流能力强，孔隙度介于 9.6%~16.3%，平均值为 12.7%，渗透率介于 4.7~98mD，平均值为 23.5mD，排驱压力低，小于 0.1MPa，毛管压力曲线为缓坡型（图 8-3-25），孔喉半径均值为 4.39μm；岩心核磁共振 T_2 谱为双峰分布，主峰位置大于 300ms，以大孔隙为主（图 8-3-25）。（2）Ⅱ类流动单元岩性以中—粗砂岩为主，碎屑

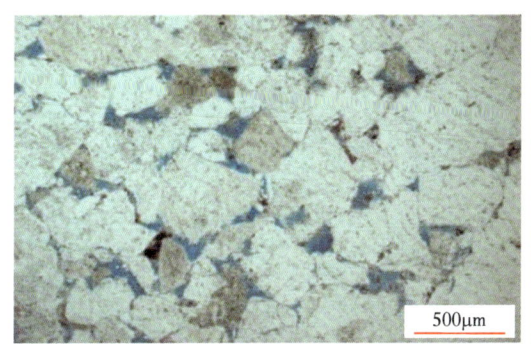

a. Ⅰ类流动单元储层薄片，孔隙度12.2%，渗透率28.9mD，文昌组，LF14-B井，4168.2m

b. Ⅱ类流动单元，孔隙度12.7%，渗透率4.7mD，恩平组，LF16-A井，3684.0m

c. Ⅲ类流动单元，孔隙度12.9%，渗透率1.1mD，恩平组，LF8-C井，3649.5m

d. Ⅳ类流动单元，孔隙度13.4%，渗透率0.3mD，恩平组，LF14-A井，3674.5m

图 8-3-24　陆丰凹陷不同流动单元镜下岩矿特征

成分以石英为主，孔隙类型以粒间孔和溶蚀孔为主，长石颗粒发生溶解形成粒内溶孔对该类流动单元储层物性的改善至关重要（余加松等，2017）（图8-3-24），面孔率在8%~13.5%，该类流动单元物性较好，孔隙度平均值为10.6%，渗透率平均值为3.51mD，排驱压力较低，均值为0.12MPa，毛管压力曲线为缓坡型（图8-3-25），孔喉半径均值为2.73μm；岩心核磁共振T_2谱为三峰分布，孔隙分选较差，主峰分布范围为10~300ms（图8-3-25），以中等孔隙为主。（3）Ⅲ类流动单元岩性以细—中砂岩为主，碎屑成分主要为石英，孔隙类型以溶蚀孔和铸模孔为主，粒间孔被少量的黏土矿物和泥质充填，孔隙连通性差（图8-3-24），面孔率在3%~11%，该类流动单元物性较差，孔隙度平均值为11.1%，渗透率平均值为1.28mD，排驱压力较高，均值为0.23MPa，毛管压力曲线为陡坡型（图8-3-25），孔喉分选一般，孔喉半径均值为0.95μm；岩心T_2谱为双峰分布，主峰位置位于33ms左右（图8-3-25），以中小孔为主。（4）Ⅳ类流动单元岩性以中—细砂岩为主，碎屑成分主要为石英，孔隙类型主要为铸模孔和晶间孔，粒间孔被方解石和泥质杂基充填（图8-3-24），孔隙连通性很差，面孔率在3%~5%，该类流动单元物性很差，孔隙度平均值为10.7%，渗透率平均值为0.31mD，排驱压力大于1.0MPa，指示储层孔喉较细，孔喉半径均值为0.16μm，岩心T_2谱为三峰分布，主峰位置小于33ms（图8-3-25），储层以毛管束缚孔为主。

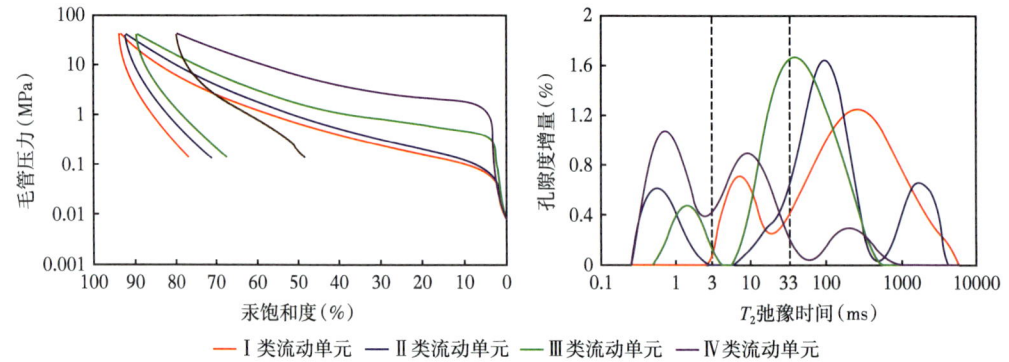

图8-3-25　陆丰凹陷不同流动单元储层毛管压力和T_2谱曲线图

在RQI和归一化孔隙度双对数坐标系中，4类流动单元之间的趋势线相互平行（图8-3-26）。根据回归分析，建立4类流动单元的渗透率计算模型（图8-3-27和表8-3-6）。

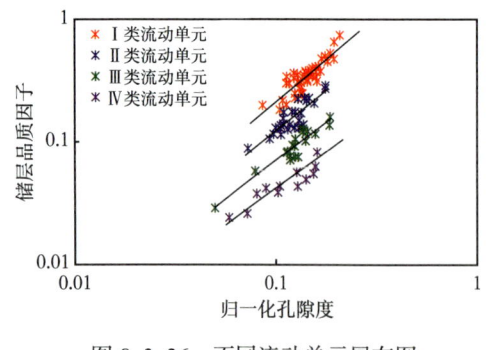

图8-3-26　不同流动单元展布图

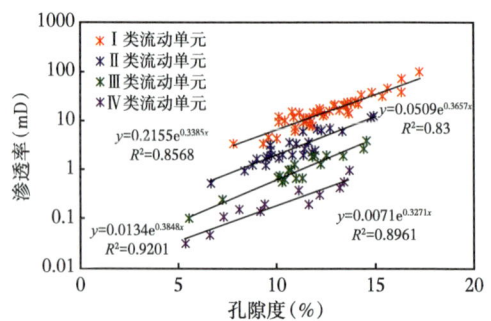

图8-3-27　不同流动单元孔隙度渗透率关系图

表 8-3-6 陆丰凹陷古近系电缆地层测试流度识别流动单元判别关系

流动单元类型	FZI 分布范围	孔渗模型	复相关系数	判别条件
Ⅰ	1.78~3.61	$K=0.2155\exp(0.3385\phi)$	0.86	$304.4\phi^3/(1-\phi)^2 \leqslant \text{MOB} < 966.9\phi^3/(1-\phi)^2$
Ⅱ	1.0~1.78	$K=0.0509\exp(0.3657\phi)$	0.83	$304.4\phi^3/(1-\phi)^2 \leqslant \text{MOB} < 966.9\phi^3/(1-\phi)^2$
Ⅲ	0.6~1.0	$K=0.0134\exp(0.3848\phi)$	0.92	$112.9\phi^3/(1-\phi)^2 \leqslant \text{MOB} < 304.4\phi^3/(1-\phi)^2$
Ⅳ	0.3~0.6	$K=0.0071\exp(0.3271\phi)$	0.90	$\text{MOB} < 112.9\phi^3/(1-\phi)^2$

注：MOB 表示电缆地层测试流度，单位为 mD/cP。

在确定流动单元的划分方案和相应的渗透率模型以后，需要利用测井曲线信息建立流动单元的识别方法或是计算一条连续 FZI 曲线，才能进行全井段渗透率的连续准确计算。陆丰凹陷古近系储层渗透率的差异主要受控于孔喉结构，不同流动单元之间的常规测井响应差异很小。LF14-A 井岩心分析数据表明，文昌 320 层为Ⅳ类流动单元，文昌 510 层为Ⅰ类流动单元，两类流动单元在自然伽马、中子、密度和电阻率上的响应基本一致（图 8-3-28），难以从中提取出敏感参数进行流动单元类型的识别，从而使得基于常规测井曲线识别流动单元类型的方法在陆丰地区的应用受到限制。

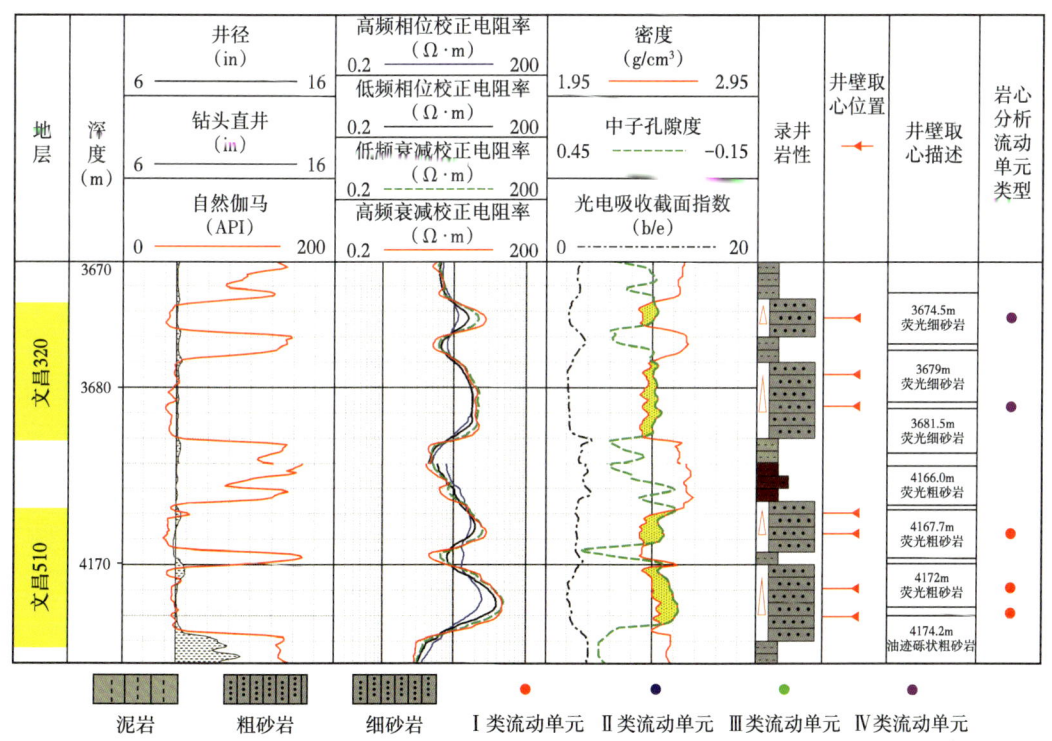

图 8-3-28 LF14-A 井不同类型流动单元测井响应图

模块电缆地层动态测试器 MDT（Modular Formation Dynamics Tester）可进行储层渗透率评价，但由于受到多种因素的影响，电缆地层测试计算得到的流度与储层真实渗透率差别较大。充分考虑电缆地层测试流度能够有效反映储层渗透性好坏但不能精确计算渗透率这一特点，提出利用电缆地层测试流度识别流动单元类型，进而进行储层绝对渗透率准确评价的新方法。具体流程如下：

（1）根据地层压力恢复情况，将电缆地层测试点类型分为超压、坐封失败、干测试和正常测试4种，对电缆地层测试数据进行质控，剔除超压、坐封失败等无效数据点。

（2）考虑冲洗带地层的含油饱和度与残余油饱和度接近，可以将相渗实验在残余油条件下测得的水相渗透率视为等效于测压流度球形流中的水平渗透率。由陆丰凹陷岩心相渗实验和岩心空气垂向渗透率和水平渗透率数据建立残余油水相相渗透率、垂向渗透率和空气渗透率之间的转换模型。陆丰凹陷古近系温度分布范围为93~149℃，钻井液滤液的矿化度在120000mg/L左右，依据盐水黏度与温度和矿化度的关系图版可得陆丰凹陷钻井液滤液的黏度分布范围为0.25~0.4cP，于是陆丰凹陷古近系电缆地层测试的流度MOB与绝对渗透率之间的转换关系为：

$$MOB = 0.19K^{1.034} \sim 0.304K^{1.034} \quad (8\text{-}3\text{-}39)$$

陆丰凹陷古近系电缆地层测试层段与取心层段相同，两者反应的储层性质基本一致。于是在同一坐标系中依据式（8-3-39）调整流度与孔隙度比值坐标轴的刻度范围，使得流度与孔隙度的比值和归一化孔隙度指数在图版上的分布范围与储层品质因子和归一化孔隙度指数的分布范围一致（图8-3-29）。

（3）依据表8-3-6中每类流动单元FZI的分布范围，将图8-3-29划分为4个区域，建立每个区域流度与孔隙度的识别函数（表8-3-6）。

依据上面3个步骤，便可以建立陆丰凹陷古近系低孔低渗储层电缆地层测试流度结合流度单元计算绝对渗透率的模型。

在新钻探井中，首先采用综合活度分层法，选取自然伽马、密度和高分辨率感应电阻率曲线自动识别储层的顶底界面。然后对于不靠近上下边界的电缆地层测试点，如图8-3-30中的电缆地层测试点2，则以测试点与上下紧邻两测试点的中间的厚度作为该测试点的控制厚度h_2；当测试点临近层边界时，图8-3-30中的点电缆地层测试点1和3，则该点的控制厚度范围为该点与其紧邻测试点的中点到边界的距离为控制厚度（h_1和h_3）。该方法可以将测井曲线自动划分的小层按照电缆地层测试点的分布进一步划分为若干小段，每一小段内依据流度与孔隙度的大小选择相应的孔渗模型进行绝对渗透率的计算。这样就可以得到一条测压层段连续的绝对渗透率曲线。

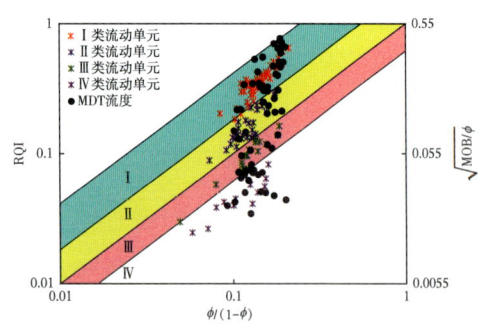

图8-3-29 陆丰凹陷古近系储层流度与流动单元类型图版

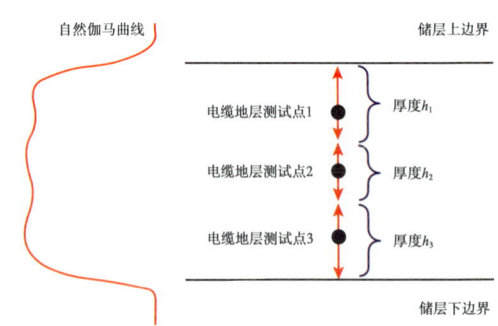

图8-3-30 电缆地层测试点的控制厚度范围示意图

4. 应用效果

运用电缆地层测试流度结合流动单元划分的方法，对陆丰凹陷 5 口井古近系渗透率进行评价，与岩心分析渗透率进行对比，相对误差由 Herron 模型［式（8-3-40）］的 293.7% 提高到 48.35%（图 8-3-31）。图 8-3-32 是利用电缆地层测试流度结合流动单元划分计算 LF14-A 井文昌组地层渗透率的成果图，图中第 11 道电缆地层测试流度指示文昌 320 层主要为 IV 类流动单元，储层渗透性很差，而文昌 510 层以 I 类流动单元为主，储层物性较好；图中第 12 道红色曲线是电缆地层测试流度结合流动单元计算的渗透率，蓝色曲线是 Herron 模型计算的渗透率，黑色圆点是岩心分析结果。从图中可以看出，与岩心渗透率相比，采用电缆地层测试流度计算渗透率的精度大幅提高。

$$K = 10^4 \frac{\phi^3}{(1-\phi)^2} \exp\left(\sum B_i M_i\right) \quad (8\text{-}3\text{-}40)$$

式中：B_i 为渗透率计算系数；M_i 为地层中各种矿物含量。

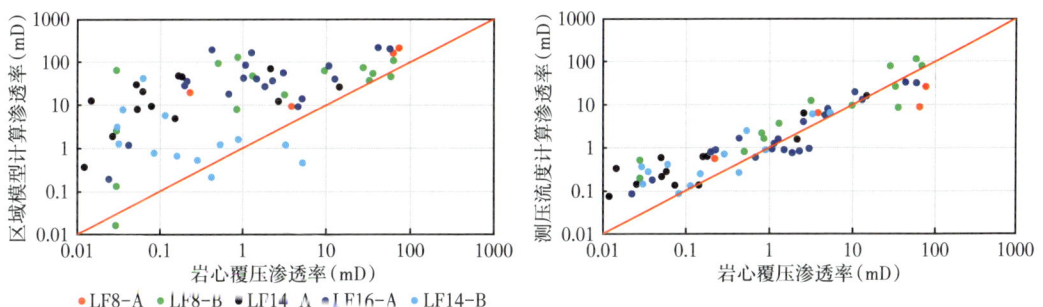

图 8-3-31 陆丰凹陷古近系 Herron 模型与电缆地层测试流度计算渗透率结果对比图

在计算绝对渗透的基础上，采用不同表征尺度的渗透率转换技术，对陆丰凹陷 3 口井古近系 DST 尺度渗透率和产能进行预测（表 8-3-7），以其中刚完钻的 LF8-C 井为例进行详细说明。将 LF8-C 井恩平组 E320 层电缆地层测试流度和对应的孔隙度投到图 8-3-30 中，显示该层上部油层主要为 I 类流动单元，中间发育多套致密层，下部水层以 II 类流动单元为主。DST 测试层段（3498.5~3516.7m）多矿物模型计算油层段的孔隙度平均值为 15.3%（图 8-3-33），采用流度结合流动单元划分计算的绝对渗透率平均值为 38.25mD；选择陆丰凹陷空气渗透率与最大油相相渗透率的转换模型，计算岩心尺度最大油相相渗透率为 21.51mD；经过动态转换后计算该层对应的 DST 试井渗透率为 105.92mD。在此基础上，依据经典平面径向流方程［式（8-3-41）］对恩平组 E320 层进行产能预测，方程中的原油黏度、体积系数等参数借用陆丰地区古近系已测试层段的实验分析数据，预测该层在 4.594MPa 的生产压差条件下产能为 450.7m³/d。DST 测试结果表明，该层日产油 487.3m³，日产气 5170m³，日产水 0m³，与预测的结果非常接近，这也证实了本次提出的方法具有很强的实用性。

$$Q = \frac{0.54287 K_o H (p_e - p_{wf})}{\mu B \left(\ln \frac{R_e}{R_w} - \frac{3}{4} + S \right)} \quad (8\text{-}3\text{-}41)$$

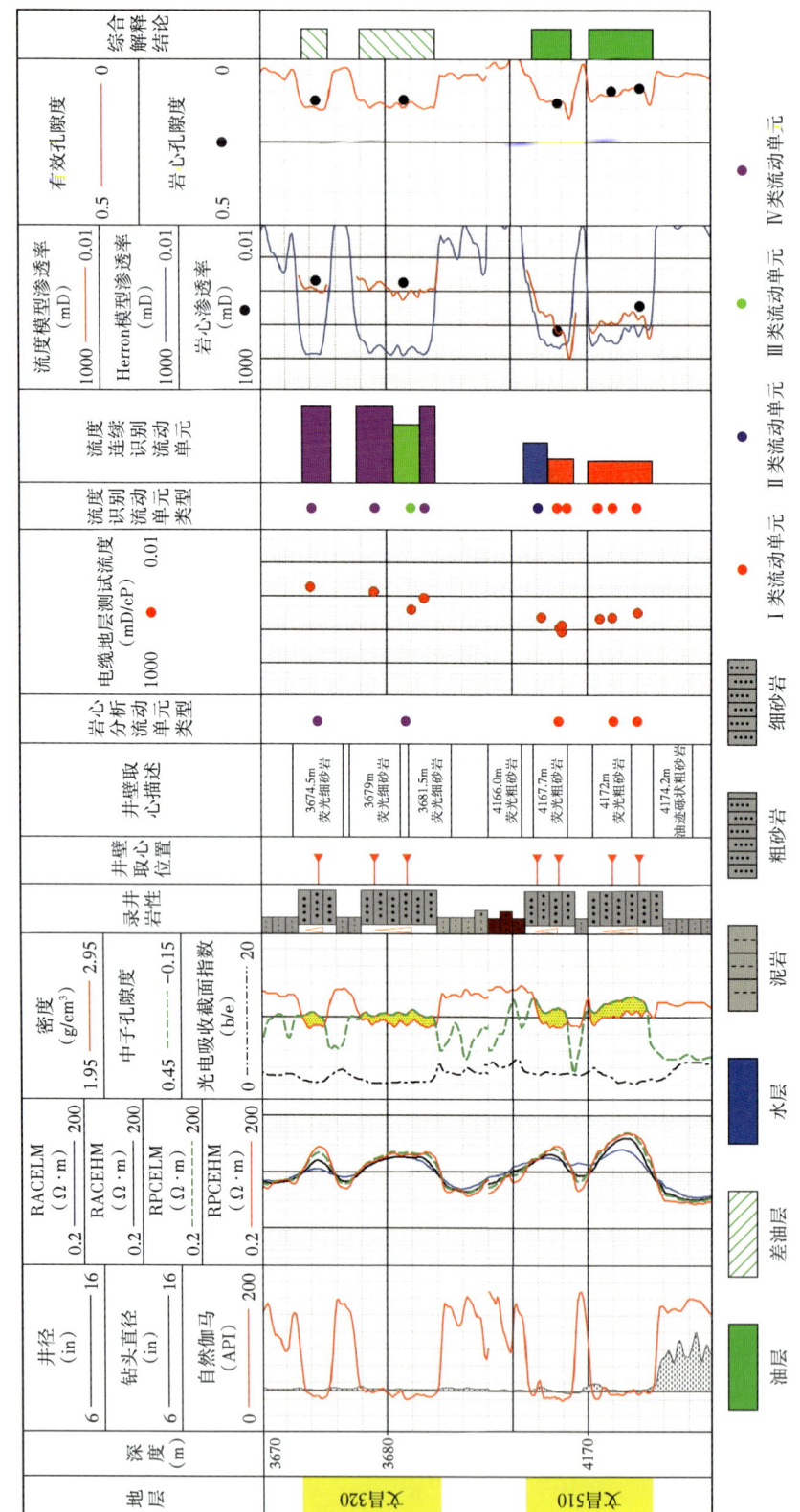

图 8-3-32　LF14-A井文昌组流度结合流动单元计算渗透率成果图

式中：Q 为井底流量，m³/d；K_o 为油相相渗透率，mD，H 为测试层段有效厚度，m；p_e 为有效供油半径处的油层压力，MPa；p_{wf} 为井底压力，MPa；μ 为地层原油黏度，mPa·s；B 为地层原油体积系数；R_e 为有效供油半径，m；R_w 为井眼半径，m；S 为表皮系数。

表 8-3-7 陆丰凹陷三口井古近系地层 DST 尺度渗透率和产能预测结果

井名	顶深（m）	底深（m）	预测 DST 渗透率（mD）	DST 试井渗透率（mD）	预测产能（m³/d）	实际产能（m³/d）
LF14-B	3944.8	4022.6	15.4	18.3	193.3	203.6
LF14-C	3713	3722	67.5	52.8	189.9	145.2
LF8-C	3498.5	3516.7	105.9	128.0	450.7	487.3

5. 结论及建议

本次提出电缆地层测试流度结合流动单元划分计算渗透率的新方法，弥补了传统电缆地层测试流度直接计算渗透率受井眼条件和钻井液侵入等因素的影响，并且将单点电缆地层测试流度转换为电缆地层测试层段连续的渗透率曲线，解决了在陆丰凹陷常规测井曲线难以识别古近系流动单元类型的难题。运用该套方法预测渗透率的相对误差平均值为 48.35%，明显高于 Herron 模型的计算结果，说明电缆地层测试流度结合流度单元计算渗透率在研究区具有很强的适用性。本方法有效拓宽了电缆地层测试和取样等动态资料在海上低孔低渗储层渗透率评价中的应用，为渗透率测井评价提供了一种有效手段，可推广到其他碎屑岩储层。

四、珠江口盆地惠州 26-6 潜山油气藏测井评价

1. 地质背景

惠州 26-6 构造位于珠江口盆地惠州凹陷惠州 26 洼南部复合断裂带，是由中生界块状潜山及其上覆古近系文昌—恩平组层状砂岩、砂砾岩共同构成的复合型圈闭。惠州 26 洼是珠江口盆地东部已证实最富生烃洼陷之一，文昌组厚层中深湖相优质烃源岩具油气兼生、晚期爆发式生气特征，为惠州 26-6 构造油气成藏提供了坚实的物质基础。古潜山在两组先存断裂差异活动基础上，经历长时间的风化、流体溶蚀改造，为古潜山形成裂缝—孔隙型优质储层奠定了良好基础。

2. 存在问题

通过分析南海东部海域惠州 26-6 潜山单井裂缝发育情况与地层元素含量、成像测井和气测录井三者之间的关系，发现钙、硫元素在裂缝发育带易于富集，成像测井解释的裂缝密度和次生面孔率能够一定程度上反映裂缝发育的程度，气测录井参数能够很好指示井筒周围裂缝的发育展布情况。据此构建缝洞指数和含油气丰度指数交会图来识别井筒裂缝的有效性。

惠州 26-6 潜山储层受到强烈的蚀变改造，储层的矿物种类繁多。为了解决常规测井最优化反演难以准确计算矿物含量问题，结合标准化后元素录井数据和常规测井数据得到了一套新的多矿物及孔隙综合反演方法，基础方法原理与常规测井最优化相同，但是考虑了新的元素响应方程，同时采取多元线性回归的方法求取元素响应特征参数，选用计算速度更快的 L-M 最优化方法，最终形成了一套完整且适用性更强的新最优化反演方法。

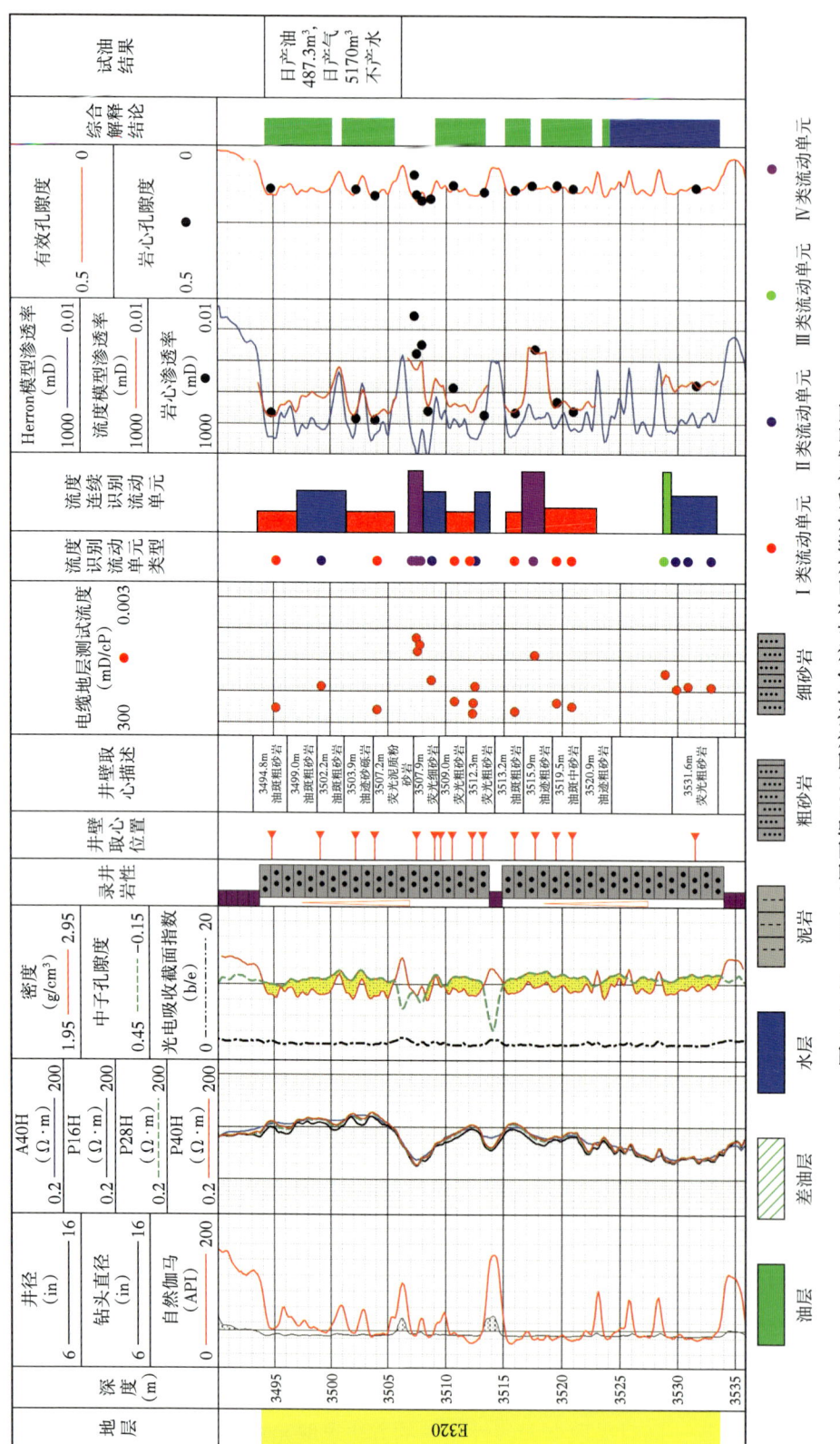

图 8-3-33 LF8-C恩平组E320层流度结合流动单元计算渗透率成果图

3. 测井评价技术

运用标准化后的元素录井和常规测井数据建立基于测录井的潜山地层多矿物模型，准确计算潜山地层的矿物组分含量和孔隙度。综合利用元素测井、成像测井和气测录井建立缝洞指数和含油气丰度指数，快速识别井筒裂缝有效性。

近年来，X射线荧光元素录井技术在油气勘探领域获得了广泛的应用，为小层划分、随钻评价等提供了有力的支持，然而元素录井在实际应用中存在测量数据不稳定、数值横向可对比性不强等问题，建立元素录井校正方法可以有效地解决元素录井数据准确性问题。因此利用岩心元素分析数据建立了一套元素录井标准化方法，研究结果表明，校正后的元素录井数据是可靠的。

元素录井数据包含钠（Na）、镁（Mg）、铝（Al）、硅（Si）、磷（P）、硫（S）、氯（Cl）、钾（K）、钙（Ca）、钡（Ba）、钛（Ti）、钒（Vr）、锰（Mn）、铁（Fe）、镍（Nr）、锶（Sr）和锆（Zr）等17种元素含量，而岩心主量元素分析为Na_2O、MgO、Al_2O_3、SiO_2、P_2O_5、K_2O、CaO、TiO_2、MnO、Fe_2O_3等10种氧化物的相对含量数据。可见不同方法的量纲不同，元素种类的差异也影响着元素录井数据的准确性。因此在利用元素录井数据进行性分析之前，需要先确定元素录井数据校正方法，确定录井元素的准确性后以此为基础开展的相关研究才是可靠的。

元素录井标准化方法的原理为：选取元素录井数据中与岩心氧化物相对应的钠（Na）、镁（Mg）、铝（Al）、硅（Si）、磷（P）、钾（K）、钙（Ca）、钛（Ti）、锰（Mn）、铁（Fe）等10种元素进行标准化，其余7种元素不参与标准化，这样即可削弱由元素种类不同带来的误差。

10种元素标准化后相对含量的计算公式如下：

$$W_X = \frac{W_{LX}}{\sum W_{LX}} \times 100\% \qquad (8\text{-}3\text{-}42)$$

式中：W_X为X元素的录井质量分数，%；W_{LX}为X元素对应的录井数据；$\sum W_{LX}$为Na、Mg、Al、Si、P、K、Ca、Ti、Mn、Fe等10种元素的录井数据之和。

岩心元素含量分析是当前行业公认的研究中最可靠的数据，因此将岩心元素含量分析数据作为标准来分析标准化后元素录井数据的准确性。

由于岩心元素分析给出的是主要造岩氧化物数据，因此需要先利用元素的摩尔质量，将Na_2O、MgO、Al_2O_3、SiO_2、P_2O_5、K_2O、CaO、TiO_2、MnO、Fe_2O_3等10种氧化物的相对含量转化为对应的钠（Na）、镁（Mg）、铝（Al）、硅（Si）、磷（P）、钾（K）、钙（Ca）、钛（Ti）、锰（Mn）、铁（Fe）等10种元素的相对含量。

首先，基于不同元素摩尔质量求取不同氧化物中非氧元素的摩尔质量占比：

$$W_{MX} = \frac{M_X}{M_{XO}} \qquad (8\text{-}3\text{-}43)$$

式中：W_{MX}为X元素的摩尔质量占比；M_X为X元素的摩尔质量，g/mol；M_{XO}为X元素对应氧化物的摩尔质量，g/mol。

之后,求取不同元素的相对含量:

$$W_{X1} = \frac{W_{XO}W_{MX}}{\sum W_{XO}W_{MX}} \times 100\% \qquad (8\text{-}3\text{-}44)$$

式中:W_{X1} 为 X 元素的质量分数,%;W_{XO} 为 X 元素对应岩心氧化物相对含量,%;$\sum W_{XO}W_{MX}$ 为 Na、Mg、Al、Si、P、K、Ca、Ti、Mn、Fe 等 10 种非氧元素在氧化物中含量之和。

在研究区应用公式(8-3-43)对录井元素数据进行标准化并与岩心元素数据进行对比研究。图 8-3-34 为对比分析图:第一道为深度道;第二道至第十一道分别为 Si、

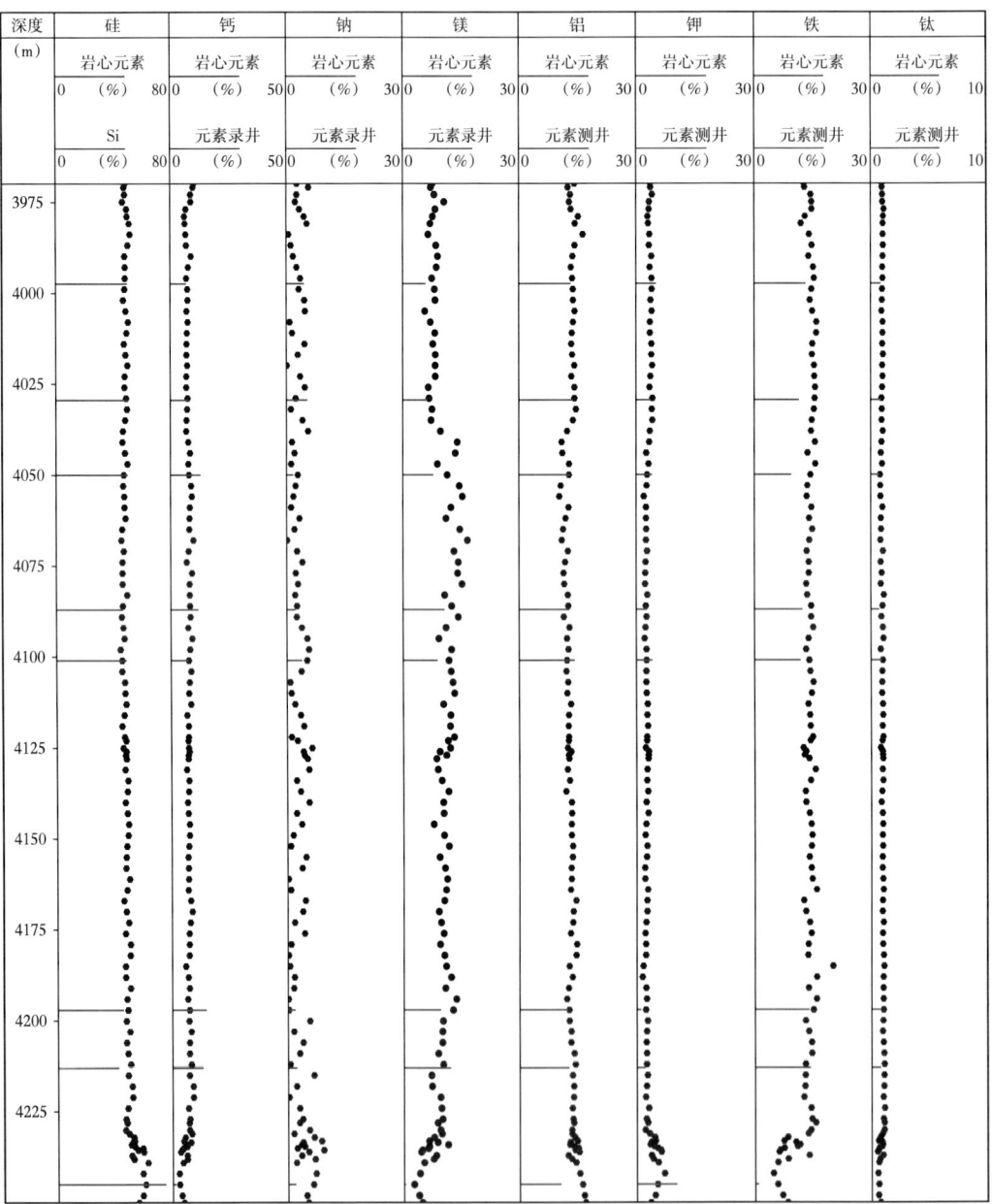

图 8-3-34　HZ26-6-A 井标准化后元素录井和岩心元素含量对比图

Ca、Na、Mg、Al、K、Fe、Ti、Mn、P等元素的标准化后元素录井数据与岩心元素的对比分析，其中红色棒状曲线为岩心元素重量含量，黑色圆点为标准化后元素录井数据。由图可见，Na、Mg、Al、Si、P、K、Ca、Ti、Mn、Fe等元素的W_X与W_{X1}基本吻合，证明标准化后的元素录井数据可靠，可以根据公式（8-3-43）对录井元素数据进行标准化。

惠州26-6火成岩包含闪长岩、构造片岩、蚀变辉绿岩、花岗闪长岩、花岗岩和蚀变花岗岩等岩性，不同岩性的矿物组成差异较大。基于岩心薄片分析可以获得准确的矿物特征（图8-3-35），研究区各岩性的矿物特征如下：

（1）闪长岩（图8-3-35a）：岩石原生矿物主要由斜长石、普通角闪石、黑云母组成，副矿物有磁铁矿、锆石，含量小于1%。斜长石具强烈的绢云母化和泥化蚀变，边部常被黑云母交代穿插。

图 8-3-35 惠州 26-6 火成岩薄片分析

（2）构造片岩（图8-3-35b）：呈现斑状变晶结构、变余斑状结构，变斑晶角闪石的含量为3%。基质主要由细—微粒角闪石、黑云母、斜长石组成，含少量副矿物磁铁矿。

（3）蚀变辉绿岩（图8-3-35c）：呈现绿灰色，成分主要为长石及辉石，含少量角闪石及暗色矿物，部分长石黏土化，辉石多绿泥石化、弱绢云母化，见少量方解石，偶见黄铁矿。

（4）花岗闪长岩（图8-3-35d）：由岩石碎斑和石英、长石单矿物碎斑组成，岩石碎斑主要有花岗结构。

（5）花岗岩（图8-3-35e）：主要由微斜长石、条纹长石、斜长石、石英组成，含少量黑云母、白云母。

（6）蚀变花岗岩（图8-3-35f）：矿物组成主要为长石（斜长石、微斜长石、条纹长石）、石英，含少量片理化定向的黑云母，但已经基本上被绿泥石取代。

综上可见，研究区火成岩的主要矿物为石英、斜长石和钾长石，同时蚀变作用非常普遍，对矿物组分存在很大影响，厘清蚀变产物类型对矿物定量分析也有重要作用。

蚀变矿物发生成矿作用的条件和时期不同，其伴随的原岩蚀变类型也不同，要根据不同的情况具体分析。就研究区火成岩来讲，火成岩蚀变的主要因素受火山环境、构造运动和流体活动共同作用。图8-3-36a为研究区X-1井3760m的岩心放大镜下照片，可以明显看出岩样发绿（绿泥石）的情况；图8-3-36b为研究区HZ26-6-A井3761m的岩心薄片，薄片鉴定结果显示，岩心的主要矿物斜长石具有强烈的泥化蚀变，而黑云母也发生了较强的绿泥石代蚀变。由此可知，本研究区火成岩普遍存在蚀变现象，蚀变产物以黏土矿物为主，主要为黏土化蚀变。

a. 放大镜下照片　　　　　　　　　　b. 薄片照片

图8-3-36　岩心及薄片照片

对研究区X射线衍射全岩分析的蚀变矿物进行统计分析，可见蚀变矿物中蚀变黏土矿物的含量高于蚀变碳酸盐矿物，说明研究区火成岩以黏土化蚀变为主；同时，蚀变黏土含量平均值为25%，最高可达80%。根据蚀变程度划分方案可知，研究区平均蚀变程度为中度蚀变，部分岩层发生了重度蚀变。

可见，蚀变作用会导致研究区火成岩地层具有的异质性更加强烈，矿物组成难以精确计算，不同岩性所对应的矿物成分差异明显。根据研究区不同火成岩的X射线衍射全岩矿物分析数据总结得到的矿物组分和对应的化学式及密度，共21种矿物，然而当前的最优化算法无法同时反演21种矿物，需要建立合适的多矿物体积模型。

由于元素录井数据与矿物化学式息息相关，因此建立多矿物体积模型时需要综合考虑矿物的理化性质。结合研究区矿物的密度和化学式建立矿物合并方案：石英、钾长石和斜长石作为主要矿物成分不进行合并，黏土矿物包含高岭石、伊利石、蒙脱石、绿泥石等蚀变黏土矿物和理化性质与蚀变黏土相近的浊沸石，暗色矿物包含普通辉石、角闪石和密度相近的硬石膏，金属矿物包含黄铁矿、菱铁矿、针铁矿、赤铁矿、菱镁矿、锐钛矿，碳酸盐矿物包含方解石、白云石、文石和铁白云石。最后得到由石英、钾长石、斜长石、黏土矿物、暗色矿物、金属矿物、碳酸盐矿物以及孔隙等8个组分构成的蚀变火成岩多矿物体积模型。

常见的L-M最优化矿物反演方法局限性很多。输入数据为常规测井曲线，包括自然伽马（GR）、声波时差（AC）、补偿中子（CNL）、补偿密度（DEN）、光电吸收截面指数（Pe）以及电阻率（RT），然而电阻率测井曲线易受金属矿物、裂缝、油气饱和度等因素影响，在研究区难以应用，而光电吸收截面指数曲线并不普遍，因此常规测井最优化仅能利用自然伽马、声波时差、中子孔隙度和密度4条曲线计算5种矿物组分，无法满足蚀变火成岩矿物的反演需求。为了解决常规测井最优化反演面临的局限性，结合标准化后元素录井数据和常规测井数据得到了一套新的多矿物及孔隙综合反演方法，基础方法原理与常规测井最优化相同，通过建立新的元素响应方程，同时采取多元线性回归的方法求取元素响应特征参数，最终形成了一套完整且适用性更强的L-M最优化综合反演方法。

建立元素响应方程的思路与常规测井响应方程一致，可以得到：

$$W_E = \sum W_{Ei} W_i \quad (8\text{-}3\text{-}45)$$

式中：W_E为标准化后各元素的质量分数；W_{Ei}为不同矿物的元素特征值；W_i为不同矿物的质量分数。

同样，不同组分的质量分数也满足：

$$1 = \sum W_i \quad (8\text{-}3\text{-}46)$$

综合式（8-3-45）和式（8-3-46）即可建立元素的响应方程。

不同矿物的化学组成不同，元素构成具有很大差异，因此在确定不同矿物模型的元素特征参数的之前必须明确矿物的元素构成，之后结合研究区不同矿物模型的组合方式，依次判断不同模型矿物组分的元素构成，利用多元回归的方法求取特征值。但需要注意的是，为了满足不同元素与矿物之间的实际物理意义，在进行多元拟合时并未对相关数据进行归一化。

为了研究得到对于元素录井数据和ECS元素测井数据都通用的最优化方法，因此在建立元素响应方程时选取了这两种元素数据都同时拥有的钠（Na）、镁（Mg）、铝（Al）、硅（Si）、钾（K）、钙（Ca）、钛（Ti）和铁（Fe）等8种元素，而在求取特征值时也只考虑这8种元素。

接下来就要根据不同的矿物组分建立元素与矿物之间的回归方程。研究区火成岩矿物组分复杂，常见矿物有石英、钾长石、斜长石、非晶质、浊沸石、黏土矿物（包括绿泥石、高岭石、伊利石和蒙脱石）、角闪石、辉石、硬石膏、黄铁矿、菱铁矿、针铁矿、赤铁矿、菱镁矿、锐钛矿、文石、方解石、白云石、铁白云石等，可得：

$$W_{Na} = \sum \beta_X W_X \quad (8\text{-}3\text{-}47)$$

式中：W_{Na} 为标准化后元素录井数据中钠元素的数值；W_X 代表岩石矿物模型中的不同矿物组分，包括石英、钾长石、斜长石、黏土矿物、暗色矿物、金属矿物和碳酸盐矿物的重量百分比含量；β_X 分别为对应矿物组分的回归系数，也是需要求取的目标，即元素响应方程特征值。

对于不包含对应元素的矿物，认为其对应特征值为 0，最后以矿物组分的质量分数为自变量，以不同的元素数据分别为唯一因变量进行多元回归，获得中基性岩石矿物模型中不同矿物组分的元素特征值，同理可得花岗岩模型中不同矿物组分的元素特征值，两种矿物模型的元素特征值见表 8-3-8。

表 8-3-8　矿物组分元素特征值

矿物组分	Na	Mg	Al	Si	K	Ca	Ti	Fe
石英	0.0000	0.0000	0.0000	0.6272	0.0000	0.0000	0.0000	0.0000
钾长石	0.0000	0.0000	0.2834	0.7245	0.3612	0.0000	0.0000	0.0000
斜长石	0.0755	0.0000	0.2201	0.5317	0.0000	0.0923	0.0000	0.0000
黏土矿物	0.0320	0.1421	0.1637	0.5744	0.0681	0.0892	0.0000	0.1578
暗色矿物	0.0241	0.1187	0.1404	0.5168	0.0000	0.0868	0.0132	0.1725
金属矿物	0.0000	0.0610	0.0000	0.0000	0.0000	0.0000	0.0471	0.2490
碳酸盐矿物	0.0000	0.1712	0.0000	0.0000	0.0000	0.0682	0.0000	0.2021
相关系数	0.778	0.947	0.984	0.992	0.789	0.970	0.753	0.937

根据表 8-3-8 可知，中基性岩石矿物模型的不同矿物组分与元素之间的相关系数在 0.753~0.992 之间。相关系数越高，说明元素与矿物之间的关系越好且该特征越有效，而相关系数较低时特征值则可为冗余特征，说明矿物与元素之间的关系较差。

在进行最优化计算时，响应方程越多，则计算速度越慢。为了提升最优化计算速度，同时避免冗余特征降低计算准确率，可根据相关系数大小选择与矿物相关性更高的元素参与计算。因此最后参与岩石矿物模型最优化计算的是镁元素、铝元素、硅元素、钙元素和铁元素。

约束条件以及解释理论等基础原理与常规测井最优化方法一致。

在建立元素录井响应方程后，同样采用 L-M 最优化方法进行综合反演。可用的输入数据包括自然伽马、声波时差、补偿中子、补偿密度和镁、铝、硅、钙、铁 5 种元素数据，因此完全满足同时求取体积模型中 8 个组分（孔隙和 7 种矿物）的需求，很好地解决了由响应方程带来的限制。

次生孔隙面孔率和裂缝密度较好反映了潜山储层受风化溶蚀和构造改造的程度。于是首先从电成像测井资料中提取裂缝密度和次生孔隙的面孔率，并且将两者进行组合来评价潜山储层裂缝的有效性。

电成像测井在评价潜山储层裂缝发育的过程中受到仪器分辨率和图像多解性两方面的制约，在充分利用电成像测井资料的基础上，综合利用录井资料来综合判断潜山储层有效裂缝的发育程度。钻井取心、井壁取心和铸体薄片资料均表明惠州 26-6 潜山段储层裂缝以方解石充填为主，而孔洞发育段，普遍存在黄铁矿富集，因此依据 Ca 和 S 元素含量的变化，可以反映潜山储层缝洞发育情况。利用归一化处理的方法消除不同元素含量之间数量级上的差异，同时综合电成像测井裂缝有效性评价参数 R 建立了基于电成像测井和元素录井的潜山缝洞评价指数。计算公式为：

$$N_f = S + Ca + R \quad (8\text{-}3\text{-}48)$$

$$R = P_f + f \quad (8\text{-}3\text{-}49)$$

式中：N_f 为计算缝洞指数；S 和 Ca 为归一化后值；P_f 为次生孔面孔率；f 为裂缝密度，条/m；R 为 P_f 与 f 求和后归一化值。

薄片和扫描电镜资料表明，惠州 26-6 潜山油气层中未被充填的裂缝均被烃类物质所充填，气测录井中的烃类组分值能够很好地反映出潜山储层的含油气性，可以依据气测丰度值来判断储层裂缝的有效性。在钻井过程中，钻井参数和单位时间破碎地层岩屑量都会导致气测值也相应变化。若钻井工程参数不同，不仅邻井同一深度或层位也不具可比性，就是同井不同深度或层位气测值也不具可比性。为了消除钻井参数对气测值的影响，增强可比性，需要对气测录井参数进行校正，将气测数据换算成单位岩石体积含气量 [式（8-3-50）]，以剔除工程参数的影响。C_1（甲烷）受影响因素少、占比高，能够更好地反映地层的含油气性，因此优选 C_1 校正，即单位岩石甲烷气体体积（V_{C_1}）：

$$V_{C_1} = (KktQC_1)/D^2 \quad (8\text{-}3\text{-}50)$$

式中：V_{C_1} 为单位岩石甲烷气体体积，L/L；K 为与脱气器单位时间所脱钻井液量、色谱分析仪单位时间进样量以及单位换算相关的常量；k 为不同钻进液体系中甲烷脱气效率的倒数；t 为钻时，min/m；Q 为钻井泵排量，L/min；C_1 为实测甲烷值，%；D 为井眼尺寸或钻头尺寸，cm。

经校正后的单位甲烷岩石气体体积能够更为真实地反映储层的含油气性。

气测绝对值的大小除了受工程参数的影响外，还受到钻井液、不同仪器设备调校和人员操作经验等外部环境因素影响，因此在利用单位岩石甲烷气体体积参数分析前，需要利用极差正规化方法进行归一化处理 [式（8-3-51）]，引入 I_0 判别因子用来表征储

层的含油气丰度指数,以剔除上述影响因素,使其具有更好的横向、纵向对比性。其归一化计算公式为:

$$I_\text{o} = \frac{I_\text{m} - I_\text{min}}{I_\text{max} - I_\text{min}} \qquad (8\text{-}3\text{-}51)$$

式中:I_m 为实际测量值;I_min 为参数的最小值;I_max 为参数的最大值。

经过工程参数校正以及极差归一化处理后的含油丰度指数(I_o)被严格地控制为 0~1 之间值,I_o 越大,指示储层含油气丰度越高;反之,则含油气丰度低。

利用惠州 26-6 潜山储层段电缆泵抽取样、测压和 DST 测试资料,利用缝洞指数与含油气丰度指数交会图版可以很好地将潜山储层划分为 3 类(图 8-3-37)。Ⅰ 类储层表示孔隙—裂缝发育,且含油气性好;Ⅲ 类储层表示孔隙裂缝不发育,且含油气性差;Ⅱ 类储层介于 Ⅰ 类和 Ⅲ 类储层之间,不同类型储层的分类标准见表 8-3-9。

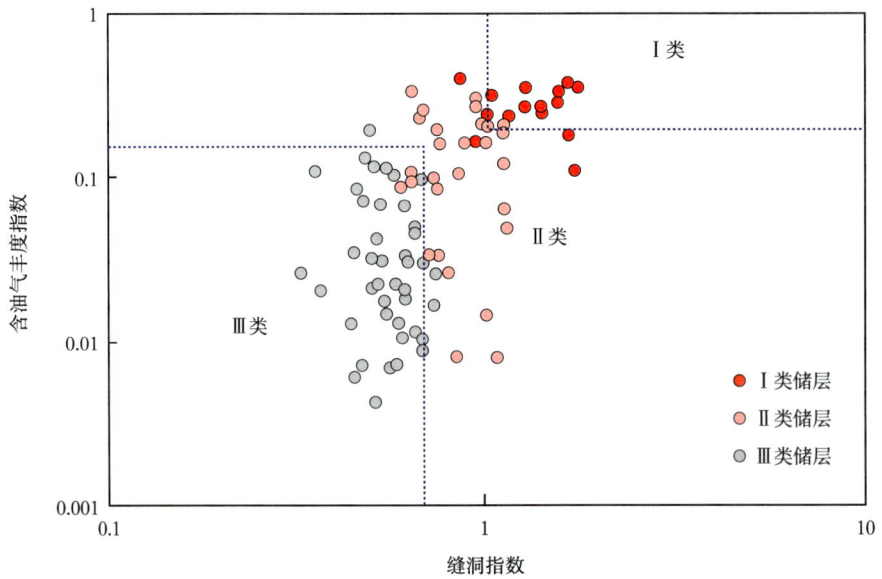

图 8-3-37 惠州 26-6 潜山储层缝洞指数和含油气丰度指数交会图版

表 8-3-9 惠州 26-6 潜山储层有效性分类评价标准

储层类型	缝洞指数	含油气丰度指数
Ⅰ 类	大于 1	大于 0.2
Ⅱ 类	0.65~1	0.2~0.1
Ⅲ 类	小于 0.65	小于 0.1

4. 应用效果

图 8-3-38 是 HZ26-A 井联合反演计算得到的地层矿物含量和孔隙度成果图。图中,第 1 道为分层,指示研究区域目标深度;第 2 道为深度道;第 3 道为岩性测井道,包括自

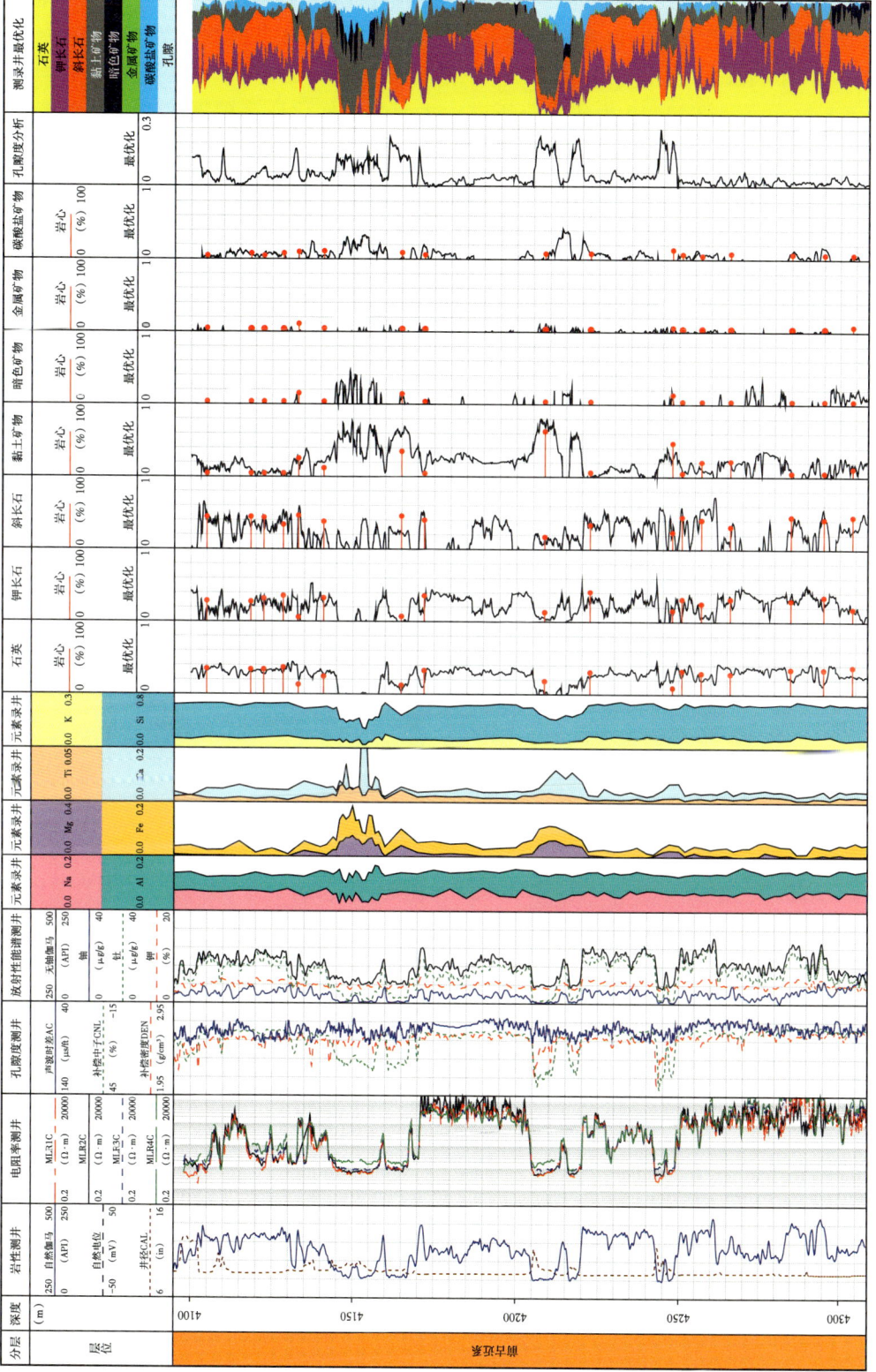

图 8-3-38　HZ26-6-A井4100~4310m井段测录井最优化综合反演结果

然伽马曲线，自然电位曲线以及井径曲线；第4道为电阻率测井，包括不同的电阻率曲线；第5道为孔隙度测井，包含声波时差AC、补偿中子CNL、补偿密度DEN曲线；第6道为放射性能谱测井，包含无铀伽马、铀、钍、钾等4条曲线；第7~10道为元素录井，包含钠（Na）、镁（Mg）、铝（Al）、硅（Si）、钾（K）、钙（Ca）、钛（Ti）和铁（Fe）等8种元素；第11~17为矿物分析道，主要是最优化计算矿物含量与岩心矿物对比（最优化矿物计算出的矿物为体积分数，已转化为质量分数，其中包含钾长石、斜长石、金属矿物、黏土矿物、暗色矿物、斜长石类矿物以及碳酸盐矿物等7种矿物；第18道为孔隙度分析道；第19道为测录井最优化剖面。从图中可以看出，采用联合反演方法计算的地层矿物含量和孔隙度均与岩心分析结果吻合很好。

图8-3-39展示的是HZ26-6-B井的应用效果，3584~3816m井段整体表现为缝洞指数大，储层含油气丰度指数高，指示储层有效裂缝发育程度好，以Ⅰ类和Ⅱ类储层为主，局部为Ⅲ类储层。在Ⅰ类储层发育的3705.5m处进行MDT取样为凝析气，后续在3590~3816m进行DST测试，日产气435000m³，日产油321.1m³。3850~4250m井段整

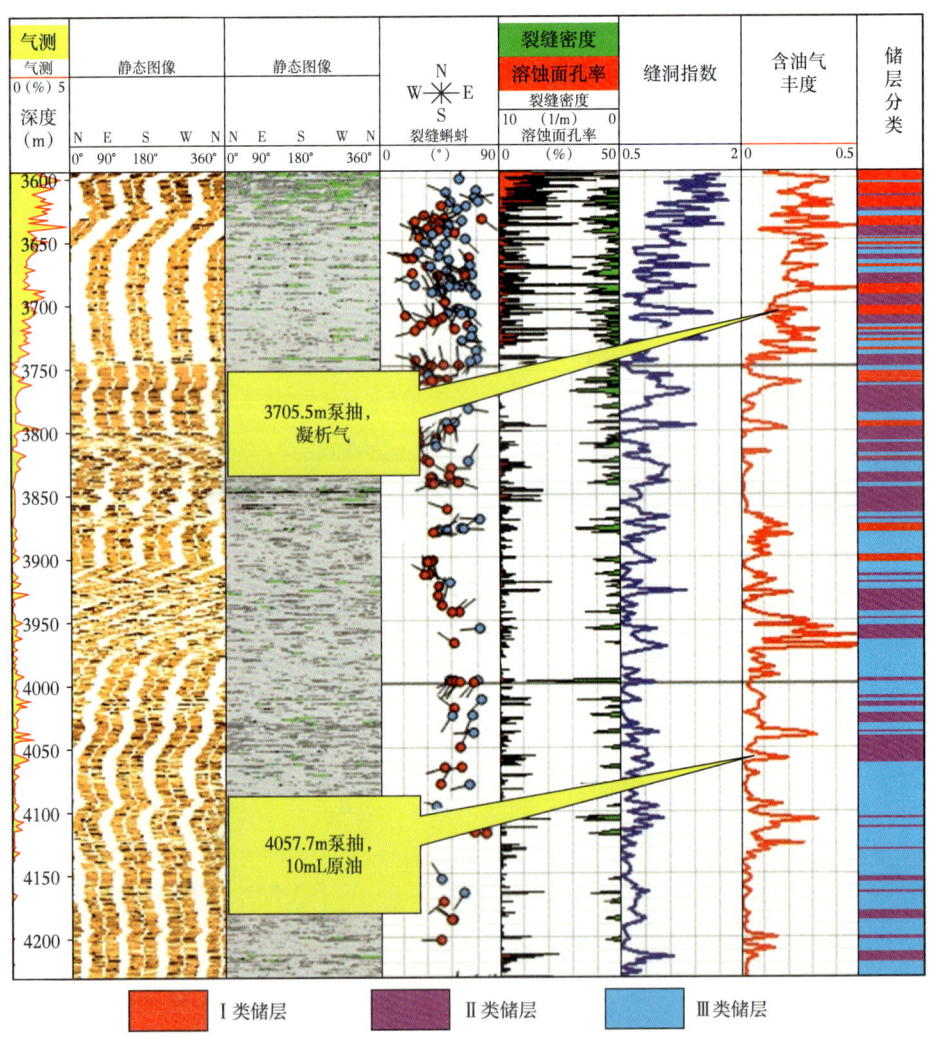

图8-3-39 HZ26-6-B井有效性裂缝元素—气测—成像三因子融合成果图

体表现为储层缝洞指数变小，含油气丰度指数下降，指示储层有效裂缝发育程度差，以Ⅱ类和Ⅲ类储层为主，局部发育Ⅰ类储层。在Ⅱ类储层4057.7m进行MDT泵抽取到油样，后续在3830~4170.75m井段进行DST测试，日产气22500 m^3，日产油35.9 m^3。取样及测试结论与基于"缝洞指数"和"含油气丰度指数"的潜山裂缝有效性测录井综合识别技术认识一致，证实了该方法具有很好实用性和可靠性。

5. 结论及建议

惠州26-6地区潜山地层岩性多样，孔隙结构与矿物组成复杂，普遍存在蚀变现象，因此矿物和孔隙度反演的难度也极高，裂缝有效性井筒评价也非常困难。基于校正后的元素录井建立元素录井响应方程，与常规测井响应方程结合进行多矿物与孔隙的综合最优化反演，并利用多元线性回归方法确定的元素特征参数，不仅突破了常规测井最优化反演矿物数量有限的弊端，建立了一套新的适用于研究区蚀变火成岩地层的多矿物含量及孔隙度反演方法。采用元素、气测和成像测井三因子融合评价潜山井筒裂缝有效性的方法，突破了传统成像测井评价裂缝有效性的不足。

该方法已经广泛应用于南海东部的潜山勘探作业中，已落实多井Ⅰ类、Ⅱ类储层累积厚度646.9m，为南海东部潜山油气勘探提供了重要的支撑，具有广泛的推广应用潜力。在复杂的潜山储层评价中，成像测井资料与元素录井资料相结合，可以有效弥补井眼环境、低阻地质体、低阻层界面等对微电阻率图像解释带来多解性的影响。气测录井是井周破碎地层的流体综合响应，该参数不仅可以直观反映潜山地层的流体性质，还能够有效表征井周裂缝的发育和延伸情况。在潜山双孔介质储层测井评价中，需要综合运用多种资料，结合多学科研究成果，才能更加客观真实地评价储层的性质。

参考文献

蔡军，李茂文，何胜林，2007. 海水注入开发中剩余油饱和度评价研究 [J]. 石油钻采工艺，29（6）：77-79.

操应长，孙沛沛，周立宏，等，2023. 渤海湾盆地二叠系碎屑岩储集层发育演化特征与勘探方向 [J]. 石油勘探与开发，50（5）：937-949.

陈能贵，王艳清，徐峰，等，2015. 柴达木盆地新生界湖盆咸化特征及沉积响应 [J]. 古地理学报，17（3）：371-380.

陈业全，王伟锋，2004. 准噶尔盆地构造演化与油气成藏特征 [J]. 石油大学学报（自然科学版）（3）：4-8，136.

程超，桑琴，杨双定，等，2011. 最优化测井解释方法在复杂碎屑岩储层中的应用 [J]. 测井技术，30（5）：455 459.

大庆油田石油地质志编写组，1987. 中国石油地质志（卷二）[M]. 北京：石油工业出版社：55-429.

戴俊生，曹代勇，2000. 柴达木盆地构造样式的类型和展布 [J]. 西北地质科学，21（2）：57-63.

戴俊生，叶兴树，汤良杰，等，2003. 柴达木盆地构造分区及其油气远景 [J]. 地质科学，38：291-296.

段吉业，刘鹏举，夏德馨，2002. 浅析华北板块中元古代—古生代构造格局及其演化 [J]. 现代地质，16（4）：331-338.

段亚男，潘保芝，韩雪，2012. 砂砾岩储层的多组分模型及最优化测井解释 [J]. 国外测井技术（6）：20-23.

丁培民，1988. 渤海大地构造特征 [J]. 海洋地质与第四纪地质，8（3）：9-14.

范彩伟，曹江骏，罗静兰，等，2022. 异常高压下海相重力流致密砂岩非均质性特征及其影响因素：以莺歌海盆地LD10区中新统黄流组储集层为例 [J]. 石油勘探与开发，48（5）：903-915.

方世虎，贾承造，郭召杰，等，2006. 准噶尔盆地二叠纪盆地属性的再认识及其构造意义. 地学前缘，13（3）：108-121.

方世虎，贾承造，宋岩，等，2007. 准噶尔盆地南缘中—新生界碎屑成份特征与构造期次 [J]. 地质科学（4）：753-765.

冯国庆，陈军，张烈辉，等，2002. 最优化测井解释的遗传算法实现 [J]. 天然气工业，22（6）：48-51.

冯有良，杨智，张洪，等，2023. 咸化湖盆细粒重力流沉积特征及其页岩油勘探意义：以准噶尔盆地玛湖凹陷风城组为例 [J]. 地质学报，97（3）：839-863.

付锁堂，袁剑英，汪立群，等，2014. 柴达木盆地油气地质成藏条件研究 [M]. 北京：科学出版社.

高瑞祺，蔡希源，徐宏迟，等，1992. 松辽盆地油气田形成条件与分布规律 [M]. 北京：石油工业出版社：4-12.

郭佩，2018. 柴达木新生代湖盆咸化环境演变及其烃源岩发育特征 [D]. 西安：西北大学.

郭艳琴，李文厚，郭彬程，等，2019. 鄂尔多斯盆地沉积体系与古地理演化 [J]. 古地理学报，21（2）：293-320.

郭泽清，孙平，徐子远，等，2011. 柴达木盆地三湖地区第四系岩性气藏形成的主控因素 [J]. 石油学报，32（6）：985-990.

韩雪，潘保芝，张意，等. 2012. 遗传最优化算法在砂砾岩储层测井评价中的应用 [J]. 测井技术，36（4）：

392-396.

何碧竹, 许志琴, 焦存礼, 等, 2011. 塔里木盆地构造不整合成因及对油气成藏的影响[J]. 岩石学报, 27（1）: 253-265.

何登发, 贾承造, 李德生, 等, 2005. 塔里木多旋回叠合盆地的形成与演化[J]. 石油与天然气地质, 26（1）: 64-77.

何登发, 李德生, 张国伟, 等, 2011. 四川多旋回叠合盆地的形成与演化[J]. 地质科学, 46（3）: 589-606.

何登发, 周路, 吴晓智, 2012. 准噶尔盆地古隆起形成演化与油气聚集[M]. 北京: 石油工业出版社: 1-413.

何治亮, 陈强路, 钱一雄, 等, 2006. 塔里木盆地中央隆起区油气勘探方向[J]. 石油与天然气地质, 27（6）: 769-778.

何胜林, 陈嵘, 高楚桥, 等, 2013. 乐东气田非烃类气层的测井识别[J]. 天然气工业, 33（11）: 22-27.

何胜林, 张海荣, 杨冬, 等, 2016. 南海西部盆地高温超压储层CO_2气层测井评价技术[J]. 天然气地球科学, 27（12）: 2200-2206.

侯大力, 孙雷, 潘毅, 等, 2013. 人工神经网络预测高含CO_2天然气的含水量[J]. 西南石油大学学报（自然科学版）, 35（4）: 121-125.

侯贵廷, 钱祥麟, 蔡东升, 2001. 渤海湾盆地中、新生代构造演化研究[J]. 北京大学学报（自然科学版）, 37（6）: 845-851.

侯贵廷, 叶良新, 杜庆娥, 1999. 渤张断裂带的构造机制及其地质意义[J]. 地质科学, 34（3）: 375-380.

侯俊胜, 2000. 煤层气储层测井评价方法及其应用[M]. 北京: 冶金工业出版社.

侯中帅, 陈世悦, 郭宇鑫, 等, 2018. 华北中南部博山地区上古生界沉积相与沉积演化特征[J]. 沉积学报, 36（4）: 731-742.

胡洪瑾, 2019. 渤海湾盆地煤成气成藏机理及模式[D]. 青岛: 中国石油大学（华东）.

胡居文, 1989. 华北地区中生代盆地与油气[J]. 石油与天然气地质, 10（4）: 378-392.

胡小文, 杨晓勇, 任伊苏, 等, 2020. 准噶尔盆地沉积环境—构造演化对砂岩型铀矿成矿的控制作用[J]. 大地构造与成矿学, 44（4）: 725-741.

胡望水, 吕炳全, 张文军, 等, 2005. 松辽盆地构造演化及成盆动力学探讨[J]. 地质科学（1）: 16-31.

黄汉纯, 周显强, 王长利, 1989. 柴达木盆地构造演化与石油富集规律[J]. 地质论评, 35（4）: 314-323.

纪友亮, 胡光明, 黄建军, 等, 2006. 渤海湾地区中生代地层剥蚀量及中、新生代构造演化研究[J]. 地质学报（3）: 351-358.

贾承造, 1999. 塔里木盆地构造特征与油气聚集规律[J]. 新疆石油地质（3）: 3-9.

贾承造, 2005. 21世纪初中国石油地质理论问题与陆上油气勘探战略[M]. 北京: 石油工业出版社: 355-370.

蒋有录, 刘培, 宋国奇, 等, 2015. 渤海湾盆地新生代晚期断层活动与新近系油气富集关系[J]. 石油与天然气地质, 36（4）: 525-533.

蒋有录, 苏圣民, 刘华, 等, 2020. 渤海湾盆地古近系油气富集差异性及主控因素[J]. 石油与天然气地质, 41（2）: 248-258.

金博, 刘震, 李绪深, 等, 2008. 莺歌海盆地地温—地压系统特征及其对天然气成藏的意义[J]. 天然气地球科学, 19（1）: 49-55.

金若时，程银行，杨君，等，2016. 准噶尔盆地侏罗纪含铀岩系的层序划分与对比 [J]. 地质学报，90（12）：3293-3309.

姜振学，林世国，庞雄奇，等，2006. 两种类型致密砂岩气藏对比 [J]. 石油实验地质，28（3）：210-219.

金之钧，张以伟，陈书平，2005. 塔里木盆地构造—沉积波动过程 [J]. 中国科学（D 辑：地球科学），35：530-539.

康建威，牟传龙，周恳恳，等，2012. 塔里木盆地寒武纪构造沉积响应与演化 [C]// 中国矿物岩石地球化学学会岩相古地理专业委员会，中国矿物岩石地球化学学会沉积学专业委员会，中国地质学会沉积地质专业委员会，中国地质学会地层古生物专业委员会，中国地质学会石油地质专业委员会. 第十二届全国古地理学及沉积学学术会议论文摘要集：2.

赖世新，黄凯，陈景亮，等，1999. 准噶尔晚石炭世、二叠纪前陆盆地演化与油气聚集 [J]. 新疆石油地质，20（4）：293-297.

雷德文，阿布力米提·依明，秦志军，等，2017. 准噶尔盆地玛湖凹陷碱湖轻质油气成因与分析 [M]. 北京：科技出版社.

李国欣，张永庶，陈琰，等，2022. 柴达木盆地油气勘探进展、方向与对策 [J]. 中国石油勘探，27（3）：1-19.

李剑，2019. 柴达木盆地西部新生代裂缝形成机理与主控因素研究 [D]. 北京：中国石油大学（北京）：1-145.

李萌，汤良杰，杨勇，等，2015. 塔里木盆地主要山前带差异构造变形及对油气成藏的控制 [J]. 地质与勘探，51（4）：776-788.

李丕龙，2010. 塔里木盆地构造沉积与成藏 [M]. 北京：地质出版社.

李志军，肖阳，田建章，等，2024. 渤海湾盆地冀中坳陷新领域、新类型油气勘探潜力及有利方向 [J]. 石油学报，45（1）：69-98.

李祖兵，李剑，崔俊峰，等，2020. 渤海湾盆地北大港潜山中生界碎屑岩储层特征及发育主控因素 [J]. 天然气地球科学，31（1）：13-25.

刘池阳，付锁堂，张道伟，等，2020. 柴达木盆地巨型油气富集区的确定及勘探成效：改造型盆地原盆控源、改造控藏之范例 [M]. 石油学报，41（12）：1527-1537.

刘传虎，2014. 准噶尔盆地隐蔽油气藏类型及有利勘探区带 [J]. 石油实验地质，36（1）：25-32.

刘洛夫，李燕，王萍，等，2008. 塔里木盆地塔中地区Ⅰ号断裂带上奥陶统良里塔格组储集层类型及有利区带预测 [J]. 古地理学报，10（3）：221-230.

刘寅，陈清华，胡凯，等，2014. 渤海湾盆地与苏北—南黄海盆地构造特征和成因对比 [J]. 大地构造与成矿学，38（1）：38-51.

刘永江，葛肖虹，叶慧文，等，2001. 晚中生代以来阿尔金断裂的走滑模式 [J]. 地球学报（1）：23-28.

毛琼，邹光富，张洪茂，等，2006. 四川盆地动力学演化与油气前景探讨 [J]. 天然气工业，26(11)：7-10，167-168.

米立军，2018. 认识创新推动南海东部海域油气勘探不断取得突破：南海东部海域近年主要勘探进展回顾 [J]. 中国海上油气，30（1）：1-10.

庞雄奇，姜振学，黄捍东，等，2014. 叠复连续型油气藏成因机制、发育模式及分布预测 [J]. 石油学报，35（5）：795-828.

漆立新，2016. 塔里木盆地顺托果勒隆起奥陶系碳酸盐岩超深层油气突破及其意义 [J]. 中国石油勘探，

21：38-51.

邱楠生，许威，左银辉，等，2017. 渤海湾盆地中—新生代岩石圈热结构与热-流变学演化 [J]. 地学前缘，24（3）：13-26.

青海石油管理局研究院，1990. 青海省区域地质志 [M]. 北京：地质出版社.

邱楠生，杨海波，王绪龙，2002. 准噶尔盆地构造—热演化特征 [J]. 地质科学（4）：423-429.

申银民，贾进华，齐英敏，等，2011. 塔里木盆地上泥盆统—下石炭统东河砂岩沉积相与哈得逊油田的发现 [J]. 古地理学报，13（3）：279-286.

史今雄，2020. 塔河油田断裂对奥陶系碳酸盐岩缝洞储集体控制作用研究 [D]. 北京：中国石油大学（北京）.

施振生，孙莎莎，郭长敏，等，2022. 四川盆地上三叠统碎屑岩沉积储层研究图集 [M]. 北京：石油工业出版社.

宋永，唐勇，何文军，等 .2024. 准噶尔盆地油气勘探新领域、新类型及勘探潜力 [J]. 石油学报，45（1）：52-68.

孙永河，赵博，董月霞，等，2013. 南堡凹陷断裂对油气运聚成藏的控制作用 [J]. 石油与天然气地质，34（4）：540-549.

汤良杰，1997. 略论塔里木盆地主要构造运动 [J]. 石油实验地质（2）：108-114.

汤良杰，金之钧，张明利，等，1999. 柴达木震旦纪—三叠纪盆地演化研究 [J]. 地质科学（3）：289-300.

滕长宇，邹华耀，郝芳，2014. 渤海湾盆地构造差异演化与油气差异富集 [J]. 中国科学（地球科学），44（4）：579-590.

王辉，周承刚，孙少平，2002. 测井解释最优化方法中的误差和约束条件 [J]. 中国煤田地质，14（1）：73-76.

王建功，张道伟，杨少勇，等，2020. 柴达木盆地西部湖湖盆湖相碳酸盐岩重力流沉积 [J]. 中国矿业大学学报，49（4）：671-692.

王璞珺，迟元林，刘万洙，等 .2003. 松辽盆地火山岩相：类型、特征和储层意义 [J]. 吉林大学学报（地球科学版）（4）：449-456.

王璞珺，吴河勇，庞颜明，等，2006. 松辽盆地火山岩相序、相模式与储层物性的定量关系 [J]. 吉林大学学报（地球科学版），36（5）：805-811.

王清华，徐振平，张荣虎，等，2024. 塔里木盆地油气勘探新领域、新类型及资源潜力 [J]. 石油学报，45（1）：15-32.

王涛，徐鸣洁，王良书，等，2007. 鄂尔多斯及邻区航磁异常特征及其大地构造意义 [J]. 地球物理学报，50（1）：163-170.

王小军，白雪峰，陆加敏，等，2023. 松辽盆地北部油气勘探新领域、新类型及资源潜力 [J]. 石油学报，44（12）：2091-2103，2178.

王绪龙，支东明，王屿涛，等，2013. 准噶尔盆地烃源岩与油气地球化学 [M]. 北京：石油工业出版社.

王学军，杨志如，韩冰，2015. 四川盆地叠合演化与油气聚集 [J]. 地学前缘，22（3）：161-173.

王雪莲，王长陆，陈振林，等，2005. 鄂尔多斯盆地奥陶系风化壳岩溶储层研究 [J]. 特种油气藏，12（3）：32-35，108.

王莹莹，2017. 塔里木盆地志留系层序地层与沉积相研究 [D]. 成都：成都理工大学.

王招明，田军，申银民，等，2004. 塔里木盆地晚泥盆世至早石炭世东河砂岩沉积相 [J]. 古地理学报，6

（3）：289-296.

魏魁生，徐怀大，叶淑芬，1997. 四川盆地层序地层特征 [J]. 石油与天然气地质，18（2）：71-77.

吴光大，葛肖虹，刘永江，等，2006. 柴达木盆地中、新生代构造演化及其对油气的控制 [J]. 世界地质（4）：411-417.

吴洪深，高华，林德明，等，2012. 南海西部海域非烃类气层测井识别及解释评价方法 [J]. 中国海上油气，24（1）：21-24.

吴孔友，查明，王绪龙，等，2005. 准噶尔盆地构造演化与动力学背景再认识 [J]. 地球学报（3）：217-222.

向奎，鲍志东，庄文山，2008. 准噶尔盆地滩坝砂石油地质特征及勘探意义：以排2井沙湾组为例 [J]. 石油勘探与开发，35（2）：195-200.

肖绪玉，史东军，李国楠，等，2017. 塔里木盆地顺北地区二叠系随钻堵漏技术 [J]. 探矿工程（岩土钻掘工程）（10）：42-46.

谢玉洪，2011. 莺歌海高温超压盆地压力预测模式及成藏新认识 [J]. 天然气工业，31（12）：21-25.

许怀智，张岳桥，刘兴晓，等，2009. 塔东南隆起沉积—构造特征及其演化历史 [J]. 中国地质，36（5）：1030-1045.

许淑梅，张海洋，张威，等，2014. 渤海湾盆地—东海陆架盆地—菲律宾海盆地古近纪沉降中心迁移及其动力学意义 [J]. 海洋地质与第四纪地质，34（2）：11-18.

徐长贵，杨海风，徐伟，等，2025. 渤海海域致密油气及页岩油勘探新领域及资源潜力 [J]. 石油学报，46（1）：173-190，264.

徐向华，周庆凡，张玲，2004. 塔里木盆地油气储量及其分布特征 [J]. 石油与天然气地质（3）：300-303，313.

徐果明，2003. 反演理论及其应用 [M]. 北京：地震出版社.

徐兴雨，2020. 鄂尔多斯盆地断裂构造及其控藏作用研究 [D]. 青岛：中国石油大学（华东）.

杨超，陈清华，任来义，等，2012. 柴达木盆地构造单元划分 [J]. 西南石油大学学报，34（1）：25-33.

杨威，魏国齐，武赛军，等，2023. 四川盆地区域不整合特征及对油气成藏的控制作用 [J/OL]. 石油勘探与开发：1-12[2023-04-27]. http：//kns.cnki.net/kcms/detail/11.2360.TE.20230325.1115.004.html.

杨毅，胡向阳，张海荣，等，2017. 莺歌海盆地高温高压储层含水饱和度评价 [J]. 测井技术，41（1）：71-76.

杨雨，文龙，周刚，等. 四川盆地油气勘探新领域、新类型及资源潜力 [J]. 石油学报，2023，44（12）：2045-2069.

余加松，纪友亮，刘君龙，等，2017. L凹陷古近系文昌组储层物性控制因素研究 [J]. 特种油气藏，24（5）：72-77.

袁剑英，付锁堂，曹正林，等，2011. 柴达木盆地高原复合油气系统多源生烃和复式成藏 [J]. 岩性油气藏，23（3）：7-14.

张庚骥，1986. 电法测井：下册 [M]. 北京：石油工业出版社.

张功成，米立军，吴时国，等，2007. 深水区：南海北部大陆边缘盆地油气勘探新领域 [J]. 石油学报（2）：15-21.

张金川，聂海宽，徐波，等，2008. 四川盆地页岩气成藏地质条件 [J]. 天然气工业，28（2）：151-156，179-180.

张胜利，李宝芳，1996. 煤层割理的形成机理及在煤层气勘探开发评价中的意义 [J]. 中国煤田地质，8（1）：72-77.

张义杰，曹剑，胡文瑄，2010. 准噶尔盆地油气成藏期次确定与成藏组合划分 [J]. 石油勘探与开发，37（3）：257-262.

张守安，李德茂，韩萍等，1998. 塔里木盆地构造—地层组合特征 [J]. 新疆石油地质（4）：37-40，83.

张莹，陈少平，刘志峰，等，2023. 沉积环境对渤海金西 A 洼烃源岩的控制作用 [J]. 沉积学报，41（3）：890-900.

张中庆，穆林雪，张雪，等，2011. 矢量有限元素法在随钻电阻率测井模拟中的应用 [J]. 中国石油大学学报（自然科学版），35（4）：64-71.

赵贤正，李宏军，付立新，等，2021. 渤海湾盆地黄骅坳陷古生界煤成凝析气藏特征、主控因素与发育模式 [J]. 石油学报，42（12）：1592-1604.

钟锴，朱伟林，薛永安，等，2019. 渤海海域盆地石油地质条件与大中型油气田分布特征 [J]. 石油与天然气地质，40（1）：92-100.

祝彦贺，王英民，袁书坤，等，2008. 准噶尔盆地西北缘沉积特征及油气成藏规律：以五、八区佳木河组为例 [J]. 石油勘探与开发，35（5）：576-580.

周雁，付斯一，张涛，等，2023. 鄂尔多斯盆地下古生界构造—沉积演化、古地理重建及有利成藏区带划分 [J]. 石油与天然气地质，44（2）：264-275.

朱文剑，2019. 塔里木盆地阿满过渡带构造演化与断溶体储层特征研究 [D]. 青岛：中国石油大学（华东）.

Amaefule J O, Altunbay M, 1993. Ehanced Reservoir Description: Using Core and Log Data to Identify Hydraulic (Flow) Units and Predict Permeability in Uncorded and Intervals/Wells[C]//Annual Technical Conference and Exhibition of Society of Petroleum Engineers. Huston: SPE, 205-220.

Cowgill E, 2007. Impact of riser reconstructions on estimation of secular variation in rates of strike-slip faulting: Revisiting the Cherchen River site along the Altyn Tagh Fault, NW China[J]. Earth and Planetary Science Letters, 254（3-4）: 239-255.

Fu B H, Lin A M, Kano K, et al., 2003. Quaternary folding of the eastern Tian Shan, northwest China[J]. Tectonophysics, 369（1-2）: 79-101.

Hearn C L, Ebanks W J, Tye R S, et al., 1984. Geological factors influencing reservoir performance of the Hartzog Dra field [J]. J Petrol Tech, 36: 1334-1335.

Herron M M, 1986. Mineralogy from Geochemical Well Logging[J]. Clays and clay Minerals, 34（2）: 204-213.

Jiang Y, Liu H, Song G, et al., 2015. Relationship between geological structures and hydrocarbon enrichment of different depressions in the Bohai Bay Basin[J]. Acta Geologica Sinica-English Edition, 89（6）: 1998-2011.

Meng Q R, Hu J M, Yang F Z, 2003. Timing and magnitude of displacement on the Altyn Tagh fault: Constraints from stratigraphic correlation of adjoining Tarim and Qaidam basins, NW China[J]. Terra Nova, 13: 86-91.

Waxman M H, Thomas E C, 1974. Electrical Conductivities in Oil-Bearing Shaly Sands—Ⅰ. The Relation Between Hydrocarbon Saturation and Resistivity Index; Ⅱ. The Temperature Coefficient of

Electrical Conductivity [J]. SPE Journal, 14 (1): 213-225.

Xiao W J, Han C M, Yuan C, et a., 2008. Middle Cambrian to Permian subduction-related accretionary orogenesis of northern Xinjiang, NW China: Implications for the tectonic evolution of Central Asia[J]. Journal of Asian Earth Sciences, 32 (2-4): 102-117.

Yang H, Liu X, 2014. Progress in Paleozoic coal-derived gas exploration in the Ordos Basin, West China[J]. Petroleum Exploration and Development, 41 (2): 144-152.

Zhou J, Xu F, Wang T, et al, 2006. Cenozoic deformation history of the Qaidam Basin, NW China: Results from cross-section restoration and implications for Qinghai-Tibet Plateau tectonics[J]. Earth and Planetary Science Letters, 243: 195-210.

Zhu Y, Qin Y, Sang S, et al., 2010. Hydrocarbon Generation Evolution of Permo-Carboniferous Rocks of the Bohai Bay Basin in China[J]. Acta Geologica Sinica-English Edition, 84 (2): 370-381.

《地球物理测井学》

编辑出版组

总 策 划：雷　平　庞奇伟
组　　长：庞奇伟
副 组 长：李　中　金平阳　潘玉全
责任编辑：葛智军　林庆咸　沈瞳瞳　刘俊妍　钟思源
　　　　　张　贺　王长会　王鹤楠　王　瑞　陈子丹
　　　　　孙　宇　邹杨格　王金凤　何丽萍　冉毅凤
　　　　　常泽军　张旭东　吴英敏　马晓萱　张　瑞
　　　　　崔　悦　白云雪　饶　远　陈　荟